KUHMINSA

한 발 앞서나가는 출판사, **구민사**

구민사 출간도서 中 수험서 분야

- 용접
- 자동차
- 조경/산림
- 품질경영
- 산업안전
- 전기
- 건축토목
- 실내건축
- 기술사
- 기계
- 금속
- 환경
- 보일러
- 가스
- 공조냉동
- 위험물

전국 도서판매처

일산남부서점 · 안산대동서적 · 대전계룡서점 · 대구북앤북스 · 대구하나도서
포항학원사 · 울산처용서림 · 창원그랜드문고 · 순천중앙서점 · 광주조은서림

www.kuhminsa.co.kr

자격증 시험 접수부터 자격증 수령까지!

필기 원서 접수

큐넷(www.q-net.or.kr)
필기 시험은 회원 가입 후 인터넷 접수만 가능
(사진 파일, 접수비(인터넷 결제) 필요)
응시자격 요건 반드시 확인

필기시험

입실 시간 미준수 시 시험 응시 불가
준비물 : 수험표, 신분증, 필기구 지참

필기 합격 확인

큐넷(www.q-net.or.kr)
사이트에서 확인

실기 원서 접수

큐넷(www.q-net.or.kr)
응시 자격 서류는 실기시험 접수기간(4일 내)에
제출해야만 접수 가능

전문가를 위한 첫걸음, 구민사는 그 이상을 봅니다!
KUHMINSA

실기 시험
필답형과 작업형으로 분류
원서 접수 시 선택한 장소와 시간에 맞게 시험을 봅니다.
준비물 : 수험표, 신분증, 필기구 지참

최종합격 확인
큐넷(www.q-net.or.kr)
사이트에서 확인

자격증 신청
인터넷으로 신청(상장형 자격증 발급을 원칙으로 하며,
희망 시 수첩형 자격증 발급 신청/ 발급 수수료 부과)

자격증 수령
인터넷으로 발급(출력)
(수첩형 자격증 등기 수령 시 등기 비용 발생)

D-DAY 60 — 대기환경기사 필기 D-60 합격 플랜

(위의 플랜은 가장 이상적인 것이므로 참고하여 개인의 입장과 일정에 맞춰 준비하시기 바랍니다.)

월요일	화요일	수요일	목요일	금요일	토요일	일요일
D-60	D-59	D-58	D-57	D-56	D-55	D-54
PART 1~5. 이론 학습 및 복습						
D-53	D-52	D-51	D-50	D-49	D-48	D-47
PART 1~5. 이론 학습 및 복습						
D-46	D-45	D-44	D-43	D-42	D-41	D-40
과년도 문제 풀이						
D-39	D-38	D-37	D-36	D-35	D-34	D-33
과년도 문제 풀이						
D-32	D-31	D-30	D-29	D-28	D-27	D-26
이론 및 문제 복습						

D-DAY 60 — 놓친 부분 다시보기

월요일	화요일	수요일	목요일	금요일	토요일	일요일
D-25	D-24	D-23	D-22	D-21	D-20	D-19
		이론복습 (O/X)				문제풀이 (O/X)
D-18	D-17	D-16	D-15	D-14	D-13	D-12
		이론복습 (O/X)				문제풀이 (O/X)
D-11	D-10	D-9	D-8	D-7	D-6	D-5
		이론복습 (O/X)				문제풀이 (O/X)
D-4	D-3	D-2	D-1			
		이론복습 (O/X)				

시험장 가기 전에 Tip

Q 계산기를 따로 가져가야 하나요?
A 시험을 치르는 PC에 설치된 계산기를 이용하실 수 있습니다.(개인 계산기 지참 가능)

Q PC로 시험을 치르면 종이는 못 쓰나요?
A 시험장에서 필요한 사람에 한해 종이를 제공합니다. 시험장마다 상황이 다를 수 있으니 전화로 해당 시험장의 상황을 파악해보시길 권장합니다. 이 때 시험이 끝나고 종이 반납은 필수입니다.

머리말

　대기환경기사 자격증은 경제의 고도성장과 산업화를 추진하는 과정에서 필연적으로 수반되는 오존층과, 온난화, 산성비 문제 등 대기오염이라는 심각한 문제를 일으키고 있다. 이러한 대기오염으로부터 자연환경 및 생활환경을 관리·보전하여 쾌적한 환경에서 생활할 수 있도록 대기환경분야에 전문인력을 양성하고자 제정된 국가기술자격증으로 환경분야에서 가장 유망한 자격증이다.

　본 수험서는 대기환경기사 필기시험을 준비하는 수험생들을 위해 집필된 것으로 최근에 출제된 과년도문제들을 분석하고 한국산업인력공단 출제경향에 맞게 집필된 수험서이며, 문제마다 충분한 해설을 실어 기본문제에서 응용문제까지 대비할 수 있게 하였다. 따라서 본 수험서를 통하여 대기환경기사 공부를 마무리함으로써 수험생 여러분의 실력을 한단계 업그레이드 시키고 합격을 앞당길 수 있도록 마무리 공부에 아주 많은 도움을 줄 것으로 기대한다.

> [본 문제집의 특징]
> 1. 각 과목마다 최근기출문제를 철저히 분석하여 핵심적인 내용만으로 이론을 수록하였다.
> 2. 출제되는 빈도가 높은 문제는 응용문제까지 대비할 수 있도록 상세한 해설과 Tip으로 정리하였다.
> 3. 계산문제는 혼자서도 풀 수 있도록 공식 및 용어를 상세히 설명하였다.
> 4. 법규문제는 최근 개정된 내용으로 해설을 구성하였고, 출제빈도가 높은 문제는 더욱 상세한 해설을 통해 응용문제에 대비할 수 있게 하였다.

　본인은 다년간의 학원강의를 통하여 얻은 지식들과 최근에 출제되는 문제를 바탕으로 이론을 정리하였으며, 문제풀이를 통하여 수험생들이 궁금해하는 부분을 상세하게 서술함으로써 수험생 여러분이 대기환경기사 공부에 쉽게 접근하여 자격증취득에 이르기까지 아주 많은 도움이 되리라 자부한다.

　아무쪼록 본 교재를 통하여 수험생 여러분의 뜻한바 목적을 이루기를 바라며, 내용 중 오류 및 잘못된 점들이 있다면 수험생 여러분들의 기탄없는 충고를 바라며, 저자와 출판사는 여러분들이 보다 쉽게 공부할 수 있는 환경자격증의 대표수험서가 될 수 있도록 최대한 노력을 할 것이다.

　마지막으로 이 수험서가 출간되기까지 수고를 아끼지 않으신 도서출판 구민사 조규백 대표자님을 비롯한 임직원 여러분, 그리고 환경전문 고려종합기술학원 식구들 및 항상 물심양면으로 도와주시는 분들께 진심으로 감사의 말씀을 드립니다.

저자 씀

저자직강 동영상 바로가기 http://www.환경에듀.com
블로그 http://blog.naver.com/airnara69

이 책의 구성과 특징

01 체계적인 핵심 요약

- 각 과목마다 최근기출문제를 철저히 분석하여 핵심적인 내용만으로 이론을 수록하였습니다. 또한 중간중간 Tip으로 중요 부분을 정리하였습니다.

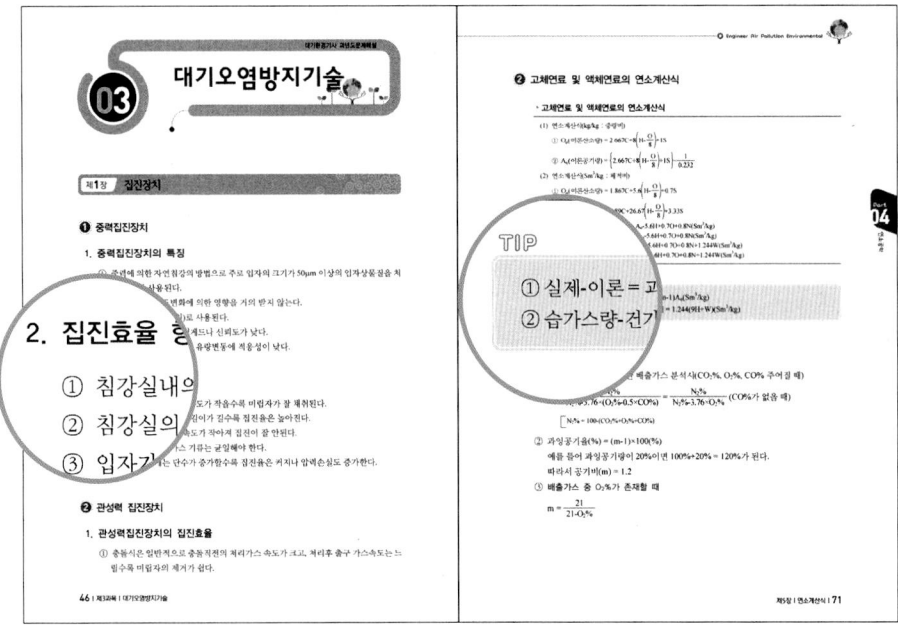

02 과년도 기출문제 수록

- 출제년도를 표기해 수험생들이 최근 출제경향을 쉽게 파악할 수 있도록 하였습니다.
- 출제되는 빈도가 높은 문제는 응용문제까지 대비할 수 있도록 상세한 해설과 Tip으로 정리하였습니다.
- 계산문제는 혼자서도 풀 수 있도록 공식 및 용어를 상세히 설명하였습니다.
- 법규문제는 최근 개정된 내용으로 해설을 구성하였고, 출제빈도가 높은 문제는 더욱 상세한 해설을 통해 응용문제에 대비할 수 있게 하였습니다.

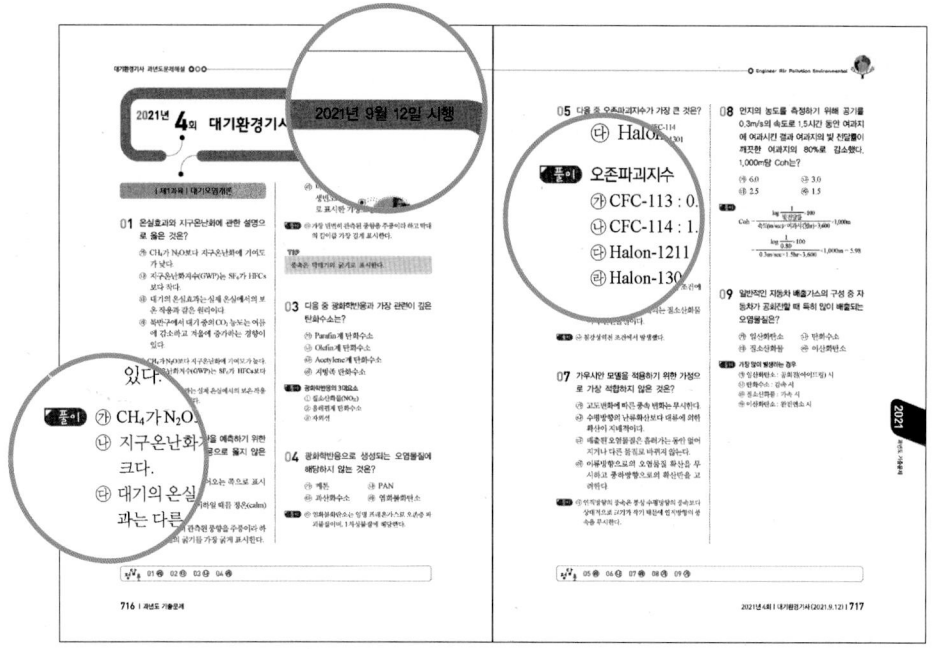

CONTENTS

PART 01 대기오염개론

CHAPTER 1 대기오염 개요   3
  1. 대기오염의 역사적 사건   3
  2. 직경의 종류   4
  3. 실내오염물질   5
  4. 가스상 물질   5

CHAPTER 2 광화학 오염   9
  1. 오염물질의 종류   9
  2. 광화학반응   10
  3. 광화학오염물질   11

CHAPTER 3 오염물질의 배출원 및 대기오염현상   11
  1. 대기오염물질의 배출원   11

CHAPTER 4 자동차   12
  1. 자동차 배출물질의 특징   12

CHAPTER 5 대기의 특성과 대기권의 분류   13
  1. 대기권의 분류   13

CHAPTER 6 바람   15
  1. 바람   15

CHAPTER 7 대기의 안정도   16
  1. 리챠든슨 수(Ri : Richardson Number)   16
  2. 혼합고   17
  3. 기온역전   18
  4. 대기의 안정도에 따른 연기의 모양   19

CHAPTER 8 대기의 확산   21
  1. 확산 모델의 종류   21
  2. 대기분산모델의 종류   23

PART 02 대기오염공정시험기준

CHAPTER 1 총칙   26

CHAPTER 2 일반시험방법   26
  1. 화학분석 일반사항   26
  2. 기체크로마토그래피법   28
  3. 자외선/가시선 분광법   30
  4. 비분산 적외선 분광분석법의 측정기기 성능   31
  5. 이온크로마토그래피법 (Ion Chromatography)   31

CHAPTER 3 배출허용기준시험방법   33
  1. 배출가스 중 무기물질의 측정법   33
  2. 배출가스 중의 금속화합물의 측정   39
  3. 배출가스 중 휘발성유기화합물 측정방법   41

CHAPTER 4 환경기준시험방법   43
  1. 환경대기 중 시료채취방법   43
  2. 환경대기 중 무기물질 측정법   44

PART 03 대기오염방지기술

CHAPTER 1 집진장치 ... 47
   1. 중력집진장치 ... 47
   2. 관성력 집진장치 ... 47
   3. 원심력 집진장치 ... 48
   4. 흡수장치 및 세정집진장치 ... 48
   5. 여과집진장치 ... 50
   6. 전기집진장치 ... 52

CHAPTER 2 유해가스 처리법 ... 54
   1. 황산화물(SO_x)처리법 ... 54
   2. 질소산화물(NO_x)의 처리법 ... 55

CHAPTER 3 흡착법과 연소법 및 악취물질 ... 56
   1. 흡착법 ... 56
   2. 연소법과 산화법 ... 58
   3. 악취(냄새) 유발물질 ... 59

CHAPTER 4 환기법 ... 60
   1. 후드 및 덕트 ... 60
   2. 송풍기 ... 61

PART 04 연소공학

CHAPTER 1 연료 ... 62
   1. 고체연료 ... 62
   2. 액체연료 ... 62
   3. 기체연료 ... 63

CHAPTER 2 연소형태 및 연소장치 ... 64
   1. 연소형태 ... 64
   2. 고체연료 연소장치 ... 64
   3. 액체연료 연소장치 ... 65
   4. 기체연료 연소장치 및 연소형태 ... 66

CHAPTER 3 착화온도, 등가비, 탄소수비, 공기비, 매연 ... 67
   1. 착화온도 ... 67
   2. 등가비(∅;equivalent ratio) ... 68
   3. 탄수소비(CH)의 특징 ... 68
   4. 그을음(매연) 발생의 특징 ... 68
   5. NO_x의 저감법 ... 69

CHAPTER 4 자동차 ... 70
   1. 전형적인 자동차 기준(휘발유 자동차 기준)에서 가장 많이 배출되는 경우 ... 70
   2. 자동차 후처리시설 중 삼원촉매장치 ... 70
   3. 공연비(AFR) ... 70

CHAPTER 5 연소계산식 ... 71
   1. 발열량 계산 ... 71
   2. 고체연료 및 액체연료의 연소계산식 ... 72
   3. 기체연료의 연소계산식 ... 73
   4. 기타 계산식 ... 74

CONTENTS

PART 05 대기환경관계법규

CHAPTER 1 총칙 75
1. 대기환경보전법에서 사용하는 용어 75
2. 대기오염 방지시설 77
3. 상시측정 77
4. 대기환경개선 79
5. 장거리이동대기오염물질피해방지 종합대책의 수립 80

CHAPTER 2 사업장 등의 대기오염물질 배출 규제 80
1. 총량규제 80
2. 배출부과금 81
3. 과징금 처분 83
4. 환경기술인 84

CHAPTER 3 생활환경상의 대기오염물질 배출 규제 85
1. 연료용 유류 및 그 밖의 연료의 황함유기준 85
2. 휘발성유기화합물 배출시설의 변경신고 85

CHAPTER 4 자동차·선박 등의 배출가스 규제 86
1. 자동차, 선박의 배출가스 규제 86
2. 위임업무 보고사항 및 위탁업무 보고사항 88

CHAPTER 5 환경정책기본법 89
1. 환경정책기본법상 환경기준 89

CHAPTER 6 악취편 90
1. 지정악취물질 90

CHAPTER 7 다중이용시설 등의 실내공기질관리법 91

PART 06 과년도 기출문제

2013년
- 1회 대기환경기사(2013년 3월 10일 시행) · 95
- 2회 대기환경기사(2013년 6월 2일 시행) · 120
- 4회 대기환경기사(2013년 9월 28일 시행) · 145

2014년
- 1회 대기환경기사(2014년 3월 2일 시행) · 169
- 2회 대기환경기사(2014년 5월 25일 시행) · 193
- 4회 대기환경기사(2014년 9월 20일 시행) · 217

2015년
- 1회 대기환경기사(2015년 3월 8일 시행) · 242
- 2회 대기환경기사(2015년 5월 31일 시행) · 266
- 4회 대기환경기사(2015년 9월 19일 시행) · 291

2016년
- 1회 대기환경기사(2016년 3월 6일 시행) · 313
- 2회 대기환경기사(2016년 5월 8일 시행) · 338
- 4회 대기환경기사(2016년 10월 1일 시행) · 362

2017년
- 1회 대기환경기사(2017년 3월 5일 시행) · 386
- 2회 대기환경기사(2017년 5월 7일 시행) · 409
- 4회 대기환경기사(2017년 9월 23일 시행) · 434

2018년
- 1회 대기환경기사(2018년 3월 4일 시행) · 459
- 2회 대기환경기사(2018년 4월 28일 시행) · 483
- 4회 대기환경기사(2018년 9월 15일 시행) · 506

2019년
- 1회 대기환경기사(2019년 3월 3일 시행) · 529
- 2회 대기환경기사(2019년 4월 27일 시행) · 553
- 4회 대기환경기사(2019년 9월 21일 시행) · 578

2020년
- 1·2회 통합 대기환경기사(2020년 6월 7일 시행) · 601
- 3회 대기환경기사(2020년 8월 22일 시행) · 624
- 4회 대기환경기사(2020년 9월 27일 시행) · 646

2021년
- 1회 대기환경기사(2021년 3월 7일 시행) · 670
- 2회 대기환경기사(2021년 5월 15일 시행) · 692
- 4회 대기환경기사(2021년 9월 12일 시행) · 715

2022년
- 1회 대기환경기사(2022년 3월 5일 시행) · 738
- 2회 대기환경기사(2022년 4월 24일 시행) · 761

출제기준 - 대기환경기사 필기

직무분야	환경·에너지	중직무분야	환경	자격종목	대기환경기사	적용기간	2020.1.1~2024.12.31
직무내용	대기분야에서 측정망을 설치하고 그 지역의 대기오염 상태를 측정하여 다각적인 연구와 실험분석을 통해 대기오염에 대한 대책을 강구하고, 대기오염 물질을 제거 또는 감소시키기 위한 오염방지 시설을 설계, 시공, 운영하는 업무						
필기검정방법	객관식	문제수	100	시험시간	2시간 30분		

필기과목명	문제수	주요항목
대기오염개론	20	1. 대기오염
		2. 2차오염
		3. 대기오염의 영향 및 대책
		4. 기후변화 대응
		5. 대기의 확산 및 오염예측
연소공학	20	1. 연소
		2. 연소계산
		3. 연소설비
대기오염방지기술	20	1. 입자 및 집진의 기초
		2. 집진기술
		3. 유체역학
		4. 유해가스 및 처리
		5. 환기 및 통풍
대기오염 공정시험기준(방법)	20	1. 일반분석
		2. 시료채취
		3. 측정방법
대기환경관계법규	20	1. 대기환경 보전법
		2. 대기환경 보전법 시행령
		3. 대기환경 보전법 시행규칙
		4. 대기환경 관련법

원소주기율표

1 H 수소																	2 He 헬륨
3 Li 리튬	4 Be 베릴륨											5 B 붕소	6 C 탄소	7 N 질소	8 O 산소	9 F 플루오린	10 Ne 네온
11 Na 나트륨	12 Mg 마그네슘											13 Al 알루미늄	14 Si 규소	15 P 인	16 S 황	17 Cl 염소	18 Ar 아르곤
19 K 칼륨	20 Ca 칼슘	21 Sc 스칸듐	22 Ti 타이타늄	23 V 바나듐	24 Cr 크로뮴	25 Mn 망가니즈	26 Fe 철	27 Co 코발트	28 Ni 니켈	29 Cu 구리	30 Zn 아연	31 Ga 갈륨	32 Ge 저마늄	33 As 비소	34 Se 셀레늄	35 Br 브로민	36 Kr 크립톤
37 Rb 루비듐	38 Sr 스트론튬	39 Y 이트륨	40 Zr 지르코늄	41 Nb 나이오븀	42 Mo 몰리브덴	43 Tc 테크네튬	44 Ru 루테늄	45 Rh 로듐	46 Pd 팔라듐	47 Ag 은	48 Cd 카드뮴	49 In 인듐	50 Sn 주석	51 Sb 안티몬	52 Te 텔루륨	53 I 아이오딘	54 Xe 제논
55 Cs 세슘	56 Ba 바륨	57 La 란타넘	72 Hf 하프늄	73 Ta 탄탈	74 W 텅스텐	75 Re 레늄	76 Os 오스뮴	77 Ir 이리듐	78 Pt 백금	79 Au 금	80 Hg 수은	81 Tl 탈륨	82 Pb 납	83 Bi 비스무트	84 Po 폴로늄	85 At 아스탄틴	86 Rn 라돈
87 Fr 프랑슘	88 Ra 라듐	89 Ac 악티늄	104 Rf 러더포듐	105 Db 더브늄	106 Sg 시보귬	107 Bh 보륨	108 Hs 하슘	109 Mt 마이트너륨	110 Ds 다름슈타튬	111 Rg 뢴트게늄							

란타넘족

57 La 란타넘	58 Ce 세륨	59 Pr 프라세오디뮴	60 Nd 네오디뮴	61 Pm 프로메튬	62 Sm 사마륨	63 Eu 유로퓸	64 Gd 가돌리늄	65 Tb 터븀	66 Dy 디스프로슘	67 Ho 홀뮴	68 Er 에르븀	69 Tm 툴륨	70 Yb 이터븀	71 Lu 루테튬

악티늄족

89 Ac 악티늄	90 Th 토륨	91 Pa 프로트악티늄	92 U 우라늄	93 Np 넵투늄	94 Pu 플루토늄	95 Am 아메리슘	96 Cm 퀴륨	97 Bk 버클륨	98 Cf 캘리포늄	99 Es 아인슈타이늄	100 Fm 페르뮴	101 Md 멘델레븀	102 No 노벨륨	103 Lr 로렌슘

원자번호 — 20
원소기호(예: ⓐ : 액체 **a** : 기체 a : 고체) — Ca
이름 — 칼슘

금속 / 비금속 / 전이원소 / 란타넘족 / 악티늄족

동영상 강의 수강자를 위한 전쌤의 환경에듀 이용방법

동영상 강의 바로가기   www.환경에듀.com

01
STEP 1.
교재를 구입하셨나요?
전쌤의 환경에듀로 시작하세요.
열심히 해서 합격해보자구요!

02
STEP 2.
전쌤 강의는 홈페이지와 블로그를 통해
전쌤과 함께 공부하실 수 있습니다.

방법1
홈페이지 http://www.환경에듀.com

방법2
블로그 http://blog.naver.com/airnara69

03
STEP 3.
알기 쉽고 귀에 쏙쏙 들어오는
재미있는 동영상 강의
잘 시청하고 계신가요?

04
STEP 4.
공부하다가 궁금한 점이 있거나
알고 넘어가야하는 문제가 있으신가요?
환경에듀(http://www.환경에듀.com)의
문을 두드려보세요!

05
STEP 5.
전쌤의 환경에듀(www.환경에듀.com)는
여러분이 자격증을 취득하는 순간까지
늘 곁에서 함께 하겠습니다.

최고의 합격수험서

전화택 원장님이 제시하는 합격 완벽대비!

💧 수질계열
- 수질환경기사·산업기사 필기
- 수질환경기사·산업기사 실기
- 수질환경기사 과년도
- 수질환경산업기사 과년도

❄️ 대기계열
- 대기환경기사·산업기사 필기
- 대기환경기사·산업기사 실기
- 대기환경기사 과년도
- 대기환경산업기사 과년도

⚙️ 환경계열
- 환경기능사 필기&실기
- 환경기능사 필기+작업형 실기

🌀 폐기물계열
- 폐기물처리기사 필기
- 폐기물처리기사 실기
- 폐기물처리기사 과년도
- 폐기물처리산업기사 필기
- 폐기물처리산업기사 실기
- 폐기물처리산업기사 과년도

🧪 화학계열
- 화학분석기능사 필기+실기

📘 교재분야
- 수질환경분석
- 환경학개론
- 환경기초학 및 환경방지기술
- 수질오염
- 대기오염

❖ 환경에듀 홈페이지
http://www.환경에듀.com

❖ 블로그
http://blog.naver.com/airnara69

🔍 동영상 강의는 주소창에 www.환경에듀.com을 검색하세요!

도서출판 구민사

Address (07293) 서울특별시 영등포구 문래북로 116, 604호(문래동3가 46, 트리플렉스)
Tel 02)701-7421~2 Fax 02)3273-9642 homepage http://www.kuhminsa.co.kr/

핵심요약 정리

제1과목 대기오염개론
제2과목 대기오염공정시험기준
제3과목 대기오염방지기술
제4과목 연소공학
제5과목 대기관계법규

Part 01 대기오염개론

제1장 대기오염 개요

❶ 대기오염의 역사적 사건

1. 포자리카(Pozarica) 사건

① 발생 : 1950년 11월 멕시코 공업지대 포자리카
② 특징 : 세계적으로 유명한 대기오염사건 중 부주의로 인하여 발생한 인재(人災)의 대표적인 사건으로 천연가스에서 황화수소(H_2S)를 취출하여 황을 생산하는 공장에서 부주의로 황화수소가 다량 누출, 공장주변의 주민에게 피해를 준 사건이다.
③ 주원인물질 : 황화수소(H_2S)
④ 누설에 의해 발생한 대표적인 사건

2. 런던 스모그사건과 로스앤젤레스 스모그사건 비교

	런던 스모그 사건	로스앤젤레스 스모그 사건
연료	석탄계	석유계
계절	겨울	여름
기온	0~5℃	24~32℃
습도	높다(90% 이상)	낮다(70% 이하)
오염형태	1차성 오염	2차성 오염
화학반응	환원 반응	광화학 반응(산화반응)
역전	복사성(방사성)역전(복사형)	침강성 역전(침강형)
오염물질	SO_2, 미세먼지	광화학산화물(O_3, PAN 등)

3. 보팔시(Bopal) 사건

① 발생 : 1984년 12월 인도중부 보팔시
② 주원인물질 : 메틸이소시아네이트(CH_3CNO)
③ 누설에 의해 발생한 대표적 사건

❷ 직경의 종류

(1) 공기역학적 직경(Aerodynamic Diameter)

① 본래의 먼지와 침강속도가 동일하며, 밀도 $1g/cm^3$인 구형입자의 직경으로 정의된다.
② 먼지의 여과집진과정, 호흡기 침착, 공기정화기의 성능조사 등 입자의 특성파악에 주로 이용된다.
③ 역학적 등가직경은 Stokes직경과 공기역학적 직경으로 세분된다.
④ 공기 중 먼지입자의 밀도가 $1g/cm^3$보다 크고 구형에 가까운 입자의 공기역학적 직경은 실제직경보다 항상 크다.

(2) 스토크스 직경(Stoke's Diameter)

① 스토크스 직경은 알고자 하는 입자상 물질과 같은 밀도 및 침강속도를 갖는 입자상 물질의 직경이다.
② 구형이 아닌 입자와 같은 종속도와 밀도를 가진 구형입자의 직경이다.

> **TIP**
> Stokes 반경이란 구형이 아닌 입자와 같은 종속도와 밀도를 가진 구형입자의 반경이다.

(3) 마틴직경(Martin Diameter)

① 입자상물질의 크기를 결정할 때 사용한다.
② 마틴직경은 입자상물질의 그림자를 2개의 등면적으로 나눈 선의 길이를 직경으로 결정한다.

(4) 광학적직경(Optical Diameter)

현미경을 이용하는 방법으로 투영된 입자의 모양이 원형이 아닐 때 입자의 최장 또는 최단 크기로 정의하거나 여러 방향으로 나누어 크기를 측정하여 산술평균한 값으로 정의한다.

(5) Feret 직경(정방향 직경)

광학현미경을 이용하여 입경을 측정하는 방법에서 입자의 투영면적을 이용하여 측정한 입경 중 입자의 투영면적 가장 자리에 접하는 가장 긴 선의 길이로 나타낸다.

③ 실내오염물질

(1) 라돈

① 자연계에 널리 존재하며 무색, 무취의 기체이고 액화되어도 색을 띠지 않는다.
② 공기보다 약 9배정도 무거워 환기시설이 불량한 지하실 등에서 높은 농도를 나타낸다.
③ 주로 건축자재를 통하여 인체에 영향을 미치고 있으며 화학적으로 거의 반응을 일으키지 않는 불활성 물질이다.
④ 노출되면 주로 호흡기계통의 질환과 폐암이 발생할 수 있다.

(2) 석면

① 먼지의 형태는 등축형, 판형, 섬유형으로 분류한다.
② 건축물의 열차단제 등에 쓰이고, 인체에 폐암이나 악성 중피종 등을 일으킨다.
③ 자연계에서 산출되는 길고, 가늘며, 강한 섬유상 물질로서 내열성, 불활성, 절연성의 성질을 갖는다.
④ 석면은 자연계에 존재하는 유화화된 규산염 광물의 총칭이고, 미국에서 가장 일반적인 것으로는 크리스틸(백석면)이 있다.
⑤ 먼지의 모양 중 다른 두축이 매우 짧은 길이를 가진 반면에 한 축이 매우 긴 먼지형태로 최근에 석면의 흡입에 의한 건강상 유해가 문제가 되는 것이 섬유형이다.
⑥ 석면폐증의 용혈작용은 석면내의 Mg에 의해서 발생되며 적혈구의 증가 증상이다.
⑦ 석면에 폭로되어 중피종이 발생되기까지의 기간은 일반적으로 폐암보다는 긴편이나 20년 이하에서 발생하는 예도 있다.

④ 가스상 물질

1. 황산화물(SO_X)

(1) SO_X(황산화물의 총칭)

① SO_X란 황산화물의 총칭이며 SO_2, SO_3, H_2SO_4, H_2S, CS_2 등의 물질을 의미한다.
② SO_X 중 그 양이 가장 많이 존재하는 것이 H_2S(황화수소)이며, 약 80% 이상을 차지한다.
③ 전세계의 황화합물 배출량 중 인위적 배출량이 50%를 차지하며, 나머지 50%는 자연적 발생원에서 배출된다.

④ 전 지구적 규모로 볼때 해양을 통해 자연적 발생원 중 가장 많은 양의 황화합물 DMS (Dimethyl sulfide;$(CH_3)_2S$)형태로 배출되고 있으며, 일부는 H_2S, OCS, CS_2 형태로 배출되고 있다.
⑤ 카르보닐황(OCS)은 대류권에서 매우 안정하기 때문에 거의 화학적인 반응을 거치지 않고 서서히 성층권으로 유입되며 광분해반응에 종속된다. 반응성이 작아 청정대류권에서 가장 높은 농도를 나타내는 황화합물(수백 ppt정도)로 간주되며, 거의 일정한 수준의 농도를 유지한다.

(2) SO_2(아황산가스 = 이산화황)

① SO_2(아황산가스)의 인체에 미치는 영향
  ㉠ SO_2가 적당히 노출되었을때에는 상부호흡기에 영향을 미치며 단독흡입보다 먼지나 액적등과 동시에 흡입하게 되면 황산미스트가 되어 SO_2보다 독성이 10배로 증가한다.
  ㉡ 인체에 미치는 독성순서는 (SO_2+H_2O) > (SO_2+먼지) > (SO_2 단독) 이다.
  ㉢ SO_2가 인체에 미치는 피해는 농도와 노출시간이 문제가 되며 주로 호흡기계통의 질환을 일으킨다.
  ㉣ SO_2는 물에 대한 용해도가 매우 높기 때문에 흡입된 대부분의 가스는 상기도 점막에서 흡수된다.

② SO_2(아황산가스)의 식물에 미치는 피해
  ㉠ SO_2는 잎뒷면의 기공으로 침입하여 잎을 황갈색으로 고갈시킨다.
  ㉡ 유기산의 분해 생성물인 알데히드와 반응하여 히드록시슬폰산을 형성하여 세포를 파괴한다.
  ㉢ SO_2의 지표식물(약한식물)은 대맥, 담배, 자주개나리(알팔파), 목화, 보리 등이다.
  ㉣ SO_2에 대한 저항력이 강한 식물에는 양배추, 까치밤나무, 쥐당나무, 셀러리, 소나무, 옥수수 등이 있다.

(3) CS_2(이황화탄소)

① 분자량이 76으로 공기에 대한 비중이 2.64로 물보다 무겁고 불용성이다.
② 상온에서 무색 투명하며 일반적으로 자극성 냄새를 내는 유독성의 증발하기 쉬운 휘발성 액체이다.
③ 비스코스섬유 제조시 많이 발생하는 대기오염물질로 불순물은 불쾌한 냄새를 유발한다.
④ 햇빛에 파괴될 정도로 불안정 하지만 부식성은 비교적 약하다.
⑤ 끓는점은 46℃(760mmHg), 인화점은 -30℃ 이다.

⑥ 휘발성이 높은 액체이므로 쉽게 작업실 내의 농도가 높아져 중추신경계에 대한 특징적인 독성작용으로 심한 급성 또는 아급성 뇌병증을 유발한다.
⑦ 피부를 통해서도 흡수되지만 대부분은 상기도를 통해 체내에 흡수된다.

2. 질소산화물(NO_X)

1) NO_X(질소산화물의 총칭)

① NO_X란 질소산화물의 총칭이며 NO, NO_2, HNO_3, N_2O 등을 의미한다.
② 전세계 질소화합물 중 인위적인 질소화합물 배출량은 자연적 배출량의 10% 정도인 것으로 추정되고 있다.
③ 자연적인 NO_X 방출량은 인위적 NO_X방출량의 7~15배 정도이다.
④ NO_X의 인위적 배출량 중 거의 대부분이 자동차와 연료의 연소과정에서 발생된다.
⑤ NO_X는 그 자체도 인체에 해롭지만 광화학스모그의 원인물질로 중요한 역할을 한다.
⑥ 대기에서 질소는 NO_X cycle에서 지면으로의 침전과 질산염으로의 산화가 일어난다.
⑦ NO_X는 연소시에 주로 배출되며 탄화수소와 함께 태양광선에 의한 광화학스모그를 형성한다.

2) NO(일산화질소)

① 고온의 연소과정에서 화염속에서 주로 생성되는 질소산화물의 90% 이상이 NO이다.($NO : NO_2 = 90\% : 10\%$)
② NO는 연소시에 배출되는 무색의 기체로 물에 매우 난용성이며, 혈액중의 헤모글로빈과 결합력이 강해 산소운반 능력을 감소시키는 물질이다.
③ 연소시 연료 중 질소의 NO 변환율은 연료의 종류와 연소방법에 따라 차이가 있으나 대체로 약 20~50% 범위이다.

3) NO_2(이산화질소)

① NO_2는 적갈색, 난용성, 자극성, 공기보다 무거운 기체로 무색의 NO보다 독성이 5~7배 강하며 공기보다 무겁고 난용성이며 대기중 고농도로 존재할 경우 단독으로 독성을 가진다.
② NO_2의 독성은 O_3의 $\frac{1}{10} \sim \frac{1}{15}$ 정도이다.
③ 우리나라 대기오염물질 중 서울을 비롯한 대도시지역의 1990~2000년 동안 오염농도가 다른 물질에 비해 크게 감소하지 않은 물질이 NO_2이다.

4) N₂O(아산화질소)

① N₂O는 일명 스마일기체(Smile gas)라고도 하며 상쾌하고 달콤한 냄새와 맛을 가진 무색의 기체이다.
② N₂O는 보통 대기중에 0.5ppm 정도로 존재한다.
③ N₂O는 대기중에 존재하는 기체상의 NO_x 중 대류권에서는 온실가스로 알려져 있고, 성층권에서는 오존층파괴물질로 알려져 있다.

3. CO(일산화탄소)

① 무색, 무미, 무취의 난용성 기체로 분자량은 28이고 공기에 대한 비중은 0.97이다.
② 혈액내 Hb(헤모글로빈)과의 친화력이 산소의 210배에 달해 산소운반능력을 저하시킨다. (CO+Hb → COHb(카르복시 헤모글로빈))
③ 가연성분의 불완전연소시나 자동차에서 많이 발생된다.
④ 대기중에서 이산화탄소로 산화되기 어려우며 다른 물질에 흡착현상도 거의 나타내지 않는다.
⑤ 물에 난용성이므로 비에 의한 영향은 거의 받지 않는다.
⑥ 대기중에서 평균 체류시간은 발생량과 대기 중 평균농도로부터 1~3개월로 추정되고 있다.
⑦ CO는 2차성 스모그에 참여하지 않는다. (CO와 NH_3는 1차성 물질로만 작용)
⑧ 토양 박테리아의 활동에 의하여 이산화탄소로 산화됨으로써 대기중에서 제거된다.

4. 다이옥신

① PCB의 부분산화 또는 불완전연소에 의하여 생성된다.
② 2,3,7,8-TCDD(Tetrachloro Dibenzo para Dioxin)는 가장 유해한 다이옥신으로 표준상태에서 증기압이 매우 낮은 고형화합물이다.
③ 다이옥신이 고온에서 완전연소될 때 완전분해된다고 하더라도 연소후 연소가스의 배출시 저온(300~400℃)에서 재생성이 활발하다.
④ 유해폐기물을 소각할때보다 도시폐기물을 소각할 때 다이옥신의 배출량이 훨씬 많다.
⑤ 300℃까지 열적으로 안정하며 700℃ 이상에서 열분해한다.
⑥ 수용성은 낮지만 벤젠등에는 용해되는 지용성으로 토양등에 흡수된다.
⑦ 다이옥신류에는 크게 PCDD는 75개, PCDF는 135개의 이성질체를 가진다.
⑧ 열적안정, 낮은 증기압, 낮은 수용성
⑨ 유기염소계 화합물을 소각하는 과정 등에서 발생한다.

⑩ 표준상태에서 증기압이 매우 낮은 고형화합물이다.
⑪ 살충제, 제초제 등의 농업 및 산업화학물질의 부산물에서 발생된다.
⑫ 2개의 산소교량으로 2개의 벤젠고리가 연결된 일련의 유기염화물이다.
⑬ 다이옥신은 산소원자가 2개인 PCDD와 산소원자가 1개인 PCDF를 통칭하는 용어이다.
⑭ 다이옥신은 전구물질의 연소뿐만 아니라 유기화합물과 염소화합물이 고온에서 연소하여서도 생성된다.
⑮ 저온에서 촉매화 반응에 의해 먼지와 결합하여 생성된다.
⑯ 다이옥신의 주요 구성요소는 두개의 산소, 두개의 벤젠, 두개 이상의 염소이다.
⑰ 유기성 고체물질로서 용출실험에 의해서도 거의 추출되지 않는 특징을 가지고 있다.
⑱ 다이옥신의 광분해에 가장 효과적인 파장범위는 250~340nm이다.

제2장 광화학 오염

❶ 오염물질의 종류

1. 1차성 오염물질

발생원에서 대기중으로 방출되어 대기를 직접 오염물질로서 H_2S, SiO_2, CH_3COOH, C_6H_6, C_6H_5OH, $NaOH$, $NaCl$, SO_2, NH_3, NO, Cl_2, CO 등이 있다.

2. 2차성 오염물질

대기중으로 방출된 1차성 오염물질이 광화학반응이나 광분해반응 및 산화반응을 통해서 형성되는 물질로서 O_3, $PAN(CH_3COOONO_2)$, 아크로레인(CH_2CHCHO), $NOCl$, H_2O_2, CO-케톤 등이 있다.

3. 1, 2차성 오염물질

발생원에서 대기중으로 직접 배출될 수도 있고, 배출된 물질이 광화학반응을 통해서 형성되는 물질로서 SO_3, NO_2, $HCHO$, 케톤 등이 있다.

❷ 광화학반응

1. 광화학반응의 특징

① NO_2는 도시 대기오염물질중에서 가장 중요한 태양빛 흡수기체로서 파장이 420nm 이상의 가시광선에 의하여 광분해한다.
② 오존은 200~300nm의 파장에서 강한 흡수가 450~700nm에서는 약한 흡수가 일어난다.
③ 광화학스모그는 맑은날 자외선의 강도가 클수록 잘 발생한다.
④ 대기중의 광화학반응에서 탄화수소를 주로 공격하는 화학종은 OH기이다.
⑤ 성층권의 오존층이 대부분의 자외선을 차단한 후 대류권으로 들어오는 태양빛의 파장은 280nm 이상의 파장이다.
⑥ 케톤은 파장 300~700nm에서 약한 흡수를 하여 광분해한다.
⑦ 알데히드(RCHO)는 파장 313nm 이하에서 광분해한다.
⑧ 대기중에서의 오존농도는 보통 NO_2로 산화되는 NO의 양에 비례하여 증가한다.
⑨ NO에서 NO_2로의 산화가 거의 완료되고, NO_2가 최고농도에 달하면서 O_3가 증가되기 시작한다.
⑩ NO 광산화율이란 탄화수소에 의하여 NO가 NO_2로 산화되는 율을 뜻하며, PPb/min의 단위로 표현한다.
⑪ 과산화기가 산소와 반응하여 오존이 생성될 수도 있다.
⑫ 대기중에 NO가 존재하면 O_3은 NO_2와 O_2로 되돌아가므로 O_3는 축적되지 않고 대기중 O_3은 증가하지 않는다.
⑬ 미국 로스앤젤레스에서 시작하여 최근에는 자동차 운행이 많은 대도시지역에서 발생되고 있다.
⑭ 일사량이 크고 대기가 안정되어 있을 때 잘 발생된다.
⑮ 광화학산화물인 오존의 농도는 아침에 서서히 증가하기 시작하여 일사량이 최대인 오후에 최대가 되고 다시 감소한다.
⑯ 질소산화물과 올리핀계 탄화수소 등이 원인물질로 작용했다.
⑰ SO_2는 파장 280~290nm에서 강한 흡수가 일어나지만 대류권에서는 광분해반응이 일어나지 않는다.
⑱ 알데히드는 O_3생성에 앞서 반응초기부터 생성되며 탄화수소의 감소에 대응한다.

③ 광화학오염물질

1. 오존(O_3)

① 무색, 무미, 해초 냄새를 가진 강산화성 물질이며 분자량은 48, 비중은 1.658 이다.
② 대류권의 오존은 국지적인 광화학스모그로 생성된 옥시단트의 지표물질이다.
③ 대기 중 오존은 온실가스로 작용한다.
④ 오염된 대기 중의 오존은 LA스모그 사건에서 처음 확인되었다.
⑤ 대기 중에서 오존의 배경농도는 0.01~0.02ppm 정도이며 청정지역에서 오존농도의 일 변화는 크지 않다.
⑥ 오존은 타이어나 고무절연제 등 고무제품에 균열을 일으키는 물질이다.
⑦ 오존은 대기 중에서 야간에 NO_2와 반응하여 소멸된다.
⑧ 오존은 태양빛, 자동차 배출원인 질소산화물과 휘발성유기화합물 등에 의해 일어나는 복잡한 광화학반응으로 생성된다.
⑨ 눈을 자극하고 폐수종과 폐충혈 등을 유발시키며 섬모운동의 기능장애를 일으킨다.
⑩ 실내냄새 제거제로 사용한다.

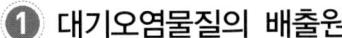

제3장 오염물질의 배출원 및 대기오염현상

① 대기오염물질의 배출원

① 벤젠(C_6H_6) : 석유정제, 피혁제조, 도장공업, 살충제, 수지공업, 포르말린 제조
② 시안화수소(HCN) : 청산제조공업, 제철공업, 화학공업, 가스공업
③ 카드뮴(Cd) : 아연정련공업(아연소결로), 합금공업, 도금공업, 안료공업
④ 포름알데히드 = 폼알데히드(HCHO) : 합성수지, 포르말린 제조공업, 피혁공장
⑤ 황화수소(H_2S) : 암모니아공업, 석유화학공업, 펄프공업, 가스공업, 석탄건류
⑥ 불화수소(HF) : 화학비료공업(인산비료공업), 알루미늄공업, 요업공업, 유리공업
⑦ 염화수소(HCl) : 소오다공업, 활성탄제조, 금속제련, 플라스틱공업, 염산제조
⑧ 염소(Cl_2) : 농약제조, 화학공업, 소오다공업
⑨ 브롬(Br_2) : 염료, 의약품, 농약제조
⑩ 페놀(C_6H_5OH) : 합성수지, 도장, 타르, 염료공업, 화학공업
⑪ 니켈(Ni) : 석유화학, 석탄화력발전소, 석면제조

⑫ 비소(As) : 안료, 화학, 농약, 의약품
⑬ 아황산가스(SO_2) : 중유와 석탄 등 화석연료 사용공장, 제련소, 펄프제조공업, 용광로
⑭ 질소산화물(NO_X) : 내연기관, 폭약, 비료제조업, 필름제조업
⑮ 암모니아(NH_3) : 도금공업, 냉동공업, 비료공장, 표백, 색소제조공장
⑯ 크롬(Cr) : 피혁공업, 염색공업, 시멘트 제조업
⑰ 납(Pb) : 인쇄, 도가니 제조공장, 축전지 제조공장, 고무가공 공장, 크레용, 에나멜, 페인트, 휘발유 자동차
⑱ 이황화탄소(CS_2) : 비스코스섬유공업, 레이온 제조업

제4장 자동차

❶ 자동차 배출물질의 특징

① 자동차에서 배출되는 물질은 CO_2, CO, HC, NO_X, SO_2, Pb, 매연, 입자상물질이다.
② 삼원촉매장치란 산화촉매(Pt, Pd)와 환원촉매(Rh)를 이용하여 CO, HC, NO_X를 동시에 줄일 수 있는 후처리 시설이다.
③ 사용되는 촉매를 보면 최근에는 백금, 로듐에 팔라듐을 포함하여 사용하는 추세이다.
④ CO와 HC의 산화촉매로는 주로 백금(Pt)과 팔라듐(Pd)이 사용되고, NO의 환원촉매로는 로듐(Rh)이 사용된다.
⑤ Rh는 NO 반응을, Pt는 주로 CO와 HC를 저감시키는 산화반응을 촉진시킨다.
⑥ 자동차의 크랭크케이스(Crank case)에서 많이 배출되어 문제가 되는 blow by 가스는 탄화수소(HC)이다.
⑦ 일반적인 가솔린 자동차 배기가스의 구성 중 가장 많은 부피를 차지하는 물질은 CO_2이다. (가속상태 기준)
⑧ 일반적으로 자동차의 주요 배출 유해가스는 CO, NO_X, HC 등이다.
⑨ 휘발유 자동차의 경우 CO는 공회전(아이들링)시, HC는 감속시, NO_X는 가속시에 상대적으로 많이 발생한다.
⑩ CO는 연료량에 비하여 공기량이 부족할 경우에 발생하고 NO_X는 높은 연소온도에서 많이 발생하며 매연은 연료가 미연소하여 발생한다.
⑪ 디젤자동차의 경우 CO 및 HC가 휘발유 자동차에 비해서 상대적으로 적게 배출된다.

TIP

휘발유 기준 배기가스

	NOₓ	CO, HC
많이	가속, 운행	공전, 감속
적게	공전, 감속	가속, 운행

제5장 대기의 특성과 대기권의 분류

❶ 대기권의 분류

1. 대류권(Troposphere) : 지표에서 12km까지

대류권의 하부 1~2km까지를 대기경계층이라 하고 이 대기경계층의 상층은 지표면의 영향을 직접 받지 않으므로 자유대기라고도 부르며 대기경계층은 지표면의 영향을 직접 받아서 기상요소의 일변화가 일어나는 층이다.

① 대류권은 지표로부터 약 12km까지의 높이로서 구름이 끼고 비가 오는 등의 기상현상은 대류권에 국한되어 나타난다.
② 대류권의 기상요소의 수평분포는 위도, 해륙분포 등에 의해 다르지만 연직방향에 따른 변화는 더욱 크다.
③ 대류권의 고도는 겨울철에 낮고, 여름철에 높으며, 보통 저위도 지방이 고위도 지방에 비해 높다.
④ 대류권에서는 고도가 높아짐에 따라 단열팽창에 의해 6.5℃/km씩 낮아지는 기온감률 때문에 공기의 수직혼합이 일어난다.
⑤ 대류권은 평균 12km(위도 45도의 경우) 정도이며 극지방으로 갈수록 낮아진다.
⑥ 대류권에서 광화학 대기오염에 영향을 미치는 대기오염상 중요한 물질은 280~700nm 범위의 빛을 흡수하는 물질이다.

2. 성층권(Stratosphere) : 지상 12km에서 50km까지

① 고도가 높아질수록 온도가 높아진다. (이유 : 성층권의 오존이 태양광선중의 자외선을 흡수하기 때문이다.)
② 성층권을 비행하는 초음속 여객기에서 NO가 배출되면 NO는 촉매적으로 오존을 파괴한다.
③ 오존의 생성과 분해가 가장 활발하게 일어나는 층이다.
④ 하층부의 밀도가 커서 매우 안정한 상태를 유지하므로 공기의 상승이나 하강등의 연직운동은 억제된다.
⑤ 화산분출등에 의하여 미세한 먼지가 이 권역에 유입되면 수년간 남아 있게 되어 기후에 영향을 미치기도 한다.
⑥ 오존층이란 성층권에서도 오존이 더욱 밀집해 분포하는 지상 20~30km 구간을 말하며 오존의 최대농도는 10ppm이다.
⑦ 대기중에서 오존층의 파괴현상이 가장 심한 곳은 남극을 중심으로 한 남극대륙으로 오존층에 구멍이 생긴 것으로 보고 되었다.
⑧ 오존층의 두께를 표시하는 단위는 돕슨(Dobson)이며 극지방이 400돕슨이고 적도지방이 200돕슨이다.
⑨ 지구대기층의 오존총량을 표준상태에서 두께로 환산했을 때 1mm는 100돕슨에 해당한다.
⑩ 태양으로부터 오는 자외선을 성층권의 오존층에 의해서 대부분이 흡수된다.
⑪ 오존층에서 산소분자를 태양광선 중에서 240nm 이하의 자외선을 흡수하여 2개의 산소 원자로 해리된다.
⑫ 오존층에서 오존은 자외선을 흡수하면 광해리를 일으켜 산소원자와 산소분자로 분열한다.
⑬ 성층권에서는 산소분자가 자외선에 의해 광분해되는 과정을 통해 오존의 생성과 소멸과정이 되풀이된다.
⑭ 비행기가 초음속으로 고공비행을 할 때 대기에 미치는 영향으로는 Ozone층의 파괴와 CO_2의 증가이다.
⑮ 오존층은 자외선 파장의 200nm~290nm 파장의 태양빛을 흡수하여 지상의 생명체를 보호한다.
⑯ 햇빛이 지표면에 도달하기 전에 자외선의 대부분을 흡수함으로써 생물의 성장에 중요한 역할을 한다.
⑰ 지구전체의 평균 오존량은 약 300Dobson 전후이지만 지리적으로 또는 계절적으로는 평균치의 ±50% 정도까지 변화한다.
⑱ 290nm 이하의 단파장인 UV-C는 대기중의 산소와 오존분자등의 가스성분에 의해 그 대부분이 흡수되어 지표면에 거의 도달하지 않는다.

⑲ 오존층의 생성 및 분해과정에 의해 자연상태의 성층권 영역에서는 일정한 수준의 오존량이 평형을 이루고, 다른 대기권 영역에 비해 오존 농도가 높은 오존층이 생긴다.
⑳ 오존층에서는 오존의 생성과 소멸이 계속적으로 일어나면서 오존의 농도를 유지한다.

3. 중간권(Mesosphere) : 지상 50km에서 80km까지

① 고도가 증가하면서 온도가 낮아지며, 지구대기층 중에서 가장 기온이 낮은 구역이 분포한다.
② 지상 80km부근에서 온도가 -90℃이다.

4. 온도권(Thermosphere) : 지상 80km 이상

① 온도권은 열권이라고도 한다.
② 고도가 증가할수록 온도가 상승하는 층이다.

제6장 바람

 바람

1. 바람에 관여하는 힘의 종류

(1) 기압경도력(Pressure gardient force)

① 바람발생의 근본원인이다.
② 기압경도력은 연직성분과 수평성분으로 나누어지고 기압은 고도에 따라 감소한다.
③ 특정한 지점에서 기압차에 의해 발생한다.
④ 수평기압 경도력은 등압선의 간격이 좁으면 강해지고, 반대로 간격이 넓으면 약해진다.

(2) 코리올리힘(Coriolis force)

① 일명 전향력이라고도 한다.
② 지구의 자전에 의해서 생기는 수평방향으로의 가상적인 힘을 말한다.
③ 전향력의 크기는 위도가 높아질수록 증가하므로 극지방에서 최대가 되고 적도지방에서 최소가 된다.

④ 지구자전에 의해 생기는 가속도를 전향가속도라 하고 가속도에 의한 힘을 코리올리 힘이라 한다.
⑤ 코리올리힘은 북반구에서 오른쪽 직각으로 작용하며, 운동의 방향만을 변화시키고 속도에는 아무런 영향을 미치지 않는다.
⑥ 경도력과 반대방향으로 힘이 작용한다.
⑦ 전향력의 크기는 위도, 지구자전 각속도, 풍속의 함수로 나타낸다.
⑧ 전향인자(f)는 $2\Omega \sin\psi$로 나타내며, ψ는 위도, Ω 지구자전 각속도로써 7.27×10^{-5} rad $\cdot s^{-1}$이다.
⑨ 전향력은 전향인자에 속도를 곱한 값으로 정의한다.

(3) 원심력(Centrifugal force)

① 회전운동을 하는 물체에 나타나는 관성이며 그 운동방향을 변경시키려 할 때 발생하는 힘으로 지구자전을 고려하면 가상적인 힘이다.
② 곡선의 바깥쪽으로 향하는 힘으로 극지방에서 최소이고 적도지방에서 최대이다.

제7장 대기의 안정도

❶ 리챠든슨 수(Ri : Richardson Number)

1. 리챠든슨 수(Ri)의 특징

① 무차원수이다.
② 근본적으로 대류난류를 기계적인 난류로 전환시키는 율을 측정한 것이다.
③ 지구경계층에서의 기류 안정도를 나타내는 척도로 이용된다.
④ 대기의 동적인 안정도를 나타내는 것이다.
⑤ Ri = 0 일 때는 기계적 난류만 존재한다.
⑥ Ri가 큰 음의 값을 가지면 대류가 지배적이어서 바람이 약하게 되어 강한 수직운동이 일어난다.
⑦ 기계적인 난류와 대류난류 중에서 어느 것이 지배적인가를 Ri를 근거로 추정할 수 있다.
⑧ 0.25보다 크게 되면 수직혼합은 없어지고 수평상의 소용돌이만 남게 된다.

⑨ 리챠든슨 수(Ri)를 구하기 위해서는 두층(보통 지표에서 수 m와 10m 내외의 고도)에서 (기온)과 (풍속)을 동시에 측정하여야 하며 특히 정확한 (풍속)측정이 중요하다. 그리고 이 값은 (풍속차의 제곱)에 반비례한다.
⑩ -0.03 < Ri < 0 이면 기계적 난류와 대류가 존재하나 기계적 난류가 혼합을 주로 일으킨다.
⑪ 0 < Ri < 0.25이면 성층에 의해 약화된 기계적 난류가 존재한다.
⑫ Ri < -0.04이면 대류에 의한 혼합이 기계적 혼합을 지배한다.
⑬ 풍속의 수직분포가 대수적 분포를 보이는 때의 Ri의 범위는 -0.01 < Ri < +0.01 정도이다.

❷ 혼합고

1. 라디오존데(radiosonde)

고도에서의 온도, 기압, 습도를 측정하는 장비이다.

2. 최대혼합고(Maximum Mixing Depth)의 특징

① 열부상 효과에 의한 대류에 의해 혼합층의 깊이가 결정되는데 이를 최대 혼합고라 한다.
② 실제로 지표상 수 km까지의 실제공기의 온도 종단도를 작성함으로써 결정된다.
③ 역전이 심할수록 최대혼합고는 작은값을 가지며 대기오염의 심화를 나타낸다.
④ 야간에 역전이 심할 경우에는 그 값이 거의 0이 될 수도 있다.
⑤ 최대혼합깊이는 하루 중 밤에 가장 적고 한낮에 최대이며 계절적으로 여름에 최대, 겨울에 최소가 된다.
⑥ MMD값은 통상적으로 (밤)에 가장 낮으며, (낮)시간동안 증가한다. (낮)시간 동안에는 통상(2000~3000m) 값을 나타내기도 한다.
⑦ 환기량은 혼합층의 높이에 풍속을 곱한 값으로 정의한다.
⑧ 일반적으로 대단히 안정된 대기에서의 MMD는 불안정한 대기에서보다 MMD가 작다.
⑨ 일반적으로 MMD가 높은 날은 대기오염이 약하고, MMD가 낮은 날에는 대기오염이 심함을 나타낸다.
⑩ 최대혼합깊이의 자료는 통상 1개월 간의 평균치로서 가용한다.
⑪ 실제오염농도(ppm) = 예상오염농도(ppm) $\times \left\{ \dfrac{\text{예상최대혼합고(m)}}{\text{실제최대혼합고(m)}} \right\}^3$

❸ 기온역전

1. 역전의 종류

(1) 접지역전(지표역전)의 종류

① 복사성(방사성) 역전
② 이류성 역전

(2) 공중역전의 종류

① 침강성 역전
② 전선성 역전
③ 해풍 역전
④ 난류성 역전

2. 접지역전

따뜻한 공기가 찬 지표면이나 수면위를 불어갈 때 따뜻한 공기의 하층이 찬 지표면 수면에 의해 냉각되어 발생한다.

(1) 복사성(방사성) 역전

지표에 접한 공기가 그보다 상공의 공기에 비하여 더 차가워져서 생기는 역전이다.

① 겨울철 맑은날 아침에 자주 발생한다.
② 단기간의 오염물질의 축적으로 대기오염문제를 야기시킨다.
③ 발생하는 시간대는 주로 밤에서 이른 새벽까지이다.
④ 하늘이 맑고 바람이 적을 때 지표면 근처의 공기가 낮은 온도로 냉각되면서 발생한다.
⑤ 대기오염물질 배출원이 위치하는 대기층에서 주로 생성된다.
⑥ 구름이 낀 날이나, 센 바람이 부는 날에는 잘 생기지 않는다.
⑦ 지표 가까이에 형성되므로 지표역전이라고도 한다.
⑧ 보통 가을로부터 봄에 걸쳐 날씨가 좋고, 바람이 약하며 습도가 적을 때 자정 이후 아침까지 잘 발생하고 낮이 되면 일사로 인해 지면이 가열되면 곧 소멸된다.

3. 공중역전

(1) 침강성 역전

① 고기압 중심부분에서 기층이 서서히 침강하면서 기온이 단열변화로 승온되어서 발생한다.
② 대도시에서 발생한 대기오염사건은 주로 침강역전과 관련이 있다.
③ 단시간의 오염 문제라기 보다는 장기간의 오염축적에 의하여 문제를 야기한다.
④ 로스엔젤레스 스모그 발생과 밀접한 관계가 있는 역전 형태이다.
⑤ 고기압이 정체하고 있는 넓은 범위에 걸쳐서 시간에 무관하게 장기적으로 지속된다.

❹ 대기의 안정도에 따른 연기의 모양

1. Looping형

① 안정도는 과단열(매우 불안정)조건이며 일명 환상형, 파상형, 루핑형이라 한다.
② 지표농도가 최대인 연기의 모양이다.
③ 전체 대기층이 불안정할 경우에 나타나며, 연기의 모양이 상하로 요동이 심하며, 순간적으로 지상에 고농도가 될 수 있다.
④ 난류가 심할 때 발생하고, 강한 난류에 의해 연기는 재빨리 분산되나 연기가 지면에 도달할 경우 굴뚝 가까운 곳의 지표농도는 높게 될 수도 있다.

2. Fanning형(부채형)

① 전체 대기층이 강한 안정시에 나타나며, 지상에는 오염물질의 영향이 매우 크다.
② 연기가 바람의 하류 방향 먼곳까지 그대로 이동하게 된다.
③ 굴뚝의 높이가 낮으면 지표부근에 심각한 오염문제를 발생시킨다.
④ 대기가 매우 안정상태에서 발생하며 상하의 확산폭이 적어 지표에 미치는 오염도는 적다.
⑤ 대기가 매우 안정된 상태일때에 아침과 새벽에 잘 발생한다.
⑥ 풍향이 자주 바뀔때면 뱀이 기어가는 연기모양이 된다.

3. Conning형(원추형)

① 전체 대기층이 중립일 경우에 나타나며, 연기모양의 요동이 적은 형태이다.
② 바람이 다소 강하거나 구름이 많이 낀 경우에 발생한다.

③ 연기의 퍼지는 모양에서 가우시안 확산모델(Gaussian diffusion model)을 적용할 수 있는 가장 이상적인 연기형태이다. (오염의 단면분포가 전형적인 가우시안 분포를 이루고 있다.)
④ 날씨가 흐리고 바람이 비교적 약하면 약한 난류가 발생하여 생긴다.

4. Lofting형

① 일명 지붕형 또는 상승형이라 한다.
② 안정도는 고공(상층)이 과단열(매우 불안정)이고 지표(하층)가 역전(매우 안정)인 경우에 나타나며 연기가 서서히 확산된다.
③ 굴뚝의 높이보다 더 낮게 지표 가까이에 역전층이 이루어져 있고 그 상공에는 대기가 비교적 불안정상태일 때 발생한다.
④ 주로 고기압 지역에서 하늘이 맑고 바람이 약한 경우에 초저녁으로부터 아침에 걸쳐 발생하기 쉽다.
⑤ 지상으로부터의 기온구배는 역전 - 과단열이다.

5. Fumigation형(훈증형)

① 안정도는 고공(상층)이 역전(매우안정)이고 지표(하층)는 과단열(매우 불안정)이다.
② 연기모양으로 볼 때 대기오염 최대이다.
③ 야간에 형성된 접지역전층은 일출 후 지표면이 가열되면 지표면에서부터 역전이 해소되어 하층은 대류가 활발하여 불안정해지나 그 상층은 아직 안정상태로 남아있는 경우에 나타나는 굴뚝 연기형태이다.
④ 지상으로부터의 기온구배는 과단열 - 역전이다.
⑤ 30분 이상 지속되지 않는다.

6. Trapping형(구속형)

① 안정도는 고공(상층)은 침강성 역전, 지표(하층)는 복사성 역전이다.
② 고기압지역에서 자주 발생된다.

제8장 대기의 확산

① 확산 모델의 종류

1. Fick's 방정식

① 소용돌이 확산모델(Eddy diffusion model)의 기본방정식이다.

② 확산 방정식

$$\frac{dC}{dt} = Kx \frac{\sigma^2 C}{\sigma x^2} + Ky \frac{\sigma^2 C}{\sigma y^2} + Kz \frac{\sigma^2 C}{\sigma z^2}$$

(1) 가정조건

① 오염물은 점원으로부터 계속적으로 방출된다.

② 과정은 안정상태이다. 즉 $\frac{dC}{dt} = 0$

③ 풍속은 X, Y, Z 좌표시스템 내의 어느 점에서든 일정하다.

④ 바람에 의한 오염물의 주 이동방향은 X축이다.

(2) 상자모델(격자모델)의 가정조건

① 오염물 분해는 1차 반응에 의한다.

② 오염물 배출원이 지면전역에 균등히 분포되어 있다.

③ 고려된 공간에서 오염물의 농도는 균일하다.

④ 오염물질의 농도가 시간에 따라서만 변하는 0차원 모델이다.

⑤ 오염원은 방출과 동시에 균등하게 혼합된다.

⑥ 고려되는 공간의 단면에 직각방향으로 부는 바람의 속도가 일정하여 환기량이 일정하다.

⑦ 배출원 오염물질은 다른 물질로 변하지도 않고 지면에 흡수되지도 않는다.

⑧ 상자안에서는 밑면에서 방출되는 오염물질이 상자높이인 혼합층까지 즉시 균등하게 혼합된다.

(3) 가우시안(Gaussian) 확산모델 유도에 사용되는 가정

① 연기의 확산은 정상상태로 가정한다.
② 오염물질은 점배출원으로부터 연속적으로 방출된다.
③ 바람에 의한 오염물의 주 이동방향은 X축으로 하며 오염물질은 플룸(Plume)내에서 소멸되거나 생성되지 않는다.
④ 수평방향의 난류확산은 대류에 의한 확산보다 작다고 가정하여 유도한다.
⑤ 난류 확산계수는 일정하다.
⑥ 연직방향의 풍속은 통상 수평방향의 풍속보다 상대적으로 크기가 작기 때문에 연직방향의 풍속을 무시한다.
⑦ 풍속은 일정하다.

(4) 분산모델

1) 장점

① 미래의 대기질을 예측할 수 있다.
② 특정한 오염원의 배출속도와 바람에 의한 분산요인을 입력자료로 하여 수용체 위치에서의 영향을 계산한다.
③ 특정오염원의 영향을 평가할 수 있는 잠재력이 있다.
④ 2차 오염원의 확인이 가능하다.
⑤ 점, 선, 면 오염원의 영향을 평가할 수 있다.
⑥ 기초적인 기상학적 원리를 적용, 미래의 대기질을 예측하여 대기오염제어 정책입안에 도움을 준다.

2) 단점

① 새로운 오염원이 지역내에 생길 때 매번 재평가하여야 한다.
② 지형 및 오염원의 조업조건에 영향을 받는다.
③ 기상과 관련하여 대기중의 무작의적인 특성을 적절하게 묘사할 수 없기 때문에 결과에 대한 불확실성이 크게 작용한다.
④ 오염물의 단기간 분석시 문제가 된다.
⑤ 먼지의 영향평가는 기상의 불확실성과 오염원이 미확인인 경우에 많은 문제점을 가진다.

(5) 수용모델

1) 장점

① 입자상 및 가스상 물질, 가시도 문제 등 환경과학 전반에 응용할 수 있다.
② 새로운 오염원, 불확실한 오염원과 불법 배출 오염원을 정량적으로 확인 평가할 수 있다.
③ 대기오염 배출원이 주변지역에 미치는 영향 또는 기여도를 수리통계학적으로 분석하는 것이다.
④ 질량보전의 법칙과 질량수지개념에 바탕을 두고 유도가 시작된다.
⑤ 적용범위는 도시단위의 소규모에서 최근에는 국가 단위의 중규모까지 확장되고 있고, 분산모델의 결과를 확인하는 역할을 하고 있다.
⑥ 지형, 기상학적 정보 없이도 사용 가능하다.
⑦ 수용체입장에서 영향평가가 현실적으로 이루어질 수 있다.
⑧ 현재나 과거에 일어났던 일을 추정, 미래를 위한 전략을 세울 수 있다.
⑨ 오염원의 조업 및 운영 상태에 대한 정보 없이도 사용 가능하다.

2) 단점

① 측정자료를 입력자료로 사용하므로 시나리오 작성이 곤란하다.
② 미래의 대기질을 예측하기가 어렵다.

❷ 대기분산모델의 종류

1. UAM(Urban Airshed Model)

① 적용모델식 : 광화학모델
② 적용배출원 형태 : 점, 면에 적용
③ 개발국 : 미국
④ 특징 : 도시지역에서 광화학반응을 고려하여 오염물질의 이동을 계산하는데 이용된다.

2. ADMS(Atmospheric Dispersion Model System)

① 적용모델식 : 가우시안 모델
② 적용배출원 형태 : 점, 면, 선에 적용
③ 개발국 : 영국
④ 특징 : 도시지역 오염물질의 이동을 계산하는데 이용된다.

3. TCM(Texas Climatological Model)

① 적용모델식 : 가우시안 모델
② 적용배출원 형태 : 점, 면에 적용
③ 개발국 : 미국
④ 특징 : 장기모델로서 한국에서 많이 사용되었다.

4. ISCST(Industrial Source Complex model for Short)

① 적용모델식 : 가우시안 모델
② 적용 배출원 형태 : 점, 면, 선에 적용
③ 개발국 : 미국
④ 특징 : ISCLT와 같은 구조로서 주로 단기농도예측에 사용된다.

5. ISCLT(Industrial Source Complex for Long Term)

① 적용모델식 : 가우시안 모델
② 적용배출원 형태 : 점, 면, 선에 적용
③ 개발국 : 미국
④ 특징 : 미국에서 널리 이용되는 범용적인 모델로 장기농도 계산용의 모델이다.

6. RAMS(Regional Atmospheric Model System)

① 적용모델식 : 3차원 바람장모델
② 개발국 : 미국
③ 특징 : 바람장모델로 바람장과 오염물질의 분산을 동시에 계산한다.

7. MM5(Mesoscale Model)

① 적용모델식 : 3차원 바람장모델
② 개발국 : 미국
③ 특징 : 바람장모델로 바람장을 계산하고 기상을 예측하는데 이용된다.

8. CMAQ(Complex Multiscale Air Quality modeling)

① 적용모델식 : 광화학모델
② 적용배출원 형태 : 점, 면에 적용
③ 개발국 : 미국
④ 특징 : 지역별 이동을 고려한 광화학물질과 미세먼지의 이동을 계산하는데 이용된다.

9. AUSPLUME(Austrlian Plume Model)

① 적용모델식 : 가우시안 모델
② 적용배출원 형태 : 점, 면, 선에 적용
③ 개발국 : 호주
④ 특징 : 미국의 ISCST와 ISCLT 모델을 개조하여 만든 모델로 호주에서 주로 사용된다.

10. CTDMPLUS(Complex Terrain Dispersion Model Plus)

① 적용모델식 : 가우시안 모델
② 적용배출원 형태 : 점, 면에 적용
③ 개발국 : 미국
④ 특징 : 복잡한 지형에서 오염물질 이동을 계산하는데 사용된다.

11. CALINE(California Line)

① 적용모델식 : 가우시안 모델
② 적용배출원 형태 : 선에 적용
③ 개발국 : 미국
④ 특징 : 자동차에서 배출되는 오염물질의 이동을 계산하는데 이용된다.

12. OCD(Offshore and Coastal Dispersion model)

① 적용모델식 : 가우시안 모델
② 적용배출원 형태 : 점, 면에 적용
③ 개발국 : 미국
④ 특징 : 해안지역 오염물질의 이동을 계산하는데 이용된다.

Part 02 대기오염공정시험기준

제1장 총칙

1. 배출허용기준 중 표준산소농도를 적용받는 항목에 대한 오염물질의 농도와 배출가스량 보정식

   ① 오염물질 농도 보정

   $$C = C_a \times \frac{21-O_s}{21-O_a}$$

   - C : 오염물질 농도(mg/Sm³ 또는 ppm)
   - O_a : 실측산소농도(%)
   - O_s : 표준산소농도(%)
   - C_a : 실측오염물질농도(mg/Sm³ 또는 ppm)

   ② 배출가스유량 보정

   $$Q = Q_a \div \frac{21-O_s}{21-O_a}$$

   - Q : 배출가스유량(Sm³/일)
   - O_a : 실측산소농도(%)
   - O_s : 표준산소농도(%)
   - Q_a : 실측배출가스유량(Sm³/일)

제2장 일반시험방법

❶ 화학분석 일반사항

1. 농도표시

   ① 중량백분율로 표시할 때는 (질량분율 %)의 기호를 사용한다.
   ② 액체 1,000mL 중의 성분질량(g) 또는 기체 1,000mL 중의 성분질량(g)을 표시할 때는 g/L의 기호를 사용한다.

③ 액체 100mL중의 성분용량(mL) 또는 기체 100mL중의 성분용량(mL)을 표시할 때는 (부피분율 %)의 기호를 사용한다.
④ 백만분율(Parts Per Million)을 표시할 때는 ppm의 기호를 사용하며 따로 표시가 없는 한 기체일 때는 용량 대 용량(부피분율), 액체일 때는 중량 대 중량(질량분율)을 표시한 것을 뜻한다.
⑤ 1억분율(Parts Per Hundred Million)은 pphm, 10억분율(Parts Per Billion)은 ppb로 표시하고 따로 표시가 없는 한 기체일 때는 용량 대 용량(부피분율), 액체일 때는 중량 대 중량(질량분율)을 표시한 것을 뜻한다.

2. 온도의 표시

① 표준온도 : 0℃, 상온 : (15~25)℃, 실온 : (1~35)℃, 찬곳 : 따로 규정이 없는 한 (0~15)℃
② 냉수 : 15℃ 이하, 온수 : (60~70)℃, 열수 : 약 100℃
③ "수욕상 또는 수욕중에서 가열한다."라 함은 따로 규정이 없는 한 수온 100℃에서 가열함을 뜻하고 약 100℃ 부근의 증기욕을 대응할 수 있다.
④ "냉후"(식힌 후)라 표시되어 있을 때는 보온 또는 가열 후 실온까지 냉각된 상태를 뜻한다.

3. 용기

① 용기라 함은 시험용액 또는 시험에 관계된 물질을 보존, 운반 또는 조작하기 위하여 넣어두는 것으로 시험에 지장을 주지 않도록 깨끗한 것을 뜻한다.
② 밀폐용기라 함은 물질을 취급 또는 보관하는 동안에 이물이 들어가거나 내용물이 손실되지 않도록 보호하는 용기를 뜻한다.
③ 기밀용기라 함은 물질을 취급 또는 보관하는 동안에 외부로부터의 공기 또는 다른 가스가 침입하지 않도록 내용물을 보호하는 용기를 뜻한다.
④ 밀봉용기라 함은 물질을 취급 또는 보관하는 동안에 기체 또는 미생물이 침입하지 않도록 내용물을 보호하는 용기를 뜻한다.
⑤ 차광용기라 함은 광선을 투과하지 않은 용기 또는 투과하지 않게 포장을 한 용기로서 취급 또는 보관하는 동안에 내용물의 광화학적 변화를 방지할 수 있는 용기를 뜻한다.

4. 시험의 기재 및 용어

① "정확히 단다"라 함은 규정한 량의 검체를 취하여 분석용 저울로 0.1mg까지 다는 것을 뜻한다.

② 액체성분의 양을 "정확히 취한다"함은 홀피펫, 부피플라스크 또는 이와 동등 이상의 정도를 갖는 용량계를 사용하여 조작하는 것을 뜻한다.

③ "항량이 될 때까지 건조한다 또는 강열한다"라 함은 따로 규정이 없는 한 보통의 건조방법으로 1시간 더 건조 또는 강열할 때 전후 무게의 차가 매 g당 0.3mg 이하일 때를 뜻한다.

④ 시험조작 중 "즉시"란 30초 이내에 표시된 조작을 하는 것을 뜻한다.

⑤ "감압 또는 진공"이라 함은 따로 규정이 없는 한 15mmHg 이하를 뜻한다.

⑥ "방울수"라 함은 20℃에서 정제수 20방울을 떨어뜨릴 때 그 부피가 약 1mL되는 것을 뜻한다.

⑦ "바탕시험을 하여 보정한다"함은 시료에 대한 처리 및 측정을 할 때 시료를 사용하지 않고 같은 방법으로 조작한 측정치를 빼는 것을 뜻한다.

⑧ 시료의 시험, 바탕시험 및 표준액에 대한 시험을 일련의 동일시험으로 행할 때 사용하는 시약 또는 시액은 동일롯트(Lot)로 조제된 것을 사용한다.

⑨ "정량적으로 씻는다"함은 어떤 조작으로부터 다음 조작으로 넘어갈 때 사용한 비커, 플라스크 등의 용기 및 여과막 등에 부착한 정량대상 성분을 사용한 용매로 씻어 그 세액을 합하고 먼저 사용한 같은 용매를 채워 일정용량으로 하는 것을 뜻한다.

⑩ 표준품을 채취할 때 표준액이 정수로 기재되어 있어도 실험자가 환산하여 기재수치에 "약"자를 붙여 사용할 수 있다.

⑪ "약"이란 그 무게 또는 부피에 대하여 ±10% 이상의 차가 있어서는 안된다.

❷ 기체크로마토그래피법

1. 분리관오븐(Column Oven)

① 분리관오븐은 내부용적이 분석에 필요한 길이의 분리관을 수용할 수 있는 크기
② 임의의 일정온도를 유지할 수 있는 가열기구, 온도조절기구, 온도측정기구 등으로 구성
③ 온도조절 정밀도는 ±0.5℃의 범위 이내
④ 전원 전압변동 10%에 대하여 온도변화 ±0.5℃ 범위 이내(오븐의 온도가 150℃ 부근일 때)

2. 검출기(Detector)

① 열전도도 검출기(TCD, thermal conductivity detector)
금속 필라멘트 또는 전기저항체를 검출소자로 하여 금속판안에 들어있는 본체와 여기에 안정된 직류전기를 공급하는 전원회로, 전류조절부, 신호검출 전기회로, 신호감쇄부 등으로 구성된다.

② 불꽃이온화 검출기(flame ionization detector, FID)
수소 연소 노즐(nozzle), 이온 수집기(ion collector)와 전극 및 배기구로 구성되는 본체와 이 전극 사이에 직류전압을 주어 흐르는 이온전류를 측정하기 위한 직류전압변환회로, 감도조절부, 신호감쇄부 등으로 구성된다.

3. 운반가스(Carrier Gas)

① 운반가스는 충전물이나 시료에 대하여 불활성인 것
② 사용하는 검출기의 작동에 적합한 것
③ 열전도도형 검출기(TCD)에서도 순도 99.8% 이상의 수소나 헬륨 사용
④ 불꽃 이온화 검출기(FID)에서는 순도 99.8% 이상의 질소 또는 헬륨 사용

4. 흡착형 충전물질

분리관내경(mm)	흡착제 및 담체의 입경 범위(μm)
3	149~177(100~80mesh)
4	177~250(80~60mesh)
5~6	250~590(60~28mesh)

① 이론단수$(n) = 16 \times \left(\dfrac{t_R}{W}\right)^2$

t_R : 시료도입점으로부터 봉우리 최고점까지의 길이(머무름 시간)
W : 봉우리의 좌우 변곡점에서 접선이 자르는 바탕선의 길이

② $HETP = \dfrac{L}{n}$

L : 분리관의 길이(mm)

③ 분리계수$(d) = \dfrac{t_{R2}}{t_{R1}}$

④ 분리도$(R) = \dfrac{2(t_{R2} - t_{R1})}{W_1 + W_2}$

t_{R1} : 시료도입점으로부터 봉우리 1의 최고점까지의 길이
t_{R2} : 시료도입점으로부터 봉우리 2의 최고점까지의 길이
W_1 : 봉우리 1의 좌우 변곡점에서의 접선이 자르는 바탕선의 길이
W_2 : 봉우리 2의 좌우 변곡점에서의 접선이 자르는 바탕선의 길이

❸ 자외선/가시선 분광법

1. 개요

① 램버어트 비어(Lambert-Beer)의 법칙 : $I_t = I_O \cdot 10^{-\epsilon \cdot C \cdot L}$

I_o : 입사광의 강도 I_t : 투사광의 강도 C : 농도 L : 빛의 투과거리
ϵ : 비례상수로서 흡광계수라 하고, $C = 1mol$, $L = 10mm$일 때의 ϵ 의 값을 몰흡광계수라 하며 K로 표시

② 투과도(t) = $\dfrac{I_t}{I_o}$

③ t(투과도)×100 = T(투과 퍼센트)

④ 흡광도(A)는 투과도의 역수의 상용대수

⑤ 흡광도(A) = $\log \dfrac{1}{t}$

⑥ 흡광도(A) = $\epsilon \cdot C \cdot L$

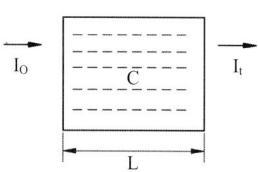

흡광광도 분석방법 원리도

2. 자외선/가시선 분광법 분석장치

광원부 - 파장선택부 - 시료부 - 측광부로 구성되어 있다.

3. 광원부

① 가시부와 근적외부의 광원 : 텅스텐램프
② 자외부의 광원 : 중수소 방전관

④ 비분산 적외선 분광분석법의 측정기기 성능

1. 성능

① 재현성 : 동일 측정조건에서 제로가스와 스팬가스를 번갈아 3회 도입하여 각각의 측정값의 평균으로부터 편차를 구한다. 이 편차는 전체 눈금의 ±2% 이내이어야 한다.

② 감도 : 최대눈금범위의 ±1% 이하에 해당하는 농도변화를 검출할 수 있는 것이어야 한다.

③ 제로드리프트(zero drift) : 동일 조건에서 제로가스를 연속적으로 도입하여 고정형은 24시간, 이동형은 4시간 연속 측정하는 동안에 전체 눈금의 ±2% 이상의 지시 변화가 없어야 한다.

④ 스팬드리프트(span drift) : 동일 조건에서 제로가스를 흘려 보내면서 때때로 스팬가스를 도입할 때 제로드리프트를 뺀 드리프트가 고정형은 24시간, 이동형은 4시간 동안에 전체 눈금의 ±2% 이상이 되어서는 안된다.

⑤ 응답시간(response time) : 제로 조정용 가스를 도입하여 안정된 후 유로를 스팬가스로 바꾸어 기준 유량으로 분석기에 도입하여 그 농도를 눈금 범위 내의 어느 일정한 값으로부터 다른 일정한 값으로 갑자기 변화시켰을 때 스텝(step) 응답에 대한 소비시간이 1초 이내이어야 한다. 또 이때 최종 지시값에 대한 90%의 응답을 나타내는 시간은 40초 이내이어야 한다.

⑥ 온도변화에 대한 안정성 : 측정가스의 온도가 표시온도 범위 내에서 변동해도 성능에 지장이 있어서는 안된다.

⑦ 유량변화에 대한 안정성 : 측정가스의 유량이 표시한 기준유량에 대하여 ±2% 이내에서 변동하여도 성능에 지장이 있어서는 안된다.

⑧ 주위온도 변화에 대한 안정성 : 주위온도가 표시 허용변동 범위 내에서 변동하여도 성능에 지장이 있어서는 안된다.

⑨ 전압 변동에 대한 안정성 : 전원전압이 설정 전압의 ±10% 이내로 변화하였을 때 지시값 변화는 전체 눈금의 ±1% 이내여야 하고, 주파수가 설정 주파수의 ±2%에서 변동해도 성능에 지장이 있어서는 안된다.

⑤ 이온크로마토그래피법(Ion Chromatography)

1. 원리 및 적용범위

이동상으로는 액체를, 그리고 고정상으로는 이온교환수지를 사용하여 이동상에 녹는 혼합물을 고분리능 고정상이 충전된 분리관 내로 통과시켜 시료성분의 용출상태를 전도도 검출기 또는 광학 검출기로 검출하여 그 농도를 정량하는 방법으로 일반적으로 강수(비, 눈, 우박 등), 대기먼지, 하천수 중의 이온성분을 정성, 정량 분석하는데 이용한다.

2. 장치

(1) 분석장치의 구성순서

용리액조 - 송액펌프 - 시료주입장치 - 분리관 - 써프렛서 - 검출기 - 기록계

(2) 분리관

① 이온교환체의 구조면에서는 표층피복형, 표층박막형, 전다공성 미립자형이 있으며, 기본 재질면에서는 폴리스타이렌계, 폴리아크릴레이트계 및 실리카계가 있다.
② 양이온 교환체는 표면에 슬폰산기를 보유한다.
③ 분리관의 재질은 내압성, 내부식성으로 용리액 및 시료액과 반응성이 적은 것을 선택하며 에폭시수지관 또는 유리관이 사용된다.
④ 일부는 스테인리스관이 사용되지만 금속이온 분리용으로는 좋지 않다.

(3) 써프렛서

① 써프렛서란 용리액에 사용되는 전해질 성분을 제거하기 위하여 분리관 뒤에 직렬로 접속시킨 것으로써 전해질을 물 또는 저 전도도의 용매로 바꿔줌으로써 전기전도도 셀에서 목적이온 성분과 전기 전도도만을 고감도로 검출할 수 있게 해주는 것이다.
② 써프렛서는 관형과 이온교환막형이 있으며, 관형은 음이온에는 스티롤계 강산형(H^+) 수지가, 양이온에는 스티롤계 강염기형(OH^-)의 수지가 충진된 것을 사용한다.

제3장 배출허용기준시험방법

1 배출가스 중 무기물질의 측정법

1. 배출가스 중 먼지에서 측정점

(1) 측정점

① 측정점의 선정굴뚝단면이 원형일 경우 : 측정 단면에서 서로 직교하는 직경선상에 부여하는 위치를 측정점으로 선정한다. 측정점수는 굴뚝직경이 4.5m를 초과할 때는 20점까지로 한다.

굴뚝직경 2R(m)	반경 구분수	측정점수	굴뚝 중심에서 측정점까지의 거리(m)				
			r1	r2	r3	r4	r5
1 이하	1	4	0.707 R	-	-	-	-
1 초과 2 이하	2	8	0.500 R	0.866 R	-	-	-
2 초과 4 이하	3	12	0.408 R	0.707 R	0.913 R	-	-
4 초과 4.5 이하	4	16	0.354 R	0.612 R	0.791 R	0.935 R	-
4.5 초과	5	20	0.316 R	0.548 R	0.707 R	0.837 R	0.949 R

② 굴뚝 단면이 사각형일 경우

굴뚝단면적(m^2)	구분된 1변의 길이(L)(m)
1 이하	L ≦ 0.5
1 초과 4 이하	L ≦ 0.667
4 초과 20 이하	L ≦ 1

2. 비산먼지

(1) 시료채취방법

① 시료채취장소 및 위치선정

　㉠ 측정하려고 하는 발생원의 부지경계선상에 선정
　㉡ 풍향을 고려하여 그 발생원의 비산먼지 농도가 가장 높을 것으로 예상되는 지점 3개소 이상을 선정
　㉢ 부근에 장애물이 없고 바람에 의하여 지상의 흙모래가 날리지 않는 곳
　㉣ 기타 다른 원인에 의하여 영향을 받지 않고 그 지점에서의 비산먼지농도를 대표할 수 있는 곳
　㉤ 발생원의 위인 바람의 방향을 따라 대상 발생원의 영향이 없을 것으로 추측되는

곳에 대조위치를 선정

② 채취 시간

시료채취는 1회 1시간 이상 연속 채취한다.

(2) 먼지농도의 계산

비산먼지농도 : $C = (C_H - C_B) \times W_D \times W_S$

$\begin{bmatrix} C_H : \text{채취먼지량이 가장 많은 위치에서의 먼지농도}(mg/Sm^3) \\ C_B : \text{대조위치에서의 먼지농도}(mg/Sm^3) \\ W_D, W_S : \text{풍향, 풍속 측정결과로부터 구한 보정계수} \end{bmatrix}$

단, 대조위치를 선정할 수 없는 경우에는 C_B는 $0.15mg/Sm^3$로 한다.

(3) 풍향, 풍속 보정계수(W_D, W_S)

① 풍향에 대한 보정

풍향변화범위	보정계수
전 시료채취 기간 중 주 풍향이 90° 이상 변할 때	1.5
〃 45°~90° 변할 때	1.2
〃 풍향이 변동이 없을 때(45° 미만)	1.0

② 풍속에 대한 보정

풍위	보정계수
풍속이 0.5m/s 미만 또는 10m/s 이상되는 시간이 전 채취시간의 50% 미만일 때	1.0
풍속이 0.5m/s 미만 또는 10m/s 이상되는 시간이 전 채취시간의 50% 이상일 때	1.2

3. 배출가스 중 암모니아

분석방법	정량범위	방법검출한계	정밀도(%RSD)
자외선/가시선 분광법 - 인도페놀법	(1.2~12.5)ppm 시료채취량 : 20L, 분석용 시료용액 : 250mL	0.4ppm	10%이내

4. 배출가스 중 일산화탄소

(1) 자동측정법-비분산적외선분광분석법

대기 및 굴뚝 배출가스 중의 오염물질을 연속적으로 측정하는 비분산 정필터형 적외선 가스 분석기에 대하여 적용하며, 측정범위는 0ppm~1,000ppm 이하로 한다.

(2) 자동측정법-전기화학식(정전위전해법)

측정범위 : 0ppm ~ 1,000ppm 이하

(3) 기체크로마토그래피

① 열전도도검출기 : 일산화탄소 농도가 1,000ppm 이상인 시료에 적용하며, 방법검출한계는 314ppm이다.
② 불꽃이온화검출기 : 일산화탄소 농도가 (1 ~ 2,000)ppm인 시료에 적용하며, 방법검출한계는 0.3ppm이다.

5. 배출가스 중 염화수소

(1) 이온크로마토그래피

이 시험법은 환원성 황화합물의 영향이 무시되는 경우에 적합하며 정량범위는 시료기체를 통과시킨 흡수액을 100mL로 묽히고 분석용 시료용액으로 하는 경우 0.4ppm ~ 7.9ppm이다. 방법검출한계는 0.1ppm이다

(2) 싸이오사이안산제이수은 자외선/가시선분광법

이 시험법은 이산화황, 기타 할로겐화물, 사이안화물 및 황화합물의 영향이 무시되는 경우에 적합하며, 파장 460nm에서 흡광도를 측정하고, 정량범위는 2.0ppm ~ 80.0ppm이며, 방법검출한계는 0.6ppm이다.

6. 배출가스 중 염소

분석방법	정량범위	방법검출한계	정밀도
자외선/가시선분광법 -오르토톨리딘법	(0.2 ~ 5.0)ppm (시료채취량 : 2.5L 분석용 시료용액 : 50mL)	0.1ppm	10% 이내
자외선/가시선분광법- 4-피리딘카복실산-피라졸론법	0.08ppm 이상 (시료채취량 : 20L 분석용 시료용액 : 50mL)	0.03ppm	10% 이내

7. 배출가스 중 황산화물

(1) 자동측정법

① 적용가능한 방법

측정	개요
자동측정법- 전기화학식 (정전위전해법)	정전위전해분석계를 사용하여 시료를 가스투과성 격막을 통하여 전해조에 도입시켜 전해액 중에 확산 흡수되는 이산화황을 규정된 산화전위로 정전위전해하여 전해전류를 측정하는 방법이다.
자동측정법- 용액 전도율법	시료를 과산화수소에 흡수시켜 용액의 전기전도율(electro conductivity)의 변화를 용액전도율 분석계로 측정하는 방법이다.
자동측정법- 적외선 흡수법	시료가스를 셀에 취하여 7,300nm 부근에서 적외선가스분석계를 사용하여 이산화황의 광흡수를 측정하는 방법이다.
자동측정법- 자외선 흡수법	자외선흡수분석계를 사용하여 (280~320)nm에서 시료 중 이산화황의 광흡수를 측정하는 방법이다.
자동측정법- 불꽃 광도법	불꽃광도검출분석계를 사용하여 시료를 공기 또는 질소로 묽힌 다음 수소불꽃 중에 도입할 때에 394nm 부근에서 관측되는 발광광도를 측정하는 방법이다.

② 측정범위(적용범위) : 0ppm ~ 1,000ppm 이하
③ 측정방법에 따른 간섭물질

측정방법	간섭물질
전기화학식(정전위전해법)	황화수소, 이산화질소, 염화수소, 탄화수소, 염소
용액 전도율법	염화수소, 암모니아, 이산화질소, 이산화탄소
적외선 흡수법	수분, 이산화탄소, 탄화수소
자외선 흡수법	이산화질소
불꽃 광도법	황화수소, 이황화탄소, 탄화수소, 이산화탄소

(2) 침전적정법 - 아르세나조 Ⅲ법

① 목적

시료를 과산화수소에 흡수시켜 황산화물을 황산으로 만든 후 아이소프로필알코올과 아세트산을 가하고 아르세나조 Ⅲ을 지시약으로 하여 아세트산바륨 용액으로 적정한다.

② 적용범위

시료가스 20L를 흡수액에 통과시키고 이 액을 250mL로 묽에 하여 분석용 시료용액으로 할 때 전 황산화물의 농도가 (140~700)ppm의 시료에 적용된다. 방법검출한계는 44.0ppm이다.

8. 배출가스 중 질소산화물

(1) 자동측정법

① 적용가능한 방법

측정	개요
자동측정법- 전기화학식 (정전위전해법)	가스투과성 격막을 통하여 전해질 용액에 시료가스 중의 질소산화물을 확산·흡수시키고 일정한 전위의 전기에너지를 부가하여 질산이온으로 산화시켜서 생성되는 전해전류로 시료가스 중 질소산화물의 농도를 측정한다.
자동측정법- 화학 발광법	일산화질소와 오존이 반응하여 이산화질소가 될 때 발생하는 발광강도를 (590~875)nm 부근의 근적외선 영역에서 측정하여 시료 중의 일산화질소의 농도를 측정하는 방법이다. 이산화질소는 일산화질소로 환원시킨 후 측정한다.
자동측정법- 적외선 흡수법	일산화질소의 5,300nm 적외선 영역에서 광흡수를 이용하여 시료중의 일산화질소의 농도를 비분산형 적외선분석계로 측정하는 방법이다. 이산화질소는 일산화질소로 환원시킨 후 측정한다.
자동측정법- 자외선 흡수법	일산화질소는 (195~230)nm, 이산화질소는 (350~450)nm 부근에서 자외선의 흡수량 변화를 측정하여 시료 중의 일산화질소 또는 이산화질소의 농도를 측정하는 방법이다.

② 측정범위 : 0ppm ~ 1,000ppm 이하

③ 측정방법에 따른 간섭물질

측정방법	간섭물질
전기화학식(정전위전해법)	염화수소, 황화수소, 염소
화학 발광법	이산화탄소
적외선 흡수법	수분, 이산화탄소, 이산화황, 탄화수소
자외선 흡수법	이산화황, 탄화수소

(2) 자외선/가시선분광법-아연환원나프틸에틸렌다이아민법

① 목적 및 적용범위

시료 중의 질소산화물을 오존 존재 하에서 흡수액에 흡수시켜 질산이온으로 만들고 분말금속아연을 사용하여 아질산 이온으로 환원 후 설파닐아마이드(sulfanilamide) 및 나프틸에틸렌다이아민(naphthyl ethylen diamine)을 반응시켜 얻어진 착색의 흡광도로부터 질소산화물을 정량하는 방법으로 배출가스 중의 질소산화물을 이산화질소로 하여 계산한다. (측정파장 545nm 부근)

② 적용범위
  ㉠ 시료채취량이 150mL인 경우 시료 중의 질소산화물 농도가 (6.7 ~ 230)ppm의 것을 분석하는데 적당하다. 방법검출한계는 2.1ppm이다.
  ㉡ 2,000ppm 이하의 이산화황은 방해하지 않고 염화 이온 및 암모늄 이온(ammonium ion)의 공존도 방해하지 않는다.

9. 배출가스 중 이황화탄소(CS_2)

분석방법	정량범위	방법검출한계	정밀도
기체크로마토그래피	(0.5~10.0)ppm (FPD)	0.1ppm	10% 이내
자외선/가시선분광법	(4.0~60.0)ppm(시료채취량 10L 경우)	1.3ppm 이하	10% 이내

10. 배출가스 중 황화수소

분석방법	정량범위	방법검출한계	정밀도
자외선/가시선분광법 -메틸렌블루법	(1.7 ~ 140)ppm (시료채취량 : (0.1 ~ 20)L, 분석용 시료용액 : 200mL 또는 20mL)	0.5ppm	10% 이내
기체크로마토그래피	0.5ppm 이상 (시료채취주머니 채취 및 직접 주입)	0.2ppm	10% 이내

11. 배출가스 중 플루오린화합물

분석방법	정량범위	방법검출한계
자외선/가시선분광법	0.05ppm ~ 7.37ppm (시료채취 : 80L, 분석용 시료용액 : 250mL)	0.02ppm
적정법	0.60ppm ~ 4,200ppm (시료채취 : 40L, 분석용 시료용액 : 250mL)	0.20ppm
이온선택전극법	7.37ppm ~ 737ppm (시료채취 : 40L, 분석용 시료용액 : 250mL)	2.31ppm

12. 배출가스 중 사이안화수소

분석방법	정량범위	방법검출한계	정밀도
자외선/가시선분광법 - 4 - 피리딘카복실산 - 피라졸론법	0.05ppm ~ 8.61ppm (시료채취량 : 10L, 분석용 시료용액 : 250mL)	0.02ppm	10% 이내
연속흐름법	0.11ppm 이상 (시료채취량 : 20L, 분석용 시료용액 : 250mL)	0.03ppm	10% 이내

13. 유류 중 황함유량 분석방법

분석 방법의 종류	황함유량에 따른 적용 구분	방법검출한계	적용 유류
연소관식 공기법	질량분율 0.010% 이상	0.003%	원유·경유·중유 등
방사선식 여기법	질량분율 (0.030 ~ 5.000)%	0.009%	

(1) 연소관식 공기법

(950~1,100)℃로 가열한 석영재질 연소관 중에 공기를 불어넣어 시료를 연소시킨다. 생성된 황산화물을 과산화수소(3%)에 흡수시켜 황산으로 만든 다음, 수산화소듐표준액으로 중화적정하여 황함유량을 구한다.

❷ 배출가스 중의 금속산화물의 측정

1. 배출가스 중 비소

분석방법	정량범위(ppm)	방법검출한계(ppm)	측정파장(nm)
수소화물 생성 원자흡수분광광도법	0.003 ~ 0.13	0.001	193.7
흑연로 원자흡수분광광도법	0.003 ~ 0.013	0.001	193.7
유도결합플라스마분광법	0.003 ~ 0.130	0.001	193.69
자외선/가시선분광법	0.007 ~ 0.035	0.002	510

2. 배출가스 중 카드뮴

분석방법	정량범위(mg/Sm³)	방법검출한계(mg/Sm³)	측정파장(nm)
원자흡수분광광도법	0.010~0.380	0.003	228.5
유도결합플라스마분광법	0.004~0.500	0.001	226.50(214.439)

3. 배출가스 중 납화합물

분석방법	정량범위(mg/Sm³)	방법검출한계(mg/Sm³)	측정파장(nm)
원자흡수분광광도법	0.050~6.250	0.015	217.0(283.3)
유도결합플라스마분광법	0.025~0.500	0.008	220.351

4. 배출가스 중 크로뮴

분석방법	정량범위(mg/Sm³)	방법검출한계(mg/Sm³)	측정파장(nm)
원자흡수분광광도법	0.100~5.000	0.030	357.9
유도결합플라스마분광법	0.002~1.000	0.001	357.87(206.149)
자외선/가시선분광법	0.002~0.050	0.001	540

5. 배출가스 중 구리화합물

분석방법	정량범위(mg/Sm³)	방법검출한계(mg/Sm³)	측정파장(nm)
원자흡수분광광도법	0.012~5.000	0.004	324.8
유도결합플라스마분광법	0.010~5.000	0.003	324.75

6. 배출가스 중 니켈화합물

분석방법	정량범위(mg/Sm³)	방법검출한계(mg/Sm³)	측정파장(nm)
원자흡수분광광도법	0.010~5.000	0.003	232
유도결합플라스마분광법	0.010~5.000	0.003	231.60(221.647)
자외선/가시선분광법	0.002~0.050	0.001	450

7. 배출가스 중 아연화합물

분석방법	정량범위(mg/Sm³)	방법검출한계(mg/Sm³)	측정파장(nm)
원자흡수분광광도법	0.003 ~ 5.000	0.001	213.8
유도결합플라스마분광법	0.100 ~ 5.000	0.030	206.19

8. 배출가스 중 수은화합물

분석방법	정량범위(mg/Sm³)	방법검출한계(mg/Sm³)	측정파장(nm)
냉증기 원자흡수분광광도법	0.0005 ~ 0.0075	0.0002	253.7

9. 배출가스 중 베릴륨화합물

분석방법	정량범위(mg/Sm³)	방법검출한계(mg/Sm³)	측정파장(nm)
원자흡수분광광도법	0.010 ~ 0.500	0.003	234.9

❸ 배출가스 중 휘발성유기화합물 측정방법

1. 배출가스 중 폼알데하이드 및 알데하이드류

(1) 고성능 액체크로마토그래피법

시료채취량이 2L ~ 10L일 경우, 배출가스 중 알데하이드 화합물을 0.010ppm ~ 100ppm 범위까지 측정할 수 있다. 알데하이드 화합물의 방법검출한계는 0.003ppm이다.

(2) 크로모트로핀산 자외선/가시선분광법

정량범위는 시료채취량 60L일 때 0.010ppm~0.200ppm이다. 시료채취량 및 흡수액량을 적절히 선택하면 100ppm 정도까지도 측정할 수 있다. 폼알데하이드의 방법검출한계는 0.003ppm이다.

(3) 아세틸아세톤 자외선/가시선분광법

정량범위는 시료채취량 60L일 때 0.020ppm~0.400ppm이고, 방법검출한계는 0.007ppm이다.

2. 배출가스 중 브로민화합물

(1) 자외선/가시선분광법

① 배출가스 중 브로민화합물을 수산화소듐 용액에 흡수시킨 후 일부를 분취해서 산성으로 하여 과망간산포타슘 용액을 사용하여 브로민으로 산화시켜 클로로폼으로 추출한다. 클로로폼층에 물과 황산제이철암모늄 용액 및 싸이오사이안산제이수은 용액을 가하여 발색한 정제수층의 흡광도를 측정해서 브로민을 정량하는 방법이다. 흡수 파장은 460nm이다.

② 정량범위는 시료채취량이 40L인 경우 브로민화합물로서 (1.8~17.0)ppm이며, 방법검출한계는 0.6ppm이다.

(2) 적정법

① 배출가스 중 브로민화합물을 수산화소듐 용액에 흡수시킨 다음 브로민을 하이포아염소산소듐용액을 사용하여 브로민산 이온으로 산화시키고 과잉의 하이포아염소산염은 폼산소듐으로 환원시켜 이 브로민산 이온을 아이오딘 적정법으로 정량하는 방법이다.

② 정량범위는 시료채취량이 40L인 경우 브로민화합물로서 1.2ppm~59.0ppm이며, 방법검출한계는 0.4ppm이다.

3. 배출가스 중 페놀화합물

(1) 4-아미노안티피린 자외선/가시선분광법

① 배출가스 중의 페놀화합물을 측정하는 방법으로서 배출가스를 수산화소듐 용액에 흡수시켜 채취한다.

② pH를 10 ± 0.2로 조절한 후 여기에 4-아미노안티피린 용액과 헥사사이아노철(Ⅲ)산 포타슘 용액을 순서대로 가하여 얻어진 적색액을 510nm의 파장에서 흡광도를 측정하여 페놀화합물의 농도를 계산한다.

③ 10L의 시료를 용매에 흡수시켜 채취할 경우 시료 중의 페놀화합물의 농도가 1.0ppm ~ 20.0ppm 범위의 분석에 적합하다.

④ 총 페놀화합물의 방법검출한계는 0.32ppm이다.

⑤ 시료 중에 다량의 오염물질이 함유되어 있으면 클로로폼으로 추출하여 적용할 수 있다.

4. 배출가스 중 탄화수소

(1) 불꽃이온화검출기

① 반응시간 : 오염물질 농도의 단계변화에 따라 최종값의 90%에 도달하는 시간
② 총탄화수소분석기 : 배출가스 중 총탄화수소를 분석하기 위한 배출가스 측정기로써 형식승인을 받은 분석기기를 사용
③ 교정가스 주입장치 : 제로 및 교정가스를 주입하기 위해서는 3방콕이나 순간연결장치 사용
④ 기록계 : 기록계를 사용하는 경우에는 최소 4회/min이 되는 기록계 사용

제4장 환경기준시험방법

❶ 환경대기중 시료채취방법

1. 시료채취를 위한 일반사항

(1) 채취지점수(측정점수)의 결정방법(인구비례에 의한 방법)

① 대상지역의 인구 분포 및 인구밀도를 고려하여 인구밀도가 5,000명/km² 이하일 때 적용
② 가주지면적 = 총면적 - (전답 + 임야 + 호수 + 하천)
③ 측정점수 = $\dfrac{\text{그 지역 가주지면적}}{25\text{km}^2} \times \dfrac{\text{그 지역 인구밀도}}{\text{전국 평균인구밀도}}$

(2) 시료채취 위치선정

① 시료채취 위치는 원칙적으로 주위에 건물이나 수목 등의 장애물이 없고 그 지역의 오염도를 대표할 수 있다고 생각되는 곳을 선정한다.
② 주위에 건물이나 수목 등의 장애물이 있을 경우에는 채취위치로부터 장애물까지의 거리가 그 장애물 높이의 2배 이상 또는 채취점과 장애물 상단을 연결하는 직선이 수평선과 이루는 각도가 30° 이하되는 곳을 선정한다.
③ 주위에 건물등이 밀집되거나 접근되어 있을 경우에는 건물 바깥벽으로부터 적어도 1.5m 이상 떨어진 곳에 채취점을 선정한다.
④ 시료채취의 높이는 그 부근의 평균오염도를 나타낼 수 있는 곳으로서 가능한 한 1.5m~10m범위로 한다.

❷ 환경대기 중 무기물질 측정법

1. 환경대기 중 아황산가스 측정방법

(1) 측정방법의 종류

① 수동 및 반자동측정법
   ㉠ 파라로자닐린법
   ㉡ 산정량 수동법
   ㉢ 산정량 반자동법

② 자동 연속 측정법
   ㉠ 용액 전도율법
   ㉡ 용액 전도율법
   ㉢ 불꽃광도법
   ㉣ 자외선형광법(주시험방법)
   ㉤ 흡광차분광법

③ 파라로자닐린법의 간섭물질
   알려진 주요 방해물질은 질소산화물(NOx), 오존(O_3), 망간(Mn), 철(Fe) 및 크롬(Cr)이다.
   ㉠ NOx의 방해는 설퍼민산(NH_3SO_3)을 사용함으로써 제거
   ㉡ 오존의 방해는 측정기간을 늦춤으로써 제거된다.
   ㉢ 에틸렌다이아민테트라아세트산(EDTA) 및 인산은 위의 금속성분들의 방해를 방지한다.
   ㉣ 암모니아, 황화물(Sulfides) 및 알데하이드는 방해되지 않는다.

2. 환경대기 중 질소산화물 측정방법

(1) 측정방법의 종류

① 자동연속측정방법
   ㉠ 화학발광법(주시험방법)
   ㉡ 살츠만법
   ㉢ 흡광차분광법

② 수동측정방법
   ㉠ 야콥스호흐하이저법
   ㉡ 수동살츠만법

3. 환경대기 중 먼지 측정방법

(1) 측정방법의 종류

① 고용량 공기시료채취기법(High Volume Air Sampler Method)
② 저용량 공기시료채취기법(Low Volume Air Sampler Method)
③ 베타선법(β-Ray Method)

(2) 고용량 공기시료채취기(High Volume Air Sampler)법

① 원리 및 적용범위

이 방법은 대기 중에 부유하고 있는 입자상물질을 고용량 공기시료채취기를 이용하여 여과지상에 채취하는 방법으로 입자상물질전체의 질량농도를 측정하거나 금속성분의 분석에 이용한다. 이 방법에 의한 채취입자의 입경은 일반적으로 0.01~100μm 범위이다.

② 채취용 여과지

㉠ 입자상 물질의 채취에 사용하는 여과지는 0.3μm되는 입자를 99% 이상 채취 가능
㉡ 압력손실과 흡수성이 적고 가스상 물질의 흡착이 적은 것
㉢ 분석에 방해되는 물질을 함유하지 않은 것
㉣ 여과지의 재질은 유리섬유, 석영섬유, 폴리스틸렌, 니트로셀룰로스, 플루오로수지

(3) 저용량 공기시료채취기(Low Volume Air Sampler)법

① 원리 및 적용범위

이 방법은 환경대기중에 부유하고 있는 입자상 물질을 저용량 공기시료채취기를 사용하여 여과지 위에 채취하는 방법으로 일반적으로 총부유먼지와 10μm 이하의 입자상 물질을 채취하여 질량농도를 구하거나 금속 등의 성분분석에 이용한다.

② 흡입펌프의 구비조건

㉠ 연속해서 30일 이상 사용할 수 있을 것
㉡ 진공도가 높을 것
㉢ 유량이 큰 것
㉣ 맥동이 없이 고르게 작동될 것
㉤ 운반이 용이할 것

4. 환경대기 중 탄화수소 측정법(불꽃 이온화 검출기법)

① 총탄화수소 측정법
② 비메탄 탄화수소 측정법(주시험방법)
③ 활성 탄화수소 측정법

5. 환경대기 중의 석면측정용 현미경법

분석방법	정량범위	방법검출한계
위상차현미경(주시험방법)	0.2μm~5μm	0.2μm
주사전자현미경	1.0nm 이하	-
투과전자현미경	1.0nm 이상	7,000 구조수/mm^2

(1) 위상차 현미경

① 위상차현미경을 사용하여 섬유상으로 보이는 입자를 계수하고 같은 입자를 보통의 생물현미경으로 바꾸어 계수하여, 그 계수치들의 차를 구하면 굴절율이 거의 1.5인 섬유상의 입자 즉 석면이라고 추정할 수 있는 입자를 계수할 수가 있게 된다.
② 석면먼지의 농도표시는 20℃, 1 기압 상태의 기체 1mL 중에 함유된 석면섬유의 개수(개/mL)로 표시한다.

(2) 시료채취 및 관리

① 시료채취 및 측정시간 : 주간시간대에 (오전 8시 ~ 오후 7시) 10L/min 으로 1시간 측정
② 시료 채취면이 주 풍향을 향하도록 설치한다.
③ 유량계의 부자를 10L/min 되게 조정한다.

(3) 식별방법 : 채취한 먼지 중에 길이 5μm 이상이고, 길이와 폭의 비가 3:1 이상인 섬유를 석면섬유로서 계수한다.

6. 환경대기 중의 벤조(a)피렌 시험방법

(1) 분석방법의 종류

① 기체크로마토그래피법(주시험방법)
② 형광분광광도법

대기오염방지기술

제1장 집진장치

❶ 중력집진장치

1. 중력집진장치의 특징

① 중력에 의한 자연침강의 방법으로 주로 입자의 크기가 50㎛ 이상의 입자상물질을 처리 하는데 사용된다.
② 함진가스의 온도변화에 의한 영향을 거의 받지 않는다.
③ 전처리(1차처리장치)로 사용된다.
④ 유지비 및 설치비가 적게드나 신뢰도가 낮다.
⑤ 함진가스의 먼지부하나 유량변동에 적응성이 낮다.

2. 집진효율 향상조건

① 침강실내의 처리가스 속도가 작을수록 미립자가 잘 채취된다.
② 침강실의 높이가 낮고 길이가 길수록 집진율은 높아진다.
③ 입자가 작을 때 침강속도가 작아져 집진이 잘 안된다.
④ 침강실내의 배기가스 기류는 균일해야 한다.
⑤ 다단일 경우에는 단수가 증가할수록 집진율은 커지나 압력손실도 증가한다.

❷ 관성력 집진장치

1. 관성력집진장치의 집진효율

① 충돌식은 일반적으로 충돌직전의 처리가스 속도가 크고, 처리후 출구 가스속도는 느릴수록 미립자의 제거가 쉽다.

② 반전식은 기류의 방향 전환시 곡률반경이 작을수록, 방향전환 횟수는 많을수록, 압력 손실은 커지나 집진효율은 좋다.
③ 호퍼(DUST BOX)는 적당한 모양과 크기가 필요하다.

③ 원심력 집진장치

1. Blow Down(블로우다운) 효과

사이클론의 집진효율을 높이는 방법으로 하부의 더스트박스(Dust Box)에서 처리가스량 5~10%를 처리하여 사이클론내의 난류현상을 억제시킴으로 먼지의 재비산을 막아주며, 장치 내벽 부착으로 일어나는 먼지의 축적도 방지하는 효과이다.

2. 사이클론의 집진효율의 성능인자

① 함진가스의 선회속도가 클수록 입자의 분리속도는 커진다.
② 내경(배출내관)이 작을수록 입경이 작은 먼지를 제거할 수 있다.
③ 입구유속이 빠를수록 효율이 높은 반면에 압력손실은 높아진다.
④ 몸체직경 및 출구직경이 커지면 효율은 감소한다.
⑤ 입자의 입경과 밀도가 클수록 효율은 증가한다.
⑥ 입자의 입경이 클수록 입자의 분리속도는 커진다.
⑦ Blow down 효과를 적용하여 효율을 증대시킨다.
⑧ Dust box의 모양과 크기도 효율에 영향을 미친다.

④ 흡수장치 및 세정집진장치

1. 흡수장치의 종류

① 가스분산형 흡수장치
  ㉠ 액측저항이 큰 경우에 이용
  ㉡ 용해도가 낮은 가스에 적용
  ㉢ 다공판탑, 종탑, 기포탑 등이 있다.

② 액분산형 흡수장치
　㉠ 가스측 저항이 큰 경우 이용
　㉡ 용해도가 높은 가스에 적용
　㉢ 충전탑(흡수탑), 분무탑(살수탑), 벤츄리스크러버 등이 있다.

2. 흡수액 선정시 고려할 사항

① 용해도가 높아야 한다.
② 휘발성이 낮아야 한다.
③ 흡수액의 점성은 비교적 작아야 한다.
④ 용매의 화학적 성질과 비슷해야 한다.
⑤ 부식성 및 독성이 없어야 한다.
⑥ 어는점이 낮아야 한다.
⑦ 비점이 높아야 한다.
⑧ 시장성이 좋고 값이 싸야 한다.

3. 충전탑(흡수탑)

원통형의 탑내에 여러 가지 충전재를 넣어 함진가스(가스유입속도 1m/sec 이하)와 세정액을 접촉시켜 세정하는 장치이다.

① 액분산형 흡수장치이다.
② [충전탑의 직경/충전제 직경] = 8~10 일때 편류현상이 최소가 된다.
③ 범람점에서의 가스속도는 충전제를 불규칙하게 쌓았을 때 보다 규칙적으로 쌓았을 때가 더 크다.
④ 충전제를 규칙적으로 충전하면 불규칙적으로 충전하는 방법에 비하여 압력손실이 적어 더 많은 흡수제를 흘릴 수 있다.
⑤ 가스의 유속이 증가하면 충전층내의 액의 보유량이 증가하여 탑위로 넘치게 되므로 가스유속은 범람(flooding)속도의 40~70%가 적당하다.
⑥ 효율을 증대시키기 위해서는 가스의 용해도를 증가시키고, 액가스비를 증가시켜야 한다.

4. 벤츄리스크러버

함진가스를 벤츄리관의 목(throat)부에 유속 60~90m/sec로 빠르게 공급하여 목부주변의 노즐로부터 세정액이 흡입분사되게 함으로써 채취하는 방식이다.

① 가압수식중에서 집진율이 가장 높아 대단히 광범위하게 사용되며, 소형으로 대용량의 가스처리가 가능하다.
② 액체방울(Liquid droplet)과 입자의 주된 접촉 메카니즘은 충돌(Impaction)이다.
③ 물방울입경과 먼지입경의 비는 충돌 효율면에서 150 : 1 전후가 적당하다.
④ 압력손실이 300~800mmH$_2$O로 아주 크므로 동력비가 크다.
⑤ 소형으로 대용량의 가스를 처리할 수 있다.
⑥ 효율이 우수하고 광범위하게 사용된다.
⑦ 액가스비는 일반적으로 먼지의 입경이 작고, 친수성이 적을 때 커진다.
⑧ 벤츄리관의 목부의 함진가스 유속은 60~90m/sec이다.
⑨ 액가스비는 10μm 이하 미립자 또는 친수성이 아닌 입자의 경우는 1.5L/m^3 정도를 필요로 한다.
⑩ 먼지입자의 친수성이 적을 때 액가스비는 커진다.
⑪ 액가스비는 보통 0.3~1.5L/m^3 정도이다.
⑫ 먼지와 가스의 동시제거가 가능하다.
⑬ throat부의 배기가스 속도를 크게하면 효율이 증가한다.
⑭ 먼지부하 및 가스유동에 민감하고, 대량의 세정액이 요구된다.

❺ 여과집진장치

1. 여과집진장치의 특징

① 다양한 여과재의 사용으로 인하여 설계시 융통성이 있다.
② 세정집진장치보다 압력손실과 동력소모가 적다.
③ 여과재의 교환으로 유지비가 고가이다.
④ 수분이나 여과속도에 대한 적응성이 낮다.
⑤ 벤츄리스크러버보다 압력손실과 동력소모가 적은편이다.
⑥ 1μm 이상의 미세입자의 제거가 용이하다.
⑦ 폭발성, 점착성 및 흡습성 먼지의 제거가 어렵다.

2. 탈진방식

(1) 간헐식 탈진방식

① 먼지의 재비산이 적다.
② 높은 집진율을 얻을 수 있다.
③ 여포의 수명은 연속식에 비해 길다.
④ 진동형과 역기류형, 역기류 진동형이 있다.
⑤ 대용량 처리에 부적당하다.
⑥ 여러개의 방으로 구분하고 방 하나씩 처리가스의 흐름을 차단하여 순차적으로 탈진하는 방식이다.
⑦ 간헐식 중 진동형은 음파진동, 횡진동, 상하진동에 의해 채취된 먼지층을 털어내는 방식으로 접착성 먼지의 집진에는 사용할 수 없다.
⑧ 진동형의 경우 여과속도는 1~2cm/sec 정도이다.

(2) 연속식 탈진방식

① 먼지의 재비산이 크다.
② 집진율이 낮다.
③ 고농도, 대용량의 처리가 용이하다.
④ 연속식은 간헐식에 비해 여과자루의 수명이 짧다.
⑤ 채취과 탈진이 동시에 이루어지므로 압력손실이 거의 일정하다.
⑥ 연속식에는 역제트기류 분사형(reverse jet)과, 충격제트기류 분사형(pulse jet) 등이 있다.
⑦ 충격제트기류 분사형은 처리가스가 여과포의 외부에서 내부로 투과되기 때문에 먼지는 여과포 외벽에 집진되는 방식이다.
⑧ 충격제트기류 분사형 탈진방식은 집진장치 내 운동장치가 없어 탈진주기에 비해 소요되는 시간이 짧다.
⑨ 연속식 중 가압형을 고압의 충격제트기류를 먼지층에 분사하고 압력에 의해 먼지층을 털어내는 방식으로 최근 사용이 늘고 있다.

6 전기집진장치

1. 전기집진장치 특징

(1) 장점

① 고집진율(99%)을 얻을 수 있다.
② 고온가스처리가 가능하다. (350℃ 정도)
③ 대량의 공기를 다룰 수 있다.
④ 부식성 가스가 함유된 먼지도 처리가 가능하다.
⑤ 전력소비(동력비)가 적게들고 유지관리비가 적게 든다.
⑥ 광범위한 온도와 대용량 범위에서 운전이 가능하다.

(2) 단점

① 초기시설비가 크다.
② 설치면적이 크게 소요된다.
③ 전압변동과 같은 조건변동에 쉽게 적응하기 어렵다.
④ 집진율이 서서히 저감된다.
⑤ 전처리 시설이 필요하다.

2. 전기집진기에서 먼지의 비저항(겉보기 전기 저항률)

① 전기집진장치에서 집진효율에 가장 크게 영향을 주는 것이 전기저항이다.
② 재비산 현상
　㉠ 발생조건 : 먼지의 전기저항이 $10^4 \Omega\,cm$ 이하일 때
　㉡ 방지책
　　ⓐ NH_3를 주입
　　ⓑ 습식집진장치 사용
③ 역전리 현상
　㉠ 발생조건 : 먼지 전기저항이 $10^{11} \Omega\,cm$ 이상일 때
　㉡ 방지책
　　ⓐ 처리가스의 온도를 조절하거나 습도를 높인다.
　　ⓑ SO_3를 스프레이로 주입한다.
　　ⓒ 습식집진장치를 사용한다.

ⓓ 황산을 조절제로 주입한다.
ⓔ 타격빈도를 높인다.

> **TIP**
>
> 먼지의 비저항이 비정상적으로 높은 경우 투입하는 물질
> ① H_2SO_4
> ② NaCl
> ③ Soda lime

④ SO_3에 의한 부식방지책 : NH_3를 주입
⑤ 효율이 가장 우수할때의 먼지의 전기저항은 $10^4 \sim 10^{11} \Omega \cdot cm$ 이다.

3. 전기집진장치에서 장애현상

(1) 2차 전류가 주기적으로 변하거나 불규칙적으로 흐르는 장애현상의 대책

① 충분하게 먼지를 탈리시킨다.
② 1차 전압을 스파크가 안정되고 전류의 흐름이 안정될때까지 낮추어 준다.
③ 방전극과 집진극을 점검한다.

(2) 2차전류가 많이 흐르는 장애현상의 원인

① 먼지의 농도가 너무 낮을때
② 방전극이 너무 가늘때
③ 공기 부하시험을 행할 때
④ 이온 이동도가 큰 가스를 처리할 때

(3) 2차 전류가 현저하게 떨어질 때

① 원인
  ㉠ 먼지의 농도가 너무 높을 때
  ㉡ 먼지의 비저항이 비정상적으로 높을 때
② 대책
  ㉠ 스파크의 횟수를 늘린다.
  ㉡ 조습용 스프레이의 수량을 늘린다.
  ㉢ 입구먼지농도를 적절히 조절한다.

제2장 유해가스 처리법

❶ 황산화물(SO_x) 처리법

1. 중유탈황법

(1) 중유탈황법의 종류

① 금속산화물에 의한 흡착탈황
② 미생물에 의한 생화학적 탈황
③ 방사선화학에 의한 탈황
④ 접촉수소화 탈황법 ┌ 가장 많이 사용
　　　　　　　　　　├ 탈황이 이루어지는 온도 : 350~420℃
　　　　　　　　　　└ 탈황이 이루어지는 압력 : 50~220kg/cm²

(2) 직접탈황법

① 내독성 촉매를 첨가하여 고온과 고압수조의 존재하에 반응시켜 황과 황화수소(H_2S)를 제거하는 방법이다.
② Co-Ni-Mo을 수소첨가촉매로 하여 250~450℃에서 30~150kg/cm²의 압력을 가하여 H_2S, S, SO_2 형태로 제거하는 중유탈황법이다.

2. 촉매산화법 = 접촉산화법 = 산화법

(1) 정의

배연탈황법의 일종으로 배출가스중의 황산화물을 촉매를 사용하여 SO_2를 SO_3로 산화시켜 약 80% 농도의 황산을 직접 회수할 수 있는 방법이다.

(2) 사용 촉매

① 백금(Pt)
② 오산화바나듐(V_2O_5)
③ K_2SO_4

❷ 질소산화물(NO_x)의 처리법

1. 선택적 촉매(접촉)환원법(SCR) – 건식법

배기가스 중에 존재하는 산소와는 무관하게 NO_x를 선택적으로 접촉환원시키는 방법이다.

① 질소산화물이 촉매에 의하여 선택적으로 환원되어 질소분자와 물로 전환된다.
② 환원제로는 NH_3가 사용된다.
③ 질소산화물 전환율은 반응온도에 따라 종모양(bell shape)을 나타낸다.
④ 선택적 환원제로는 NH_3, H_2S 등이 있다.
⑤ 선택적인 접촉환원법에서 Al_2O_3계의 촉매는 SO_2, SO_3, O_2와 반응하여 황산염이 되기 쉽고, 촉매의 활성이 저하된다.
⑥ H_2S를 사용하는 선택적 촉매환원법은 Claus 반응에 따라 아황산가스 제거도 가능한 NO_x, SO_x 동시제거법으로 제안되기도 하였다.
⑦ 선택적 촉매환원법에서 NH_3를 환원제로 사용하는 탈질법은 산소존재에 의해 반응속도가 증대하는 특이한 반응이고, 2차 공해의 문제도 적은 편이므로 광범위하게 적용된다.
⑧ 선택적 촉매환원법의 최적온도범위는 300~400℃ 정도이며, 보통 80% 정도의 NO_x를 저감시킬 수 있다.

2. NO_x(질소산화물)의 발생억제법

① 저온도연소 : 주입하는 공기의 예열온도를 조절하여 질소산화물 발생을 줄인다.
② 배기가스재순환법 : 불꽃의 최고온도가 낮아져 질소산화물의 생성량이 줄어든다.
③ 수증기 분무 : 화로내에 물이나 수증기를 분무하여 산소와 수소를 분해시키면 흡열 반응을 일으키는 동시에 둥근 화염을 형성시켜 NO_x발생을 방지한다.
④ 연소용 공기의 과잉 공급량을 약 10% 이내로 줄임으로써 질소산화물의 생성을 억제할 수 있다.
⑤ 연소로에서 주위 표면으로부터 열전달을 효과적으로 촉진시켜 화염온도를 낮춤으로써 질소산화물을 줄일 수 있다.

3. NO_x(질소산화물) 제거법

① 배기가스 재순환법
② 연소부분 냉각법
③ 2단 연소법
④ 연소온도 낮게
⑤ NO_x 함량이 적은 연료 사용
⑥ 연소영역에서의 산소농도 낮게
⑦ 연소영역에서 연소가스의 체류시간을 짧게

제3장 흡착법과 연소법 및 악취물질

❶ 흡착법

1. 흡착제의 종류별 사용용도

① 활성탄(Activated carbon)
   ㉠ 용제회수, 가스정제, 악취제거
   ㉡ 각종 방향족 유기용제, 할로겐화된 지방족 유기용제, 에스테르류
   ㉢ 알코올류 등의 비극성류의 유기용제 흡착
   ㉣ 표면적은 600~1400 m^2/g이다.
   ㉤ 소수성(비극성) 흡착제이다.
② 분자체
   ㉠ 탄화수소로부터 오염물질제거
③ 활성알루미나
   ㉠ 습한 가스의 건조
   ㉡ 물과 유기물을 잘 흡착하며 175~325℃로 가열하여 재생시킬 수 있다.
   ㉢ 친수성(극성) 흡착제이다.
④ 실리카겔(Sillicagel)
   ㉠ 가스건조, 황분제거
   ㉡ NaOH 용액 중 불순물 제거
   ㉢ 250℃ 이하에서 물과 유기물을 잘 흡착
   ㉣ 친수성(극성) 흡착제이다.

⑤ 보오크사이트
　　㉠ 석유분류물 처리
　　㉡ 석유중의 유분제거
　　㉢ 가스 및 용액건조
　　㉣ 친수성(극성) 흡착제이다.
⑥ 합성제올라이트(Synthetic Zeolite)
　　㉠ 특정한 물질을 선택적으로 흡착시키거나 흡착속도를 다르게 할 수 있다.
　　㉡ 극성이 다른 물질이나 포화정도가 다른 탄화수소의 분리가 가능
　　㉢ 합성제올라이트는 분자체로 알려져 있다.
　　㉣ 친수성(극성) 흡착제이다.
⑦ 마그네시아(Magnesia)
　　㉠ 기름(휘발유)용제 정제
　　㉡ 표면적은 $200m^2/g$ 정도
　　㉢ 소수성(비극성) 흡착제이다.

2. 흡착의 종류

(1) 화학적 흡착

① 대부분의 흡착제가 고체이다.
② 흡착제의 재생성이 낮다.
③ 흡착열이 물리적 흡착에 비하여 높다.
④ 여러층의 흡착층이 불가능하다.
⑤ 단분자를 흡착하며 비가역적 반응이다.

(2) 물리적 흡착

① Van der Waals 힘과 같은 약한 힘으로 결합된다.
② 가역적 과정이며 흡착열이 화학적 흡착보다 작다.
③ 기체와 흡착제 분자간의 인력이 작용
④ 흡착온도를 증가시키면 평형 흡착량은 감소한다.
⑤ 결합에너지는 액체분자사이의 인력과 비슷하다.
⑥ 다분자 흡착이며 흡착제의 재생이나 오염가스의 회수에 용이하다.
⑦ 처리할 가스의 분압이 낮아지면 흡착량은 감소한다.
⑧ 압력을 감소시키면 흡착물질이 흡착제로부터 분리되는 가역적 반응이다.

❷ 연소법과 산화법

1. 연소법의 종류

(1) 가열 연소법(가열 소각법)

① 배출가스내 가연성 물질의 농도가 매우 낮아 직접 연소가 어려울 경우에 주로 사용한다.
② After burner법이라고도 하며, hydrocarbons, H_2, NH_3, HCN 등의 제거가 유용하다.
③ 오염기체의 농도가 낮을 경우 보조연료가 필요하며, 보통 경제적으로 오염가스의 농도가 연소하한치(LEL)의 50% 이상이 적합하다.
④ 그을음은 연료중의 C/H비가 3 이상일 때 주로 발생되므로 수증기 주입으로 C/H비를 낮추면 해결 가능하다.
⑤ 보통 연소실의 온도는 500~800℃, 체류시간은 0.2~0.8초 정도로 설계하고 있다.

(2) 촉매 연소법

① 낮은 온도에서 반응이 가능하며 분자량이 작은 탄화수소가 큰 탄화수소보다 쉽게 산화되지 않는다.
② 반응속도가 빠르고 온도를 낮출 수 있어 NO_x 발생이 가장 적게 발생한다.
③ 촉매는 백금, 코발트, 니켈 등이 있으나, 고가이지만 성능이 우수한 백금계의 것이 많이 사용된다.
④ 활성도가 높은 촉매를 사용하는 것이 바람직하지만 내열성과 촉매독의 문제가 있다.
⑤ 촉매연소법은 직접 연소법과 비교하여 연료 소비량이 적기 때문에 운전비가 절감되지만 촉매의 수명이 문제가 된다.
⑥ 촉매연소법은 약 300~400℃의 온도에서 산화분해시킨다.
⑦ 일산화탄소를 백금계의 촉매를 사용하여 연소시켜 처리하고자 할때 촉매독으로 작용하는 물질은 Pb, As, S, Zn 등이다.
⑧ 유해가스를 촉매연소법으로 처리할 때 촉매의 수명을 단축시키거나 효율을 감소시킬 수 있는 물질은 Fe, Si, P이다.

(3) 직접연소법

① 직접연소법은 700~800℃에서 0.5초 정도가 일반적이다.
② 직접연소법은 경우에 따라 보조연료나 보조공기가 필요하며 대체로 오염물질의 발열량이 연소에 필요한 전체 열량의 50% 이상일 때 경제적으로 타당하다.
③ 직접연소법은 after burner법이라고도 하며 HC, H_2, NH_3, HCN 및 유독가스 제거법으로 사용된다.

❸ 악취(냄새) 유발물질

1. 악취(냄새)물질의 화학구조 및 특성

① 골격이 되는 탄소수는 저분자일수록 관능기 특유의 냄새가 강하고 자극적이나 8~13에서 가장 향기가 강하다.
② 불포화도(2중결합 및 3중결합의 수)가 높으면 냄새가 보다 강하게 난다.
③ 락톤 및 케톤 화합물은 환상이 크게 되면 냄새가 강해진다.
④ 냄새분자를 구성하는 원소로는 C, H, O, N, S, Cl 등이다.
⑤ 냄새물질은 화학반응성이 풍부하다.
⑥ 화학물질이 냄새물질로 되기 위해서는 친유성기와 친수성기의 양기를 가져야 한다.
⑦ 분자내 수산기의 수는 1개일 때 가장 강하고 수가 증가하면 약해져서 무취에 이른다.
⑧ 냄새는 화학적 구성보다는 구성 그룹배열에 의해 나타나는 물리적 차이에 의해 결정된다는 견해가 지배적이다.
⑨ 냄새를 일으키는 물질은 적외선을 강하게 흡수한다.
⑩ 냄새는 통상 분자내부진동에 의존한다고 가정되므로 라만변이와 냄새는 서로 관련이 있다.
⑪ 냄새물질로 분자량이 가장 작은 것은 암모니아이며, 분자량이 큰 물질은 냄새강도가 분자량에 반비례하여 약해지는 경향이 있다.
⑫ 물리화학적 자극량과 인간의 감각강도 관계는 웨버-페히너(Weber-Fechner)법칙과 잘 맞고 후각에도 잘 적용된다.
⑬ 악취유발물질들의 paraffin과 CS_2를 제외하고는 일반적으로 적외선을 강하게 흡수한다.
⑭ 냄새물질이 비교적 저분자인 것은 휘발성이 높은 것을 의미한다.
⑮ 냄새물질은 실온에서 대다수 액상이다.
⑯ 냄새물질은 산화, 환원반응, 중합·분해반응, 에스테르화·가수분해 반응이 잘 일어난다.
⑰ 냄새물질은 불쾌감과 작업능률 저하를 가져온다.
⑱ 냄새물질은 대부분 흡수, 흡착에 의해 제거된다.

제4장 환기법

❶ 후드 및 덕트

1. 후드의 흡인요령

① 후드를 발생원에 가깝게 한다.
② 국부적인 흡인방식을 취한다.
③ 후드의 개구면적을 작게한다.
④ 에어커텐을 이용한다.
⑤ 충분한 포착속도를 유지한다.

2. 후드의 포착속도(Capture Velocity)

제어속도라고도 하며, 국소배기장치 설치시 기본설계를 위해 발생원에서 오염물질의 비산방향, 비산거리 및 후드의 형식을 고려하여 오염물질의 포착점에서의 적정한 흡입속도를 말한다.

① 포착속도는 확산조건, 오염원의 주변기류에 영향을 크게 받는다.
② 오염물질의 발생속도를 이겨내고 오염물질을 후드내로 흡인하는데 필요한 최소의 기류속도를 말한다.
③ 후드개구에 바깥주변에 플랜지를 부착하면 오염물질의 제어에 필요하지 않은 후드 뒤쪽의 공기흡입을 방지할 수 있고, 그 결과 포착속도가 커지는 이점이 있다.
④ 유해물질의 발생조건이 빠른 공기의 움직임이 있는 곳에서 활발히 비산하는 경우(분쇄기 등)의 제어속도 범위는 1~3m/sec 정도이다.
⑤ 유해물질의 발생조건이 조용한 대기중 거의 속도가 없는 상태로 비산하는 경우(가스, 흄 등)의 제어속도 범위는 0.3~0.5m/sec이다.
⑥ 유해물질의 발생조건이 비교적 조용한 대기중에 저속도로 비산하는 경우(용접작업, 도금작업 등)의 제어속도 범위는 0.5~1.0m/sec이다.

❷ 송풍기

1. 송풍기의 종류

(1) 다익송풍기

같은 주속도에서 가장 높은 풍압(최고 750mmH$_2$O)을 발생시키나, 효율은 3종류의 송풍기 중 가장 낮아서 약 40~70% 정도, 여유율은 1.15~1.25 정도이고 제한된 장소나 저압에서 대풍량(20,000m^3/min 이하)을 요하는 시설에 이용된다.

(2) 비행기날개형(airfoil blade) 송풍기

표준형 평판 날개형보다 비교적 고속에서 가동되고, 후향 날개형을 정밀하게 변형시킨 것으로써 원심력 송풍기 중 효율이 가장 좋아 대형 냉난방 공기조화장치, 산업용 공기 청정장치 등에 주로 이용되며, 에너지 절감효과가 뛰어나다.

(3) 프로펠러형

① 축류송풍기이다.
② 축차는 두 개 이상의 두꺼운 날개를 틀속에 가지고 있고, 효율은 낮으며 저압응용시 사용된다.
③ 덕트가 없는 벽에 부착되어, 공간 내 공기의 순환에 응용되고, 대용량 공기 운송에 이용된다.

(4) 고정날개 축류형 송풍기

① 축류형 중 가장 효율이 높다.
② 효율과 압력상승 효과를 얻기 위해 직선형 고정날개를 사용하나 날개의 모양과 간격은 변형되기도 한다.
③ 중·고압을 얻을 수 있다.
④ 직선류 및 아담한 공간이 요구되는 HVAC 설비에 응용되며, 공기의 분포가 양호하여 많은 산업현장에서 응용한다.

연소공학

제1장 연료

❶ 고체연료

1. 석탄의 탄화도

① 석탄의 탄화도가 증가하면 고정탄소가 증가한다.
② 석탄의 탄화도가 증가하면 발열량이 증가한다.
③ 석탄의 탄화도가 증가하면 착화온도가 증가한다.
④ 석탄의 탄화도가 증가하면 연료비 $\left(\dfrac{고정탄소}{휘발분}\right)$ 가 증가한다.
⑤ 석탄의 탄화도가 증가하면 매연 발생량이 감소한다.
⑥ 석탄의 탄화도가 증가하면 비열은 감소한다.
⑦ 석탄의 탄화도가 증가하면 휘발분은 감소한다.
⑧ 석탄의 탄화도가 증가하면 수분은 감소한다.
⑨ 석탄의 탄화도가 증가하면 산소의 양이 감소한다.
⑩ 석탄의 탄화도가 증가하면 연소속도가 작아진다.

❷ 액체연료

1. 액체연료인 석유의 물성치(물리적 성질)

① 석유류의 증기압이 큰 것은 착화점이 낮아서 위험하다.
② 석유류의 인화점은 휘발유 -50~0℃, 등유 30~70℃, 중유 90~120℃ 정도이다.
③ 석유의 동점도가 감소하면 끓는점이 낮아지고 유동성이 좋아진다.
④ 석유의 비중이 커지면 탄수소비(C/H), 점도, 착화점, 매연발생량이 증가하고 발열량은 낮아진다.

⑤ 경질유는 방향족계 화합물을 10% 미만 함유하고 밀도 및 점도가 낮은 편이다.
⑥ 점도가 낮을수록 유동점이 낮아지므로 일반적으로 저점도의 중유는 고점도의 중유보다 유동점이 낮다.
⑦ 일반적으로 중질유는 방향족계 화합물을 30% 이상 함유하고 상대적으로 밀도 및 점도가 높다.
⑧ 인화점이 낮은 경우에는 역화의 위험성이 있고, 높을 경우(140℃ 이상)에서는 착화가 곤란하다.
⑨ 인화점은 보통 그 예열온도보다 약 5℃ 이상 높은것이 좋다.
⑩ 점도는 유체가 운동할 때 나타나는 마찰의 정도를 나타내고, 동점도는 절대점도를 유체의 밀도로 나눈 것이다.
⑪ 석유의 증기압은 40℃에서의 압력(kg/cm^2)으로 나타내며, 증기압이 큰 것은 인화점 및 착화점이 낮아서 위험하다.
⑫ 인화점은 화기에 대한 위험도를 나타내며, 인화점이 낮을수록 연소는 잘 되나 위험하다.
⑬ 유동점은 일반적으로 응고점보다 2.5℃ 높은 온도를 말한다.
⑭ 점도가 낮아지면 인화점이 낮아지고 연소가 잘 된다.

❸ 기체연료

1. 기체연료의 종류

(1) LNG(액화천연가스)

① LNG의 주성분은 CH_4(메탄) 이다.
② LNG의 밀도는 공기보다 작다.
③ LNG는 천연가스를 1기압하에서 -162℃ 정도로 냉각하여 액화시켜 대량 수송 및 저장을 가능하게 한 것이다.

(2) LPG(액화석유가스)

① LPG의 주성분은 C_3H_8(프로판)과 C_4H_{10}(부탄)이다.
② LPG의 비중이 공기보다 무거워 인화폭발의 위험성이 높다.
③ LPG의 발열량이 높다.
④ 석유정제때에 부산물로 생산되는 것과 천연가스에서 회수되는 것이 있으나 전자의 것이 대부분이다.

제2장 연소형태 및 연소장치

❶ 연소형태

1. 표면연소

① 적열 코크스나 숯의 표면에 산소가 접촉하여 일어나는 연소이다.
② 코크스나 석탄 등이 고온연소시 고체표면이 빨갛게 빛을 내면서 반응하는 연소로 화염이 없는 연소형태이다.

2. 분해연소

① 고체연료가 화염을 정상적으로 내면서 연소하는 것이다.
② 장작, 석탄, 중유 등이 열분해하여 발생한 증기와 함께 연소초기에 불꽃을 내면서 반응하는 것이다.

3. 증발연소

① 오일의 표면에서 오일이 기화하여 일어나는 연소이다.
② 화염으로부터 열을 받으면 가연성 증기가 발생하는 연소로써 휘발유, 등유, 알콜, 벤젠 등의 액체연료의 연소형태이다.

❷ 고체연료 연소장치

1. 미분탄연소장치

석탄을 0.1mm 정도 이하의 미분으로 분쇄한 것을 1차 공기중에 부유시켜 이를 버너로서 로내에 분출연소시키는 방법이다.

① 연료의 표면적이 크고 공기와의 접촉이 좋기 때문에 과잉공기가 적어도 완전연소가 가능하다.
② 연소의 조절이 쉽고 점화, 소화시의 손실이 적다.
③ 부하의 변동에 쉽게 적용할 수 있으므로 대형과 대용량 설비에 적합하다.
④ 과잉공기에 의한 열손실이 적다.

⑤ 비산먼지의 배출량이 많다.

2. 유동층 연소장치

① 유동층연소는 다른 연소법에 비해 NO_x 생성억제가 잘되고, 화염층을 적게 할 수 있으므로 장치의 규모를 작게 할 수 있다.
② 화염층이 작고 클링커 장해 등을 감소시킬 수 있다.
③ 부하변동에 쉽게 응할 수 없다.
④ 재와 미연탄소의 방출이 많다.
⑤ 로의 구조가 매우 단순하고 구동부가 없어 고장이 적다.
⑥ 유동화매체로 사용되는 많은 양의 모래가 열저장 매체 구실을 함으로써 로의 일시적 가동 중단시 로의 냉각을 최소화 할 수 있다.
⑦ 연소가스의 체류시간이 짧은 반면 공기와 폐기물간의 접촉면적이 크므로 완전연소가 가능하다.

3. 화격자 소각로(스토커방식 소각로)의 특징

① 도시폐기물을 소각하는 방식으로 널리 사용된다.
② 체류시간이 길고 교반력이 약하다.
③ 국부가열의 우려가 있다.
④ 연속적인 소각과 배출이 가능하다.
⑤ 수분이 많은 쓰레기의 소각도 가능하다.
⑥ 발열량이 낮은 쓰레기의 소각도 가능하다.
⑦ 복동식과 흔들이식이 있다.

❸ 액체연료 연소장치

1. 유압분무식 버너

노즐을 통하여 5~20kg/cm² 정도의 압력으로 가압된 연료를 연소실 내부로 분무시키는 액체연료의 연소장치 버너이다.

① 대용량 버너 제작이 용이하다.
② 유량조절 범위가 좁아(환류식 1 : 3, 비환류식 1 : 2) 부하변동에 대한 적응성이 낮다.

③ 연료분사범위는 15~2000L/hr 정도이다.
④ 연료유의 분사각도는 기름의 압력, 점도 등으로 약간 달라지지만 40~90°정도의 넓은 각도로 할 수 있다.
⑤ 연료의 점도가 크거나 유압이 5kg/cm² 이하가 되면 분무화가 불량하다.
⑥ 유압은 보통 5~30kg/cm² 정도이다.
⑦ 구조가 간단하여 유지 및 보수가 용이하다.

2. 고압공기식 유류버너(고압기류 분무식 버너)

① 분무각도는 작지만 유량조절비는 커서 부하변동에 적응이 용이하다.
② 연료유의 점도가 큰 경우에는 분무화가 용이하나 연소시 소음이 크다.
③ 분무에 필요한 1차공기량은 이론연소공기량의 7~12% 정도이다.
④ 연료분사범위는 외부혼합식이 3~500L/hr, 내부혼합식이 10~1200L/hr 정도이다.
⑤ 증기압 또는 공기압은 2~10kg/cm² 정도이다.
⑥ 기름의 분무각도는 20~30° 정도이다.
⑦ 유량조절범위는 1 : 10 정도이다.
⑧ 화염의 형식은 가장 좁은 각도의 긴 화염이다.
⑨ 용도는 제강용평로, 연속가열로, 유리용해로 등의 대형가열로 등에 많이 사용된다.

④ 기체연료 연소장치 및 연소형태

1. 확산연소

기체연료와 연소용 공기를 연소실로 보내 연소하는 방식이다.

① 확산연소시 연료류와 공기류의 경계에서 확산과 혼합이 일어난다.
② 연소가능한 혼합비가 먼저 형성된 곳부터 연소가 시작되므로 연소형태는 연소기의 위치에 따라 달라진다.
③ 확산연소는 화염이 길다.
④ 확산연소는 역화의 위험이 없으며 가스와 공기를 예열할 수 있다.
⑤ 연료 분출속도가 클 경우 그을음이 발생하기 쉽다.
⑥ 기체연료와 연소용 공기를 버너내에서 혼합시키지 않는다.
⑦ 확산연소에 사용되는 버너로는 포트형과 버너형이 있다.

2. 예혼합연소

기체연료와 연소용 공기를 버너내에서 혼합하여 공급하는 방식이다.

① 연소가 내부에서 연료와 공기의 혼합비가 변하지 않고 균일하게 연소된다.
② 화염온도가 높아 연소부하가 큰 경우에 사용이 가능하다.
③ 연소조절이 쉽고 화염길이가 짧다.
④ 혼합기의 분출속도가 느릴 경우 역화의 위험이 있다.
⑤ 예혼합연소에 사용되는 고압버너는 기체연료의 압력을 $2kg/cm^2$ 이상으로 공급하므로 연소실내의 압력은 정압이다.

제3장 착화온도, 등가비, 탄소수비, 공기비, 매연

❶ 착화온도

1. 착화온도의 특징

① 가연물의 증발량이 많을수록 낮아진다.
② 화학결합의 활성도가 클수록 낮아진다.
③ 산소와의 친화성이 클수록 낮아진다.
④ 활성화에너지가 작을수록 낮아진다.
⑤ 분자구조가 복잡할수록 낮아진다.
⑥ 발열량이 높을수록 낮아진다.
⑦ 공기중의 산소농도가 클수록 낮아진다.
⑧ 화학반응성이 클수록 낮아진다.
⑨ 공기의 압력이 높을수록 착화온도는 낮아진다.
⑩ 탄화수소의 착화온도는 분자량이 클수록 낮아진다.
⑪ 비표면적이 클수록 낮아진다.
⑫ 석탄의 탄화도가 작을수록 낮아진다.

❷ 등가비(φ ; equivalent ratio)

① $\phi = \dfrac{\text{실제의 연료량/산화제}}{\text{완전연소를 위한 이상적 연료량/산화제}}$

② $\phi = \dfrac{1}{\text{공기비}(m)}$ 이다.

③ $\phi = 1$ 경우는 완전연소로 연료와 산화제의 혼합이 이상적이다.

④ $\phi > 1$ 경우는 연료가 과잉이며 불완전 연소로 CO, HC 최대이고 NO_x 최소가 된다.

⑤ $\phi < 1$ 경우는 공기가 과잉, 완전연소가 기대되며 CO가 최소가 된다.

❸ 탄수소비(C/H)의 특징

① 석유계 연료의 탄수소비는 연소용 공기량과 발열량 그리고 연료의 연소특성에도 영향을 미친다.
② 탄수소비가 크면 비교적 비점이 높은 연료는 매연이 발생되기 쉽다.
③ 기체연료의 탄수소비는 올레핀계 > 나프텐계 > 아세틸계 > 프로필계 > 프로판 > 메탄 순으로 감소한다.
④ 중질 연료일수록 C/H비는 크다.
⑤ C/H비가 클수록 이론공연비는 감소된다.
⑥ C/H비는 휘발유 < 등유 < 경유 < 중유 순으로 증가한다.
⑦ C/H비가 클수록 휘도가 높고 방사율이 크다.

❹ 그을음(매연) 발생의 특징

① 분해나 산화하기 쉬운 탄화수소는 그을음 발생이 적다.
② C/H비가 큰 연료일수록 그을음이 잘 발생된다.
③ 발생빈도의 순서는 천연가스 < LPG < 제조가스 < 석탄가스 < 코크스 이다.
④ -C-C-의 탄소결합을 절단하기 보다 탈수소가 쉬운 쪽이 매연이 생기기 쉽다.
⑤ 탈수소, 중합 및 고리화합물 등과 같이 반응이 일어나기 쉬운 탄화수소일수록 매연이 잘 생긴다.
⑥ 연소실의 체적이 작을 때 매연이 발생한다.

⑦ 중유연소에서 공기비가 클수록 검댕이 적게 생긴다.
⑧ 중유연소에서 생성되는 검댕의 입경은 메탄연소의 경우보다 크다.
⑨ 석탄 연소에서는 석탄의 휘발분이 많을수록 검댕이 생기기 쉽다.
⑩ 통풍력이 부족할 때 매연이 발생한다.
⑪ 무리하게 연소시킬 때 매연이 발생한다.
⑫ 방향족 생성반응이 일어나기 쉬운 탄화수소일수록 발생하기 쉽다.

⑤ NO_x의 저감법

1. 열적 NO_x(Thermal NO_x)의 생성억제 방안

① 희박 예혼합 연소를 함으로써 최고 화염온도를 1800K 이하로 억제한다.
② 물의 증발잠열과 수증기의 현열 상승으로 화염열을 빼앗아 온도상승을 억제한다.
③ 화염의 최고온도를 저하시키기 위해서 화염을 분할시키기도 한다.
④ 화염형상의 변경 : 화염을 분할하거나 막상에 엷게 뻗쳐서 열손실을 증가시킨다.
⑤ 완만혼합 : 연료와 공기의 혼합을 완만히 하여 연소를 길게 함으로써 화염온도의 상승을 억제한다.
⑥ 배기가스 재순환
 ㉠ 팬을 써서 굴뚝가스를 로의 상부에 피드백시켜 최고화염온도와 산소농도로 억제한다.
 ㉡ 불꽃의 최고온도가 낮아져 질소산화물의 생성량이 줄어든다.
⑦ 2단연소법 : 최고화염온도를 줄이기 위해 채택된 방법으로써 1차적으로 이론공기량의 95% 정도를 버너에 공급하고, 나머지 공기는 버너의 상부에 공급하므로써 두 연소단계 사이에서 열의 일부가 제거되어 최고온도가 낮게되는 과정을 거쳐서 연소가 이루어진다.
⑧ 수증기 분무 : 화로내에 물이나 수증기를 분무하여 산소와 수소를 분해시키면 흡열반응을 일으키는 동시에 둥근 화염을 형성시켜 NO_x 발생을 방지한다.
⑨ 저온도 연소 : 주입하는 공기의 예열온도를 조절하여 질소산화물 발생을 줄인다.

제4장 자동차

① 전형적인 자동차 기준(휘발유 자동차 기준)에서 가장 많이 배출되는 경우

① NO_X : 가속시(차가 가속될 때)
② CO : 공전시(아이드링)(차가 정지해서 엔진만 작동할 때)
③ HC : 감속시(차의 속도가 감속될 때)

② 자동차 후처리시설 중 삼원촉매장치

① 삼원촉매장치란 산화촉매(Pt, Pd)와 환원촉매(Rh)를 이용하여 CO, HC, NO_X를 동시에 줄일 수 있는 후처리 시설이다.
② 사용되는 촉매를 보면 최근에는 백금, 로듐에 팔라듐을 포함하여 사용하는 추세이다.
③ CO와 HC의 산화촉매로는 주로 백금(Pt)과 팔라듐(Pd)이 사용되고, NO의 환원촉매로는 로듐(Rh)이 사용된다.

③ 공연비(AFR)

1. 공연비의 특징(휘발유 자동차, 중량기준)

① AFR을 10에서 14로 증가시키면 CO농도는 감소한다.
② CO와 HC는 불완전연소시에 배출비율이 높고, NO_X는 이론 AFR 부근에서 농도가 높다.
③ AFR 18 이상 정도의 높은 영역은 이런 연소기관에 적용하기는 곤란하다.
④ 공연비가 14.7(이론공연비)보다 크면 NO_X는 증가, CO 및 HC는 감소한다.
⑤ 공연비가 14.7(이론공연비)보다 작으면 NO_X는 감소, CO 및 HC는 증가한다.

제5장 연소계산식

❶ 발열량 계산

1. 고체연료 및 액체연료의 발열량 계산식

① 고체, 액체 연료의 저위발열량(Hl) 계산식

$$Hl = Hh - 600(9H+W)(kcal/kg)$$

- Hl : 저위발열량(kcal/kg)
- Hh : 고위발열량(kcal/kg)
- H : 수소의 함량
- W : 수분의 함량

② 듀롱(Dulong)식에 의한 고위발열량(Hh) 계산식

$$Hh = 8,100C + 34,000\left(H - \frac{O}{8}\right) + 2,500S(kcal/kg)$$

- Hh : 고위발열량(kcal/kg)
- C : 탄소의 함량
- H : 수소의 함량
- O : 산소의 함량
- S : 황의 함량
- $\left(H - \dfrac{O}{8}\right)$: 유효수소
- $\dfrac{O}{8}$: 무효수소

2. 기체연료의 발열량 계산식

① 기체연료의 저위발열량(Hl) 계산식

$$Hl = Hh - 480 \times H_2O량(kcal/Sm^3)$$

- Hl : 저위발열량(kcal/Sm^3)
- Hh : 고위발열량(kcal/Sm^3)
- H_2O량 : 완전연소반응식에서 H_2O갯수

❷ 고체연료 및 액체연료의 연소계산식

▶ 고체연료 및 액체연료의 연소계산식

(1) 연소계산식(kg/kg : 중량비)

① O_o(이론산소량) = $2.667C + 8\left(H - \dfrac{O}{8}\right) + 1S$

② A_o(이론공기량) = $\left\{2.667C + 8\left(H - \dfrac{O}{8}\right) + 1S\right\} \times \dfrac{1}{0.232}$

(2) 연소계산식(Sm^3/kg : 체적비)

① O_o(이론산소량) = $1.867C + 5.6\left(H - \dfrac{O}{8}\right) + 0.7S$

② A_o(이론공기량) = $8.89C + 26.67\left(H - \dfrac{O}{8}\right) + 3.33S$

③ God(이론 건연소가스량) = $A_o - 5.6H + 0.7O + 0.8N(Sm^3/kg)$

④ Gd(실제 건연소가스량) = $mA_o - 5.6H + 0.7O + 0.8N(Sm^3/kg)$

⑤ Gow(이론 습연소가스량) = $A_o + 5.6H + 0.7O + 0.8N + 1.244W(Sm^3/kg)$

⑥ Gw(실제 습연소가스량) = $mA_o + 5.6H + 0.7O + 0.8N + 1.244W(Sm^3/kg)$

TIP

① 실제-이론 = 과잉공기량의 차이 = $(m-1)A_o(Sm^3/kg)$

② 습가스량-건가스량 = 수분량의 차이 = $1.244(9H+W)(Sm^3/kg)$

1. 공기비(m)

① 오르잿트 분석법에 의한 배출가스 분석시(CO_2%, O_2%, CO% 주어질 때)

$$m = \dfrac{N_2\%}{N_2\% - 3.76 \times (O_2\% - 0.5 \times CO\%)} = \dfrac{N_2\%}{N_2\% - 3.76 \times O_2\%} \text{ (CO\%가 없을 때)}$$

$\left[N_2\% = 100 - (CO_2\% + O_2\% + CO\%) \right.$

② 과잉공기율(%) = $(m-1) \times 100(\%)$

예를 들어 과잉공기량이 20%이면 100%+20% = 120%가 된다.

따라서 공기비(m) = 1.2

③ 배출가스 중 O_2%가 존재할 때

$$m = \dfrac{21}{21 - O_2\%}$$

2. 공기비(m)의 특징

(1) 공기비(m)가 작을 경우 발생하는 현상

① 연소가스 중의 CO와 HC의 농도가 증가
② 매연이나 검댕의 발생량 증가
③ 연소효율 저하

(2) 공기비(m)가 클 경우 발생하는 현상

① 연소실내 연소온도 감소(연소실의 냉각효과를 가져옴)
② 배기가스에 의한 열손실 증대
③ SO_2, NO_2의 함량이 증가하여 부식이 촉진
④ CH_4, CO 및 C 등 물질의 농도가 감소
⑤ 방지시설의 용량이 커지고 에너지 손실 증가
⑥ 희석효과가 높아져 연소 생성물의 농도 감소

3. CO_2max(최대 탄산가스량) 계산식

① $CO_2max(\%) = \dfrac{1.867C}{God} \times 100(\%)$

② $CO_2max(\%) = \dfrac{21 \times (CO_2\% + CO\%)}{21 - O_2\% + 0.395 \times CO\%}$

③ $CO_2max(\%) = \dfrac{21 \times CO_2\%}{21 - O_2\%}$

❸ 기체연료의 연소계산식

1. 기체연료의 연소계산식(Sm^3/Sm^3)

① O_o(이론 산소량) = 산소의 수

② A_o(이론 공기량) = O_o(이론 산소량) × $\dfrac{1}{0.21}$

③ God(이론 건연소가스량) = $(1-0.21)A_o$ + CO_2량

④ Gd(실제 건연소가스량) = $(m-0.21)A_o$ + CO_2량

⑤ Gow(이론 습연소가스량) = (1-0.21)A_o + CO_2량 + H_2O량
⑥ Gw(실제 습연소가스량) = (m-0.21)A_o + CO_2량 + H_2O량

❹ 기타 계산식

1. 열발생율(kcal/$m^3 \cdot$ hr)

$$열발생율 = \frac{Hl \times Gf}{V}$$

$\begin{bmatrix} Hl : 저위발열량(kcal/kg) \\ Gf : 연료량(kg/hr) \\ V : 체적(m^3)(가로 \times 세로 \times 높이) \end{bmatrix}$

2. 이론연소온도

$Hl = G \times C \times \triangle t = G \times C \times (t_2 - t_1)$

$$\therefore t_2 = \frac{Hl}{G \times C} + t_1$$

$\begin{bmatrix} Hl : 저위발열량(kcal/Sm^3) \\ G : 가스량(Sm^3/Sm^3) \\ C : 비열(kcal/Sm^3 \cdot ℃) \\ t_2 : 이론연소온도(℃) \\ t_1 : 현재온도(℃) \end{bmatrix}$

3. 소요동력 계산

$$kW = \frac{Ps \times Q}{102 \times \eta} \times \alpha$$

$$Hp = \frac{Ps \times Q}{75 \times \eta} \times \alpha$$

$\begin{bmatrix} Ps : 전압력손실(mmH_2O) \\ Q : 가스량(m^3/sec) \\ \eta : 처리효율 \\ \alpha : 여유율 \\ 1kW = 102kg \cdot m/sec \\ 1Hp(Ps) = 75kg \cdot m/sec \end{bmatrix}$

Part 05 대기환경관계법규

제1장 총칙

❶ 대기환경보전법에서 사용하는 용어

① 대기오염물질 : 대기 중에 존재하는 물질 중 심사·평가 결과 대기오염의 원인으로 인정된 가스·입자상물질로서 환경부령으로 정하는 것을 말한다.
② 기후·생태계 변화유발물질 : 지구 온난화 등으로 생태계의 변화를 가져올 수 있는 기체상물질로서 온실가스와 환경부령으로 정하는 것을 말한다.
③ 온실가스 : 적외선 복사열을 흡수하거나 다시 방출하여 온실효과를 유발하는 대기 중의 가스상태 물질로서 이산화탄소, 메탄, 아산화질소, 수소불화탄소, 과불화탄소, 육불화황을 말한다.
　㉠ 기후·생태계 변화 유발물질 중 환경부령으로 정하는 것이란 염화불화탄소와 수소염화불화탄소를 말한다.
④ 가스 : 물질이 연소·합성·분해될 때에 발생하거나 물리적 성질로 인하여 발생하는 기체상 물질을 말한다.
⑤ 입자상물질 : 물질이 파쇄·선별·퇴적·이적될 때, 그 밖에 기계적으로 처리되거나 연소·합성·분해될 때에 발생하는 고체상 또는 액체상의 미세한 물질을 말한다.
⑥ 먼지 : 대기 중에 떠다니거나 흩날려 내려오는 입자상물질을 말한다.
⑦ 매연 : 연소할 때에 생기는 유리탄소가 주가 되는 미세한 입자상물질을 말한다.
⑧ 검댕 : 연소할 때에 생기는 유리탄소가 응결하여 입자의 지름이 1미크론 이상이 되는 입자상물질을 말한다.
⑨ 특정대기유해물질 : 유해성대기감시물질 중 심사·평가 결과 저농도에서도 장기적인 섭취나 노출에 의하여 사람의 건강이나 동식물의 생육에 직접 또는 간접으로 위해를 끼칠 수 있어 대기 배출에 대한 관리가 필요하다고 인정된 물질로서 환경부령으로 정하는 것을 말한다.

⑩ 휘발성유기화합물 : 탄화수소류 중 석유화학제품, 유기용제, 그 밖의 물질로서 환경부장관이 관계 중앙행정기관의 장과 협의하여 고시하는 것을 말한다.

⑪ 대기오염물질배출시설 : 대기오염물질을 대기에 배출하는 시설물, 기계, 기구, 그 밖의 물체로서 환경부령으로 정하는 것을 말한다.

⑫ 대기오염방지시설 : 대기오염물질배출시설로부터 나오는 대기오염물질을 연소조절에 의한 방법으로 없애거나 줄이는 시설로서 환경부령으로 정하는 것을 말한다.

⑬ 선박 : 해양오염방지법에 따른 선박을 말한다.

⑭ 첨가제 : 자동차의 성능을 향상시키거나 배출가스를 줄이기 위하여 자동차의 연료에 첨가하는 탄소와 수소만으로 구성된 물질을 제외한 화학물질로서 다음 각 목의 요건을 모두 충족하는 것을 말한다.
  ㉠ 자동차의 연료에 부피 기준(액체첨가제의 경우만 해당) 또는 무게 기준(고체첨가제의 경우만 해당)으로 1퍼센트 미만의 비율로 첨가하는 물질
  ㉡ 석유 및 석유대체연료 사업법에 따른 가짜 석유제품 또는 석유대체연료에 해당하지 아니하는 물질

⑮ 촉매제 : 배출가스를 줄이는 효과를 높이기 위하여 배출가스저감장치에 사용되는 화학물질로서 환경부령으로 정하는 것을 말한다.

⑯ 저공해자동차란 다음 각 목의 자동차로서 대통령령으로 정하는 것을 말한다.
  ㉠ 대기오염물질의 배출이 없는 자동차
  ㉡ 제작차의 배출허용기준보다 오염물질을 적게 배출하는 자동차

⑰ 배출가스저감장치 : 자동차 또는 건설기계에서 배출되는 대기오염물질을 줄이기 위하여 자동차 또는 건설기계에 부착 또는 교체하는 장치로서 환경부령으로 정하는 저감효율에 적합한 장치를 말한다.

⑱ 저공해엔진 : 자동차 또는 건설기계에서 배출되는 대기오염물질을 줄이기 위한 엔진(엔진 개조에 사용하는 부품을 포함한다)으로서 환경부령으로 정하는 배출허용기준에 맞는 엔진을 말한다.

⑲ 유해성대기감시물질 : 대기오염물질 중 심사·평가 결과 사람의 건강이나 동식물의 생육(生育)에 위해를 끼칠 수 있어 지속적인 측정이나 감시·관찰 등이 필요하다고 인정된 물질로서 환경부령으로 정하는 것을 말한다.

⑳ 공회전제한장치 : 자동차에서 배출되는 대기오염물질을 줄이고 연료를 절약하기 위하여 자동차에 부착하는 장치로서 환경부령으로 정하는 기준에 적합한 장치를 말한다.

㉑ 온실가스 배출량 : 자동차에서 단위 주행거리당 배출되는 이산화탄소(CO_2) 배출량(g/km)을 말한다.

㉒ 온실가스 평균배출량 : 자동차제작자가 판매한 자동차 중 환경부령으로 정하는 자동

차의 온실가스 배출량의 합계를 해당 자동차 총 대수로 나누어 산출한 평균값(g/km)을 말한다.
㉓ 장거리이동대기오염물질 : 황사, 먼지 등 발생 후 장거리 이동을 통하여 국가간에 영향을 미치는 대기오염물질로서 환경부령으로 정하는 것을 말한다.
㉔ 냉매(冷媒) : 기후·생태계 변화유발물질 중 열전달을 통한 냉난방, 냉동·냉장 등의 효과를 목적으로 사용되는 물질로서 환경부령으로 정하는 것을 말한다.
　㉠ 환경부령으로 정하는 것이란 염화불화탄소, 수소염화불화탄소, 수소불화탄소, 수소염화불화탄소와 수소불화탄소를 혼합하여 만든 물질을 말한다.

❷ 대기오염 방지시설

① 중력집진시설
② 관성력집진시설
③ 원심력집진시설
④ 세정집진시설
⑤ 여과집진시설
⑥ 전기집진시설
⑦ 음파집진시설
⑧ 흡수에 의한 시설
⑨ 흡착에 의한 시설
⑩ 직접연소에 의한 시설
⑪ 촉매반응을 이용하는 시설
⑫ 응축에 의한 시설
⑬ 산화·환원에 의한 시설
⑭ 미생물을 이용한 처리시설
⑮ 연소조절에 의한 시설

❸ 상시측정

1. 대기오염 경보

① 대기오염경보의 대상 오염물질은 환경정책기본법에 따라 환경기준이 설정된 오염물

질 중 다음 각 호의 오염물질로 한다.
- ㉠ 미세먼지(PM-10)
- ㉡ 초미세먼지(PM-2.5)
- ㉢ 오존(O_3)

② 경보 단계별 조치
- ㉠ 주의보 발령 : 주민의 실외활동 및 자동차 사용의 자제 요청 등
- ㉡ 경보 발령 : 주민의 실외활동 제한 요청, 자동차 사용의 제한 및 사업장의 연료사용량 감축 권고 등
- ㉢ 중대경보 발령 : 주민의 실외활동 금지 요청, 자동차의 통행금지 및 사업장의 조업시간 단축명령 등

2. 측정망의 종류

① 수도권대기환경청장, 국립환경과학원장 또는 한국환경공단이 설치하는 대기오염 측정망의 종류
- ㉠ 대기오염물질의 지역배경농도를 측정하기 위한 교외대기측정망
- ㉡ 대기오염물질의 국가배경농도와 장거리이동 현황을 파악하기 위한 국가배경농도측정망
- ㉢ 도시지역 또는 산업단지 인근지역의 특정대기유해물질(중금속을 제외)의 오염도를 측정하기 위한 유해대기물질측정망
- ㉣ 도시지역의 휘발성유기화합물 등의 농도를 측정하기 위한 광화학대기오염물질측정망
- ㉤ 산성 대기오염물질의 건성 및 습성 침착량을 측정하기 위한 산성강하물측정망
- ㉥ 기후·생태계변화 유발물질의 농도를 측정하기 위한 지구대기측정망
- ㉦ 장거리이동 대기오염물질의 성분을 집중 측정하기 위한 대기오염집중측정망
- ㉧ 초미세먼지(PM-2.5)의 성분 및 농도를 측정하기 위한 미세먼지 측정망

② 특별시장·광역시장·도지사 또는 특별자치도지사(시·도지사)가 설치하는 대기오염 측정망의 종류
- ㉠ 도시지역의 대기오염물질 농도를 측정하기 위한 도시대기측정망
- ㉡ 도로변의 대기오염물질 농도를 측정하기 위한 도로변대기측정망
- ㉢ 대기 중의 중금속 농도를 측정하기 위한 대기중금속측정망

3. 대기오염경보단계별 대기오염물질의 농도기준

대상물질	경보단계	발령기준	해제기준
미세먼지 (PM-10)	주의보	기상조건 등을 고려하여 해당지역의 대기자동측정소 PM-10 시간당 평균농도가 150μg/m³ 이상 2시간 이상 지속인 때	주의보가 발령된 지역의 기상조건 등을 검토하여 대기자동측정소의 PM-10 시간당 평균농도가 100μg/m³ 미만인 때
미세먼지 (PM-10)	경보	기상조건 등을 고려하여 해당지역의 대기자동측정소 PM-10 시간당 평균농도가 300μg/m³ 이상 2시간 이상 지속인 때	경보가 발령된 지역의 기상조건 등을 검토하여 대기자동측정소의 PM-10 시간당 평균농도가 150μg/m³ 미만인 때는 주의보로 전환
초미세먼지 (PM-2.5)	주의보	기상조건 등을 고려하여 해당지역의 대기자동측정소 PM-2.5 시간당 평균농도가 75μg/m³ 이상 2시간 이상 지속인 때	주의보가 발령된 지역의 기상조건 등을 검토하여 대기자동측정소의 PM-2.5 시간당 평균농도가 35μg/m³ 미만인 때
초미세먼지 (PM-2.5)	경보	기상조건 등을 고려하여 해당지역의 대기자동측정소 PM-2.5 시간당 평균농도가 150μg/m³ 이상 2시간 이상 지속인 때	경보가 발령된 지역의 기상조건 등을 검토하여 대기자동측정소의 PM-2.5 시간당 평균농도가 75μg/m³ 미만인 때는 주의보로 전환
오존	주의보	기상조건 등을 고려하여 해당지역의 대기자동측정소 오존농도가 0.12ppm 이상인 때	주의보가 발령된 지역의 기상조건 등을 검토하여 대기자동측정소의 오존농도가 0.12ppm 미만인 때
오존	경보	기상조건 등을 고려하여 해당지역의 대기자동측정소 오존농도가 0.3ppm 이상인 때	경보가 발령된 지역의 기상조건 등을 고려하여 대기자동측정소의 오존농도가 0.12ppm 이상 0.3ppm 미만인 때 주의보로 전환
오존	중대경보	기상조건 등을 고려하여 해당지역의 대기자동측정소 오존농도가 0.5ppm 이상인 때	중대경보가 발령된 지역의 기상조건 등을 고려하여 대기자동측정소의 오존농도가 0.3ppm 이상 0.5ppm 미만인 때는 경보로 전환

❹ 대기환경개선

1. 대기환경개선 종합계획

환경부장관은 대기오염물질과 온실가스를 줄여 대기환경을 개선하기 위하여 대기환경개선 종합계획을 10년마다 수립하여 시행하여야 한다.

2. 실천계획의 수립에 포함되어야 하는 사항

① 일반 환경 현황
② 조사결과 및 대기오염예측모형을 이용하여 예측한 대기오염도
③ 대기오염원별 대기오염물질 저감계획 및 계획의 시행을 위한 수단
④ 계획달성연도의 대기질 예측 결과

⑤ 대기보전을 위한 투자계획과 대기오염물질 저감효과를 고려한 경제성 평가
⑥ 그 밖에 환경부장관이 정하는 사항

❺ 장거리이동대기오염물질피해방지 종합대책의 수립

1. 장거리이동대기오염물질피해를 방지하기 위한 종합대책

① 환경부장관은 장거리이동대기오염물질피해방지를 위하여 5년마다 관계 중앙행정기관의 장과 협의하고 시·도지사의 의견을 들은 후 장거리이동대기오염물질대책위원회의 심의를 거쳐 장거리이동대기오염물질피해방지 종합대책을 수립하여야 한다.
② 종합대책에 포함되어야 하는 사항
　㉠ 장거리이동대기오염물질 발생 현황 및 전망
　㉡ 종합대책 추진실적 및 그 평가
　㉢ 장거리이동대기오염물질피해 방지를 위한 국내 대책
　㉣ 장거리이동대기오염물질 발생 감소를 위한 국제협력
　㉤ 그 밖에 장거리이동대기오염물질피해 방지를 위하여 필요한 사항

제2장 사업장 등의 대기오염물질 배출 규제

❶ 총량규제

1. 사업장에서 배출되는 대기오염물질을 총량으로 규제하려는 경우 고시 사항

① 총량규제구역
② 총량규제 대기오염물질
③ 대기오염물질의 저감계획
④ 그 밖에 총량규제구역의 대기관리를 위하여 필요한 사항

2. 배출시설설치를 제한할 수 있는 경우

① 배출시설 설치 지점으로부터 반경 1킬로미터 안의 상주 인구가 2만명 이상인 지역으로서 특정대기유해물질 중 한 가지 종류의 물질을 연간 10톤 이상 배출하거나 두 가지

이상의 물질을 연간 25톤 이상 배출하는 시설을 설치하는 경우
② 대기오염물질(먼지·황산화물 및 질소산화물만 해당)의 발생량 합계가 연간 10톤 이상인 배출시설을 특별대책지역(총량규제구역으로 지정된 특별대책지역은 제외)에 설치하는 경우

3. 사업장의 분류

종별	오염물질발생량 구분
1종사업장	대기오염물질발생량의 합계가 연간 80톤 이상인 사업장
2종사업장	대기오염물질발생량의 합계가 연간 20톤 이상 80톤 미만인 사업장
3종사업장	대기오염물질발생량의 합계가 연간 10톤 이상 20톤 미만인 사업장
4종사업장	대기오염물질발생량의 합계가 연간 2톤 이상 10톤 미만인 사업장
5종사업장	대기오염물질발생량의 합계가 연간 2톤 미만인 사업장

① 대기오염물질발생량이란 방지시설을 통과하기 전의 먼지, 황산화물 및 질소산화물의 발생량을 환경부령으로 정하는 방법에 따라 산정한 양을 말한다.

❷ 배출부과금

1. 배출부과금

① 배출부과금을 부과할 때 고려사항
  ㉠ 배출허용기준 초과 여부
  ㉡ 배출되는 대기오염물질의 종류
  ㉢ 대기오염물질의 배출기간
  ㉣ 대기오염물질의 배출량
  ㉤ 자가측정(自家測定)을 하였는지 여부
  ㉥ 그 밖에 대기환경의 오염 또는 개선과 관련되는 사항으로서 환경부령으로 정하는 사항

2. 기본부과금 산정의 방법과 기준

① 기본부과금의 지역별 부과계수

구분	지역별 부과계수
Ⅰ지역	1.5
Ⅱ지역	0.5
Ⅲ지역	1.0

② 기본부과금의 농도별 부과계수

구분	연료의 황함유량(%)		
	0.5% 이하	1.0% 이하	1.0% 초과
농도별 부과계수	0.2	0.4	1.0

3. 과징금의 부과

① 과징금은 행정처분기준에 따라 조업정지일수에 1일당 부과금액과 사업장 규모별 부과계수를 곱하여 산정할 것
② 1일당 부과금액은 300만원
③ 사업장 규모별 부과계수는 1종사업장 2.0, 2종사업장 1.5, 3종사업장 1.0, 4종사업장 0.7, 5종사업장 0.4

4. 초과부과금 부과대상 오염물질

① 황산화물
② 암모니아
③ 황화수소
④ 이황화탄소
⑤ 먼지
⑥ 불소화물
⑦ 염화수소
⑧ 질소산화물
⑨ 시안화수소

5. 기본부과금 부과대상 오염물질

① 황산화물
② 먼지
③ 질소산화물

6. 초과부과금 산정 기준

구분 오염물질	오염물질 1킬로그램당 부과금액	배출허용 기준 초과율별 부과계수							
		20% 미만	20% 이상 40% 미만	40% 이상 80% 미만	80% 이상 100% 미만	100% 이상 200% 미만	200% 이상 300% 미만	300% 이상 400% 미만	400% 이상
황산화물	500	1.2	1.56	1.92	2.28	3.0	4.2	4.8	5.4
먼지	770	1.2	1.56	1.92	2.28	3.0	4.2	4.8	5.4
질소산화물	2,130	1.2	1.56	1.92	2.28	3.0	4.2	4.8	5.4
암모니아	1,400	1.2	1.56	1.92	2.28	3.0	4.2	4.8	5.4
황화수소	6,000	1.2	1.56	1.92	2.28	3.0	4.2	4.8	5.4
이황화탄소	1,600	1.2	1.56	1.92	2.28	3.0	4.2	4.8	5.4
특정유해물질 불소화물	2,300	1.2	1.56	1.92	2.28	3.0	4.2	4.8	5.4
특정유해물질 염화수소	7,400	1.2	1.56	1.92	2.28	3.0	4.2	4.8	5.4
특정유해물질 시안화수소	7,300	1.2	1.56	1.92	2.28	3.0	4.2	4.8	5.4

비고 : ⓐ 배출허용기준 초과율(%) = (배출농도 - 배출허용기준농도) ÷ 배출허용기준농도 × 100
　　　ⓑ Ⅰ지역 : 주거지역·상업지역, 취락지구, 택지개발예정지구
　　　ⓒ Ⅱ지역 : 공업지역, 개발진흥지구(관광·휴양개발진흥지구는 제외), 수산자원보호구역, 국가산업단지 및 지방산업단지, 전원개발사업구역 및 예정구역
　　　ⓓ Ⅲ지역 : 녹지지역·관리지역·농림지역 및 자연환경보전지역, 관광·휴양개발진흥지구

7. 초과부과금의 위반횟수별 부과계수

① 위반이 없는 경우 : 100분의 100
② 처음 위반한 경우 : 100분의 105
③ 2차 이상 위반한 경우 : 위반 직전의 부과계수에 100분의 105를 곱한 것

❸ 과징금 처분

1. 공익목적의 사업장

① 조업정지가 주민의 생활, 대외적인 신용·고용·물가 등 국민경제, 그 밖에 공익에 현저한 지장을 줄 우려가 있다고 인정되는 경우 조업정지처분을 갈음하여 매출액에 100분의 5를 곱한 금액을 초과하지 않는 범위에서
② 과징금으로 갈음할 수 있는 공익목적의 사업장
　㉠ 의료법에 따른 의료기관의 배출시설

ⓒ 사회복지시설 및 공동주택의 냉난방시설
ⓒ 발전소의 발전 설비
ⓔ 집단에너지사업법에 따른 집단에너지시설
ⓜ 초·중등교육법 및 고등교육법에 따른 학교의 배출시설
ⓗ 제조업의 배출시설
ⓢ 그 밖에 대통령령으로 정하는 배출시설

❹ 환경기술인

1. 환경기술인의 자격기준 및 임명기간

① 환경기술인 임명 신고 기간
  ㉠ 최초로 배출시설을 설치한 경우에는 가동개시 신고를 할 때
  ㉡ 환경기술인을 바꾸어 임명하는 경우에는 그 사유가 발생한 날부터 5일 이내. 다만, 환경기사 1급 또는 2급 이상의 자격이 있는 자를 임명하여야 하는 사업장으로서 5일 이내에 채용할 수 없는 부득이한 사정이 있는 경우에는 30일의 범위에서 4종·5종사업장의 기준에 준하여 환경기술인을 임명할 수 있다.

② 사업장별 환경기술인의 자격기준

구분	환경기술인의 자격기준
1종사업장(대기오염물질발생량의 합계가 연간 80톤 이상인 사업장)	대기환경기사 이상의 기술자격 소지자 1명 이상
2종사업장(대기오염물질발생량의 합계가 연간 20톤 이상 80톤 미만인 사업장)	대기환경산업기사 이상의 기술자격 소지자 1명 이상
3종사업장(대기오염물질발생량의 합계가 연간 10톤 이상 20톤 미만인 사업장)	대기환경산업기사 이상의 기술자격 소지자, 환경기능사 또는 3년 이상 대기분야 환경관련 업무에 종사한 자 1명 이상
4종사업장(대기오염물질발생량의 합계가 연간 2톤 이상 10톤 미만인 사업장)	배출시설 설치허가를 받거나 배출시설 설치신고가 수리된 자 또는 배출시설 설치허가를 받거나 수리된 자가 해당 사업장의 배출시설 및 방지시설 업무에 종사하는 피고용인 중에서 임명하는 자 1명 이상
5종사업장(1종사업장부터 4종사업장까지에 속하지 아니하는 사업장)	

비고: 4종사업장과 5종사업장 중 특정대기유해물질이 포함된 오염물질을 배출하는 경우에는 3종사업장에 해당하는 기술인을 두어야 한다.

2. 환경기술인의 교육

① 신규교육: 환경기술인으로 임명된 날부터 1년 이내에 1회
② 보수교육: 신규교육을 받은 날을 기준으로 3년마다 1회

제3장 생활환경상의 대기오염물질 배출 규제

① 연료용 유류 및 그 밖의 연료의 황함유기준

1. 고체연료 사용시설 설치기준

① 석탄사용시설
  ㉠ 배출시설의 굴뚝높이는 100m 이상으로 하되, 굴뚝상부 안지름, 배출가스 온도 및 속도 등을 고려한 유효굴뚝높이(굴뚝의 실제높이에 배출가스의 상승고도를 합산한 높이를 말한다. 이하 같다)가 440m 이상인 경우에는 굴뚝높이를 60m 이상 100m 미만으로 할 수 있다. 이 경우 유효굴뚝높이 및 굴뚝높이 산정방법 등에 관하여는 국립환경과학원장이 정하여 고시한다.
  ㉡ 석탄의 수송은 밀폐 이송시설 또는 밀폐통을 이용하여야 한다.
  ㉢ 석탄저장은 옥내저장시설(밀폐형 저장시설 포함) 또는 지하저장시설에 저장하여야 한다.
  ㉣ 석탄연소재는 밀폐통을 이용하여 운반하여야 한다.
  ㉤ 굴뚝에서 배출되는 아황산가스(SO_2), 질소산화물(NO_X), 먼지 등의 농도를 확인할 수 있는 기기를 설치하여야 한다.

② 휘발성유기화합물 배출시설의 변경신고

① 변경신고를 하려는 자는 신고 사유가 ①의 변경신고를 하는 경우에 해당하는 경우에는 그 사유가 발생한 날부터 30일 이내에 시·도지사에게 제출하여야 한다.
② 휘발성유기화합물 규제에서 대통령령으로 정하는 시설
  ㉠ 석유정제를 위한 제조시설, 저장시설 및 출하시설과 석유화학제품 제조업의 제조시설, 저장시설 및 출하시설
  ㉡ 저유소의 저장시설 및 출하시설
  ㉢ 주유소의 저장시설 및 주유시설
  ㉣ 세탁시설

제4장 자동차·선박 등의 배출가스 규제

❶ 자동차, 선박의 배출가스 규제

1. 2016년 1월 1일 이후 제작자동차의 배출가스의 보증기간

사용연료	자동차의 종류	적용기간	
휘발유	경자동차, 소형 승용·화물차, 중형 승용·화물차	15년 또는 240,000km	
	대형 승용·화물차, 초대형 승용·화물차	2년 또는 160,000km	
	이륜자동차	최고속도 130km/h 미만	2년 또는 20,000km
		최고속도 130km/h 이상	2년 또는 35,000km
가스	경자동차	10년 또는 192,000km	
	소형 승용·화물차, 중형 승용·화물차	15년 또는 240,000km	
	대형 승용·화물차, 초대형 승용·화물차	2년 또는 160,000km	
경유	경자동차, 소형 승용·화물차, 중형 승용·화물차(택시를 제외한다)	10년 또는 160,000km	
	경자동차, 소형 승용·화물차, 중형 승용·화물차(택시에 한정한다)	10년 또는 192,000km	
	대형 승용·화물차	6년 또는 300,000km	
	초대형 승용·화물차	7년 또는 700,000km	
	건설기계 원동기, 농업기계 원동기	37kW 이상	10년 또는 8,000시간
		37kW 미만	7년 또는 5,000시간
		19kW 미만	5년 또는 3,000시간
전기 및 수소연료 전지 자동차	모든 자동차	별지 제30호서식의 자동차배출가스 인증신청서에 적힌 보증기간	

2. 자동차연료, 첨가제, 촉매제의 제조기준

① 자동차연료 제조기준

㉠ 휘발유

기준항목 \ 적용기간	2009년 1월 1일부터
방향족화합물함량(부피%)	24(21) 이하
벤젠함량(부피%)	0.7 이하
납함량(g/L)	0.013 이하
인함량(g/L)	0.0013 이하
산소함량(무게%)	2.3 이하
올레핀함량(부피%)	16(19) 이하
황함량(ppm)	10 이하
증기압(kPa, 37.8℃)	60 이하
90% 유출온도(℃)	170 이하

㉡ 경유

기준항목 \ 적용기간	2009년 1월 1일부터
10% 잔류탄소량(%)	0.15 이하
밀도 @15℃(kg/m³)	815 이상 835 이하
황함량(ppm)	10 이하
다환방향족(무게%)	5 이하
윤활성(μm)	400 이하
방향족 화합물(무게%)	30 이하
세탄지수(또는 세탄가)	52 이상

3. 첨가제의 종류

① 세척제
② 청정분산제
③ 매연억제제
④ 다목적첨가제
⑤ 옥탄가 향상제
⑥ 세탄가 향상제
⑦ 유동성 향상제
⑧ 윤활성 향상제

4. 운행차 배출허용기준 중 일반기준

① 휘발유와 가스를 같이 사용하는 자동차의 배출가스 측정 및 배출허용기준은 가스의 기준을 적용한다.
② 알코올만 사용하는 자동차는 탄화수소 기준을 적용하지 아니한다.
③ 휘발유사용 자동차는 휘발유·알코올 및 가스(천연가스를 포함한다)를 섞어서 사용하는 자동차를 포함하며, 경유사용 자동차는 경유와 가스를 섞어서 사용하거나 같이 사용하는 자동차를 포함한다.
④ 희박연소(Lean Burn)방식을 적용하는 자동차는 공기과잉률 기준을 적용하지 아니한다.
⑤ 수입자동차는 최초등록일자를 제작일자로 본다.

❷ 위임업무 보고사항 및 위탁업무 보고사항

① 위임업무 보고사항

업무내용	보고 횟수	보고기일	보고자
1. 환경오염사고 발생 및 조치 사항	수시	사고발생 시	시·도지사, 유역환경청장 또는 지방환경청장
2. 수입자동차 배출가스 인증 및 검사현황	연 4회	매분기 종료 후 15일 이내	국립환경과학원장
3. 자동차 연료 및 첨가제의 제조·판매 또는 사용에 대한 규제현황	연 2회	매반기 종료 후 15일 이내	유역환경청장 또는 지방환경청장
4. 자동차 연료 또는 첨가제의 제조기준 적합 여부 검사현황	연료 : 연 4회 첨가제 : 연 2회	연료 : 매분기 종료 후 15일 이내 첨가제 : 매반기 종료 후 15일 이내	국립환경과학원장

② 위탁업무 보고사항

업무내용	보고횟수	보고기일
1. 수시검사, 결함확인 검사, 부품결함 보고서류의 접수	수시	위반사항 적발 시
2. 결함확인검사 결과	수시	위반사항 적발 시
3. 자동차배출가스 인증생략 현황	연 2회	매 반기 종료 후 15일 이내
4. 자동차 시험검사 현황	연 1회	다음 해 1월 15일까지

제5장 환경정책기본법

❶ 환경정책기본법상 환경기준

항목	기준		측정방법
아황산가스 (SO_2)	연간평균치 24시간평균치 1시간평균치	0.02ppm 이하 0.05ppm 이하 0.15ppm 이하	자외선형광법 (Pulse U.V. Fluorescence Method)
일산화탄소 (CO)	8시간평균치 1시간평균치	9ppm 이하 25ppm 이하	비분산적외선분석법 (Non-Dispersive Infrared Method)
이산화질소 (NO_2)	연간평균치 24시간평균치 1시간평균치	0.03ppm 이하 0.06ppm 이하 0.10ppm 이하	화학발광법 (Chemiluminescent Method)
미세먼지 (PM-10)	연간평균치 24시간평균치	$50\mu g/m^3$ 이하 $100\mu g/m^3$ 이하	베타선흡수법 (β-Ray Absorption Method)
초미세먼지 (PM-2.5)	연간 평균치 24시간 평균치	$15\mu g/m^3$ 이하 $35\mu g/m^3$ 이하	중량농도법 또는 이에 준하는 자동 측정법
오존 (O_3)	8시간평균치 1시간평균치	0.06ppm 이하 0.1ppm 이하	자외선광도법 (U.V Photometric Method)
납 (Pb)	연간평균치	$0.5\mu g/m^3$ 이하	원자흡수분광광도법 (Atomic Absorption Spectrophotometry)
벤젠	연간평균치	$5\mu g/m^3$ 이하	기체크로마토그래피법 (Gas Chromatography)

[비고]
ⓐ 1시간 평균치는 999천분위수(千分位數)의 값이 그 기준을 초과하여서는 아니되고, 8시간 및 24시간 평균치는 99백분위수의 값이 그 기준을 초과하여서는 아니된다.
ⓑ 미세먼지(PM-10)는 입자의 크기가 10μm 이하인 먼지를 말한다.
ⓒ 초미세먼지(PM-2.5)는 입자의 크기가 2.5μm 이하인 먼지를 말한다.

제6장 악취편

❶ 지정악취물질

1. 지정악취물질의 종류

종류	적용시기
1. 암모니아 2. 메틸머캅탄 3. 황화수소 4. 다이메틸설파이드 5. 다이메틸다이설파이드 6. 트라이메틸아민 7. 아세트알데하이드 8. 스타이렌 9. 프로피온알데하이드 10. 뷰티르알데하이드 11. n-발레르알데하이드 12. i-발레르알데하이드	2005년 2월 10일부터
13. 톨루엔 14. 자일렌 15. 메틸에틸케톤 16. 메틸아이소뷰티르케톤 17. 뷰티르아세테이트	2008년 1월 1일부터
18. 프로피온산 19. n-뷰티르산 20. n-발레르산 21. i-발레르산 22. i-뷰티르알코올	2010년 1월 1일부터

2. 배출허용기준 및 엄격한 배출허용기준의 설정범위

① 복합물질

구분	배출허용기준 (희석배수)		엄격한 배출허용기준의 범위 (희석배수)	
	공업지역	기타지역	공업지역	기타지역
배출구	1000 이하	500 이하	500~1000	300~500
부지경계선	20 이하	15 이하	15~20	10~15

제7장 다중이용시설 등의 실내공기질관리법

1. 실내 공기질 유지기준

다중이용시설 \ 오염물질 항목	미세먼지 (PM-10) (μg/m³)	초미세먼지 (PM-2.5) (μg/m³)	이산화탄소 (ppm)	폼알데하이드 (μg/m³)	총부유세균 (CFU/m³)	일산화탄소 (ppm)
지하역사, 지하도상가, 철도역사의 대합실, 여객자동차터미널의 대합실, 항만시설 중 대합실, 공항시설 중 여객터미널, 도서관·박물관 및 미술관, 대규모 점포, 장례식장, 영화상영관, 학원, 전시시설, 인터넷컴퓨터게임시설제공업의 영업시설, 목욕장업의 영업시설	100 이하	50 이하	1,000 이하	100 이하	-	10 이하
의료기관, 산후조리원, 노인요양시설, 어린이집	75 이하	35 이하		80 이하	800 이하	
실내주차장	200 이하	-		100 이하	-	25 이하
실내 체육시설, 실내 공연장, 업무시설, 둘 이상의 용도에 사용되는 건축물	200 이하	-	-	-	-	-

비고 : 도서관, 영화상영관, 학원, 인터넷 컴퓨터 게임시설제공업 영업시설 중 자연환기가 불가능하여 자연환기설비 또는 기계환기설비를 이용하는 경우에는 이산화탄소의 기준을 1,500ppm 이하로 한다.

2. 실내공기질 권고기준

다중이용시설 \ 오염물질 항목	이산화질소 (ppm)	라돈 (Bq/m³)	총휘발성 유기화합물 (μg/m³)	곰팡이 (CFU/m³)
지하역사, 지하도상가, 철도역사의 대합실, 여객자동차터미널의 대합실, 항만시설 중 대합실, 공항시설 중 여객터미널, 도서관·박물관 및 미술관, 대규모점포, 장례식장, 영화상영관, 학원, 전시시설, 인터넷컴퓨터게임시설제공업의 영업시설, 목욕장업의 영업시설	0.1 이하	148 이하	500 이하	-
의료기관, 어린이집, 노인요양시설, 산후조리원	0.05 이하		400 이하	500 이하
실내주차장	0.30 이하		1,000 이하	-

3. 신축 공동주택의 실내공기질 권고기준

① 폼알데하이드 210μg/m³ 이하
② 벤젠 30μg/m³ 이하
③ 톨루엔 1,000μg/m³ 이하
④ 에틸벤젠 360μg/m³ 이하
⑤ 자일렌 700μg/m³ 이하
⑥ 스티렌 300μg/m³ 이하
⑦ 라돈 148Bq/m³ 이하

과년도 기출문제

2013년	3월 10일 시행	2018년	3월 4일 시행
	6월 2일 시행		4월 28일 시행
	9월 28일 시행		9월 15일 시행
2014년	3월 2일 시행	2019년	3월 3일 시행
	5월 25일 시행		4월 27일 시행
	9월 20일 시행		9월 21일 시행
2015년	3월 8일 시행	2020년	6월 7일 시행
	5월 31일 시행		8월 22일 시행
	9월 19일 시행		9월 27일 시행
2016년	3월 6일 시행	2021년	3월 7일 시행
	5월 8일 시행		5월 15일 시행
	10월 1일 시행		9월 12일 시행
2017년	3월 5일 시행	2022년	3월 5일 시행
	5월 7일 시행		4월 24일 시행
	9월 23일 시행		

2013년 1회 대기환경기사

2013년 3월 10일 시행

| 제1과목 | 대기오염개론

01 낮과 밤의 기온 및 기온의 역전분포 특성에 관한 설명으로 거리가 먼 것은?

㉮ 낮에는 고도(지중에서는 깊이)에 따라 온도가 감소하므로 기온감율(dT/dz)은 음의 값이 되며, 이러한 상태를 체감상태라 한다.
㉯ 현열은 낮에는 공기중에서 지표로, 밤에는 지표에서 공기중으로 향하게 된다.
㉰ 지표에 가까울수록 낮에 기온이 더 높고 밤에 기온은 더 낮으므로 기온의 일교차는 지표면 부근에서 가장 크다.
㉱ 고도에 따른 온도의 기울기는 지표면 부근에서 가장 크고, 고도(또는 깊이)에 따라 감소한다.

[풀이] ㉯ 현열은 밤에는 공기중에서 지표로, 낮에는 지표에서 공기중으로 향하게 된다.

02 다음 중 태양상수 값으로 가장 적합한 것은?

㉮ $0.1 cal/cm^2 \cdot min$
㉯ $1 cal/cm^2 \cdot min$
㉰ $2 cal/cm^2 \cdot min$
㉱ $10 cal/cm^2 \cdot min$

TIP

태양상수
① 태양상수란 대기권 밖에서 햇빛이 수직인 $1cm^2$의 면적에 1분동안 들어오는 태양 복사에너지의 양을 말하며, 그 값은 $2.0 cal/cm^2 \cdot min$이다.
② 태양상수를 이용하여 지구표면의 단위면적이 1분동안에 받는 평균 태양에너지를 구한 값은 태양상수 $\times \frac{1}{4}$ 이므로 $0.5 cal/cm^2 \cdot min$이다.

03 유해가스상 물질의 독성에 관한 설명으로 거리가 먼 것은?

㉮ SO_2는 0.1~1ppm에서도 수시간 내에 고등식물에게 피해를 준다.
㉯ CO_2독성은 10ppm 정도에서 인체와 식물에 해롭다.
㉰ CO는 100ppm까지는 1~3주간 노출되어도 고등식물에 대한 피해는 약하다.
㉱ HCl은 SO_2보다 식물에 미치는 영향이 훨씬 적으며, 한계농도는 10ppm에서 수시간 정도이다.

[풀이] ㉯ CO_2독성은 1000ppm 정도에서 인체와 식물에 해롭다.

정답 01 ㉯ 02 ㉰ 03 ㉯

04 입자에 의한 산란에 관한 설명으로 옳지 않은 것은? (단, λ : 파장, D : 입자직경)

㉮ 레일리산란은 D/λ가 10보다 클 때 나타나는 산란현상으로 산란광의 광도는 λ^4에 비례한다.
㉯ 맑은 하늘이 푸르게 보이는 까닭은 태양광선의 공기에 의한 레일리산란 때문이다.
㉰ 레일리산란에 의해 가시광선 중에서는 청색광이 많이 산란되고, 적색광이 적게 산란된다.
㉱ 입자의 크기가 빛의 파장과 거의 같거나 큰 경우에 나타나는 산란을 미산란이라고 한다.

풀이 ㉮ 레일리산란은 입자의 반경이 입사광선의 파장보다 훨씬 적은 경우에 발생하고 레일리 산란의 세기는 파장의 4승에 반비례한다.

05 A사업장내 굴뚝에서의 이산화질소 배출가스가 표준상태에서 44mg/Sm³로 일정하게 배출되고 있다. 이를 ppm 단위로 환산하면?

㉮ 21.4ppm ㉯ 24.4ppm
㉰ 44.8ppm ㉱ 48.8ppm

풀이 $ppm(mL/Sm^3) = \dfrac{44mg}{Sm^3} \times \dfrac{22.4mL}{46mg} = 21.43ppm$

TIP
① $ppm = mL/Sm^3$
② 이산화질소 = NO_2
③ NO_2 1mol $\begin{cases} 46mg \\ 22.4mL \end{cases}$
④ NO_2의 분자량 = 14+(2×16) = 46

06 공기역학직경(aerodynamic diameter)에 관한 설명으로 가장 적합한 것은?

㉮ 원래의 먼지와 침강속도가 동일하며 밀도가 1g/cm³인 구형입자의 직경
㉯ 원래의 먼지와 침강속도가 동일하며 밀도가 1kg/cm³인 구형입자의 직경
㉰ 원래의 먼지와 밀도 및 침강속도가 동일한 선형 입자의 직경
㉱ 원래의 먼지와 밀도 및 침강속도가 동일한 구형 입자의 직경

TIP
스토크스 직경
구형이 아닌 입자와 같은 종속도와 밀도를 가진 구형 입자의 직경

07 다음 대기분산모델 중 광화학모델로서 미국에서 개발되었으며, 도시지역에서 광화학반응을 고려하여 오염물질의 이동을 계산하는 것은?

㉮ ADMS   ㉯ CTDMPLUS
㉰ SMOGSTOP   ㉱ UAM

풀이 ㉮ ADMS : 가우시안모델로서 영국에서 개발되었으며, 도시지역 오염물질의 이동을 계산하는데 이용된다.
㉯ CTDMPLUS : 가우시안모델로서 미국에서 개발되었으며, 복잡한 지형에서 오염물질 이동을 계산하는데 사용된다.

정답 04 ㉮ 05 ㉮ 06 ㉮ 07 ㉱

08 상자모델을 전개하기 위하여 설정된 가정으로 가장 거리가 먼 것은?

㉮ 오염물은 지면의 한 지점에서 일정하게 배출된다.
㉯ 고려된 공간에서 오염물의 농도는 균일하다.
㉰ 고려되는 공간의 수직단면에 직각방향으로 부는 바람의 속도가 일정하여 환기량이 일정하다.
㉱ 오염물의 분해는 일차반응에 의한다.

풀이 ㉮ 오염물은 배출원이 지면전역에 균등히 분포되어 있다.

09 아황산가스가 식물에 미치는 영향으로 가장 거리가 먼 것은?

㉮ 생활력이 왕성한 잎이 피해를 많이 입으며, 고구마, 시금치 등이 약한 식물로 알려져 있다.
㉯ 같은 농도에서는 낮보다는 야간에 피해를 많이 받는다.
㉰ 피해를 입은 부위는 황갈색 내지 회백색으로 퇴색된다.
㉱ 잎 뒤쪽 표피 밑의 세포(parenchyma)가 피해를 입기 시작한다.

풀이 ㉯ 같은 농도에서는 야간보다는 낮에 피해를 많이 받는다.

10 다음 대기오염물질 중 바닷물의 물보라 등이 배출원이며, 1차 오염물질에 해당하는 것은?

㉮ N_2O_3 ㉯ 알데하이드
㉰ HCN ㉱ NaCl

풀이 바닷물의 물보라 등이 배출원이며, 1차 오염물질에 해당하는 것은 보기 중에서 ㉱ NaCl이다.

11 굴뚝 배출가스량 $15m^3/s$, HCl의 농도 802ppm, 풍속 20m/s, $K_y = 0.07$, $K_z = 0.08$인 중립 대기조건에서 중심축상 최대 지표농도가 1.61×10^{-2}ppm인 경우 굴뚝의 유효고는? (단, sutton의 확산식을 이용한다.)

㉮ 약 30m ㉯ 약 50m
㉰ 약 70m ㉱ 약 100m

풀이
$$C_{max} = \frac{2Q}{\pi \cdot e \cdot u \cdot He^2}\left(\frac{C_z}{C_y}\right)$$

C_{max} : 최대지표농도(ppm)
Q : 배출가스량(m^3/sec)
e : 자연대수(2.72)
u : 평균풍속(m/sec)
He : 유효굴뚝높이(m)
K_z : 수직확산계수
K_y : 수평확산계수

따라서
$$1.16 \times 10^{-2} ppm = \frac{2 \times 15m^3/sec \times 802ppm}{\pi \times 2.72 \times 20m/sec \times He^2}\left(\frac{0.08}{0.07}\right)$$

∴ He = 99.97m

12 시정거리에 관한 설명으로 거리가 먼 것은? (단, 입자 산란에 의해서만 빛이 감쇠되고, 입자상 물질은 모두 같은 크기의 구형태로 분포하고 있다고 가정한다.)

㉮ 시정거리는 대기 중 입자의 산란계수에 비례한다.
㉯ 시정거리는 대기 중 입자의 농도에 반비례한다.
㉰ 시정거리는 대기 중 입자의 밀도에 비례한다.
㉱ 시정거리는 대기 중 입자의 직경에 비례한다.

풀이 ㉮ 시정거리는 대기 중 입자의 산란계수에 반비례한다.

13 가우시안형의 대기오염확산방정식을 적용할 때 지면에 있는 오염원으로부터 바람부는 방향으로 250m 떨어진 연기의 중심축상 지상 오염농도(mg/m^3)를 구하면? (단, 오염물질의 배출량 6g/sec, 풍속 4.5m/sec, σ_y는 22.5m, σ_z는 12m 이다.)

㉮ 1.26 ㉯ 1.36
㉰ 1.57 ㉱ 1.83

풀이 가우시안 확산식

$$C = \frac{Q}{\pi \cdot u \cdot \sigma_y \cdot \sigma_z} \exp\left[-\frac{1}{2}\left(\frac{He}{\sigma_z}\right)^2\right] = \frac{Q}{\pi \cdot u \cdot \sigma_y \cdot \sigma_z}$$

$\quad\begin{bmatrix} C : 농도(mg/m^3) \\ u : 풍속(m/sec) \\ \sigma_z : 수평방향의 표준편차(m) \\ \sigma_y : 수직방향의 표준편차(m) \\ He : 유효굴뚝높이(m) \end{bmatrix}$

따라서 $C = \dfrac{6g/sec \times 10^3 mg/g}{\pi \times 4.5m/sec \times 22.5m \times 12m}$

$\quad = 1.57 mg/m^3$

14 대기와 해양의 상호작용에 해당되는 엘니뇨와 라니냐에 관한 설명으로 옳지 않은 것은?

㉮ 엘니뇨와 상대적인 현상으로 라니냐는 무역풍이 상대적으로 약화되어 서태평양의 온도가 감소된다.
㉯ 대기와 해양의 상호작용으로 열대 동태평양에서 중태평양에 걸친 광범위한 구역에서 해수면의 온도 상승을 엘니뇨라 한다.
㉰ 엘니뇨와 라니냐는 서로 독립적인 현상이 아니라, 반대 위상을 가지는 자연계의 진동현상이라 할 수 있다.
㉱ 엘니뇨 시기에는 서태평양의 기압이 높아지고 남태평양의 기압이 내려가는 남방진동이 나타난다.

풀이 ㉮ 라니냐는 무역풍이 상대적으로 강해지며 서태평양의 온도가 상승한다.

15 광화학반응에 관한 설명으로 옳지 않은 것은?

㉮ NO_2는 도시 대기오염물질 중에서 가장 중요한 태양빛 흡수기체로서 파장 420nm 이상의 가시광선에 의해 NO와 O로 광분해된다.
㉯ 알데하이드(RCHO)는 파장 313nm 이하에서 광분해한다.
㉰ 케톤은 파장 300~700nm에서 약한 흡수를 하여 광분해한다.
㉱ SO_2는 대류권에서 쉽게 광분해되며, 파장 450~500nm에서 강한 흡수를 나타낸다.

풀이 ㉱ SO_2는 대류권에서는 광분해가 일어나지 않으며, 파장 280~290nm에서 강한 흡수를 나타낸다.

정답 12 ㉮ 13 ㉰ 14 ㉮ 15 ㉱

16 배출오염물질과 관련업종으로 가장 거리가 먼 것은?

㉮ 암모니아 : 비료공장, 냉동공장, 표백, 색소제조공장
㉯ 염소 : 석유정제, 석탄건류, 가스공업
㉰ 비소 : 화학공업, 유리공업, 과수원의 농약 분무작업
㉱ 불화수소 : 알루미늄공업, 요업, 인산비료공업

풀이 ㉯ 염소 : 농약제조, 화학공업, 소오다공업

17 입자상 오염물질 중 훈연(fume)에 관한 설명으로 가장 거리가 먼 것은?

㉮ 금속 산화물과 같이 가스상 물질이 승화, 증류 및 화학반응 과정에서 응축될 때 주로 생성되는 고체입자이다.
㉯ 20~50µm 정도의 크기가 대부분이다.
㉰ 활발한 브라운 운동을 한다.
㉱ 아연과 납산화물의 훈연은 고온에서 휘발된 금속의 산화와 응축과정에서 생성된다.

풀이 ㉯ 1µm 이하의 크기가 대부분이다.

18 질소산화물에 관한 설명으로 거리가 먼 것은?

㉮ 아산화질소(N_2O)는 성층권의 오존을 분해하는 물질로 알려져 있다.
㉯ 전세계의 질소화합물 배출량 중 인위적인 배출량은 자연적 배출량의 약 70% 정도 차지하고 있으며, 그 비율은 점차 증가하는 추세이다.
㉰ 아산화질소(N_2O)는 대류권에서 태양에너지에 대하여 매우 안정하다.
㉱ 연료 NOx는 연료 중 질소화합물 연소에 의해 발생되고, 연료 중 질소화합물은 일반적으로 석탄에 많고 중유, 경유 순으로 적어진다.

풀이 ㉯ 전세계의 질소화합물 배출량 중 인위적인 배출량은 자연적 배출량의 10% 정도인 것으로 추정되고 있으며, 그 비율은 점차 증가하는 추세이다.

19 상온에서 무색이며, 자극성 냄새를 가진 기체로서 비중이 약 1.03(공기=1)인 오염물질은?

㉮ 아황산가스 ㉯ 폼알데하이드
㉰ 이산화탄소 ㉱ 염소

풀이 기체의 비중 = $\dfrac{\text{기체의 분자량(kg)}}{\text{공기의 분자량(29kg)}}$

따라서 $1.03 = \dfrac{\text{기체의 분자량}}{29kg}$

∴ 기체의 분자량 = 1.03×29kg = 30kg
따라서 보기중에서 분자량이 30인 ㉯ 폼알데하이드(HCHO)가 정답이 된다.

정답 16 ㉯ 17 ㉯ 18 ㉯ 19 ㉯

20 대기의 안정도와 관련된 리챠든 수(R_i)를 나타낸 식으로 옳은 것은? (단, g : 그 지역의 중력가속도, θ : 잠재온도, u : 풍속, z : 고도)

㉮ $R_i = \dfrac{(g/\theta)(du/dz)^2}{(d\theta/dz)}$

㉯ $R_i = \dfrac{(\theta/g)(du/dz)^2}{(d\theta/dz)}$

㉰ $R_i = \dfrac{(g/\theta)(d\theta/dz)}{(du/dz)^2}$

㉱ $R_i = \dfrac{(\theta/g)(d\theta/dz)}{(du/dz)^2}$

[풀이] 리챠든 수(R_i)는 무차원수로서 대기의 동적인 안정도를 나타내는 것이다.

| 제2과목 | 연소공학 |

21 보일러에서 저온부식을 방지하기 위한 방법으로 가장 거리가 먼 것은?

㉮ 과잉공기를 줄여서 연소한다.
㉯ 가스온도를 산노점 이하가 되도록 조업한다.
㉰ 연료를 전처리하여 유황분을 제거한다.
㉱ 정치표면을 내식재료로 피복한다.

[풀이] ㉯ 가스온도를 산노점 온도보다 높게 되도록 조업한다.

22 다음 연료 중 (CO_2)max 값(%)이 가장 큰 것은?

㉮ 고로가스   ㉯ 코우크스로가스
㉰ 갈탄   ㉱ 역청탄

[풀이] (CO_2)max 값(%)이 가장 큰 것은 24.0~25.0%인 고로가스이다.

23 석탄 사용 가열로의 배기가스를 분석한 결과 CO_2 : 15%, O_2 : 5%, N_2 : 80% 였다. 이 때 공기비는 대략 얼마인가? (단, 연료 중 질소는 무시한다.)

㉮ 1.31   ㉯ 1.74
㉰ 1.92   ㉱ 2.12

[풀이] 배출가스 분석치
CO_2%, O_2%, N_2%일 때

$$공기비(m) = \dfrac{N_2\%}{N_2\% - 3.76 \times O_2\%} = \dfrac{80\%}{80\% - 3.76 \times 5\%}$$
$$= 1.31$$

정답 20 ㉰   21 ㉯   22 ㉮   23 ㉮

24 연소장치의 특성에 관한 설명으로 옳지 않은 것은?

㉮ 유동층 연소는 다른 연소법에 비해 NOx 생성 억제가 잘 되고, 화염층을 작게 할 수 있으므로 장치의 규모를 작게 할 수 있다.
㉯ 산포식 스토커, 계단식 스토커에 의한 연소방식은 화격자 연소장치에 속한다.
㉰ 미분탄을 사용하는 연소시설에서는 화염의 전파속도는 기체연료에 비해 작으며, 만일 버너로부터 분출속도가 클 경우에는 역화의 우려가 발생할 수 있다.
㉱ 미분탄 연소는 사용연료의 범위가 넓고, 스토커 연소에 적합하지 않은 점결탄과 저발열량탄 등도 사용할 수가 있다.

[풀이] ㉰ 미분탄을 사용하는 연소시설에서는 화염의 전파속도는 기체연료에 비해 크며, 만일 버너로부터 분출속도가 작을 경우에는 역화의 우려가 발생할 수 있다.

25 화학반응속도 및 반응속도상수에 관한 설명으로 옳지 않은 것은?

㉮ 1차 반응에서 반응속도상수의 단위는 s^{-1}이다.
㉯ 반응물의 농도를 무제한 증가할지라도 반응속도에는 영향을 미치지 않는 반응을 0차 반응이라 한다.
㉰ 화학반응속도론에서 반응속도상수 결정에 활성화에너지가 가장 주요한 영향인자로 작용하며, 넓은 온도범위에 걸쳐 유효하게 적용된다.
㉱ 반응속도상수는 온도에 영향을 받는다.

26 다음 중 기체연료의 연소방식에 해당되는 것은?

㉮ 스토커 연소
㉯ 회전식버너(rotary burner) 연소
㉰ 예혼합 연소
㉱ 유동층 연소

[풀이] ㉮ 스토커 연소 : 고체연료의 연소방식
㉯ 회전식버너(rotary burner) 연소 : 액체연료의 연소방식
㉰ 예혼합 연소 : 기체연료의 연소방식
㉱ 유동층 연소 : 고체연료의 연소방식

27 액체연료의 성분분석결과 탄소 84%, 수소 11%, 황 2.4%, 산소 1.3%, 수분 1.3% 이였다면 이 연료의 저위발열량은? (단, Dulong 식을 이용)

㉮ 약 800kcal/kg
㉯ 약 10000kcal/kg
㉰ 약 13000kcal/kg
㉱ 약 15000kcal/kg

[풀이] ① Dulong 식을 이용해 고위발열량(Hh)을 계산한다.
$$Hh = 8100C + 34000\left(H - \frac{O}{8}\right) + 2500S(kcal/kg)$$
$$= 8100 \times 0.84 + 34000\left(0.11 - \frac{0.013}{8}\right) + 2500 \times 0.024$$
$$= 10548.75 kcal/kg$$
② 저위발열량(Hl)을 계산한다.
$$Hl = Hh - 600(9H + W)(kcal/kg)$$
$$= 10548.75 kcal/kg - 600(9 \times 0.11 + 0.013)$$
$$= 9946.95 kcal/kg$$

TIP Dulong식은 고위발열량 구하는 공식임에 주의해야 한다.

정답 24 ㉰ 25 ㉰ 26 ㉰ 27 ㉯

28 C = 82%, H = 15%, S = 3%의 조성을 가진 액체연료를 2kg/min으로 연소시켜 배기가스를 분석하였더니 CO_2 = 12.0%, O_2 = 5%, N_2 = 83% 라는 결과를 얻었다. 이때 필요한 연소용 공기량(Sm^3/hr)은?

㉮ 약 1,100   ㉯ 약 1,300
㉰ 약 1,600   ㉱ 약 1,800

풀이 ① 공기비(m) 계산

$$m = \frac{N_2\%}{N_2\% - 3.76 \times O_2\%} = \frac{83\%}{83\% - 3.76 \times 5\%}$$
$$= 1.2928$$

② 이론공기량(A_o)을 계산

$$A_o = 8.89C + 26.67\left(H - \frac{O}{8}\right) + 3.33S \;(Sm^3/kg)$$
$$= 8.89 \times 0.82 + 26.67 \times 0.15 + 3.33 \times 0.03$$
$$= 11.3902 \; Sm^3/kg$$

③ 필요한 연소용 공기량(Sm^3/hr)
= 공기비(m)×이론공기량(Sm^3/kg)×연료량(kg/hr)
= 1.2928×11.3902Sm^3/kg×2kg/min×60min/hr
= 1767.03Sm^3/hr

29 착화점이 높아지는 조건에 관한 설명으로 옳은 것은?

㉮ 분자구조가 복잡할수록
㉯ 발열량이 낮을수록
㉰ 산소의 농도가 클수록
㉱ 화학반응성이 클수록

풀이 착화점이 높아지는 조건
㉮ 분자구조가 간단할수록
㉰ 산소의 농도가 작을수록
㉱ 화학반응성이 작을수록

30 다음 중 매연 발생원인으로 가장 거리가 먼 것은?

㉮ 연소실의 체적이 적을 때
㉯ 통풍력이 부족할 때
㉰ 석탄 중에 황분이 많을 때
㉱ 무리하게 연소시킬 때

풀이 ㉰ 석탄 중에 휘발분이 많을 때

31 어떤 반응에서 0℃에서의 반응속도상수가 $0.001s^{-1}$이고 100℃에서의 반응속도상수가 $0.05s^{-1}$ 일 때 활성화에너지(kJ/mol)는?

㉮ 25   ㉯ 33
㉰ 41   ㉱ 50

풀이 ① $\ln \frac{k_2}{k_1} = \frac{E(T_2 - T_1)}{R \times T_2 \times T_1}$

$$\ln \frac{0.05/sec}{0.001/sec}$$
$$= \frac{E\{(273+100) - (273+0)\}}{8.314 J/mole \cdot k \times (273+100) \times (273+0)}$$
∴ E = 33,119.43 J/mole

② $E(kcal/mole) = \frac{33,119.43J}{mole} \times \frac{1kJ}{10^3 J}$
= 33.12 kJ/mole

정답 28 ㉱   29 ㉯   30 ㉰   31 ㉯

32 프로판(C_3H_8) $1Sm^3$을 완전연소 시켰을 때 건조연소가스 중의 CO_2 농도는 11%이었다. 공기비는 약 얼마인가?

㉮ 1.05 ㉯ 1.15
㉰ 1.23 ㉱ 1.39

풀이
$CO_2\% = \dfrac{CO_2량}{Gd} \times 100$

$C_3H_8 + 5O_2 \rightarrow 3CO_2 + 4H_2O$
$Gd = (m-0.21)A_o + CO_2량$

따라서 $11\% = \dfrac{3}{(m-0.21)\times\dfrac{5}{0.21}+3} \times 100$

$\therefore m = 1.23$

TIP
Gd : 실제건조연소가스량

33 다음 중 표준공기 내에서 연소범위(vol%)가 가장 넓은 것은?

㉮ 메탄 ㉯ 아세틸렌
㉰ 벤젠 ㉱ 톨루엔

풀이 연소범위(vol%)가 가장 넓은 것은 ㉯아세틸렌이다.

34 석탄에 함유된 수분의 3가지 수분형태와 거리가 먼 것은?

㉮ 유효수분
㉯ 부착수분
㉰ 고유수분
㉱ 화합수분(결합수분)

풀이 석탄에 함유된 수분의 3가지 수분형태는 부착수분, 고유수분, 화합수분(결합수분)이다.

35 프로판 $1Sm^3$을 공기비 1.4로 완전연소 시킬 때 실제습연소가스량(Sm^3)은?

㉮ 25.8 ㉯ 28.8
㉰ 32.1 ㉱ 35.3

풀이
$C_3H_8 + 5O_2 \rightarrow 3CO_2 + 4H_2O$
실제습연소가스량(Gw)
$= (m-0.21)A_o + CO_2량 + H_2O량$
$= (1.4-0.21)\times\dfrac{5}{0.21}+3+4 = 35.33 Sm^3/Sm^3$

TIP
이론공기량(A_o) = 이론산소량(O_o)$\times\dfrac{1}{0.21}$(Sm^3/Sm^3)

36 다음 중 폭발성 혼합가스의 연소범위(L)를 구하는 식으로 옳은 것은? (단, n_n : 각 성분 단일의 연소한계(상한 또는 하한), P_n : 각 성분 가스의 체적(%))

㉮ $L = \dfrac{100}{\dfrac{n_1}{p_1}+\dfrac{n_2}{p_2}+\cdots}$

㉯ $L = \dfrac{100}{\dfrac{p_1}{n_1}+\dfrac{p_2}{n_2}+\cdots}$

㉰ $L = \dfrac{n_1}{p_1}+\dfrac{n_2}{p_2}+\cdots$

㉱ $L = \dfrac{p_1}{n_1}+\dfrac{p_2}{n_2}+\cdots$

풀이 폭발성 혼합가스의 연소범위(L)를 구하는 식으로 옳은 것은 ㉯번이다.

정답 32 ㉰ 33 ㉯ 34 ㉮ 35 ㉱ 36 ㉯

37 액체연료의 연소방식을 기화(vaporization) 연소방식과 분무화(atomization)연소 방식으로 분류할 때 다음 중 기화 연소 방식에 해당하지 않는 것은?

㉮ 심지식 연소　㉯ 반전식 연소
㉰ 포트식 연소　㉱ 증발식 연소

풀이 기화 연소방식에는 심지식 연소, 포트식 연소, 증발식 연소가 있다.

38 다음 연료의 완전연소 시 발열량(kcal/Sm^3)이 가장 큰 것은?

㉮ Propane　㉯ Ethylene
㉰ Acetylene　㉱ Propylene

풀이 기체연료중 1Sm^3당 발열량이 가장 큰 물질은 탄소수와 수소수가 가장 많은 물질이므로 ㉮ Propane(C_3H_8)이 된다.

TIP
명칭과 화학식
㉮ Propane(C_3H_8)
㉯ Ethylene(C_2H_4)
㉰ Acetylene(C_2H_2)
㉱ Propylene(C_3H_6)

39 다음 중 확산연소에 사용되는 버너로서 주로 천연가스와 같은 고발열량의 가스를 연소시키는데 사용되는 것은?

㉮ 건타입 버너　㉯ 선회 버너
㉰ 방사형 버너　㉱ 고압 버너

풀이 주로 천연가스와 같은 고발열량의 가스를 연소 시키는데 사용되는 것은 방사형 버너이다.

40 기체연료 중 연소하여 수분을 생성하는 H_2와 C_xH_y 연소반응의 발열량 산출식에서 아래의 480이 의미하는 것은?

$$Hl = Hh - 480(H_2 + \Sigma y/2 C_xH_y)(kcal/Sm^3)$$

㉮ H_2O 1kg 증발잠열
㉯ H_2 1kg 증발잠열
㉰ H_2O 1Sm^3의 증발잠열
㉱ H_2 1Sm^3의 증발잠열

풀이 480이 의미하는 것은 H_2O 1Sm^3의 증발잠열이다.

| 제3과목 | 대기오염방지기술

41 직경 10μm인 입자의 침강속도가 0.5cm/sec였다. 같은 조성을 지닌 30μm입자의 침강속도는? (단, 스토크스 침강속도식 적용)

㉮ 1.5cm/sec　㉯ 2cm/sec
㉰ 3cm/sec　㉱ 4.5cm/sec

풀이 $Vg = \dfrac{d^2(\rho_s - \rho)g}{18\mu}$ 에서 $Vg \propto d^2$ 이므로
$(10\mu m)^2 : 0.5cm/sec = (30\mu m)^2 : Vg$
따라서 $Vg = 4.5cm/s$

정답　37 ㉯　38 ㉮　39 ㉰　40 ㉰　41 ㉱

42 원심력 집진장치에 사용되는 용어에 관한 설명으로 옳지 않은 것은?

㉮ 임계입경(critical diameter)은 100% 분리한계입경이라고도 한다.
㉯ 분리계수가 클수록 집진율은 증가한다.
㉰ 분리계수는 입자에 작용하는 원심력을 관성력으로 나눈 값이다.
㉱ 사이클론에서 입자의 분리속도는 함진가스의 선회속도에는 비례하는 반면, 원통부 반경에는 반비례한다.

풀이 ㉰ 분리계수는 원심력의 분리속도를 중력의 침강속도로 나눈 값이다.

43 여과집진장치에 사용되는 각종 여포재의 성질에 관한 연결로 가장 거리가 먼 것은? (단, 여포재의 종류 - 산에 대한 저항성 - 최고사용온도)

㉮ 목면 - 양호 - 150℃
㉯ 글라스화이버 - 양호 - 250℃
㉰ 오론 - 양호 - 150℃
㉱ 비닐론 - 양호 - 100℃

풀이 ㉮ 목면 - 나쁨 - 80℃

44 먼지의 입경측정을 직접측정법과 간접측정법으로 분류할 때 다음 중 직접측정법에 해당하는 것은?

㉮ 광산란법   ㉯ 관성충돌법
㉰ 표준체측정법   ㉱ 액상침강법

풀이 먼지의 입경측정
① 직접측정법 : 표준체 측정법
② 간접측정법 : 관성충돌법, 액상침강법, 공기투과법, 광산란법

45 다음 흡착장치 중 가스의 유속을 크게 할 수 있고, 고체와 기체의 접촉을 크게 할 수 있으며, 가스와 흡착제를 향류로 접촉할 수 있는 장점은 있으나, 주어진 조업조건에 따른 조건 변동이 어려운 것은?

㉮ 유동층 흡착장치
㉯ 이동층 흡착장치
㉰ 고정층 흡착장치
㉱ 원통형 흡착장치

풀이 ㉮ 유동층 흡착장치에 대한 설명이다.

46 중력집진장치에서 집진효율을 향상시키기 위한 조건으로 옳지 않은 것은?

㉮ 침강실 내의 처리가스의 유속을 느리게 한다.
㉯ 침강실의 높이는 낮게 하고, 길이는 길게 한다.
㉰ 침강실의 입구폭을 작게 한다.
㉱ 침강실 내의 가스흐름을 균일하게 한다.

풀이 ㉰ 침강실의 입구폭을 크게 한다.

47 Co-Ni-Mo을 수소첨가촉매로 하여 250~450℃에서 30~150kg/cm²의 압력을 가하여 H_2S, S, SO_2 형태로 제거하는 중유탈황법은?

㉮ 직접탈황법   ㉯ 흡착탈황법
㉰ 활성탈황법   ㉱ 산화탈황법

풀이 ㉮ 직접탈황법에 대한 설명이다.

정답 42 ㉰ 43 ㉮ 44 ㉰ 45 ㉮ 46 ㉰ 47 ㉮

48 Venturi scrubber에서 액가스비가 0.6 L/m³, 목부의 압력손실이 330mmH₂O 일 때 목부의 가스속도(m/sec)는? (단, 가스비중은 1.2kg/m³이며, Venturi scrubber 의 압력손실식 $\triangle P = (0.5+L) \times \frac{rV^2}{2g}$ 를 이용할 것)

㉮ 60 ㉯ 70
㉰ 80 ㉱ 90

풀이 $\triangle P = (0.5+L) \times \frac{rV^2}{2g}$

$\triangle P$: 압력손실(mmH₂O)
L : 액가스비(L/m³)
r : 가스의 밀도(kg/m³)
V : 가스속도(m/sec)
g : 중력가속도(9.8m/sec²)

따라서

$330\text{mmH}_2\text{O} = (0.5+0.6\text{L/m}^3) \times \frac{1.2\text{kg/m}^3 \times V^2}{2 \times 9.8\text{m/sec}^2}$

∴ V = 70m/sec

49 흡수에 관한 설명으로 옳지 않은 것은?

㉮ 습식세정장치에서 세정흡수효율은 세정수량이 클수록, 가스의 용해도가 클수록 헨리정수가 클수록 커진다.
㉯ SiF₄, HCHO 등은 물에 대한 용해도가 크나, NO, NO₂ 등은 물에 대한 용해도가 작은 편이다.
㉰ 용해도가 적은 기체의 경우에는 헨리의 법칙이 성립한다.
㉱ 헨리정수(atm·m³/kg·mol) 값은 온도에 따라 변하며, 온도가 높을수록 그 값이 크다.

풀이 ㉮ 습식세정장치에서 세정흡수효율은 세정수량이 작을수록, 가스의 용해도가 클수록 헨리정수가 작을수록 커진다.

50 다음 중 표면적이 200m²/g 정도로서, 주로 휘발유 및 용제정제 등으로 사용되는 흡착제는?

㉮ 실리카겔(Silica Gel)
㉯ 본차(Bone char)
㉰ 폴링(Pall ring)
㉱ 마그네시아(Magnesia)

풀이 ㉱ 마그네시아(Magnesia)에 대한 설명이다.

51 축류식 원심력 집진장치 중 반전형에 관한 설명으로 옳지 않은 것은?

㉮ 입구가스 속도가 50m/sec 전후이다.
㉯ 접선유입식에 비해 압력손실이 적은 편이다.
㉰ 가스의 균일한 분배가 용이한 잇점이 있다.
㉱ 함진가스 입구의 안내익에 따라 집진효율이 달라진다.

풀이 ㉮ 입구가스 속도가 10m/sec 이다.

52 충전탑에 관한 설명으로 가장 거리가 먼 것은?

㉮ 충전제는 화학적으로 불활성이어야 한다.
㉯ 충전제를 규칙적으로 충전하면 불규칙적으로 충전하는 방법에 비하여 압력손실이 적어진다.
㉰ 편류현상은 [탑의 직경/충전제직경]의 비가 8~10 범위일 때 최소가 된다.
㉱ 보통 가스유속은 부하점(Loading point)에서의 유속의 70~80% 조작이 적당하다.

정답 48 ㉯ 49 ㉮ 50 ㉱ 51 ㉮ 52 ㉱

풀이 ㉣ 보통 가스유속은 범람(flooding)속도의 40~70%가 적당하다.

53 반경이 15cm인 덕트에 1기압, 동점성계수 $2.0 \times 10^{-5} m^2/sec$, 밀도 $1.7g/cm^3$인 유체가 300m/min의 속도로 흐르고 있을 때, Reynold수는?

㉮ 37500 ㉯ 42500
㉰ 63750 ㉣ 75000

풀이
$$Re = \frac{DV}{\nu}$$

- D : 직경(m)
- V : 속도(m/sec)
- ν : 동점도(m^2/sec)

따라서 $Re = \dfrac{0.3m \times 300m/min \times 1min/60sec}{2.0 \times 10^{-5} m^2/sec}$
= 37,500

54 다음 집진장치 중 관성충돌, 직접차단, 확산, 정전기적 인력, 중력 등이 주된 집진원리인 것은?

㉮ 여과집진장치   ㉯ 원심력집진장치
㉰ 전기집진장치   ㉣ 중력집진장치

풀이 ㉮ 여과집진장치에 대한 설명이다.

55 유해가스 처리 시 사용되는 충전탑(packed tower)에 관한 설명으로 옳지 않은 것은?

㉮ 액분산형 흡수장치로서 충전물의 충전방식을 불규칙적으로 했을 때 접촉면적은 크나, 압력손실이 커진다.
㉯ 충전탑에서 hold-up 이라는 것은 탑의 단위면적당 충전제의 양을 의미한다.
㉰ 흡수액에 고형물이 함유되어 있는 경우에는 침전물이 생기는 방해를 받는다.
㉣ 일정양의 흡수액을 흘릴 때 유해가스의 압력손실은 가스속도의 대수값에 비례하며, 가스속도 증가시 나타나는 첫 번째 파괴점을 loading point 라 한다.

풀이 ㉯ 충전탑에서 hold-up 이라는 것은 흡수액을 통과시키면서 유량속도를 증가할 경우 충전층내의 액보유량이 증가하게 되는 상태이다.

56 불소화합물의 흡수처리에 관한 설명으로 가장 거리가 먼 것은?

㉮ 세정장치 중 충전탑이 가장 적합하다.
㉯ 물에 대한 용해도가 비교적 크므로 수세에 의한 처리가 적당하다.
㉰ 스프레이탑을 사용할 때에 분무 노즐의 막힘이 없도록 보수관리에 주의가 필요하다.
㉣ 처리 중 고형물을 생성하는 경우가 많다.

풀이 ㉮ 세정장치 중 분무탑이나 제트스크러버가 가장 적합하다.

 53 ㉣ 54 ㉮ 55 ㉯ 56 ㉮

57 송풍기의 크기와 유체의 밀도가 일정한 조건에서 한 송풍기가 1.2kW의 동력을 이용하여 20m³/min의 공기를 송풍하고 있다. 만약 송풍량이 30m³/min으로 증가했다면 이 때 필요한 송풍기의 소요동력(kW)은?

㉮ 1.5 ㉯ 1.8
㉰ 2.7 ㉱ 4.1

풀이 소요동력(kW) = 동력(kW) × $\left(\dfrac{r_2}{r_1}\right)^3$

$= 1.2\text{kW} \times \left(\dfrac{30\text{m}^3/\text{min}}{20\text{m}^3/\text{min}}\right)^3 = 4.05\text{kW}$

TIP
① 송풍유량(Q) = Q'm³/min × $\left(\dfrac{r_2}{r_1}\right)^1$
② 유속(V) = V'm/min × $\left(\dfrac{r_2}{r_1}\right)^1$
③ 정압(PS) = PS'(mmH₂O) × $\left(\dfrac{r_2}{r_1}\right)^3$

58 흡착제를 친수성(극성)과 소수성(비극성)으로 구분 할 때, 다음 중 친수성 흡착제에 해당하지 않는 것은?

㉮ 활성탄
㉯ 실리카겔
㉰ 활성 알루미나
㉱ 합성 지올라이트

풀이 ㉮ 활성탄은 소수성(비극성) 흡착제이다.

59 사이클론에서 처리가스량에 대하여 외기의 누입이 없을 때 집진율은 88%였다면 외부로부터 외기가 10% 누입될 때의 집진율은? (단, 이때 먼지 통과율은 누입되지 않은 경우의 3배에 해당한다.)

㉮ 54% ㉯ 64%
㉰ 75% ㉱ 83%

풀이 ① 정상시 효율(η) = 88% 이므로
정상시 통과율(P) = 100%−88% = 12%
② 비정상시 통과율(P) = 정상시 통과율(P)×3배
= 12%×3 = 36%
③ 비정상시 효율(η) = 100%−36% = 64%

TIP
① 통과율(P) + 효율(η) = 100%
② 통과율(P) = 100% − 효율(η)
③ 효율(η) = 100% − 통과율(P)

60 다음 중 여과집진장치에서 여포를 탈진하는 방법이 아닌 것은?

㉮ 기계적 진동(mechanical shaking)
㉯ 펄스제트(pulse jet)
㉰ 공기역류(reverse air)
㉱ 블로다운(blow down)

풀이 ㉱ 블로다운(blow down)은 원심력 집진장치의 효율 향상책이다.

정답 57 ㉱ 58 ㉮ 59 ㉯ 60 ㉱

| 제4과목 | 대기오염공정시험기준

61 배출원에서 배출되는 입자상과 가스상 수은을 냉증기-원자흡수분광광도법으로 분석할 때 사용되는 흡수액은?

㉮ 질산암모늄 + 황산용액
㉯ 다이크롬산포타슘용액
㉰ 염산하이드록실아민용액
㉱ 과망간산포타슘 + 황산

[풀이] 수은을 냉증기-원자흡수분광광도법으로 분석할 때 사용되는 흡수액은 4% 과망간산포타슘 + 10% 황산이다.

62 다음은 크로마토그래피와 감도조정부에 관한 사항이다. ( )안에 가장 적합한 것은?

( )에서는 필라멘트 전류, 기록계 스팬전압, 운반 가스유량, 기록지 이동속도를 쉽게 설정, 판독 또는 측정할 수 있는 것이어야 한다.

㉮ 고수소 염광광도 검출기(HFPD)
㉯ 불꽃 이온화 검출기(FID)
㉰ 불꽃 고이온화 검출기(FHID)
㉱ 열전도도 검출기(TCD)

[풀이] ㉱ 열전도도 검출기(TCD)에 대한 설명이다.

63 다음 중 연료의 연소, 금속제련 또는 화학반응 공정등에서 배출되는 굴뚝 배출가스 중의 일산화탄소 분석방법이라 볼 수 없는 것은?

㉮ 기체크로마토그래피법
㉯ 정전위 전해법
㉰ 비분산적외선분광분석법
㉱ 용액전도율법

[풀이] 굴뚝 배출가스 중의 일산화탄소 분석방법으로는 비분산적외선분광분석법, 정전위전해법, 기체크로마토그래피법이 있다.

64 굴뚝배출가스 중 질소산화물을 연속적으로 자동측정하는 방법 중 자외선흡수분석계의 구성에 관한 설명으로 옳지 않은 것은?

㉮ 광원 : 중수소방전관 또는 중압수은등을 사용한다.
㉯ 시료셀 : 시료가스가 연속적으로 흘러갈 수 있는 구조로 되어 있으며 그 길이는 200~500mm이고, 셀의 창은 석영판과 같이 자외선 및 가시광선이 투과할 수 있는 재질이어야 한다.
㉰ 검출기 : 가시광선 및 자외부에서 감도가 좋은 비분산자외선광배전관이 이용된다.
㉱ 합산증폭기 : 신호를 증폭하는 기능과 일산화질소 측정파장에서 아황산가스의 간섭을 보정하는 기능을 가지고 있다.

[풀이] ㉰ 검출기 : 자외선 및 가시광선에 대하여 감도가 좋은 광전자증배관 또는 광전관이 이용된다.

정답 61 ㉯ 62 ㉱ 63 ㉱ 64 ㉰

65 기체크로마토그래피법에서 정량분석방법과 가장 거리가 먼 것은?

㉮ 넓이 백분율법 ㉯ 상대검정곡선법
㉰ 표준물첨가법 ㉱ 절대검정곡선법

[풀이] 기체크로마토그래피법에서 정량분석방법에는 절대검정곡선법, 넓이백분율법, 보정넓이백분율법, 상대검정곡선법, 표준물첨가법이 있다.

66 굴뚝 배출가스 중 먼지를 보통형 흡입노즐을 이용할 때 등속흡입을 위한 흡입량(L/min)은?

- 대기압 : 765 mmHg
- 측정점에서의 정압 : -1.5 mmHg
- 건식가스미터의 흡입가스 게이지압 : 1mmHg
- 흡입노즐의 내경 : 6mm
- 배출가스의 유속 : 7.5m/sec
- 배출가스 중 수증기의 부피 백분율 : 10%
- 건식가스미터의 흡입온도 : 20℃
- 배출가스 온도 : 125℃

㉮ 14.8 ㉯ 11.6
㉰ 9.9   ㉱ 8.4

[풀이]
$$q_m = \frac{\pi d^2}{4} \times v \times \left(1 - \frac{X_w}{100}\right) \times \frac{273+\theta_m}{273+\theta_s} \times \frac{P_a+P_s}{P_a+P_m} \times 60 \times 10^{-3}$$

- q_m : 등속 흡입유량
- d : 노즐의 직경(mm)
- v : 배출가스 유속(m/sec)
- X_w : 수증기의 부피 백분율(%)
- θ_m : 가스미터의 흡입가스온도(℃)
- θ_s : 배출가스 온도(℃)
- P_a : 대기압(mmHg)
- P_s : 측정점에서의 정압(mmHg)
- P_m : 가스미터의 흡입가스 게이지압(mmHg)

$$q_m = \frac{\pi \times (6mm)^2}{4} \times 7.5m/sec \times (1-0.1) \times \frac{273+20℃}{273+125℃}$$
$$\times \frac{765mmHg - 1.5mmHg}{765mmHg + 1mmHg} \times 60 \times 10^{-3}$$
$$= 8.40 L/min$$

67 굴뚝 배출가스 중 산소를 자기식(자기력)으로 측정하는 방법에 대한 설명으로 틀린 것은?

㉮ 덤벨형 방식과 압력검출형 방식이 있다.
㉯ 상자성체인 산소분자가 자계 내에서 자기화 될 때 생기는 흡인력을 이용한다.
㉰ 체적자화율이 큰 가스(일산화질소, NO)의 영향을 무시할 수 있는 경우에 적용한다.
㉱ 측정범위는 1%~15.0% 이하로 한다.

[풀이] ㉱ 측정범위는 0%~10.0% 이하로 한다.

68 다음 중 대기오염공정시험기준상 분석시험에 있어 기재 및 용어에 관한 설명으로 옳은 것은?

㉮ 용액의 액성표시는 따로 규정이 없는 한 유리전극법에 의한 pH 미터로 측정한 것을 뜻한다.
㉯ 시험조작중 "즉시"란 10초 이내에 표시된 조작을 하는 것을 뜻한다.
㉰ "감압 또는 진공"이라 함은 따로 규정이 없는 한 10mmHg 이하를 뜻한다.
㉱ "정확히 단다"라 함은 규정한 양의 검체를 취하여 분석용 저울로 0.3mg까지 다는 것을 뜻한다.

[풀이] ㉯ 시험조작중 "즉시"란 30초 이내에 표시된 조작을 하는 것을 뜻한다.

정답 65 ㉰ 66 ㉱ 67 ㉱ 68 ㉮

㉢ "감압 또는 진공"이라 함은 따로 규정이 없는 한 15mmHg 이하를 뜻한다.
㉣ "정확히 단다"라 함은 규정한 양의 검체를 취하여 분석용 저울로 0.1mg까지 다는 것을 뜻한다.

69 굴뚝배출가스 중 먼지측정을 위한 시료채취방법에 관한 사항으로 옳지 않은 것은?

㉮ 피토관을 측정공에서 굴뚝내의 측정점까지 삽입하여 전압공을 배출가스 흐름방향에 바로 직면시켜 압력계에 의하여 동압을 측정한다.
㉯ 동압은 원칙적으로 $0.1mmH_2O$의 단위까지 읽고, 이때, 피토관의 배출가스 흐름방향에 대한 편차를 $10°$ 이하가 되어야 한다.
㉰ 한 채취점에서의 채취시간을 최소 30초 이상으로 하고 모든 채취점에서 채취시간을 동일하게 한다.
㉱ 등속흡입식에 의해서 등속흡입계수를 구하고 그 값이 95~110% 범위 내에 들지 않는 경우에는 다시 시료채취를 행한다.

풀이 ㉰ 한 채취점에서의 채취시간을 최소 2분 이상으로 하고 모든 채취점에서 채취시간을 동일하게 한다.

70 연료용 유류 중의 황함유량 분석방법으로 옳지 않은 것은?

㉮ 연소관식 공기법은 500~550℃로 가열한 석영재질 연소관 중에 공기를 불어넣어 시료를 연소시킨 후 생성된 황산화물을 붕산소듐(9%)에 흡수시켜 황산으로 만든 다음, 수산화소듐표준액으로 중화적정한다.
㉯ 연소관식 공기법의 경우 불용성 황산염을 만드는 금속(Ba, Ca 등)이 들어있는 시료에는 적용할 수 없다.
㉰ 연소관식 공기법의 경우 연소되어 산을 발생시키는 원소(P, N, Cl 등)가 들어있는 시료에는 적용할 수 없다.
㉱ 방사선식 여기법은 시료에 방사선을 조사하고, 여기된 황의 원자에서 발생하는 형광 X선의 강도를 측정한다.

풀이 ㉮ 연소관식 공기법은 950~1100℃로 가열한 석영재질 연소관 중에 공기를 불어넣어 시료를 연소시킨 후 생성된 황산화물을 과산화수소(3%)에 흡수시켜 황산으로 만든 다음, 수산화소듐표준액으로 중화적정한다.

정답 69 ㉰ 70 ㉮

71 기체크로마토그래피법에서 사용되는 용어에 관한 설명으로 옳지 않은 것은?

㉮ 일반적으로 5~30분 정도에서 측정하는 봉우리의 보유시간은 반복시험을 할 때 ±3% 오차범위 이내이어야 한다.
㉯ 기록계는 스트립 차아트식 자동평형 기록계로 스팬전압 10mV, 펜 응답시간 10초 이내, 기록지 이동속도는 10mm/분을 포함한 다단변속이 가능한 것이어야 한다.
㉰ 분리관 오븐의 온도조절 정밀도는 ±0.5℃의 범위이내 전원 전압변동 10%에 대하여 온도변화 ±0.5℃ 범위 이내(오븐의 온도가 150℃ 부근일 때)이어야 한다.
㉱ 주사기를 사용하는 시료도입부는 실리콘고무와 같은 내열성 탄성체격막이 있는 시료기화실로서 분리관온도와 동일하거나 또는 그 이상의 온도를 유지할 수 있는 가열기구가 갖추어져야 한다.

[풀이] ㉯ 기록계는 스트립 차아트식 자동평형 기록계로 스팬전압 1mV, 펜 응답시간 2초 이내, 기록지 이동속도는 10mm/분을 포함한 다단변속이 가능한 것이어야 한다.

72 공기를 사용하는 중유 연소 보일러의 굴뚝 배출가스 유속을 피토우관으로 측정하니 동압이 8.5mmH₂O였다. 측정점의 유속은? (단, 굴뚝 배출가스 온도는 273℃, 1기압, 피토우관 계수는 1.0 이다. 표준상태의 공기밀도는 1.3kg/Sm³)

㉮ 8m/sec ㉯ 12m/sec
㉰ 16m/sec ㉱ 19m/sec

[풀이]
$$V = C \times \sqrt{\frac{2gh}{r}}$$

V : 유속(m/sec)
C : 피토우관계수
g : 중력가속도(9.8m/sec²)
h : 동압(mmH₂O)
r : 밀도(kg/m³)

따라서 $V = 1.0 \times \sqrt{\dfrac{2 \times 9.8 \text{m/sec}^2 \times 8.5 \text{mmH}_2\text{O}}{1.3 \text{kg/Sm}^3 \times \dfrac{273}{273+273}}}$

= 16.01m/sec

TIP 밀도가 표준상태(kg/Sm³)이고 온도가 주어지면 보정

$r(\text{kg/m}^3) = r_o(\text{kg/Sm}^3) \times \dfrac{273}{273+℃}$

73 대기환경 중에 존재하는 휘발성유기화합물(VOCs) 중 오존생성 전구물질과 유해대기오염물질의 농도를 측정하기 위한 시험방법에 관한 설명으로 옳지 않은 것은?

㉮ 기체크로마토그래피법과 형광분광광도법이 있으며, 형광분광광도법을 주 시험법으로 한다.
㉯ 흡착관은 스테인리스 스틸(5×89mm) 또는 유리재질(5×89mm)로 된 관에 측정대상성분에 따라 흡착제를 선택하여 각 흡착제의 돌파부피를 고려하여 200mg이상으로 충진한 후 사용한다.
㉰ 흡입펌프는 사용목적에 맞는 용량의 펌프를 사용하며, 이 시험방법에서는 저용량 펌프를 사용한다.
㉱ 흡착관은 사용하기 전에 반드시 안정화단계를 거쳐야 하는데, 보통 350℃(흡착제의 종류에 따라 조정가능)에서 헬륨가스 50mL/min으로 적어도 2시간 동안 안정화시킨다.

정답 71 ㉯ 72 ㉰ 73 ㉮

[풀이] ㉮ 고체흡착열탈착법, 고체흡착용매추출법, 자동연속열탈착분석법이 있으며, 고체흡착 열탈착법과 자동연속열탈착분석법을 주시험법으로 한다.

74 굴뚝 배출가스 중 이황화탄소 분석방법으로 옳지 않은 것은?

㉮ 자외선/가시선분광법은 시료가스채취량 10L인 경우 배출가스중의 이황화탄소 농도(4.0~60.0)ppm의 분석에 적합하다.

㉯ 자외선/가시선분광법은 다이에틸아민구리 용액에서 시료가스를 흡수시켜 생성된 다이에틸다이싸이오카밤산구리의 흡광도를 435nm의 파장에서 측정한다.

㉰ 기체크로마토그래피법에서 배출가스 중에 포함된 황화합물의 대부분이 이황화탄소이어서 전황화합물로 측정해도 지장이 없는 경우에는 분리관을 생략한 불꽃광도 검출방식 연속분석계를 사용해도 된다.

㉱ 열전도도검출기(TCD)를 구비한 기체크로마토그래피를 사용하여 정량하며, 이 방법은 이황화탄소농도 0.05ppm이상의 분석에 적합하다.

[풀이] ㉱ 불꽃광도검출기(FPD)를 구비한 기체크로마토그래피를 사용하여 정량하며, 이 방법은 이황화탄소농도 0.5ppm 이상의 분석에 적합하다.

75 다음은 비분산 적외선 분석법에 사용되는 가스분석계의 성능기준이다. ( )안에 가장 알맞은 것은?

> 스팬드리프트(span drift)는 동일 조건에서 제로가스를 흘려 보내면서 때때로 스팬가스를 도입할 때 제로드리프트를 뺀 드리프트가 이동형은 (①)에 전체 눈금의 (②)이 되어서는 안되며, 측정시간 간격은 이동형은 40분 이상이 되도록 한다.

㉮ ① 6시간 동안, ② ±2% 이상
㉯ ① 4시간 동안, ② ±2% 이상
㉰ ① 6시간 동안, ② ±5% 이상
㉱ ① 4시간 동안, ② ±5% 이상

76 다음은 환경대기 중 아황산가스 농도 측정을 위한 파라로자닐린법(Pararosaniline Method)에 관한 설명이다. ( )안에 알맞은 것은?

> 이 시험방법은 (①)용액에 대기중의 아황산가스를 흡수시켜 안전한 (②) 착화합물을 형성시키고 이 착화합물과 파라로자닐린 및 포름 알데히드를 반응시켜 진하게 발색되는 파라로자닐린 메틸술폰산을 형성시키는 것이다.

㉮ ① 이염화수은소듐
  ② 사염화 아황산수은염
㉯ ① 사염화수은포타슘
  ② 이염화 아황산수은염
㉰ ① 이염화수은포타슘
  ② 사염화 아황산수은염
㉱ ① 사염화수은소듐
  ② 이염화 아황산수은염

정답 74 ㉱ 75 ㉯ 76 ㉯

77 폐기물 소각로에서 배출되는 다이옥신류의 최종배출구에서 시료채취시 흡입가스량으로 가장 적합한 것은? (단, 기타 사항은 고려하지 않는다.)

㉮ 4시간 평균 3Nm³ 이상
㉯ 2시간 평균 1Nm³ 이상
㉰ 2시간 평균 0.5Nm³ 이상
㉱ 4시간 평균 2Nm³ 이상

풀이 최종배출구에서 시료채취시 흡입가스량은 4시간 평균 3Nm³ 이상이다.

78 특정 발생원에서 일정한 굴뚝을 거치지 않고 외부로 비산 배출되는 먼지의 측정 방법에 관한 설명으로 옳지 않은 것은?

㉮ 시료채취장소는 원칙적으로 측정하려고 하는 발생원의 부지경계선상에 선정하며 풍향을 고려하여 그 발생원의 비산먼지 농도가 가장 높을 것으로 예상되는 지점 3개소 이상을 선정한다.
㉯ 시료채취장소 및 위치는 따로 풍상방향(風上方向)에 대상 발생원의 영향이 없을 것으로 추측되는 곳에 대조위치를 선정한다.
㉰ 그 지역을 대표할 수 있는 지점에 풍향풍속계를 설치하여 전 채취시간 동안의 풍향풍속을 기록하고, 연속기록 장치가 없을 경우에는 적어도 30분 간격으로 여러지점에서 3회 이상 풍향풍속을 측정하여 기록한다.
㉱ 풍속이 0.5m/초 미만 또는 10m/초 이상 되는 시간이 전 채취시간의 50% 미만일 때 풍속에 대한 보정계수는 1.0 이다.

풀이 ㉰ 그 지역을 대표할 수 있는 지점에 풍향풍속계를 설치하여 전 채취시간 동안의 풍향풍속을 기록하고, 연속기록 장치가 없을 경우에는 적어도 10분 간격으로 같은 지점에서 3회 이상 풍향풍속을 측정하여 기록한다.

79 고성능 이온크로마토그래피의 장치 중 써프렛서에 관한 설명으로 가장 거리가 먼 것은?

㉮ 목적성분의 전기전도도를 낮추어 이온성분을 고감도로 검출할 수 있게 해 준다.
㉯ 용리액에 사용되는 전해질 성분을 제거하기 위한 것이다.
㉰ 장치의 구성상 써프렛서 앞에 분리관이 위치한다.
㉱ 관형 써프렛서에 사용하는 충전물은 스티롤계 강산형 및 강염기형 수지이다.

풀이 ㉮ 전해질을 물 또는 저 전도도의 용매로 바꿔줌으로써 전기 전도도셀에서 목적이온성분과 전기 전도도만을 고감도로 검출할 수 있게 해 준다.

정답 77 ㉮ 78 ㉰ 79 ㉮

80 굴뚝 배출가스 중 폼알데하이드 농도를 아래 표의 크로모트로핀산법으로 분석하여 다음과 같은 분석결과를 얻었다. 이 경우 폼알데하이드의 농도(ppm)는?

〈분석방법〉
분석용 시료용액 10mL 및 표준용액 0.5 mL에 흡수 발색액을 가하여 10mL로 한 표준비색 용액을 각각 별도의 시험관에 취하고 끓는 물중탕에서 10분간 가열한다. 물로 식힌후 파장 570nm부근에서 10mm셀을 사용하여 각각의 흡광도를 측정한다. 대조액으로는 흡수발색액 10mL를 같은 방법으로 처리하여 사용한다.

〈분석결과〉
- 분석용 발색액의 흡광도 : 0.270
- 표준 발색액의 흡광도 : 0.450
- 건조시료가스량 : 60L

㉮ 0.05 ㉯ 0.10
㉰ 0.14 ㉱ 0.28

폼알데하이드의 농도(ppm) = $5 \times \dfrac{A}{A_S} \times \dfrac{1}{V_S}$

$\begin{bmatrix} A : 분석용\ 발색액의\ 흡광도 \\ A_S : 표준발색액의\ 흡광도 \\ V_S : 건조시료\ 가스량(L) \end{bmatrix}$

따라서 농도(ppm) = $5 \times \dfrac{0.270}{0.450} \times \dfrac{1}{60L}$ = 0.05ppm

| 제5과목 | 대기환경관계법규

81 다음은 대기환경보전법규상 자동차 운행정지표지에 관한 사항이다. ( )안에 알맞은 것은?

바탕색은 (①)으로, 문자는 검정색으로 하며, 이 자동차를 운행정지기간 내에 운행하는 경우에는 대기환경보전법에 따라 (②)을 물게 됩니다.

㉮ ① 흰색, ② 100만원 이하의 벌금
㉯ ① 흰색, ② 300만원 이하의 벌금
㉰ ① 노란색, ② 100만원 이하의 벌금
㉱ ① 노란색, ② 300만원 이하의 벌금

82 대기환경보전법규상 배출가스 보증기간 적용기준에 관한 설명으로 옳지 않은 것은? (단, 2016년 1월 1일 이후 제작자동차)

㉮ 보증기간은 자동차 소유자가 자동차를 구입한 일자를 기준으로 한다.
㉯ 배출가스 보증기간의 만료는 기간 또는 주행거리, 가동시간 중 먼저 도달하는 것을 기준으로 한다.
㉰ 휘발유와 가스를 병용하는 자동차는 휘발유 사용 자동차의 보증기간을 적용한다.
㉱ 건설기계 원동기 및 농업기계 원동기의 결함확인검사 대상기간은 19kW 미만은 4년 또는 2,250시간, 37kW 미만은 5년 또는 3,750시간, 37kW 이상은 7년 또는 6,000시간으로 한다.

㉰ 휘발유와 가스를 병용하는 자동차는 가스 사용 자동차의 보증기간을 적용한다.

정답 80 ㉮ 81 ㉱ 82 ㉰

83 대기환경보전법령상 초과부과금 산정기준 중 오염물질별 1킬로그램당 부과금액으로 옳은 것은?

㉮ 이황화탄소 - 1600원
㉯ 황산화물 - 1400원
㉰ 불소화합물 - 7300원
㉱ 황화수소 - 7400원

[풀이] 오염물질별 1킬로그램당 부과금액
㉯ 황산화물 - 500원
㉰ 불소화합물 - 2300원
㉱ 황화수소 - 6000원

84 대기환경보전법규상 한국환경공단이 환경부장관에게 위탁업무보고사항 중 "자동차배출가스 인증생략 현황"의 보고횟수 기준은?

㉮ 수시   ㉯ 연 1회
㉰ 연 2회   ㉱ 연 4회

[풀이] 자동차배출가스 인증생략 현황의 보고횟수 기준은 연 2회이다.

85 대기환경보전법규상 먼지·황산화물 및 질소산화물의 연간 발생량 합계가 18톤인 시설의 자가측정횟수 기준은? (단, 특정대기유해물질이 배출되지 않으며, 관제센터로 측정결과를 자동전송하지 않는 사업장의 배출구이다.)

㉮ 매주 1회 이상
㉯ 1개월마다 2회 이상
㉰ 2개월마다 1회 이상
㉱ 분기마다 1회 이상

[풀이] 먼지·황산화물 및 질소산화물의 연간 발생량 합계가 10톤 이상 20톤 미만인 시설의 자가측정횟수 기준은 2개월마다 1회 이상이다.

86 다중이용시설 등의 실내공기질 관리법 규상 폼알데하이드의 신축 공동주택의 실내공기질 권고기준은?

㉮ 30μg/m³ 이하   ㉯ 210μg/m³ 이하
㉰ 360μg/m³ 이하   ㉱ 700μg/m³ 이하

[풀이] 폼알데하이드의 신축 공동주택의 실내공기질 권고기준은 210μg/m³ 이하이다.

87 환경정책기본법령상 대기 환경기준 항목과 그 측정방법이 알맞게 짝지어진 것은?

㉮ 아황산가스 : 원자흡광광도법
㉯ 일산화탄소 : 비분산자외선분석법
㉰ 오존 : 자외선광도법
㉱ 미세먼지(PM-10) : 기체크로마토그래피법

[풀이] ㉮ 아황산가스 : 자외선형광법
㉯ 일산화탄소 : 비분산적외선분석법
㉱ 미세먼지(PM-10) : 베타선흡수법

정답 83 ㉮ 84 ㉰ 85 ㉰ 86 ㉯ 87 ㉰

88 다음은 대기환경보전법상 자동차의 운행정지에 관한 사항이다. ( )안에 알맞은 것은?

> 환경부장관, 특별시장·광역시장 또는 시장·군수·구청장은 운행차 배출허용기준초과에 따른 개선명령을 받은 자동차 소유자가 이에 따른 확인검사를 환경부령으로 정하는 기간 이내에 받지 아니하는 경우에는 ( )의 기간을 정하여 해당 자동차의 운행정지를 명할 수 있다.

㉮ 5일 이내　㉯ 7일 이내
㉰ 10일 이내　㉱ 15일 이내

89 대기환경보전법규상 수도권대기환경청장, 국립환경과학원장 또는 한국환경공단이 설치하는 대기오염 측정망의 종류에 해당하지 않는 것은?

㉮ 대기오염물질의 국가배경농도와 장거리이동 현황을 파악하기 위한 국가배경농도측정망
㉯ 대기오염물질의 지역배경농도를 측정하기 위한 교외대기측정망
㉰ 도시지역의 휘발성유기화합물 등의 농도를 측정하기 위한 광화학대기오염물질측정망
㉱ 대기 중의 중금속 농도를 측정하기 위한 대기중금속측정망

풀이 ㉱번은 시도지사가 설치하는 대기오염 측정망의 종류이다.

90 대기환경보전법규상 위임업무 보고사항 중 자동차 연료 및 첨가제의 제조·판매 또는 사용에 대한 규제현황의 보고횟수기준은?

㉮ 연 1회　㉯ 연 2회
㉰ 연 4회　㉱ 연 12회

풀이 자동차 연료 및 첨가제의 제조·판매 또는 사용에 대한 규제현황의 보고횟수기준은 연 2회이다.

91 다음은 대기환경보전법령상 사업장별 환경기술인의 자격기준에 관한 사항이다. ( )안에 알맞은 것은?

> 1종사업장과 2종사업장 중 1개월 동안 실제 작업한 날만을 계산하여 (①) 작업하는 경우에는 해당 사업장의 기술인을 각각 (②) 두어야 한다. 이 경우, 1명을 제외한 나머지 인원은 3종사업장에 해당하는 기술인 또는 환경기능사로 대체할 수 있다.

㉮ ① 1일 평균 15시간 이상, ② 1명씩
㉯ ① 1일 평균 15시간 이상, ② 2명 이상
㉰ ① 1일 평균 17시간 이상, ② 1명씩
㉱ ① 1일 평균 17시간 이상, ② 2명 이상

정답 88 ㉰　89 ㉱　90 ㉯　91 ㉱

92 대기환경보전법상 ( )안에 가장 적합한 것은?

> 환경부장관은 배출허용기준초과에 따른 개선명령을 받은 자가 개선명령을 이행하지 아니하거나 기간내에 이행은 하였으나 검사결과 배출허용기준을 계속 초과하면 해당 배출시설의 전부 또는 일부에 대하여 ( )을(를) 명할 수 있다.

㉮ 등록취소 ㉯ 조업정지
㉰ 이전 ㉱ 경고

93 대기환경보전법규상 대기배출시설을 설치 운영하는 사업자에 대하여 조업정지를 명하여야 하는 경우로서 그 조업정지가 주민의 생활, 기타 공익에 현저한 지장을 초래할 우려가 있다고 인정되는 경우 조업정지처분에 갈음하여 과징금을 부과할 수 있다. 이 때 행정처분시 과징금의 부과금액 산정시 적용되지 않는 항목은?

㉮ 조업정지일수
㉯ 오염물질별 부과금액
㉰ 1일당 부과금액
㉱ 사업장 규모별 부과계수

[풀이] 과징금 = 조업정지일수×1일당 부과금액
×사업장규모별부과계수

94 다중이용시설 등의 실내공기질 관리법규상 "인터넷컴퓨터게임시설제공업 영업시설"의 총휘발성유기화합물(μg/m³)에 대한 실내공기질 권고기준은?(단, 총휘발성유기화합물의 정의는 환경분야 시험·검사등에 관한 법률에 따른 환경오염공정시험기준에서 정한다.)

㉮ 300 이하 ㉯ 400 이하
㉰ 500 이하 ㉱ 1000 이하

[풀이] 인터넷컴퓨터게임시설제공업 영업시설의 총휘발성유기화합물의 실내공기질 권고기준은 500μg/m³이하이다.

95 다음은 악취방지법규상 복합악취에 대한 배출허용기준 및 엄격한 배출허용기준의 설정범위이다. ( )안에 알맞은 것은?

구분	배출허용기준(희석배수)	
	공업지역	기타 지역
배출구	1000 이하	(①) 이하
부지경계선	20 이하	(②) 이하

㉮ ① 750, ② 15 ㉯ ① 750, ② 10
㉰ ① 500, ② 15 ㉱ ① 500, ② 10

96 대기환경보전법령상 배출허용 기준초과와 관련한 개선명령을 받은 사업자는 그 명령을 받은 날부터 며칠이내에 개선계획서를 시도지사에게 제출하여야 하는가? (단, 연장이 없는 경우)

㉮ 즉시 ㉯ 10일 이내
㉰ 15일 이내 ㉱ 30일 이내

정답 92 ㉯ 93 ㉯ 94 ㉰ 95 ㉰ 96 ㉰

97 대기환경보전법령상 기본부과금의 농도별 부과계수기준 중 연료의 황함유량이 1.0% 이하인 경우 농도별 부과계수는? (단, 연료를 연소하여 황산화물을 배출하는 시설(황산화물의 배출량을 줄이기 위하여 방지시설을 설치한 경우와 생산공정상 황산화물의 배출량이 줄어든다고 인정하는 경우는 제외한다.)

㉮ 0.2 ㉯ 0.4
㉰ 0.7 ㉱ 1.0

[풀이] 기본부과금의 농도별 부과계수

구분	연료의 황함유량(%)		
	0.5% 이하	1.0% 이하	1.0% 초과
농도별 부과계수	0.2	0.4	1.0

98 다음 중 대기환경보전법령상 "3종 사업장"에 해당되는 것은?

㉮ 대기오염물질발생량의 합계가 연간 9톤인 사업장
㉯ 대기오염물질발생량의 합계가 연간 11톤인 사업장
㉰ 대기오염물질발생량의 합계가 연간 22톤인 사업장
㉱ 대기오염물질발생량의 합계가 연간 52톤인 사업장

[풀이] 3종 사업장은 연간 10톤이상 20톤미만인 사업장이다.

99 대기환경보전법상 환경부장관은 대기오염물질과 온실가스를 줄여 대기환경을 개선하기 위하여 대기환경개선 종합계획을 몇 년마다 수립하여 시행하여야 하는가?

㉮ 1년 마다 ㉯ 3년 마다
㉰ 5년 마다 ㉱ 10년 마다

100 대기환경보전법규상 운행차배출허용기준에 관한 사항으로 옳지 않은 것은?

㉮ 희박연소(Lean Burn)방식을 적용하는 자동차는 공기과잉률 기준을 적용하지 아니한다.
㉯ 1993년 이후에 제작된 자동차 중 과급기(Turbo charger)나 중간냉각기(Intercooler)를 부착한 경유사용 자동차의 배출허용기준은 무부하급가속 검사방법의 매연 항목에 대한 배출허용기준에 5%를 더한 농도를 적용한다.
㉰ 알코올만 사용하는 자동차는 탄화수소 기준만 적용한다.
㉱ 수입자동차는 최초등록일자를 제작일자로 본다.

[풀이] ㉰ 알코올만 사용하는 자동차는 탄화수소 기준을 적용하지 아니한다.

정답 97 ㉯ 98 ㉯ 99 ㉱ 100 ㉰

2013년 2회 대기환경기사

2013년 6월 2일 시행

| 제1과목 | 대기오염개론

01 다음 중 비인의 변위법칙과 관련된 식은?

㉮ $\lambda = 2897/T$ (λ : 복사에너지 중 파장에 대한 에너지 강도가 최대가 되는 파장, T : 흑체의 표면온도)
㉯ $E = \sigma T^4$ (E : 흑체의 단위표면적에서 복사되는 에너지, σ : 상수, T : 흑체의 표면온도)
㉰ $I = I_o \exp(-K\rho L)$ (Io, I : 각각 입사 전후의 빛의 복사속밀도, K : 감쇠상수, ρ : 매질의 밀도, L : 통과거리)
㉱ $R = K(1-\alpha)-L$ (R : 순복사, K : 지표면에 도달한 일사량, α : 지표의 반사율, L : 지표로부터 방출되는 장파복사)

02 다음 중 London형 스모그에 관한 설명으로 가장 거리가 먼 것은? (단, Los Angeles형 스모그와 비교)

㉮ 복사성 역전이다.
㉯ 습도가 85% 이상이었다.
㉰ 시정거리가 100m 이하이다.
㉱ 산화반응이다.

[풀이] ㉱ 환원반응이다.

03 지상 10m에서의 풍속이 2m/sec라면 100m에서의 풍속은? (단, Deacon식 활용, 풍속지수 p = 0.5로 가정한다.)

㉮ 3.4m/sec ㉯ 4.9m/sec
㉰ 5.5m/sec ㉱ 6.3m/sec

[풀이]
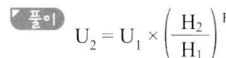

$U_2 = U_1 \times \left(\dfrac{H_2}{H_1}\right)^P$

⎡ U_2 : 고도 H_2에서의 풍속(m/sec)
⎢ U_1 : 고도 H_1에서의 풍속(m/sec)
⎣ P : 매개변수

따라서 $U_2 = 2\text{m/sec} \times \left(\dfrac{100\text{m}}{10\text{m}}\right)^{0.5} = 6.32\text{m/sec}$

04 다음 중 SO_2가 식물에 미치는 영향에 관한 설명으로 가장 거리가 먼 것은?

㉮ 식물이 SO_2에 접촉하게 되면 잎 뒤쪽 표피 밑의 세포가 피해를 입기 시작한다.
㉯ 보통 백화현상에 의한 맥간반점을 형성한다.
㉰ 고엽이나 노엽보다 생활력이 왕성한 잎이 피해를 많이 받으며, 습도가 높을수록 피해가 크다.
㉱ SO_2에 강한 식물로는 보리, 참깨, 콩 등이 있다.

[풀이] ㉱ SO_2에 강한 식물로는 양배추, 까치밤나무, 쥐당나무, 셀러리, 소나무, 옥수수 등이 있다.

정답 01 ㉮ 02 ㉱ 03 ㉱ 04 ㉱

05 유명한 대기오염사건들과 발생 국가의 연결로 옳지 않은 것은?

㉮ LA스모그 사건 - 미국
㉯ 뮤즈계곡 사건 - 프랑스
㉰ 도노라 사건 - 미국
㉱ 포자리카 사건 - 멕시코

[풀이] ㉯ 뮤즈계곡 사건 - 벨기에

06 석면폐증에 관한 설명으로 가장 거리가 먼 것은?

㉮ 폐의 석면폐증에 의한 비후화이며, 흉막의 섬유화와 밀접한 관련이 있다.
㉯ 비가역적이며, 석면노출이 중단된 후에도 악화되는 경우도 있다.
㉰ 폐하엽에 주로 발생하며 흉막을 따라 폐중엽이나 설엽으로 퍼져 간다.
㉱ 폐의 석면화는 폐조직의 신축성을 감소시키고, 가스교환능력을 저하시켜 결국 혈액으로의 산소공급이 불충분하게 된다.

[풀이] ㉮ 석면 분진의 흡입으로 인하여 발생하는 진폐의 하나이며 기관지나 폐포 등의 염증 및 섬유화를 유발하고, 흉막의 비후화 및 석회화 등과 관련이 있다.

07 Sutton의 확산식에서 지표고도에서 최대오염이 나타나는 풍하측 거리(m)는?

(단, $K_y = K_z = 0.07$, $He = 129m$, $\frac{2}{2-n} = 1.14$ 이다.)

㉮ 약 3950m ㉯ 약 4250m
㉰ 약 5280m ㉱ 약 6510m

[풀이] $X_{max} = \left(\frac{He}{Cz}\right)^{\frac{2}{2-n}}$

$\begin{bmatrix} X_{max} : 최대지상거리(m) \\ He : 유효굴뚝높이(m) \\ Cz : 수직확산계수 \\ n : 대기안정도 상수 \end{bmatrix}$

따라서 $X_{max} = \left(\frac{129m}{0.07}\right)^{1.14} = 5280.32m$

08 대기층은 물리적 및 화학적 성질에 따라서 고도별로 분류가 되어 있다. 지표면으로부터 상공으로 올바르게 배열된 것은?

㉮ 대류권 → 중간권 → 성층권 → 열권
㉯ 대류권 → 성층권 → 중간권 → 열권
㉰ 대류권 → 중간권 → 열권 → 성층권
㉱ 대류권 → 열권 → 중간권 → 성층권

[풀이] 대기권은 온도의 고도분포 특징에 따라 대류권 → 성층권 → 중간권 → 열권으로 구성되어 있다.

정답 05 ㉯ 06 ㉮ 07 ㉰ 08 ㉯

09 대기오염원의 영향을 평가하는 방법 중 분산모델에 관한 설명으로 가장 거리가 먼 것은?

㉮ 지형 및 오염원의 조업조건에 영향을 받는다.
㉯ 시나리오 작성이 곤란하고, 미래예측이 어렵다.
㉰ 먼지의 영향평가는 기상의 불확실성과 오염원이 미확인인 경우에 문제점을 가진다.
㉱ 오염물의 단기간 분석시 문제가 된다.

풀이 ㉰번의 설명은 수용모델에 해당한다.

TIP
분산모델
1. 장점
   ① 미래의 대기질을 예측할 수 있다.
   ② 특정한 오염원의 배출속도와 바람에 의한 분산요인을 입력자료로 하여 수용체 위치에서의 영향을 계산한다.
   ③ 특정오염원의 영향을 평가할 수 있는 잠재력이 있다.
   ④ 2차 오염원의 확인이 가능하다.
   ⑤ 점, 선, 면 오염원의 영향을 평가할 수 있다.
   ⑥ 기초적인 기상학적 원리를 적용, 미래의 대기질을 예측하여 대기오염제어 정책입안에 도움을 준다.
2. 단점
   ① 새로운 오염원의 지역내에 생길 때 매번 재평가하여야 한다.
   ② 지형 및 오염원의 조업조건에 영향을 받는다.
   ③ 기상과 관련하여 대기중의 무작위적인 특성을 적절하게 묘사할 수 없기 때문에 결과에 대한 불확실성이 크게 작용한다.
   ④ 오염물의 단기간 분석시 문제가 된다.
   ⑤ 분진의 영향평가는 기상의 불확실성과 오염원이 미확인인 경우에 많은 문제점을 가진다.

10 먼지입자의 크기에 관한 설명으로 옳지 않은 것은?

㉮ 공기역학적 직경이 대상 입자상 물질의 밀도를 고려한데 반해, 스토크스 직경은 단위밀도($1g/cm^3$)를 갖는 구형입자로 가정하는 것이 두 개념의 차이점이다.
㉯ 스토크스 직경은 알고자 하는 입자상 물질과 같은 밀도 및 침강속도를 갖는 입자상 물질의 직경을 말한다.
㉰ 공기역학적 직경은 먼지의 호흡기 침착, 공기정화기의 성능조사 등 입자의 특성파악에 주로 이용된다.
㉱ 공기 중 먼지 입자의 밀도가 $1g/cm^3$ 보다 크고, 구형에 가까운 입자의 공기역학적 직경은 실제 직경보다 항상 크다.

풀이 ㉮ 스토크스 직경이 대상 입자상 물질의 밀도를 고려한데 반해, 공기역학적 직경은 단위밀도($1g/cm^3$)를 갖는 구형입자로 가정하는 것이 두 개념의 차이점이다.

11 인체 내에 축적되어 영향을 주는 오염물질 중 하나로 혈액 속의 헤모글로빈과 결합하여 카르복시헤모글로빈을 형성하는 것은?

㉮ NO ㉯ O_3
㉰ CO ㉱ SO_3

풀이 혈액 속의 헤모글로빈과 결합하여 카르복시헤모글로빈을 형성하는 물질은 일산화탄소(CO)이다.

정답 09 ㉯ 10 ㉮ 11 ㉰

12 다음 대기오염물질의 분류 중 2차 오염물질에 해당하지 않는 것은?

㉮ NOCl ㉯ 알데하이드
㉰ 케톤   ㉱ N_2O_3

> [풀이] ㉱ N_2O_3는 1차성 물질이다.

13 일산화탄소에 관한 설명으로 옳지 않은 것은?

㉮ 남위 30도 부근에서 최대농도를 나타내며, 대기 중 배경농도는 0.05ppm 정도이며, 남반구는 0.1~0.2ppm, 북반구는 0.01~0.03ppm 정도이다.
㉯ 일산화탄소는 토양박테리아의 활동에 의해 이산화탄소로 산화되어 대기 중에서 제거된다.
㉰ 대기 중 비에 의한 영향을 거의 받지 않는다.
㉱ 다른 물질에의 흡착현상은 거의 나타내지 않는다.

> [풀이] ㉮ 북위 50도 부근에서 최대농도를 나타낸다.

14 대기오염물질 중에서 대기 내의 체류시간 순서배열로 옳은 것은? (단, 긴 시간>짧은 시간)

㉮ $NO_2 > SO_2 > CO > CH_4$
㉯ $O_2 > N_2 > CO > CH_4$
㉰ $CO > N_2 > SO_2 > CH_4$
㉱ $N_2 > CH_4 > CO > SO_2$

15 대기오염사건과 기온역전에 관한 설명으로 옳지 않은 것은?

㉮ 로스앤젤레스 스모그사건은 광화학스모그에 의한 침강성 역전이다.
㉯ 런던스모그 사건은 주로 자동차 배출가스 중의 질소산화물과 반응성 탄화수소에 의한 것이다.
㉰ 침강역전은 고기압 중심부분에서 기층이 서서히 침강하면서 기온이 단열변화로 승온되어 발생하는 현상이다.
㉱ 복사역전은 지표에 접한 공기가 그보다 상공의 공기에 비하여 더 차가워져서 생기는 현상이다.

> [풀이] ㉯ 로스앤젤레스 스모그 사건은 주로 자동차 배출가스 중의 질소산화물과 반응성 탄화수소에 의한 것이다.

16 고도가 증가함에 따라 온위가 변하지 않고 일정한 대기의 안정도는 어떤 상태인가?

㉮ 불안정 ㉯ 안정
㉰ 중립   ㉱ 역전

> [풀이] 고도가 증가함에 따라 온위가 변하지 않고 일정한 대기의 안정도는 중립이다.

정답 12 ㉱ 13 ㉮ 14 ㉱ 15 ㉯ 16 ㉰

17 다음은 바람장미에 관한 설명이다. ( )안에 가장 알맞은 것은?

> 바람장미에서 풍향 중 주풍은 막대의 (①) 표시하며, 풍속은 (②)(으)로 표시한다. 풍속이 (③)일때를 정온(calm) 상태로 본다.

㉮ ① 길이를 가장 길게, ② 막대의 굵기, ③ 0.2m/s

㉯ ① 굵기를 가장 굵게, ② 막대의 길이, ③ 0.2m/s

㉰ ① 길이를 가장 길게, ② 막대의 굵기, ③ 0.5m/s

㉱ ① 굵기를 가장 굵게, ② 막대의 길이, ③ 0.5m/s

18 굴뚝에서 배출된 연기의 모양에 관한 설명으로 옳지 않은 것은?

㉮ trapping형은 보통 고기압지역에서 상공에 공중역전층이 있고, 지표 부근에 복사역전층이 있을 때 생기는 현상이다.

㉯ looping형은 굴뚝이 낮으면 풍하쪽 지상에 강한 오염원이 생기며, 저·고기압에 상관없이 발생한다.

㉰ fumigation형은 전형적인 가우시안 분포의 모양을 나타내며, 지면 가까이에는 거의 오염영향이 미치지 않는다.

㉱ fanning형은 대기가 매우 안정한 상태일 때에 아침과 새벽에 잘 발생하며, 강한 역전조건에서 잘 생긴다.

▶ 풀이 ㉰ conning형은 전형적인 가우시안 분포의 모양을 나타내며, 지면 가까이에는 거의 오염영향이 미치지 않는다.

19 질소산화물(NO_X)에 관한 설명으로 가장 거리가 먼 것은?

㉮ N_2O는 대류권에서는 온실가스로 성층권에서는 오존층 파괴물질로서 보통 대기 중에 약 0.5ppm 정도 존재한다.

㉯ 연소과정 중 고온에서는 90% 이상이 NO로 발생한다.

㉰ NO_2는 적갈색, 자극성 기체로 독성이 NO보다 약 5배 정도나 더 크다.

㉱ NO독성은 오존보다 10~15배 강하여 폐렴, 폐수종을 일으키며, 대기 중에 체류시간은 20~100년 정도이다.

▶ 풀이 ㉱ NO_2의 독성은 O_3의 $\frac{1}{10} \sim \frac{1}{15}$ 정도이며, 대기내 체류시간은 2~5일이다.

20 고속도로상의 교통밀도가 시간당 5,000대 이고, 차량의 평균속도가 100km/h이다. 차량 한 대의 탄화수소 방출량이 2×10^{-2}g/s 일 때, 고속도로상에서 방출되는 탄화수소의 총량(g/s·m)은?

㉮ 0.1   ㉯ 0.01

㉰ 0.001   ㉱ 0.0001

▶ 풀이 단위를 환산하여 풀이한다.
탄화수소의 양(g/sec·m)
$= \frac{2\times10^{-2}g}{sec} \times \frac{5,000대}{1hr} \times \frac{1hr}{100km} \times \frac{1km}{10^3m}$
$= 0.001$ g/sec·m

정답 17 ㉮   18 ㉰   19 ㉱   20 ㉰

| 제2과목 | 연소공학

21 C 84%, H 13%, S 2%, N 1%의 중유를 1kg 당 14Sm³의 공기로 완전연소 시킨 경우 실제 습배기가스 중 SO_2는 몇 ppm(용량비)이 되는가? (단, 중유 중의 황은 모두 SO_2가 되는 것으로 가정한다.)

㉮ 약 2000ppm ㉯ 약 1800ppm
㉰ 약 1120ppm ㉱ 약 950ppm

[풀이] ① Gw = A+5.6H+0.7O+0.8N+1.244W
= 14Sm³/kg+5.6×0.13+0.8×0.01
= 14.736Sm³/kg

② $SO_2(ppm) = \frac{0.7S(Sm^3/kg)}{Gw(Sm^3/kg)} \times 10^6$

$= \frac{0.7 \times 0.02 Sm^3/kg}{14.736 Sm^3/kg} \times 10^6 = 950.05 ppm$

22 고체연료 연소장치 중 하급식 연소방법으로 연소과정이 미착화탄 → 산화층 → 환원층 → 회층으로 변하여 연소되고, 연료층을 항상 균일하게 제어할 수 있고, 저품질 연료도 유효하게 연소시킬 수 있어 쓰레기 소각로에 많이 이용되는 화격자 연소장치로 가장 적합한 것은?

㉮ 포트식 스토커(pot stoker)
㉯ 플라즈마 스토커(plasma stoker)
㉰ 로타리 킬른(rotary kiln)
㉱ 체인 스토커(chain stoker)

[풀이] ㉱ 체인 스토커(chain stoker)에 대한 설명이다.

23 기체연료의 압력을 2kg/cm² 이상으로 공급하므로 연소실내의 압력은 정압이며, 소형의 가열로에 사용되는 버너는?

㉮ 고압버너   ㉯ 저압버너
㉰ 송풍버너   ㉱ 선회버너

[풀이] 예혼합연소에 사용되는 고압버너는 기체연료의 압력을 2kg/cm² 이상으로 공급하므로 연소실내의 압력은 정압이다.

24 연료 등의 연소 시에 과잉공기의 비율을 높임으로써 생기는 현상으로 옳지 않은 것은?

㉮ 에너지손실이 커진다.
㉯ 연소가스의 희석효과가 높아진다.
㉰ 화염의 크기가 커지고 연소가스 중 불완전 연소물질의 농도가 증가한다.
㉱ CH_4, CO 및 C 등 연료 중 가연성 물질의 농도가 감소되는 경향을 보인다.

[풀이] ㉰번의 설명은 공기비가 작을 경우에 발생하는 현상이다.

> **TIP**
> 공기비(m)가 클 경우 발생하는 현상
> ① 연소실내 연소온도 감소(연소실의 냉각효과를 가져옴)
> ② 배기가스에 의한 열손실 증대
> ③ SO_2, NO_2의 함량이 증가하여 부식이 촉진
> ④ CH_4, CO 및 C 등 물질의 농도가 감소
> ⑤ 방지시설의 용량이 커지고 에너지 손실 증가
> ⑥ 희석효과가 높아져 연소 생성물의 농도 감소

정답 21 ㉱ 22 ㉱ 23 ㉮ 24 ㉰

25 Octane이 완전연소 할 때 이론적인 공기와 연료의 질량비를 구하면?

㉮ 9.7kg air/kg fuel
㉯ 11.4kg air/kg fuel
㉰ 15.1kg air/kg fuel
㉱ 19.3kg air/kg fuel

풀이

공연비(kg/kg) = $\dfrac{\text{산소개수} \times 32\text{kg} \times \dfrac{1}{0.232}}{\text{연료개수} \times \text{연료의 분자량(kg)}}$

= $\dfrac{12.5 \times 32\text{kg} \times \dfrac{1}{0.232}}{114\text{kg}}$ = 15.12

TIP

① 공연비 = AFR = $\dfrac{\text{공기량}}{\text{연료량}}$

② AFR(Sm³/Sm³) = $\dfrac{\text{산소개수} \times 22.4\text{Sm}^3 \times \dfrac{1}{0.21}}{\text{연료개수} \times 22.4\text{Sm}^3}$

③ 체적(Sm³) = 계수 × 22.4(Sm³)
④ 중량(kg) = 계수 × 분자량(kg)

26 매연 발생에 관한 설명으로 옳지 않은 것은?

㉮ 연료의 탄소/수소비가 클수록 매연이 생기기 쉽다.
㉯ 산화하기 쉬운 탄화수소는 매연 발생이 적다.
㉰ 탄화수소의 탈수소가 용이할수록 매연 발생이 쉽다.
㉱ 중합반응이 일어나기 쉬운 탄화수소 일수록 매연 발생이 적다.

풀이 ㉱ 중합반응이 일어나기 쉬운 탄화수소 일수록 매연 발생이 많다.

27 석유류의 비중이 커질 때의 특성으로 거리가 먼 것은?

㉮ 탄화수소비(C/H)가 커진다.
㉯ 발열량은 감소한다.
㉰ 화염의 휘도가 작아진다.
㉱ 착화점이 높아진다.

풀이 ㉰ 화염의 휘도가 커진다.

28 다음 중 디젤기관의 노킹(diesel knocking) 방지법으로 가장 적합한 것은?

㉮ 세탄가가 10 정도로 낮은 연료를 사용한다.
㉯ 연료 분사개시 때 분사량을 증가시킨다.
㉰ 기관의 압축비를 높여 압축압력을 높게 한다.
㉱ 기관 내로 분사된 연료를 한꺼번에 발화시킨다.

풀이 디젤기관의 노킹(diesel knocking) 방지법은 기관의 압축비를 높여 압축압력을 높게 한다.

29 사진현상을 하였더니 현상의 속도상수가 17℃일 때에 비하여 26℃에서 2배였다. 활성화 에너지(cal/mole)는?

㉮ 12,000　㉯ 12,670
㉰ 12,970　㉱ 13,270

풀이

① $\ln \dfrac{K_2}{K_1} = \dfrac{E(T_2 - T_1)}{R \cdot T_2 \cdot T_1}$

$\ln 2 = \dfrac{E\{(273+26) - (273+17)\}}{8.314\text{J/mole} \cdot \text{k} \times (273+26) \times (273+17)}$

∴ E = 55521.62J/mole

정답 25 ㉰ 26 ㉱ 27 ㉰ 28 ㉰ 29 ㉱

② $E(cal/mole) = \dfrac{55521.62J}{mole} \Big| \dfrac{1cal}{4.2J}$

   $= 13,219.43 cal/mole$

TIP
① $1cal = 4.2J$
② $R = 8.314 J/mol \cdot k$

TIP
각 연료의 비점
① 휘발유 : 30~200℃
② 등유 : 160~250℃
③ 경유 : 180~3500℃
④ 중유 : 230℃ 이상

30 연소용 공기의 일부를 미리 연료와 혼합하고, 나머지 공기는 연소실 내에서 혼합하여 확산 연소시키는 연소방식으로 소형 또는 중형 버너로 널리 사용되는 기체연료의 연소방식은?

㉮ 부분연소　　㉯ 간헐연소
㉰ 연속연소　　㉱ 부분예혼합연소

풀이 ㉱ 부분예혼합연소에 대한 설명이다.

31 다음 연료 및 연소에 관한 설명으로 옳지 않은 것은?

㉮ 휘발유, 등유, 경유, 중유 중 비점이 가장 높은 연료는 휘발유이다.
㉯ 연소라 함은 고속의 발열반응으로 일반적으로 빛을 수반하는 현상의 총칭이다.
㉰ 탄소성분이 많은 중질유 등의 연소에서는 초기에는 증발연소를 하고, 그 열에 의해 연료성분이 분해되면서 연소한다.
㉱ 그을림연소는 숯불과 같이 불꽃을 동반하지 않는 열분해와 표면연소의 복합 형태라 볼 수 있다.

풀이 ㉮ 휘발유, 등유, 경유, 중유 중 비점이 가장 높은 연료는 중유이다.

32 Thermal NO_x를 대상으로 한 저 NO_x연소법으로 가장 거리가 먼 것은?

㉮ 배기가스 재순환
㉯ 연료대체
㉰ 희박예혼합연소
㉱ 수분사와 수증기분사

풀이 ㉯ 연료대체는 Feul NO_x에 해당한다.

33 유동층 연소에 관한 설명으로 거리가 먼 것은?

㉮ 부하변동에 따른 적응성이 낮은 편이다.
㉯ 높은 열용량을 갖는 균일 온도의 층내에서는 화염 전파는 필요없고 층의 온도를 유지할 만큼의 발열만 있으면 된다.
㉰ 분탄을 미분쇄 투입하여 석탄 입자의 체류시간을 짧게 유지한다.
㉱ 주방쓰레기, 슬러지 등 수분함량이 높은 폐기물을 층내에서 건조와 연소를 동시에 할 수 있다.

풀이 ㉰ 분탄을 미분쇄 투입하여 석탄 입자의 체류시간을 길게 유지한다.

정답 30 ㉱　31 ㉮　32 ㉯　33 ㉰

34 대형 소각로에 사용하는 가동식 화격자 중 화격자 상에서 건조, 연소 및 후연소가 이루어지며 쓰레기의 교반 및 연소조건이 양호하고 소각효율이 매우 높으나 화격자의 마모가 많은 것은?

㉮ 역동식 화격자
㉯ 회전 로울러식 화격자
㉰ 부채형 반전식 화격자
㉱ 계단식 화격자

풀이 ㉮ 역동식 화격자에 대한 설명이다.

35 액체연료의 연소장치에 관한 설명으로 옳지 않은 것은?

㉮ 유압식 분무식 버너는 대용량 버너 제작이 용이하다.
㉯ 고압 기류분무식 버너는 연소시 소음이 큰 편이다.
㉰ 회전식 버너는 유압식 버너에 비해 분무화 입경이 작은 편이다.
㉱ 저압 기류분무식 버너에서 분무에 필요한 공기량은 이론연소 공기량의 30~50% 정도이면 된다.

36 유황 함유량이 1.5%인 중유를 시간당 100톤 연소시킬 때 SO_2의 배출량(m^3/hr)은? (단, 표준상태 기준, 유황은 전량이 반응하고, 이 중 5%는 SO_3로서 배출되며, 나머지는 SO_2로 배출된다.)

㉮ 약 300
㉯ 약 500
㉰ 약 800
㉱ 약 1,000

풀이 $S + O_2 \rightarrow SO_2$
32kg : 22.4Sm^3
100×10^3kg/hr$\times 0.015 \times (1-0.05)$: X

$\therefore X = \dfrac{100 \times 10^3 \text{kg/hr} \times 0.015 \times (1-0.05) \times 22.4\text{Sm}^3}{32\text{kg}}$

= 997.5Sm^3/hr

37 창고에 화재가 발생하여 적재된 어떤 화합물이 10분 동안에 1/2이 소실되었다. 이 화합물의 80%가 소실되는데 걸리는 시간은? (단, 연소반응은 2차반응으로 진행된다.)

㉮ 30분   ㉯ 40분
㉰ 50분   ㉱ 60분

풀이 2차 반응식 : $\dfrac{1}{C_o} - \dfrac{1}{C_t} = -k \times t$

$\begin{bmatrix} C_o : \text{초기농도} \\ C_t : t\text{시간 후 농도} \\ k : \text{상수} \\ t : \text{시간} \end{bmatrix}$

① $\dfrac{1}{C_o} - \dfrac{1}{0.5C_o} = -k \times 10\text{min}$

$\therefore k = 0.1/\text{min}$

② $\dfrac{1}{C_o} - \dfrac{1}{0.2C_o} = -0.1/\text{min} \times t$

$\therefore t = 40\text{min}$

TIP

① C_t는 C_o의 $\dfrac{1}{2}$이 소실되었으므로 $\dfrac{1}{2}C_o = 0.5C_o$
② C_t는 80%가 소실되었으므로 $C_t = 100-80 = 20\%$

정답 34 ㉮   35 ㉰   36 ㉱   37 ㉯

38 석유의 물성치에 관한 설명으로 옳지 않은 것은?

㉮ 경질유는 방향족계 화합물을 10% 미만 함유한다고 할 수 있다.
㉯ 점도가 낮을수록 유동점이 낮아지므로 일반적으로 저점도의 중유는 고점도의 중유보다 유동점이 낮다.
㉰ 석유의 동점도가 감소하면 끓는점과 인화점이 높아지고, 연소가 잘 된다.
㉱ 석유의 비중이 커지면 탄화수소비(C/H)가 증가한다.

[풀이] ㉰ 석유의 동점도가 감소하면 끓는점이 낮아지고 유동성이 좋아진다.

39 일반적인 고체연료의 원료 조성에 관한 설명으로 옳지 않은 것은?

㉮ 고체연료의 C/H 비는 15~20 정도의 범위이다.
㉯ 고체연료의 분자량은 평균하여 150 전후이다.
㉰ 고체연료는 액체연료에 비하여 수소 함유량이 적다.
㉱ 고체연료는 액체연료에 비하여 산소 함유량이 크다.

40 다음 각 연료의 $(CO_2)_{max}$ 값(%)으로 가장 거리가 먼 것은?

㉮ 탄소 : 21
㉯ 고로가스 : 15~16
㉰ 갈탄 : 19.0~19.5
㉱ 코우크스 : 20.0~20.5

[풀이] ㉯ 고로가스 : 24.0~25.0

| 제3과목 | 대기오염방지기술

41 유해가스를 촉매연소법으로 처리할 때 촉매의 수명을 단축시키거나 효율을 감소시킬 수 있는 물질과 거리가 먼 것은?

㉮ Fe ㉯ Si
㉰ P   ㉱ Pd

[풀이] 촉매의 수명을 단축시키거나 효율을 감소시킬 수 있는 물질은 Fe, Si, P 이다.

42 세정집진장치 중 액가스비가 10~50L/m³ 정도로 다른 가압수식에 비해 10배 이상이며, 다량의 세정액이 사용되어 유지비가 고가이므로 처리가스량이 많지 않을 때 사용하는 것은?

㉮ Venturi scrubber
㉯ Theisen washer
㉰ Jet serubber
㉱ Impulse scrbber

[풀이] ㉰ Jet serubber에 대한 설명이다.

정답 38 ㉰ 39 ㉯ 40 ㉯ 41 ㉱ 42 ㉰

43 S성분 3%를 함유한 중유 10ton/hr를 연소하는 보일러가 있다. 연소를 통해 S성분은 100% SO_2로 변화하고, 보일러의 배기가스를 NaOH수용액으로 세정하여 S성분을 Na_2SO_3로 회수할 경우에 이론적으로 필요한 NaOH의 양은? (단, 사용된 NaOH의 순도는 80%이다.)

㉮ 375kg/hr ㉯ 469kg/hr
㉰ 750kg/hr ㉱ 938kg/hr

풀이 $S + O_2 \rightarrow SO_2 + 2NaOH \rightarrow Na_2SO_3 + H_2O$
32kg : 2×40kg
$10×10^3$kg/hr×0.03 : 0.8×X

$\therefore X = \dfrac{10×10^3 \text{kg/hr} × 0.03 × 2 × 40\text{kg}}{32\text{kg} × 0.8} = 937.5$kg/hr

44 환기시설 설계에 사용되는 보충용 공기에 관한 설명으로 옳지 않은 것은?

㉮ 보충용 공기가 배기용 공기보다 약 10~15% 정도 많도록 조절하여 실내를 약간 양압으로 하는 것이 좋다.
㉯ 여름에는 보통 외부공기를 그대로 공급을 하지만, 공정내의 열부하가 커서 제어해야 하는 경우에는 보충용 공기를 냉각하여 공급한다.
㉰ 보충용 공기는 환기시설에 의해 작업장 내에서 배기된 만큼의 공기를 작업장내로 재공급해야 하는 공기의 양을 말한다.
㉱ 보충용 공기의 유입구는 작업장이나 다른 건물의 배기구에서 나온 유해물질의 유입을 유도할 수 있는 위치로서 바닥에서 1~1.5m 정도에서 유입되도록 한다.

45 송풍기를 원심력형과 축류형으로 분류할 때 다음 중 축류형에 해당하는 것은?

㉮ 프로펠러형 ㉯ 방사경사형
㉰ 비행기날개형 ㉱ 전향날개형

풀이 송풍기 중 축류형에 해당하는 것은 프로펠러형이다.

46 레이놀드 수(Reynold Number)에 관한 설명으로 옳지 않은 것은? (단, 유체 흐름 기준)

㉮ $\dfrac{관성력}{점성력}$ 로 나타낼 수 있다.
㉯ 무차원의 수이다.
㉰ $\dfrac{(유체밀도 × 유속 × 유체흐름관직경)}{유체점도}$ 로 나타낼 수 있다.
㉱ $\dfrac{점성계수}{밀도}$ 로 나타낼 수 있다.

풀이 ㉱ 동점성계수 = $\dfrac{점성계수}{밀도}$

47 유해가스 흡수장치 중 다공판탑에 관한 설명으로 옳지 않은 것은?

㉮ 비교적 대량의 흡수액이 소요되고, 가스겉보기 속도는 10~20m/s 정도이다.
㉯ 액가스비는 0.3~5L/m^3, 압력손실은 100~200 mmH_2O/단 정도이다.
㉰ 고체부유물 생성시 적합하다.
㉱ 가스량의 변동이 격심할 때는 조업할 수 없다.

풀이 ㉮ 비교적 소량의 흡수액이 소요되고, 가스겉보기 속도는 0.3~1.0m/s 정도이다.

정답 43 ㉱ 44 ㉱ 45 ㉮ 46 ㉱ 47 ㉮

48 전기집진장치의 각종 장해에 따른 대책으로 가장 거리가 먼 것은?

㉮ 미분탄 연소 등에 따라 역전리 현상이 발생할 때에는 집진극의 타격을 강하게 하거나, 빈도수를 늘린다.
㉯ 재비산이 발생할 때에는 처리가스의 속도를 낮추어 준다.
㉰ 먼지의 비저항이 비정상적으로 높아 2차 전류가 현저히 떨어질 때에는 조습용 스프레이의 수량을 줄인다.
㉱ 먼지의 비저항이 비정상적으로 높아 2차 전류가 현저히 떨어질 때에는 스파크 횟수를 늘린다.

【풀이】 ㉰ 먼지의 비저항이 비정상적으로 높아 2차 전류가 현저히 떨어질 때에는 조습용 스프레이의 수량을 늘린다.

49 여과집진장치에서 여과포의 탈진방법의 유형이라고 볼 수 없는 것은?

㉮ 진동형
㉯ 역기류형
㉰ 충격제트기류 분사형
㉱ 승온형

【풀이】 여과포의 탈진방법의 유형으로는 진동형, 역기류형, 충격제트기류 분사형이 있다.

50 유해오염물질과 그 처리방법에 관한 설명으로 옳지 않은 것은?

㉮ 벤젠은 촉매연소법이나 활성탄 흡착법을 사용하여 제거한다.
㉯ 비소는 염산용액으로 채취 후, $Ca(OH)_2$에 대한 피흡착력을 이용하여 제거한다.
㉰ 염화인은 충전물을 채운 흡수탑을 이용하여 알칼리성 용액에 흡수시켜 제거한다.
㉱ 크롬산 미스트는 비교적 입자크기가 크고 친수성이므로 수세법으로 제거한다.

【풀이】 ㉯ 비소는 알칼리액에 의한 세정법으로 제거한다.

51 헨리법칙을 이용하여 유도된 총괄물질이동계수와 개별물질 이동계수와의 관계를 옳게 나타낸 식은? (단, K_G : 기상총괄물질이동계수, k_l : 액상물질이동계수, k_g : 기상물질이동계수, H : 헨리정수)

㉮ $\dfrac{1}{K_G} = \dfrac{H}{k_g} + \dfrac{k_g}{k_l}$ ㉯ $\dfrac{1}{K_G} = \dfrac{1}{k_l} + \dfrac{k_g}{H}$

㉰ $\dfrac{1}{K_G} = \dfrac{1}{k_l} + \dfrac{H}{k_g}$ ㉱ $\dfrac{1}{K_G} = \dfrac{1}{k_g} + \dfrac{H}{k_l}$

정답 48 ㉰ 49 ㉱ 50 ㉯ 51 ㉱

52 먼지부하량이 20.0g/m³인 공기흐름을 제거효율이 70%인 싸이클론과 95%인 전기집진장치를 순차적으로 적용하여 처리하고자 할 경우 총괄 제거효율은?

㉮ 88.5% ㉯ 91.5%
㉰ 98.5% ㉱ 99.5%

풀이 $\eta_T = 1-(1-\eta_1)\times(1-\eta_2)$

η_T : 총합 집진율
η_1 : 싸이클론의 집진율
η_2 : 전기집진장치의 집진율

따라서 $\eta_T = 1-(1-0.7)\times(1-0.95) = 0.985$
따라서 98.5% 이다.

53 실내에서 발생하는 CO_2의 양이 시간당 0.3m³일 때 필요한 환기량은? (단, CO_2의 허용농도와 외기의 CO_2농도는 각각 0.1% 와 0.03% 이다.)

㉮ 약 430m³/h ㉯ 약 320m³/h
㉰ 약 210m³/h ㉱ 약 145m³/h

풀이 0.3m³/hr = 환기량(m³/hr)×(0.1-0.03)%×10⁻²

$$환기량(m^3/hr) = \frac{0.3m^3/hr}{(0.1-0.03)\% \times 10^{-2}}$$
$$= 428.57 m^3/hr$$

54 냄새물질의 화학구조에 대한 설명으로 가장 거리가 먼 것은?

㉮ 골격이 되는 탄소수는 저분자일수록 관능기 특유의 냄새가 강하고 자극적이나 8~13에서 가장 향기가 강하다.
㉯ 불포화도(2중결합 및 3중결합의 수)가 높으면 냄새가 보다 강하게 난다.
㉰ 분자내 수산기의 수가 증가할수록 냄새가 강하다.
㉱ 락톤 및 케톤화합물은 환상이 크게 되면 냄새가 강해진다.

풀이 ㉰ 분자내 수산기의 수가 1개일 때 가장 강하고 수가 증가하면 약해져서 무취에 이른다.

55 유해가스의 연소처리에 관한 설명으로 가장 거리가 먼 것은?

㉮ 직접연소법은 경우에 따라 보조연료나 보조공기가 필요하며 대체로 오염물질의 발열량이 연소에 필요한 전체 열량의 50% 이상일때 경제적으로 타당하다.
㉯ 직접연소법은 after burner법이라고도 하며, HC, H_2, NH_3, HCN 및 유독가스 제거법으로 사용된다.
㉰ 가열연소법은 배기가스 중 가연성 오염물질의 농도가 매우 높아 직접연소법으로 불가능할 경우에 주로 사용되고 조업의 유동성이 적어 NO_X 발생이 많다.
㉱ 가열연소법에서 연소로 내의 체류시간은 0.2~0.8초 정도이다.

풀이 ㉰ 가열연소법은 배기가스 중 가연성 오염물질의 농도가 매우 낮아 직접연소법으로 불가능할 경우에 주로 사용된다.

정답 52 ㉰ 53 ㉮ 54 ㉰ 55 ㉰

56 다음 입자상 물질의 크기를 결정하는 방법 중 입자상 물질의 그림자를 2개의 등면적으로 나눈 선의 길이를 직경으로 하는 입경은?

㉮ 마틴직경　　㉯ 등면적경
㉰ 피렛직경　　㉱ 투영면적경

풀이 ㉮ 마틴직경에 대한 설명이다.

57 원통형 백필터를 사용하여 배기가스 2,000㎥/min를 처리 하려고 한다. 가스 중 먼지농도는 15g/㎥, 백필터의 지름은 350mm, 유효높이가 10m 이고, 겉보기 여과속도를 1.8cm/sec로 할 때, 필요한 백필터의 개수는?

㉮ 59개　　㉯ 169개
㉰ 303개　　㉱ 530개

풀이 $Q = \pi \cdot D \cdot L \cdot V_f \cdot n$

　　Q : 배기가스량(㎥/sec)
　　D : 직경(m)
　　L : 유효높이(m)
　　V_f : 겉보기 여과속도(m/sec)
　　n : 백필터 갯수

따라서 $n = \dfrac{Q}{\pi \cdot D \cdot L \cdot V_f}$

$= \dfrac{2{,}000㎥/min \times 1min/60sec}{\pi \times 0.35m \times 10m \times 0.018m/sec}$

$= 168.42 ≒ 169$개

TIP 소수점 첫째자리에서 완전올림을 한다.

58 흡착능에 관한 설명으로 옳지 않은 것은?

㉮ 보전력은 탈착되지 않고 흡착제에 남아있는 가스의 무게를 흡착제의 무게로 나눈 값을 의미한다.
㉯ 활성탄 흡착상에 유기혼합증기가 통과되면 최초엔 비점이 높은 물질의 흡착량이 많아지지만 시간경과에 따라 증기의 종류에 관계없이 같은 양의 증기가 흡착된다.
㉰ 여러 가지 유기증기가 혼합되어 있는 배출가스를 흡착할 때 흡착율은 균일하지 않으며 이것은 이들 증기의 휘발성에 역비례한다.
㉱ 흡착질의 농도가 낮을 경우는 발열이 흡착율에 미치는 영향이 크지 않지만 고농도일 경우는 흡착율이 저하되므로 냉각을 해 주어야 한다.

59 다음 중 가스의 압력손실은 작은 반면, 세정액 분무를 위해 상당한 동력이 요구되며, 장치의 압력손실은 2~20mmH₂O, 가스 겉보기 속도는 0.2~1m/s 정도인 세정집진장치에 해당하는 것은?

㉮ venturi scrubber
㉯ cyclone scrubber
㉰ spray tower
㉱ packed tower

풀이 ㉰ spray tower(분무탑)에 대한 설명이다.

60 유량측정에 사용되는 가스 유속측정 장치 중 작동원리로 Bernoulli식이 적용되지 않는 것은?

㉮ 벤츄리장치(Venturi meter)
㉯ 오리피스장치(Orifice meter)
㉰ 건조가스장치(dry gas meter)
㉱ 로터미터(Rotameter)

| 제4과목 | 대기오염공정시험기준

61 굴뚝 등을 통하여 대기중으로 배출되는 가스상 물질을 분석하기 위한 시료 채취 방법에 대한 주의사항 중 옳지 않은 것은?

㉮ 흡수병을 만일 공용으로 할 때에는 대상 성분이 달라질때마다 묽은 산 또는 알칼리 용액과 물로 깨끗이 씻은 다음 다시 흡수액으로 3회 정도 씻은 후 사용한다.
㉯ 가스미터는 500mmH$_2$O 이내에서 사용한다.
㉰ 습식 가스미터를 이동 또는 운반할 때에는 반드시 물을 빼고, 오랫동안 쓰지 않을 때에도 그와 같이 배수한다.
㉱ 굴뚝내의 압력이 매우 큰 부압(-300 mmH$_2$O 정도 이하)인 경우에는, 시료 채취용 굴뚝을 부설하여 용량이 큰 펌프를 써서 시료가스를 흡입하고 그 부설한 굴뚝에 채취구를 만든다.

▶풀이 ㉯ 가스미터는 100mmH$_2$O 이내에서 사용한다.

62 어느 굴뚝의 측정공에서 피토우관으로 가스의 압력을 측정해 보니 동압이 15mmH$_2$O이었다. 이 가스의 유속은?
(단, 사용한 피토우관의 계수(C)는 0.85이며, 가스의 단위체적당 질량은 1.2kg/m^{3}로 한다.)

㉮ 약 12.3m/s   ㉯ 약 13.3m/s
㉰ 약 15.3m/s   ㉱ 약 17.3m/s

▶풀이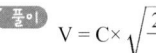

$$V = C \times \sqrt{\frac{2gh}{r}}$$

- V : 유속(m/sec)
- C : 피토우관계수
- g : 중력가속도(9.8m/sec^2)
- h : 동압(mmH$_2$O)
- r : 밀도(kg/m^3)

따라서 $V = 0.85 \times \sqrt{\dfrac{2 \times 9.8\text{m/sec}^2 \times 15\text{mmH}_2\text{O}}{1.2\text{kg/m}^3}}$
= 13.30m/sec

63 원자흡수분광광도법의 검정곡선 작성법에 관한 설명으로 가장 거리가 먼 것은?

㉮ 검정곡선은 일반적으로 저농도 영역에서 양호한 직선을 나타내므로 저농도 영역에서 작성하는 것이 좋다.
㉯ 검정곡선법의 경우에는 적어도 3종류 이상의 농도의 표준시료용액에 대하여 흡광도를 측정하여 작성한다.
㉰ 표준첨가법은 여러개의 같은 양의 분석시료에 각각 다른 농도의 표준물질을 가하여 흡광도를 구하여 작성한다.
㉱ 내부표준물질법에 가하는 표준원소는 목적원소와 화학적, 물리적으로 다른 성질의 원소로서 목적원소와 흡광도비를 구하는 동시 측정을 행한다.

정답 60 ㉰ 61 ㉯ 62 ㉯ 63 ㉱

풀이 ㉣ 내부표준물질법에 가하는 표준원소는 목적원소와 화학적, 물리적으로 아주 유사한 성질의 원소로서 목적원소와 흡광도 비를 구하는 동시 측정을 행한다.

64 배출가스 중 금속화합물을 원자흡수분광광도법으로 분석할 때 간섭물질에 관한 설명으로 옳지 않은 것은?

㉮ 시료 내 납, 카드뮴, 크롬의 양이 미량으로 존재하거나 방해물질이 존재할 경우, 용매추출법을 적용하여 정량할 수 있다.

㉯ 니켈 분석 시 다량의 탄소가 포함된 시료의 경우, 시료를 채취한 여과지를 적당한 크기로 잘라서 자기도가니에 넣어 전기로를 사용하여 800℃에서 30분 이상 가열한 후 전처리 조작을 행한다.

㉰ 아연 분석 시 213.8nm 측정파장을 이용할 경우 불꽃에 의한 흡수 때문에 바탕선(base line)이 높아지는 경우가 있다.

㉱ 철 분석 시 규소(Si)를 다량 포함하고 있을 때는 0.5% 인산용액을 첨가하여 분석하고, 유기산(특히 시트르산)이 다량 포함되어 있을 때는 0.2% 염화칼슘(CaCl₂, calcium chloride) 용액을 첨가하여 간섭을 줄일 수 있다.

풀이 ㉱ 철 분석 시 규소(Si)를 다량 포함하고 있을 때는 0.2% 염화칼슘(CaCl₂, calcium chloride) 용액을 첨가하여 분석하고, 유기산(특히 시트르산)이 다량 포함되어 있을 때는 0.5% 인산을 첨가하여 간섭을 줄일 수 있다.

65 배출가스 중 납화합물을 분석하기 위한 원자흡수분광광도법에 대한 설명으로 틀린 것은?

㉮ 측정파장은 217.0nm 또는 283.3nm를 이용한다.

㉯ 정량범위는 0.050mg/Sm³ ~ 6.250mg/Sm³이다.

㉰ 방법검출한계는 0.15mg/Sm³이다.

㉱ 시료내 납의 양이 미량으로 존재하거나 방해물질이 존재할 경우, 용매추출법을 적용하여 정량할 수 있다.

풀이 ㉰ 방법검출한계는 0.015mg/Sm³이다.

66 다음은 환경대기중의 석면농도를 측정하기 위해 위상차현미경을 사용한 계수 방법에 관한 사항이다. ( )안에 알맞은 것은?

> 시료는 주간시간대에 (오전 8시~오후 7시) (①)으로 1시간 채취하고, 유량계의 부자는 (②) 되게 조정한다.

㉮ ① 1L/min, ② 1L/min
㉯ ① 1L/min, ② 10L/min
㉰ ① 10L/min, ② 1L/min
㉱ ① 10L/min, ② 10L/min

정답 64 ㉱ 65 ㉮ 66 ㉱

67 다음은 환경기준 시험을 위한 채취지점 수(측정점수)의 결정시 TM좌표에 의한 방법을 설명한 것이다. ( )안에 알맞은 것은?

> 전국 지도의 TM좌표에 따라 해당지역의 (①)의 지도위에 (②)간격으로 바둑판 모양의 구획을 만들고(格子網) 그 구획마다 측정점을 선정한다.

㉮ ① 1 : 5,000이상, ② 200~300m
㉯ ① 1 : 5,000이상, ② 2~3km
㉰ ① 1 : 25,000이상, ② 200~300m
㉱ ① 1 : 25,000이상, ② 2~3km

68 일반적으로 사용하는 이온크로마토그래피의 구성장치 중 분리관에 관한 설명으로 가장 거리가 먼 것은?

㉮ 이온교환체의 구조면에서는 표층피복형, 표층박막형, 전다공성 미립자형이 있다.
㉯ 양이온 교환체는 표면에 슬폰산기를 보유한다.
㉰ 금속이온 분리용으로는 스테인리스관이 효과적이다.
㉱ 분리관은 에폭시수지관 또는 유리관 등이 사용된다.

〈풀이〉 ㉰ 금속이온분리용으로는 스테인리스관은 좋지 않다.

69 다배출가스 중 아연화합물을 분석하는 원자흡수분광광도법에 대한 설명으로 틀린 것은?

㉮ 아연의 속빈음극램프를 점등하여 안정화 시킨다.
㉯ 540.8nm의 파장에서 흡광도를 측정한다.
㉰ 정량범위는 0.003mg/Sm³~5.000 mg/Sm³이다.
㉱ 방법검출한계는 0.001mg/Sm³이다.

〈풀이〉 ㉯ 213.8nm의 파장에서 흡광도를 측정한다.

70 환경대기 중 일산화탄소를 비분산 적외선 분석법(자동연속)으로 분석할 경우 측정기의 성능기준으로 옳지 않은 것은?

㉮ 측정기의 측정눈금 범위는 원칙적으로 0~50 ppm 또는 0~100ppm으로 한다.
㉯ 재현성 측정 시 동일조건에서 제로가스와 스팬가스를 번갈아 3회 도입해서 각각의 측정치의 평균치로부터의 편차를 구한다. 이 편차가 최대눈금치의 ±2% 이내여야 한다.
㉰ 스팬가스를 흘려 보냈을 때 정상적인 지시 변동의 범위는 최대눈금치의 ±2% 이내여야 한다.
㉱ 시료대기채취구를 통하여 설정유량의 교정용 가스를 도입시켜 측정기의 지시치가 스팬 가스의 90% 응답을 나타내는 시간은 5분 이하여야 한다.

〈풀이〉 ㉱ 시료대기채취구를 통하여 설정유량의 교정용 가스를 도입시켜 측정기의 지시치가 스팬가스의 90% 응답을 나타내는 시간은 2분 30초 이하여야 한다.

정답 67 ㉱ 68 ㉰ 69 ㉯ 70 ㉱

71 다음은 굴뚝 배출가스 중의 산소측정방식에 관한 설명이다. 가장 적합한 것은?

> 이 방식은 주기적으로 단속하는 자계내에서 산소분자에 작용하는 단속적인 흡입력을 자계내에 일정유량으로 유입하는 보조가스의 배압변화량으로서 검출한다.

㉮ 질코니아 방식
㉯ 담벨형 방식
㉰ 압력검출형 방식
㉱ 전극 방식

풀이 ㉮ 질코니아 방식 : 고온으로 가열된 질코니아소자의 양 끝에 전극을 설치하고 그 한쪽에 시료가스, 다른쪽에 공기를 통하여 산소농도 차를 주어 양극사이에 생기는 기전력을 검출한다.
㉯ 담벨형 방식 : 담벨과 시료중의 산소와의 자기화 강도의 차에 의하여 생기는 담벨의 편위량을 검출한다.
㉱ 전극 방식 : 가스투과성 격막을 통하여 전해조 중에 확산흡수된 산소가 고체전극표면에서 환원될 때 생기는 잔해전류를 검출한다.

72 배출가스 중 다이옥신 및 퓨란류 분석을 위한 시료채취방법에 관한 설명으로 옳지 않은 것은?

㉮ 흡입노즐에서 흡입하는 가스의 유속은 측정점의 배출가스유속에 대해 상대오차 -5~+5%의 범위내로 한다.
㉯ 시간당 처리능력이 200kg 미만의 소각시설 중 일괄 투입식 연소방식에 한하여 1회 소각시간(폐기물을 소각로에 투입하고 연소가 종료되는데까지 소요되는 시간)이 4시간 미만 2시간이상의 경우는 시료채취시 흡입가스량을 2시간, 평균 $1.5Nm^3$ 이상으로 할 수 있다.
㉰ 덕트내의 압력이 부압인 경우에는 흡입장치를 덕트밖으로 빼낸 후에 흡입펌프를 정지시킨다.
㉱ 배출가스 시료를 채취하는 동안에 각 흡수병은 얼음 등으로 냉각시키며, XAD-2수지 채취관부는 -50℃ 이하로 유지하여야 한다.

풀이 ㉱ 배출가스 시료를 채취하는 동안에 각 흡수병은 얼음 등으로 냉각시키며, XAD-2수지 채취관부는 -30℃ 이하로 유지하여야 한다.

정답 71 ㉰ 72 ㉱

73 환경대기중의 석면농도를 측정하기 위해 멤브레인필터에 채취한 대기부유먼지중의 석면섬유를 위상차현미경을 사용하여 계수하는 방법에 관한 설명으로 옳지 않은 것은?

㉮ 석면먼지의 농도표시는 20℃, 1기압 상태의 기체 1mL중에 함유된 석면섬유의 개수(개/mL)로 표시한다.
㉯ 멤브레인 필터는 셀룰로오스 에스테르를 원료로 한 얇은 다공성의 막으로, 구멍의 지름은 평균 0.01~10μm의 것이 있다.
㉰ 필터를 광굴절율 1.5 전후의 불휘발성 용액에 담그면, 투명해지며 입자를 계수하기 쉽다.
㉱ 석면섬유의 광굴절율은 보통 2.0 이상이어서 위상차현미경으로 식별하기 용이하다.

풀이 ㉱ 석면섬유의 광굴절율은 1.5이므로 위상차현미경으로 식별하기 용이하다.

74 굴뚝 배출가스 중 황산화물의 시료채취 장치에 관한 설명으로 옳지 않은 것은?

㉮ 시료채취관은 배출가스중의 황산화물에 의해 부식되지 않는 재질, 예를 들면 유리관, 석영관, 스테인리스강관 등을 사용한다.
㉯ 시료중의 황산화물과 수분이 응축되지 않도록 시료채취관과 흡수병 사이를 가열한다.
㉰ 시료중에 먼지가 섞여 들어가는 것을 방지하기 위하여 채취관의 앞 끝에 적당한 여과재를 넣는다.
㉱ 가열부분에 있어서의 배관의 접속은 채취관과 같은 재질, 혹은 보통 고무관을 사용한다.

풀이 ㉱ 가열부분에 있어서의 배관의 접속은 갈아맞춤 또는 실리콘 고무관을 사용하고 보통 고무관을 사용하면 안된다.

75 반경이 2.5m인 원형굴뚝의 먼지측정을 위한 측정점수는?

㉮ 12　　㉯ 16
㉰ 20　　㉱ 24

풀이 반경이 2.5m이므로 직경은 5m가 된다. 따라서 반경구분수는 5, 측정점수는 20이 된다.

76 굴뚝배출가스 중 아황산가스의 자동연속 측정방법 중 자외선흡수분석계에 관한 설명으로 옳지 않은 것은?

㉮ 광원 : 저압수소방전관 또는 저압수은등이 사용된다.
㉯ 분광기 : 프리즘 또는 회절격자분광기를 이용하여 자외선영역 또는 가시광선영역의 단색광을 얻는데 사용된다.
㉰ 검출기 : 자외선 및 가시광선에 감도가 좋은 광전자증배관 또는 광전관이 이용된다.
㉱ 시료셀 : 시료셀은 200~500mm의 길이로 시료가스가 연속적으로 통과할 수 있는 구조로 되어 있어야 한다.

풀이 ㉮ 광원 : 중수소방전관 또는 중압수은등이 사용된다.

정답 73 ㉱　74 ㉱　75 ㉰　76 ㉮

77 배출가스 중의 베릴륨화합물을 분석하는 원자흡수분광광도법에 대한 설명으로 틀린 것은?

㉮ 아산화질소-아세틸렌 불꽃을 사용한다.
㉯ 측정파장은 234.9nm이다.
㉰ 방법검출한계는 0.003mg/Sm³이며, 정밀도는 5% 이하이다.
㉱ 정량범위는 0.010mg/Sm³~0.500 mg/Sm³이다.

풀이 ㉰ 방법검출한계는 0.003mg/Sm³이며, 정밀도는 10% 이하이다.

78 다음은 연료용 유류중의 황함유량을 측정하기 위한 분석방법 중 연소관식 공기법에 관한 설명이다. ( )안에 알맞은 것은?

> 950~1100℃로 가열한 석영재질 연소관 중에 공기를 불어넣어 시료를 연소시킨다. 생성된 황산화물을 ( )에 흡수시켜 황산으로 만든 다음, 수산화소듐표준액으로 중화적정하여 황함유량을 구한다.

㉮ 과산화수소(3%)
㉯ 과망간산포타슘
㉰ 다이크롬산포타슘
㉱ 수산화포타슘

풀이 생성된 황산화물을 과산화수소(3%)에 흡수시켜 황산으로 만든다.

79 배출가스 중 비소화합물(흑연로원자흡수분광광도법) 측정방법에 관한 설명으로 옳지 않은 것은?

㉮ 정량범위는 0.003~0.013mg/m³이며, 정밀도는 10% 이하이다.
㉯ 기체상 비소는 흡수용액 중에 함유되어 있는 소량의 수산화이온(OH^-)에 의해 심각한 간섭을 받으므로 수소화물발생 원자흡수분광광도법으로 분석한다.
㉰ 비소는 낮은 분석 파장(193.7nm)에서 측정하므로 원자화단계에서 매질성분에 의한 심각한 비특이성 흡수 및 산란에 의한 영향을 받을 수 있다.
㉱ 비소 및 비소화합물 중 일부 화합물은 휘발성이 있으므로 채취 시료를 전처리하는 동안 비소의 손실 가능성이 있다.

풀이 ㉯ 기체상 비소는 흡수용액 중에 함유되어 있는 다량의 소듐(Na)에 의해 심각한 간섭을 받으므로 수소화물발생 원자흡수분광광도법으로 분석한다.

80 이온크로마토그래피법에서 사용하는 검출기 중 정전위 전극반응을 이용하는 것으로 검출감도가 높고 선택성이 있으며 전량검출기, 암페로 메트릭 검출기 등이 있는 것은?

㉮ 전기 전도도 검출기
㉯ 전기 화학적 검출기
㉰ 전기 자외선 흡수 검출기
㉱ 전기 가시선 흡수 검출기

풀이 ㉯ 전기 화학적 검출기에 대한 설명이다.

정답 77 ㉰ 78 ㉮ 79 ㉯ 80 ㉯

| 제5과목 | 대기환경관계법규

81 대기환경보전법령상 사업장별 환경기술인의 자격기준으로 가장 거리가 먼 것은?

㉮ 3종사업장의 경우에는 배출시설 설치허가를 받거나 배출시설 설치신고가 수리된 자 또는 배출시설 설치허가를 받거나 수리된 자가 해당 사업장의 배출시설 및 방지시설 업무에 종사하는 피고용인 중에서 임명하는 자 1명 이상을 환경기술인으로 둔다.
㉯ 대기환경기술인이「소음·진동관리법」에 따른 소음·진동환경 기술인을 겸임할 수 있다.
㉰ 1종사업장과 2종사업장 중 1개월 동안 실제 작업한 날만을 계산하여 1일 평균 17시간 작업하는 경우에는 해당 사업장의 기술인을 각각 2명 이상 두어야 한다.
㉱ 배출시설 중 일반보일러만 설치한 사업장과 대기 오염물질 중 먼지만 발생하는 사업장은 5종사업장에 해당하는 기술인을 둘 수 있다.

풀이 ㉮ 4종 및 5종 사업장의 경우에는 배출시설 설치허가를 받거나 배출시설 설치신고가 수리된 자 또는 배출시설 설치허가를 받거나 수리된 자가 해당 사업장의 배출시설 및 방지시설 업무에 종사하는 피고용인 중에서 임명하는 자 1명 이상을 환경기술인으로 둔다.

82 다중이용시설 등의 실내공기질 관리법 규상 "목욕장"의 일산화탄소 실내공기질 유지기준은?

㉮ 10ppm 이하   ㉯ 25ppm 이하
㉰ 100 ppm 이하   ㉱ 150 ppm 이하

풀이 목욕장의 일산화탄소 실내공기질 유지기준은 10 ppm 이하이다.

83 대기환경보전법규상 특정대기유해물질이 아닌 것은?

㉮ 니켈 및 그 화합물
㉯ 이황화메틸
㉰ 다이옥신
㉱ 알루미늄 및 그 화합물

84 환경정책기본법령상 이산화질소(NO_2)의 대기환경기준은? (단, 연간평균치)

㉮ 0.02ppm 이하   ㉯ 0.03ppm 이하
㉰ 0.05ppm 이하   ㉱ 0.10ppm 이하

풀이 NO_2의 대기환경기준
① 연간평균치 : 0.03ppm 이하
② 24시간평균치 : 0.06ppm 이하
③ 1시간평균치 : 0.10ppm 이하

정답 81 ㉮ 82 ㉮ 83 ㉱ 84 ㉯

85 대기환경보전법규상 환경기술인의 신규교육 시기와 횟수기준은? (단, 규정된 교육기관이며, 정보통신매체를 이용하여 원격교육을 하는 경우 제외)

㉮ 환경기술인으로 임명된 날부터 6개월 이내에 1회
㉯ 환경기술인으로 임명된 날부터 1년 이내에 1회
㉰ 환경기술인으로 임명된 날부터 2년 이내에 1회
㉱ 환경기술인으로 임명된 날부터 3년 이내에 1회

풀이 환경기술인의 교육
① 신규교육 : 환경기술인으로 임명된 날로부터 1년이내에 1회
② 보수교육 : 신규교육을 받은 날을 기준으로 3년마다 1회

86 대기환경보전법규상 총량규제를 하고자 할 때 고시내용에 반드시 포함될 사항으로 거리가 먼 것은? (단, 그 밖에 총량규제구역의 대기관리를 위하여 필요한 사항 등은 제외한다.)

㉮ 대기오염물질의 저감계획
㉯ 총량규제 대기오염물질
㉰ 총량규제농도 및 환경영향평가
㉱ 총량규제구역

풀이 총량규제를 하고자 할 때 고시내용에 반드시 포함될 사항으로는 대기오염물질의 저감계획, 총량규제 대기오염물질, 총량규제구역, 그밖에 총량규제구역의 대기관리를 위하여 필요한 사항이 있다.

87 대기환경보전법령상 과태료 부과기준으로 옳지 않은 것은?

㉮ 개별기준으로 환경기술인 등의 교육을 받게 하지 않은 경우 1차 위반 시 과태료 금액은 60만원이다.
㉯ 부과권자는 과태료 금액의 2분의 1의 범위에서 그 금액을 줄일 수 있으나, 과태료를 체납하고 있는 위반행위자에 대해서는 그러하지 아니하다.
㉰ 위반행위의 횟수에 따른 과태료의 부과기준은 최근 1년간 같은 위반행위로 과태료 부과처분을 받은 경우에 적용한다.
㉱ 개별기준으로 비산먼지 발생사업장으로 신고하지 아니한 경우 1차 위반 시 과태료 금액은 200만원이다.

풀이 ㉱ 개별기준으로 비산먼지 발생사업장으로 신고하지 아니한 경우 1차 위반 시 과태료 금액은 100만원이다.

88 대기환경보전법규상 자동차연료형 첨가제의 종류가 아닌 것은? (단, 그 밖의 사항 등은 고려하지 않는다.)

㉮ 세탄가첨가제
㉯ 다목적첨가제
㉰ 청정분산제
㉱ 유동성향상제

풀이 자동차연료형 첨가제의 종류에는 세척제, 청정분산제, 매연억제제, 다목적첨가제, 옥탄가 향상제, 세탄가 향상제, 유동성 향상제, 윤활성 향상제가 있다.

정답 85 ㉯ 86 ㉰ 87 ㉱ 88 ㉮

89 대기환경보전법규상 자동차 연료·첨가제 또는 촉매제 검사기관의 지정기준 중 자동차 연료 검사기관의 기술능력 및 검사장비기준으로 옳지 않은 것은?

㉮ 검사원은 국가기술자격법 시행규칙에 의거 기계(자동차 분야), 화공 및 세라믹, 환경직무분야의 기사자격 이상을 취득한 사람이어야 한다.
㉯ 검사원은 2명 이상이어야 하며, 그 중 한 명은 해당 검사 업무에 5년 이상 종사한 경험이 있는 사람이어야 한다.
㉰ 휘발유·경유·바이오디젤(BD100) 검사를 위해 1ppm 이하 분석가능한 황 함량분석기 1식을 갖추어야 한다.
㉱ 휘발유·경유·바이오디젤 검사기관과 LPG·CNG·바이오가스 검사기관의 기술능력 기준은 같으며, 두 검사업무를 함께 하려는 경우에는 기술능력을 중복하여 갖추지 아니할 수 있다.

풀이 ㉯ 검사원은 4명 이상이어야 하며 그 중 2명 이상은 해당 검사 업무에 5년 이상 종사한 경험이 있는 사람이어야 한다.

90 대기환경보전법령상 초과부과금 부과대상 오염물질이 아닌 것은?

㉮ 먼지   ㉯ 불소화합물
㉰ 시안화수소   ㉱ 질소산화물

풀이 초과부과금 부과대상 오염물질은 황산화물, 암모니아, 황화수소, 이황화탄소, 먼지, 불소화합물, 염화수소, 시안화수소가 있다.

91 대기환경보전법규상 자동차연료 제조기준 중 휘발유의 90% 유출온도(℃) 기준은? (단, 2009년 1월 1일부터 적용기준)

㉮ 150 이하   ㉯ 160 이하
㉰ 170 이하   ㉱ 180 이하

풀이 자동차연료 제조기준 중 휘발유의 90% 유출온도 기준은 170℃ 이하이다.

92 다음은 다중이용시설 등의 실내공기질 관리법규상 실내공기질의 측정사항이다. (   )안에 알맞은 것은?

실내공기질 측정대상 오염물질이 실내공기질 권고기준 측정항목에 해당하는 경우에는 (①) 측정하여야 한다. 또한 다중이용시설의 소유자 등은 실내공기질 측정결과를 (②) 보존하여야 한다.

㉮ ① 연 1회, ② 1년간
㉯ ① 연 2회, ② 3년간
㉰ ① 2년에 1회, ② 3년간
㉱ ① 2년에 1회, ② 5년간

93 악취방지법규상 지정악취물질이 아닌 것은?

㉮ 황화수소
㉯ 이산화황
㉰ 다이메틸다이설파이드
㉱ 아세트알데하이드

풀이 ㉯ 이산화황은 지정악취물질이 아니다.

정답 89 ㉯   90 ㉱   91 ㉰   92 ㉰   93 ㉯

94 환경정책기본법상 용어 중 "일정한 지역에서 환경오염 또는 환경훼손에 대하여 환경이 스스로 수용, 정화 및 복원하여 환경의 질을 유지할 수 있는 한계"를 의미하는 것은?

㉮ 환경기준 ㉯ 환경한계
㉰ 환경용량 ㉱ 환경표준

풀이 ㉰ 환경용량에 대한 설명이다.

95 다음은 대기환경보전법규상 대기오염 경보단계 중 "경보" 해제기준이다. ( )안에 알맞은 것은?

> 경보가 발령된 지역의 기상조건 등을 검토하여 대기자동측정소의 오존농도가 ( ) 일 때에는 주의보로 전환한다.

㉮ 0.1 피피엠 이상 0.3 피피엠 미만
㉯ 0.12피피엠 이상 0.3 피피엠 미만
㉰ 0.1 피피엠 이상 0.5 피피엠 미만
㉱ 0.12피피엠 이상 0.5 피피엠 미만

96 대기환경보전법규상 환경기술인의 보수교육기준은? (단, 규정된 교육기관이며, 정보통신매체를 이용하여 원격교육을 하는 경우 제외)

㉮ 신규교육을 받은 날을 기준으로 1년마다 1회
㉯ 신규교육을 받은 날을 기준으로 2년마다 1회
㉰ 신규교육을 받은 날을 기준으로 3년마다 1회
㉱ 신규교육을 받은 날을 기준으로 5년마다 1회

풀이 환경기술인의 교육
① 신규교육 : 환경기술인으로 임명된 날로부터 1년이내에 1회
② 보수교육 : 신규교육을 받은 날을 기준으로 3년마다 1회

97 대기환경보전법령상 배출부과금 납부 의무자가 납부기한 전에 납부할 수 없다고 인정되면 징수유예하거나 분할납부하게 할 수 있는데 이에 관한 사항으로 옳지 않은 것은?

㉮ 부과금의 분할납부 기한 및 금액과 그 밖의 부과금의 부과징수에 필요한 사항은 시도지사가 정한다.
㉯ 초과부과금의 징수유예기간과 그 기간 중 분할납부 횟수 기준은 유예한 날의 다음날부터 2년 이내, 12회 이내로 한다.
㉰ 기본부과금의 징수유예기간과 그 기간 중 분할납부 횟수 기준은 유예한 날의 다음날부터 다음 부과기간의 개시일 전일까지, 4회 이내로 한다.
㉱ 징수유예기간 내에도 징수할 수 없다고 인정되어 징수유예기간을 연장하거나 분할납부의 횟수를 늘릴 경우, 이에 따른 징수유예기간의 연장은 유예한 날의 다음날부터 5년 이내로 하며, 분할납부의 횟수는 30회 이내로 한다.

풀이 ㉱ 징수유예기간 내에도 징수할 수 없다고 인정되어 징수유예기간을 연장하거나 분할납부의 횟수를 늘릴 경우, 이에 따른 징수유예기간의 연장은 유예한 날의 다음날부터 3년이내로 하며, 분할납부의 횟수는 18회 이내로 한다.

정답 94 ㉰ 95 ㉯ 96 ㉰ 97 ㉱

98 대기환경보전법상 대기오염 경보가 발령된 지역에서 자동차 운행제한이나 사업장 조업단축의 명령을 정당한 사유없이 위반한 자에 대한 벌칙기준으로 옳은 것은?

㉮ 1년 이하의 징역이나 1천만원 이하의 벌금에 처한다.
㉯ 1년 이하의 징역이나 500만원 이하의 벌금에 처한다.
㉰ 500만원 이하의 벌금에 처한다.
㉱ 300만원 이하의 벌금에 처한다.

풀이 ㉱ 300만원 이하의 벌금에 해당한다.

99 대기환경보전법령상 초과부과금 산정기준에서 오염물질 1킬로그램당 부과금액이 다음 중 가장 비싼 것은?

㉮ 암모니아   ㉯ 이황화탄소
㉰ 황화수소   ㉱ 불소화합물

풀이 오염물질 1킬로그램당 부과금액
㉮ 암모니아 : 1400원
㉯ 이황화탄소 : 1600원
㉰ 황화수소 : 6000원
㉱ 불소화합물 : 2300원

100 악취방지법규상 위임업무 보고사항 중 "악취검사기관의 지도·점검 및 행정처분 실적" 보고횟수기준은?

㉮ 연1회   ㉯ 연2회
㉰ 연4회   ㉱ 수시

풀이 악취검사기관의 지도·점검 및 행정처분 실적의 보고횟수기준은 연 1회이다.

정답 98 ㉱   99 ㉰   100 ㉮

2013년 4회 대기환경기사

2013년 9월 28일 시행

| 제1과목 | 대기오염개론

01 역전에 관한 설명으로 가장 거리가 먼 것은?

㉮ 복사역전은 눈이 덮인 지역의 경우 눈의 알베도가 0.8보다 더 크고, 태양에서의 복사열전달이 최소가 되기 때문에 오전의 복사역전 현상이 연장되는 경향이 있다.
㉯ 복사역전은 해뜨기 직전 및 하늘이 맑고 바람이 약할 때 아주 강하다.
㉰ 침강역전은 배출원보다 낮은 고도에서 발생하므로 일반적으로 단기간 오염물질에 크게 기여한다.
㉱ 일반적으로 가을과 겨울은 역전의 기간이 길고, 자주 발생한다.

[풀이] ㉰ 침강역전은 배출원보다 높은 고도에서 발생하므로 일반적으로 장기간 오염물질에 크게 기여한다.

02 Pasquill은 확산 추정 시 변동측정법을 추천하였으며, 광범위한 추정에 필요한 기상자료를 이용하여 확산의 계획안을 제출하였는데, 이 때 필요한 변수와 가장 거리가 먼 것은?

㉮ 풍속 ㉯ 습도
㉰ 운량 ㉱ 일사량

[풀이] 낮에는 일사량과 풍속으로, 야간에는 운량, 운고와 풍속으로 안정도를 구분하므로 변수로는 풍속, 운량, 일사량, 운고 등이 있다.

03 연기배출 형태 중 원추형(coning)에 관한 설명으로 가장 적합한 것은?

㉮ 대기가 불안정하여 난류가 심할 때 발생한다.
㉯ 대기가 중립조건일 때 잘 발생하며, 이 연기내에서는 오염의 단면분포가 전형적인 가우시안 분포를 나타낸다.
㉰ 대기가 매우 안정한 상태일 때 아침과 새벽에 잘 발생하며, 풍향이 자주 바뀔 때면 사행(蛇行)하는 연기 모양이 된다.
㉱ 고, 저기압에 상관없이 발생하며, 두 역전층 사이에서 오염물질이 배출될 때 발생한다.

[풀이] ㉮ 파상형(Looping)
㉯ 원추형(coning)
㉰ 부채형(faning)
㉱ 구속형(traping)

정답 01 ㉰ 02 ㉯ 03 ㉯

04 유효굴뚝높이 200m인 연돌에서 배출되는 가스량은 20m³/sec, SO₂ 농도는 1750ppm 이다. Ky = 0.07, Kz = 0.09인 중립 대기조건에서의 SO₂의 최대 지표농도(ppb)는? (단, 풍속은 30m/s 이다.)

㉮ 34ppb ㉯ 22ppb
㉰ 15ppb ㉱ 9ppb

풀이
$$C_{max} = \frac{2Q}{\pi \cdot e \cdot u \cdot He^2}\left(\frac{k_z}{k_y}\right)$$

　Q : 배출가스량(m³/sec)
　u : 풍속(m/sec)
　H_e : 유효굴뚝높이(m)
　k_z : 수직확산계수
　k_y : 수평확산계수
　e : 자연대수(2.72)

① $C_{max} = \frac{2 \times 20m^3/sec \times 1750ppm}{\pi \times 2.72 \times 30m/sec \times (200m)^2}\left(\frac{0.09}{0.07}\right)$
　　　= 8.777×10⁻³ppm
② 8.777×10⁻³ppm×10³ = 8.78ppb

05 Richardson수(R)에 관한 설명으로 옳지 않은 것은?

㉮ $R = \frac{g}{T} \times \frac{(\triangle T/\triangle Z)^2}{(\triangle u/\triangle Z)}$ 표시하며, △T/△Z)는 강제대류의 크기, △u/△z는 자유대류의 크기를 나타낸다.
㉯ R > 0.25 일 때는 수직방향의 혼합이 없다.
㉰ R = 0 일 때는 기계적 난류만 존재한다.
㉱ R이 큰 음의 값을 가지면 대류가 지배적이어서 바람이 약하게 되어 강한 수직운동이 일어나며, 굴뚝의 연기는 수직 및 수평방향으로 빨리 분산한다.

풀이 ㉮ $R = \frac{g}{T} \times \frac{(\triangle T/\triangle Z)}{(\triangle u/\triangle z)^2}$ 로 표시하며, △T/△Z는 자유대류의 크기, △u/△z는 강제대류의 크기를 나타낸다.

06 대기오염물질의 분류 중 1차 오염물질이라 볼 수 없는 것은?

㉮ 금속산화물
㉯ 일산화탄소
㉰ 과산화수소
㉱ 방향족 탄화수소

풀이 ㉰ 과산화수소(H₂O₂)는 1,2차성 물질에 속한다.

07 실내공기오염물질 중 석면의 위험성은 점점 커지고 있다. 다음 설명하는 석면의 분류에 해당하는 것은?

백석면이라고 하고 석면의 형태 중 가장 먼저 마주치는 광물로서 일반적으로 미국에서 발견되는 석면 중 95% 정도가 이에 해당한다. 이 광물은 매우 유용하고 섬유상의 층상 규산염광물이며, 이 광물의 이상적인 화학적 구조는 Mg₃(Si₂O₅)(OH)₄이다. 광택은 비단광택이고, 경도는 2.5이다.

㉮ Chrysotile ㉯ Antigorite
㉰ Lizardite ㉱ Orthoantigorite

풀이 ㉮ Chrysotile(백석면)에 대한 설명이다.

정답 04 ㉱ 05 ㉮ 06 ㉰ 07 ㉮

08 빛의 소멸계수(σ_{ext}) 0.45km⁻¹인 대기에서, 시정거리의 한계를 빛의 강도가 초기 강도의 95%가 감소했을 때의 거리라고 정의할 때, 이 때 시정거리 한계는? (단, 광도는 Lambert-Beer 법칙을 따르며, 자연대수로 적용)

㉮ 약 12.4km　㉯ 약 8.7km
㉰ 약 6.7km　㉱ 약 0.1km

풀이 $I = I_o \exp^{(-\sigma_{ext} \cdot X)}$

- I : 거리 X를 통과한 후의 농도
- I_o : 광원으로부터 광도
- σ_{exp} : 빛의 소멸계수
- X : 거리

따라서 $5 = 100\exp^{(-0.45km^{-1} \cdot X)}$
∴ X = 6.66km

09 다음 물질의 특성에 대한 설명 중 옳은 것은?

㉮ 탄소의 순환에서 탄소(CO_2로서)의 가장 큰 저장고 역할을 하는 부분은 대기이다.
㉯ 불소(Fluorine)는 주로 자연상태에서 존재하며, 주관련 배출업종으로는 황산 제조공정, 연소공정 등이다.
㉰ 질소산화물은 연소 전 연료의 성분으로부터 발생하는 fuel NO_X와 저온연소에서 공기 중의 질소와 산소가 반응하여 생기는 thermal NO_X 등이 있다.
㉱ 염화수소는 플라스틱공업, PVC소각, 소다공업 등이 관련배출 업종이다.

풀이 ㉮ 탄소의 순환에서 탄소(CO_2로서)의 가장 큰 저장고 역할을 하는 부분은 해양이다.
㉯ 불소는 자연상태에서는 존재하지 않으며, 주관련 배출업종으로는 알루미늄제조업, 유리제조업, 화학비료공업 등이다.
㉰ 질소산화물은 연소시 연료의 성분으로부터 발생하는 fuel NO_X와 고온에서 공기중의 질소와 산소가 반응하여 생기는 thermal NO_X 등이 있다.

10 다음 오염물질과 주요 배출관련 업종의 연결로 가장 거리가 먼 것은?

㉮ 납 - 건전지 및 축전지, 인쇄, 페인트
㉯ 구리 - 제련소, 도금공장, 농약제조
㉰ 페놀 - 타르공업, 화학공업, 도장공업
㉱ 비소 - 석유정제, 석탄건류, 가스공업

풀이 ㉱ 비소 – 안료, 화학, 농약, 의약품

11 다음 특정물질 중 오존파괴지수가 가장 낮은 것은?

㉮ CF_2BrCl　㉯ CCl_4
㉰ $C_2H_3Cl_3$　㉱ C_2F_5Cl

풀이 오존파괴지수
㉮ CF_2BrCl : 3.0
㉯ CCl_4 : 1.1
㉰ $C_2H_3Cl_3$: 0.1
㉱ C_2F_5Cl : 0.6

정답 08 ㉰　09 ㉱　10 ㉱　11 ㉰

12 지상의 점오염원(He = 0)으로부터 바람부는 방향으로 400m 떨어진 연기의 중심선상에서의 지상(z = 0) 오염농도는? (단, 오염물질 배출량은 10g/s, 풍속은 5m/s, σ_y와 σ_z는 각각 22.5m와 12m이고, 농도계산식은 가우시안 모델식을 적용)

㉮ 0.85mg/m³　㉯ 1.55mg/m³
㉰ 2.36mg/m³　㉱ 3.56mg/m³

풀이

$$C = \frac{Q}{\pi \cdot \sigma_y \cdot \sigma_z \cdot u} \exp\left[-\frac{1}{2}\left(\frac{He}{\sigma_z}\right)^2\right]$$

⎡ C : 농도(mg/m³)
⎢ Q : 오염물질 배출량(mg/sec)
⎢ σ_y : 수평확산계수
⎢ σ_z : 수직확산계수
⎢ u : 풍속(m/sec)
⎣ He : 유효굴뚝높이(m)

따라서, He = 0이면

$$C = \frac{Q}{\pi \cdot \sigma_y \cdot \sigma_z \cdot u}$$

$$= \frac{10g/sec \times 10^3 mg/g}{\pi \times 22.5m \times 12m \times 5m/sec} = 2.36mg/m^3$$

13 역사적 대기오염사건에 관한 설명으로 옳은 것은?

㉮ 포자리카 사건은 MIC에 의한 피해이다.
㉯ 도쿄 요코하마사건은 PCB가 주오염물질로 작용했다.
㉰ 런던스모그 사건은 복사역전 형태였다.
㉱ 뮤즈계곡 사건은 PAN이 주된 오염물질로 작용한 사건이었다.

풀이 ㉮ 포자리카 사건은 황화수소(H₂S)에 의한 피해이다.
㉯ 도쿄 요코하마사건은 공장에서 배출된 물질이 주오염물질로 작용했다.
㉱ 뮤즈계곡 사건은 아황산가스가 주된 오염물질로 작용한 사건이었다.

14 다음은 탄화수소류에 관한 설명이다. ( )안에 가장 적합한 물질은?

> 탄화수소류 중에서 이중결합을 가진 올레핀 화합물은 포화 탄화수소나 방향족 탄화수소보다 대기 중에서의 반응성이 크다. 방향족 탄화수소는 대기 중에서 고체로 존재하며, 특히 ( )은 대표적인 발암물질이며, 환경호르몬으로 알려져 있으며, 연소과정에서 생성되며, 숯불에 구운 쇠고기 등 가열로 검게 탄 식품, 담배연기, 자동차 배기가스, 석탄타르 등에 포함되어 있다.

㉮ 벤조피렌　㉯ 나프탈렌
㉰ 인트라센　㉱ 톨루엔

풀이 ㉮ 벤조피렌에 대한 설명이다.

15 최대혼합 고도를 500m로 예상하여 오염농도를 3ppm으로 수정하였는데 실제 관측된 최대혼합고는 200m였다. 실제 나타날 오염농도는?

㉮ 36ppm　㉯ 47ppm
㉰ 55ppm　㉱ 67ppm

풀이 실제오염농도(ppm)
= 예상오염농도(ppm) × $\left\{\frac{예상최대혼합고}{실제최대혼합고}\right\}^3$

= 3ppm × $\left\{\frac{500m}{200m}\right\}^3$ = 46.88ppm

 12 ㉰　13 ㉰　14 ㉮　15 ㉯

16 도시 대기오염물질 중에서 태양빛을 흡수하는 아주 중요한 기체 중의 하나로서 파장 0.42mm 이상의 가시광선에 의해 광분해되는 물질로서 대기 중 체류시간은 2~5일 정도인 것은?

㉮ RCHO ㉯ SO_2
㉰ NO_2 ㉱ CO_2

▶풀이 ㉰ NO_2(이산화질소)에 대한 설명이다.

TIP
파장 0.42mm는 파장 420nm

17 표준상태에서 SO_2 농도가 $1.28g/m^3$이라면 몇 ppm인가?

㉮ 약 250 ㉯ 약 350
㉰ 약 450 ㉱ 약 550

▶풀이
$$ppm(mL/Sm^3) = \frac{1.28g}{m^3} \times \frac{10^3 mg}{1g} \times \frac{22.4mL}{64mg}$$
$$= 448 mL/Sm^3(ppm)$$

TIP
① $ppm = mL/Sm^3$
② SO_2 1mol $\begin{cases} 64mg \\ 22.4mL \end{cases}$

18 식물의 잎에 회백색 반점, 잎맥 사이의 표백, 백화 현상을 일으키며, 쥐당나무, 까치밤나무 등은 강한 편이고, 지표식물로는 보리, 담배 등인 대기오염물질은?

㉮ SO_2 ㉯ O_3
㉰ NO_2 ㉱ HF

▶풀이 ㉮ SO_2(아황산가스)에 대한 설명이다.

19 다음 중 불화수소(HF)의 주요 배출관련 업종으로 가장 적합한 것은?

㉮ 가스공업, 펄프공업
㉯ 도금공업, 플라스틱공업
㉰ 염료공업, 냉동공업
㉱ 화학비료공업, 알루미늄공업

▶풀이 불화수소(HF)의 주요 배출관련 업종으로는 화학비료공업, 알루미늄공업, 요업공업, 유리공업 등이 있다.

20 다음 설명하는 대기분산모델로 가장 적합한 것은?

- 적용모델식 : 가우시안모델
- 적용 배출원 형태 : 점, 선, 면
- 개발국 : 미국
- 특징 : 미국에서 최근 널리 이용되는 범용적인 모델로 장기 농도 계산용 모델이다.

㉮ RAMS ㉯ ISCLT
㉰ UAM ㉱ AUSPLUME

▶풀이 ㉯ ISCLT에 대한 설명이다.

정답 16 ㉰ 17 ㉰ 18 ㉮ 19 ㉱ 20 ㉯

| 제2과목 | 연소공학

21 다음 기체연료의 일반적인 특징으로 가장 거리가 먼 것은?

㉮ 연소조절, 점화 및 소화가 용이한 편이다.
㉯ 회분이 거의 없어 먼지발생량이 적다.
㉰ 연료의 예열이 쉽고, 저질연료도 고온을 얻을 수 있다.
㉱ 취급시 위험성이 적고, 설비비가 적게 든다.

▣ 풀이 ㉱ 취급시 위험성이 크고, 설비비가 많이 든다.

22 화염으로부터 열을 받으면 가연성 증기가 발생하는 연소로써 휘발유, 등유, 알콜, 벤젠 등의 액체연료의 연소형태는?

㉮ 증발 연소   ㉯ 자기 연소
㉰ 표면 연소   ㉱ 발화 연소

▣ 풀이 ㉮ 증발 연소에 대한 설명이다.

23 액체연료의 연소장치인 유압분무식 버너에 관한 설명으로 가장 거리가 먼 것은?

㉮ 구조가 간단하여 유지 및 보수가 용이하다.
㉯ 대용량 버너 제작이 용이하다.
㉰ 유량조절범위가 넓어 부하변동이 용이하다.
㉱ 분무각도가 40~90° 정도로 크다.

▣ 풀이 ㉰ 유량조절범위가 좁아 부하변동에 대한 적응성이 낮다.

24 어떤 2차반응에서 반응물질의 농도를 같게 했을 때 그 10%가 반응하는데 250초 걸렸다면 90% 반응하는데는 몇 초 걸리는가?

㉮ 18550초   ㉯ 20250초
㉰ 24550초   ㉱ 28250초

▣ 풀이 2차 반응식 : $\dfrac{1}{C_o} - \dfrac{1}{C_t} = -k \times t$

- C_o : 초기농도
- C_t : t시간 후 농도
- k : 상수
- t : 시간

① $C_o = 100\% = 1C_o$
  $C_t = 100-10\% = 90\% = 0.9C_o$
  따라서 $\dfrac{1}{1C_o} - \dfrac{1}{0.9C_o} = -k \times 250\text{sec}$
  ∴ $k = 4.44444 \times 10^{-4}$/sec

② $C_o = 100\% = 1C_o$
  $C_t = 100-90\% = 10\% = 0.1C_o$
  따라서 $\dfrac{1}{1C_o} - \dfrac{1}{0.1C_o} = -(4.44444 \times 10^{-4}/\text{sec}) \times t$
  ∴ $t = 20,250$ sec

25 중유 1kg속에 H 13%, 수분 0.7%가 포함되어 있다. 이 중유의 고위발열량이 5000kcal/kg 일 때 이 중유의 저위발열량(kcal/kg)은?

㉮ 4126   ㉯ 4294
㉰ 4365   ㉱ 4926

▣ 풀이 $Hl = Hh - 600(9H+W)$ (kcal/kg)

- Hl : 저위발열량(kcal/kg)
- Hh : 고위발열량(kcal/kg)
- H : 수소의 함량
- W : 수분의 함량

따라서 $Hl = 5,000$ kcal/kg $- 600 \times (9 \times 0.13 + 0.007)$
     $= 4,293.8$ kcal/kg

정답 21 ㉱ 22 ㉮ 23 ㉰ 24 ㉯ 25 ㉯

26 유황 함유량이 1.6%(W/W)인 중유를 매시 100톤 연소시킬 때 굴뚝으로 부터의 SO_3 배출량(Sm^3/h)은? (단, 유황은 전량이 반응하고 이 중 5%는 SO_3로서 배출되며 나머지는 SO_2로 배출된다.)

㉮ 1120   ㉯ 1064
㉰ 136   ㉱ 56

풀이 $S + O_2 \rightarrow SO_2 + \frac{1}{2}O_2 \rightarrow SO_3$

32kg : 22.4Sm^3
100×10^3kg/hr $\times 0.016 \times 0.05$: X
∴ X = 56Sm^3/hr

TIP SO_3의 배출량은 유황분의 5%임에 주의한다.

27 기체연료의 연소방식 중 예혼합연소에 관한 설명으로 옳지 않은 것은?

㉮ 연소기 내부에서 연료와 공기의 혼합비가 변하지 않고 균일하게 연소된다.
㉯ 화염길이가 길고, 그을음이 발생하기 쉽다.
㉰ 역화의 위험이 있어 역화방지기를 부착해야 한다.
㉱ 화염온도가 높아 연소부하가 큰 곳에 사용이 가능하다.

풀이 ㉯ 화염길이가 짧고, 그을음이 발생하지 않는다.

28 미분탄 연소장치에 관한 설명으로 옳지 않은 것은?

㉮ 설비비와 유지비가 많이 들고 재의 비산이 많아 집진장치가 필요하다.
㉯ 부하변동의 적응이 어려워 대형과 대용량 설비에는 적합치 않다.
㉰ 연소제어가 용이하고 점화 및 소화시 손실이 적다.
㉱ 스토우커 연소에 적합하지 않는 점결탄과 저발열량탄 등도 사용할 수 있다.

풀이 ㉯ 부하변동에 쉽게 적용할 수 있으므로 대형과 대용량 설비에 적합하다.

29 연소반응에서 가연성물질을 산화시키는 물질로 가장 거리가 먼 것은?

㉮ 산소   ㉯ 산화질소
㉰ 유황   ㉱ 할로겐계 물질

풀이 가연성물질을 산화시키는 물질은 조연성 물질이다.

정답 26 ㉱ 27 ㉯ 28 ㉯ 29 ㉰

30 화격자 연소 중 상부투입 연소(over feeding firing)에서 일반적인 층의 구성 순서로 가장 적합한 것은? (단, 상부→하부)

㉮ 석탄층 → 건조층 → 건류층 → 환원층 → 산화층 → 재층 → 화격자
㉯ 화격자 → 석탄층 → 건류층 → 건조층 → 산화층 → 환원층 → 재층
㉰ 석탄층 → 건류층 → 건조층 → 산화층 → 환원층 → 재층 → 화격자
㉱ 화격자 → 건조층 → 건류층 → 석탄층 → 환원층 → 산화층 → 재층

풀이 상부투입식 정상상태에서의 고정층은 상부로부터 석탄층, 건조층, 건류층, 환원층, 산화층, 회층으로 구성된다.

31 H_2 50%, CH_4 25%, CO_2 18%, O_2 7%로 조성된 기체연료를 이론공기량으로 완전연소시켰다. 습배출가스 중 CO_2의 농도(%)는?

㉮ 10.8%   ㉯ 15.4%
㉰ 18.2%   ㉱ 21.6%

풀이 $H_2 + 0.5O_2 \rightarrow H_2O$: 50%
$CH_4 + 2O_2 \rightarrow CO_2 + 2H_2O$: 25%
CO_2 : 18%
O_2 : 7%

① 이론습배출가스량(Gow)
$= (1-0.21)A_o + CO_2 + H_2O$량$(Sm^3/Sm^3)$
$= (1-0.21) \times \left(\dfrac{0.5 \times 0.5 + 2 \times 0.25 - 0.07}{0.21} \right)$
$\quad + 0.5 + 0.25 + 2 \times 0.25 + 0.18$
$= 3.9881 Sm^3/Sm^3$

② CO_2량 $= 1 \times 0.25 + 1 \times 0.18 Sm^3/Sm^3$
$\quad\quad\quad = 0.43 Sm^3/Sm^3$

③ $CO_2\% = \dfrac{CO_2량}{Gow} \times 100 = \dfrac{0.43 Sm^3/Sm^3}{3.9881 Sm^3/Sm^3} \times 100$
$\quad\quad = 10.78\%$

32 다음 각종 가스의 완전연소 시 단위부피당 이론공기량(Sm^3/Sm^3)이 가장 큰 가스는?

㉮ ethylene   ㉯ methane
㉰ acetylene   ㉱ propylene

풀이 이론공기량이 가장 큰 연료는 완전연소반응식에서 산소의 갯수가 가장 큰 가스이므로 정답은 ㉱ propylene이 된다.
㉮ C_2H_4(ethylene) $+ 3O_2 \rightarrow 2CO_2 + 2H_2O$
㉯ CH_4(methane) $+ 2O_2 \rightarrow CO_2 + 2H_2O$
㉰ C_2H_2(acetylene) $+ 2.5O_2 \rightarrow 2CO_2 + H_2O$
㉱ C_3H_6(propylene) $+ 4.5O_2 \rightarrow 3CO_2 + 3H_2O$

33 유류버너 중 회전식버너에 관한 설명으로 옳지 않은 것은?

㉮ 연료유의 점도가 작을수록 분무화 입경이 작아진다.
㉯ 분무는 기계적 원심력과 공기를 이용한다.
㉰ 유압식버너에 비하여 연료유의 분무화 입경이 1/10 이하로 매우 작다.
㉱ 분무각도는 40°~80° 정도로 크며, 유량조절범위도 1 : 5 정도로 비교적 큰 편이다.

풀이 ㉰ 유압식버너에 비하여 연료유의 분무화 입경이 비교적 크다.

정답 30 ㉮ 31 ㉮ 32 ㉱ 33 ㉰

34 고체연료에 관한 설명으로 옳지 않은 것은?

㉮ 갈탄은 휘발분이 많기 때문에 착화성이 좋고, 착화온도도 520~720K 정도로 비교적 낮은 편이다.
㉯ 아탄은 순탄 발열량이 낮을 뿐만 아니라 다량의 수분을 포함하고 있어 유효하게 이용할 수 있는 열량이 적다는 결점도 있다.
㉰ 역청탄을 저온 건류해서 얻어지는 반성코크스는 휘발분이 많고, 착화성도 좋다.
㉱ 코크스는 석탄에 비해 화력이 약하고, 매연이 잘 생기는 결점이 있다.

[풀이] ㉱ 코크스는 석탄에 비해 화력이 크고, 매연이 발생되지 않는다.

35 모닥불이나 화재 등도 이 연소의 일종이며, 고정된 연료괴의 층을 연소용 공기가 통과하면서 연소가 일어나는 것으로 금속격자 위에 연료를 깔고 아래에서 공기를 불어 연소시키는 형태는?

㉮ 확산연소   ㉯ 분무화연소
㉰ 화격자연소 ㉱ 표면연소

[풀이] ㉰ 화격자연소에 대한 설명이다.

36 확산형 가스버너인 포트형 설계시 주의사항으로 옳지 않은 것은?

㉮ 로 내부에서 연소가 완료되도록 가스와 공기의 유속을 결정한다.
㉯ 포트 입구가 작으면 슬래그가 부착해서 막힐 우려가 있다.
㉰ 고발열량 탄화수소를 사용할 경우는 가스압력을 이용하여 노즐로부터 고속으로 분출케하여 그 힘으로 공기를 흡입하는 방식을 취한다.
㉱ 밀도가 큰 가스 출구는 하부에, 밀도가 작은 공기 출구는 상부에 배치되도록 하여 양쪽의 밀도차에 의한 혼합이 잘 되도록 한다.

[풀이] ㉱ 밀도가 큰 공기 출구는 상부에, 밀도가 작은 가스 출구는 하부에 배치되도록 하여 양쪽의 밀도차에 의한 혼합이 잘 되도록 한다.

37 폐타이어를 연료화하는 주된 방식과 가장 거리가 먼 것은?

㉮ 가압분해 증류 방식
㉯ 액화법에 의한 연료추출 방식
㉰ 열분해에 의한 오일추출 방식
㉱ 직접 연소 방식

38 연료의 표면적을 넓게 하여 연소반응이 원활하게 이루어지도록 하는 연소형태와 가장 거리가 먼 것은?

㉮ 분사연소
㉯ COM(coal oil mixture) 연소
㉰ 미분연소
㉱ 층류연소

정답 34 ㉱ 35 ㉰ 36 ㉱ 37 ㉮ 38 ㉱

39 오산화이질소(N_2O_5)의 분해는 아래와 같이 45℃에서 속도상수 $5.1 \times 10^{-4} s^{-1}$인 1차반응이다. N_2O_5의 농도가 0.25M에서 0.15M로 감소되는데는 약 얼마의 시간이 걸리는가?

$$2N_2O_5(g) \rightarrow 4NO_2(g) + O_2(g)$$

㉮ 5min ㉯ 9min
㉰ 12min ㉱ 17min

풀이 1차반응식 $\ln \frac{C_t}{C_o} = -k \times t$

- C_o : 초기농도(0.25M)
- C_t : t시간후의 농도(0.15M)
- k : 상수(5.1×10^{-4}/sec)
- t : 시간

① $\ln\left(\frac{0.15M}{0.25M}\right) = -5.1 \times 10^{-4}/\text{sec} \times t$

∴ t = 1001.619sec

② t(min) = 1001.619sec $\times \frac{1\min}{60\sec}$ = 16.69min

---

40 액체연료인 석유의 물성치에 관한 설명으로 옳지 않은 것은?

㉮ 석유류의 증기압이 큰 것은 착화점이 낮아서 위험하다.
㉯ 석유류의 인화점은 휘발유 -50℃~0℃, 등유 30℃~70℃, 중유 90℃~120℃ 정도이다.
㉰ 석유의 비중이 커지면 탄화수소비(C/H)가 증가하고, 발열량이 감소한다.
㉱ 석유의 동점도가 감소하면 끓는점이 높아지고 유동성이 좋아지며 이로 인하여 인화점이 높아진다.

풀이 ㉱ 석유의 동점도가 감소하면 끓는점이 낮아지고 유동성이 좋아진다.

| 제3과목 | 대기오염방지기술

41 온도 20℃, 압력 120kPa의 오염공기가 내경 400mm의 관로 내를 질량유속 1.2kg/s로 흐를 때 관내의 유체의 평균 유속은? (단, 오염공기의 평균분자량은 29.96이고 이상기체로 취급한다. 1atm = $1.013 \times 10^5 Pa$)

㉮ 6.47m/s ㉯ 7.52m/s
㉰ 8.23m/s ㉱ 9.76m/s

풀이 유속(m/sec) = $\frac{\text{질량속도(kg/sec)}}{\text{공기의 밀도(kg/m}^3\text{)} \times \text{단면적(m}^2\text{)}}$

① 질량속도 = 1.2kg/sec
② 표준상태에서 공기의 밀도
  = $\frac{\text{오염공기의 평균 분자량(kg)}}{22.4 Sm^3} = \frac{29.96kg}{22.4 Sm^3}$
  = $1.3375 kg/Sm^3$
③ 현재상태 공기의 밀도
  = $1.3375 kg/Sm^3 \times \frac{273}{273+20} \times \frac{120 \times 10^3 pa}{1.013 \times 10^5 pa}$
  = $1.4763 kg/Sm^3$
④ 단면적
  = $\frac{\pi D^2}{4} (m^2) = \frac{\pi \times (0.4m)^2}{4} = 0.12566 m^2$
⑤ 유속(m/sec)
  = $\frac{1.2 kg/sec}{1.4763 kg/m^3 \times 0.12566 m^2}$ = 6.47m/sec

---

42 휘발유 자동차의 배출가스를 감소하기 위해 적용되는 삼원촉매 장치의 촉매물질 중 환원촉매로 사용되고 있는 물질은?

㉮ Pt ㉯ Ni
㉰ Rh ㉱ Pd

풀이 CO와 HC의 산화촉매로는 백금(Pt)과 팔라듐(Pd)이 사용되고, NO의 환원촉매로는 로듐(Rh)이 사용된다.

정답 39 ㉱ 40 ㉱ 41 ㉮ 42 ㉰

43 악취물질의 성질과 발생원에 관한 설명으로 가장 거리가 먼 것은?

㉮ 에틸아민(C₂H₅NH₂)은 암모니아취 물질로 수산가공, 약품제조시에 발생한다.
㉯ 메틸머캡탄(CH₃SH)는 부패양파취 물질로 석유정제, 가스제조, 약품제조시에 발생한다.
㉰ 황화수소(H₂S)는 썩은 계란취 물질로 석유정제, 약품제조시에 발생한다.
㉱ 아크로레인(CH₂CHCHO)은 생선취 물질로 하수처리장, 축산업에서 발생한다.

[풀이] ㉱ 아크로레인(CH₂CHCHO)은 불쾌한 냄새가 나며, 호흡기에 심한 자극성 물질로 석유화학, 글리세롤제조, 의약품 제조시에 발생한다.

44 광학현미경을 이용하여 입경을 측정하는 방법에서 입자의 투영면적을 이용하여 측정한 입경 중 입자의 투영면적 가장자리에 접하는 가장 긴 선의 길이로 나타내는 것은?

㉮ 등면적 직경　㉯ Feret 직경
㉰ Martin 직경　㉱ Heyhood 직경

[풀이] ㉯ Feret 직경(정방향직경)에 대한 설명이다.

TIP

Martin 직경
광학현미경을 이용하여 입경을 측정하는 방법에서 입자의 투영면적을 이용하여 측정한 입경 중 입자의 면적을 2등분하는 선의 길이로 나타낸다.

45 전기집진장치의 특성으로 가장 거리가 먼 것은?

㉮ 소요설치면적이 적고, 전처리 시설이 불필요하다.
㉯ 주어진 조건에 따라 부하변동 적응이 곤란하다.
㉰ 약 450℃ 전후의 고온가스 처리가 가능하다.
㉱ 압력손실이 적어 송풍기의 동력비가 적게 든다.

[풀이] ㉮ 소요설치면적이 크고, 전처리 시설이 필요하다.

46 침강실의 길이 5m인 중력집진장치를 사용하여 침강집진할 수 있는 먼지의 최소입경이 140μm였다. 이 길이를 2.5배로 변경할 경우 침강실에서 집진가능한 먼지의 최소입경 (μm)은? (단, 배출가스의 흐름은 층류이고, 길이 이외의 모든 설계조건은 동일하다.)

㉮ 약 70　　㉯ 약 89
㉰ 약 99　　㉱ 약 129

[풀이] $d^2 = \dfrac{18 \cdot \mu \cdot Q}{(\rho_s - \rho) \cdot g \cdot B \cdot L}$ 에서 $d^2 \propto \dfrac{1}{L}$ 관계식을 이용해 풀이한다.

$(140\mu m)^2 : \dfrac{1}{5m} = d^2 : \dfrac{1}{5m \times 2.5}$

∴ d = 88.54μm

정답 43 ㉱　44 ㉯　45 ㉮　46 ㉯

47 다음은 충전탑에 관한 설명이다. ( ) 안에 가장 적합한 것은?

> 일반적으로 충전탑은 가스의 속도를 (①)의 속도로 처리하는 것이 보통이며, 액가스비는 (②)를 사용하며 압력손실은 100~250mmH₂O 정도이다.

㉮ ① 0.5~1.5m/sec, ② 0.05~0.1L/m³
㉯ ① 0.5~1.5m/sec, ② 2~3L/m³
㉰ ① 5~10m/sec, ② 0.05~0.1L/m³
㉱ ① 5~10m/sec, ② 2~3L/m³

48 벤츄리 스크러버(Venturi Scrubber)에 관한 설명으로 가장 적합한 것은?

㉮ 먼지부하 및 가스유동에 민감하다.
㉯ 가압수식 중 압력손실은 매우 큰 반면, 집진율이 낮고 설치 소요면적이 크다.
㉰ 액가스비가 커서 소량의 세정액이 요구된다.
㉱ 점착성, 조해성 먼지처리 시 노즐막힘 현상이 현저하여 처리가 어렵다.

[풀이] ㉯ 가압수식 중 압력손실이 매우 크고, 집진율이 높으며 설치 소요면적이 작다.
㉰ 액가스비가 작아 소량의 세정액이 요구된다.
㉱ 점착성, 조해성 먼지처리가 용이하다.

49 벤젠 소각시 속도상수 k가 540℃에서 0.00011/s, 640℃에서 0.14/s 일 때, 벤젠 소각에 필요한 활성화에너지(kcal/mol)는? (단, 벤젠의 연소반응은 1차 반응이라 가정하고, 속도상수 k는 다음 Arrhenius식으로 표현된다. $k = A\exp(-E/RT)$)

㉮ 95 ㉯ 105
㉰ 115 ㉱ 130

[풀이] ① $\ln \dfrac{k_2}{k_1} = \dfrac{E \cdot (T_2 - T_1)}{R \cdot T_2 \cdot T_1}$

$\ln\left(\dfrac{0.14/\text{sec}}{0.00011/\text{sec}}\right)$

$= \dfrac{E \times \{(273+640) - (273+540)\}}{8.314 \text{J/mole} \cdot \text{k} \times (273+640) \times (273+540)}$

∴ $E = 441{,}175.74 \text{ J/mole}$

② $E(\text{kcal/mole}) = \dfrac{441{,}175.74 \text{ J}}{\text{mole}} \times \dfrac{\text{kcal}}{4.2\text{J}} \times \dfrac{1\text{kcal}}{10^3\text{cal}}$

$= 105.04 \text{ kcal/mole}$

TIP
① 1cal = 4.2J
② R = 8.314J/mole·k

50 다음 중 활성탄으로 흡착 시 가장 효과가 적은 것은?

㉮ 일산화질소 ㉯ 알콜류
㉰ 아세트산 ㉱ 담배연기

[풀이] ㉮ 일산화질소는 환원법을 이용해 처리한다.

정답 47 ㉯ 48 ㉮ 49 ㉯ 50 ㉮

51 높이 2.5m, 폭 4.0m인 중력식 집진장치의 침강실에 바닥을 포함하여 20개의 평행판을 설치하였다. 이 침강실에 점도가 2.078×10^{-5} kg/m·sec 인 먼지가스를 2.0m³/sec 유량으로 유입시킬 때 밀도가 1200kg/m³이고, 입경이 40μm인 먼지입자를 완전히 처리하는데 필요한 침강실의 길이는? (단, 침강실의 흐름은 층류)

㉮ 0.5m ㉯ 1.0m
㉰ 1.5m ㉱ 2.0m

풀이

$$d^2 = \frac{18 \cdot \mu \cdot Q}{(\rho_s - \rho) \cdot g \cdot B \cdot L \cdot N}$$

$$L = \frac{18 \cdot \mu \cdot Q}{(\rho_s - \rho) \cdot g \cdot B \cdot d^2 \cdot N}$$

- L : 길이(m)
- μ : 점성도(kg/m·sec)
- Q : 가스량(m³/sec)
- B : 폭(m)
- ρ_s : 입자의 밀도(kg/m³)
- ρ : 가스의 밀도(kg/m³)
- g : 중력가속도(9.8m/sec²)
- N : 단수

따라서

$$L = \frac{18 \times 2.078 \times 10^{-5} \text{kg/m·sec} \times 2.0 \text{m}^3/\text{sec}}{1200 \text{kg/m}^3 \times 9.8 \text{m/sec}^2 \times 4.0 \text{m} \times (40 \times 10^{-6} \text{m})^2 \times 20 \text{개}}$$

= 0.50m

TIP
ρ(가스의 밀도)는 작아서 무시함.

52 여과집진장치의 특성으로 옳지 않은 것은?

㉮ 다양한 여과재의 사용으로 인하여 설계시 융통성이 있다.
㉯ 여과재의 교환으로 유지비가 고가이다.
㉰ 수분이나 여과속도에 대한 적응성이 높다.
㉱ 폭발성, 점착성 및 흡습성 먼지의 제거가 곤란하다.

풀이 ㉰ 수분이나 여과속도에 대한 적응성이 낮다.

53 사이클론의 원추부 높이가 1.4m, 유입구 높이가 15cm, 원통부 높이가 1.4m일 때 외부선회류의 회전수는? (단, N = $(1/H_A)[H_B+(H_C/2)]$)

㉮ 6회 ㉯ 11회
㉰ 14회 ㉱ 18회

풀이

$$Ne = \frac{1}{H_A} \times \left(H_B + \frac{H_C}{2}\right)$$

- Ne : 회전수
- H_A : 유입구 높이(m)
- H_B : 원통부 높이(m)
- H_C : 원추부 높이(m)

따라서 $Ne = \frac{1}{0.15\text{m}} \times \left(1.4\text{m} + \frac{1.4\text{m}}{2}\right) = 14$회

정답 51 ㉮ 52 ㉰ 53 ㉰

54 A집진장치의 입구와 출구에서 함진가스 중 먼지의 농도를 측정하였더니 각각 15g/Sm³, 0.3g/Sm³ 이었고, 또 입구와 출구에서 측정한 분진시료 중 0~5μm의 중량백분율이 각각 10%, 60% 이었다면 이 집진장치의 0~5μm 입경범위의 먼지에 대한 부분집진율(%)은?

㉮ 84   ㉯ 86
㉰ 88   ㉱ 90

풀이

부분집진율(%) = $\left(1 - \dfrac{C_o \times f_o}{C_i \times f_i}\right) \times 100$

C_i : 입구농도
C_o : 출구농도
f_i : 입구의 중량분포
f_o : 출구의 중량분포

따라서 부분집진율(%) = $\left(1 - \dfrac{0.3g/Sm^3 \times 0.6}{15g/Sm^3 \times 0.1}\right) \times 100$
= 88%

55 배출가스 중의 염화수소(HCl)의 농도가 150ppm 이고 배출허용기준이 40mg/Sm³이라면, 이 배출허용기준치로 유지하기 위하여 제거해야 할 HCl은 현재 값의 약 몇 % 인가? (단, 표준상태 기준)

㉮ 72%   ㉯ 76%
㉰ 80%   ㉱ 84%

풀이

제거해야 할 농도(%) = $\left(1 - \dfrac{\text{기준치 농도}}{\text{배출 농도}}\right) \times 100$

① 기준치 농도 = 40mg/Sm³
② 배출농도 = $\dfrac{150mL}{Sm^3} \times \dfrac{36.5mg}{22.4mL}$
= 244.42mg/Sm³
③ 제거해야 할 농도(%)
= $\left\{1 - \dfrac{40mg/Sm^3}{244.42mg/Sm^3}\right\} \times 100 = 84\%$

56 원심력 집진장치의 성능인자에 관한 설명으로 가장 거리가 먼 것은?

㉮ 블로우 다운(blow-down) 효과를 적용하면 효율이 높아진다.
㉯ 내경(배출내관)이 작을수록 입경이 작은 먼지를 제거할 수 있다.
㉰ 한계(입구)유속 내에서는 유속이 빠를수록 효율이 감소한다.
㉱ 고농도는 병렬로 연결하고, 응집성이 강한 먼지는 직렬 연결(단수 3단 한계)하여 주로 사용한다.

풀이 ㉰ 한계(입구)유속 내에서는 유속이 빠를수록 효율이 증가한다.

57 배출가스 중 NO_x 발생을 저감시킬 수 있는 방법으로 거리가 먼 것은?

㉮ 공기비를 높게 하여 연소시킨다.
㉯ 배출가스를 순환시켜 연소시킨다.
㉰ 2단 연소법에 의하여 연소시킨다.
㉱ 연소실에 수증기를 주입한다.

풀이 ㉮ 공기비를 낮게 하여 연소시킨다.

정답 54 ㉰   55 ㉱   56 ㉰   57 ㉮

58 여과집진장치의 탈진방식 중 간헐식에 관한 설명으로 옳지 않은 것은?

㉮ 간헐식 중 진동형은 여포의 음파진동, 횡진동, 상하진동에 의해 채취된 먼지층을 털어내는 방식이다.
㉯ 집진실을 여러 개의 방으로 구분하고 방 하나씩 처리가스의 흐름을 차단하여 순차적으로 탈진하는 방식이며, 여포의 수명은 연속식에 비해 길다.
㉰ 연속식에 비하여 먼지의 재비산이 적고, 높은 집진율을 얻을 수 있다.
㉱ 대량의 가스의 처리에 적합하며, 점성 있는 조대먼지의 탈진에 효과적이다.

풀이 ㉱ 대량의 가스의 처리에 부적합하며, 점성있는 조대먼지의 탈진에 비효과적이다.

59 환기장치의 요소로서 덕트 내의 동압에 관한 설명으로 옳은 것은?

㉮ 공기밀도에 비례한다.
㉯ 공기유속의 제곱에 반비례한다.
㉰ 속도압과 관계 없다.
㉱ 액체의 높이로 표시할 수 없다.

풀이 ㉯ 공기유속의 제곱에 비례한다.
㉰ 속도압과 관계 있다.
㉱ 액체의 높이로 표시할 수 있다.

TIP

동압(H) = $\dfrac{rv^2}{2g}$

- r : 기체밀도
- V : 공기유속
- g : 중력가속도

60 유해가스 종류별 처리제 및 그 생성물과의 연결로 옳지 않은 것은?

	유해가스	처리제	생성물
㉮	SiF_4	H_2O	SiO_2
㉯	F_2	$NaOH$	NaF
㉰	HF	$Ca(OH)_2$	CaF_2
㉱	Cl_2	$Ca(OH)_2$	$Ca(ClO_3)_2$

풀이 ㉱ Cl_2의 처리제는 $Ca(OH)_2$, 생성물은 $Ca(OCl)_2$이다.

| 제4과목 | 대기오염공정시험기준

61 흡광차분광법에서 분석기 내부의 구성장치와 가장 거리가 먼 것은?

㉮ 분광기 ㉯ 써프렛서
㉰ 검지부 ㉱ 샘플채취부

풀이 분석기 내부는 분광기, 샘플 채취부, 검지부, 분석부, 통신부 등으로 구성된다.

62 연료의 연소로부터 배출되는 굴뚝 배출가스 중 일산화탄소를 정전위전해법으로 분석하고자 할 때 주요 성능기준으로 옳지 않은 것은?

㉮ 90% 응답시간은 2분 30초 이내로 한다.
㉯ 재현성은 측정범위 최대 눈금값의 ±2% 이내로 한다.
㉰ 적용범위는 최고 5%로 한다.
㉱ 전압 변동에 대한 안정성은 최대 눈금값의 ±1% 이내로 한다.

풀이 ㉰ 적용범위는 최고 3%로 한다.

정답 58 ㉱ 59 ㉮ 60 ㉱ 61 ㉯ 62 ㉰

63 환경대기 내의 탄화수소 측정방법 중 총탄화수소 측정법 성능기준으로 옳지 않은 것은?

㉮ 측정범위는 0~10ppmC, 0~25ppmC 또는 0~50ppmC로 하여 1~3단계의 변환이 가능한 것이어야 한다.
㉯ 응답시간은 스팬가스를 도입시켜 측정치가 일정한 값으로 급격히 변화되어 스팬가스 농도의 90% 변화할 때까지의 시간은 2분 이하여야 한다.
㉰ 제로가스 및 스팬가스를 흘려보냈을 때 정상적인 측정치의 변동은 각 측정단계마다 최대 눈금치의 ±3%의 범위내에 있어야 한다.
㉱ 제로조정 및 스팬조정을 끝낸 후 그 중간 농도의 교정용 가스를 주입시켰을 경우에 상당하는 메탄 농도에 대한 지시오차는 각 측정단계마다 최대 눈금치의 ±5%의 범위내에 있어야 한다.

[풀이] ㉰ 제로가스 및 스팬가스를 흘려보냈을 때 정상적인 측정치의 변동은 각 측정단계마다 최대 눈금치의 ±1%의 범위내에 있어야 한다.

64 원자흡수분광광도법(원자흡광광도법)에서 목적원소에 의한 흡광도 A_S와 표준원소에 의한 흡광도 A_R와의 비를 구하고 A_S/A_R값과 표준물질 농도와의 관계를 그래프에 작성하여 검정곡선을 만들어 시료 중의 목적원소 농도를 구하는 정량법은?

㉮ 표준첨가법 ㉯ 내부표준물질법
㉰ 절대검정곡선법 ㉱ 검정곡선법

[풀이] ㉯ 내부표준물질법에 대한 설명이다.

65 다음은 비분산 적외선 분석방법 중 응답시간(response time)의 성능기준을 나타낸 것이다. ( ) 안에 알맞은 것은?

> 제로 조정용 가스를 도입하여 안정된 후 유로를 (①)로 바꾸어 기준 유량으로 분석계에 도입하여 그 농도를 눈금 범위 내의 어느 일정한 값으로부터 다른 일정한 값으로 갑자기 변화시켰을 때 스텝(step) 응답에 대한 소비시간이 1초 이내이어야 한다. 또 이때 최종 지시치에 대한 (②)을 나타내는 시간은 40초 이내이어야 한다.

㉮ ① 비교가스, ② 10%의 응답
㉯ ① 스팬가스, ② 10%의 응답
㉰ ① 비교가스, ② 90%의 응답
㉱ ① 스팬가스, ② 90%의 응답

66 환경대기 내의 석면 시험방법 중 시료채취 장치 및 기구에 관한 설명으로 옳지 않은 것은?

㉮ 멤브레인 필터의 광굴절율 : 약 3.5 전후
㉯ 멤브레인 필터의 재질 및 규격 : 셀룰로즈에스테르제(또는 셀룰로즈나이트레이트제) pore size 0.8~1.2μm, ϕ 25mm 또는 ϕ 47mm
㉰ 흡입펌프 : 1L/min~20L/min로 흡입 가능한 다이아프램 펌프
㉱ Open face형 필터홀더의 재질 : 40mm의 집풍기가 홀더에 장착된 PVC

[풀이] ㉮ 멤브레인 필터의 광굴절율 : 약 1.5 전후

정답 63 ㉰ 64 ㉯ 65 ㉱ 66 ㉮

67 환경대기 중의 일산화탄소 측정방법 중 불꽃 이온화 검출기법은 시료공기를 몰리큘러 시브(Molecular Sieve)가 채워진 분리관을 통과시켜 분리된 일산화탄소를 메탄으로 환원하여 불꽃 이온화 검출기로 정량하는 방법이다. 이때 사용되는 운반가스와 촉매로 가장 적합한 것은?

㉮ 질소와 백금(Pt)
㉯ 수소와 니켈(Ni)
㉰ 헬륨과 팔라듐(Pd)
㉱ 수소와 오스뮴(Os)

68 환경대기 중 옥시단트(오존으로서) 측정방법 중 화학발광법(자동연속측정법)에 관한 설명으로 옳지 않은 것은?

㉮ 시료대기중에 오존과 에틸렌(Ethylene) 가스가 반응할 때 생기는 발광도가 오존농도와 비례관계가 있다는 것을 이용하여 오존농도를 측정한다.
㉯ 이 측정방법의 최저감지농도는 0.05 ppm이며 방해물질로는 아황산가스에 대해 약간 영향을 받으나 다른 물질에 대하여는 영향을 받지 않는다.
㉰ 측정범위는 원칙적으로 0.5ppm O_3로 한다.
㉱ 여과지는 시료대기중에 포함되어 있는 먼지를 제거하고 유로의 막힘을 방지하기 위해 사용하며 테플론을 사용하여 오존이 흡착되는 것을 방지하여 측정오차의 발생을 줄여야 한다.

[풀이] ㉯ 이 측정방법의 최저감지농도는 0.003ppm이며 방해물질로는 수분에 대해 약간 영향을 받으나 다른 물질에 대하여는 영향을 받지 않는다.

69 배출가스 중 카드뮴 화합물의 농도를 측정하기 위하여 채취한 시료가 다량의 유기물 유리탄소를 함유하고 있었다. 이 시료의 처리방법으로 가장 적합한 것은?

㉮ 염산법
㉯ 질산-염산법
㉰ 저온회화법
㉱ 질산-과산화수소수법

[풀이] 다량의 유기물 유리탄소를 함유하는 것, 셀룰로스 섬유제 여과지를 사용한 것의 처리방법은 저온회화법이다.

70 분석대상가스가 암모니아인 경우 사용가능한 채취관의 재질로 가장 거리가 먼 것은?

㉮ 스테인리스강   ㉯ 플루오로수지
㉰ 석영   ㉱ 실리콘수지

[풀이] 암모니아의 채취관의 재질로는 경질유리, 석영, 보통강철, 스테인리스강, 세라믹, 플루오로수지가 있다.

정답 67 ㉯ 68 ㉯ 69 ㉰ 70 ㉱

71 기체크로마토그래피의 장치구성에 관한 설명으로 가장 거리가 먼 것은?

㉮ 방사성 동위원소를 사용하는 검출기를 수용하는 검출기 오븐에 대하여는 온도조절기구와는 별도로 독립작용할 수 있는 과열방지기구를 설치해야 한다.
㉯ 분리관오븐의 온도조절 정밀도는 ±0.5℃ 범위 이내 전원 전압변동 10%에 대하여 온도변화 ±0.5℃ 범위 이내(오븐의 온도가 150℃ 부근일 때)이어야 한다.
㉰ 기록계는 스트립 차아트식 수직기록계로 스팬전압 1mV, 펜 응답시간 5초 이내, 기록지 이동속도는 5mm/분을 포함한 다단변속이 가능한 것이어야 한다.
㉱ 불꽃 이온화 검출기(FID)에서는 직렬 고저항치, 기록계 스팬전압 또는 기록계 전체눈금에 대한 이온전류치 기록지 이동속도를 설정, 판독 또는 측정할 수 있는 것이어야 한다.

[풀이] ㉰ 기록계는 스트립 차아트식 자동평형 기록계로 스팬전압 1mV, 펜 응답시간 2초 이내, 기록지 이동속도는 10mm/분을 포함한 다단변속이 가능한 것이어야 한다.

72 기체-액체 크로마토그래피법에 사용되는 고정상액체의 조건으로 옳은 것은?

㉮ 사용온도에서 증기압이 낮고, 점성이 작은 것이어야 한다.
㉯ 사용온도에서 증기압이 낮고, 점성이 큰 것이어야 한다.
㉰ 사용온도에서 증기압이 높고, 점성이 작은 것이어야 한다.
㉱ 사용온도에서 증기압이 높고, 점성이 큰 것이어야 한다.

73 환경대기 중 가스상 물질의 시료채취방법에서 채취관-여과재-채취부-흡입펌프-유량계(가스미터)의 순으로 시료를 채취하는 방법은?

㉮ 용기채취법
㉯ 용매채취법
㉰ 직접채취법
㉱ 채취여지에 의한 방법

[풀이] ㉯ 용매채취법에 대한 설명이다.

74 다음 중 대기오염공정시험기준상 지하공간 및 환경대기 중의 벤조(a)피렌 농도를 측정하기 위한 시험방법으로 가장 적합한 것은?

㉮ 이온크로마토그래피법
㉯ 비분산적외선분석법
㉰ 흡광차분광법
㉱ 형광분광광도법

[풀이] 환경대기 중의 벤조(a)피렌 농도를 측정방법으로는 기체크로마토그래피법, 형광분광광도법이 있다.

75 흡광광도 분석장치인 광전분광 광도계에서 발생하는 희미하고 약한 불빛인 미광(Stray Light)의 파장역으로 거리가 먼 것은?

㉮ 200~220nm   ㉯ 300~330nm
㉰ 500~530nm   ㉱ 700~800nm

[풀이] 미광(Stray Light)의 파장역으로는 200~220nm, 300~330nm, 700~800nm 이다.

정답 71 ㉰ 72 ㉮ 73 ㉯ 74 ㉱ 75 ㉰

76 굴뚝 배출가스 중의 수분량 측정을 위해 흡습관에 배출가스를 10L 통과시킨 결과, 흡습관의 중량증가는 0.7510g 이었다. 이때 건식가스미터로 측정하여보니, 게이지압이 4mmH$_2$O 이고, 흡입가스 온도가 27℃였다. 측정당시 대기압이 757mmHg이면 배출가스 중의 수분량(%)은?

㉮ 약 6.5% ㉯ 약 9.3%
㉰ 약 10.2% ㉱ 약 13.6%

풀이

$X_w(\%) = \dfrac{1.244ma(L)}{Vs(L)+1.244ma(L)} \times 100(\%)$

① Vs(L)

$= V(L) \times \dfrac{273}{273+t_g} \times \dfrac{(P_a+P_m/13.6-P_v)mmHg}{760mmHg}$

$= 10L \times \dfrac{273}{273+27} \times \dfrac{(757+4/13.6)mmHg}{760mmHg}$

$= 9.0676L$

② $X_w(\%) = \dfrac{1.244 \times 0.7510g}{9.0676L+1.244 \times 0.7510g} \times 100$

$= 9.34\%$

TIP

① $1.244 = \dfrac{22.4L}{18g}$

② mmH$_2$O $\xrightarrow{\div 13.6}$ mmHg

77 대기환경중에 존재하는 휘발성유기화합물(VOC$_s$) 중 오존생성 전구물질과 유해대기오염물질의 농도를 측정하기 위한 시험방법에 해당하지 않는 것은?

㉮ 고체흡착열탈착법
㉯ 자동연속열탈착분식법
㉰ 저온농축탈착법
㉱ 고체흡착용매추출법

풀이 오존생성 전구물질과 유해대기오염물질의 농도를 측정방법에는 고체흡착열탈착법, 자동연속열탈착분석법, 고체흡착용매추출법이 있다.

78 원자흡수분광광도법에서 사용하는 용어 설명으로 거리가 먼 것은?

㉮ 공명선(Resonance Line) : 원자가 외부로 빛을 반사했다가 방사하는 스펙트럼선
㉯ 근접선(Neighbouring Line) : 목적하는 스펙트럼선에 가까운 파장을 갖는 다른 스펙트럼선
㉰ 역화(Flame Back) : 불꽃의 연소속도가 크고 혼합기체의 분출속도가 작을 때 연소현상이 내부로 옮겨지는 것
㉱ 원자흡광(분광)측광 : 원자흡광스펙트럼을 이용하여 시료중의 특정원소의 농도와 그 휘선의 흡광정도와의 상관관계를 측정하는 것

풀이 ㉮공명선 : 원자가 외부로부터 빛을 흡수했다가 다시 먼저 상태로 돌아갈 때 방사하는 스펙트럼선

79 다음 중 굴뚝 배출가스 중의 질소산화물을 정량하는 방법은?

㉮ 침전적정법
㉯ 차아염소산염법
㉰ 아세틸아세톤법
㉱ 아연환원나프틸에틸렌다이아민법

풀이 질소산화물을 정량하는 방법은 아연환원나프틸에틸렌다이아민법이다.

정답 76 ㉯ 77 ㉰ 78 ㉮ 79 ㉱

80 다음 중 다이에틸아민구리 용액에서 시료가스를 흡수시켜 생성된 다이에틸다이싸이오카밤산구리의 흡광도를 435nm의 파장에서 측정하는 항목은?

㉮ CS₂
㉯ H₂S
㉰ HCN
㉱ PAH

풀이 ㉮ CS_2(이황화탄소)에 대한 설명이다.

제5과목 | 대기환경관계법규

81 대기환경보전법령상 시·도지사가 사업자로 하여금 측정기기 운영·관리기준을 지키지 아니하여 조치명령을 하는 경우에 정하는 개선기간의 최대 범위는? (단, 연장기간 제외)

㉮ 3개월 이내
㉯ 6개월 이내
㉰ 9개월 이내
㉱ 12개월 이내

풀이 측정기기의 개선기간 : 6개월
개선연장기간 : 6개월

82 대기환경보전법규상 정밀검사대상 자동차 및 정밀검사 유효기간 기준 중 차령 4년 경과된 "비사업용 승용자동차"의 정밀검사 유효기간은? (단, 해당 자동차는 자동차관리법에 따른다.)

㉮ 1년
㉯ 2년
㉰ 3년
㉱ 5년

83 다중이용시설 등의 실내공기질 관리법규상 어린이집 내부의 쾌적한 공기질을 유지하기 위한 실내공기질 유지기준이 설정된 오염물질이 아닌 것은?

㉮ 미세먼지
㉯ 폼알데하이드
㉰ 아산화질소
㉱ 총부유세균

풀이 어린이집의 실내공기질 유지기준으로 설정된 항목으로는 미세먼지(PM-10), 초미세먼지(PM-2.5), 이산화탄소, 폼알데하이드, 총부유세균, 일산화탄소가 있다.

84 대기환경보전법령상 기본부과금의 지역별부과계수로 옳게 연결된 것은? (단, 지역구분은 「국토의 계획 및 이용에 관한 법률」에 따르고, 대표적으로 Ⅰ지역은 주거지역, Ⅱ지역은 공업지역, Ⅲ지역은 녹지지역이 해당한다.)

㉮ Ⅰ지역-0.5, Ⅱ지역-1.0, Ⅲ지역-1.5
㉯ Ⅰ지역-1.5, Ⅱ지역-0.5, Ⅲ지역-1.0
㉰ Ⅰ지역-1.0, Ⅱ지역-0.5, Ⅲ지역-1.5
㉱ Ⅰ지역-1.5, Ⅱ지역-1.0, Ⅲ지역-0.5

풀이 기본부과금의 지역별 부과계수
• Ⅰ지역(주거지역, 상업지역) : 1.5
• Ⅱ지역(공업지역) : 0.5
• Ⅲ지역(녹지, 자연환경보전지역) : 1.0 이다.

정답 80 ㉮ 81 ㉯ 82 ㉯ 83 ㉰ 84 ㉯

85 대기환경보전법규상 위임업무의 보고 횟수 기준이 "수시"에 해당되는 업무 내용은?

㉮ 환경오염사고 발생 및 조치사항
㉯ 자동차 연료 및 첨가제의 제조·판매 또는 사용에 대한 규제현황
㉰ 첨가제의 제조기준 적합여부 검사현황
㉱ 수입자동차 배출가스 인증 및 검사현황

▶ 풀이) 위임업무의 보고횟수
㉮ 환경오염사고 발생 및 조치사항 : 수시
㉯ 자동차 연료 및 첨가제의 제조·판매 또는 사용에 대한 규제현황 : 연 2회
㉰ 첨가제의 제조기준 적합여부 검사현황 : 연 2회
㉱ 수입자동차 배출가스 인증 및 검사현황 : 연 4회

86 다음은 환경정책기본법상 용어의 뜻이다. ( )안에 알맞은 것은?

( )(이)라 함은 환경오염 및 환경훼손으로부터 환경을 보호하고 오염되거나 훼손된 환경을 개선함과 동시에 쾌적한 환경 상태를 유지·조성하기 위한 행위를 말한다.

㉮ 환경복원   ㉯ 환경정화
㉰ 환경개선   ㉱ 환경보전

▶ 풀이) ㉱ 환경보전에 대한 설명이다.

87 대기환경보전법규상 배출시설별 대기오염물질 발생량 산정방법에 있어 계산 항목에 해당하지 않는 것은?

㉮ 배출시설의 시간당 대기오염물질 발생량
㉯ 일일조업시간
㉰ 배출허용기준 초과 횟수
㉱ 연간가동일수

▶ 풀이) 대기오염물질 발생량
= 배출시설의 시간당 대기오염물질 발생량
×일일조업시간×연간 가동일수

88 대기환경보전법령상 초과부과금 산정기준 중 오염물질과 그 오염물질 1kg당 부과금액(원)의 연결로 모두 옳은 것은?

㉮ 황산화물 - 500, 암모니아 - 1400
㉯ 먼지 - 6000, 이황화탄소 - 2300
㉰ 불소화합물 - 7400, 시안화수소 - 7300
㉱ 황화수소 - 6000, 염화수소 - 1600

▶ 풀이) 오염물질 1kg당 부과금액
㉯ 먼지 - 770, 이황화탄소 - 1600
㉰ 불소화합물 - 2300, 시안화수소 - 7300
㉱ 황화수소 - 6000, 염화수소 - 7400

정답 85 ㉮ 86 ㉱ 87 ㉰ 88 ㉮

89 대기환경보전법규상 자동차 종류 구분 기준 중 전기만을 동력으로 사용하는 자동차로서 1회 충전 주행거리가 80km 이상 160km 미만에 해당하는 것은?

㉮ 제1종 ㉯ 제2종
㉰ 제3종 ㉱ 제4종

풀이 자동차 종류 구분기준
㉮ 제1종 : 80km미만
㉯ 제2종 : 80km이상 160km미만
㉰ 제3종 : 160km이상

90 대기환경보전법규상 휘발유 이륜자동차의 배출가스 보증기간 적용기준으로 옳은 것은? (단, 2016년 1월 1일 이후 제작자동차 기준이며, 최고속도 130km/h 미만 기준)

㉮ 1년 또는 5,000km
㉯ 2년 또는 20,000km
㉰ 6년 또는 100,000km
㉱ 7년 또는 500,000km

91 다음은 악취방지법규상 악취검사기관의 준수사항이다. ( )안에 알맞은 것은?

검사기관이 법인인 경우 보유차량에 국가기관의 악취검사차량으로 잘못 인식하게 하는 문구를 표시하거나 과대표시를 하여서는 아니되며, 검사기관은 다음의 서류를 작성하여 ( ) 보존하여야 한다.
가. 실험일지 및 검정곡선 기록지
나. 검사결과 발송 대장
다. 정도관리 수행기록철

㉮ 1년간 ㉯ 2년간
㉰ 3년간 ㉱ 5년간

92 대기환경보전법령상 황함유기준에 부적합한 유류를 판매하여 그 해당 유류의 회수처리 명령을 받은 자는 시·도지사 등에게 그 명령을 받은 날부터 며칠 이내에 이행완료보고서를 제출하여야 하는가?

㉮ 5일 이내에 ㉯ 7일 이내에
㉰ 10일 이내에 ㉱ 30일 이내에

풀이 유류의 회수처리 명령을 받은 자는 시·도지사등에게 그 명령을 받은 날부터 5일 이내에 이행완료보고서를 제출하여야 한다.

정답 89 ㉯ 90 ㉯ 91 ㉰ 92 ㉮

93 대기환경보전법상 시·도지사가 사업자에게 대기오염물질 배출허용기준 초과 등에 따른 배출부과금 부과 시 반드시 고려해야 할 사항으로 가장 거리가 먼 것은? (단, 그 밖의 사항 등은 고려하지 않음)

㉮ 대기오염물질의 배출량
㉯ 자가측정을 하였는지 여부
㉰ 대기오염물질의 배출기간
㉱ 대기오염물질의 독성여부

[풀이] 배출부과금 부과시 고려해야 할 사항으로는 배출허용기준 초과 여부, 배출되는 대기오염물질의 종류, 대기오염물질의 배출기간, 대기오염물질의 배출량, 자가측정을 하였는지 여부가 있다.

94 대기환경보전법령상 "자동차 사용의 제한명령 및 사업장의 연료사용량 감축 권고" 등의 조치사항에 해당하는 대기오염 경보단계는?

㉮ 경계 발령
㉯ 주의보 발령
㉰ 경보 발령
㉱ 중대경보 발령

[풀이] 경보 단계별 조치사항
① 주의보 발령 : 주민의 실외활동 및 자동차 사용의 자제요청
② 경보 발령 : 주민의 실외활동 제한 요청, 자동차 사용의 제한 및 사업장의 연료 사용량 감축 권고
③ 중대경보 발령 : 주민의 실외활동 금지 요청, 자동차의 통행 금지 및 사업장의 조업시간 단축 명령

95 다음은 대기환경보전법규상 첨가제·촉매제 제조기준에 맞는 제품의 표시방법이다. ( )안에 알맞은 것은?

> 표시크기는 첨가제 또는 촉매제 용기 앞면의 제품명 밑에 제품명 글자크기의 ( )에 해당하는 크기로 표시하여야 한다.

㉮ 100분의 30 이상
㉯ 100분의 25 이상
㉰ 100분의 15 이상
㉱ 100분의 10 이상

96 대기환경보전법령상 3종 사업장의 환경기술인의 자격기준에 해당되는 자는?

㉮ 환경기능사
㉯ 1년 이상 대기분야 환경관련 업무에 종사한 자
㉰ 2년 이상 대기분야 환경관련 업무에 종사한 자
㉱ 피고용인 중에서 임명하는 자

[풀이] 3종 사업장의 환경기술인의 자격기준은 대기환경산업기사, 환경기능사, 3년이상 대기환경관련 업무에 종사한 자 이다.

정답 93 ㉱ 94 ㉰ 95 ㉮ 96 ㉮

97 대기환경보전법상 배출시설을 가동할 때에 방지시설을 가동하지 아니하거나 오염도를 낮추기 위하여 배출시설에서 나오는 오염물질에 공기를 섞어 배출하는 행위를 한 자에 대한 벌칙기준은?

㉮ 7년 이하의 징역이나 1억원 이하의 벌금에 처한다.
㉯ 5년 이하의 징역이나 3천만원 이하의 벌금에 처한다.
㉰ 1년 이하의 징역이나 500만원 이하의 벌금에 처한다.
㉱ 300만원 이하의 벌금에 처한다.

[풀이] ㉮ 7년 이하의 징역이나 1억원 이하의 벌금에 해당된다.

98 다음은 대기환경보전법상 환경기술인에 관한 사항이다. ( )안에 알맞은 것은?

> 환경기술인을 두어야 할 사업장의 범위, 환경기술인의 자격기준, 임명기간은 ( )으로 정한다.

㉮ 시, 도지사령   ㉯ 총리령
㉰ 환경부령   ㉱ 대통령령

99 대기환경보전법에서 사용하는 용어의 뜻으로 옳지 않은 것은?

㉮ "휘발성유기화합물"이란 탄화수소류 중 석유화학제품, 유기용제, 그 밖의 물질로서 환경부장관이 관계 중앙행정기관의 장과 협의하여 고시하는 것을 말한다.
㉯ "저공해엔진"이란 자동차 또는 건설기계에서 배출되는 대기오염물질을 줄이기 위한 엔진(엔진 개조에 사용하는 부품을 포함한다)으로서 환경부령으로 정하는 배출허용기준에 맞는 엔진을 말한다.
㉰ "촉매제"란 배출가스를 줄이는 효과를 높이기 위하여 배출가스저감장치를 제외한 장치에 사용되는 화학물질로서 환경부장관이 관계 중앙행정기관의 장과 협의하여 고시하는 것을 말한다.
㉱ "검댕"이란 연소할 때에 생기는 유리탄소가 응결하여 입자의 지름이 1미크론 이상이 되는 입자상 물질을 말한다.

[풀이] ㉰ "촉매제"란 배출가스를 줄이는 효과를 높이기 위하여 배출가스저감장치에 사용되는 화학물질로서 환경부령으로 정하는 것을 말한다.

100 대기환경보전법상 대기환경규제지역을 관할하는 시·도지사 등은 그 지역이 대기환경규제지역으로 지정·고시된 후 몇 년 이내에 그 지역의 환경기준을 달성·유지하기 위한 계획을 수립·시행하여야 하는가?

㉮ 5년 이내에   ㉯ 3년 이내에
㉰ 2년 이내에   ㉱ 1년 이내에

[풀이] 대기환경 규제지역을 관할하는 시·도지사는 그 지역이 대기환경 규제지역으로 지정·고시된 후 2년이내에 그 지역의 환경기준을 달성·유지하기 위한 계획을 수립해야 한다.

정답 97 ㉮ 98 ㉱ 99 ㉰ 100 ㉰

2014년 1회 대기환경기사

2014년 3월 2일 시행

| 제1과목 | 대기오염개론

01 납(Pb)의 인체 중독 및 특성에 관한 내용으로 틀린 것은 어느 것인가?

㉮ 납에 의한 중독증상은 일반적으로 Hunter-Russel 증후군으로 일컬어지고 있다.
㉯ 만성 납중독 현상은 혈액 증상, 신경 증상, 위장관 증상 등으로 나눌 수 있다.
㉰ 특징적인 5대 만성중독 증상으로는 연창백(鉛蒼白), 연연(鉛緣), 코프로폴피린뇨, 호기성 점적혈구, 심근마비 등을 들 수 있다.
㉱ 세포내에서 납은 SH기와 반응하여 헴(heme) 합성에 관여하는 효소를 포함한 여러 세포의 효소 작용을 방해한다.

풀이 ㉮ 수은(Hg)에 의한 중독증상은 일반적으로 Hunter-Russel 증후군으로 일컬어지고 있다.

02 가우시안(Gaussian) 분산모델에 있어서 수평 및 수직방향의 표준편차 σ_y와 σ_z에 관한 가정(설명)으로 틀린 것은 어느 것인가?

㉮ 대기의 안정상태와는 관계 있지만, 연돌로부터의 풍하거리와는 무관하다.
㉯ 고도에 따라 변하는 값으로 고도는 대기 중에서 하부 수백 m에 국한하여 사용한다.
㉰ 지표는 평탄하다고 간주한다.
㉱ 시료채취시간은 약 10분으로 간주한다.

풀이 ㉮ 표준편차 σ_y와 σ_z는 대기의 안정상태와 풍하거리 X의 함수이다.

03 부피가 3500m³이고 환기가 되지 않은 작업장에서 화학반응을 일으키지 않는 오염물질이 분당 60mg씩 배출되고 있다. 작업을 시작하기 전에 측정한 이 물질의 평균 농도가 10mg/m³ 이라면 1시간 이후의 작업장의 평균 농도(mg/m³)는 얼마가 되는가? (단, 상자모델 적용, 작업시작 전, 후의 온도 및 압력조건 동일.)

㉮ 11.0mg/m³
㉯ 13.6mg/m³
㉰ 18.1mg/m³
㉱ 19.9mg/m³

풀이 ① 작업시작 후 작업장의 농도(mg/m³)를 계산한다.

$$mg/m^3 = \frac{60mg}{min} \times \frac{60min}{1hr} \times 3500m^3 = 1.03mg/m^3$$

② 1시간 이후의 작업장의 평균농도
= 작업시간 전 농도 + 작업시작 후 농도
= 10mg/m³ + 1.03mg/m³ = 11.03mg/m³

정답 01 ㉮ 02 ㉮ 03 ㉮

04 2000m에서 대기압력(최초 기압)이 860 mbar, 온도가 5℃, 비열비 K가 1.4 일 때 온위(potential temperature)는 얼마인가? (단, 표준압력은 1000mbar 이다.)

㉮ 약 284K ㉯ 약 290K
㉰ 약 294K ㉱ 약 309K

풀이 온위(θ) = $T \times \left(\dfrac{1000}{P}\right)^{0.288}$

- T : 절대온도(273+℃)
- P : 대기압력(mbar)

따라서 $\theta = (273+5) \times \left(\dfrac{1000}{860\text{mbar}}\right)^{0.288} = 290.34K$

05 다음 오염물질 중 대표적인 인체의 국소 증상으로 손·발바닥에 나타나는 각화증, 각막궤양, 비중격천공, Mee's line, 탈모 등의 증상이 있는 오염물질은 어느 것인가?

㉮ Be ㉯ Hg
㉰ V   ㉱ As

풀이 ㉱ As(비소)에 대한 설명이다.

TIP
Mee's line (횡초백선)
손톱에 백색의 가로 줄무늬가 생기는 증상

06 등압선이 곡선인 경우, 원심력, 기압경도력, 전향력의 세힘이 평형을 이루는 상태에서 등압선을 따라 부는 바람은 어느 것인가?

㉮ geostrophic wind
㉯ corioli wind
㉰ gradient wind
㉱ friction wind

풀이 ㉰ gradient wind(경도풍)에 대한 설명이다.

07 스테판 볼츠만의 법칙에 의하면 표면온도가 2000K인 흑체에서 복사되는 에너지는 표면온도가 1000K인 흑체에서 복사되는 에너지의 몇 배가 되는가?

㉮ 2배 ㉯ 4배
㉰ 8배 ㉱ 16배

풀이 스테판 볼츠만 법칙
$E = \sigma T^4$

- E : 에너지
- T : 표면온도(K)

따라서 $E = T^4$ 관계를 이용한다.
$\dfrac{(2000K)^4}{(1000K)^4} = 16$배

정답 04 ㉯ 05 ㉱ 06 ㉰ 07 ㉱

08 굴뚝 유효 높이를 3배로 증가시킬 때 지상 최대오염농도는 얼마인가? (단, Sutton 식을 적용한다.)

㉮ 기존의 3배 ㉯ 기존의 1/3
㉰ 기존의 9배 ㉱ 기존의 1/9

풀이
$$C_{max} = \frac{2Q}{\pi \cdot e \cdot u \cdot He^2}\left(\frac{C_z}{C_y}\right)$$

따라서 $C_{max} = \frac{1}{He^2}$ 이므로

$$\therefore C_{max} = \frac{1}{3^2} = \frac{1}{9} \text{ 배}$$

09 오존(O_3)의 특성과 광화학반응에 관한 내용으로 틀린 것은 어느 것인가?

㉮ 산화력이 강하여 눈을 자극하고 물에 난용성이다.
㉯ 대기 중 지표면 오존(O_3)의 농도는 NO_2로 산화된 NO량에 비례하여 증가한다.
㉰ 과산화기가 산소와 반응하여 오존이 생길 수도 있다.
㉱ 오존의 탄화수소 산화반응율은 원자 상태의 산소에 의한 탄화수소의 산화보다 빠르다.

풀이 ㉱ 오존의 탄화수소 산화반응율은 원자상태의 산소에 의한 탄화수소의 산화보다 느리다.

10 잠재적인 대기오염물질로 취급되고 있는 물질인 이산화탄소에 대한 내용으로 틀린 것은 어느 것인가?

㉮ 지구온실효과에 대한 추정 기여도는 CO_2가 50% 정도로 가장 높다.
㉯ 대기중의 이산화탄소 농도는 북반구의 경우 계절적으로는 보통 겨울에 증가한다.
㉰ 대기중에 배출하는 이산화탄소의 약 5%가 해수에 흡수된다.
㉱ 지구 북반구의 이산화탄소의 농도가 상대적으로 높다.

풀이 ㉰ 대기중에 CO_2의 50%는 대기내 축적되고 나머지 50%는 바다에 대부분 흡수되고 일부는 식물에 흡수된다.

11 다음 지표면 상태 중 일반적으로 알베도(%)가 가장 큰 것은 어느 것인가?

㉮ 삼림 ㉯ 사막
㉰ 수면 ㉱ 얼음

풀이 보기 중에서 알베도(%)가 가장 큰 것은 얼음이다.

TIP
알베도는 지구 지표면의 열수지를 표현하기 위해 복사 수지식을 적용하는데 지표의 반사율을 나타내는 지표이다.

정답 08 ㉱ 09 ㉱ 10 ㉰ 11 ㉱

12 다음 중 수용모델의 특성으로 알맞은 것은 어느 것인가?

㉮ 지형 및 오염원의 조업조건에 영향을 받는다.1
㉯ 단기간 분석 시 문제가 된다.
㉰ 현재나 과거에 일어났던 일을 추정, 미래를 위한 전략은 세울 수 있으나 미래 예측은 어렵다.
㉱ 점, 선, 면 오염원의 영향을 평가할 수 있다.

풀이 ㉮, ㉯, ㉱의 내용은 분산모델에 대한 설명이다.

13 Pasquill에 의한 대기안정도 분류에서 사용되는 항목으로 틀린 것은 어느 것인가?

㉮ 상대습도
㉯ 지상 10m 고도에서의 풍속
㉰ 태양복사량
㉱ 운량분포

풀이 Pasquill에 의한 대기안정도 분류에서 사용되는 항목으로는 일사량(복사량), 풍속, 운량, 운고 등이 있다.

14 일반적인 가솔린 자동차 배기가스의 구성면에서 볼 때 다음 중 가장 많은 부피를 차지하는 물질은 어느 것인가? (단, 가속상태 기준)

㉮ 탄화수소   ㉯ 질소산화물
㉰ 일산화탄소 ㉱ 이산화탄소

풀이 가솔린 자동차 배기가스의 구성면에서 볼 때 가장 많은 부피를 차지하는 물질은 이산화탄소이다.

15 불안정한 조건에서 가스 속도가 10m/s, 굴뚝의 안지름이 5m, 가스온도가 173℃, 기온이 17℃, 풍속이 36km/hr 일 때 연기의 상승높이(m)는 얼마인가?(단, 불안정 조건시 연기의 상승높이 $\triangle H = 150 \frac{F}{u^3}$이며 F는 부력임.)

㉮ 34m   ㉯ 42m
㉰ 49m   ㉱ 56m

풀이
① $F = g \times \left(\frac{D}{2}\right)^2 \times V_s \times \left(\frac{T_s - T_a}{T_a}\right)$ (m⁴/sec³)

$= 9.8 m/sec^2 \times \left(\frac{5m}{2}\right)^2 \times 10 m/sec \times \frac{(273+173)-(273+17)}{(273+17)}$

$= 329.48 m^4/sec^3$

② 풍속(m/sec) $= \frac{36 km}{hr} \times \frac{10^3 m}{1 km} \times \frac{1 hr}{3600 sec}$

$= 10 m/sec$

③ $\triangle H = 150 \times \frac{F}{u^3}$

$= 150 \times \frac{329.48 m^4/sec^3}{(10 m/sec)^3} = 49.42 m$

16 오염물질이 식물에 미치는 피해에 대한 설명으로 틀린 것은 어느 것인가?

㉮ 황화수소는 특히 고엽에 피해가 크며, 지표식물은 복숭아, 딸기, 사과 등이며, 강한 식물은 코스모스, 토마토, 오이 등이다.
㉯ 암모니아는 잎 전체에 영향을 주는 것이 특징이며, 암모니아에 접촉하여 수시간이 지나면 잎 전체가 갈색이 된다.
㉰ 불화수소는 어린 잎에 피해가 현저한 편이며, 강한 식물로는 담배, 목화 등이 있다.
㉱ 아황산가스의 지표식물로는 자주개나리, 보리 등이 있다.

정답 12 ㉰ 13 ㉮ 14 ㉱ 15 ㉰ 16 ㉮

풀이 ㉮ 황화수소의 지표식물은 코스모스, 토마토, 오이 등이며, 강한 식물은 복숭아, 딸기, 사과 등이다.

17 다음 주요 오존파괴물질 중 평균수명(년)이 가장 긴 것은 어느 것인가?

㉮ CFC-123　　㉯ CFC-124
㉰ CFC-11　　㉱ CFC-115

18 다음 대기오염물질 중 상온에서 무색투명하며, 일반적으로 불쾌한 자극성 냄새를 내는 액체이며, 햇빛에 파괴될 정도로 불안정하지만 부식성은 비교적 약하고, 끓는점은 약 47℃ 정도, 인화점은 −30℃ 정도인 오염물질은 어느 것인가?

㉮ HCl　　㉯ Cl_2
㉰ SO_2　　㉱ CS_2

풀이 ㉱ CS_2(이황화탄소)에 대한 설명이다.

19 다음은 NO_2의 광화학 반응식이다. ( )안에 들어갈 적당한 것은 어느 것인가? (단, O는 산소원자)

$$[①] + hv \rightarrow [②] + O$$
$$O + [③] \rightarrow [④]$$
$$[④] + [②] \rightarrow [①] + [③]$$

㉮ ① NO, ② NO_2, ③ O_3, ④ O_2
㉯ ① NO_2, ② NO, ③ O_2, ④ O_3
㉰ ① NO, ② NO_2, ③ O_2, ④ O_3
㉱ ① NO_2, ② NO, ③ O_3, ④ O_2

20 역전에 대한 내용으로 틀린 것은 어느 것인가?

㉮ 전선역전층이나 해풍역전층은 모두 이동성이지만 그 상하에서 바람과 난류가 작아서 지표부근의 오염물질들을 오랫동안 정체시킨다.
㉯ 복사역전층에서는 안개가 발생하기 쉽고 매연이 소산되기 어려워 지표부근의 오염농도가 커진다.
㉰ 복사역전은 하늘이 맑고 바람이 약한 자정 이후와 새벽에 걸쳐 잘 생기며, 낮이 되면 일사에 의해 지면이 가열되면 곧 소멸된다.
㉱ 산을 넘는 푄기류가 산골짜기 사이로 통과할 때 발생하는 지형성 역전도 있으며, 이 역전층은 산골짜기, 분지 등으로 냉기가 모일 경우 발생한다.

풀이 ㉮ 전선역전층이나 해풍역전층은 모두 이동성이며, 고공에서 발생하는 역전이므로 고공의 오염물질을 오랫동안 정체시킨다.

정답 17 ㉱　18 ㉱　19 ㉯　20 ㉮

| 제2과목 | 연소공학

21 액체연료가 미립화되는데 영향을 미치는 요인으로 틀린 것은 어느 것인가?

㉮ 분사압력   ㉯ 분사속도
㉰ 연료의 점도   ㉱ 연료의 발열량

[풀이] ㉱ 연료의 발열량은 관계가 없다.

22 석탄의 물리화학적인 성상에 대한 내용으로 알맞은 것은 어느 것인가?

㉮ 연료 조성변화에 따른 연소특성으로 회분은 착화불량과 열손실을, 탄소는 발열량 저하 및 연소불량을 초래한다.
㉯ 석탄회분의 용융 시 SiO_2, Al_2O_3 등의 산성 산화물량이 많으면 회분의 용융점이 상승한다.
㉰ 석탄을 고온 건류하여 코크스를 생산할 때 온도는 250~300℃ 정도이다.
㉱ 석탄의 휘발분은 매연발생에 영향을 주지 않는다.

[풀이] ㉮ 연료 조성변화에 따른 연소특성으로 수분은 착화불량과 열손실을, 회분은 발열량 저하 및 연소불량을 초래한다.
㉰ 석탄을 고온 건류하여 코크스를 생산할 때 온도는 1100~1200℃ 정도이다.
㉱ 석탄의 휘발분은 매연발생에 가장 큰 영향을 미친다.

23 Methane 1mole이 공기비 1.33으로 연소하고 있을 때 부피기준의 공연비(Air Fuel Ratio)는 얼마인가?

㉮ 9.5   ㉯ 11.4
㉰ 12.7   ㉱ 17.1

[풀이] $CH_4 + 2O_2 \rightarrow CO_2 + 2H_2O$
$AFR(Sm^3/Sm^3)$

$= \dfrac{\text{산소갯수} \times 22.4Sm^3 \times \dfrac{1}{0.21}}{\text{연료갯수} \times 22.4Sm^3} \times \text{공기비}(m)$

$= \dfrac{2 \times 22.4Sm^3 \times \dfrac{1}{0.21}}{1 \times 22.4Sm^3} \times 1.33 = 12.67$

24 연소시 발생되는 NO_X는 원인과 생성기전에 따라 3가지로 분류하는데, 해당하지 않는 것은 어느 것인가?

㉮ fuel NO_X ㉯ noxious NO_X
㉰ prompt NO_X ㉱ thermal NO_X

[풀이] 연소시 발생되는 NO_X는 원인과 생성기전에 따라 fuel NO_X, prompt NO_X, thermal NO_X로 분류할 수 있다.

25 연료의 연소시 질소산화물(NO_X)의 발생을 줄이는 방법으로 틀린 것은 어느 것인가?

㉮ 예열연소   ㉯ 2단연소
㉰ 저산소연소   ㉱ 배가스 재순환

[풀이] ㉮ 예열연소는 질소산화물이 많이 발생하는 조건이다.

정답 21 ㉱ 22 ㉯ 23 ㉰ 24 ㉯ 25 ㉮

26 가로, 세로, 높이가 각각 1.0m, 2.0m, 1.0m의 연소실에서 연소실 열발생률을 $20 \times 10^4 \text{kcal/m}^3 \cdot \text{hr}$로 하도록 하기 위해서는 하루에 연소하는 중유(kg)는 얼마인가? (단, 중유의 저발열량은 10,000kcal/kg이며, 연소실은 하루에 8시간 가동 기준.)

㉮ 320 ㉯ 420
㉰ 550 ㉱ 650

풀이 연소실의 열발생율(kcal/m³·hr)

$= \dfrac{\text{저위발열량(kcal/kg)} \times \text{중유량(kg/hr)}}{\text{가로} \times \text{세로} \times \text{높이}(\text{m}^3)}$

따라서 $20 \times 10^4 \text{kcal/m}^3 \cdot \text{hr}$

$= \dfrac{10,000\text{kcal/kg} \times \text{중유량(kg/day)} \times 1\text{day/8hr}}{(1.0\text{m} \times 2.0\text{m} \times 1.0\text{m})}$

∴ 중유량 $= \dfrac{20 \times 10^4 \text{kcal/m}^3 \cdot \text{hr} \times (1.0\text{m} \times 2.0\text{m} \times 1.0\text{m})}{10,000\text{kcal/kg} \times 1\text{day/8hr}}$

$= 320\text{kg/day}$

27 다음 연소 중 코우크스나 목탄 등이 고온으로 될 때 빨간 짧은 불꽃을 내면서 연소하는 것으로, 휘발성분이 없는 고체연료의 연소형태는 어느 것인가?

㉮ 자기연소 ㉯ 분해연소
㉰ 표면연소 ㉱ 내부연소

풀이 ㉰ 표면연소에 대한 설명이다.

28 화염이 길고, 그을음이 발생하기 쉬운 반면, 역화(back fire)의 위험이 없으며, 공기와 가스를 예열할 수 있는 연소방식은 어느 것인가?

㉮ 예혼합연소 ㉯ 확산연소
㉰ 플라즈마연소 ㉱ 컴팩트연소

풀이 ㉯ 확산연소에 대한 설명이다.

29 2%(무게기준)의 황성분을 포함한 석탄 1톤을 표준대기 상태에서 이론적으로 완전연소 시킬 때 발생되는 SO_2량(Sm^3)은 얼마인가? (단, 황성분은 모두 SO_2로 전환된다.)

㉮ $42Sm^3$ ㉯ $34Sm^3$
㉰ $28Sm^3$ ㉱ $14Sm^3$

풀이 $S + O_2 \rightarrow SO_2$
32kg : 22.4Sm³
1000kg × 0.02 : X

∴ $X = \dfrac{1000\text{kg} \times 0.02 \times 22.4\text{Sm}^3}{32\text{kg}} = 14\text{Sm}^3$

30 주어진 기체연료 $1Sm^3$를 이론적으로 완전연소시키는데 가장 적은 이론산소량(Sm^3)을 필요로 하는 것은 어느 것인가? (단, 연소시 모든 조건은 동일함.)

㉮ Methane ㉯ Hydrogen
㉰ Ethane ㉱ Acetylene

풀이 ㉮ Methane(CH_4) + $2O_2$ → $CO_2 + 2H_2O$
㉯ Hydrogen(H_2) + $0.5O_2$ → H_2O
㉰ Ethane(C_2H_6) + $3.5O_2$ → $2CO_2 + 3H_2O$
㉱ Acetylene(C_2H_2) + $2.5O_2$ → $2CO_2 + H_2O$
기체연료에서 이론공기량이 가장 적은 연료는 완전연소반응식에서 산소의 개수가 가장 적은 연료이므로 ㉯ Hydrogen이 정답이다.

정답 26 ㉮ 27 ㉰ 28 ㉯ 29 ㉱ 30 ㉯

31 공기압은 2~10kg/cm², 분무화용 공기량은 이론공기량의 7~12%, 분무각도는 30° 정도이며, 유량조절범위는 1 : 10 정도인 액체연료의 연소장치는?

㉮ 유압식 버너
㉯ 고압공기식 버너
㉰ 충돌 분사식 버너
㉱ 회전식 버너

풀이 ㉯ 고압공기식 버너에 대한 설명이다.

32 C : 85%, H : 10%, O : 2%, S : 2%, N : 1%로 구성된 중유 1kg을 완전연소 시킨 후 오르자트 분석결과 연소가스 중의 O_2 농도는 5.0% 였다. 건조연소 가스량(Sm^3/kg)은 얼마인가?

㉮ 8.9 Sm^3/kg
㉯ 10.9 Sm^3/kg
㉰ 12.9 Sm^3/kg
㉱ 15.9 Sm^3/kg

풀이 ① 공기비(m) = $\frac{21}{21-O_2\%} = \frac{21}{21-5.0\%}$ = 1.3125

② 이론공기량(A_o)
= $8.89C+26.67×\left(H-\frac{O}{8}\right)+3.33S(Sm^3/kg)$
= $8.89×0.85+26.67×\left(0.1-\frac{0.02}{8}\right)+3.33×0.02$
= $10.2234 Sm^3/kg$

③ 실제건조가스량(Gd)
= $mA_o-5.6H+0.7O+0.8N(Sm^3/kg)$
= $1.3125×10.2234 Sm^3/kg-5.6×0.1+0.7×0.02+0.8×0.01$
= $12.88 Sm^3/kg$

33 연료 연소시 매연발생에 대한 내용으로 틀린 것은 어느 것인가?

㉮ 연료의 C/H 비율이 클수록 매연이 발생하기 쉽다.
㉯ 중합 및 고리화합물 등과 같이 반응이 일어나기 쉬운 탄화수소일수록 매연발생이 적다.
㉰ 분해하기 쉽거나 산화하기 쉬운 탄화수소는 매연발생이 적다.
㉱ 탄소결합을 절단하기보다는 탈수소가 쉬운 쪽이 매연이 발생하기 쉽다.

풀이 ㉯ 중합 및 고리화합물 등과 같이 반응이 일어나기 쉬운 탄화수소일수록 매연발생이 크다.

34 확산형 가스버너 중 포트형에 관한 설명으로 옳지 않은 것은?

㉮ 포트형은 버너가 로벽에 의해 분리되어 내화벽돌로 조립된 것으로 가스 분출속도가 높다.
㉯ 구조상 가스와 공기압을 높이지 못한 경우에 사용한다.
㉰ 가스와 공기를 함께 가열할 수 있다.
㉱ 가스 및 공기의 온도와 밀도를 고려하여 밀도가 큰 공기 출구는 상부에, 밀도가 작은 가스출구는 하부에 배치되도록 설계한다.

풀이 ㉮ 포트형은 버너가 로벽과 함께 내화벽돌로 조립되어 로 내부에 개구된 것이다.

정답 31 ㉯ 32 ㉰ 33 ㉯ 34 ㉮

35 유압분무식 버너에 관한 설명으로 옳지 않은 것은?

㉮ 유량조절범위가 환류식의 경우는 1 : 3, 비환류식의 경우는 1 : 2 정도여서 부하변동에 적응하기 어렵다.
㉯ 연료의 분사유량은 15~2000kL/h 정도이다.
㉰ 분무각도가 40~90°정도로 크다.
㉱ 연료의 점도가 크거나 유압이 5kg/cm² 이하가 되면 분무화가 불량하다.

[풀이] ㉯ 연료의 분사범위는 15~2000L/h 정도이다.

36 화염을 유지하기 위한 보염기에 관한 내용으로 틀린 것은 어느 것인가?

㉮ 원추형 보염기는 원추의 가장자리에서 말려들게 한 소용돌이에 의하여 주로 보염작용을 행한다.
㉯ 축류형 보염기는 축의 전방에 생기는 소용돌이에 의하여 주로 보염작용을 행한다.
㉰ 공기유동에 대해 소용돌이를 발생시켜 화염의 순환영역을 만들어 화염의 안정화를 꾀한다.
㉱ 공기유동에 대해 연료를 역방향으로 분사하고 국부공기 유속을 화염전파속도보다 작게 한다.

[풀이] ㉯ 축류형 보염기는 축의 후방에 생기는 소용돌이에 의하여 주로 보염작용을 행한다.

37 열생성 NO_x를 억제하는 연소방법에 대한 내용으로 틀린 것은 어느 것인가?

㉮ 희박예혼합연소 : 당량비를 높여 NO_x 발생온도를 현저히 낮추어(2000K 이하) prompt NO_x로의 전환을 유도한다.
㉯ 화염형상의 변경 : 화염을 분할하거나 막상으로 얇게 늘려서 열손실을 증대시킨다.
㉰ 완만혼합 : 연료와 공기의 혼합을 완만하게 하여 연소를 길게 함으로써 화염온도의 상승을 억제한다.
㉱ 배기재순환 : 팬을 써서 굴뚝가스를 로의 상부에 피드백시켜 최고 화염온도와 산소농도로 억제한다.

[풀이] ㉮ 희박예혼합연소 : 최고화염온도를 1800K 이하로 하여 NO_x 발생을 억제하는 방법이다.

38 다음 중 옥탄가가 가장 낮은 물질은 어느 것인가?

㉮ 노말 파라핀류   ㉯ 이소 올레핀류
㉰ 이소 파라핀류   ㉱ 방향족 탄화수소

39 메탄가스 $1Sm^3$가 완전연소할 때 발생하는 이론건조연소 가스량(Sm^3)은 얼마인가? (단, 표준상태 기준)

㉮ $4.8Sm^3$ ㉯ $6.5Sm^3$
㉰ $8.5Sm^3$ ㉱ $10.8Sm^3$

[풀이] $CH_4 + 2O_2 \rightarrow CO_2 + 2H_2O$
이론건연소가스량(God)
= $(1-0.21)A_o + CO_2$량(Sm^3/Sm^3)
= $(1-0.21) \times \dfrac{2}{0.21} + 1 = 8.52 Sm^3/Sm^3$

[정답] 35 ㉯ 36 ㉯ 37 ㉮ 38 ㉮ 39 ㉰

40 기체연료의 이론공기량(Sm^3/Sm^3)을 구하는 식으로 알맞은 것은 어느 것인가? (단, H_2, CO, C_xH_y, O_2는 연료 중의 수소, 일산화탄소, 탄화수소, 산소의 체적비를 의미한다.)

㉮ $0.21\{0.5H_2+0.5CO+(x+y/4)C_xH_y-O_2\}$
㉯ $0.21\{0.5H_2+0.5CO+(x+y/4)C_xH_y+O_2\}$
㉰ $1/0.21\{0.5H_2+0.5CO+(x+y/4)C_xH_y-O_2\}$
㉱ $1/0.21\{0.5H_2+0.5CO+(x+y/4)C_xH_y+O_2\}$

[풀이] $H_2+0.5O_2 \rightarrow H_2O$
$CO+0.5O_2 \rightarrow CO_2$
$C_xH_y+\left(x+\dfrac{y}{4}\right)O_2 \rightarrow xCO_2+\dfrac{y}{2}H_2O$

O_2
이론공기량(Sm^3/Sm^3)
$= \dfrac{연료\ 중\ 가연성물질의\ 연소시\ 필요한\ 산소량-연료중\ 산소량}{0.21}$

$= \dfrac{0.5H_2+0.5CO+\left(x+\dfrac{y}{4}\right)C_xH_y-O_2}{0.21}$

| 제3과목 | 대기오염방지기술

41 여과집진장치에 대한 내용으로 틀린 것은 어느 것인가?

㉮ 수분이나 여과속도에 대한 적응성이 높다.
㉯ 폭발성 및 점착성 먼지의 처리에 적합하지 않다.
㉰ 여과재의 교환으로 유지비가 많이 든다.
㉱ 가스의 온도에 따라 여과재 선택에 제한을 받는다.

[풀이] ㉮ 수분이나 여과속도에 대한 적응성이 낮다.

42 질소산화물(NO_x) 저감기술로 틀린 것은 어느 것인가?

㉮ 유기질소화합물을 함유하지 않는 연료를 사용할 것
㉯ 연소영역에서 산소의 농도를 높일 것
㉰ 고온영역에서 연소가스의 체류시간을 짧게할 것
㉱ 부분적인 고온영역을 없게 할 것

[풀이] ㉯ 연소영역에서 산소의 농도를 낮출 것

43 다음에서 설명하는 것은 어떤 여과집진장치인가?

- 함진가스는 외부여과하고, 먼지는 여포외부에 걸리므로 여포에 casing이 필요하며, 여포의 상부에는 각각 venturi 관과 nozzle이 붙어 있어 압축공기를 분사 nozzle에서 일정시간마다 분사하여 부착한 먼지를 털어내야 한다.
- 형상은 원통형으로 소형화가 가능하고, 여포를 부직포로 하면 직포의 2~3배, 여과속도 2~5m/min에서 처리할 수 있다.

㉮ pulse jet형   ㉯ 진동형
㉰ 역기류형   ㉱ reblower형

[풀이] ㉮ pulse jet형에 대한 설명이다.

정답 40 ㉰   41 ㉮   42 ㉯   43 ㉮

44 동일한 밀도를 가진 먼지입자(A, B)가 2개가 있다. B먼지 입자의 지름이 A먼지입자의 지름보다 100배가 더 크다고 하면, B먼지입자 질량은 A먼지입자의 질량보다 몇 배나 더 크겠는가?

㉮ 100   ㉯ 10,000
㉰ 1,000,000   ㉱ 100,000,000

[풀이] 질량(kg) = 체적(m^3)×밀도(kg/m^3)
$= \frac{\pi D^3}{6}(m^3)×$밀도(kg/$m^3$)
따라서 질량 = D^3이므로
∴ 질량 = $(100배)^3$ = 1,000,000

45 사이클론의 유입구 높이가 18.75cm, 원통부의 높이가 1.0m, 원추부의 높이가 1.0m 일 때 외부선회류의 회전수는 얼마인가?

㉮ 2   ㉯ 4
㉰ 6   ㉱ 8

[풀이] 회전수(N) = $\frac{1}{H_A}×\left(H_B+\frac{H_C}{2}\right)$

$\begin{bmatrix} H_A : 유입구 높이(m) \\ H_B : 원통부 높이(m) \\ H_C : 원추부 높이(m) \end{bmatrix}$

따라서 회전수(N) = $\frac{1}{0.1875m}×\left(1.0m+\frac{1.0m}{2}\right)$
= 8회

46 전기집진장치에서 입구 먼지농도가 16 g/Sm^3, 출구 먼지농도가 0.1g/Sm^3이었다. 출구 먼지농도를 0.03g/Sm^3으로 하기 위해서는 집진극의 면적을 약 몇 % 넓게 하면 되는가? (단, 다른 조건은 무시함.)

㉮ 32%   ㉯ 24%
㉰ 16%   ㉱ 8%

[풀이] $\eta = 1-\exp\frac{-A \cdot We}{Q}$ 에서

$A = \ln(1-\eta)×\left(-\frac{Q}{We}\right)$

① $\eta_1 = \left(1-\frac{C_o}{C_i}\right)×100 = \left(1-\frac{0.1g/Sm^3}{16g/Sm^3}\right)×100$
= 99.375%
따라서
$A_1 = LN(1-0.99375)×\left(-\frac{Q}{We}\right) = 5.075×\left(\frac{Q}{We}\right)$

② $\eta_2 = \left(1-\frac{C_o}{C_i}\right)×100 = \left(1-\frac{0.03g/Sm^3}{16g/Sm^3}\right)×100$
= 99.81%
따라서
$A_2 = LN(1-0.9981)×\left(-\frac{Q}{We}\right) = 6.266×\left(\frac{Q}{We}\right)$

③ 집진극의 면적 증가율(%)
= $\frac{A_2-A_1}{A_1}×100 = \frac{6.266-5.075}{5.075}×100 = 23.47\%$

정답 44 ㉰   45 ㉱   46 ㉯

47 가스 1m³당 50g의 아황산가스를 포함하는 어떤 폐가스를 흡수 처리하기 위하여 가스 1m³에 대하여 순수한 물 2000kg의 비율로 연속 향류 접촉시켰더니 폐가스 내 아황산가스의 농도가 1/10로 감소하였다. 물 1000kg에 흡수된 아황산가스의 양(g)은 얼마인가?

㉮ 11.5   ㉯ 22.5
㉰ 33.5   ㉱ 44.5

풀이 순수한 물 2000kg을 사용할 때 폐가스내 아황산가스 농도가 1/10로 감소하므로 처리해야 할 아황산가스 농도는 1m³당 45g이 된다.
따라서 45g:2000kg = x(g):1000kg으로 계산하면 x = 22.5(g)이 된다.

48 건식 탈황·탈질방법 중 하나인 전자선 조사법의 프로세스 특징으로 틀린 것은 어느 것인가?

㉮ 연소 배기가스에 암모니아 등을 첨가해 α, β, γ선, 전리성 방사선 등을 조사한다.
㉯ 부생물로 황산암모늄 및 질산암모늄을 생성한다.
㉰ 구성이 복잡해 계내의 압력손실이 높고, 배기가스의 변동 등에 대처가 어렵다.
㉱ 탈질 및 탈황효율은 전자선의 조사량에 비례한다.

49 처리용량이 크며, 먼지의 크기가 0.1~0.9μm인 것에 대해서도 높은 집진효율을 가지며, 습식 또는 건식으로도 제진할 수 있고, 압력손실이 매우 적고, 유지비도 적게 소요될 뿐 아니라 고온의 가스도 처리 가능한 집진장치는 어느 것인가?

㉮ 전기집진장치   ㉯ 원심력집진장치
㉰ 세정집진장치   ㉱ 여과집진장치

풀이 ㉮ 전기집진장치에 대한 설명이다.

50 유수식 세정집진장치의 종류로 틀린 것은 어느 것인가?

㉮ 가스분수형   ㉯ 스크루형
㉰ 임펠라형   ㉱ 로타형

풀이 유수식 세정집진장치의 종류에는 가스선회형, 임펠라형, 로타형, 분수형이 있다.

51 습식 전기집진장치의 특징에 대한 내용으로 틀린 것은 어느 것인가?

㉮ 낮은 전기저항 때문에 생기는 재비산을 방지할 수 있다.
㉯ 처리가스 속도를 건식보다 2배 정도 높일 수 있다.
㉰ 집진극면이 청결하게 유지되며 강전계를 얻을 수 있다.
㉱ 먼지의 저항이 높기 때문에 역전리가 잘 발생된다.

풀이 ㉱ 습식 전기집진기에서는 역전리가 발생되지 않는다.

정답 47 ㉯   48 ㉰   49 ㉮   50 ㉯   51 ㉱

52 압력손실이 250mmH₂O이고, 처리가스량 30,000m³/h인 집진장치의 송풍기 소요동력(kW)은 얼마인가? (단, 송풍기의 효율은 80%, 여유율은 1.25 이다.)

㉮ 약 25 kW   ㉯ 약 29 kW
㉰ 약 32 kW   ㉱ 약 38 kW

풀이
$$kW = \frac{Ps \times Q}{102 \times \eta} \times \alpha$$

- Ps : 압력손실(mmH₂O)
- Q : 처리가스량(m³/sec)
- η : 효율
- α : 여유율

따라서

$$kW = \frac{250 mmH_2O \times 30,000 m^3/hr \times 1hr/3600sec}{102 \times 0.60} \times 1.25$$
$$= 31.91 kW$$

TIP
1kW = 102kg·m/sec이므로 가스량(Q)의 시간 단위는 반드시 "sec"임에 주의

53 전기집진장치의 장애현상 중 먼지의 비저항이 비정상적으로 높아 2차 전류가 현저하게 떨어질 때의 대책으로 알맞은 것은 어느 것인가?

㉮ baffle을 설치한다.
㉯ 방전극을 교체한다.
㉰ 스파크 횟수를 늘린다.
㉱ 바나듐을 투입한다.

풀이 2차 전류가 현저하게 떨어질 때의 대책으로는 ① 스파크의 횟수를 늘린다. ② 조습용 스프레이의 수량을 늘린다. ③ 입구분진농도를 적절히 조절한다. 등이 있다.

54 세정식 집진장치의 원리에 대한 내용으로 틀린 것은 어느 것인가?

㉮ 배기가스를 증습하면 입자의 응집이 낮아진다.
㉯ 액적에 입자가 충돌하여 부착된다.
㉰ 미립자가 확산되면 액적과의 접촉이 증가된다.
㉱ 액막과 기포에 입자가 접촉하여 부착된다.

풀이 ㉮ 배기가스를 증습하면 입자의 응집이 증가한다.

55 먼지입도의 분포(누적분포)를 나타내는 식은 어느 것인가?

㉮ Rayleigh 분포식
㉯ Freundlich 분포식
㉰ Rosin-Rammler 분포식
㉱ Cunningham 분포식

56 흡수장치를 액분산형과 기체분산형으로 분류할 때 다음 중 기체분산형에 해당하는 것은 어느 것인가?

㉮ spray tower   ㉯ packed tower
㉰ plate tower   ㉱ spray chamber

풀이 흡수장치의 종류
① 액분산형 흡수장치 : 충전탑, 분무탑, 벤츄리스크러버
② 가스분산형 흡수장치 : 다공판탑, 종탑, 기포탑

정답 52 ㉰ 53 ㉰ 54 ㉮ 55 ㉰ 56 ㉰

57 높이 7m, 폭 10m, 길이 15m의 중력집진장치를 이용하여 처리가스를 4m³/sec의 유량으로 비중이 1.5인 먼지를 처리하고 있다. 이 집진장치가 채취할 수 있는 최소입자의 크기(d_{min})는 얼마인가? (단, 온도는 25℃, 점성계수는 1.85×10^{-5} kg/m·s이며 공기의 밀도는 무시함.)

㉮ 약 32μm   ㉯ 약 25μm
㉰ 약 17μm   ㉱ 약 12μm

풀이 $d = \sqrt{\dfrac{18 \cdot \mu \cdot Q}{(\rho_s - \rho) \cdot g \cdot B \cdot L}} \times 10^6 (\mu m)$

따라서

$d = \sqrt{\dfrac{18 \times 1.85 \times 10^{-5} \text{kg/m} \cdot \text{sec} \times 4\text{m}^3/\text{sec}}{1.5 \times 10^3 \text{kg/m}^3 \times 9.8\text{m/sec}^2 \times 10\text{m} \times 15\text{m}}} \times 10^6$

$= 24.58 \mu m$

TIP

비중(g/cm³) $\xrightarrow{\times 10^3}$ 밀도(kg/m³)

58 유해가스를 촉매연소법으로 처리할 때 촉매에 바람직하지 않은 물질로 틀린 것은 어느 것인가?

㉮ 납(Pb)   ㉯ 수은(Hg)
㉰ 황(S)   ㉱ 일산화탄소(CO)

59 가로 5m, 세로 8m인 두 집진판이 평행하게 설치되어 있고, 두 판 사이 중간에 원형철심 방전극이 위치하고 있는 전기집진장치에 굴뚝가스가 120m³/min로 통과하고, 입자이동속도가 0.12m/s일 때의 집진효율(%)은 얼마인가? (단, Deutsch-Anderson식 적용함.)

㉮ 98.2%   ㉯ 98.7%
㉰ 99.2%   ㉱ 99.7%

풀이 $\eta = \left\{ 1 - \exp\dfrac{-A \cdot W_e}{Q} \right\} \times 100(\%)$

$= \left\{ 1 - \exp\dfrac{-2 \times 5\text{m} \times 8\text{m} \times 0.12\text{m/sec}}{120\text{m}^3/\text{min} \times 1\text{min}/60\text{sec}} \right\} \times 100 = 99.18\%$

TIP

단면적(A) = 2×가로×세로(m²)

60 다음 발생 먼지 종류 중 일반적으로 S/Sb가 가장 큰 것은 어느 것인가? (단, S는 진비중, Sb는 겉보기 비중)

㉮ 미분탄보일러   ㉯ 시멘트킬른
㉰ 카본블랙   ㉱ 골재드라이어

풀이 진비중(S)과 겉보기비중(Sb)의 비(S/Sb)
㉮ 미분탄보일러의 S/Sb = 2.1/0.52 = 4.04
㉯ 시멘트킬른의 S/Sb = 3.0/0.6 = 5.0
㉰ 카본블랙의 S/Sb = 1.9/0.025 = 76
㉱ 골재드라이어의 S/Sb = 2.9/1.06 = 2.73

정답 57 ㉯   58 ㉱   59 ㉰   60 ㉰

| 제4과목 | 대기오염공정시험기준

61 굴뚝 배출가스 중의 카드뮴 화합물을 분석하기 위하여 시료를 채취하려고 한다. 시료 채취시 굴뚝 배출가스 온도에 따른 사용 여과지와의 연결로 틀린 것은 어느 것인가?

㉮ 120℃ 이하 - 셀룰로스 섬유제 여과지
㉯ 250℃ 이하 - 헤미셀룰로스 섬유제 여과지
㉰ 500℃ 이하 - 유리 섬유제 여과지
㉱ 1000℃ 이하 - 석영 섬유제 여과지

62 보통형(Ⅰ형) 흡입노즐을 사용한 굴뚝 배출가스 흡입시 10분간 채취한 흡입가스량(습식가스미터에서 읽은 값)이 60L 이었다. 이 때 등속흡입이 행하여지기 위한 가스미터에 있어서의 등속흡입 유량의 범위는 어느 것인가? (단, 등속흡입 정도를 알기 위한 등속흡입계수 $I(\%) = \dfrac{V_m}{q_m \times t} \times 100$ 이다.)

㉮ 3.3~5.3L/분   ㉯ 5.5~6.7L/분
㉰ 6.5~7.3L/분   ㉱ 7.5~8.3L/분

 $I(\%) = \dfrac{V_m}{q_m \times t} \times 100$

- I : 등속흡입계수(%)(등속흡입계수의 범위는 90 ~ 110%)
- V_m : 흡입가스량(습식가스미터에서 읽은 값)(L)
- q_m : 가스미터에 있어서의 등속흡입유량(L/분)
- t : 가스 흡입시간(분)

① 등속흡입계수(I)가 90%일 때
등속유량(q_m) = $\dfrac{V_m}{I \times t}$ = $\dfrac{60L}{0.90 \times 10min}$
= 6.66L/min

② 등속흡입계수(I)가 110%일 때
등속유량(q_m) = $\dfrac{V_m}{I \times t}$ = $\dfrac{60L}{1.10 \times 10min}$
= 5.46L/min

③ 등속흡입유량의 범위는 5.46L/min~6.66L/min 이다.

63 배출가스 중 먼지를 여과지에 채취하고 이를 적당한 방법으로 처리하여 분석용 시험용액으로 한 후 원자흡수분광광도법을 이용하여 각종 금속원소의 원자흡광도를 측정하여 정량분석하고자 할 때, 다음 중 금속원소별 측정파장으로 알맞게 연결된 것은 어느 것인가?

㉮ Pb - 357.9nm   ㉯ Cu - 228.8nm
㉰ Ni - 217.0nm   ㉱ Zn - 213.8nm

측정파장
㉮ Pb - 217.0 nm
㉯ Cu - 324.8 nm
㉰ Ni - 232.0 nm

64 배출가스 중 크롬화합물을 자외선/가시선 분광법(흡광광도법)으로 분석할 때 사용되는 시약으로만 알맞게 연결된 것은 어느 것인가?

㉮ 과망간산포타슘, 다이페닐카바자이드
㉯ 구연산 암모늄-EDTA, 다이에틸다이싸이오카밤산소듐
㉰ 다이메틸글리옥심, 클로로메틸
㉱ 디티존, 시안화포타슘

정답 61 ㉯ 62 ㉯ 63 ㉱ 64 ㉮

65 굴뚝 배출가스를 습식가스미터를 사용하여 흡습관법으로 습윤가스의 수증기 백분율을 측정한 결과, 체적백분율로 14.45% 이었다. 이 때 흡수된 수분의 질량(g)은 얼마인가? (단, 습윤가스의 온도는 70℃, 시료채취량은 10L, 대기압, 가스미터게이지압, 가스미터 온도 70℃에서의 수증기포화압은 각각 0.6기압, 25mmHg, 270mmHg 이다.)

㉮ 약 0.15g ㉯ 약 0.2g
㉰ 약 0.25g ㉱ 약 0.3g

풀이
$X_w(\%) = \dfrac{1.244 m_a(L)}{V_s(L) + 1.244 m_a(L)} \times 100(\%)$

① $V_s(L) = V(L) \times \dfrac{273}{273+℃} \times \dfrac{(P_a + P_m - P_v)\text{mmHg}}{760\text{mmHg}}$

$= 10L \times \dfrac{273}{273+70℃} \times \dfrac{(0.6 \times 760 + 25 - 270)\text{mmHg}}{760\text{mmHg}}$

$= 2.21L$

② $14.45\% = \dfrac{1.244 m_a}{2.21L + 1.244 m_a} \times 100$

∴ $m_a = 0.30g$

66 원형굴뚝의 반경이 0.85m 일 때 측정점수는 얼마인가?

㉮ 4 ㉯ 8
㉰ 12 ㉱ 20

풀이 반경이 0.85m이므로 직경은 1.7m, 반경구분수는 2, 측정점수 8 이다.

TIP

굴뚝직경(m)	반경구분수	측정점수
1이하	1	4
1초과 2이하	2	8
2초과 4이하	3	12
4초과 4.5이하	4	16
4.5초과	5	20

67 굴뚝배출가스 중 오염물질 연속자동측정기기의 설치 위치 및 방법으로 틀린 것은 어느 것인가?

㉮ 병합굴뚝에서 배출허용기준이 다른 경우에는 측정기기 및 유량계를 합쳐지기 전 각각의 지점에 설치하여야 한다.
㉯ 분산굴뚝에서 측정기기는 나뉘기 전 굴뚝에 설치하거나, 나뉜 각각의 굴뚝에 설치하여야 한다.
㉰ 병합굴뚝에서 배출허용기준이 같은 경우에는 측정기기 및 유량계를 오염물질이 합쳐진 후 지점 또는 합쳐지기 전 지점에 설치하여야 한다.
㉱ 불가피하게 외부공기가 유입되는 경우에 측정기기는 외부공기 유입 후에 설치하여야 한다.

풀이 ㉱ 불가피하게 외부공기가 유입되는 경우에 측정기기는 외부공기 유입 전에 설치하여야 한다.

정답 65 ㉱ 66 ㉯ 67 ㉱

68 대기오염공정시험기준상 따로 규정이 없는 한 시험에 사용하는 ① 시약 명칭, ② 화학식, ③ 농도(%), ④ 비중(약) 기준으로 알맞게 연결된 것은 어느 것인가?

㉮ ① 암모니아수, ② NH_4OH
   ③ 30.0~34.0(NH_3로서), ④ 1.05
㉯ ① 아이오드화수소산, ② HI,
   ③ 46.0~48.0, ④ 1.25
㉰ ① 브롬화수소산, ② HBr,
   ③ 47.0~49.0, ④ 1.48
㉱ ① 과염소산, ② H_2ClO_3,
   ③ 60.0~62.0, ④ 1.34

[풀이] ㉮ ① 암모니아수, ② NH_4OH,
   ③ 28.0~30.0(NH_3로서), ④ 0.90
㉯ ① 아이오드화수소산, ② HI, ③ 55.0~58.0,
   ④ 1.70
㉱ ① 과염소산, ② $HClO_4$, ③ 60.0~62.0, ④ 1.54

69 굴뚝 배출가스 중 먼지를 반자동식 채취기에 의한 방법으로 측정할 경우 원통형 여과지의 전처리 조건으로 알맞은 것은 어느 것인가? (단, 배출가스 온도가 110±5℃ 이상으로 배출된다.)

㉮ 80±5℃에서 충분히(1~3시간) 건조
㉯ 100±5℃에서 충분히(1시간) 건조
㉰ 120±5℃에서 충분히(1시간) 건조
㉱ 배출가스와 동일한 온도조건에서 충분히(1~3시간) 건조

70 다음은 이온크로마토그래피법(Ion Chromatography)의 장치에 관한 설명이다. 설명이 틀린 것은?

㉮ 용리액조는 이온성분이 용출되지 않는 재질로써 용리액이 공기와 원활한 접촉이 가능한 개방형을 선택한다.
㉯ 송액펌프는 맥동(脈動)이 적은 것을 선택한다.
㉰ 시료주입장치는 일정량의 시료를 밸브조작에 의해 분리관으로 주입하는 루프주입방식이 일반적이다.
㉱ 검출기는 분리관 용리액 중의 시료성분의 유무와 량을 검출하는 부분으로 일반적으로 전도도 검출기를 많이 사용한다.

[풀이] ㉮ 용리액조는 이온성분이 용출되지 않는 재질로써 용리액을 직접공기와 접촉시키지 않는 밀폐된 것을 선택한다.

71 황성분 1.6% 이하 함유한 액체연료를 사용하는 연소시설에서 배출되는 황산화물(표준산소농도를 적용받는 항목)의 실측농도측정 결과 741ppm이었다. 배출가스 중의 실측산소 농도는 7%, 표준산소농도는 4% 이다. 황산화물의 농도(ppm)는 약 얼마인가?

㉮ 750 ppm   ㉯ 800 ppm
㉰ 850 ppm   ㉱ 900 ppm

[풀이] 오염물질 농도 보정
$C = Ca \times \dfrac{21-O_s}{21-O_a} = 741\text{ppm} \times \dfrac{21-4\%}{21-7\%}$
$= 899.79\text{ppm}$

정답 68 ㉰ 69 ㉱ 70 ㉮ 71 ㉱

> **TIP**
> 배출가스유량 보정
> $$Q = Q_a \div \frac{21-O_s}{21-O_a}$$

72 원자흡광분석에서 발생하는 간섭 중 분석 시 사용하는 스펙트럼의 불꽃중에서 생성되는 목적원소의 원자증기 이외의 물질에 의하여 흡수되는 경우에 발생되는 것은 어느 것인가?

㉮ 이온학적 간섭 ㉯ 분광학적 간섭
㉰ 물리적 간섭   ㉱ 화학적 간섭

풀이 ㉯ 분광학적 간섭에 대한 설명이다.

73 환경대기 중 가스상 물질을 용매채취법으로 채취할 때 사용하는 순간유량계 중 면적식 유량계는 어느 것인가?

㉮ 게이트식 유량계
㉯ 미스트식 가스미터
㉰ 오리피스 유량계
㉱ 노즐식 유량계

74 자외선/가시선 분광법(흡광광도법)에서 미광(Stray light)의 유무조사에 사용되는 것은 어느 것인가?

㉮ Cell Holder   ㉯ Holmium Glass
㉰ Cut Filter   ㉱ Monochrometer

풀이 미광(Stray light)의 유무조사에 사용되는 것은 Cut Filter이다.

75 기체크로마토그래피 분석에 사용하는 검출기 중 이황화탄소를 분석(0.5ppm 이상)하는데 가장 적합한 검출기는 어느 것인가?

㉮ ICD   ㉯ FPD
㉰ ECD   ㉱ TCD

풀이 ㉯ 이황화탄소를 분석(0.5ppm 이상)하는데 가장 적합한 검출기는 FPD(불꽃광도 검출기)이다.

76 굴뚝 배출가스 중 총탄화수소 측정분석에 사용하는 용어정의로 틀린 것은 어느 것인가?

㉮ 스팬값 : 측정기의 측정범위는 배출허용기준 이상으로 하며, 보통 기준의 1.2~3배를 적용한다.
㉯ 교정가스 : 농도를 알고 있는 희석가스를 사용한다.
㉰ 영점편차 : 영점가스 주입 전·후에 측정기가 반응하는 정도의 차이로 운전기간 동안에는 점검, 수리 또는 교정이 없는 상태이어야 한다.
㉱ 교정편차 : 최고농도의 교정가스 주입전·후에 측정기가 반응하는 정도의 차이로 운전기간 동안에 점검, 수리 또는 교정이 가능한 상태이어야 한다.

풀이 ㉱ 교정편차 : 중간정도의 교정가스 주입 전·후에 측정기가 반응하는 정도의 차이로 운전기간 동안에 점검, 수리 또는 교정이 없는 상태이어야 한다.

정답 72 ㉯ 73 ㉮ 74 ㉰ 75 ㉯ 76 ㉱

77 환경대기 중에 있는 아황산가스 농도를 자동연속측정법으로 분석하고자 한다. 이에 해당하지 않는 것은 어느 것인가?

㉮ 적외선형광법 ㉯ 용액 전도율법
㉰ 흡광차분광법 ㉱ 불꽃광도법

풀이 자동연속측정방법에는 자외선형광법, 용액 전도율법, 흡광차분광법, 불꽃광도법이 있다.

78 굴뚝 배출가스 내의 염화수소 분석방법 중 자외선/가시선 분광법(흡광광도법)에 해당하는 것은 어느 것인가?

㉮ 싸이오시안산 제이수은법
㉯ 질산은법
㉰ 란탄-알리자린 콤플렉숀법
㉱ 4-아미노안티피린법

79 굴뚝에서 배출되는 가스상 물질을 채취할 때 ① 분석대상 가스별 ② 사용 채취관 및 연결관의 재질 ③ 여과재 재질의 연결로 알맞은 것은 어느 것인가?

㉮ ① 암모니아 - ② 염화비닐수지 - ③ 소결유리
㉯ ① 황산화물 - ② 보통강철 - ③ 알칼리 성분이 없는 유리솜
㉰ ① 플루오린화합물 - ② 스테인리스강 - ③ 카보런덤
㉱ ① 벤젠 - ② 세라믹 - ③ 카보런덤

풀이 ㉮ ① 암모니아 - ② 경질유리 - ③ 소결유리
㉯ ① 황산화물 - ② 경질유리 - ③ 알칼리 성분이 없는 유리솜
㉱ ① 벤젠 - ② 경질유리 - ③ 소결유리

80 환경대기 중 질소산화물 농도를 측정하기 위한 시험방법 중 주시험방법은 어느 것인가?

㉮ 살츠만법(자동)
㉯ 파라로잘린법(수동)
㉰ 화학발광법(자동)
㉱ 야곱스호흐하이저법(수동)

| 제5과목 | 대기환경관계법규

81 대기환경보전법령상 시·도지사는 배출부과금 납부의무자가 천재지변 등으로 사업자의 재산에 중대한 손실이 발생한 경우로서 배출부과금을 납부기한 전에 납부할 수 없다고 인정하면 징수유예를 받거나 분할납부 하게 할 수 있다. 다음 중 기본부과금의 징수유예기간 중의 분할납부횟수 기준으로 알맞은 것은 어느 것인가?

㉮ 24회 이내 ㉯ 12회 이내
㉰ 6회 이내   ㉱ 4회 이내

82 다중이용시설 등의 실내공기질 관리법 규상 실내주차장에서의 총휘발성유기화합물(μg/m³)의 실내공기질 권고기준은 어느 것인가?

㉮ 600 이하   ㉯ 800 이하
㉰ 1000 이하 ㉱ 1200 이하

정답 77 ㉮ 78 ㉮ 79 ㉰ 80 ㉰ 81 ㉱ 82 ㉰

83 다음은 대기오염경보단계별 해제기준이다. ( )안에 알맞은 것은 어느 것인가?

> 중대경보가 발령된 지역의 기상조건 등을 검토하여 대기자동측정소의 오존농도가 (①)피피엠 이상 (②)피피엠 미만일 때는 경보로 전환한다.

- ㉮ ① 0.3, ② 0.5
- ㉯ ① 0.5, ② 1.0
- ㉰ ① 1.0, ② 1.2
- ㉱ ① 1.2, ② 1.5

84 대기환경보전법령상 자동차 제작자에 대한 매출액 산정 및 위반행위 정도에 따른 과징금의 부과기준 중 인증을 받은 내용과 다르게 자동차를 제작·판매한 경우 가중부과계수는 얼마인가?

- ㉮ 0.3
- ㉯ 0.5
- ㉰ 1.0
- ㉱ 1.5

85 환경정책기본법령상 "벤젠"의 대기환경기준($\mu g/m^3$)은 얼마인가? (단, 연간평균치)

- ㉮ 0.1 이하
- ㉯ 0.15 이하
- ㉰ 0.5 이하
- ㉱ 5 이하

86 대기환경보전법규상 운행차배출허용기준 중 일반기준으로 틀린 것은 어느 것인가?

- ㉮ 알코올만 사용하는 자동차는 탄화수소 기준을 적용하지 아니한다.
- ㉯ 휘발유와 가스를 같이 사용하는 자동차의 배출가스 측정 및 배출허용기준은 휘발유의 기준을 적용한다.
- ㉰ 1993년 이후에 제작된 자동차 중 과급기나 중간냉각기를 부착한 경유사용 자동차의 배출허용기준은 무부하급가속 검사방법의 매연항목에 대한 배출허용기준에 5%를 더한 농도를 적용한다.
- ㉱ 수입자동차는 최초등록일자를 제작일자로 본다.

[풀이] ㉯ 휘발유와 가스를 같이 사용하는 자동차의 배출가스 측정 및 배출허용기준은 가스의 기준을 적용한다.

87 대기환경보전법규상 위임업무 보고사항 중 "자동차 연료 제조기준 적합여부 검사현황"의 보고횟수 기준은 어느 것인가?

- ㉮ 연 4회
- ㉯ 연 2회
- ㉰ 연 1회
- ㉱ 수시

정답 83 ㉮ 84 ㉯ 85 ㉱ 86 ㉯ 87 ㉮

88 대기환경보전법상 대통령령으로 정하는 업종의 배출시설을 운영하는 사업자는 공정 및 설비 등에서 굴뚝 등 환경부령으로 정하는 배출구 없이 대기 중에 직접 배출되는 대기오염물질을 줄이기 위해 배출시설의 정기점검 및 비산배출에 대한 조사 등에 관하여 환경 부령으로 정하는 시설관리기준을 지켜야 하는데, 이 시설관리기준을 지키지 아니한 자에 대한 벌칙기준으로 알맞은 것은 어느 것인가?

㉮ 7년 이하의 징역 또는 1억원 이하의 벌금에 처한다.
㉯ 5년 이하의 징역 또는 3천만원 이하의 벌금에 처한다.
㉰ 1년 이하의 징역 또는 1천만원 이하의 벌금에 처한다.
㉱ 500만원 이하의 벌금에 처한다.

89 대기환경보전법령상 연료의 황함유량이 1.0% 이하인 경우 기본부과금의 농도별 부과계수로 알맞은 것은 어느 것인가? (단, 연료를 연소하여 황산화물을 배출하는 시설(황산화물의 배출량을 줄이기 위하여 방지시설을 설치한 경우와 생산공정상 황산화물의 배출량이 줄어든다고 인정하는 경우는 제외함.)

㉮ 0.2 ㉯ 0.35
㉰ 0.4 ㉱ 1.0

90 대기환경보전법규상 배출시설 및 방지시설등과 관련된 개별 행정처분기준 중 각 해당행위에 대한 1차 행정처분기준이 "조업정지 10일"인 것은 어느 것인가?

㉮ 배출시설 설치변경신고를 하지 아니한 경우
㉯ 배출시설 및 방지시설의 운영에 관한 관리기록을 거짓으로 기재한 경우
㉰ 배출시설 가동시에 방지시설을 가동하지 아니한 경우
㉱ 자가측정을 하지 아니한 경우

91 대기환경보전법령상 Ⅲ지역(녹지지역 및 자연환경 보전지역)의 기본부과금의 지역별 부과계수는 얼마인가?

㉮ 0.5 ㉯ 1.0
㉰ 1.5 ㉱ 2.0

정답 88 ㉰ 89 ㉯ 90 ㉰ 91 ㉯

92 다음은 대기환경보전법령상 시·도지사가 배출시설의 설치를 제한할 수 있는 경우이다. ( )안에 들어갈 적당한 것은 어느 것인가?

> 배출시설 설치 지점으로부터 반경 1킬로미터 안의 상주 인구가 (①)인 지역으로서 특정대기유해물질 중 한 가지 종류의 물질을 연간 (②) 배출하거나 두 가지 이상의 물질을 연간 (③) 배출하는 시설을 설치하는 경우

㉮ ① 1만명 이상, ② 5톤 이상 ③ 10톤 이상
㉯ ① 1만명 이상, ② 10톤 이상 ③ 20톤 이상
㉰ ① 2만명 이상, ② 5톤 이상 ③ 10톤 이상
㉱ ① 2만명 이상, ② 10톤 이상 ③ 25톤 이상

93 대기환경보전법규상 자동차연료 제조기준 중 바이오가스의 항목에 따른 제조기준으로 틀린 것은 어느 것인가?

㉮ 메탄(부피 %) : 85.0 이상
㉯ 수분(mg/Nm³) : 32 이하
㉰ 황분(ppm) : 10 이하
㉱ 불활성가스(CO_2, N_2 등)(부피 %) : 5.0 이하

[풀이] ㉮ 메탄(부피 %) : 95.0 이상

94 대기환경보전법규상 환경기술인의 준수사항으로 틀린 것은 어느 것인가?

㉮ 자가측정한 결과를 사실대로 기록할 것
㉯ 자가측정은 정확히 할 것
㉰ 자가측정기록부를 보관기간 동안 보전할 것
㉱ 자가측정시 사용한 여과지는 환경오염공정시험기준에 따라 기록한 시료채취기록지와 함께 날짜별로 보관·관리 할 것

[풀이] 환경기술인의 준수사항
① 배출시설 및 방지시설을 정상가동하여 대기오염물질 등의 배출이 배출허용기준에 맞도록 할 것
② 배출시설 및 방지시설의 운영에 관한 업무일지를 사실에 기초하여 작성할 것
③ 자가측정은 정확히 할 것
④ 자가측정한 결과를 사실대로 기록할 것
⑤ 자가측정시에 사용한 여과지는 환경오염공정시험기준에 따라 기록한 시료채취기록지와 함께 날짜별로 보관·관리할 것
⑥ 환경기술인은 사업장에 상근할 것. 다만, 기업활동 규제완화에 관한 특별조치법에 따라 환경기술인을 공동으로 임명한 경우 그 환경기술인은 해당 사업장에 번갈아 근무하여야 한다.

정답 92 ㉱ 93 ㉮ 94 ㉰

95 대기환경보전법규상 자동차의 종류에 관한 사항으로 틀린 것은 어느 것인가?
(단, 2009년 1월 1일 이후)

㉮ 사람이나 화물을 운송하기 적합하게 제작된 것으로 엔진 배기량이 1000cc 미만인 자동차를 경자동차라 한다.
㉯ 화물을 운송하기 적합하게 제작된 것으로 차량 총중량이 10톤 이상인 자동차를 초대형 화물자동차라 한다.
㉰ 엔진배기량이 50cc 미만인 이륜자동차는 모페드형(스쿠터형을 포함한다)만 이륜자동차에 포함한다.
㉱ 전기만을 동력으로 사용하는 자동차는 1회 충전 주행거리가 160km 이상인 경우 제3종에 해당한다.

[풀이] ㉯ 화물을 운송하기 적합하게 제작된 것으로 차량 총중량이 15톤 이상인 자동차를 초대형 화물자동차라 한다.

96 대기환경보전법상 용어의 정의로 틀린 것은 어느 것인가?

㉮ "온실가스"란 적외선 복사열을 흡수하거나 다시 방출하여 온실효과를 유발하는 대기중의 가스상태 물질로서 이산화탄소, 메탄, 아산화질소, 수소불화탄소, 과불화탄소, 육불화황을 말한다.
㉯ "휘발성유기화합물"이란 탄화수소류 중 석유화학제품, 유기용제, 그 밖의 물질로서 환경부장관이 관계 중앙행정기관의 장과 협의하여 고시하는 것을 말한다.
㉰ "배출가스저감장치"란 자동차 또는 건설기계에서 배출되는 대기오염물질을 줄이기 위하여 자동차 또는 건설기계에 부착 또는 교체하는 장치로서 환경부령으로 정하는 저감효율에 적합한 장치를 말한다.
㉱ "검댕"이란 연소할 때에 생기는 유리 탄소가 주가 되는 미세한 입자상물질로 지름이 10미크론 이상이 되는 입자상물질을 말한다.

[풀이] ㉱ "검댕"이란 연소할 때에 생기는 유리 탄소가 응결하여 지름이 1미크론 이상이 되는 입자상물질을 말한다.

97 대기환경보전법령상 배출시설 설치허가 신청서 또는 배출시설 설치신고서에 첨부하여야 할 서류로 틀린 것은 어느 것인가?

㉮ 원료(연료를 포함한다)의 사용량 및 제품 생산량
㉯ 배출시설 및 방지시설의 설치명세서
㉰ 방지시설의 상세 설계도
㉱ 방지시설의 연간 유지관리 계획서

[풀이] 배출시설 설치허가 신청서 또는 배출시설 설치신고서에 첨부하여야 할 서류
① 원료(연료를 포함)의 사용량 및 제품 생산량과 오염물질 등의 배출량을 예측한 명세서(배출시설 설치허가를 신청하는 경우에만 첨부)
② 배출시설 및 방지시설의 설치명세서
③ 방지시설의 일반도
④ 방지시설의 연간 유지관리 계획서
⑤ 사용 연료의 성분 분석과 황산화물 배출농도 및 배출량 등을 예측한 명세서(배출시설의 경우에만 해당)
⑥ 배출시설설치허가증(변경허가를 신청하는 경우에만 해당)

정답 95 ㉯ 96 ㉱ 97 ㉰

98 대기환경보전법령상 대기오염경보에 관한 사항으로 틀린 것은 어느 것인가?

㉮ 지역의 특성에 따라 특별시·광역시 등의 조례로 경보단계별 조치사항을 일부 조정할 수 있다.
㉯ 대기오염경보 단계는 대기오염경보 대상 오염물질의 농도에 따라 오존의 경우 주의보, 경보, 중대경보로 구분하되, 대기오염경보 단계별 오염물질의 농도기준은 환경부령으로 정한다.
㉰ 자동차 사용의 자제 요청은 "주의보 발령" 시 조치사항에 해당한다.
㉱ 주민의 실외활동 제한 요청, 자동차 사용의 제한명령 및 사업장의 연료사용량 감축권고 등은 "중대경보 발령"시에 해당되는 조치사항이다.

[풀이] ㉱ 주민의 실외활동 제한 요청, 자동차 사용의 제한명령 및 사업장의 연료사용량 감축권고 등은 "경보 발령"시에 해당되는 조치사항이다.

99 대기환경보전법령상 일일초과배출량 및 일일유량의 산정방법에 대한 내용으로 틀린 것은 어느 것인가?

㉮ 먼지외 오염물질의 배출농도의 단위는 mg/m³ 또는 μg/m³으로 나타낸다.
㉯ 특정유해물질의 배출허용기준 초과 일일오염물질배출량은 소수점 이하 넷째자리까지 계산한다.
㉰ 일반오염물질의 배출허용기준 초과 일일오염물질배출량은 소수점 이하 첫째자리까지 계산한다.
㉱ 배출허용기준 초과농도 = 배출농도-배출허용기준농도

[풀이] ㉮ 먼지외 오염물질의 배출농도 단위는 피피엠(ppm)으로 한다.

100 대기환경보전법령상 사업장별 환경기술인 자격기준에 대한 내용으로 틀린 것은 어느 것인가?

㉮ 대기오염물질 배출시설 중 일반보일러만 설치한 사업장은 5종사업장에 해당하는 기술인을 둘 수 있다.
㉯ 2종사업장(대기오염물질발생량의 합계가 연간 20톤 이상 80톤 미만인 사업장)의 환경기술인 자격기준은 대기환경기사 이상의 기술자격 소지자 1명 이상이다.
㉰ 대기환경기술인이 「물환경보전법」에 따른 수질환경기술인의 자격을 갖춘 경우에는 수질환경 기술인을 겸임할 수 있으며, 대기환경기술인이 「소음·진동관리법」에 따른 소음·진동환경기술인 자격을 갖춘 경우에는 소음·진동환경기술인을 겸임할 수 있다.
㉱ 1종사업장과 2종사업장 중 1개월 동안 실제 작업한 날만을 계산하여 1일 평균 12시간 이상 작업하는 경우에는 해당 사업장의 기술인을 각각 2명 이상 두어야 한다. 이 경우, 1명을 제외한 나머지 인원은 4종사업장에 해당하는 기술인으로 대체할 수 있다.

[풀이] ㉱ 1종사업장과 2종사업장 중 1개월 동안 실제 작업한 날만을 계산하여 1일 평균 17시간이상 작업하는 경우에는 해당 사업장의 기술인을 각각 2명 이상 두어야 한다. 이 경우, 1명을 제외한 나머지 인원은 3종사업장에 해당하는 기술인 또는 환경기능사로 대체할 수 있다.

정답 98 ㉱ 99 ㉮ 100 ㉱

2014년 2회 대기환경기사

2014년 5월 25일 시행

| 제1과목 | 대기오염개론

01 풍속이 5m/sec, 높이 50m, 직경 2m, 배출가스 속도 15m/sec, 배출가스 온도 127°C인 굴뚝이 있다. 대기 중의 공기온도가 27°C 일 때 아래의 홀랜드식을 이용하여 유효굴뚝높이(m)를 계산하면?
(단, 1기압을 기준, 대기의 안정도는 중립조건, 홀랜드식은 아래식을 적용.)

$$\triangle H = \frac{Vs \times d}{u} \times \left(1.5 + 2.68 \times 10^{-3} \times P \times \frac{Ts-Ta}{Ts} \times d\right)$$

㉮ 약 67m ㉯ 약 78m
㉰ 약 84m ㉱ 약 92m

풀이 ① $\triangle H$

$= \frac{Vs \times d}{U} \times \left(1.5 + 2.68 \times 10^{-3} \times P \times \frac{Ts-Ta}{Ts} \times d\right)$

- $\triangle H$: 연기의 상승고(m)
- Vs : 배출가스 속도(m/sec)
- u : 풍속(m/sec)
- d : 안지름(m)
- P : 대기압(mba)
- Ts : 가스의 절대온도(273+tg°C)
- Ta : 대기(외기)의 절대온도(273+ta°C)

여기서,

$\triangle H = \frac{15m/sec \times 2m}{5m/sec} \times \left(1.5 + 2.68 \times 10^{-3} \times 1013.2mba\right.$
$\left. \times \frac{(273+127)-(273+27)}{(273+127)} \times 2m \right)$

$= 17.15m$

② He = H + △H
- He : 유효굴뚝높이(m)
- H : 실제굴뚝높이(m)
- △H : 연기의 상승고(m)

∴ He = 50m + 17.15m = 67.15m

02 실내공기 오염물질인 라돈에 대한 내용으로 틀린 것은 어느 것인가?

㉮ 주기율표에서 원자번호가 238번으로, 화학적으로 활성이 큰 물질이며, 흙속에서 방사선 붕괴를 일으킨다.
㉯ 무색, 무취의 기체로 액화되어도 색을 띠지 않는 물질이다.
㉰ 반감기는 3.8일로 라듐이 핵분열 할 때 생성되는 물질이다.
㉱ 자연계에 널리 존재하며, 건축자재 등을 통하여 인체에 영향을 미치고 있다.

풀이 ㉮ 주기율표에서 원자번호가 86번, 원자량은 222이며 화학적으로 거의 반응을 일으키지 않는다.

정답 01 ㉮   02 ㉮

03 1시간에 10,000대의 차량이 고속도로 위에서 평균시속 80km로 주행하며, 각 차량의 평균 탄화수소 배출률은 0.02g/sec이다. 바람이 고속도로와 측면 수직방향으로 5m/sec로 불고 있다면 도로지반과 같은 높이의 평탄한 지형의 풍하 500m 지점에서의 지상오염농도($\mu g/m^3$)는 얼마인가? (단, 대기는 중립상태, 풍하 500m에서의 σ_z = 15m, C(x, y, 0) = $\frac{2q}{(2\pi)^{\frac{1}{2}}\sigma_z U}\exp\left[-\frac{1}{2}\left(\frac{He}{\sigma_z}\right)^2\right]$ 를 이용하시오.)

㉮ 26.6$\mu g/m^3$ ㉯ 34.1$\mu g/m^3$
㉰ 42.4$\mu g/m^3$ ㉱ 51.2$\mu g/m^3$

 풀이

C(x, y, 0) = $\frac{2q}{(2\pi)^{\frac{1}{2}}\sigma_z U}\exp\left[-\frac{1}{2}\left(\frac{He}{\sigma_z}\right)^2\right]$

$\begin{cases} q : 탄화수소\ 배출률(g/sec \cdot m) \\ \sigma_z : 수직방향의\ 표준편차(m) \\ U : 풍속(m/sec) \\ H : 유효굴뚝높이(m) \end{cases}$

따라서, H = 0 이므로 $\frac{2q}{(2\pi)^{\frac{1}{2}}\sigma_z U}$ 로 계산한다.

∴ C = $\frac{(2 \times 0.02g/sec \times 10,000대/hr \times 1hr/80km \times 1km/1000m)g/sec \cdot m}{(2 \times \pi)^{\frac{1}{2}} \times 15m \times 5m/sec}$

= $2.66 \times 10^{-5} g/m^3$ = 26.60 $\mu g/m^3$

04 지상으로부터 500m까지의 평균 기온 감율이 0.85℃/100m 이다. 100m 고도의 기온이 15℃라 하면 300m에서의 기온(℃)은 얼마인가?

㉮ 13.30℃ ㉯ 12.45℃
㉰ 11.45℃ ㉱ 10.45℃

풀이 기온(℃)
= 15℃ - $\left\{\frac{0.85℃}{100m} \times (300m-100m)\right\}$ = 13.30℃

05 Fick의 확산방정식을 실제 대기에 적용시키기 위해 추가하는 가정으로 틀린 것은 어느 것인가?

㉮ 바람에 의한 오염물의 주(主)이동방향은 X축이다.
㉯ 하류로의 확산은 오염물이 바람에 의하여 X축을 따라 이동하는 것보다 강하다.
㉰ 과정은 안정상태이고, 풍속은 x, y, z 좌표 시스템내의 어느 점에서든 일정하다.
㉱ 오염물은 점오염원으로부터 계속적으로 방출된다.

TIP
Fick's 방정식의 가정조건
① 오염물은 점원으로부터 계속적으로 방출된다.
② 과정은 안정상태이다. 즉, $\frac{dc}{dt} = 0$
③ 풍속은 x, y, z 좌표 시스템내의 어느 점에서든 일정하다.
④ 바람에 의한 오염물의 주 이동방향은 X축이다.

정답 03 ㉮ 04 ㉮ 05 ㉯

06 바람을 일으키는 힘 중 기압경도력에 대한 내용으로 알맞은 것은 어느 것인가?

㉮ 수평 기압경도력은 등압선의 간격이 좁으면 강해지고, 반대로 간격이 넓으면 약해진다.
㉯ 지구의 자전운동에 의해서 생기는 가속도에 의한 힘을 말한다.
㉰ 극지방에서 최소가 되며, 적도지방에서 최대가 된다.
㉱ gradient wind 라고도 하며, 대기의 운동방향과 반대의 힘인 마찰력으로 인하여 발생된다.

풀이 ㉯ 전향력의 설명
㉰ 원심력의 설명
㉱ gradient wind는 경도풍이며, 마찰력에 의해 발생하는 바람은 지상풍이다.

07 다음 중 지구온난화 지수가 가장 큰 것은?

㉮ PFC_S(과불화탄소)
㉯ HFC_S(수소불화탄소)
㉰ CH_4
㉱ N_2O

풀이 지구온난화 지수(GWP)
㉮ PFC_S(과불화탄소) : 7,000
㉯ HFC_S(수소불화탄소) : 1,300
㉰ CH_4 : 21
㉱ N_2O : 310

08 대류권 내 건조대기의 성분 및 조성에 대한 내용으로 틀린 것은 어느 것인가?

㉮ 농도가 매우 안정된 성분으로는 산소, 질소, 이산화탄소, 아르곤 등이다.
㉯ 이산화질소, 암모니아 성분은 농도가 쉽게 변하는 물질에 해당한다.
㉰ 오존의 평균농도는 0.1~1ppm 정도로 지역별 오염도에 따라 일변화가 매우 크다.
㉱ 질소, 산소를 제외하고 가장 큰 부피를 차지하고 있는 물질은 아르곤이다.

풀이 ㉰ 오존의 허용농도는 0.1ppm 이하이고, 배경농도는 0.01~0.02 ppm 범위이다.

09 다음에서 설명하는 오염물질은 어느 것인가?

> 이 물질은 위장관에서 다른 원소들의 흡수에 영향을 미칠 수 있는데, 불소의 흡수를 억제하고, 칼슘과 철화합물의 흡수를 감소시키며, 소장에서 인과 결합하여 인 결핍과 골연화증을 유발한다.

㉮ 불화수소   ㉯ 자일렌
㉰ 알루미늄   ㉱ 니켈

풀이 ㉰ 알루미늄에 대한 설명이다.

10 석면폐증에 대한 내용으로 틀린 것은 어느 것인가?

㉮ 석면폐증은 폐의 석면분진 침착에 의한 섬유화이며, 흉막의 섬유화와는 무관하다.
㉯ 석면폐증은 폐상엽에서 주로 발생하며, 전이는 되지 않는 편이다.
㉰ 폐의 섬유화는 폐조직의 신축성을 감소시키고, 혈액으로의 산소공급을 불충분하게 한다.
㉱ 석면폐증은 비가역적이며, 석면노출이 중단된 이후에도 악화되는 경우가 있다.

풀이 ㉯ 석면폐증은 폐하엽에서 주로 발생하며, 흉막을 따라 폐중엽이나 설엽으로 퍼져 나간다.

11 입자상 물질의 크기 중 "마틴직경(Martin diameter)"의 설명으로 알맞은 것은 어느 것인가?

㉮ 입자상 물질의 그림자를 2개의 등면적으로 나눈 선의 길이를 직경으로 하는 것
㉯ 입자상 물질의 끝과 끝을 연결한 선 중 가장 긴 선을 직경으로 하는 것
㉰ 입경분포에서 개수가 가장 많은 입자를 직경으로 하는 것
㉱ 대수분포에서 중앙입경을 직경으로 하는 것

12 광화학 반응시 하루 중 오염물질의 일반적인 농도변화와 관련된 설명으로 틀린 것은 어느 것인가?

㉮ 알데히드는 대체적으로 오전 중에 감소경향을 나타내다가 오후가 되면서 오존과 더불어 서서히 증가한다.
㉯ 탄화수소 중에서 오존을 잘 형성시키는 것은 diolefins, olefins, aldehydes, alcohols 등이다.
㉰ NO_2는 오존의 농도가 최대에 도달할 때 통상적으로 아주 적게 생성된다.
㉱ NO와 탄화수소의 반응에 의해 NO_2는 오전 7시경을 전후로 해서 상당한 율로 발생하기 시작한다.

풀이 ㉮ 알데히드는 O_3 생성에 앞서 반응초기부터 생성되며 탄화수소의 감소에 대응한다.

13 가우시안형의 대기오염 확산방정식을 적용할 때, 지면에 있는 오염원으로부터 바람부는 방향으로 250m 떨어진 연기의 중심축상 지상 오염농도(mg/m^3)는 얼마인가? (단, 오염물질의 배출량은 5.5g/sec, 풍속은 5m/sec, σ_y = 22.5m, σ_z = 12m이다.)

㉮ $1.3 mg/m^3$ ㉯ $1.9 mg/m^3$
㉰ $2.3 mg/m^3$ ㉱ $2.7 mg/m^3$

풀이
$$C = \frac{Q}{\pi \cdot U \cdot \sigma_y \cdot \sigma_z} \exp\left[-\frac{1}{2}\left(\frac{He}{\sigma_z}\right)^2\right]$$

C : 농도(mg/m^3)
Q : 오염물질 배출량(mg/sec)
σ_y : 수평방향의 표준편차(m)
σ_z : 수직방향의 표준편차(m)
u : 풍속(m/sec)
He : 유효굴뚝높이(m)

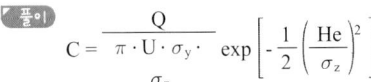
정답 10 ㉯ 11 ㉮ 12 ㉮ 13 ㉮

따라서,

He = 0이면 $C = \dfrac{Q}{\pi \cdot U \cdot \sigma_y \cdot \sigma_z}$ 로 계산한다.

$C = \dfrac{5.5 \times 10^3 \text{mg/sec}}{\pi \times 22.5\text{m} \times 12\text{m} \times 5\text{m/sec}} = 1.3 \text{mg/m}^3$

14 광화학적 산화제와 2차 대기오염물질에 대한 내용으로 틀린 것은 어느 것인가?

㉮ 자외선이 강할 때, 빛의 지속시간이 긴 여름철에 대기가 안정되었을 때 대기 중 광산화제의 농도가 높아진다.
㉯ PAN은 강산화제로 작용하며, 빛을 흡수하여 가시거리를 증가시키며, 고엽에 특히 피해가 큰 편이다.
㉰ 오존은 폐충혈과 폐수종 등을 유발하며 섬모운동의 기능장애를 일으킨다.
㉱ 오존은 성숙한 잎에 피해가 크며, 섬유류의 퇴색작용과 식물의 셀룰로우즈를 손상시킨다.

[풀이] ㉯ PAN은 강산화제로 작용하며, 빛을 분산시켜 가시거리를 감소시키며, 생활력이 왕성한 초엽에 피해가 크다.

15 비구형 입자의 크기를 역학적으로 산출하는 방법 중의 하나로 본래의 입자와 밀도 및 침강속도가 동일하다고 가정한 구형입자의 직경은 어느 것인가?

㉮ 종말직경   ㉯ 종단직경
㉰ 공기역학적직경   ㉱ 스톡스직경

[풀이] ㉱ 스톡스직경에 대한 설명이다.

16 굴뚝의 반경이 1.5m, 평균풍속이 180m/min인 경우 굴뚝의 유효연돌높이를 24m 증가시키기 위한 굴뚝 배출가스 속도(m/sec)는 얼마인가? (단, 연기의 유효상승 높이 $\triangle H = 1.5 \times \dfrac{W_s}{u} \times D$ 이용 하시오.)

㉮ 13m/sec   ㉯ 16m/sec
㉰ 26m/sec   ㉱ 32m/sec

[풀이] $\triangle H = 1.5 \times \dfrac{W_s}{u} \times D$

- $\triangle H$: 연기의 상승고(m)
- W_s : 연기의 배출속도(m/sec)
- u : 풍속(m/sec)
- D : 직경(m)

따라서

$24\text{m} = 1.5 \times \left(\dfrac{W_s}{180\text{m/min} \times 1\text{min}/60\text{sec}}\right) \times (1.5\text{m} \times 2)$

∴ $W_s = 16$ m/sec

17 대기오염물질이 인체에 미치는 영향으로 틀린 것은 어느 것인가?

㉮ 금속수은은 수은증기를 흡입하면 대부분 흡수되나 경구 섭취시에는 소구를 형성하므로 위장관으로는 잘 흡수되지 않는다.
㉯ 만성 연(Pb)중독 증상의 특징적인 5대 증상으로는 연창백, 연연, 코프로폴피린뇨, 호염기성 점적혈구, 심근마비 등을 들 수 있다.
㉰ 베릴륨 화합물은 흡입, 섭취 혹은 피부접촉으로 대부분 흡수된다.
㉱ 염소, 포스겐 및 질소산화물 등의 상기도 자극 증상은 경미한 반면, 수시간 경과 후 오히려 폐포를 포함한 하기도의 자극증상은 현저하게 나타나는 편이다.

정답 14 ㉯   15 ㉱   16 ㉯   17 ㉰

풀이 ㉰ 베릴륨 화합물은 흡입, 섭취 혹은 피부접촉으로는 거의 흡수되지 않는다.

18 다음 중 아황산가스에 대한 식물별 저항력이 가장 강한 것은 어느 것인가?

㉮ 연초 ㉯ 장미
㉰ 알팔파 ㉱ 쥐똥나무

풀이 SO_2에 대한 저항력이 강한 식물로는 양배추, 까치밤나무, 쥐똥나무, 셀러리, 소나무 등이 있다.

19 오존에 대한 설명으로 틀린 것은 어느 것인가?

㉮ 대기 중 오존의 배경농도는 0.01~0.02 ppm 정도이다.
㉯ 청정지역의 오존농도의 일변화는 도시지역보다 매우 크므로 대기 중 NO, NO_2 농도변화에 따른 오존의 광화학적 생성과 소멸을 밝히기에 유리하다.
㉰ 도시나 전원지역의 대기 중 오존농도는 가끔 NO_2의 광해리에 의해 생성될 때보다 높은 경우가 있는데 이는 오존을 소모하지 않고 NO가 NO_2로 산화되기 때문이다.
㉱ 대류권에서 오존의 생성율은 과산화기의 농도와 관계가 깊다.

풀이 ㉯ 청정지역의 대류권 오존농도는 일변화가 거의 없다.

20 일산화탄소(CO)에 대한 설명으로 틀린 것은 어느 것인가?

㉮ CO는 토양박테리아에 의해 이산화탄소로 산화됨으로써 대기 중에서 제거되거나 대류권 및 성층권에서 일어나는 광화학반응에 의해 제거되기도 한다.
㉯ 대기 중에서 CO의 평균 체류시간은 5~10년 정도로 대기 중 배경농도는 남반구에서는 0.1~0.5ppm 정도, 북반구에서는 1~2ppm 정도이다.
㉰ 강우에 의한 영향을 거의 받지 않으며, 유해한 화학반응을 거의 일으키지 않는 편이다.
㉱ 풍향과 풍속이 일정한 경우 도로 부근의 농도는 교통량과 비례하여 CO량이 증가되는 경향을 보인다.

풀이 ㉯ 대기 중에서 CO의 평균 체류시간은 1~3개월 정도, 지구의 위도별로 CO의 분포는 공업이 발달한 북위 50도 부근에서 최대치를 보인다.

정답 18 ㉱ 19 ㉯ 20 ㉯

| 제2과목 | 연소공학

21 연소학에서 사용되는 무차원수 중 "Nusselt number"의 의미로 알맞은 것은 어느 것인가?

㉮ 난류확산의 특성시간에 대한 화학반응의 특성시간의 비
㉯ 전도열 이동속도에 대한 대류열 이동속도의 비
㉰ 화염신장율
㉱ 온도 확산속도에 대한 운동량 확산속도의 비

22 가솔린엔진과 디젤엔진의 상대적인 특성을 비교한 내용으로 틀린 것은 어느 것인가?

㉮ 가솔린엔진은 예혼합연소, 디젤엔진은 확산연소에 가깝다.
㉯ 가솔린엔진은 연소실 크기에 제한을 받는 편이다.
㉰ 디젤엔진은 공급공기가 많기 때문에 배기가스 온도가 낮아 엔진 내구성에 유리하다.
㉱ 디젤엔진은 가솔린엔진에 비하여 자기 착화온도가 높아 검댕, CO, HC의 배출 농도 및 배출량이 많다.

[풀이] ㉱ 디젤엔진은 가속시에 NO_x와 매연이 많이 발생하지만, 공회전시에 CO와 HC는 적게 배출된다.

23 기체연료에 대한 설명으로 틀린 것은 어느 것인가?

㉮ 연료 속의 유황함유량이 적어 연소 배기가스 중 SO_2 발생량이 매우 적다.
㉯ 다른 연료에 비해 저장이 곤란하며, 공기와 혼합해서 점화하면 폭발 등의 위험도 있다.
㉰ 메탄을 주성분으로 하는 천연가스를 1기압하에서 -168℃ 정도로 냉각하여 액화시킨 연료를 LNG라 한다.
㉱ 발생로가스란 코크스나 석탄을 불완전연소해서 얻은 가스로 주성분은 CH_4와 H_2이다.

[풀이] ㉱ 발생로가스는 가열된 석탄 또는 코크스에 공기와 수증기를 연속적으로 주입하여 부분적으로 산화반응 시킴으로써 얻어지며, 주성분은 CO(25~30%), 수소(10~5%) 및 약간의 메탄이다.

24 다음 알콜연료 중 에테르, 아세톤, 벤젠 등 많은 유기물질을 용해하며, 무색의 독특한 냄새를 가지고, 모두 8종의 이성체가 존재하는 것은 어느 것인가?

㉮ 에탄올(C_2H_5OH)
㉯ 프로판올(C_3H_7OH)
㉰ 부탄올(C_4H_9OH)
㉱ 펜단올($C_5H_{11}OH$)

정답 21 ㉯ 22 ㉱ 23 ㉱ 24 ㉱

25 시간당 1ton의 석탄을 연소시킬 때 발생하는 SO_2는 $0.31Sm^3/min$이었다. 이 석탄의 황함유량(%)은 얼마인가? (단, 표준상태를 기준으로 하고, 석탄 중의 황성분은 연소하여 전량 SO_2가 된다.)

㉮ 2.66% ㉯ 2.97%
㉰ 3.12% ㉱ 3.40%

풀이
$S + O_2 \rightarrow SO_2$
32kg : $22.4Sm^3$

$1ton/hr \times 1hr/60min \times 10^3 kg/ton \times \dfrac{S(\%)}{100}$

$: 0.31Sm^3/min$

$\therefore S = 2.66\%$

26 미분탄 연소에 대한 설명으로 틀린 것은 어느 것인가?

㉮ 스토커 연소에 적합하지 않은 점결탄과 저발열량탄도 사용가능하다.
㉯ 사용연료의 범위가 넓고, 적은 공기비로 완전연소가 가능하다.
㉰ 재비산이 많고, 집진장치가 필요하게 된다.
㉱ 배관 중 폭발의 우려나 수송관의 마모 우려가 없다.

풀이 ㉱ 분쇄기 및 배관중에 폭발의 우려 및 수송관의 마모가 일어날 수 있다.

27 1mole의 프로판이 완전연소 할 때의 AFR은 얼마인가? (단, 부피기준이다.)

㉮ 9.5   ㉯ 19.5
㉰ 23.8 ㉱ 33.8

풀이 ① $C_3H_8 + 5O_2 \rightarrow 3CO_2 + 4H_2O$

② AFR(부피기준) $= \dfrac{\text{산소갯수} \times 22.4Sm^3 \times \dfrac{1}{0.21}}{\text{연료갯수} \times 22.4Sm^3}$

$= \dfrac{5 \times 22.4Sm^3 \times \dfrac{1}{0.21}}{1 \times 22.4Sm^3} = 23.8Sm^3/Sm^3$

28 3%의 황이 함유된 중유를 매일 100kL 사용하는 보일러에 황함량 1.5%인 중유를 30% 섞어 사용할 때 SO_2 배출량은 몇 % 감소하겠는가? (단, 중유의 황성분은 모두 SO_2로 전환되고, 중유비중 1.0으로 가정하시오.)

㉮ 30% ㉯ 25%
㉰ 15% ㉱ 10%

풀이 ① 처음사용량 : S함량이 3%인 100%로 구성된 연료 100kL
② 나중사용량 : S함량이 3%인 70% + S함량이 1.5%인 30%로 구성된 연료 100kL
③ 감소량(%) $= \left(1 - \dfrac{\text{나중사용}}{\text{처음사용}}\right) \times 100$

$= \left\{1 - \dfrac{(3\% \times 0.7 + 1.5\% \times 0.3) \times 100kL}{3\% \times 1 \times 100kL}\right\} \times 100$

$= 15\%$

29 화학반응속도는 일반적으로 Arrhenius 식으로 표현된다. 어떤 반응에서 화학반응상수가 27℃일 때에 비하여 77℃일 때 3배가 되었다면 이 화학반응의 활성화에너지(kcal/mole)는 얼마인가?

㉮ 2.3kcal/mole ㉯ 4.6kcal/mole
㉰ 6.9kcal/mole ㉱ 13.2kcal/mole

풀이 ① $\ln \dfrac{k_2}{k_1} = \dfrac{E(T_2-T_1)}{R \times T_2 \times T_1}$

$\ln 3 = \dfrac{E\{(273+77)-(273+27)\}}{8.314 J/mole \cdot k \times (273+77) \times (273+27)}$

∴ E = 19,181.11J/mole

② $E(kcal/mole) = \dfrac{19,181.11J}{mole} \times \dfrac{1cal}{4.2J} \times \dfrac{1kcal}{10^3 cal}$

= 4.6kcal/mole

30 다음은 유류연소용 버너에 대한 설명이다. ( )안에 알맞은 것은?

> ( )는 증기압 또는 공기압은 2~10 kg/cm²이고, 무화용 공기량은 이론공기량의 7~12% 정도이다. 유량조절비는 1:10 정도이며, 분무각도는 20~30° 정도이다.

㉮ 유압식 버너
㉯ 회전식 버너
㉰ 저압공기분무식 버너
㉱ 고압공기식 버너

풀이 ㉱ 고압공기식 버너에 대한 설명이다.

31 연소물을 연소하는 과정에서 질소산화물(NOₓ)이 발생하게 된다. 다음 반응 중 질소산화물(NOₓ) 생성과정에서 발생하는 Prompt NOₓ의 주된 반응식으로 알맞은 것은 어느 것인가?

㉮ N + NH₃ → N₂ + 1.5H₂
㉯ N₂ + O₅ → 2NO + 1.5O₂
㉰ CH₄ + N₂ → HCN + N
㉱ N + N → N₂

32 발열량에 대한 설명으로 틀린 것은 어느 것인가?

㉮ 단위질량의 연료가 완전연소 후, 처음의 온도까지 냉각될 때 발생하는 열량을 말한다.
㉯ 일반적으로 수증기의 증발잠열은 이용이 잘 안되기 때문에 저위발열량이 주로 사용된다.
㉰ 측정위치에 따라 고위발열량과 저위발열량으로 구분된다.
㉱ 고체연료의 경우 kcal/kg, 기체연료의 경우 kcal/Sm³의 단위를 사용한다.

풀이 ㉰ 수분의 증발잠열 포함 유무에 따라 고위발열량과 저위발열량으로 구분된다.

정답 9 ㉯ 30 ㉱ 31 ㉰ 32 ㉰

33 중유 중의 황분이 중량비로 S%인 중유를 매시간 W(L)사용하는 연소로에서 배출되는 황산화물의 배출량(m^3/hr)은 얼마인가? (단, 표준상태기준, 중유비중 0.9, 황분은 전량 SO_2로 배출된다.)

㉮ 21.4SW ㉯ 1.24SW
㉰ 0.0063SW ㉱ 0.789SW

풀이 $S + O_2 \rightarrow SO_2$
32kg : 22.4Sm^3
W(L/hr)×0.9kg/L×$\frac{S\%}{100}$: X

∴ X = 0.0063WS(Sm^3/hr)

34 메탄올(CH_3OH) 10kg을 완전 연소할 때 필요한 이론공기량(Sm^3)은 얼마인가?

㉮ 20Sm^3 ㉯ 30Sm^3
㉰ 40Sm^3 ㉱ 50Sm^3

풀이 ① $CH_3OH + 1.5O_2 \rightarrow CO_2 + 2H_2O$
32kg : 1.5×22.4Sm^3
10kg : X(산소량)

∴ X(산소량) = $\frac{10kg \times 1.5 \times 22.4Sm^3}{32kg}$
= 10.5Sm^3

② 이론공기량(Sm^3) = 이론산소량(Sm^3)×$\frac{1}{0.21}$
= 10.5Sm^3×$\frac{1}{0.21}$ = 50Sm^3

35 유동층 연소에 대한 설명으로 틀린 것은 어느 것인가?

㉮ 유동화가 행해지는 공기유속의 범위는 한정되어 있으며, 통상 0.3~4m/s 정도이다.
㉯ 비교적 고온에서 연소가 행해지므로 열생성 NO_X가 많고, 전열관의 부식이 문제가 된다.
㉰ 연료의 층내 체류시간이 길어 저발열량의 석탄도 완전 연소가 가능하다.
㉱ 유동매체에 석회석 등의 탈황제를 사용하여 로내 탈황도 가능하다.

풀이 ㉯ 비교적 낮은 온도에서 연소가 행해지므로 열생성 NO_X가 적다.

36 탄소 86%, 수소 13%, 황 1%의 중유를 연소하여 배기가스를 분석했더니 $CO_2 + SO_2$가 13%, O_2가 3%, CO가 0.5%이었다. 건조 연소가스 중의 SO_2 농도(ppm)는 얼마인가? (단, 표준상태 기준)

㉮ 약 590ppm ㉯ 약 970ppm
㉰ 약 1,120ppm ㉱ 약 1,480ppm

풀이 $SO_2(ppm) = \frac{SO_2량}{Gd} \times 10^6$(ppm)

① 공기비(m) = $\frac{N_2\%}{N_2\% - 3.76 \times (O_2\% - 0.5CO\%)}$

= $\frac{83.5\%}{83.5\% - 3.76 \times (3\% - 0.5 \times 0.5\%)}$ = 1.141

② $A_o = 8.89C + 26.67\left(H - \frac{O}{8}\right) + 3.33S$($Sm^3$/kg)
= 8.89×0.86 + 26.67×0.13 + 3.33×0.01
= 11.1458Sm^3/kg

③ Gd = $mA_o - 5.6H + 0.7O + 0.8N$($Sm^3$/kg)
= 1.141×11.1458Sm^3/kg - 5.6×0.13
= 11.9894Sm^3/kg

④ SO_2ppm = $\frac{0.7 \times 0.01Sm^3/kg}{11.9894Sm^3/kg} \times 10^6$ = 583.85ppm

정답 33 ㉰ 34 ㉱ 35 ㉯ 36 ㉮

TIP

① $N_2(\%) = 100 - (CO_2\% + O_2\% + CO\%)$
　　　　$= 100 - (13\% + 3\% + 0.5\%) = 83.5\%$
② SO_2량$(Sm^3/kg) = 0.7S(Sm^3/kg)$

37 연료 중 질소와 산소를 포함하지 않은 액체 및 고체연료의 이론건조 배출가스량 God와 이론공기량 A_o의 관계식으로 알맞은 것은 어느 것인가?

㉮ God = A_o + 5.6H
㉯ God = A_o - 5.6H
㉰ God = A_o + 11.2H
㉱ God = A_o - 11.2H

풀이 이론건연소가스량(God)
= A_o - 5.6H + 0.7O + 0.8N(Sm^3/kg)

38 다음 중 공기비(m〉1)에 관한 식으로 틀린 것은 어느 것인가? (단, 실제공기량 : A, 이론공기량 : A_o, 배출가스 중 질소량 : $N_2(\%)$, 배출가스 중 산소량 : $O_2(\%)$)

㉮ m = A/A_o
㉯ m = $21/(21-O_2)$
㉰ m = 1 + (과잉공기량/A_o)
㉱ m = $N_2/(N_2 - 4.76O_2)$

풀이 ㉱ m = $\dfrac{N_2}{N_2 - 3.76 \times O_2}$

39 질소산화물(NO_X)생성 특성에 대한 설명으로 틀린 것은 어느 것인가?

㉮ 일반적으로 동일 발열량을 기준으로 NO_X 배출량은 석탄 〉 오일 〉 가스 순이다.
㉯ 연료 NO_X는 주로 질소성분을 함유하는 연료의 연소과정에서 생성된다.
㉰ 천연가스에는 질소성분이 거의 없으므로 연료의 NO_X생성은 무시할 수 있다.
㉱ 고정오염원에서 배출되는 질소산화물은 주로 NO_2이며, 소량의 NO를 함유한다.

풀이 ㉱ 고정오염원에서 배출되는 질소산화물은 주로 NO이며, 소량의 NO_2를 함유한다.

40 기체연료의 연소방법에 대한 설명으로 틀린 것은 어느 것인가?

㉮ 확산연소는 화염이 길고 그을음이 발생하기 쉽다.
㉯ 예혼합연소에는 포트형과 버너형이 있다.
㉰ 예혼합연소는 화염온도가 높아 연소부하가 큰 경우에 사용이 가능하다.
㉱ 예혼합연소는 혼합기의 분출속도가 느릴 경우 역화의 위험이 있다.

풀이 ㉯ 확산연소에는 포트형과 버너형이 있다.

정답 37 ㉯ 38 ㉱ 39 ㉱ 40 ㉯

| 제3과목 | 대기오염방지기술

41 온도 25℃ 염산액적을 포함한 배출가스 1.5m³/s를 폭 9m, 높이 7m, 길이 10m의 침강집진기로 집진 제거하고자 한다. 염산비중이 1.6이라면 이 침강집진기가 집진할 수 있는 최소제거입경(μm)은 얼마인가? (단, 25℃에서의 공기점도 1.85×10^{-5}kg/m·s이다.)

㉮ 약 12μm ㉯ 약 19μm
㉰ 약 32μm ㉱ 약 42μm

풀이
$$d = \sqrt{\frac{18\mu \cdot Q}{(\rho_s - \rho) \cdot g \cdot B \cdot L}} \times 10^6 (\mu m)$$
$$= \sqrt{\frac{18 \times 1.85 \times 10^{-5} kg/m \cdot sec \times 1.5 m^3/sec}{1.6 \times 10^3 kg/m^3 \times 9.8 m/sec^2 \times 9m \times 10m}} \times 10^6$$
$$= 18.81 \mu m$$

42 다음 세정집진장치 중 입구유속(기본유속)이 가장 빠른 것은 어느 것인가?

㉮ Jet scrubber
㉯ Venturi scrubber
㉰ Theisen Washer
㉱ Cyclone scrubber

풀이 ㉯ Venturi scrubber의 입구유속이 60~90m/sec로 가장 빠르다.

43 전기집진장치 내 먼지의 겉보기 이동속도는 0.11m/sec, 5m×4m인 집진판 182매를 설치하여 유량 9,000m³/min를 처리할 경우 집진효율(%)은 얼마인가? (단, 내부 집진판은 양면집진, 2개의 외부 집진판은 각 하나의 집진면을 가진다.)

㉮ 98.0% ㉯ 98.8%
㉰ 99.0% ㉱ 99.5%

풀이
$$\eta = \left\{1 - \exp\frac{-A \times We}{Q}\right\} \times 100$$
$$= \left\{1 - \exp\frac{-5m \times 4m \times 362 \times 0.11 m/sec}{9,000 m^3/min \times 1 min/60 sec}\right\} \times 100$$
$$= 99.51\%$$

TIP
단수(n) = 180매(양면)×2+2매(단면)×1 = 62매

44 사이클론의 운전조건과 치수가 집진율에 미치는 영향으로 틀린 것은 어느 것인가?

㉮ 함진가스의 온도가 높아지면 가스의 점도가 커져 집진율은 저하되나 그 영향은 크지 않은 편이다.
㉯ 입구의 크기가 작아지면 처리가스의 유입속도가 빨라져 집진율과 압력손실은 증가한다.
㉰ 출구의 직경이 작을수록 집진율은 증가하지만 동시에 압력손실도 증가하고 함진가스의 처리능력도 떨어진다.
㉱ 원통의 직경이 클수록 집진율이 증가한다.

풀이 ㉱ 원통의 직경이 작을수록 집진율이 증가한다.

정답 41 ㉯ 42 ㉯ 43 ㉱ 44 ㉱

45 전기집진장치에서 입구먼지 농도가 10 g/Sm³, 출구먼지 농도가 0.1g/Sm³이었다. 출구먼지 농도를 50mg/Sm³로 하기 위해서는 집진극 면적을 약 몇 배 정도로 넓게 하면 되는가?(단, 다른 조건은 변하지 않는다.)

㉮ 1.15배   ㉯ 1.55배
㉰ 1.85배   ㉱ 2.05배

[풀이] 전기집진장치에서 효율 구하는 공식

$$\eta = \left(1 - \exp\frac{-A \times We}{Q}\right) \times 100$$

$$A = \ln(1-\eta) \times \left(\frac{-Q}{We}\right)$$

① $\eta_1 = \left(1 - \frac{C_o}{C_i}\right) \times 100 = \left(1 - \frac{0.1g/Sm^3}{10g/Sm^3}\right) \times 100$
   $= 99\%$

따라서
$A_1 = LN(1-0.99) \times \left(\frac{-Q}{We}\right) = 4.605\left(\frac{Q}{We}\right)$

② $\eta_2 = \left(1 - \frac{C_o}{C_i}\right) \times 100 = \left(1 - \frac{0.05g/Sm^3}{10g/Sm^3}\right) \times 100$
   $= 99.5\%$

따라서
$A_2 = LN(1-0.995) \times \left(\frac{-Q}{We}\right) = 5.2983\left(\frac{Q}{We}\right)$

③ 집진극의 면적변화

$$\frac{A_2}{A_1} = \frac{5.2983\left(\frac{Q}{We}\right)}{4.605\left(\frac{Q}{We}\right)} = 1.15배$$

46 배출가스 중에 함유된 질소산화물 처리를 위한 건식법 중 선택적 촉매환원법(SCR)에 대한 설명으로 틀린 것은 어느 것인가?

㉮ 환원제로는 NH_3가 사용된다.
㉯ 질소산화물 전환율은 반응온도에 따라 종모양(bell-shape)을 나타낸다.
㉰ 질소산화물이 촉매에 의하여 선택적으로 환원되어 질소분자와 물로 전환된다.
㉱ 촉매 선택성에 의해 NO의 환원반응만 있고, 기타 산화반응 등의 부반응은 없다.

[풀이] ㉱ 촉매 선택성에 의해 NO의 환원반응과 기타 산화반응 등의 부반응이 일어난다.

47 1atm, 20℃에서 공기 동점성계수 $\nu = 1.5 \times 10^{-5} m^2/s$일 때 관의 지름을 50mm로 하면 그 관로에서의 풍속(m/s)은 얼마인가? (단, 레이놀즈 수는 2.5×10^4이다.)

㉮ 2.5m/s   ㉯ 5.0m/s
㉰ 7.5m/s   ㉱ 10.0m/s

[풀이]
$$Re = \frac{D \times V \times \rho}{\mu} = \frac{D \times V}{\nu}$$

$$2.5 \times 10^4 = \frac{50 \times 10^{-3}m \times V}{1.5 \times 10^{-5} m^2/sec}$$

$$V = \frac{2.5 \times 10^4 \times 1.5 \times 10^{-5} m^2/sec}{50 \times 10^{-3}m} = 7.5 m/sec$$

정답 45 ㉮   46 ㉱   47 ㉰

48 전기집진장치의 처리가스 유량 110m³/min, 집진극 면적 500m², 입구 먼지농도 30g/Sm³, 출구 먼지농도 0.2g/Sm³ 이고 누출이 없을 때 충전입자의 이동속도(m/sec)는 얼마인가? (단, Deutsch 효율식을 적용 하시오.)

㉮ 0.013m/s ㉯ 0.018m/s
㉰ 0.023m/s ㉱ 0.028m/s

풀이
① $\eta = \left(1 - \dfrac{C_o}{C_i}\right) \times 100 = \left(1 - \dfrac{0.2g/Sm^3}{30g/Sm^3}\right) \times 100$
  $= 99.33\%$

② $\eta = \left(1 - \exp\dfrac{-A \times We}{Q}\right) \times 100$

  $0.9933 = 1 - \exp\left\{\dfrac{-500m^2 \times we}{110m^3/min \times 1min/60sec}\right\}$

  $\therefore we = \dfrac{LN(1-0.9933)}{\dfrac{-500m^2}{110m^3/min \times 1min/60sec}}$

  $= 0.018m/sec$

49 냄새물질의 특성에 대한 설명으로 틀린 것은 어느 것인가?

㉮ 냄새분자를 구성하는 원소로는 C, H, O, N, S, Cl 등이다.
㉯ 냄새물질로 분자량이 가장 작은 것은 암모니아이며, 분자량이 큰 물질은 냄새강도가 분자량에 비례하여 강해지는 경향이 있다.
㉰ 냄새물질은 화학반응성이 풍부하다.
㉱ 화학물질이 냄새물질로 되기 위해서는 친유성기와 친수성기의 양기를 가져야 한다.

풀이 ㉯ 냄새물질로 분자량이 가장 작은 것은 암모니아이며, 분자량이 큰 물질은 냄새강도가 분자량에 반비례하여 약해지는 경향이 있다.

50 배출가스 중 먼지농도가 2500mg/Sm³인 먼지를 처리하고자 제진효율이 60%인 중력집진장치, 80%인 원심력집진장치, 85%인 세정집진장치를 직렬로 연결하여 사용해 왔다. 여기에 효율이 85%인 여과집진장치를 하나 더 직렬로 연결할 때, 전체집진효율(①)과 이 때 출구의 먼지농도 (②)는 각각 얼마인가?

㉮ ① 97.5% ② 62.5mg/Sm³
㉯ ① 98.3% ② 42.5mg/Sm³
㉰ ① 99.0% ② 25mg/Sm³
㉱ ① 99.8% ② 5mg/Sm³

풀이
① $\eta_T = 1 - (1-\eta_1) \times (1-\eta_2) \times (1-\eta_3) \times (1-\eta_4)$
  $= 1 - (1-0.60) \times (1-0.80) \times (1-0.85) \times (1-0.85)$
  $= 0.9982$
  따라서 $\eta_T = 99.82\%$

② $\eta_T = \left(1 - \dfrac{C_o}{C_i}\right) \times 100$

  $99.82\% = \left(1 - \dfrac{C_o}{2500mg/Sm^3}\right) \times 100$

  $\therefore C_o = 2500mg/Sm^3 \times (1-0.9982) = 4.5mg/Sm^3$

51 다음은 원심송풍기에 관한 설명이다. ( )안에 알맞은 것은?

> ( )은 익현길이가 짧고 깃폭이 넓은 36~64매나 되는 다수의 전경깃이 강철판의 회전차에 붙여지고, 용접해서 만들어진 케이싱 속에 삽입된 형태의 팬으로서 시로코팬이라고도 널리 알려져 있다.

㉮ 레이디얼팬 ㉯ 터오보팬
㉰ 다익팬   ㉱ 익형팬

풀이 ㉰ 다익팬에 대한 설명이다.

정답 48 ㉯ 49 ㉯ 50 ㉱ 51 ㉰

52 벤츄리스크러버의 액가스비를 크게 하는 요인으로 틀린 것은 어느 것인가?

㉮ 먼지 입자의 점착성이 클 때
㉯ 먼지 입자의 친수성이 클 때
㉰ 먼지의 농도가 높을 때
㉱ 처리가스의 온도가 높을 때

[풀이] ㉯ 먼지 입자의 친수성이 작을 때

53 다음 각 집진장치의 유속과 집진특성에 대한 설명으로 틀린 것은 어느 것인가?

㉮ 중력집진장치와 여과집진장치는 기본유속이 작을수록 미세한 입자를 채취한다.
㉯ 원심력집진장치는 적정 한계내에서는 입구유속이 빠를수록 효율은 높은 반면 압력손실은 높아진다.
㉰ 벤츄리스크러버와 제트스크러버는 기본유속이 작을수록 집진율이 높다.
㉱ 건식 전기집진장치는 재비산 한계내에서 기본유속을 정한다.

[풀이] ㉰ 벤츄리스크러버는 기본유속이 클수록 집진율이 높다.

54 다음 중 물을 가압 공급하여 함진가스를 세정하는 방식의 가압수식 스크러버로 틀린 것은 어느 것인가?

㉮ Venturi scrubber
㉯ Impulse scrubber
㉰ Packed tower
㉱ Jet scrubber

[풀이] ㉯ Impulse scrubber는 회전식에 속한다.

55 흡수탑에 적용되는 흡수액 선정시 고려할 사항으로 가장 거리가 먼 것은?

㉮ 휘발성이 커야 한다.
㉯ 용해도가 커야 한다.
㉰ 비점이 높아야 한다.
㉱ 점도가 낮아야 한다.

[풀이] ㉮ 휘발성이 작아야 한다.

56 다이옥신의 처리대책으로 틀린 것은 어느 것인가?

㉮ 촉매분해법 : 촉매로는 금속산화물(V_2O_5, TiO_2 등), 귀금속(Pt, Pd)이 사용된다.
㉯ 광분해법 : 자외선파장(250~340nm)이 가장 효과적인 것으로 알려져 있다.
㉰ 열분해방법 : 산소가 아주 적은 환원성 분위기에서 탈염소화, 수소첨가반응 등에 의해 분해시킨다.
㉱ 오존분해법 : 수중 분해시 순수의 경우는 산성일수록, 온도는 20℃ 전후에서 분해속도가 커지는 것으로 알려져 있다.

[풀이] ㉱ 오존분해법 : 염기성 조건일수록, 온도가 높을수록 분해속도가 커진다.

57 사이클론의 반경이 50cm인 원심력 집진장치에서 입자의 접선방향속도가 10 m/s 이라면 분리계수는 얼마인가?

㉮ 10.2
㉯ 20.4
㉰ 34.5
㉱ 40.9

[풀이] 분리계수(S) = $\dfrac{V^2}{Rg}$ = $\dfrac{(10m/sec)^2}{0.5m \times 9.8m/sec^2}$ = 20.41

정답 52 ㉯ 53 ㉰ 54 ㉯ 55 ㉮ 56 ㉱ 57 ㉯

58 입자상 물질에 대한 설명으로 틀린 것은 어느 것인가?

㉮ 공기동력학경은 stokes경과 달리 입자밀도를 $1g/cm^3$으로 가정함으로써 보다 쉽게 입경을 나타낼 수 있다.
㉯ 비구형 입자에서 입자의 밀도가 1보다 클 경우 공기동력학경은 stokes경에 비해 항상 크다고 볼 수 있다.
㉰ cascade impactor는 관성충돌을 이용하여 입경을 간접적으로 측정하는 방법이다.
㉱ 직경 d인 구형입자의 비표면적은 d/6 이다.

풀이 ㉱ 직경 d인 구형입자의 비표면적은 6/d 이다.

59 다음 악취물의 공기 중 최소감지농도(ppm)가 가장 낮은 것은 어느 것인가?

㉮ 아세톤 ㉯ 암모니아
㉰ 염화메틸렌 ㉱ 페놀

60 흡착, 흡착제 및 흡착선택성에 대한 설명으로 틀린 것은 어느 것인가?

㉮ 알콜류, 초산, 벤젠류 등은 잘 흡착되는 것에 해당한다.
㉯ 에틸렌, 일산화질소 등은 흡착효과가 거의 없는 것에 해당한다.
㉰ 화학흡착은 흡착과정에서 발열량이 적고, 흡착제의 재생이 용이하다.
㉱ silicagel은 250℃ 이하에서 물 및 유기물을 잘 흡착한다.

풀이 ㉰ 화학흡착은 흡착과정에서 발열량이 크고, 흡착제의 재생이 용이하지 못하다.

제4과목 대기오염공정시험기준

61 배출가스 중 황화수소을 분석하는 자외선/가시선분광법–메틸렌블루법에 대한 설명으로 틀린 것은?

㉮ 배출가스 중의 황화수소를 수산화소듐용액에 흡수시킨다.
㉯ 메틸렌블루의 흡광도를 670nm에서 측정한다.
㉰ 시료가스 채취량이 (0.1~20)L인 경우 정량범위는 (1.7~140)ppm이다.
㉱ 시료채취관에서 흡수병까지의 연결관은 가능한 짧게 한다.

풀이 ㉮ 배출가스 중의 황화수소를 아연아민착염용액에 흡수시킨다.

62 분석대상가스 중 아세틸아세톤함유 흡수액으로 사용하는 것은 어느 것인가?

㉮ 사이안화수소 ㉯ 벤젠
㉰ 비소 ㉱ 폼알데하이드

풀이 폼알데하이드를 아세틸아세톤법을 이용해 분석할 때 흡수액은 아세틸아세톤함유흡수액이다.

정답 58 ㉱ 59 ㉱ 60 ㉰ 61 ㉮ 62 ㉱

63 화학분석 일반사항에 관한 규정 중 규정된 시약, 시액, 표준물질에 관한 사항으로 틀린 것은 어느 것인가?

㉮ 시험에 사용하는 표준품은 원칙적으로 특급시약을 사용한다.
㉯ 표준액을 조제하기 위한 표준용시약은 따로규정이 없는 한 데시케이터에 보존된 것을 사용한다.
㉰ 표준품을 채취할 때 표준액이 정수로 기재되어 있는 경우는 실험자가 환산하여 기재수치에 "약"자를 붙여 사용할 수 없다.
㉱ "약"이란 그 무게 또는 부피에 대하여 ±10% 이상의 차가 있어서는 안된다.

[풀이] ㉰ 표준품을 채취할 때 표준액이 정수로 기재되어 있는 경우는 실험자가 환산하여 기재수치에 "약"자를 붙여 사용할 수 있다.

64 굴뚝 배출가스 중 일산화탄소를 정전위전해법으로 분석하고자 할 때 주요 성능기준에 관한 설명으로 틀린 것은 어느 것인가?

㉮ 적용범위 : 적용범위는 최고 5%로 한다.
㉯ 재현성 : 재현성은 측정범위 최대 눈금값의 ±2% 이내로 한다.
㉰ 드리프트 : 고정형은 24시간, 이동형은 4시간 연속 측정하여 제로 드리프트 및 스팬 드리프트는 어느 것이나 최대 눈금값의 ±2% 이내로 한다.
㉱ 응답시간 : 90% 응답시간은 2분 30초 이내로 한다.

[풀이] ㉮ 적용범위 : 적용범위는 최고 3%로 한다.

65 흡광광도 분석장치로 측정한 A물질의 투과퍼센트 지시치가 25%일 때 A물질의 흡광도는 얼마인가?

㉮ 0.25
㉯ 0.50
㉰ 0.60
㉱ 0.82

[풀이] 흡광도(A) = $\log \dfrac{1}{투과도}$ = $\log \dfrac{1}{0.25}$ = 0.60

66 다음은 배출가스 중 금속화합물을 원자흡수분광광도법으로 분석하기 위한 시료의 전처리(회화법)에 관한 설명이다. ( ) 안에 알맞은 것은?

> 회화법은 시료를 채취한 여과지를 적당한 크기로 자르고, 자기도가니에 넣은 다음, 전기로를 써서 (①)℃에서 회화한 다음 백금도가니에 옮겨 넣는다. 여기에 (1+3) 황산 몇 방울과 (②) 20mL를 가하고 통풍실 안에서 가열판위에 올려놓고 극히 서서히 가열한다.

㉮ ① 500, ② HF
㉯ ① 1500, ② HF
㉰ ① 500, ② 4% NaOH
㉱ ① 1500, ② 4% NaOH

67 굴뚝 배출가스 중 질소산화물을 자외선/가시선분광법 아연환원나프틸에틸렌다이아민법으로 분석할 경우 흡수액으로 알맞은 것은?

㉮ 수산화소듐용액
㉯ 질산용액
㉰ 붕산용액
㉱ 황산용액

정답 63 ㉰ 64 ㉮ 65 ㉰ 66 ㉮ 67 ㉱

풀이 질소산화물을 자외선/가시선분광법 아연환원나프틸에틸렌다이아민법으로 분석 시 흡수액은 0.005 mol/L 황산용액이다.

68 다음은 DNPH 유도체화 고성능액체크로마토그래피(HPLC/UV) 분석법에 관한 설명이다. ( )안에 알맞은 것은?

> 이 시험방법은 카보닐화합물과 DNPH가 반응하여 형성된 DNPH 유도체를 아세토나이트릴(acetonitrile) 용매로 추출하여 고성능액체크로마토그래피(HPLC)를 이용하여 ( )파장에서 분석한다.

㉮ 자외선(UV) 검출기의 180nm
㉯ 자외선(UV) 검출기의 220nm
㉰ 자외선(UV) 검출기의 360nm
㉱ 자외선(UV) 검출기의 480nm

69 반자동식 채취기에 의한 방법으로 배출가스 중 먼지를 측정하고자 할 경우 흡입노즐에 관한 설명이다. ( )안에 알맞은 것은?

> 흡입노즐의 안과 밖의 가스흐름이 흐트러지지 않도록 흡입노즐 내경(d)은 (①)으로 한다. 흡입노즐의 내경(d)는 정확히 측정하여 0.1mm 단위까지 구하여 둔다. 흡입노즐의 꼭지점은 (②)의 예각(銳角)이 되도록 하고 매끈한 반구모양으로 한다.

㉮ ① 2mm 이상, ② 30°이하
㉯ ① 2mm 이상, ② 45°이하
㉰ ① 3mm 이상, ② 30°이하
㉱ ① 4mm 이상, ② 45°이하

70 환경대기 중 다환방족탄화수소류(PAHs)에서 증기상태로 존재하는 PAHs를 채취하는 물질로 틀린 것은 어느 것인가?

㉮ 석영필터(quartz filter)
㉯ XAD-2 수지
㉰ PUF(polyurethane foam)
㉱ Tenax

71 비분산 적외선 분석법에 적용되는 용어의 정의로 틀린 것은 어느 것인가?

㉮ 정필터형 : 측정성분이 흡수되는 적외선을 그 흡수파장에서 측정하는 방식
㉯ 반복성 : 동일한 분석계를 이용하여 다른 측정대상을 동일한 방법과 조건으로 비교적 장시간에 반복적으로 측정하는 경우에 측정치의 일치정도
㉰ 비교가스 : 시료셀에서 적외선 흡수를 측정하는 경우 대조가스로 사용하는 것으로 적외선을 흡수하지 않는 가스
㉱ 비분산 : 빛을 프리즘이나 회절격자와 같은 분산소자에 의해 분산하지 않는 것

풀이 ㉯ 반복성 : 동일한 분석계를 이용하여 다른 측정대상을 동일한 방법과 조건으로 비교적 단시간에 반복적으로 측정하는 경우로서 개개의 측정치가 일치하는 정도

정답 68 ㉰ 69 ㉰ 70 ㉮ 71 ㉯

72 매연 측정방법 중 불투명도법에 대한 설명으로 알맞은 것은 어느 것인가?

㉮ 측정자는 건물로부터 배출가스를 분명하게 관측할 수 있는 3km 이내의 거리에 위치해야 한다.
㉯ 비탁도는 최소 0.5도 단위로 측정값을 기록한다.
㉰ 입자상 물질이 건물로부터 제일 적게 새어나오는 곳을 대상으로 하여 측정한다.
㉱ 비탁도에 10%를 곱한 값을 불투명도 값으로 한다.

풀이 ㉮ 측정자는 건물로부터 배출가스를 분명하게 관측할 수 있는 1km 이내의 거리에 위치해야 한다.
㉰ 입자상 물질이 건물로부터 제일 많이 새어나오는 곳을 대상으로 하여 측정한다.
㉱ 비탁도에 20%를 곱한 값을 불투명도 값으로 한다.

73 대기 중에 부유하고 있는 입자상물질 시료채취 방법인 고용량공기시료채취기법에 대한 설명으로 틀린 것은 어느 것인가?

㉮ 채취입자의 입경은 일반적으로 0.01~100μm 범위이다.
㉯ 공기흡입부는 무부하(無負荷)일 때의 흡입유량은 보통 0.5m³/hr 범위 정도로 한다.
㉰ 공기흡입부, 여과지홀더, 유량측정부 및 보호상자로 구성된다.
㉱ 채취용 여과지는 보통 0.3μm 되는 입자를 99% 이상 채취할 수 있는 것을 사용한다.

풀이 ㉯ 공기흡입부는 무부하(無負荷)일 때의 흡입유량은 보통 2m³/min 범위 정도로 한다.

74 환경대기 중 석면측정방법에 대한 설명으로 틀린 것은 어느 것인가? (단, 위상차현미경법 기준)

㉮ 주간시간대에(오전 8시~오후 7시) 10L/min으로 1시간만 측정한다.
㉯ 석면의 굴절률은 약 1.5로 일반 현미경으로는 식별이 어렵고 위상차현미경으로 계수하면 편리하다.
㉰ 석면은 먼지 중 길이 3μm 이상이고 길이와 폭이 5:1 이상인 석면섬유를 계수대상물로 정의한다.
㉱ 계수를 위한 장치로서 현미경은 배율 10배의 대안렌즈 및 10배와 40배 이상의 대물렌즈를 가진 위상차 현미경 또는 간접위상차 현미경이 필요하다.

풀이 ㉰ 석면은 먼지 중 길이 5μm 이상이고 길이와 폭이 3:1 이상인 석면섬유를 계수대상물로 정의한다.

75 굴뚝 배출가스 중 브로민화합물의 분석방법 중 자외선/가시선분광법에 대한 설명으로 틀린 것은?

㉮ 배출가스 중 브로민화합물을 수산화소듐용액에 흡수시킨다.
㉯ 다이크로뮴산포타슘용액을 사용하여 브로민으로 산화시킨다.
㉰ 정량한계는 브로민화합물로서 (1.8 ~ 17.0)ppm이다.
㉱ 염화수소 100ppm, 염소 10ppm, 이산화황 50ppm까지는 영향이 없다.

풀이 ㉯ 과망간산포타슘용액을 사용하여 브로민으로 산화시킨다.

정답 72 ㉯ 73 ㉯ 74 ㉰ 75 ㉯

76 굴뚝 배출가스 유속을 피토우관으로 측정한 결과가 다음과 같을 때 배출가스 유속(m/sec)은 얼마인가?

- 동압 : 100mmH₂O
- 배출가스 온도 : 295℃
- 표준상태 배출가스 비중량 : 1.2kg/m³ (0℃, 1기압)
- 피토우관계수 : 0.87

㉮ 43.7m/s ㉯ 48.2 m/s
㉰ 50.7 m/s ㉱ 54.3 m/s

[풀이]

$V = C \times \sqrt{\dfrac{2gh}{r}}$

① $r(kg/m^3) = 1.2kg/Sm^3 \times \dfrac{273}{273+295}$
   $= 0.5768 kg/Sm^3$

② $V = 0.87 \times \sqrt{\dfrac{2 \times 9.8/sec^2 \times 100mmH_2O}{0.5768 kg/m^3}}$
   $= 50.72 m/sec$

77 굴뚝 배출가스 중 총탄화수소 측정을 위한 장치 구성조건 등에 대한 설명으로 틀린 것은 어느 것인가?

㉮ 총탄화수소 분석기는 흡광차분광방식 또는 비불꽃(non flame)이온크로마토그램방식의 분석기를 사용하며 폭발위험이 없어야 한다.
㉯ 시료채취관은 스테인리스강 또는 이와 동등한 재질의 것으로 하고 굴뚝중심 부분의 10% 범위 내에 위치할 정도의 길이의 것을 사용한다.
㉰ 기록계를 사용하는 경우에는 최소 4회/분이 되는 기록계를 사용한다.
㉱ 영점가스로는 총탄화수소농도(프로판 또는 탄소등가 농도)가 0.1ppmv 이하 또는 스팬값의 0.1% 이하인 고순도 공기를 사용한다.

[풀이] ㉮ 총탄화수소분석기는 불꽃이온화 또는 비분산적외선방식의 분석기를 사용하며 폭발위험이 없어야 한다.

78 수산화소듐용액을 흡수액으로 사용하는 굴뚝배출 분석대상가스 중 흡수액의 농도가 가장 진한 것은?

㉮ 비소 ㉯ 사이안화수소
㉰ 브로민화합물 ㉱ 페놀화합물

[풀이] ㉮ 40g/L ㉯ 20g/L ㉰ 4g/L ㉱ 4g/L

79 연도 배출가스중의 수분의 부피백분율을 측정하기 위하여 흡습관에 배출가스 10L를 흡입하여 유입시킨 결과 흡습관의 중량 증가는 0.82g이었다. 이때 가스 흡입은 건식 가스미터로 측정하여 그 가스미터의 가스 게이지압은 4mm 수주이고, 온도는 27℃ 이었다. 그리고 대기압은 760mmHg 이었다면 이 배출가스 중 수분량(%)은 얼마인가?

㉮ 약 10% ㉯ 약 13%
㉰ 약 16% ㉱ 약 18%

[풀이]

$X_w(\%) = \dfrac{1.244 m_a(L)}{V_s(L) + 1.244 m_a} \times 100$

$V_s(L) = 10L \times \dfrac{273}{273+27} \times \dfrac{(760+4/13.6)mmHg}{760mmHg}$
$= 9.1035L$

따라서 $X_w(\%) = \dfrac{1.244 \times 0.82g}{9.1035L + 1.244 \times 0.82g} \times 100$
$= 10.08\%$

정답 76 ㉰ 77 ㉮ 78 ㉮ 79 ㉮

80. 굴뚝배출가스 중 아황산가스를 자외선 흡수분석계로 연속측정하고자 할 때 그 분석계의 구성에 대한 설명으로 틀린 것은 어느 것인가?

㉮ 광원 : 중수소방전관 또는 중압수은 등이 사용된다.
㉯ 검출기 : 자외선 및 가시광선에 감도가 좋은 광음극방전관이 이용된다.
㉰ 분광기 : 프리즘 또는 회절격자분광기를 이용하여 자외선영역 또는 가시광선영역의 단색광을 얻는데 사용된다.
㉱ 시료셀 : 시료셀은 200~500mm의 길이로 시료가스가 연속적으로 통과할 수 있는 구조로 되어 있으며, 셀의 창은 석영판과 같이 자외선 및 가시광선이 투과할 수 있는 재질로 되어 있어야 한다.

[풀이] ㉯ 검출기 : 자외선 및 가시광선에 감도가 좋은 광전자증배관 또는 광전관이 이용된다.

| 제5과목 | 대기환경관계법규

81. 대기환경보전법상 용어의 뜻으로 틀린 것은 어느 것인가?

㉮ 대기오염물질이란 대기 중에 존재하는 물질 중 심사·평가 결과 대기오염의 원인으로 인정된 가스입자상물질 및 악취물질로서 대통령령으로 정한 것을 말한다.
㉯ 기후·생태계변화 유발물질이라 함은 지구온난화 등으로 생태계의 변화를 가져올 수 있는 기체상 물질로서 온실가스와 환경부령으로 정하는 것을 말

한다.
㉰ 매연이란 연소할 때에 생기는 유리탄소가 주가 되는 미세한 입자상물질을 말한다.
㉱ 검댕이란 연소할 때에 생기는 유리탄소가 응결하여 입자의 지름이 1미크론 이상이 되는 입자상물질을 말한다.

[풀이] ㉮ 대기오염물질이란 대기 중에 존재하는 물질 중 심사·평가 결과 대기오염의 원인으로 인정된 가스·입자상물질로서 환경부령으로 정한 것을 말한다.

82. 대기환경보전법상 환경기술인 등의 교육을 받게 하지 아니한 자에 대한 과태료 부과기준은 어느 것인가?

㉮ 30만원 이하의 과태료를 부과한다.
㉯ 50만원 이하의 과태료를 부과한다.
㉰ 100만원 이하의 과태료를 부과한다.
㉱ 200만원 이하의 과태료를 부과한다.

[풀이] ㉰ 100만원이하의 과태료에 해당한다.

83. 다중이용시설 등의 실내공기질 관리법 규상 "의료기관"의 라돈(Bq/m^3)항목 실내공기질 권고기준은 어느 것인가?

㉮ 148 이하
㉯ 400 이하
㉰ 500 이하
㉱ 1000 이하

84 대기환경보전법규상 배출시설의 시간당 대기오염물질 발생량을 실측에 의한 방법으로 산정할 때 배출시설의 시간당 대기오염물질 발생량 계산식으로 알맞은 것은 어느 것인가?

㉮ 방지시설 유입 전의 배출농도 × 가스유량
㉯ 방지시설 유입 전의 배출농도 ÷ 가스유량
㉰ 방지시설 유입 후의 배출농도 × 가스유량
㉱ 방지시설 유입 후의 배출농도 ÷ 가스유량

85 다음은 대기환경보전법규상 첨가제 제조기준이다. ( )안에 알맞은 것은?

> 첨가제 제조자가 제시한 최대의 비율로 첨가제를 자동차의 연료에 주입한 후 시험한 배출가스 측정치가 첨가제를 주입하기 전보다 배출가스 항목별로 (①) 초과하지 아니하여야 하고, 배출가스 총량은 첨가제를 주입하기 전보다 (②) 증가하여서는 아니 된다.

㉮ ① 10% 이상, ② 5% 이상
㉯ ① 5% 이상, ② 5% 이상
㉰ ① 5% 이상, ② 3% 이상
㉱ ① 5% 이상, ② 1% 이상

86 대기환경보전법령상 특별대책지역에서 환경부령으로 정하는 바에 따라 신고해야 하는 휘발성유기화합물 배출시설 중 "대통령령으로 정하는 시설"로 틀린 것은 어느 것인가? (단, 그 밖에 휘발성유기화합물을 배출하는 시설로서 환경부장관이 관계 중앙행정기관의 장과 협의하여 고시하는 시설 등은 제외한다.)

㉮ 저유소의 저장시설 및 출하시설
㉯ 주유소의 저장시설 및 주유시설
㉰ 석유정제를 위한 제조시설, 저장시설, 출하시설
㉱ 휘발성유기화합물 분석을 위한 실험실

[풀이] ㉮, ㉯, ㉰ 외에 석유화학제품 제조업의 제조시설, 저장시설 및 출하시설, 세탁시설이 있다.

87 악취방지법규상 지정악취물질에 해당하지 않는 것은?

㉮ 염화수소   ㉯ 메틸에틸케톤
㉰ 프로피온산   ㉱ 뷰틸아세테이트

88 대기환경보전법규상 가스를 연료로 사용하는 초대형 승용차의 배출가스 보증기간 적용기준으로 알맞은 것은 어느 것인가? (단, 2013년 1월 1일 이후 제작자동차)

㉮ 1년 또는 20,000km
㉯ 2년 또는 160,000km
㉰ 6년 또는 192,000km
㉱ 10년 또는 192,000km

정답 84 ㉮ 85 ㉮ 86 ㉱ 87 ㉮ 88 ㉯

89 대기환경보전법규상 대기오염물질 중 특정대기유해물질로 틀린 것은 어느 것인가?

㉮ 테트라클로로에틸렌
㉯ 트리클로로에틸렌
㉰ 히드라진
㉱ 안티몬

90 대기환경보전법규상 한국환경공단이 환경부장관에게 보고해야 할 위탁업무 보고사항 중 "자동차배출가스 인증생략 현황"의 보고횟수 기준은 어느 것인가?

㉮ 수시 ㉯ 연1회
㉰ 연2회 ㉱ 연4회

91 대기환경보전법규상 대기환경규제지역을 관할하는 시·도지사 등이 그 지역의 환경기준을 달성·유지하기 위해 수립하는 실천계획에 포함되어야 할 사항으로 틀린 것은 어느 것인가? (단, 그 밖에 환경부장관이 정하는 사항은 제외한다.)

㉮ 대기오염 예측모형을 이용한 특정대기오염물질 배출량 조사
㉯ 대기오염원별 대기오염물질 저감계획 및 계획의 시행을 위한 수단
㉰ 일반환경현황
㉱ 대기보전을 위한 투자계획과 대기오염물질 저감효과를 고려한 경제성 평가

▶풀이 ㉯, ㉰, ㉱외에 대기오염예측모형을 이용하여 예측한 대기오염도, 계획달성연도의 대기질 예측결과가 포함되어야 한다.

92 환경정책기본법령상 미세먼지(PM-10)의 대기환경기준으로 알맞은 것은 어느 것인가? (단, 연간평균치 기준이다.)

㉮ $10\mu g/m^3$ 이하 ㉯ $25\mu g/m^3$ 이하
㉰ $30\mu g/m^3$ 이하 ㉱ $50\mu g/m^3$ 이하

▶풀이 미세먼지(PM-10)의 대기환경기준
① 연간 평균치 : $50\mu g/m^3$ 이하
② 24시간 평균치 : $100\mu g/m^3$ 이하

93 대기환경보전법령상 초과부과금 부과대상 오염물질로 틀린 것은 어느 것인가?

㉮ 폼알데하이드 ㉯ 황산화물
㉰ 불소화합물 ㉱ 염화수소

94 대기환경보전법령상 기본부과금 산정기준 중 "수산자원보호구역"의 지역별 부과계수는 얼마인가? (단, 지역구분은 국토의 계획 및 이용에 관한 법률에 의한다.)

㉮ 0.5 ㉯ 1.0
㉰ 1.5 ㉱ 2.0

▶풀이 수산자원보호구역은 Ⅲ지역이므로 부과계수는 0.5이다.

95 다중이용시설 등의 실내공기질 관리법규상 자일렌 항목의 신축 공동주택의 실내공기질 권고기준은 얼마인가?

㉮ $30\mu g/m^3$ 이하 ㉯ $210\mu g/m^3$ 이하
㉰ $300\mu g/m^3$ 이하 ㉱ $700\mu g/m^3$ 이하

정답 89 ㉱ 90 ㉰ 91 ㉮ 92 ㉱ 93 ㉮ 94 ㉮ 95 ㉱

96 대기환경보전법규상 휘발유를 연료로 사용하는 자동차연료 제조기준으로 틀린 것은 어느 것인가?

㉮ 90% 유출온도(℃) : 170 이하
㉯ 산소함량(무게%) : 2.3 이하
㉰ 황함량(ppm) : 50 이하
㉱ 벤젠함량(부피%) : 0.7 이하

풀이 ㉰ 황함량(ppm) : 10 이하

97 대기환경보전법령상 장거리이동대기오염물질대책위원회의 위원 중 학식과 경험이 풍부한 전문가 중 '대통령령으로 정하는 분야'로 틀린 것은 어느 것인가?

㉮ 예방의학분야
㉯ 유해화학물질 분야
㉰ 국제협력분야 및 언론분야
㉱ 해양분야

풀이 대통령령으로 정하는 분야에는 산림 분야, 대기환경 분야, 기상 분야, 예방의학 분야, 보건 분야, 화학사고 분야, 해양 분야, 국제협력 분야, 언론 분야가 있다.

98 대기환경보전법규상 기후·생태계 변화 유발물질 중 "환경부령으로 정하는 것"에 해당하는 것은 어느 것인가?

㉮ 염화불화탄소와 수소염화불화탄소
㉯ 염화불화산소와 수소염화불화산소
㉰ 불화염화수소와 불화염소화수소
㉱ 불화염화수소와 불화수소화탄소

99 대기환경보전법령상 대기오염 경보단계의 3가지 유형 중 "경보발령"시의 조치사항으로 가장 거리가 먼 것은?

㉮ 주민의 실외활동 제한요청
㉯ 자동차 사용의 제한
㉰ 사업장의 연료사용량 감축권고
㉱ 사업장의 조업시간 단축명령

100 다음은 대기환경보전법규상 운행차정기검사의 방법 및 기준에 관한 사항이다. ( )안에 알맞은 것은?

> 배출가스 검사대상 자동차의 상태를 검사할 때 원동기가 충분히 예열되어 있는 것을 확인하고, 수냉식 기관의 경우 계기판 온도가 (①) 또는 계기판 눈금이 (②) 이어야 하며, 원동기가 과열되었을 경우에는 원동기실 덮개를 열고 (③) 지난 후 정상상태가 되었을 때 측정한다.

㉮ ① 25℃ 이상, ② 1/10 이상, ③ 1분 이상
㉯ ① 25℃ 이상, ② 1/10 이상, ③ 5분 이상
㉰ ① 40℃ 이상, ② 1/4 이상, ③ 1분 이상
㉱ ① 40℃ 이상, ② 1/4 이상, ③ 5분 이상

정답 96 ㉰ 97 ㉯ 98 ㉮ 99 ㉱ 100 ㉱

2014년 4회 대기환경기사

2014년 9월 20일 시행

| 제1과목 | 대기오염개론

01 맑은 여름날 해가 뜬 후부터 오후 최고기온이 나타나는 시간까지의 연기의 분산형태를 순서대로 바르게 나타낸 것은 어느 것인가?

㉮ fanning → fumigation → coning → looping
㉯ fanning → looping → coning → lofting
㉰ fanning → looping → fumigation → lofting
㉱ fanning → trapping → looping → coning

〈풀이〉 맑은 여름날 해가 뜬 후부터 오후 최고기온이 나타나는 시간까지의 연기의 분산형태는 fanning(부채형) → fumigation(훈증형) → coning(원추형) → looping(파상형) 순이다.

02 가우시안 모델에 도입된 가정조건으로 틀린 것은 어느 것인가?

㉮ 연기의 분산은 정상상태 분포를 가정한다.
㉯ 바람에 의한 오염물의 주 이동방향은 x축이며, 풍속은 일정하다.
㉰ 연직방향의 풍속은 통상 수평방향의 풍속보다 크므로 고도변화에 따라 반영한다.
㉱ 난류확산계수는 일정하다.

〈풀이〉 ㉰ 연직방향의 풍속은 통상 수평방향의 풍속보다 상대적으로 크기가 작기 때문에 연직방향의 풍속을 무시한다.

03 대기오염물질의 분산을 예측하기 위한 바람장미(wind rose)에 대한 내용으로 틀린 것은 어느 것인가?

㉮ 풍속이 1m/sec 이하일 때를 정온(calm) 상태로 본다.
㉯ 바람장미는 풍향별로 관측된 바람의 발생빈도와 풍속을 16방향으로 표시한 기상도형이다.
㉰ 관측된 풍향별 발생빈도를 %로 표시한 것을 방향량(vector)이라 한다.
㉱ 가장 빈번히 관측된 풍향을 주풍(prevailing wind)이라 하고, 막대의 길이를 가장 길게 표시한다.

〈풀이〉 ㉮ 풍속이 0.2m/sec 이하일 때를 정온(calm) 상태로 본다.

정답 01 ㉮ 02 ㉰ 03 ㉮

04 라돈에 대한 내용으로 틀린 것은 어느 것인가?

㉮ 일반적으로 인체의 조혈기능 및 충추 신경계통에 가장 큰 영향을 미치는 것으로 알려져 있으며, 화학적으로 반응성이 크다.
㉯ 무색, 무취의 기체로 액화되어도 색을 띠지 않는 물질이다.
㉰ 공기보다 9배 정도 무거워 지표에 가깝게 존재한다.
㉱ 주로 토양, 지하수, 건축자재 등을 통하여 인체에 영향을 미치고 있으며 흙속에서 방사선 붕괴를 일으킨다.

풀이 ㉮ 일반적으로 호흡기계통의 질환과 폐암을 유발하며, 화학적으로 반응성이 매우 작다.

05 다음 기체 중 비중이 가장 적은 것은 어느 것인가? (단, 동일한 조건 기준이다.)

㉮ NH_3 ㉯ NO
㉰ H_2S ㉱ SO_2

풀이 기체의 비중 = $\frac{기체의 분자량}{공기의 분자량}$ 에서 기체의 비중은 기체의 분자량에 비례한다.
따라서 비중이 가장 작은 물질은 분자량이 가장 작은 물질을 찾는다.
㉮ NH_3의 분자량은 17
㉯ NO의 분자량은 30
㉰ H_2S의 분자량은 34
㉱ SO_2의 분자량은 64
따라서 정답은 ㉮번이다.

06 국지풍에 대한 내용으로 틀린 것은 어느 것인가?

㉮ 낮에 바다에서 육지로 부는 해풍은 밤에 육지에서 바다로 부는 육풍보다 강한 것이 보통이다.
㉯ 곡풍은 경사면 → 계곡 → 주계곡으로 수렴하면서 풍속이 가속되기 때문에 낮에 산 위쪽으로 부는 산풍보다 더 강하게 부는 것이 보통이다.
㉰ 열섬효과로 인해 도시의 중심부가 주위보다 고온이 되어 도시 중심부에서 상승기류가 발생하고 도시 주위의 시골에서 도시로 부는 바람을 전원풍이라 한다.
㉱ 휀풍은 산맥의 정상을 기준으로 풍상쪽 경사면을 따라 공기가 상승하면서 건조단열 변화를 하기 때문에 평지에서보다 기온이 약 1℃/100m 율로 하강한다.

풀이 ㉯ 산풍은 경사면 → 계곡 → 주계곡으로 수렴하면서 풍속이 가속되기 때문에 낮에 산위쪽으로 부는 곡풍보가 더 강하다.

07 다음 대기오염물질과 관련되는 주요 배출업종을 연결한 것으로 알맞은 것은 어느 것인가?

㉮ 벤젠 - 도장공업
㉯ 염소 - 주유소
㉰ 시안화수소 - 유리공업
㉱ 이황화탄소 - 구리정련

풀이 대기오염물질과 관련되는 주요 배출업종
㉯ 염소 - 농약제조, 화학공업, 소오다공업
㉰ 시안화수소 - 청산제조공업, 제철공업, 화학공업, 가스공업
㉱ 이황화탄소 - 비스코스섬유공업, 레이온 제조업

정답 04 ㉮ 05 ㉮ 06 ㉯ 07 ㉮

08 상대습도가 70%이고, 상수를 1.2로 정의할 때, 먼지 농도가 70μg/m³이면, 가시거리(km)는?

㉮ 약 12km ㉯ 약 17km
㉰ 약 22km ㉱ 약 27km

풀이 $V = \dfrac{10^3 \times A}{G}$

$\begin{bmatrix} V : 가시거리(km) \\ G : 농도(\mu g/m^3) \\ A : 상수(1.2) \end{bmatrix}$

따라서 $V = \dfrac{10^3 \times 1.2}{70\mu g/m^3} = 17.14 km$

09 실내공기 오염물질에 대한 내용으로 틀린 것은 어느 것인가?

㉮ 벤젠은 무색의 휘발성 액체이며, 끓는점은 약 80℃ 정도이고, 인화성이 강하다.
㉯ 석면은 얇고 긴 섬유의 형태로서 규소, 수소, 마그네슘, 철, 산소 등의 원소를 함유하며, 그 기본구조는 산화규소의 형태를 취한다.
㉰ 석면의 공업적 생산 및 소비량은 각섬석계열이 95% 정도이고, 나머지는 사문석 계열로서 강도는 높으나 굴절성은 약하다.
㉱ 톨루엔의 끓는점은 약 111℃ 정도이고, 휘발성이 강하고 그 증기는 폭발성이 있다.

풀이 ㉰ 석면의 공업적 생산 및 소비량은 사문석계열이 95% 정도이고, 나머지는 각섬석 계열로서 강도가 높다.

10 스테판-볼츠만의 법칙에 따르면 흑체 복사를 하는 물체에서 물체의 표면온도가 1,500K에서 1,897K로 변화될때, 복사에너지의 변화는 몇 배인가?

㉮ 1.25배 ㉯ 1.33배
㉰ 2.56배 ㉱ 3.16배

풀이 $E = \sigma T^4$에서 $E = T^4$이므로

$E = \dfrac{(1,897K)^4}{(1,500K)^4} = 2.56$배

11 다음 중 가장 높은 압력을 나타내는 것은 어느 것인가?

㉮ 15 psi ㉯ 76 kPa
㉰ 76 torr ㉱ 1000 mbar

풀이 표준기압 : 1atm = 760mmHg = 14.7PSI
 = 101.3kPa = 760torr = 1013.2mbar

㉮ 1atm : 14.7PSI = X : 15PSI
∴ X = 1.02atm
㉯ 1atm : 101.3kPa = X : 76kPa
∴ X = 0.75atm
㉰ 1atm : 760torr = X : 76torr
∴ X = 0.1atm
㉱ 1atm : 1013.2mba = X : 1000mba
∴ X = 0.99atm

정답 08 ㉯ 09 ㉰ 10 ㉰ 11 ㉮

12 냄새에 관한 다음 설명 중 ( )안에 들어갈 말은 어느 것인가?

> 매우 엷은 농도의 냄새는 아무 것도 느낄 수 없지만 이것을 서서히 진하게 하면 어떤 농도가 되고, 무엇인지 모르지만 냄새의 존재를 느끼는 농도로 나타난다. 이 최소농도를 (①)라고 정의하고 있다. 또한 농도를 짙게 해 가면 냄새질이나 어떤 느낌의 냄새인지를 표현할 수 있는 시점이 나오게 된다. 이 최저농도가 되는 곳이 (②)라고 한다.

㉮ ① 최소감지농도
   (detection threshold)
   ② 최소포착농도
   (capture threshold)
㉯ ① 최소인지농도
   (recognition threshold)
   ② 최소자각농도
   (awareness threshold)
㉰ ① 최소인지농도
   (recognition threshold)
   ② 최소포착농도
   (capture threshold)
㉱ ① 최소감지농도
   (detection threshold)
   ② 최소인지농도
   (recognition threshold)

13 2,000m에서 대기압력(최초 기압)이 805 mbar, 온도가 5℃, 비열비 K가 1.4일 때 온위(potential temperature)는 얼마인가? (단, 표준압력은 1,000mbar 기준이다.)

㉮ 약 284K   ㉯ 약 289K
㉰ 약 296K   ㉱ 약 324K

풀이 온위$(\theta) = T \times \left(\dfrac{1,000}{P}\right)^{0.288}$

$= (273+5℃)K \times \left(\dfrac{1,000\text{mbar}}{805\text{mbar}}\right)^{0.288}$

$= 295.92K$

14 지상으로부터 500m까지의 평균 기온감률은 1.2℃/100m이다. 100m 고도의 기온이 18℃일 때 400m에서의 기온(℃)은 얼마인가?

㉮ 8.6℃   ㉯ 10.8℃
㉰ 12.2℃   ㉱ 14.4℃

풀이 기온(℃)
$= 18℃ - \left\{\dfrac{1.2℃}{100\text{m}} \times (400\text{m}-100\text{m})\right\} = 14.4℃$

정답 12 ㉱ 13 ㉰ 14 ㉱

15 리차드슨 수에 대한 내용으로 알맞은 것은 어느 것인가?

㉮ 리차드슨 수가 -0.04 보다 작으면 수직방향의 혼합은 없다.
㉯ 리차드슨 수가 0 이면 기계적 난류만 존재한다.
㉰ 리차드슨 수가 0 에 접근하면 분산이 커져 대류혼합이 지배적이다.
㉱ 일차원 수로서 기계난류를 대류난류로 전환시키는 율을 측정한 것이다.

풀이
㉮ 리차드슨 수가 -0.04 보다 작으면 대류에 의한 혼합이 기계적 혼합을 지배한다.
㉰ 리차드슨 수가 0 에 접근하면 분산이 작아져 기계적 난류가 지배적이다.
㉱ 무차원 수로서 대류 난류를 기계적 난류로 전환시키는 율을 측정한 것이다.

16 다음 특정물질 중 오존 파괴지수가 가장 큰 것은 어느 것인가?

㉮ CFC-113　　㉯ CFC-114
㉰ Halon-1211　㉱ Halon-1301

풀이 오존 파괴지수
㉮ CFC-113 : 0.8
㉯ CFC-114 : 1.0
㉰ Halon-1211 : 3.0
㉱ Halon-1301 : 10.0

17 직경 4m인 굴뚝에서 연기가 10m/s의 속도로 풍속 5m/s인 대기로 방출된다. 대기는 27℃, 중립상태 $\left(\frac{\Delta\theta}{\Delta Z}=0\right)$이고, 연기의 온도가 167℃ 일 때 TVA모델에 의한 연기의 상승고(m)는 얼마인가?

(단, TVA모델 : $\Delta H = \frac{173 \cdot F^{1/3}}{U \cdot \exp(0.64\Delta\theta/\Delta Z)}$, 부력계수 $F = [g \cdot V_s \cdot d^2(T_s-T_a)]/4T_a$를 이용할 것)

㉮ 약 196m　㉯ 약 165m
㉰ 약 145m　㉱ 약 124m

풀이
$\Delta H = \frac{173 \times F^{1/3}}{U}$ (m)

ΔH : 연기의 상승고(m)
U : 풍속(m/sec)
F : 부력(m^4/sec^3)

① $F = \frac{g \times V_s \times d^2 \times (T_s-T_a)}{4 \times T_a}$

$= \frac{9.8 m/sec^2 \times 10 m/sec \times (4m)^2 \times \{(273+167)-(273+27)\}}{4 \times (273+27)}$

$= 182.9333 m^4/sec^3$

② $\Delta H = \frac{173 \times (182.9333 m^4/sec^3)^{\frac{1}{3}}}{5 m/sec} = 196.42 m$

정답 15 ㉯　16 ㉱　17 ㉮

18 혼합층에 대한 내용으로 알맞은 것은 어느 것인가?

㉮ 최대혼합깊이는 통상 낮에 가장 적고, 밤시간을 통하여 점차 증가한다.
㉯ 야간에 역전이 극심한 경우 최대혼합깊이는 5000m 정도까지 증가한다.
㉰ 계절적으로 최대혼합깊이는 주로 겨울에 최소가 되고, 이른 여름에 최대값을 나타낸다.
㉱ 환기량은 혼합층의 온도와 혼합층내의 평균풍속을 곱한 값으로 정의된다.

[풀이] ㉮ 최대혼합깊이는 통상 밤에 가장 적고, 낮시간을 통하여 점차 증가한다.
㉯ 야간에 역전이 극심한 경우 최대혼합깊이는 거의 0이 될수도 있다.
㉱ 환기량은 혼합층의 높이에 혼합층내의 평균풍속을 곱한 값으로 정의된다.

19 굴뚝에서 배출되는 연기의 형태 중 looping형에 대한 내용으로 알맞은 것은 어느 것인가?

㉮ 전체 대기층이 강한 안정시에 나타나며, 연직확산이 적어 지표면에 순간적 고농도를 나타낸다.
㉯ 전체 대기층이 중립일 경우에 나타나며, 연기모양의 요동이 적은편이다.
㉰ 과단열감률 상태의 대기일 때 나타나므로 맑은 날 오후에 발생하기 쉽다.
㉱ 상층이 불안정, 하층이 안정일 경우에 나타나며, 바람이 다소 강하거나 구름이 낀 날 일어난다.

[풀이] ㉮ 전체 대기층이 강한 안정시 : 부채형
㉯ 전체 대기층이 중립시 : 원추형
㉱ 상층이 불안정, 하층이 안정시 : 상승형

20 휘발성이 높은 액체이므로 쉽게 작업실내의 농도가 높아져 중추신경계에 대한 특징적인 독성작용으로 심한 급성 또는 아급성 뇌병증을 유발하며, 피부를 통해서도 흡수되지만 대부분 상기도를 통해 체내에 흡수되는 물질은 어느 것인가?

㉮ 삼염화에틸렌 ㉯ 염화비페닐
㉰ 이황화탄소   ㉱ 아크릴 아미드

[풀이] ㉰ 이황화탄소(CS_2)에 대한 설명이다.

| 제2과목 | 연소공학

21 석탄·석유 혼합연료(COM)에 대한 내용으로 알맞은 것은 어느 것인가?

㉮ 중유에다 거의 같은 질량의 미분탄을 섞어서 고체화시킨 연료이다.
㉯ 열량비로는 COM 중의 석탄의 비율은 5% 정도로 석유비율이 큰 편이다.
㉰ 별도의 중유전용 연소시설을 이용하지 않는 것이 큰 장점이다.
㉱ 유해성분을 포함하고 있으므로 재와 매연처리, 연소가스의 연소실내 체류시간을 미분탄 정도로 고려할 필요가 있다.

정답 18 ㉰ 19 ㉰ 20 ㉰ 21 ㉱

22 Propane $1Sm^3$을 연소시킬 경우 이론 건조연소 가스 중의 탄산가스 최대농도(%)는 얼마인가?

㉮ 12.8% ㉯ 13.8%
㉰ 14.8% ㉱ 15.8%

 $CO_{2max}(\%) = \dfrac{CO_2량(Sm^3/Sm^3)}{God(Sm^3/Sm^3)} \times 100$

① Propane(C_3H_8)의 완전연소 반응식
$C_3H_8 + 5O_2 \rightarrow 3CO_2 + 4H_2O$
② 이론건조가스량(God)
$= (1-0.21)A_o + CO_2량(Sm^3/Sm^3)$
$= (1-0.21) \times \dfrac{5}{0.21} + 3 = 21.8095 Sm^3/Sm^3$
③ $CO_2량 = 3Sm^3/Sm^3$
④ $CO_{2max} = \dfrac{3Sm^3/Sm^3}{21.8095Sm^3/Sm^3} \times 100 = 13.76\%$

23 어떤 1차 반응에서 반감기가 10분 이었다. 반응물이 1/10 농도로 감소할 때까지 걸리는 시간(min)은 얼마인가?

㉮ 6.9min ㉯ 33.2min
㉰ 693min ㉱ 3323min

 1차반응식 $\ln \dfrac{C_t}{C_o} = -k \times t$

$\begin{bmatrix} C_o : 초기농도 \\ C_t : t시간후의 농도 \\ k : 상수 \\ t : 시간 \end{bmatrix}$

① $\ln \dfrac{1}{2} = -k \times 10min$

$\therefore k = \dfrac{\ln \dfrac{1}{2}}{-10min} = 0.0693/min$

② $\ln \dfrac{1}{10} = -0.0693/min \times t$

$\therefore t = \dfrac{\ln \dfrac{1}{10}}{-0.0693/min} = 33.23min$

24 액체연료의 종류 및 성질에 대한 내용으로 틀린 것은 어느 것인가?

㉮ 휘발유는 석유제품 중 가장 경질이며, 비점은 약 250~350℃ 정도, 비중은 0.85~0.90 정도이다.
㉯ 등유는 휘발유와 유사한 방법으로 정제하며 무색내지 담황색이고, 인화점은 휘발유보다 높다.
㉰ 경유의 착화성 여부는 세탄값으로 표시되며, 세탄값 40~60 정도의 것이 좋은 편이다.
㉱ 중유 점도의 정도는 C중유>B중유>A중유 순으로 감소되며, 수송 시 적정점도는 500~1000cSt 정도이다.

㉮ 휘발유는 석유제품 중 가장 경질유이며, 비점(비등점)은 약 30~200℃ 정도, 비중은 0.72~0.76 정도이다.

25 석유의 물리적 성질에 대한 내용으로 틀린 것은 어느 것인가?

㉮ 비중이 커지면 화염의 휘도가 커지며, 점도도 증가한다.
㉯ 증기압이 높으면 인화점이 높아져서 연소효율이 저하된다.
㉰ 유동점(pour point)은 일반적으로 응고점보다 2.5℃ 높은 온도를 말한다.
㉱ 점도가 낮아지면 인화점이 낮아지고 연소가 잘된다.

㉯ 증기압이 높으면 인화점이 낮아져서 연소효율이 증가하나 위험하다.

26 석탄의 성질에 대한 내용으로 틀린 것은 어느 것인가?

㉮ 비열은 석탄화도가 진행됨에 따라 증가하며, 통상 0.30~0.35kcal/kg·℃ 정도이다.
㉯ 건조된 것은 석탄화도가 진행된 것일수록 착화온도가 상승한다.
㉰ 석탄류의 비중은 석탄화도가 진행됨에 따라 증가되는 경향을 보인다.
㉱ 착화온도는 수분함유량에 영향을 크게 받으며, 무연탄의 착화온도는 보통 440~550℃ 정도이다.

[풀이] ㉮ 비열은 석탄화도가 진행됨에 따라 감소한다.

27 다음은 연소의 종류에 대한 내용이다. ( )안에 들어갈 말은 어느 것인가?

> 목재, 석탄, 타르 등은 연소초기에 열분해에 의해 가연성 가스가 생성되고, 이것이 긴 화염을 발생시키면서 연소하게 되는데 이러한 연소를 ( )라 한다.

㉮ 표면연소   ㉯ 분해연소
㉰ 자기연소   ㉱ 확산연소

[풀이] ㉯ 분해연소에 대한 설명이다.

28 아세틸렌을 완전 연소시킬때 이론공연비(A/F ratio)를 부피비로 계산하면?

㉮ 2.5   ㉯ 8.9
㉰ 11.9   ㉱ 25

[풀이] ① 아세틸렌(C_2H_2)의 완전연소 반응식
$C_2H_2 + 2.5O_2 \rightarrow 2CO_2 + H_2O$
② 공연비(AFR)

$$= \frac{\text{공기량}(Sm^3)}{\text{연료량}(Sm^3)} = \frac{\text{산소갯수} \times 22.4 Sm^3 \times \frac{1}{0.21}}{\text{연료갯수} \times 22.4 Sm^3}$$

$$= \frac{\text{산소갯수} \times \frac{1}{0.21}}{\text{연료갯수}} = \frac{2.5 \times \frac{1}{0.21}}{1}$$

$$= 11.91 Sm^3/Sm^3$$

29 저위발열량이 5,000kcal/Sm^3의 기체연료의 이론연소온도(℃)는 얼마인가?
(단, 이론연소가스량 15Sm^3/Sm^3, 연료연소가스의 평균정압비열 0.35kcal/Sm^3·℃, 기준온도는 0℃, 공기는 예열하지 않으며, 연소가스는 해리되지 않는다.)

㉮ 952℃   ㉯ 994℃
㉰ 1,008℃ ㉱ 1,118℃

[풀이] 이론연소온도(℃)

$$= \frac{\text{저위발열량}(kcal/Sm^3)}{\text{가스량}(Sm^3/Sm^3) \times \text{평균정압비열}(kcal/Sm^3 \cdot ℃)} + \text{기준온도}$$

$$= \frac{5,000 kcal/Sm^3}{15 Sm^3/Sm^3 \times 0.35 kcal/Sm^3 \cdot ℃} + 0℃$$

$$= 952.38℃$$

30 다음 주요 기체연료 중 일반적으로 발열량이 가장 큰 것은 어느 것인가? (단, 발열량단위 : kcal/Sm^3)

㉮ 발생로가스   ㉯ 고로가스
㉰ 수성가스   ㉱ 아세틸렌

정답 26 ㉮ 27 ㉯ 28 ㉰ 29 ㉮ 30 ㉱

31 절충식 방법으로써 연소용 공기의 일부를 미리 기체연료와 혼합하고 나머지 공기는 연소실 내에서 혼합하여 확산 연소시키는 방식으로 소형 또는 중형 버너로 널리 사용되며, 기체연료 또는 공기의 분출속도에 의해 생기는 흡입력을 이용하여 공기 또는 연료를 흡입하는 것은?

㉮ 확산연소 ㉯ 예혼합연소
㉰ 유동층연소 ㉱ 부분예혼합연소

[풀이] ㉱ 부분예혼합연소에 대한 설명이다.

32 다음 중 연료 연소시 매연발생에 대한 내용으로 틀린 것은 어느 것인가?

㉮ 분해하기 쉽거나 산화하기 쉬운 탄화수소는 매연이 많이 발생되는 편이다.
㉯ 연료의 C/H 비율이 작을수록 매연이 생기기 어려운 편이다.
㉰ -C-C-의 탄소결합을 절단하는 것보다 탈수소가 용이한 쪽이 매연이 잘 발생되는 편이다.
㉱ 탈수소, 중합 및 고리화합물 등과 같이 반응이 일어나기 쉬운 탄화수소일수록 매연이 잘 생기는 편이다.

[풀이] ㉮ 분해하기 쉽거나 산화하기 쉬운 탄화수소는 매연이 적게 발생되는 편이다.

33 다음은 가동화격자의 종류에 대한 내용이다. ( )안에 들어갈 말은 어느 것인가?

( )는 고정화격자와 가동화격자를 횡방향으로 나란히 배치하고 가동화격자를 전후로 왕복운동시킨다. 비교적 강한 교반력과 이송력을 갖고 있으며 화격자 눈의 메워짐이 별로 없어 낙진량이 많고 냉각작용이 부족하다.

㉮ 부채형 반전식 화격자
㉯ 병렬요동식 화격자
㉰ 이상식 화격자
㉱ 회전 로울러식 화격자

[풀이] ㉯ 병렬요동식 화격자에 대한 설명이다.

34 기체연료의 특징 및 종류에 대한 내용으로 틀린 것은 어느 것인가?

㉮ 부하변동범위가 넓고 연소의 조절이 용이한 편이다.
㉯ 천연가스는 화염전파속도가 크며, 폭발범위가 크므로 1차 공기를 적게 혼합하는 편이 유리하다.
㉰ 액화천연가스는 메탄을 주성분으로 하는 천연가스를 1기압하에서 -160℃ 근처에서 냉각, 액화시켜 대량수송 및 저장을 가능하게 한 것이다.
㉱ 액화석유가스는 액체에서 기체로 될 때 증발열(90~100kcal/kg)이 있으므로 사용하는데 유의할 필요가 있다.

[풀이] ㉯ 천연가스는 화염전파속도가 작고, 폭발범위가 작다.

정답 31 ㉱ 32 ㉮ 33 ㉯ 34 ㉯

35 각종 연료의 $(CO_2)max$ 값(%)으로 틀린 것은 어느 것인가?

㉮ 탄소 : 21.0
㉯ 고로가스 : 24.0~25.0
㉰ 역청탄 : 18.5~19.0
㉱ 코우크스로 가스 : 19.0~20.0

풀이 ㉱ 코우크스로 가스 : 20.0~20.5

36 다음 각종 연료의 이론공기량의 개략치 값(Sm^3/kg)으로 틀린 것은 어느 것인가?

㉮ 코우크스 : 0.8~1.2
㉯ 고로가스 : 0.7~0.9
㉰ 발생로 가스 : 0.9~1.2
㉱ 가솔린 : 11.3~11.5

풀이 ㉮ 코우크스 : 8.5 정도

37 과잉공기가 지나칠 때 나타나는 현상으로 틀린 것은 어느 것인가?

㉮ 배기가스에 의한 열손실의 증가
㉯ 연소실내 온도가 저하
㉰ 배기가스의 온도가 높아지고 매연이 증가
㉱ 배기가스 중 NO_X양 증가

풀이 ㉰ 매연이 증가하는 조건은 공기가 적을때의 현상이다.

38 다음은 화격자의 종류 중 폰 롤 시스템에 대한 내용이다. ( )안에 들어갈 말로 틀린 것은 어느 것인가?

> 폰 롤 시스템(Von Roll System)은 일련의 왕복식 화격자들을 사용하여 폐기물을 소각로 내에서 이동시키면서 연소시킨다. 화격자는 ( ), ( ), ( )의 세부분으로 구성되어 있다.

㉮ 건조 화격자   ㉯ 회전 화격자
㉰ 연소 화격자   ㉱ 후연소 화격자

39 연료유를 미립화해서 공기와 혼합하여 단시간에 완전연소를 시키는 유류연소버너가 갖추어야 할 조건으로 틀린 것은 어느 것인가?

㉮ 넓은 부하범위에 걸쳐 기름의 미립화가 가능할 것
㉯ 재를 제거하기 위한 장치가 있을 것
㉰ 소음 발생이 적을 것
㉱ 점도가 높은 기름도 적은 동력비로서 미립화가 가능할 것

정답 35 ㉱   36 ㉮   37 ㉰   38 ㉯   39 ㉯

40 C=82%, H=14%, S=3%, N=1%로 조성된 중유를 12Sm³ 공기/kg 중유로 완전연소 했을 때 습윤 배출가스 중의 SO_2의 농도(ppm)는 얼마인가? (단, 중유 중의 황분은 모두 SO_2로 된다.)

㉮ 1,400ppm ㉯ 1,640ppm
㉰ 1,900ppm ㉱ 2,260ppm

[풀이] $SO_2(ppm) = \dfrac{SO_2량(Sm^3/kg)}{실제습윤가스량(Sm^3/kg)} \times 10^6$

① $Gw = A + 5.6H + 0.7O + 0.8N + 1.244W$
    $= 12Sm^3/kg + 5.6 \times 0.14 + 0.8 \times 0.01$
    $= 12.792 Sm^3/kg$

② $SO_2 = \dfrac{0.7 \times 0.03 Sm^3/kg}{12.792 Sm^3/kg} \times 10^6 = 1,641.65 ppm$

| 제3과목 | 대기오염방지기술

41 다음 중 가스분산형 흡수장치로만 구성된 것은 어느 것인가?

㉮ 단탑, 기포탑
㉯ 기포탑, 충전탑
㉰ 분무탑, 단탑
㉱ 분무탑, 충전탑

[풀이] 흡수장치의 종류
① 가스분산형 흡수장치 : 다공판탑, 종탑, 기포탑
② 액분산형 흡수장치 : 충전탑, 분무탑, 벤츄리스크러버

42 각종 유해가스 처리방법으로 틀린 것은 어느 것인가?

㉮ 아크로레인은 NaClO등의 산화제를 혼입한 가성소다 용액으로 흡수 제거한다.
㉯ CO는 백금계의 촉매를 사용하여 연소시켜 제거한다.
㉰ 이황화탄소는 암모니아를 불어넣는 방법으로 제거한다.
㉱ Br_2는 산성수용액에 의한 선정법으로 제거한다.

[풀이] ㉱ Br_2는 가성소다 수용액에 의한 선정법으로 제거한다.

43 다음은 활성탄의 고온 활성화 재생방법으로 적용될 수 있는 다단로(multi-hearthfurnace)와 회전로(rotary kiln)를 비교한 내용이다. 이 중에서 틀린 것은 어느 것인가?

구분	다단로	회전로
① 온도 유지	여러 개의 버너로 구분된 반응영역에서 온도분포 조절이 가능하고 열효율이 높음	단 1개의 버너로 열공급 영역별 온도 유지가 불가능하고 열효율이 낮음
② 수증기 공급	반응영역에서 일정하게 분사	입구에서만 공급하므로 일정치 않음
③ 입도 분포	입도에 비례하여 큰 입자가 빨리 배출	입도 분포에 관계없이 체류시간을 동일하게 유지가능
④ 품질	고품질 입상재생 설비로 적합	고품질 입상재생 설비로 부적합

㉮ ①   ㉯ ②
㉰ ③   ㉱ ④

정답 40 ㉯ 41 ㉮ 42 ㉱ 43 ㉰

풀이 ┃ 다단로의 입도분포는 입도분포에 관계없이 체류시간을 동일하게 유지가 가능하고, 회전로의 입도본포는 입도에 비례하여 큰 입자가 빨리 배출된다.

44 전기집진장치의 장애현상 중 2차 전류가 많이 흐를 때의 원인으로 틀린 것은 어느 것인가?

㉮ 먼지의 농도가 너무 낮을 때
㉯ 공기 부하시험을 행할 때
㉰ 방전극이 너무 가늘 때
㉱ 이온 이동도가 적은 가스를 처리할 때

풀이 ┃ ㉱ 이온 이동도가 큰 가스를 처리할 때

45 중력집진장치에 대한 내용으로 틀린 것은 어느 것인가?

㉮ 압력손실이 10~15mmH₂O 정도로 적다.
㉯ 함진가스의 온도변화에 의한 영향을 거의 받지 않는다.
㉰ 장치 운전 시 신뢰도가 낮으며, 함진가스의 먼지부하나 유량변동에 영향을 거의 받지 않아 적응성이 높다.
㉱ 침강실의 높이는 작게, 길이는 가급적 크게 하는 편이 집진율이 향상된다.

풀이 ┃ ㉰ 장치 운전 시 신뢰도가 낮으며, 함진가스의 먼지부하나 유량변동에 적응성이 낮다.

46 배출가스의 흐름이 층류일 때 입경 100μm 입자가 100% 침강하는데 필요한 중력 침강실의 길이(m)는 얼마인가? (단, 중력 침강실의 높이 1m, 배출가스의 유속 2m/s, 입자의 종말침강속도는 0.5m/s 이다.)

㉮ 1m   ㉯ 4m
㉰ 10m   ㉱ 16m

풀이 ┃
$$\eta = \frac{V_g \times L}{u \times H} \times 100$$

- η : 효율
- V_g : 침강속도(m/sec)
- L : 길이(m)
- u : 유속(m/sec)
- H : 높이(m)

따라서 $100\% = \frac{0.5\,\text{m/sec} \times L}{2\,\text{m/sec} \times 1\,\text{m}} \times 100$

$\therefore L = \frac{1 \times 2\,\text{m/sec} \times 1\,\text{m}}{0.5\,\text{m/sec}} = 4.0\,\text{m}$

47 NOₓ와 SOₓ 동시 제어기술에 대한 내용으로 틀린 것은 어느 것인가?

㉮ SOXNO 공정은 감마 알루미나 담체의 표면에 나트륨을 첨가하여 SOₓ와 NOₓ를 동시에 흡착시킨다.
㉯ CuO공정은 알루미나 담체에 CuO를 함침시켜 SO₂는 흡착 반응하고 NOₓ는 선택적 촉매환원되어 제거되는 원리를 이용하는 공정이다.
㉰ CuO 공정에서 온도는 보통 850~1000℃ 정도로 조정하며, CuSO₂ 형태로 이동된 솔 벤트 재생기에서 산소 또는 오존으로 재생된다.
㉱ 활성탄 공정은 S, H₂SO₄ 및 액상 SO₂ 등의 부산물이 생성되며, 공정 중 재가열이 없으므로 경제적이다.

정답 44 ㉱ 45 ㉰ 46 ㉯ 47 ㉰

48 염소를 함유한 폐가스를 소석회와 반응시켰을 때 발생되는 물질은 어느 것인가?

㉮ 실리카겔
㉯ 표백분
㉰ 차아염소산나트륨
㉱ 포스겐

49 다른 VOC 제거장치와 비교하여 생물여과의 장·단점으로 틀린 것은 어느 것인가?

㉮ CO와 NO_x 등을 포함하여 생성되는 오염부산물이 적거나 없다.
㉯ 습도제어에 각별한 주의가 필요하다.
㉰ 고농도 오염물질의 처리에 적합하다.
㉱ 생체량 증가로 인해 장치가 막힐 수 있다.

[풀이] ㉰ 고농도 오염물질의 처리에 부적합하다.

50 촉매연소법에 대한 내용으로 틀린 것은 어느 것인가?

㉮ 열소각법에 비해 체류시간이 훨씬 짧다.
㉯ 열소각법에 비해 NO_x 생성량을 감소시킬 수 있다.
㉰ 팔라듐, 알루미나 등은 촉매에 바람직하지 않은 원소이다.
㉱ 열소각법에 비해 점화온도를 낮춤으로써 전체 비용을 절감할 수 있다.

[풀이] ㉰ 팔라듐, 알루미나 등의 원소도 촉매로 사용된다.

51 전기집진장치를 구성하는 요소에 대한 내용으로 틀린 것은 어느 것인가?

㉮ 방전극은 코로나 방전을 일으키기 쉽도록 가늘고 긴 뾰족한 edge를 가질 것
㉯ 방전극은 진동 혹은 요동을 일으키지 아니하는 구조일 것
㉰ 집진전극 중 건식의 경우에는 취타에 의해 먼지 비산이 많이 생기도록 하는 구조일 것
㉱ 집진전극은 중량이 가벼울 것

[풀이] ㉰ 집진전극 중 건식의 경우에는 취타에 의해 먼지 비산이 생기지 않는 구조일 것

TIP

취타(추타장치 ,Rapping Device)
건식 집진장치의 집진극, 방전극, 전기집진장치 입구의 가스정류장치에 부착되어 있는 먼지를 제거하기 위하여 충격 또는 진동을 주는 장치이며, 기계식 추타방법과 전자식 추타방법이 있다.

52 벤츄리스크러버의 액가스비를 크게 하는 요인으로 틀린 것은 어느 것인가?

㉮ 먼지입자의 친수성이 클 때
㉯ 먼지의 입경이 작을 때
㉰ 먼지입자의 점착성이 클 때
㉱ 처리가스의 온도가 높을 때

[풀이] ㉮ 먼지입자의 친수성이 낮을 때

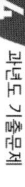

정답 48 ㉯ 49 ㉰ 50 ㉰ 51 ㉰ 52 ㉮

53 집진효율이 70%인 1차 집진장치가 있다. 총집진효율이 98%이라면 2차 집진장치의 집진효율(%)은 얼마인가?

㉮ 91.1% ㉯ 93.3%
㉰ 94.8% ㉱ 96.5%

풀이 $\eta_T = 1-(1-\eta_1)\times(1-\eta_2)$

- η_T : 총집진율
- η_1 : 1차 집진장치 효율
- η_2 : 2차 집진장치 효율

따라서 $0.98 = 1-(1-0.70)\times(1-\eta_2)$
∴ $\eta_2 = 0.9333$ 따라서 93.33%

54 전기집진장치에서 먼지의 비저항이 높을 경우 발생하는 현상으로 틀린 것은 어느 것인가?

㉮ 먼지와 집진판의 결합력이 낮아 먼지가 가스중으로 재비산된다.
㉯ 역코로나 현상이 발생한다.
㉰ 전하가 쉽게 집진판으로 전달되지 않는다.
㉱ 가스 중 먼지입자의 이온화와 이동현상을 감소시킨다.

풀이 ㉮번은 재비산현상에 대한 설명이다.

55 배출가스 중 황산화물을 접촉식 황산제조방법의 원리를 이용한 접촉산화법으로 처리할 때 사용되는 일반적인 촉매로 가장 알맞은 것은 어느 것인가?

㉮ PbO ㉯ PbO_2
㉰ V_2O_5 ㉱ $KMnO_4$

풀이 접촉산화법에서 사용되는 촉매는 Pt, V_2O_5, K_2SO_4 이다.

56 A공장의 연마실에서 발생되는 배출가스의 먼지제거에 cyclone이 사용되고 있다. 유입폭이 40cm이고, 유효회전수 5회, 입구유입속도 10m/s로 가동중인 공정조건에서 10μm 먼지입자의 부분집진효율(%)은 얼마인가? (단, 먼지의 밀도는 1.6g/cm³, 가스점도는 1.75×10^{-4}g/cm·s, 가스밀도는 고려하지 않는다.)

㉮ 약 40% ㉯ 약 45%
㉰ 약 50% ㉱ 약 55%

풀이 부분집진율(η) = $\dfrac{d^2\times\pi\times V\times(\rho_s-\rho)\times N}{9\times\mu\times B}\times 100(\%)$

- d : 직경(m)
- V : 유입속도(m/sec)
- ρ_s : 입자의 밀도(kg/m³)
- ρ : 가스의 밀도(kg/m³)
- N : 회전수
- μ : 가스의 점성도(kg/m·sec)
- B : 유입구 폭(m)

$\eta = \dfrac{(10\times10^{-6}m)^2\times\pi\times10m/sec\times1.6\times10^3 kg/m^3\times5회}{9\times1.75\times10^{-5}kg/m\cdot sec\times0.4m}\times100$

= 39.89%

TIP

$\rho_s = 1.6g/cm^3 \xrightarrow{\times10^3} 1.6\times10^3 kg/m^3$

$\mu = 1.75\times10^{-4} g/cm\cdot sec \xrightarrow{\times10^{-1}} 1.75\times10^{-5} kg/m\cdot sec$

정답 53 ㉯ 54 ㉮ 55 ㉰ 56 ㉮

57 흡착제에 대한 내용으로 틀린 것은 어느 것인가?

㉮ 마그네시아는 표면적이 50~100m²/g으로 NaOH 용액 중 불순물 제거에 주로 사용된다.
㉯ 활성탄은 표면적이 600~1400m²/g으로 용제회수, 악취제거, 가스정화 등에 사용된다.
㉰ 일반적으로 활성탄의 물리적 흡착방법으로 제거할 수 있는 유기성 가스의 분자량은 45이상이어야 한다.
㉱ 활성탄은 비극성물질을 흡착하며 대부분의 경우 유기용제 증기를 제거하는데 탁월하다.

[풀이] ㉮ 마그네시아는 표면적이 200m²/g 정도이고, 휘발유 및 유기용제 정제용으로 주로 사용된다.

58 사이클론에서 50%의 집진효율로 제거되는 입자의 최소입경은 무엇인가?

㉮ critical diameter
㉯ cut size diameter
㉰ average size diameter
㉱ analytical diameter

[풀이] 50%의 집진효율로 제거되는 입자의 최소입경은 cut size diameter이다.

59 공기 중 CO_2 가스의 부피가 5%를 넘으면 인체에 해롭고 한다면 지금 600m³되는 방에서 문을 닫고 80%의 탄소를 가진 숯을 최소 몇 kg을 태우면 해로운 상태로 되겠는가? (단, 기존의 공기 중 CO_2 가스의 부피는 고려하지 않으며, 실내에서 완전혼합, 표준상태 기준이다.)

㉮ 약 5kg ㉯ 약 10kg
㉰ 약 15kg ㉱ 약 20kg

[풀이] $C + O_2 \rightarrow CO_2$
12kg : 22.4Sm³
Xkg×0.80 : 600m³×0.05

$\therefore X = \dfrac{600m^3 \times 0.05 \times 12kg}{22.4Sm^3 \times 0.80} = 20.09kg$

60 면적 1.5m²인 여과집진장치로 먼지농도가 1.5g/m³인 배기가스가 100m³/min으로 통과하고 있다. 먼지가 모두 여과포에서 제거되었으며, 집진된 먼지층의 밀도가 1g/cm³라면 1시간 후 여과된 먼지층의 두께(mm)는 얼마인가?

㉮ 1.5mm ㉯ 3mm
㉰ 6mm ㉱ 15mm

[풀이] 먼지층의 두께 = $\dfrac{\text{먼지 부하}}{\text{먼지층 밀도}}$

① 여과속도(cm/min) = $\dfrac{\text{유량}}{\text{면적}} = \dfrac{100m^3/min}{1.5m^2}$
= 66.6667m/min = 6666.67cm/min

② 먼지부하(g/cm²)
= 입구농도(g/cm³)×여과속도(cm/min)
×탈락시간(min)×효율
= 1.5g/m³×10⁻⁶m³/1cm³×6666.67cm/min
×1hr×60min/1hr = 0.60g/cm²

③ 먼지층의 두께(mm) = $\dfrac{0.60g/cm^2}{1g/cm^3}$ = 0.6cm
= 6mm

정답 57 ㉮ 58 ㉯ 59 ㉱ 60 ㉰

| 제4과목 | 대기오염공정시험기준

61 굴뚝 배출가스 중 황산화물을 측정하는 자동측정법에 대한 설명으로 틀린 것은?

㉮ 적외선흡수법은 5,300nm 적외선 영역에서 광흡수를 이용한다.
㉯ 측정범위(적용범위)는 0ppm~2,000 ppm이다.
㉰ 화학발광법의 간섭물질은 이산화탄소이다.
㉱ 수분에 의한 영향을 최소화하기 위해 시료채취관을 가열하거나, 응축기 및 응축수트랩을 연결하여 사용한다.

풀이 ㉯ 측정범위(적용범위)는 0ppm~1,000ppm이다.

62 굴뚝 배출가스 중 수분측정을 위하여 흡습제에 10L의 시료를 흡입하여 유입시킨 결과 흡습제의 중량 증가가 0.8500g이었다. 이 배출가스 중의 수증기 부피 백분율(%)은 얼마인가? (단, 건식가스미터의 흡입가스온도 : 27℃, 가스미터에서의 가스게이지압 + 대기압 : 760mmHg 이다.)

㉮ 10.4% ㉯ 9.5%
㉰ 7.3% ㉱ 5.5%

풀이 $X_w(\%)$

$$= \frac{1.244 \times m_a(g)}{V(L) \times \frac{273}{273+tg℃} \times \frac{(P_a+P_m)mmHg}{760mmHg} + 1.244 m_a(g)} \times 100(\%)$$

- V : 현재의 건조가스량(L)
- tg : 가스미터의 흡입가스온도(℃)
- Pa : 대기압(mmHg)
- Pm : 게이지압(mmHg)
- ma : 수분의 질량(g)

따라서 $X_w(\%)$

$$= \frac{1.244 \times 0.85g}{10L \times \frac{273}{273+27} \times \frac{760mmHg}{760mmHg} + 1.244 \times 0.85g} \times 100(\%)$$

$= 10.41\%$

63 원자흡수분광광도 분석을 위해 시료를 전처리 하고자 한다. "타르 기타 소량의 유기물을 함유하는 시료"의 전처리 방법으로 틀린 것은 어느 것인가?

㉮ 마이크로파 산분해법
㉯ 저온 회화법
㉰ 질산-염산법
㉱ 질산-과산화수소수법

풀이 저온회화법은 다량의 유기물 유리탄소를 함유하는 것, 셀룰로스 섬유제 여과지를 사용한 것에 사용되는 전처리 방법이다.

64 자기분광광전광도계를 사용하여 과망간산포타슘 용액(20~60mg/L)의 흡수곡선을 작성할 경우 다음 중 흡광도 값이 최대가 나오는 파장의 범위(nm)는 어느 것인가?

㉮ 350~400nm ㉯ 400~450nm
㉰ 500~550nm ㉱ 600~650nm

정답 61 ㉯ 62 ㉮ 63 ㉯ 64 ㉰

65 흡광광도 분석장치에 대한 내용으로 틀린 것은 어느 것인가?

㉮ 일반적으로 사용하는 흡광광도 분석장치는 광원부, 파장선택부, 시료부 및 측광부로 구성된다.
㉯ 측광부로는 일반적으로 단색화장치(Monochromer) 또는 필터(Filter)를 사용하며, 단색화장치로는 프리즘, 회절격자 또는 이 두 가지를 조합시킨 것을 사용하며 단색광을 내기 위하여 슬릿(slit)을 탈착시킨다.
㉰ 광전분광광도계에는 미분측광, 2파장측광, 시차측광이 가능한 것도 있다.
㉱ 흡수셀의 재질 중 유리제는 주로 가시 및 근적외부 파장범위, 석영제는 자외부 파장범위, 플라스틱제는 근적외부 파장범위를 측정할 때 사용한다.

[풀이] ㉯ 측광부로는 일반적으로 단색화장치 또는 필터를 사용하며, 단색화장치로는 프리즘, 회절격자 또는 이 두 가지를 조합시킨 것을 사용하며 단색광을 내기 위하여 슬릿을 부속시킨다.

66 대기오염공정시험기준상 분석대상 가스에 대한 흡수액을 수산화소듐으로 사용하지 않는 것은 어느 것인가?

㉮ 이황화탄소
㉯ 플루오린화합물
㉰ 염화수소
㉱ 브로민화합물

[풀이] ㉮ 이황화탄소의 흡수액은 다이에틸아민구리용액이다.

67 굴뚝반경(단면이 원형)이 3m인 경우, 배출가스 중 먼지측정을 위한 굴뚝 측정점수로 알맞은 것은 어느 것인가?

㉮ 20   ㉯ 16
㉰ 12   ㉱ 8

[풀이] 원형단면의 측정점

굴뚝직경(m)	반경구분수	측정점수
1이하	1	4
1초과 2이하	2	8
2초과 4이하	3	12
4초과 4.5이하	4	16
4.5초과	5	20

68 원자흡수분광광도법에서 측정조건 결정방법으로 틀린 것은 어느 것인가?

㉮ 감도가 가장 높은 스펙트럼선을 분석선으로 하는 것이 일반적이다.
㉯ 양호한 S/N비를 얻기 위하여 분광기의 슬릿 폭은 목적으로 하는 분석선을 분리할 수 있는 범위내에서 되도록 넓게 한다. (이웃의 스펙트럼선과 겹치지 않는 범위 내에서)
㉰ 불꽃중에서의 시료의 원자밀도 분포와 원소 불꽃의 상태 등에 따라 다르므로 불꽃의 최적위치에서 빛(光速)이 투과하도록 버너의 위치를 조절한다.
㉱ 일반적으로 광원램프의 전류값이 낮으면 램프의 감도가 떨어지는 등 수명이 감소하므로 광원램프는 장치의 성능이 허락하는 범위내에서 되도록 높은 전류값에서 동작시킨다.

정답 65 ㉯ 66 ㉮ 67 ㉮ 68 ㉱

69 휘발성 유기화합물질(VOC) 누출확인 방법에서 사용되는 용어정의로 틀린 것은 어느 것인가?

㉮ 교정가스 : 미지 농도로 기기 표시치를 교정하는데 사용되는 VOC 화합물로서 일반적으로 누출농도와 다른 농도의 대조화합물이다.
㉯ 반응인자 : 관련규정에 명시된 대조화합물로 교정된 기기를 이용하여 측정할 때 관측된 측정값과 VOC 화합물 기지농도와의 비율이다.
㉰ 교정 정밀도 : 기지의 농도값과 측정값간의 평균차이를 상대적인 퍼센트로 표현하는 것으로서, 동일한 기지 농도의 측정값들의 일치정도이다.
㉱ 응답시간 : VOC가 시료채취장치로 들어가 농도 변화를 일으키기 시작하여 기기계기판의 최종값이 90%를 나타내는데 걸리는 시간이다.

풀이 ㉮ 교정가스 : 기지 농도로 기기 표시치를 교정하는데 사용되는 VOC 화합물로서 일반적으로 누출농도와 유사한 농도의 대조화합물이다.

70 다음은 굴뚝 배출가스 중의 질소산화물에 대한 아연 환원나프틸에틸렌디아민 분석방법이다. ( )안에 알맞은 말은 어느 것인가?

> 시료중의 질소산화물을 오존 존재하에서 물에 흡수시켜 (①)으로 만든다. 이 (①)을 (②)을 사용하여 (③)으로 환원한 후 술포닐 아미드(Sulfonilic Amide) 및 나프틸에틸렌디아민(Naphthyl Ethylene diamine)을 반응시켜 얻어진 착색의 흡광도로부터 질소산화물을 정량하는 방법이다.

     ①   ②   ③
㉮ 아질산이온 - 분말금속아연 - 질산이온
㉯ 아질산이온 - 분말황산아연 - 질산이온
㉰ 질산이온 - 분말황산아연 - 아질산이온
㉱ 질산이온 - 분말금속아연 - 아질산이온

정답 69 ㉮ 70 ㉱

71 다음은 비분산 적외선 가스 분석계의 성능기준이다. ( )안에 알맞은 말은 어느 것인가?

> 제로 조정용 가스를 도입하여 안정된 후 유로를 스팬가스로 바꾸어 기준 유량으로 분석계에 도입하여 그 농도를 눈금 범위 내의 어느 일정한 값으로부터 다른 일정한 값으로 갑자기 변화시켰을 때 스텝(step) 응답에 대한 소비시간이 (①)이어야 한다. 또 이때 최종 지시치에 대한 90%의 응답을 나타내는 시간은 (②)이어야 한다.

㉮ ① 10초 이내, ② 30초 이내
㉯ ① 10초 이내, ② 40초 이내
㉰ ① 1초 이내, ② 30초 이내
㉱ ① 1초 이내, ② 40초 이내

72 다음 내용은 대기오염공정시험기준 총칙의 설명이다. ( )안에 알맞은 말은 어느 것인가?

> 이 시험기준의 각 항에 표시한 검출한계는 (①), (②) 등을 고려하여 해당되는 각 조의 조건으로 시험하였을 때 얻을 수 있는 (③)를 참고하도록 표시한 것이므로 실제 측정할 때는 그 목적에 따라 적당히 조정할 수도 있다.

	①	②	③
㉮	반복성	정밀성	바탕치
㉯	재현성	안정성	한계치
㉰	회복성	정량성	오차
㉱	재생성	정확성	바탕치

73 기체크로마토그래피법에서 이론단수가 1,600이 되는 분리관이 있다. 보유시간이 10min이 되는 봉우리의 밑부분 폭(봉우리 좌우 변곡점에서 접선이 자르는 바탕선의 길이)은 얼마인가? (단, 기록지 이동속도는 5mm/min, 이론단수는 모든 성분에 대하여 같다고 한다.)

㉮ 1mm ㉯ 2mm
㉰ 5mm ㉱ 10mm

[풀이] 이론단수(n)
$$= 16 \times \left\{ \frac{\text{기록지의 이동속도(mm/min)} \times \text{보유시간(min)}}{\text{봉우리의 폭(mm)}} \right\}^2$$

따라서 $1,600 = 16 \times \left\{ \frac{5\text{mm/min} \times 10\text{min}}{\text{봉우리의 폭(mm)}} \right\}^2$

∴ 기록지 봉우리의 폭 = 5mm

74 환경대기 중의 석면시험방법(위상차현미경법) 중 계수대상물의 식별방법에 대한 내용으로 틀린 것은 어느 것인가?

㉮ 단섬유인 경우 구부러져 있는 섬유는 곡선에 따라 전체 길이를 재어서 판정한다.
㉯ 헝클어져 다발을 이루고 있는 경우로서 섬유가 헝클어져 정확한 수를 헤아리기 힘들때에는 0개로 판정한다.
㉰ 섬유에 입자가 부착하고 있는 경우 입자의 폭이 3μm를 넘는 것은 1개로 판정한다.
㉱ 섬유가 그래티클 시야의 경계선에 물린 경우 그래티클 시야 안으로 한쪽 끝만 들어와 있는 섬유는 1/2개로 인정한다.

[풀이] ㉰ 섬유에 입자가 부착하고 있는 경우 입자의 폭이 3μm를 넘는 것은 0개로 판정한다.

정답 71 ㉱ 72 ㉯ 73 ㉰ 74 ㉰

75 다음은 연료용 유류중의 황함유량을 측정하기 위한 분석방법 중 연소관식 공기법에 대한 내용이다. ( )안에 알맞은 말은 어느 것인가?

> 950~1100℃로 가열한 석영재질 연소관 중에 공기를 불어넣어 시료를 연소시킨다. 생성된 황산화물을 (①)에 흡수시켜 황산으로 만든 다음, (②)으로 중화적정하여 황함유량을 구한다.

㉮ ① 붕산용액(0.5W/V%)
　　② 수산화소듐표준액
㉯ ① 붕산용액(0.5W/V%)
　　② 싸이오황산소듐표준액
㉰ ① 과산화수소(3%)
　　② 수산화소듐표준액
㉱ ① 과산화수소(3%)
　　② 싸이오황산소듐표준액

76 배출허용기준 중 표준산소농도를 적용받는 항목에 대한 배출가스유량 보정식으로 알맞은 것은 어느 것인가? (단, Q : 배출가스유량(Sm^3/일), Q_a : 실측배출가스유량(Sm^3/일), O_a : 실측산소농도(%), O_s : 표준산소농도(%))

㉮ $Q = Q_a \times [(21-O_s)/(21-O_a)]$
㉯ $Q = Q_a \div [(21-O_s)/(21-O_a)]$
㉰ $Q = Q_a \times [(21+O_s)/(21+O_a)]$
㉱ $Q = Q_a \div [(21+O_s)/(21+O_a)]$

77 기체크로마토그래피에 의한 정량분석에서 이용되는 정량법의 종류가 아닌 것은 어느 것인가?

㉮ 외부첨가법
㉯ 보정넓이 백분율법
㉰ 표준물첨가법
㉱ 넓이 백분율법

[풀이] 정량분석의 종류에는 절대검정곡선법, 넓이백분율법, 보정넓이 백분율법, 상대검정곡선법, 표준물첨가법이 있다.

78 굴뚝 배출가스 중 염화수소 분석방법으로 알맞은 것은 어느 것인가?

㉮ 이온크로마토그래피법
㉯ 기체크로마토그래피법
㉰ 이온교환법
㉱ 이온전극법

[풀이] 염화수소의 분석방법에는 싸이오시안산제이수은 자외선/가시선분광법, 이온크로마토그래피법이 있다.

79 대기오염공정시험기준상 원자흡수분광광도법(원자흡광광도법)과 자외선 가시선 분광법(흡광광도법)을 동시에 적용할 수 없는 물질은 어느 것인가?

㉮ 카드뮴화합물　㉯ 니켈화합물
㉰ 페놀화합물　　㉱ 구리화합물

[풀이] 원자흡수분광광도법과 자외선 가시선 분광법을 동시에 적용할 수 있는 물질은 중금속이므로 보기 중 중금속이 아닌 페놀화합물이 정답이 된다.

정답 75 ㉰　76 ㉯　77 ㉮　78 ㉰　79 ㉰

80 다음은 중금속 분석을 위한 전처리 방법 중 저온회화법에 대한 내용이다. (   ) 안에 알맞은 말은 어느 것인가?

> 시료를 채취한 여과지를 회화실에 넣고 약 (①)에서 회화한다. 셀룰로스섬유제 여과지를 사용했을 때에는 그대로, 유리섬유제 또는 석영섬유제 여과지를 사용했을 때에는 적당한 크기로 자르고 250mL 원뿔형 비커에 넣은 다음 (②)를 가한다. 이것을 물중탕 중에서 약 30분간 가열하여 녹인다.

㉮ ① 200℃ 이하
　② 황산(2+1) 70mL 및 과망간산칼륨 (0.025N) 5mL
㉯ ① 450℃ 이하
　② 황산(2+1) 70mL 및 과망간산칼륨 (0.025N) 5mL
㉰ ① 200℃ 이하
　② 염산(1+1) 70mL 및 과산화수소수 (30%) 5mL
㉱ ① 450℃ 이하
　② 염산(1+1) 70mL 및 과산화수소수 (30%) 5mL

| 제5과목 | 대기환경관계법규

81 대기환경보전법상 배출시설 설치·운영 사업자에게 조업정지를 명하여야 하는 경우지만 공익에 현저한 지장을 줄 우려가 있어 조업정지처분을 갈음하여 과징금처분을 하고자 할 경우, 부과할 수 있는 과징금은 매출액에 얼마를 곱한 금액을 초과하지 않는 범위에서 정하는가?

㉮ 100분의 1　㉯ 100분의 5
㉰ 100분의 10　㉱ 100분의 15

82 대기환경보전법령상 초과부과금의 부과대상이 아닌 것은 어느 것인가?

㉮ 일산화탄소　㉯ 암모니아
㉰ 불소화합물　㉱ 질소산화물

83 대기환경보전법규상 다음 연료(kg) 중 고체연료 환산계수가 가장 큰 연료는 어느 것인가?

㉮ 무연탄　㉯ 목재
㉰ 이탄　㉱ 목탄

[풀이] 고체연료 환산계수
㉮ 무연탄 : 1.0
㉯ 목재 : 0.70
㉰ 이탄 : 0.80
㉱ 목탄 : 1.42

84 대기환경보전법령상 특별대책지역안에서 휘발성유기화합물을 배출하는 시설로서 대통령령으로 정하는 시설이 아닌 것은 어느 것인가? (단, 그 밖의 시설 등은 고려하지 않는 다.)

㉮ 석유화학제품 제조업의 제조시설
㉯ 세탁시설
㉰ 무기화학물 분석 실험실
㉱ 저유소의 저장시설

[풀이] 대통령령으로 정하는 시설에는 ① 석유정제를 위

정답　80 ㉰　81 ㉯　82 ㉮　83 ㉱　84 ㉰

한 제조시설, 저장시설 및 출하시설과 석유화학제품 제조업의 제조시설, 저장시설 및 출하시설 ② 저유소의 저장시설 및 출하시설, ③ 주유소의 저장시설 및 주유시설 ④ 세탁시설이 있다.

85 대기환경보전법령상 배출시설에서 발생하는 연간 대기오염물질발생량의 합계로 사업장을 분류할 때 다음 중 4종사업장에 해당하는 것은 어느 것인가?

㉮ 80톤   ㉯ 50톤
㉰ 12톤   ㉱ 5톤

▶풀이 4종 사업장은 연간 2톤이상 10톤미만 사업장이다.

86 대기환경보전법규상 자동차 운행정지 표지에 기재되는 사항으로 틀린 것은 어느 것인가?

㉮ 점검당시 누적주행거리
㉯ 운행정지기간 중 주차장소
㉰ 자동차 소유자 성명
㉱ 자동차등록번호

87 대기환경보전법규상 오존의 대기오염 경보단계별 오염물질의 농도기준에 대한 내용으로 틀린 것은 어느 것인가?

㉮ 경보가 발령된 지역내의 기상조건 등을 검토하여 대기자동측정소의 오존농도가 0.12피피엠 이상 0.3피피엠 미만일 때에는 주의보로 전환한다.
㉯ 오존농도는 24시간 평균농도를 기준으로 한다.
㉰ 해당지역의 대기자동측정소 오존농도

가 1개소라도 경보단계별 발령기준을 초과하면 해당 경보를 발령할 수 있다.
㉱ 중대경보단계는 기상조건을 검토하여 해당지역의 대기자동측정소의 오존농도가 0.5피피엠 이상일 때 발령한다.

▶풀이 ㉯ 오존농도는 1시간 평균농도를 기준으로 한다.

88 환경정책기본법령상 아황산가스(SO_2)의 대기환경기준으로 알맞은 것은 어느 것인가? (단, 1시간 평균치)

㉮ 0.05ppm 이하   ㉯ 0.06ppm 이하
㉰ 0.10ppm 이하   ㉱ 0.15ppm 이하

89 대기환경보전법규상 석탄을 제외한 기타 고체연료 사용시설의 설치기준으로 틀린 것은 어느 것인가?

㉮ 배출시설의 굴뚝 높이는 20m 이상이어야 한다.
㉯ 연소재는 반드시 밀폐통을 이용하여 운반하여야 한다.
㉰ 연료는 옥내에 저장하여야 한다.
㉱ 굴뚝에서 배출되는 매연을 측정할 수 있어야 한다.

▶풀이 ㉯ 연소재는 덮개가 있는 차량을 이용하여 운반하여야 한다.

정답 85 ㉱ 86 ㉰ 87 ㉯ 88 ㉱ 89 ㉯

90 대기환경보전법규상 배출허용기준 초과와 관련하여 개선명령을 받은 경우로써 개선하여야 할 사항이 배출시설 또는 방지시설인 경우 사업자가 시·도지사에게 제출하여야 하는 개선계획서에 포함 또는 첨부되어야 하는 사항으로 틀린 것은 어느 것인가?

㉮ 배출시설 또는 방지시설의 개선명세서 및 설계도
㉯ 대기오염물질 등의 처리방식 및 처리효율
㉰ 운영기기 진단계획
㉱ 공사기간 및 공사비

풀이 개선계획서에 포함 또는 첨부되어야 하는 사항에는 ㉮, ㉯, ㉱가 포함되어야 한다.

91 대기환경보전법령상 청정연료를 사용하여야 하는 대상시설의 범위에 해당하지 않는 시설은 어느 것인가?

㉮ 산업용 열병합 발전시설
㉯ 전체보일러의 시간당 총 증발량이 0.2톤 이상인 업무용 보일러
㉰ 「집단에너지사업법 시행령」에 따른 지역냉난방사업을 위한 시설
㉱ 「건축법 시행령」에 따른 중앙집중난방방식으로 열을 공급받고 단지 내의 모든 세대의 평균 전용면적이 40.0m²를 초과하는 공동주택

풀이 ㉮ 발전시설.(단, 산업용 열병합 발전시설은 제외한다.)

92 악취방지법규상 지정악취물질의 배출허용기준 및 그 범위로 틀린 것은 어느 것인가?

항목	구분	배출허용기준(ppm)	
		공업지역	기타지역
①	암모니아	2 이하	1 이하
②	메틸메르캅탄	0.008 이하	0.005 이하
③	황화수소	0.06 이하	0.02 이하
④	트라이메틸아민	0.02 이하	0.005 이하

㉮ ① ㉯ ②
㉰ ③ ㉱ ④

풀이 메틸메르캅탄 : 공업지역 -0.004이하, 기타지역 -0.002이하

93 대기환경보전법상 대통령령으로 정하는 업종의 배출시설을 운영하는 사업자는 공정 및 설비 등에서 굴뚝 등 환경부령으로 정하는 배출구 없이 대기 중에 직접 배출되는 대기오염물질을 줄이기 위하여 배출시설의 정기적인 점검 및 비산배출에 대한 조사 등에 관해 환경부령으로 정하는 시설관리기준을 지켜야 하는데, 이 시설관리기준을 지키지 아니한 자에 대한 벌칙기준은 어느 것인가?

㉮ 7년 이하의 징역 또는 1억원 이하의 벌금에 처한다.
㉯ 5년 이하의 징역 또는 3천만원 이하의 벌금에 처한다.
㉰ 1년 이하의 징역 또는 1천만원 이하의 벌금에 처한다.
㉱ 500만원 이하의 벌금에 처한다.

정답 90 ㉰ 91 ㉮ 92 ㉯ 93 ㉰

풀이 ㉰ 1년 이하의 징역 또는 1천만원 이하의 벌금에 해당한다.

94 대기환경보전법규상 위임업무 보고사항 중 보고횟수가 "수시"에 해당하는 것은 어느 것인가?

㉮ 수입자동차 배출가스 인증 및 검사현황
㉯ 자동차 연료 제조기준 적합 여부 검사현황
㉰ 환경오염사고 발생 및 조치 사항
㉱ 첨가제의 제조기준 적합 여부 검사현황

풀이 보고횟수
㉮ 연 4회
㉯ 연 4회
㉰ 수시
㉱ 연 2회

95 대기환경보전법규상 비산먼지 발생을 억제하기 위한 시설의 설치 및 필요한 조치에 관한 기준 중 야외 녹 제거 공정의 시설의 설치 및 조치에 관한 기준으로 틀린 것은 어느 것인가?

㉮ 구조물의 길이가 15m 미만인 경우에는 옥내작업을 할 것
㉯ 풍속이 평균초속 3m 이상(강선건조업과 합성수지선건조업인 경우에는 5m 이상)인 경우에는 작업을 중지할 것
㉰ 야외 작업 시에는 간이칸막이 등을 설치하여 먼지가 흩날리지 아니하도록 할 것이며, 작업 후 남은 것이 다시 흩날리지 아니하도록 할 것
㉱ 야외 작업 시 이동식 집진시설을 설치할 것

풀이 ㉯ 풍속이 평균초속 8m 이상(강선건조업과 합성수지선건조업인 경우에는 10m 이상)인 경우에는 작업을 중지할 것

96 대기환경보전법규상 암모니아의 각 배출시설별 배출허용 기준으로 틀린 것은 어느 것인가? (단, 2014년 12월 31일까지 적용되는 기준으로써, ( )는 표준산소농도(O_2의 백분율) 이다.)

㉮ 화학비료 및 질소화합물 제조시설 : 20ppm 이하
㉯ 무기안료·염료·유연제·착색제 제조시설 : 20ppm 이하
㉰ 폐수·폐기물·폐가스 소각처리시설(소각보일러를 포함한다) 및 고형연료제품 사용시설 : 40(12)ppm 이하
㉱ 시멘트 제조시설 중 소성시설 : 30(13) ppm 이하

풀이 ㉰ 폐수·폐기물·폐가스 소각처리시설(소각보일러를 포함한다) 및 고형연료제품 사용시설 : 50(12)ppm 이하

정답 94 ㉰ 95 ㉯ 96 ㉰

97 대기환경보전법규상 행정처분기준에 따라 발전소의 발전설비 등에 과징금을 부과하고자 할 때, 그 기준에 대한 내용으로 알맞은 것은 어느 것인가?

㉮ 1일당 부과금액은 500만원으로 하고, 사업장 규모별 부과계수로서 1종 사업장의 경우는 3.0 으로 한다.
㉯ 1일당 부과금액은 500만원으로 하고, 사업장 규모별 부과계수로서 1종 사업장의 경우는 2.0 으로 한다.
㉰ 1일당 부과금액은 300만원으로 하고, 사업장 규모별 부과계수로서 1종 사업장의 경우는 3.0 으로 한다.
㉱ 1일당 부과금액은 300만원으로 하고, 사업장 규모별 부과계수로서 1종 사업장의 경우는 2.0 으로 한다.

98 대기환경보전법규상 환경기술인의 준수사항으로 틀린 것은 어느 것인가?

㉮ 배출시설 및 방지시설을 정상가동하여 오염물질 등의 배출이 배출허용기준에 맞도록 한다.
㉯ 배출시설 및 방지시설의 운영기록을 사실에 기초하여 작성해야 한다.
㉰ 기업활동 규제완화에 관한 특별조치법상 환경기술인을 공동으로 임명한 경우라도 당해 환경기술인은 해당 사업장에 번갈아 근무해서는 안된다.
㉱ 자가측정시 사용한 여과지는 환경오염공정시험기준에 따라 기록한 시료채취기록지와 함께 날짜별로 보관·관리하여야 한다.

[풀이] ㉰ 기업활동 규제완화에 관한 특별조치법상 환경기술인을 공동으로 임명한 경우 그 환경기술인은 해당 사업장에 번갈아 근무하여야 한다.

99 대기환경보전법에 의거 국가는 자동차로 인한 대기오염을 줄이기 위하여 기술개발 또는 제작에 필요한 재정적, 기술적 지원을 할 수 있는데, 이와 관련한 지원대상 시설로 틀린 것은 어느 것인가?

㉮ 저공해엔진
㉯ 저공해자동차 및 그 자동차에 연료를 공급하기 위한 시설 중 환경부장관이 정하는 시설
㉰ 배출가스저감장치
㉱ 황 함량이 높은 휘발유자동차

[풀이] 지원대상 시설은 ㉮, ㉯, ㉰ 이다.

100 대기환경보전법령상 해당사업자는 확정배출량에 관한 자료 제출을 부과기간 완료일부터 최대 며칠이내에 시·도지사에게 제출하여야 하는가?

㉮ 10일   ㉯ 15일
㉰ 30일   ㉱ 60일

정답 97 ㉱ 98 ㉰ 99 ㉱ 100 ㉰

2015년 1회 대기환경기사

2015년 3월 8일 시행

| 제1과목 | 대기오염개론

01 해륙풍에 관한 내용으로 틀린 것은 어느 것인가?

㉮ 낮에는 해풍, 밤에는 육풍이 발달한다.
㉯ 해풍은 대규모 바람이 약한 맑은 여름날에 발달하기 쉽다.
㉰ 육풍은 해풍에 비해 풍속이 크고, 수직·수평적인 영향범위가 넓은 편이다.
㉱ 해풍의 가장 전면(내륙 쪽)에서는 해풍이 급격히 약해져서 수렴구역이 생기는데 이 수렴구역을 해풍전선이라 한다.

풀이 ㉰ 육풍은 해풍에 비해 풍속이 작고, 수직·수평적인 영향범위가 좁은 편이다.

02 다음 식물 중 아황산가스에 대한 저항력이 가장 큰 것은 어느 것인가?

㉮ 까치밤나무   ㉯ 포도
㉰ 단풍   ㉱ 등나무

풀이 아황산가스(SO_2)에 대한 저항력이 강한 식물에는 양배추, 까치밤나무, 쥐당나무, 셀러리, 소나무, 옥수수 등이 있다.

03 다이옥신(Dioxin)에 대한 내용으로 틀린 것은 어느 것인가?

㉮ 표준상태에서 증기압이 매우 낮은 고형 화합물이다.
㉯ 다이옥신류는 크게 PCDD, PCDF로 대별된다.
㉰ 수용성은 낮으나 벤젠 등에 용해되며 토양 등에 흡수된다.
㉱ 소각로에서 1000℃ 정도의 고온온도에서 fly ash 표면에 염소 공여체와 반응하여 배출된다.

풀이 ㉱ 소각로에서 300~400℃ 정도의 저온에서 fly ash 표면에 염소 공여체와 반응하여 배출된다.

04 다음 중 Panofsky에 의한 리차드슨수(Ri) 크기와 대기의 혼합간의 관계에 따른 설명으로 틀린 것은 어느 것인가?

㉮ Ri = 0 : 수직방향의 혼합이 없다.
㉯ 0 < Ri < 0.25 : 성층에 의해 약화된 기계적 난류가 존재한다.
㉰ Ri < -0.04 : 대류에 의한 혼합이 기계적 혼합을 지배한다.
㉱ -0.03 < Ri < 0 : 기계적 난류와 대류가 존재하나 기계적 난류가 혼합을 주로 일으킨다.

풀이 ㉮ Ri = 0 : 기계적 난류만 존재한다.

정답 01 ㉰ 02 ㉮ 03 ㉱ 04 ㉮

05 최대혼합고도를 400m로 예상하여 오염농도를 6ppm으로 수정하였는데 실제 관측된 최대혼합고도는 200m였다. 이때 실제 나타날 오염농도(ppm)는 얼마인가?

㉮ 9ppm ㉯ 16ppm
㉰ 32ppm ㉱ 48ppm

풀이 실제오염농도(ppm)
= 예상오염농도(ppm) × $\left(\dfrac{\text{예상최대혼합고}}{\text{실제최대혼합고}}\right)^3$
= 6ppm × $\left(\dfrac{400m}{200m}\right)^3$ = 48ppm

06 다음에서 설명하는 대기오염물질로 알맞은 것은 어느 것인가?

- 이 물질의 직업성 폭로는 철강제조에서 아주 많으며, 알루미늄, 마그네슘, 구리와의 합금제조 등에서도 흔한 편이다.
- 이 흄에 급성폭로되면 열, 오한, 호흡곤란 등의 증상을 특징으로 하는 금속열을 일으키나 자연히 치유된다.
- 만성폭로가 계속되면 파킨슨 증후군과 거의 비슷한 증후군으로 진전되어 말이 느리고 단조로워진다.

㉮ 비소 ㉯ 수은
㉰ 망간 ㉱ 납

풀이 ㉰ 망간에 대한 설명이다.

07 다음 중 대기오염 물질의 농도를 추정하기 위한 상자모델(box model)의 가정으로 틀린 것은 어느 것인가?

㉮ 고려되는 공간에서 오염물의 농도는 균일하다.
㉯ 오염원은 방출과 동시에 균등하게 혼합된다.
㉰ 오염물 농도가 균일함에 따라 분해는 0차반응에 의한다.
㉱ 오염물 방출원이 지면 전역에 균등하게 분포되어 있다.

풀이 ㉰ 오염물 농도의 분해는 1차반응에 의한다.

08 오존층에 대한 내용으로 틀린 것은 어느 것인가?

㉮ 오존층이란 성층권에서도 오존이 더욱 밀집해 분포하고 있는 지상 50~60km 정도의 구간을 말한다.
㉯ 오존층의 두께를 표시하는 단위는 돕슨(Dobson)이며, 지구 대기 중의 오존총량을 표준 상태에서 두께로 환산했을 때 1mm를 100돕슨으로 정하고 있다.
㉰ 오존총량은 적도상에서 약 200돕슨, 극지방에서 약 400돕슨 정도인 것으로 알려져 있다.
㉱ 오존은 성층권에서는 대기 중의 산소분자가 주로 240nm 이하의 자외선에 의해 광분해되어 생성된다.

풀이 ㉮ 오존층이란 성층권에서도 오존이 더욱 밀집해 분포하고 있는 지상 20~30km 정도의 구간을 말한다.

정답 05 ㉱ 06 ㉰ 07 ㉰ 08 ㉮

09 대기의 특성에 대한 내용으로 틀린 것은 어느 것인가?

㉮ 성층권에서는 오존이 자외선을 흡수하여 성층권의 온도를 상승시킨다.
㉯ 지표 부근의 표준상태에서의 건조공기의 구성성분은 부피농도로 질소 > 산소 > 아르곤 > 이산화탄소의 순이다.
㉰ 대기의 온도는 위쪽으로 올라갈수록 대류권에서는 하강, 성층권에서는 상승, 열권에서는 하강한다.
㉱ 대류권의 고도는 겨울철에 낮고, 여름철에 높으며, 보통 저위도 지방이 고위도 지방에 비해 높다.

풀이 ㉰ 대기의 온도는 위쪽으로 올라갈수록 대류권에서는 하강, 성층권에서는 상승, 열권에서는 상승한다.

10 200℃, 1atm에서 이산화황의 농도가 2.0g/m³이다. 표준상태에서는 약 몇 ppm인가?

㉮ 986 ㉯ 1,213
㉰ 1,759 ㉱ 2,314

풀이 ppm(mL/Sm³)
$= \frac{2.0g}{m^3} \times \frac{273+200℃}{273} \times \frac{10^3 mg}{1g} \times \frac{22.4mL}{64mg}$
$= 1,212.82 mL/Sm^3 (ppm)$

TIP
① SO_2 1mol $\begin{cases} 64mg \\ 22.4mL \end{cases}$
② ppm = mL/Sm³

11 지구 대기의 성질에 대한 내용으로 틀린 것은 어느 것인가?

㉮ 지표면의 온도는 약 15℃ 정도이나 상공 12km 정도의 대류권계면에서는 약 -55℃ 정도까지 하강한다.
㉯ 성층권계면에서의 온도는 지표보다는 약간 낮으나 성층권계면 이상의 중간권에서 기온은 다시 하강한다.
㉰ 중간권 이상에서의 온도에서는 대기의 분자운동에 의해 결정된 온도로서 직접 관측된 온도와는 다르다.
㉱ 대류권과 비교하였을 때 열권에서 분자의 운동속도는 매우 느리지만 공기 평균자유행로는 짧다.

12 다음에서 설명하는 대기분산모델로 알맞은 것은 어느 것인가?

- 적용모델식 : 가우시안모델
- 적용배출원 형태 : 점, 선, 면
- 개발국 : 영국
- 특징 : 도시지역에서 오염물질의 이동 계산, 영국에서 많이 사용하는 모델임

㉮ OCD ㉯ UAM
㉰ ISCLT ㉱ ADMS

풀이 ㉱ ADMS에 대한 설명이다.

정답 09 ㉰ 10 ㉯ 11 ㉱ 12 ㉱

13 오염물질에 대한 식물피해에 대한 내용으로 틀린 것은 어느 것인가?

㉮ 황화수소는 어린잎과 새싹에 피해가 많은 편이며, 강한 식물로는 복숭아, 딸기 등이다.
㉯ 에틸렌은 고목의 생장저해가 특징적이며, 글라디올러스가 가장 민감한 편이며, 0.1ppb에서 피해가 인정된다.
㉰ 암모니아는 잎 전체에 영향을 주는 편이다.
㉱ 일산화탄소는 식물에는 별로 심각한 영향을 주지 않으나 500ppm 정도에서 토마토 잎에 피해를 보인다.

14 바람의 요소 중 전향력에 대한 내용으로 틀린 것은 어느 것인가?

㉮ 지구의 자전에 의해 생기는 가속도를 전향가속도라 하고 이 가속도에 의한 힘을 전향력이라 한다.
㉯ 전향력의 크기는 적도에서 가장 크며, 위도가 높아질수록 작아진다.
㉰ 전향력은 북반구에서는 움직이는 물체의 운동방향의 오른쪽 직각방향으로 작용한다.
㉱ 코리올리힘이라고도 하며, 경도력과 반대방향으로 작용한다.

[풀이] ㉯ 전향력의 크기는 위도가 높아질수록 증가하므로 극지방에서 최대가 되고 적도지방에서 최소가 된다.

15 상업지역에 분진의 농도를 측정하기 위하여 여과지를 통하여 0.2m/sec의 속도로 2.5시간 동안 여과시킨 결과 깨끗한 여과지에 비해 사용한 여과지의 빛전달율이 60%이었다면 1000m당의 Coh는 얼마인가?

㉮ 12.3   ㉯ 6.2
㉰ 3.6   ㉱ 3.1

[풀이]
$$Coh = \frac{\log \frac{1}{빛전달율} \times 100}{속도(m/sec) \times 여과시간(hr) \times 3600} \times 1000m$$

$$= \frac{\log \frac{1}{0.60} \times 100}{0.2m/sec \times 2.5hr \times 3600} \times 1000m = 12.33$$

16 대기오염가스를 배출하는 굴뚝의 유효고도가 87m에서 100m로 높아졌다면 굴뚝의 풍하측 지상의 최대 오염농도는 87m일 때의 것과 비교하면 몇 %가 되겠는가? (단, 기타 조건은 일정하다.)

㉮ 47%   ㉯ 62%
㉰ 76%   ㉱ 88%

[풀이] 지상최대오염농도(C_{max}) = $\frac{1}{He^2}$

따라서

지상최대오염농도(%) = $\frac{\frac{1}{(100m)^2}}{\frac{1}{(87m)^2}} \times 100 = 75.69\%$

정답 13 ㉯ 14 ㉯ 15 ㉮ 16 ㉰

17 태양상수를 이용하여 지구표면의 단위 면적이 1분 동안에 받는 평균 태양에너지를 구하는 식으로 알맞은 것은 어느 것인가? (단, C_M : 평균 태양에너지, C : 태양상수, R : 지구반지름)

㉮ $C_M = C \times [(\pi R^2/4\pi R^2)]$
㉯ $C_M = C \times [(4\pi R^2/\pi R^2)]$
㉰ $C_M = C \times [(\pi R/2\pi R^2)]$
㉱ $C_M = C \times [(2\pi R/\pi R^2)]$

18 최대혼합깊이(MMD)에 대한 내용으로 틀린 것은 어느 것인가?

㉮ 야간에 역전이 심할 경우에는 점차 증가하여 그 값이 5000m 이상이 될 수도 있다.
㉯ 통상적으로 계절적으로는 이른 여름에 아주 크다.
㉰ 열부상효과에 의하여 대류에 의한 혼합층의 깊이가 결정되는데 이를 MMD라 한다.
㉱ 실제로 MMD는 지표위 수 km까지의 실제 공기의 온도종단도를 작성함으로써 결정된다.

〔풀이〕 ㉮ 야간에 역전이 심할 경우에는 그 값이 거의 0이 될 수도 있다.

19 역전(inversion)에 대한 내용으로 틀린 것은 어느 것인가?

㉮ 난류역전, 해풍역전은 지표역전에 해당한다.
㉯ 침강역전, 전선역전은 공중역전에 해당한다.
㉰ 해풍역전은 이동성이므로 오염물질을 오랫동안 정체시키지는 않는 편이다.
㉱ 복사역전층에서는 안개가 발생하기 쉽고 매연이 쉽게 확산하지 못하는 편이다.

〔풀이〕 ㉮ 난류역전, 해풍역전은 공중역전에 해당한다.

20 상대습도가 70%일 때 분진의 농도가 $50\mu g/m^3$인 지역이 있다. 이 지역의 가시거리(km)는 얼마인가? (단, 상수 A = 1.2이다.)

㉮ 24km ㉯ 20km
㉰ 15km ㉱ 32km

〔풀이〕 $V = \dfrac{10^3 \times A}{G}$

$\begin{bmatrix} V : 가시거리(km) \\ A : 상수 \\ G : 농도(\mu g/m^3) \end{bmatrix}$

따라서 $V = \dfrac{10^3 \times 1.2}{50\mu g/m^3} = 24km$

정답 17 ㉮ 18 ㉮ 19 ㉮ 20 ㉮

| 제2과목 | 연소공학

21 르샤틀리에가 주장한 열역학적인 평형이동에 대한 원리를 가장 알맞게 나타낸 것은 어느 것인가?

㉮ 평형상태에 있는 물질계의 온도, 압력을 변화시키면 그 변화를 감소시키는 방향으로 반응이 진행된다.
㉯ 평형상태에 있는 물질계의 온도, 압력을 변화시키면 그 변화를 증가시키는 방향으로 평형이동이 진행된다.
㉰ 평형상태에 있는 물질계의 온도, 압력을 변화시키면 그 변화는 도중의 경로에 관계하지 않고 시작과 끝 상태만으로 결정된다.
㉱ 평형상태에 있는 물질계의 온도, 압력을 변화시키면 그 변화는 압력에는 무관하고, 온도변화를 감소시키는 방향으로 반응이 진행된다.

22 다음 중 가솔린자동차에 적용되는 삼원촉매기술과 관련된 오염물질로 틀린 것은 어느 것인가?

㉮ SO_X ㉯ NO_X
㉰ CO ㉱ HC

[풀이] 가솔린자동차에 적용되는 삼원촉매기술과 관련된 오염물질로는 NO_X, CO, HC이다.

23 S함량 3%의 벙커 C유 100KL를 사용하는 보일러에 S함량 1%인 벙커 C유로 30% 섞어 사용하면 SO_2 배출량은 몇 % 감소하는가? (단, 벙커 C유 비중 0.95, 벙커 C유 중의 S는 모두 SO_2로 전환된다.)

㉮ 16%   ㉯ 20%
㉰ 25%   ㉱ 28%

[풀이] ① 처음 사용 : S함량이 3%인 100%
② 나중 사용 : S함량이 3%인 70% + S함량이 1%인 30%
③ 감소량(%) = $\left(1 - \dfrac{\text{나중사용}}{\text{처음사용}}\right) \times 100$
= $\left\{1 - \dfrac{(3\% \times 0.70 + 1\% \times 0.30) \times 100kL}{(3\% \times 1) \times 100kL}\right\} \times 100$
= 20%

24 등가비(ϕ, equivalent ratio)와 연소상태와의 관계를 설명한 것 중 틀린 것은 어느 것인가?

㉮ $\phi = 1$ 경우는 완전 연소로 연료와 산화제의 혼합이 이상적이다.
㉯ $\phi > 1$ 경우는 연료가 과잉, 질소산화물(NO)은 최대발생
㉰ $\phi < 1$ 경우는 공기가 과잉, CO는 최소
㉱ $\phi > 1$ 경우는 불완전 연소가 발생, 연료가 과잉

[풀이] ㉯ $\phi > 1$ 경우는 연료가 과잉, 질소산화물(NO)은 최소발생

정답 21 ㉮ 22 ㉮ 23 ㉯ 24 ㉯

25 A연소시설에서 연료 중 수소를 10% 함유하는 중유를 연소시킨 결과 건조연소가스 중의 SO_2 농도가 600ppm이었다. 건조연소가스량이 13Sm^3/kg이라면 실제습배가스량 중 SO_2 농도(ppm)는 얼마인가?

㉮ 약 350ppm   ㉯ 약 450ppm
㉰ 약 550ppm   ㉱ 약 650ppm

풀이 ① 건조가스량 기준

$$SO_2(ppm) = \frac{SO_2량}{건조가스량(Gd)} \times 10^6$$

$$600ppm = \frac{SO_2량}{13Sm^3/kg} \times 10^6$$

∴ SO_2량 = 0.0078Sm^3/kg

② 습가스량 기준

$$SO_2(ppm) = \frac{SO_2량}{습가스량(Gw)} \times 10^6$$

Gw = Gd + {1.244(9H+W)}
= 13Sm^3/kg + (1.244×9×0.10)
= 14.1196Sm^3/kg

따라서 SO_2(ppm) = $\frac{0.0078Sm^3/kg}{14.1196Sm^3/kg} \times 10^6$
= 552.42ppm

26 쓰레기 재생연료(RDF)에 대한 내용으로 틀린 것은 어느 것인가?

㉮ 쓰레기 재생연료를 연소시키는데는 회전로울러식이 사슬상화격자 연소기보다 효율이 좋으며, 도시쓰레기의 소각에 비해 제어가 용이하지 않은 단점이 있다.
㉯ 쓰레기 재생연료의 소각에서 연료의 체재시간이 높은 온도에서 충분히 길지 않고(800~850℃에서 2초 이상) 시스템이 제대로 가동 못할 시에는 염소를 포함하는 플라스틱이 잔존하여 다이옥신 등의 배출이 문제가 될 수 있다.
㉰ fluff RDF는 겉보기 밀도가 낮고, 비교적 수분함량이 높아서 저장하거나 수송하기가 어려운 단점이 있다.
㉱ 쓰레기 재생연료는 고정탄소가 석탄에 비해 적은 반면 휘발분이 많다.

27 예혼합연소에 대한 내용으로 알맞은 것은 어느 것인가?

㉮ 혼합기의 분출속도가 느릴 경우 역화의 위험이 있으므로 역화방지기를 부착해야 한다.
㉯ 화염온도가 낮아 연소부하가 적은 경우에 효과적으로 사용 가능하다.
㉰ 예혼합연소에 사용되는 버너로 선회버너, 방사버너가 있다.
㉱ 연소조절이 어렵고, 화염길이가 길다.

풀이 ㉯ 화염온도가 높아 연소부하가 큰 경우에 효과적으로 사용 가능하다.
㉰ 예혼합연소에 사용되는 버너로 분젠버너가 있다.
㉱ 연소조절이 쉽고, 화염길이가 짧다.

28 어떤 화학과정에서 반응물질이 25% 분해하는데 41.3분 걸린다는 것을 알았다. 이 반응이 1차라고 가정할 때, 속도상수 k는 얼마인가?

㉮ $1.437 \times 10^{-4} s^{-1}$ ㉯ $1.232 \times 10^{-4} s^{-1}$
㉰ $1.161 \times 10^{-4} s^{-1}$ ㉱ $1.022 \times 10^{-4} s^{-1}$

풀이 1차반응식 $\ln \frac{C_t}{C_0} = -k \times t$

C_0 : 초기농도(%)
C_t : t시간 후의 농도(%)
k : 상수(/sec)
t : 시간(sec)

정답 25 ㉰   26 ㉮   27 ㉮   28 ㉰

따라서
$\ln \frac{(100-25)\%}{100\%} = -k \times 41.3\min \times 60\sec/\min$
∴ $k = 1.16 \times 10^{-4}/\sec$

29 화격자식(스토커) 소각로에 대한 내용으로 틀린 것은 어느 것인가?

㉮ 휘발성분이 많고 열분해 되기 쉬운 물질을 소각할 경우에는 공기를 아래쪽에서 위쪽으로 통과시키는 상향연소 방식을 사용하는 것이 효과적이다.
㉯ 경사 스토커 방식의 경우 수분이 많은 것이나 발열량이 낮은 것도 어느 정도 소각이 가능하다.
㉰ 체류시간이 길고 교반력이 약한 편이어서 국부가열이 발생할 염려가 있다.
㉱ 하향식 연소는 상향식 연소에 비해 소각물의 양은 절반 정도로 감소한다.

30 공기를 사용하여 CO를 완전연소 시킬 때 연소가스 중의 CO_2 농도의 최대치는 얼마인가?

㉮ 19.7%   ㉯ 21.3%
㉰ 29.3%   ㉱ 34.7%

[풀이] $CO + 0.5O_2 \rightarrow CO_2$

$CO_{2max} = \frac{CO_2량}{God} \times 100(\%)$

① 이론건연소가스량(God)
= $(1-0.21)A_o + CO_2$량(Sm^3/Sm^3)
= $(1-0.21) \times \frac{0.5}{0.21} + 1 = 2.881 Sm^3/Sm^3$

② CO_2량 = $1Sm^3/Sm^3$

③ $CO_{2max} = \frac{1Sm^3/Sm^3}{2.881Sm^3/Sm^3} \times 100 = 34.71\%$

31 프로판(C_3H_8)을 완전연소하였을 때, 건연소가스 중의 CO_2가 8%(V/V%)이었다. 공기 과잉계수(m)는 얼마인가?

㉮ 1.32   ㉯ 1.43
㉰ 1.52   ㉱ 1.66

[풀이] $CO_2\% = \frac{CO_2량}{실제건연소가스량(Gd)} \times 100$

$C_3H_8 + 5O_2 \rightarrow 3CO_2 + 4H_2O$
$Gd = (m-0.21)A_o + CO_2$량

따라서 $8\% = \frac{3}{(m-0.21) \times \frac{5}{0.21} + 3} \times 100$

∴ $m = 1.659$

32 미분탄 연소에 대한 내용으로 틀린 것은 어느 것인가?

㉮ 부하변동에 쉽게 적용할 수 있으므로 대형과 대용량 설비에 적합하다.
㉯ 노벽 및 전열면에 쌓이는 재를 최소화 시킬 수 있으며 화격자 연소에 비하여 공기비는 동일 수준이다.
㉰ 연소제어가 용이하고, 점화 및 소화시 손실이 적은 편이다.
㉱ 스토커 연소에 비해 공기와의 접촉 및 열전달도 좋아지므로 작은 공기비로 완전연소가 가능한 편이다.

정답   29 ㉮   30 ㉱   31 ㉱   32 ㉯

33 다음 그림은 연소시 공기-연료비에 따른 HC, CO, CO₂, O₂의 발생량을 나타낸 것이다. ④의 항목에 해당되는 것은 어느 것인가? (단, 실선은 이론, 점선은 실제의 관계를 나타낸다.)

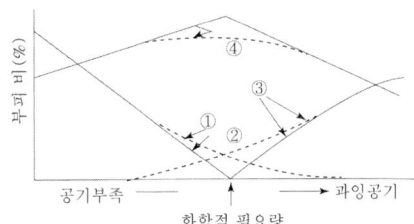

㉮ O₂   ㉯ HC
㉰ CO₂ ㉱ CO

풀이
㉮ O₂ : ③
㉯ HC : ②
㉰ CO₂ : ④
㉱ CO : ①

34 다음 기체연료 중 완전연소에 필요한 이론공기량(Sm^3/Sm^3)이 가장 많이 필요한 것은 어느 것인가?

㉮ 수소   ㉯ 액화석유가스
㉰ 메탄   ㉱ 에탄

35 탄소, 수소의 중량 조성이 각각 86%, 14%인 액체연료를 매시 30kg 연소한 경우 배기가스의 분석치가 CO₂ 12.5%, O₂ 3.5%, N₂ 84%이라면 매시간 필요한 공기량(Sm^3)은 얼마인가?

㉮ 약 794Sm^3 ㉯ 약 675Sm^3
㉰ 약 591Sm^3 ㉱ 약 406Sm^3

풀이
① CO₂%, O₂%, N₂%가 주어진 경우

$$공기비(m) = \frac{N_2\%}{N_2\% - 3.76 \times (O_2\% - 0.5CO\%)}$$

$$= \frac{84\%}{84\% - 3.76 \times 3.5\%} = 1.1858$$

② 이론공기량(A_o)

$= 8.89C + 26.67\left(H - \frac{O}{8}\right) + 3.33S (Sm^3/kg)$

$= 8.89 \times 0.86 + 26.67 \times 0.14$

$= 11.3792 Sm^3/kg$

③ 필요한 공기량(Sm^3/hr)
= 공기비(m) × 이론공기량(Sm^3/kg) × 연료량(kg/hr)
= 1.1858 × 11.3792Sm^3/kg × 30kg/hr
= 404.80Sm^3/hr

36 연소(화염)온도에 대한 내용으로 알맞은 것은 어느 것인가?

㉮ 이론 단열 연소온도는 실제 연소온도보다 높다.
㉯ 공기비를 크게 할수록 연소온도는 높아진다.
㉰ 실제 연소온도는 연소로의 열손실에는 거의 영향을 받지 않는다.
㉱ 평형 단열 연소온도는 이론 단열 연소온도와 같다.

정답 33 ㉰   34 ㉯   35 ㉱   36 ㉮

37 황(S)함량 1.6%인 중유를 500kg/h로 연소할 때 30분 동안 생성되는 황산화물의 양(Sm³)은 얼마인가? (단, 중유 중 황은 모두 SO_2로 되며, 표준상태 기준)

㉮ 2.8Sm³ ㉯ 5.6Sm³
㉰ 11.2Sm³ ㉱ 22.4Sm³

[풀이] $S + O_2 \rightarrow SO_2$
32kg : 22.4Sm³
500kg/hr×0.016×1hr/60min×30min : X
∴ x = 2.8Sm³

38 다음 연소의 종류 중 흑연, 코오크스, 목탄 등과 같이 대부분 탄소만으로 되어 있는 고체연료에서 관찰되는 연소형태는 어느 것인가?

㉮ 표면연소 ㉯ 내부연소
㉰ 증발연소 ㉱ 자기연소

[풀이] ㉮ 표면연소에 대한 설명이다.

39 다음 중 기체연료의 확산연소에 사용되는 버너 형태로 알맞은 것은 어느 것인가?

㉮ 공기 분무식 버너
㉯ 심지식 버너
㉰ 회전식 버너
㉱ 포트형 버너

[풀이] 확산연소에 사용되는 버너로는 포트형과 버너형이 있다.

40 다음 연료 중 착화점이 가장 높은 것은 어느 것인가?

㉮ 갈탄(건조) ㉯ 발생로가스
㉰ 수소 ㉱ 무연탄

| 제3과목 | 대기오염방지기술

41 전기집진장치 유지관리 사항으로 틀린 것은 어느 것인가?

㉮ 시동 시 고전압 회로의 절연저항이 100 kΩ 이상 되어야 한다.
㉯ 운전 시 1차 전압이 낮은데도 과도한 2차 전류가 흐를 때는 고압회로의 절연 불량인 경우가 많다.
㉰ 운전 시 2차 전류가 주기적으로 변동하는 것은 방전극에 의한 영향이 크다.
㉱ 정지 시 접지저항은 적어도 년 1회 이상 점검하고 10Ω 이하로 유지한다.

[풀이] ㉮ 시동 시 고전압 회로의 절연저항이 100MΩ 이상 되어야 한다.

정답 37 ㉮ 38 ㉮ 39 ㉱ 40 ㉯ 41 ㉮

42 A먼지 배출공장에 집진율 85%인 사이클론과 집진율 96%인 전기집진장치를 직렬로 연결하여 설치하였다. 이 때 총 집진효율(%)은 얼마인가?

㉮ 90.4% ㉯ 94.4%
㉰ 96.4% ㉱ 99.4%

풀이 $\eta_T = 1-(1-\eta_1)\times(1-\eta_2)$

η_T : 총집진효율(%)
η_1 : 사이클론의 집진효율(%)
η_2 : 전기집진장치의 집진효율(%)

따라서 $\eta_T = 1-(1-0.85)\times(1-0.96) = 0.994$
∴ 99.4%

43 기상 총괄이동단위높이가 2m인 충전탑을 이용하여 배출가스 중의 HF를 NaOH 수용액으로 흡수제거하려 할 때, 제거율을 98%로 하기 위한 충전탑의 높이(m)는 얼마인가?

㉮ 5.6m ㉯ 5.9m
㉰ 6.5m ㉱ 7.8m

풀이 $H = NOG \times HOG = \ln\left\{\dfrac{1}{1-\dfrac{\eta(\%)}{100}}\right\} \times HOG$

$= \ln\left(\dfrac{1}{1-0.98}\right) \times 2m = 7.82m$

44 중력침전을 결정하는 중요 매개변수는 먼지입자의 침전속도이다. 다음 중 이 침전속도 결정 시 가장 중요한 것은 어느 것인가?

㉮ 입자의 유해성
㉯ 입자의 크기와 밀도
㉰ 대기의 분압
㉱ 입자의 온도

풀이 침전속도 결정 시 가장 중요한 것은 입자의 크기와 밀도이다.

45 아래에서 설명하는 후드 형식으로 알맞은 것은 어느 것인가?

> 작업을 위한 하나의 개구면을 제외하고 발생원 주위를 전부 에워싼 것으로 그 안에서 오염물질이 발산된다. 이 방식은 오염물질의 송풍시 낭비되는 부분이 적은데 이는 개구면 주변의 벽이 라운지 역할을 하고, 측벽은 외부로부터의 분기류에 의한 방해에 대하여 방해판 역할을 하기 때문이다.

㉮ 수(receiving)형 후드
㉯ 슬롯(slot)형 후드
㉰ 부스(booth)형 후드
㉱ 캐노피(canopy)형 후드

풀이 ㉰ 부스(booth)형 후드에 대한 설명이다.

정답 42 ㉱ 43 ㉱ 44 ㉯ 45 ㉰

46 가스처리방법 중 흡착(물리적기준)에 대한 설명으로 틀린 것은 어느 것인가?

㉮ 흡착열이 낮고 흡착과정이 가역적이다.
㉯ 다분자 흡착이며 오염가스 회수가 용이하다.
㉰ 처리할 가스의 분압이 낮아지면 흡착량은 감소한다.
㉱ 처리가스의 온도가 올라가면 흡착량이 증가한다.

【풀이】 ㉱ 처리가스의 온도가 올라가면 흡착량이 감소한다.

47 광학현미경으로 입자의 투영면적을 이용하여 측정한 먼지입경 중 입자의 투영면적을 2등분하는 선의 길이로 나타내는 것은 무엇인가?

㉮ Martin 직경   ㉯ Feret 직경
㉰ 등면적 직경   ㉱ Heyhood 직경

【풀이】 ㉮ Martin 직경에 대한 설명이다.

48 사업장에서 발생되는 케톤(ketone)류를 제어하는 방법 중 제어효율이 가장 낮은 방법은 어느 것인가?

㉮ 직접소각법   ㉯ 응축법
㉰ 흡착법   ㉱ 흡수법

49 촉매연소법에 대한 내용으로 틀린 것은 어느 것인가?

㉮ 촉매는 백금, 코발트, 니켈 등이 있으나, 고가이지만 성능이 우수한 백금계의 것이 많이 이용된다.
㉯ 직접연소법에 비해 연료소비량이 적어 운전비는 절감되나, 촉매독이 문제가 된다.
㉰ 직접연소법에 비해 질소산화물의 발생량이 높고, 고농도로 배출된다.
㉱ 적용 가능한 악취성분은 가연성 악취성분, 황화수소, 암모니아 등이 있다.

【풀이】 ㉰ 직접연소법에 비해 질소산화물의 발생량이 작다.

50 원형 Duct의 기류에 의한 압력손실에 대한 내용으로 틀린 것은 어느 것인가?

㉮ 길이가 길수록 압력손실은 커진다.
㉯ 유속이 클수록 압력손실은 커진다.
㉰ 직경이 클수록 압력손실은 작아진다.
㉱ 곡관이 많을수록 압력손실은 작아진다.

【풀이】 ㉱ 곡관이 많을수록 압력손실은 커진다.

TIP

$$\triangle P = \lambda \times \frac{L}{D} \times \frac{rV^2}{2g} \text{ (mmH}_2\text{O)}$$

여기서, 압력손실(△P)은
- 관의 길이(L)에 비례
- 관의 직경(D)에 반비례
- 유체의 밀도(r)에 비례
- 유속(V)의 제곱에 비례
- 중력가속도(g)에 반비례

정답 46 ㉱ 47 ㉮ 48 ㉰ 49 ㉰ 50 ㉱

51 황산화물 배출제어 방법 중 재생식 공정으로 알맞은 것은 어느 것인가?

㉮ 석회석법　　㉯ 웰만-로드법
㉰ Chiyoda 법　㉱ 이중염기법

52 흡착장치에 대한 내용으로 틀린 것은 어느 것인가?

㉮ 고정층 흡착장치에서 보통 수직으로 된 것은 대규모에 적합하고, 수평으로 된 것은 소규모에 적합하다.
㉯ 일반적으로 이동층 흡착장치는 유동층 흡착장치에 비해 가스의 유속을 크게 유지할 수 없는 단점이 있다.
㉰ 유동층 흡착장치는 고정층과 이동층 흡착장치의 장점만을 이용한 복합형으로 고체와 기체의 접촉을 좋게 할 수 있다.
㉱ 유동층 흡착장치는 흡착제의 유동에 의한 마모가 크게 일어나고, 조업조건에 따른 주어진 조건의 변동이 어렵다.

[풀이] ㉮ 고정층 흡착장치에서 보통 수직으로 된 것은 소규모에 적합하고, 수평으로 된 것은 대규모에 적합하다.

53 먼지함유량이 A인 배출가스에서 C만큼 제거시키고 B만큼을 통과시키는 집진장치의 효율산출식으로 틀린 것은 어느 것인가?

㉮ C/A　　㉯ C/(B+C)
㉰ B/A　　㉱ (A-B)/A

[풀이]

A → [집진장치] → B
    ↑ C

① 제거효율 $= \dfrac{C}{A} = \dfrac{C}{B+C} = \dfrac{A-B}{A}$

② 통과율 $= \dfrac{B}{A}$

54 다음 중 다른 VOC 방지장치와 상대 비교한 생물여과장치의 특성으로 틀린 것은 어느 것인가?

㉮ CO 및 NO_x를 포함한 생성 오염부산물이 적거나 없다.
㉯ 고농도 오염물질의 처리에 적합하고, 설치가 복잡한 편이다.
㉰ 습도제어에 각별한 주의가 필요하다.
㉱ 생체량의 증가로 장치가 막힐 수 있다.

[풀이] ㉯ 고농도 오염물질의 처리에 부적합하고, 설치가 간단한 편이다.

정답　51 ㉯　52 ㉮　53 ㉰　54 ㉯

55 여과집진장치에 대한 내용으로 틀린 것은 어느 것인가?

㉮ 폭발성, 점착성 및 흡습성 분진의 제거에 효과적이다.
㉯ 여과재의 내열성에서는 고온가스 냉각 시 산노점(dew point) 이상으로 유지해야 한다.
㉰ 간헐식은 여포의 수명이 연속식에 비해 길다.
㉱ 간헐식은 탈진방법에 따라 진동형, 역기류형, 역기류진동형으로 분류할 수 있다.

[풀이] ㉮ 폭발성, 점착성 및 흡습성 분진의 제거에 효과적이지 못하다.

56 Henry 법칙이 적용되는 가스로서 공기 중 유해가스의 분압이 16mmHg일 때, 수중 유해가스의 농도는 3.0kmol/m³이었다. 같은 조건에서 가스분압이 435 mmH₂O가 되면 수중 유해가스의 농도는?

㉮ 1.5kmol/m³   ㉯ 3.0kmol/m³
㉰ 6.0kmol/m³   ㉱ 9.0kmol/m³

[풀이] P = H×C에서
분압(P)는 농도(C)에 비례관계이므로
16mmHg : 3.0kmol/m³
= (435mmH₂O/13.6)mmHg : C
∴ C = 6.0kmol/m³

57 다음 중 전기집진장치에서 코로나 방전 시 부(-)코로나 방전을 이용하는 이유로 알맞은 것은 어느 것인가? (단, 정(+)코로나 방전 시와 비교)

㉮ 코로나 방전개시 전압이 낮기 때문에
㉯ 불꽃 방전개시 전압이 낮기 때문에
㉰ 적은 양의 코로나 전류를 흘릴 수 있기 때문에
㉱ 낮은 전계강도를 얻을 수 있기 때문에

58 악취물질의 성질과 발생원에 대한 내용으로 틀린 것은 어느 것인가?

㉮ 아크로레인(CH_2CHCHO)은 자극취 물질로 석유화학, 약품제조시에 발생한다.
㉯ 메틸메르캅탄(CH_3SH)은 부패양파취 물질로 석유정제, 가스제조, 약품제조에 발생한다.
㉰ 황화수소(H_2S)는 썩은 계란취 물질로 석유정제나 약품제조시에 발생한다.
㉱ 에틸아민($C_2H_5NH_2$)은 마늘취 물질로 석유정제, 인쇄작업장에서 발생한다.

[풀이] ㉱ 에틸아민($C_2H_5NH_2$)은 질소화합물로서 생선 썩는 냄새가 난다.

정답 55 ㉮ 56 ㉰ 57 ㉮ 58 ㉱

59 층류의 흐름인 공기중을 입경이 2.2 μm, 밀도가 2,400g/L인 구형입자가 자유낙하하고 있다. 이때 구형입자의 종말속도(m/s)는 얼마인가? (단, 20℃에서의 공기 점도는 $1.81×10^{-4}$ poise이다.)

㉮ $3.5×10^{-6}$ m/s   ㉯ $3.5×10^{-5}$ m/s
㉰ $3.5×10^{-4}$ m/s   ㉱ $3.5×10^{-3}$ m/s

풀이

$$Vg = \frac{d^2(\rho_s-\rho)g}{18\mu}$$

- Vg : 침강속도(m/sec)
- d : 직경(m)
- ρ_s : 입자의 밀도(kg/m³)
- ρ : 가스의 밀도(kg/m³)
- g : 중력가속도(9.8m/sec²)
- μ : 점성도(kg/m·sec)

따라서 Vg

$= \frac{(2.2×10^{-6}m)^2×(2,400-1.21)kg/m^3×9.8m/sec^2}{18×1.81×10^{-5}kg/m·sec}$

$= 3.5×10^{-4}$ m/sec

TIP

① 밀도 g/L = kg/m³

② 가스의 밀도(kg/m³) = 1.3kg/Sm³ × $\frac{273}{273+20}$
   = 1.21kg/m³

③ 점성계수(μ)의 단위

Centipoise $\xrightarrow{×10^{-2}}$ poise(g/cm·sec) $\xrightarrow{×10^{-1}}$ kg/m·sec

60 유입구 폭이 20cm, 유효회전수가 8인 사이클론에 아래 상태와 같은 함진가스를 처리하고자 할 때, 이 함진가스에 포함된 입자의 절단입경(μm)은 얼마인가?

- 함진가스의 유입속도 : 30m/s
- 함진가스의 점도 : $2×10^{-5}$ kg/m·s
- 함진가스의 밀도 : 1.2kg/m³
- 먼지입자의 밀도 : 2.0g/cm³

㉮ 2.78μm   ㉯ 3.46μm
㉰ 4.58μm   ㉱ 5.32μm

풀이

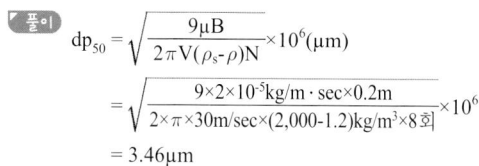

$dp_{50} = \sqrt{\frac{9\mu B}{2\pi V(\rho_s-\rho)N}} ×10^6 (\mu m)$

$= \sqrt{\frac{9×2×10^{-5}kg/m·sec×0.2m}{2×\pi×30m/sec×(2,000-1.2)kg/m^3×8회}} ×10^6$

$= 3.46 \mu m$

| **제4과목** | **대기오염공정시험기준**

61 싸이오시안산제이수은법으로 염화수소를 분석할 때 필요한 시약과 관계가 없는 것은 어느 것인가?

㉮ 메틸알콜
㉯ 과염소산(1+2)
㉰ 황산제이철암모늄용액
㉱ 질산은 용액

정답 59 ㉰ 60 ㉯ 61 ㉱

62 원자흡수분광광도법에서 사용되는 용어의 정의로 틀린 것은 어느 것인가?

㉮ 근접선 : 목적하는 스펙트럼선에 가까운 파장을 갖는 다른 스펙트럼선
㉯ 선프로파일 : 파장에 대한 스펙트럼선의 강도를 나타내는 곡선
㉰ 충전가스 : 불꽃 단락을 방지하기 위해 분무버너에 채우는 가스
㉱ 다연료 불꽃 : 가연성 가스/조연성 가스의 값을 크게 한 불꽃

[풀이] ㉰ 충전가스 : 중공음극램프에 채우는 가스

63 다음 제시된 자료에서 구한 비산먼지의 농도(mg/m^3)는 얼마인가?

- 채취먼지량이 가장 많은 위치에서의 먼지농도 : $115mg/m^3$
- 대조위치에서의 먼지농도 : $0.15mg/m^3$
- 풍향은 전 시료채취 기간 중 주 풍향이 90° 이상 변하고 있다.
- 풍속은 0.5m/초 미만 또는 10m/초 이상되는 시간이 전 채취시간의 50% 이상이다.

㉮ $114.9mg/m^3$ ㉯ $137.8mg/m^3$
㉰ $165.4mg/m^3$ ㉱ $206.7mg/m^3$

[풀이] 비산먼지농도(C)
= $(C_H - C_B) \times W_D \times W_S$
= $(115-0.15)mg/m^3 \times 1.5 \times 1.2$
= $206.73mg/m^3$

64 굴뚝 배출가스 중 총탄화수소 측정에 대한 내용으로 틀린 것은 어느 것인가?

㉮ 불꽃이온화검출(FID)법에서의 결과 농도는 프로판(또는 알칸계 표준물질) 또는 탄소등가농도로 환산하여 표시한다.
㉯ 불꽃이온화검출(FID)법의 경우 배출원에서 채취된 시료는 여과재 등을 이용하여 먼지를 제거한 후 가열채취관을 통하여 불꽃이온화분석기(Flame Ionization Analyzer)로 유입되어 분석된다.
㉰ 반응시간은 오염물질농도의 단계변화에 따라 최종값의 50% 이상에 도달하는 시간을 말한다.
㉱ 시료채취관은 스테인리스강 또는 이와 동등한 재질의 것으로 하고 굴뚝 중심 부분의 10% 범위 내에 위치할 정도의 길이의 것을 사용한다.

[풀이] ㉰ 반응시간은 오염물질농도의 단계변화에 따라 최종값의 90% 이상에 도달하는 시간을 말한다.

정답 62 ㉰ 63 ㉱ 64 ㉰

65 비분산 적외선 가스 분석법에 대한 내용으로 틀린 것은 어느 것인가?

㉮ 선택성 검출기를 이용하여 시료 중의 특정성분에 대한 적외선 흡수량 변화를 측정한다.
㉯ 광원은 원칙적으로 니크롬선 또는 탄화규소의 저항체에 전류를 흘려 가열한 것을 사용한다.
㉰ 분석계의 최저 눈금값을 교정하기 위하여 제로가스를 사용한다.
㉱ 적외선 가스 분석계는 교호단속 분석계와 동시단속 분석계로 분류한다.

[풀이] ㉱ 적외선 가스 분석계는 복광속형과 단광속형으로 분류한다.

66 공정시험기준 중 일반화학분석에 대한 공통적인 사항으로 따로 규정이 없는 경우 사용해야 하는 시약의 규격으로 틀린 것은 어느 것인가?

	명칭	농도(%)	비중(약)
①	암모니아수	32.0~38.0 (NH_3로서)	1.38
②	플루오르화수소산	46.0~48.0	1.14
③	브롬화수소산	47.0~49.0	1.48
④	과염소산	60.0~62.0	1.54

㉮ ①   ㉯ ②
㉰ ③   ㉱ ④

[풀이] ① 암모니아수의 농도는 28.0~30.0(NH_3로서), 비중은 약 0.90이다.

67 기체크로마토그래피의 설치조건(장소, 전기관계)으로 틀린 것은 어느 것인가?

㉮ 분석에 사용하는 유해물질을 안전하게 처리할 수 있는 곳이어야 한다.
㉯ 접지점의 접지저항은 20~25 Ω 범위 이내이어야 한다.
㉰ 전원변동은 지정전압의 10% 이내로서 주파수 변동이 없는 것이어야 한다.
㉱ 실온 5~35℃, 상대습도 85% 이하로 직사광선이 쪼이지 않는 곳이어야 한다.

[풀이] ㉯ 접지점의 접지저항은 10 Ω 이하이어야 한다.

68 굴뚝배출가스 중의 오염물질과 연속자동측정방법과의 연결이 틀린 것은 어느 것인가?

㉮ 아황산가스 - 불꽃광도법
㉯ 염화수소 - 이온전극법
㉰ 질소산화물 - 적외선흡수법
㉱ 플루오린화수소 - 자외선흡수법

[풀이] ㉱ 플루오린화수소 - 이온전극법

정답 65 ㉱ 66 ㉮ 67 ㉯ 68 ㉱

69 굴뚝 배출가스 중 질소산화물을 측정하는 자동측정법에 대한 설명으로 틀린 것은?

㉮ 측정범위(적용범위)는 0ppm~1,000ppm이다.
㉯ 적외선흡수법은 5,300nm 적외선영역에서 광흡수를 이용한다.
㉰ 화학발광법의 간섭물질은 이산화황이다.
㉱ 수분에 의한 영향을 최소화하기 위해 시료채취관을 가열하거나, 응축기 및 응축수트랩을 연결하여 사용한다.

[풀이] ㉰ 화학발광법의 간섭물질은 이산화탄소이다.

70 화학반응 등에 따라 굴뚝으로부터 배출되는 이황화탄소를 자외선/가시선 분광법으로 정량할 때 흡수액으로 알맞은 것은 어느 것인가?

㉮ 수산화제이철암모늄용액
㉯ 다이에틸아민구리용액
㉰ 아연아민착염용액
㉱ 제일염화주석용액

71 연료용 유류 중의 황 함유량을 측정하기 위한 분석방법은 어느 것인가?

㉮ 방사선식 여기법
㉯ 자동 연속 열탈착 분석법
㉰ 테들라 백-열 탈착법
㉱ 몰린 형광 광도법

[풀이] 유류 중의 황 함유량을 측정하기 위한 분석방법으로는 연소관식 공기법, 방사선식 여기법이 있다.

72 굴뚝 배출가스 중 페놀화합물 분석방법(자외선/가시선 분광법)의 설명으로 틀린 것은 어느 것인가?

㉮ 4-아미노안티피린법은 시약을 가하여 얻어진 청색액의 시료를 610nm의 가시부에서 흡광도를 측정하여 페놀화합물의 농도를 산출한다.
㉯ 4-아미노안티피린법은 시료 중의 페놀화합물을 수산화소듐용액(질량농도 0.4%)에 흡수시켜 채취한다.
㉰ 자외선/가시선 분광법은 시료가스 채취량이 10L인 경우 시료 중의 페놀화합물의 정량범위는 0.2~20ppm이다.
㉱ 염소, 취소 등의 산화성 가스 및 황화수소, 아황산가스 등의 환원성가스가 공존하면 음의 오차를 나타낸다.

[풀이] ㉮ 4-아미노안티피린법은 시약을 가하여 얻어진 적색액의 시료를 510nm의 가시부에서 흡광도를 측정하여 페놀화합물의 농도를 산출한다.

정답 69 ㉰ 70 ㉯ 71 ㉮ 72 ㉮

73 환경대기 중 휘발성유기화합물(VOCs)의 시험방법에 사용되는 용어에 대한 설명으로 틀린 것은 어느 것인가?

㉮ 머무름부피(retention volume) : 흡착관으로부터 분석물질을 탈착하기 위하여 필요한 운반가스의 부피를 측정함으로써 결정된다.
㉯ 흡착관의 안정화(conditioning) : 흡착관을 사용하기 전에 열탈착기에 의해서 보통 350℃(흡착제별로 사용최고온도를 고려하여 조정)에서 헬륨가스 25mL/min으로 적어도 1시간 동안 안정화시킨 후 사용한다.
㉰ 열탈착 : 열과 불활성가스를 이용하여 흡착제로부터 휘발성유기화합물을 탈착시켜 기체크로마토그래피로 전달하는 과정이다.
㉱ 2단 열탈착 : 흡착제로부터 분석물질을 열탈착하여 저온농축관에 농축한 다음 저온농축관을 가열하여 농축된 화합물을 기체크로마토그래피로 전달하는 과정이다.

[풀이] ㉯ 흡착관의 안정화(conditioning) : 시료채취를 하기 전 흡착관은 열탈착기에 의해서 예를 들어, 350℃(흡착제별로 사용 최고온도보다 20℃ 아래를 고려하여 조절)에서 순도 99.99% 이상의 헬륨기체 또는 질소기체 50~100 mL/min으로 적어도 2시간 동안 안정화시킨 후 사용한다.

74 어떤 기체크로마토그램에 있어 성분 A의 보유시간은 10분, 봉우리 폭은 8mm였다. 이 경우 성분 A의 HETP(1 이론단에 해당하는 분리관의 길이)는 얼마인가? (단, 분리관의 길이는 10m, 기록지의 속도는 매분 10mm이다.)

㉮ 2mm ㉯ 4mm
㉰ 6mm ㉱ 8mm

[풀이] ① 이론단수(n)
$$= 16 \times \left\{ \frac{\text{기록지의 이동속도(mm/min)} \times \text{보유시간(min)}}{\text{봉우리 폭(mm)}} \right\}^2$$
$$= 16 \times \left(\frac{10\text{mm/min} \times 10\text{min}}{8\text{mm}} \right)^2 = 2,500$$

② HETP = $\frac{\text{분리관 길이}}{\text{이론단수}} = \frac{10 \times 10^3 \text{mm}}{2,500} = 4\text{mm}$

75 다음은 굴뚝배출가스 중 아황산가스를 연속적으로 자동측정하는 방법에 사용되는 용어에 관한 설명이다. (   ) 안에 알맞은 말은 어느 것인가?

- 교정가스 : 공인기관의 보정치가 제시되어 있는 표준가스로 연속자동측정기 최대눈금치의 약 (①)에 해당하는 농도를 갖는다.(90% 교정가스를 스팬가스라고 한다.)
- 제로가스 : 공인기관에 의해 아황산가스 농도가 (②)으로 보증된 표준가스를 말한다.

㉮ ① 10%와 30% ② 0.1ppm 미만
㉯ ① 10%와 60% ② 0.1ppm 미만
㉰ ① 30%와 60% ② 1ppm 미만
㉱ ① 50%와 90% ② 1ppm 미만

정답 73 ㉯ 74 ㉯ 75 ㉱

76 다음은 환경대기 내의 먼지 측정 시험방법이다. 어떤 측정법에 해당하는가?

> 이 방법은 대기 중 부유하고 있는 입자상 물질을 일정시간(1시간 이상) 여과지 위에 채취한 후 빛(파장 : 400nm)을 조사해서 빛의 두 파장을 측정하고 그 값으로부터 입자상 물질의 농도를 구하는 방법이다. 이 방법에 의한 채취입자의 입경은 0.1~10㎛의 범위이다.

㉮ 광산란법 ㉯ 광투과법
㉰ 광흡착법 ㉱ 베타선법

77 굴뚝 내부 단면의 가로 길이가 2m이고, 세로 길이가 1.5m일 때 이 굴뚝의 환산 직경(m)은 얼마인가? (단, 굴뚝 단면은 사각형이며, 상하 동일 단면적을 가진 굴뚝이다.)

㉮ 1.5m ㉯ 1.7m
㉰ 1.9m ㉱ 2.0m

[풀이] 환산직경 $= \dfrac{2 \times 가로 \times 세로}{가로 + 세로} = \dfrac{2 \times 2m \times 1.5m}{2m + 1.5m}$
$= 1.71m$

78 분석대상가스의 종류별, 채취관 및 연결관 재질의 연결로 틀린 것은 어느 것인가?

㉮ 암모니아 - 스테인리스강
㉯ 일산화탄소 - 석영
㉰ 질소산화물 - 스테인리스강
㉱ 이황화탄소 - 보통강철

[풀이] 이황화탄소의 채취관 및 연결관의 재질로는 경질유리, 석영, 플루오로수지가 있다.

79 다음 대상 가스별 분석방법의 연결로 알맞은 것은?

㉮ 폼알데하이드 : 오르토톨리딘법
㉯ 질소산화물 : 크로모트로핀산법
㉰ 사이안화수소 : 4-피리딘카르복실산-피라졸론법
㉱ 페놀화합물 : 적정법

[풀이] 대상가스별 분석방법
㉮ 폼알데하이드 : 고성능액체크로마토그래피, 자외선/가시선분광법(크로모트로핀산법, 아세틸아세톤법)
㉯ 질소산화물 : 자동측정법, 아연환원나프틸에틸렌다이아민법
㉰ 사이안화수소 : 자외선/가시선분광법(4-피리딘카르복실산-피라졸론법), 연속흐름법
㉱ 페놀화합물 : 자외선/가시선분광법(4-아미노안티피린법), 기체크로마토그래피

80 자외선/가시선 분광법에 대한 내용으로 틀린 것은 어느 것인가?

㉮ 가시부와 근적외부의 광원으로는 주로 텅스텐램프를, 자외부의 광원으로는 주로 중수소 방전관을 사용한다.
㉯ 광전관, 광전자증배관은 주로 자외 내지 가시파장 범위에서, 광전도셀은 근적외 파장 범위에서의 광전측광에 사용한다.
㉰ 흡수셀의 유리제는 주로 자외부 파장 범위를, 플라스틱제는 근자외부 및 가시광선 파장 범위를 측정할 때 사용한다.
㉱ 흡광도의 눈금보정은 다이크롬산포타슘용액으로 한다.

[풀이] ㉰ 흡수셀의 유리제는 가시 및 근적외 파장범위를, 플라스틱제는 근적외부 파장 범위를 측정할 때 사용한다.

정답 76 ㉯ 77 ㉯ 78 ㉱ 79 ㉰ 80 ㉰

| 제5과목 | 대기환경관계법규

81 대기환경보전법규상 측정기기의 부착·운영 등과 관련된 행정처분기준 중 굴뚝 자동측정기기의 부착이 면제된 보일러(사용연료를 6개월 이내에 청정연료로 변경할 계획이 있는 경우)로서 사용연료를 6월 이내에 청정연료로 변경하지 아니한 경우의 4차 행정처분 기준으로 가장 적합한 것은 어느 것인가?

㉮ 조업정지 10일 ㉯ 조업정지 30일
㉰ 조업정지 5일 ㉱ 경고

82 다음은 대기환경보전법령상 시·도지사가 배출시설의 설치를 제한할 수 있는 경우이다. ( ) 안에 알맞은 말은 어느 것인가?

> 배출시설 설치 지점으로부터 반경 1킬로미터 안의 상주인구가 (①)명 이상인 지역으로서 특정대기유해물질 중 한 가지 종류의 물질을 연간 10톤 이상 배출하거나 두 가지 이상의 물질을 연간 (②)톤 이상 배출하는 시설을 설치하는 경우

㉮ ① 1만, ② 20 ㉯ ① 2만, ② 20
㉰ ① 1만, ② 25 ㉱ ① 2만, ② 25

83 대기환경보전법령상 굴뚝 자동측정기기 부착대상 배출시설이 그 부착을 면제받을 수 있는 경우로 틀린 것은 어느 것인가?

㉮ 연소가스 또는 화염이 원료 또는 제품과 직접 접촉하지 아니하는 시설로서 규정에 따른 청정연료를 사용하는 경우(발전시설은 제외한다.)
㉯ 부착대상시설이 된 날부터 6개월 이내에 배출시설을 폐쇄할 계획이 있는 경우
㉰ 연간 가동일수가 60일 미만인 배출시설인 경우
㉱ 액체연료만을 사용하는 연소시설로서 황산화물을 제거하는 방지시설이 없는 경우(발전 시설은 제외하며, 황산화물 측정기기에만 부착을 면제한다.)

풀이 ㉰ 연간 가동일수가 30일 미만인 배출시설인 경우

84 대기환경보전법상 비산먼지 발생억제를 위한 시설을 설치해야 하는 자가 그 시설을 설치하지 않은 경우에 대한 벌칙 기준은 어느 것인가? (단, 시멘트·석탄·토사·사료·곡물 및 고철의 분체상물질 운송자는 제외한다.)

㉮ 100만원 이하의 과태료
㉯ 200만원 이하의 과태료
㉰ 300만원 이하의 벌금
㉱ 500만원 이하의 벌금

정답 81 ㉯ 82 ㉱ 83 ㉰ 84 ㉰

85 대기환경보전법령상 천재지변으로 사업자의 재산에 중대한 손실이 발생한 경우로 배출 부과금의 징수유예를 받고자 하는 사업자의 기본부과금 징수유예기간과 그 기간 중의 분할납부횟수 기준은 어느 것인가?

㉮ 유예한 날의 다음날부터 다음 부과기간 개시일 전일까지, 2회 이내
㉯ 유예한 날의 다음날부터 다음 부과기간 개시일 전일까지, 4회 이내
㉰ 유예한 날의 다음날부터 1년 이내, 6회 이내
㉱ 유예한 날의 다음날부터 1년 이내, 12회 이내

86 대기환경보전법상 시·도지사는 터미널, 차고지 등의 장소에서 자동차의 원동기를 가동한 상태로 주차하거나 정차하는 행위를 제한할 수 있는데, 이 장소에서 자동차의 원동기 가동제한을 위반한 자동차 운전자에 대한 행정조치사항(기준)으로 알맞은 것은 어느 것인가?

㉮ 50만원 이하의 과태료
㉯ 100만원 이하의 과태료
㉰ 200만원 이하의 과태료
㉱ 300만원 이하의 과태료

87 대기환경보전법규상 가스를 사용연료로 하는 경자동차의 배출가스 보증 적용 기간 기준으로 알맞은 것은 어느 것인가? (단, 2013년 1월 1일 이후 제작자동차 기준이다.)

㉮ 2년 또는 10,000km
㉯ 2년 또는 160,000km
㉰ 6년 또는 10,000km
㉱ 6년 또는 100,000km

88 대기환경보전법령상 대기오염물질 발생량의 합계가 연간 15톤인 경우 사업장 분류기준상 몇 종에 해당하는가?

㉮ 1종   ㉯ 2종
㉰ 3종   ㉱ 4종

89 대기환경보전법규상 개선명령 등의 이행보고와 관련하여 환경부령으로 정하는 대기오염도 검사기관으로 틀린 것은 어느 것인가?

㉮ 보건환경연구원 ㉯ 유역환경청
㉰ 한국환경공단   ㉱ 한국환경보전원

[풀이] 개선명령 등의 이행보고와 관련하여 환경부령으로 정하는 대기오염도 검사기관으로는 국립환경과학원, 보건환경연구원, 유역환경청, 지방환경청, 수도권대기환경청, 한국환경공단이 있다.

정답 85 ㉯ 86 ㉯ 87 ㉱ 88 ㉰ 89 ㉱

90 배출허용기준 300(12)ppm에서 (12)의 의미는 무엇인가?

㉮ 해당배출허용농도(백분율)
㉯ 해당배출허용농도(ppm)
㉰ 표준산소농도(O_2의 백분율)
㉱ 표준산소농도(O_2의 ppm)

91 대기환경보전법규상 한국환경공단이 환경부장관에게 보고해야 할 위탁업무보고사항 중 "수시검사, 결함확인검사, 부품결함 보고서류의 접수"의 보고 횟수 기준으로 알맞은 것은 어느 것인가?

㉮ 수시
㉯ 연 1회
㉰ 연 2회
㉱ 연 4회

92 대기환경보전법규상 분체상 물질을 싣고 내리는 공정의 경우, 비산먼지 발생을 억제하기 위해 작업을 중지해야 하는 평균풍속(m/s)의 기준은 얼마인가?

㉮ 2m/s 이상
㉯ 5m/s 이상
㉰ 7m/s 이상
㉱ 8m/s 이상

93 대기환경보전법규상 차령 4년 경과된 비사업용 승용자동차의 정밀검사 유효기간(기준)은 얼마인가? (단, 차종은 자동차관리법에 따른다.)

㉮ 1년
㉯ 2년
㉰ 3년
㉱ 5년

94 대기환경보전법상 사업자는 조업을 할 때에는 환경부령으로 정하는 바에 따라 그 배출시설과 방지시설의 운영에 관한 상황을 사실대로 기록하여 보존하여야 하나 이를 위반하여 배출시설 등의 운영상황에 관한 기록을 보존하지 아니하거나 거짓으로 기록한 자에 대한 과태료 처분기준으로 알맞은 것은 어느 것인가?

㉮ 1000만원 이하의 과태료
㉯ 500만원 이하의 과태료
㉰ 300만원 이하의 과태료
㉱ 200만원 이하의 과태료

95 다중이용시설 등의 실내공기질 관리법의 적용대상이 되는 다중이용시설 중 대통령령이 정하는 규모기준으로 틀린 것은 어느 것인가?

㉮ 항만시설 중 연면적 5천제곱미터 이상인 대합실
㉯ 연면적 1천제곱미터 이상인 실내주차장(기계식 주차장을 포함한다.)
㉰ 연면적 2천제곱미터 이상인 지하도상가(연속되어 있는 2 이상의 지하도상가의 연면적 합계가 2천제곱미터 이상인 경우를 포함한다.)
㉱ 연면적 430제곱미터 이상인 국공립어린이집, 법인어린이집, 직장어린이집 및 민간어린이집

풀이 ㉯ 연면적 2천제곱미터 이상인 실내주차장(기계식 주차장을 제외한다.)

정답 90 ㉰ 91 ㉮ 92 ㉱ 93 ㉯ 94 ㉰ 95 ㉯

96 대기환경보전법규상 환경부장관이 대기오염물질을 총량으로 규제하고자 할 때 고시해야 하는 사항으로 틀린 것은 어느 것인가? (단, 기타사항은 제외한다.)

㉮ 총량규제구역
㉯ 총량규제 대기오염물질
㉰ 대기오염물질의 저감계획
㉱ 규제기준농도

풀이 대기오염물질을 총량으로 규제하고자 할 때 고시해야 하는 사항으로는 총량규제구역, 총량규제 대기오염물질, 대기오염물질의 저감계획, 그밖에 총량규제구역의 대기관리를 위하여 필요한 사항이 있다.

97 악취방지법규상 악취검사기관이 실험일지 및 검정곡선 기록지, 검사 결과 발송 대장, 정도 관리 수행기록철 등의 작성서류의 보존기간은 얼마인가?

㉮ 1년간 보존 ㉯ 2년간 보존
㉰ 3년간 보존 ㉱ 5년간 보존

98 대기환경보전법규상 특정대기유해물질로 틀린 것은 어느 것인가?

㉮ 아닐린   ㉯ 아세트알데히드
㉰ 1-3 부타디엔 ㉱ 망간

99 대기환경보전법규상 자동차연료 제조기준 중 휘발유의 벤젠함량(부피 %) 기준은 얼마인가?

㉮ 0.1 이하   ㉯ 0.5 이하
㉰ 0.7 이하   ㉱ 2.3 이하

100 대기환경보전법령상 대기오염물질에 대한 초과부과금 산정기준에서 I 지역(주거지역·상업지역, 취락지구, 택지개발예정지구)의 지역별 부과계수는 얼마인가?

㉮ 1.0   ㉯ 1.5
㉰ 2.0   ㉱ 2.5

정답 96 ㉱ 97 ㉰ 98 ㉱ 99 ㉰ 100 ㉰

2015년 2회 대기환경기사

2015년 5월 31일 시행

| 제1과목 | 대기오염개론

01 파장이 5,240Å인 빛 속에서 상대습도가 70% 이하인 경우 밀도가 1,700mg/cm³이고, 직경이 0.4μm인 기름방울의 분산면적비가 4.5일 때, 가시거리가 959m라면 먼지농도(mg/m³)는 얼마인가?

㉮ 0.21mg/m³   ㉯ 0.31mg/m³
㉰ 0.41mg/m³   ㉱ 0.51mg/m³

풀이 $V = \dfrac{5.2 \times \rho \times r}{K \times C}$

- V : 가시거리(m)
- ρ : 분진의 밀도(mg/cm³)
- r : 반경(μm)
- K : 상수
- C : 농도(mg/m³)

따라서 $959m = \dfrac{5.2 \times 1,700mg/cm^3 \times 0.2\mu m}{4.5 \times C}$

∴ C = 0.41mg/m³

02 오존에 대한 내용으로 틀린 것은 어느 것인가? (단, 대류권 내 존재하는 오존 기준)

㉮ 보통 지표오존의 배경농도는 1~2ppm 범위이다.
㉯ 오존은 태양빛, 자동차 배출원인 질소산화물과 휘발성유기화합물 등에 의해 일어나는 복잡한 광화학반응으로 생성된다.
㉰ 오염된 대기 중에서 오존농도에 영향을 주는 것은 태양빛의 강도, NO₂/NO의 비, 반응성탄화수소 농도 등이다.
㉱ 국지적인 광화학스모그로 생성된 Oxidant의 지표물질이다.

풀이 ㉮ 보통 지표오존의 배경농도는 0.01~0.02ppm 범위이다.

03 다음 중 대기오염물질의 배출원이 되는 제조공정과 그 발생오염물질과의 연결로 틀린 것은 어느 것인가?

㉮ 유리제조, 가스공업 - 염소가스
㉯ 화학비료, 냉동공장 - 암모니아가스
㉰ 석유정제, 포르말린제조 - 벤젠
㉱ 석유정제, 석탄건류 - 황화수소가스

풀이 ㉮ 농약제조, 화학공업, 소오다공업 - 염소가스

정답 01 ㉰   02 ㉮   03 ㉮

04 지상에서 NO_x를 3g/s로 배출하고 있는 굴뚝 없는 쓰레기 소각장에서 풍하 방향으로 3km 떨어진 곳의 중심축상 NO_x 지표면에서의 오염농도(g/m^3)는 얼마인가? (단, 가우시안모델식을 사용하고, 풍속은 7m/s, σ_y = 190m, σ_z = 65m이며, NO_x는 배출되는 동안에 화학적으로 반응하지 않는 것으로 가정한다.)

㉮ $2.2 \times 10^{-5} g/m^3$ ㉯ $1.1 \times 10^{-5} g/m^3$
㉰ $5.5 \times 10^{-6} g/m^3$ ㉱ $2.75 \times 10^{-6} g/m^3$

[풀이]
$$C = \frac{Q}{\pi \cdot \sigma_y \cdot \sigma_z \cdot u} \exp\left[-\frac{1}{2}\left(\frac{He}{C_z}\right)^2\right]$$

- C : 농도(g/m^3)
- Q : 오염물질 배출량(g/sec)
- σ_y : 수평방향의 표준편차(m)
- σ_z : 수직방향의 표준편차(m)
- u : 풍속(m/sec)
- He : 유효굴뚝 높이(m)

따라서 굴뚝이 없는 소각장이므로 He = 0이면
$C = \frac{Q}{\pi \cdot \sigma_y \cdot \sigma_z \cdot u}$ 가 된다.

$\therefore C = \frac{3g/sec}{\pi \times 190m \times 65m \times 7m/sec} = 1.1 \times 10^{-5} g/m^3$

05 유효높이(H)가 60m인 굴뚝으로부터 SO_2가 125g/s의 속도로 배출되고 있다. 굴뚝높이에서의 풍속은 6m/s이고 풍하거리 500m에서 대기안정 조건에 따라 편차 σ_y는 36m, σ_z는 18.5m이었다. 이 굴뚝으로부터 풍하거리 500m의 중심선상의 지표면 농도($\mu g/m^3$)는 얼마인가? (단, 가우시안모델식을 사용하고, SO_2는 배출되는 동안에 화학적으로 반응하지 않는다고 가정한다.)

㉮ 약 $52 \mu g/m^3$ ㉯ 약 $66 \mu g/m^3$
㉰ 약 $2,483 \mu g/m^3$ ㉱ 약 $9,957 \mu g/m^3$

[풀이]
$$C = \frac{Q}{\pi \cdot \sigma_y \cdot \sigma_z \cdot u} \exp\left[-\frac{1}{2}\left(\frac{He}{\sigma_z}\right)^2\right]$$

$= \frac{125g/sec \times 10^6 \mu g/g}{\pi \times 36m \times 18.5m \times 6m/sec} \exp\left[-\frac{1}{2}\left(\frac{60m}{18.5m}\right)^2\right]$

$= 51.77 \mu g/m^3$

06 다음은 지구온난화에 대한 내용이다. ( ) 안에 들어갈 말은?

(①)는 온실기체들의 구조상 또는 열축척 능력에 따라 온실효과를 일으키는 잠재력을 지수로 표현한 것으로 CH_4, N_2O, HFCs, CO_2, SF_6 등이 있으며, 이 중 (①)가 가장 큰 값은 (②)이다.

㉮ ① GHG, ② CO_2 ㉯ ① GHG, ② SF_6
㉰ ① GWP, ② CO_2 ㉱ ① GWP, ② SF_6

07 다음에서 설명하고 있는 대기오염 물질은 어느 것인가?

- 이 물질은 반응성이 풍부하므로 단분자로는 거의 존재하지 않는다.
- 주로 어린 잎에 민감하며, 잎의 끝 또는 가장자리가 탄다.
- 이 오염물질에 강한 식물로는 담배, 목화, 고추 등이 있다.

㉮ 일산화탄소
㉯ 염소 및 그 화합물
㉰ 오존 및 옥시던트
㉱ 불소 및 그 화합물

[풀이] ㉱ 불소 및 그 화합물에 대한 설명이다.

정답 04 ㉯ 05 ㉮ 06 ㉱ 07 ㉱

08 전향력에 대한 내용으로 틀린 것은 어느 것인가?

㉮ 전향인자(f)는 $2\Omega \sin\psi$로 나타내며, ψ는 위도, Ω은 지구자전 각속도로서 $7.25 \times 10^{-5} rad \cdot s^{-1}$이다.
㉯ 지구 북반구에서 나타나는 전향력은 물체의 이동방향에 대해 오른쪽 직각방향으로 작용한다.
㉰ 전향력은 극지방에서 0, 적도지방은 최대이다.
㉱ 일반적으로 전향력은 전향인자와 풍속의 곱으로 나타낸다.

▶풀이 ㉰ 전향력은 극지방에서 최대, 적도지방은 최소(0)이다.

09 다음은 주요 실내공기 오염물질에 대한 내용이다. ( ) 안에 들어갈 물질은 어느 것인가?

> (   )의 주요 발생원은 흙, 바위, 물, 지하수, 화강암, 콘크리트 등이며, 인체에 대한 주요 영향은 폐암을 들 수 있다.

㉮ 석면 ㉯ 라돈
㉰ 폼알데하이드 ㉱ VOC

▶풀이 ㉯ 라돈(Rn)에 대한 설명이다.

10 광화학반응에 의한 고농도 오존이 나타날 수 있는 기상조건으로 틀린 것은 어느 것인가?

㉮ 시간당 일사량이 $5MJ/m^2$ 이상으로 일사가 강할 때
㉯ 질소산화물과 휘발성 유기화합물의 배출이 많을 때
㉰ 지면에 복사역전이 존재하고 대기가 불안정 할 때
㉱ 기압경도가 완만하여 풍속 4m/sec 이하의 약풍이 지속될 때

▶풀이 ㉰ 고공에 침강성역전이 존재하고 대기가 안정할 때

11 다음 각종 환경관련 국제협약(조약)에 대한 주요 내용으로 틀린 것은 어느 것인가?

㉮ 몬트리올 의정서 : 오존층 파괴물질인 염화불화탄소의 생산과 사용규제를 위한 협약
㉯ 바젤협약 : 폐기물의 해양투기로 인한 해양오염을 방지하기 위한 협약
㉰ 람사협약 : 자연자원의 보전과 현명한 이용을 위한 습지보전 협약
㉱ CITES : 멸종위기에 처한 야생동식물의 보호를 위한 협약

▶풀이 ㉯ 바젤협약 : 유해폐기물의 국제적 이동의 통제와 규제를 주요 골자로 하는 국제협약이다.

정답 08 ㉰ 09 ㉯ 10 ㉰ 11 ㉯

12 일산화탄소에 대한 내용으로 틀린 것은 어느 것인가?

㉮ 인위적 주요배출원은 각종 교통수단의 엔진연료의 연소 등이다.
㉯ 자연적 발생원에는 화산폭발, 테르펜류의 산화, 클로로필의 분해, 산불 및 해수 중의 미생물 작용 등이 있다.
㉰ 토양 박테리아에 의하여 대기 중에서 제거되거나 대류권 및 성층권에서 일어나는 광화학 반응에 의하여 제거되기도 한다.
㉱ 수용성이기 때문에 강우에 의한 영향이 크며 다른 물질에 흡착되어 제거되기도 한다.

풀이 ㉱ 난용성이기 때문에 강우에 의한 영향이 거의 없으며, 다른 물질에 흡착되어 제거되지 않는다.

13 지상 10m에서의 풍속이 7.5m/sec라면 지상 100m에서의 풍속(m/sec)은 얼마인가? (단, Deacon식을 적용하고, 풍속지수(P) = 0.12이다.)

㉮ 약 8.2m/s ㉯ 약 8.9m/s
㉰ 약 9.2m/s ㉱ 약 9.9m/s

풀이 $U_2 = U_1 \times \left(\dfrac{H_2}{H_1}\right)^P$

$= 7.5\text{m/sec} \times \left(\dfrac{100\text{m}}{10\text{m}}\right)^{0.12} = 9.89\text{m/sec}$

14 다음 기온역전의 발생기전에 대한 내용으로 알맞은 것은 어느 것인가?

㉮ 이류성 역전 - 따뜻한 공기가 차가운 지표면 위로 흘러갈 때 발생
㉯ 침강형 역전 - 저기압 중심부분에서 기층이 서서히 침강할 때 발생
㉰ 해풍형 역전 - 바다에서 더워진 바람이 차가운 육지 위로 불 때 발생
㉱ 전선형 역전 - 비교적 높은 고도에서 차가운 공기가 따뜻한 공기 위로 전선을 이룰 때 발생

풀이 ㉯ 침강형 역전 - 고기압 중심부분에서 기층이 서서히 침강할 때 발생
㉰ 해풍형 역전 - 육지에서 더워진 바람이 차가운 바다 위로 불 때 발생
㉱ 전선형 역전 - 비교적 높은 고도에서 차가운 공기가 따뜻한 공기 아래로 전선을 이룰 때 발생

15 가우시안모델에 도입되어 적용된 가정으로 틀린 것은 어느 것인가?

㉮ 연기의 분산은 steady state이다.
㉯ 풍속은 고도에 따라 증가한다.
㉰ 난류확산계수는 일정하다.
㉱ 연직방향의 풍속은 통상 수평방향의 풍속보다 상대적으로 크기가 작기 때문에 연직방향의 풍속을 무시한다.

정답 12 ㉱ 13 ㉱ 14 ㉮ 15 ㉯

16 다음 중 대기내에서의 오염물질의 일반적인 체류시간 순서로 알맞은 것은 어느 것인가?

㉮ $CO_2 > N_2O > CO > SO_2$
㉯ $N_2O > CO_2 > CO > SO_2$
㉰ $CO_2 > SO_2 > N_2O > CO$
㉱ $N_2O > SO_2 > CO_2 > CO$

[풀이] 체류시간은 N_2O : 20~100년, CO_2 : 2~4년, CO : 1~3개월, SO_2 : 4일

17 질소산화물(NO_X)에 대한 내용으로 틀린 것은 어느 것인가?

㉮ NO_X의 인위적 배출량 중 거의 대부분이 연소과정에서 발생된다.
㉯ NO_X는 그 자체도 인체에 해롭지만 광화학스모그의 원인물질로도 중요한 역할을 한다.
㉰ 연소과정에서 처음 발생되는 NO_X는 주로 NO이다.
㉱ 연소 시 연료 중 질소의 NO 변환율은 대체로 약 2~5% 범위이다.

[풀이] ㉱ 연소 시 연료 중 질소의 NO 변환율은 대체로 약 20~50% 범위이다.

18 지표부근의 대기 조성성분의 부피농도(%)와 성분별 체류시간이 알맞게 짝지어진 것은?

㉮ N_2 : 78.09%, 7~10년
㉯ O_2 : 20.94%, 6,000년
㉰ CO_2 : 0.035ppm, 주로 축적
㉱ H_2 : 0.55%, 0.5년

19 다음의 내용에 해당하는 복사의 법칙은 어느 것인가?

- 열역학 평형상태하에서는 어떤 주어진 온도에서 매질의 방출계수와 흡수계수의 비는 매질의 종류에 상관없이 온도에 의해서만 결정된다는 법칙이다.
- 주어진 온도에서 어떤 물체의 파장 λ의 복사선에 대한 흡수율은 동일온도와 파장에 대한 그 물체의 복사율과 같다.
- 이 법칙은 국소적 열역학 평형에 대해서도 확장된다.

㉮ 스테판볼츠만의 법칙
㉯ 플랭크의 법칙
㉰ 빈의 법칙
㉱ 키르히호프의 법칙

[풀이] ㉱ 키르히호프의 법칙에 대한 설명이다.

20 광화학반응에 대한 내용으로 틀린 것은 어느 것인가?

㉮ SO_2는 대류권에서 쉽게 광분해되며, 파장 360nm 이하와 510~550nm에서 강한 흡수를 보인다.
㉯ NO_2는 파장 420nm 이상의 가시광선에 의해 NO와 O로 광분해된다.
㉰ 알데히드는 파장 313nm 이하에서 광분해한다.
㉱ 케톤은 파장 300~700nm에서 약한 흡수를 하여 광분해한다.

[풀이] ㉮ SO_2는 대류권에서 광분해반응이 일어나지 않으며, 파장 280~290nm에서 강한 흡수가 일어난다.

정답 16 ㉯ 17 ㉱ 18 ㉯ 19 ㉱ 20 ㉮

| 제2과목 | 연소공학

21 석탄의 탄화도가 증가하면 감소하는 것은?

㉮ 착화온도 ㉯ 비열
㉰ 발열량 ㉱ 고정탄소

[풀이] ① 탄화도가 증가하면 고정탄소, 발열량, 착화온도, 연료비 증가
② 탄화도가 증가하면 매연발생량, 비열, 휘발분, 수분, 산소의 양, 연소속도 감소

22 액체연료의 연소장치 중 유압 분무식버너에 대한 내용으로 틀린 것은 어느 것인가?

㉮ 대용량 버너 제작이 용이하다.
㉯ 분무각도가 40~90° 정도로 크다.
㉰ 연료의 점도가 크거나 유압이 $5kg/cm^2$ 이하가 되면 분무화가 불량하다.
㉱ 유량조절범위가 넓어 부하변동 적응에 용이하다.

[풀이] ㉱ 유량조절범위가 좁아 부하변동에 대한 적응이 낮다.

23 CO_2 50kg을 표준상태에서의 부피(m^3)로 나타내면 얼마인가? (단, CO_2는 이상기체이고, 표준상태로 간주하시오.)

㉮ 12.73 ㉯ 22.40
㉰ 25.45 ㉱ 44.80

[풀이] 이상기체 상태방정식 $PV = \frac{W}{M}RT$를 이용한다.

$1atm \times V(L) = \frac{50 \times 10^3 g}{44g} \times 0.082 atm \cdot L/mol \cdot k \times 273k$

∴ $V = 25,438.636L = 25.44m^3$

24 미분탄연소에 대한 내용으로 틀린 것은 어느 것인가?

㉮ 부하변동에 대한 응답성이 우수한 편이어서 대용량의 연소로 적합하다.
㉯ 최초의 분해연소 시에 다량의 가연가스를 방출하고 곧 이어서 고정탄소의 표면연소가 시작된다.
㉰ 명료한 화염면이 형성되고, 화염이 연소실에 국부적으로 형성된다.
㉱ 화격자 연소보다 낮은 공기비로써 높은 연소효율을 얻을 수 있다.

[정답] 21 ㉯ 22 ㉱ 23 ㉰ 24 ㉰

25 벤젠의 연소반응이 다음과 같을 때 벤젠의 연소열(kJ/mole)은 얼마인가? (단, 표준상태(25℃, 1atm)에서의 표준생성열)

$$C_6H_6(g) + 7.5O_2(g) \rightarrow 6CO_2(g) + 3H_2O(g)$$

생성열	$\triangle H_f^\circ$(kJ/mole)
$C_6H_6(g)$	83
$O_2(g)$	0
$CO_2(g)$	-394
$H_2O(g)$	-286

㉮ -3,127kJ/mole   ㉯ -3,252kJ/mole
㉰ -3,305kJ/mole   ㉱ -3,514kJ/mole

풀이 연소열
= 생성물의 표준생성열 - 반응물의 표준생성열
= {6×(-394)+3×(-286)}(kJ/mole)-83kJ/mole
= -3,305kJ/mole

26 프로판의 고발열량이 20,000kcal/Sm³이라면 저발열량(kcal/Sm³)은 얼마인가?

㉮ 17,240   ㉯ 17,820
㉰ 18,080   ㉱ 18,430

풀이 $C_3H_8+5O_2 \rightarrow 3CO_2+4H_2O$
저위발열량(Hl)
= 고위발열량(Hh) - 480×H₂O량(kcal/Sm³)
= 20,000kcal/Sm³ - 480×4 = 18,080kcal/Sm³

27 프로판과 부탄을 용적비 1 : 1로 혼합한 가스 1Sm³을 이론적으로 완전연소할 때 발생하는 CO_2의 양(Sm³)은 얼마인가?
(단, 표준상태 기준)

㉮ 1.5Sm³   ㉯ 2.5Sm³
㉰ 3.5Sm³   ㉱ 4.5Sm³

풀이 $C_3H_8+5O_2 \rightarrow 3CO_2+4H_2O : \frac{1}{2}$

$C_4H_{10}+6.5O_2 \rightarrow 4CO_2+5H_2O : \frac{1}{2}$

따라서 CO_2량 $= 3 \times \frac{1}{2} + 4 \times \frac{1}{2} = 3.5Sm^3/Sm^3$

TIP
프로판 = C_3H_8, 부탄 = C_4H_{10}

28 중유 1kg 중 C 86%, H 12%, S 2%가 포함되어 있었고, 배출가스 성분을 분석한 결과 CO_2 13%, O_2 3.5%이었다. 건조연소가스량(Gd, Sm³/kg)은 얼마인가?

㉮ 9.5Sm³/kg   ㉯ 10.2Sm³/kg
㉰ 12.3Sm³/kg   ㉱ 16.4Sm³/kg

풀이 ① 공기비(m)를 계산한다.

$$m = \frac{N_2\%}{N_2\% - 3.76 \times (O_2\% - 0.5CO\%)}$$

$N_2\% = 100-(CO_2\%+O_2\%)$
$= 100-(13\%+3.5\%) = 83.5\%$

따라서 공기비(m) $= \frac{83.5\%}{83.5\% - 3.76 \times 3.5\%}$
$= 1.1871$

② 이론공기량(A_o)을 계산한다.
$A_o = 8.89C + 26.67\left(H - \frac{O}{8}\right) + 3.33S$ (Sm³/kg)
$= 8.89 \times 0.86 + 26.67 \times 0.12 + 3.33 \times 0.02$
$= 10.9124 Sm^3/kg$

정답 25 ㉰ 26 ㉰ 27 ㉰ 28 ㉰

③ 실제건조연소가스량(Gd)을 계산한다.
Gd = mA₀-5.6H+0.7O+0.8N(Sm³/kg)
   = 1.1871×10.9124Sm³/kg-5.6×0.12
   = 12.28Sm³/kg

29 자동차 내연기관의 공연비와 유해가스 발생 농도와의 관계로 알맞은 것은 어느 것인가?

㉮ 공연비를 이론치보다 높이면 NO_x는 감소하고, CO, HC는 증가한다.
㉯ 공연비를 이론치보다 낮추면 NO_x는 감소하고, CO, HC는 증가한다.
㉰ 공연비를 이론치보다 높이면 NO_x, CO, HC 모두 증가한다.
㉱ 공연비를 이론치보다 낮추면 NO_x, CO, HC 모두 감소한다.

[풀이] ① 공연비를 이론치보다 낮추면 NO_x는 감소, CO, HC는 증가
② 공연비를 이론치보다 높이면 NO_x는 증가, CO, HC는 감소

30 고압기류 분무식 버너의 특징으로 틀린 것은 어느 것인가?

㉮ 분무각도는 60° 정도로 크고, 유량조절범위는 1 : 3 정도로 부하변동에 대한 적응이 어렵다.
㉯ 2~8kg/cm² 정도의 고압공기를 사용하여 연료유를 무화시키는 방식이다.
㉰ 연료유의 점도가 커도 분무화가 용이한 편이다.
㉱ 분무에 필요한 1차 공기량은 이론연소 공기량의 7~12% 정도이면 된다.

[풀이] ㉮ 분무각도는 20~30° 정도이고, 유량조절범위는 1 : 10이며, 부하변동에 대한 적응이 용이하다.

31 열적 NO_x(thermal NO_x)의 생성억제 방안으로 틀린 것은 어느 것인가?

㉮ 희박예혼합연소를 함으로써 최고 화염온도를 1800K 이하로 억제한다.
㉯ 물의 증발잠열과 수증기의 현열상승으로 화염열을 빼앗아 온도상승을 억제한다.
㉰ 화염의 최고온도를 저하시키기 위해서 화염을 분할시키기도 한다.
㉱ 연료유와 배기가스에 암모니아를 투입하고, 400~600℃에서 촉매와 접촉시켜 제어한다.

32 가연성 가스의 폭발범위에 따른 위험도 증가요인으로 가장 알맞은 것은 어느 것인가?

㉮ 폭발하한농도가 낮을수록 위험도가 증가하며, 폭발상한과 폭발하한의 차이가 클수록 위험도가 커진다.
㉯ 폭발하한농도가 낮을수록 위험도가 증가하며, 폭발상한과 폭발하한의 차이가 작을수록 위험도가 커진다.
㉰ 폭발하한농도가 높을수록 위험도가 증가하며, 폭발상한과 폭발하한의 차이가 클수록 위험도가 커진다.
㉱ 폭발하한농도가 높을수록 위험도가 증가하며, 폭발상한과 폭발하한의 차이가 작을수록 위험도가 커진다.

정답 29 ㉯ 30 ㉮ 31 ㉱ 32 ㉮

33 다음 중 공기비(m)가 연소에 미치는 영향으로 틀린 것은 어느 것인가?

㉮ 공기비가 너무 적을 경우 불완전연소로 연소효율이 저하된다.
㉯ 공기비가 너무 큰 경우 배가스 중 NO_x 양이 감소한다.
㉰ 공기비가 너무 적을 경우 불완전연소로 매연이 발생한다.
㉱ 공기비가 너무 큰 경우 배가스에 의한 열손실이 증가한다.

풀이 ㉯ 공기비가 너무 큰 경우 배가스 중 NO_x 양이 증가한다.

34 석탄을 공업분석한 결과 수분이 0.8%, 휘발분이 8.5%이었다. 이 석탄의 연료비는 얼마인가?

㉮ 1.2 ㉯ 2.6
㉰ 4.8 ㉱ 10.7

풀이 연료비 = $\dfrac{\text{고정탄소}}{\text{휘발분}}$

고정탄소(%) = 100−(수분+휘발분+회분)(%)
= 100−(0.8%+8.5%) = 90.7%

따라서 연료비 = $\dfrac{90.7\%}{8.5\%}$ = 10.67

35 다음 기체연료 중 고위발열량(kJ/mole)이 가장 큰 물질은 어느 것인가? (단, 25℃, 1atm을 기준으로 한다.)

㉮ carbon monoxide
㉯ methane
㉰ ethane
㉱ n-pentane

풀이 고위발열량이 가장 큰 연료는 탄소수와 수소수가 가장 많은 연료이므로 ㉱ n-pentane(C_5H_{12})이 정답이다.

36 다음 연료 중 CO_2max(%) 값[최대탄산가스량 값(%)]이 가장 작은 연료는 어느 것인가?

㉮ 고로가스 ㉯ 발생로가스
㉰ 코우크스로가스 ㉱ 무연탄

풀이 문제가 동일하게 출제되므로 답을 암기해 두세요.

37 메탄을 연소할 때 부피를 기준으로 한 부피공연비(AFR)는 얼마인가?

㉮ 6.84 ㉯ 7.68
㉰ 9.52 ㉱ 11.58

풀이 $CH_4 + 2O_2 \rightarrow CO_2 + 2H_2O$

공연비(AFR ; Sm^3/Sm^3)

$= \dfrac{\text{산소갯수} \times 22.4Sm^3 \times \dfrac{1}{0.21}}{\text{연료갯수} \times 22.4Sm^3}$

$= \dfrac{2 \times 22.4Sm^3 \times \dfrac{1}{0.21}}{1 \times 22.4Sm^3} = 9.52$

정답 33 ㉯ 34 ㉱ 35 ㉱ 36 ㉰ 37 ㉰

38 조성이 메탄 50%, 에탄 30%, 프로판 20%인 혼합가스의 폭발범위는 얼마인가? (단, 메탄의 폭발범위 5~15%, 에탄의 폭발범위 3~12.5%, 프로판의 폭발범위 2.1~9.5%, 르샤틀리에의 식을 적용하시오.)

㉮ 1.2~8.6%
㉯ 1.9~9.6%
㉰ 2.5~10.8%
㉱ 3.4~12.8%

풀이 르샤틀리에 공식

$$\frac{100}{L} = \frac{V_1}{L_1} + \frac{V_2}{L_2} + \frac{V_3}{L_3}$$

$\begin{bmatrix} L : 폭발범위 \\ V : 조성비 \end{bmatrix}$

① 하한값 : $\frac{100}{L} = \frac{50\%}{5\%} + \frac{30\%}{3\%} + \frac{20\%}{2.1\%}$

∴ L = 3.39%

② 상한값 : $\frac{100}{L} = \frac{50\%}{15\%} + \frac{30\%}{12.5\%} + \frac{20\%}{9.5\%}$

∴ L = 12.76%

③ 혼합가스의 폭발범위는 3.39~12.76% 이다.

39 다음 연소장치 중 일반적으로 가장 큰 공기비를 필요로 하는 것은?

㉮ 미분탄버너
㉯ 수평수동화격자
㉰ 오일버너
㉱ 가스버너

40 1,000초 동안 반응물의 1/2이 분해되었다면 반응물이 1/250이 남을 때까지는 얼마의 시간이 필요한가? (단, 1차 반응 기준이다.)

㉮ 약 6,650초
㉯ 약 6,950초
㉰ 약 7,470초
㉱ 약 7,970초

풀이 1차반응식 $\ln \frac{C_t}{C_o} = -k \times t$

$\begin{bmatrix} C_o : 초기농도 \\ C_t : t시간 후의 농도 \\ k : 상수 \\ t : 시간 \end{bmatrix}$

① $\ln \frac{1}{2} = -k \times 1,000 \text{sec}$

∴ $k = \frac{\ln \frac{1}{2}}{-1,000 \text{sec}} = 6.93 \times 10^{-4}/\text{sec}$

② $\ln \frac{1}{250} = -6.93 \times 10^{-4}/\text{sec} \times t$

∴ $t = \frac{\ln \frac{1}{250}}{-6.93 \times 10^{-4}} = 7,967.48 \text{sec}$

| 제3과목 | 대기오염방지기술

41 NO$_X$의 제어는 연소방식의 변경과 배연가스의 처리기술의 2가지로 구분할 수 있는데, 다음 중 연소방식을 변환시켜 NO$_X$의 생성을 감축시키는 방안으로 틀린 것은 어느 것인가?

㉮ 접촉산화법
㉯ 물 주입법
㉰ 저과잉공기연소법
㉱ 배기가스재순환법

풀이 ㉮ 접촉산화법은 황산화물(SO$_X$)을 제거하는 방법이다.

정답 38 ㉱ 39 ㉯ 40 ㉱ 41 ㉮

42 HOG가 0.7m이고 제거율이 99%면 흡수탑의 충진높이(m)는 얼마인가?

㉮ 1.6m   ㉯ 2.1m
㉰ 2.8m   ㉱ 3.2m

▶풀이 H = NOG×HOG

$\begin{bmatrix} H : 충전탑의 높이(m) \\ NOG : 총괄이동단위수 \ NOG = \ln\left(\dfrac{1}{1-\eta}\right) \\ HOG : 총괄이동단위높이(m) \end{bmatrix}$

따라서 H = $\ln\left(\dfrac{1}{1-0.99}\right)$×0.7m = 3.22m

43 배연탈황기술의 종류로 틀린 것은 어느 것인가?

㉮ 석회석 주입법   ㉯ 수소화 탈황법
㉰ 활성산화 망간법 ㉱ 암모니아법

▶풀이 ㉯ 수소화 탈황법은 중유 탈황법의 종류이다.

44 A배출시설에서 시간당 배출가스량이 100,000Sm³이고, 배출가스 중 질소산화물의 농도는 350ppm이다. 이 질소산화물을 산소의 공존하에 암모니아에 의한 선택적 접촉환원법으로 처리할 경우 암모니아의 소요량(kg/hr)은 얼마인가? (단, 탈질률은 90%이고, 배출가스 중 질소산화물은 전부 NO로 가정한다.)

㉮ 약 18kg/hr   ㉯ 약 24kg/hr
㉰ 약 26kg/hr   ㉱ 약 30kg/hr

▶풀이 4NO + 4NH₃ + O₂ → 4N₂ + 6H₂O
4×22.4Sm³ : 4×17kg
100,000Sm³/hr×350ppm×10⁻⁶×0.90 : X
∴ X = 23.91kg/hr

45 연소배출가스가 3,600Sm³/h인 굴뚝에서 정압을 측정하였더니 20mmH₂O였다. 여유율 25%인 송풍기를 사용할 경우 필요한 소요동력(kW)은 얼마인가? (단, 송풍기의 정압효율은 80%, 전동기의 효율은 70%로 한다.)

㉮ 0.11kW   ㉯ 0.2kW
㉰ 0.44kW   ㉱ 9.0kW

▶풀이 kW = $\dfrac{Ps \times Q}{102 \times \eta_1 \times \eta_2} \times \alpha$

$\begin{bmatrix} Ps : 정압손실(mmH_2O) \\ Q : 배출가스량(Sm^3/hr) \\ \eta_1 : 송풍기의 정압효율 \\ \eta_2 : 전동기의 효율 \\ \alpha : 여유율 \end{bmatrix}$

따라서

kW = $\dfrac{20mmH_2O \times 3,600Sm^3/hr \times 1hr/3600sec}{102 \times 0.80 \times 0.70} \times 1.25$

= 0.44kW

46 관성충돌계수(효과)를 크게 하기 위한 입자배출원의 특성 또는 운전조건으로 틀린 것은 어느 것인가?

㉮ 액적의 직경이 커야 한다.
㉯ 먼지의 밀도가 커야 한다.
㉰ 처리가스와 액적의 상대속도가 커야 한다.
㉱ 처리가스의 점도가 낮아야 한다.

▶풀이 ㉮ 액적의 직경이 작아야 한다.

정답 42 ㉱ 43 ㉯ 44 ㉯ 45 ㉰ 46 ㉮

47 충전탑(packed tower) 내 충전물이 갖추어야 할 조건으로 틀린 것은 어느 것인가?

㉮ 단위체적당 넓은 표면적을 가질 것
㉯ 압력손실이 작을 것
㉰ 충전밀도가 작을 것
㉱ 공극률이 클 것

풀이 ㉰ 충전밀도가 클 것

48 여과집진장치에서 먼지부하가 444g/m²에 도달하면 먼지를 털어준다고 한다. 만일 입구 먼지농도가 20g/m³, 여과속도를 0.6m/s로 가동할 경우 털어주는 주기(초)는 얼마인가? (단, 집진효율은 95%이다.)

㉮ 35초 ㉯ 37초
㉰ 39초 ㉱ 44초

풀이 $L_d = C_i \times V_f \times t \times \eta$

L_d : 먼지부하(g/m²)
C_i : 입구의 먼지농도(g/m³)
V_f : 여과속도(m/sec)
t : 탈락시간(sec)
η : 집진효율

따라서 444g/m² = 20g/m³ × 0.6m/sec × t × 0.95
∴ t = 38.95sec ≒ 39sec

49 처리가스량 1×10⁶Sm³/h, 집진장치 입구의 먼지농도 2g/Sm³, 출구의 먼지농도 0.3g/Sm³, 집진장치의 압력손실을 72mmH₂O로 했을 경우, Blower의 소요 동력(kW)은 얼마인가? (단, Blower의 효율은 80%이다.)

㉮ 425kW ㉯ 375kW
㉰ 245kW ㉱ 187kW

풀이 동력(kW) = $\dfrac{P_s \times Q}{102 \times \eta}$

P_s : 압력손실(mmH₂O)
Q : 처리가스량(Sm³/sec)
η : 효율

$kW = \dfrac{72mmH_2O \times 1 \times 10^6 Sm^3/hr \times 1hr/3,600sec}{102 \times 0.80}$

= 245.10kW

50 송풍기 회전판 회전에 의하여 집진장치에 공급되는 세정액이 미립자로 만들어져 집진하는 원리를 가진 회전식 세정집진장치에서 직경이 10cm인 회전판이 9,620rpm으로 회전할 때 형성되는 물방울의 직경(μm)은 얼마인가?

㉮ 93μm ㉯ 104μm
㉰ 208μm ㉱ 316μm

풀이 $dw = \dfrac{200}{N \times \sqrt{R}} \times 10^4$

dw : 물방울 직경(μm)
N : 회전수(rpm = 회/min)
R : 반경(cm)

따라서 $dw = \dfrac{200}{9,620rpm \times \sqrt{5cm}} \times 10^4 = 92.98\mu m$

정답 47 ㉰ 48 ㉰ 49 ㉰ 50 ㉮

51 중력식 집진장치의 집진율 향상조건에 대한 내용으로 틀린 것은 어느 것인가?

㉮ 침강실 내 처리가스의 속도가 작을수록 미립자가 채취된다.
㉯ 침강실 입구폭이 클수록 유속이 느려지며 미세한 입자가 채취된다.
㉰ 다단일 경우에는 단수가 증가할수록 집진율은 커지나, 압력손실도 증가한다.
㉱ 침강실의 높이가 낮고, 중력장의 길이가 짧을수록 집진율은 높아진다.

[풀이] ㉱ 침강실의 높이가 낮고, 중력장의 길이가 길수록 집진율은 높아진다.

52 외부식 후드의 특성으로 틀린 것은 어느 것인가?

㉮ 다른 종류의 후드에 비해 근로자가 방해를 많이 받지 않고 작업할 수 있다.
㉯ 포위식 후드보다 일반적으로 필요 송풍량이 많다.
㉰ 외부 난기류의 영향으로 흡입효과가 떨어진다.
㉱ 천개형 후드, 그라인더용 후드 등이 여기에 해당하며, 기류속도가 후드 주변에서 매우 느리다.

[풀이] ㉱ 슬롯형 후드, 측방형 후드, 하방형 후드가 여기에 해당하며, 기류속도가 후드 주변에서 매우 빠르다.

53 다음 중 직물여과기(Fabric Filter)의 여과직물을 청소하는 방법으로 틀린 것은 어느 것인가?

㉮ 임펙트 제트형   ㉯ 진동형
㉰ 역기류형   ㉱ 펄스 제트형

[풀이] 직물여과기의 여과직물을 청소하는 방법으로는 진동형, 역기류형, 펄스 제트형이 있다.

54 암모니아의 농도가 용적비로 200ppm인 실내공기를 송풍기로 환기시킬 때 실내용적이 4,000m³이고, 송풍량이 100 m³/min이면 농도를 20ppm으로 감소시키기 위한 시간(분)은 얼마인가?

㉮ 82분   ㉯ 92분
㉰ 102분   ㉱ 112분

[풀이] ① $k = \dfrac{송풍량(m^3/min)}{실내용적(m^3)} = \dfrac{100 m^3/min}{4,000 m^3}$
$= 0.025/min$

② 1차반응식 $\ln \dfrac{C_t}{C_o} = -k \times t$

$\ln \dfrac{20ppm}{200ppm} = -0.025/min \times t$

∴ $t = 92.10 min$

정답 51 ㉱ 52 ㉱ 53 ㉮ 54 ㉯

55 원심력 집진장치 중 분리계수(separation factor, S)에 관한 내용으로 틀린 것은 어느 것인가?

㉮ 분리계수는 중력가속도에 반비례한다.
㉯ 분리계수는 입자에 작용되는 원심력과 중력과의 관계이다.
㉰ 사이클론 원추하부의 반경이 클수록 분리계수는 커진다.
㉱ 원심력이 클수록 분리계수는 커지며 집진율도 증가한다.

[풀이] ㉰ 사이클론 원추하부의 반경이 클수록 분리계수는 작아진다.

56 다음은 물리흡착과 화학흡착의 비교표이다. 틀린 것은 어느 것인가?

구분	물리흡착	화학흡착
① 온도 범위	낮은 온도	대체로 높은 온도
② 흡착층	단일 분자층	여러 층이 가능
③ 가역 정도	가역성이 높음	가역성이 낮음
④ 흡착열	낮음	높음 (반응열 정도)

㉮ ①   ㉯ ②
㉰ ③   ㉱ ④

[풀이] 흡착층
① 물리적 흡착의 흡착층 : 여러 층이 가능
② 화학적 흡착의 흡착층 : 단일 분자층

57 전기집진장치의 각종 장해현상에 따른 대책으로 틀린 것은 어느 것인가?

㉮ 먼지의 비저항이 낮아 재비산 현상이 발생한 경우 baffle을 설치한다.
㉯ 배출가스의 점성이 커서 역전리 현상이 발생한 경우 집진극의 타격을 강하게 하거나 빈도수를 늘린다.
㉰ 먼지의 비저항이 비정상적으로 높아 2차 전류가 현저하게 떨어질 경우 스파크 횟수를 줄인다.
㉱ 먼지의 비저항이 비정상적으로 높아 2차 전류가 현저하게 떨어질 경우 조습용 스프레이의 수량을 늘린다.

[풀이] ㉰ 먼지의 비저항이 비정상적으로 높아 2차 전류가 현저하게 떨어질 경우 스파크 횟수를 늘린다.

58 다음에서 설명하는 산업용 여과재로 알맞은 것은 어느 것인가?

- 최대허용온도가 약 80℃
- 내산성은 나쁨, 내알칼리성은 (약간)양호

㉮ Cotton   ㉯ Teflon
㉰ Orlon   ㉱ Glass fiber

[풀이] ㉮ Cotton(목면)에 대한 설명이다.

정답 55 ㉰ 56 ㉯ 57 ㉰ 58 ㉮

59 특정대기오염물질에 의한 사고가 발생하였을 때 취할 수 있는 조치로 틀린 것은 어느 것인가?

㉮ HCN, PH₃, COCl₂ 등 맹독성 가스에 대해서는 위험표시와 출입금지 표시를 설치한다.
㉯ 용해도가 큰 클로로슬폰산(HSO₃Cl)은 보통 많은 양의 물을 사용하여 희석한다.
㉰ Cl₂의 흡수제로는 소석회 이외에 차아염소산소다 220, 탄산소다 175, 물 100 정도의 비율로 섞은 것을 사용한다.
㉱ 상온에서는 액상인 물질이나 비점이 상온에 가까운 물질의 증기는 활성탄으로 흡착하는 방법도 효과적이다.

풀이 ㉯ 클로로슬폰산(HSO₃Cl)은 물과 접촉되면 기화속도가 빨라지므로 물과 접촉해서는 안된다.

60 A 집진장치의 입구와 출구에서의 함진가스 농도가 각각 10g/Sm³, 100mg/Sm³이고, 그 중 입경범위가 0~5μm인 먼지의 질량분율이 각각 8%와 60%일 때, 이 집진장치에서 입경범위 0~5μm인 먼지의 부분집진율(%)은 얼마인가?

㉮ 89.5%
㉯ 90.3%
㉰ 92.5%
㉱ 99.0%

풀이 부분집진율(%) = $\left(1 - \dfrac{C_o \times f_o}{C_i \times f_i}\right) \times 100$

- C_i : 입구의 먼지농도(g/Sm³)
- C_o : 출구의 먼지농도(g/Sm³)
- f_i : 입구의 중량분포
- f_o : 출구의 중량분포

따라서
부분집진율(%) = $\left(1 - \dfrac{0.1\text{g/Sm}^3 \times 0.60}{10\text{g/Sm}^3 \times 0.08}\right) \times 100$
= 92.50%

제4과목 | 대기오염공정시험기준

61 굴뚝 배출가스 중 산소를 전기화학식으로 측정하는 방법에 대한 설명으로 틀린 것은?

㉮ 산소의 전기화학적 산화환원 반응을 이용하여 산소농도를 연속적으로 측정한다.
㉯ 질코니아방식은 고온에서 산소와 반응하는 가연성가스(일산화탄소, 메테인 등)의 영향을 무시할 수 있는 경우에 적용할 수 있다.
㉰ 측정범위는 0% ~ 5.0% 이하로 한다.
㉱ 전극방식은 산화환원반응을 일으키는 가스(SO₂, CO₂ 등)의 영향을 무시할 수 있는경우에 적용할 수 있다.

풀이 ㉰ 측정범위는 0% ~ 25.0% 이하로 한다.

62 0.25N의 수산화소듐 용액 200mL를 만들려고 한다. 필요한 수산화소듐의 양(g)은 얼마인가?

㉮ 2g
㉯ 4g
㉰ 6g
㉱ 8g

풀이 N농도 = $\dfrac{질량(g)}{부피(L)} \times \dfrac{1\text{eq}}{1당량\text{g}}$

$0.25\text{N} = \dfrac{질량(g)}{0.2\text{L}} \times \dfrac{1\text{eq}}{40\text{g}}$

∴ 질량 = 2.0g

정답 59 ㉯ 60 ㉰ 61 ㉰ 62 ㉮

63 굴뚝 배출가스 중 비소화합물의 자외선/가시선 분광법 측정에 대한 내용으로 틀린 것은 어느 것인가?

㉮ 입자상 비소화합물은 강제 흡입 장치를 사용하여 여과장치에 채취하고, 기체상 비소는 적당한 수용액 중에 흡수 채취하며, 채취된 물질을 산분해 처리한다.

㉯ 전처리하여 용액화한 시료 용액 중의 비소를 다이에틸다이티오카바민산은 흡수분광법으로 측정하며, 정량범위는 2~10μg이며, 정밀도는 2~10%이다.

㉰ 일부 금속(크롬, 코발트, 구리, 수은, 은 등)이 수소화비소(AsH_3) 생성에 영향을 줄 수 있지만 시료 용액 중의 이들 농도는 간섭을 일으킬 정도로 높지는 않다.

㉱ 메틸 비소화합물은 pH 10에서 메틸수소화 비소(methylarsine)를 생성하여 흡수용액과 착물을 형성하나, 총 비소 측정에는 영향을 미치지 않는다.

[풀이] ㉱ 메틸 비소화합물은 pH 1에서 메틸수소화 비소를 생성하여 흡수용액과 착물을 형성하고 총 비소 측정에 영향을 줄 수 있다.

64 굴뚝이나 덕트 내를 흐르는 가스의 유속 및 유량 측정에 사용되는 기구 및 장치 등에 대한 내용으로 틀린 것은 어느 것인가?

㉮ 피토우관은 스텐레스와 같은 재질의 금속관을 사용하며, 관의 바깥지름의 범위는 20~50mm 정도이어야 한다.

㉯ 피토우관의 각 분기관 사이의 거리는 같아야 하며, 각 분기관과 오리피스 평면과의 거리는 바깥지름의 1.05~1.50배 사이에 있어야 한다.

㉰ 차압계는 경사마노미터, 전자마노미터 등을 사용하여 굴뚝배출가스의 차압을 측정할 수 있도록 하며, 최소 0.3mmH_2O 눈금을 읽을 수 있는 마노미터를 사용한다.

㉱ 기압계는 2.54mmHg(34.54mmH_2O) 이내에서 대기압력을 측정할 수 있는 수은, 아네로이드(aneroid) 등 기압계로 1회/년 이상 교정검사를 한 것을 사용한다.

[풀이] ㉮ 피토우관은 스텐레스와 같은 재질의 금속관을 사용하며, 관의 바깥지름의 범위는 4~10mm 정도이어야 한다.

65 굴뚝 배출가스 중 먼지의 농도를 측정하고자 한다. 굴뚝 단면적(m^2)이 1 초과 4 이하인 사각형 굴뚝단면인 경우 측정점 수 산정을 위해 구분된 1변의 길이 L(m) 기준으로 가장 알맞은 것은 어느 것인가?

㉮ L ≤ 0.1 ㉯ L ≤ 0.5
㉰ L ≤ 0.667 ㉱ L ≤ 1

[풀이] 굴뚝면적(m^2)에 따른 구분된 1변의 길이(L)(m)
① $1m^2$ 이하 : L ≤ 0.5
② $1m^2$ 초과 $4m^2$ 이하 : L ≤ 0.667
③ $4m^2$ 초과 $20m^2$ 이하 : L ≤ 1

정답 63 ㉱ 64 ㉮ 65 ㉰

66 다음은 폐기물 소각로 등에서 배출되는 가스 중 가스상 및 입자상의 폴리클로리네이티드 디벤조 파라다이옥신 및 폴리클로리네이티드 디벤조퓨란류의 분석방법 중 원통형 여지 준비에 대한 내용이다. ( ) 안에 알맞은 것은?

> 원통형 여지는 대기오염공정시험기준에서 규정하고 있는 원통형 여지 중 유리섬유 재질의 것을 사용한다. 사용에 앞서 ( ), 아세톤 및 톨루엔으로 각각 30분간 초음파 세정을 한 다음 진공건조 시킨다.

㉮ 550℃에서 충분하게 작열시킨 후
㉯ 650℃에서 2시간 작열시킨 후
㉰ 750℃에서 충분하게 작열시킨 후
㉱ 850℃에서 2시간 작열시킨 후

67 대기오염공정시험기준상 소각로, 보일러 등 연소시설의 굴뚝 등에서 배출되는 배출가스 중에 포함되어 있는 폼알데하이드 및 알데하이드류의 분석방법으로 틀린 것은 어느 것인가?

㉮ 크로모트로픽산(Chromotropic Acid)법
㉯ 고성능액체크로마토그래피법(HPLC)
㉰ 아세틸 아세톤(Acetyl Acetone)법
㉱ 기체크로마토그래피법(GC법)

[풀이] 폼알데하이드 및 알데하이드류의 분석방법으로는 크로모트로픽산법, 고성능액체크로마토그래피법(HPLC), 아세틸 아세톤법이 있다.

68 다음은 환경대기 중 아황산가스를 파라로자닐린법으로 측정하고자 할 때 흡광광도계에 대한 내용이다. ( ) 안에 알맞은 것은?

> 흡광광도계는 (①)에서 흡광도를 측정할 수 있어야 하고, 측정에 사용되는 스펙트럼폭은 (②)이어야 한다. 스펙트럼 밴드폭이 이보다 넓으면 바탕시험에 지장이 온다. 또한 흡광광도계의 파장은 교정되어 있어야 한다.

㉮ ① 460nm, ② 10nm
㉯ ① 460nm, ② 15nm
㉰ ① 548nm, ② 10nm
㉱ ① 548nm, ② 15nm

69 다음 중 굴뚝 배출가스 내의 폼알데하이드를 정량할 때 쓰이는 흡수액은 어느 것인가?

㉮ 아세틸아세톤 함유 흡수액
㉯ 아연아민착염 함유 흡수액
㉰ 질산암모늄+황산(1+5)
㉱ 수산화소듐용액(0.4W/V%)

[풀이] 폼알데하이드를 아세틸아세톤법으로 분석 시 흡수액은 아세틸아세톤 함유 용액이다.

정답 66 ㉱ 67 ㉱ 68 ㉱ 69 ㉮

70 대기환경 중에 존재하는 휘발성유기화합물(VOCs) 중 오존생성 전구물질과 유해대기오염물질의 농도를 측정하기 위한 시험방법으로 틀린 것은 어느 것인가?

㉮ 고체흡착열탈착법
㉯ 고체증기흡수분무법
㉰ 고체흡착용매추출법
㉱ 자동연속열탈착분석법

풀이 분석방법으로는 고체흡착열탈착법(주시험방법), 고체흡착용매추출법, 자동연속열탈착 분석법(주시험방법)이 있다.

71 A굴뚝에서 배출가스의 유속을 측정하기 위하여 피토우관에 비중이 0.85인 붉게 착색된 톨루엔을 넣은 경사마노미터를 연결하여 다음과 같은 결과를 얻었다. 이 경우 배출가스의 유속(m/sec)은 얼마인가?

- 배출가스의 온도 : 180℃
- 피토우관 계수 : 0.86
- 경사마노미터를 이용한 확대율 : 10배
- 경사마노미터의 액주수치 : 60mm
- 굴뚝 내의 배출가스 밀도 : 0.8kg/m³

㉮ 6.5m/s ㉯ 7.8m/s
㉰ 8.2m/s ㉱ 9.6m/s

풀이 ① 동압(h)
= 액주거리(mm)×톨루엔 비중×$\frac{1}{확대율}$
= 60mm×0.85×$\frac{1}{10}$ = 5.1mmH₂O

② $V = C \times \sqrt{\frac{2gh}{r}}$
= $0.86 \times \sqrt{\frac{2 \times 9.8 m/sec^2 \times 5.1 mmH_2O}{0.8 kg/m^3}}$
= 9.61m/sec

72 다음 중 환경대기내 아황산가스 농도 측정을 위한 주시험방법은?

㉮ 불꽃광도법 ㉯ 용액전도율법
㉰ 자외선형광법 ㉱ 파라로자닐린법

풀이 환경대기내 아황산가스 농도 측정을 위한 주시험방법은 자외선형광법이다.

73 굴뚝 배출가스 내의 질소산화물 분석방법 중 아연환원 나프틸에틸렌디아민법에 대한 내용으로 틀린 것은 어느 것인가?

㉮ 시료 중 질소산화물을 오존 존재하에서 물에 흡수시켜 질산이온으로 만든다.
㉯ 질산이온을 분말금속아연을 사용하여 아질산이온으로 환원시킨다.
㉰ 시료 중 질소산화물 농도의 정량범위는 (6.7~230)ppm
㉱ 1,000V/Vppm 이상의 아황산가스, 염소이온, 암모늄이온의 공존에 방해를 받는다.

풀이 ㉱ 2,000V/Vppm 이하의 아황산가스는 방해하지 않고 염소이온 및 암모늄이온의 공존도 방해하지 않는다.

74 굴뚝 배출가스 중의 먼지를 연속적으로 자동측정하는 광산란적분법의 4가지 장치구성부로 틀린 것은 어느 것인가?

㉮ 앰프부   ㉯ 검출부
㉰ 농도지시부   ㉱ 수신부

[풀이] 광산란적분법의 장치구성부는 시료채취부, 검출부, 앰프부, 수신부로 구성되어 있다.

75 다음 기체크로마토그래피 분석에 사용되는 검출기 중 금속필라멘트 또는 전기저항체를 검출소자로 하여 금속판 안에 들어 있는 본체와 여기에 안정된 직류전기를 공급하는 전원회로, 전류조절부, 신호검출 전기회로, 신호 감쇄부 등으로 구성되어 있는 검출기는 어느 것인가?

㉮ 전자포획형 검출기(ECD)
㉯ 열전도도 검출기(TCD)
㉰ 불꽃 이온화 검출기(FID)
㉱ 염광광도 검출기(FPD)

[풀이] ㉯ 열전도도 검출기(TCD)에 대한 설명이다.

76 원자흡수분광광도법에서 사용하는 용어의 정의로 틀린 것은 어느 것인가?

㉮ 선프로파일 : 파장에 대한 스펙트럼선의 강도를 나타내는 곡선
㉯ 예복합 버너 : 가연성 가스, 조연성 가스 및 시료를 분무실에서 혼합시켜 불꽃 중에 넣어주는 방식의 버너
㉰ 분무실 : 분무기와 병용하여 분무된 시료용액의 미립자를 더욱 미세하게 해주는 한편 큰 입자와 분리시키는 작용을 갖는 장치
㉱ 공명선 : 목적하는 스펙트럼선에 가까운 파장을 갖는 다른 스펙트럼선

[풀이] ㉱ 공명선 : 원자가 외부로부터 빛을 흡수했다가 다시 먼저 상태로 돌아갈 때 방사하는 스펙트럼선

77 비중이 1.88, 농도 97%(중량 %)인 농황산(H_2SO_4)의 규정농도(N)는 얼마인가?

㉮ 18.6N   ㉯ 24.9N
㉰ 37.2N   ㉱ 49.8N

[풀이]
$$N\text{농도} = \frac{\text{비중(g)}}{(\text{mL})} \times \frac{10^3 \text{mL}}{1\text{L}} \times \frac{1\text{eq}}{\text{분자량(g)/가수}} \times \frac{\%}{100}$$
$$= \frac{1\text{eq}}{\text{분자량(g)/가수}} \times \frac{10^3 \text{mL}}{1\text{L}} \times \frac{1\text{eq}}{98\text{g}/2} \times \frac{97\%}{100}$$
$$= 37.22\text{N}$$

정답 74 ㉰ 75 ㉯ 76 ㉱ 77 ㉰

78 다음은 화학분석 일반사항에 대한 규정이다. 틀린 것은 어느 것인가?

㉮ "약"이란 그 무게 또는 부피에 대하여 ±10% 이상의 차가 있어서는 안된다.
㉯ 방울수라 함은 10℃에서 정제수 10방울을 떨어뜨릴 때 그 부피가 약 1mL 되는 것을 뜻한다.
㉰ 밀봉용기라 함은 물질을 취급 또는 보관하는 동안에 기체 또는 미생물이 침입하지 않도록 내용물을 보호하는 용기를 뜻한다.
㉱ 냉수는 15℃ 이하, 온수는 60~70℃, 열수는 약 100℃를 말한다.

[풀이] ㉯ 방울수라 함은 20℃에서 정제수 20방울을 떨어뜨릴 때 그 부피가 약 1mL 되는 것을 뜻한다.

79 배출가스 중의 금속을 유도결합플라스마 원자발광분광법으로 분석할 때 각 원소별 측정 파장(nm)과 정량범위(mg/L)로 틀린 것은 어느 것인가?

㉮ Cu : 324.75(nm), 0.01~5(mg/m³)
㉯ Cd : 226.50(nm), 0.004~0.5(mg/m³)
㉰ Pb : 220.35(nm), 0.025~0.5(mg/m³)
㉱ Zn : 259.94(nm), 0.04~1(mg/m³)

[풀이] ㉱ Zn : 206.19(nm), 0.1~5(mg/m³)

80 배출가스 중 금속화합물을 분석하기 위해 채취한 시료가 다량의 유기물 유리탄소를 함유할 때 시료의 처리방법으로 알맞은 것은 어느 것인가?

㉮ 질산-염산법
㉯ 질산-과산화수소법
㉰ 질산법
㉱ 저온회화법

[풀이] ㉱ 저온회화법에 대한 설명이다.

| 제5과목 | 대기환경관계법규

81 다음은 대기환경보전법령상 시·도지사가 특정대기유해물질 배출시설 또는 특별대책지역에서의 배출시설의 설치를 제한할 수 있는 경우에 관한 기준이다. ( ) 안에 알맞은 것은?

> 배출시설 설치 지점으로부터 반경 1킬로미터 안의 상주 인구가 2만명 이상인 지역으로서 특정대기유해물질 중 한 가지 종류의 물질을 연간 (①) 이상 배출하거나 두 가지 이상의 물질을 연간 (②) 이상 배출하는 시설을 설치하는 경우

㉮ ① 5톤, ② 10톤
㉯ ① 5톤, ② 20톤
㉰ ① 10톤, ② 20톤
㉱ ① 10톤, ② 25톤

정답 78 ㉯ 79 ㉱ 80 ㉱ 81 ㉱

82 다음은 대기환경보전법령상 기본부과금 부과대상 오염물질에 대한 초과배출량 산정방법 중 초과배출량 공제분 산정방법이다. ( ) 안에 알맞은 것은?

> 3개월간 평균배출농도는 배출허용기준을 초과한 날 이전 정상 가동된 3개월 동안의 ( )를 산술평균한 값으로 한다.

㉮ 5분 평균치 ㉯ 10분 평균치
㉰ 30분 평균치 ㉱ 1시간 평균치

83 대기환경보전법규상 특정대기유해물질로 틀린 것은 어느 것인가?

㉮ 이황화메틸 ㉯ 베릴륨
㉰ 바나듐 ㉱ 1,3-부타디엔

84 대기환경보전법규상 휘발유를 연료로 사용하는 대형승용차의 배출가스 보증기간 적용기준은 어느 것인가? (단, 2013년 1월 1일 이후 제작자동차 기준)

㉮ 2년 또는 160,000km
㉯ 6년 또는 100,000km
㉰ 7년 또는 500,000km
㉱ 10년 또는 160,000km

[풀이] ㉮ 휘발유를 연료로 사용하는 대형승용차의 배출가스 보증기간은 2년 또는 160,000km이다.

85 다중이용시설 등의 실내공기질 관리법상 시·도지사는 다중이용시설이 규정에 따른 공기질 유지기준에 맞지 아니하게 관리되는 경우에는 환경부령이 정하는 바에 따라 기간을 정하여 그 다중이용시설의 소유자 등에게 환기설비의 개선 등의 개선명령을 할 수 있는데, 이 개선명령을 이행하지 아니한 사업자에 대한 벌칙기준으로 알맞은 것은 어느 것인가?

㉮ 7년 이하의 징역 또는 7천만원 이하의 벌금
㉯ 5년 이하의 징역 또는 5천만원 이하의 벌금
㉰ 1년 이하의 징역 또는 1천만원 이하의 벌금
㉱ 200만원 이하의 벌금

[풀이] ㉰ 1년 이하의 징역 또는 1천만원 이하의 벌금에 해당한다.

86 대기환경보전법규상 배출가스 관련부품을 장치별로 구분할 때 다음 중 배출가스 자기진단장치에 해당하는 것은?

㉮ EGR제어용 서모밸브
㉯ 연료계통 감시장치
㉰ 정화조절밸브
㉱ 냉각수온센서

[풀이] ㉮ EGR제어용 서모밸브 : 배출가스 재순환장치
㉰ 정화조절밸브 : 연료증발가스 방지장치
㉱ 냉각수온센서 : 연료공급장치

정답 82 ㉰ 83 ㉰ 84 ㉮ 85 ㉰ 86 ㉯

87 대기환경보전법상 부식이나 마모로 인하여 오염물질이 새나가는 배출시설이나 방지시설을 정당한 사유 없이 방치하는 행위를 한 자에 대한 과태료 부과기준은 어느 것인가?

㉮ 500만원 이하의 과태료
㉯ 300만원 이하의 과태료
㉰ 200만원 이하의 과태료
㉱ 100만원 이하의 과태료

> **풀이** ㉰ 200만원 이하의 과태료에 해당한다.

88 대기환경보전법상 장거리이동대기오염물질피해 방지를 위한 환경부 산하 황사대책위원회의 심의·조정업무로 틀린 것은 어느 것인가? (단, 그 밖에 장거리이동대기오염물질피해 방지를 위하여 위원장이 필요하다고 인정하는 사항 등은 제외한다.)

㉮ 종합대책의 수립과 변경에 관한 사항
㉯ 장거리이동대기오염물질피해방지와 관련된 분야별 정책에 관한 사항
㉰ 종합대책 추진상황과 민관 협력방안에 관한 사항
㉱ 장거리이동대기오염물질피해로 인한 재산상의 피해보상 및 보건역학적 조사에 관한 사항

> **풀이** 장거리이동대기오염물질대책위원회의 심의·조정업무는 ㉮·㉯·㉰이다.

89 대기환경보전법규상 그 배출시설이 발전소의 발전 설비로서 국민경제에 현저한 지장을 줄 우려가 있어 조업정지처분을 갈음하여 과징금을 부과할 때, 3종사업장인 경우 조업정지 1일당 과징금 부과금액 기준으로 알맞은 것은 어느 것인가?

㉮ 900만원   ㉯ 600만원
㉰ 450만원   ㉱ 300만원

> **풀이** 종별에 관계없이 1일당 과징금 부과금액은 300만원이다.

90 대기환경보전법령상 시·도지사가 부과금을 부과할 경우 부과대상 오염물질량 등을 적은 사항을 서면으로 알려야 하는데, 이 경우 부과금의 납부기간은 몇 일로 하는가?

㉮ 납부통지서를 발급한 날부터 10일
㉯ 납부통지서를 발급한 날부터 15일
㉰ 납부통지서를 발급한 날부터 30일
㉱ 납부통지서를 발급한 날부터 60일

91 대기환경보전법령상 초과부과금 산정기준에서 다음 오염물질 중 1킬로그램당 부과금액이 가장 비싼 것은 어느 것인가?

㉮ 황화수소   ㉯ 염화수소
㉰ 황산화물   ㉱ 이황화탄소

> **풀이** 오염물질 중 1킬로그램당 부과금액
> ㉮ 황화수소 : 6,000원
> ㉯ 염화수소 : 7,400원
> ㉰ 황산화물 : 500원
> ㉱ 이황화탄소 : 1,600원

정답 87 ㉰ 88 ㉱ 89 ㉱ 90 ㉰ 91 ㉯

92 대기환경보전법상 "온실가스"로 틀린 것은 어느 것인가?

㉮ 이산화탄소   ㉯ 수소불화탄소
㉰ 이산화질소   ㉱ 육불화황

풀이 온실가스는 이산화탄소, 메탄, 아산화질소, 수소불화탄소, 과불화탄소, 육불화황이다.

93 대기환경보전법규상 위임업무 보고사항 중 자동차 연료 및 첨가제의 제조·판매 또는 사용에 대한 규제현황의 보고횟수기준은 어느 것인가?

㉮ 연 2회   ㉯ 연 4회
㉰ 반기 1회   ㉱ 수시

94 대기환경보전법규상 관제센터로 측정결과를 자동전송하지 않은 먼지·황산화물 및 질소산화물의 연간 발생량의 합계가 80톤 이상인 사업장 배출구의 자가측정횟수 기준으로 알맞은 것은 어느 것인가? (단, 기타사항 등은 제외한다.)

㉮ 매일 1회 이상
㉯ 매주 1회 이상
㉰ 매월 2회 이상
㉱ 2개월마다 1회 이상

95 대기환경보전법령상 사업장별 환경기술인의 자격기준에 대한 내용으로 알맞은 것은 어느 것인가?

㉮ 5종 사업장 중 특정대기유해물질이 포함된 오염물질을 배출하는 경우에는 4종 사업장에 해당하는 환경기술인을 두어야 한다.

㉯ 1종 및 2종 사업장 중 1월 동안 실제 작업한 날만을 계산하여 1일 평균 12시간 이상 작업하는 경우에는 해당사업장의 환경기술인을 각 2인 이상 두어야 하며, 이 경우, 1인을 제외한 나머지 인원은 4종사업장에 해당하는 기술인으로 대체할 수 있다.

㉰ 전체 배출시설에 대하여 방지시설 설치면제를 받은 사업장이라도 해당종별에 해당하는 환경기술인을 두어야 한다.

㉱ 대기환경기술인이 「수질 및 수생태계 보전에 관한 법률」에 따른 수질환경기술인의 자격을 갖춘 경우에는 수질환경기술인을 겸임할 수 있다.

풀이 ㉮ 4종 및 5종 사업장 중 특정대기유해물질이 포함된 오염물질을 배출하는 경우에는 3종 사업장에 해당하는 환경기술인을 두어야 한다.
㉯ 1종 및 2종 사업장 중 1개월 동안 실제 작업한 날만을 계산하여 1일 평균 17시간 이상 작업하는 경우에는 해당사업장의 환경기술인을 각 2인 이상 두어야 하며, 이 경우, 1인을 제외한 나머지 인원은 3종사업장에 해당하는 기술인으로 대체할 수 있다.
㉰ 전체 배출시설에 대하여 방지시설 설치면제를 받은 사업장이라도 5종사업장에 해당하는 기술인을 둘 수 있다.

정답 92 ㉰ 93 ㉮ 94 ㉯ 95 ㉱

96 대기환경보전법규상 대기환경 규제지역을 관할하는 시·도지사가 수립하는 실천계획에 포함되는 사항으로 틀린 것은 어느 것인가?

㉮ 대기보전을 위한 투자계획과 대기오염물질 저감효과를 고려한 경제성평가
㉯ 대기오염물질 방지대책 선정을 위한 주민여론 수렴현황
㉰ 대기오염원별 대기오염물질 저감계획 및 계획의 시행을 위한 수단
㉱ 계획달성연도의 대기질 예측 결과

풀이 실천계획에 포함되는 사항으로는 ㉮·㉰·㉱ 외에 일반환경현황, 대기오염예측모형을 이용하여 예측한 대기오염도가 있다.

97 대기환경보전법규상 자동차의 종류에 대한 내용으로 틀린 것은 어느 것인가?
(단, 2009년 1월 1일 이후 기준)

㉮ 엔진배기량이 50cc 미만인 이륜자동차는 모페드형(스쿠터형을 포함한다)만 이륜자동차에서 제외한다.
㉯ 이륜자동차는 옆 차붙이 이륜자동차와 이륜자동차에서 파생된 3륜 이상의 자동차를 포함하며, 차량 자체의 중량이 0.5톤 이상인 이륜자동차는 경자동차로 분류한다.
㉰ 다목적형 승용자동차·승합차 및 밴(VAN)의 구분에 대한 세부 기준은 환경부장관이 정하여 고시한다.
㉱ 전기만을 동력으로 사용하는 자동차는 1회 충전 주행거리가 160km 이상인 경우 제3종으로 구분한다.

풀이 ㉮ 엔진배기량이 50cc 미만인 이륜자동차는 모페드형(스쿠터형을 포함한다)만 이륜자동차에 포함한다.

98 대기환경보전법령상 일일유량은 측정유량과 일일조업시간의 곱으로 환산하는데, 다음 중 일일조업시간의 표시기준으로 알맞은 것은 어느 것인가?

㉮ 배출량을 측정하기 전 최근 조업한 20일 동안의 배출시설 조업시간 평균치를 시간으로 표시한다.
㉯ 배출량을 측정하기 전 최근 조업한 25일 동안의 배출시설 조업시간 평균치를 시간으로 표시한다.
㉰ 배출량을 측정하기 전 최근 조업한 30일 동안의 배출시설 조업시간 평균치를 시간으로 표시한다.
㉱ 배출량을 측정하기 전 최근 조업한 전체기간의 배출시설 조업시간 평균치를 시간으로 표시한다.

99 악취방지법규상 지정악취물질로 틀린 것은 어느 것인가?

㉮ 아세트알데하이드
㉯ 메틸메르캅탄
㉰ 톨루엔
㉱ 벤젠

정답 96 ㉯ 97 ㉮ 98 ㉰ 99 ㉱

100 대기환경보전법령상 대기오염물질 기준 이내 배출량 조정 시 사업자가 제출한 확정배출량 자료가 명백히 거짓으로 판명되었을 경우에는 확정배출량을 현지조사하여 산정하되 확정배출량의 얼마에 해당하는 배출량을 기준 이내 배출량으로 산정하는가?

㉮ 100분의 20　　㉯ 100분의 50
㉰ 100분의 120　㉱ 100분의 150

정답　100 ㉰

2015년 9월 19일 시행

2015년 4회 대기환경기사

| 제1과목 | 대기오염개론

01 다음 중 다이옥신에 대한 내용으로 틀린 것은 어느 것인가?

㉮ 가장 유독한 다이옥신은 2,3,7,8-tetrachlorodibenzo-p-dioxin으로 알려져 있다.
㉯ PCDF계는 75개, PCDD계는 135개의 동족체가 존재한다.
㉰ 벤젠 등에 용해되는 지용성으로서 열적 안정성이 좋다.
㉱ 유기성 고체물질로서 용출실험에 의해서도 거의 추출되지 않는 특징을 가지고 있다.

[풀이] ㉯ PCDF계는 135개, PCDD계는 75개의 이성질체가 존재한다.

02 최대 혼합고도를 400m로 예상하여 오염농도를 4ppm으로 추정하였는데 실제 관측된 최대 혼합고도는 250m였다. 실제 나타날 오염농도(ppm)는 약 얼마인가?

㉮ 9ppm ㉯ 16ppm
㉰ 32ppm ㉱ 64ppm

[풀이] 실제오염농도(ppm)
$= 예상오염농도(ppm) \times \left\{\dfrac{예상최대혼합고}{실제최대혼합고}\right\}^3$
$= 4ppm \times \left(\dfrac{400m}{250m}\right)^3 = 16.38ppm$

03 다음 특정물질 중 오존 파괴지수가 가장 큰 물질은 어느 것인가?

㉮ Halon-1211 ㉯ Halon-1301
㉰ CCl_4 ㉱ HCFC-22

[풀이] 오존층 파괴지수
㉮ Halon-1211 : 3.0
㉯ Halon-1301 : 10.0
㉰ CCl_4 : 1.1
㉱ HCFC-22 : 0.055

04 다음 중 온실효과(Green House Effect)에 대한 내용으로 틀린 것은 어느 것인가?

㉮ 온실효과에 대한 기여도는 $CO_2 > CH_4$이다.
㉯ 온실가스들은 각각 적외선 흡수대가 있으며, O_3의 주요흡수대는 파장 13~17μm 정도이다.
㉰ 온실가스들은 각각 적외선 흡수대가 있으며, CH_4와 N_2O의 주요흡수대는 파장 7~8μm 정도이다.
㉱ 교토의정서는 기후변화협약에 따른 온실가스 감축과 관련한 국제협약이다.

정답 01 ㉯ 02 ㉯ 03 ㉯ 04 ㉯

05 다음 중 폼알데하이드의 배출과 가장 관련이 깊은 업종은 어느 것인가?

㉮ 피혁, 합성수지, 포르마린 제조
㉯ 비료, 표백, 색소 제조
㉰ 고무가공, 청산, 석면 제조
㉱ 석유정제, 석탄건류, 가스공업

풀이 폼알데하이드 배출공업은 피혁, 합성수지, 포르마린 제조이다.

06 다음은 역사적인 대기오염 사건을 나열한 것이다. 먼저 발생한 사건부터 알맞게 나열된 것은 어느 것인가?

㉮ 포자리카사건 - 도쿄 요코하마사건 - LA스모그사건 - 런던스모그사건
㉯ 도쿄 요코하마사건 - 포자리카사건 - 런던스모그사건 - LA스모그사건
㉰ 포자리카사건 - 도쿄 요코하마사건 - 런던스모그사건 - LA스모그사건
㉱ 도쿄 요코하마사건 - 포자리카사건 - LA스모그사건 - 런던스모그사건

풀이 도쿄 요코하마사건(1946년) - 포자리카사건(1950년) - 런던스모그사건(1952년) - LA 스모그사건(1954년) 순이다.

07 지표높이 5m에서의 풍속이 4m/s일 때 상공의 풍속이 6m/s가 되는 위치의 높이(m)는 얼마인가? (단, 풍속지수는 0.28, Deacon법칙을 적용하시오.)

㉮ 약 15m ㉯ 약 21m
㉰ 약 33m ㉱ 약 43m

풀이
$$u_2 = u_1 \times \left(\frac{H_2}{H_1}\right)^P$$

$$6\,m/sec = 4\,m/sec \times \left(\frac{H_2}{5m}\right)^{0.28}$$

$$\therefore H_2 = 5m \times \left(\frac{6\,m/sec}{4\,m/sec}\right)^{\frac{1}{0.28}} = 21.28m$$

08 다음 대기오염물질과 관련되는 업종으로 틀린 것은 어느 것인가?

㉮ 비소 - 화학공업, 유리공업, 과수원의 농약 분무작업 등
㉯ 크롬 - 화학비료공업, 염색공업, 시멘트 제조업, 크롬도금업, 피혁제조업 등
㉰ 시안화수소 - 피혁공장, 합성수지공장, 포르말린제조업 등
㉱ 질소산화물 - 내연기관, 폭약, 필름제조업, 비료 등

풀이 ㉰ 시안화수소 : 청산제조공업, 제철공업, 화학공업, 가스공업

정답 05 ㉮ 06 ㉯ 07 ㉯ 08 ㉰

09 서울을 비롯한 대도시 지역에서 1990년부터 2000년까지 10년 동안 다른 오염물질에 비해 오염 농도가 크게 감소하지 않은 대기오염물질은 어느 것인가?

㉮ 일산화탄소(CO)
㉯ 납(Pb)
㉰ 아황산가스(SO_2)
㉱ 이산화질소(NO_2)

풀이 자동차에서 배출되는 이산화질소(NO_2)이다.

10 바람장미에 대한 내용으로 틀린 것은 어느 것인가?

㉮ 대기오염물질의 이동방향은 주풍(主風)과 같은 방향이며, 풍속은 막대 날개의 길이로 표시한다.
㉯ 방향량(vector)은 관측된 풍향별 회수를 백분율로 나타낸 값이다.
㉰ 주풍은 가장 빈번히 관측된 풍향을 말하며, 막대의 길이를 가장 길게 표시한다.
㉱ 풍속이 0.2m/s 이하일 때를 정온(calm) 상태로 본다.

풀이 ㉮ 대기오염물질의 이동방향은 주풍(主風)과 같은 방향이며, 풍속은 막대기의 굵기로 표시한다.

11 대기오염물질이 금속구조물에 미치는 영향에 대한 내용으로 틀린 것은 어느 것인가?

㉮ 철은 대기오염물질의 농도, 습도와 온도가 높을수록 부식속도는 빠르지만 일정한 시간이 흐르면 보호막이 생김으로써 부식속도는 떨어진다.
㉯ 니켈은 촉매역할을 하여 대기 중 SO_3를 SO_2로 환원시키며, 황산박층을 만든 후 아황산니켈이 된다.
㉰ 아연은 SO_2와 수증기가 공존할 때 표면에 피막을 형성해서 보호막 역할을 한다.
㉱ 알루미늄은 산화되어 Al_2O_3를 표면에 형성하여 대기오염을 방지하는 보호막 역할을 한다.

12 내경이 2m인 굴뚝에서 온도 440K의 연기가 6m/s의 속도로 분출되며 분출지점에서의 주변 풍속은 4m/s이다. 대기의 온도가 300K, 중립조건일 때 연기의 상승 높이(△h)는 얼마인가? (단, $\Delta h = \dfrac{114CF^{\frac{1}{3}}}{U}$ 이용, C = 1.58, F = 부력매개변수)

㉮ 약 136m ㉯ 약 166m
㉰ 약 181m ㉱ 약 195m

풀이
① $F = g \times \left(\dfrac{D}{2}\right)^2 \times V_s \times \left(\dfrac{T_s - T_a}{T_a}\right)$ (m⁴/sec³)
$= 9.8\text{m/sec}^2 \times \left(\dfrac{2\text{m}}{2}\right)^2 \times 6\text{m/sec} \times \left(\dfrac{440K - 300K}{300K}\right)$
$= 27.44 \text{m}^4/\text{sec}^3$

② $\Delta h = \dfrac{114 \times C \times F^{1/3}}{u}$
$= \dfrac{114 \times 1.58 \times (27.44 \text{m}^4/\text{sec}^3)^{\frac{1}{3}}}{4\text{m/sec}}$
$= 135.82\text{m}$

정답 09 ㉱ 10 ㉮ 11 ㉯ 12 ㉮

13 다음 악취물질의 공기 중 최소감지농도(ppm)가 가장 낮은 물질은 어느 것인가?

㉮ 암모니아 ㉯ 황화수소
㉰ 아세톤   ㉱ 염화메틸렌

14 Gaussian 연기 확산 모델에 대한 내용으로 틀린 것은 어느 것인가?

㉮ 장·단기적인 대기오염도 예측에 사용이 용이하다.
㉯ 간단한 화학반응을 묘사할 수 있다.
㉰ 선오염원에서 풍하 방향으로 확산되어가는 plume이 정규분포를 한다고 가정한다.
㉱ 주로 평탄지역에 적용이 가능하도록 개발되어 왔으나 최근 복잡지형에도 적용이 가능토록 개발되고 있다.

[풀이] ㉰ 면오염원에서 풍하 방향으로 확산되어가는 plume이 정규분포를 한다고 가정한다.

15 바람에 관여하는 힘으로 틀린 것은 어느 것인가?

㉮ Centrifugal force
㉯ Friction force
㉰ Coriolis force
㉱ Electronic force

[풀이] 바람에 관여하는 힘으로는 Centrifugal force(원심력), Friction force(마찰력), Coriolis force(전향력)이다.

16 지표에 도달하는 일사량의 변화에 영향을 주는 요소로 틀린 것은 어느 것인가?

㉮ 태양광의 입사각 변화
㉯ 계절
㉰ 대기의 두께
㉱ 지표면의 상태

[풀이] 지표에 도달하는 일사량의 변화에 영향을 주는 요소로는 태양광의 입사각 변화, 계절, 대기의 두께 등이다.

17 수용모델의 분석법에 대한 내용으로 틀린 것은 어느 것인가?

㉮ 광학현미경법으로는 입경이 0.01μm보다 큰 입자만을 대상으로 먼지의 형상, 모양 및 색깔별로 오염원을 구별할 수 있고, 미숙련 경험자도 쉽게 분석가능하다.
㉯ 전자주사현미경은 광학현미경보다 작은 입자를 측정할 수 있고, 정성적으로 먼지의 오염원을 확인할 수 있다.
㉰ 시계열분석법은 대기오염 제어의 기능을 평가하고 특정 오염원의 경향을 추적할 수 있으며, 타 방법을 통해 제시된 오염원을 확인하는데 매우 유용한 정성적 분석법이다.
㉱ 공간계열법은 시료채취기간 중 오염 배출속도 및 기상학 등에 크게 의존하여 분산모델과 큰 연관성을 갖는다.

정답 13 ㉯ 14 ㉰ 15 ㉱ 16 ㉱ 17 ㉮

18 성층권의 오존층 파괴의 원인물질인 CFC 화합물 중 CFC-12의 화학식으로 알맞은 것은 어느 것인가?

㉮ CF_2Cl_2
㉯ $CHFCl_2$
㉰ $CFCl_3$
㉱ CHF_2Cl

19 굴뚝 높이 상하층에서 각각 침강역전과 복사역전이 동시에 발생되는 경우의 연기형태는 어느 것인가?

㉮ looping   ㉯ coning
㉰ fumigation ㉱ trapping

[풀이] ㉱ trapping(구속형)에 대한 설명이다.

20 자동차에서 배출되는 대기오염물질 중 크랭크케이스에서 blow by 가스로 배출되어 문제가 되는 물질은 어느 것인가?

㉮ 질소산화물   ㉯ 탄화수소
㉰ 일산화탄소   ㉱ 납

| 제2과목 | 연소공학

21 쓰레기 이송방식에 따른 각 화격자에 대한 내용으로 틀린 것은 어느 것인가?

㉮ 부채형 반전식 화격자는 교반력이 커서 저질쓰레기의 소각에 적당하다.
㉯ 역동식 화격자는 쓰레기 교반 및 연소조건이 양호하고 소각효율이 높으나 화격자의 마모가 많다.
㉰ 이상식 화격자는 건조, 연소, 후연소의 각 화격자를 수평인 일직선상으로 배치한 것으로서 내구성과 이송효율은 좋으나 혼합률은 낮다.
㉱ 병렬 요동식 화격자는 비교적 강한 이송력을 갖고 있고, 화격자 눈의 메워짐이 별로 없어 낙진량이 많고 냉각작용이 부족하다.

22 C 84%, H 13%, S 2%, N 1%의 중유를 1kg당 14Sm³의 공기로 완전연소시킨 경우 실제습배기가스 중 SO_2는 몇 ppm(용량비)이 되는가? (단, 중유 중의 황은 모두 SO_2가 되는 것으로 가정한다.)

㉮ 약 2,000ppm   ㉯ 약 1,800ppm
㉰ 약 1,120ppm   ㉱ 약 950ppm

[풀이] ① $Gw = A+5.6H+0.7O+0.8N+1.244W$
  $= 14Sm^3/kg+5.6\times0.13+0.8\times0.01$
  $= 14.7363Sm^3/kg$

② $SO_2 ppm = \dfrac{0.7S(Sm^3/kg)}{Gw(Sm^3/kg)} \times 10^6$
  $= \dfrac{0.7\times0.02Sm^3/kg}{14.7363Sm^3/kg} \times 10^6 = 950.03ppm$

정답 18 ㉮ 19 ㉱ 20 ㉯ 21 ㉰ 22 ㉱

23 중유를 시간당 1,000kg씩 연소시키는 배출시설이 있다. 연돌의 단면적이 $3m^2$ 일 때 배출가스의 유속(m/s)은 얼마인가? (단, 이 중유의 표준상태에서의 원소 조성 및 배출가스의 분석치는 아래표와 같고, 배출가스의 온도는 270℃이다.)

[중유의 조성]
탄소 : 86.0%, 수소 : 13.0%,
황분 : 1.0%

[배출가스의 분석결과]
$(CO_2)+(SO_2)$: 13.0%, O_2 : 2.0%,
CO : 0.1%

㉮ 약 2.4m/s   ㉯ 약 3.2m/s
㉰ 약 3.6m/s   ㉱ 약 4.4m/s

풀이

① 공기비(m) = $\dfrac{N_2\%}{N_2\%-3.76\times(O_2\%-0.5CO\%)}$

$N_2(\%)$ = 100-($CO_2\%+O_2\%+CO\%$)
       = 100-(13+2+0.1)% = 84.9%

따라서

공기비(m) = $\dfrac{84.9\%}{84.9\%-3.76\times(2.0\%-0.5\times0.1\%)}$
         = 1.0945

② 이론공기량(A_o)
= $8.89C+26.67\left(H-\dfrac{O}{8}\right)+3.33S(Sm^3/kg)$
= 8.89×0.86+26.67×0.13+3.33×0.01
= 11.1458Sm^3/kg

③ 실제습연소가스량(Gw)
= $mA_o+5.6H+0.7O+0.8N+1.244W(Sm^3/kg)$
= 1.0945×11.1458Sm^3/kg+5.6×0.13
= 12.927Sm^3/kg

④ 가스량(Q)
= 실제습연소가스량(Gw)×중유량(kg/hr)
= 12.927Sm^3/kg×1,000kg/hr×1hr/3,600sec
= 3.5908Sm^3/sec

⑤ 가스량(Q) = 단면적(A)×유속(v)
3.5908Sm^3/sec×$\dfrac{273+270}{273}$ = $3m^2$×v(m/sec)

∴ v = 2.38m/sec

24 1 centi-poise(cp)는 몇 kg/m·sec인가?

㉮ $\dfrac{1}{1,000}$ ㉯ $\dfrac{1}{100}$
㉰ 100   ㉱ 1,000

풀이
① 1centi-poise = 10^{-2}poise = 10^{-2}g/cm·sec
② 10^{-2}g/cm·sec×10^{-1} = 10^{-3}kg/m·sec

25 A(g) → 생성물 반응에서 그 반감기가 0.693/k인 반응은 어느 것인가? (단, k는 속도상수이다.)

㉮ 0차 반응   ㉯ 1차 반응
㉰ 2차 반응   ㉱ n차 반응

풀이 ㉯ 1차 반응에 대한 설명이다.

26 공기비가 클 경우 일어나는 현상으로 틀린 것은 어느 것인가?

㉮ SO_2, NO_2 함량이 증가하여 부식 촉진
㉯ 가스폭발의 위험과 매연 증가
㉰ 배기가스에 의한 열손실 증대
㉱ 연소실 내 연소온도 감소

풀이 ㉯번의 설명은 공기비가 작을 경우 발생하는 현상이다.

정답 23 ㉮   24 ㉮   25 ㉯   26 ㉯

27 다음은 어떤 석유대체 연료에 대한 내용인가?

> 케로젠(kerogen)이라 불리우는 유기질 물질이 스며들어 있는 혈암같은 암반을 말하는 것으로, 이 물질은 원래 식물이 수백만년 동안 석유로 토화되어 유기물질에 흡수된 것이다. 이것이 압력을 받아 성층화가 이루어져 이 물질을 만들게 된다.

㉮ 오일셰일(oil shale)
㉯ 타르샌드(tar sand)
㉰ 오일샌드(oil sand)
㉱ 오리멀전(orimulsion)

[풀이] ㉮ 오일셰일에 대한 설명이다.

28 등가비(ϕ)에 대한 내용으로 틀린 것은 어느 것인가?

㉮ 공기비(m) = $\frac{1}{\phi}$ 로 나타낼 수 있다.

㉯ $\phi = 1$은 완전연소 상태라고 할 수 있다.

㉰ $\phi = \frac{(실제의\ 연료량/산화제)}{(완전연소를\ 위한\ 이상적\ 연료량/산화제)}$ 로 나타낼 수 있다.

㉱ $\phi > 1$은 과잉공기 상태로 질소산화물이 증가한다.

[풀이] ㉱ $\phi > 1$은 연료가 과잉이며, 불완전연소로 CO, HC가 최대이고 NO_x가 최소가 된다.

29 매연발생에 대한 내용으로 틀린 것은 어느 것인가?

㉮ -C-C-의 결합을 절단하기보다는 탈수소가 쉬운 쪽이 매연 발생이 어렵다.
㉯ 연료의 C/H의 비율이 작을수록 매연 발생이 어렵다.
㉰ 탈수소, 중합 및 고리화합물 등과 같이 반응이 일어나기 쉬운 탄화수소일수록 매연이 잘 생긴다.
㉱ 분해하기 쉽거나, 산화하기 쉬운 탄화수소는 매연발생이 적다.

[풀이] ㉮ -C-C-의 결합을 절단하기보다는 탈수소가 쉬운 쪽이 매연 발생이 쉽다.

30 다음 수식은 무엇을 산출하기 위한 식인가?

$$G = mA_o - 5.6H + 0.7O + 0.8N(Sm^3/kg)$$

㉮ 기체연료의 이론습연소가스량(Sm^3/Sm^3)
㉯ 고체 및 액체연료의 이론습연소가스량(Sm^3/kg)
㉰ 기체연료의 실제습연소가스량(Sm^3/Sm^3)
㉱ 고체 및 액체연료의 실제건연소가스량(Sm^3/kg)

정답 27 ㉮ 28 ㉱ 29 ㉮ 30 ㉱

31 다음 연료의 조성성분에 따른 연소특성으로 틀린 것은 어느 것인가?

㉮ 휘발분 : 매연발생을 방지한다.
㉯ 수분 : 열손실을 초래하고 착화를 불량하게 한다.
㉰ 고정탄소 : 발열량이 높고 연소성을 좋게 한다.
㉱ 회분 : 발열량이 낮고 연소성이 양호하지 않다.

풀이 ㉮ 휘발분 : 매연발생을 증가시킨다.

32 탄소 85%, 수소 15%의 경유 1kg을 공기비 1.2로 연소하는 경우 탄소의 2%가 검댕으로 된다고 하면 실제건연소가스 $1Sm^3$ 중의 검댕의 농도(g/Sm^3)는 얼마인가?

㉮ 약 $1.3g/Sm^3$
㉯ 약 $1.1g/Sm^3$
㉰ 약 $0.8g/Sm^3$
㉱ 약 $0.6g/Sm^3$

풀이 ① 이론공기량(A_o)
$= 8.89C + 26.67\left(H - \dfrac{O}{8}\right) + 3.33S (Sm^3/kg)$
$= 8.89 \times 0.85 + 26.67 \times 0.15 = 11.557 Sm^3/kg$
② 실제건연소가스량(Gd)
$= mA_o - 5.6H + 0.7O + 0.8N (Sm^3/kg)$
$= 1.2 \times 11.557 Sm^3/kg - 5.6 \times 0.15$
$= 13.0284 Sm^3/kg$
③ 검댕의 농도(g/Sm^3)
$= \dfrac{0.85 \times 0.02 kg/kg}{13.0284 Sm^3/kg} \times 10^3 g/kg = 1.30 g/Sm^3$

33 화학반응속도 및 반응속도상수에 대한 내용으로 틀린 것은 어느 것인가?

㉮ 1차 반응에서 반응속도상수의 단위는 s^{-1}이다.
㉯ 반응물의 농도를 무제한 증가할지라도 반응속도에는 영향을 미치지 않는 반응을 0차 반응이라 한다.
㉰ 화학반응속도론에서 반응속도상수 결정에 활성화에너지가 가장 주요한 영향인자로 작용하며, 넓은 온도범위에 걸쳐 유효하게 적용된다.
㉱ 반응속도상수는 온도에 영향을 받는다.

34 아래의 조성을 가진 혼합기체의 하한 연소범위(%)는 얼마인가?

성분	조성(%)	하한연소범위(%)
메탄	80	5.0
에탄	15	3.0
프로판	4	2.1
부탄	1	1.5

㉮ 3.46%
㉯ 4.24%
㉰ 4.55%
㉱ 5.05%

풀이 르샤틀리에 공식
$\dfrac{100}{L} = \dfrac{V_1}{L_1} + \dfrac{V_2}{L_2} + \dfrac{V_3}{L_3}$

$\dfrac{100}{L} = \dfrac{80\%}{5.0\%} + \dfrac{15\%}{3.0\%} + \dfrac{4\%}{2.1\%} + \dfrac{1\%}{1.5\%}$

$\therefore L = 4.24\%$

정답 31 ㉮ 32 ㉮ 33 ㉰ 34 ㉯

35 3.0%의 황을 함유하는 중유를 매시 2,000kg 연소할 때 생기는 황산화물(SO_2)의 이론량(Sm^3/hr)은 얼마인가?

㉮ $42Sm^3/hr$
㉯ $66Sm^3/hr$
㉰ $84Sm^3/hr$
㉱ $105Sm^3/hr$

【풀이】
$S + O_2 \rightarrow SO_2$
32kg : 22.4Sm^3
2,000kg/hr×0.03 : X
∴ X = 42Sm^3/hr

36 다음 연소의 종류 중 휘발유, 등유, 알콜, 벤젠 등 액체연료의 연소방식으로 알맞은 것은 어느 것인가?

㉮ 자기연소
㉯ 확산연소
㉰ 증발연소
㉱ 표면연소

【풀이】 휘발유, 등유, 알콜, 벤젠 등 액체연료의 연소방식은 증발연소이다.

37 중유에 대한 내용으로 틀린 것은 어느 것인가?

㉮ 점도가 낮을수록 유동점이 낮아진다.
㉯ 비중이 클수록 유동점과 점도는 감소하고, 잔류탄소 등이 증가한다.
㉰ 비중이 클수록 발열량이 적어지고 연소성이 나빠진다.
㉱ 중유는 일반적으로 점도를 중심으로 3종으로 분류된다.

【풀이】 ㉯비중이 클수록 유동점, 점도, 잔류탄소는 증가한다.

38 연소가스 분석결과 CO_2 11%, O_2 7%일 때, $(CO_2)_{max}$(%)는 얼마인가?

㉮ 11.5%
㉯ 16.5%
㉰ 22.5%
㉱ 33.5%

【풀이】 $CO_2max(\%) = \dfrac{21 \times CO_2\%}{21 - O_2\%} = \dfrac{21 \times 11\%}{21 - 7\%} = 16.5\%$

39 다음 설명에 해당하는 기체연료는 어느 것인가?

> 고온으로 가열된 무연탄이나 코크스 등에 수증기를 반응시켜 얻은 기체연료
> $C + H_2O \rightarrow CO + H_2 + Q$
> $C + 2H_2O \rightarrow CO_2 + 2H_2 + Q$

㉮ 수성가스
㉯ 고로가스
㉰ 오일가스
㉱ 발생로가스

【풀이】 ㉮ 수성가스에 대한 설명이다.

정답 35 ㉮ 36 ㉰ 37 ㉯ 38 ㉯ 39 ㉮

40 C, H, S의 중량(%)이 각각 85%, 10%, 5%인 중유를 공기과잉계수 1.3으로 연소시킬 때 건조 배기가스 중의 이산화황의 부피분율(%)은 얼마인가? (단, 황성분은 전량 이산화황으로 전환된다고 가정한다.)

㉮ 약 0.18%   ㉯ 약 0.27%
㉰ 약 0.34%   ㉱ 약 0.45%

풀이 ① 이론공기량(A_o)

$= 8.89C+26.67\left(H-\dfrac{O}{8}\right)+3.33S\,(Sm^3/kg)$

$= 8.89\times 0.85+26.67\times 0.10+3.33\times 0.05$

$= 10.39\,Sm^3/kg$

② 실제건연소가스량(Gd)

$= mA_o-5.6H+0.7O+0.8N\,(Sm^3/kg)$

$= 1.3\times 10.39\,Sm^3/kg - 5.6\times 0.10$

$= 12.947\,Sm^3/kg$

③ $SO_2(\%) = \dfrac{0.7S(Sm^3/kg)}{Gd(Sm^3/kg)}\times 100$

$= \dfrac{0.7\times 0.05\,Sm^3/kg}{12.947\,Sm^3/kg}\times 100 = 0.27\%$

| 제3과목 | 대기오염방지기술

41 전기집진장치에서 먼지의 비저항 조절에 대한 내용으로 틀린 것은 어느 것인가?

㉮ 석탄 중의 황함유량이 높을수록 비저항은 증가한다.
㉯ 처리가스의 온도를 조절하면 비저항 조절이 가능하다.
㉰ 비저항이 낮은 경우 암모니아 가스를 주입하면 비저항을 높일 수 있다.
㉱ 비저항이 높은 경우 처리가스의 습도를 높이면 비저항을 낮출 수 있다.

풀이 ㉮ 석탄 중의 황함유량이 높을수록 비저항은 감소한다.

42 전기집진장치 운전 시 역전리 현상의 원인으로 틀린 것은 어느 것인가?

㉮ 미분탄 연소 시
㉯ 입구의 유속이 클 때
㉰ 배가스의 점성이 클 때
㉱ 먼지 비저항이 너무 클 때

풀이 ㉯번은 재비산현상의 원인이다.

43 집진장치의 압력손실 200mmH₂O, 처리가스량 3,600m³/min, 송풍기 효율 70%, 송풍기 축동력에 여유율 20%를 고려한다면 이 장치의 소요동력(kW)은 얼마인가?

㉮ 약 202kW   ㉯ 약 240kW
㉰ 약 286kW   ㉱ 약 343kW

풀이 $kW = \dfrac{Ps\times Q}{102\times \eta}\times \alpha$

$= \dfrac{200mmH_2O\times 3,600m^3/min\times 1min/60sec}{102\times 0.70}\times 1.20$

$= 201.68\,kW$

정답 40 ㉯ 41 ㉮ 42 ㉯ 43 ㉮

44 평판형 집진기(3.0m×2.3m)가 평행으로 극판간 거리 0.3m로 6개가 설치되었으며, 내부는 양면 집진판이며, 양끝 집진판은 하나의 집진면을 가질 때 집진장치를 가동하여 얻을 수 있는 집진효율(%)은 얼마인가? (단, 유입 배기가스 총 유량은 100m³/min이며 각 집진판으로 균일하게 분배되어 처리되며, 10g/m³의 먼지를 분진 입자의 겉보기 이동속도 0.1m/sec로 고정하여 집진장치를 가동한다.)

㉮ 99.5% ㉯ 98.4%
㉰ 97.0% ㉱ 95.5%

풀이
$$\eta = \left(1-\exp\frac{-A\times We}{Q}\right)\times 100$$
$$= \left\{1-\exp\left(\frac{-3.0m\times 2.3m\times 10개 \times 0.1m/sec}{100m^3/min \times 1min/60sec}\right)\right\}\times 100$$
$$= 98.41\%$$

TIP
집진판(N)
= 내부는 양면이므로 (4×2) + 양끝은 단면(2×1)
= 10개

45 물을 가압(加壓) 공급하여 함진가스를 세정하는 형식의 가압수식 스크러버로 틀린 것은 어느 것인가?

㉮ Venturi Scrubber
㉯ Impulse Scrubber
㉰ Spray Tower
㉱ Jet Scrubber

풀이 ㉯ Impulse Scrubber는 회전식 세정집진장치에 속한다.

46 유해가스 처리장치 중 충전탑(packed tower)에 대한 내용으로 틀린 것은 어느 것인가?

㉮ 충전탑은 충전물을 채운 탑 내에서 액을 위에서 밑으로 흐르게 하고 가스는 아래에서 분사시켜 접촉시키는 기체분산형 흡수장치이다.
㉯ 충전제를 불규칙적으로 충전하는 방법은 접촉면적이 크나 압력손실은 크다.
㉰ 범람점에서의 가스속도는 충전제를 불규칙하게 쌓았을 때보다 규칙적으로 쌓았을 때가 더 크다.
㉱ 일반적으로 충전탑의 직경(D)과 충전제 직경(d)의 비 D/d가 8~10일 때 편류현상이 최소가 된다.

풀이 ㉮ 충전탑은 충전물을 채운 탑 내에서 액을 위에서 밑으로 흐르게 하고 가스는 아래에서 분사시켜 접촉시키는 액분산형 흡수장치이다.

47 다음 여과재(filter bag) 재질 중 내산성 및 내알칼리성이 모두 양호한 것은 어느 것인가?

㉮ 비닐론
㉯ 사란
㉰ 테트론
㉱ 나일론(에스테르계)

풀이 내산성 및 내알칼리성이 모두 양호한 것으로는 테프론, 비닐론, 카네카론이 있다.

정답 44 ㉯ 45 ㉯ 46 ㉮ 47 ㉮

48 처리가스 유량이 5,000m³/hr인 가스를 충전탑을 이용하여 처리하고자 한다. 충전탑 내 가스의 속도를 0.34m/sec로 할 경우 흡수탑의 직경(m)은 얼마인가?

㉮ 약 1.9m ㉯ 약 2.3m
㉰ 약 2.8m ㉱ 약 3.5m

풀이 유량(Q) = 단면적(A)×유속(v)
$$= \frac{\pi D^2}{4}(m^2) \times v(m/sec)$$
$$D = \sqrt{\frac{4Q}{\pi V}} = \sqrt{\frac{4 \times 5,000m^3/hr \times 1hr/3,600sec}{\pi \times 0.34m/sec}}$$
$$= 2.28m$$

49 고체벽으로 입자를 흐르게 하여 입자를 응집시켜 채취하는 집진장치들은 유사한 설계식을 사용하여 입자를 채취한다. 이것과 가장 관계가 먼 것은 어느 것인가?

㉮ 전기집진장치 ㉯ 중력침강실
㉰ 사이클론 ㉱ 백필터

50 500ppm의 NO를 함유하는 배기가스 45,000Sm³/h를 암모니아 선택적 접촉 환원법으로 배연탈질 할 때 요구되는 암모니아의 양(Sm³/h)은 얼마인가? (단, 산소가 공존하는 상태이며, 표준상태 기준이다.)

㉮ 15.0Sm³/h ㉯ 22.5Sm³/h
㉰ 30.0Sm³/h ㉱ 34.5Sm³/h

풀이 $4NO + 4NH_3 + O_2 \rightarrow 4N_2 + 6H_2O$
$4 \times 22.4Sm^3 : 4 \times 22.4Sm^3$
$45,000Sm^3/hr \times 500ppm \times 10^{-6} : X$
∴ $X = 22.5Sm^3/hr$

51 사이클론 유입구의 높이(길이)가 50cm, 원통부의 길이가 200cm, 원추부의 길이가 200cm일 때 유효회전수(Ne)는 얼마인가?

㉮ 2 ㉯ 4
㉰ 6 ㉱ 8

풀이 $Ne = \frac{1}{H_A} \times \left(H_B + \frac{H_C}{2} \right)$

$\begin{bmatrix} Ne : 유효회전수 \\ H_A : 유입구 높이(m) \\ H_B : 원통부 높이(m) \\ H_C : 원추부 높이(m) \end{bmatrix}$

따라서 $Ne = \frac{1}{0.5m} \times \left(2m + \frac{2m}{2} \right) = 6회$

52 여과집진장치의 탈진방식에 대한 내용으로 틀린 것은 어느 것인가?

㉮ 간헐식의 여포 수명은 연속식에 비해서는 긴 편이고, 점성이 있는 조대먼지를 탈진할 경우 여포손상의 가능성이 있다.
㉯ 간헐식은 먼지의 재비산이 적고 높은 집진율을 얻을 수 있다.
㉰ 연속식은 채취와 탈진이 동시에 이루어져 압력손실의 변동이 크므로 저농도, 저용량의 가스처리에 효율적이다.
㉱ 연속식은 탈진 시 먼지의 재비산이 일어나 간헐식에 비해 집진율이 낮고 여과자루의 수명이 짧은 편이다.

풀이 ㉰ 연속식은 채취와 탈진이 동시에 이루어져 압력손실이 거의 일정하며, 고농도, 대용량의 가스처리에 효율적이다.

정답 48 ㉯ 49 ㉱ 50 ㉯ 51 ㉰ 52 ㉰

53 전기집진장치의 장애현상 중 "2차 전류가 많이 흐를 때"의 원인으로 틀린 것은 어느 것인가?

㉮ 먼지의 농도가 너무 낮을 때
㉯ 먼지의 비저항이 비정상적으로 높을 때
㉰ 이온이동가 큰 가스를 처리할 때
㉱ 공기부하 시험을 행할 때

[풀이] ㉯번은 2차 전류가 현저하게 떨어질 때의 원인이다.

54 가솔린 자동차의 후처리에 의한 배출가스 저감방안의 하나인 삼원촉매장치의 내용으로 틀린 것은 어느 것인가?

㉮ CO와 HC의 산화촉매로는 주로 백금(Pt)이 사용된다.
㉯ 로듐(Rh)은 NO의 산화반응을 촉진시킨다.
㉰ CO와 HC는 CO_2와 H_2O로 산화되며 NO는 N_2로 환원된다.
㉱ CO, HC, NO_X 3성분의 동시 저감을 위해 엔진에 공급되는 공기연료비는 이론공연비 정도로 공급되어야 한다.

[풀이] ㉯ 로듐(Rh)은 NO의 환원반응을 촉진시킨다.

55 송풍기를 운전할 때 필요유량에 과부족을 일으켰을 때 송풍기의 유량조절 방법으로 틀린 것은 어느 것인가?

㉮ 회전수 조절법   ㉯ 안내익 조절법
㉰ Damper 부착법   ㉱ 체걸름 조절법

[풀이] 송풍기를 운전할 때 필요유량에 과부족을 일으켰을 때 송풍기의 유량조절 방법으로는 회전수 조절법, 안내익 조절법, Damper 부착법이 있다.

56 헨리의 법칙을 따르는 유해가스가 물속에 $2.0kmol/m^3$만큼 용해되어 있을 때, 분압이 $258.4mmH_2O$이었다면, 이 유해가스의 분압이 $38mmHg$로 될 때 물 속의 유해가스 농도는 얼마인가? (단, 기타 조건은 변화없음)

㉮ $10.0kmol/m^3$ ㉯ $8.0kmol/m^3$
㉰ $6.0kmol/m^3$ ㉱ $4.0kmol/m^3$

[풀이] $P = H \times C$에서 $P \propto C$관계이므로
$2.0kmol/m^3 : 258.4mmH_2O$
$= C : (38mmHg \times 13.6)mmH_2O$
$\therefore C = 4.0kmol/m^3$

TIP

① 수은주 비중 $= \dfrac{10,332mmH_2O}{760mmHg}$
   $= 13.6 mmH_2O/mmHg$
② $mmH_2O \xrightarrow{\div 13.6} mmHg$
③ $mmHg \xrightarrow{\times 13.6} mmH_2O$

57 벤츄리 스크러버 적용 시 액가스비를 크게 하는 요인으로 틀린 것은 어느 것인가?

㉮ 먼지의 친수성이 클 때
㉯ 먼지의 입경이 작을 때
㉰ 처리가스의 온도가 높을 때
㉱ 먼지의 농도가 높을 때

[풀이] ㉮ 먼지의 친수성이 작을 때

정답 53 ㉯   54 ㉯   55 ㉱   56 ㉱   57 ㉮

58 장방형 굴뚝에서 가로길이가 a, 세로길이가 b일 경우 상당직경의 표현식으로 알맞은 것은 어느 것인가?

㉮ $\dfrac{2ab}{a+b}$　　㉯ $\dfrac{a+b}{2ab}$

㉰ $\sqrt{a \times b}$　　㉱ $\dfrac{a+b}{2}$

59 악취처리방법에 대한 내용으로 틀린 것은 어느 것인가?

㉮ 촉매연소법은 약 300~400℃의 온도에서 산화분해시킨다.
㉯ 직접연소법은 700~800℃에서 0.5초 정도가 일반적이다.
㉰ 황화수소는 촉매연소로 처리가 불가능하다.
㉱ 촉매에 바람직하지 않은 원소는 납, 비소, 수은 등이다.

[풀이] ㉰ 황화수소는 촉매연소로 처리가 가능하다.

60 실내에서 발생하는 CO_2의 양이 시간당 0.3m³일 때 필요한 환기량(m³/h)은 얼마인가? (단, CO_2의 허용농도와 외기의 CO_2 농도는 각각 0.1%와 0.03%이다.)

㉮ 약 430m³/h　　㉯ 약 320m³/h
㉰ 약 210m³/h　　㉱ 약 145m³/h

[풀이] 0.3m³/hr = 환기량(m³/hr)×(0.1-0.03)%×10⁻²

∴ 환기량 = $\dfrac{0.3 \text{m}^3/\text{hr}}{(0.1-0.03)\% \times 10^{-2}}$ = 428.57Sm³/hr

제4과목 | 대기오염공정시험기준

61 굴뚝 배출가스상 물질 시료채취를 위한 채취부에 대한 내용으로 틀린 것은 어느 것인가?

㉮ 수은 마노미터는 대기와 압력차가 100 mmHg 이상인 것을 쓴다.
㉯ 유리로 만든 가스건조탑을 쓰며, 건조제로써 입자상태의 실리카겔, 염화칼슘 등을 쓴다.
㉰ 가스미터는 일회전 1L의 습식 또는 건식 가스미터로 온도계와 압력계가 붙어 있는 것을 쓴다.
㉱ 펌프는 배기능력 5~50L/분인 개방형인 것을 쓴다.

[풀이] ㉱ 펌프는 배기능력 0.5~5L/분인 밀폐형인 것을 쓴다.

62 다음 그림은 원자흡수분광광도법에 의한 시료 중의 분석원소 농도를 구하는 방법이다. 어떤 정량법인가?

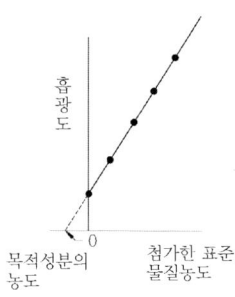

㉮ 검정곡선법　　㉯ 절대검정곡선법
㉰ 표준첨가법　　㉱ 내부표준물질법

[풀이] ㉰ 표준첨가법에 대한 설명이다.

정답　58 ㉮　59 ㉰　60 ㉮　61 ㉱　62 ㉰

63 다음은 이온크로마토그래피의 원리 및 적용범위에 대한 내용이다. ( ) 안에 알맞은 말은 어느 것인가?

> 이온크로마토그래피법은 이동상으로는 (㉠)를(을) 그리고 고정상으로는 (㉡)를(을) 사용하여 이동상에 녹는 혼합물을 고분리능 고정상이 충전된 분리관 내로 통과시켜 시료성분의 용출상태를 전도도 검출기로 검출하여 그 농도를 정량하는 방법이다.

㉮ ㉠ 액체 ㉡ 전해질
㉯ ㉠ 전해질 ㉡ 액체
㉰ ㉠ 액체 ㉡ 이온교환수지
㉱ ㉠ 이온교환수지 ㉡ 액체

64 다음은 기체크로마토그래피법에 사용되는 충전물질에 대한 내용이다. ( ) 안에 알맞은 말은 어느 것인가?

> ( )은 디비닐벤젠(Divinyl Benzene)을 가교제(Bridge Intermediate)로 스티렌계 단량체(Styrene系 單量體)를 중합시킨 것과 같이 고분자 물질을 단독 또는 고정상 액체로 표면처리하여 사용한다.

㉮ 흡착형 충전물질
㉯ 분배형 충전물질
㉰ 다공성 고분자형 충전물질
㉱ 이온교환막형 충전물질

65 대기오염공정시험기준에 의거하여 환경대기 중 휘발성 유기화합물(유해 VOC_s 고체흡착법)을 분석할 때, 휘발성유기화합물질의 추출용매로 알맞은 것은 어느 것인가?

㉮ Ethyl alcohol ㉯ PCB
㉰ CS_2 ㉱ n-Hexane

66 배출가스 중 염소를 자외선/가시선분광법인 4-피리딘카르복실산-피라졸론법에 대한 설명으로 틀린 것은?

㉮ 시료채취량이 20L이고 분석용 시료용액의 양이 50mL인 경우, 정량범위는 0.08ppm 이상이다.
㉯ 방법검출한계는 0.03ppm이다.
㉰ 이산화질소의 영향을 많이 받는다.
㉱ 발색된 흡광도를 638nm 부근의 파장에서 측정한다.

> [풀이] ㉰ 이산화질소의 영향을 받지 않는다.

정답 63 ㉰ 64 ㉰ 65 ㉰ 66 ㉰

67 "물질을 취급 또는 보관하는 동안에 이물(異物)이 들어가거나 내용물이 손실되지 않도록 보호하는 용기"는 어느 것인가?

㉮ 차광용기 ㉯ 밀폐용기
㉰ 기밀용기 ㉱ 밀봉용기

[풀이] 용기
㉮ 차광용기 : 광선
㉯ 밀폐용기 : 이물질
㉰ 기밀용기 : 공기
㉱ 밀봉용기 : 미생물

68 환경대기의 아황산가스 농도측정법 중 파라로자닐린법에 대한 내용으로 틀린 것은 어느 것인가?

㉮ 주요 방해물질로는 질소산화물(NO_X), 오존(O_3), 망간(Mn), 철(Fe) 및 크롬(Cr)이다.
㉯ 암모니아, 황화물(Sulfides) 및 알데히드는 방해되지 않는다.
㉰ NO_X의 방해는 EDTA을 사용함으로써 제거할 수 있고 오존의 방해는 측정기간을 단축시킴으로써 제거된다.
㉱ 시료 채취 후의 흡수액은 비교적 안정하고 22℃에 있어서 아황산가스 손실은 1일당 1%로 5℃로 보관하면 30일간은 손실되지 않는다.

[풀이] ㉰ NO_X의 방해는 슬파민산(NH_2SO_3H)을 사용함으로써 제거된다.

69 특정발생원에서 일정한 굴뚝을 거치지 않고 외부로 비산되는 먼지를 고용량공기시료채취기로 측정한 결과 다음과 같은 자료를 얻었다. 이때 비산먼지의 농도(mg/m^3)는 얼마인가?

- 채취먼지량이 가장 많은 위치에서의 먼지농도 : $65mg/m^3$
- 대조위치에서의 먼지농도 : $0.23mg/m^3$
- 풍향보정계수 : 1.5
- 풍속보정계수 : 1.2

㉮ $117mg/m^3$ ㉯ $102mg/m^3$
㉰ $94mg/m^3$ ㉱ $87mg/m^3$

[풀이] $C = (C_H - C_B) \times W_D \times W_S$
C_H : 채취먼지량이 가장 많은 위치에서의 먼지농도(mg/m^3)
C_B : 대조위치에서의 먼지농도(mg/m^3)
W_D, W_S : 풍향, 풍속 측정 결과로부터 구한 보정계수
따라서 $C = (65-0.23)mg/m^3 \times 1.5 \times 1.2$
$= 116.59mg/m^3$

70 대기오염공정시험기준에 의거, 환경대기 중 각 항목별 분석 방법으로 틀린 것은 어느 것인가?

㉮ 질소산화물 - 살츠만법
㉯ 옥시단트 - 광산란법
㉰ 탄화수소 - 비메탄 탄화수소 측정법
㉱ 아황산가스 - 파라로자닐린법

[풀이] 옥시단트의 분석방법으로는 자외선광도법, 화학발광법, 중성요오드화칼륨법, 흡광차분광법이 있다.

정답 67 ㉱ 68 ㉰ 69 ㉮ 70 ㉯

71 굴뚝 배출가스 중 아황산가스의 자동 연속 측정방법에서 사용하는 용어의 의미로 알맞은 것은 어느 것인가?

㉮ 스팬가스 : 90% 교정가스
㉯ 제로가스 : 공인기관에 의해 아황산가스의 농도가 10ppm 미만으로 보증된 표준가스
㉰ 응답시간 : 스팬가스 보정치의 90%에 해당하는 지시치를 나타낼 때까지 걸리는 시간
㉱ 교정가스 : 연속자동측정기 최대 눈금치의 약 10%와 90%에 해당하는 보증된 표준가스

풀이 ㉯ 제로가스 : 공인기관에 의해 아황산가스의 농도가 1ppm 미만으로 보증된 표준가스
㉰ 응답시간 : 스팬가스 보정치의 95%에 해당하는 지시치를 나타낼 때까지 걸리는 시간
㉱ 교정가스 : 연속자동측정기 최대 눈금치의 약 50%와 90%에 해당하는 보증된 표준가스

72 배출가스 중 금속화합물을 유도결합플라스마-원자발광분광법으로 분석할 때 사용되는 용어의 내용으로 틀린 것은 어느 것인가?

㉮ 감도는 각 원소 성분에 대해 입사광의 1%(0.0044 흡광도)를 흡수할 수 있는 시료의 농도를 말한다.
㉯ 표준용액은 가능한 한 시료의 매질과 동일한 조성을 갖도록 조제해야 하며, 표준물질의 함량은 1% 이내의 함량 정밀도를 가져야 한다.
㉰ 표준원액은 정확한 농도를 알고 있는 비교적 고농도의 용액으로, 일반적으로 1,000mg/kg 농도에서 1% 이내의 불확도를 나타내야 한다.
㉱ 시료 용액의 점도, 표면장력, 휘발성 등과 같은 물리적 특성이나 화학적 조성의 차이에 의해 원자화율이 달라지면서 정량성이 저하되는 효과를 매질효과라 한다.

풀이 ㉰ 표준원액은 정확한 농도를 알고 있는 비교적 고농도의 용액으로, 일반적으로 1,000mg/kg 농도에서 0.3% 이내의 불확도를 나타내야 한다.

73 굴뚝 배출가스 중의 사이안화수소를 자외선/가시선분광법(4-피리딘카복실산-피라졸론법)에 의해 정량시 흡광도 측정파장으로 옳은 것은?

㉮ 510nm   ㉯ 350nm
㉰ 638nm   ㉱ 880nm

74 환경대기 중 다환방향족탄화수소류(PAHs)-기체크로마토그래피/질량분석법에서 사용되는 ( ) 안에 알맞은 용어는 어느 것인가?

> ( )은 추출과 분석 전에 각 시료, 공시료, 매체시료(matrix-spiked)에 더해지는 화학적으로 반응성이 없는 환경 시료 중에 없는 물질을 말한다.

㉮ 절대표준물질(absolutely standard)
㉯ 외부표준물질(external standard)
㉰ 매체표준물질(matrix standard)
㉱ 대체표준물질(surrogate)

풀이 ㉱ 대체표준물질에 대한 설명이다.

정답 71 ㉮ 72 ㉰ 73 ㉰ 74 ㉱

75 대기오염공정시험기준상 자외선/가시선 분광법에서 사용되는 흡수셀의 재질에 따른 사용파장범위로 알맞은 것은 어느 것인가?

㉮ 유리제는 근적외부 파장범위
㉯ 석영제는 가시부 및 근적외부 파장범위
㉰ 플라스틱제는 자외부 파장범위
㉱ 플라스틱제는 가시부 파장범위

> 풀이 흡수셀의 재질
> ① 유리제 : 가시 및 근적외부 파장
> ② 석영제 : 자외부 파장범위
> ③ 플라스틱 : 근적외부 파장범위

76 굴뚝 배출가스 내의 이황화탄소 분석방법 중 자외선/가시선 분광법의 측정파장으로 알맞은 것은 어느 것인가?

㉮ 435nm   ㉯ 560nm
㉰ 620nm   ㉱ 670nm

77 흡광차분광법(Differential Optical Absorption Spectroscopy)에 대한 내용으로 틀린 것은 어느 것인가?

㉮ 광원은 180~2850nm 파장을 갖는 제논 램프를 사용한다.
㉯ 주로 사용되는 검출기는 자외선 및 가시선 흡수 검출기이다.
㉰ 분광기는 Czerny-Turner 방식이나 Holographic 방식을 채택한다.
㉱ 아황산가스, 질소산화물, 오존 등의 대기오염 물질분석에 적용된다.

78 배출허용기준 중 표준산소농도를 적용받는 항목의 오염물질 농도 보정식으로 알맞은 것은 어느 것인가?

> • C : 오염물질 농도(mg/Sm³ 또는 ppm)
> • Ca : 실측오염물질 농도(mg/Sm³ 또는 ppm)
> • O_a : 실측산소농도(%)
> • O_s : 표준산소농도(%)

㉮ $C = Ca \times \dfrac{21-O_s}{21-O_a}$ ㉯ $C = Ca \times \dfrac{21-O_s}{21+O_a}$

㉰ $C = Ca \div \dfrac{21-O_s}{21-O_a}$ ㉱ $C = Ca \div \dfrac{21-O_s}{21+O_a}$

79 굴뚝 배출가스 중 브로민화합물 분석에 사용되는 흡수액으로 알맞은 것은 어느 것인가?

㉮ 황산+과산화수소+증류수
㉯ 붕산용액(질량농도 0.5%)
㉰ 수산화소듐용액(질량농도 4g/L)
㉱ 다이에틸아민구리용액

80 질굴뚝 배출가스 중 사이안화수소를 자외선/가시선분광법-4-피리딘카복실산-피라졸론법으로 분석하는 방법에 대한 설명으로 틀린 것은?

㉮ 흡수액으로 수산화소듐용액(20g/L)을 사용한다.
㉯ 배출가스 중 염소등의 산화성가스 또는 알데하이드류, 황화수소, 이산화황 등의 환원성가스가 공존하면 영향을 받는다.

정답 75 ㉮ 76 ㉮ 77 ㉯ 78 ㉮ 79 ㉰ 80 ㉱

㉰ 시료채취량이 10L이고 분석용 시료용액의 양이 250mL인 경우 정량범위는 (0.05 ~ 8.61)ppm이다.
㉱ 흡광도를 540nm 부근에서 측정한다.

풀이 ㉱ 흡광도를 638nm 부근에서 측정한다.

| 제5과목 | 대기환경관계법규

81 대기환경보전법령상 초과부과금 산정 시 다음 중 1킬로그램당 부과금액이 가장 큰 것은 어느 것인가?

㉮ 염화수소 ㉯ 황화수소
㉰ 불소화합물 ㉱ 시안화수소

풀이 1킬로그램당 부과금액
㉮ 염화수소 : 7,400원
㉯ 황화수소 : 6,000원
㉰ 불소화합물 : 2,300원
㉱ 시안화수소 : 7,300원

82 대기환경보전법규상 한국환경공단이 환경부장관에게 보고해야 할 위탁업무 보고사항 중 "자동차 시험 검사 현황"의 보고횟수 기준은 어느 것인가?

㉮ 수시 ㉯ 연 1회
㉰ 연 2회 ㉱ 연 4회

83 대기환경보전법규상 고체연료 사용시설 설치기준(석탄사용시설)에 관한 내용 중 ( )에 알맞은 것은 어느 것인가?

> 배출시설의 굴뚝높이는 100m 이상으로 하되, 굴뚝 상부 안지름, 배출가스 온도 및 속도 등을 고려한 유효굴뚝높이가 ( ) 이상인 경우에는 굴뚝높이를 60m 이상 100m 미만으로 할 수 있다.

㉮ 150m ㉯ 250m
㉰ 320m ㉱ 440m

84 대기환경보전법규상 자동차연료형 첨가제의 종류로 틀린 것은 어느 것인가?

㉮ 청정분산제 ㉯ 옥탄가 향상제
㉰ 매연발생제 ㉱ 세척제

풀이 자동차연료형 첨가제로는 세척제, 청정분산제, 매연억제제, 다목적첨가제, 옥탄가 향상제, 세탄가 향상제, 유동성 향상제, 윤활성 향상제가 있다.

85 대기환경보전법규상 휘발유를 연료로 사용하는 대형 승용차의 배출가스 보증기간 적용 기준으로 알맞은 것은 어느 것인가? (단, 2013년 1월 1일 이후 제작 자동차 기준)

㉮ 10년 또는 192,000km
㉯ 6년 또는 100,000km
㉰ 2년 또는 160,000km
㉱ 2년 또는 10,000km

정답 81 ㉮ 82 ㉯ 83 ㉱ 84 ㉰ 85 ㉰

86 대기환경보전법령상 시·도지사가 측정기기의 운영·관리기준을 지키지 않은 사업자에게 측정기기가 기준에 맞게 운영·관리되도록 조치명령을 하는 경우 얼마 이내의 개선 기간을 정하여야 하는가? (단, 연장기간 제외)

㉮ 6개월 이내 ㉯ 12개월 이내
㉰ 18개월 이내 ㉱ 24개월 이내

풀이 개선기간 6개월, 개선기간 연장 6개월

87 악취방지법상 악취배출시설 설치자가 환경부령으로 정하는 사항을 변경하려는 경우 변경신고를 해야하는데 이 변경신고를 하지 아니한 경우 과태료 부과기준으로 알맞은 것은 어느 것인가?

㉮ 50만원 이하의 과태료
㉯ 100만원 이하의 과태료
㉰ 200만원 이하의 과태료
㉱ 500만원 이하의 과태료

풀이 ㉯ 100만원 이하의 과태료에 해당한다.

88 환경정책기본법령상 대기환경기준으로 틀린 것은 어느 것인가?

㉮ 이산화질소(NO_2) 24시간 평균치 : 0.06ppm 이하
㉯ 오존(O_3) 8시간 평균치 : 0.06ppm 이하
㉰ 벤젠 연간 평균치 : $0.5\mu g/m^3$ 이하
㉱ 아황산가스(SO_2) 1시간 평균치 : 0.15ppm 이하

풀이 ㉰ 벤젠 연간 평균치 : $5\mu g/m^3$ 이하

89 대기환경보전법령상 개선계획서를 제출하지 아니한 사업자의 오염물질 초과부과금의 위반횟수별 부과계수 비율기준으로 알맞은 것은 어느 것인가?

㉮ 처음 위반한 경우에는 100분의 100
㉯ 처음 위반한 경우에는 100분의 105
㉰ 처음 위반한 경우에는 100분의 110
㉱ 처음 위반한 경우에는 100분의 120

90 다음은 대기환경보전법상 공회전 제한에 대한 내용이다. ( ) 안에 들어갈 장소로 틀린 것은 어느 것인가?

> 시·도지사는 자동차의 배출가스로 인한 대기오염 및 연료손실을 줄이기 위하여 필요하다고 인정하면 그 시·도의 조례가 정하는 바에 따라 ( ) 등의 장소에서 자동차의 원동기를 가동한 상태로 주차하거나 정차하는 행위를 제한할 수 있다.

㉮ 정체도로 ㉯ 주차장
㉰ 터미널   ㉱ 차고지

91 대기환경보전법규상 배출시설의 변경신고를 하여야 하는 경우로 틀린 것은 어느 것인가?

㉮ 방지시설을 폐쇄하는 경우
㉯ 종전의 연료보다 황함유량이 낮은 연료로 변경하는 경우
㉰ 사업장의 명칭이나 대표자를 변경하

정답 86 ㉮ 87 ㉯ 88 ㉰ 89 ㉯ 90 ㉮ 91 ㉯

는 경우

㉣ 방지시설을 임대하는 경우

[풀이] ㉯ 사용하는 원료나 연료를 변경하는 경우(단, 종전의 연료보다 황함유량이 낮은 연료로 변경하는 경우는 제외)

92 대기환경보전법규상 운행차 배출허용기준 중 일반기준으로 틀린 것은 어느 것인가?

㉮ 건설기계 중 덤프트럭, 콘크리트믹서트럭, 콘크리트펌프트럭에 대한 배출허용기준은 화물자동차기준을 적용한다.
㉯ 알콜만 사용하는 자동차는 탄화수소기준을 적용하지 아니한다.
㉰ 1993년 이후에 제작된 자동차 중 과급기(Turbo charger)나 중간냉각기(Inter cooler)를 부착한 경유 사용 자동차의 배출허용기준은 무부하급가속 검사방법의 매연항목에 대한 배출허용기준에 5%를 더한 농도를 적용한다.
㉣ 희박연소(Lean Burn)방식을 적용하는 자동차는 공기과잉률 기준을 적용한다.

[풀이] ㉣ 희박연소(Lean Burn) 방식을 적용하는 자동차는 공기과잉률 기준을 적용하지 아니 한다.

93 대기환경보전법상 제조기준에 맞지 아니하는 첨가제 또는 촉매제임을 알면서 사용한 자에 대한 과태료 부과기준으로 알맞은 것은 어느 것인가?

㉮ 1천만원 이하의 과태료
㉯ 500만원 이하의 과태료
㉰ 300만원 이하의 과태료
㉣ 200만원 이하의 과태료

[풀이] ㉣ 200만원 이하의 과태료에 해당한다.

94 대기환경보전법규상 대기오염방지시설로 틀린 것은 어느 것인가? (단, 그 밖의 경우 등은 제외)

㉮ 산화·환원에 의한 시설
㉯ 응축에 의한 시설
㉰ 미생물을 이용한 처리시설
㉣ 이온교환시설

[풀이] 대기오염방지시설로는 중력집진시설, 관성력집진시설, 원심력집진시설, 세정집진시설, 여과집진시설, 전기집진시설, 음파집진시설, 흡수에 의한 시설, 흡착에 의한 시설, 직접연소에 의한 시설, 촉매반응을 이용한 시설, 응축에 의한 시설, 산화·환원에 의한 시설, 미생물을 이용한 처리시설, 연소조절에 의한 시설이 있다.

95 대기환경보전법령상 대기오염물질발생량의 합계가 연간 25톤인 사업장은 몇 종 사업장에 해당하는가?

㉮ 2종사업장 ㉯ 3종사업장
㉰ 4종사업장 ㉣ 5종사업장

[풀이] 2종사업장은 대기오염물질발생량의 합계가 연간 20톤 이상 80톤 미만인 사업장이다.

정답 92 ㉣ 93 ㉣ 94 ㉣ 95 ㉮

96 대기환경보전법규상 천연가스 연료 항목 중 그 제조기준 함량(%)이 가장 높은 항목은 어느 것인가?

㉮ 메탄(부피%)
㉯ 에탄(부피 %)
㉰ C₃ 이상의 탄화수소(부피 %)
㉱ C₆ 이상의 탄화수소(부피 %)

풀이 제조기준 함량(%)
㉮ 메탄(부피%) : 88.0 이상
㉯ 에탄(부피 %) : 7.0 이하
㉰ C₃ 이상의 탄화수소(부피 %) : 5.0 이하
㉱ C₆ 이상의 탄화수소(부피 %) : 0.2 이하

97 대기환경보전법규상 특정대기 유해물질로만 알맞게 짝지어진 것은 어느 것인가?

㉮ 히드라진, 카드뮴 및 그 화합물
㉯ 망간화합물, 시안화수소
㉰ 석면, 붕소화합물
㉱ 크롬화합물, 인 및 그 화합물

98 다음은 대기환경보전법령상 매출액 산정 및 위반행위 정도에 따른 과징금의 부과기준에 대한 내용이다. ( )에 알맞은 말은 어느 것인가?

> 환경부장관 또는 국립환경과학원장으로부터 제작차에 대한 인증을 받지 아니한 경우 가중부과계수는 (㉠)(을)를 적용하고, 과징금 산정방법은 총매출액×(㉡)× 가중부과계수이다.

㉮ ㉠ 0.5, ㉡ 3/100
㉯ ㉠ 0.5, ㉡ 5/100
㉰ ㉠ 1, ㉡ 3/100
㉱ ㉠ 1, ㉡ 5/100

99 대기환경보전법상 환경기술인 등의 교육을 받게 하지 아니한 자에 대한 과태료 처분 기준으로 옳은 것은?

㉮ 50만원 이하의 과태료
㉯ 100만원 이하의 과태료
㉰ 200만원 이하의 과태료
㉱ 300만원 이하의 과태료

풀이 ㉯ 100만원 이하의 과태료에 해당한다.

100 다중이용시설 등의 실내공기질 관리법규상 신축공동주택의 실내공기질 권고기준으로 알맞은 것은 어느 것인가?

㉮ 벤젠 30μg/m³ 이하
㉯ 폼알데하이드 300μg/m³ 이하
㉰ 에틸벤젠 700μg/m³ 이하
㉱ 스티렌 210μg/m³ 이하

풀이 신축공동주택의 실내공기질 권고기준
㉯ 폼알데하이드 : 210μg/m³ 이하
㉰ 에틸벤젠 : 360μg/m³ 이하
㉱ 스티렌 : 300μg/m³ 이하

정답 96 ㉮ 97 ㉮ 98 ㉱ 99 ㉯ 100 ㉮

2016년 1회 대기환경기사

2016년 3월 6일 시행

| 제1과목 | 대기오염개론

01 복사역전이 가장 발생되기 쉬운 기상조건으로 알맞은 것은 어느 것인가?

㉮ 하늘이 흐리고, 바람이 강하며, 습도가 높을 때
㉯ 하늘이 흐리고, 바람이 약하며, 습도가 낮을 때
㉰ 하늘이 맑고, 바람이 강하며, 습도가 높을 때
㉱ 하늘이 맑고, 바람이 약하며, 습도가 낮을 때

풀이 복사성역전은 하늘이 맑고, 바람이 약하며, 습도가 낮을 때 잘 발생한다.

02 도시 대기오염물질 중, 태양빛을 흡수하는 기체 중의 하나로서 파장 420nm 이상의 가시광선에 의해 광분해되는 물질로 대기 중 체류시간이 약 2~5일 정도인 물질은 어느 것인가?

㉮ SO_2 ㉯ NO_2
㉰ CO_2 ㉱ RCHO

풀이 ㉯ 이산화질소(NO_2)에 대한 설명이다.

03 경도풍을 형성하는데 필요한 힘으로 틀린 것은 어느 것인가?

㉮ 마찰력   ㉯ 전향력
㉰ 원심력   ㉱ 기압경도력

풀이 경도풍은 마찰이 작용하지 않는 자유대기에서 등압선이 곡선일 때 기압경도력과 전향력, 원심력이 평형을 이루어 부는 바람이다.

04 광화학스모그와 가장 거리가 먼 것은 어느 것인가?

㉮ NO   ㉯ CO
㉰ PAN   ㉱ HCHO

풀이 ㉯ 일산화탄소(CO)는 1차성 물질이다.

05 Dobson unit에 관한 설명에서 (   )에 알맞은 말은 어느 것인가?

> 1Dobson은 지구 대기 중 오존의 총량을 0℃, 1기압의 표준상태에서 두께로 환산했을 때 (   )에 상당하는 양을 의미한다.

㉮ 0.01mm   ㉯ 0.1mm
㉰ 0.1cm   ㉱ 1cm

정답 01 ㉱   02 ㉯   03 ㉮   04 ㉯   05 ㉮

06 굴뚝높이가 60m, 대기온도 27℃, 배기가스의 평균온도가 137℃일 때, 통풍력을 1.5배 증가시키기 위해서 요구되는 배출가스의 온도(℃)는 얼마인가? (단, 굴뚝의 높이는 일정하고, 배기가스와 대기의 비중량은 1.3kg/Nm³이다.)

㉮ 약 230℃ ㉯ 약 280℃
㉰ 약 320℃ ㉱ 약 370℃

풀이
① $Z = 355 \times H \times \left(\dfrac{1}{273+t_a} - \dfrac{1}{273+t_g}\right)$
$= 355 \times 60m \times \left(\dfrac{1}{273+27} - \dfrac{1}{273+137}\right)$
$= 19.05 mmH_2O$

② $19.05 mmH_2O \times 1.5$
$= 355 \times 60m \times \left(\dfrac{1}{273+27} - \dfrac{1}{273+t_g}\right)$
∴ $t_g = 229.06℃$

07 가우시안형의 대기오염확산방정식을 적용할 때, 지면에 있는 오염원으로부터 바람부는 방향으로 250m 떨어진 연기의 중심축상 지상오염농도(mg/m³)는 얼마인가? (단, 오염물질의 배출량 6g/sec, 풍속 4.5m/sec, σ_y는 22.5m, σ_z는 12m이다.)

㉮ 1.26 ㉯ 1.36
㉰ 1.57 ㉱ 1.83

풀이
$C = \dfrac{Q}{\pi \sigma_y \sigma_z u} = \dfrac{6g/sec \times 10^3 mg/g}{\pi \times 22.5m \times 12m \times 4.5m/sec}$
$= 1.57 mg/m^3$

08 대기의 수직구조에 대한 내용으로 알맞은 것은 어느 것인가?

㉮ 대류권의 높이는 여름보다 겨울이 높다.
㉯ 대류권은 지상으로부터 약 20~30km 정도의 범위를 말한다.
㉰ 구름이 끼고 비가 내리는 등의 기상현상은 대류권에 국한되어 나타나는 현상이다.
㉱ 대류권의 높이는 고위도 지방보다 저위도 지방이 낮다.

풀이 ㉮ 대류권의 높이는 여름보다 겨울이 낮다.
㉯ 대류권은 지표~12km까지의 범위를 말한다.
㉱ 대류권의 높이는 고위도 지방보다 저위도 지방이 높다.

09 바람을 일으키는 힘 중 전향력에 대한 내용으로 틀린 것은 어느 것인가?

㉮ 전향력은 운동의 속력과 방향에 영향을 미친다.
㉯ 북반구에서는 항상 움직이는 물체의 운동방향의 오른쪽 직각방향으로 작용한다.
㉰ 전향력은 극지방에서 최대가 되고 적도지방에서 최소가 된다.
㉱ 전향력의 크기는 위도, 지구자전 각속도, 풍속의 함수로 나타낸다.

풀이 ㉮ 전향력(코리올리힘)은 운동의 방향만 변화시키고 속도에는 아무런 영향을 미치지 않는다.

정답 06 ㉮ 07 ㉰ 08 ㉰ 09 ㉮

10 공기역학적직경(aero-dynamic diameter)에 대한 내용으로 알맞은 것은 어느 것인가?

㉮ 대상 먼지와 침강속도가 동일하며 밀도가 1g/cm³인 구형입자의 직경
㉯ 대상 먼지와 침강속도가 동일하며 밀도가 1kg/cm³인 구형입자의 직경
㉰ 대상 먼지와 밀도 및 침강속도가 동일한 선형입자의 직경
㉱ 대상 먼지와 밀도 및 침강속도가 동일한 구형입자의 직경

[풀이] 공기역학적직경은 대상 먼지와 침강속도가 동일하며 밀도가 1g/cm³인 구형입자의 직경을 말한다.

11 A굴뚝의 실제높이가 50m이고, 굴뚝의 반지름은 2m이다. 이 때 배출가스의 분출속도가 18m/s이고, 풍속이 4m/s일 때, 유효굴뚝높이(m)는 얼마인가? (단, △H = 1.5×(We/u)×D를 이용하시오.)

㉮ 약 64m   ㉯ 약 77m
㉰ 약 98m   ㉱ 약 135m

[풀이] ① $\triangle H = 1.5 \times \left(\dfrac{We}{u}\right) \times D = 1.5 \times \left(\dfrac{18m/sec}{4m/sec}\right) \times 4m$
          = 27m
② He = H+△H = 50m+27m = 77m

12 옥탄가에 대한 내용에서 ( )에 알맞은 말은 어느 것인가?

> 옥탄가는 안티노킹성이 우수하여 좋은 연소특성을 갖는 (①)의 안티노킹성을 100으로 하고, 상대적으로 쉽게 노킹하는 (②)의 안티노킹성을 0으로 하여 부피로 나타낸다.

㉮ ① iso-octane, ② n-octane
㉯ ① n-octane, ② iso-octane
㉰ ① iso-octane, ② n-heptane
㉱ ① n-heptane, ② n-octane

13 Sutton의 확산방정식에서 최대착지농도(C_{max})에 대한 설명으로 틀린 것은 어느 것인가?

㉮ 평균풍속에 비례한다.
㉯ 오염물질 배출량에 비례한다.
㉰ 유효굴뚝 높이의 제곱에 반비례한다.
㉱ 수평 및 수직방향 확산계수와 관계가 있다.

[풀이] ㉮ 평균풍속에 반비례한다.

14 불소화합물의 지표식물로 가장 알맞은 것은 어느 것인가?

㉮ 콩   ㉯ 목화
㉰ 담배   ㉱ 옥수수

[풀이] 불소화합물의 지표식물로는 옥수수, 자두, 메밀, 글라디올러스 등이 있다.

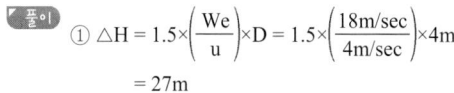
정답   10 ㉮   11 ㉯   12 ㉰   13 ㉮   14 ㉱

15 역사적인 대기오염사건에 대한 내용으로 알맞은 것은 어느 것인가?

㉮ 포자리카 사건은 MIC에 의한 피해이다.
㉯ 런던스모그 사건은 복사역전 형태였다.
㉰ 뮤즈계곡 사건은 PAN이 주된 오염물질로 작용했다.
㉱ 도쿄 요코하마 사건은 PCB가 주된 오염물질로 작용했다.

풀이 ㉮ 포자리카 사건은 황화수소(H_2S)에 의한 피해이다.
㉰ 뮤즈계곡 사건은 아황산가스(SO_2)가 주된 오염물질로 작용했다.
㉱ 도쿄 요코하마 사건은 공장에서 배출된 대기오염물질이 주된 오염물질로 작용했다.

16 제조공정과 발생하는 오염물질이 잘못 짝지어진 것은 어느 것인가?

㉮ 화학비료 - NH_3 ㉯ 제철공업 - HCN
㉰ 가스공업 - H_2S ㉱ 석유정제 - HCl

풀이 ㉱ 석유정제 - 벤젠

17 광화학 반응 시 하루 중 NO_X 변화에 관한 내용으로 알맞은 것은 어느 것인가?

㉮ NO_2는 오존의 농도 값이 적을 때 비례적으로 가장 적은 값을 나타낸다.
㉯ NO_2는 오전 7~9시 경을 전후로 하여 일중 고농도를 나타낸다.
㉰ 오전중의 NO의 감소는 오존의 감소와 시간적으로 일치한다.
㉱ 교통량이 많은 이른 아침시간대에 오존농도가 가장 높고, NO_X는 오후 2~3시 경이 가장 높다.

풀이 ㉮ NO_2는 오존의 농도 값이 적을 때 비례적으로 가장 많은 값을 나타낸다.
㉰ 오전 중의 NO의 감소는 오존의 증가와 시간적으로 일치한다.
㉱ 교통량이 많은 이른 아침시간대에 오존농도가 가장 낮고, NO_X는 이른 아침 시간대에 가장 높다.

18 지표면 오존 농도를 증가시키는 원인물질이 아닌 것은 어느 것인가?

㉮ CO ㉯ NO_X
㉰ VOC_S ㉱ 태양열 에너지

풀이 일산화탄소(CO)는 1차성 물질로만 작용하여 2차성 스모그에 참여하지 않는다.

19 그림은 어떤 지역의 고도에 따른 대기의 온도변화를 나타낸 것이다. 주로 침강역전에 해당하는 부분은?

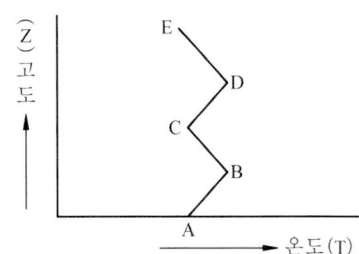

㉮ AB 구간 ㉯ BC 구간
㉰ CD 구간 ㉱ DE 구간

풀이 ① AB 구간 : 복사성역전 구간
② CD 구간 : 침강성역전 구간

정답 15 ㉯ 16 ㉱ 17 ㉯ 18 ㉮ 19 ㉰

20 분진농도가 120μg/m³이고, 상대습도가 70%인 상태의 대도시에서 가시거리(m)는 얼마인가? (단, 상수 A = 1.2)

㉮ 5km ㉯ 10km
㉰ 15km ㉱ 20km

풀이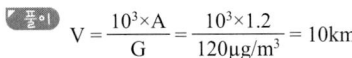

제2과목 | 연소공학

21 공기를 사용하여 프로판(C_3H_8)을 완전 연소시킬 때 건조가스 중의 CO_{2max}(%)는 얼마인가?

㉮ 13.76% ㉯ 14.76%
㉰ 15.25% ㉱ 16.85%

풀이 $C_3H_8 + 5O_2 \rightarrow 3CO_2 + 4H_2O$

$G_{od} = (1-0.21)A_o + CO_2$량$(Sm^3/Sm^3)$

$= (1-0.21) \times \dfrac{5}{0.21} + 3 = 21.8095 Sm^3/Sm^3$

$CO_{2max} = \dfrac{CO_2량}{G_{od}} \times 100 = \dfrac{3Sm^3/Sm^3}{21.8095 Sm^3/Sm^3} \times 100$

$= 13.76\%$

TIP
Sm^3/Sm^3 = 체적비 = 개수비

22 폭발성 혼합가스의 연소범위(L)를 구하는 식으로 알맞은 것은 어느 것인가?
(단, n_i : 각 성분 단일의 연소한계(상한 또는 하한), p_i : 각 성분 가스의 부피(%))

㉮ $L = \dfrac{100}{\dfrac{n_1}{p_1} + \dfrac{n_2}{p_2} + \cdots}$

㉯ $L = \dfrac{100}{\dfrac{p_1}{n_1} + \dfrac{p_2}{n_2} + \cdots}$

㉰ $L = \dfrac{n_1}{p_1} + \dfrac{n_2}{p_2} + \cdots$

㉱ $L = \dfrac{p_1}{n_1} + \dfrac{p_2}{n_2} + \cdots$

23 [보기]에서 설명하는 내용으로 가장 적합한 유류연소버너는 어느 것인가?

[보기]
• 화염의 형식 : 가장 좁은 각도의 긴 화염이다.
• 유량조절범위 : 약 1 : 10 정도이며, 대단히 넓다.
• 용도 : 제강용 평로, 연속가열로, 유리 용해로 등의 대형가열로 등에 많이 사용된다.

㉮ 유압식 ㉯ 회전식
㉰ 고압공기식 ㉱ 저압공기식

풀이 ㉰ 고압공기식에 대한 설명이다.

정답 20 ㉯ 21 ㉮ 22 ㉯ 23 ㉰

24 연소실 내로 공급되는 연료를 연소시키기 위해 필요한 공기를 공급하는 통풍방식 중 압입통풍에 대한 내용으로 틀린 것은 어느 것인가?

㉮ 내압이 정압(+)으로 연소효율이 좋다.
㉯ 송풍기의 고장이 적고 점검 및 보수가 용이하다.
㉰ 역화의 위험성이 없다.
㉱ 흡입통풍식보다 송풍기의 동력 소모가 적다.

〔풀이〕 ㉰ 역화의 위험성이 있다.

25 미분탄 연소방식의 특징으로 틀린 것은 어느 것인가?

㉮ 부하변동에 쉽게 적용할 수 있다.
㉯ 비교적 저질탄도 유효하게 사용할 수 있다.
㉰ 연료의 접촉표면적이 크므로 작은 공기비로도 연소가 가능하다.
㉱ 고효율이 요구되는 소규모 연소 장치에 적합하다.

〔풀이〕 ㉱ 대형과 대용량 설비에 적합하다.

26 연료 연소 시 공연비(AFR)가 이론량보다 작을 때 나타나는 현상으로 알맞은 것은 어느 것인가?

㉮ 완전연소로 연소실 내의 열손실이 작아진다.
㉯ 배출가스 중 일산화탄소의 양이 많아진다.
㉰ 연소실벽에 미연탄화물 부착이 줄어든다.
㉱ 연소효율이 증가하여 배출가스의 온도가 불규칙하게 증가 및 감소를 반복한다.

〔풀이〕 ㉮ 불완전연소로 연소실 내의 열손실이 커진다.
㉰ 연소실벽에 미연탄화물 부착이 늘어난다.
㉱ 연소효율이 감소한다.

27 기체연료의 연소 특징으로 틀린 것은 어느 것인가?

㉮ 적은 과잉공기를 사용하여도 완전연소가 가능하다.
㉯ 저장 및 수송이 불편하며 시설비가 많이 소요된다.
㉰ 연소효율이 높고 매연이 발생하지 않는다.
㉱ 부하의 변동범위가 넓어 연소조절이 어렵다.

〔풀이〕 ㉱ 부하의 변동범위가 넓고 연소조절이 용이하다.

정답 24 ㉰ 25 ㉱ 26 ㉯ 27 ㉱

28 기체연료의 연소방식 중 예혼합연소에 대한 내용으로 틀린 것은 어느 것인가?

㉮ 연소기 내부에서 연료와 공기의 혼합비가 변하지 않고 균일하게 연소된다.
㉯ 화염길이가 길고, 그을음이 발생하기 쉽다.
㉰ 역화의 위험이 있어 역화방지기를 부착해야 한다.
㉱ 화염온도가 높아 연소부하가 큰 곳에 사용이 가능하다.

[풀이] ㉯ 화염의 길이가 짧고, 그을음이 발생하지 않는다.

29 보일러에서 저온부식을 방지하기 위한 방법으로 틀린 것은 어느 것인가?

㉮ 과잉공기를 줄여서 연소한다.
㉯ 가스온도를 산노점 이하가 되도록 조절한다.
㉰ 연료를 전처리하여 황함량을 낮춘다.
㉱ 장치표면을 내식재료로 피복한다.

[풀이] ㉯ 가스온도를 산노점 이상이 되도록 조절한다.

30 촉매연소법에 대한 내용으로 틀린 것은 어느 것인가?

㉮ 일반적으로 구리, 금, 은, 아연, 카드뮴 등은 촉매의 수명을 단축시킨다.
㉯ 고농도의 VOCs, 열용량이 높은 물질을 함유한 가스에 효과적으로 적용된다.
㉰ 배출가스 중의 가연성 오염물질을 연소로 내에서 파라듐, 코발트 등의 촉매를 사용하여 주로 연소한다.
㉱ 대부분의 촉매는 800~900℃ 이하에서 촉매역할이 활발하므로 촉매연소에서의 온도상승은 50~100℃ 정도로 유지하는 것이 좋다.

[풀이] ㉯ 고농도의 VOCs, 열용량이 높은 물질을 함유한 가스에 비효과적이다.

31 연소의 종류에 대한 내용으로 틀린 것은 어느 것인가?

㉮ 증발연소 : 물질이 직접 기화되면서 연소된다.
㉯ 표면연소 : 휘발분의 함유율이 적은 물질이 연소될 때 표면의 탄소분부터 직접 연소된다.
㉰ 다단연소 : 1단계로 표면물질이 연소되고 중심부로 들어가면서 단계적으로 연소된다.
㉱ 분해연소 : 착화온도에 도달하기 전에 휘발분이 생성되고 그것이 연소되면서 착화연소가 시작된다.

[풀이] ㉰ 다단연소는 연소의 형태에 해당하지 않는다.

정답 28 ㉯ 29 ㉯ 30 ㉯ 31 ㉰

32 메탄올 2.0kg을 완전연소하는데 필요한 이론공기량(Sm^3)은 얼마인가?

㉮ $2.5Sm^3$　㉯ $5.0Sm^3$
㉰ $7.5Sm^3$　㉱ $10.0Sm^3$

[풀이] ① 이론산소량 계산
$CH_3OH + 1.5O_2 \rightarrow CO_2 + 2H_2O$
$32kg : 1.5 \times 22.4 Sm^3$
$2.0kg :$ 이론산소량(O_o)

∴ 이론산소량(O_o) = $\dfrac{2.0kg \times 1.5 \times 22.4 Sm^3}{32kg}$
　　　　　　　　= $2.1 Sm^3$

② 이론공기량(Sm^3)
= 이론산소량(Sm^3) × $\dfrac{1}{0.21}$ = $2.1 Sm^3 \times \dfrac{1}{0.21}$
= $10 Sm^3$

33 에탄(C_2H_6)의 고위발열량이 15,520kcal/Sm^3일 때, 저위발열량(kcal/Sm^3)은 얼마인가? (단, H_2O $1Sm^3$의 증발잠열은 480 kcal/Sm^3)

㉮ $15,380 kcal/Sm^3$　㉯ $14,560 kcal/Sm^3$
㉰ $14,080 kcal/Sm^3$　㉱ $13,820 kcal/Sm^3$

[풀이] $C_2H_6 + 3.5O_2 \rightarrow 2CO_2 + 3H_2O$
Hl = Hh − 480 × H_2O량(kcal/Sm^3)
　= $15,520 kcal/Sm^3 - 480 \times 3$
　= $14,080 kcal/Sm^3$

34 중유의 특성에 관한 내용으로 알맞은 것은 어느 것인가?

㉮ 인화점은 낮을수록 좋다.
㉯ 회분의 양은 많을수록 좋다.
㉰ 비중이 클수록 발열량은 증가한다.
㉱ 잔류탄소 함량이 많아지면 점도는 높아진다.

[풀이] ㉮ 인화점은 낮을수록 위험하다.
㉯ 회분의 양은 많을수록 좋지 않다.
㉰ 비중이 클수록 발열량은 감소한다.

35 탄소 85%, 수소 10%, 황 5%인 중유를 공기비 1.2로 연소할 때 건조 배출가스 중 SO_2의 부피비(%)는 얼마인가?

㉮ 0.29%　㉯ 1.46%
㉰ 2.60%　㉱ 3.72%

[풀이] ① 이론공기량(A_o)
= $8.89C + 26.67\left(H - \dfrac{O}{8}\right) + 3.33S$ (Sm^3/kg)
= $8.89 \times 0.85 + 26.67 \times 0.1 + 3.33 \times 0.05$
= $10.39 Sm^3/kg$

② 실제건연소가스량(Gd)
= $mA_o - 5.6H + 0.7O + 0.8N$ (Sm^3/kg)
= $1.2 \times 10.39 Sm^3/kg - 5.6 \times 0.1$
= $11.908 Sm^3/kg$

③ $SO_2(\%) = \dfrac{0.7S(Sm^3/kg)}{Gd(Sm^3/kg)} \times 100$

= $\dfrac{0.7 \times 0.05 Sm^3/kg}{11.908 Sm^3/kg} \times 100 = 0.29\%$

정답 32 ㉱　33 ㉰　34 ㉱　35 ㉮

36 연료 및 연소에 대한 내용으로 틀린 것은 어느 것인가?

㉮ 휘발유, 등유, 경유, 중유 중 비점이 가장 높은 연료는 휘발유이다.
㉯ 연소는 고속의 발열반응이며 일반적으로 빛을 수반한다.
㉰ 탄소성분이 많은 중질유 등의 연소에서는 초기에는 증발연소를 하고, 그 열에 의해 연료성분이 분해되면서 연소한다.
㉱ 코크스나 목탄 등의 고체연료는 빨간 불꽃을 내면서 연소되는 표면연소이다.

[풀이] ㉮ 휘발유, 등유, 경유, 중유 중 비점이 가장 높은 연료는 중유이다.

37 액화천연가스의 대부분을 차지하는 구성성분은 어느 것인가?

㉮ CH_4 ㉯ C_2H_6
㉰ C_3H_8 ㉱ C_4H_{10}

[풀이] 주성분
① 액화천연가스(LNG) : 메탄(CH_4)
② 액화석유가스(LPG) : 프로판(C_3H_8), 부탄(C_4H_{10})

38 휘발유의 안티노킹제(anti-knocking agent)로 옥탄가를 증진시키는 물질로 최근에 널리 사용되는 물질은 어느 것인가?

㉮ Cenox
㉯ Cetane
㉰ TEL(tetraethyl lead)
㉱ MTBE(methyl tetra-butyl ether)

[풀이] 휘발유의 안티노킹제로 옥탄가를 증진시키는 물질로 최근에 널리 사용되는 물질은 MTBE(methyl tetra-butyl ether)이다.

39 석탄의 탄화도가 증가하면 감소하는 것은 어느 것인가?

㉮ 비열   ㉯ 발열량
㉰ 고정탄소 ㉱ 착화온도

[풀이] ① 석탄의 탄화도가 증가하면 고정탄소, 발열량, 착화온도, 연료비는 증가한다.
② 석탄의 탄화도가 증가하면 매연발생량, 비열, 휘발분, 수분, 산소의 양, 연소속도는 감소한다.

40 액체연료를 효율적으로 연소시키기 위해서는 연료를 미립화하여야 한다. 이때 미립화 특성을 결정하는 인자로 틀린 것은 어느 것인가?

㉮ 분무유량   ㉯ 분무입경
㉰ 분무점도   ㉱ 분무의 도달 거리

[풀이] 미립화 특성을 결정하는 인자로는 분무유량, 분무입경, 분무의 도달거리, 분무각, 입경분포가 있다.

정답 36 ㉮ 37 ㉮ 38 ㉱ 39 ㉮ 40 ㉰

| 제3과목 | 대기오염방지기술

41 사이클론(cyclone)의 조업 변수 중 집진효율을 결정하는 가장 중요한 변수는 어느 것인가?

㉮ 유입가스의 속도
㉯ 사이클론 내부 높이
㉰ 유입가스의 먼지 농도
㉱ 사이클론에서의 압력손실

풀이 사이클론의 조업 변수 중 집진효율을 결정하는 가장 중요한 변수는 유입가스의 속도이다.

42 축류식 원심력 집진장치 중 반전형에 대한 내용으로 틀린 것은 어느 것인가?

㉮ 입구가스 속도가 50m/sec 전후이다.
㉯ 접선유입식에 비해 압력손실이 적은 편이다.
㉰ 가스의 균일한 분배가 용이한 이점이 있다.
㉱ 함진가스 입구의 안내익에 따라 집진효율이 달라진다.

풀이 ㉮ 입구가스 속도가 12m/sec 전후이다.

43 전기집진장치의 각종 장해에 따른 대책으로 틀린 것은 어느 것인가?

㉮ 미분탄 연소 등에 따라 역전리 현상이 발생할 때에는 집진극의 타격을 강하게 하거나, 빈도수를 늘린다.
㉯ 재비산이 발생할 때에는 처리가스의 속도를 낮추어 준다.
㉰ 먼지의 비저항이 비정상적으로 높아 2차전류가 현저히 떨어질 때에는 조습용 스프레이의 수량을 줄인다.
㉱ 먼지의 비저항이 비정상적으로 높아 2차 전류가 현저히 떨어질 때에는 스파크 횟수를 늘린다.

풀이 ㉰ 먼지의 비저항이 비정상적으로 높아 2차전류가 현저히 떨어질 때에는 조습용 스프레이의 수량을 늘린다.

44 총 집진효율 93%를 얻기 위해 40% 효율을 가진 1차 전처리 설비를 설치 시, 2차 처리 장치의 효율(%)은 얼마인가?

㉮ 58.3%
㉯ 68.3%
㉰ 78.3%
㉱ 88.3%

풀이 $\eta_T = 1 - (1-\eta_1) \times (1-\eta_2)$
$0.93 = 1 - (1-0.40) \times (1-\eta_2)$
$\therefore \eta_2 = 0.8833$
따라서 88.33%

정답 41 ㉮ 42 ㉮ 43 ㉰ 44 ㉱

45 Cl_2 농도가 0.5%인 배출가스 10,000 Sm^3/hr를 $Ca(OH)_2$ 현탁액으로 세정처리 시 필요한 $Ca(OH)_2$의 양(kg/hr)은 얼마인가?

㉮ 약 147.4kg/hr ㉯ 약 155.3kg/hr
㉰ 약 160.3kg/hr ㉱ 약 165.2kg/hr

풀이 $2Cl_2 + 2Ca(OH)_2 \rightarrow CaCl_2 + Ca(OCl)_2 + 2H_2O$
$2 \times 22.4 Sm^3 : 2 \times 74 kg$
$10,000 Sm^3/hr \times 0.5\% \times 10^{-2} : X$

$\therefore X = \dfrac{10,000 Sm^3/hr \times 0.5\% \times 10^{-2} \times 2 \times 74 kg}{2 \times 22.4 Sm^3}$

$= 165.18 kg/hr$

46 유해가스를 촉매연소법으로 처리할 때 촉매의 수명을 단축시키거나 효율을 감소시킬 수 있는 물질로 틀린 것은 어느 것인가?

㉮ Fe ㉯ Si
㉰ Pd ㉱ P

풀이 유해가스를 촉매연소법으로 처리할 때 촉매의 수명을 단축시키거나 효율을 감소시킬 수 있는 물질은 철(Fe), 규소(Si), 인(P)이다.

47 헨리법칙을 이용하여 유도된 총괄물질이동계수와 개별물질이동계수와의 관계를 나타낸 식으로 알맞은 것은 어느 것인가? (단, K_G : 기상총괄물질이동계수, k_l : 액상물질이동계수, k_g : 기상물질이동계수, H : 헨리정수)

㉮ $\dfrac{1}{K_G} = \dfrac{H}{k_g} + \dfrac{k_g}{k_l}$ ㉯ $\dfrac{1}{K_G} = \dfrac{H}{k_l} + \dfrac{k_g}{H}$

㉰ $\dfrac{1}{K_G} = \dfrac{1}{k_g} + \dfrac{H}{k_l}$ ㉱ $\dfrac{1}{K_G} = \dfrac{1}{k_l} + \dfrac{H}{k_g}$

48 활성탄 흡착법을 이용하여 악취 제거 시 효과가 거의 없는 물질은 어느 것인가?

㉮ 페놀(phenol)
㉯ 스타이렌(styrene)
㉰ 에틸머캡탄(ethyl mercaptan)
㉱ 암모니아(ammonia)

49 전기집진장치의 먼지 제거효율을 95%에서 99%로 증가시키고자 할 때, 집진극의 면적은 길이방향으로 몇 배 증가하여야 하는가? (단, 나머지 조건은 일정하다고 가정함)

㉮ 1.24배 ㉯ 1.54배
㉰ 1.84배 ㉱ 2.14배

풀이 $\eta = \left\{ 1 - \exp\dfrac{-A \times We}{Q} \right\} \times 100$

$A = LN(1-\eta) \times \left(\dfrac{-Q}{We}\right)$

따라서 $\dfrac{A_2}{A_1} = \dfrac{LN(1-0.99) \times \left(\dfrac{Q}{We}\right)}{LN(1-0.95) \times \left(\dfrac{Q}{We}\right)} = 1.54$배

정답 45 ㉱ 46 ㉰ 47 ㉰ 48 ㉱ 49 ㉯

50 직경 100μm의 먼지가 높이 8m되는 위치에서 바람이 5m/sec 수평으로 불 때 이 먼지의 전방 낙하지점(m)은 얼마인가? (단, 동종의 10μm 먼지의 낙하속도는 0.6cm/sec이다.)

㉮ 67m ㉯ 77m
㉰ 88m ㉱ 99m

풀이
$$L = \left(\frac{작은\ 입경}{큰\ 입경}\right)^2 \times \frac{u \times H}{Vg}(m)$$
$$= \left(\frac{10\mu m}{100\mu m}\right)^2 \times \frac{5m/sec \times 8m}{0.006m/sec} = 66.67m$$

51 불화수소가스를 함유한 용해성이 높은 가스를 충전탑에서 흡수처리 할 때 기상총괄단위수(NOG)를 10, 기상총괄이동단위높이(HOG)를 0.5m로 할 때 충전탑의 높이(m)는 얼마인가?

㉮ 5m ㉯ 5.5m
㉰ 10m ㉱ 10.5m

풀이 H = NOG×HOG
- H : 충전탑의 높이(m)
- NOG : 총괄이동단위수
- HOG : 총괄이동단위높이(m)

따라서, H = 10×0.5m = 5m

52 여과집진장치에 대한 내용으로 틀린 것은 어느 것인가?

㉮ 여과자루 모양에 따라 원통형, 평판형, 봉투형으로 분류되며, 주로 원통형을 사용한다.
㉯ 여과자루 길이(L)/여과자루 직경(D) ≒50 이상으로 많이 설계하고, 여과자루 간의 최소 간격은 1.5m 이상이 되어야 한다.
㉰ 간헐식의 경우는 먼지의 재비산이 적고 여포수명이 연속식에 비해 길다.
㉱ 간헐식 중 진동형은 접착성 먼지집진에는 사용할 수 없다.

풀이 ㉯ 여과주머니의 직경에 대한 길이의 비(L/D)를 너무 크게 하면 주머니들끼리 마찰할 위험이 있고, 먼지제거가 곤란하므로 통상 L/D비는 20 이하가 좋다.

53 충전탑 내 상부에서 흐르는 액체는 충전제 전체를 적시면서 고르게 분포하는 것이 가장 좋다. 균일한 액의 분포를 위하여 가장 이상적인 편류현상의 D/d는 얼마인가? (단, 충전탑의 지름 : D, 충전제의 지름 : d)

㉮ 1~2 정도 ㉯ 8~10 정도
㉰ 40~70 정도 ㉱ 50~100 정도

풀이 균일한 액의 분포를 위하여 가장 이상적인 편류현상의 D/d는 8~10 정도이다.

정답 50 ㉮ 51 ㉮ 52 ㉯ 53 ㉯

54 여과집진장치의 탈진방식에 대한 내용으로 틀린 것은 어느 것인가?

㉮ 연속식에는 역제트기류 분사형과 충격제트기류 분사형 등이 있다.
㉯ 연속식은 채취와 탈진이 동시에 이루어지므로 압력손실이 거의 일정하고 고농도, 대용량의 가스를 처리할 수 있다.
㉰ 간헐식은 먼지의 재비산이 적고, 높은 집진율을 얻을 수 있으며, 여포의 수명은 연속식에 비해 길다.
㉱ 충격제트기류 분사형은 여과자루에 상하로 이동하는 블로워에 몇 개의 슬롯을 설치하고 여기에 고속제트기류를 주입하여 여과자루를 위·아래로 이동하면서 탈진하는 방식으로 내면여과이다.

[풀이] ㉱ 충격제트기류 분사형은 연속식 탈진방식으로 처리가스가 여과포의 외부에서 내부로 투과되기 때문에 먼지는 여과포 외벽에 집진되며, 표면여과에 해당한다.

55 원심형 송풍기의 성능에 관한 내용으로 알맞은 것은 어느 것인가?

㉮ 송풍기의 풍량은 회전수의 제곱에 비례한다.
㉯ 송풍기의 풍압은 회전수의 제곱에 비례한다.
㉰ 송풍기의 크기는 회전수의 제곱에 비례한다.
㉱ 송풍기의 동력은 회전수의 제곱에 비례한다.

[풀이] ㉮ 송풍기의 풍량은 회전수의 1승에 비례한다.
㉰ 송풍기의 속도는 회전수의 1승에 비례한다.
㉱ 송풍기의 동력은 회전수의 3승에 비례한다.

56 악취제거 방법에 대한 내용으로 틀린 것은 어느 것인가?

㉮ 물리흡착법이 주로 이용된다.
㉯ 희석 방법은 악취를 대량의 공기로 희석시켜 감지되지 않도록 하는 염가의 방법이다.
㉰ 백금이나 금속 산화물 등의 산화 촉매를 이용하여 260~450℃ 정도의 온도에서 산화 처리할 수 있다.
㉱ 유기성의 냄새 유발 물질을 태워서 산화시키면 불완전 연소가 있더라도 냄새의 강도를 줄일 수 있다.

[풀이] ㉱ 유기성의 냄새 유발 물질을 태워서 산화시켜 불완전 연소가 되면 냄새의 강도가 증가한다.

57 흡착과정에 관한 내용으로 틀린 것은 어느 것인가?

㉮ 파과곡선의 형태는 흡착탑의 경우에 따라서 비교적 기울기가 큰 것이 바람직하다.
㉯ 포화점(saturation point)에서는 주어진 온도와 압력조건에서 흡착제가 가장 많은 양의 흡착질을 흡착하는 점이다.
㉰ 실제의 흡착은 비정상상태에서 진행되므로 흡착의 초기에는 흡착이 천천히 진행되다가 어느 정도 흡착이 진행되면 빠르게 흡착이 이루어진다.
㉱ 흡착제층 전체가 포화되어 배출가스 중에 오염가스 일부가 남게 되는 점을 파과점(break point)이라 하고, 이점 이후부터는 오염가스의 농도가 급격히 증가한다.

[풀이] ㉰ 실제의 흡착은 비정상상태에서 진행되므로 흡착의 초기에는 흡착이 빠르게 진행되다가 어느 정도 흡착이 진행되면 천천히 흡착이 이루어진다.

정답 54 ㉱ 55 ㉯ 56 ㉱ 57 ㉰

58 배연탈황법 중 석회석주입법에 대한 내용으로 틀린 것은 어느 것인가?

㉮ 석회석 재생뿐만 아니라 부대설비가 많이 소요된다.
㉯ 배출가스의 온도가 떨어지지 않는 장점이 있다.
㉰ 소규모 보일러나 노후된 보일러에 많이 사용되어 왔다.
㉱ 연소로 내에서 짧은 접촉시간을 가지며, 아황산가스가 석회분말의 표면 안으로 침투가 어렵다.

풀이 ㉮ 석회석 재생뿐만 아니라 부대설비가 적게 소요된다.

59 유체의 점도를 나타내는 단위 표현으로 틀린 것은 어느 것인가?

㉮ poise
㉯ liter · atm
㉰ Pa · s
㉱ $\dfrac{g}{cm \cdot s}$

60 배출가스 중의 NO_x 제거법에 대한 내용으로 틀린 것은 어느 것인가?

㉮ 비선택적인 촉매환원에서는 NO_x뿐만 아니라, O_2까지 소비된다.
㉯ 선택적 촉매환원법은 TiO_2와 V_2O_5를 혼합하여 제조한 촉매에 NH_3, H_2, CO, H_2S 등의 환원가스를 작용시켜 NO_x를 N_2로 환원시키는 방법이다.
㉰ 선택적 촉매환원법의 최적온도 범위는 700~850℃ 정도이며, 보통 50% 정도의 NO_x를 저감시킬 수 있다.
㉱ 배출가스 중의 NO_x 제거는 연소조절에 의한 제어법보다 더 높은 NO_x 제거 효율이 요구되는 경우나 연소방식을 적용할 수 없는 경우에 사용된다.

풀이 ㉰ 선택적 촉매환원법의 최적온도 범위는 300~400℃ 정도이며, 보통 80% 정도의 NO_x를 저감시킬 수 있다.

정답 58 ㉮ 59 ㉯ 60 ㉰

| 제4과목 | 대기오염공정시험기준

61 다음의 조건을 이용하여 기체크로마토그래피법에서 계산된 보유시간(분)은 얼마인가?

- 이론단수 : 1,600
- 기록지 이동속도 : 5mm/분
- 봉우리의 좌우변곡점에서 접선이 자르는 바탕선 길이 : 10mm

㉮ 5분 ㉯ 10분
㉰ 15분 ㉱ 20분

풀이 $n = 16 \times \left(\dfrac{tR}{W}\right)^2$

- n : 이론단수
- W : 봉우리의 폭(mm)
- tR : 기록지의 이동속도(mm/min)

따라서 $1,600 = 16 \times \left(\dfrac{5mm/min \times 보유시간(min)}{10mm}\right)^2$

∴ 보유시간 = 20min

TIP
tR = 기록지의 이동속도(mm/min) × 보유시간(min)

62 대기오염공정시험기준상 굴뚝 배출가스 중의 폼알데하이드 및 알데하이드류의 분석방법으로 알맞은 것은 어느 것인가?

㉮ 중화법
㉯ 페놀디슬폰산법
㉰ 크로모트로핀산법
㉱ 4-아미노 안티피린법

풀이 폼알데하이드 및 알데하이드류의 분석방법으로는 고성능 액체크로마토그래피법, 크로모트로핀산법, 아세틸아세톤법이 있다.

63 굴뚝 등에서 배출되는 가스 중의 산소측정을 위한 자기풍분석계의 구성인자로 틀린 것은 어느 것인가?

㉮ 담벨 ㉯ 자극
㉰ 측정셀 ㉱ 열선소자

풀이 자기풍분석계의 구성인자로는 측정셀, 비교셀, 자극, 열선소자가 있다.

64 굴뚝 배출가스 중의 이황화탄소 분석방법에 대한 내용 중 (　)에 알맞은 말은 어느 것인가?

자외선/가시선 분광법은 다이에틸아민구리용액에서 시료가스를 흡수시켜 생성된 다이에틸다이싸이오카밤산구리의 흡광도를 (①)의 파장에서 측정한다. 이 방법은 시료가스채취량 10L인 경우 배출가스 중의 이황화탄소 농도 (②)의 분석에 적합하다.

㉮ ① 340nm, ② 0.05~1ppm
㉯ ① 340nm, ② 3~60ppm
㉰ ① 435nm, ② 0.05~1ppm
㉱ ① 435nm, ② (4.0~60.0)ppm

정답 61 ㉱ 62 ㉰ 63 ㉮ 64 ㉱

65 A 보일러 굴뚝의 배출가스 온도 280℃, 압력 760mmHg, 피토우관에 의한 동압 측정치는 0.552mmHg이었다. 이 때 굴뚝 배출가스 평균 유속(m/s)은 얼마인가? (단, 굴뚝 내 습배출가스의 밀도는 1.3kg/Sm³, 피토우관 계수는 1이다.)

㉮ 약 9.6 ㉯ 약 12.3
㉰ 약 14.6 ㉱ 약 15.1

풀이

$$V = C \times \sqrt{\frac{2gh}{r}}$$

$$= 1 \times \sqrt{\frac{2 \times 9.8 m/sec^2 \times (0.552 mmHg \times 13.6) mmH_2O}{1.3 kg/Sm^3 \times \frac{273}{273+280℃}}}$$

$$= 15.14 m/sec$$

66 굴뚝 배출가스 내 산소측정 분석계 중 측정셀, 자극보조 가스용 조리개, 검출소자, 증폭기 등으로 구성되는 분석계는 어느 것인가?

㉮ 자기풍 분석계
㉯ 담벨형 자기력 분석계
㉰ 압력 검출형 자기력 분석계
㉱ 전기화학식 질코니아 분석계

풀이 ㉰ 압력 검출형 자기력 분석계에 대한 설명이다.

67 배출가스 중 벤젠을 분석하는 방법으로 알맞은 것은?

㉮ 자외선/가시선분광법
㉯ 기체크로마토그래피
㉰ 이온크로마토그래피
㉱ 원자흡수분광광도법

풀이 배출가스 중 벤젠을 분석하는 방법은 기체크로마토그래피이다.

68 원형굴뚝의 단면적이 13~15m²인 경우 배출되는 먼지 측정을 위한 반경구분수(①)와 측정점수(②)는 얼마인가?

㉮ ① 2, ② 8   ㉯ ① 3, ② 12
㉰ ① 4, ② 16 ㉱ ① 5, ② 20

풀이 원형굴뚝의 단면적이 13~15m²이면 직경으로 환산하면 4.07~4.37m이므로 반경구분수는 4, 측정점수는 16이다.

굴뚝직경(m)	반경구분수	측정점수
1 이하	1	4
1 초과 2 이하	2	8
2 초과 4 이하	3	12
4 초과 5 이하	4	16
4.5 초과	5	20

정답 65 ㉱ 66 ㉰ 67 ㉯ 68 ㉰

69 환경대기 중 금속화합물을 원자흡수분광광도법(원자흡광광도법)으로 분석하고자 할 때 화학적 간섭에 대한 내용으로 틀린 것은 어느 것인가?

㉮ 아연 분석 시 213.8nm 측정파장을 이용할 경우 불꽃에 의한 흡수 때문에 바탕선(baseline)이 높아지는 경우가 있다.
㉯ 니켈 분석 시 다량의 탄소가 포함된 시료의 경우, 시료를 채취한 여과지를 적당한 크기로 잘라서 전기로 안에서 105~110℃에서 30분 이상 건조한 후 전처리 조작을 행한다.
㉰ 철 분석 시 규소(Si)를 다량 포함하고 있을 때는 0.2% 염화칼슘(CaCl$_2$) 용액을 첨가하여 분석하고, 유기산(특히 시트르산)이 다량 포함되어 있을 때는 0.5% 인산을 가하여 간섭을 줄일 수 있다.
㉱ 크롬 분석 시 아세틸렌-공기 불꽃에서는 철, 니켈 등에 의한 방해를 받으므로 황산나트륨, 황산칼륨 또는 이플루오린화수소암모늄을 1% 정도 가하여 분석한다.

풀이 ㉯ 니켈 분석 시 다량의 탄소가 포함된 시료의 경우, 시료를 채취한 여과지를 적당한 크기로 잘라서 전기로 안에서 800℃에서 30분 이상 건조한 후 전처리 조작을 행한다.

70 비산먼지의 농도를 구하기 위해 측정한 조건 및 결과가 다음과 같을 때 비산먼지의 농도(mg/m^3)는 얼마인가?

〈측정조건 및 결과〉
• 채취먼지량이 가장 많은 위치에서의 먼지농도(mg/m^3) : 5.8
• 대조위치에서의 먼지농도(mg/m^3) : 0.17
• 전 시료채취 기간 중 주 풍향이 45°~90° 변한다.
• 풍속이 0.5m/초 미만 또는 10m/초 이상 되는 시간이 전 채취시간의 50% 이상이다.

㉮ 5.6　　㉯ 6.8
㉰ 8.1　　㉱ 10.1

풀이 $C = (C_H - C_B) \times W_D \times W_S$

C : 비산먼지농도(mg/m^3)
C_H : 채취먼지량이 가장 많은 위치에서의 먼지농도(mg/m^3)
C_B : 대조위치에서의 먼지농도(mg/m^3)
W_D : 풍향 측정결과로부터 구한 보정계수(1.2)
W_S : 풍속 측정결과로부터 구한 보정계수(1.2)

따라서 $C = (5.8-0.17)$mg/m$^3 \times 1.2 \times 1.2$
　　　　＝ 8.11mg/m^3

TIP 풍향변화범위와 풍속범위에 따른 보정계수를 기억해야 한다.

정답　69 ㉯　70 ㉰

71 비분산 적외선 분석법에서 사용하는 주요 용어의 정의로 틀린 것은 어느 것인가?

㉮ 비교가스 : 시료셀에서 적외선 흡수를 측정하는 경우 대조가스로 사용하는 것으로 적외선을 흡수하지 않는 가스
㉯ 스팬 드리프트(Span Drift) : 계기의 눈금스팬에 대응하는 지시치의 일정 기간 내의 변동
㉰ 스팬가스(Span Gas) : 분석계의 최저 눈금값을 교정하기 위하여 사용하는 가스
㉱ 정필터형 : 측정성분이 흡수되는 적외선을 그 흡수파장에서 측정하는 방식

[풀이] ㉰ 스팬가스(Span Gas) : 분석계의 최고 눈금값을 교정하기 위하여 사용하는 가스

72 원자흡광 분석장치에 대한 내용으로 틀린 것은 어느 것인가?

㉮ 램프점등장치 중 직류점등 방식은 광원의 빛 자체가 변조되어 있기 때문에 빛의 단속기(chopper)는 필요하지 않다.
㉯ 원자흡광분석용 광원은 원자흡광 스펙트럼선의 선폭보다 좁은 선폭을 갖고 휘도가 높은 스펙트럼을 방사하는 중공음극램프가 많이 사용된다.
㉰ 시료를 원자화하는 일반적인 방법은 용액 상태로 만든 시료를 불꽃 중에 분무하는 방법이며 플라즈마 제트불꽃 또는 방전을 이용하는 방법도 있다.
㉱ 전분무 버너는 가연가스와 조연가스가 버너 선단부에서 혼합되어 불꽃을 형성하고 이 때 빨아올린 시료용액은 모두 이 불꽃속으로 들어가게 된다.

[풀이] ㉮ 램프점등장치 중 교류점등 방식은 광원의 빛 자체가 변조되어 있기 때문에 빛의 단속기는 필요하지 않다.

73 이온크로마토그래피법에 대한 내용으로 틀린 것은 어느 것인가?

㉮ 공급전원은 전압변동 5% 이하, 주파수변동 10% 이하로 변동이 적어야 한다.
㉯ 일반적으로 강수물, 대기먼지, 하천수 중의 이온성분을 정량·정성 분석하는 데 이용한다.
㉰ 가시선 흡수 검출기(VIS 검출기)는 전이금속 성분의 발색반응을 이용하는 경우에 사용된다.
㉱ 써프렛서는 관형과 이온교환막형이 있으며, 관형은 음이온에는 스티롤계 강산형(H^+) 수지가, 양이온에는 스티롤계 강염기형(OH^-)의 수지가 충진된 것을 사용한다.

[풀이] ㉮ 공급전원은 전압변동 10% 이하이고, 주파수변동이 없어야 한다.

74 기체크로마토그래피(Gas Chromatography)분석에 사용되는 검출기로 틀린 것은 어느 것인가?

㉮ Thermal Conductivity Detector
㉯ Electronic Conductivity Detector
㉰ Electron Capture Detector
㉱ Flame Photometric Detector

[풀이] ㉯ 전기전도도검출기(Electronic Conductivity Detector)는 이온크로마토그래피의 검출기이다.

정답 71 ㉰ 72 ㉮ 73 ㉮ 74 ㉯

75 환경대기 중의 시료채취에 관한 일반적인 주의사항으로 틀린 것은 어느 것인가?

㉮ 악취물질의 채취는 되도록 짧은 시간 내에 끝내고 입자상 물질 중의 금속성분이나 발암성 물질 등은 되도록 장시간 채취한다.
㉯ 시료채취 유량은 각 항에서 규정하는 범위 내에서는 되도록 많이 채취하는 것을 원칙으로 한다.
㉰ 바람이나 눈, 비로부터 보호하기 위하여 측정기기는 실내에 설치하고 채취구는 밖으로 연결할 경우에는 채취관 벽과의 반응, 흡착, 흡수 등에 의한 영향을 최소한도로 줄일 수 있는 재질과 방법을 선택한다.
㉱ 입자상 물질을 채취할 경우에는 채취관 벽에 분진이 부착 또는 퇴적하는 것을 피하고 특히 채취관은 수평방향으로 연결할 경우에는 되도록 관의 길이를 길게 하고 곡률변경은 작게 한다.

[풀이] ㉱ 입자상 물질을 채취할 경우에는 채취관 벽에 분진이 부착 또는 퇴적하는 것을 피하고 특히 채취관은 수평방향으로 연결할 경우에는 되도록 관의 길이를 짧게 하고 곡률변경은 크게 한다.

76 대기오염공정시험기준의 화학분석 일반사항에서 시험의 기재 및 용어에 대한 내용으로 틀린 것은 어느 것인가?

㉮ 액체성분의 양을 "정확히 취한다"함은 눈금피펫, 메스실린더 정도의 정확도를 갖는 용량계 사용을 말한다.
㉯ 시험조작 중 "즉시"란 30초 이내에 표시된 조작을 하는 것을 말한다.
㉰ "항량이 될 때까지 건조한다"라 함은 따로 규정이 없는 한 보통의 건조방법으로 1시간 더 건조 시, 전후 무게의 차가 매 g당 0.3mg 이하일 때를 말한다.
㉱ "정확히 단다"라 함은 규정한 량의 검체를 취하여 분석용 저울로 0.1mg까지 다는 것을 뜻한다.

[풀이] ㉮ 액체성분의 양을 "정확히 취한다"함은 홀피펫, 눈금플라스크 또는 이와 동등 이상의 정확도를 갖는 용량계 사용을 말한다.

77 전기 아크로를 사용하는 철강공장에서 외부로 비산 배출되는 먼지를 불투명도법으로 측정하는 방법으로 알맞은 것은 어느 것인가?

㉮ 비탁도는 최소 1도의 단위로 측정값을 기록한다.
㉯ 시료의 채취시간은 60초 간격으로 비탁도를 측정한다.
㉰ 측정된 비탁도에 100%를 곱한 값을 불투명도 값으로 한다.
㉱ 측정 시 태양은 측정자의 좌측 또는 우측에 있어야 하고, 측정위치는 발생원으로부터 멀어도 1km 이내이어야 한다.

[풀이] ㉮ 비탁도는 최소 0.5도의 단위로 측정값을 기록한다.
㉯ 시료의 채취시간은 30초 간격으로 비탁도를 측정한다.
㉰ 측정된 비탁도에 20%를 곱한 값을 불투명도 값으로 한다.

정답 75 ㉱ 76 ㉮ 77 ㉱

78 굴뚝배출가스 중 아황산가스를 연속적으로 자동측정하는 방법에서 사용되는 용어의 의미로 틀린 것은 어느 것인가?

㉮ 90% 교정가스를 스팬가스라고 한다.
㉯ 제로가스는 표준시험기관에 의해 아황산가스 농도가 0.1ppm 미만으로 보증된 참가스를 말한다.
㉰ 교정가스는 공인기관의 보정치가 제시되어 있는 표준가스로 연속자동측정기 최대 눈금치의 약 50%와 90%에 해당하는 농도를 갖는다.
㉱ 보정이란 보다 참에 가까운 값을 구하기 위하여 판독값 또는 계산값에 어떤 값을 가감하는 것 또는 그 값을 말한다.

[풀이] ㉯ 제로가스는 표준시험기관에 의해 아황산가스 농도가 1ppm 미만으로 보증된 표준 가스를 말한다.

79 굴뚝배출가스 중 먼지측정을 위한 시료채취방법에 관한 사항으로 틀린 것은 어느 것인가?

㉮ 한 채취점에서의 채취시간을 최소 30초 이상으로 하고 모든 채취점에서 채취시간을 동일하게 한다.
㉯ 동압은 원칙적으로 0.1mmH$_2$O의 단위까지 읽고 이때, 피토관의 배출가스 흐름방향에 대한 편차는 10° 이하가 되어야 한다.
㉰ 등속흡입식에 의해서 등속흡입계수를 구하고 그 값이 95~110% 범위 내에 들지 않는 경우에는 다시 시료채취를 행한다.
㉱ 피토관을 측정공에서 굴뚝 내의 측정점까지 삽입하여 전압공을 배출가스 흐름방향에 바로 직면시켜 압력계에 의하여 동압을 측정한다.

[풀이] ㉮ 한 채취점에서의 채취시간을 최소 2분 이상으로 하고 모든 채취점에서 채취시간을 동일하게 한다.

80 연료용 유류 중의 황함유량 측정방법 중 방사선식 여기법에 대한 내용으로 틀린 것은 어느 것인가?

㉮ 여기법 분석계의 전원 스위치를 넣고, 1시간 이상 안정화시킨다.
㉯ 시료에 방사선을 조사하고, 여기된 황의 원자에서 발생하는 γ선의 강도를 측정한다.
㉰ 표준 시료는 디부틸디술파이드를 이용하여 조제한 것으로 황함유량이 확인된 것을 사용한다.
㉱ 시료를 충분히 교반한 후 준비된 시료셀에 기포가 들어가지 않도록 주의하여 액층의 두께가 5~20mm가 되도록 시료를 넣는다.

[풀이] ㉯ 시료에 방사선을 조사하고, 여기된 황의 원자에서 발생하는 형광 X선의 강도를 측정한다.

정답 78 ㉯ 79 ㉮ 80 ㉯

| 제5과목 | 대기환경관계법규

81 대기환경보전법상 ( )에 알맞은 말은 어느 것인가?

> 환경부장관은 대기오염물질과 온실가스를 줄여 대기환경을 개선하기 위하여 대기환경개선 종합계획을 ( )마다 수립하여 시행하여야 한다.

㉮ 3년 ㉯ 5년
㉰ 10년 ㉱ 20년

82 대기환경보전법규상 대기오염방지시설로 틀린 것은 어느 것인가? (단, 기타사항 제외)

㉮ 음파집진시설
㉯ 화학적침강시설
㉰ 미생물을 이용한 처리시설
㉱ 촉매반응을 이용하는 시설

[풀이] 대기오염 방지시설에는 중력집진시설, 관성력집진시설, 원심력집진시설, 세정집진시설, 여과집진시설, 전기집진시설, 음파집진시설, 흡수에 의한 시설, 흡착에 의한 시설, 직접연소에 의한 시설, 촉매반응을 이용하는 시설, 응축에 의한 시설, 산화·환원에 의한 시설, 미생물을 이용한 시설, 연소조절에 의한 시설이 있다.

83 대기환경보전법령상 대기오염경보단계 중 '경보발령'의 경우 조치하여야 하는 사항으로 틀린 것은 어느 것인가?

㉮ 주민의 실외활동 제한 요청
㉯ 자동차 사용의 제한
㉰ 사업장의 연료사용량 감축 권고
㉱ 사업장의 조업시간 단축 명령

[풀이] ㉱번은 중대발령경보의 조치에 해당한다.

84 대기환경보전법령상 대기오염물질발생량의 합계가 연간 25톤인 사업장에 해당하는 것은 어느 것인가? (단, 기타사항 제외)

㉮ 1종 사업장 ㉯ 2종 사업장
㉰ 3종 사업장 ㉱ 4종 사업장

[풀이] 대기오염물질발생량의 합계가 연간 20톤 이상 80톤 미만인 사업장은 2종 사업장에 해당한다.

85 악취방지법규상 지정악취물질로 틀린 것은 어느 것인가?

㉮ 황화수소
㉯ 이산화황
㉰ 아세트알데하이드
㉱ 다이메틸다이설파이드

[풀이] ㉯ 이산화황(SO_2)은 대기오염물질에 해당한다.

정답 81 ㉰ 82 ㉯ 83 ㉱ 84 ㉯ 85 ㉯

86 대기환경보전법규상 기관출력이 130kW 초과인 선박의 질소산화물 배출기준 (g/kWh)은 얼마인가? (단, 정격 기관속도 n(크랭크샤프트의 분당 속도)이 130rpm 미만이며 2010년 12월 31일 이전에 건조한 선박의 경우)

㉮ $9.0 \times n^{(-2.0)}$ 이하　㉯ $45.0 \times n^{(-0.2)}$ 이하
㉰ 9.8 이하　㉱ 17 이하

87 대기환경보전법령상 초과부과금 부과대상 오염물질로 틀린 것은 어느 것인가?

㉮ 먼지　㉯ 불소화합물
㉰ 시안화수소　㉱ 브롬화합물

[풀이] 초과부과금 부과대상 오염물질로는 황산화물, 암모니아, 황화수소, 이황화탄소, 먼지, 불소화합물, 염화수소, 질소산화물, 시안화수소가 있다.

88 대기환경보전법령상 과태료 부과기준으로 틀린 것은 어느 것인가?

㉮ 위반행위의 횟수에 따른 과태료의 부과기준은 최근 1년간 같은 위반행위로 과태료 부과처분을 받은 경우에 적용한다.
㉯ 부과권자는 과태료 금액의 2분의 1의 범위에서 그 금액을 줄일 수 있으나, 과태료를 체납하고 있는 위반행위자에 대해서는 그러하지 아니하다.
㉰ 개별기준으로 환경기술인 등의 교육을 받게 하지 않은 경우 1차 위반 시 과태료 금액은 60만원이다.
㉱ 개별기준으로 비산먼지 발생사업장으로 신고하지 아니한 경우 1차 위반 시 과태료 금액은 200만원이다.

89 환경기술인 등의 교육에 대한 내용으로 틀린 것은 어느 것인가?

㉮ 교육과정의 교육기간은 4일 이내로 한다.
㉯ 한국환경보전원은 환경기술인의 교육기관이다.
㉰ 신규교육은 환경기술인으로 임명된 날부터 30일 이내에 교육을 이수하여야 한다.
㉱ 환경부장관은 교육계획을 매년 1월 31일까지 시·도지사에게 통보하여야 한다.

[풀이] ㉰ 신규교육은 환경기술인으로 임명된 날부터 1년 이내에 교육을 이수하여야 한다.

90 대기환경보전법령상 오염물질의 초과부과금 산정 시 위반횟수별 부과계수 산출방법이다. (　)에 알맞은 말은 어느 것인가?

> 2차 이상 위반한 경우는 위반 직전의 부과계수에 (　)을(를) 곱한 것으로 한다.

㉮ 100분의 100　㉯ 100분의 105
㉰ 100분의 110　㉱ 100분의 120

[풀이] **초과부과금의 위반횟수별 부과계수**
① 위반이 없는 경우 : 100분의 100
② 처음 위반한 경우 : 100분의 105
③ 2차 이상 위반한 경우 : 위반 직전의 부과계수에 100분의 105를 곱한 것

정답 86 ㉱　87 ㉱　88 ㉱　89 ㉰　90 ㉯

91 대기환경보전법령상 배출부과금 산정 시 자동측정사업장의 경우 배출허용기준을 초과하는 위반횟수의 기준은 어느 것인가?

㉮ 1시간 평균치가 배출허용기준을 초과하는 횟수
㉯ 30분 평균치가 배출허용기준을 초과하는 횟수
㉰ 15분 평균치가 배출허용기준을 초과하는 횟수
㉱ 5분 평균치가 배출허용기준을 초과하는 횟수

92 대기환경보전법규상 고체연료 사용시설 설치기준 중 석탄사용시설기준이다. ( )에 알맞은 말은 어느 것인가?

> 배출시설의 굴뚝높이는 (①) 이상으로 하되, 굴뚝상부 안지름, 배출가스 온도 및 속도 등을 고려한 유효굴뚝높이(굴뚝의 실제 높이에 배출가스의 상승고도를 합산한 높이를 말한다.)가 440m 이상인 경우에는 굴뚝높이를 (②)으로 할 수 있다. 이 경우 유효굴뚝높이 및 굴뚝높이 산정방법 등에 관하여는 국립환경과학원장이 정하여 고시한다.

㉮ ① 50m, ② 25m 미만
㉯ ① 50m, ② 25m 이상 50m 미만
㉰ ① 100m, ② 25m 이상 100m 미만
㉱ ① 100m, ② 60m 이상 100m 미만

93 배출부과금 부과 시 고려사항으로 틀린 것은 어느 것인가?

㉮ 대기오염물질의 농도
㉯ 배출허용기준 초과여부
㉰ 대기오염물질의 배출기간
㉱ 배출되는 대기오염물질의 종류

> [풀이] 배출부과금 부과 시 고려사항으로는 배출허용기준 초과여부, 배출되는 대기오염물질의 종류, 대기오염물질의 배출기간, 대기오염물질의 배출량, 자가측정을 하였는지 여부가 있다.

94 대기환경보전법규상 대기오염 경보단계 중 "경보"해제기준에서 ( )에 알맞은 말은 어느 것인가?

> 경보가 발령된 지역의 기상조건 등을 고려하여 대기자동측정소의 오존농도가 ( )인 때는 주의보로 전환한다.

㉮ 0.1ppm 이상 0.3ppm 미만
㉯ 0.1ppm 이상 0.5ppm 미만
㉰ 0.12ppm 이상 0.3ppm 미만
㉱ 0.12ppm 이상 0.5ppm 미만

정답 91 ㉯ 92 ㉱ 93 ㉮ 94 ㉰

95 대기환경보전법령상 인증을 면제할 수 있는 자동차에 해당되는 것은 어느 것인가?

㉮ 항공기 지상 조업용 자동차
㉯ 국가대표 선수용 자동차로서 문화체육관광부장관의 확인을 받은 자동차
㉰ 여행자 등이 다시 반출할 것을 조건으로 일시 반입하는 자동차
㉱ 주한 외국군인의 가족이 사용하기 위하여 반입하는 자동차

풀이 ㉮, ㉯, ㉱번은 인증의 생략 자동차에 해당한다.

96 대기환경보전법에서 사용하는 용어의 정의로 틀린 것은 어느 것인가?

㉮ 매연 : 연소할 때 발생하는 유리탄소가 주가 되는 미세한 입자상 물질을 말한다.
㉯ 가스 : 물질이 연소, 합성, 분해될 때 발생하거나 물리적 성질로 인하여 발생하는 기체상 물질을 말한다.
㉰ 기후, 생태계 변화 유발물질 : 지구온난화 등으로 생태계의 변화를 가져올 수 있는 기체상 또는 입자상 물질로서 대통령령이 정하는 것을 말한다.
㉱ 온실가스 : 적외선 복사열을 흡수하거나 다시 방출하여 온실효과를 유발하는 대기 중의 가스상태 물질로서 이산화탄소, 메탄, 아산화질소, 수소불화탄소, 과불화탄소, 육불화황을 말한다.

풀이 ㉰ 기후, 생태계 변화 유발물질 : 지구온난화 등으로 생태계의 변화를 가져올 수 있는 기체상물질로서 온실가스와 환경부령으로 정하는 것을 말한다.

97 다중이용시설 등의 실내공기질관리법규상 신축공동주택의 실내공기질 권고 기준으로 틀린 것은 어느 것인가?

㉮ 자일렌 : 600μg/m³ 이하
㉯ 톨루엔 : 1,000μg/m³ 이하
㉰ 스티렌 : 300μg/m³ 이하
㉱ 에틸벤젠 : 360μg/m³ 이하

풀이 ㉮ 자일렌 : 700μg/m³ 이하

98 대기환경보전법상 대기오염 경보가 발령된 지역에서 자동차 운행제한이나 사업장 조업 단축의 명령을 정당한 사유없이 위반한 자에 대한 벌칙기준으로 알맞은 것은 어느 것인가?

㉮ 1년 이하의 징역이나 1천만원 이하의 벌금에 처한다.
㉯ 1년 이하의 징역이나 500만원 이하의 벌금에 처한다.
㉰ 500만원 이하의 벌금에 처한다.
㉱ 300만원 이하의 벌금에 처한다.

풀이 ㉱ 300만원 이하의 벌금에 해당한다.

정답 95 ㉰ 96 ㉰ 97 ㉮ 98 ㉱

99 대기환경보전법상 배출시설의 설치허가 및 신고 등에 대한 설명으로 틀린 것은 어느 것인가?

㉮ 신고한 사항을 변경하고자 하는 경우에는 변경신고를 하여야 한다.
㉯ 허가받은 사항을 변경하고자 하는 경우에는 사안에 따라 변경허가를 받거나, 변경신고를 하여야 한다.
㉰ 대기오염물질 배출시설을 설치완료한 자는 배출시설의 가동을 시작하기 전에 배출시설 허가를 받거나 신고를 하여야 한다.
㉱ 특정대기유해물질로 인하여 주민의 건강과 재산에 심각한 위해를 끼칠 우려가 있다고 인정되면 대통령령으로 정하는 바에 따라 배출시설 설치를 제한할 수 있다.

100 환경부령이 정하는 자동차 연료의 제조기준에 적합하지 아니하게 제조된 유류제품 등을 자동차연료로 사용한 자에 대한 벌칙기준으로 알맞은 것은 어느 것인가?

㉮ 200만원 이하의 과태료
㉯ 300만원 이하의 벌금
㉰ 1년 이하의 징역 또는 1천만원 이하의 벌금
㉱ 2년 이하의 징역 또는 3천만원 이하의 벌금

[풀이] ㉰ 1년 이하의 징역 또는 1천만원 이하의 벌금에 해당한다.

정답 99 ㉰ 100 ㉰

2016년 2회 대기환경기사

2016년 5월 8일 시행

| 제1과목 | 대기오염개론

01 광화학반응에 관한 내용으로 틀린 것은 어느 것인가?

㉮ 대기 중의 어떤 종류의 분자는 태양빛을 흡수하여 여기상태가 되거나 또는 분해한다.
㉯ 성층권의 오존층이 대부분의 자외선을 차단한 후 대류권으로 들어오는 태양빛의 파장은 180nm 이상의 단파장이다.
㉰ 대류권에서 광화학 대기오염에 영향을 미치는 물질은 280~700nm의 범위에 있는 빛을 흡수하는 물질이다.
㉱ 0.3μm 이하의 단파장에서 성층권의 오존층에 의한 태양빛의 흡수가 있다.

풀이 ㉯ 성층권의 오존층이 대부분의 자외선을 차단한 후 대류권으로 들어오는 태양빛의 파장은 280nm 이상이다.

02 A굴뚝으로부터 배출되는 SO_2가 풍하 측 5,000m 지점에서 지표 최고 농도를 나타냈을 때, 유효굴뚝 높이(m)는 얼마인가? (단, sutton 확산식을 사용하고, 수직확산계수는 0.07, 대기안정도 지수(n)는 0.25이다.)

㉮ 약 120m   ㉯ 약 140m
㉰ 약 160m   ㉱ 약 180m

풀이
$$X_{max} = \left(\frac{He}{Cz}\right)^{\frac{2}{2-n}}$$
$$5,000m = \left(\frac{He}{0.07}\right)^{\frac{2}{2-0.25}}$$
$$He = 0.07 \times (5,000)^{\frac{2-0.25}{2}} = 120.70m$$

03 지상 10m에서의 풍속이 2m/sec라면 100m에서의 풍속(m/sec)은 얼마인가? (단, Deacon식 활용, 풍속지수 P = 0.5로 가정)

㉮ 약 3.4m/sec   ㉯ 약 4.9m/sec
㉰ 약 5.5m/sec   ㉱ 약 6.3m/sec

풀이
$$u_2 = u_1 \times \left(\frac{H_2}{H_1}\right)^P = 2m/sec \times \left(\frac{100m}{10m}\right)^{0.5}$$
$$= 6.32m/sec$$

정답 01 ㉯ 02 ㉮ 03 ㉱

04 Down Wash 현상에 대한 내용으로 알맞은 것은 어느 것인가?

㉮ 원심력집진장치에서 처리가스량의 5~10% 정도를 흡입하여 줌으로써 유효 원심력을 증대시키는 방법이다.
㉯ 굴뚝의 높이가 건물보다 높은 경우 건물 뒤편에 공동현상이 생기고 이 공동에 대기오염물질의 농도가 낮아지는 현상을 말한다.
㉰ 굴뚝 아래로 오염물질이 휘날리어 굴뚝 밑부분에 오염물질의 농도가 높아지는 현상을 말한다.
㉱ 해가 뜬 후 지표면이 가열되어 대기가 지면으로부터 열을 받아 지표면 부근부터 역전층이 해소되는 현상을 말한다.

[풀이] ㉰번 설명이 Down Wash 현상에 대한 내용이다.

05 대기오염사건과 기온역전에 대한 내용으로 틀린 것은 어느 것인가?

㉮ 로스앤젤레스 스모그사건은 광화학스모그에 의한 침강성 역전이다.
㉯ 런던스모그 사건은 주로 자동차 배출가스 중의 질소산화물과 반응성 탄화수소에 의한 것이다.
㉰ 침강역전은 고기압 중심부분에서 기층이 서서히 침강하면서 기온이 단열변화로 승온되어 발생하는 현상이다.
㉱ 복사역전은 지표에 접한 공기가 그보다 상공의 공기에 비하여 더 차가워져서 생기는 현상이다.

[풀이] ㉯ 런던스모그 사건은 주로 초저녁에 발생하였고 석탄의 매연과 화력발전소 등의 굴뚝에서 배출된 매연이 주 오염원이다.

06 대기오염물질과 피해현상을 잘못 연결한 것은 어느 것인가?

㉮ 황산화물 - 금속을 부식시키며, 습도가 높을수록 부식율은 증가한다.
㉯ 황화수소 - 금속의 표면에 검은 피막을 형성시켜 외관상의 피해를 주며, 도료를 변색시킨다.
㉰ 오존 - 섬유류를 퇴색시키고, 특히 고무를 쉽게 노화시킨다.
㉱ 질소산화물 - 대리석, 모르타르 등의 탄산염을 함유하는 물질을 부식시킨다.

[풀이] ㉱ 질소산화물 - 섬유의 탈색, 금속의 부식

07 지구온난화가 환경에 미치는 영향 중 알맞은 것은 어느 것인가?

㉮ 온난화에 의한 해면상승은 전지구적으로 일정하게 발생한다.
㉯ 대류권 오존의 생성반응을 촉진시켜 오존의 농도가 감소한다.
㉰ 기상조건의 변화는 대기오염의 발생 횟수와 오염농도에 영향을 준다.
㉱ 기온상승과 토양의 건조화는 생물성장의 남방한계에는 영향을 주지만 북방한계에는 영향을 주지 않는다.

[풀이] ㉮ 온난화에 의한 해면상승은 전지구적으로 일정하지 않다.
㉯ 대류권 오존의 생성반응을 촉진시켜 오존의 농도가 증가한다.
㉱ 기온상승과 토양의 건조화는 생물성장의 남방한계뿐만 아니라 북방한계에도 영향을 준다.

정답 04 ㉰ 05 ㉯ 06 ㉱ 07 ㉰

08 대기오염원의 영향을 평가하는 방법 중 분산모델에 대한 내용으로 틀린 것은 어느 것인가?

㉮ 지형 및 오염원의 조업조건에 영향을 받는다.
㉯ 시나리오 작성이 곤란하고, 미래예측이 어렵다.
㉰ 오염물의 단기간 분석 시 문제가 된다.
㉱ 먼지의 영향평가는 기상의 불확실성과 오염원이 미확인인 경우에 문제점을 가진다.

풀이 ㉯번은 수용모델에 대한 설명이다.

09 고속도로상의 교통밀도가 25,000대/hr이고, 각 차량의 평균 속도는 110km/hr이다. 차량의 평균 탄화수소의 배출량이 0.06g/s·대일 때, 고속도로에서 방출되는 탄화수소의 총량(g/s·m)은 얼마인가?

㉮ 0.00136 ㉯ 0.0136
㉰ 1.36   ㉱ 13.6

풀이 탄화수소의 총량(g/sec·m)

$= \dfrac{0.06g}{sec \cdot 대} \times \dfrac{25,000대}{hr} \times \dfrac{1hr}{110km} \times \dfrac{1km}{10^3 m}$

$= 0.0136 g/sec \cdot m$

10 다음 중 납 배출 관련업종으로 틀린 것은 어느 것인가?

㉮ 페인트   ㉯ 소오다 공업
㉰ 인쇄   ㉱ 크레용

풀이 납 배출 관련업종으로는 인쇄, 도가니제조공장, 축전지제조공장, 고무가공공장, 크레용, 에나멜, 페인트, 휘발유 자동차가 있다.

11 Richardson number에 대한 내용으로 틀린 것은 어느 것인가?

㉮ 리차드슨 수가 0에 접근하면 분산은 줄어들며 결국 대류난류만 존재한다.
㉯ 무차원수로서 근본적으로 대류난류를 기계적인 난류로 전환시키는 율을 측정한 것이다.
㉰ 큰 음의 값을 가지면 굴뚝의 연기는 수직 및 수평방향으로 빨리 분산한다.
㉱ 0.25보다 크게 되면 수직혼합은 없어지고 수평상의 소용돌이만 남게 된다.

풀이 ㉮ 리차드슨 수가 0에 접근하면 분산은 줄어들며 결국 기계적난류만 존재한다.

12 지상으로부터 500m까지의 평균 기온감률은 -1.2℃/100m이다. 100m 고도에서 17℃라 하면 고도 400m에서의 기온(℃)은 얼마인가?

㉮ 10.6℃   ㉯ 11.8℃
㉰ 12.2℃   ㉱ 13.4℃

풀이 기온(℃)

$= 17℃ - \left\{ \dfrac{1.2℃}{100m} \times (400m - 100m) \right\} = 13.4℃$

정답 08 ㉯ 09 ㉯ 10 ㉯ 11 ㉮ 12 ㉱

13 황산화물이 각종 물질에 미치는 영향에 관한 내용으로 틀린 것은 어느 것인가?

㉮ 공기가 SO_2를 함유하면 부식성이 매우 강하게 된다.
㉯ SO_2는 대기 중의 분진과 반응하여 황산염이 형성됨으로써 대부분의 금속을 부식시킨다.
㉰ 대기에서 형성되는 아황산 및 황산은 석회, 대리석, 시멘트 등 각종 건축재료를 약화시킨다.
㉱ 황산화물을 대기 중 또는 금속의 표면에서 황산으로 변함으로써 부식성을 더 약하게 한다.

[풀이] ㉱ 황산화물을 대기 중 또는 금속의 표면에서 황산으로 변함으로써 부식성을 더 강하게 한다.

14 대기오염물질 중 바닷물의 물보라 등이 배출원이며, 1차 오염물질에 해당하는 것은 어느 것인가?

㉮ N_2O_3
㉯ 알데하이드
㉰ HCN
㉱ NaCl

[풀이] ㉱ 염화나트륨(NaCl)에 대한 설명이다.

15 연기의 형태에 대한 내용으로 틀린 것은 어느 것인가?

㉮ 지붕형 : 하층에 비하여 상층이 안정한 대기상태를 유지할 때 발생한다.
㉯ 환상형 : 과단열감률 조건일 때 즉 대기가 불안정할 때 발생한다.
㉰ 원추형 : 오염의 단면분포가 전형적인 가우시안 분포를 이루며, 대기가 중립조건일 때 잘 발생한다.
㉱ 부채형 : 연기가 배출되는 상당한 고도까지도 강안정한 대기가 유지될 경우 즉, 기온역전 현상을 보이는 경우 연직운동이 억제되어 발생한다.

[풀이] ㉮ 지붕형(Lofting) : 상층에 비하여 하층이 안정한 대기상태를 유지할 때 발생한다.

16 인체 내에 축적되어 영향을 주는 오염물질 중 하나로 혈액속의 헤모글로빈과 결합하여 카르복시헤모글로빈을 형성하는 물질은 어느 것인가?

㉮ NO
㉯ O_3
㉰ CO
㉱ SO_3

[풀이] ㉰ 일산화탄소(CO)에 대한 설명이다.

정답 13 ㉱ 14 ㉱ 15 ㉮ 16 ㉰

17 굴뚝에서 배출되는 plume의 유효상승고를 $\triangle h = D\left(\dfrac{W}{U}\right)^{1.4}$에 의해 계산하고자 한다. 굴뚝의 내경이 2m, 풍속이 3m/sec라고 할 때, $\triangle h$를 4m까지 상승시키려고 한다면 배출가스의 분출속도(m/sec)는 얼마인가?

㉮ 약 5m/sec ㉯ 약 8m/sec
㉰ 약 11m/sec ㉱ 약 14m/sec

풀이
$\triangle h = D \times \left(\dfrac{W}{U}\right)^{1.4}$

따라서 $4m = 2m \times \left(\dfrac{W}{3m/sec}\right)^{1.4}$

$\therefore W = 3m/sec \times \left(\dfrac{4m}{2m}\right)^{\frac{1}{1.4}} = 4.92 m/sec$

18 대기층은 물리적 및 화학적 성질에 따라서 고도별로 분류가 되어 있다. 지표면으로부터 상공으로 올바르게 배열된 것은 어느 것인가?

㉮ 대류권 → 중간권 → 성층권 → 열권
㉯ 대류권 → 중간권 → 열권 → 성층권
㉰ 대류권 → 성층권 → 중간권 → 열권
㉱ 대류권 → 열권 → 중간권 → 성층권

19 실내공기오염물질 중 "라돈"에 대한 내용으로 틀린 것은 어느 것인가?

㉮ 무색·무취의 기체이며 액화 시 푸른색을 띤다.
㉯ 화학적으로 거의 반응을 일으키지 않는다.
㉰ 일반적으로 인체에 폐암을 유발시키는 것으로 알려져 있다.
㉱ 라듐의 핵분열 시 생성되는 물질이며 반감기는 3.8일간이다.

풀이 ㉮ 무색·무취의 기체이며 액화되어도 색을 띠지 않는다.

20 염화수소 1V/V ppm에 상당하는 W/W ppm은 얼마인가? (단, 표준상태기준, 공기의 밀도는 $1.293 kg/m^3$)

㉮ 약 0.76 ㉯ 약 0.93
㉰ 약 1.26 ㉱ 약 1.64

풀이
$mg/kg = \dfrac{1.0 mL}{Sm^3} \times \dfrac{36.5 mg}{22.4 mL} \times \dfrac{Sm^3}{1.293 kg} = 1.26 mg/kg$

TIP
① (V/V)ppm = mL/Sm^3
② (W/W)ppm = mg/kg
③ HCl의 분자량 = 1+35.5 = 36.5
④ HCl 1mol $\begin{cases} 36.5 mg \\ 22.4 mL \end{cases}$

정답 17 ㉮ 18 ㉰ 19 ㉮ 20 ㉰

| 제2과목 | 연소공학

21 옥탄가에 대한 내용으로 틀린 것은 어느 것인가?

㉮ n-Paraffine에서는 탄소수가 증가할수록 옥탄가가 저하하여 C_7에서 옥탄가는 0이다.
㉯ 방향족 탄화수소의 경우 벤젠고리의 측쇄가 C_3까지는 옥탄가가 증가하지만 그 이상이면 감소한다.
㉰ Naphthene계는 방향족 탄화수소보다는 옥탄가가 작지만 n-Paraffine계보다는 큰 옥탄가를 가진다.
㉱ iso-Paraffine에서는 methyl기 가지가 적을수록, 중앙에 집중하지 않고 분산될수록 옥탄가가 증가한다.

22 연소에 관한 내용으로 틀린 것은 어느 것인가?

㉮ 연소용 공기 중 버너로 공급되는 공기는 1차공기이다.
㉯ 연소온도에 가장 큰 영향을 미치는 인자는 연소용 공기의 공기비이다.
㉰ 소각로의 연소효율을 판단하는 인자는 배출가스 중 이산화탄소의 농도이다.
㉱ 액체연료에서 연료의 C/H비가 작을수록 검댕의 발생이 쉽다.

풀이 ㉱ 액체연료에서 연료의 C/H비가 클수록 검댕의 발생이 쉽다.

23 연소반응속도에 관한 내용으로 틀린 것은 어느 것인가?

㉮ 반응속도식은 온도와 가연성물질 농도에 의존한다.
㉯ 연료와 공기가 혼합된 상태에서는 균질반응을 하며, 균질반응속도는 Arrhenius식으로 나타낸다.
㉰ 공급 공기량이 적은 상태에서 가연성 기체의 화염은 탄소입자가 발생해 황색을 나타낸다.
㉱ 연료의 혼합기체 연소 시 불꽃색이 청색으로 보이는 부분은 연소속도가 아주 느린 상태이다.

풀이 ㉱ 연료의 혼합기체 연소 시 불꽃색이 청색으로 보이는 부분은 연소속도가 아주 빠른 상태이다.

24 공기비가 너무 낮을 경우 나타나는 현상으로 틀린 것은 어느 것인가?

㉮ 연소효율이 저하된다.
㉯ 연소실 내의 연소온도가 낮아진다.
㉰ 가스의 폭발위험과 매연발생이 크다.
㉱ 가연성분과 산소의 접촉이 원활하게 이루어지지 못한다.

풀이 ㉯번에 대한 설명은 공기비가 클 경우 발생하는 현상이다.

정답 21 ㉱ 22 ㉱ 23 ㉱ 24 ㉯

25 기체 연료의 연소방식 중 확산연소에 대한 내용으로 틀린 것은 어느 것인가?

㉮ 역화의 위험성이 없다.
㉯ 가스와 공기를 예열할 수 없다.
㉰ 붉고 긴 화염을 만든다.
㉱ 연료의 분출속도가 클 경우에는 그을음이 발생하기 쉽다.

풀이 ㉯ 가스와 공기를 예열할 수 있다.

26 유류 버너의 종류에 대한 내용으로 틀린 것은 어느 것인가?

㉮ 유압식버너에서 연료유의 분무각도는 압력, 점도 등으로 약간 달라지지만 40~90° 정도이다.
㉯ 고압공기식버너는 고점도 사용에도 가능하며, 분무각도가 20~30° 정도이며, 장염이나 연소시 소음이 발생된다.
㉰ 저압공기식버너는 구조가 간단하고, 유량조절범위는 1 : 10 정도이며, 무화상태가 좋아서 대형 가열로에 주로 사용한다.
㉱ 회전식버너의 유량조절범위는 1 : 5 정도이고, 유압식버너에 비해 연료유의 분무화 입경은 비교적 크다.

풀이 ㉰ 저압공기식버너는 구조가 간단하고, 유량조절범위는 1 : 5 정도이며, 소형 가열로에 주로 사용한다.

27 무연탄의 탄화도가 커질수록 나타나는 성질로서 틀린 것은 어느 것인가?

㉮ 휘발분이 감소한다.
㉯ 발열량이 증가한다.
㉰ 착화온도가 낮아진다.
㉱ 고정탄소의 양이 증가한다.

풀이 ㉰ 착화온도가 증가한다.

28 2차반응에서 반응물질의 농도를 같게 했을 때, 그 10%가 반응하는데 250초 걸렸다면 90% 반응하는데 걸리는 시간(초)은 얼마인가?

㉮ 18,550초   ㉯ 20,250초
㉰ 24,550초   ㉱ 28,250초

풀이
2차반응식 : $\frac{1}{C_o} - \frac{1}{C_t} = -k \times t$

① $\frac{1}{100} - \frac{1}{100-10} = -k \times 250 sec$
∴ $k = 4.4 \times 10^{-6}/sec$

② $\frac{1}{100} - \frac{1}{100-90} = -4.4 \times 10^{-6}/sec \times t$
∴ $t = 20,454.55 sec$

정답 25 ㉯   26 ㉰   27 ㉰   28 ㉯

29 디젤기관의 노킹(diesel knocking) 방지법으로 알맞은 것은 어느 것인가?

㉮ 세탄가가 10 정도로 낮은 연료를 사용한다.
㉯ 연료 분사개시 때 분사량을 증가시킨다.
㉰ 기관의 압축비를 높여 압축압력을 높게 한다.
㉱ 기관 내로 분사된 연료를 한꺼번에 발화시킨다.

풀이 ㉮ 세탄가가 높은 연료를 사용한다.
㉯ 연료 분사개시 때 분사량을 감소시킨다.
㉱ 급기온도를 높인다.

30 연소 부산물 중 클링커(clinker) 발생 및 대책으로 틀린 것은 어느 것인가?

㉮ 연료층의 내부온도가 높을 때 회분이 환원분위기 속에서 고온열화로 발생된다.
㉯ 연료 연소층의 교반속도를 크게 할수록 클링커 발생량이 줄어든다.
㉰ 연료 연소층의 온도분포가 균일한 경우 클링커 발생이 억제된다.
㉱ 연료중의 회분 유입을 억제하여 클링커 발생을 예방할 수 있다.

풀이 ㉯ 연료 연소층의 교반속도를 크게 할수록 클링커 발생량이 증가한다.

31 석유에 대한 내용으로 틀린 것은 어느 것인가?

㉮ 경질유는 방향족계 화합물을 10% 미만 함유한다고 할 수 있다.
㉯ 점도가 낮을수록 유동점이 낮아지므로 일반적으로 저점도의 중유는 고점도의 중유보다 유동점이 낮다.
㉰ 석유의 동점도가 감소하면 끓는점과 인화점이 높아지고, 연소가 잘 된다.
㉱ 석유의 비중이 커지면 탄화수소비(C/H)가 증가한다.

풀이 ㉰ 석유의 동점도가 감소하면 끓는점이 낮아지고 유동성이 좋아진다.

32 대형 소각로에 사용하는 가동식 화격자상에서 건조, 연소 및 후연소가 이루어지며 쓰레기의 교반 및 연소조건이 양호하고 소각효율이 매우 높으나 마모가 많은 화격자 방식은 어느 것인가?

㉮ 회전 로울러식   ㉯ 부채형 반전식
㉰ 계단식   ㉱ 역동식

풀이 ㉱ 역동식에 대한 설명이다.

33 기체연료의 연소방식으로 알맞은 것은 어느 것인가?

㉮ 스토커 연소   ㉯ 예혼합 연소
㉰ 유동층 연소   ㉱ 회전식버너 연소

풀이 기체연료의 연소방식으로는 확산연소, 예혼합연소, 부분예혼합연소가 있다.

정답 29 ㉰ 30 ㉯ 31 ㉰ 32 ㉱ 33 ㉯

34 황함량이 가장 낮은 연료는 어느 것인가?

㉮ LPG ㉯ 중유
㉰ 경유 ㉱ 휘발유

풀이 황함량이 가장 낮은 연료는 기체연료이다.

35 황 함유량 1.6wt%인 중유를 시간당 50 ton으로 연소시킬 때 SO_2의 배출량 (Sm^3/hr)은 얼마인가? (단, 표준상태를 기준으로 하고, 황은 100% 반응하며, 이 중 5%는 SO_3로, 나머지는 SO_2로 배출된다.)

㉮ $532 Sm^3/hr$ ㉯ $560 Sm^3/hr$
㉰ $585 Sm^3/hr$ ㉱ $605 Sm^3/hr$

풀이 $S + O_2 \rightarrow SO_2$
$32kg : 22.4 Sm^3$
$50 \times 10^3 kg/hr \times 0.016 \times 0.95 : X$
$\therefore X = 532 Sm^3/hr$

36 중유연소 가열로의 배기가스를 분석한 결과 용량비로 N_2 = 80%, CO = 12%, O_2 = 8%의 결과를 얻었다. 공기비는 얼마인가?

㉮ 1.1 ㉯ 1.4
㉰ 1.6 ㉱ 2.0

풀이 공기비(m) = $\dfrac{N_2\%}{N_2\% - 3.76 \times (O_2\% - 0.5 CO\%)}$
= $\dfrac{80\%}{80\% - 3.76 \times (8\% - 0.5 \times 12\%)}$ = 1.104

37 부피비 99%의 메탄(CH_4)과 미량의 불순물로 구성된 탄화수소 혼합가스 3L를 완전연소할 때 필요한 이론적 공기량(L)은 얼마인가?

㉮ 약 9.4L ㉯ 약 13.5L
㉰ 약 19.8L ㉱ 약 28.3L

풀이 ① $CH_4 + 2O_2 \rightarrow CO_2 + 2H_2O$: 99%
이론공기량(A_o) = $\dfrac{산소량}{0.21} = \dfrac{2 \times 0.99}{0.21}$
= 9.43 L/L
② 이론공기량(A_o) = 9.43 L/L × 3L = 28.29 L

38 연료의 완전연소 시 발열량($kcal/Sm^3$)이 가장 큰 물질은 어느 것인가?

㉮ Propane ㉯ Ethylene
㉰ Acetylene ㉱ Propylene

39 3,000K 정도의 고온조건으로 연소할 때 일산화탄소가 상당량 발생되는 원인으로 알맞은 것은 어느 것인가?

㉮ 혼합상태가 불량해지기 때문이다.
㉯ 산소 부족현상이 나타나기 때문이다.
㉰ 이산화탄소가 열분해되기 때문이다.
㉱ 연소시간이 불충분해지기 때문이다.

정답 34 ㉮ 35 ㉮ 36 ㉮ 37 ㉱ 38 ㉮ 39 ㉰

40 중유는 A, B, C로 구분된다. 이것을 구분하는 기준은 무엇인가?

㉮ 점도 ㉯ 비중
㉰ 착화온도 ㉱ 유황함량

[풀이] 중유를 A, B, C로 구분하는 기준은 점도이다.

$$\triangle P = \lambda \times \frac{L}{D} \times \frac{rv^2}{2g} (mmH_2O)$$

① 유량(Q) = 단면적(A)×유속(v) = $\frac{\pi D^2}{4} \times v$

$$\therefore v = \frac{Q}{\frac{\pi D^2}{4}} = \frac{12,000 m^3/hr \times 1hr/3,600sec}{\frac{\pi}{4} \times (1m)^2}$$

$= 4.244 m/sec$

② $r = 1.3 kg/Sm^3 \times \frac{273}{273+260℃} = 0.666 kg/m^3$

③ $\triangle P = 0.06 \times \frac{100m}{1m} \times \frac{0.666 kg/m^3 \times (4.244 m/sec)^2}{2 \times 9.8 m/sec^2}$

$= 3.67 mmH_2O$

| 제3과목 | 대기오염방지기술

41 유해가스에 대한 설명 중 가장 거리가 먼 것은?

㉮ Cl_2가스는 상온에서 황록색을 띤 기체이며 자극성 냄새를 가진 유독물질로 관련 배출원은 표백공업이다.
㉯ F_2는 상온에서 무색의 발연성 기체로 강한 자극성이며 물에 잘 녹고 관련 배출원은 알루미늄 제련공업이다.
㉰ SO_2는 무색의 강한 자극성 기체로 환원성 표백제로도 이용되고 화석연료의 연소에 의해서도 발생된다.
㉱ NO는 적갈색의 특이한 냄새를 가진 물에 잘 녹는 맹독성 기체로 자동차배출이 가장 많은 부분을 차지한다.

42 높이 100m, 직경이 1m인 굴뚝에서 260℃의 배출가스가 12,000m³/hr로 토출될 때 굴뚝에 의한 마찰손실(mmH₂O)은 약 얼마인가? (단, 굴뚝의 마찰계수는 λ = 0.06, 표준상태의 공기밀도는 1.3kg/m³이다.)

㉮ 1.84mmH₂O ㉯ 2.94mmH₂O
㉰ 3.68mmH₂O ㉱ 4.82mmH₂O

43 먼지농도 50g/Sm³의 함진가스를 정상 운전 조건에서 96%로 처리하는 사이클론이 있다. 처리가스의 15%에 해당하는 외부공기가 유입될 때의 먼지통과율이 외부공기 유입이 없는 정상운전시의 2배에 달한다면, 출구가스 중의 먼지 농도(g/Sm³)는 얼마인가?

㉮ 3.0g/Sm³ ㉯ 3.5g/Sm³
㉰ 4.0g/Sm³ ㉱ 4.5g/Sm³

[풀이] ① 정상시 효율(η) = 96%
② 정상시 통과율(P) = 100-96 = 4%
③ 비정상시 통과율(P) = 정상시 통과율×2
   = 4%×2 = 8%
④ $P = \frac{C_o \times Q_o}{C_i \times Q_i} \times 100$

$8\% = \frac{C_o \times 1.15}{50g/Sm^3 \times 1.0} \times 100$

$\therefore C_o = \frac{0.08 \times 50g/Sm^3 \times 1.0}{1.15} = 3.48 g/Sm^3$

정답 40 ㉮ 41 ㉱ 42 ㉰ 43 ㉯

44 원심력 집진장치에 사용되는 용어에 대한 내용으로 틀린 것은 어느 것인가?

㉮ 임계입경(critical diameter)은 100% 분리한계입경이라고도 한다.
㉯ 분리계수가 클수록 집진율은 증가한다.
㉰ 분리계수는 입자에 작용하는 원심력을 관성력으로 나눈 값이다.
㉱ 사이클론에서 입자의 분리속도는 함진가스의 선회속도에는 비례하는 반면, 원통부 반경에는 반비례한다.

풀이 ㉰ 분리계수는 입자에 작용하는 원심력을 중력으로 나눈 값이다.

45 가스의 압력손실은 작은 반면, 세정액 분무를 위해 상당한 동력이 요구되며, 장치의 압력손실은 2~20mmH₂O, 가스 겉보기 속도는 0.2~1m/s 정도인 세정 집진장치는 어느 것인가?

㉮ 벤츄리스크러버(venturi scrubber)
㉯ 사이클론스크러버(cyclone scrubber)
㉰ 충전탑(packed tower)
㉱ 분무탑(spray tower)

풀이 ㉱ 분무탑에 대한 설명이다.

46 유해가스 처리 시 사용되는 충전탑(packed tower)에 대한 내용으로 틀린 것은 어느 것인가?

㉮ 액분산형 흡수장치로서 충전물의 충전방식을 불규칙적으로 했을 때 접촉면적은 크나, 압력손실이 커진다.
㉯ 충전탑에서 hold-up이라는 것은 탑의 단위면적당 충전재의 양을 의미한다.
㉰ 흡수액에 고형물이 함유되어 있는 경우에는 침전물이 생기는 방해를 받는다.
㉱ 일정량의 흡수액을 흘릴 때 유해가스의 압력손실은 가스속도의 대수값에 비례하며, 가스속도 증가 시 나타나는 첫 번째 파괴점을 loading point라 한다.

풀이 ㉯ 충전탑에서 hold-up이라는 것은 흡수액을 통과시키면서 유량속도를 증가할 경우 충전층 내의 액보유량이 증가하게 되는 상태이다.

47 전기집진장치의 집진율과 집진기 변수와의 관계식은 어느 것인가? (단, η : 집진율, A : 집진극의 면적(m²), V : 입자의 유속(m/s), Q : 가스유량(m³/s))

㉮ $\eta = 1-\exp\left[-V\dfrac{A}{Q}\right]$
㉯ $\eta = 1-\exp\left[-Q\dfrac{A}{V}\right]$
㉰ $\eta = 1-\exp\left[-Q\dfrac{V}{A}\right]$
㉱ $\eta = 1-\exp\left[Q\dfrac{V}{A}\right]$

정답 44 ㉰ 45 ㉱ 46 ㉯ 47 ㉮

48 송풍기가 표준공기(밀도 : 1.2kg/m³)를 10m³/sec로 이동시키고 1,000rpm으로 회전할 때 정압이 900N/m²이었다면 공기밀도가 1.0kg/m³으로 변할 때 송풍기의 정압은 얼마인가?

㉮ 520N/m² ㉯ 625N/m²
㉰ 750N/m² ㉱ 820N/m²

풀이 송풍기의 정압 = 정압 $\times \left(\dfrac{\rho_2}{\rho_1}\right)^1$

= 900N/m² $\times \left(\dfrac{1.0\text{kg/m}^3}{1.2\text{kg/m}^3}\right)^1$ = 750N/m²

49 후드에서 오염물질을 흡입하는 요령으로 틀린 것은 어느 것인가?

㉮ 후드를 발생원에 근접시킨다.
㉯ 국부적인 흡입방식을 택한다.
㉰ 충분한 포착속도를 유지한다.
㉱ 후두의 개구면적을 크게 한다.

풀이 ㉱ 후두의 개구면적을 작게 한다.

50 벤츄리스크러버(venturi scrubber)에 대한 내용으로 틀린 것은 어느 것인가?

㉮ 목부의 처리가스 속도는 보통 60~90 m/s이다.
㉯ 물방울 입경과 먼지 입경의 비는 충돌효율면에서 10 : 1 전후가 좋다.
㉰ 액가스비는 보통 0.3~1.5L/m³ 정도, 압력손실은 300~800mmH₂O 전후이다.
㉱ 가압수식 중에서 집진율이 가장 높아 대단히 광범위하게 사용되며, 소형으로 대용량의 가스처리가 가능하다.

풀이 ㉯ 물방울 입경과 먼지 입경의 비는 충돌효율면에서 150 : 1 전후가 좋다.

51 염소가스를 함유하는 배출가스에 100kg의 수산화나트륨을 포함한 수용액을 순환 사용하여 100% 반응시킨다면 몇 kg의 염소가스를 처리할 수 있는가? (단, 표준상태 기준이다.)

㉮ 약 82kg ㉯ 약 85kg
㉰ 약 89kg ㉱ 약 93kg

풀이 $Cl_2 + 2NaOH \rightarrow NaCl + NaOCl + H_2O$
71kg : 2×40kg
X : 100kg
∴ X = 88.75kg

52 충전탑에 대한 내용으로 틀린 것은 어느 것인가?

㉮ 충전탑은 flooding point의 40~70%에서 보통 설계된다.
㉯ 일정한 양의 흡수액을 흘릴 때 유해가스의 압력손실은 가스속도의 대수값에 반비례한다.
㉰ 가스속도를 증가시키면 2군데에서 break point가 나타나는데, 1번째 break point가 loading point이다.
㉱ flooding point에서의 가스속도는 충전제를 불규칙하게 쌓았을 때보다 규칙적으로 쌓았을 때가 더 크다.

풀이 ㉯ 일정한 양의 흡수액을 흘릴 때 유해가스의 압력손실은 가스속도의 대수값에 비례한다.

정답 48 ㉰ 49 ㉱ 50 ㉯ 51 ㉰ 52 ㉯

53 사이클론의 원추부 높이가 1.4m, 유입구 높이가 15cm, 원통부 높이가 1.4m일 때 외부 선회류의 회전수는 얼마인가? (단, $N = (1/H_A)[H_B+(H_C/2)]$)

㉮ 6회 ㉯ 11회
㉰ 14회 ㉱ 18회

풀이 $N = \dfrac{1}{H_A} \times \left(H_B + \dfrac{H_C}{2}\right) = \dfrac{1}{0.15m} \times \left(1.4m + \dfrac{1.4m}{2}\right)$
= 14회

54 입구 직경이 400mm인 접선유입식 사이클론으로 함진가스 100m³/min을 처리할 때, 배출가스의 밀도는 1.28kg/m³이고, 압력손실계수가 8이면 사이클론 내의 압력손실은?

㉮ 83mmH$_2$O ㉯ 92mmH$_2$O
㉰ 114mmH$_2$O ㉱ 126mmH$_2$O

풀이 △P = 압력손실계수(F)×속도압(Vp)
① F = 8
② $V_p = \dfrac{rv^2}{2g}$ (mmH$_2$O)

$v = \dfrac{Q}{A} = \dfrac{Q}{\dfrac{\pi D^2}{4}} = \dfrac{100m^3/min \times 1min/60sec}{\dfrac{\pi}{4} \times (0.4m)^2}$

= 13.2629m/sec

∴ $V_p = \dfrac{1.28kg/m^3 \times (13.2629m/sec)^2}{2 \times 9.8m/sec^2}$

= 11.4876mmH$_2$O
③ △P = 8×11.4876mmH$_2$O = 91.90mmH$_2$O

55 활성탄의 가스흡착에서 흡착이 진행될 때 활성탄상의 온도 변화로 알맞은 것은 어느 것인가?

㉮ 활성탄의 온도가 증가된다.
㉯ 활성탄의 온도가 감소된다.
㉰ 활성탄의 온도의 변화가 없다.
㉱ 활성탄의 온도는 감소하다가 변화가 없다.

56 원심력 집진장치에서 압력손실의 감소 원인으로 틀린 것은 어느 것인가?

㉮ 장치 내 처리가스가 선회되는 경우
㉯ 호퍼 하단 부위에 외기가 누입될 경우
㉰ 외통의 접합부 불량으로 함진가스가 누출될 경우
㉱ 내통이 마모되어 구멍이 뚫려 함진가스가 by-pass될 경우

풀이 ㉯, ㉰, ㉱외에 VANE의 마모가 있다.

57 공기의 유속과 점도가 각각 1.5m/s와 0.0187cp일 때 레이놀즈 수를 계산한 결과 1,950이었다. 이 때 덕트 내를 이동하는 공기의 밀도(kg/m³)는 얼마인가? (단, 덕트의 직경은 75mm이다.)

㉮ 0.23kg/m³ ㉯ 0.29kg/m³
㉰ 0.32kg/m³ ㉱ 0.40kg/m³

풀이 $Re = \dfrac{D \times V \times \rho}{\mu}$

$1,950 = \dfrac{(75 \times 10^{-3}m) \times 1.5m/sec \times \rho}{0.0187 \times 10^{-3}kg/m \cdot sec}$

∴ $\rho = 0.32kg/m^3$

정답 53 ㉰ 54 ㉯ 55 ㉮ 56 ㉮ 57 ㉰

58 자연 통풍력을 증대시키기 위한 방법으로 틀린 것은 어느 것인가?

㉮ 굴뚝을 높인다.
㉯ 굴뚝 통로를 단순하게 한다.
㉰ 굴뚝 안의 가스를 냉각시킨다.
㉱ 굴뚝가스의 체류시간을 증가시킨다.

[풀이] ㉰ 굴뚝 안의 가스의 온도를 높인다.

59 여과집진장치의 먼지제거 매커니즘으로 틀린 것은 어느 것인가?

㉮ 관성충돌(inertial impaction)
㉯ 확산(diffusion)
㉰ 직접차단(direct interception)
㉱ 무화(atomization)

[풀이] ㉱ 중력작용

60 유해오염물질과 그 처리방법에 대한 내용으로 틀린 것은 어느 것인가?

㉮ 비소는 염산용액으로 채취 후, $Ca(OH)_2$에 대한 피흡착력을 이용하여 제거한다.
㉯ 벤젠은 촉매연소법이나 활성탄 흡착법을 사용하여 제거한다.
㉰ 염화인은 충전물을 채운 흡수탑을 이용하여 알칼리성 용액에 흡수시켜 제거한다.
㉱ 크롬산 미스트는 비교적 입자크기가 크고 친수성이므로 수세법으로 제거한다.

[풀이] ㉮ 비소는 알칼리액에 의한 세정에 의해 제거한다.

| 제4과목 | 대기오염공정시험기준

61 환경대기 중 탄화수소 측정방법에서 총 탄화수소 측정법 성능기준으로 틀린 것은 어느 것인가?

㉮ 측정범위는 0~10ppmC, 0~25ppmC 또는 0~50ppmC로 하여 1~3단계(Range)의 변환이 가능한 것이어야 한다.
㉯ 응답시간은 스팬가스를 도입시켜 측정치가 일정한 값으로 급격히 변화되어 스팬가스 농도의 90% 변화할 때까지의 시간은 2분 이하여야 한다.
㉰ 제로가스 및 스팬가스를 흘려보냈을 때 정상적인 측정치의 변동은 각 측정단계(Range)마다 최대 눈금치의 ±3%의 범위 내에 있어야 한다.
㉱ 제로조정 및 스팬조정을 끝낸 후 그 중간 농도의 교정용 가스를 주입시켰을 경우에 상당하는 메탄 농도에 대한 지시오차는 각 측정단계(Range)마다 최대 눈금치의 ±5%의 범위 내에 있어야 한다.

[풀이] ㉰ 제로가스 및 스팬가스를 흘려보냈을 때 정상적인 측정치의 변동은 각 측정단계마다 최대 눈금치의 ±1%의 범위 내에 있어야 한다.

정답 58 ㉰ 59 ㉱ 60 ㉮ 61 ㉰

62 A도시면적이 150km²이고 인구밀도가 4,000명/km²이며 전국 평균 인구밀도가 800명/km²일 때, 인구비례에 의한 방법으로 결정한 A도시의 환경기준 시험을 위한 시료 채취 지점수는 얼마인가? (단, A도시면적은 지역의 가주지 면적(총면적에서 전답, 임야, 호수, 하천 등의 면적을 뺀 면적)이다.)

㉮ 30개 ㉯ 35개
㉰ 40개 ㉱ 45개

풀이 측정점수
$= \dfrac{\text{그 지역 가주지 면적}}{25\text{km}^2} \times \dfrac{\text{그 지역 인구밀도}}{\text{전국 평균인구밀도}}$
$= \dfrac{150\text{km}^2}{25\text{km}^2} \times \dfrac{4{,}000}{800} = 30$개

63 링겔만 매연 농도표에 의한 배출가스 중 매연의 농도 측정 시 연도 배출구에서 몇 cm 떨어진 곳의 농도와 비교하는가?

㉮ 10~30cm ㉯ 15~30cm
㉰ 30~45cm ㉱ 45~60cm

64 대기 및 굴뚝 배출가스 중 일산화탄소를 연속적으로 측정하는 비분산 정필터형 적외선 가스분석계(고정형)의 성능 유지조건으로 알맞은 것은 어느 것인가?

㉮ 최종 지시값에 대한 90%의 응답을 나타내는 시간은 60초 이내이어야 한다.
㉯ 전체 눈금의 ±5% 이하에 해당하는 농도변화를 검출할 수 있는 감도를 지녀야 한다.
㉰ 동일 조건에서 제로가스를 연속적으로 도입하여 24시간 연속측정하는 동안 전체 눈금의 ±5% 이상의 지시변화가 없어야 한다.
㉱ 전압변동에 대한 안정성 측면에서 전원전압이 설정 전압의 ±10% 이내로 변화하였을 때 지시값의 변화는 전체 눈금의 ±1% 이내이어야 한다.

풀이 ㉮ 최종 지시값에 대한 90%의 응답을 나타내는 시간은 40초 이내이어야 한다.
㉯ 전체 눈금의 ±1% 이하에 해당하는 농도변화를 검출할 수 있는 감도를 지녀야 한다.
㉰ 동일 조건에서 제로가스를 연속적으로 도입하여 24시간 연속측정하는 동안 전체 눈금의 ±2% 이상의 지시변화가 없어야 한다.

정답 62 ㉮ 63 ㉰ 64 ㉱

65 연료용 유류 중의 황함유량 분석방법으로 틀린 것은 어느 것인가?

㉮ 연소관식 공기법은 500~550℃로 가열한 석영재질 연소관 중에 공기를 불어넣어 시료를 연소시킨 후 생성된 황산화물을 붕산소듐(9%)에 흡수시켜 황산으로 만든 다음, 수산화소듐표준액으로 중화적정한다.
㉯ 연소관식 공기법의 경우 불용성 황산염을 만드는 금속(Ba, Ca 등)이 들어있는 시료에는 적용할 수 없다.
㉰ 연소관식 공기법의 경우 연소되어 산을 발생시키는 원소(P, N, Cl 등)가 들어있는 시료에는 적용할 수 없다.
㉱ 방사선식 여기법은 시료에 방사선을 조사하고, 여기된 황의 원자에서 발생하는 형광 X선의 강도를 측정한다.

[풀이] ㉮ 연소관식 공기법은 950~1100℃로 가열한 석영재질 연소관 중에 공기를 불어넣어 시료를 연소시킨 후 생성된 황산화물을 과산화수소(3%)에 흡수시켜 황산으로 만든 다음, 수산화소듐표준액으로 중화적정한다.

TIP
수산화소듐표준액 = 수산화나트륨표준액

66 비분산적외선분광분석법에서 분석계의 최고 눈금값을 교정하기 위하여 사용하는 가스는 어느 것인가?

㉮ 비교가스   ㉯ 제로가스
㉰ 스팬가스   ㉱ 필터가스

[풀이] ㉰ 스팬가스에 대한 설명이다.

67 일정한 굴뚝을 거치지 않고 외부로 비산 배출되는 먼지측정을 위한 고용량공기 시료채취기법의 시료 채취방법으로 틀린 것은 어느 것인가?

㉮ 시료채취장소는 원칙적으로 측정하려고 하는 발생원의 부지경계선상에 선정하며 풍향을 고려하여 그 발생원의 비산먼지 농도가 가장 높을 것으로 예상되는 지점 3개소 이상을 선정한다.
㉯ 별도로 발생원의 위(upstream)인 바람의 방향을 따라 대상 발생원의 영향이 없을 것으로 추측되는 곳에 대조위치를 선정한다.
㉰ 시료채취는 1회 10분 이상 연속 채취하며, 풍속이 1m/s 미만으로 바람이 거의 없을 때는 시료채취를 하지 않는다.
㉱ 풍향풍속의 측정 시 연속기록 장치가 없을 경우에는 적어도 10분 간격으로 같은 지점에서의 3회 이상 풍향풍속을 측정하여 기록한다.

[풀이] ㉰ 시료채취는 1회 1시간 이상 연속 채취하며, 풍속이 0.5m/s 미만으로 바람이 거의 없을 때는 시료채취를 하지 않는다.

정답 65 ㉮ 66 ㉰ 67 ㉰

68 환경대기 중의 아황산가스를 산정량 수동법으로 측정하였다. 시료용액에 지시용액을 두 방울 가하고 0.01N 알칼리용액으로 적정하여 회색이 될 때 들어간 알칼리의 양이 20mL, 채취한 시료량은 10m³이었다. 이 때 아황산가스의 농도($\mu g/m^3$)는 얼마인가?

㉮ $640\mu g/m^3$ ㉯ $1,280\mu g/m^3$
㉰ $1,460\mu g/m^3$ ㉱ $1,640\mu g/m^3$

[풀이]
$$S = \frac{32,000 \times N \times v}{V}$$

- S : 아황산가스의 농도($\mu g/m^3$)
- N : 알칼리의 규정농도(0.01N)
- v : 적정에 사용한 알칼리의 양(mL)
- V : 시료가스 채취량(m^3)

따라서 $S = \dfrac{32,000 \times 0.01N \times 20mL}{10m^3} = 640\mu g/m^3$

69 환경기준 시험을 위한 채취지점수(측정점수) 결정 시 TM좌표에 의한 방법 중 ( )에 알맞은 말은 어느 것인가?

> 전국 지도의 TM좌표에 따라 해당지역의 (①)의 지도 위에 (②) 간격으로 바둑판 모양의 구획을 만들고 그 구획마다 측정점을 선정한다.

㉮ ① 1 : 5,000 이상, ② 200~300m
㉯ ① 1 : 5,000 이상, ② 2~3km
㉰ ① 1 : 25,000 이상, ② 200~300m
㉱ ① 1 : 25,000 이상, ② 2~3km

70 환경대기 중의 질소산화물을 자동연속측정하는 방법으로 틀린 것은 어느 것인가?

㉮ 자외선형광법   ㉯ 살츠만법
㉰ 화학발광법   ㉱ 흡광차분광법

[풀이] 환경대기 중의 질소산화물을 자동연속측정하는 방법으로는 살츠만법, 화학발광법, 흡광차분광법이 있다.

71 이온크로마토그래피에서 사용되는 검출기 중 정전위 전극반응을 이용하고, 검출 감도가 높고 선택성이 있어 분석화학 분야에 널리 이용되는 검출기는 어느 것인가?

㉮ 가시선 흡수 검출기
㉯ 정전위 검출기
㉰ 전기화학적 검출기
㉱ 전기전도도 검출기

[풀이] ㉰ 전기화학적 검출기에 대한 설명이다.

72 굴뚝 배출가스 중 다이옥신 및 퓨란류 분석 시 시약으로 사용하는 증류수로 알맞은 것은 어느 것인가?

㉮ 메탄올로 세정한 증류수
㉯ 아세톤으로 세정한 증류수
㉰ 노말헥세인으로 세정한 증류수
㉱ 디클로로메탄으로 세정한 증류수

정답 68 ㉮ 69 ㉱ 70 ㉮ 71 ㉰ 72 ㉰

73 배출가스 중 금속화합물을 원자흡수분광광도법으로 분석할 때 간섭물질에 대한 내용으로 틀린 것은 어느 것인가?

㉮ 시료 내 납, 카드뮴, 크롬의 양이 미량으로 존재하거나 방해물질이 존재할 경우, 용매 추출법을 적용하여 정량할 수 있다.
㉯ 아연 분석 시 213.8nm 측정파장을 이용할 경우 불꽃에 의한 흡수 때문에 바탕선(baseline)이 높아지는 경우가 있다.
㉰ 니켈 분석 시 다량의 탄소가 포함된 시료의 경우, 시료를 채취한 여과지를 적당한 크기로 잘라서 자기도가니에 넣어 전기로를 사용하여 800℃에서 30분 이상 가열한 후 전처리 조작을 행한다.
㉱ 철 분석 시 규소를 다량 포함하고 있을 때는 0.5% 인산용액을 첨가하여 분석하고, 유기산(특히 시트르산)이 다량 포함되어 있을 때는 0.2% 염화칼슘 용액을 첨가하여 간섭을 줄일 수 있다.

[풀이] ㉱ 철 분석 시 규소를 다량 포함하고 있을 때는 0.2% 염화칼슘용액을 첨가하여 분석하고, 유기산(특히 시트르산)이 다량 포함되어 있을 때는 0.5% 인산을 가하여 간섭을 줄일 수 있다.

74 환경대기 중의 먼지 측정방법 중 습도, 비, 안개 등의 영향을 크게 받기 때문에 상대습도가 70% 이상이 되면 측정치의 신뢰도가 낮아지는 측정방법은 어느 것인가?

㉮ 고용량 공기시료채취기법
㉯ 저용량 공기시료채취기법
㉰ 광산란법
㉱ 광투과법

[풀이] ㉰ 광산란법에 대한 설명이다.

75 기체크로마토그래피의 설치조건에 대한 내용으로 틀린 것은 어느 것인가?

㉮ 설치장소는 진동이 없고 부식가스나 먼지가 적고 실온 5~35℃, 상대습도 85% 이하로서 직사광선이 쪼이지 않는 곳으로 한다.
㉯ 공급전원은 지정된 전력 및 주파수이어야 하고, 전원변동은 지정전압의 10% 이내로서 주파수의 변동이 없는 것이어야 한다.
㉰ 고주파가열로와 같은 것으로부터 전자기의 유도를 받지 않아야 한다.
㉱ 분리관을 장치에 부착한 후 운반가스의 압력을 사용압력 이하로 유지하면서 가스누출 시험을 한다.

[풀이] ㉱ 분리관을 장치에 부착한 후 운반가스의 압력을 사용압력 이상으로 올리고 가스누출시험을 한다.

정답 73 ㉱ 74 ㉰ 75 ㉱

76 굴뚝 배출가스 중의 수분량을 흡습관법으로 측정한 결과 다음과 같은 결과 값을 얻었다. 습배출가스 중의 수증기 백분율(%)은 얼마인가? (단, 표준상태 기준이다.)

- 건조가스 흡입유량 : 20L
- 측정 전 흡습관 질량 : 96.16g
- 측정 후 흡습관 질량 : 97.69g

㉮ 약 6.4%   ㉯ 약 7.1%
㉰ 약 8.7%   ㉱ 약 9.5%

풀이 수분량 = 97.69g-96.16g = 1.53g

$$X_w(\%) = \frac{1.244 \times ma(L)}{Vs(L) + 1.244 \times ma(L)} \times 100$$

$$= \frac{1.244 \times 1.53g}{20L + 1.244 \times 1.53g} \times 100$$

$$= 8.69\%$$

77 다음은 시험의 기재 및 용어에 관한 설명이다. ( ) 안에 알맞은 말은 어느 것인가?

시험조작 중 "즉시"란 (①) 이내에 표시된 조작을 하는 것을 뜻하며, "감압 또는 진공"이라 함은 따로 규정이 없는 한 (②) 이하를 뜻한다.

㉮ ① 10초, ② 15mmH$_2$O
㉯ ① 10초, ② 15mmHg
㉰ ① 30초, ② 15mmH$_2$O
㉱ ① 30초, ② 15mmHg

78 굴뚝에서 배출되는 가스상 물질 중 폼알데하이드 채취 시 채취관의 재질로 틀린 것은 어느 것인가?

㉮ 경질유리   ㉯ 스테인리스강
㉰ 석영   ㉱ 플루오로수지

풀이 폼알데하이드 채취 시 채취관의 재질로는 경질유리, 석영, 플루오로수지가 있다.

79 원자흡수분광광도법에 사용되는 불꽃 중 불꽃의 온도가 높아 불꽃 중에서 해리하기 어려운 내화성 산화물(refractory oxide)을 만들기 쉬운 원소의 분석에 가장 적합한 것은 어느 것인가?

㉮ 아세틸렌-공기
㉯ 아세틸렌-산소
㉰ 수소-공기-알곤
㉱ 아세틸렌-아산화질소

풀이 ㉱ 아세틸렌-아산화질소에 대한 설명이다.

80 배출가스 중 가스상물질의 시료채취장치 중 채취부에 사용되는 부품의 조건으로 틀린 것은 어느 것인가?

㉮ 펌프는 배기능력 10~20L/min인 개방형을 쓴다.
㉯ 가스미터는 일회전 1L의 습식 또는 건식 가스미터를 쓴다.
㉰ 수은 마노미터는 대기와 압력차가 100mmHg 이상인 것을 쓴다.
㉱ 가스건조탑은 유리로 만든 가스건조탑을 쓰며, 건조제로서는 입자상태의 염화칼슘 등을 쓴다.

풀이 ㉮ 펌프는 배기능력 0.5~5L/min인 밀폐형을 쓴다.

정답 76 ㉰ 77 ㉱ 78 ㉯ 79 ㉱ 80 ㉮

| 제5과목 | 대기환경관계법규

81 대기환경보전법에서 사용하는 용어의 뜻으로 틀린 것은 어느 것인가?

㉮ "저공해엔진"이란 자동차 또는 건설기계에서 배출되는 대기오염물질을 줄이기 위한 엔진(엔진개조에 사용하는 부품을 포함한다)으로서 환경부령으로 정하는 배출허용기준에 맞는 엔진을 말한다.
㉯ "검댕"이란 연소할 때에 생기는 유리탄소가 응결하여 입자의 지름이 1미크론 이상이 되는 입자상물질을 말한다.
㉰ "온실가스"란 적외선 복사열을 흡수하거나 다시 방출하여 온실효과를 유발하는 대기 중의 가스상태 물질로서 이산화탄소, 메탄, 아산화질소, 수소불화탄소, 과불화탄소, 육불화황을 말한다.
㉱ "촉매제"란 연료절감을 위해 엔진구동부에 사용되는 화학물질로서 부피비율로 1퍼센트 미만의 비율로 첨가하는 물질을 말한다.

[풀이] ㉱ 촉매제란 배출가스를 줄이는 효과를 높이기 위하여 배출가스 저감장치에 사용되는 화학물질로서 환경부령으로 정하는 것을 말한다.

82 다음 중 대기환경보전법령상 "3종 사업장"에 해당되는 것은 어느 것인가?

㉮ 대기오염물질발생량의 합계가 연간 9톤인 사업장
㉯ 대기오염물질발생량의 합계가 연간 11톤인 사업장
㉰ 대기오염물질발생량의 합계가 연간 22톤인 사업장
㉱ 대기오염물질발생량의 합계가 연간 52톤인 사업장

83 배연탈황시설을 설치한 배출시설을 시운전할 경우 환경부령이 정하는 시운전 기간의 기준은 어느 것인가?

㉮ 배출시설 및 방지시설의 가동개시일부터 10일까지
㉯ 배출시설 및 방지시설의 가동개시일부터 15일까지
㉰ 배출시설 및 방지시설의 가동개시일부터 30일까지
㉱ 배출시설 및 방지시설의 가동개시일부터 60일까지

84 다음은 대기환경보전법규상 자동차 운행정지표지에 관한 사항이다. ( ) 안에 알맞은 말은 어느 것인가?

> 바탕색은 (①)으로, 문자는 검정색으로 하며, 이 자동차를 운행정지기간 내에 운행하는 경우에는 대기환경보전법에 따라 (②)을 물게 됩니다.

㉮ ① 흰색, ② 100만원 이하의 벌금
㉯ ① 흰색, ② 300만원 이하의 벌금
㉰ ① 노란색, ② 100만원 이하의 벌금
㉱ ① 노란색, ② 300만원 이하의 벌금

정답 81 ㉱ 82 ㉯ 83 ㉰ 84 ㉱

85 수도권대기환경청장, 국립환경과학원장 또는 한국환경공단이 설치하는 대기오염 측정망의 종류로 틀린 것은 어느 것인가?

㉮ 대기오염물질의 지역 배경농도를 측정하기 위한 교외대기 측정망
㉯ 도시지역의 휘발성 유기화합물 등의 농도를 측정하기 위한 광화학대기오염물질 측정망
㉰ 산성 대기오염물질의 건성 및 습성 침착량을 측정하기 위한 산성강하물 측정망
㉱ 대기 중의 중금속 농도를 측정하기 위한 대기중금속 측정망

풀이 ㉱번은 시·도지사가 설치하는 대기오염 측정망의 종류이다.

86 최초로 배출시설을 설치한 경우에 환경기술인의 임명신고 시기로 알맞은 것은 어느 것인가?

㉮ 배출시설 가동개시신고와 동시에 신고
㉯ 배출시설 설치완료신고와 동시에 신고
㉰ 배출시설 설치허가신청과 동시에 신고
㉱ 환경기술인 임명과 동시에 신고

풀이 환경기술인 임명 신고 기간
① 최초로 배출시설을 설치하는 경우에는 가동개시신고를 할 때
② 환경기술인을 바꾸어 임명하는 경우에는 그 사유가 발생한 날로부터 5일 이내

87 대기환경보전법상 위반행위 중 "200만원 이하의 과태료 부과"에 해당하는 것은 어느 것인가?

㉮ 제조기준에 맞지 아니한 것으로 판정된 자동차연료를 사용한 자
㉯ 제조기준에 맞지 아니한 것으로 판정된 촉매제를 공급한 자
㉰ 배출허용기준에 맞는지의 여부 확인을 위해 배출시설에 측정기기의 부착 등의 조치를 하지 아니한 자
㉱ 제조기준에 맞지 아니하는 촉매제임을 알면서 사용한 자

88 인증을 면제할 수 있는 자동차로 알맞은 것은 어느 것인가?

㉮ 항공기 지상조업용 자동차
㉯ 여행자 등이 다시 반출할 것을 조건으로 일시 반입하는 자동차
㉰ 외교관 또는 주한 외국군인의 가족이 사용하기 위하여 반입하는 자동차
㉱ 외국에서 국내의 공공기관 또는 비영리단체에 무상으로 기증한 자동차

풀이 ㉮, ㉰, ㉱는 인증의 생략 자동차에 해당한다.

정답 85 ㉱ 86 ㉮ 87 ㉱ 88 ㉯

89 대기환경보전법 시행령에 규정된 사업장별 환경기술인의 자격기준으로 틀린 것은 어느 것인가?

㉮ 대기오염물질발생량의 합계가 연간 80톤 이상인 사업장은 1종 사업장에 해당하는 기술인을 둘 수 있다.
㉯ 대기오염물질발생량의 합계가 연간 20톤 이상 80톤 미만인 사업장은 2종 사업장에 해당하는 기술인을 둘 수 있다.
㉰ 전체 배출시설에 대하여 방지시설 설치면제를 받은 사업장과 배출시설에서 배출되는 오염물질 등을 공동방지시설에서 처리하게 하는 사업장은 5종 사업장에 해당하는 기술인을 둘 수 있다.
㉱ 5종 사업장 중 특정대기유해물질이 포함된 오염물질을 배출하는 경우에는 4종 사업장에 해당하는 기술인을 두어야 한다.

[풀이] ㉱ 5종 사업장 중 특정대기유해물질이 포함된 오염물질을 배출하는 경우에는 3종 사업장에 해당하는 기술인을 두어야 한다.

90 대기환경보전법규상 자동차연료 제조기준 중 휘발유의 90% 유출온도(℃) 기준은 어느 것인가? (단, 2009년 1월 1일부터 적용기준이다.)

㉮ 150℃ 이하 ㉯ 160℃ 이하
㉰ 170℃ 이하 ㉱ 180℃ 이하

91 대기환경보전법규에 명시된 환경기술인의 교육사항에 관한 규정 중 ( ) 안에 알맞은 말은 어느 것인가?

신규교육은 환경기술인으로 임명된 날로부터 (①) 이내에 1회이며, 보수교육은 신규교육을 받은 날을 기준으로 (②)마다 1회 받아야 한다.

㉮ ① 3월 ② 1년 ㉯ ① 6월 ② 1년
㉰ ① 1년 ② 3년 ㉱ ① 1년 ② 5년

92 대기환경보전법령상 부과금의 부과면제 등에 관한 기준이다. ( ) 안에 알맞은 말은 어느 것인가?

발전시설의 경우에는 황함유량 (①)퍼센트 이하인 액체 및 고체연료, 발전시설 외의 배출시설(설비용량 100메가와트 미만인 열병합발전시설을 포함한다)의 경우에는 황함유량이 (②)퍼센트 이하인 액체연료 또는 황함유량이 (③)퍼센트 미만인 고체연료를 사용하는 배출시설로서 배출허용기준을 준수할 수 있는 시설, 이 경우 고체연료의 황함유량은 연소기기에 투입되는 여러 고체연료의 황함유량을 평균한 것으로 한다.

㉮ ① 0.3, ② 0.5, ③ 0.6
㉯ ① 0.3, ② 0.5, ③ 0.45
㉰ ① 0.1, ② 0.3, ③ 0.5
㉱ ① 0.1, ② 0.5, ③ 0.45

정답 89 ㉱ 90 ㉰ 91 ㉰ 92 ㉯

93 환경정책기본법상 대기환경기준에서 정하고 있는 일산화탄소의 8시간 평균치(ppm)는 얼마인가?

㉮ 5ppm 이하 ㉯ 7ppm 이하
㉰ 9ppm 이하 ㉱ 12ppm 이하

풀이 일산화탄소(CO)의 8시간 평균치는 9ppm 이하이고 1시간 평균치는 25ppm 이하이다.

94 대기환경보전법규상 자동차연료형 첨가제의 종류로 틀린 것은 어느 것인가?

㉮ 세척제 ㉯ 다목적첨가제
㉰ 기관윤활제 ㉱ 유동성 향상제

풀이 자동차 연료형 첨가제의 종류로는 세척제, 청정분산제, 매연억제제, 다목적첨가제, 옥탄가 향상제, 세탄가 향상제, 유동성 향상제, 윤활성 향상제가 있다.

95 대기 배출부과금 징수유예 기간 중의 분할납부의 횟수 기준은 어느 것인가? (단, 초과부과금의 경우)

㉮ 2회 이내 ㉯ 4회 이내
㉰ 6회 이내 ㉱ 12회 이내

풀이 유예한 날의 다음날로부터 2년 이내, 12회 이내이다.

96 다음은 대기환경보전법령상 환경부장관이 배출시설 설치를 제한할 수 있는 경우이다. ( ) 안에 알맞은 말은 어느 것인가?

> 배출시설 설치 지점으로부터 반경 1킬로미터 안의 상주인구가 (①)명 이상인 지역으로서 특정대기유해물질 중 한 가지 종류의 물질을 연간 (②) 이상 배출하는 시설을 설치하는 경우

㉮ ① 1만, ② 5톤 ㉯ ① 1만, ② 10톤
㉰ ① 2만, ② 5톤 ㉱ ① 2만, ② 10톤

97 다중이용시설 등의 실내공기질 관리법규상 신축 공동주택의 실내공기질 권고기준 중 "에틸벤젠" 기준으로 알맞은 것은 어느 것인가?

㉮ 210μg/m³ 이하 ㉯ 300μg/m³ 이하
㉰ 360μg/m³ 이하 ㉱ 700μg/m³ 이하

98 대기환경보전법령상 초과부과금 산정기준에서 다음 중 오염물질 1킬로그램당 부과금액이 가장 적은 것은 어느 것인가?

㉮ 이황화탄소 ㉯ 암모니아
㉰ 황화수소 ㉱ 불소화합물

풀이 오염물질 1킬로그램당 부과금액
㉮ 이황화탄소 : 1,600원
㉯ 암모니아 : 1,400원
㉰ 황화수소 : 6,000원
㉱ 불소화합물 : 2,300원

정답 93 ㉰ 94 ㉰ 95 ㉱ 96 ㉱ 97 ㉰ 98 ㉯

99 실내공기질 유지기준의 오염물질 항목으로만 짝지어진 것은?

㉮ 미세먼지(PM-10), 라돈
㉯ 일산화탄소, 석면
㉰ 오존, 총부유세균
㉱ 이산화탄소, 폼알데하이드

풀이 실내공기질 유지기준의 오염물질 항목으로는 미세먼지(PM-10), 미세먼지(PM-2.5), 이산화탄소, 폼알데하이드, 총 부유세균, 일산화탄소가 있다.

100 자가방지시설을 설계·시공하고자 하는 경우, 시·도지사에게 제출해야 되는 서류로 틀린 것은 어느 것인가?

㉮ 공정도
㉯ 기술능력 현황을 적은 서류
㉰ 배출시설 설치도면 및 종업원 수
㉱ 원료(연료 포함)사용량, 제품생산량 및 대기오염물질 등의 배출량을 예측한 명세서

풀이 제출해야 하는 서류에는 ㉮, ㉯, ㉱ 외에 배출시설의 설치명세서, 방지시설의 설치명세서와 그 도면이 있다.

정답 99 ㉱ 100 ㉰

2016년 4회 대기환경기사

2016년 10월 1일 시행

| 제1과목 | 대기오염개론

01 따뜻한 공기가 찬 지표면이나 수면 위를 불어갈 때 따뜻한 공기의 하층이 찬 지표면 수면에 의해 냉각되어 발생하는 역전 형태는 어느 것인가?

㉮ 접지역전   ㉯ 침강역전
㉰ 전선역전   ㉱ 해풍역전

풀이 ㉮ 접지역전에 대한 설명이다.

02 유효고 50m인 굴뚝에서 NO가 200g/sec의 속도로 배출되고 있다. 굴뚝 유효고에서의 풍속은 10m/sec일 때, 500m 풍하방향 중심선상 지표면에서의 NO 농도($\mu g/m^3$)는 얼마인가? (단, σ_y = 30m, σ_z = 15m이다.)

㉮ 약 $3\mu g/m^3$ ㉯ 약 $5\mu g/m^3$
㉰ 약 $27\mu g/m^3$ ㉱ 약 $55\mu g/m^3$

풀이 가우시안 확산식을 이용한다.

$$C = \frac{Q}{\pi \cdot u \cdot \sigma_y \cdot \sigma_z} \exp\left[-\frac{1}{2}\left(\frac{He}{\sigma_z}\right)^2\right]$$

- C : NO의 농도($\mu g/m^3$)
- Q : NO의 배출량($\mu g/sec$)
- u : 풍속(m/sec)
- σ_y : 수평방향의 표준편차(m)
- σ_z : 수직방향의 표준편차(m)
- He : 유효굴뚝높이(m)

따라서

$$C = \frac{200 \times 10^6 \mu g/sec}{\pi \times 10m/sec \times 30m \times 15m} \exp\left[-\frac{1}{2}\left(\frac{50m}{15m}\right)^2\right]$$
$$= 54.70\mu g/m^3$$

03 대기의 안정도와 관련된 리차든수(Ri)를 나타낸 식으로 알맞은 것은 어느 것인가? (단, g : 그 지역의 중력가속도, θ : 잠재온도, u : 풍속, z : 고도)

㉮ $Ri = \dfrac{(g/\theta)(d\theta/dz)}{(du/dz)^2}$

㉯ $Ri = \dfrac{(g/\theta)(du/dz)^2}{(d\theta/dz)}$

㉰ $Ri = \dfrac{(\theta/g)(du/dz)}{(d\theta/dz)}$

㉱ $Ri = \dfrac{(\theta/g)(d\theta/dz)}{(du/dz)^2}$

풀이 ㉮번에 대한 설명이다.

정답 01 ㉮ 02 ㉱ 03 ㉮

04 광화학반응의 주요 생성물 중 PAN (peroxyacetyl nitrate)의 화학식으로 알맞은 것은 어느 것인가?

㉮ $CH_3CO_2N_4O_2$
㉯ $CH_3C(O)O_2NO_2$
㉰ $C_5H_{11}C(O)O_2N_4O_2$
㉱ $C_5H_{11}CO_2NO_2$

풀이 PAN의 화학식은 $CH_3C(O)O_2NO_2$이다.

05 산성비에 대한 다음 설명 중 ( ) 안에 들어갈 알맞은 말은 어느 것인가?

> 산성비는 통상 pH (①) 이하의 강우를 말하며, 이는 자연 상태의 대기 중에 존재하는 (②)가 강우에 흡수되었을 때 나타나는 pH를 기준으로 한 것이다.

㉮ ① 7, ② CO_2
㉯ ① 7, ② NO_2
㉰ ① 5.6 ② CO_2
㉱ ① 5.6 ② NO_2

06 다음 가스 중 혈액 내의 헤모글로빈(Hb)과 결합력이 가장 강한 물질은 어느 것인가?

㉮ CO
㉯ O_2
㉰ NO
㉱ CS_2

풀이 ㉰ 일산화질소(NO)에 대한 설명이다.

07 최대혼합고(MMD)에 대한 내용으로 틀린 것은 어느 것인가?

㉮ 통상적으로 밤에 가장 낮으며, 낮시간 동안 증가한다.
㉯ 야간 극심한 역전하에서는 0이 될 수도 있다.
㉰ 낮시간 동안에는 통상 20~30m의 값을 나타낸다.
㉱ 실제 MMD는 지표 위 수 km까지 실제 공기의 온도종단도를 작성함으로써 결정된다.

풀이 ㉰ 낮시간 동안에는 통상 2,000~3,000m의 값을 나타낸다.

08 로스앤젤레스 스모그 사건에 관한 내용으로 틀린 것은 어느 것인가?

㉮ 대기는 침강성 역전 상태였다.
㉯ 주 오염성분은 NO_X, O_3, PAN, 탄화수소이다.
㉰ 광화학적 및 열적 산화반응을 통해서 스모그가 형성되었다.
㉱ 주 오염 발생원은 가정 난방용 석탄과 화력발전소의 매연이다.

풀이 ㉱ 주 오염 발생원은 자동차에서 배출되는 질소산화물, 탄화수소 등에 의하여 생성된 광화학산화물(O_3, PAN)이다.

정답 04 ㉯ 05 ㉰ 06 ㉰ 07 ㉰ 08 ㉱

09 1~2μm 이하의 미세입자는 세정(rain out) 효과가 작은데 그 이유로 알맞은 것은 어느 것인가?

㉮ 응축효과가 크기 때문에
㉯ 휘산효과가 크기 때문에
㉰ 부정형의 입자가 많기 때문에
㉱ 브라운 운동을 하기 때문에

풀이 1~2μm 이하의 미세입자에서 세정효과가 작은 이유는 브라운 운동을 하기 때문이다.

10 벤젠에 대한 내용으로 틀린 것은 어느 것인가?

㉮ 체내에 흡수된 벤젠은 지방이 풍부한 피하조직과 골수에서 고농도로 축적되어 오래 잔존할 수 있다.
㉯ 체내에서 마뇨산(hippuric acid)으로 대사하여 소변으로 배설된다.
㉰ 비점은 약 80℃ 정도이고, 체내 흡수는 대부분 호흡기를 통하여 이루어진다.
㉱ 벤젠 폭로에 의해 발생되는 백혈병은 주로 급성 골수아성 백혈병(acute myeloblastic leukemia)이다.

11 다환방향족 탄화수소(Polycyclic Aromatic Hydrocarbons, PAH)에 대한 내용으로 틀린 것은 어느 것인가?

㉮ 대부분 PAH는 물에 잘 용해되며, 산성비의 주요 원인물질로 작용한다.
㉯ 대부분 공기역학적 직경이 2.5μm 미만인 입자상 물질이다.
㉰ 석탄, 기름, 가스, 쓰레기, 각종 유기물질의 불완전 연소가 일어나는 동안에 형성된 화학물질 그룹이다.
㉱ 고리 형태를 갖고 있는 방향족 탄화수소로서 미량으로도 암 및 돌연변이를 일으킬 수 있다.

풀이 ㉮ 대부분 PAH는 물에 잘 용해되지 않는다.

12 A도시의 먼지 농도를 측정하기 위하여 공기를 여과지를 통하여 0.4m/s의 속도로 3시간 동안 여과시킨 결과 깨끗한 여과지에 비해 사용된 여과지의 빛 전달률이 80%이었다. 이 때 1,000m당의 Coh는 약 얼마인가?

㉮ 1.25 ㉯ 1.50
㉰ 2.25 ㉱ 4.32

풀이
$$Coh = \frac{\log \frac{1}{빛전달률} \times 100}{여과속도(m/sec) \times 여과시간(hr) \times 3,600} \times 1,000m$$

$$= \frac{\log \frac{1}{0.80} \times 100}{0.4m/sec \times 3hr \times 3,600} \times 1,000m = 2.24$$

정답 09 ㉱ 10 ㉯ 11 ㉮ 12 ㉰

13 등압면이 직선이 아닌 곡선일 때에 부는 바람인 경도풍은 3가지 힘이 평형을 이루고 있을 때 나타난다. 이 3가지 힘으로 알맞은 것은 어느 것인가?

㉮ 마찰력, 전향력, 원심력
㉯ 기압경도력, 전향력, 원심력
㉰ 기압경도력, 마찰력, 원심력
㉱ 기압경도력, 전향력, 마찰력

【풀이】 경도풍에 작용하는 힘은 기압경도력, 전향력, 원심력이다.

14 굴뚝높이 50m, 배출 연기온도 200℃, 배출연기속도 30m/s, 굴뚝직경이 2m인 화력발전소가 있다. 지금 주변 대기온도가 20℃이고, 굴뚝 배출구에서 대기 풍속이 10m/s이며, 대기압은 1,000mb인 조건에서 다음 Holland식을 이용한 연기의 유효굴뚝높이(m)는 얼마인가?

$$\triangle H = \frac{V_s d}{u} \times \left[1.5 + 2.68 \times 10^{-3} \times P_a \left(\frac{T_s - T_a}{T_s} \right) d \right]$$

㉮ 약 71m   ㉯ 약 85m
㉰ 약 93m   ㉱ 약 21m

【풀이】 ① $\triangle H = \frac{V_s \times d}{u} \times \left[1.5 + 2.68 \times 10^{-3} \times P_a \times \left(\frac{T_s - T_a}{T_s} \right) \times d \right]$

$= \frac{30 \text{m/sec} \times 2\text{m}}{10 \text{m/sec}} \times \left[1.5 + 2.68 \times 10^{-3} \times 1,000\text{mb} \times \frac{(273+200)-(273+20)}{(273+200)} \times 2\text{m} \right]$

$= 21.238\text{m}$

② $He = H + \triangle H = 50\text{m} + 21.238\text{m} = 71.24\text{m}$

15 상자모델을 전개하기 위하여 설정된 가정으로 틀린 것은 어느 것인가?

㉮ 오염물은 지면의 한 지점에서 일정하게 배출된다.
㉯ 고려된 공간에서 오염물의 농도는 균일하다.
㉰ 오염물의 분해는 일차반응에 의한다.
㉱ 고려되는 공간의 수직단면에 직각방향으로 부는 바람의 속도가 일정하여 환기량이 일정하다.

【풀이】 ㉮ 오염물은 지면 전역에 균등히 분포되어 있다.

16 대기오염물질별로 지표식물을 짝지은 것으로 틀린 것은 어느 것인가?

㉮ HF - 알팔파   ㉯ SO_2 - 담배
㉰ O_3 - 시금치   ㉱ NH_3 - 해바라기

【풀이】 불화수소(HF)의 지표식물은 옥수수, 자두, 메밀, 글라디올러스이며 강한식물은 담배, 목화, 고추이다.

정답 13 ㉯ 14 ㉮ 15 ㉮ 16 ㉮

17 태양복사의 산란에 대한 내용으로 틀린 것은 어느 것인가?

㉮ 레일리 산란의 경우 그 세기는 파장의 2승에 반비례한다.
㉯ 산란의 세기는 입사되는 빛의 파장(λ)에 대한 입자크기(반경)의 비에 의해 결정된다.
㉰ 입자의 크기가 입사되는 빛의 파장에 비해 아주 작게 되면 레일리산란이 발생한다.
㉱ 맑은 날 하늘이 푸르게 보이는 이유는 레일리산란 특성에 의해 파장이 짧은 청색광이 긴 적색광보다 더욱 강하게 산란되기 때문이다.

[풀이] ㉮ 레일리 산란의 경우 그 세기는 파장의 4승에 반비례한다.

18 질소산화물에 대한 내용으로 틀린 것은 어느 것인가?

㉮ 아산화질소(N_2O)는 성층권의 오존을 분해하는 물질로 알려져 있다.
㉯ 아산화질소(N_2O)는 대류권에서 태양에너지에 대하여 매우 안정하다.
㉰ 전세계의 질소화합물 배출량 중 인위적인 배출량은 자연적 배출량의 약 70% 정도 차지하고 있으며, 그 비율은 점차 증가하는 추세이다.
㉱ 연료 NO_X는 연료 중 질소화합물 연소에 의해 발생되고, 연료 중 질소화합물은 일반적으로 석탄에 많고 중유, 경유 순으로 적어진다.

[풀이] ㉰ 전세계의 질소화합물 배출량 중 인위적인 배출량은 자연적 배출량의 약 10% 정도 차지하고 있다.

19 다음 중 세류현상(down wash)이 발생하지 않는 조건으로 알맞은 것은 어느 것인가?

㉮ 굴뚝높이에서의 풍속이 오염물질 토출속도의 1.5배 이상일 때
㉯ 굴뚝높이에서의 풍속이 오염물질 토출속도의 2.0배 이상일 때
㉰ 오염물질의 토출속도가 굴뚝높이 풍속의 1.5배 이상일 때
㉱ 오염물질의 토출속도가 굴뚝높이 풍속의 2.0배 이상일 때

[풀이] 세류현상(down wash)의 방지책은 오염물질의 토출속도를 굴뚝높이 풍속의 2.0배 이상 유지이다.

20 대기오염물질과 그 발생원의 연결로 틀린 것은 어느 것인가?

㉮ 페놀 - 타르공업, 도장공업
㉯ 암모니아 - 소다공업, 인쇄공장, 농약제조
㉰ 시안화수소 - 청산제조업, 가스공업, 제철공업
㉱ 아황산가스 - 용광로, 제련소, 석탄화력발전소

[풀이] ㉯ 암모니아 - 도금공업, 냉동공업, 비료공장, 표백, 색소제조공장

정답 17 ㉮ 18 ㉰ 19 ㉱ 20 ㉯

| 제2과목 | 연소공학

21 액화석유가스(LPG)에 관한 내용으로 틀린 것은 어느 것인가?

㉮ 황분이 적고 유독성분이 거의 없다.
㉯ 사용에 편리한 기체연료의 특징과 수송 및 저장에 편리한 액체연료의 특징을 겸비하고 있다.
㉰ 천연가스에서 회수되기도 하지만 대부분은 석유정제 시 부산물로 얻어진다.
㉱ 비중이 공기보다 가벼워 누출될 경우 인화 폭발 위험성이 크다.

[풀이] ㉱ 비중이 공기보다 무거워 누출될 경우 인화 폭발 위험성이 크다.

22 COM(coal oil mixture), 즉 혼탄유 연소 특징으로 틀린 것은 어느 것인가?

㉮ COM은 주로 석탄과 중유의 혼합연료이다.
㉯ 배출가스 중의 NO_X, SO_X, 분진농도는 미분탄 연소와 중유연소 각각인 경우 농도가 중 평균정도가 된다.
㉰ 화염길이가 중유 연소인 경우에 가까운 것에 대하여 화염안정성은 미분탄 연소인 경우에 가깝다.
㉱ 중유보다 미립화 특성이 양호하다.

[풀이] ㉰ 화염길이는 미분탄 연소에 가까운 반면, 화염 안정성은 중유 연소에 가깝다.

23 중유조성이 탄소 87%, 수소 11%, 황 2%이었다면 이 중유연소에 필요한 이론 습 연소가스량(Sm^3/kg)은 얼마인가?

㉮ 9.63 Sm^3/kg ㉯ 11.35 Sm^3/kg
㉰ 12.96 Sm^3/kg ㉱ 13.62 Sm^3/kg

[풀이] ① 이론공기량(A_o)
= $8.89C + 26.67\left(H - \dfrac{O}{8}\right) + 3.33S$
= $8.89 \times 0.87 + 26.67 \times 0.11 + 3.33 \times 0.02$
= $10.7346 Sm^3/kg$
② 이론습연소가스량(G_{ow})
= $A_o - 5.6H + 0.7O + 0.8N + 1.244W$
= $10.7346 Sm^3/kg + 5.6 \times 0.11$
= $11.35 Sm^3/kg$

24 프로판(C_3H_8) 1Sm^3을 완전연소시켰을 때 건조연소가스 중의 CO_2 농도는 11%이었다. 공기비는 약 얼마인가?

㉮ 1.05 ㉯ 1.15
㉰ 1.23 ㉱ 1.39

[풀이] ① $C_3H_8 + 5O_2 \rightarrow 3CO_2 + 4H_2O$
$CO_2\% = \dfrac{CO_2량}{G_d} \times 100$
$11\% = \dfrac{3}{G_d} \times 100$
∴ $G_d = 27.273 Sm^3/Sm^3$
② $G_d = (m - 0.21)A_o + CO_2량$
$27.273 Sm^3/Sm^3 = (m - 0.21) \times \dfrac{5}{0.21} + 3$
∴ $m = 1.23$

정답 21 ㉱ 22 ㉰ 23 ㉯ 24 ㉰

25 액체연료인 석유의 물성치에 대한 내용으로 틀린 것은 어느 것인가?

㉮ 석유류의 증기압이 큰 것은 착화점이 낮아서 위험하다.
㉯ 석유류의 인화점은 휘발유 -50~0℃, 등유 30~70℃, 중유 90~120℃ 정도이다.
㉰ 석유의 비중이 커지면 탄화수소비(C/H)가 증가하고, 발열량이 감소한다.
㉱ 석유의 동점도가 감소하면 끓는점이 높아지고 유동성이 좋아지며 이로 인하여 인화점이 높아진다.

풀이 ㉱ 석유의 동점도가 감소하면 끓는점이 낮아지고 유동성이 좋아진다.

26 기체연료의 연소방식과 연소장치에 대한 내용으로 틀린 것은 어느 것인가?

㉮ 확산연소는 주로 탄화수소가 적은 발생로가스, 고로가스 등에 적용되는 연소방식이다.
㉯ 예혼합연소는 화염온도가 낮아 국부가열의 염려가 없고 연소부하가 작은 경우 사용이 가능하며, 화염의 길이가 길다.
㉰ 저압버너는 역화방지를 위해 1차 공기량을 이론공기량의 약 60% 정도만 흡입하고 2차 공기는 로내의 압력을 부압으로 하여 공기를 흡입한다.
㉱ 예혼합연소에 사용되는 버너에는 저압버너, 고압버너, 송풍버너 등이 있다.

풀이 ㉯ 예혼합연소는 화염온도가 높고 연소부하가 큰 경우 사용이 가능하며, 화염의 길이가 짧다.

27 A석탄을 사용하여 가열로의 배출가스를 분석한 결과 CO_2 14.5%, O_2 6%, N_2 79%, CO 0.5%이었다. 이 경우의 공기비는 얼마인가?

㉮ 1.18
㉯ 1.38
㉰ 1.58
㉱ 1.78

풀이
$$m = \frac{N_2\%}{N_2\% - 3.76 \times (O_2\% - 0.5CO\%)}$$
$$= \frac{79\%}{79\% - 3.76 \times (6\% - 0.5 \times 0.5\%)} = 1.38$$

28 C 85%, H 15%의 액체 연료를 100kg/hr로 연소하는 경우, 연소 배출가스의 분석결과가 CO_2 12%, O_2 4%, N_2 84%이었다면 실제 연소용 공기량(Sm^3/h)은 얼마인가? (단, 표준상태 기준)

㉮ 약 1,160Sm^3/h
㉯ 약 1,410Sm^3/h
㉰ 약 1,620Sm^3/h
㉱ 약 1,730Sm^3/h

풀이 ① 이론공기량(A_o)
$$= 8.89C + 26.67\left(H - \frac{O}{8}\right) + 3.33S (Sm^3/kg)$$
$$= 8.89 \times 0.85 + 26.67 \times 0.15 = 11.557 Sm^3/kg$$

② 공기비(m) $= \dfrac{N_2\%}{N_2\% - 3.76(O_2\% - 0.5CO\%)}$
$$= \frac{84\%}{84\% - 3.76 \times 4\%} = 1.218$$

③ 실제 연소용 공기량(Sm^3/hr)
$= mA_o \times$ 연료량(kg/hr)
$= 1.218 \times 11.557 Sm^3/kg \times 100 kg/hr$
$= 1,407.64 Sm^3/hr$

정답 25 ㉱ 26 ㉯ 27 ㉯ 28 ㉯

29 A기체연료 2Sm³을 분석한 결과 C₃H₈ 1.7Sm³, CO 0.15Sm³, H₂ 0.14Sm³, O₂ 0.01Sm³였다면 이 연료를 완전연소 시켰을 때 생성되는 이론습연소가스량(Sm³)은 얼마인가?

㉮ 약 41Sm³ ㉯ 약 45Sm³
㉰ 약 52Sm³ ㉱ 약 57Sm³

풀이
$C_3H_8 + 5O_2 \rightarrow 3CO_2 + 4H_2O$: 1.7Sm³
$CO + 0.5O_2 \rightarrow CO_2$: 0.15Sm³
$H_2 + 0.5O_2 \rightarrow H_2O$: 0.14Sm³
O_2 : 0.01Sm³
이론습연소가스량(Gow)
= (1−0.21)A_o + CO_2량 + H_2O량(Sm³/Sm³)
따라서
$G_{ow} = \left\{ (1-0.21) \dfrac{5 \times 1.7Sm^3 + 0.5 \times 0.15Sm^3 + 0.5 \times 0.14Sm^3 - 0.01Sm^3}{0.21} \right\}$
$+ 3 \times 1.7Sm^3 + 1 \times 0.15Sm^3 + 4 \times 1.7Sm^3 + 1 \times 0.14Sm^3$
= 44.67Sm³

TIP 주어진 연료의 함량은 연료 2Sm³의 분석치임에 주의

30 기체연료 중 연소하여 수분을 생성하는 H₂와 C_xH_y 연소반응의 발열량 산출식에서 아래의 480이 의미하는 것은 무엇인가?

$H_l = H_h - 480(H_2 + \Sigma y/2 C_xH_y)(kcal/Sm^3)$

㉮ H₂O 1kg의 증발잠열
㉯ H₂ 1kg의 증발잠열
㉰ H₂O 1Sm³의 증발잠열
㉱ H₂ 1Sm³의 증발잠열

풀이 480은 H₂O 1Sm³의 증발잠열이다.

31 다음 중 디젤노킹(diesel knocking) 방지법으로 틀린 것은 어느 것인가?

㉮ 착화지연 기간 및 급격연소 시간의 분사량을 감소시킨다.
㉯ 급기 온도를 높인다.
㉰ 기관이 압축비를 크게 하여 압축압력을 높게 한다.
㉱ 회전속도를 높인다.

풀이 ㉱ 회전속도를 낮춘다.

32 다음 중 연료의 연소과정에서 공기비가 낮을 경우 예상되는 문제점으로 알맞은 것은 어느 것인가?

㉮ 배출가스에 의한 열손실이 증가한다.
㉯ 배출가스 중 CO와 매연이 증가한다.
㉰ 배출가스 중 SO_x와 NO_x의 발생량이 증가한다.
㉱ 배출가스의 온도저하로 저온부식이 가속화된다.

풀이 공기비가 낮으면 불완전연소이므로 CO와 매연이 증가한다.

정답 29 ㉯ 30 ㉰ 31 ㉱ 32 ㉯

33 기체연료의 이론공기량(Sm^3/Sm^3)을 구하는 식으로 알맞은 것은 어느 것인가? (단, H_2, CO, C_xH_y, O_2는 연료 중의 수소, 일산화탄소, 탄화수소, 산소의 체적비를 의미한다.)

㉮ $0.21\{0.5H_2+0.5CO+(x+y/4)C_xH_y-O_2\}$
㉯ $0.21\{0.5H_2+0.5CO+(x+y/4)C_xH_y+O_2\}$
㉰ $1/0.21\{0.5H_2+0.5CO+(x+y/4)C_xH_y-O_2\}$
㉱ $1/0.21\{0.5H_2+0.5CO+(x+y/4)C_xH_y+O_2\}$

[풀이]
$H_2 + 0.5O_2 \rightarrow H_2O$
$CO + 0.5O_2 \rightarrow CO_2$
$C_xH_y + \left(x+\dfrac{y}{4}\right)O_2 \rightarrow xCO_2 + \dfrac{y}{2}H_2O$
O_2

이론공기량(A_o) = $\dfrac{0.5H_2 + 0.5CO + \left(x+\dfrac{y}{4}\right)C_xH_y - O_2}{0.21}$

34 1.5%(무게기준) 황분을 함유한 석탄 1,143 kg을 이론적으로 완전연소시킬 때 SO_2 발생량(Sm^3)은 얼마인가? (단, 표준상태 기준이며, 황분은 전량 SO_2로 전환된다.)

㉮ $12Sm^3$ ㉯ $18Sm^3$
㉰ $21Sm^3$ ㉱ $24Sm^3$

[풀이]
$S + O_2 \rightarrow SO_2$
32kg : 22.4Sm^3
1,143kg×0.015 : X
∴ X = 12.0Sm^3

35 폐가스 소각과 관련한 다음 설명 중 틀린 것은 어느 것인가?

㉮ 직접화염 재연소기의 설계 시 반응시간은 1~3초 정도로 하고, 이 방법은 다른 방법에 비해 NO_X 발생이 적다.
㉯ 직접화염 소각은 가연성 폐가스의 배출량이 많은 경우에 유용하다.
㉰ 촉매산화법은 고온연소법에 비해 반응온도가 낮은 편이다.
㉱ 촉매산화법은 저농도의 가연물질과 공기를 함유하는 기체 폐기물에 대하여 적용되며 백금 및 팔라듐 등이 촉매로 쓰인다.

[풀이] ㉮ 직접화염 재연소기의 설계 시 반응시간은 0.5초 정도로 하고, 이 방법은 다른 방법에 비해 NO_X 발생이 많다.

36 그을음 발생에 대한 내용으로 틀린 것은 어느 것인가?

㉮ 분해나 산화하기 쉬운 탄화수소는 그을음 발생이 적다.
㉯ C/H비가 큰 연료일수록 그을음이 잘 발생된다.
㉰ 탈수소보다 -C-C-의 탄소결합을 절단하는 것이 용이한 연료일수록 잘 발생된다.
㉱ 발생빈도의 순서는 '천연가스 < LPG < 제조가스 < 석탄가스 < 코크스'이다.

[풀이] ㉰ -C-C-의 탄소결합을 절단하기보다 탈수소가 쉬운 쪽이 매연이 생기기 쉽다.

정답 33 ㉰ 34 ㉮ 35 ㉮ 36 ㉰

37 연소 시 매연 발생량이 가장 적은 탄화수소는 어느 것인가?

㉮ 나프텐계 ㉯ 올레핀계
㉰ 방향족계 ㉱ 파라핀계

▸ 풀이 ◂ 문제 조건에서 매연 발생량이 가장 적은 탄화수소는 파라핀계이다.

38 C = 78(중량%), H = 18(중량%), S = 4(중량%)인 중유의 $(CO_2)_{max}$은 약 몇 %인가? (단, 표준상태, 건조가스 기준)

㉮ 20.6% ㉯ 17.6%
㉰ 14.8% ㉱ 13.4%

▸ 풀이 ◂
① 이론공기량(A_o)
 $= 8.89C + 26.67\left(H - \dfrac{O}{8}\right) + 3.33S \,(Sm^3/kg)$
 $= 8.89 \times 0.78 + 26.67 \times 0.18 + 3.33 \times 0.04$
 $= 11.868 \, Sm^3/kg$
② 이론건연소가스량(God)
 $= A_o - 5.6H + 0.7O + 0.8N \,(Sm^3/kg)$
 $= 11.868 \, Sm^3/kg - 5.6 \times 0.18 = 10.86 \, Sm^3/kg$
③ $CO_{2max}(\%) = \dfrac{1.867C}{God} \times 100$
 $= \dfrac{1.867 \times 0.78 \, Sm^3/kg}{10.86 \, Sm^3/kg} \times 100$
 $= 13.41\%$

39 C = 82%, H = 15%, S = 3%의 조성을 가진 액체연료를 2kg/min으로 연소시켜 배기가스를 분석하였더니 $CO_2 = 12.0\%$, $O_2 = 5\%$, $N_2 = 83\%$라는 결과를 얻었다. 이 때 필요한 연소용 공기량(Sm^3/hr)은 얼마인가?

㉮ 약 1,100 Sm^3/hr ㉯ 약 1,300 Sm^3/hr
㉰ 약 1,600 Sm^3/hr ㉱ 약 1,800 Sm^3/hr

▸ 풀이 ◂
① 공기비(m) $= \dfrac{N_2\%}{N_2\% - 3.76 \times (O_2\% - 0.5CO\%)}$
 $= \dfrac{83\%}{83\% - 3.76 \times 5\%} = 1.2928$
② 이론공기량(A_o)
 $= 8.89C + 26.67\left(H - \dfrac{O}{8}\right) + 3.33S \,(Sm^3/kg)$
 $= 8.89 \times 0.82 + 26.67 \times 0.15 + 3.33 \times 0.03$
 $= 11.3902 \, Sm^3/kg$
③ 필요한 연소용 공기량(Sm^3/hr)
 $= mA_o \times$ 연료량(kg/hr)
 $= 1.2928 \times 11.3902 \, Sm^3/kg \times 2 \, kg/min \times 60 \, min/hr$
 $= 1,767.03 \, Sm^3/hr$

40 다음 중 폭굉유도거리가 짧아지는 요건으로 틀린 것은 어느 것인가?

㉮ 정상의 연소속도가 작은 단일가스인 경우
㉯ 관속에 방해물이 있거나 관내경이 작을수록
㉰ 압력이 높을수록
㉱ 점화원의 에너지가 강할수록

▸ 풀이 ◂ ㉮ 정상의 연소속도가 큰 혼합가스인 경우

정답 37 ㉱ 38 ㉱ 39 ㉱ 40 ㉮

| 제3과목 | 대기오염 방지기술

41 Bag filter에서 먼지부하가 360g/m²일 때마다 부착먼지를 간헐적으로 탈락시키고자 한다. 유입가스 중의 먼지농도가 10g/m³이고, 겉보기 여과속도가 1cm/sec일 때 부착먼지의 탈락시간 간격(hr)은 얼마인가? (단, 집진율은 80%이다.)

㉮ 약 0.4hr ㉯ 약 1.3hr
㉰ 약 2.4hr ㉱ 약 3.6hr

풀이
① $L_d = C_i \times V_f \times t \times \eta$
　$360g/m^2 = 10g/m^3 \times 0.01m/sec \times t \times 0.80$
　∴ $t = 4,500sec$

② $t(hr) = 4,500sec \times \dfrac{1hr}{3,600sec} = 1.25hr$

42 목(throat) 부분의 지름이 30cm인 Ventri Scrubber를 사용하여 360m³/min의 함진가스를 처리할 때, 320L/min의 세정수를 공급할 경우 이 부분의 압력손실(mmH₂O)은 얼마인가? (단, 가스밀도는 1.2kg/m³이고, 압력손실계수는 [0.5 +액가스비]이다.)

㉮ 약 545mmH₂O　㉯ 약 575mmH₂O
㉰ 약 615mmH₂O　㉱ 약 665mmH₂O

풀이
$\triangle P = (0.5+액가스비) \times \dfrac{rv^2}{2g}$ (mmH₂O)

① $v(m/sec) = \dfrac{Q(m^3/sec)}{\dfrac{\pi D^2}{4}(m^2)}$

　$= \dfrac{360m^3/min \times 1min/60sec}{\dfrac{\pi}{4} \times (0.3m)^2} = 84.88m/sec$

② 액가스비$(L/m^3) = \dfrac{320L/min}{360m^3/min} = 0.8889L/m^3$

③ $\triangle P = (0.5+0.889L/m^3) \times \dfrac{1.2kg/m^3 \times (84.88m/sec)^2}{2 \times 9.8m/sec^2}$
　$= 612.69 mmH_2O$

43 선택적 촉매환원(SCR)법과 선택적 비촉매환원(SNCR)법이 주로 제거하는 오염물질은 어느 것인가?

㉮ 휘발성유기화합물
㉯ 질소산화물
㉰ 황산화물
㉱ 악취물질

풀이 ㉯ 질소산화물(NOₓ)의 제거방법이다.

44 휘발유 자동차의 배출가스를 감소하기 위해 적용되는 삼원촉매장치의 촉매물질 중 환원 촉매로 사용되고 있는 물질은 어느 것인가?

㉮ Pt ㉯ Ni
㉰ Rh ㉱ Pd

풀이 환원촉매는 로듐(Rh)이고 산화촉매는 백금(Pt)과 팔라듐(Pd)이다.

45 액측 저항이 클 경우에 이용하기 유리한 가스 분산형 흡수장치는 어느 것인가?

㉮ 충전탑 ㉯ 다공판탑
㉰ 분무탑 ㉱ 하이드로필터

풀이 가스 분산형 흡수장치로는 다공판탑, 종탑, 기포탑이 있다.

정답 41 ㉯ 42 ㉰ 43 ㉯ 44 ㉰ 45 ㉯

46 흡수에 의한 가스상 물질의 처리장치로 거리가 먼 것은?

㉮ 충전탑   ㉯ 분무탑
㉰ 다공판탑   ㉱ 활성알루미나탑

풀이 ㉱ 활성알루미나탑은 흡착에 의한 제거방법이다.

47 굴뚝(연돌)에서 피토우관을 사용하여 배출가스의 유속을 구하고자 측정한 결과가 아래 [보기]와 같을 때, 이 굴뚝에서의 배출가스 유속(m/s)은 얼마인가?

[보기]
C : 피토우관 계수이며 값은 1.0
g : 중력가속도이며 값은 9.8m/s^2
h : 동압으로 측정값은 5.0mmH$_2$O
r : 배출가스 밀도이며 측정값은 1.5kg/m^3

㉮ 약 5m/s   ㉯ 약 6m/s
㉰ 약 7m/s   ㉱ 약 8m/s

풀이
$$V = C \times \sqrt{\frac{2gh}{r}} \text{(m/sec)}$$
$$= 1.0 \times \sqrt{\frac{2 \times 9.8 \text{m/sec}^2 \times 5.0 \text{mmH}_2\text{O}}{1.5 \text{kg/m}^3}}$$
$$= 8.083 \text{m/sec}$$

48 여과집진장치의 특성으로 틀린 것은 어느 것인가?

㉮ 다양한 여과재의 사용으로 인하여 설계 시 융통성이 있다.
㉯ 여과재의 교환으로 유지비가 고가이다.
㉰ 수분이나 여과속도에 대한 적응성이 높다.
㉱ 폭발성, 점착성 및 흡습성 먼지의 제거가 곤란하다.

풀이 ㉰ 수분이나 여과속도에 대한 적응성이 낮다.

49 활성탄에 SO$_2$를 흡착시키면 황산이 생성된다. 이를 탈착시키는 방법 중 활성탄 소모나 약산이 생성되는 단점을 극복하기 위해 H$_2$S 또는 CS$_2$를 반응시켜 단체의 S를 생성시키는 방법은 어느 것인가?

㉮ 세척법   ㉯ 산화법
㉰ 환원법   ㉱ 촉매법

풀이 ㉰ 환원법에 대한 설명이다.

50 흡수탑의 충전물에 요구되는 사항으로 틀린 것은 어느 것인가?

㉮ 단위 부피 내의 표면적이 클 것
㉯ 간격의 단면적이 클 것
㉰ 단위 부피의 무게가 가벼울 것
㉱ 가스 및 액체에 대하여 내식성이 없을 것

풀이 ㉱ 가스 및 액체에 대하여 내식성이 있을 것

정답 46 ㉱ 47 ㉱ 48 ㉰ 49 ㉰ 50 ㉱

51 충전탑(packed tower)과 단탑(plate tower)을 비교 설명한 것으로 틀린 것은 어느 것인가?

㉮ 포말성 흡수액일 경우 충전탑이 유리하다.
㉯ 흡수액에 부유물이 포함되어 있을 경우 단탑을 사용하는 것이 더 효율적이다.
㉰ 온도 변화에 따른 팽창과 수축이 우려될 경우에는 충전제 손상이 예상되므로 단탑이 유리하다.
㉱ 운전 시 용매에 의해 발생하는 용해열을 제거해야 할 경우 냉각오일을 설치하기 쉬운 충전탑이 유리하다.

풀이 ㉱ 운전 시 용매에 의해 발생하는 용해열을 제거해야 할 경우 단탑이 유리하다.

52 냄새물질의 화학구조에 관한 내용으로 틀린 것은 어느 것인가?

㉮ 골격이 되는 탄소수는 저분자일수록 관능기 특유의 냄새가 강하고 자극적이나 8~13에서 가장 냄새가 강하다.
㉯ 불포화도(2중결합 및 3중결합의 수)가 높으면 냄새가 보다 강하게 난다.
㉰ 락톤 및 케톤화합물은 환상이 크게 되면 냄새가 강해진다.
㉱ 분자 내 수산기의 수가 증가할수록 냄새가 강하다.

풀이 ㉱ 분자 내 수산기의 수가 1개일 때 가장 강하고 수가 증가하면 약해져서 무취에 이른다.

53 직경이 500mm인 관에 60m³/min의 공기가 통과한다면 공기의 이동속도(m/sec)는 얼마인가?

㉮ 5.1m/sec ㉯ 5.7m/sec
㉰ 6.2m/sec ㉱ 6.9m/sec

풀이
$$V(m/sec) = \frac{Q(m^3/sec)}{\frac{\pi D^2}{4}(m^2)} = \frac{60m^3/min \times 1min/60sec}{\frac{\pi}{4} \times (0.5m)^2}$$
$$= 5.09 m/sec$$

54 질산공장의 배출가스 중 NO_2 농도가 80ppm, 처리가스량이 1,000Sm³이었다. CO에 의한 비선택적 접촉환원법으로 NO_2를 처리하여 NO와 CO_2로 만들고자 할 때, 필요한 CO양(Sm³)은 얼마인가?

㉮ 0.04Sm³ ㉯ 0.08Sm³
㉰ 0.16Sm³ ㉱ 0.32Sm³

풀이 $NO_2 + CO \rightarrow NO + CO_2$
22.4Sm³ : 22.4Sm³
1,000Sm³ × 80ppm × 10⁻⁶ : X
∴ X = 0.08Sm³

정답 51 ㉱ 52 ㉱ 53 ㉮ 54 ㉯

55 관성력 집진장치에 대한 내용으로 틀린 것은 어느 것인가?

㉮ 압력손실은 30~70mmH$_2$O 정도이고, 굴뚝 또는 배관에 적용될 때가 있다.
㉯ 곡관형, louver형, pocket형, multibaffle형 등은 반전식에 해당한다.
㉰ 함진가스의 방향 전환각도가 크고, 방향 전환 횟수가 적을수록 압력손실은 커지나 집진율이 높아진다.
㉱ 반전식의 경우 방향전환을 하는 가스의 곡률반경이 작을수록 미세한 먼지를 분리채취할 수 있다.

[풀이] ㉰ 함진가스의 방향 전환각도가 작고, 방향 전환 횟수가 많을수록 압력손실은 커지나 집진율이 높아진다.

56 불화수소 농도가 250ppm인 굴뚝 배출가스량 1,000Sm^3/h를 10m^{3}의 물로 10시간 순환 세정할 경우 순환수의 pH는 얼마인가? (단, 불화수소는 60%가 전리하고, 불소의 원자량은 19)

㉮ 2.18   ㉯ 2.48
㉰ 2.72   ㉱ 2.94

[풀이] ① [H$^+$]의

$$mol/L = \frac{QSm^3/hr \times CmL/Sm^3 \times 10^{-3}L/mL \times \text{제거시간}(hr) \times \frac{\text{제거율}(\%)}{100} \times \frac{1mol}{22.4L}}{\text{순환수}(L)}$$

$$= \frac{1,000Sm^3/hr \times 250mL/Sm^3 \times 10^{-3}L/mL \times 10hr \times 0.60 \times \frac{1mol}{22.4L}}{10 \times 10^3 L}$$

$= 6.70 \times 10^{-3} mol/L$

② pH = -log[H$^+$] = -log[6.70×10^{-3}mol/L] = 2.17

TIP
① ppm = mL/Sm^3
② pH = -log[H$^+$]
③ pOH = 14-pH

57 먼지의 발생원을 자연적 및 인위적으로 구분할 때 그 발생원이 다른 것은 어느 것인가?

㉮ 질소산화물과 탄화수소의 반응에 의해 0.2μm 이하의 입자가 발생한다.
㉯ 화산의 폭발에 의해서 분진과 SO$_2$가 발생한다.
㉰ 사막지역과 같이 지면의 먼지가 바람에 날릴 경우 통상 0.3μm 이상의 입자상 물질이 발생한다.
㉱ 자연적으로 발생한 O$_3$과 자연대기 중 탄화수소물(HC) 간의 광화학적 기체 반응에 의해 0.2μm 이하의 입자가 발생한다.

[풀이] ㉮번은 인위적인 요인이며, ㉯, ㉰, ㉱번은 자연적인 요인이다.

58 송풍기를 원심력형과 축류형으로 분류할 때 다음 중 축류형에 해당하는 것은 어느 것인가?

㉮ 프로펠러형   ㉯ 방사경사형
㉰ 비행기날개형 ㉱ 전향날개형

[풀이] 축류송풍기는 프로펠러형이다.

정답 55 ㉰ 56 ㉮ 57 ㉮ 58 ㉮

59 VOCs의 종류 중 지방족 및 방향족 HC를 처리하기 위해 적용하는 제어기술로 틀린 것은 어느 것인가?

㉮ 흡수　　㉯ 생물막
㉰ 촉매소각　㉱ UV 산화

풀이 VOCs의 종류 중 지방족 및 방향족 HC를 처리하기 위해 적용하는 제어기술은 생물막, 촉매소각, UV 산화이다.

60 여과집진장치의 탈진방식 중 간헐식에 대한 내용으로 틀린 것은 어느 것인가?

㉮ 연속식에 비하여 먼지의 재비산이 적고, 높은 집진율을 얻을 수 있다.
㉯ 대량의 가스의 처리에 적합하며, 점성 있는 조대먼지의 탈진에 효과적이다.
㉰ 간헐식 중 진동형은 여포의 음파진동, 횡진동, 상하진동에 의해 채취된 먼지층을 털어내는 방식이다.
㉱ 집진실을 여러 개의 방으로 구분하고 방 하나씩 처리가스의 흐름을 차단하여 순차적으로 탈진하는 방식이며, 여포의 수명은 연속식에 비해 길다.

풀이 ㉯ 대량의 가스의 처리에 부적합하며, 점성있는 조대먼지의 탈진에 비효과적이다.

| 제4과목 | 대기오염공정시험기준

61 이온크로마토그래피법(Ion Chromatography)에 사용되는 장치에 대한 내용으로 틀린 것은 어느 것인가?

㉮ 용리액조는 이온성분이 용출되지 않는 재질로서 용리액이 공기와 원활한 접촉이 가능한 개방형을 선택한다.
㉯ 송액펌프는 맥동(脈動)이 적은 것을 선택한다.
㉰ 시료주입장치는 일정량의 시료를 밸브조작에 의해 분리관으로 주입하는 루프주입방식이 일반적이다.
㉱ 검출기는 분리관 용리액 중의 시료성분의 유무와 양을 검출하는 부분으로 일반적으로 전도도 검출기를 많이 사용한다.

풀이 ㉮ 용리액조는 이온성분이 용출되지 않는 재질로서 용리액이 직접 공기와 접촉시키지 않는 밀폐형을 선택한다.

정답 59 ㉮　60 ㉯　61 ㉮

62 특정 발생원에서 일정한 굴뚝을 거치지 않고 외부로 비산 배출되는 먼지를 고용량공기 시료채취법으로 측정하는 방법에 대한 내용으로 틀린 것은 어느 것인가?

㉮ 시료채취장소는 원칙적으로 측정하려고 하는 발생원의 부지경계선상에 선정하며 풍향을 고려하여 그 발생원의 비산먼지 농도가 가장 높을 것으로 예상되는 지점 3개소 이상을 선정한다.

㉯ 시료채취장소 별도로 발생원의 위(upstream)인 바람의 방향을 따라 대상 발생원의 영향이 없을 것으로 추측되는 곳에 대조위치를 선정한다.

㉰ 그 지역을 대표할 수 있는 지점에 풍향풍속계를 설치하여 전 채취시간 동안의 풍향풍속을 기록하고, 연속기록 장치가 없을 경우에는 적어도 30분 간격으로 여러 지점에서 3회 이상 풍향풍속을 측정하여 기록한다.

㉱ 풍속이 0.5m/s 미만 또는 10m/s 이상되는 시간이 전 채취시간의 50% 미만일 때 풍속에 대한 보정계수는 1.0이다.

〔풀이〕 ㉰ 그 지역을 대표할 수 있는 지점에 풍향풍속계를 설치하여 전 채취시간 동안의 풍향풍속을 기록하고, 연속기록 장치가 없을 경우에는 적어도 10분 간격으로 여러 지점에서 3회 이상 풍향풍속을 측정하여 기록한다.

63 폐기물 소각로에서 배출되는 다이옥신류의 최종배출구에서 시료채취 시 흡입가스량으로 알맞은 것은 어느 것인가?
(단, 기타 사항은 고려하지 않는다.)

㉮ 4시간 평균 $3Nm^3$ 이상
㉯ 2시간 평균 $1Nm^3$ 이상
㉰ 2시간 평균 $0.5Nm^3$ 이상
㉱ 4시간 평균 $2Nm^3$ 이상

〔풀이〕 최종배출구에서 시료채취 시 흡입가스량은 4시간 평균 $3Nm^3$ 이상이다.

64 굴뚝 배출가스 중 사이안화수소를 자외선/가시선분광법-4-피리딘카복실산-피라졸론법으로 분석 시 흡수액은?

㉮ 붕산용액(5g/L)
㉯ 과산화수소용액
㉰ 아연아민착염용액
㉱ 수산화소듐용액(20g/L)

〔풀이〕 ㉮ 붕산용액(5g/L) : 암모니아
㉯ 과산화수소용액 : 황산화물
㉰ 아연아민착염용액 : 황화수소

정답 62 ㉰ 63 ㉮ 64 ㉱

65 기체크로마토그래피법에 대한 내용으로 틀린 것은 어느 것인가?

㉮ 분리관오븐의 온도조절 정밀도는 ±0.5℃의 범위 이내 전원 전압변동 10%에 대하여 온도변화 ±0.5℃ 범위 이내(오븐의 온도가 150℃ 부근일 때)이어야 한다.
㉯ 보유시간을 측정할 때는 2회 측정하여 그 평균치를 구하며 일반적으로 5~30분 정도에서 측정하는 봉우리의 보유시간은 반복시험을 할 때 ±5% 오차범위 이내이어야 한다.
㉰ 분리관유로는 시료도입부, 분리관, 검출기기배관으로 구성된다.
㉱ 가스 시료도입부는 가스계량관(통상 0.5~5mL)과 유로변환기구로 구성된다.

풀이 ㉯ 보유시간을 측정할 때는 3회 측정하여 그 평균치를 구하며 일반적으로 5~30분 정도에서 측정하는 봉우리의 보유시간은 반복시험을 할 때 ±3% 오차범위 이내이어야 한다.

66 원형굴뚝의 반경이 0.85m일 때 측정점수는 몇 개인가?

㉮ 4   ㉯ 8
㉰ 12 ㉱ 20

풀이 반경이 0.85m이면 직경은 1.7m이므로 반경구분수 2, 측정점수 8

TIP

원형 단면의 측정점

굴뚝직경(m)	반경구분수	측정점수
1 이하	1	4
1 초과 2 이하	2	8
2 초과 4 이하	3	12
4 초과 4.5 이하	4	16
4.5 초과	5	20

67 굴뚝 배출가스 중 일산화탄소를 정전위전해법으로 분석하고자 할 때 주요 성능기준에 대한 내용으로 틀린 것은 어느 것인가?

㉮ 적용범위 : 적용범위는 최고 5%이다.
㉯ 재현성 : 재현성은 측정범위 최대 눈금값의 ±2% 이내로 한다.
㉰ 드리프트 : 고정형은 24시간, 이동형은 4시간 연속 측정하여 제로 드리프트 및 스팬 드리프트는 어느 것이나 최대 눈금값의 ±2% 이내로 한다.
㉱ 응답시간 : 90% 응답시간은 2분 30초 이내로 한다.

풀이 ㉮ 적용범위 : 적용범위는 최고 3%이다.

68 다음 중 흡광도를 측정하기 위한 순서로 원칙적으로 제일 먼저 행하여야 할 내용은 어느 것인가?

㉮ 시료셀과 대조셀을 넣고 눈금판의 지시치의 차이를 확인한다.
㉯ 광로를 차단 후 대조셀로 영점을 맞춘다.
㉰ 광원으로부터 광속을 통하여 눈금 100에 맞춘다.
㉱ 눈금판의 지시 안정 여부를 확인한다.

풀이 순서는 ㉱→㉯→㉰→㉮이다.

정답 65 ㉯ 66 ㉯ 67 ㉮ 68 ㉱

69 수산화소듐(NaOH)용액을 흡수액으로 사용하는 분석대상가스로 틀린 것은 어느 것인가?

㉮ 염화수소   ㉯ 브롬화합물
㉰ 불소화합물 ㉱ 벤젠

풀이) ㉱ 벤젠의 흡수액은 니트로화산액(질산암모늄+황산)이다.

70 굴뚝 배출가스 중의 염화수소를 싸이오시안산제이수은 자외선/가시선분광법으로 측정하는 방법에 대한 내용으로 틀린 것은 어느 것인가?

㉮ 흡수액은 수산화소듐용액을 사용한다.
㉯ 이산화황, 기타 할로겐화물, 사이안화물 및 황화물의 영향이 무시될 때에 적당하다.
㉰ 하이포아염소산소듐용액으로 적정한다.
㉱ 시료채취관은 유리관, 석영관, 플루오로수지관 등을 사용한다.

풀이) ㉰ 자외선/가시선분광법이므로 460nm에서 흡광도를 측정한다.

71 굴뚝 배출가스 내의 휘발성유기화합물(Volatile Organic Compounds, VOC_S) 시료채취 장치 중 흡착관법에 대한 내용으로 틀린 것은 어느 것인가?

㉮ 채취관의 재질은 유리, 불소수지 등으로 120℃ 이상까지 가열이 가능한 것이어야 한다.
㉯ 응축기는 유리재질이어야 하며 앞쪽 흡착관을 통과한 후에 위치하여 가스를 50℃ 이하로 낮출 수 있는 용량이어야 한다.
㉰ 흡착관은 사용하기 전 반드시 안정화(컨디셔닝) 단계를 거쳐야 한다.
㉱ 유량측정부는 기기의 온도 및 압력측정이 가능해야 하며 최소 100mL/min의 유량으로 시료채취가 가능해야 한다.

풀이) ㉯ 응축기는 유리재질이어야 하며 앞쪽 흡착관을 통과하기 전에 위치하여 가스를 20℃ 이하로 낮출 수 있는 용량이어야 한다.

72 배출가스 중 염소를 자외선/가시선분광법인 4-피리딘카르복실산-피라졸론법에 대한 설명으로 틀린 것은?

㉮ 시료채취량이 20L이고 분석용 시료용액의 양이 50mL인 경우, 정량범위는 0.08ppm 이상이다.
㉯ 방법검출한계는 0.03ppm이다.
㉰ 발색된 흡광도를 638nm 부근의 파장에서 측정한다.
㉱ 이산화질소의 영향을 많이 받는다.

풀이) ㉱ 이산화질소의 영향을 받지 않는다.

정답) 69 ㉱ 70 ㉰ 71 ㉯ 72 ㉱

73 환경대기 중 아황산가스 농도 측정방법 중 자동연속측정법은 어느 것인가?

㉮ 비분산적외선분석법
㉯ 불꽃 이온화검출기법
㉰ 광산란법
㉱ 자외선형광법

풀이 환경대기 중 아황산가스 농도 측정방법 중 자동연속측정법으로는 용액전도율법, 불꽃 광도법, 자외선형광법, 흡광차분광법이 있다.

74 환경대기 중 벤조(a)피렌 농도를 측정하기 위한 주시험방법으로 알맞은 것은 어느 것인가?

㉮ 이온크로마토그래피법
㉯ 기체크로마토그래피법
㉰ 흡광차분광법
㉱ 용매채취법

풀이 환경대기 중 벤조(a)피렌 시험방법에는 기체크로마토그래피법(주시험방법)과 형광분광광도법이 있다.

75 다음 굴뚝 배출가스 중의 산소측정방식에 대한 내용으로 알맞은 것은 어느 것인가?

> 이 방식은 주기적으로 단속하는 자계 내에서 산소분자에 작용하는 단속적인 흡입력을 자계 내에 일정 유량으로 유입하는 보조가스의 배압변화량으로 검출한다.

㉮ 질코니아 방식 ㉯ 담벨형 방식
㉰ 압력검출형 방식 ㉱ 전극 방식

풀이 ㉰ 압력검출형 방식에 대한 설명이다.

76 배출가스 중의 베릴륨화합물을 분석하는 원자흡수분광광도법에 대한 설명으로 틀린 것은?

㉮ 아산화질소-아세틸렌 불꽃을 사용한다.
㉯ 측정파장은 234.9nm이다.
㉰ 방법검출한계는 0.003mg/Sm^3이며, 정밀도는 5% 이하이다.
㉱ 정량범위는 0.010mg/Sm^3 ~ 0.500mg/Sm^3이다.

풀이 ㉰ 방법검출한계는 0.003mg/Sm^3이며, 정밀도는 10% 이하이다.

77 굴뚝배출가스 중의 금속화합물을 원자흡수분광광도법으로 분석할 때 굴뚝배출가스의 온도가 500~1,000℃일 경우에 사용하는 원통여과지로 알맞은 것은 어느 것인가?

㉮ 유리 섬유제 원통여과지
㉯ 석영 섬유제 원통여과지
㉰ 셀룰로스 섬유제 원통여과지
㉱ 고무 섬유제 원통여과지

풀이 ㉯ 석영 섬유제 원통여과지에 대한 설명이다.

정답 73 ㉱ 74 ㉯ 75 ㉰ 76 ㉰ 77 ㉯

78 A 굴뚝 배출가스의 유속을 피토우관으로 측정하였다. 배출가스 온도는 120℃, 동압 측정 시 확대율이 10배가 되는 경사마노미터를 사용하였고, 그 내부액은 비중이 0.85의 톨루엔을 사용하여 경사마노미터의 액주(液株)로 측정한 동압은 45mm·톨루엔주이었다. 이 때의 배출가스 유속(m/s)은 얼마인가? (단, 피토우관의 계수 : 0.9594, 배출가스의 표준상태에서의 밀도 : 1.3kg/Sm³)

㉮ 약 7.8m/s ㉯ 약 8.7m/s
㉰ 약 9.5m/s ㉱ 약 10.2m/s

[풀이]

① 동압(h) = 액주거리(mm)×톨루엔 비중×$\frac{1}{확대율}$

= $45mm × 0.85 × \frac{1}{10}$ = 3.825mmH₂O

② 밀도(r) = $\frac{1.3kg}{Sm^3} \Big| \frac{273}{273+120℃}$ = 0.903kg/m³

③ V = C × $\sqrt{\frac{2gh}{r}}$ (m/sec)

= 0.9594 × $\sqrt{\frac{2×9.8m/sec^2×3.825mmH_2O}{0.903kg/m^3}}$

= 8.74m/sec

79 자외선/가시선 분광법으로 측정한 A물질의 투과퍼센트 지시치가 25%일 때 A물질의 흡광도는 얼마인가?

㉮ 0.25 ㉯ 0.50
㉰ 0.60 ㉱ 0.82

[풀이] 흡광도(A) = $\log \frac{1}{투과도}$ = $\log \frac{1}{0.25}$ = 0.60

80 굴뚝 배출가스 중 카드뮴을 원자흡수분광광도법으로 분석하려고 한다. 채취한 시료에 유기물이 함유되지 않았을 경우 분석용 시료용액의 전처리방법으로 알맞은 것은 어느 것인가?

㉮ 질산법
㉯ 과망간산칼륨법
㉰ 질산-과산화수소수법
㉱ 저온회화법

[풀이] ㉮ 질산법에 대한 설명이다.

| 제5과목 | 대기환경관계법규

81 환경정책기본법령상 SO₂의 대기환경기준으로 알맞은 것은 어느 것인가? (단, ① 연간평균치, ② 24시간평균치, ③ 1시간평균치)

㉮ ① 0.02ppm 이하, ② 0.05ppm 이하, ③ 0.15ppm 이하
㉯ ① 0.03ppm 이하, ② 0.06ppm 이하, ③ 0.10ppm 이하
㉰ ① 0.05ppm 이하, ② 0.10ppm 이하, ③ 0.12ppm 이하
㉱ ① 0.06ppm 이하, ② 0.10ppm 이하, ③ 0.12ppm 이하

[풀이] ㉮번에 대한 설명이다.

정답 78 ㉯ 79 ㉰ 80 ㉮ 81 ㉮

82 대기환경보전법규상 자동차의 종류에 관한 내용으로 틀린 것은 어느 것인가?
(단, 2015년 12월 10일 이후 적용)

㉮ 이륜자동차의 규모는 차량총중량이 1천킬로그램을 초과하지 않는 것이다.
㉯ 이륜자동차는 측차를 붙인 이륜자동차와 이륜자동차에서 파생된 삼륜 이상의 자동차는 제외한다.
㉰ 소형화물자동차에는 승용자동차에 해당되지 않는 승차인원이 9인 이상인 승합차를 포함한다.
㉱ 초대형 승용자동차의 규모는 차량총중량이 15톤 이상이다.

풀이 ㉯ 이륜자동차는 측차를 붙인 이륜자동차와 이륜자동차에서 파생된 삼륜 이상의 자동차를 포함한다.

83 대기환경보전법령상 천재지변 등으로 인해 기본부과금을 납부할 수 없다고 인정되어 징수유예를 하고자 하는 경우 ① 징수유예기간과 ② 그 기간 중의 분할납부의 횟수는 얼마인가?

㉮ ① 유예한 날의 다음날부터 다음 부과기간의 개시일 전일까지
② 4회 이내
㉯ ① 유예한 날의 다음날부터 2년 이내
② 12회 이내
㉰ ① 유예한 날의 다음날부터 3년 이내
② 12회 이내
㉱ ① 유예한 날의 다음날부터 다음 부과기간의 개시일 전일까지
② 6회 이내

풀이 ㉮번에 대한 설명이다.

84 악취방지법규상 지정악취물질로 틀린 것은 어느 것인가?

㉮ 염화수소   ㉯ 메틸에틸케톤
㉰ 프로피온산   ㉱ 뷰틸아세테이트

풀이 ㉮ 염화수소는 지정악취물질이 아니다.

85 대기환경보전법상 '대기오염물질'의 정의로서 알맞은 것은 어느 것인가?

㉮ 연소시에 발생하는 유리탄소를 주로 하는 미세한 입자상물질로서 환경부령이 정하는 것
㉯ 연소시에 발생하는 유리탄소가 응결하여 입자의 지름이 1미크론 이상이 되는 물질로서 환경부령이 정하는 것
㉰ 대기 중에 존재하는 물질 중 대기오염물질에 대한 심사·평가결과 대기오염의 원인으로 인정된 가스·입자상물질로서 환경부령으로 정하는 것
㉱ 물질의 연소·합성·분해 시에 발생하는 고체상 또는 액체상의 물질로서 환경부령이 정하는 것

풀이 대기오염물질의 정의는 ㉰번이다.

86 대기환경보전법규상 특정대기유해물질로 틀린 것은 어느 것인가?

㉮ 수은 및 그 화합물
㉯ 아세트알데히드
㉰ 황산화물
㉱ 아닐린

풀이 ㉰ 황산화물은 특정대기유해물질이 아니다.

정답 82 ㉯ 83 ㉮ 84 ㉮ 85 ㉰ 86 ㉰

87 대기환경보전법상 대기환경규제지역을 관할하는 시·도지사 등은 그 지역이 대기환경 규제지역으로 지정·고시된 후 몇 년 이내에 그 지역의 환경기준을 달성·유지하기 위한 계획을 수립·시행하여야 하는가?

㉮ 5년 이내에　㉯ 3년 이내에
㉰ 2년 이내에　㉱ 1년 이내에

88 대기환경보전법규상 한국환경공단이 환경부장관에게 보고해야 할 위탁업무 보고사항 중 '자동차 배출가스 인증생략 현황'의 보고 횟수 기준으로 알맞은 것은 어느 것인가?

㉮ 수시　　　㉯ 연 1회
㉰ 연 2회　　㉱ 연 4회

[풀이] 자동차 배출가스 인증생략 현황의 보고 횟수 기준은 연 2회이다.

89 대기환경보전법령상 Ⅲ지역(녹지지역 및 자연환경보전지역)의 기본부과금의 지역별 부과계수는 얼마인가?

㉮ 0.5　　　㉯ 1.0
㉰ 1.5　　　㉱ 2.0

[풀이] 지역별 부과계수는 Ⅰ지역 : 1.5, Ⅱ지역 : 0.5, Ⅲ지역 : 1.0이다.

90 다음은 대기환경보전법규상 첨가제 제조기준이다. (　) 안에 알맞은 말은 어느 것인가?

> 첨가제 제조자가 제시한 최대의 비율로 첨가제를 자동차의 연료에 주입한 후 시험한 배출가스 측정치가 첨가제를 주입하기 전보다 배출가스 항목별로 (①) 초과하지 아니하여야 하고, 배출가스 총량은 첨가제를 주입하기 전보다 (②) 증가하여서는 아니 된다.

㉮ ① 10% 이상, ② 5% 이상
㉯ ① 5% 이상, ② 5% 이상
㉰ ① 5% 이상, ② 3% 이상
㉱ ① 5% 이상, ② 1% 이상

91 다중이용시설 등의 실내공기질 관리법령상 대통령령이 정하는 규모의 다중이용시설로 틀린 것은 어느 것인가?

㉮ 여객자동차터미널의 연면적 2천2백제곱미터인 대합실
㉯ 공항시설 중 연면적 1천1백제곱미터인 여객터미널
㉰ 철도역사의 연면적 2천2백제곱미터인 대합실
㉱ 모든 지하역사

[풀이] ㉯ 공항시설 중 연면적 1천5백제곱미터인 여객터미널

정답 87 ㉰　88 ㉰　89 ㉯　90 ㉮　91 ㉯

92 대기환경보전법령상 초과부과금 산정의 기초가 되는 오염물질 또는 배출물질의 배출 기간이 달라지게 된 경우 초과부과금의 조정부과나 환급은 해당 배출시설 또는 방지시설의 개선완료 등의 이행여부를 확인한 날로부터 최대 며칠이내에 하여야 하는가?

㉮ 7일 이내 ㉯ 15일 이내
㉰ 30일 이내 ㉱ 60일 이내

93 대기환경보전법규상 자동차 연료 제조기준 중 매년 6월 1일부터 8월 31일까지 출고되는 휘발유의 증기압(kPa, 37.8℃) 기준으로 알맞은 것은 어느 것인가?

㉮ 100 이하 ㉯ 80 이하
㉰ 65 이하 ㉱ 60 이하

[풀이] 휘발유의 증기압(kPa, 37.8℃) 기준은 60 이하이다.

94 환경정책 기본법령상 환경기준으로 알맞은 것은 어느 것인가? (단, ①, ②은 대기환경기준, ③, ④은 수질 및 수생태계 '하천' 에서의 사람의 건강보호기준)

	항목	기준치
①	O_3 (1시간 평균치)	0.06ppm 이하
②	NO_2 (1시간 평균치)	0.15ppm 이하
③	Cd	0.5mg/L 이하
④	Pb	0.05mg/L 이하

㉮ ① ㉯ ②
㉰ ③ ㉱ ④

[풀이] ① O_3(1시간 평균치) : 0.1ppm 이하
② NO_2(1시간 평균치) : 0.1ppm 이하
③ Cd : 0.005mg/L 이하

95 다중이용시설 등의 실내공기질 관리법상 다중이용시설을 설치하는 자는 환경부장관이 고시한 오염물질방출건축자재를 사용하여서는 안 되는데, 이 규정을 위반하여 사용한 자에 대한 과태료 부과기준으로 알맞은 것은 어느 것인가?

㉮ 1천만원 이하의 과태료에 처한다.
㉯ 500만원 이하의 과태료에 처한다.
㉰ 300만원 이하의 과태료에 처한다.
㉱ 100만원 이하의 과태료에 처한다.

[풀이] ㉮ 1천만원 이하의 과태료에 해당한다.

96 다중이용시설 등의 실내공기질 관리법규상 신축공동주택의 오염물질 항목별 실내공기질 권고기준으로 틀린 것은 어느 것인가?

㉮ 폼알데하이드 : $300\mu g/m^3$ 이하
㉯ 에틸벤젠 : $360\mu g/m^3$ 이하
㉰ 자일렌 : $700\mu g/m^3$ 이하
㉱ 벤젠 : $30\mu g/m^3$ 이하

[풀이] ㉮ 폼알데하이드 : $210\mu g/m^3$ 이하

정답 92 ㉰ 93 ㉱ 94 ㉱ 95 ㉮ 96 ㉮

97 대기환경보전법령상 연료를 연소하여 황산화물을 배출하는 시설의 기본부과금의 농도별 부과계수로 알맞은 것은 어느 것인가? (단, 연료의 황함유량(%)은 1.0% 이하, 황산화물의 배출량을 줄이기 위하여 방지시설을 설치한 경우와 생산공정상 황산화물의 배출량이 줄어든다고 인정하는 경우 제외)

㉮ 0.1 ㉯ 0.2
㉰ 0.4 ㉱ 1.0

[풀이] 연료의 황함유량(%)에 따른 농도별 부과계수는 0.5%이하 : 0.2, 1.0%이하 : 0.4, 1.0% 초과 : 1.0 이다.

98 대기환경보전법규상 수도권대기환경청장, 국립환경과학원장 또는 한국환경공단이 설치하는 대기오염 측정망으로 틀린 것은 어느 것인가?

㉮ 대기오염물질의 지역배경농도를 측정하기 위한 교외대기측정망
㉯ 산성 대기오염물질의 건성 및 습성 침착량을 측정하기 위한 산성강하물측정망
㉰ 도시지역의 휘발성유기화합물 등의 농도를 측정하기 위한 광화학대기오염물질측정망
㉱ 도시지역의 대기오염물질 농도를 측정하기 위한 도시대기측정망

[풀이] ㉱번은 시도지사에 해당한다.

99 대기환경보전법규상 환경기술인의 신규교육시기와 횟수 기준으로 알맞은 것은 어느 것인가? (단, 규정된 교육기관이며, 정보통신매체를 이용하여 원격교육을 하는 경우 제외)

㉮ 환경기술인으로 임명된 날부터 6개월 이내에 1회
㉯ 환경기술인으로 임명된 날부터 1년 이내에 1회
㉰ 환경기술인으로 임명된 날부터 2년 이내에 1회
㉱ 환경기술인으로 임명된 날부터 3년 이내에 1회

100 대기환경보전법상 방지시설을 거치지 아니하고 오염물질을 배출할 수 있는 공기조절장치, 가지배출관 등을 설치한 행위를 한 자에 대한 벌칙기준으로 알맞은 것은 어느 것인가?

㉮ 2년 이하의 징역이나 1천만원 이하의 벌금에 처한다.
㉯ 3년 이하의 징역이나 2천만원 이하의 벌금에 처한다.
㉰ 5년 이하의 징역이나 3천만원 이하의 벌금에 처한다.
㉱ 7년 이하의 징역이나 5천만원 이하의 벌금에 처한다.

[풀이] ㉰5년 이하의 징역이나 3천만원 이하의 벌금에 해당한다.

정답 97 ㉰ 98 ㉱ 99 ㉯ 100 ㉰

2017년 1회 대기환경기사

2017년 3월 5일 시행

| 제1과목 | 대기오염개론

01 다음 중 주로 연소시에 배출되는 무색의 기체로 물에 매우 난용성이며, 혈액중의 헤모글로빈과 결합력이 강해 산소 운반 능력을 감소시키는 물질은 어느 것인가?

㉮ PAN   ㉯ 알데히드
㉰ NO   ㉱ HC

[풀이] ㉰ 일산화질소(NO)에 대한 설명이다.

02 다음은 탄화수소류에 관한 설명이다. (   )안에 알맞은 물질은 어느 것인가?

> 탄화수소류 중에서 이중결합을 가진 올레핀 화합물은 포화 탄화수소나 방향족 탄화수소보다 대기중에서 반응성이 크다. 방향족 탄화수소는 대기중에서 고체로 존재한다. 특히 (   )은 대표적인 발암물질이며, 환경호르몬으로 알려져 있고, 연소과정에서 생성된다. 숯불에 구운 쇠고기 등 가열로 검게 탄 식품, 담배연기, 자동차 배기가스, 석탄타르 등에 포함되어 있다.

㉮ 벤조피렌   ㉯ 나프탈렌
㉰ 안트라센   ㉱ 톨루엔

[풀이] ㉮ 벤조피렌에 대한 설명이다.

03 다음 오염물질 중 히드록시기를 포함하고 있는 물질은 어느 것인가?

㉮ 니켈카-보닐   ㉯ 벤젠
㉰ 메틸 멜캅탄   ㉱ 페놀

[풀이] 히드록시기를 포함하고 있는 물질은 ㉱ 페놀이다.

04 다음은 입자상 물질의 측정장치 중 중량 농도 측정방법에 관한 사항이다. (   ) 안에 알맞은 것은 어느 것인가?

> (   )은/는 입자의 관성력을 이용하여 입자를 크기별로 측정하고, cascade impactor로 크기별로 중량농도를 측정하는 방법이다.

㉮ 여지채취법
㉯ Piezobalance
㉰ 다단식 충돌판 측정법
㉱ 정전식 분급법

[풀이] ㉰ 다단식 충돌판 측정법에 대한 설명이다.

정답 01 ㉰ 02 ㉮ 03 ㉱ 04 ㉰

05 CO에 대한 설명으로 틀린 것은 어느 것인가?

㉮ 자연적 발생원에는 화산폭발, 테르펜류의 산화, 클로로필의 분해, 산불 및 해수 중 미생물의 작용 등이 있다.
㉯ 지구위도별 분포로 보면 적도 부근에서 최대치를 보이고, 북위 30도 부근에서 최소치를 나타낸다.
㉰ 물에 난용성이므로 수용성 가스와는 달리 비에 의한 영향을 거의 받지 않는다.
㉱ 다른 물질에 흡착현상도 거의 나타나지 않는다.

풀이 ㉯ 지구의 위도별로 일산화탄소의 분포는 공업이 발달한 북위 50도 부근에서 최대치를 보인다.

06 다음 광화학적 산화제와 2차 대기오염물질에 대한 내용으로 틀린 것은 어느 것인가?

㉮ PAN은 peroxyacetyl nitrate의 약자이며, $CH_3COOONO_2$의 분자식을 갖는다.
㉯ PAN은 PBN(peroxybenzoyl nitrate)보다 100배 이상 눈에 강한 통증을 주며, 빛을 흡수시키므로 가시거리를 감소시킨다.
㉰ 오존은 섬모운동의 기능장애를 일으키며, 염색체 이상이나 적혈구의 노화를 초래하기도 한다.
㉱ 광화학반응의 주요 생성물은 PAN, CO_2, 케톤 등이 있다.

풀이 ㉯ PAN은 PBN(peroxybenzoyl nitrate)보다 눈에 대한 통증이 100배 이상 약하고, 빛을 분산시키므로 가시거리를 감소시킨다.

07 냄새에 관한 다음 설명 중 ( )안에 알맞은 것은 어느 것인가?

> 매우 엷은 농도의 냄새는 아무것도 느낄 수 없지만 이것을 서서히 진하게 하면 어떤 농도가 되고, 무엇인지 모르지만 냄새의 존재를 느끼는 농도로 나타난다. 이 최소농도를 (①)라고 정의하고 있다. 또한 농도를 짙게 하다보면 냄새질이나 어떤 느낌의 냄새인지를 표현할 수 있는 시점이 나오게 된다. 이 최저농도가 되는 곳이 (②)라고 한다.

㉮ ① 최소감지농도(detection threshold)
　② 최소포착농도(capture threshold)
㉯ ① 최소인지농도(recognition threshold)
　② 최소자각농도(awareness threshold)
㉰ ① 최소인지농도(recognition threshold)
　② 최소포착농도(capture threshold)
㉱ ① 최소감지농도(detection threshold)
　② 최소인지농도(recognition threshold)

풀이 ㉱ ① 최소감지농도와 ② 최소인지농도에 대한 설명이다.

08 굴뚝에서 배출되는 연기모양 중 원추형에 대한 내용으로 알맞은 것은 어느 것인가?

㉮ 수직온도경사가 과단열적이고, 난류가 심할 때 주로 발생한다.
㉯ 지표역전이 파괴되면서 발생하며 30분 이상은 지속하지 않는 경향이 있다.
㉰ 연기의 상하부분 모두 역전인 경우 발생한다.
㉱ 구름이 많이 낀 날에 주로 관찰된다.

정답 05 ㉯　06 ㉯　07 ㉱　08 ㉱

풀이 ㉮ 파상형(Looping)에 대한 설명
㉯ 훈증형(Fumigation)에 대한 설명
㉰ 구속형(Trapping)에 대한 설명

09 다음은 최대혼합고(MMD)에 대한 내용이다. ( )안에 알맞은 것은 어느 것인가?

> MMD값은 통상적으로 (①)에 가장 낮으며, (②)시간 동안 증가한다. (②)시간 동안에는 통상 (③) 값을 나타내기도 한다.

㉮ ① 밤, ② 낮, ③ 20~30km
㉯ ① 밤, ② 낮, ③ 2,000~3,000m
㉰ ① 낮, ② 밤, ③ 20~30km
㉱ ① 낮, ② 밤, ③ 2,000~3,000m

풀이 ① 최대혼합고(MMD) 최대 : 여름, 낮, 불안정한 대기
② 최대혼합고(MMD) 최소 : 겨울, 밤, 안정한 대기

10 마찰층(friction layer)과 관련된 바람에 대한 내용으로 틀린 것은 어느 것인가?

㉮ 마찰층 내의 바람은 높이에 따라 항상 반시계방향으로 각천이(angular shift)가 생긴다.
㉯ 마찰층 내의 바람은 위로 올라갈수록 실제 풍향은 서서히 지균풍에 가까워진다.
㉰ 마찰층 내의 바람은 위로 올라갈수록 그 변화량이 감소한다.
㉱ 마찰층 이상 고도에서 바람의 고도변화는 근본적으로 기온분포에 의존한다.

풀이 ㉮ 마찰층 내의 바람은 높이에 따라 항상 시계방향으로 각천이가 생긴다.

11 열섬효과에 대한 내용으로 틀린 것은 어느 것인가?

㉮ 도시에서는 인구와 산업의 밀집지대로서 인공적인 열이 시골에 비하여 월등하게 많이 공급된다.
㉯ 열섬현상은 고기압의 영향으로 하늘이 맑고 바람이 약한 때에 잘 발생한다.
㉰ 도시의 지표면은 시골보다 열용량이 적고 열전도율이 높아 열섬효과의 원인이 된다.
㉱ 열섬효과로 도시주위의 시골에서 도시로 바람이 부는데 이를 전원풍이라 한다.

풀이 ㉰ 도시의 지표면은 시골보다 열용량이 크고 열전도율이 낮아 열섬효과의 원인이 된다.

12 입자상물질의 농도가 250μg/m³이고, 상대습도가 70%인 대도시에서 가시거리는 몇 km인가? (단, 계수 A는 1.3으로 한다.)

㉮ 4.3km ㉯ 5.2km
㉰ 6.5km ㉱ 7.2km

풀이 $V = \dfrac{10^3 \times A}{G} = \dfrac{10^3 \times 1.3}{250\mu g/m^3} = 5.2km$

정답 09 ㉯ 10 ㉮ 11 ㉰ 12 ㉯

13 다음은 바람장미에 대한 내용이다. ( )안에 알맞은 것은 어느 것인가?

> 바람장미에서 풍향 중 주풍은 막대의 (①) 표시하며, 풍속은 (②)(으)로 표시한다. 풍속이 (③)일 때를 정온(calm) 상태로 본다.

㉮ ① 길이를 가장 길게, ② 막대의 굵기 ③ 0.2m/s 이하
㉯ ① 굵기를 가장 굵게, ② 막대의 길이 ③ 0.2m/s 이하
㉰ ① 길이를 가장 길게, ② 막대의 굵기 ③ 1m/s 이하
㉱ ① 굵기를 가장 굵게, ② 막대의 길이 ③ 1m/s 이하

14 태양상수를 이용하여 지구표면의 단위면적이 1분 동안에 받는 평균태양에너지를 구한 값은?

㉮ $0.25cal/cm^2 \cdot min$
㉯ $0.5cal/cm^2 \cdot min$
㉰ $1.0cal/cm^2 \cdot min$
㉱ $2.0cal/cm^2 \cdot min$

[풀이] 태양복사에너지의 양은 $2.0cal/cm^2 \cdot min$이고, 지구표면의 단위면적이 1분 동안에 받는 평균태양에너지를 구한 값은 $0.5cal/cm^2 \cdot min$이다.

15 다음은 황화합물에 대한 내용이다. ( )안에 알맞은 것은 어느 것인가?

> 전 지구적으로 해양을 통해 자연적 발생원 중 가장 많은 양의 황화합물이 ( ) 형태로 배출되고 있다.

㉮ H_2S ㉯ CS_2
㉰ $DMS[(CH_3)_2S]$ ㉱ OCS

[풀이] ㉰ $DMS[(CH_3)_2S]$에 대한 설명이다.

16 2,000m에서 대기압력(최초 기압)이 805mbar, 온도가 5℃, 비열비 K가 1.4일 때 온위(potential temperature)는 얼마인가? (단, 표준압력은 1,000mbar)

㉮ 약 284K ㉯ 약 289K
㉰ 약 296K ㉱ 약 324K

[풀이]
$$온위(\theta) = T \times \left(\frac{1,000}{P}\right)^{0.288}$$
$$= (273+5℃)k \times \left(\frac{1,000mbar}{805mbar}\right)^{0.288}$$
$$= 295.92K$$

17 환기를 위한 실내공기오염의 지표가 되는 물질로 알맞은 것은 어느 것인가?

㉮ SO_2 ㉯ NO_2
㉰ CO ㉱ CO_2

[풀이] ㉱ 이산화탄소(CO_2)에 대한 설명이다.

정답 13 ㉮ 14 ㉯ 15 ㉰ 16 ㉰ 17 ㉱

18 Richardson수(R)에 대한 내용으로 틀린 것은 어느 것인가?

㉮ $R = \dfrac{g}{T} \cdot \dfrac{(\triangle T/\triangle Z)^2}{(\triangle u/\triangle z)}$ 로 표시하며, $\triangle T/\triangle Z$는 강제대류의 크기, $\triangle u/\triangle z$는 자유대류의 크기를 나타낸다.
㉯ R > 0.25일 때는 수직방향의 혼합이 없다.
㉰ R = 0일 때는 기계적 난류만 존재한다.
㉱ R이 큰 음의 값을 가지면 대류가 지배적이어서 바람이 약하게 되어 강한 수직운동이 일어나며, 굴뚝의 연기는 수직 및 수평방향으로 빨리 분산된다.

풀이 ㉮ $R = \dfrac{g}{T} \times \left\{ \dfrac{(\triangle t/\triangle z)}{(\triangle u/\triangle z)^2} \right\}$

19 다음 중 다이옥신의 광분해에 가장 효과적인 파장범위(nm)는 어느 것인가?

㉮ 100~150nm ㉯ 250~340nm
㉰ 500~800nm ㉱ 1,200~1,500nm

풀이 다이옥신의 광분해에 가장 효과적인 파장범위는 250~340nm이다.

20 역사적 대기오염사건과 주 원인물질을 알맞게 연결된 것은 어느 것인가?

㉮ 뮤즈계곡 사건 - 아황산가스
㉯ 도쿄 요코하마 사건 - 수은
㉰ 런던스모그 사건 - 오존
㉱ 포자리카 사건 - 메틸이소시아네이트

풀이 ㉯ 도쿄 요코하마 사건 - 공장에서 배출된 대기오염물질
㉰ 런던스모그 사건 - 아황산가스와 미세먼지
㉱ 포자리카 사건 - 황화수소

제2과목 | 연소공학

21 가연기체와 공기 혼합기체의 가연한계(vol%)가 가장 넓은 물질은 어느 것인가?

㉮ 메탄   ㉯ 아세틸렌
㉰ 벤젠   ㉱ 톨루엔

22 연소 배출가스 분석결과 CO_2 11.9%, O_2 7.1%일 때 과잉공기계수는 약 얼마인가?

㉮ 1.2   ㉯ 1.5
㉰ 1.7   ㉱ 1.9

풀이 과잉공기계수(m) = $\dfrac{N_2\%}{N_2\% - 3.76 \times O_2\%}$

$= \dfrac{81\%}{81\% - 3.76 \times 7.1\%} = 1.49$

여기서 $N_2(\%) = 100 - (CO_2\% + O_2\%)$
$= 100 - (11.9\% + 7.1\%) = 81\%$

23 다음 중 기체연료의 일반적인 특징으로 틀린 것은 어느 것인가?

㉮ 연소조절, 점화 및 소화가 용이한 편이다.
㉯ 회분이 거의 없어 먼지발생량이 적다.
㉰ 연료의 예열이 쉽고, 저질연료도 고온을 얻을 수 있다.
㉱ 취급시 위험성이 적고, 설비비가 적게 든다.

풀이 ㉱ 취급시 위험성이 크고, 설비비가 많이 든다.

정답 18 ㉮ 19 ㉯ 20 ㉮ 21 ㉯ 22 ㉯ 23 ㉱

24 연료의 연소시 과잉공기의 비율을 높여 생기는 현상으로 틀린 것은 어느 것인가?

㉮ 에너지손실이 커진다.
㉯ 연소가스의 희석효과가 높아진다.
㉰ 화염의 크기가 커지고 연소가스 중 불완전 연소물질의 농도가 증가한다.
㉱ 공연비가 커지고 연소온도가 낮아진다.

[풀이] ㉰번은 공기비가 작은 경우에 해당한다.

25 기체연료와 공기를 혼합하여 연소할 경우 다음 중 연소속도가 가장 큰 물질은 어느 것인가? (단, 대기압, 25℃ 기준)

㉮ 메탄   ㉯ 수소
㉰ 프로판   ㉱ 아세틸렌

[풀이] 연소속도가 가장 큰 물질은 분자량이 가장 작은 수소(H_2)이다.

26 유동층 연소에 대한 내용으로 틀린 것은 어느 것인가?

㉮ 부하변동에 따른 적응성이 낮은 편이다.
㉯ 높은 열용량을 갖는 균일 온도의 층내에서는 화염 전파는 필요 없고, 층의 온도를 유지할 만큼의 발열만 있으면 된다.
㉰ 분탄을 미분쇄 투입하여 석탄 입자의 체류시간을 짧게 유지한다.
㉱ 주방쓰레기, 슬러지 등 수분함량이 높은 폐기물을 층내에서 건조와 연소를 동시에 할 수 있다.

[풀이] ㉰분탄을 분쇄 투입하여 석탄 입자의 체류시간을 길게 유지한다.

27 다음 자동차 배출가스 중 삼원촉매장치가 적용되는 물질로 틀린 것은 어느 것인가?

㉮ CO   ㉯ SO_X
㉰ NO_X ㉱ HC

[풀이] 삼원촉매장치가 적용되는 물질로는 일산화탄소(CO), 질소산화물(NO_X), 탄화수소(HC)이다.

28 탄소 87%, 수소 13%의 경유 1kg을 공기비 1.3으로 완전연소 시켰을 때, 실제건조 연소 가스 중 CO_2 농도(%)는 얼마인가?

㉮ 10.1%   ㉯ 11.7%
㉰ 12.9%   ㉱ 13.8%

[풀이] ① 이론공기량(A_o)
$= 8.89C+26.67\left(H-\dfrac{O}{8}\right)+3.33S(Sm^3/kg)$
$= 8.89×0.87+26.67×0.13 = 11.2014 Sm^3/kg$
② 공기비(m) = 1.3
③ 실제건연소가스량(Gd)
$= mA_o-5.6H+0.7O+0.8N(Sm^3/kg)$
$= 1.3×11.2014 Sm^3/kg-5.6×0.13$
$= 13.8338 Sm^3/kg$
④ $CO_2(\%) = \dfrac{1.867C(Sm^3/kg)}{Gd(Sm^3/kg)}×100$
$= \dfrac{1.867×0.87 Sm^3/kg}{13.8338 Sm^3/kg}×100$
$= 11.74\%$

29 다음 기체연료 중 고위발열량(kcal/Sm^3)이 가장 낮은 물질은 어느 것인가?

㉮ 메탄   ㉯ 에탄
㉰ 프로판   ㉱ 에틸렌

[풀이] 기체연료에서는 탄소수와 수소수가 가장 적은 것이 발열량이 가장 낮으므로 정답은 ㉮ 메탄이다.

정답 24 ㉰ 25 ㉯ 26 ㉰ 27 ㉯ 28 ㉯ 29 ㉮

30 부피비율로 프로판 30%, 부탄 70%로 이루어진 혼합가스 1L를 완전연소 시키는데 필요한 이론공기량(L)은 얼마인가?

㉮ 23.1L ㉯ 28.8L
㉰ 33.1L ㉱ 38.8L

풀이 $C_3H_8 + 5O_2 \rightarrow 3CO_2 + 4H_2O$: 30%
$C_4H_{10} + 6.5O_2 \rightarrow 4CO_2 + 5H_2O$: 70%

이론공기량$(A_o) = \dfrac{5 \times 0.30 + 6.5 \times 0.70}{0.21}$ (L/L)

$= 28.81 \text{L/L}$

31 클링커 장애(Clinker trouble)가 가장 문제가 되는 연소장치는 어느 것인가?

㉮ 화격자 연소장치
㉯ 유동층 연소장치
㉰ 미분탄 연소장치
㉱ 분무식 오일버너

풀이 ㉮ 화격자 연소장치에 대한 설명이다.

32 저위발열량 11,000kcal/kg인 중유를 완전연소 시키는데 필요한 이론습연소가스량(Sm^3/kg)은 얼마인가? (단, 표준상태 기준, Rosin의 식 적용)

㉮ 약 8.2Sm^3/kg ㉯ 약 10.2Sm^3/kg
㉰ 약 12.2Sm^3/kg ㉱ 약 14.2Sm^3/kg

풀이 이론습연소가스량(G_o)

$= 1.1 \times \dfrac{Hl}{1,000} = 1.1 \times \dfrac{11,000 \text{kcal/kg}}{1,000}$ (Sm^3/kg)

$= 12.1 Sm^3$/kg

33 연소실에서 아세틸렌 가스 1kg을 연소시킨다. 이때 연료의 80%(질량기준)가 완전연소되고, 나머지는 불완전연소 되었을 때, 발생되는 열량(kcal)은 얼마인가? (단, 연소반응식은 아래 식에 근거하여 계산하시오.)

- $C + O_2 \rightarrow CO_2$
  $\triangle H = 97,200 \text{kcal/kmol}$
- $C + \dfrac{1}{2} O_2 \rightarrow CO$
  $\triangle H = 29,200 \text{kcal/kmol}$
- $H_2 + \dfrac{1}{2} O_2 \rightarrow H_2O$
  $\triangle H = 57,200 \text{kcal/kmol}$

㉮ 39,130kcal ㉯ 10,530kcal
㉰ 9,730kcal   ㉱ 8,630kcal

풀이 $C_2H_2 + 2.5O_2 \rightarrow 2CO_2 + H_2O$: 80%
$C_2H_2 + 1.5O_2 \rightarrow 2CO + H_2O$: 20%
발생열량
$= (2 \times 97,200 \times 0.80 + 57,200 \times 0.80 + 2 \times 29,200$
$\times 0.2 + 57,200 \times 0.2) \text{kcal/kmol} \times \dfrac{1 \text{kmol}}{26 \text{kg}}$

$= 8630.77 \text{kcal}$

TIP
① 아세틸렌 = C_2H_2
② C_2H_2의 분자량 = $2 \times 12 + 2 \times 1 = 26$
③ C_2H_2 1kmol $\begin{cases} 26\text{kg} \\ 22.4Sm^3 \end{cases}$

정답 30 ㉯ 31 ㉮ 32 ㉰ 33 ㉱

34 석유계 액체연료의 탄소수비(C/H)에 관한 내용으로 틀린 것은 어느 것인가?

㉮ C/H 비가 클수록 이론공연비가 증가한다.
㉯ C/H 비가 클수록 방사율이 크다.
㉰ 중질연료일수록 C/H 비가 크다.
㉱ C/H 비가 클수록 비교적 비점이 높은 연료이며, 매연이 발생되기 쉽다.

풀이 ㉮ C/H 비가 클수록 이론공연비가 감소한다.

35 에탄과 부탄의 혼합가스 $1Sm^3$를 완전연소시킨 결과 배기가스 중 탄산가스의 생성량이 $3.3Sm^3$이었다면 혼합가스 중 에탄과 부탄의 mol비(에탄/부탄)는 얼마인가?

㉮ 2.19 ㉯ 1.86
㉰ 0.54 ㉱ 0.46

풀이
$C_2H_6 + 3.5O_2 \rightarrow 2CO_2 + 3H_2O$
　X　　　　　　　2X
$C_4H_{10} + 6.5O_2 \rightarrow 4CO_2 + 5H_2O$
　(1-X)　　　　　4(1-X)
CO_2량 = $2X+4(1-X) = 3.3Sm^3/Sm^3$
∴ $X(C_2H_6) = 0.35$
$C_4H_{10} = 1-X = 1-0.35 = 0.65$
따라서 ∴ $\dfrac{C_2H_6 (에탄)}{C_4H_{10}(부탄)} = \dfrac{0.35}{0.65} = 0.54$

36 연료 연소 시 검댕(그을음)의 발생에 대한 내용으로 틀린 것은 어느 것인가?

㉮ 연료의 탄소/수소의 비가 작을수록 검댕이 발생하기 쉽다.
㉯ 탄소-탄소간의 결합이 절단되기보다 탈수소가 쉬운 연료일수록 검댕이 쉽게 발생한다.
㉰ 분해, 산화하기 쉬운 탄화수소 연료일수록 검댕 발생이 적다.
㉱ 천연가스<LPG<코크스<아탄<중유 순으로 검댕이 많이 발생한다.

풀이 ㉮ 연료의 탄소/수소의 비가 작을수록 검댕이 발생하기 어렵다.

37 C : 78%, H : 22%로 구성되어 있는 액체연료 1kg을 공기비 1.2로 연소하는 경우에 C의 1%가 검댕으로 발생된다고 하면 건연소가스 $1Sm^3$ 중의 검댕의 농도(g/Sm^3)는 약 얼마인가?

㉮ $0.55g/Sm^3$ ㉯ $0.75g/Sm^3$
㉰ $0.95g/Sm^3$ ㉱ $1.05g/Sm^3$

풀이
① 공기비(m) = 1.2
② 이론공기량(A_o)
　= $8.89C+26.67\left(H-\dfrac{O}{8}\right)+3.33S(Sm^3/kg)$
　= $8.89\times0.78+26.67\times0.22 = 12.8016 Sm^3/kg$
③ 실제건연소가스량(Gd)
　= $mA_o-5.6H+0.7O+0.8N(Sm^3/kg)$
　= $1.2\times12.8016Sm^3/kg-5.6\times0.22$
　= $14.1299Sm^3/kg$
④ 검댕의 농도(g/Sm^3)
　= $\dfrac{검댕량}{Gd}$
　= $\dfrac{0.78\times0.01kg/kg}{14.1299Sm^3/kg}\times10^3 = 0.55g/Sm^3$

정답 34 ㉮ 35 ㉰ 36 ㉮ 37 ㉮

38 다음 중 건타입(Gun type) 버너에 대한 내용으로 틀린 것은 어느 것인가?

㉮ 형식은 유압식과 공기분무식을 합한 것이다.
㉯ 유압은 보통 7kg/cm² 이상이다.
㉰ 연소가 양호하고, 전자동 연소가 가능하다.
㉱ 유량조절 범위가 넓어 대용량에 적합하다.

풀이 ㉱ 유량조절 범위가 좁아 대용량에 부적합하다.

39 액화석유가스에 대한 내용으로 틀린 것은 어느 것인가?

㉮ 황분이 적고 독성이 없다.
㉯ 비중이 공기보다 가볍고, 누출될 경우 쉽게 인화 폭발될 수 있다.
㉰ 발열량은 20,000~30,000kcal/Sm³ 정도로 매우 높다.
㉱ 유지 등을 잘 녹이기 때문에 고무 패킹이나 유지로 된 도포제로 누출을 막는 것은 어렵다.

풀이 ㉯ 비중이 공기보다 무겁고, 누출될 경우 쉽게 인화 폭발될 수 있다.

40 연소과정에서 NOₓ의 발생 억제 방법으로 틀린 것은 어느 것인가?

㉮ 2단 연소   ㉯ 저온도 연소
㉰ 고산소 연소   ㉱ 배기가스 재순환

풀이 ㉰ 저산소 연소

| 제3과목 | 대기오염방지기술

41 다음 중 접선유입식 원심력 집진장치의 특징으로 알맞은 것은 어느 것인가?

㉮ 장치의 압력손실은 5,000mmH₂O 이다.
㉯ 장치 입구의 가스속도는 18~20cm/s 이다.
㉰ 입구모양에 따라 나선형과 와류형으로 분류된다.
㉱ 도익선회식이라고도 하며, 반전형과 직진형이 있다.

풀이 ㉮ 장치의 압력손실은 100mmH₂O 이다.
㉯ 장치 입구의 가스속도는 7~15m/s 이다.
㉰ 입구모양에 따라 나선형과 와류형으로 분류된다.

42 여과집진장치에서 여과포 탈진방법의 유형이라고 볼 수 없는 것은 어느 것인가?

㉮ 진동형
㉯ 역기류형
㉰ 충격제트기류 분사형
㉱ 승온형

풀이 여과포 탈진방법의 유형
① 간헐식의 유형 : 진동형, 역기류형, 역기류 진동형
② 연속식의유형 : 역제트기류 분사형, 충격제트기류 분사형

정답 38 ㉱ 39 ㉯ 40 ㉰ 41 ㉰ 42 ㉱

43 매시간 4ton의 중유를 연소하는 보일러의 배연탈황에 수산화나트륨을 흡수제로 하여 부산물로서 아황산나트륨을 회수한다. 중유 중 황성분은 3.5%, 탈황율이 98%라면 필요한 수산화나트륨의 이론량(kg/h)은 얼마인가? (단, 중유 중 황성분은 연소시 전량 SO_2로 전환되며, 표준상태를 기준으로 한다.)

㉮ 230kg/h ㉯ 343kg/h
㉰ 452kg/h ㉱ 553kg/h

풀이
$S + O_2 \rightarrow SO_2 + 2NaOH \rightarrow Na_2SO_3 + H_2O$
32kg : 2×40kg
4,000kg/hr×0.035×0.98 : X
∴ X = 343kg/hr

44 집진장치의 입구쪽의 처리가스 유량이 300,000Sm³/h, 먼지농도가 15g/Sm³이고, 출구쪽의 처리된 가스의 유량은 305,000Sm³/h, 먼지농도가 40mg/Sm³이었다. 이 집진장치의 집진율(%)은 얼마인가?

㉮ 98.6% ㉯ 99.1%
㉰ 99.7% ㉱ 99.9%

풀이
집진율(%) = $\left(1 - \dfrac{C_o \times Q_o}{C_i \times Q_i}\right) \times 100$
= $\left\{1 - \dfrac{0.04g/Sm^3 \times 305,000Sm^3/hr}{15g/Sm^3 \times 300,000Sm^3/hr}\right\}$
= 99.73%

45 VOC_s를 98% 이상 제어하기 위한 VOC_s 제어기술로 틀린 것은 어느 것인가?

㉮ 후연소
㉯ 루우프(loop) 산화
㉰ 재생(regenerative) 열산화
㉱ 저온(cryogenic) 응축

풀이 휘발성유기화합물(VOC_s)을 98% 이상 제어하기 위한 VOC_s 제어기술로는 후연소, 회복 열산화, 저온 응축, 재생 열산화가 있다.

46 관성력집진장치의 집진율 향상조건으로 틀린 것은 어느 것인가?

㉮ 적당한 dust box의 형상과 크기가 필요하다.
㉯ 기류의 방향전환 횟수가 많을수록 압력손실은 커지지만 집진율은 높아진다.
㉰ 보통 충돌직전에 처리가스 속도가 크고, 처리후 출구가스 속도가 작을수록 집진율은 높아진다.
㉱ 함진가스의 충돌 또는 기류 방향 전환직전의 가스속도가 작고, 방향 전환시 곡률 반경이 클수록 미세입자 채취가 용이하다.

풀이 ㉱ 함진가스의 충돌 또는 기류 방향 전환직전의 가스속도가 크고, 방향 전환시 곡률 반경이 작을수록 미세입자 채취가 용이하다.

정답 43 ㉯ 44 ㉰ 45 ㉯ 46 ㉱

47 평판형 전기집진장치의 집진판 사이의 간격이 10cm, 가스의 유속이 3m/s, 입자가 집진극으로 이동하는 속도가 4.8 cm/s 일 때, 층류영역에서 입자를 완전히 제거하기 위한 이론적인 집진극의 길이(m)는 얼마인가?

㉮ 1.34m　㉯ 2.14m
㉰ 3.13m　㉱ 4.29m

풀이 $L = \dfrac{u \times s}{We}$

- L : 길이(m)
- u : 유속(m/sec)
- We : 이동하는 속도(m/sec)
- s : 집진극과 방전극간 거리(m)

따라서, $L = \dfrac{3\text{m/sec} \times 0.05\text{m}}{0.048\text{m/sec}} = 3.13\text{m}$

TIP

$s = \dfrac{10\text{cm}}{2} = 5\text{cm} = 0.05\text{m}$

48 벤츄리스크러버의 액가스비를 크게 하는 요인으로 틀린 것은 어느 것인가?

㉮ 먼지 입자의 점착성이 클 때
㉯ 먼지 입자의 친수성이 클 때
㉰ 먼지의 농도가 높을 때
㉱ 처리가스의 온도가 높을 때

풀이 ㉯ 먼지 입자의 친수성이 작을 때

49 침강실의 길이가 5m인 중력집진장치를 사용하여 침강집진 할 수 있는 먼지의 최소입경이 140μm였다. 이 길이를 2.5배로 변경할 경우 침강실에서 집진가능한 먼지의 최소입경 (μm)은 얼마인가?
(단, 배출가스의 흐름은 층류이고, 길이 이외의 모든 설계조건은 동일하다.)

㉮ 약 70μm　㉯ 약 89μm
㉰ 약 99μm　㉱ 약 129μm

풀이 $d^2 = \dfrac{18 \cdot \mu \cdot Q}{(\rho_s - \rho) \cdot g \cdot B \cdot L}$ 에서 $d^2 \propto \dfrac{1}{L}$ 이용

$(140\mu m)^2 : \dfrac{1}{5\text{m}} = d^2 : \dfrac{1}{5\text{m} \times 2.5}$

∴ d = 88.54μm

50 냄새물질에 대한 내용으로 틀린 것은 어느 것인가?

㉮ 물리화학적 자극량과 인간의 감각강도 관계는 Ranney 법칙과 잘 맞다.
㉯ 골격이 되는 탄소수는 저분자일수록 관능기 특유의 냄새가 강하고 자극적이며, 8~13에서 가장 향기가 강하다.
㉰ 분자내 수산기의 수는 1개일 때 가장 강하고 수가 증가하면 약해져서 무취에 이른다.
㉱ 불포화도가 높으면 냄새가 보다 강하게 난다.

풀이 ㉮ 물리화학적 자극량과 인간의 감각강도 관계는 웨버-페히너 법칙과 잘 맞다.

정답 47 ㉰　48 ㉯　49 ㉯　50 ㉮

51 다음과 같은 특성을 가진 유해물질은 어느 것인가?

> - 인화성이 있고, 연소 시 유독가스를 발생시킨다.
> - 무색의 비점(26℃ 정도)이 낮은 액체이고, 그 증기는 약간 방향성을 가진다.
> - 물, 알콜, 에테르 등과 임의의 비율로도 혼합되며, 그 수용액은 극히 약한 산성을 나타낸다.
> - 폭발성도 강하고, 물에 대한 용해도가 매우 크다.

㉮ 시안화수소(HCN)
㉯ 아세트산(CH_3COOH)
㉰ 벤젠(C_6H_6)
㉱ 염소(Cl_2)

[풀이] ㉮ 시안화수소(HCN)에 대한 설명이다.

52 집진효율이 98%인 집진시설에서 처리 후 배출되는 먼지농도가 0.3g/m³일 때 유입된 먼지의 농도는 몇 g/m³인가?

㉮ 10g/m³   ㉯ 15g/m³
㉰ 20g/m³   ㉱ 25g/m³

[풀이] $\eta = \left(1 - \dfrac{C_o}{C_i}\right) \times 100$에서

$C_i = \dfrac{C_o}{(1-\eta)} = \dfrac{0.3g/m^3}{(1-0.98)} = 15g/Sm^3$

53 충전탑에 사용되는 충전물에 대한 내용으로 틀린 것은 어느 것인가?

㉮ 가스와 액체가 전체에 균일하게 분포될 수 있도록 하여야 한다.
㉯ 충전물의 단면적은 기액간의 충분한 접촉을 위해 작은 것이 바람직하다.
㉰ 하단의 충전물이 상단의 충전물에 의해 눌려있으므로 이 하중을 견디는 내강성이 있어야 하며, 또한 충전물의 강도는 충전물의 형상에도 관련이 있다.
㉱ 충분한 기계적 강도와 내식성이 요구되며 단위 부피내의 표면적이 커야 한다.

[풀이] ㉯ 충전물의 단면적은 기액간의 충분한 접촉을 위해 큰 것이 바람직하다.

54 다음은 불소화합물 처리에 대한 설명이다. ( )안에 알맞은 화학식은 어느 것인가?

> 사불화규소는 물과 반응해서 콜로이드 상태의 규산과 ( )이 생성된다.

㉮ CaF_2 ㉯ $NaHF_2$
㉰ $NaSiF_6$ ㉱ H_2SiF_6

[풀이] $2HF + SiF_4 \rightarrow H_2SiF_6$

정답 51 ㉮ 52 ㉯ 53 ㉯ 54 ㉱

55 온도 25℃ 염산액적을 포함한 배출가스 1.5m³/s를 폭 9m, 높이 7m, 길이 10m의 침강집진기로 집진제거 하고자 한다. 염산비중이 1.6이라면 이 침강집진기가 집진할 수 있는 최소제거 입경(μm)은 얼마인가?

(단, 25℃에서의 공기점도 1.85×10^{-5} kg/m·s)

㉮ 약 12μm ㉯ 약 19μm
㉰ 약 32μm ㉱ 약 42μm

풀이
$$d = \sqrt{\frac{18 \cdot \mu \cdot Q}{(\rho_s - \rho) \cdot g \cdot B \cdot L}} \times 10^6 (\mu m)$$
$$= \sqrt{\frac{18 \times 1.85 \times 10^{-5} kg/m \cdot sec \cdot 1.5 m^3/sec}{1,600 kg/m^3 \times 9.8 m/sec^2 \times 9m \times 10m}} \times 10^6$$
$$= 18.81 \mu m$$

TIP
① 비중 $\xrightarrow{\times 10^3}$ kg/m³
② 1.6 $\xrightarrow{\times 10^3}$ 1,600kg/m³
③ ρ(가스밀도)는 무시해도 됨.

56 A공장의 연마실에서 발생되는 배출가스의 먼지제거에 cyclone이 사용되고 있다. 유입폭이 40cm이고, 유효회전수 5회, 입구유입속도 10m/s로 가동 중인 공정조건에서 10μm 먼지입자의 부분집진효율은 몇 %인가? (단, 먼지의 밀도는 1.6g/cm³, 가스점도는 1.75×10^{-4}g/cm·s, 가스밀도는 고려하지 않음.)

㉮ 약 40% ㉯ 약 45%
㉰ 약 50% ㉱ 약 55%

풀이 부분집진율(η) = $\frac{d^2 \times \pi \times V \times (\rho_s - \rho) \times N}{9 \times \mu \times B} \times 100$

$$= \frac{(10 \times 10^{-6} m)^2 \times \pi \times 10 m/sec \times 1,600 kg/m^3 \times 5회}{9 \times 1.75 \times 10^{-5} kg/m \cdot sec \times 0.4m} \times 100$$
$$= 39.89\%$$

TIP
① ρ_s = 1.6g/cm³ $\times 10^3$ = 1,600kg/m³
② μ = 1.75×10^{-4}g/cm·sec $\times 10^{-1}$ = 1.75×10^{-5}kg/m·sec
③ ρ(가스밀도)는 무시해도 됨.

57 전기집진장치의 장애현상 중 먼지의 비저항이 비정상적으로 높아 2차 전류가 현저하게 떨어질 때의 대책으로 알맞은 것은 어느 것인가?

㉮ baffle을 설치한다.
㉯ 방전극을 교체한다.
㉰ 스파크 횟수를 늘린다.
㉱ 바나듐을 투입한다.

풀이 2차 전류가 현저하게 떨어질 때의 대책
① 스파크의 횟수를 늘린다.
② 조습용 스프레이의 수량을 늘린다.
③ 입구먼지 농도를 적절히 조절한다.

58 다음 세정집진장치 중 입구유속(기본유속)이 가장 빠른 것은 어느 것인가?

㉮ Jet scrubber
㉯ Venturi scrubber
㉰ Theisen washer
㉱ Cyclone scrubber

풀이 입구유속이 가장 빠른 것은 Venturi scrubber로 60~90m/sec이다.

정답 55 ㉯ 56 ㉮ 57 ㉰ 58 ㉯

59 다이옥신의 처리대책으로 틀린 것은 어느 것인가?

㉮ 촉매분해법 : 촉매로는 금속산화물(V_2O_5, TiO 등), 귀금속(Pt, Pd)이 사용된다.
㉯ 광분해법 : 자외선파장(250~340nm)이 가장 효과적인 것으로 알려져 있다.
㉰ 열분해방법 : 산소가 아주 적은 환원성 분위기에서 탈염소화, 수소첨가반응 등에 의해 분해시킨다.
㉱ 오존분해법 : 수중 분해시 순수의 경우는 산성일수록, 온도는 20℃ 전후에서 분해속도가 커지는 것으로 알려져 있다.

[풀이] ㉱ 오존분해법 : 수중 분해시 순수의 경우는 염기성일수록, 온도는 높을수록 분해속도가 커지는 것으로 알려져 있다.

60 유해가스를 처리하기 위해 흡착법에 사용되는 흡착제에 대한 내용으로 틀린 것은 어느 것인가?

㉮ 활성탄이 가장 많이 사용되며, 주로 극성물질에 유효한 반면, 유기용제의 증기 제거능은 낮다.
㉯ 실리카겔은 250℃ 이하에서 물과 유기물을 잘 흡착한다.
㉰ 활성알루미나는 물과 유기물을 잘 흡착하며 175~325℃로 가열하여 재생시킬 수 있다.
㉱ 합성세올라이트는 극성이 다른 물질이나 포화정도가 다른 탄화수소의 분리가 가능하다.

[풀이] ㉮ 활성탄이 가장 많이 사용되며, 주로 비극성물질에 유효하고, 유기용제의 증기 제거능도 높다.

제4과목 | 대기오염공정시험기준

61 배출가스 중 납화합물을 분석하는 원자흡수분광광도법에 대한 설명으로 틀린 것은?

㉮ 정밀도는 20% 이하이다.
㉯ 정량범위는 $0.050mg/Sm^3$~$6.250mg/Sm^3$이다.
㉰ 측정파장은 217.0nm 또는 283.3nm이다.
㉱ 방법검출한계는 $0.015mg/Sm^3$이다.

[풀이] ㉮ 정밀도는 10% 이하이다.

62 원자흡수분광광도법에서 화학적 간섭을 방지하는 방법으로 틀린 것은 어느 것인가?

㉮ 이온교환에 의한 방해물질 제거
㉯ 표준첨가법의 이용
㉰ 미량의 간섭원소의 첨가
㉱ 은폐제의 첨가

[풀이] ㉰ 과량의 간섭원소의 첨가

정답 59 ㉱ 60 ㉮ 61 ㉮ 62 ㉰

63 굴뚝 배출가스 중 휘발성유기화합물을 테들러 백(tedlar bag)을 이용하여 채취하고자 할 때 가장 거리가 먼 것은?

㉮ 진공용기는 1~10L의 테들러 백을 담을 수 있어야 한다.
㉯ 소각시설의 배출구같이 테들러 백내로 입자상 물질의 유입이 우려되는 경우에는 여과재를 사용하여 입자상물질을 걸러주어야 한다.
㉰ 테들러 백의 각 장치의 모든 연결부위는 유리재질의 관을 사용하여 연결하고, 밀봉윤 활유 등을 사용하여 누출이 없도록 하여야 한다.
㉱ 배출가스의 온도가 100℃미만으로 테들러 백내에 수분응축의 우려가 없는 경우 응축수 트랩을 사용하지 않아도 무방하다.

[풀이] ㉰ 각 장치의 모든 연결부위는 진공용 윤활유를 사용하지 않고 불소수지 재질의 관을 사용하여 연결한다.

64 비분산 적외선 분석계의 구성에서 ( ) 안에 들어갈 명칭을 옳게 나열한 것은?
(단, 복광속 분석계)

```
광원 - ( ① ) - ( ② ) - 시료셀 - 검출기 -
증폭기 - 지시계
```

㉮ ① 광학섹터, ② 회전필터
㉯ ① 회전섹터, ② 광학필터
㉰ ① 광학필터, ② 회전필터
㉱ ① 회전섹터, ② 광학섹터

[풀이] 복광속분석계의 순서는 광원 - 회전섹터 - 광학필터 - 시료셀 - 검출기 - 증폭기 - 지시계이다.

65 대기오염공정시험기준에서 규정한 환경대기 중 금속분석을 위한 주 시험방법은 어느 것인가?

㉮ 원자흡수분광광도법
㉯ 자외선/가시선분광법
㉰ 이온크로마토그래피
㉱ 유도결합플라스마 원자발광분광법

[풀이] 원자흡수분광광도법이 주 시험방법이다.

66 대기오염공정시험기준상 일반시험방법에 대한 내용으로 알맞은 것은 어느 것인가?

㉮ 상온은 15~25℃, 실온은 1~35℃로 하고, 찬곳은 따로 규정이 없는 한 4℃이하의 곳을 뜻한다.
㉯ 냉후(식힌 후)라 표시되어 있을 때는 보온 또는 가열 후 상온까지 냉각된 상태를 뜻한다.
㉰ 시험은 따로 규정이 없는 한 상온에서 조작하고 조작 직후 그 결과를 관찰한다.
㉱ 냉수는 4℃ 이하, 온수는 50~60℃, 열수는 100℃를 말한다.

[풀이] ㉮ 상온은 15~25℃, 실온은 1~35℃로 하고, 찬곳은 따로 규정이 없는 한 0~15℃를 뜻한다.
㉯ 냉후(식힌 후)라 표시되어 있을 때는 보온 또는 가열 후 실온까지 냉각된 상태를 뜻한다.
㉱ 냉수는 15℃ 이하, 온수는 60~70℃, 열수는 100℃를 말한다.

정답 63 ㉰ 64 ㉯ 65 ㉮ 66 ㉰

67 굴뚝 배출가스 중 산소를 자기식(자기력)으로 측정하는 방법에 대한 설명으로 틀린 것은?

㉮ 체적자화율이 큰 가스(일산화질소, NO)의 영향을 무시할 수 있는 경우에 적용한다.
㉯ 상자성체인 산소분자가 자계 내에서 자기화 될 때 생기는 흡인력을 이용한다.
㉰ 덤벨형 방식과 압력검출형 방식이 있다.
㉱ 측정범위는 1 % ~ 15.0 % 이하로 한다.

[풀이] ㉱ 측정범위는 0 % ~ 10.0 % 이하로 한다.

68 연료의 연소로부터 배출되는 굴뚝 배출가스 중 일산화탄소를 정전위전해법으로 분석하고자 할 때 주요 성능기준으로 틀린 것은 어느 것인가?

㉮ 90% 응답 시간은 2분 30초 이내이다.
㉯ 재현성은 측정범위 최대 눈금값의 ±2% 이내이다.
㉰ 적용범위는 최고 5%이다.
㉱ 전압 변동에 대한 안정성은 최대 눈금값의 ±1% 이내이다.

[풀이] ㉰ 적용범위는 최고 3%이다.

69 환경대기 중 가스상 물질의 시료채취방법에서 시료가스를 일정유량으로 통과시키는 것으로 채취관 – 여과재 – 채취부 – 흡입펌프 – 유량계(가스미터)의 순으로 시료를 채취하는 방법은 어느 것인가?

㉮ 용기채취법
㉯ 용매채취법
㉰ 직접채취법
㉱ 채취여지에 의한 방법

[풀이] ㉯ 용매채취법에 대한 설명이다.

70 다음 중 다이에틸아민구리 용액에서 시료가스를 흡수시켜 생성된 다이에틸다이싸이오카밤산구리의 흡광도를 435nm의 파장에서 측정하는 항목은 어느 것인가?

㉮ CS_2 ㉯ H_2S
㉰ HCN   ㉱ PAH

[풀이] ㉮ 이황화탄소(CS_2)에 대한 설명이다.

71 굴뚝 배출가스 중 황산화물의 시료채취 장치에 대한 내용으로 틀린 것은 어느 것인가?

㉮ 가열부분에 있어서의 배관의 접속은 채취관과 같은 재질, 혹은 보통 고무관을 사용한다.
㉯ 시료중의 황산화물과 수분이 응축되지 않도록 시료채취관과 콕 사이를 가열할 수 있는 구조로 한다.
㉰ 시료중에 먼지가 섞여 들어가는 것을 방지하기 위하여 채취관의 앞 끝에 알칼리(alkali)가 없는 유리솜 등 적당한 여과재를 넣는다.
㉱ 시료채취관은 배출가스중의 황산화물에 의해 부식되지 않는 재질, 예를 들면 유리관, 석영관, 스테인리스강관 등을 사용한다.

[풀이] ㉮ 채취관과 어댑터, 삼방콕 등 가열하는 접속부분은 갈아 맞춤 또는 실리콘 고무관을 사용하고 보통 고무관을 사용하면 안된다.

72 환경대기 중 석면농도를 측정하기 위해 위상차현미경을 사용한 계수방법에 대한 내용이다. ( )안에 알맞은 말은?

시료채취 측정시간은 주간시간대(오전 8시~오후 7시)에 (①)으로 1시간 측정하고, 유량계의 부자를 (②)되게 조정한다.

㉮ ① 1L/min, ② 1L/min
㉯ ① 1L/min, ② 10L/min
㉰ ① 10L/min, ② 1L/min
㉱ ① 10L/min, ② 10L/min

73 고용량공기시료채취기법을 사용하여 비산먼지를 측정하고자 한다. 풍속이 0.5m/s 미만 또는 10m/s 이상되는 시간이 전 채취시간의 50% 미만일 때 풍속에 대한 보정계수는 얼마인가?

㉮ 0.8   ㉯ 1.0
㉰ 1.2   ㉱ 1.5

[풀이] 풍속에 대한 보정계수
① 전 채취시간의 50% 미만일 때 : 1.0
② 전 채취시간의 50% 이상일 때 : 1.2

74 기체크로마토그래피에서 정량분석방법과 가장 거리가 먼 것은?

㉮ 넓이 백분율법
㉯ 표준물첨가법
㉰ 내부표준물질법
㉱ 절대검정곡선법

[풀이] 정량분석방법으로는 절대검정곡선법, 넓이 백분율법, 보정넓이 백분율법, 상대검정곡선법, 표준물 첨가법이 있다.

75 굴뚝 배출가스 중 먼지를 반자동식 측정법으로 채취하고자 할 경우, 먼지시료채취 기록지 서식에 기재되어야 할 항목으로 틀린 것은 어느 것인가?

㉮ 배출가스 온도(℃)
㉯ 오리피스압차(mmH$_2$O)
㉰ 여과지 표면적(cm^2)
㉱ 수분량(%)

정답 71 ㉮   72 ㉱   73 ㉯   74 ㉰   75 ㉰

76 다음은 굴뚝 등에서 배출되는 질소산화물의 자동연속측정방법(자외선흡수분석계 사용)에 대한 내용이다. ( )안에 알맞은 말은?

> 합산증폭기는 신호를 증폭하는 기능과 일산화질소 측정파장에서 ( )의 간섭을 보정하는 기능을 가지고 있다.

㉮ 수분
㉯ 아황산가스
㉰ 이산화탄소
㉱ 일산화탄소

77 대기오염공정시험법상 다음 분석가스별 시험방법에 대한 흡수액으로 틀린 것은?

㉮ 암모니아 - 붕산용액(5g/L)
㉯ 황화수소 - 수산화소듐용액(4g/L)
㉰ 황산화물 - 과산화수소용액(1+9)
㉱ 브로민화합물 - 수산화소듐용액(4g/L)

[풀이] ㉯ 황화수소 - 아연아민착염용액

78 염산(1+4)라고 되어 있을 때, 실제 조제할 경우 어떻게 하는가?

㉮ 염산 1mL를 물 2mL에 혼합한다.
㉯ 염산 1mL를 물 3mL에 혼합한다.
㉰ 염산 1mL를 물 4mL에 혼합한다.
㉱ 염산 1mL를 물 5mL에 혼합한다.

79 굴뚝배출가스 중 일산화탄소를 분석하는 방법으로 틀린 것은?

㉮ 비분산적외선분광분석법
㉯ 이온크로마토그래피
㉰ 전기화학식
㉱ 기체크로마토그래피

[풀이] 굴뚝배출가스 중 일산화탄소를 분석하는 방법에는 비분산적외선분광분석법, 전기화학식, 기체크로마토그래피가 있다.

80 굴뚝배출가스 중 먼지 측정시 등속흡입 정도를 보기 위하여 등속흡입계수(%)를 산정한다. 이 때 그 값이 몇 % 범위 내에 들지 않는 경우 다시 시료를 채취하여야 하는가?

㉮ 90~105%
㉯ 90~110%
㉰ 95~105%
㉱ 95~110%

정답 76 ㉯ 77 ㉯ 78 ㉰ 79 ㉯ 80 ㉯

| 제5과목 | 대기환경관계법규

81 다음은 대기환경보전법규상 대기오염 경보단계별 오존의 해제(농도)기준이다. ( )안에 알맞은 말은?

> 중대경보가 발령된 지역의 기상조건 등을 검토하여 대기자동측정소의 오존농도가 (①)ppm 이상 (②)ppm 미만일 때는 경보로 전환한다.

㉮ ① 0.3, ② 0.5
㉯ ① 0.5, ② 1.0
㉰ ① 1.0, ② 1.2
㉱ ① 1.2, ② 1.5

82 대기환경보전법상 배출가스 전문정비사업자 지정을 받은 자가 고의로 정비업무를 부실하게 하여 받은 업무정지명령을 위반한 자에 대한 벌칙 기준으로 알맞은 것은 어느 것인가?

㉮ 7년 이하의 징역이나 1억원 이하의 벌금
㉯ 5년 이하의 징역이나 3천만원 이하의 벌금
㉰ 1년 이하의 징역이나 1천만원 이하의 벌금
㉱ 300만원 이하의 벌금

풀이 ㉰ 1년 이하의 징역이나 1천만원 이하의 벌금에 해당한다.

83 실내공기질 관리법규상 자일렌 항목의 신축공동주택의 실내공기질 권고기준은 어느 것인가?

㉮ 30μg/m³ 이하
㉯ 210μg/m³ 이하
㉰ 300μg/m³ 이하
㉱ 700μg/m³ 이하

풀이 자일렌 항목의 신축공동주택의 실내공기질 권고기준은 700μg/m³ 이하이다.

84 대기환경보전법규상 위임업무의 보고횟수 기준이 '수시'에 해당되는 업무 내용은 어느 것인가?

㉮ 환경오염사고 발생 및 조치사항
㉯ 자동차 연료 및 첨가제의 제조·판매 또는 사용에 대한 규제현황
㉰ 첨가제의 제조기준 적합여부 검사현황
㉱ 수입자동차 배출가스 인증 및 검사현황

풀이 위임업무의 보고횟수
㉮ 수시
㉯ 연 2회
㉰ 연 2회
㉱ 연 4회

정답 81 ㉮ 82 ㉰ 83 ㉱ 84 ㉮

85 대기환경보전법규상 비산먼지 발생을 억제하기 위한 시설의 설치 및 필요한 조치에 관한 기준 중 야적(분체상 물질을 야적하는 경우에만 해당)에 관한 기준으로 틀린 것은 어느 것인가? (단, 예외 사항은 제외)

㉮ 야적물질을 1일 이상 보관하는 경우 방진덮개로 덮을 것
㉯ 야적물질로 인한 비산먼지 발생억제를 위하여 물을 뿌리는 시설을 설치할 것(고철야적장과 수용성물질 등의 경우는 제외한다.)
㉰ 야적물질의 최고저장높이의 1/3 이상의 방진벽을 설치할 것
㉱ 야적물질의 최고저장높이의 1/3 이상의 방진망(막)을 설치할 것

풀이 ㉱ 야적물질의 최고저장높이의 1.25배 이상의 방진망(막)을 설치할 것

86 다음은 대기환경보전법규상 대기환경규제지역의 지정대상지역기준이다. ( )안에 알맞은 말은?

1. 대기환경보전법에 따른 상시측정 결과 대기오염도가 환경정책기본법에 따라 설정된 환경기준을 초과한 지역
2. 대기환경보전법에 따른 상시측정을 하지 아니하는 지역 중 이 법에 따라 조사된 대기오염물질배출량을 기초로 산정한 대기오염도가 환경기준의 ( ) 인 지역

㉮ 50퍼센트 이상   ㉯ 60퍼센트 이상
㉰ 70퍼센트 이상   ㉱ 80퍼센트 이상

87 대기환경보전법규상 운행차배출허용기준 중 일반기준으로 틀린 것은 어느 것인가?

㉮ 알코올만 사용하는 자동차는 탄화수소 기준을 적용하지 아니한다.
㉯ 휘발유와 가스를 같이 사용하는 자동차의 배출가스 측정 및 배출허용기준은 휘발유의 기준을 적용한다.
㉰ 1993년 이후에 제작된 자동차 중 과급기(Turbo charger)나 중간냉각기(Intercooler)를 부착한 경유사용 자동차의 배출허용기준은 무부하급가속 검사방법의 매연 항목에 대한 배출허용기준에 5%를 더한 농도를 적용한다.
㉱ 수입자동차는 최초등록일자를 제작일자로 본다.

풀이 ㉯ 휘발유와 가스를 같이 사용하는 자동차의 배출가스 측정 및 배출허용기준은 가스의 기준을 적용한다.

88 대기환경보전법상 저공해자동차로의 전환 또는 개조 명령, 배출가스저감장치의 부착·교체 명령 또는 배출가스 관련 부품의 교체 명령, 저공해엔진(혼소엔진을 포함한다)으로의 개조 또는 교체 명령을 이행하지 아니한 자에 대한 과태료 부과기준은 어느 것인가?

㉮ 300만원 이하의 과태료
㉯ 500만원 이하의 과태료
㉰ 1천만원 이하의 과태료
㉱ 2천만원 이하의 과태료

풀이 ㉮ 300만원 이하의 과태료에 해당한다.

정답 85 ㉱ 86 ㉱ 87 ㉯ 88 ㉮

89 대기환경보전법규상 특정대기유해물질로 틀린 것은 어느 것인가?

㉮ 니켈 및 그 화합물
㉯ 이황화메틸
㉰ 다이옥신
㉱ 알루미늄 및 그 화합물

[풀이] ㉱ 알루미늄 및 그 화합물은 특정대기유해물질이 아니다.

90 실내공기질 관리법규상 실내주차장의 ① PM10(μg/m³), ② CO(ppm) 실내공기질 유지기준으로 알맞은 것은 어느 것인가?

㉮ ① 100 이하, ② 10 이하
㉯ ① 150 이하, ② 20 이하
㉰ ① 200 이하, ② 25 이하
㉱ ① 300 이하, ② 40 이하

91 대기환경보전법상 한국자동차환경협회의 정관에 따른 업무로 틀린 것은 어느 것인가?

㉮ 운행차 저공해화 기술개발
㉯ 자동차 배출가스 저감사업의 지원
㉰ 자동차관련 환경기술인의 교육훈련 및 취업지원
㉱ 운행차 배출가스 검사와 정비기술의 연구·개발사업

92 환경정책기본법령상 납(Pb)의 대기환경기준으로 알맞은 것은 어느 것인가?

㉮ 연간평균치 0.5μg/m³ 이하
㉯ 3개월 평균치 1.5μg/m³ 이하
㉰ 24시간 평균치 1.5μg/m³ 이하
㉱ 8시간 평균치 1.5μg/m³ 이하

93 다음은 대기환경보전법령상 부과금의 징수유예·분할납부 및 징수절차에 관한 사항이다. ( )안에 알맞은 말은?

> 시·도지사는 배출부과금이 납부의무자의 자본금 또는 출자총액을 2배 이상 초과하는 경우로서 사업상 손실로 인해 경영상 심각한 위기에 처하여 징수유예기간을 연장하거나 분할납부의 횟수를 늘릴 수 있다. 이에 따른 징수유예기간의 연장은 유예한 날의 다음 날부터 (①)로 하며, 분할납부의 횟수는 (②)로 한다.

㉮ ① 2년 이내, ② 12회 이내
㉯ ① 2년 이내, ② 18회 이내
㉰ ① 3년 이내, ② 12회 이내
㉱ ① 3년 이내, ② 18회 이내

정답 89 ㉱ 90 ㉰ 91 ㉰ 92 ㉮ 93 ㉱

94 대기환경보전법규상 대기오염도 검사기관으로 틀린 것은 어느 것인가?

㉮ 수도권대기환경청
㉯ 한국환경보전원
㉰ 한국환경공단
㉱ 낙동강유역환경청

풀이 ㉯ 한국환경보전원은 교육기관이다.

95 악취방지법규상 위임업무 보고사항 중 "악취검사기관의 지도·점검 및 행정처분 실적" 보고횟수기준은 어느 것인가?

㉮ 연 1회   ㉯ 연 2회
㉰ 연 4회   ㉱ 수시

96 대기환경보전법상 배출시설 설치허가를 받은 자가 대통령령으로 정하는 중요한 사항의 특정대기유해물질 배출시설을 증설하고자 하는 경우 배출시설 변경허가를 받아야 하는 시설의 규모기준은 어느 것인가? (단, 배출시설의 규모의 합계나 누계는 배출구별로 산정)

㉮ 배출시설 규모의 합계나 누계의 100분의 5 이상 증설
㉯ 배출시설 규모의 합계나 누계의 100분의 10 이상 증설
㉰ 배출시설 규모의 합계나 누계의 100분의 20 이상 증설
㉱ 배출시설 규모의 합계나 누계의 100분의 30 이상 증설

97 악취방지법규상 다음 지정악취물질의 배출허용기준으로 틀린 것은 어느 것인가?

지정악취물질	배출허용기준(ppm)		엄격한 배출 허용 기준범위 (ppm)
	공업지역	기타지역	
① 톨루엔	30 이하	10 이하	10~30
② 프로피온산	0.07 이하	0.03 이하	0.03~0.07
③ 스타이렌	0.8 이하	0.4 이하	0.4~0.8
④ 뷰틸아세테이트	5 이하	1 이하	1~5

㉮ ①   ㉯ ②
㉰ ③   ㉱ ④

풀이 ④ 뷰틸아세테이트 : 4 이하 - 1 이하 - 1~4

98 대기환경보전법령상 과태료 부과기준 중 위반행위의 횟수에 따른 일반기준은 해당 위반 행위가 있은 날 이전 최근 얼마간 같은 위반행위로 부과처분을 받은 경우에 적용하는가?

㉮ 3월간   ㉯ 6월간
㉰ 1년간   ㉱ 3년간

정답 94 ㉯ 95 ㉮ 96 ㉱ 97 ㉱ 98 ㉰

99 악취방지법규에 의거 악취배출시설의 변경신고를 하여야 하는 경우로 틀린 것은 어느 것인가?

㉮ 악취배출시설을 폐쇄하는 경우
㉯ 사업장 명칭을 변경하는 경우
㉰ 환경담당자의 교육사항을 변경하는 경우
㉱ 악취배출시설 또는 악취방지시설을 임대하는 경우

100 대기환경보전법규 중 측정기기의 운영·관리 기준에서 굴뚝배출가스 온도측정기를 새로 설치하거나 교체하는 경우에는 국가표준기본법에 따른 교정을 받아야 한다. 이 때 그 기록을 최소 몇 년 이상 보관하여야 하는가?

㉮ 2년 이상 ㉯ 3년 이상
㉰ 5년 이상 ㉱ 10년 이상

정답 99 ㉰ 100 ㉯

2017년 2회 대기환경기사

2017년 5월 7일 시행

| 제1과목 | 대기오염개론

01 일반적인 가솔린 자동차 배기가스의 구성면에서 볼 때 다음 중 가장 많은 부피를 차지하는 물질은 어느 것인가? (단, 가속상태 기준)

㉮ 탄화수소 ㉯ 질소산화물
㉰ 일산화탄소 ㉱ 이산화탄소

풀이 ㉱ 이산화탄소(CO_2)에 대한 설명이다.

02 지표 부근의 대기성분의 부피비율(농도)이 큰 것부터 순서대로 알맞게 나열된 것은 어느 것인가? (단, N_2, O_2 성분은 생략)

㉮ CO_2 - Ar - CH_4 - H_2
㉯ CO_2 - Ar - H_2 - CH_4
㉰ Ar - CO_2 - He - Ne
㉱ Ar - CO_2 - Ne - He

풀이 대기성분(부피비율)은 N_2 - O_2 - Ar - CO_2 - Ne - He 순이다.

03 불안정한 대기상태에서 굴뚝의 연기방출속도가 15m/sec, 굴뚝 안지름이 4m일 때 이 연기의 상승높이는? (단, 연기의 상승높이 $\triangle H = 150 \times \dfrac{F}{u^3}$, F는 부력, 배기가스 온도 127℃, 대기온도 17℃, 풍속 6m/sec)

㉮ 125m ㉯ 135m
㉰ 145m ㉱ 155m

풀이 ① $F = g \times \left(\dfrac{D}{2}\right)^2 \times V_s \times \left(\dfrac{T_s - T_a}{T_a}\right)$ (m⁴/sec³)

$= 9.8\text{m/sec}^2 \times \left(\dfrac{4\text{m}}{2}\right)^2 \times 15\text{m/sec}$

$\times \dfrac{(273+127)-(273+17)}{(273+17)}$

$= 223.0345 \text{m}^4/\text{sec}^3$

② $\triangle H = 150 \times \dfrac{F}{u^3} = 150 \times \dfrac{223.0345 \text{m}^4/\text{sec}^3}{(6\text{m/sec})^3}$

$= 154.89\text{m}$

정답 01 ㉱ 02 ㉱ 03 ㉱

04 다음 ( )안에 들어갈 알맞은 말은?

> 지구의 평균 지상기온은 지구가 태양으로부터 받고 있는 태양에너지와 지구가 (①) 형태로 우주로 방출하고 있는 에너지의 균형으로부터 결정된다. 이 균형은 대기중의 (②), 수증기 등의 (①)을(를) 흡수하는 기체가 큰 역할을 하고 있다.

㉮ ① : 자외선, ② : CO
㉯ ① : 적외선, ② : CO
㉰ ① : 자외선, ② : CO_2
㉱ ① : 적외선, ② : CO_2

05 다음 중 염소 또는 염화수소 배출 관련 업종으로 틀린 것은 어느 것인가?

㉮ 소다 제조업
㉯ 농약 제조업
㉰ 화학 공업
㉱ 시멘트 제조업

[풀이] ㉱ 시멘트 제조업에서는 크롬(Cr)이 배출된다.

06 실내공기에 영향을 미치는 오염물질에 대한 내용으로 틀린 것은 어느 것인가?

㉮ 석면은 자연계에 존재하는 유화화(油和化) 된 규산염 광물의 총칭이고, 미국에서 가장 일반적인 것으로는 아크티놀라이트(백석면)가 있다.
㉯ 석면의 발암성은 청석면 > 아모사이트 > 백석면 순이다.
㉰ Rn-222의 반감기는 3.8일이며, 그 낭핵종도 같은 종류의 알파선을 방출하지만 화학적으로는 거의 불활성이다.
㉱ 우라늄과 라듐은 Rn-222의 발생원에 해당된다.

[풀이] ㉮ 석면은 자연계에 존재하는 유화화 된 규산염 광물의 총칭이고, 미국에서 가장 일반적인 것으로는 크리스틸(백석면)이 있다.

07 다음 오염물질 중 상온에서 무색 투명하고, 순수한 경우에는 냄새가 거의 없지만 일반적으로 불쾌한 자극성 냄새를 가진 액체로서 햇빛에 파괴될 정도로 불안정하지만 부식성은 비교적 약하며, 끓는점은 약 46°C이며 그 증기는 공기보다 약 2.64배 정도 무거운 물질은 어느 것인가?

㉮ HCl ㉯ Cl_2
㉰ SO_2 ㉱ CS_2

[풀이] ㉱ 이황화탄소(CS_2)에 대한 설명이다.

정답 04 ㉱ 05 ㉱ 06 ㉮ 07 ㉱

08 석면폐증에 대한 내용으로 틀린 것은 어느 것인가?

㉮ 폐의 석면폐증에 의한 비후화이며, 흉막의 섬유화와 밀접한 관련이 있다.
㉯ 비가역적이며, 석면노출이 중단된 후에도 악화되는 경우가 있다.
㉰ 폐하엽에 주로 발생하며 흉막을 따라 폐중엽이나 설엽으로 퍼져간다.
㉱ 폐의 석면화는 폐조직의 신축성을 감소시키고, 가스교환능력을 저하시켜 결국 혈액으로의 산소공급이 불충분하게 된다.

【풀이】 ㉮ 석면폐증은 폐의 석면분진 침착에 의한 섬유화이며, 흉막의 섬유화와는 무관하다.

09 다음 Gaussian 분산식에 대한 설명으로 알맞은 것은 어느 것인가?

$$C(x, y, z, H) = \frac{Q}{2\pi u \sigma_y \sigma_z} \left[\exp\left(-\frac{y^2}{2\sigma_y^2}\right) \right] \left[\exp\left(\frac{-(z-H)^2}{2\sigma_z^2}\right) + \exp\left(\frac{-(z+H)^2}{2\sigma_z^2}\right) \right]$$

㉮ 비정상상태에서 불연속적으로 배출하는 면오염원으로부터 바람방향이 배출면에 수평인 경우 풍하측의 지면농도를 산출하는 경우에 사용한다.
㉯ 공중역전이 존재할 경우 역전층의 오염물질의 상향확산에 의한 일정고도 상에서의 중심축상 선오염원의 농도를 산출하는 경우에 사용한다.
㉰ 지표면으로부터 고도 H에 위치하는 점원-지면으로부터 반사가 있는 경우에 사용한다.
㉱ 연속적으로 배출하는 무한의 선오염원으로부터 바람의 방향이 배출선에 수직인 경우 플륨내에서 소멸되는 풍하측의 지면농도를 산출하는 경우에 사용한다.

10 시정거리에 대한 내용으로 틀린 것은 어느 것인가? (단, 입자 산란에 의해서만 빛이 감쇠되고, 입자상 물질은 모두 같은 크기의 구 형태로 분포하고 있다고 가정한다.)

㉮ 시정거리는 대기 중 입자의 산란계수에 비례한다.
㉯ 시정거리는 대기 중 입자의 농도에 반비례한다.
㉰ 시정거리는 대기 중 입자의 밀도에 비례한다.
㉱ 시정거리는 대기 중 입자의 직경에 비례한다.

【풀이】 ㉮ 시정거리는 대기 중 입자의 산란계수에 반비례한다.

11 다음 오염물질 중 온실효과를 유발하는 물질로 틀린 것은 어느 것인가?

㉮ 이산화탄소   ㉯ CFCs
㉰ 메탄   ㉱ 아황산가스

【풀이】 ㉱ 아황산가스(SO_2)는 온실가스가 아니다.

정답 08 ㉮ 09 ㉰ 10 ㉮ 11 ㉱

12 먼지농도가 40μg/m³, 상대습도가 70%일 때 가시거리는 얼마인가? (단, 계수 A는 1.2 적용)

㉮ 19km   ㉯ 23km
㉰ 30km   ㉱ 67km

풀이 $V = \dfrac{10^3 \times A}{G}$

- V : 가시거리(km)
- A : 상수
- G : 농도(μg/m³)

따라서 $V = \dfrac{10^3 \times 1.2}{40 \mu g/m^3} = 30km$

13 면배출원으로부터 배출되는 오염물질의 확산을 다루는 상자모델 사용 시 가정조건으로 틀린 것은 어느 것인가?

㉮ 상자 공간에서 오염물의 농도는 균일하다.
㉯ 오염배출원은 이 상자가 차지하고 있는 지면전역에 균등하게 분포되어 있다.
㉰ 상자안에서는 밑면에서 방출되는 오염물질이 상자 높이인 혼합층까지 즉시 균등하게 혼합된다.
㉱ 배출된 오염물질이 다른 물질로 변화되는 율과 지면에 흡수되는 율은 100%이다.

풀이 ㉱ 배출된 오염물질이 다른 물질로 변하지도 않고 지면에 흡수되지도 않는다.

14 굴뚝에서 배출되어지는 연기의 모양 중 환상형(looping)에 대한 내용으로 알맞은 것은 어느 것인가?

㉮ 전체 대기층이 강한 안정시에 나타나며, 연직확산이 적어 지표면에 순간적 고농도를 나타낸다.
㉯ 전체 대기층이 중립일 경우에 나타나며, 연기모양의 요동이 적은 형태이다.
㉰ 상층이 불안정, 하층이 안정일 경우에 나타나며, 바람이 다소 강하거나 구름이 낀 날 일어난다.
㉱ 대기층이 매우 불안정시에 나타나며, 맑은 날 낮에 발생하기 쉽다.

풀이
㉮ 부채형
㉯ 원추형
㉰ 상승형(지붕형)
㉱ 환상형(파상형)

15 유효굴뚝높이 100m인 연돌에서 배출되는 가스량은 10m³/sec, SO₂의 농도가 1,500ppm 일 때 Sutton식에 의한 최대 지표농도는 얼마인가? (단, $K_y = K_z = 0.05$, 평균풍속은 10m/sec이다.)

㉮ 약 0.008ppm
㉯ 약 0.035ppm
㉰ 약 0.078ppm
㉱ 약 0.116ppm

풀이
$C_{max} = \dfrac{2Q}{\pi \cdot e \cdot U \cdot He^2}\left(\dfrac{k_z}{k_y}\right)$

$= \dfrac{2 \times 10m^3/sec \times 1,500ppm}{\pi \times 2.72 \times 10m/sec \times (100m)^2}\left(\dfrac{0.05}{0.05}\right)$

$= 0.035ppm$

정답 12 ㉰ 13 ㉱ 14 ㉱ 15 ㉯

16 다음은 NO_2의 광화학 반응식이다. ①~④에 알맞은 것은? (단, O는 산소원자)

$$[①] + hv \rightarrow [②] + O$$
$$O + [③] \rightarrow [④]$$
$$[④] + [②] \rightarrow [①] + [③]$$

㉮ ① NO, ② NO_2, ③ O_3, ④ O_2
㉯ ① NO_2, ② NO, ③ O_2, ④ O_3
㉰ ① NO, ② NO_2, ③ O_2, ④ O_3
㉱ ① NO_2, ② NO, ③ O_3, ④ O_2

17 바람을 일으키는 힘 중 기압경도력에 대한 내용으로 알맞은 것은 어느 것인가?

㉮ 수평 기압경도력은 등압선의 간격이 좁으면 강해지고, 반대로 간격이 넓으면 약해진다.
㉯ 지구의 자전운동에 의해서 생기는 가속도에 의한 힘을 말한다.
㉰ 극지방에서 최소가 되며 적도지방에서 최대가 된다.
㉱ gradient wind 라고도 하며, 대기의 운동방향과 반대의 힘인 마찰력으로 인하여 발생된다.

【풀이】 ㉯ 전향력의 설명
㉰ 원심력의 설명
㉱ gradient wind는 경도풍이며, 마찰력에 의해 발생하는 바람은 지상풍이다.

18 바람에 대한 내용으로 틀린 것은 어느 것인가?

㉮ 북반구의 경도풍은 저기압에서는 반시계방향으로 회전하면서 위쪽으로 상승하면서 분다.
㉯ 마찰층내 바람은 높이에 따라 시계방향으로 각천이가 생겨나며, 위로 올라갈수록 실제풍향은 점점 지균풍과 가까워진다.
㉰ 산풍은 경사면 → 계곡 → 주계곡으로 수렴하면서 풍속이 가속되기 때문에 낮에 산위쪽으로 부는 곡풍보다 더 강하다.
㉱ 해륙풍이 부는 원인은 낮에는 육지보다 바다가 빨리 더워져서 바다의 공기가 상승하기 때문에 바다에서 육지로 8~15km 정도까지 바람(해풍)이 분다.

【풀이】 ㉱ 해륙풍이 부는 원인은 낮에는 바다보다 육지가 빨리 더워져서 육지의 공기가 상승하기 때문에 바다에서 육지로 8~15km 정도까지 바람(해풍)이 분다.

19 상온에서 무색이며, 자극성 냄새를 가진 기체로서 비중이 약 1.03(공기=1)인 오염물질은 어느 것인가?

㉮ 아황산가스   ㉯ 폼알데하이드
㉰ 이산화탄소   ㉱ 염소

【풀이】 ㉯ 폼알데하이드(HCHO)에 대한 설명이다.

정답 16 ㉯   17 ㉮   18 ㉱   19 ㉯

20 대기오염이 식물에 미치는 영향에 대한 내용으로 틀린 것은 어느 것인가?

㉮ SO_2는 회백색반점을 생성하며, 피해부분은 엽육세포이다.
㉯ PAN은 유리화, 은백색 광택을 나타내며, 주로 해면연조직에 피해를 준다.
㉰ NO_2는 불규칙 흰색 또는 갈색으로 변화되며, 피해부분은 엽육세포이다.
㉱ HF는 SO_2와 같이 잎 안쪽부분에 반점을 나타내기 시작하며, 늙은 잎에 특히 민감하며, 밤에 피해가 현저하다.

[풀이] ㉱ HF는 잎 끝으로 침입하여 어린잎에 민감하며, 낮에 피해가 현저하다.

| 제2과목 | 연소공학

21 유동층연소에서 부하변동에 대한 적응성이 좋지 않은 단점을 보완하기 위한 방법으로 틀린 것은 어느 것인가?

㉮ 공기분산판을 분할하여 층을 부분적으로 유동시킨다.
㉯ 층 내의 연료비율을 고정시킨다.
㉰ 유동층을 몇 개의 셀로 분할하여 부하에 따라 작동시키는 수를 변화시킨다.
㉱ 층의 높이를 변화시킨다.

[풀이] ㉯ 층내의 연료비율을 변동시킨다.

22 폐타이어를 연료화 하는 주된 방식으로 틀린 것은 어느 것인가?

㉮ 가압분해 증류 방식
㉯ 액화법에 의한 연료추출 방식
㉰ 열분해에 의한 오일추출 방식
㉱ 직접 연소 방식

23 확산형 가스버너 중 포트형에 대한 내용으로 틀린 것은 어느 것인가?

㉮ 버너 자체가 로벽과 함께 내화벽돌로 조립되어 로 내부에 개구된 것이며, 가스와 공기를 함께 가열할 수 있는 이점이 있다.
㉯ 고발열량 탄화수소를 사용할 경우에는 가스압력을 이용하여 노즐로부터 고속으로 분출하게 하여 그 힘으로 공기를 흡입하는 방식을 취한다.
㉰ 밀도가 큰 공기 출구는 상부에, 밀도가 작은 가스 출구는 하부에 배치되도록 한다.
㉱ 구조상 가스와 공기압이 높은 경우에 사용한다.

[풀이] ㉱ 구조상 가스와 공기압을 높이지 못한 경우에 사용한다.

정답 20 ㉱ 21 ㉯ 22 ㉮ 23 ㉱

24 수소 12%, 수분 1%를 함유한 중유 1kg의 발열량을 열량계로 측정하였더니 10,000kcal/kg이었다. 비정상적인 보일러의 운전으로 인해 불완전연소에 의한 손실열량이 1,400kcal/kg이라면 연소효율은 얼마인가?

㉮ 82% ㉯ 85%
㉰ 87% ㉱ 90%

[풀이] ① 저위발열량 계산
$Hl = Hh - 600(9H+W)$
$= 10,000 \text{kcal/kg} - 600 \times (9 \times 0.12 + 0.01)$
$= 9,346 \text{kcal/kg}$

② 연소효율 $= \dfrac{\text{저위발열량} - \text{손실열량}}{\text{저위발열량}} \times 100$

$= \dfrac{(9,346 - 1,400)\text{kcal/kg}}{9,346 \text{kcal/kg}} \times 100$

$= 85\%$

25 기체연료에 대한 내용으로 틀린 것은 어느 것인가?

㉮ 연료속의 유황함유량이 적어 연소 배기가스 중 SO_2 발생량이 매우 적다.
㉯ 다른 연료에 비해 저장이 곤란하며, 공기와 혼합해서 점화하면 폭발 등의 위험도 있다.
㉰ 메탄을 주성분으로 하는 천연가스를 1기압하에서 -168℃ 정도로 냉각하여 액화시킨 연료를 LNG라 한다.
㉱ 발생로가스란 코크스나 석탄을 불완전연소해서 얻는 가스로 주성분은 CH_4와 H_2이다.

[풀이] ㉱ 발생로가스란 가열된 석탄 또는 코크스에 공기와 수증기를 연속적으로 주입하여 부분적으로 산화 반응시킴으로써 얻어지며, 주성분은 일산화탄소와 수소이다.

26 다음 중 확산연소에 사용되는 버너로서 주로 천연가스와 같은 고발열량의 가스를 연소시키는데 사용되는 버너는 어느 것인가?

㉮ 건타입 버너
㉯ 선회 버너
㉰ 방사형 버너
㉱ 고압 버너

[풀이] ㉰ 방사형 버너에 대한 설명이다.

27 유압분무식 버너에 대한 내용으로 틀린 것은 어느 것인가?

㉮ 유량조절범위가 환류식의 경우는 1:3, 비환류식의 경우는 1:2 정도여서 부하변동에 적응하기 어렵다.
㉯ 연료의 분사유량은 15~2,000kL/h 정도이다.
㉰ 분무각도가 40~90° 정도로 크다.
㉱ 연료의 점도가 크거나 유압이 5kg/cm² 이하가 되면 분무화가 불량하다.

[풀이] ㉯ 연료의 분사유량은 15~2,000L/h 정도이다.

28 Octane을 공기 중에서 완전연소 시킬 때 이론연소용 공기와 연료의 질량비(이론 연소용 공기의 질량/연료의 질량, kg/kg)는 얼마인가?

㉮ 약 5
㉯ 약 10
㉰ 약 15
㉱ 약 20

정답 24 ㉯ 25 ㉱ 26 ㉰ 27 ㉯ 28 ㉰

풀이 $C_8H_{18} + 12.5O_2 \rightarrow 8CO_2 + 9H_2O$

$$공연비(kg/kg) = \frac{산소갯수 \times 32kg \times \frac{1}{0.232}}{연료갯수 \times 연료의\ 분자량(kg)}$$

$$= \frac{12.5 \times 32kg \times \frac{1}{0.232}}{114kg} = 15.12$$

TIP
① 공연비 = AFR = $\frac{공기량}{연료량}$
② AFR(Sm^3/Sm^3) = $\frac{산소갯수 \times 22.4Sm^3 \times \frac{1}{0.21}}{연료개수 \times 22.4Sm^3}$
③ 체적(Sm^3) = 계수 × 22.4(Sm^3)
④ 중량(kg) = 계수 × 분자량(kg)

29 15℃ 물 10L를 데우는데 10L의 프로판 가스가 사용되었다면 물의 온도는 몇 ℃로 되는가? (단, 프로판(C_3H_8) 가스의 발열량은 488.53kcal/mole이고, 표준상태의 기체로 취급하며, 발열량은 손실없이 전량 물을 가열하는데 사용되었다고 가정한다.)

㉮ 58.8 ㉯ 49.8
㉰ 36.8 ㉱ 21.8

30 다음 중 과잉산소량(잔존 O_2량)을 옳게 표시한 것은? (단, A : 실제공기량, A_o : 이론공기량, m : 공기과잉계수(m > 1), 표준상태이며, 부피기준임)

㉮ $0.21mA_o$ ㉯ $0.21(m-1)A_o$
㉰ $0.21mA$ ㉱ $0.21(m-1)A$

31 연소반응에서 반응속도상수 k를 온도의 함수인 다음 반응식으로 나타낸 법칙은 어느 것인가?

$$k = k_o e^{-E/RT}$$

㉮ Henry's Law
㉯ Fick's Law
㉰ Arrhenius's Law
㉱ Van der Waals's Law

풀이 ㉰ Arrhenius's Law에 대한 설명이다.

32 프로판(C_3H_8)과 에탄(C_2H_6)의 혼합가스 $1Sm^3$를 완전연소 시킨 결과 배기가스 중 이산화탄소(CO_2)의 생성량이 $2.8Sm^3$이었다. 이 혼합가스의 mol비(C_3H_8/C_2H_6)는 얼마인가?

㉮ 0.25 ㉯ 0.5
㉰ 2.0   ㉱ 4.0

풀이
$C_3H_8 + 5O_2 \rightarrow 3CO_2 + 4H_2O$
 X   3X
$C_2H_6 + 3.5O_2 \rightarrow 2CO_2 + 3H_2O$
(1-X)   2(1-X)
따라서 CO_2량 = {3X+2(1-X)}Sm^3 = $2.8Sm^3$
∴ X=0.8(프로판)
따라서 에탄=1-X=1-0.8=0.2
∴ $\frac{프로판}{에탄} = \frac{0.8}{0.2} = 4.0$

정답 29 ㉰ 30 ㉯ 31 ㉰ 32 ㉱

33 화격자연소 중 상입식 연소에 대한 내용으로 틀린 것은 어느 것인가?

㉮ 석탄의 공급방향이 1차 공기의 공급 방향과 반대로서 수동 스토커 및 산포식 스토커가 해당된다.
㉯ 공급된 석탄은 연소가스에 의해 가열되어 건류층에서 휘발분을 방출한다.
㉰ 코크스화한 석탄은 환원층에서 아래의 산화층에서 발생한 탄산가스를 일산화탄소로 환원한다.
㉱ 착화가 어렵고, 저품질 석탄의 연소에는 부적합하다.

풀이 ㉱ 착화가 어렵고, 저품질 석탄의 연소에 적합하다.

34 다음 설명하는 연소장치로 가장 알맞은 것은 어느 것인가?

- 증기압 또는 공기압은 2~10kg/cm²이다.
- 유량조절범위는 1 : 10 정도이다.
- 분무각도는 20~30°, 연소시 소음이 발생된다.
- 대형가열로 등에 많이 사용된다.

㉮ 고압공기식 버너
㉯ 유압식 버너
㉰ 저압공기분무식 버너
㉱ 슬래그탭 버너

풀이 ㉮ 고압공기식 버너에 대한 설명이다.

35 석탄의 성질에 대한 내용으로 틀린 것은 어느 것인가?

㉮ 비열은 석탄화도가 진행됨에 따라 증가하며, 통상 0.30~0.35kcal/kg℃ 정도이다.
㉯ 건조된 것은 석탄화도가 진행된 것일수록 착화온도가 상승한다.
㉰ 석탄류의 비중은 석탄화도가 진행됨에 따라 증가되는 경향을 보인다.
㉱ 착화온도는 수분함유량에 영향을 크게 받으며, 무연탄의 착화온도는 보통 440~550℃ 정도이다.

풀이 ㉮ 비열은 석탄화도가 진행됨에 따라 감소한다.

36 메탄의 고위발열량이 9,900kcal/Sm³ 이라면 저위발열량(kcal/Sm³)은 얼마인가?

㉮ 8,540　㉯ 8,620
㉰ 8,790　㉱ 8,940

풀이 $CH_4 + 2O_2 \rightarrow CO_2 + 2H_2O$
저위발열량(Hl)
= 고위발열량(Hh) $-480 \times H_2O$량(kcal/Sm³)
= 9,900kcal/Sm³ -480×2
= 8,940kcal/Sm³

정답 33 ㉱　34 ㉮　35 ㉮　36 ㉱

37 다음 액체연료 C/H비의 순서로 알맞은 것은 어느 것인가? (단, 큰 순서 > 작은 순서)

㉮ 중유 > 등유 > 경유 > 휘발유
㉯ 중유 > 경유 > 등유 > 휘발유
㉰ 휘발유 > 등유 > 경유 > 중유
㉱ 휘발유 > 경유 > 등유 > 중유

38 다음 연료 중 착화온도가 가장 높은 연료는 어느 것인가?

㉮ 갈탄(건조)   ㉯ 중유
㉰ 역청탄   ㉱ 메탄

39 다음 중 흑연, 코크스, 목탄 등과 같이 대부분 탄소만으로 되어 있고, 휘발성분이 거의 없는 연소의 형태로 가장 적합한 연소는 어느 것인가?

㉮ 자기연소   ㉯ 확산연소
㉰ 표면연소   ㉱ 분해연소

🔹풀이 ㉰ 표면연소에 대한 설명이다.

40 연소시 발생되는 NO_X는 원인과 생성기전에 따라 3가지로 분류하는데, 분류항목에 속하지 않는 것은?

㉮ fuel NO_X ㉯ noxious NO_X
㉰ prompt NO_X ㉱ thermal NO_X

🔹풀이 연소시 발생되는 NO_X는 원인과 생성기전에 따라 fuel NO_X, prompt NO_X, thermal NO_X로 분류한다.

| 제3과목 | 대기오염방지기술

41 세정집진장치 중 액가스비가 10~50 L/m³ 정도로 다른 가압수식에 비해 10배 이상이며, 다량의 세정액이 사용되어 유지비가 고가이므로 처리가스량이 많지 않을 때 사용하는 장치는 어느 것인가?

㉮ Venturi scrubber
㉯ Theisen washer
㉰ Jet scrubber
㉱ Impulse scrubber

🔹풀이 ㉰ Jet scrubber에 대한 설명이다.

42 싸이클론에서 50%의 집진효율로 제거되는 입자의 최소입경을 무엇이라 부르는가?

㉮ critical diameter
㉯ cut size diameter
㉰ average size diameter
㉱ analytical diameter

🔹풀이 50%의 집진효율로 제거되는 입자의 최소입경은 cut size diameter이다.

정답 37 ㉯ 38 ㉱ 39 ㉰ 40 ㉯ 41 ㉰ 42 ㉯

43 표준형 평판 날개형보다 비교적 고속에서 가동되고, 후향 날개형을 정밀하게 변형시킨 것으로써 원심력 송풍기 중 효율이 가장 좋아 대형 냉난방 공기조화장치, 산업용 공기 청정장치 등에 주로 이용되며, 에너지 절감효과가 뛰어난 송풍기 유형은 어느 것인가?

㉮ 비행기 날개형(airfoil blade)
㉯ 방사 날개형(radial blade)
㉰ 프로펠러형(propeller)
㉱ 전향 날개형(forward curved)

풀이 ㉮ 비행기 날개형에 대한 설명이다.

44 흡수장치의 종류 중 기체분산형 흡수장치에 해당하는 것은 어느 것인가?

㉮ venturi scrubber
㉯ spray tower
㉰ packed tower
㉱ plate tower

풀이 ㉱ plate tower는 기체분산형 흡수장치에 해당한다.

45 8개 실로 분리된 충격 제트형 여과집진기에서 전체 처리가스량 8,000m³/min, 여과속도 2m/min로 처리하기 위하여 직경 0.25m, 길이 12m 규격의 필터백(filter bag)을 사용하고 있다. 이 때 집진장치의 각 실(house)에 필요한 필터백의 개수는 얼마인가? (단, 각 실의 규격은 동일함, 필터백은 짝수로 선택함)

㉮ 50   ㉯ 54
㉰ 58   ㉱ 64

풀이 $Q = \pi \cdot D \cdot L \cdot V_f \cdot n$

- Q : 배기가스량(m³/min)
- D : 직경(m)
- L : 유효높이(m)
- V_f : 겉보기 여과속도(m/min)
- n : 백필터 개수

따라서

$$n = \frac{Q}{\pi \cdot D \cdot L \cdot V_f} = \frac{8,000 m^3/min}{\pi \times 0.25m \times 12m \times 2m/min}$$

= 425개

따라서 1개실의 백필터 개수 = $\frac{425}{8}$ = 54개

46 분무탑에 대한 내용으로 틀린 것은 어느 것인가?

㉮ 구조가 간단하고 압력손실이 적은 편이다.
㉯ 침전물이 생기는 경우에 적합하며, 충전탑에 비해 설비비 및 유지비가 적게 드는 장점이 있다.
㉰ 분무에 큰 동력이 필요하고, 가스의 유출시 비말동반이 많다.
㉱ 분무액과 가스의 접촉이 균일하여 효율이 우수하다.

풀이 ㉱ 분무액과 가스의 접촉이 균일하지 못해 효율이 낮다.

47 직경 10μm인 입자의 침강속도가 0.5 cm/sec였다. 같은 조성을 지닌 30μm 입자의 침강속도는 얼마인가? (단, 스토크스 침강속도식 적용)

㉮ 1.5cm/sec   ㉯ 2cm/sec
㉰ 3cm/sec   ㉱ 4.5cm/sec

정답 43 ㉮   44 ㉱   45 ㉯   46 ㉱   47 ㉱

풀이 $V_g = \dfrac{d^2(\rho_s-\rho)g}{18\mu}$ 에서 $V_g \propto d^2$ 이므로

$(10\mu m)^2 : 0.5 cm/sec = (30\mu m)^2 : V_g$

따라서 $V_g = 4.5 cm/sec$

48 다음은 휘발유엔진 배기가스에 영향을 미치는 사항에 대한 내용이다. ( )안에 알맞은 말은?

> ( )의 역할은 광범위한 상태하에서 엔진이 만족스럽게 작동할 수 있는 혼합비로 연료증기와 공기의 균질혼합물을 제공하는 것이다.

㉮ Wankel engine
㉯ Charger
㉰ Carburetor
㉱ ABS

풀이 ㉰ Carburetor에 대한 설명이다.

49 다른 VOC 제거장치와 비교하여 생물여과의 장·단점으로 틀린 것은 어느 것인가?

㉮ CO 및 NO_X 등을 포함하여 생성되는 오염부산물이 적거나 없다.
㉯ 습도제어에 각별한 주의가 필요하다.
㉰ 고농도 오염물질의 처리에 적합하다.
㉱ 생체량 증가로 인해 장치가 막힐 수 있다.

풀이 ㉰ 고농도 오염물질의 처리에 부적합하다.

50 여과집진장치의 탈진방식 중 간헐식에 대한 내용으로 틀린 것은 어느 것인가?

㉮ 간헐식 중 진동형은 여포의 음파진동, 횡진동, 상하진동에 의해 채취된 먼지층을 털어내는 방식으로 접착성 먼지의 집진에는 사용할 수 없다.
㉯ 집진실을 여러개의 방으로 구분하고 방 하나씩 처리가스의 흐름을 차단하여 순차적으로 탈진하는 방식이며, 여포의 수명은 연속식에 비해 길다.
㉰ 간헐식 중 역기류형의 적정 여과속도는 3~5cm/s이고, glass fiber는 역기류형 중 가장 저항력이 강하다.
㉱ 연속식에 비하여 먼지의 재비산이 적고, 높은 집진율을 얻을 수 있다.

51 유체의 점성에 대한 내용으로 틀린 것은 어느 것인가?

㉮ 점성은 유체분자 상호간에 작용하는 분자응집력과 인접 유체층간의 분자운동에 의하여 생기는 운동량 수송에 기인한다.
㉯ 액체의 점성계수는 주로 분자응집력에 의하므로 온도의 상승에 따라 낮아진다.
㉰ Hagen의 점성법칙은 점성의 결과로 생기는 전단응력은 유체의 속도구배에 반비례한다.
㉱ 점성계수는 온도에 의해 영향을 받지만 압력과 습도에는 거의 영향을 받지 않는다.

풀이 ㉰ Hagen의 점성법칙은 점성의 결과로 생기는 전단응력은 유체의 속도구배에 비례한다.

정답 48 ㉰ 49 ㉰ 50 ㉰ 51 ㉰

52 벤젠 소각시 속도상수 k가 540℃에서 0.00011/s, 640℃에서 0.14/s 일 때, 벤젠 소각에 필요한 활성화에너지(kcal/mol)는 얼마인가? (단, 벤젠의 연소반응은 1차 반응이라 가정하고, 속도상수 k는 다음 Arrhenius 식으로 표현된다. k = Aexp(-E/RT))

㉮ 95 ㉯ 105
㉰ 115 ㉱ 130

풀이

① $\ln \dfrac{k_2}{k_1} = \dfrac{E \cdot (T_2 - T_1)}{R \cdot T_2 \cdot T_1}$

$\ln\left(\dfrac{0.14/sec}{0.00011/sec}\right)$
$= \dfrac{E \times \{(273+640) - (273+540)\}}{8.314 J/mole \cdot k \times (273+640) \times (273+540)}$

∴ E = 441,175.74 J/mole

② E(kcal/mole) = $\dfrac{441,175.74 J}{mole} \times \dfrac{1 cal}{4.2 J} \times \dfrac{1 kcal}{10^3 cal}$
= 105.04 kcal/mole

TIP
① 1 cal = 4.2 J
② R = 8.314 J/mole·k

53 전기로에 설치된 백필터의 입구 및 출구 가스량과 먼지 농도가 다음과 같을 때 먼지의 통과율은 얼마인가?

- 입구가스량 : 11,400 Sm³/hr
- 출구가스량 : 270 Sm³/min
- 입구 먼지농도 : 12,630 mg/Sm³
- 출구 먼지농도 : 1.11 g/Sm³

㉮ 10.5% ㉯ 11.1%
㉰ 12.5% ㉱ 13.1%

풀이

통과율(P) = $\dfrac{C_o \times Q_o}{C_i \times Q_i} \times 100(\%)$

따라서 P = $\dfrac{1.11 g/Sm^3 \times 270 Sm^3/min \times 60 min/hr}{12.63 g/Sm^3 \times 11,400 Sm^3/hr} \times 100$
= 12.49%

54 하전식 전기집진장치에 대한 내용으로 틀린 것은 어느 것인가?

㉮ 1단식은 역전리의 억제는 효과적이나 재비산 방지는 곤란하다.
㉯ 2단식은 비교적 함진농도가 낮은 가스 처리에 유용하다.
㉰ 2단식은 1단식에 비해 오존의 생성을 감소시킬 수 있다.
㉱ 1단식은 보통 산업용으로 많이 쓰인다.

풀이 ㉮ 1단식은 역전리의 억제는 비효과적이나 재비산 방지는 용이하다.

55 알루미나 담체에 탄산나트륨을 3.5~3.8% 정도 첨가하여 제조된 흡착제를 사용하여 SO_2와 NO_x를 동시에 제거하는 공정은 어느 것인가?

㉮ 석회석 세정법
㉯ Wellman-Lord법
㉰ Dual Acid scrubbing
㉱ NOXSO 공정

풀이 ㉱ NOXSO 공정에 대한 설명이다.

정답 52 ㉯ 53 ㉰ 54 ㉮ 55 ㉱

56 배출가스 중 염화수소의 농도가 500 ppm이다. 배출허용기준이 100mg/Sm³일 때, 최소한 몇 %를 제거해야 배출허용기준을 만족시킬 수 있는가? (단, 표준상태 기준이며, 기타 조건은 동일하다.)

㉮ 약 68% ㉯ 약 78%
㉰ 약 88% ㉱ 약 98%

풀이

제거해야 할 농도 = $\left(1 - \dfrac{\text{배출허용기준농도}}{\text{배출농도}}\right) \times 100$

$= \left(1 - \dfrac{100\text{mg/Sm}^3}{\dfrac{500\text{mL}}{\text{Sm}^3} \times \dfrac{36.5\text{mg}}{22.4\text{mL}}}\right) \times 100 = 88\%$

57 98% 효율을 가진 전기집진기로 유량이 5,000m³/min인 공기흐름을 처리하고자 한다. 표류속도(We)가 6.0cm/sec일 때, Deutsch식에 의한 필요 집진면적은 얼마나 되겠는가?

㉮ 약 3,938m² ㉯ 약 4,431m²
㉰ 약 4,937m² ㉱ 약 5,433m²

풀이

$\eta = 1 - \exp\dfrac{-A \times We}{Q}$

$\therefore A = \dfrac{LN(1-\eta)}{\dfrac{-W_e}{Q}} = \dfrac{LN(1-0.98)}{\dfrac{-0.06\text{m/sec}}{5,000\text{m}^3/\text{min} \times 1\text{min}/60\text{sec}}}$

$= 5,433.37\text{m}^2$

58 촉매연소법에 대한 내용으로 틀린 것은 어느 것인가?

㉮ 열소각법에 비해 체류시간이 훨씬 짧다.
㉯ 열소각법에 비해 NO_X 생성량을 감소시킬 수 있다.
㉰ 팔라듐, 알루미나 등은 촉매에 바람직하지 않은 원소이다.
㉱ 열소각법에 비해 점화온도를 낮춤으로써 운영 비용을 절감할 수 있다.

풀이 ㉰ 팔라듐, 알루미나 등은 촉매로 사용하는 원소이다.

59 다음 중 송풍기에 관한 법칙 표현으로 틀린 것은 어느 것인가? (단, 송풍기의 크기와 유체의 밀도는 일정하며, Q : 풍량, N : 회전수, W : 동력, V : 배출속도, △P : 정압)

㉮ $W_1/N_1^3 = W_2/N_2^3$
㉯ $Q_1/N_1 = Q_2/N_2$
㉰ $V_1/N_1^3 = V_2/N_2^3$
㉱ $\triangle P_1/N_1^2 = \triangle P_2/N_2^2$

정답 56 ㉰ 57 ㉱ 58 ㉰ 59 ㉰

60 다음은 흡착제에 대한 내용이다. ( ) 안에 알맞은 말은?

> 현재 분자체로 알려진 ( )이/가 흡착제로 많이 쓰이는데, 이것은 제조과정에서 그 결정구조를 조절하여 특정한 물질을 선택적으로 흡착시키거나 흡착속도를 다르게 할 수 있는 장점이 있으며, 극성이 다른 물질이나 포화정도가 다른 탄화수소의 분리가 가능하다.

㉮ Activated carbon
㉯ Synthetic Zeolite
㉰ Silica gel
㉱ Activated Alumina

▣ 풀이 ㉯ 합성제올라이트(Synthetic Zeolite)에 대한 설명이다.

| 제4과목 | 대기오염공정시험기준

61 이론단수가 1,600인 분리관이 있다. 보유시간이 20분인 봉우리의 좌우변곡점에서 접선이 자르는 바탕선의 길이가 10mm일 때, 기록지 이동속도는? (단, 이론단수는 모든 성분에 대하여 같다.)

㉮ 2.5mm/min ㉯ 5mm/min
㉰ 10mm/min   ㉱ 15mm/min

▣ 풀이

$$= 16 \times \left\{ \frac{\text{기록지의 이동속도(mm/min)} \times \text{보유시간(min)}}{\text{봉우리의 폭(mm)}} \right\}^2$$

따라서

$$1600 = 16 \times \left\{ \frac{\text{기록지의 이동속도(mm/min)} \times 20\text{min}}{10\text{mm}} \right\}^2$$

∴ 기록지 이동속도 = 5mm/min

62 다음은 환경대기 중 다환방향족탄화수소류(PAH_s)-기체크로마토그래피/질량분석법에 사용되는 용어의 정의이다. ( )안에 알맞은 말은?

> ( )은 추출과 분석전에 각 시료, 공시료, 매체시료(matrix-spiked)에 더해지는 화학적으로 반응성이 없는 환경 시료중에 없는 물질을 말한다.

㉮ 내부표준물질(IS, internal standard)
㉯ 외부표준물질(ES, external standard)
㉰ 대체표준물질(surrogate)
㉱ 속실렛(soxhlet) 추출물질

▣ 풀이 ㉰ 대체표준물질(surrogate)에 대한 설명이다.

63 환경대기 중의 석면시험방법 중 위상차현미경법을 통한 계수대상물의 식별방법에 대한 내용으로 틀린 것은 어느 것인가? (단, 적정한 분석능력을 가진 위상차현미경 등을 사용 한 경우)

㉮ 단섬유인 경우 구부러져 있는 섬유는 곡선에 따라 전체 길이를 재어서 판정한다.
㉯ 헝클어져 다발을 이루고 있는 경우로서 섬유가 헝클어져 정확한 수를 헤아리기 힘들 때에는 0개로 판정한다.
㉰ 섬유에 입자가 부착하고 있는 경우 입자의 폭이 3μm를 넘는 것은 1개로 판정한다.
㉱ 섬유가 그래티큘 시야의 경계선에 물린 경우 그래티큘 시야 안으로 한쪽 끝만 들어와 있는 섬유는 1/2개로 인정한다.

▣ 풀이 ㉰ 섬유에 입자가 부착하고 있는 경우 입자의 폭이 3μm를 넘지 않는 경우 1개로 판정한다.

정답 60 ㉯ 61 ㉯ 62 ㉰ 63 ㉰

64. 다음은 환경대기 중 유해 휘발성유기화합물의 시험방법(고체흡착법)에서 사용되는 용어의 정의이다. ( )안에 알맞은 말은?

> 일정농도의 VOC가 흡착관에 흡착되는 초기시점부터 일정시간이 흐르게 되면 흡착관 내부에 상당량의 VOC가 포화되기 시작하고 전체 VOC양의 5%가 흡착관을 통과하게 되는데, 이 시점에서 흡착관 내부로 흘러간 총 부피를 ( )라 한다.

㉮ 머무름부피(Retention Volume)
㉯ 안전부피(Safe Sample Volume)
㉰ 파과부피(Breakthrough Volume)
㉱ 탈착부피(Desorption Volume)

풀이 ㉰ 파과부피(Breakthrough Volume)에 대한 설명이다.

65. 온도표시에 대한 내용으로 틀린 것은 어느 것인가?

㉮ "냉후"(식힌 후)라 표시되어 있을 때는 보온 또는 가열후 실온까지 냉각된 상태를 뜻한다.
㉯ 상온은 15~25℃, 실온은 1~35℃로 한다.
㉰ 찬 곳은 따로 규정이 없는 한 0~5℃를 뜻한다.
㉱ 온수는 60~70℃이고, 열수는 약 100℃를 말한다.

풀이 ㉰ 찬 곳은 따로 규정이 없는 한 0~15℃를 뜻한다.

66. 다음은 비분산 적외선 분광분석법 중 응답시간(response time)의 성능기준을 나타낸 것이다. ①, ②에 들어갈 알맞은 말은?

> 제로 조정용 가스를 도입하여 안정된 후 유로를 (①)로 바꾸어 기준 유량으로 분석계에 도입하여 그 농도를 눈금 범위 내의 어느 일정한 값으로부터 다른 일정한 값으로 갑자기 변화시켰을 때 스텝(step) 응답에 대한 소비시간이 1초 이내이어야 한다. 또 이 때 최종 지시치에 대한 (②)을 나타내는 시간은 40초 이내이어야 한다.

㉮ ① 비교가스, ② 10%의 응답
㉯ ① 스팬가스, ② 10%의 응답
㉰ ① 비교가스, ② 90%의 응답
㉱ ① 스팬가스, ② 90%의 응답

67. 배출가스 중 다이옥신 및 퓨란류 분석을 위한 시료채취방법에 대한 내용으로 틀린 것은 어느 것인가?

㉮ 흡입노즐에서 흡입하는 가스의 유속은 측정점의 배출가스유속에 대해 상대오차 -5~+5%의 범위내로 한다.
㉯ 최종배출구에서 시료채취 시 흡입기체량은 표준상태(0℃, 1기압)에서 4시간 평균 $3m^3$ 이상으로 한다.
㉰ 덕트내의 압력이 부압인 경우에는 흡입장치를 덕트밖으로 빼낸 후에 흡입펌프를 정지시킨다.
㉱ 배출가스 시료를 채취하는 동안에 각 흡수병은 얼음 등으로 냉각시키며, XAD-2수지 흡착관은 -50℃ 이하로 유지하여야 한다.

정답 64 ㉰ 65 ㉰ 66 ㉱ 67 ㉱

풀이 ㉣ 배출가스 시료를 채취하는 동안에 각 흡수병은 얼음 등으로 냉각시키며, XAD-2 수지 흡착관은 30℃ 이하로 유지하여야 한다.

68 굴뚝 배출가스 중 CS_2의 측정에 사용되는 흡수액은 어느 것인가? (단, 자외선/가시선분광법으로 측정)

㉮ 붕산 용액
㉯ 가성소다 용액
㉰ 황산동 용액
㉱ 다이에틸아민구리 용액

풀이 이황화탄소(CS_2)의 흡수액은 다이에틸아민구리 용액이다.

69 굴뚝 배출가스 중 먼지를 시료채취장치 1형을 사용한 반자동식 채취기에 의한 방법으로 측정할 경우 원통형 여과지의 전처리 조건으로 알맞은 것은 어느 것인가? (단, 배출가스 온도가 (110±5)℃ 이상으로 배출된다.)

㉮ (80±5)℃에서 충분히 (1~3시간) 건조
㉯ (100±5)℃에서 30분간 건조
㉰ (120±5)℃에서 30분간 건조
㉱ (110±5)℃에서 충분히 (1~3시간) 건조

70 굴뚝 배출가스 중에 포함된 폼알데하이드 및 알데하이드류의 분석방법으로 틀린 것은 어느 것인가?

㉮ 고성능액체크로마토그래피법
㉯ 크로모트로핀산 자외선/가시선분광법
㉰ 나프틸에틸렌디아민법
㉱ 아세틸아세톤 자외선/가시선분광법

풀이 폼알데하이드 및 알데하이드류의 분석방법으로는 고성능액체크로마토그래피법, 크로모트로핀산 자외선/가시선분광법, 아세틸아세톤 자외선/가시선분광법이 있다.

71 굴뚝 배출가스 중의 황화수소를 자외선/가시선분광법-메틸렌블루법으로 측정하고자 할 때 시료채취량과 흡입속도로 알맞은 것은? (단, 황화수소의 농도는 100ppm 미만이다.)

㉮ 1~10, 0.1~0.5
㉯ 1~20, 0.1~1.0
㉰ 1~20, 0.1~0.5
㉱ 1~10, 0.1~1.0

풀이 황화수소의 시료채취량 및 흡입속도

황화수소 농도 (ppm)	시료채취량(L)	흡입속도(L/min)
100 미만	(1~20)	(0.1~0.5)
(100~1,000)	(0.1~1)	약 0.1

정답 68 ㉱ 69 ㉱ 70 ㉰ 71 ㉰

72 굴뚝배출가스 내의 질소산화물을 연속적으로 자동측정하는 방법 중 화학발광분석계의 구성에 대한 내용으로 틀린 것은 어느 것인가?

㉮ 유량제어부는 시료가스 유량제어부와 오존가스 유량제어부가 있으며 이들은 각각 저항관, 압력조절기, 니들밸브, 면적유량계, 압력계 등으로 구성되어 있다.
㉯ 반응조는 시료가스와 오존가스를 도입하여 반응시키기 위한 용기로서 이 반응에 의해 화학발광이 일어나고 내부압력조건에 따라 감압형과 상압형이 있다.
㉰ 오존발생기는 산소가스를 오존으로 변환시키는 역할을 하며, 에너지원으로서 무성방전관 또는 자외선발생기를 사용한다.
㉱ 검출기에는 화학발광을 선택적으로 투과시킬 수 있는 발광필터가 부착되어 있으며 전기신호를 발광도로 변환시키는 역할을 한다.

[풀이] ㉱ 검출기에는 화학발광을 선택적으로 투과시킬 수 있는 광학필터가 부착되어 있으며 발광도를 전기신호로 변환시키는 역할을 한다.

73 흡광차분광법에 대한 내용으로 틀린 것은 어느 것인가?

㉮ 일반 흡광광도법은 적분적이며 흡광차분광법은 미분적이라는 차이가 있다.
㉯ 측정에 필요한 광원은 180~2,850nm 파장을 갖는 제논램프를 사용한다.
㉰ 분석장치는 분석기와 광원부로 나누어지며 분석기 내부는 분광기, 샘플 채취부, 검지부, 분석부, 통신부 등으로 구성된다.
㉱ 광원부는 발·수광부 및 광케이블로 구성된다.

[풀이] ㉮ 일반 흡광광도법은 미분적이며 흡광차분광법은 적분적이라는 차이가 있다.

74 크로모트로핀산 자외선/가시선분광법으로 굴뚝배출가스 중 폼알데하이드를 정량할 때 흡수발색액 제조에 필요한 시약은 어느 것인가?

㉮ CH₃COOH ㉯ H₂SO₄
㉰ NaOH   ㉱ NH₄OH

정답 72 ㉱ 73 ㉮ 74 ㉯

75 기체크로마토그래피의 장치구성에 대한 내용으로 틀린 것은 어느 것인가?

㉮ 방사성 동위원소를 사용하는 검출기를 수용하는 검출기 오븐에 대하여는 온도조절기구 와는 별도로 독립작용할 수 있는 과열방지기구를 설치해야 한다.

㉯ 분리관오븐의 온도조절 정밀도는 ±0.5℃ 범위 이내 전원 전압변동 10%에 대하여 온도변화 ±0.5℃ 범위 이내(오븐의 온도가 150℃ 부근일 때)이어야 한다.

㉰ 보유시간을 측정할 때는 10회 측정하여 그 평균치를 구한다. 일반적으로 5분~30분 정도에서 측정하는 봉우리의 보유시간은 반복시험을 할 때 ±0.5% 오차범위 이내이어 야 한다.

㉱ 불꽃이온화 검출기는 대부분의 화합물에 대하여 열전도도 검출기보다 약 1,000배 높은 감도를 나타내고 대부분의 유기화합물의 검출이 가능하므로 흔히 사용된다.

[풀이] ㉰ 보유시간을 측정할 때는 3회 측정하여 그 평균치를 구한다. 일반적으로 5분~30분 정도에서 측정하는 봉우리의 보유시간은 반복시험을 할 때 ±3% 오차범위 이내 이어야 한다.

76 다음은 중금속 분석을 위한 전처리 방법 중 저온회화법에 대한 내용이다. ①, ②에 들어갈 알맞은 말은?

시료를 채취한 여과지를 회화실에 넣고 약 (①)에서 회화한다. 셀룰로스섬유제 여과지를 사용했을 때에는 그대로, 유리섬유제 또는 석영섬유제 여과지를 사용했을 때에는 적당한 크기로 자르고 250 mL 원뿔형 비커에 넣은 다음 (②)를 가한다. 이것을 물중탕 중에서 약 30분간 가열하여 녹인다.

㉮ ① 200℃ 이하, ② 황산(2+1) 70mL 및 과망간산포타슘(0.025N) 5mL

㉯ ① 450℃ 이하, ② 황산(2+1) 70mL 및 과망간산포타슘(0.025N) 5mL

㉰ ① 200℃ 이하, ② 염산(1+1) 70mL 및 과산화수소수(30%) 5mL

㉱ ① 450℃ 이하, ② 염산(1+1) 70mL 및 과산화수소수(30%) 5mL

정답 75 ㉰ 76 ㉰

77 굴뚝에서 배출되는 건조배출가스의 유량을 연속적으로 자동 측정하는 방법에 대한 내용으로 틀린 것은 어느 것인가?

㉮ 건조배출가스 유량은 배출되는 표준상태의 건조배출가스량[Sm³(5분적산치)]으로 나타낸다.
㉯ 열선식 유속계를 이용하는 방법에서 시료채취부는 열선과 지주 등으로 구성되어 있으며, 열선은 직경 2~10μm, 길이 약 1mm의 텅스텐이나 백금선 등이 쓰인다.
㉰ 유량의 측정방법에는 피토관, 열선유속계, 와류유속계를 이용하는 방법이 있다.
㉱ 와류유속계를 사용할 때에는 압력계 및 온도계는 유량계 상류측에 설치해야 하고, 일반적으로 온도계는 글로브식을, 압력계는 부르돈관식을 사용한다.

78 어떤 사업장의 굴뚝에서 실측한 배출가스 중 A오염물질의 농도가 600ppm이었다. 이 때 표준산소농도는 6%, 실측산소농도는 8% 이었다면 이 사업장의 배출가스 중 보정된 A오염물질의 농도는 얼마인가? (단, A오염물질은 배출허용기준 중 표준산소농도를 적용받는 항목이다.)

㉮ 약 486ppm ㉯ 약 520ppm
㉰ 약 692ppm ㉱ 약 768ppm

풀이 오염물질의 농도보정

$$C = C_a \times \frac{21-O_s}{21-O_a} = 600ppm \times \frac{21-6\%}{21-8\%}$$
$$= 692.31ppm$$

79 A굴뚝의 측정공에서 피토관으로 가스의 압력을 측정해 보니 동압이 15 mmH₂O 이었다. 이 가스의 유속은? (단, 사용한 피토관의 계수(C)는 0.85 이며, 가스의 단위체적당 질량은 1.2kg/m³로 한다.)

㉮ 약 12.3m/s ㉯ 약 13.3m/s
㉰ 약 15.3m/s ㉱ 약 17.3m/s

풀이 $V = C \times \sqrt{\dfrac{2gh}{r}}$

- V : 공기의 유속(m/sec)
- C : 피토관계수
- g : 중력가속도(9.8m/sec²)
- h : 동압(mmH₂O)
- r : 밀도(kg/m³)

따라서 $V = 0.85 \times \sqrt{\dfrac{2 \times 9.8 m/sec^2 \times 15 mmH_2O}{1.2 kg/m^3}}$
$= 13.30 m/sec$

80 다음은 굴뚝배출가스 중 아황산가스를 연속적으로 자동측정하는 방법 중 불꽃광도분석계의 측정원리에 관한 설명이다. ①, ②에 들어갈 알맞은 말은?

환원선 수소불꽃에 도입된 아황산가스가 불꽃중에서 환원될 때 발생하는 빛 가운데 (①)부근의 빛에 대한 발광강도를 측정하여 연도배출가스 중 아황산가스 농도를 구한다. 이 방법을 이용하기 위하여는 불꽃에 도입되는 아황산가스 농도가 (②)이하가 되도록 시료가스를 깨끗한 공기로 희석해야한다.

㉮ ① 254nm, ② 5~6mg/min
㉯ ① 394nm, ② 5~6mg/min
㉰ ① 254nm, ② 5~6μg/min
㉱ ① 394nm, ② 5~6μg/min

정답 77 ㉱ 78 ㉰ 79 ㉯ 80 ㉱

| 제5과목 | 대기환경관계법규

81 대기환경보전법상 자동차의 운행정지에 대한 내용이다. ( )에 들어갈 알맞은 말은?

> 환경부장관, 특별시장·광역시장·특별자치시장·특별자치도지사·시장·군수·구청장은 운행차 배출허용기준초과에 따른 개선명령을 받은 자동차 소유자가 이에 따른 확인검사를 환경부령으로 정하는 기간 이내에 받지 아니하는 경우에는 ( )의 기간을 정하여 해당 자동차의 운행정지를 명할 수 있다.

㉮ 5일 이내　　㉯ 7일 이내
㉰ 10일 이내　　㉱ 15일 이내

82 대기환경보전법규상 대기오염경보 발령시 포함되어야 할 사항으로 틀린 것은 어느 것인가? (단, 기타사항은 제외)

㉮ 대기오염경보단계
㉯ 대기오염경보의 경보대상기간
㉰ 대기오염경보의 대상지역
㉱ 대기오염경보단계별 조치사항

[풀이] 대기오염물질의 종류

83 실내공기질 관리법규상 "에틸벤젠"의 신축 공동주택의 실내공기질 권고기준은 얼마인가?

㉮ 30μg/m³ 이하　㉯ 210μg/m³ 이하
㉰ 300μg/m³ 이하　㉱ 360μg/m³ 이하

[풀이] 에틸벤젠의 권고기준은 360μg/m³ 이하이다.

84 다음은 악취방지법규상 복합악취에 대한 배출허용기준 및 엄격한 배출허용기준의 설정범위이다. ①, ②에 알맞은 것은?

구분	배출허용기준(희석배수)	
	공업지역	기타 지역
배출구	1,000 이하	(①) 이하
부지경계선	20 이하	(②) 이하

㉮ ① 500, ② 10　㉯ ① 500, ② 15
㉰ ① 750, ② 10　㉱ ① 750, ② 15

85 대기환경보전법규상 배출허용기준초과에 따른 개선명령을 받은 경우로서 개선하여야 할 사항이 배출시설 또는 방지시설일 때 개선계획서에 포함되어야 할 사항 또는 첨부서류로 틀린 것은 어느 것인가?

㉮ 공사기간 및 공사비
㉯ 측정기기 관리담당자 변경현황
㉰ 대기오염물질의 처리방식 및 처리효율
㉱ 배출시설 또는 방지시설의 개선명세서 및 설계도

[풀이] 개선계획서에 포함되어야 할 사항은 공사기간 및 공사비, 대기오염물질의 처리방식 및 처리효율, 배출시설 또는 방지시설의 개선명세서 및 설계도이다.

정답　81 ㉰　82 ㉯　83 ㉱　84 ㉯　85 ㉯

86 대기환경보전법령상 사업장별 구분 또는 사업장별 환경기술인의 자격기준에 대한 내용으로 틀린 것은 어느 것인가?

㉮ 4종사업장은 대기오염물질발생량의 합계가 연간 2톤 이상 10톤 미만인 사업장을 말한다.
㉯ 공동방지시설에서 각 사업장의 대기오염물질 발생량의 합계가 4종사업장과 5종사업장의 규모에 해당하는 경우에는 3종사업장에 해당하는 기술인을 두어야 한다.
㉰ 1종사업장과 2종사업장 중 1개월 동안 실제 작업한 날만을 계산하여 1일 평균 17시간 이상 작업하는 경우에는 해당 사업장의 기술인을 각각 2명 이상 두어야 한다.
㉱ 전체 배출시설에 대하여 방지시설 설치면제를 받은 사업장과 배출시설에서 배출되는 오염물질 등을 공동방지시설에서 처리하는 사업장은 2종사업장에 해당되는 기술인을 두어야 한다.

[풀이] ㉱ 전체 배출시설에 대하여 방지시설 설치면제를 받은 사업장과 배출시설에서 배출 되는 오염물질 등을 공동방지시설에서 처리하는 사업장은 5종사업장에 해당되는 기술인을 둘 수 있다.

87 대기환경보전법규상 대기배출시설을 설치 운영하는 사업자에 대하여 조업정지를 명하여야 하는 경우로서 그 조업정지가 주민의 생활, 기타 공익에 현저한 지장을 초래할 우려가 있다고 인정되는 경우 조업정지처분에 갈음하여 과징금을 부과할 수 있다. 이 때 과징금의 부과금액 산정시 적용되지 않는 항목은 어느 것인가?

㉮ 조업정지일수
㉯ 1일당 부과금액
㉰ 오염물질별 부과금액
㉱ 사업장 규모별 부과계수

[풀이] 과징금의 부과금액 산정은 조업정지일수에 1일당 부과금액과 사업장 규모별 부과계수를 곱하여 산정한다.

88 대기환경보전법규상 자동차 운행정지 표지의 바탕색상은 무엇인가?

㉮ 회색   ㉯ 녹색
㉰ 노란색   ㉱ 흰색

89 대기환경보전법규상 대기오염방지시설로 틀린 것은 어느 것인가? (단, 기타의 경우는 제외)

㉮ 중력집진시설
㉯ 여과집진시설
㉰ 간접연소에 의한 시설
㉱ 산화환원에 의한 시설

[풀이] ㉰ 직접연소에 의한 시설

정답   86 ㉱   87 ㉰   88 ㉰   89 ㉰

90 대기환경보전법상 벌칙기준 중 7년 이하의 징역이나 1억원 이하의 벌금에 해당하는 것은 어느 것인가?

㉮ 대기오염물질의 배출허용기준 확인을 위한 측정기기의 부착 등의 조치를 하지 아니한 자
㉯ 황 연료사용 제한조치 등의 명령을 위반한 자
㉰ 제작차 배출허용기준에 맞지 아니하게 자동차를 제작한 자
㉱ 배출가스 전문정비사업자로 등록하지 아니하고 정비·점검 또는 확인검사 업무를 한 자

[풀이] ㉮ 5년 이하의 징역이나 3천만원 이하의 벌금
㉯ 5년 이하의 징역이나 3천만원 이하의 벌금
㉰ 7년 이하의 징역이나 1억원 이하의 벌금
㉱ 5년 이하의 징역이나 3천만원 이하의 벌금

91 대기환경보전법령상 자동차 배출가스 규제 등에서 매출액 산정 및 위반행위 정도에 따른 과징금의 부과기준과 관련된 사항으로 틀린 것은 어느 것인가?

㉮ 매출액 산정방법에서 "매출액"이란 그 자동차의 최초 제작시점부터 적발시점까지의 총 매출액으로 한다.
㉯ 제작차에 대하여 인증을 받지 아니하고 자동차를 제작·판매한 행위에 대해서 위반행위의 정도에 따른 가중부과계수는 0.5를 적용한다.
㉰ 제작차에 대하여 인증을 받은 내용과 다르게 자동차를 제작·판매한 행위에 대해서 위반행위의 정도에 따른 가중부과계수는 0.5를 적용한다.
㉱ 과징금 산정방법 = 총 매출액×3/100×가중부과계수를 적용한다.

[풀이] ㉯ 제작차에 대하여 인증을 받은 내용과 다르게 자동차를 제작·판매한 행위에 대해서 위반행위의 정도에 따른 가중부과계수는 0.5를 적용한다.

92 실내공기질 관리법규상 "의료기관"의 라돈(Bq/m³)항목 실내공기질 권고기준은 얼마인가?

㉮ 148 이하   ㉯ 400 이하
㉰ 500 이하   ㉱ 1,000 이하

[풀이] 의료기관의 라돈항목 실내공기질 권고기준은 148Bq/m³ 이하이다.

93 대기환경보전법규상 휘발성유기화합물 배출시설의 변경신고를 해야 하는 경우로 틀린 것은 어느 것인가?

㉮ 사업장의 명칭 또는 대표자를 변경하는 경우
㉯ 휘발성유기화합물 배출시설을 폐쇄하는 경우
㉰ 휘발성유기화합물의 배출억제·방지시설을 변경하는 경우
㉱ 설치신고를 한 배출시설 규모의 합계 또는 누계보다 100분의 30 이상 증설하는 경우

[풀이] ㉱ 설치신고를 한 배출시설 규모의 합계 또는 누계보다 100분의 50 이상 증설하는 경우

정답 90 ㉰ 91 ㉯ 92 ㉮ 93 ㉱

94 대기환경보전법규상 부식·마모로 인하여 대기오염물질이 누출되는 배출시설을 정당한 사유없이 방치한 경우의 3차 행정처분기준은 어느 것인가?

㉮ 개선명령 ㉯ 경고
㉰ 조업정지 10일 ㉱ 조업정지 30일

95 대기환경보전법상 공익에 현저한 지장을 줄 우려가 인정되는 경우 등으로 인해 조업정지 처분에 갈음하여 부과할 수 있는 과징금처분에 대한 내용으로 틀린 것은 어느 것인가?

㉮ 조업정지 처분을 갈음하여 부과할 수 있는 과징금은 매출액에 100분의 5를 곱한 금액을 초과하지 않는 범위에서 정한다.
㉯ 과징금을 납부기한까지 납부하지 아니한 경우는 최대 3월 이내 기간의 조업정지 처분을 명할 수 있다.
㉰ 사회복지시설 및 공공주택의 냉난방시설을 설치, 운영하는 사업자에 대하여 부과할 수 있다.
㉱ 의료법에 따른 의료기관의 배출시설도 부과할 수 있다.

[풀이] ㉯ 과징금을 납부기한까지 납부하지 아니한 경우는 국세체납처분의 예에 따라 징수한다.

96 대기환경보전법령상 초과부과금을 산정할 때 다음 오염물질 중 1킬로그램당 부과금액이 가장 높은 것은?

㉮ 시안화수소 ㉯ 암모니아
㉰ 불소화합물 ㉱ 이황화탄소

[풀이] 1킬로그램당 부과금액
㉮ 시안화수소 : 7,300원
㉯ 암모니아 : 1,400원
㉰ 불소화합물 : 2,300원
㉱ 이황화탄소 : 1,600원

97 환경부장관이 대기환경보전법규정에 의하여 사업장에서 배출되는 대기오염물질을 총량으로 규제하고자 할 때에 반드시 고시할 사항으로 틀린 것은 어느 것인가?

㉮ 총량규제구역
㉯ 측정망 설치계획
㉰ 총량규제 대기오염물질
㉱ 대기오염물질의 저감계획

[풀이] 고시해야 할 사항으로는 총량규제구역, 총량규제 대기오염물질, 대기오염물질의 저감 계획이다.

정답 94 ㉱ 95 ㉯ 96 ㉮ 97 ㉯

98 환경정책기본법령상 대기환경기준으로 틀린 것은 어느 것인가?

㉮ 미세먼지(PM-10) - 연간평균치 50mg/m³ 이하
㉯ 아황산가스(SO_2) - 연간평균치 0.02ppm 이하
㉰ 일산화탄소(CO) - 1시간평균치 25ppm 이하
㉱ 오존(O_3) - 1시간평균치 0.1ppm 이하

풀이 ㉮ 미세먼지(PM-10) -연간평균치 50μg/m³ 이하

99 대기환경보전법규상 측정망 설치계획을 고시할 때 포함될 사항으로 틀린 것은 어느 것인가? (단, 그 밖의 사항 등은 제외)

㉮ 측정망 배치도
㉯ 측정망 설치시기
㉰ 측정망 교체주기
㉱ 측정소를 설치할 토지 또는 건축물의 위치 및 면적

풀이 측정망 설치계획을 고시할 때 포함될 사항으로는 측정망 배치도, 측정망 설치시기, 측정소를 설치할 토지 또는 건축물의 위치 및 면적이다.

100 대기환경보전법상 제작차에 대한 인증대행시험기관의 지정취소나 업무정지 기준에 해당하지 않는 것은 어느 것인가?

㉮ 매연 단속결과 간헐적으로 배출허용기준을 초과할 경우
㉯ 거짓이나 그 밖의 부정한 방법으로 지정을 받은 경우
㉰ 다른 사람에게 자신의 명의로 인증시험업무를 하게 하는 행위
㉱ 환경부령으로 정하는 인증시험의 방법과 절차를 위반하여 인증시험을 하는 행위

풀이 인증대행시험기관의 지정취소나 업무정지기준에 해당하는 것은 ㉯·㉰·㉱이다.

정답 98 ㉮ 99 ㉰ 100 ㉮

2017년 4회 대기환경기사

2017년 9월 23일 시행

| 제1과목 | 대기오염개론

01 라돈에 대한 내용으로 틀린 것은 어느 것인가?

㉮ 라돈 붕괴에 의해 생성된 낭핵종이 α선을 방출하여 폐암을 발생하는 것으로 알려져 있다.
㉯ 자극취가 있는 무색의 기체로서 γ선을 방출한다.
㉰ 공기보다 무거워 지표에 가깝게 존재한다.
㉱ 주로 건축자재를 통하여 인체에 영향을 미치고 있으며 화학적으로 거의 반응을 일으키지 않는다.

풀이 ㉯ 라돈은 무색, 무취의 기체이다.

02 대기오염물질이 인체에 미치는 영향으로 틀린 것은 어느 것인가?

㉮ 오존(O_3) - 눈을 자극하고, 폐수종과 폐충혈 등을 유발시키며, 섬모운동의 기능장애 등을 일으킬 수 있다.
㉯ 납(Pb)과 그 화합물 - 다발성 신경염에 의해 사지의 가까운 부분에 가안 근육의 위축이 나타나며, 급성작용으로 주로 지각장애를 일으킨다.
㉰ 크롬(Cr) - 만성중독은 코, 폐 및 위장의 점막에 병변을 일으키는 것이 특징이다.
㉱ 비소(As) - 피부염, 손·발바닥의 각화, 피부암 등을 일으킨다.

03 광화학 스모그현상에 대한 내용으로 틀린 것은 어느 것인가?

㉮ LA형 스모그는 광화학 스모그의 대표적인 피해사례이다.
㉯ 광화학반응에 의해 생성된 물질은 미산란 효과에 의해 대기의 파장변화와 가시도의 증가를 초래한다.
㉰ 광화학 옥시던트 물질은 인체의 눈, 코, 점막을 자극하고, 폐기능 등을 약화시킨다.
㉱ 정상상태일 경우 오존의 대기 중 오존 농도는 NO_2와 NO비, 태양빛의 강도 등에 의해 좌우 된다.

풀이 ㉯ 광화학반응에 의해 생성된 물질은 미산란 효과에 의해 대기의 파장변화와 가시도의 감소를 초래한다.

정답 01 ㉯ 02 ㉯ 03 ㉯

04 대기의 건조단열체감율과 국제적인 약속에 의한 중위도 지방을 기준으로 한 실제체감율인 표준체감율 사이의 관계를 대류권내에서 도식화 한 것으로 알맞은 것은 어느 것인가? (단, 건조단열체감율은 점선, 표준체감율은 실선 종축은 고도, 횡축은 온도를 나타낸다.)

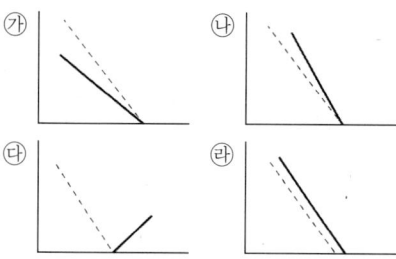

풀이 ㉯번에 대한 설명이다.

05 오염된 대기에서의 SO_2의 산화에 대한 내용으로 틀린 것은 어느 것인가?

㉮ 연소과정에서 배출되는 SO_2의 광분해는 상당히 효과적인데, 그 이유는 저공에 도달하는 것보다 더 긴 파장이 요구되기 때문이다.
㉯ 낮은 농도의 올레핀계 탄화수소도 NO가 존재하면 SO_2를 광산화시키는데 상당히 효과적일 수 있다.
㉰ 파라핀계 탄화수소는 NO_x와 SO_2가 존재하여도 aerosol을 거의 형성시키지 않는다.
㉱ 모든 SO_2의 광화학은 일반적으로 전자적으로 여기된 상태의 SO_2의 분자반응들만 포함한다.

풀이 ㉮ 연소과정에서 배출되는 SO_2는 대류권에서 광분해가 일어나지 않는다.

06 최대혼합 고도를 500m로 예상하여 오염농도를 3ppm으로 수정하였는데 실제 관측된 최대혼합고는 200m였다. 실제 나타날 오염농도는 얼마인가?

㉮ 36ppm
㉯ 47ppm
㉰ 55ppm
㉱ 67ppm

풀이 실제오염농도(ppm)
= 예상오염농도(ppm) $\times \left(\dfrac{\text{예상최대혼합고}}{\text{실제최대혼합고}}\right)^3$
= $3\text{ppm} \times \left(\dfrac{500\text{m}}{200\text{m}}\right)^3 = 46.88\text{ppm}$

07 다음 중 CFC-12의 올바른 식은 어느 것인가?

㉮ CHF_2Cl
㉯ CF_3Br
㉰ CF_3Cl
㉱ CF_2Cl_2

풀이 CFC-12의 화학식은 CF_2Cl_2이다.

정답 04 ㉯ 05 ㉮ 06 ㉯ 07 ㉱

08 가우시안형의 대기오염 확산방정식을 적용할 때, 지면에 있는 오염원으로부터 바람부는 방향으로 250m 떨어진 연기의 중심축상 지상 오염농도는 얼마인가? (단, 오염물질의 배출량은 5.5g/sec, 풍속은 5m/sec, σ_y = 22.5m, σ_z = 12m이다.)

㉮ 1.3mg/m³ ㉯ 1.9mg/m³
㉰ 2.3mg/m³ ㉱ 2.7mg/m³

[풀이]
$$C = \frac{Q}{\pi \cdot U \cdot \sigma_y \cdot \sigma_z} \exp\left[-\frac{1}{2}\left(\frac{H_e}{\sigma_z}\right)^2\right]$$

- C : 농도(mg/m³)
- Q : 오염물질 배출량(g/sec)
- σ_y : 수평방향의 표준편차(m)
- σ_z : 수직방향의 표준편차(m)
- U : 풍속(m/sec)
- H_e : 유효굴뚝높이(m)

따라서 $H_e = 0$이면 $C = \dfrac{Q}{\pi \cdot U \cdot \sigma_y \cdot \sigma_z}$로 계산한다.

$C = \dfrac{5.5g/sec}{\pi \times 22.5m \times 12m \times 5m/sec}$
$= 0.00129g/m^3 = 1.3mg/m^3$

09 다음 대기오염물질 중 2차 오염물질로 틀린 것은 어느 것인가?

㉮ SO_3 ㉯ N_2O_3
㉰ H_2O_2 ㉱ NO_2

[풀이] ㉯ N_2O_3는 1차성 물질이다.

10 빛의 소멸계수(σ_{ext})0.45km⁻¹인 대기에서, 시정거리의 한계를 빛의 강도가 초기 강도의 95%가 감소했을 때의 거리라고 정의할 때, 이 때 시정거리 한계는 얼마인가? (단, 광도는 Lembert-Beer 법칙을 따르며, 자연대수로 적용)

㉮ 약 12.4km ㉯ 약 8.7km
㉰ 약 6.7km   ㉱ 약 0.1km

[풀이] $I = I_o \exp^{(-\sigma_{ext} \cdot X)}$

- I : 거리 X를 통과한 후의 농도
- I_o : 광원으로부터 광도
- σ_{ext} : 빛의 소멸계수
- X : 거리

따라서 $5 = 100\exp^{(-0.45km^{-1} \cdot X)}$
∴ $X = 6.66km$

11 굴뚝의 반경이 1.5m, 평균풍속이 180m/min인 경우 굴뚝의 유효연돌높이를 24m 증가시키기 위한 굴뚝 배출가스 속도는 얼마인가? (단, 연기의 유효상승 높이 $\triangle H = 1.5 \times \dfrac{W_s}{u} \times D$ 이용)

㉮ 13m/sec ㉯ 16m/sec
㉰ 26m/sec ㉱ 32m/sec

[풀이] $\triangle H = 1.5 \times \dfrac{W_s}{u} \times D$

- $\triangle H$: 연기의 상승고(m)
- W_s : 연기의 배출속도(m/sec)
- U : 풍속(m/sec)
- D : 직경(m)

$24m = 1.5 \times \left(\dfrac{W_s}{180m/min \times 1min/60sec}\right) \times (1.5m \times 2)$

∴ $W_s = 16m/sec$

TIP
직경(D) = 2×반경(R) = 2×1.5m = 3m

정답 08 ㉮ 09 ㉯ 10 ㉰ 11 ㉯

12 오존층의 O_3은 주로 어느 파장의 태양빛을 흡수하여 대류권 지상의 생명체들을 보호하는가?

㉮ 자외선 파장 450nm~640nm
㉯ 자외선 파장 290nm~440nm
㉰ 자외선 파장 200nm~290nm
㉱ 고에너지 자외선파장 < 100nm

13 직경 4m인 굴뚝에서 연기가 10m/s의 속도로 풍속 5m/s인 대기로 방출된다. 대기는 27℃ 중립상태($\frac{\triangle\theta}{\triangle Z} = 0$)이고, 연기의 온도가 167℃일 때 TVA모델에 의한 연기의 상승고(m)는 얼마인가? (단, TVA모델 :

$\triangle H = \frac{173 \cdot F^{1/3}}{U \cdot \exp(0.64\triangle\theta/\triangle Z)}$ 부력계수 $F = [g \cdot V_s \cdot d^2(T_s-T_a)]/4T_a$를 이용할 것)

㉮ 약 196m   ㉯ 약 165m
㉰ 약 145m   ㉱ 약 124m

▶풀이 $\triangle H = \frac{172 \times F^{\frac{1}{3}}}{U}$(m)

$\begin{bmatrix} \triangle H : 연기의\ 상승고(m) \\ u : 풍속(m/sec) \\ F : 부력(m^4/sec^3) \end{bmatrix}$

① $F = \frac{g \times V_s \times d^2 \times (T_s-T_a)}{4 \times T_a}$

$= \frac{9.8m/sec^2 \times 10m/sec \times (4m)^2 \times \{(273+167)-(273+27)\}}{4 \times (273+27)}$

$= 182.9333 m^4/sec^3$

② $\triangle H = \frac{172 \times (182.9333 m^4/sec^3)^{\frac{1}{3}}}{5m/sec} = 195.28m$

14 다음 연기 형태 중 부채형(fanning)에 대한 내용으로 틀린 것은 어느 것인가?

㉮ 주로 저기압구역에서 굴뚝 높이보다 더 낮게 지표 가까이에 역전층이, 그 상공에는 불안정상태일 때 발생한다.
㉯ 굴뚝의 높이가 낮으면 지표부근에 심각한 오염문제를 발생시킨다.
㉰ 대기가 매우 안정된 상태일 때 아침과 새벽에 잘 발생한다.
㉱ 풍향이 자주 바뀔 때면 뱀이 기어가는 연기모양이 된다.

▶풀이 ㉮ 전체 대기층이 강한 안정시에 나타나며, 지상에는 오염물질의 영향이 매우 크다.

15 오염물질이 주위로 확산되지 않고 안전하게 후드에 유입되도록 조절한 공기의 속도와 적절한 안전율을 고려한 공기의 유속을 무엇이라 하는가?

㉮ 제어속도(control velocity)
㉯ 상대속도(relative velocity)
㉰ 질량속도(mass velocity)
㉱ 부피속도(volumetric velocity)

▶풀이 ㉮ 제어속도에 대한 설명이다.

정답 12 ㉰ 13 ㉮ 14 ㉮ 15 ㉮

16 다음 중 수용모델의 특징으로 알맞은 것은 어느 것인가?

㉮ 지형 및 오염원의 조업조건에 영향을 받는다.
㉯ 단기간 분석 시 문제가 된다.
㉰ 현재나 과거에 일어났던 일을 추정, 미래를 위한 전략은 세울 수 있으나 미래 예측은 어렵다.
㉱ 점, 선, 면 오염원의 영향을 평가할 수 있다.

[풀이] ㉮·㉯·㉱는 분산모델에 대한 설명이다.

17 지상 20m에서의 풍속이 10m/sec 라고 한다면 지상 40m에서의 풍속(m/sec)은 얼마인가? (단, Deacon의 power law 적용, P = 0.3)

㉮ 약 10.9m/sec   ㉯ 약 11.3m/sec
㉰ 약 12.3m/sec   ㉱ 약 13.3m/sec

[풀이]
$$u_2 = u_1 \times \left(\frac{H_2}{H_1}\right)^p$$
$$= 10\text{m/sec} \times \left(\frac{40\text{m}}{20\text{m}}\right)^{0.3} = 12.31\text{m/sec}$$

18 유해화학물질의 생산, 저장, 수송, 누출 중의 사고로 인해 일어나는 대기오염 재해지역과 원인물질의 연결로 틀린 것은 어느 것인가?

㉮ 체르노빌 - 방사능물질
㉯ 포자리카 - 황화수소
㉰ 세베소 - 다이옥신
㉱ 보팔 - 이산화황

[풀이] ㉱ 보팔 - 메틸이소시아네이트

19 다음 중 불화수소(HF)의 주요 배출관련 업종으로 알맞은 것은 어느 것인가?

㉮ 가스공업, 펄프공업
㉯ 도금공업, 플라스틱공업
㉰ 염료공업, 냉동공업
㉱ 화학비료공업, 알루미늄공업

[풀이] 불화수소(HF)의 주요 배출관련 업종은 화학비료공업, 알루미늄공업이다.

정답 16 ㉰ 17 ㉰ 18 ㉱ 19 ㉱

20 먼지입자의 크기에 대한 내용으로 틀린 것은 어느 것인가?

㉮ 공기역학적 직경이 대상 입자상 물질의 밀도를 고려하는데 반해, 스토크스 직경은 단위밀도($1g/cm^3$)를 갖는 구형입자로 가정하는 것이 두 개념의 차이점이다.

㉯ 스토크스 직경은 알고자 하는 입자상 물질과 같은 밀도 및 침강속도를 갖는 입자상 물질의 직경을 말한다.

㉰ 공기역학적 직경은 먼지의 호흡기 침착, 공기정화기의 성능조사 등 입자의 특성파악에 주로 이용된다.

㉱ 공기 중 먼지 입자의 밀도가 $1g/cm^3$보다 크고, 구형에 가까운 입자의 공기역학적 직경은 실제 광학직경보다 항상 크게 된다.

풀이 ㉮ 스토크스 직경이 대상 입자상 물질의 밀도를 고려하는데 반해, 공기역학적 직경은 단위밀도($1g/cm^3$)를 갖는 구형입자로 가정하는 것이 두 개념의 차이점이다.

| 제2과목 | 연소공학

21 다음 회분 성분 중 백색에 가깝고 융점이 높은 것은 어느 것인가?

㉮ CaO ㉯ SiO_2
㉰ MgO ㉱ K_2O

풀이 백색에 가깝고 융점이 높은 것은 SiO_2이다.

22 탄소 86%, 수소 13%, 황 1%의 중유를 연소하여 배기가스를 분석했더니 (CO_2 +SO_2)가 13%, O_2가 3%, CO가 0.5%이였다. 건조 연소가스 중의 SO_2 농도는 얼마인가? (단, 표준상태 기준)

㉮ 약 590ppm ㉯ 약 970ppm
㉰ 약 1,120ppm ㉱ 약 1,480ppm

풀이 $SO_2(ppm) = \dfrac{SO_2량}{Gd} \times 10^6 (ppm)$

① 공기비(m)

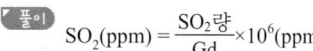

$= \dfrac{83.5\%}{83.5\% - 3.76 \times (3\% - 0.5 \times 0.5\%)} = 1.141$

② $A_o = 8.89C + 26.67\left(H - \dfrac{O}{8}\right) + 3.33S (Sm^3/kg)$

$= 8.89 \times 0.86 + 26.67 \times 0.13 + 3.33 \times 0.01$
$= 11.1458 Sm^3/kg$

③ $Gd = mA_o - 5.6H + 0.7O + 0.8N (Sm^3/kg)$
$= 1.141 \times 11.1458 Sm^3/kg - 5.6 \times 0.13$
$= 11.99 Sm^3/kg$

④ $SO_2(ppm) = \dfrac{0.7 \times 0.01 Sm^3/kg}{11.99 Sm^3/kg} \times 10^6$
$= 583.82 ppm$

TIP
① $N_2(\%) = 100 - (CO_2\% + O_2\% + CO\%)$
$= 100 - (13\% + 3\% + 0.5\%) = 83.5\%$
② $SO_2량(Sm^3/kg) = 0.7S(Sm^3/kg)$

정답 20 ㉮ 21 ㉯ 22 ㉮

23 화학반응속도론에 대한 내용으로 틀린 것은 어느 것인가?

㉮ 영차반응은 반응속도가 반응물의 농도에 영향을 받지 않는 반응을 말한다.
㉯ 화학반응속도는 반응물이 화학반응을 통하여 생성물을 형성할 때 단위시간당 반응물이 나 생성물의 농도변화를 의미한다.
㉰ 화학반응식에서 반응속도상수는 반응물 농도와 관련된다.
㉱ 일련의 연쇄반응에서 반응속도가 가장 늦은 반응단계를 속도결정단계라 한다.

[풀이] ㉰ 화학반응식에서 반응속도상수는 생성물 농도와 관련된다.

24 수소 12%, 수분 0.7%인 중유의 고위발열량이 5,000kcal/kg일 때 저위발열량(kcal/kg)은 얼마인가?

㉮ 4,348kcal/kg ㉯ 4,412kcal/kg
㉰ 4,476kcal/kg ㉱ 4,514kcal/kg

[풀이] $Hl = Hh - 600(9H+W)$ (kcal/kg)

- Hl : 저위발열량(kcal/kg)
- Hh : 고위발열량(kcal/kg)
- H : 수소의 함량
- W : 수분의 함량

따라서 $Hl = 5,000$ kcal/kg $- 600 \times (9 \times 0.12 + 0.007)$
       $= 4,347.8$ kcal/kg

25 0℃일 때 물의 융해열과 100℃일 때 물의 기화열을 합한 열량(kcal/kg)은 얼마인가?

㉮ 80kcal/kg ㉯ 539kcal/kg
㉰ 619kcal/kg ㉱ 1025kcal/kg

[풀이] 0℃일 때 물의 융해열 + 100℃일 때 물의 기화열
= 79.40kcal/kg + 539kcal/kg
= 618.4kcal/kg

26 기체연료 연소방식 중 예혼합연소에 대한 내용으로 틀린 것은 어느 것인가?

㉮ 연소기 내부에서 연료와 공기의 혼합비가 변하지 않고 균일하게 연소된다.
㉯ 역화의 위험이 없으며 공기를 예열할 수 있다.
㉰ 화염온도가 높아 연소부하가 큰 경우에 사용이 가능하다.
㉱ 연소조절이 쉽고 화염길이가 짧다.

[풀이] ㉯번은 확산연소에 대한 설명이다.

27 황분이 중량비로 S%인 중유를 매시간 W(L)사용하는 연소로에서 배출되는 황산화물의 배출량(m^3/hr)은 얼마인가?
(단, 표준상태기준, 중유비중 0.9, 황분은 전량 SO_2로 배출)

㉮ 21.4SW ㉯ 1.24SW
㉰ 0.0063SW ㉱ 0.789SW

[풀이]
$S + O_2 \rightarrow SO_2$
32kg : 22.4Sm³
$W(L/hr) \times 0.9 kg/L \times \frac{S\%}{100}$: X

∴ X = 0.0063 WS(Sm³/hr)

정답 23 ㉰ 24 ㉮ 25 ㉰ 26 ㉯ 27 ㉰

28 엔탈피에 관한 내용으로 틀린 것은 어느 것인가?

㉮ 엔탈피는 반응경로와 무관하다.
㉯ 엔탈피는 물질의 양에 비례한다.
㉰ 흡열반응은 반응계의 엔탈피가 감소한다.
㉱ 반응물이 생성물보다 에너지상태가 높으면 발열반응이다.

[풀이] ㉰ 흡열반응은 반응계의 엔탈피가 증가한다.

29 발화온도(착화온도)에 대한 내용으로 틀린 것은 어느 것인가?

㉮ 가연물을 외부로부터 직접 점화하여 가열하였을 때 불꽃에 의해 연소되는 최저온도를 말한다.
㉯ 가연물의 분자구조가 복잡할수록 발화온도는 낮아진다.
㉰ 발열량이 크고 반응성이 큰 물질일수록 발화온도가 낮아진다.
㉱ 화학결합의 활성도가 큰 물질일수록 발화온도가 낮아진다.

[풀이] ㉮ 가연물을 충분한 공기공급하에서 어떤 온도에 달하면 더 이상 가열하지 않아도 연료 자신의 연소열에 의하여 연소를 계속하게 되는 온도를 말한다.

30 석탄의 공업분석에 대한 내용으로 틀린 것은 어느 것인가?

㉮ 고정탄소는 조습시료의 질량에서부터 수분, 회분, 휘발분의 질량을 뺀 잔량의 비율로 표시한다.
㉯ 공업분석은 건류나 연소 등의 방법으로 석탄을 공업적으로 이용할 때 석탄의 특성을 표시하는 분석방법이다.
㉰ 회분은 시료 1g에 공기를 제한하면서 전기로에서 650℃까지 가열한 후 잔류하는 무기 물량을 건조시료의 질량에 대한 백분율로 표시한다.
㉱ 고정탄소와 휘발분의 질량비를 연료비라 한다.

31 다음 ( )안에 들어갈 알맞은 말은?

( ) 배출가스 중의 CO_2 농도는 최대가 되며, 이 때의 CO_2량을 최대탄산가스량 $(CO_2)_{max}$ 라 하고, CO_2/God 비로 계산한다.

㉮ 실제공기량으로 연소시킬 때
㉯ 공기부족상태에서 연소시킬 때
㉰ 연료를 다른 미연성분과 같이 불완전 연소시킬 때
㉱ 이론공기량으로 완전연소 시킬 때

[풀이] 최대탄산가스량 $(CO_2)_{max}$는 이론건조가스량 기준이다.

정답 28 ㉰ 29 ㉮ 30 ㉰ 31 ㉱

32 석탄 슬러지 연소에 관한 내용으로 알맞은 것은 어느 것인가?

㉮ 석탄 슬러리 연료는 석탄분말에 물을 혼합한 COM과 기름을 혼합한 CWM으로 대별 된다.
㉯ COM연소의 경우 표면연소 시기에서는 연소온도가 높아진 만큼 표면연소의 속도가 감속된다고 볼 수 있다.
㉰ 분해연소 시기에서는 CWM연소의 경우 30Wt%(w/w)의 물이 증발하여 증발열을 빼앗음과 동시에 휘발분과 산소를 희석하기 때문에 화염의 안정성이 극도로 나쁘게 된다.
㉱ CWM연소의 경우 분해연소 시기에서는 50Wt%(w/w) 중유에 휘발분이 추가되는 형태가 되기 때문에 미분탄 연소보다는 확산연소에 더 가깝다.

[풀이]
㉮ 석탄 슬러리 연료는 석탄분말에 기름을 혼합한 COM과 물을 혼합한 CWM으로 대별된다.
㉯ COM연소의 경우 표면연소 시기에서는 연소온도가 높아진 만큼 표면연소의 속도가 지속된다고 볼 수 있다.
㉱ COM연소의 경우 분해연소 시기에서는 50Wt%(w/w) 중유에 휘발분이 추가되는 형태가 되기 때문에 미분탄 연소보다는 분무연소에 더 가깝다.

33 유황 함유량이 1.5%인 중유를 시간당 100톤 연소시킬 때 SO_2의 (m^3/hr)은 얼마인가? (단, 표준상태 기준, 유황은 전량이 반응하고, 이 중 5%는 SO_3로서 배출되며, 나머지는 SO_2로 배출된다.)

㉮ 약 300m^3/hr ㉯ 약 500m^3/hr
㉰ 약 800m^3/hr ㉱ 약 1,000m^3/hr

[풀이]
$S + O_2 \rightarrow SO_2$
32kg : 22.4Sm^3
100×10^3kg/hr $\times 0.015 \times (1-0.05)$: X

∴ X = $\dfrac{100 \times 10^3 \text{kg/hr} \times 0.015 \times (1-0.05) \times 22.4 Sm^3}{32 \text{kg}}$

= 997.5Sm^3/hr

34 C=85%, H=14%, S=3%, N=1%로 조성된 중유를 12(Sm^3공기/kg중유)로 완전연소 했을 때 습윤 배출가스 중 SO_2는 약 몇 ppm인가? (단, 중유 중 황분은 모두 SO_2로 된다.)

㉮ 1,400ppm ㉯ 1,640ppm
㉰ 1,900ppm ㉱ 2,260ppm

[풀이]
SO_2(ppm) = $\dfrac{SO_2 량(Sm^3/kg)}{실제습윤가스량(Sm^3/kg)} \times 10^6$

① 실제습윤가스량(G_w)
= A+5.6H+0.7O+0.8N+1.244W(Sm^3/kg)
= 12Sm^3/kg+5.6×0.14+0.8×0.01
= 12.792Sm^3/kg
② SO_2량 = 0.7S(Sm^3/kg) = 0.7×0.03(Sm^3/kg)
③ SO_2 = $\dfrac{0.7 \times 0.03 Sm^3/kg}{12.792 Sm^3/kg} \times 10^6$ = 1,641.65ppm

정답 32 ㉰ 33 ㉱ 34 ㉯

35 다음 액화석유가스(LPG)에 관한 내용으로 틀린 것은 어느 것인가?

㉮ 비중이 공기보다 무거워 누출 시 인화·폭발의 위험성이 높은 편이다.
㉯ 액체에서 기체로 기화할 때 증발열이 5~10kcal/kg로 작아 취급이 용이하다.
㉰ 발열량이 높은 편이며, 황분이 적다.
㉱ 천연가스에서 회수되거나 나프타의 분해에 의해 얻어지기도 하지만 대부분 석유정제 시 부산물로 얻어진다.

풀이 ㉯ 액체에서 기체로 기화할 때 증발열이 90~100kcal/kg로 커 취급이 어렵다.

36 다음 중 기체의 연소속도를 지배하는 주요인자로 틀린 것은 어느 것인가?

㉮ 발열량
㉯ 촉매
㉰ 산소와의 혼합비
㉱ 산소농도

풀이 기체의 연소속도를 지배하는 주요인자로는 촉매, 산소와의 혼합비, 산소농도이다.

37 가로, 세로, 높이가 각각 3m, 1m, 1.5m인 연소실에서 연소실 열발생율을 2.5×10^5 kcal/m³·hr가 되도록 하려면 1시간에 중유를 몇 kg 연소시켜야 하는가? (단, 중유의 저위발열량은 11,000kcal/kg이다.)

㉮ 약 50kg
㉯ 약 100kg
㉰ 약 150kg
㉱ 약 200kg

풀이 연소실의 열발생율(kcal/m³·hr)

$= \dfrac{\text{저위발열량(kcal/kg)} \times \text{중유량(kg/hr)}}{\text{가로} \times \text{세로} \times \text{높이(m}^3\text{)}}$

따라서 2.5×10^5 kcal/m³·hr

$= \dfrac{11,000 \text{kcal/kg} \times \text{중유량(kg/hr)}}{3m \times 1m \times 1.5m}$

∴ 중유량 $= \dfrac{2.5 \times 10^5 \text{kcal/m}^3 \cdot hr \times (3m \times 1m \times 1.5m)}{11,000 \text{kcal/kg}}$

$= 102.27$ kg/hr

38 아래 조건의 기체연료의 이론연소온도(℃)는 약 얼마인가?

[조건]
• 연료의 저발열량 : 7,500kcal/Sm³
• 연료의 이론연소가스량 : 10.5Sm³/Sm³
• 연료연소가스의 평균정압비열 : 0.35kcal/Sm³·℃
• 기준온도(t) : 25℃
• 지금 공기는 예열되지 않고, 연소가스는 해리되지 않는 것으로 한다.

㉮ 1,916℃
㉯ 2,066℃
㉰ 2,196℃
㉱ 2,256℃

풀이 이론연소온도(℃)

$= \dfrac{\text{저위발열량(kcal/Sm}^3\text{)}}{\text{가스량(Sm}^3\text{/Sm}^3\text{)} \times \text{평균정압비열(kcal/Sm}^3 \cdot \text{℃)}} + \text{기준온도(℃)}$

$= \dfrac{7,500 \text{kcal/Sm}^3}{10.5 \text{Sm}^3/\text{Sm}^3 \times 0.35 \text{kcal/Sm}^3 \cdot \text{℃}} + 25$ ℃

$= 2065.82$ ℃

정답 35 ㉯ 36 ㉮ 37 ㉯ 38 ㉯

39 다음 중 연소과정에서 등가비(equivalent ratio)가 1보다 큰 경우는 어느 것인가?

㉮ 공급연료가 과잉인 경우
㉯ 배출가스 중 질소산화물이 증가하고 일산화탄소가 최소가 되는 경우
㉰ 공급연료의 가연성분이 불완전한 경우
㉱ 공급공기가 과잉인 경우

풀이 ㉯ 등가비가 1과 같은 경우
㉰ 등가비가 1보다 큰 경우
㉱ 등가비가 1보다 작은 경우

40 연소공정에서 과잉공기량의 공급이 많을 경우 발생하는 현상으로 틀린 것은 어느 것인가?

㉮ 연소실의 온도가 낮게 유지된다.
㉯ 배출가스에 의한 열손실이 증대된다.
㉰ 황산화물에 의한 전열면의 부식을 가중시킨다.
㉱ 매연발생이 많아진다.

풀이 ㉱ 매연이 적게 발생한다.

제3과목 | 대기오염방지기술

41 벤츄리스크러버의 액가스비를 크게 하는 요인으로 틀린 것은 어느 것인가?

㉮ 먼지입자의 친수성이 클 때
㉯ 먼지의 입경이 작을 때
㉰ 먼지입자의 점착성이 클 때
㉱ 처리가스의 온도가 높을 때

풀이 ㉮ 먼지입자의 친수성이 작을 때

42 압력손실은 100~200mmH$_2$O 정도이고, 가스량 변동에도 비교적 적응성이 있으며, 흡수액에 고형분이 함유되어 있는 경우에는 흡수에 의해 침전물이 생기는 등 방해를 받는 세정장치로 알맞은 것은 어느 것인가?

㉮ 다공판탑
㉯ 제트스크러버
㉰ 충전탑
㉱ 벤츄리스크러버

풀이 ㉰ 충전탑에 대한 설명이다.

43 가스처리방법 중 흡착(물리적 기준)에 대한 설명으로 틀린 것은 어느 것인가?

㉮ 흡착열이 낮고 흡착과정이 가역적이다.
㉯ 다분자 흡착이며 오염가스 회수가 용이하다.
㉰ 처리할 가스의 분압이 낮아지면 흡착량은 감소한다.
㉱ 처리가스의 온도가 올라가면 흡착량이 증가한다.

풀이 ㉱ 처리가스의 온도가 올라가면 흡착량이 감소한다.

정답 39 ㉮ 40 ㉱ 41 ㉮ 42 ㉰ 43 ㉱

44 배출가스 내의 NO_x 제거방법 중 환원제를 사용하는 접촉환원법에 대한 내용으로 틀린 것은 어느 것인가?

㉮ 선택적 환원제로는 NH_3, H_2S 등이 있다.
㉯ 선택적인 접촉환원법에서 Al_2O_3계의 촉매는 SO_2, SO_3, O_2와 반응하여 황산염이 되기 쉽고, 촉매의 활성이 저하된다.
㉰ 선택적인 접촉환원법은 과잉의 산소를 먼저 소모한 후 첨가된 반응물인 질소산화물을 선택적으로 환원시킨다.
㉱ 비선택적 접촉환원법의 촉매로는 Pt뿐만 아니라, Co, Ni, Cu, Cr 등의 산화물도 이용 가능하다.

풀이 ㉰ 선택적인 접촉환원법은 배기가스 중에 존재하는 산소와는 무관하게 NO_x를 선택적으로 접촉 환원시키는 방법이다.

45 다음 유해가스 처리에 대한 내용으로 틀린 것은 어느 것인가?

㉮ 염화인(PCl_3)은 물에 대한 용해도가 낮아 암모니아를 불어넣어 병류식 충전탑에서 흡수처리한다.
㉯ 시안화수소는 물에 대한 용해도가 매우 크므로 가스를 물로 세정하여 처리한다.
㉰ 아크로레인은 그대로 흡수가 불가능하며 NaClO 등의 산화제를 혼입한 가성소다용액으로 흡수 제거한다.
㉱ 이산화셀렌은 코트럴집진기로 채취, 결정으로 석출, 물에 잘 용해되는 성질을 이용해 스크러버에 의해 세정하는 방법 등이 이용된다.

풀이 ㉮ 염화인(PCl_3)은 물에 대한 용해도가 높아 물에 흡수시켜 제거한다.

46 원형 Duct의 기류에 의한 압력손실에 대한 내용으로 틀린 것은 어느 것인가?

㉮ 길이가 길수록 압력손실은 커진다.
㉯ 유속이 클수록 압력손실은 커진다.
㉰ 직경이 클수록 압력손실은 작아진다.
㉱ 곡관이 많을수록 압력손실은 작아진다.

풀이 ㉱ 곡관이 많을수록 압력손실은 커진다.

TIP
$$\Delta P = \lambda \times \frac{L}{D} \times \frac{rV^2}{2g} \text{ (mmH}_2\text{O)}$$

여기서, 압력손실(ΔP)은
- 관의 길이(L)에 비례
- 관의 직경(D)에 반비례
- 유체의 밀도(r)에 비례
- 유속(V)의 제곱에 비례
- 중력가속도(g)에 반비례

47 Stokes 운동이라 가정하고, 직경 20 μm, 비중 1.3인 입자의 표준대기 중 종말침강속도는 몇 m/s인가? (단, 표준공기의 점도와 밀도는 각각 3.44×10^{-5} kg/m·s, 1.3 kg/m³이다.)

㉮ 1.64×10^{-2} m/s ㉯ 1.32×10^{-2} m/s
㉰ 1.18×10^{-2} m/s ㉱ 0.82×10^{-2} m/s

풀이
$$Vg = \frac{d^2(\rho_s - \rho)g}{18\mu}$$

- Vg : 침강속도(m/sec)
- d : 직경(m)
- ρ_s : 입자의 밀도(kg/m³)
- ρ : 가스의 밀도(kg/m³)
- g : 중력가속도(9.8 m/sec²)
- μ : 점성도(kg/m·sec)

따라서
$$Vg = \frac{(20 \times 10^{-6} \text{m})^2 \times (1300 \text{kg/m}^3 - 1.3 \text{kg/m}^3) \times 9.8 \text{m/sec}^2}{18 \times 3.44 \times 10^{-5} \text{kg/m·sec}}$$
$$= 0.82 \times 10^{-2} \text{m/sec}$$

정답 44 ㉰ 45 ㉮ 46 ㉱ 47 ㉱

48 전기집진장치 내 먼지의 겉보기 이동속도는 0.11m/sec, 5m×4m인 집진판 182매를 설치하여 유량 9,000m³/min를 처리할 경우 집진효율은 얼마인가? (단, 내부 집진판은 양면집진, 2개의 외부 집진판은 각 하나의 집진면을 가진다.)

㉮ 98.0% ㉯ 98.8%
㉰ 99.0% ㉱ 99.5%

풀이
$$\eta = \left(1-\exp\frac{-A \times We}{Q}\right) \times 100$$
$$= \left\{1-\exp\left(\frac{-5m \times 4m \times 362 \times 0.11m/sec}{9,000m^3/min \times 1min/60sec}\right)\right\} \times 100$$
$$= 99.51\%$$

TIP
집진판(N)
= 내부는 양면이므로(180×2) + 양끝은 단면(2×1)
= 362개

49 악취 및 휘발성 유기화합물질 제거에 가장 많이 사용되는 흡착제는 무엇인가?

㉮ 제올라이트 ㉯ 활성백토
㉰ 실리카겔   ㉱ 활성탄

풀이 ㉱ 활성탄에 대한 설명이다.

50 황함유량 2.5%인 중유를 30ton/hr로 연소하는 보일러에서 배기가스를 NaOH 수용액으로 처리한 후 황성분을 전량 Na_2SO_3로 회수할 경우, 이 때 필요한 NaOH의 이론량은 얼마인가? (단, 황성분은 전량 SO_2로 전환된다.)

㉮ 1,750kg/hr ㉯ 1,875kg/hr
㉰ 1,935kg/hr ㉱ 2,015kg/hr

풀이 $S + O_2 \rightarrow SO_2 + 2NaOH \rightarrow Na_2SO_3 + H_2O$
32kg : 2×40kg
30×10^3kg/hr×0.025 : X

$$\therefore X = \frac{30 \times 10^3 kg/hr \times 0.025 \times 2 \times 40kg}{32kg} = 1,875kg/hr$$

51 다음 발생 먼지 종류 중 일반적으로 S/Sb가 가장 큰 것은 어느 것인가? (단, S는 진비중, Sb는 겉보기 비중)

㉮ 미분탄보일러 ㉯ 시멘트킬른
㉰ 카본블랙   ㉱ 골재드라이어

풀이 진비중(S)/겉보기비중(Sb)
㉮ 미분탄보일러 : 4.30
㉯ 시멘트킬른 : 5.0
㉰ 카본블랙 : 76.0
㉱ 골재드라이어 : 2.73

정답 48 ㉱ 49 ㉱ 50 ㉯ 51 ㉰

52 후드의 제어속도(Control Velocity)에 대한 내용으로 알맞은 것은 어느 것인가?

㉮ 확산조건, 오염원의 주변 기류에는 영향이 크지 않다.
㉯ 유해물질의 발생조건이 조용한 대기 중 거의 속도가 없는 상태로 비산하는 경우(가스, 흄 등)의 제어속도 범위는 1.5~2.5m/sec 정도이다.
㉰ 유해물질의 발생조건이 빠른 공기의 움직임이 있는 곳에서 활발히 비산하는 경우(분쇄기 등)의 제어속도 범위는 15~25m/sec 정도이다.
㉱ 오염물질의 발생속도를 이겨내고 오염물질을 후드내로 흡입하는데 필요한 최소의 기류속도를 말한다.

[풀이] ㉮ 확산조건, 오염원의 주변 기류에 영향을 크게 받는다.
㉯ 유해물질의 발생조건이 조용한 대기 중 거의 속도가 없는 상태로 비산하는 경우(가스, 흄 등)의 제어속도 범위는 0.3~0.5m/sec 정도이다.
㉰ 유해물질의 발생조건이 빠른 공기의 움직임이 있는 곳에서 활발히 비산하는 경우(분쇄기 등)의 제어속도 범위는 1~3m/sec 정도이다.

53 미세입자가 운동하는 경우에 작용하는 항력(drag force)에 관련된 내용으로 틀린 것은 어느 것인가?

㉮ 레이놀즈수가 커질수록 항력계수는 증가한다.
㉯ 항력계수가 커질수록 항력은 증가한다.
㉰ 입자의 투영면적이 클수록 항력은 증가한다.
㉱ 상대속도의 제곱에 비례하여 항력은 증가한다.

[풀이] ㉮ 레이놀즈수가 커질수록 항력계수는 감소한다.

54 유수식 세정집진장치의 종류로 틀린 것은 어느 것인가?

㉮ 가스분수형   ㉯ 스크루형
㉰ 임펠라형   ㉱ 로타형

[풀이] 유수식 세정집진장치의 종류로는 가스선회형, 임펠라형, 로타형, 분수형이 있다.

55 다음 중 가스분산형 흡수장치에 해당하는 것은 무엇인가?

㉮ 기포탑
㉯ 사이클론스크러버
㉰ 분무탑
㉱ 충전탑

[풀이] 가스분산형 흡수장치에는 다공판탑, 종탑, 기포탑이 있다.

정답 52 ㉱ 53 ㉮ 54 ㉯ 55 ㉮

56 먼지농도 10g/m³인 배기가스를 1200 m³/min로 배출하는 배출구에 여과집진장치를 설치하고자 한다. 이 여과집진장치의 평균 여과속도는 3m/min이고, 여기에 직경 20cm, 길이 4m의 여과백을 사용한다면 필요한 여과백의 수는 얼마인가?

㉮ 120개　㉯ 140개
㉰ 160개　㉱ 180개

풀이 $Q = \pi \cdot D \cdot L \cdot V_f \cdot n$

- Q : 배기가스량(m³/min)
- D : 직경(m)
- L : 유효높이(m)
- V_f : 겉보기 여과속도(m/min)
- n : 백필터 개수

따라서

$$n = \frac{Q}{\pi \cdot D \cdot L \cdot V_f} = \frac{1,200 \text{m}^3/\text{min}}{\pi \times 0.2\text{m} \times 4\text{m} \times 3\text{m/min}}$$
$= 159.15 ≒ 160$개

TIP 소수점 첫째자리에서 완전올림을 한다.

57 커닝험 보정계수에 관한 내용으로 알맞은 것은 어느 것인가? (단, 커닝험 보정계수가 1이상인 경우)

㉮ 미세입자일수록 가스의 점성저항이 작아지므로 커닝험 보정계수가 작아진다.
㉯ 미세입자일수록 가스의 점성저항이 커지므로 커닝험 보정계수가 작아진다.
㉰ 미세입자일수록 가스의 점성저항이 커지므로 커닝험 보정계수가 작아진다.
㉱ 미세입자일수록 가스의 점성저항이 작아지므로 커닝험 보정계수가 작아진다.

58 환기시설 설계에 사용되는 보충용 공기에 대한 내용으로 틀린 것은 어느 것인가?

㉮ 보충용 공기가 배기용 공기보다 약 10~15% 정도 많도록 조절하여 실내를 약간 양압으로 하는 것이 좋다.
㉯ 여름에는 보통 외부공기를 그대로 공급을 하지만, 공정 내의 열부하가 커서 제어해야 하는 경우에는 보충용 공기를 냉각하여 공급한다.
㉰ 보충용 공기는 환기시설에 의해 작업장 내에서 배기된 만큼의 공기를 작업장 내로 재공급해야 하는 공기의 양을 말한다.
㉱ 보충용 공기의 유입구는 작업장이나 다른 건물의 배기구에서 나온 유해물질의 유입을 유도할 수 있는 위치로서 바닥에서 1~1.2m 정도에서 유입되도록 한다.

59 습식 전기집진장치의 특징으로 틀린 것은 어느 것인가?

㉮ 낮은 전기저항 때문에 발생하는 재비산을 방지할 수 있다.
㉯ 처리가스 속도를 건식보다 2배 정도 높일 수 있다.
㉰ 집진극면이 청결하게 유지되며 강전계를 얻을 수 있다.
㉱ 먼지의 저항이 높기 때문에 역전리가 잘 발생된다.

풀이 ㉱ 습식 전기집진기는 재비산이나 역전리현상이 발생하지 않는다.

정답 56 ㉰　57 ㉱　58 ㉱　59 ㉱

60 원심력집진장치에 대한 내용으로 틀린 것은 어느 것인가?

㉮ 배기관경(내경)이 작을수록 입경이 작은 먼지를 제거할 수 있다.
㉯ 점착성이 있는 먼지의 집진에는 적당치 않으며, 딱딱한 입자는 장치의 마모를 일으킨다.
㉰ 침강먼지 및 미세한 먼지의 재비산을 막기 위해 스키머와 회전깃, 살수설비 등을 설치하여 제진효율을 증대시킨다.
㉱ 고농도일 때는 직렬 연결하여 사용하고, 응집성이 강한 먼지인 경우는 병렬 연결하여 사용한다.

풀이 ㉱ 고농도일 때는 병렬 연결하여 사용하고, 응집성이 강한 먼지인 경우는 직렬연결 하여 사용한다.

| 제4과목 | 대기오염공정시험기준

61 기체크로마토그래피의 정성분석에 대한 내용으로 틀린 것은 어느 것인가?

㉮ 동일 조건하에서 특정한 미지성분의 머무름 값(보유치)과 예측되는 물질의 봉우리의 머무른 값을 비교한다.
㉯ 머무름 값의 표시는 무효부피(Dead Volume)의 보정유무를 기록하여야 한다.
㉰ 보통 5~30분 정도에서 측정하는 봉우리의 머무름시간은 반복시험을 할 때 ±5% 오차범위 이내이어야 한다.
㉱ 머무름시간을 측정할 때는 3회 측정하여 그 평균치를 구한다.

풀이 ㉰ 보통 5~30분 정도에서 측정하는 봉우리의 머무름시간은 반복시험을 할 때 ±3% 오차범위 이내이어야 한다.

62 반자동식 채취기에 의한 방법으로 배출가스 중 먼지를 측정하고자 할 경우 흡입노즐에 관한 설명이다. ( )안에 들어갈 알맞은 말은?

> 흡입노즐의 안과 밖의 가스흐름이 흐트러지지 않도록 흡입노즐 안지름(d)은 (㉠)으로 한다. 흡입노즐의 안지름 d는 정확히 측정하여 0.1mm 단위까지 구하여 둔다. 흡입노즐의 꼭지점은 (㉡)의 예각(銳角)이 되도록 하고 매끈한 반구모양으로 한다.

㉮ ㉠ 1mm 이상, ㉡ 30° 이하
㉯ ㉠ 1mm 이상, ㉡ 45° 이하
㉰ ㉠ 3mm 이상, ㉡ 30° 이하
㉱ ㉠ 3mm 이상, ㉡ 45° 이하

63 기체크로마토그래피에서 분리관 효율을 나타내기 위한 이론단수를 구하는 식으로 알맞은 것은 어느 것인가? (단, t_R : 시료도입점으로부터 봉우리 최고점까지의 길이, W : 봉우리의 좌우 변곡점에서 접선이 자르는 바탕선의 길이)

㉮ $16 \times \dfrac{t_R}{W}$ ㉯ $16 \times \left(\dfrac{t_R}{W}\right)^2$

㉰ $16 \times \left(\dfrac{W}{t_R}\right)^2$ ㉱ $16 \times \dfrac{W}{t_R}$

정답 60 ㉱ 61 ㉰ 62 ㉰ 63 ㉯

64 배출가스 중의 납화합물을 자외선 가시선 분광법으로 분석한 결과가 아래와 같다고 할 때, 표준상태 건조 배출가스 중 납의 농도는 얼마인가?

- 시료 용액 중 납의 농도 : 15μg/mL
- 분석용 시료용액의 최종부피 : 250mL
- 표준상태에서의 건조한 대기기체 채취량 : 1000L

㉮ 0.0375mg/Sm³ ㉯ 0.375mg/Sm³
㉰ 3.75mg/Sm³ ㉱ 37.5mg/Sm³

풀이
$$mg/Sm^3 = \frac{15\mu g}{mL} \times \frac{mg}{10^3 \mu g} \times 250mL \times \frac{1}{1000L} \times \frac{10^3 L}{m^3}$$
$$= 3.75 mg/Sm^3$$

65 원자흡수분광광도법의 원리로 알맞은 것은 어느 것인가?

㉮ 시료를 해리시켜 중성원자로 증기화하여 생긴 기저상태의 원자가 이 원자 증기층을 투과하는 특유파장의 빛을 흡수하는 현상을 이용
㉯ 시료를 해리시켜 발생된 여기상태의 원자가 기저상태로 되면서 내는 열의 봉우리폭을 측정
㉰ 시료를 해리시켜 발생된 여기상태의 원자가 원자 증기층을 통과하는 빛의 발생속도의 차이를 이용
㉱ 시료를 해리시켜 발생된 여기상태의 원자가 기저상태로 돌아올 때 내는 가스속도의 차이를 이용한 측정

66 굴뚝 배출가스 중 아황산가스의 자동연속측정방법에서 사용되는 용어의 의미로 틀린 것은 어느 것인가?

㉮ 검출한계 : 제로드리프트의 2배에 해당하는 지시치가 갖는 아황산가스의 농도를 말한다.
㉯ 응답시간 : 시료채취부를 통하지 않고 제로가스를 연속자동측정기의 분석부에 흘려주다가 갑자기 스팬가스로 바꿔서 흘려준 후, 기록계에 표시된 지시차가 스팬가스 보정치의 95%에 해당하는 지시치를 나타낼 때까지 걸리는 시간을 말한다.
㉰ 경로(Path) 측정시스템 : 굴뚝 또는 덕트 단면 직경의 5% 이상의 경로를 따라 오염물질 농도를 측정하는 배출가스
㉱ 제로가스 : 공인기관에 의해 아황산가스 농도가 1ppm 미만으로 보증된 표준가스를 말한다.

풀이 ㉰ 경로(Path) 측정시스템 : 굴뚝 또는 덕트 단면 직경의 10% 이상의 경로를 따라 오염물질 농도를 측정하는 배출가스

67 시료채취 시 흡수액으로 수산화소듐용액을 사용하지 않는 항목은 어느 것인가?

㉮ 플루오린화합물 ㉯ 이황화탄소
㉰ 사이안화수소 ㉱ 브로민화합물

풀이 ㉯ 이황화탄소의 흡수액은 다이에틸아민구리용액이다.

정답 64 ㉰ 65 ㉮ 66 ㉰ 67 ㉯

68 배출가스 중 황화수소를 분석하는 자외선/가시선분광법-메틸렌블루법에 대한 설명으로 틀린 것은?

㉮ 배출가스 중의 황화수소를 아연아민 착염용액에 흡수시킨다.
㉯ 시료채취관에서 흡수병까지의 연결관은 가능한 짧게 한다.
㉰ 시료가스 채취량이 (0.1~20)L인 경우 정량범위는 (1.7~140)ppm이다.
㉱ 메틸렌블루의 흡광도를 540nm에서 측정한다.

[풀이] ㉱ 메틸렌블루의 흡광도를 670nm에서 측정한다.

69 굴뚝연속자동측정기 측정방법 중 연결관의 부착방법으로 틀린 것은 어느 것인가?

㉮ 연결관은 가능한 짧은 것이 좋다.
㉯ 냉각연결관은 될 수 있는 대로 수직으로 연결한다.
㉰ 기체-액체 분리관은 연결관의 부착위치 중 가장 높은 부분 또는 최고 온도의 부분에 부착한다.
㉱ 응축수에 배출에 쓰는 펌프는 충분히 내구성이 있는 것을 쓰고, 이 때 응축수 트랩은 사용하지 않아도 좋다.

70 환경대기 중 가스상 물질을 용매채취법으로 채취할 때 사용하는 순간유량계 중 면적식 유량계는 어느 것인가?

㉮ 게이트식 유량계
㉯ 미스트식 가스미터
㉰ 오리피스 유량계
㉱ 노즐식 유량계

[풀이] 면적식 유량계는 게이트식 유량계이다.

71 굴뚝 배출가스 유속을 피토관으로 측정한 결과가 다음과 같을 때 배출가스 유속은 얼마인가?

- 동압 : 100mmH₂O
- 배출가스 온도 : 295℃
- 표준상태 배출가스 비중량 : 1.2kg/m³ (0℃, 1기압)
- 피토관 계수 : 0.87

㉮ 43.7m/s   ㉯ 48.2m/s
㉰ 50.7m/s   ㉱ 54.3m/s

[풀이] $V = C \times \sqrt{\dfrac{2gh}{r}}$

① $r(kg/m^3) = 1.2kg/Sm^3 \times \dfrac{273}{273+295}$

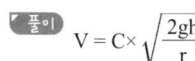
   $= 0.5768 kg/m^3$

② $V = 0.87 \times \sqrt{\dfrac{2 \times 9.8 m/sec^2 \times 100 mmH_2O}{0.5768 kg/m^3}}$

   $= 50.72 m/sec$

정답 68 ㉱ 69 ㉰ 70 ㉮ 71 ㉰

72 분석대상가스 중 아세틸아세톤함유 흡수액을 흡수액으로 사용하는 물질은 어느 것인가?

㉮ 사이안화수소 ㉯ 벤젠
㉰ 비소 ㉱ 폼알데하이드

[풀이] ㉱ 폼알데하이드에 대한 설명이다.

73 굴뚝 단면이 원형일 경우 먼지측정을 위한 측정점에 대한 내용으로 틀린 것은 어느 것인가?

㉮ 굴뚝 직경이 4.5m를 초과할 때는 측정점수는 20 이다.
㉯ 굴뚝 반경이 2.5m인 경우에 측정점수는 20이다.
㉰ 굴뚝 단면적이 $1m^2$ 이하로 소규모일 경우에는 그 굴뚝 단면의 중심을 대표점으로 하여 1점만 측정한다.
㉱ 굴뚝 직경이 1.5m인 경우에 반경 구분 수는 2 이다.

[풀이] ㉰ 굴뚝 단면적이 $0.25m^2$ 이하로 소규모일 경우에는 그 굴뚝 단면의 중심을 대표점으로 하여 1점만 측정한다.

74 굴뚝 배출가스 중 황산화물을 측정하는 자동측정법에 대한 설명으로 틀린 것은?

㉮ 적외선흡수법은 7,300nm 부근에서 적외선가스분석계를 이용한다.
㉯ 측정범위(적용범위)는 0ppm~2,000ppm이다.
㉰ 자외선흡수법의 간섭물질은 이산화질소이다.
㉱ 수분에 의한 영향을 최소화하기 위해 시료채취관을 가열하거나, 응축기 및 응축수트랩을 연결하여 사용한다.

[풀이] ㉯ 측정범위(적용범위)는 0ppm~1,000ppm이다.

75 환경대기 중의 먼지농도 시료채취 방법인 고용량 공기시료채취기법에 대한 내용으로 틀린 것은 어느 것인가?

㉮ 채취입자의 입경은 일반적으로 0.01~100μm범위이다.
㉯ 공기흡입부의 경우 무부하(無負荷)일 때의 흡입유량이 보통 $0.5m^3/hr$ 범위 정도로 한다.
㉰ 공기흡입부, 여과지홀더, 유량측정부 및 보호상자로 구성된다.
㉱ 채취용 여과지는 보통 0.3μm되는 입자를 99% 이상 채취할 수 있는 것을 사용한다.

[풀이] ㉯ 공기흡입부의 경우 무부하일 때의 흡입유량이 보통 $2m^3/min$ 정도로 한다.

정답 72 ㉱ 73 ㉰ 74 ㉯ 75 ㉯

76 배출가스 중 수동식측정법으로 먼지측정을 위한 장치구성에 대한 내용으로 틀린 것은 어느 것인가?

㉮ 원칙적으로 적산유량계는 흡입 가스량의 측정을 위하여 또 순간유량계는 등속흡입 조작을 확인하기 위하여 사용한다.
㉯ 먼지채취부의 구성은 흡입노즐, 여과지홀더, 고정쇠, 드레인채취기, 연결관 등으로 구성되며, 단 2형일 때는 흡입노즐 뒤에 흡입관을 접속한다.
㉰ 여과지홀더는 유리제 또는 스테인리스강 재질 등으로 만들어진 것을 쓴다.
㉱ 건조용기는 시료채취 여과지의 수분 평형을 유지하기 위한 용기로서 (20 ± 5.6)℃ 대기 압력에서 적어도 4시간을 건조시킬 수 있어야 한다. 또는, 여과지를 100℃에서 적어도 2시간동안 건조시킬 수 있어야 한다.

77 알데하이드류를 DNPH 유도체를 형성하여 아세토나이트릴(acetonitrile)용매로 추출하여 고성능 액체크로마토그래피에 의해 자외선 검출기로 분석할 때 측정파장으로 가장 적합한 것은 어느 것인가?

㉮ 360nm   ㉯ 510nm
㉰ 650nm   ㉱ 730nm

78 공정시험기준 중 일반화학분석에 대한 공통적인 사항으로 따로 규정이 없는 경우 사용해야 하는 시약의 규격으로 틀린 것은 어느 것인가?

명칭	농도(%)	비중(약)
㉠ 암모니아수	32.0~38.0 (NH$_3$로서)	1.38
㉡ 플루오르화수소산	46.0~68.0	1.14
㉢ 브롬화수소산	47.0~49.0	1.48
㉣ 과염소산	60.0~62.0	1.54

㉮ ㉠   ㉯ ㉡
㉰ ㉢   ㉱ ㉣

[풀이] ㉠ 암모니아수 - 농도(%) 28.0~30.0(NH$_3$로서)
- 비중 : 0.90

79 액의 농도에 대한 내용으로 틀린 것은 어느 것인가?

㉮ 액의 농도를 (1→5)로 표시한 것은 그 용질의 성분이 고체일 때는 1g을 용매에 녹여 전량을 5mL로 하는 비율을 말한다.
㉯ 황산(1 : 7)은 용질이 액체일 때 1mL를 용매에 녹여 전량을 7mL로 하는 것을 뜻한다.
㉰ 혼액(1+2)은 액체상의 성분을 각각 1용량 대 2용량의 비율로 혼합한 것을 뜻한다.
㉱ 단순히 용액이라 기재하고 그 용액의 이름을 밝히지 않은 것은 수용액을 뜻한다.

[풀이] ㉯ 황산(1 : 7)은 용질이 액체일 때 1mL를 용매에 녹여 전량을 8mL로 하는 것을 뜻한다.

정답   76 ㉱   77 ㉮   78 ㉮   79 ㉯

80 환경대기 내의 석면 시험방법(위상차현미경법) 중 시료채취 장치 및 기구에 대한 내용으로 틀린 것은 어느 것인가?

㉮ 멤브레인 필터의 광굴절률 : 약 3.5 전후
㉯ 멤브레인 필터의 재질 및 규격 : 셀룰로오스 에스테르제 또는 셀룰로오스 나이트레이트제 pore size 0.8~1.2μm, 직경 25mm 또는 47mm
㉰ 20L/min로 공기를 흡입할 수 있는 로터리펌프 또는 다이아프램 펌프는 시료채취관, 시료 채취장치, 흡입기체 유량측정장치, 기체흡입장치 등으로 구성한다.
㉱ Open face형 필터홀더의 재질 : 40mm의 집풍기가 홀더에 정착된 PVC

풀이 ㉮ 멤브레인 필터의 광굴절률 : 약 1.5 전후

| 제5과목 | 대기환경관계법규

81 대기환경보전법규상 시·도지사가 설치하는 대기오염 측정망에 해당하는 것은 어느 것인가?

㉮ 대기 중의 중금속 농도를 측정하기 위한 대기중금속측정망
㉯ 대기오염물질의 지역배경농도를 측정하기 위한 교외대기측정망
㉰ 도시지역의 휘발성유기화합물 등의 농도를 측정하기 위한 광화학대기오염물질측정망
㉱ 산성 대기오염물질의 건성 및 습성 침착량을 측정하기 위한 산성강하물측정망

풀이 시·도지사가 설치하는 대기오염 측정망에는 도시대기측정망, 도로변대기측정망, 대기 중금속측정망이 있다.

82 대기환경보전법규상 개선명령 등의 이행보고와 관련하여 환경부령으로 정하는 대기오염도 검사기관으로 틀린 것은 어느 것인가?

㉮ 보건환경연구원
㉯ 유역환경청
㉰ 한국환경공단
㉱ 한국환경보전원

풀이 ㉱ 한국환경보전원은 교육기관이다.

83 대기환경보전법령상 배출시설 설치신고를 하고자 하는 경우 설치신고서에 포함되어야 하는 사항으로 틀린 것은 어느 것인가?

㉮ 배출시설 및 방지시설의 설치명세서
㉯ 방지시설의 일반도
㉰ 방지시설의 연간 유지관리 계획서
㉱ 유해오염물질 확정 배출농도 내역서

풀이 설치신고서에 포함되어야 하는 사항으로는 ㉮·㉯·㉰외에 원료(연료포함)의 사용량 및 제품 생산량과 오염물질 등의 배출량을 예측한 내역서, 사용연료의 성분분석과 황산화물 배출농도 및 배출량 등을 예측한 내역서(배출시설의 경우에만 해당), 배출시설 설치 허가증(변경허가를 신청하는 경우에만 해당)이 있다.

정답 80 ㉮ 81 ㉮ 82 ㉱ 83 ㉱

84 대기환경보전법규상 대기환경규제지역을 관할하는 시·도지사 또는 대도시 시장이 그 지역의 환경기준을 달성·유지하기 위해 수립하는 실천계획에 포함되어야 할 사항으로 틀린 것은 어느 것인가? (단, 그 밖에 환경부장관이 정하는 사항 등은 제외)

㉮ 대기오염예측모형을 이용한 특정대기오염물질 배출량 조사
㉯ 대기오염원별 대기오염물질 저감계획 및 계획의 시행을 위한 수단
㉰ 일반 환경 현황
㉱ 대기보전을 위한 투자계획과 대기오염물질 저감효과를 고려한 경제성 평가

[풀이] ㉯·㉰·㉱외에 조사결과 및 대기오염예측모형을 이용하여 예측한 대기오염도, 계획달성 연도의 대기질 예측결과가 포함 된다.

85 환경정책기본법령상 대기 중 미세먼지(PM-10)의 환경기준으로 알맞은 것은 어느 것인가? (단, 연간 평균치)

㉮ 150μg/m³ ㉯ 120μg/m³
㉰ 70μg/m³   ㉱ 50μg/m³

[풀이] 미세먼지(PM-10)의 연간 환경기준치는 50μg/m³이하이다.

86 환경정책기본법상 환경부장관은 국가환경종합계획의 종합적·체계적 추진을 위해 얼마마다 환경보전중기종합계획을 수립하여야 하는가?

㉮ 1년   ㉯ 3년
㉰ 5년   ㉱ 10년

87 대기환경보전법규상 자동차 연료·첨가제 또는 촉매제 검사기관의 지정기준 중 자동차 연료 검사기관의 기술능력 및 검사장비기준으로 틀린 것은 어느 것인가?

㉮ 검사원은 국가기술자격법 시행규칙에 따른 자동차, 화공, 안전관리(가스), 환경 분야의 기사 자격 이상을 취득한 사람이어야 한다.
㉯ 검사원은 2명 이상이어야 하며, 그 중 한 명은 해당 검사 업무에 5년 이상 종사한 경험이 있는 사람이어야 한다.
㉰ 휘발유·경유·바이오디젤(BD100)검사를 위해 1ppm 이하 분석가능한 황함량분석기 1식을 갖추어야 한다.
㉱ 휘발유·경유·바이오디젤 검사기관과 LPG·CNG·바이오가스 검사기관의 기술능력 기준은 같으며, 두 검사 업무를 함께 하려는 경우에는 기술능력을 중복하여 갖추지 아니할 수 있다.

[풀이] ㉯ 검사원은 4명 이상이어야 하며, 그 중 2명은 해당 검사 업무에 5년 이상 종사한 경험이 있는 사람이어야 한다.

88 대기환경보전법규상 배출시설 가동 시에 방지시설을 가동하지 아니하거나 오염도를 낮추기 위하여 배출시설에서 배출되는 대기오염물질에 공기를 섞어 배출하는 행위에 대한 1차 행정처분 기준은 어느 것인가?

㉮ 조업정지 30일 ㉯ 조업정지 20일
㉰ 조업정지 10일 ㉱ 경고

[풀이] ㉰ 조업정지 10일에 해당한다.

정답: 84 ㉮ 85 ㉱ 86 ㉰ 87 ㉯ 88 ㉰

89 대기환경보전법령상 배출허용기준초과와 관련하여 개선명령을 받은 사업자의 개선계획서 제출기한은 얼마인가? (단, 기간 연장은 제외)

㉮ 명령을 받은 날부터 10일 이내
㉯ 명령을 받은 날부터 15일 이내
㉰ 명령을 받은 날부터 30일 이내
㉱ 명령을 받은 날부터 60일 이내

90 대기환경보전법상 기후·생태계 변화 유발물질로 틀린 것은 어느 것인가?

㉮ 이산화탄소   ㉯ 아산화질소
㉰ 탄화수소   ㉱ 메탄

풀이) 기후·생태계 변화 유발물질로는 이산화탄소, 메탄, 아산화질소, 수소불화탄소, 과불화 탄소, 육불화황, 염화불화탄소, 수소염화불화탄소가 있다.

91 대기환경보전법령상 대기오염경보에 대한 내용으로 틀린 것은 어느 것인가?

㉮ 미세먼지(PM-10), 초미세먼지(PM-2.5), 오존(O_3) 3개 항목 모두 오염물질 농도에 따라 주의보, 경보, 중대경보로 구분하고, 경보발령의 경우 자동차 사용 자제요청의 조치사항을 포함한다.
㉯ 대기오염 경보대상 오염물질은 미세먼지(PM-10), 초미세먼지(PM-2.5), 오존(O_3)으로 한다.
㉰ 해당 지역의 대기자동측정소 PM-10 또는 PM-2.5의 권역별 평균 농도가 경보 단계별 발령기준을 초과하면 해당 경보를 발령할 수 있다.
㉱ 오존 농도는 1시간당 평균농도를 기준으로 하며, 해당 지역의 대기자동측정소 오존 농도가 1개소라도 경보단계별 발령기준을 초과하면 해당 경보를 발령할 수 있다.

풀이) ㉮ 미세먼지(PM-10), 초미세먼지(PM-2.5)는 주의보와 경보, 오존(O_3)은 주의보, 경보, 중대경보로 구분한다.

92 대기환경보전법령상 기본부과금의 농도별 부과계수 중 연료의 황함유량이 1.0% 이하인 경우 농도별 부과계수로 알맞은 것은 어느 것인가? (단, 연료를 연소하여 황산화물을 배출하는 시설(황산화물의 배출량을 줄이기 위하여 방지시설을 설치한 경우와 생산공정상 황산화물의 배출량이 줄어든다고 인정하는 경우는 제외))

㉮ 0.2   ㉯ 0.4
㉰ 0.8   ㉱ 1.0

풀이) 연료의 황함유량에 따른 농도별 부과계수
① 0.5% 이하 : 0.2
② 1.0% 이하 : 0.4
③ 1.0% 초과 : 1.0

정답 89 ㉯ 90 ㉰ 91 ㉮ 92 ㉯

93 대기환경보전법령상 청정연료를 사용하여야 하는 대상시설의 범위에 해당하지 않는 시설은 어느 것인가?

㉮ 산업용 열병합 발전시설
㉯ 전체보일러의 시간당 총 증발량이 0.2톤 이상인 업무용보일러
㉰ 「집단에너지사업법 시행령」에 따른 지역냉난방사업을 위한 시설
㉱ 「건축법 시행령」에 따른 중앙집중난방방식으로 열을 공급받고 단지 내의 모든 세대의 평균 전용면적이 40.0m² 를 초과하는 공동주택

[풀이] ㉮ 산업용 열병합 발전시설은 제외한다.

94 수도권 대기환경개선에 관한 특별법상 수도권 대기환경관리위원회의 위원장은 누구인가?

㉮ 대통령
㉯ 국무총리
㉰ 환경부장관
㉱ 한강유역환경청장

95 대기환경보전법규상 분체상 물질을 싣고 내리는 공정의 경우, 비산먼지 발생을 억제하기 위해 작업을 중지해야 하는 평균풍속(m/s)의 기준은 얼마인가?

㉮ 2m/s 이상   ㉯ 5m/s 이상
㉰ 7m/s 이상   ㉱ 8m/s 이상

96 악취방지법규상 다음 지정악취물질의 배출허용기준(ppm)으로 틀린 것은 어느 것인가? (단, 공업지역)

㉮ n-발레르알데하이드 : 0.02 이하
㉯ 톨루엔 : 30 이하
㉰ 프로피온산 : 0.1 이하
㉱ i-발레르산 : 0.004 이하

[풀이] ㉰ 프로피온산 : 0.07 이하

97 대기환경보전법령상 사업장별 환경기술인의 자격기준으로 틀린 것은 어느 것인가?

㉮ 4종사업장과 5종사업장 중 특정대기유해물질이 환경부령으로 정하는 기준 이상으로 포함된 오염물질을 배출하는 경우에는 3종사업장에 해당하는 기술인을 두어야 한다.
㉯ 1종사업장과 2종사업장 중 1개월 동안 실제 작업한 날만을 계산하여 1일 평균 17시간 이상 작업하는 경우에는 해당 사업장의 기술인을 각각 1명 이상 두어야 한다.
㉰ 공동방지시설에서 각 사업장의 대기오염물질 발생량의 합계가 4종사업장과 5종사업장의 규모에 해당하는 경우에는 3종사업장에 해당하는 기술인을 두어야 한다.
㉱ 배출시설 중 일반보일러만 설치한 사업장과 대기 오염물질 중 먼지만 발생하는 사업장은 5종사업장에 해당하는 기술인을 둘 수 있다.

[풀이] ㉯ 1종사업장과 2종사업장 중 1개월 동안 실제 작업한 날만을 계산하여 1일 평균 17시간 이상 작업하는 경우에는 해당 사업장의 기술인을 각각 2명 이상 두어야 한다.

정답 93 ㉮   94 ㉰   95 ㉱   96 ㉰   97 ㉯

98 실내공기질 관리법규상 "어린이집"의 실내공기질 유지기준으로 알맞은 것은 어느 것인가?

㉮ PM10($\mu g/m^3$) - 150 이하
㉯ CO(ppm) - 25 이하
㉰ 총부유세균(CFU/m^3) - 800 이하
㉱ 폼알데하이드($\mu g/m^3$) - 150 이하

[풀이] ㉮ PM10($\mu g/m^3$) - 75 이하
㉯ CO(ppm) - 10 이하
㉱ 폼알데하이드($\mu g/m^3$) - 80 이하

99 대기환경보전법상 다음 용어의 뜻으로 틀린 것은 어느 것인가?

㉮ 대기오염물질 : 대기 중에 존재하는 물질 중 심사·평가 결과 대기오염의 원인으로 인정된 가스·입자상물질로서 환경부령으로 정하는 것을 말한다.
㉯ 기후·생태계 변화유발물질 : 지구 온난화 등으로 생태계의 변화를 가져올 수 있는 기체상물질로서 온실가스와 환경부령으로 정하는 것을 말한다.
㉰ 매연 : 연소할 때에 생기는 유리 탄소가 주가 되는 미세한 입자상물질을 말한다.
㉱ 촉매제 : 자동차에서 배출되는 대기오염물질을 줄이기 위하여 자동차에 부착 또는 교체하는 장치로서 환경부령으로 정하는 저감효율에 적합한 장치를 말한다.

[풀이] ㉱ 촉매제 : 배출가스를 줄이는 효과를 높이기 위하여 배출가스 저감장치에 사용되는 화학물질로서 환경부령으로 정하는 것을 말한다.

100 대기환경보전법규상 대기오염경보단계 중 오존의 중대경보의 발령기준으로 알맞은 것은 어느 것인가? (단, 오존농도는 1시간 평균농도를 기준으로 한다.)

㉮ 기상조건 등을 고려하여 해당 지역의 대기자동측정소 오존농도가 0.12ppm 이상인 때
㉯ 기상조건 등을 고려하여 해당 지역의 대기자동측정소 오존농도가 0.15ppm 이상인 때
㉰ 기상조건 등을 고려하여 해당 지역의 대기자동측정소 오존농도가 0.3ppm 이상인 때
㉱ 기상조건 등을 고려하여 해당 지역의 대기자동측정소 오존농도가 0.5ppm 이상인 때

정답 98 ㉰ 99 ㉱ 100 ㉱

2018년 3월 4일 시행

| 제1과목 | 대기오염개론

01 1시간에 10,000대의 차량이 고속도로 위에서 평균시속 80km로 주행하며, 각 차량의 평균탄화수소 배출률은 0.02g/sec이다. 바람이 고속도로와 측면 수직방향으로 5m/sec로 불고 있다면 도로지반과 같은 높이의 평탄한 지형의 풍하 500m 지점에서의 지상오염농도는 얼마인가? (단, 대기는 중립상태이며, 풍하 500m에서의 $\sigma_z = 15m$, $C(x, 0) = \dfrac{2q}{(2\pi)^{\frac{1}{2}}\sigma_z U} \exp\left[-\dfrac{1}{2}\left(\dfrac{H}{\sigma_z}\right)^2\right]$ 를 이용 하시오.)

㉮ $26.6 \mu g/m^3$
㉯ $34.1 \mu g/m^3$
㉰ $42.4 \mu g/m^3$
㉱ $51.2 \mu g/m^3$

풀이
$C(x, 0) = \dfrac{2q}{(2\pi)^{\frac{1}{2}}\sigma z U} \exp\left[-\dfrac{1}{2}\left(\dfrac{H}{\sigma_z}\right)^2\right]$

여기서
- q : 탄화수소 배출률(g/sec)
- σ_z : 수직방향의 표준편차(m)
- U : 풍속(m/sec)
- H : 유효굴뚝높이(m)

따라서, H = 0이므로 $C = \dfrac{2q}{(2\pi)^{\frac{1}{2}}\sigma_z U}$

$\therefore C = \dfrac{(2 \times 0.02g/sec \times 10,000대/hr \times 1hr/80km \times 1km/1000m)g/sec \cdot m}{(2 \times \pi)^{\frac{1}{2}} \times 15m \times 5m/sec}$

$= 2.66 \times 10^{-5} g/m^3 = 26.60 \mu g/m^3$

02 대기오염 예측의 기본이 되는 난류확산 방정식은 시간에 따른 오염물 농도의 변화를 선형화한 여러 항으로 구성된다. 다음 중 방정식을 선형화 하고자 할 때 고려해야 할 사항으로 틀린 것은?

㉮ 바람에 의한 수평방향 이류항
㉯ 난류에 의한 분산항
㉰ 분자 확산에 의한 항
㉱ 복잡한 화학(연소)반응에 의해 변화하는 항

풀이 방정식을 선형화 하고자 할 때 고려해야 할 사항으로는 바람에 의한 수평방향 이류항, 난류에 의한 분산항, 분자 확산에 의한 항이 있다.

03 전기자동차의 일반적 특성으로 틀린 것은?

㉮ 엔진소음과 진동이 적다.
㉯ 대형차에 잘 맞으며, 자동차 수명보다 전지 수명이 길다.
㉰ 친환경 자동차에 해당한다.
㉱ 충전 시간이 오래 걸리는 편이다.

풀이 ㉯ 소형차에 잘 맞으며, 자동차 수명보다 전지 수명이 짧다.

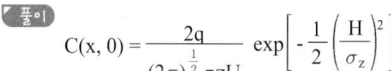
01 ㉮ 02 ㉱ 03 ㉯

04 대기오염사건과 대표적인 주 원인물질 또는 전구물질의 연결로 틀린 것은?

㉮ 뮤즈계곡사건 - SO_2
㉯ 도노라 사건 - NO_2
㉰ 런던 스모그사건 - SO_2
㉱ 보팔사건 - MIC(Methyl Isocyanate)

[풀이] ㉯ 도노라 사건 - SO_2, H_2SO_4 mist

05 정상상태 조건하에서 단위면적당 확산되는 물질의 이동속도는 농도의 기울기에 비례한다는 것과 관련된 법칙은 어느 것인가?

㉮ Fick의 법칙
㉯ Fourier의 법칙
㉰ 르 샤틀리에의 법칙
㉱ Reynold의 법칙

[풀이] ㉮ Fick의 법칙에 대한 설명이다.

06 대기의 안정도 조건에 관한 설명으로 틀린 것은?

㉮ 과단열적조건은 환경감율이 건조단열감율 보다 클 때를 말한다.
㉯ 중립적 조건은 환경감율과 건조단열감율이 같을 때를 말한다.
㉰ 미단열적조건은 건조단율감율이 환경감율 보다 작을 때를 말하며, 이 때의 대기는 아주 안정하다.
㉱ 등온 조건은 기온감율이 없는 대기상태이므로 공기의 상·하 혼합이 잘 이루어지지 않는다.

[풀이] ㉰ 미단열적조건은 건조단율감율이 환경감율 보다 클 때를 말하며, 이 때의 대기는 약한 안정하다.

07 다음 지표면 상태 중 일반적으로 알베도(%)가 가장 큰 것은?

㉮ 삼림   ㉯ 사막
㉰ 수면   ㉱ 얼음

[풀이] 지표면 상태 중 일반적으로 알베도(%)가 가장 큰 것은 얼음이다.

08 대기 중에 배출된 "A"라는 물질은 광분해반응(1차 반응)에 의해 반감기 2hr의 속도로 분해된다. "A" 물질이 대기 중으로 배출되어 초기 농도의 80%가 분해되는데 소요되는 시간은 얼마인가?

㉮ 약 0.6hr   ㉯ 약 2.5hr
㉰ 약 3.1hr   ㉱ 약 4.6hr

[풀이] 1차 반응식 : $\ln \dfrac{C_t}{C_o} = -k \times t$

여기서
C_o : 초기농도
C_t : t시간 후 농도
k : 상수
t : 시간

① $\ln \dfrac{1}{2} = -k \times 2hr$

$\therefore k = \dfrac{\ln \dfrac{1}{2}}{-2hr} = 0.3466/hr$

② $\ln \dfrac{(100-80)\%}{100\%} = -0.3466/hr \times t$

$\therefore t = \dfrac{\ln \dfrac{(100-80)\%}{100\%}}{-0.3466/hr} = 4.64hr$

정답 04 ㉯ 05 ㉮ 06 ㉰ 07 ㉱ 08 ㉱

09 분산모델의 특징에 관한 설명으로 틀린 것은?

㉮ 미래의 대기질을 예측할 수 있으며 시나리오를 작성할 수 있다.
㉯ 점·선·면 오염원의 영향을 평가할 수 있다.
㉰ 단기간 분석시 문제가 될 수 있고, 새로운 오염원이 지역내 신설될 때 매번 재평가 하여야 한다.
㉱ 지형, 기상학적 정보 없이도 사용 가능하다.

풀이 ㉱번은 수용모델의 설명이다.

TIP

분산모델
(1) 장점
① 미래의 대기질을 예측할 수 있다.
② 특정한 오염원의 배출속도와 바람에 의한 분산요인을 입력자료로 하여 수용체 위치에서의 영향을 계산한다.
③ 특정오염원의 영향을 평가할 수 있는 잠재력이 있다.
④ 2차 오염원의 확인이 가능하다.
⑤ 점, 선, 면 오염원의 영향을 평가할 수 있다.
⑥ 기초적인 기상학적 원리를 적용, 미래의 대기질을 예측하여 대기오염제어 정책입안에 도움을 준다.
(2) 단점
① 새로운 오염원의 지역내에 생길 때 매번 재평가하여야 한다.
② 지형 및 오염원의 조업조건에 영향을 받는다.
③ 기상과 관련하여 대기중의 무작위적인 특성을 적절하게 묘사할 수 없기 때문에 결과에 대한 불확실성이 크게 작용한다.
④ 오염물의 단기간 분석시 문제가 된다.
⑤ 분진의 영향평가는 기상의 불확실성과 오염원이 미확인인 경우에 많은 문제점을 가진다.

10 부피가 3500m³이고 환기가 되지 않은 작업장에서 화학반응을 일으키지 않는 오염물질이 분당 60mg씩 배출되고 있다. 작업을 시작하기 전에 측정한 이 물질의 평균 농도가 10mg/m³이라면 1시간 이후의 작업장의 평균 농도는 얼마인가? (단, 상자모델을 적용하며, 작업시작 전, 후의 온도 및 압력조건은 동일하다.)

㉮ 11.0mg/m³ ㉯ 13.6mg/m³
㉰ 18.1mg/m³ ㉱ 19.9mg/m³

풀이 ① 작업시작 후 작업장의 농도(mg/m³)를 계산한다.

$$mg/m^3 = \frac{60mg}{min} \times \frac{60min}{1hr} \times 3500m^3 = 1.03mg/m^3$$

② 1시간 이후의 작업장의 평균농도
= 작업시간 전 농도 + 작업시작 후 농도
= 10mg/m³ + 1.03mg/m³ = 11.03mg/m³

11 다음 중 일반적으로 대도시의 산성강우 속에 가장 미량으로 존재할 것으로 예상되는 것은? (단, 산성강우는 pH 5.6 이하로 본다.)

㉮ SO_4^{2-} ㉯ K^+
㉰ Na^+ ㉱ F^-

풀이 ㉱ 불소이온(F^-)은 인광석, 형석, 빙정석에 존재하므로 산성강우에 가장 미량으로 존재한다.

정답 09 ㉱ 10 ㉮ 11 ㉱

12 아래 그림은 고도에 따른 풍속과 온도(실선 : 환경감율, 점선 : 건조단열감율), 그리고 굴뚝연기의 모양을 나타낸 것이다. 이에 대한 설명으로 틀린 것은?

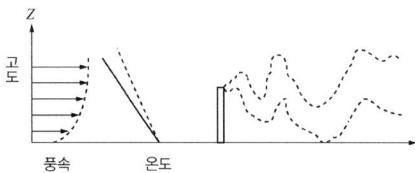

㉮ 대기가 아주 불안정한 경우로 난류가 심하다.
㉯ 날씨가 맑고 태양복사가 강한 계절에 잘 발생하며 수직온도 경사가 과단열적이다.
㉰ 일출과 함께 역전층이 해소되면서 하부의 불안정층이 연돌의 높이를 막 넘었을 때 발생한다.
㉱ 연기가 지면에 도달하는 경우 연돌부근의 지표에서 고농도의 오염을 야기하기도 하지만 빨리 분산된다.

[풀이] ㉰ 야간에 형성된 접지역전층은 일출 후 지표면이 가열되면 지표면에서부터 역전이 해소되어 하층은 대류가 활발하여 불안정해지나 그 상층은 아직 안정한 상태로 남아있는 경우에 나타나는 굴뚝의 연기형태는 Fumigation(훈증형)형이다.

13 대기압력이 900mb인 높이에서의 온도가 25℃이었다. 온위는 얼마인가?

(단, $\theta = T\left(\dfrac{1000}{P}\right)^{0.288}$)

㉮ 307.2K   ㉯ 377.8K
㉰ 421.4K   ㉱ 487.5K

[풀이]
$\theta = T \times \left(\dfrac{1000}{P}\right)^{0.288}$
$= (273+25℃)K \times \left(\dfrac{1000}{900mb}\right)^{0.288}$
$= 307.18K$

14 호흡을 통해 인체의 폐에 250ppm의 일산화탄소를 포함하는 공기가 흡입되었을 때, 혈액내 최종 포화 COHb는 몇%인가?

(단, 흡입공기 중 O_2는 21%, $\dfrac{COHb}{O_2Hb} = 240 \times \dfrac{Pco}{Po_2}$를 가정)

㉮ 22.2%   ㉯ 28.6%
㉰ 33.3%   ㉱ 41.2%

[풀이]
$\dfrac{COHb}{O_2Hb} = 240 \times \dfrac{Pco}{Po_2}$
COHb = X
O_2Hb = 100-X
Pco = 250ppm
$Po_2 = 21\% = 21 \times 10^4$ ppm
따라서 $\dfrac{X}{100-X} = 240 \times \dfrac{250ppm}{21 \times 10^4 ppm}$
∴ X = 22.22%

15 다음 중 불소화합물의 가장 주된 배출원은?

㉮ 알루미늄공업   ㉯ 코크스 연소로
㉰ 냉동공장   ㉱ 석유정제

[풀이] 불소화합물의 배출원은 화학비료공업, 알루미늄공업, 요업공업, 유리공업이 있다.

정답 12 ㉰ 13 ㉮ 14 ㉮ 15 ㉮

16 오존의 광화학반응 등에 관한 설명으로 틀린 것은?

㉮ 광화학반응에 의한 오존생성율은 RO_2 농도와 관계가 깊다.
㉯ 야간에는 NO_2와 반응하여 O_3이 생성되며, 일련의 반응에 의해 HNO_3가 소멸된다.
㉰ 대기 중 오존의 배경농도는 0.01 ~ 0.02 ppm 정도이다.
㉱ 고농도 오존은 평균기온 32℃, 풍속 2.5 m/sec 이하 및 자외선 강도 $0.8mW/cm^2$ 이상일 때 잘 발생되는 경향이 있다.

[풀이] ㉯ 주간에는 NO_2와 반응하여 O_3이 생성되며, 일련의 반응에 의해 NO_2가 감소한다.

17 세포내에서 SH기와 결합하여 헴(heme) 합성에 관여하는 효소를 포함한 여러 세포의 효소 작용을 방해하며, 적혈구 내의 전해질이 감소되어 적혈구 생존기간이 짧아지고, 심한 경우 용혈성 빈혈이 나타나기도 하는 대기오염물질은 어느 것인가?

㉮ 카드뮴   ㉯ 납
㉰ 수은   ㉱ 크롬

[풀이] ㉯ 납에 대한 설명이다.

18 LA스모그를 유발시킨 역전현상으로 가장 적합한 것은?

㉮ 침강역전   ㉯ 전선역전
㉰ 접지역전   ㉱ 복사역전

[풀이] 스모그의 종류
① LA 스모그 : 침강성 역전
② 런던 스모그 : 복사성(방사성) 역전

19 다음 기체 중 비중이 가장 작은 것은? (단, 동일한 조건)

㉮ NH_3 ㉯ NO
㉰ H_2S ㉱ SO_2

[풀이] 기체의 비중 = $\dfrac{\text{기체의 분자량(kg)}}{\text{공기의 분자량(kg)}}$ 이므로 기체의 비중은 기체의 분자량에 비례관계이므로 기체의 분자량이 가장 작은 물질이 비중이 가장 작으므로 ㉮ NH_3(분자량 17)이 정답이 된다.

20 잠재적인 대기오염물질로 취급되는 CO_2에 관한 설명으로 틀린 것은?

㉮ 지구온실효과에 대한 추정 기여도는 CO_2가 50% 정도로 가장 높다.
㉯ 대기중의 이산화탄소 농도는 북반구의 경우 계절적으로는 보통 겨울에 증가한다.
㉰ 대기중에 배출되는 이산화탄소의 약 5%가 해수에 흡수된다.
㉱ 지구 북반구의 이산화탄소의 농도가 상대적으로 높다.

[풀이] ㉰ 대기중 CO_2의 50%는 대기내 축적되고 나머지 50%는 바다에 대부분 흡수되고 일부는 식물에 흡수된다.

정답 16 ㉯ 17 ㉯ 18 ㉮ 19 ㉮ 20 ㉰

| 제2과목 | 연소공학

21 절충식 방법으로써 연소용 공기의 일부를 미리 기체연료와 혼합하고 나머지 공기는 연소실 내에서 혼합하여 확산 연소시키는 방식으로 소형 또는 중형 버너로 널리 사용되며, 기체연료 또는 공기의 분출속도에 의해 생기는 흡입력을 이용하여 공기 또는 연료를 흡입하는 것은?

㉮ 확산연소
㉯ 예혼합연소
㉰ 유동층연소
㉱ 부분예혼합연소

[풀이] ㉱ 부분예혼합연소에 대한 설명이다.

22 중유의 중량 성분 분석결과 탄소 : 82%, 수소 : 11%, 황 : 3%, 산소 : 1.5%, 기타 2.5% 라면 이 중유의 완전연소 시 시간당 필요한 이론 공기량은 얼마인가? (단, 연료사용량 100L/hr, 연료비중 0.95이며, 표준상태 기준)

㉮ 약 630Sm³
㉯ 약 720Sm³
㉰ 약 860Sm³
㉱ 약 980Sm³

[풀이] ① 이론공기량(A_o)
= $8.89C + 26.67\left(H - \dfrac{O}{8}\right) + 3.33S$ (Sm³/kg)
= $8.89 \times 0.82 + 26.67 \times \left(0.11 - \dfrac{0.015}{8}\right) + 3.33 \times 0.03$
= 10.2734 Sm³/kg
② 10.2734 Sm³/kg × 100L/hr × 0.95kg/L
= 975.97 Sm³/hr

23 다음 각종 연료성분의 완전연소시 단위체적당 고위발열량(kcal/Sm³)의 크기 순서로 옳은 것은?

㉮ 일산화탄소 > 메탄 > 프로판 > 부탄
㉯ 메탄 > 일산화탄소 > 프로판 > 부탄
㉰ 프로판 > 부탄 > 메탄 > 일산화탄소
㉱ 부탄 > 프로판 > 메탄 > 일산화탄소

[풀이] 기체연료에서는 탄소수와 수소수가 많을수록 고위발열량이 커진다.

24 메탄 3.0Sm³을 완전연소시킬 때 발생되는 이론 습연소 가스량(Sm³)은 얼마인가?

㉮ 약 25.6
㉯ 약 28.6
㉰ 약 31.6
㉱ 약 34.6

[풀이] ① $CH_4 + 2O_2 \rightarrow CO_2 + 2H_2O$
이론습연소가스량(Gow)
= $(1-0.21)A_o + CO_2$량 + H_2O량 (Sm³/Sm³)
= $(1-0.21) \times \dfrac{2}{0.21} + 1 + 2$
= 10.5238 Sm³/Sm³
② 10.5238 Sm³/Sm³ × 3Sm³
= 31.57 Sm³

정답 21 ㉱ 22 ㉱ 23 ㉱ 24 ㉰

25 부탄가스를 완전연소시키기 위한 공기 연료비(Air Fuel Ratio)는 얼마인가? (단, 부피기준)

㉮ 15.23 ㉯ 20.15
㉰ 30.95 ㉱ 60.46

[풀이] $C_4H_{10} + 6.5O_2 \rightarrow 4CO_2 + 5H_2O$

공연비(AFR ; Sm^3/Sm^3)

$$= \frac{\text{산소갯수} \times 22.4Sm^3 \times \frac{1}{0.21}}{\text{연료갯수} \times 22.4Sm^3}$$

$$= \frac{6.5 \times 22.4Sm^3 \times \frac{1}{0.21}}{1 \times 22.4Sm^3}$$

$= 30.95$

26 액체연료의 연소형태로 틀린 것은?

㉮ 액면연소 ㉯ 표면연소
㉰ 분무연소 ㉱ 증발연소

[풀이] ㉯ 표면연소는 고체연료의 연소형태이다.

27 석탄의 물리화학적인 성상에 관한 설명으로 옳은 것은?

㉮ 연료 조성변화에 따른 연소특성으로써 회분은 착화불량과 열손실을, 고정탄소는 발열량 저하 및 연소불량을 초래한다.
㉯ 석탄회분의 용융 시 SiO_2, Al_2O_3 등의 산성 산화물량이 많으면 회분이 용융점이 상승한다.
㉰ 석탄을 고온 건류하여 코크스를 생산할 때 온도는 250~300℃ 정도이다.
㉱ 석탄의 휘발분은 매연발생에 영향을 주지 않는다.

[풀이] ㉮ 연료 조성변화에 따른 연소특성으로 수분은 착화불량과 열손실을, 회분은 발열량저하 및 연소불량을 초래한다.
㉰ 석탄을 고온 건류하여 코크스를 생산할 때 온도는 1100~1200℃ 정도이다.
㉱ 석탄의 휘발분은 매연발생에 가장 큰 영향을 미친다.

28 다음 중 $1Sm^3$의 중량이 2.59kg인 포화 탄화수소 연료에 해당하는 것은?

㉮ CH_4 ㉯ C_2H_6
㉰ C_3H_8 ㉱ C_4H_{10}

[풀이] 기체의 밀도 $= \frac{\text{기체의 분자량(kg)}}{\text{부피}(22.4Sm^3)}$

따라서 기체의 분자량 = 기체의 밀도 × 부피($22.4Sm^3$)
$= 2.59kg/Sm^3 \times 22.4Sm^3$
$= 58.02kg$

따라서 보기중에서 분자량이 58인 부탄(C_4H_{10})이 정답이 된다.

29 황함량이 무게비로 2.0%인 액체연료 1L를 연소하여 배출되는 SO_2가 표준상태 기준으로 $10m^3$라고 한다면, 배출가스 중 SO_2농도는 몇 ppm인가? (단, 연료 비중은 0.8, 표준상태 기준)

㉮ 140   ㉯ 280
㉰ 560   ㉱ 1120

[풀이] ① 배출가스량 $= 10Sm^3/L \div 0.8kg/L$
$= 12.5Sm^3/kg$
② SO_2량 $= 0.7 \times S(Sm^3/kg)$
$= 0.7 \times 0.02 = 0.014Sm^3/kg$
③ SO_2농도 $= \frac{SO_2\text{량}}{\text{가스량}} \times 10^6$
$= \frac{0.014Sm^3/kg}{12.5Sm^3/kg} \times 10^6$
$= 1120ppm$

정답 25 ㉰ 26 ㉯ 27 ㉯ 28 ㉱ 29 ㉱

30 어떤 화학반응 과정에서 반응물질이 25% 분해하는데 41.3분 걸린다는 것을 알았다. 이 반응이 1차라고 가정할 때, 속도상수 k는 얼마인가?

㉮ $1.437 \times 10^{-4} s^{-1}$
㉯ $1.232 \times 10^{-4} s^{-1}$
㉰ $1.161 \times 10^{-4} s^{-1}$
㉱ $1.022 \times 10^{-4} s^{-1}$

풀이 1차 반응식 : $\ln \dfrac{C_t}{C_o} = -k \times t$

여기서
- C_o : 초기농도(%)
- C_t : t시간 후의 농도(%)
- k : 상수(/sec)
- t : 시간(sec)

따라서 $\ln \dfrac{(100-25)\%}{100\%} = -k \times 41.3 \text{min} \times 60 \text{sec/min}$

∴ $k = 1.16 \times 10^{-4} / \text{sec}$

31 어떤 반응에서 0℃에서의 반응속도상수가 $0.001 s^{-1}$이고 100℃에서의 반응속도상수가 $0.05 s^{-1}$일 때 활성화에너지(kJ/mol)는 얼마인가?

㉮ 25   ㉯ 33
㉰ 41   ㉱ 50

풀이 ① $\ln \dfrac{k_2}{k_1} = \dfrac{E(T_2 - T_1)}{R \times T_2 \times T_1}$

$\ln \left(\dfrac{0.05/\text{sec}}{0.001/\text{sec}} \right)$

$= \dfrac{E\{(273+100) - (273+0)\}}{8.314 \text{J/mole} \cdot k \times (273+100) \times (273+0)}$

∴ $E = 33,119.43 \text{J/mole}$

② $E(\text{kJ/mole}) = \dfrac{33,119.43 \text{J}}{\text{mole}} \times \dfrac{1 \text{kJ}}{10^3 \text{J}}$

$= 33.12 \text{kJ/mole}$

32 석유의 물리적 성질에 관한 설명으로 틀린 것은?

㉮ 비중이 커지면 화염의 휘도가 커지며, 점도도 증가한다.
㉯ 증기압이 높으면 인화점이 높아져서 연소효율이 저하된다.
㉰ 유동점(pour point)은 일반적으로 응고점보다 2.5℃ 높은 온도를 말한다.
㉱ 점도가 낮아지면 인화점이 낮아지고 연소가 잘된다.

풀이 ㉯ 증기압이 높으면 인화점이 낮아져서 연소효율이 증가된다.

33 주어진 기체연료 1Sm³를 이론적으로 완전연소 시키는데 가장 적은 이론산소량(Sm³)을 필요로 하는 것은? (단, 연소시 모든 조건은 동일하다.)

㉮ Methane   ㉯ Hydrogen
㉰ Ethane   ㉱ Acetylene

풀이
㉮ Methane(CH_4) + $2O_2$ → CO_2 + $2H_2O$
㉯ Hydrogen(H_2) + $0.5O_2$ → H_2O
㉰ Ethane(C_2H_6) + $3.5O_2$ → $2CO_2$ + $3H_2O$
㉱ Acetylene(C_2H_2) + $2.5O_2$ → $2CO_2$ + H_2O

기체연료에서 이론공기량이 가장 적은 연료는 완전연소반응식에서 산소의 개수가 가장 적은 연료이므로 ㉯ Hydrogen이 정답이다.

정답 30 ㉰   31 ㉯   32 ㉯   33 ㉯

34 기체연료의 특징 및 종류에 관한 설명으로 틀린 것은?

㉮ 부하변동범위가 넓고 연소의 조절이 용이한 편이다.
㉯ 천연가스는 화염전파속도가 크며, 폭발범위가 크므로 1차 공기를 적게 혼합하는 편이 유리하다.
㉰ 액화천연가스는 메탄을 주성분으로 하는 천연가스를 1기압하에서 -168°C 근처에서 냉각, 액화시켜 대량수송 및 저장을 가능하게 한 것이다.
㉱ 액화석유가스는 액체에서 기체로 될 때 증발열(90~100kcal/kg)이 있으므로 사용하는데 유의할 필요가 있다.

[풀이] ㉯ 천연가스는 화염전파속도가 작으며, 폭발범위가 좁아 1차 공기를 많이 혼합하는 편이 유리하다.

35 저위발열량이 5000kcal/Sm³인 기체연료의 이론 연소온도(°C)는 약 얼마인가? (단, 이론연소가스량 15Sm³/Sm³, 연료가스의 평균정압 비열 0.35kcal/Sm³·°C, 기준온도는 0°C, 공기는 예열하지 않으며, 연소가스는 해리되지 않는다고 본다.)

㉮ 952 ㉯ 994
㉰ 1008 ㉱ 1118

[풀이] 이론연소온도(°C)

$$= \frac{저위발열량(kcal/Sm^3)}{가스량(Sm^3/Sm^3) \times 평균정압비열(kcal/Sm^3 \cdot °C)} + 기준온도(°C)$$

$$= \frac{5{,}000 kcal/Sm^3}{15 Sm^3/Sm^3 \times 0.35 kcal/Sm^3 \cdot °C} + 0°C$$

$= 952.38 °C$

36 자동차 내연기관에서 휘발유(C_8H_{18} : 옥탄)를 연소시킬 때 공기연료비(Air Fuel Ratio)는 얼마인가? (단, 완전연소, 무게기준)

㉮ 60 ㉯ 40
㉰ 30 ㉱ 15

[풀이] $C_8H_{18} + 12.5 O_2 \rightarrow 8CO_2 + 9H_2O$

$$공연비(kg/kg) = \frac{산소갯수 \times 32kg \times \frac{1}{0.232}}{연료갯수 \times 연료의 분자량(kg)}$$

$$= \frac{12.5 \times 32kg \times \frac{1}{0.232}}{114 kg}$$

$= 15.12$

TIP
① 공연비 = AFR = $\frac{공기량}{연료량}$

② $AFR(Sm^3/Sm^3) = \frac{산소갯수 \times 22.4 Sm^3 \times \frac{1}{0.21}}{연료개수 \times 22.4 Sm^3}$

③ 체적(Sm^3) = 계수 × 22.4(Sm^3)
④ 중량(kg) = 계수 × 분자량(kg)

37 다음 중 연소 또는 폐기물 소각공정에서 생성될 수 있는 대기오염물질로 틀린 것은?

㉮ 염화수소 ㉯ 다이옥신
㉰ 벤조(a)피렌 ㉱ 라돈

[풀이] ㉱ 라돈(Rn)은 주로 건축자재를 통하여 인체에 영향을 미치는 물질로 호흡기계통의 질환과 폐암을 유발한다.

정답 34 ㉯ 35 ㉮ 36 ㉱ 37 ㉱

38 다음 조건에 해당되는 액체연료와 가장 가까운 것은?

> - 비점 : 200 ~ 320℃ 정도
> - 비중 : 0.8 ~ 0.9 정도
> - 정제한 것은 무색에 가깝고, 착화성 적부는 cetane 값으로 표시된다.

㉮ Naphtha ㉯ Heavy oil
㉰ Light oil ㉱ Kerosene

풀이 ㉰ 경유(Light oil)에 대한 설명이다.

39 액체연료의 연소버너에 관한 다음 설명으로 틀린 것은?

㉮ 유압식 버너의 연료 분무각도는 40 ~ 90° 정도이다.
㉯ 고압공기식 버너의 분무각도는 40 ~ 80° 정도이고, 유량조절범위는 1 : 5 정도이다.
㉰ 회전식 버너는 유압식 버너에 의해 분무의 입자는 비교적 크고, 유압은 0.5kg/cm² 전후이다.
㉱ 저압공기식 버너는 주로 소형 가열로 등에 이용되고, 무화에 사용하는 공기량은 전 이론 공기량의 30 ~ 50% 정도이다.

풀이 ㉯ 고압공기식 버너의 분무각도는 20 ~ 30° 정도이고, 유량조절범위는 1 : 10 정도이다.

40 다음 알콜연료 중 에테르, 아세톤, 벤젠 등 많은 유기물질을 용해하며, 무색의 독특한 냄새를 가지고, 모두 8종의 이성체가 존재하는 물질은?

㉮ Ethanol(C_2H_5OH)
㉯ Propanol(C_3H_7OH)
㉰ Butanol(C_4H_9OH)
㉱ Pentanol($C_5H_{11}OH$)

풀이 ㉱ Pentanol($C_5H_{11}OH$)에 대한 설명이다.

| 제3과목 | 대기오염방지기술

41 다음은 원심송풍기에 관한 설명이다. ( )안에 들어갈 알맞은 말은?

> ( )은 익현길이가 짧고 깃폭이 넓은 36 ~ 64매나 되는 다수의 전경깃이 강철판의 회전차에 붙여지고, 용접해서 만들어진 케이싱 속에 삽입된 형태의 팬으로서 시로코팬이라고도 널리 알려져 있다.

㉮ 레이디얼팬 ㉯ 터어보팬
㉰ 다익팬 ㉱ 익형팬

풀이 ㉰ 다익팬에 대한 설명이다.

정답 38 ㉰ 39 ㉯ 40 ㉱ 41 ㉰

42 전기집진장치의 특성에 관한 설명으로 틀린 것은?

㉮ 전압변동과 같은 조건변동에 쉽게 적응하기 어렵다.
㉯ 다른 고효율 집진장치에 비해 압력손실(10 ~ 20mmH₂O)이 적어 소요동력이 적은 편이다.
㉰ 대량가스 및 고온(350℃ 정도)가스의 처리도 가능하다.
㉱ 입자의 하전을 균일하게 하기 위해 장치내부의 처리가스속도는 보통 7 ~ 15m/s를 유지하도록 한다.

풀이 ㉱ 처리가스속도는 건식은 1 ~ 2m/s, 습식은 2 ~ 4m/s이다.

43 처리가스량 30,000m³/hr, 압력손실 300mmH₂O인 집진장치의 송풍기 소요동력(kW) 얼마인가? (단, 송풍기의 효율은 47%이다.)

㉮ 약 38kW   ㉯ 약 43kW
㉰ 약 49kW   ㉱ 약 52kW

풀이 $kW = \dfrac{Ps \times Q}{102 \times \eta} \times \alpha$

여기서
- Ps : 압력손실(mmH₂O)
- Q : 처리가스량(m³/sec)
- η : 처리효율
- α : 여유율

따라서
$kW = \dfrac{300mmH_2O \times 30,000m^3/hr \times 1hr/3,600sec}{102 \times 0.47}$
   = 52.15kW

44 다음 중 가스분산형 흡수장치로만 짝지어진 것은?

㉮ 단탑, 기포탑   ㉯ 기포탑, 충전탑
㉰ 분무탑, 단탑   ㉱ 분무탑, 충전탑

풀이 흡수장치의 종류
① 가스분산형 : 다공판탑, 종탑, 기포탑
② 액분산형 : 충전탑, 분무탑, 벤츄리스크러버

45 흡착제의 종류 중 각종 방향족 유기용제 할로겐화된 지방족유기용제, 에스테르류, 알콜류 등의 비극성류의 유기용제를 흡착하는데 탁월한 효과가 있는 물질은?

㉮ 활성백토   ㉯ 실리카겔
㉰ 활성탄   ㉱ 활성알루미나

풀이 ㉰ 흡착제인 활성탄에 대한 설명이다.

46 유해가스 종류별 처리제 및 그 생성물과의 연결로 틀린 것은?

㉮ 유해가스 - SiF₄, 처리제 - H₂O, 생성물 - SiO₂
㉯ 유해가스 - F₂, 처리제 - NaOH, 생성물 - NaF
㉰ 유해가스 - HF, 처리제 - Ca(OH)₂, 생성물 - CaF₂
㉱ 유해가스 - Cl₂, 처리제 - Ca(OH)₂, 생성물 - Ca(ClO₃)₂

풀이 ㉱ 염소(Cl₂)의 처리제는 Ca(OH)₂이고, 생성물은 CaCl₂와 Ca(OCl)₂이다.

정답 42 ㉱ 43 ㉱ 44 ㉮ 45 ㉰ 46 ㉱

47 다음은 활성탄의 고온 활성화 재생방법으로 적용될 수 있는 다단로(multi-healthfurance)와 회전로(rotary kiln)의 비교표이다. 틀린 것은?

구분	다단로	회전로
㉠ 온도유지	여러 개의 버너로 구분된 반응 영역에서 온도분포 조절이 가능하고 열효율이 높음	단 1개의 버너로 열공급 영역별 온도유지가 불가능하고 열효율이 낮음
㉡ 수증기 공급	반응영역에서 일정하게 분사	입구에서만 공급하므로 일정치 않음
㉢ 입도분포	입도에 비례하여 큰 입자가 빨리 배출	입도 분포에 관계없이 체류시간을 동일하게 유지가능
㉣ 품질	고품질 입상재생 설비로 적합	고품질입상재생 설비로 부적합

㉮ ㉠   ㉯ ㉡
㉰ ㉢   ㉱ ㉣

풀이 ㉢ 다단로는 입도 분포에 관계없이 체류시간을 동일하게 유지가능하고, 회전로는 입도에 비례하여 큰 입자가 빨리 배출된다.

48 흡수에 관한 설명으로 틀린 것은?

㉮ 습식세정장치에서 세정흡수율은 세정수량이 클수록, 가스의 용해도가 클수록 헨리정수가 클수록 커진다.
㉯ SiF_4, $HCHO$ 등은 물에 대한 용해도가 크나, NO, NO_2 등은 물에 대한 용해도가 작은편이다.
㉰ 용해도가 작은 기체의 경우에는 헨리의 법칙이 성립한다.
㉱ 헨리정수($atm \cdot m^3/kg \cdot mol$)값은 온도에 따라 변하며, 온도가 높을수록 그 값이 크다.

풀이 ㉮ 습식세정장치에서 세정흡수율은 세정수량이 클수록, 가스의 용해도가 클수록 헨리정수가 작을수록 커진다.

49 10개의 bag을 사용한 여과 집진장치에서 입구먼지농도가 $25g/Sm^3$, 집진율이 98%였다. 가동 중 1개의 bag에 구멍이 열려 전체처리가스량의 1/50이 그대로 통과 하였다면 출구의 먼지농도는 얼마인가? (단, 나머지 bag의 집진율 변화는 없음)

㉮ $3.24g/Sm^3$ ㉯ $4.09g/Sm^3$
㉰ $4.82g/Sm^3$ ㉱ $5.40g/Sm^3$

풀이 출구의 먼지농도
= 정상시 출구의 먼지농도 + 비정상시 출구의 먼지농도
$= \left(25g/sm^3 \times \left(1-\dfrac{1}{5}\right) \times (1-0.98)\right) + \left(25g/sm^3 \times \dfrac{1}{5}\right)$
$= 5.4g/Sm^3$

50 습식전기집진장치의 특징에 관한 설명 중 틀린 것은?

㉮ 작은 전기저항에 의해 생기는 먼지는 재비산을 방지할 수 있다.
㉯ 집진면이 청결하여 높은 전계 강도를 얻을 수 있다.
㉰ 건식에 비하여 가스의 처리속도를 2배 정도 크게 할 수 있다.
㉱ 고저항의 먼지로 인한 역전리 현상이 일어나기 쉽다.

정답 47 ㉰   48 ㉮   49 ㉱   50 ㉱

풀이 라번에 대한 설명은 건식전기집진장치에 대한 설명이다.

51 각종 유해가스 처리법으로 가장 틀린 것은?

㉮ 아크로레인은 NaClO 등의 산화제를 혼입한 가성소다 용액으로 흡수 제거한다.
㉯ CO는 백금계의 촉매를 사용하여 연소시켜 제거한다.
㉰ 이황화탄소는 암모니아를 불어넣는 방법으로 제거한다.
㉱ Br_2는 산성수용액에 의한 세정법으로 제거한다.

풀이 Br_2는 알칼리성수용액에 의한 세정법으로 제거한다.

52 HF 3000ppm, SiF_4 1500ppm 들어있는 가스를 시간당 22400Sm^3씩 물에 흡수시켜 규불산을 회수하려고 한다. 이론적으로 회수할 수 있는 규불산의 양은 얼마인가? (단, 흡수율은 100%)

㉮ 67.2Sm^3/h
㉯ 1.5kg·mol/h
㉰ 3.0kg·mol/h
㉱ 22.4Sm^3/h

풀이 $2HF + SiF_4 \rightarrow H_2SiF_6$
　　2　:　1　:　1

① HF (kg·mol/hr)
= 22,400Sm^3/hr × 3000ppm
$\times 10^{-6} \times \dfrac{1kg \cdot mol}{22.4Sm^3}$ = 3kg·mol/hr

② SiF_4(kg·mol/hr)
= 22,400Sm^3/hr × 1500ppm
$\times 10^{-6} \times \dfrac{1kg \cdot mol}{22.4Sm^3}$ = 1.5kg·mol/hr

따라서 규불산의 양은 비례식의 정수비에 의해서 1.5kg·mol/hr이다.

53 유체의 운동을 결정하는 점도(viscosity)에 대한 설명으로 옳은 것은?

㉮ 온도가 증가하면 대개 액체의 점도는 증가한다.
㉯ 액체의 점도는 기체에 비해 아주 크며, 대개 분자량이 증가하면 증가한다.
㉰ 온도가 감소하면 대개 기체의 점도는 증가한다.
㉱ 온도에 따른 액체의 운동점도(kinematic viscosity)의 변화폭은 절대점도의 경우보다 넓다.

풀이 ㉮ 온도가 증가하면 대개 액체의 점도는 감소한다.
㉰ 온도가 감소하면 대개 기체의 점도는 감소한다.
㉱ 온도에 따른 액체의 운동점도의 변화폭은 절대점도의 경우보다 좁다.

54 먼지의 Stokes 직경이 5×10^{-4}cm, 입자의 밀도가 1.8g/cm^3일 때 이 분진의 공기역학적 직경(cm)은 얼마인가? (단, 먼지는 구형입자이며, 침강속도가 같다.)

㉮ 7.8×10^{-4}
㉯ 6.7×10^{-4}
㉰ 5.4×10^{-4}
㉱ 2.6×10^{-4}

풀이 침강속도(V_g)는 밀도(ρ) × d^2 의 관계식을 가지므로
1.8g/cm^3 × $(5 \times 10^{-4}cm)^2$ = 1.0g/cm^3 × d^2
∴ d = 6.7×10^{-4}cm

TIP
공기역학적 직경에서 사용하는 밀도는 1g/cm^3임에 주의해야 함.

정답 51 ㉱　52 ㉯　53 ㉯　54 ㉯

55 국소배기 장치 중 후드의 설치 및 흡입 방법으로 틀린 것은?

㉮ 발생원에 최대한 접근시켜 흡입시킨다.
㉯ 주 발생원을 대상으로 하는 국부적인 흡입방식으로 한다.
㉰ 흡입속도를 크게 하기 위하여 개구면적을 넓게 한다.
㉱ 포착속도(Capture velocity)를 충분히 유지시킨다.

풀이 ㉰ 흡입속도를 크게 하기 위하여 개구면적을 작게 한다.

56 백필터의 먼지부하가 420g/m²에 달할 때 먼지를 탈락시키고자 한다. 이 때 탈락시간 간격은? (단, 백필터 유입가스 함진 농도는 10g/m³, 여과속도는 7200cm/hr이다.)

㉮ 25분 ㉯ 30분
㉰ 35분 ㉱ 40분

풀이 Ld = Ci×Vf×t
여기서
- Ld : 먼지부하(g/m²)
- Ci : 입구농도(g/m³)
- Vf : 여과속도(m/min)
- t : 탈락시간(min)

① $Vf(m/min) = \dfrac{7,200cm}{hr} \times \dfrac{1m}{10^2 cm} \times \dfrac{1hr}{60min} = 1.2 m/min$

② $420 g/m^2 = 10 g/m^3 \times 1.2 m/min \times t$

∴ $t = \dfrac{420 g/m^2}{10 g/m^3 \times 1.2 m/min} = 35 min$

57 400ppm의 HCl을 함유하는 배출가스를 처리하기 위해 액가스비가 2L/Sm³인 충전탑을 설계하고자 한다. 이 때 발생되는 폐수를 중화하는데 필요한 시간당 0.5N NaOH 용액의 양은 얼마인가? (단, 배출가스는 400Sm³/h로 유입되며, HCl은 흡수액인 물에 100% 흡수된다.)

㉮ 9.2L ㉯ 11.4L
㉰ 14.2L ㉱ 18.8L

풀이 ① HCl의 당량을 계산한다.

$eq/L = \dfrac{400 Sm^3}{hr} \times \dfrac{400 mL}{Sm^3} \times \dfrac{36.5 mg}{22.4 mL} \times \dfrac{1g}{10^3 mg} \times \dfrac{1eq}{36.5g}$

$= 7.143 eq/hr$

② 중화적정 공식 $N_1V_1 = N_2V_2$를 이용한다.
$7.143 eq/hr = 0.5 eq/L \times V(L/hr)$
∴ $V = 14.29 L/hr$

58 일반적으로 더스트의 체적당 표면적을 비표면적이라 하는데 구형입자의 비표면적의 식을 옳게 나타낸 것은? (단, d는 구형입자의 직경)

㉮ 2/d ㉯ 4/d
㉰ 6/d ㉱ 8/d

풀이 비표면적(SV) $= \dfrac{\text{표면적}}{\text{체적}} = \dfrac{\pi \times d^2}{\dfrac{\pi}{6} \times d^3} = \dfrac{6}{d}$

정답 55 ㉰ 56 ㉰ 57 ㉰ 58 ㉰

59 Co-Ni-Mo을 수소첨가촉매로 하여 250 ~450℃에서 30~150kg/cm² 의 압력을 가하면 S 이 H₂S, SO₂등의 형태로 제거되는 중요 탈황법은 어느 것인가?

㉮ 직접탈황법
㉯ 흡착탈황법
㉰ 활성탈황법
㉱ 산화탈황법

[풀이] ㉮ 직접탈황법에 대한 설명이다.

60 다음 중 여과집진장치에서 여포를 탈진하는 방법으로 틀린 것은?

㉮ 기계적 진동(mechanical shaking)
㉯ 펄스제트(pulse jet)
㉰ 공기역류(reverse air)
㉱ 블로다운(blow down)

[풀이] ㉱ 블로다운효과는 원심력집진장치의 효율향상책이다.

| 제4과목 | 대기오염공정시험기준 |

61 A오염물질의 실측 농도가 250mg/Sm³ 이고, 이 때 실측 산소농도가 3.5%이다. A오염물질의 보정농도(mg/Sm³)는? (단, A오염물질은 표준산소농도를 적용받으며, 표준산소농도는 4%이다.)

㉮ 약 219mg/Sm³
㉯ 약 243mg/Sm³
㉰ 약 247mg/Sm³
㉱ 약 286mg/Sm³

[풀이] 오염물질의 농도보정

$$C = C_a \times \frac{21-O_s}{21-O_a} = 250 mg/Sm^3 \times \frac{21-4\%}{21-3.5\%}$$
$$= 242.86 mg/Sm^3$$

62 환경대기 중의 탄화수소 농도를 측정하기 위한 시험방법 중 주시험법인 것은?

㉮ 총탄화수소 측정법
㉯ 비메탄 탄화수소 측정법
㉰ 활성 탄화수소 측정법
㉱ 비활성 탄화수소 측정법

[풀이] 환경대기중의 탄화수소 시험방법으로는 총탄화수소 측정법, 비메탄 탄화수소 측정법, 활성 탄화수소 측정법이 있으며, 주시험방법은 비메탄 탄화수소 측정법이다.

63 환경대기 중 시료채취위치 선정기준으로 틀린 것은?

㉮ 주위에 건물 등이 밀집되어 있을 때는 건물 바깥벽으로부터 적어도 1.5m 이상 떨어진 곳에 채취점을 선정한다.
㉯ 시료의 채취높이는 그 부근의 평균오염도를 나타낼 수 있는 곳으로서 가능한 1.5~10m 범위로 한다.
㉰ 주위에 장애물이 있을 경우에는 채취 위치로부터 장애물까지의 거리가 그 장애물 높이의 1.5배 이상이 되도록 한다.
㉱ 주위에 장애물이 있을 경우에는 채취점과 장애물 상단을 연결하는 직선이 수평선과 이루는 각도가 30°이하 되는 곳을 선정한다.

[풀이] ㉰ 주위에 장애물이 있을 경우에는 채취 위치로부터 장애물까지의 거리가 그 장애물높이의 2배 이상이 되도록 한다.

정답 59 ㉮ 60 ㉱ 61 ㉯ 62 ㉯ 63 ㉰

64 원자흡수분광광도법에서 목적원소에 의한 흡광도 A_S와 표준원소에 의한 흡광도 A_R와의비를 구하고 A_S/A_R값과 표준물질 농도와의 관계를 그래프에 작성하여 검정곡선을 만들어 시료 중의 목적원소 농도를 구하는 정량법은 무엇인가?

㉮ 표준첨가법　㉯ 내부표준물질법
㉰ 절대검정곡선법　㉱ 검정곡선법

풀이 ㉯ 내부표준물질법에 대한 설명이다.

---

65 보통형 (I형) 흡입노즐을 사용한 굴뚝 배출가스 흡입시 10분간 채취한 흡입가스량 (습식가스미터에서 읽은 값)이 60L이었다. 이 때 등속흡입이 행하여지기 위한 가스미터에 있어서의 등속흡입유량의 범위로 가장 적합한 것은? (단, 등속흡입 정도를 알기 위한 등속흡입계수 $I(\%) = \dfrac{V_m}{q_m \times t} \times 100$이다.)

㉮ 3.3 ~ 5.3L/분　㉯ 5.5 ~ 6.7L/분
㉰ 6.5 ~ 7.3L/분　㉱ 7.5 ~ 8.3L/분

풀이 $I(\%) = \dfrac{V_m}{q_m \times t} \times 100$

여기서
- I : 등속흡입계수(%) (등속흡입계수의 범위는 90 ~ 110%)
- V_m : 흡입가스량(습식가스미터에서 읽은 값)(L)
- q_m : 가스미터에 있어서의 등속흡입유량(L/분)
- t : 가스 흡입시간(분)

① 등속흡입계수(I)가 90%일 때
등속흡입유량(q_m) = $\dfrac{V_m}{I \times t} = \dfrac{60L}{0.90 \times 10min} = 6.66L/min$

② 등속흡입계수(I)가 110%일 때
등속흡입유량(q_m) = $\dfrac{V_m}{I \times t} = \dfrac{60L}{1.10 \times 10min} = 5.46L/min$

③ 등속흡입유량의 범위는 5.46L/min ~ 6.66L/min이다.

---

66 대기오염공정시험기준상 굴뚝 배출가스 중 일산화탄소 분석방법으로 틀린 것은?

㉮ 자외선가시선분광법
㉯ 정전위전해법
㉰ 비분산적외선분광분석법
㉱ 기체크로마토그래피법

풀이 일산화탄소의 분석방법으로는 비분산적외선분광분석법, 정전위전해법, 기체크로마토그래피법이 있다.

---

67 굴뚝 배출가스 중 수분의 부피백분율을 측정하기 위하여 흡습관에 배출가스 10L를 흡입하여 유입시킨 결과 흡습관의 중량 증가는 0.82g이었다. 이 때 가스흡입은 건식 가스미터로 측정하여 그 가스미터의 가스 게이지압은 4mmHg이고, 온도는 27℃이었다. 그리고 대기압은 760mmHg이었다면 이 배출가스 중 수분량(%)은 얼마인가?

㉮ 약 10%　㉯ 약 13%
㉰ 약 16%　㉱ 약 18%

풀이 $X_w(\%) = \dfrac{1.244ma}{Vs(L) + 1.244ma} \times 100$

$Vs(L) = 10L \times \dfrac{273}{273+27℃} \times \dfrac{(760+4)mmHg}{760mmHg}$
$= 9.1479L$

따라서 $X_w(\%) = \dfrac{1.244 \times 0.82g}{9.1479L + 1.244 \times 0.82g} \times 100$
$= 10.03\%$

TIP
① 흡습관을 사용하면 습가스량 기준
② $1.244ma(L) = \dfrac{22.4L}{18g} \times$ 수분질량(g)

정답 64 ㉯　65 ㉯　66 ㉮　67 ㉮

68 다음 설명은 대기오염공정시험기준 총칙의 설명이다. ( )안에 들어갈 단어로 가장 적합하게 나열된 것은?

> 이 시험기준의 각 항에는 표시한 검출한계는 (㉠), (㉡) 등을 고려하여 해당되는 각조의 조건으로 시험하였을 때 얻을 수 있는 (㉢)를 참고하도록 표시한 것이므로 실제 측정 시 채취량이 줄어들거나 늘어날 경우 (㉢)가 조정될 수 있다.

㉮ ㉠ 반복성, ㉡ 정밀성, ㉢ 바탕치
㉯ ㉠ 재현성, ㉡ 안정성, ㉢ 한계치
㉰ ㉠ 회복성, ㉡ 정량성, ㉢ 오차
㉱ ㉠ 재생성, ㉡ 정확성, ㉢ 바탕치

[풀이] 검출한계는 재현성, 안정성 등을 고려하여 해당되는 각조의 조건으로 시험하였을 때 얻을 수 있는 한계치를 참고하도록 표시한 것이다.

69 굴뚝 내 배출가스 유속을 피토우관으로 측정한 결과 그 동압이 35mmH₂O였다면 굴뚝내의 유속(m/sec)은 얼마인가? (단, 배출가스 온도는 225℃, 공기의 비중량은 1.3kg/Sm³, 피토우관 계수는 0.98이다.)

㉮ 28.5 ㉯ 30.4
㉰ 32.6 ㉱ 35.8

[풀이] $V = C \times \sqrt{\dfrac{2gh}{r}}$

① $r(kg/m^3) = 1.3 kg/Sm^3 \times \dfrac{273}{273+225℃}$
   $= 0.7127 kg/m^3$

② $V = 0.98 \times \sqrt{\dfrac{2 \times 9.8 m/sec^2 \times 35 mmH_2O}{0.7127 kg/m^3}}$
   $= 30.40 m/sec$

70 2,4-다이나이트로페닐하이드라진(DNPH)과 반응하여 하이드라존유도체를 생성하게 하여 이를 액체크로마토그래피로 분석하는 물질은?

㉮ 아민류   ㉯ 알데하이드류
㉰ 벤젠   ㉱ 다이옥신류

[풀이] ㉯ 알데하이드류에 대한 설명이다.

71 원자흡수분광광도법에서 원자흡광분석 시 스펙트럼의 불꽃 중에서 생성되는 목적원소의 원자증기 이외의 물질에 의하여 흡수되는 경우에 일어나는 간섭의 종류는?

㉮ 이온학적 간섭   ㉯ 분광학적 간섭
㉰ 물리적 간섭   ㉱ 화학적 간섭

[풀이] ㉯ 분광학적 간섭에 대한 설명이다.

72 대기오염공정시험기준상 화학분석 일반사항에 관한 규정 중 옳은 것은?

㉮ 상온은 15~25℃, 실온은 1~35℃, 찬 곳은 따로 규정이 없는 한 0~15℃의 곳을 뜻한다.
㉯ 방울수라 함은 20℃에서 정제수 10방울을 떨어뜨릴 때 그 부피가 약 1mL 되는 것을 뜻한다.
㉰ "약"이란 그 무게 또는 부피에 대하여 ±1% 이상의 차가 있어서는 안 된다.
㉱ 10억분율은 pphm으로 표시하고 따로 표시가 없는 한 기체일 때는 용량 대 용량(V/V), 액체일 때는 중량 대 중량(W/W)을 표시한 것을 뜻한다.

풀이 ⑭ 방울수라 함은 20℃에서 정제수 20방울을 떨어 뜨릴 때 그 부피가 약 1mL되는 것을 뜻한다.
⑮ "약"이란 그 무게 또는 부피에 대하여 ±10% 이상의 차가 있어서는 안 된다.
㉺ 10억분율은 ppb로 표시하고 따로 표시가 없는 한 기체일 때는 용량 대 용량(V/V), 액체일 때는 중량 대 중량(W/W)으로 표시한 것을 뜻한다.

73 다음 기체크로마토그래피의 장치구성 중 가열장치가 필요한 부분과 그 이유로 가장 적합하게 연결된 것은?

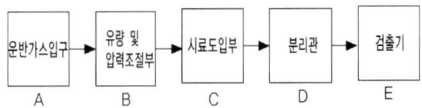

㉮ A, B, C - 운반가스 및 시료의 응축을 방지하기 위해
㉯ A, C, D - 운반가스 응축을 방지하고, 시료를 기화하기 위해
㉰ C, D, E - 시료를 기화시키고, 기화된 시료의 응축 및 응결을 방지하기 위해
㉱ B, C, D - 운반가스 유량의 적절한 조절과 분리관내 충진제의 흡착 및 흡수능을 높이기 위해

풀이 ① 가열장치가 필요한 부분 : 시료도입부, 분리관, 검출기
② 이유 : 시료를 기화시키고, 기화된 시료의 응축 및 응결을 방지하기 위해서

74 흡광차분광법(DOAS)으로 측정시 필요한 광원으로 옳은 것은?

㉮ 1800 ~ 2850nm 파장을 갖는 Zeus 램프
㉯ 200 ~ 900nm 파장을 갖는 Zeus 램프
㉰ 180 ~ 2850nm 파장을 갖는 Xenon 램프
㉱ 200 ~ 900nm 파장을 갖는 Hollow cathode 램프

풀이 흡광차분광법에서 광원은 180 ~ 2850nm 파장을 갖는 제논램프이다.

75 휘발성유기화합물질(VOCs) 누출확인 방법에 관한 설명으로 틀린 것은?

㉮ 검출불가능 누출농도는 누출원에서 VOCs가 대기중으로 누출되지 않는다고 판단되는 농도로서 국지적 VOCs배경농도의 최고 농도값이다.
㉯ 휴대용 측정기기를 사용하여 개별누출원으로부터의 직접적인 누출량을 측정한다.
㉰ 누출농도는 VOCs가 누출되는 누출원 표면으로서의 농도로서 대조화합물을 기초로 한 기기의 측정값이다.
㉱ 응답시간은 VOCs가 시료채취장치로 들어가 농도 변화를 일으키기 시작하여 기기계기판의 최종값이 90%를 나타내는데 걸리는 시간이다.

풀이 ㉯ 휴대용 측정기기를 사용하여 개별누출원으로부터의 직접적인 누출량을 측정하지 아니한다.

정답 73 ㉰ 74 ㉰ 75 ㉯

76 굴뚝 배출가스 중 황산화물을 아르세나조Ⅲ법으로 측정할 경우 설명으로 틀린 것은?

㉮ 흡수액은 과산화수소를 사용한다.
㉯ 지시약은 아르세나조Ⅲ을 사용한다.
㉰ 아세트산바륨용액으로 적정한다.
㉱ 이 시험법은 수산화소듐으로 적정하는 킬레이트침전법이다.

풀이 ㉱ 이 시험법은 아세트산바륨용액으로 적정하는 킬레이트침전법이다.

77 건식가스미터를 사용하여 굴뚝에서 배출되는 가스상 물질을 시료채취 하고자 할 때, 건조 시료 가스 채취량을 구하기 위해 필요한 항목으로 틀린 것은?

㉮ 가스미터의 게이지압
㉯ 가스미터의 온도
㉰ 가스미터로 측정한 흡입가스량
㉱ 가스미터 온도에서의 포화 수증기압

풀이 ㉱번 항목은 습식가스미터에 해당한다.

TIP
건식가스미터 사용시 건조시료가스량 구하는 공식

$$V_s(L) = V(L) \times \frac{273}{273+t_g\text{℃}} \times \frac{(P_a+P_m)\text{mmHg}}{760\text{mmHg}}$$

78 다음은 굴뚝 배출가스 중의 질소산화물에 대한 아연환원 나프틸에틸렌다이아민 분석방법이다. ( )안에 들어갈 말로 올바르게 연결된 것은?

> 시료중의 질소산화물을 오존 존재하에서 물에 흡수시켜 (㉠)으로 만든다. 이 (㉠)을 (㉡)을 사용하여 (㉢)으로 환원한 후 설파닐아마이드(sulfanilarnide) 및 나프틸에틸렌다이아민(naphthyl ethylene diarnine)을 반응시켜 얻어진 착색의 흡광도로부터 질소산화물을 정량하는 방법이다.

㉮ ㉠아질산이온, ㉡분말금속아연, ㉢질산이온
㉯ ㉠아질산이온, ㉡분말황산아연, ㉢질산이온
㉰ ㉠질산이온, ㉡분말황산아연, ㉢아질산이온
㉱ ㉠질산이온, ㉡분말금속아연, ㉢아질산이온

풀이 아연환원 나프틸에틸렌다이아민 분석방법은 질소산화물을 오존 존재하에서 물에 흡수시켜 질산이온으로 만들고, 이 질산이온을 분말금속아연을 사용하여 아질산이온으로 환원한다.

79 대기오염공정시험기준 중 환경대기 내의 아황산가스 측정방법으로 틀린 것은?

㉮ 적외선 형광법   ㉯ 용액 전도율법
㉰ 불꽃광도법   ㉱ 자외선 형광법

풀이 환경대기 내의 아황산가스 측정방법은 용액 전도율법, 불꽃광도법, 자외선형광법(주시험방법), 흡광차분광법이다.

정답 76 ㉱   77 ㉱   78 ㉱   79 ㉮

80 대기오염공정시험기준상 원자흡수분광광도법에 자외선 가시선 분광법을 동시에 적용할 수 없는 물질은?

㉮ 카드뮴화합물 ㉯ 니켈화합물
㉰ 페놀화합물 ㉱ 구리화합물

풀이 원자흡수분광광도법에 자외선 가시선 분광법을 동시에 적용할 수 있는 물질은 중금속이므로 보기 중에서 중금속이 아닌 페놀화합물이 정답이 된다.

제5과목 | 대기환경법규

81 대기환경보전법상 환경기술인 등의 교육을 받게 하지 아니한 자에 대한 과태료 부과기준은 어느 것인가?

㉮ 30만원 이하의 과태료를 부과한다.
㉯ 50만원 이하의 과태료를 부과한다.
㉰ 100만원 이하의 과태료를 부과한다.
㉱ 200만원 이하의 과태료를 부과한다.

풀이 ㉰ 100만원 이하의 과태료에 해당한다.

82 대기환경보전법상 기후·생태계변화 유발물질로 틀린 것은?

㉮ 이산화질소 ㉯ 메탄
㉰ 과불화탄소 ㉱ 염화불화탄소

풀이 기후·생태계변화 유발물질로는 이산화탄소, 메탄, 아산화질소, 수소불화탄소, 과불화탄소, 육불화황, 염화불화탄소, 수소염화불화탄소이다.

83 다음은 대기환경보전법규상 첨가제·촉매제 제조기준에 맞는 제품의 표시방법이다. ( ) 안에 들어갈 알맞은 말은?

> 표시크기는 첨가제 또는 촉매제 용기 앞면의 제품명 밑에 제품명 글자크기의 ( )에 해당하는 크기로 표시하여야 한다.

㉮ 100분의 10 이상
㉯ 100분의 15 이상
㉰ 100분의 20 이상
㉱ 100분의 30 이상

풀이 표시크기는 첨가제 또는 촉매제 용기 앞면의 제품명 밑에 제품명 글자크기의 100분의 30에 해당하는 크기로 표시하여야 한다.

84 대기환경보전법령상 초과부과금 산정기준 중 1킬로그램당 부과금액이 가장 적은 것은?

㉮ 염화수소 ㉯ 황화수소
㉰ 시안화수소 ㉱ 이황화탄소

풀이 1킬로그램당 부과금액
㉮ 염화수소 : 7,400원
㉯ 황화수소 : 6,000원
㉰ 시안화수소 : 7,300원
㉱ 이황화탄소 : 1,600원

정답 80 ㉰ 81 ㉰ 82 ㉮ 83 ㉱ 84 ㉱

85 대기환경보전법규상 수도권대기환경청장, 국립환경과학원장 또는 한국환경공단이 설치하는 대기오염 측정망의 종류로 틀린 것은?

㉮ 도시지역의 휘발성유기화합물 등의 농도를 측정하기 위한 광화학대기오염물질측정망
㉯ 기후·생태계변화 유발물질의 농도를 측정하기 위한 지구대기측정망
㉰ 대기 중의 중금속 농도를 측정하기 위한 대기중금속측정망
㉱ 대기오염물질의 지역배경농도를 측정하기 위한 교외대기측정망

풀이 ㉰항은 시도지사에 해당한다.

86 대기환경보전법상 환경부령으로 정하는 제조 기준에 맞지 아니하게 자동차연료·첨가제 또는 촉매제를 제조한 자에 대한 벌칙기준으로 옳은 것은?

㉮ 7년 이하의 징역이나 1억원 이하의 벌금
㉯ 5년 이하의 징역이나 5천만원 이하의 벌금
㉰ 1년 이하의 징역이나 1천만원 이하의 벌금
㉱ 300만원 이하의 벌금

풀이 ㉮ 7년 이하의 징역이나 1억원 이하의 벌금에 해당한다.

87 실내공기질 관리법상 용어의 정의로 틀린 것은?

㉮ "공동주택"이라 함은 건축법 규정에 의한 공동주택을 말한다.
㉯ "다중이용시설"이라 함은 불특정다수인이 이용하는 시설을 말한다.
㉰ "공기정화설비"라 함은 오염된 실내공기를 밖으로 내보내고 신선한 바깥공기를 실내로 끌어들여 실내공간의 공기를 쾌적한 상태로 유지시키는 설비를 말하며, 환기설비와 동일한 의미로 사용되는 것을 말한다.
㉱ "오염물질"이라 함은 실내공간의 공기오염의 원인이 되는 가스와 떠다니는 입자상물질 등으로서 환경부령이 정하는 것을 말한다.

풀이 실내공기질 관리법상 용어
① 환기설비 : 오염된 실내공기를 밖으로 내보내고 신선한 바깥공기를 실내로 끌어들여 실내공간의 공기를 쾌적한 상태로 유지시키는 설비를 말한다.
② 공기정화설비 : 실내공간의 오염물질을 없애거나 줄이는 설비로서 환기설비의 안에 설치되거나, 환기설비와는 따로 설치된 것을 말한다.

88 환경정책기본법령상 대기환경기준(1시간 평균치 기준)의 연결로 옳은 것은? (단, ㉠아황산가스(SO_2), ㉡이산화질소(NO_2)이다.)

㉮ ㉠ 0.05ppm 이하, ㉡ 0.06ppm 이하
㉯ ㉠ 0.06ppm 이하, ㉡ 0.05ppm 이하
㉰ ㉠ 0.15ppm 이하, ㉡ 0.10ppm 이하
㉱ ㉠ 0.10ppm 이하, ㉡ 0.15ppm 이하

정답 85 ㉰ 86 ㉮ 87 ㉰ 88 ㉰

풀이

	아황산가스(SO_2)	이산화질소(NO_2)
연간 평균치	0.02ppm이하	0.03ppm이하
24시간 평균치	0.05ppm이하	0.06ppm이하
1시간 평균치	0.15ppm이하	0.10ppm이하

89 대기환경보전법령상 배출시설에서 발생하는 연간 대기오염물질발생량의 합계로 사업장을 분류할 때 다음 중 4종사업장에 속하는 양은?

㉮ 80톤   ㉯ 50톤
㉰ 12톤   ㉱ 5톤

풀이

종별	대기오염물질 발생량의 합계(연간)
1종	80톤 이상
2종	20톤 이상 80톤 미만
3종	10톤 이상 20톤 미만
4종	2톤 이상 10톤 미만
5종	2톤 미만

90 악취방지법상 악취 배출허용기준 초과와 관련하여 받은 개선명령을 이행하지 아니한 자에 대한 벌칙기준으로 옳은 것은?

㉮ 300만원 이하의 벌금에 처한다.
㉯ 500만원 이하의 벌금에 처한다.
㉰ 1000만원 이하의 벌금에 처한다.
㉱ 1년 이하의 징역 또는 1천만원 이하의 벌금에 처한다.

풀이 ㉮ 300만원 이하의 벌금에 해당한다.

91 대기환경보전법규상 전기만을 동력으로 사용하는 자동차의 1회 충전 주행거리가 80km 이상 160km 미만인 경우 제 몇 종 자동차에 해당하는가?

㉮ 제1종   ㉯ 제2종
㉰ 제3종   ㉱ 제4종

풀이 1회 충전 주행거리에 따라
① 1종 : 80km 미만
② 2종 : 80km 이상 160km 미만
③ 3종 : 160km 이상

92 대기환경보전법규상 오존의 대기오염 경보단계별 오염물질의 농도기준에 관한 설명으로 틀린 것은?

㉮ 경보가 발령된 지역의 기상조건 등을 고려하여 대기자동측정소의 오존농도가 0.12ppm 이상 0.3ppm 미만인 때에는 주의보로 전환한다.
㉯ 오존농도는 24시간 평균농도를 기준으로 한다.
㉰ 해당지역의 대기자동측정소 오존농도가 1개소라도 경보단계별 발령기준을 초과하면 해당 경보를 발령할 수 있다.
㉱ 중대경보단계는 기상조건 등을 고려하여 해당지역의 대기자동측정소의 오존농도가 0.5ppm 이상일 때 발령한다.

풀이 ㉯ 오존농도는 1시간 평균농도를 기준으로 한다.

정답 89 ㉱   90 ㉮   91 ㉯   92 ㉯

93 실내공기질 관리법규상 신축 공동주택의 실내 공기질 권고기준으로 옳은 것은?

㉮ 스티렌 360μg/m³ 이하
㉯ 폼알데하이드 360μg/m³ 이하
㉰ 자일렌 360μg/m³ 이하
㉱ 에틸벤젠 360μg/m³ 이하

풀이
㉮ 스티렌 300μg/m³ 이하
㉯ 폼알데하이드 210μg/m³ 이하
㉰ 자일렌 700μg/m³ 이하

94 대기환경보전법령상 비산배출의 저감대상 업종으로 틀린 것은?

㉮ 제1차 금속제조업 중 제강업
㉯ 육상운송 및 파이프라인 운송업 중 파이프라인 운송업
㉰ 의약물질 제조업 중 의약품 제조업
㉱ 창고 및 운송관련 서비스업 중 위험물품 보관업

95 대기환경보전법규상 배출허용기준 초과와 관련하여 개선명령을 받은 경우로써 개선하여야 할 사항이 배출시설 또는 방지시설인 경우 사업자가 시·도지사에게 제출하여야 하는 개선계획서에 포함 또는 첨부되어야 하는 사항으로 틀린 것은?

㉮ 배출시설 또는 방지시설의 개선명세서 및 설계도
㉯ 대기오염물질 등의 처리방식 및 처리효율
㉰ 운영기기 진단계획
㉱ 공사기간 및 공사비

풀이 개선계획서에 포함 또는 첨부되어야 하는 사항
① 배출시설 또는 방지시설의 개선명세서 및 설계도
② 대기오염물질 등의 처리방식 및 처리효율
③ 공사기간 및 공사비

96 대기환경보전법규상 위임업무 보고사항 중 자동차 연료 및 첨가제의 제조·판매 또는 사용에 대한 규제현황의 보고횟수 기준은?

㉮ 연 1회   ㉯ 연 2회
㉰ 연 4회   ㉱ 연 12회

풀이 자동차 연료 및 첨가제의 제조·판매 또는 사용에 대한 규제현황의 보고횟수 기준은 연 2회이다.

97 대기환경보전법령상 연료의 황함유량이 1.0% 이하인 경우 기본부과금의 농도별 부과계수로 옳은 것은? (단, 연료를 연소하여 황산화물을 배출하는 시설(황산화물의 배출량을 줄이기 위하여 방지시설을 설치한 경우와 생산공정상 황산화물의 배출량이 줄어든다고 인정하는 경우는 제외))

㉮ 0.2   ㉯ 0.3
㉰ 0.4   ㉱ 1.0

풀이 농도별 부과계수
① 연료의 황함유량이 0.5% 이하 : 0.2
② 연료의 황함유량이 1.0% 이하 : 0.4
③ 연료의 황함유량이 1.0% 초과 : 1.0

정답 93 ㉱ 94 ㉰ 95 ㉰ 96 ㉯ 97 ㉰

98 대기환경보전법규상 특정대기유해물질로 틀린 것은?

㉮ 크롬화합물 ㉯ 석면
㉰ 황화수소 ㉱ 스틸렌

풀이 ㉰ 황화수소(H_2S)는 특정대기유해물질이 아니다.

99 대기환경보전법령상 3종 사업장의 환경기술인의 자격기준에 해당되는 자는?

㉮ 환경기능사
㉯ 1년 이상 대기분야 환경관련 업무에 종사한 자
㉰ 2년 이상 대기분야 환경관련 업무에 종사한 자
㉱ 피고용인 중에서 임명하는 자

풀이 제3종 사업장의 환경기술인의 자격기준
① 대기환경산업기사
② 환경기능사
③ 3년 이상 대기분야 환경관련 업무에 종사한 자

100 대기환경보전법규상 시멘트수송의 경우 비산먼지 발생을 억제하기 위한 시설 및 필요한 조치기준으로 틀린 것은?

㉮ 적재함 상단으로부터 5cm 이하까지 적재물을 수평으로 적재할 것
㉯ 수송차량은 세륜 및 측면 살수 후 운행하도록 할 것
㉰ 먼지가 흩날리지 아니하도록 공사장 안의 통행차량은 시속 40km 이하로 운행할 것
㉱ 적재함을 최대한 밀폐할 수 있는 덮개를 설치하여 적재물의 외부에서 보이지 아니할 것

풀이 ㉰ 먼지가 흩날리지 아니하도록 공사장 안의 통행차량은 시속 20km 이하로 운행할 것

정답 98 ㉰ 99 ㉮ 100 ㉰

2018년 2회 대기환경기사

2018년 4월 28일 시행

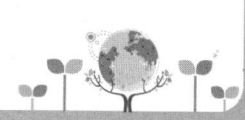

| 제1과목 | 대기오염개론

01 역전풍(Anticyclone)구역 내에서 차가운 공기가 장시간 침강(단열적)하였을 때 공기덩어리 상부면(Top)과 하부면(Botton)의 온도차(변화)를 바르게 표시한 것은? (단, dT/dP는 압력에 대한 온도 변화이며, 이상기체로 작용한다.)

㉮ $(dT/dP)_{Top} < (dT/dP)_{Botton}$
㉯ $(dT/dP)_{Top} > (dT/dP)_{Botton}$
㉰ $(dT/dP)_{Top} = (dT/dP)_{Botton}$
㉱ $(dT/dP)_{Top} \leq (dT/dP)_{Botton}$

[풀이] 차가운 공기가 장시간 침강(단열적)한 경우 : $(dT/dP)_{Top} > (dT/dP)_{Botton}$

02 최대 혼합고도를 400m로 예상하여 오염농도를 3ppm으로 추정하였는데, 실제 관측된 최대 혼합고도는 200m였다. 실제 나타날 오염농도는 얼마인가? (단, 기타 조건은 같음)

㉮ 21ppm ㉯ 24ppm
㉰ 27ppm ㉱ 29ppm

[풀이] 실제오염농도(ppm)
= 예상오염농도(ppm) × $\left\{\dfrac{예상최대혼합고}{실제최대혼합고}\right\}^3$

= 3ppm × $\left(\dfrac{400m}{200m}\right)^3$ = 24.0ppm

03 다음 중 대기오염물질의 분산을 예측하기 위한 바람장미(wind rose)에 관한 설명으로 틀린 것은?

㉮ 바람장미는 풍향별로 관측된 바람의 발생빈도와 풍속을 16방향인 막대기형으로 표시한 기상도형이다.
㉯ 가장 빈번히 관측된 풍향을 주풍(prevailing wind)이라 하고, 막대의 굵기를 가장 굵게 표시한다.
㉰ 관측된 풍향별 발생빈도를 %로 표시한 것을 방향량(vector)이라 하며, 바람장미의 중앙에 숫자로 표시한 것은 무풍률이다.
㉱ 풍속이 0.2m/sec 이하일 때를 정온(calm)상태로 본다.

[풀이] ㉯ 가장 빈번히 관측된 풍향을 주풍(prevailing wind)이라 하고, 막대의 길이를 가장 길게 표시한다.

정답 01 ㉯ 02 ㉯ 03 ㉯

04 주요 배출오염물질과 그 발생원과의 연결로 가장 관계가 적은 것은?

㉮ HF - 도장공업, 석유정제
㉯ HCl - 소다공업, 활성탄제조, 금속제련
㉰ C_6H_6 - 포르말린제조
㉱ Br_2 - 염료, 의약품 및 농약 제조

[풀이] ㉮ 불화수소(HF) : 화학비료공업, 알루미늄공업, 요업공업, 유리공업

05 표준상태에서 SO_2 농도가 $1.28g/m^3$ 라면 몇 ppm인가?

㉮ 약 250   ㉯ 약 350
㉰ 약 450   ㉱ 약 550

[풀이]
$$ppm(mL/Sm^3) = \frac{1.28g}{m^3} \times \frac{10^3 mg}{1g} \times \frac{22.4mL}{64mg}$$
$$= 448 mL/Sm^3 (ppm)$$

TIP
① $ppm = mL/Sm^3$
② SO_2 1mol $\begin{cases} 64mg \\ 22.4mL \end{cases}$

06 다음 중 London형 스모그에 관한 설명으로 틀린 것은? (단, Los Angeles형 스모그와 비교)

㉮ 복사성 역전
㉯ 습도가 85% 이상
㉰ 시정거리가 100m 이하
㉱ 산화반응

[풀이] 반응
① 런던스모그 : 환원반응
② LA스모그 : 산화반응, 광화학반응

07 다음은 입경(직경)에 대한 설명이다. ( )안에 들어갈 알맞은 말은?

( )은 입자성 물질의 끝과 끝을 연결한 선 중 가장 긴 선을 직경으로 하는 것을 말한다.

㉮ 휘렛 직경
㉯ 마틴 직경
㉰ 공기역학적 직경
㉱ 스토크스 직경

[풀이] ㉮ 휘렛(Feret) 직경에 대한 설명이다.

08 리차든슨 수에 관한 설명으로 옳은 것은?

㉮ 리차드슨 수가 -0.04보다 작으면 수직방향의 혼합은 없다.
㉯ 리차드슨 수가 0이면 기계적 난류만 존재한다.
㉰ 리차드슨 수가 0에 접근하면 분산이 커져 대류혼합이 지배적이다.
㉱ 일차원 수로서 기계난류를 대류난류로 전환시키는 율을 측정할 것이다.

[풀이] ㉮ 리차드슨 수가 -0.04보다 작으면 수직방향의 혼합이 지배적이다.
㉰ 리차드슨 수가 0에 접근하면 분산이 작아지고 기계적 난류가 지배적이다.
㉱ 무차원 수로서 대류난류를 기계적 난류로 전환시키는 율을 측정할 것이다.

정답 04 ㉮ 05 ㉰ 06 ㉱ 07 ㉮ 08 ㉯

09 지표부근의 공기덩어리가 지면으로부터 열을 받는 경우 부력을 얻어 상승하게 되는데 상승과정에서 단열변화가 이루어져 어떤 고도에 이르면 상승한 공기 중에 들어있는 수증기는 포화되고 응결이 이루어진다. 이와 같이 열적 상승에 의해 응결이 이루어지는 고도를 일컫는 용어로 가장 적합한 것은?

㉮ 대류응결고도(CCL)
㉯ 상승응결고도(LCL)
㉰ 혼합응결고도(MCL)
㉱ 상승지수(LI)

[풀이] ㉮ 대류응결고도(CCL)에 대한 설명이다.

10 이동 배출원이 도심지역인 경우, 하루 중 시간대별 각 오염물의 농도 변화는 일정한 형태를 나타내는데, 다음 중 일반적으로 가장 이른 시간에 하루 중 최대 농도를 나타내는 물질은?

㉮ O_3
㉯ NO_2
㉰ NO
㉱ Aldehydes

[풀이] 일반적으로 가장 이른 시간에 하루 중 최대 농도를 나타내는 물질은 1차성물질이므로 일산화질소(NO)가 정답이 된다.

11 각 오염물질의 특성에 관한 설명으로 틀린 것은?

㉮ 염소는 암모니아에 비해서 훨씬 수용성이 약하므로 후두의 부종만을 일으키기보다는 호흡기계 전체에 영향을 미친다.
㉯ 포스겐 자체는 자극성이 경미하지만 수중에서 재빨리 염산으로 분해되어 거의 급성 전구증상이 없이 치사량을 흡입할 수 있으므로 매우 위험하다.
㉰ 브롬화합물은 부식성이 강하며 주로 상기도에 대하여 급성 흡입효과를 지니고, 고농도에서는 일정기간이 지나면 폐부종을 유발하기도 한다.
㉱ 불화수소는 수용액과 에테르 등의 유기용매에 매우 잘 녹으며, 무수불화수소는 약산성의 물질이다.

[풀이] ㉱ 불화수소는 물에 매우 잘 녹으며, 무수불화수소는 약산성의 물질이다.

12 질소산화물(NO_x)에 관한 설명으로 틀린 것은?

㉮ N_2O는 대류권에서는 온실가스로 성층권에서는 오존층 파괴물질로서 보통 대기 중에 약 0.5ppm 정도 존재한다.
㉯ 연소과정 중 고온에서는 90% 이상이 NO로 발생한다.
㉰ NO_2는 적갈색, 자극성 기체로 독성이 NO보다 약 5배 정도나 더 크다.
㉱ NO의 독성은 오존보다 10~15배 강하여 폐렴, 폐수종을 일으키며, 대기 중에 체류시간은 20~100년 정도이다.

[풀이] ㉱ NO의 독성은 NO_2보다 작으며, 대기 중 체류시간은 약 2~5일 정도이다.

정답 09 ㉮ 10 ㉰ 11 ㉱ 12 ㉱

13 Deacon의 공식을 이용하여 지표높이 10m에서의 풍속이 2m/s일 때, 고도 100m 에서의 풍속은 얼마인가? (단, P : 0.4)

㉮ 약 5.0m/s ㉯ 약 8.7m/s
㉰ 약 10.6m/s ㉱ 약 15.1m/s

풀이
$$U_2 = U_1 \times \left(\frac{H_2}{H_1}\right)^P$$
$$= 2m/sec \times \left(\frac{100m}{10m}\right)^{0.4}$$
$$= 5.02 m/sec$$

14 각 오염물질의 대사 및 작용기전으로 틀린 것은?

㉮ 알루미늄화합물은 소장에서 인과 결합하여 인 결핍과 골연화증을 유발한다.
㉯ 암모니아와 아황산가스는 물에 대한 용해도가 높기 때문에 흡입된 대부분의 가스가 상기도 점막에서 흡수되므로 즉각적으로 자극증상을 유발한다.
㉰ 삼염화에틸렌은 다발성신경염을 유발하고, 중추신경계를 억제하는데 간과 신경에 미치는 독성이 사염화탄소에 비해 현저하게 높다.
㉱ 이황화탄소는 중추신경계에 대한 특징적인 독성작용으로 심한 급성 또는 아급성 뇌병증을 유발한다.

풀이 ㉰ 삼염화에틸렌은 중추신경계를 억제하며, 간과 신장에 미치는 독성은 사염화탄소에 비해 낮은 편이다.

15 다음 식물 중 에틸렌가스에 대한 저항성이 가장 큰 것은?

㉮ 완두 ㉯ 스위트피
㉰ 양배추 ㉱ 토마토

풀이 에틸렌가스에 강한 식물은 양배추이다.

16 라돈에 관한 설명으로 틀린 것은?

㉮ 일반적으로 인체의 조혈기능 및 중추신경계통에 가장 큰 영향을 미치는 것으로 알려져 있으며, 화학적으로 반응성이 크다.
㉯ 무색, 무취의 기체로 액화되어도 색을 띠지 않는 물질이다.
㉰ 공기보다 9배 정도 무거워 지표에 가깝게 존재한다.
㉱ 주로 토양, 지하수, 건축자재 등을 통하여 인체에 영향을 미치고 있으며, 흙속에서 방사선 붕괴를 일으킨다.

풀이 ㉮ 라돈은 폐암을 유발하며 화학적으로 반응성이 작은 안정한 물질이다.

17 냄새물질에 대한 다음 설명으로 틀린 것은?

㉮ 분자내 수산기의 수가 1개 일 때 가장 약하고, 수가 증가하면 강한 냄새를 유발한다.
㉯ 골격이 되는 탄소 수는 저분자일수록 관능기 특유의 냄새가 강하다.
㉰ 에스테르화합물은 구성하는 산이나 알코올류보다 방향이 우세하다.
㉱ 분자 내에 황 및 질소가 있으면 냄새가 강하다.

정답 13 ㉮ 14 ㉰ 15 ㉰ 16 ㉮ 17 ㉮

[풀이] ㉮ 분자내 수산기의 수가 1개 일 때 가장 강하고, 수가 증가하면 약해져서 무취에 이른다.

18 다음 오염물질의 균질층 내에서의 건조 공기 중 체류시간의 순서배열(짧은 시간에서부터 긴 시간)로 옳게 나열된 것은?

㉮ N_2 - CO - CO_2 - H_2
㉯ CO - CH_4 - O_2 - N_2
㉰ O_2 - N_2 - H_2 - CO
㉱ CO_2 - H_2 - N_2 - CO

[풀이] 체류시간 : CO(1~3개월) - CH_4(3~8년) - O_2(6000년) - N_2(4×10^8년)

19 혼합층에 관한 설명으로 가장 적절한 것은?

㉮ 최대혼합깊이는 통상 낮에 가장 적고, 밤시간을 통하여 점차 증가한다.
㉯ 야간에 역전이 극심한 경우 최대혼합깊이는 5000m 정도까지 증가한다.
㉰ 계절적으로 최대혼합깊이는 주로 겨울에 최소가 되고 이른 여름에 최대값을 나타낸다.
㉱ 환기량은 혼합층의 온도와 혼합층 내의 평균풍속을 곱한 값으로 정의된다.

[풀이] ㉮ 최대혼합깊이는 통상 밤에 가장 적고, 낮시간을 통하여 점차 증가한다.
㉯ 야간에 역전이 극심한 경우 최대혼합깊이는 0이 될 수도 있다.
㉱ 환기량은 혼합층의 높이에 혼합층 내의 평균풍속을 곱한 값으로 정의된다.

20 다음 특정물질 중 오존 파괴지수가 가장 큰 것은?

㉮ CFC-113   ㉯ CFC-114
㉰ Halon-1211   ㉱ Halon-1301

[풀이] 오존층 파괴지수(ODP)
㉮ CFC-113 : 0.8
㉯ CFC-114 : 1.0
㉰ Halon-1211 : 3.0
㉱ Halon-1301 : 10.0

| 제2과목 | 연소공학

21 확산형 가스버너인 포트형 사용 및 설계 시의 주의사항으로 틀린 것은?

㉮ 구조상 가스와 공기압을 높이지 못한 경우에 사용한다.
㉯ 가스와 공기를 함께 가열 수 있는 이점이 있다.
㉰ 고발열량 탄화수소를 사용할 경우는 가스압력을 이용하여 노즐로부터 고속으로 분출케 하여 그 힘으로 공기를 흡입하는 방식을 취한다.
㉱ 밀도가 큰 가스 출구는 하부에, 밀도가 작은 공기 출구는 상부에 배치되도록 하여 양쪽의 밀도차에 의한 혼합이 잘 되도록 한다.

[풀이] ㉱ 밀도가 큰 가스 출구는 상부에, 밀도가 작은 공기 출구는 하부에 배치되도록 한다.

정답 18 ㉯ 19 ㉰ 20 ㉱ 21 ㉱

22 중유에 관한 설명으로 틀린 것은?

㉮ 점도가 낮은 것이 사용상 유리하고, 용적당 발열량이 적은 편이다.
㉯ 인화점이 높은 경우 역화의 위험이 있으며, 보통 그 예열온도보다 약 2℃ 정도 높은것을 쓴다.
㉰ 점도가 낮을수록 유동점이 낮아진다.
㉱ 잔류탄소의 함량이 많아지면 점도가 높게 된다.

[풀이] ㉯ 인화점이 낮은 경우 역화의 위험이 있으며, 보통 그 예열온도보다 약 5℃ 이상 높은 것이 좋다.

23 착화온도에 관한 다음 설명으로 틀린 것은?

㉮ 반응활성도가 클수록 높아진다.
㉯ 분자구조가 간단할수록 높아진다.
㉰ 산소농도가 클수록 낮아진다.
㉱ 발열량이 낮을수록 높아진다.

[풀이] ㉮ 반응활성도가 클수록 낮아진다.

24 다음 설명에 해당하는 기체연료는 무엇인가?

> 고온으로 가열된 무연탄이나 코크스 등에 수증기를 반응시켜 얻은 기체연료이며, 반응식은 아래와 같다.
> $C + H_2O \rightarrow CO + H_2 + Q$
> $C + 2H_2O \rightarrow CO_2 + 2H_2 + Q$

㉮ 수성가스   ㉯ 고로가스
㉰ 오일가스   ㉱ 발생로가스

[풀이] ㉮ 수성가스에 대한 설명이다.

25 미분탄연소로에 사용되는 버너 중 접선 기울형 버너(tangential tiling burner)에 관한 설명으로 틀린 것은?

㉮ 선회흐름을 보일러에 활용한 것으로 선회버너라고도 하며, 연소로 외벽쪽으로 화염을 분산·형성한다.
㉯ 사각연소로인 경우 각 모퉁이에 3~5개의 버너가 높이가 다르게 설치되어 있다.
㉰ 1차 공기 및 석탄 주입관 끝은 10~30° 정도의 각도범위에서 조정할 수 있도록 되어 있다.
㉱ 화염을 상하로 이동시켜서 과열을 방지할 수 있도록 되어 있다.

26 메탄 1mol이 완전연소할 때 AFR은 얼마인가? (단, 몰기준)

㉮ 6.5   ㉯ 7.5
㉰ 8.5   ㉱ 9.5

[풀이] $CH_4 + 2O_2 \rightarrow CO_2 + 2H_2O$

$$공연비(AFR; Sm^3/Sm^3) = \frac{산소갯수 \times 22.4Sm^3 \times \frac{1}{0.21}}{연료갯수 \times 22.4Sm^3}$$

$$= \frac{2 \times 22.4Sm^3 \times \frac{1}{0.21}}{1 \times 22.4Sm^3}$$

$$= 9.52$$

정답 22 ㉯   23 ㉮   24 ㉮   25 ㉮   26 ㉱

27 고압기류 분무식 버너에 관한 설명으로 틀린 것은?

㉮ 연료분사범위는 외부혼합식이 3 ~ 500 L/hr, 내부혼합식이 10 ~ 1200L/hr 정도이다.
㉯ 분무각도는 30 ~ 60°정도이고 유량조절비는 1 : 5로 비교적 커서 부하변동에 적응이 용이하다.
㉰ 2 ~ 8kg/cm² 의 고압공기를 사용하여 연료유를 무화시키는 방식이다.
㉱ 분무에 필요한 1차 공기량은 이론연소 공기량의 7 ~ 12% 정도이다.

[풀이] ㉯ 분무각도는 20 ~ 30°정도이고 유량조절비는 1 : 10으로 커서 부하변동에 적응이 용이하다.

28 다음 중 기체연료의 연소장치로서 천연가스와 같은 고발열량 연료를 연소시키는데 가장 적합하게 사용되는 버너의 종류는 무엇인가?

㉮ 선회형 버너　㉯ 방사형 버너
㉰ 회전식 버너　㉱ 건타입 버너

[풀이] ㉯ 방사형 버너에 대한 설명이다.

29 연료의 종류에 따른 연소 특성으로 틀린 것은?

㉮ 기체연료는 저발열량의 것으로 고온을 얻을 수 있고, 전열효율을 높일 수 있다.
㉯ 액체연료는 화재, 역화 등의 위험이 크며, 연소온도가 높아 국부적인 과열을 일으키기 쉽다.
㉰ 액체연료는 기체연료에 비해 적은 과잉 공기로 완전연소가 가능하다.
㉱ 액체연료의 경우 회분은 아주 적지만, 재속의 금속산화물이 장애원인이 될 수 있다.

[풀이] ㉰ 액체연료는 기체연료에 비해 많은 과잉 공기로 완전연소가 가능하다.

30 다음은 가동화격자의 종류에 관한 설명이다. ( )안에 들어갈 알맞은 말은?

( )는 고정화격자와 가동화격자를 횡방향으로 나란히 배치하고 가동화격자를 전후로 왕복운동시킨다. 비교적 강한 교반력과 이송력을 갖고 있으며 화격자 눈의 메워짐이 별로 없어 낙진량이 많고 냉각작용이 부족하다.

㉮ 부채형 반전식 화격자
㉯ 병렬요동식 화격자
㉰ 이상식 화격자
㉱ 회전 롤러식 화격자

[풀이] ㉯ 병렬요동식 화격자에 대한 설명이다.

정답   27 ㉯   28 ㉯   29 ㉰   30 ㉯

31 다음 각종 연료의 이론공기량의 개략치 값(Sm^3/kg)으로 가장 거리가 먼 것은?

㉮ 코우크스 : 0.8 ~ 1.2
㉯ 고로가스 : 0.7 ~ 0.9
㉰ 발생로 가스 : 0.9 ~ 1.2
㉱ 가솔린 : 11.3 ~ 11.5

풀이 ㉮ 코우크스 : 8.5 정도

32 다음의 액체탄화수소 중 탄소수가 가장 적고, 비점이 30 ~ 200℃, 비중이 0.72 ~ 0.76 정도인 물질은?

㉮ 중유   ㉯ 경유
㉰ 등유   ㉱ 휘발유

풀이 ㉱ 휘발유에 대한 설명이다.

33 Propane $1Sm^3$을 연소시킬 경우 이론 건조연소가스 중의 탄산가스 최대농도(%)는 얼마인가?

㉮ 12.8%   ㉯ 13.8%
㉰ 14.8%   ㉱ 15.8%

풀이 $CO_2max(\%) = \dfrac{CO_2량(Sm^3/Sm^3)}{God(Sm^3/Sm^3)} \times 100$

① Propane(C_3H_8)의 완전연소 반응식
  $C_3H_8 + 5O_2 \rightarrow 3CO_2 + 4H_2O$
② 이론건연소가스량(God)
  $= (1-0.21)A_o + CO_2량(Sm^3/Sm^3)$
  $= (1-0.21) \times \dfrac{5}{0.21} + 3$
  $= 21.8095 Sm^3/Sm^3$
③ $CO_2량 = 3 Sm^3/Sm^3$
④ $CO_2max(\%) = \dfrac{3 Sm^3/Sm^3}{21.8095 Sm^3/Sm^3} \times 100$
  $= 13.76\%$

34 연소물을 연소하는 과정에서 질소산화물(NO_X)이 발생하게 된다. 다음 반응 중 질소산화물(NO_X) 생성 과정에서 발생하는 Prompt NO_X의 주된 반응식으로 가장 적합한 것은?

㉮ $N + NH_3 \rightarrow N_2 + 1.5H_2$
㉯ $N_2 + O_5 \rightarrow 2NO + 1.5O_2$
㉰ $CH + N_2 \rightarrow HCN + N$
㉱ $N + N \rightarrow N_2$

풀이 Promo NO_X의 주된 반응식은 $CH + N_2 \rightarrow HCN + N$ 이다.

35 고체연료 연소장치 중 하급식 연소방법으로 연소과정이 미착화탄 → 산화층 → 환원층 → 회층으로 변하여 연소되고, 연료층을 항상 균일하게 제어할 수 있고, 저품질 연료도 유효하게 연소시킬 수 있어 쓰레기 소각로에 많이 이용되는 화격자 연소장치로 가장 적합한 것은?

㉮ 포트식 스토커(pot stoker)
㉯ 플라즈마 스토커(plasma stoker)
㉰ 로타리 킬른(rotary kiln)
㉱ 체인 스토커(chain stoker)

풀이 ㉱ 체인 스토커에 대한 설명이다.

정답 31 ㉮ 32 ㉱ 33 ㉯ 34 ㉰ 35 ㉱

36 프로판 1Sm³을 공기비 1.3로 완전 연소시킬 경우, 발생되는 건조연소가스량(Sm³)은 얼마인가?

㉮ 약 23.7 ㉯ 약 26.4
㉰ 약 28.9 ㉱ 약 33.7

풀이 $C_3H_8 + 5O_2 \rightarrow 3CO_2 + 4H_2O$
실제건조연소가스량(Gd)
= (m−0.21)A_o+CO_2량(Sm³/Sm³)
= (1.3−0.21)×$\frac{5}{0.21}$ +3
= 28.95Sm³/Sm³

TIP
이론공기량(A_o)
= 이론산소량(O_o)×$\frac{1}{0.21}$(Sm³/Sm³)

37 유동층 연소로의 특성으로 틀린 것은?

㉮ 유동층을 형성하는 분체와 공기와의 접촉면적이 크다.
㉯ 격심한 입자의 운동으로 층내가 균일 온도로 유지된다.
㉰ 석탄연소 시 미연소된 char가 배출될 수 있으므로 재연소장치에서의 연소가 필요하다.
㉱ 부하변동에 따른 적응력이 높다.

풀이 ㉱ 부하변동에 따른 적응력이 낮다.

38 $C_{18}H_{20}$ 1.5kg을 완전연소 시킬 때 필요한 이론 공기량(Sm³)은 얼마인가?

㉮ 10.4 ㉯ 11.5
㉰ 12.6 ㉱ 15.6

풀이 ① $C_{18}H_{20} + 23O_2 \rightarrow 18CO_2 + 10H_2O$
236kg : 23×22.4Sm³
1.5kg : X(산소량)

∴ X(산소량) = $\frac{1.5kg \times 23 \times 22.4Sm^3}{236kg}$
= 3.2746Sm³

② 이론공기량(Sm³)
= 이론산소량(Sm³)×$\frac{1}{0.21}$
= 3.2746Sm³×$\frac{1}{0.21}$
= 15.59Sm³

39 석탄의 탄화도 증가에 따른 특성으로 틀린 것은?

㉮ 연소속도가 커진다.
㉯ 수분 및 휘발분이 감소한다.
㉰ 산소의 양이 줄어든다.
㉱ 발열량이 증가한다.

풀이 ㉮ 연소속도가 작아진다.

40 S함량 5%의 B-C유 400kL를 사용하는 보일러에 S함량 1%인 B-C유를 50% 섞어서 사용하면 SO_2의 배출량은 몇 % 감소하겠는가? (단, 기타 연소조건은 동일하며, S는 연소시 전량 SO_2로 변환되고, B-C유 비중은 0.95(S함량에 무관))

㉮ 30% ㉯ 35%
㉰ 40% ㉱ 45%

정답 36 ㉰ 37 ㉱ 38 ㉱ 39 ㉮ 40 ㉰

풀이 ① 처음 사용 : S함량이 5%인 100%
② 나중 사용 : S함량이 5%인 50% + S함량이 1%인 50%
③ 감소량(%) = $\left(1 - \dfrac{\text{나중 사용}}{\text{처음 사용}}\right) \times 100$
= $\left(1 - \dfrac{5\% \times 0.5 + 1\% \times 0.5}{5\% \times 1}\right) \times 100$
= 40%

| 제3과목 | 대기오염방지기술

41 기상 총괄이동단위높이가 2m인 충전탑을 이용하여 배출가스 중의 HF를 NaOH 수용액으로 흡수제거하려 할 때, 제거율을 98%로 하기 위한 충전탑의 높이는?
(단, 평형분압은 무시한다.)

㉮ 5.6m ㉯ 5.9m
㉰ 6.5m ㉱ 7.8m

풀이 H = NOG×HOG = $\ln\left\{\dfrac{1}{1-\dfrac{\eta(\%)}{100}}\right\} \times$ HOG
= $\ln\left(\dfrac{1}{1-0.98}\right) \times 2\text{m}$
= 7.82m

42 유해물질 제거를 위한 흡수장치 중 다공판탑에 관한 설명으로 틀린 것은?

㉮ 판간격은 보통 40cm이고, 액가스비는 0.3 ~ 5L/m³ 정도이다.
㉯ 압력손실이 20mmH₂O 정도이고, 가스량의 변동이 심한 경우에도 용이하게 조업할 수 있다.
㉰ 판수를 증가시키면 고농도 가스도 일시 처리가 가능하다.
㉱ 가스속도는 0.3 ~ 1m/s 정도이다.

풀이 ㉯ 압력손실이 100 ~ 200mmH₂O 정도이고, 가스량의 변동이 심한 경우에는 조업이 어렵다.

43 중력식집진장치의 이론적 집진효율을 계산할 때 응용되는 Stokes 법칙을 만족하는 가정(조건)으로 틀린 것은?

㉮ $10^{-4} < N_{Re} < 0.5$
㉯ 구는 일정한 속도로 운동
㉰ 구는 강체
㉱ 전이영역흐름(intermediate flow)

풀이 ㉱ 층류영역흐름

44 입자상 물질에 관한 설명으로 틀린 것은?

㉮ 공기동력학경은 stokes경과 달리 입자밀도를 1g/cm³으로 가정함으로써 보다 쉽게 입경을 나타낼 수 있다.
㉯ 비구형입자에서 입자의 밀도가 1보다 클 경우 공기동력학경은 stokes경에 비해 항상 크다고 볼 수 있다.
㉰ cascade impactor는 관성충돌을 이용하여 입경을 간접적으로 측정하는 방법이다.
㉱ 직경 d인 구형입자의 비표면적(단위체적당 표면적)은 d/6이다.

풀이 ㉱ 직경 d인 구형입자의 비표면적(단위체적당 표면적)은 6/d이다.

정답 41 ㉱ 42 ㉯ 43 ㉱ 44 ㉱

45 외부식 후드의 특성으로 틀린 것은?

㉮ 다른 종류의 후드에 비해 근로자가 방해를 많이 받지 않고 작업할 수 있다.
㉯ 포위식 후드보다 일반적으로 필요 송풍량이 많다.
㉰ 외부 난기류의 영향으로 흡입효과가 떨어진다.
㉱ 천개형 후드, 그라인더용 후드 등이 여기에 해당하며, 기류속도가 후드 주변에서 매우 느리다.

풀이 ㉱ 슬롯형 후드, 측방형 후드, 하방형 후드가 여기에 해당하며, 기류속도가 후드 주변에서 매우 빠르다.

46 상온에서 밀도가 1000kg/m³, 입경 50μm인 구형 입자가 높이 5m 정지대기 중에서 침강하여 지면에 도달하는데 걸리는 시간(sec)은 약 얼마인가? (단, 상온에서 공기밀도는 1.2kg/m³, 점도는 1.8×10⁻⁵kg/m·sec이며, stokes 영역이다.)

㉮ 66   ㉯ 86
㉰ 94   ㉱ 105

풀이 ① $V_g = \dfrac{d^2 \times (\rho_s - \rho) \times g}{18\mu}$

$= \dfrac{(50 \times 10^{-6}\text{m})^2 \times (1000 - 1.2)\text{kg/m}^3 \times 9.8\text{m/sec}^2}{18 \times 1.8 \times 10^{-5}\text{kg/m} \cdot \text{sec}}$

$= 0.0755\text{m/sec}$

② $V_g = \dfrac{H}{t}$

따라서 $0.0755\text{m/sec} = \dfrac{5\text{m}}{t}$

∴ $t = \dfrac{5\text{m}}{0.0755\text{m/sec}} = 66.23\text{sec}$

47 전기집진장치에서 입구먼지 농도가 10g/Sm³, 출구먼지 농도가 0.1g/Sm³이었다. 출구먼지 농도를 50mg/Sm³로 하기 위해서는 집진극 면적을 약 몇 배 정도로 넓게 하면 되는가? (단, 다른 조건은 변하지 않는다.)

㉮ 1.15배   ㉯ 1.55배
㉰ 1.85배   ㉱ 2.05배

풀이 전기집진장치에서 효율 구하는 공식

$\eta = \left(1 - \exp\dfrac{-A \times W_e}{Q}\right) \times 100$

$A = \ln(1-\eta) \times \left(\dfrac{-Q}{W_e}\right)$

① $\eta_1 = \left(1 - \dfrac{C_o}{C_i}\right) \times 100$

$= \left(1 - \dfrac{0.1\text{g/Sm}^3}{10\text{g/Sm}^3}\right) \times 100 = 99\%$

따라서 $A_1 = \text{LN}(1-0.99) \times \left(\dfrac{-Q}{W_e}\right)$

$= 4.605\left(\dfrac{Q}{W_e}\right)$

② $\eta_2 = \left(1 - \dfrac{C_o}{C_i}\right) \times 100$

$= \left(1 - \dfrac{0.05\text{g/Sm}^3}{10\text{g/Sm}^3}\right) \times 100 = 99.5\%$

따라서 $A_2 = \text{LN}(1-0.995) \times \left(\dfrac{-Q}{W_e}\right)$

$= 5.2983\left(\dfrac{Q}{W_e}\right)$

③ 집진극의 면적변화 $= \dfrac{A_2}{A_1} = \dfrac{5.2983\left(\dfrac{Q}{W_e}\right)}{4.605\left(\dfrac{Q}{W_e}\right)}$

$= 1.15$배

정답 45 ㉱ 46 ㉮ 47 ㉮

48 여과집진장치 중 간헐식 탈진방식에 관한 설명으로 틀린 것은? (단, 연속식과 비교)

㉮ 먼지의 재비산이 적고, 여과포 수명이 길다.
㉯ 탈진과 여과를 순차적으로 실시하므로 높은 집진효율을 얻을 수 있다.
㉰ 고농도 대량의 가스 처리가 용이하다.
㉱ 진동형과 역기류형, 역기류 진동형이 여기에 해당한다.

[풀이] ㉰번의 설명은 연속식 탈진방식에 대한 설명이다.

49 벤츄리스크러버에서 액가스비를 크게 하는 요인으로 옳은 것은?

㉮ 먼지의 농도가 낮을 때
㉯ 먼지 입자의 점착성이 클 때
㉰ 먼지 입자의 친수성이 클 때
㉱ 먼지 입자의 입경이 클 때

[풀이] ㉮ 먼지의 농도가 높을 때
㉰ 먼지 입자의 친수성이 낮을 때
㉱ 먼지 입자의 입경이 작을 때

50 후드의 유입계수가 0.85, 속도압이 25mmH$_2$O 일 때 후드의 압력손실은 얼마인가?

㉮ 8.1mmH$_2$O   ㉯ 8.8mmH$_2$O
㉰ 9.6mmH$_2$O   ㉱ 10.8mmH$_2$O

[풀이] $\triangle P = \dfrac{1-Ce^2}{Ce^2} \times Vp(mmH_2O)$

여기서
 △P : 압력손실(mmH$_2$O)
 Ce : 유입계수
 Vp : 속도압(mmH$_2$O)

따라서 $\triangle P = \dfrac{1-(0.85)^2}{(0.85)^2} \times 25 mmH_2O$
 $= 9.6 mmH_2O$

51 다음 악취물질 중 통상적으로 공기 중의 최소 감지농도가 가장 낮은 것은?

㉮ 아세톤   ㉯ 암모니아
㉰ 염소   ㉱ 황화수소

[풀이] 공기 중의 최소 감지농도가 가장 낮다는 것은 악취가 심하다는 의미이므로 정답은 ㉱ 황화수소(H$_2$S)이다.

52 송풍기 운전에서 필요 유량이 과부족을 일으켰을 때 송풍기의 유량조절 방법에 해당하지 않는 것은?

㉮ 회전수 조절법   ㉯ 안내익 조절법
㉰ Damper 부착법   ㉱ 체걸음 조절법

[풀이] 송풍기의 유량조절 방법은 회전수 조절법, 안내익 조절법, Damper 부착법이다.

53 흡착제를 친수성(극성)과 소수성(비극성)으로 구분할 때, 다음 중 친수성 흡착제에 해당하지 않는 것은?

㉮ 활성탄   ㉯ 실리카겔
㉰ 활성 알루미나   ㉱ 합성 지올라이트

[풀이] ㉮ 활성탄은 소수성(비극성) 흡착제이다.

정답 48 ㉰ 49 ㉯ 50 ㉰ 51 ㉱ 52 ㉱ 53 ㉮

54 다음은 어떤 법칙에 관한 설명인가?

> 휘발성인 에탄올을 물에 녹인 용액의 증기압은 물의 증기압보다 높다. 그러나 비휘발성인 설탕을 물에 녹인 용액인 설탕물의 증기압은 물보다 낮아진다.

㉮ 헨리(Henry)의 법칙
㉯ 렌츠(Lenz)의 법칙
㉰ 샤를(Charle)의 법칙
㉱ 라울(Raoult)의 법칙

▶풀이 ㉱ 라울(Raoult)의 법칙이다.

55 광학현미경으로 입자의 투영면적을 이용하여 측정한 먼지 입경 중 입자의 투영면적을 2등분하는 선의 길이로 나타내는 것은?

㉮ Martin 경   ㉯ Feret 경
㉰ 등면적 경   ㉱ Heyhood 경

▶풀이 ㉮ Martin 경에 대한 설명이다.

56 흡수탑에 적용되는 흡수액 선정 시 고려할 사항으로 틀린 것은?

㉮ 휘발성이 커야 한다.
㉯ 용해도가 커야 한다.
㉰ 비점이 높아야 한다.
㉱ 점도가 낮아야 한다.

▶풀이 ㉮ 휘발성이 작아야 한다.

57 유해가스로 오염된 가연성물질을 처리하는 방법 중 연료소비량이 적은 편이며, 산화온도가 비교적 낮기 때문에 NO_x의 발생이 매우 적은 처리방법은?

㉮ 직접연소법
㉯ 고온산화법
㉰ 촉매산화법
㉱ 산, 알칼리 세정법

▶풀이 ㉰ 촉매산화법에 대한 설명이다.

58 Henry 법칙이 적용되는 가스로서 공기 중 유해가스의 평형분압이 16mmHg일 때, 수중 유해가스의 농도는 $3.0kmol/m^3$이었다. 같은 조건에서 가스분압이 $435mmH_2O$가 되면 수중 유해가스의 농도는? (단, Hg의 비중 13.6)

㉮ 약 $1.5kmol/m^3$ ㉯ 약 $3.0kmol/m^3$
㉰ 약 $6.0kmol/m^3$ ㉱ 약 $9.0kmol/m^3$

▶풀이 $P = H \times C$에서 $P \propto C$ 관계이므로
$3.0kmol/m^3$: $16mmHg$
$= C : (435mmH_2O/13.6)mmHg$
$\therefore C = 6.0kmol/m^3$

59 대기오염물 중 연소성이 있는 것은 연소나 재연소시켜 제거한다. 다음 중 재연소법의 장점으로 거리가 먼 것은?

㉮ 시설이 배기의 유량과 농도가 크게 변하지 않는 한 잘 적응할 수 있다.
㉯ 시설비는 비교적 많이 소요되지만, 유지비는 낮고 연소생성물에 대한 독성의 우려가 없다.

정답 54 ㉱ 55 ㉮ 56 ㉮ 57 ㉰ 58 ㉰ 59 ㉯

㉰ 경제적인 폐열회수가 가능하다.
㉱ 효율 저하가 거의 없다.

[풀이] ㉰ 시설비는 비교적 적게 소요되지만, 유지비가 높고 연소생성물에 대한 독성의 우려가 있다.

60 배출가스 중의 일산화탄소를 제거하는 방법 중 가장 적절한 방법은?

㉮ 벤츄리스크러버나 충전탑 등으로 세정하여 제거
㉯ 백금계 촉매를 사용하여 무해한 이산화탄소로 산화시켜 제거
㉰ 황산나트륨을 이용하여 흡수하는 시보드법을 적용하여 제거
㉱ 분무탑내에서 알칼리용액으로 중화하여 흡수제거

[풀이] 일산화탄소는 백금계 촉매를 사용하여 무해한 이산화탄소로 산화시켜 제거한다.

| 제4과목 | 대기오염공정시험기준

61 굴뚝에서 배출되는 가스 중 이황화탄소(CS_2)를 채취하기 위한 흡수액은? (단, 자외선/가시선분광법 기준)

㉮ 페놀디술폰산 용액
㉯ p-다이메틸아미노벤질리덴로다닌의 아세톤 용액
㉰ 다이에틸아민구리 용액
㉱ 수산화소듐 용액

[풀이] 이황화탄소의 흡수액은 다이에틸아민구리용액이다.

62 환경대기 중의 석면을 위상차현미경법으로 측정하는 방법에 관한 설명으로 옳지 않은 것은?

㉮ 멤브레인 필터의 광굴절률은 약 5.0 이상을 원칙으로 한다.
㉯ 채취지점은 바닥면으로부터 1.2 ~ 1.5m 되는 위치에서 측정하고, 대상시설의 측정지점은 2개소 이상을 원칙으로 한다.
㉰ 헝클어져 다발을 이루고 있는 섬유는 길이가 5㎛ 이상이고, 길이와 폭의 비가 3 : 1 이상인 섬유를 석면섬유 개수로서 계수한다.
㉱ 석면먼지의 농도표시는 20℃, 1기압 상태의 기체 1mL 중에 함유된 석면섬유의 개수로 표시한다.

[풀이] ㉮ 멤브레인 필터의 광굴절률은 약 1.5를 원칙으로 한다.

63 저용량 공기시료채취기에 의해 환경대기 중 먼지 채취 시 여과지 또는 샘플러 각 부분의 공기저항에 의하여 생기는 압력손실을 측정하여 유량계의 유량을 보정해야 한다. 유량계의 설정조건에서 1기압에서의 유량을 20L/min, 사용조건에 따른 유량계 내의 압력손실을 150mmHg라 할 때, 유량계의 눈금값은 얼마로 설정하여야 하는가?

㉮ 16.3L/min   ㉯ 20.3L/min
㉰ 22.3L/min   ㉱ 25.3L/min

[풀이] 이 문제는 동일하게 출제가 예상되므로 정답을 외워 두시면 됩니다.

정답 60 ㉯ 61 ㉰ 62 ㉮ 63 ㉰

64 굴뚝반경(단면이 원형)이 3m인 경우, 배출가스 중 먼지측정을 위한 굴뚝 측정 점수로 적합한 것은?

㉮ 20 ㉯ 16
㉰ 12 ㉱ 8

풀이 굴뚝반경이 3m이면 직경은 6m이며, 측정점수는 20이다.

TIP

굴뚝직경(m)	반경구분수	측정점수
1 이하	1	4
1 초과 2 이하	2	8
2 초과 4 이하	3	12
4 초과 4.5 이하	4	16
4.5 초과	5	20

65 굴뚝에서 배출되는 배출가스 중 무기 불소화합물을 자외선/가시선분광법으로 분석하여 다음과 같은 결과를 얻었다. 이때, 불소화합물의 농도(ppm, F)는 얼마인가? (단, 방해이온이 존재할 경우)

- 검정곡선에서 구한 불소화합물 이온의 질량 : 1mg
- 건조시료가스량 : 20L
- 분취한 액량 : 50mL

㉮ 100 ㉯ 155
㉰ 250 ㉱ 295

풀이
$$C = \frac{A_F \times \frac{V}{v}}{V_s} \times 1{,}000 \times \frac{22.4}{19}$$

C : 불소화합물의 농도 (ppm, F)
A_F : 검정곡선에서 구한 불소화합물 이온의 질량 (mg)
V_s : 건조시료가스량 (L)
V : 시료용액 전량(방해이온이 존재할 경우 : 250mL, 방해이온이 존재하지 않을 경우 : 200mL)
V : 분취한 액량 (mL)

따라서 $C = \dfrac{1\text{mg} \times \dfrac{250\text{mL}}{50\text{mL}}}{20\text{L}} \times 1{,}000 \times \dfrac{22.4}{19}$

$= 294.74\text{ppm}$

66 화학분석 일반사항에 관한 규정으로 옳은 것은?

㉮ 방울수라 함은 20℃에서 정제수 20방울을 떨어뜨릴 때 그 부피가 약 10mL 되는 것을 뜻한다.
㉯ 기밀용기라 함은 물질을 취급 또는 보관하는 동안에 기체 또는 미생물이 침입하지 않도록 내용물을 보호하는 용기를 뜻한다.
㉰ "감압 또는 진공"이라 함은 따로 규정이 없는 한 15mmHg 이하를 뜻한다.
㉱ 시험조작 중 "즉시"란 10초 이내에 표시된 조작을 하는 것을 뜻한다.

풀이 ㉮ 방울수라 함은 20℃에서 정제수 20방울을 떨어뜨릴 때 그 부피가 약 1mL 되는 것을 뜻한다.
㉯ 기밀용기라 함은 물질을 취급 또는 보관하는 동안에 외부로부터의 공기 또는 다른 가스가 침입하지 않도록 내용물을 보호하는 용기를 뜻한다.
㉱ 시험조작 중 "즉시"란 30초 이내에 표시된 조작을 하는 것을 뜻한다.

정답 64 ㉮ 65 ㉱ 66 ㉰

67 다음은 기체크로마토그래피에 사용되는 충전물질에 관한 설명이다. ( )안에 들어갈 알맞은 말은?

> ( )은 다이바이닐벤젠(Divinyl Benzzene)을 가교제(Bridge Intermediate)로 스티렌계 단량채를 중합시킨 것과 같이 고분자물질을 단독 또는 고정상 액체로 표면처리하여 사용한다.

㉮ 흡착형 충전물질
㉯ 분배형 충전물질
㉰ 다공성 고분자형 충전물질
㉱ 이온교환막형 충전물질

[풀이] ㉰ 다공성 고분자형 충전물질에 대한 설명이다.

68 원자흡수분광광도법에서 사용하는 용어의 정의로 옳은 것은?

㉮ 공명선(Resonance Line) : 원자가 외부로부터 빛을 흡수했다가 다시 먼저 상태로 돌아 갈 때 반사하는 스펙트럼선
㉯ 중공음극램프(Hollow Cathode Lamp) : 원자흡광분석의 광원이 되는 것으로 목적원소를 함유하는 중공음극 한 개 또는 그 이상을 고압의 질소와 함께 채운 방전관
㉰ 역화(Flame Back) : 불꽃의 연소속도가 작고 혼합기체의 분출속도가 클 때 연소현상이 내부로 옮겨지는 것
㉱ 멀티 패스(Multi-Path) : 불꽃 중에서 광로를 짧게 하고 반사를 증대시키기 위하여 반사현상을 이용하여 불꽃 중에 빛을 여러 번 투과시키는 것

[풀이] ㉮ 중공음극램프(Hollow Cathode Lamp) : 원자흡광분석의 광원이 되는 것으로 목적원소를 함유하는 중공음극 한 개 또는 그 이상을 저압의 네온과 함께 채운 방전관
㉰ 역화(Flame Back) : 불꽃의 연소속도가 크고 혼합기체의 분출속도가 작을 때 연소현상이 내부로 옮겨지는 것
㉱ 멀티 패스(Multi-Path) : 불꽃 중에서 광로를 길게 하고 흡수를 증대시키기 위하여 반사현상을 이용하여 불꽃 중에 빛을 여러 번 투과시키는 것

69 기체-고체 크로마토그래피에서 분리관 내경이 3mm일 경우 사용되는 흡착제 및 담체의 입경범위 (㎛)로 가장 적합한 것은? (단, 흡착성 고체분말, 100 ~ 80mesh 기준)

㉮ 120 ~ 149㎛   ㉯ 149 ~ 177㎛
㉰ 177 ~ 250㎛   ㉱ 250 ~ 590㎛

[풀이]

분리관내경(mm)	흡착제 및 담체의 입경범위(㎛)
3	149 ~ 177(100 ~ 80mesh)
4	177 ~ 250(80 ~ 60mesh)
5 ~ 6	250 ~ 590(60 ~ 28mesh)

70 굴뚝배출가스의 연속자동측정 방법에서 측정항목과 측정방법이 잘못 연결된 것은?

㉮ 염화수소 - 비분산적외선분석법
㉯ 암모니아 - 이온전극법
㉰ 질소산화물 - 화학발광법
㉱ 아황산가스 - 용액전도율법

[풀이] ㉯ 암모니아 - 용액전도율법, 적외선가스분석법

정답 67 ㉰   68 ㉮   69 ㉯   70 ㉯

71 다음 중 원자흡수분광광도법에 사용되는 분석장치인 것은?

㉮ Stationary Liquid
㉯ Detector Oven
㉰ Nebulizer-Chamber
㉱ Electron Capture Detector

[풀이] ㉮, ㉯, ㉱는 기체크로마토그래피법에 해당한다.

72 굴뚝배출가스 중 수분량이 체적백분율로 10%이고, 배출가스의 온도는 80℃, 시료채취량은 10L, 대기압은 0.6기압, 가스미터 게이지압은 25mmHg, 가스미터온도 80℃에서의 수증기포화압이 255mmHg라 할 때, 흡수된 수분량(g)은 얼마인가?

㉮ 0.459 ㉯ 0.328
㉰ 0.205 ㉱ 0.147

[풀이]
$X_w(\%) = \dfrac{1.244ma(L)}{Vs(L)+1.244ma(L)} \times 100(\%)$

① $Vs(L) = V(L) \times \dfrac{273}{273+℃} \times \dfrac{(Pa+Pm-Pv)mmHg}{760mmHg}$

$= 10L \times \dfrac{273}{273+80℃}$

$\times \dfrac{(0.6 \times 760+25-255)mmHg}{760mmHg}$

$= 2.30L$

② $10\% = \dfrac{1.244ma}{2.30L+1.244ma} \times 100$

∴ ma = 0.205g

73 굴뚝에서 배출되는 가스에 대한 시료채취 시 주의해야 할 사항으로 틀린 것은?

㉮ 굴뚝 내의 압력이 매우 큰 부압(-300mmH₂O 정도 이하)인 경우에는 시료채취용 굴뚝을 부설한다.
㉯ 굴뚝 내의 압력이 부압(-)인 경우에는 채취구를 열었을 때 유해가스가 분출될 염려가 있으므로 충분한 주의를 필요로 한다.
㉰ 가스미터는 100mmH₂O 이내에서 사용한다.
㉱ 시료가스의 양을 재기 위하여 쓰는 채취병은 미리 0℃ 때의 참부피를 구해둔다.

[풀이] ㉯ 굴뚝 내의 압력이 정압(+)인 경우에는 채취구를 열었을 때 유해가스가 분출될 염려가 있으므로 충분한 주의를 필요로 한다.

74 자외선/가시선 분광법에서 적용되는 램버어트-비어(Lembert-Beer)의 법칙에 관계되는 식으로 옳은 것은? (단, I_o : 입사광의 강도, C : 농도, ϵ : 흡광계수, I_t : 투사광의 강도, l : 빛의 투사거리)

㉮ $I_o = I_t \cdot 10^{-\epsilon Cl}$ ㉯ $I_t = I_o \cdot 10^{-\epsilon Cl}$
㉰ $C = \dfrac{I_t}{I_o} \cdot 10^{-\epsilon l}$ ㉱ $C = \dfrac{I_o}{I_t} \cdot 10^{-\epsilon l}$

[풀이] 램비어트-비어 법칙
① $I_t = I_o \cdot 10^{-\epsilon Cl}$
② $I_o = I_t \cdot 10^{\epsilon Cl}$

정답 71 ㉰ 72 ㉰ 73 ㉯ 74 ㉯

75 다음은 이온크로마토그래피의 검출기에 관한 설명이다. ( )안에 들어갈 알맞은 말은?

> (㉠)는 고성능 액체크로마토그래피 분야에서 가장 널리 사용되는 검출기이며, 최근에는 이온크로마토그래피에서도 전기 전도도 검출기와 병행하여 사용되기도 한다. 또한 (㉡)는 전이금속 성분의 발색반응을 이용하는 경우에 사용된다.

㉮ ㉠ 자외선흡수검출기, ㉡ 가시선흡수검출기
㉯ ㉠ 전기화학적검출기, ㉡ 염광광도검출기
㉰ ㉠ 이온전도도검출기, ㉡ 전기화학적검출기
㉱ ㉠ 광전흡수검출기, ㉡ 암페로메트릭검출기

풀이 자외선흡수검출기는 고성능 액체크로마토그래피 분야에서 가장 널리 사용되는 검출기이며, 가시선흡수검출기는 전이금속 성분의 발색반응을 이용하는 경우에 사용된다.

76 링겔만 매연 농도법을 이용한 매연 측정에 관한 내용으로 틀린 것은?

㉮ 매연의 검은 정도는 6종으로 분류한다.
㉯ 될 수 있는 한 바람이 불지 않을 때 측정한다.
㉰ 연돌구 배경의 검은 장해물을 피해 연기의 흐름에 직각인 위치에서 태양광선을 측면으로 받는 방향으로부터 농도표를 측정자 앞 16m에 놓는다.
㉱ 굴뚝 배출구에서 30~40m 떨어진 곳의 농도를 측정자의 눈높이에 수직이 되게 관측 비교한다.

풀이 ㉱ 굴뚝 배출구에서 30~45cm 떨어진 곳의 농도를 측정자의 눈높이에 수직이 되게 관측 비교한다.

77 비중이 1.88, 농도 97%(중량%)인 농황산(H_2SO_4)의 규정 농도(N)는 얼마인가?

㉮ 18.6N ㉯ 24.9N
㉰ 37.2N ㉱ 49.8N

풀이
$$N농도 = \frac{비중(g)}{(mL)} \times \frac{10^3 mL}{1L} \times \frac{1eq}{분자량(g)/가수} \times \frac{\%}{100}$$

$$= \frac{1.88g}{mL} \times \frac{10^3 mL}{1L} \times \frac{1eq}{98g/2} \times \frac{97\%}{100}$$

$$= 37.22N$$

78 대기오염공정시험기준상 연료의 연소, 금속제련 또는 화학반응 공정 등에서 배출되는 굴뚝 배출가스 중의 일산화탄소 분석방법으로 틀린 것은?

㉮ 비분산적외선분광분석법
㉯ 기체크로마토그래피
㉰ 정전위전해법
㉱ 화학발광법

풀이 일산화탄소 분석방법으로는 비분산적외선분광분석법, 기체크로마토그래피, 정전위전해법이 있다.

정답 75 ㉮ 76 ㉱ 77 ㉰ 78 ㉱

79 어떤 굴뚝 배출가스의 유속을 피토우관으로 측정하고자 한다. 동압 측정시 확대율이 10배인 경사 마노미터를 사용하여 액주 55mm를 얻었다. 동압은 약 몇 mmH₂O인가? (단, 경사 마노미터는 비중 0.85의 톨루엔을 사용한다.)

㉮ 7.0 ㉯ 6.5
㉰ 5.5 ㉱ 4.7

풀이 동압(h) = 액주거리(mm)×톨루엔 비중× $\dfrac{1}{확대율}$

= $55mm \times 0.85 \times \dfrac{1}{10}$ = 4.68mmH₂O

80 배출가스의 흡수를 위한 분석가스와 그 흡수액을 연결한 것으로 틀린 것은?

㉮ 페놀화합물 : 수산화소듐용액(4g/L)
㉯ 비소 : 수산화소듐용액(40g/L)
㉰ 황화수소 : 아연아민착염
㉱ 사이안화수소 : 아세틸아세톤함유 흡수액

풀이 ㉱ 사이안화수소 : 수산화소듐용액(20g/L)

| 제5과목 | 대기환경관계법규

81 다음은 대기환경보전법상 실천계획의 수립·시행 및 평가에 관한 사항이다. ( )안에 들어갈 알맞은 말은?

> 대기환경규제지역을 관할하는 시·도지사 또는 대도시 시장은 그 지역이 대기환경규제지역으로 지정·고시된 후 (㉠) 이내에 그 지역의 환경기준을 달성·유지하기 위한 계획을 (㉡)으로 정하는 내용과 절차에 따라 수립하고, 환경부장관의 승인을 받아 시행하여야 한다. 이를 변경하는 경우에도 또한 같다.

㉮ ㉠ 2년, ㉡ 대통령령
㉯ ㉠ 2년, ㉡ 환경부령
㉰ ㉠ 5년, ㉡ 대통령령
㉱ ㉠ 5년, ㉡ 환경부령

풀이 ( )안에 들어갈 말은 ㉠ 2년, ㉡ 환경부령이 된다.

82 환경정책기본법상 시·도지사가 해당 지역의 환경적 특수성을 고려하여 규정에 의한 환경기준보다 확대·강화된 별도의 환경기준을 설정할 경우, 누구에게 보고하여야 하는가?

㉮ 환경부장관   ㉯ 보건복지부장관
㉰ 국토교통부장관 ㉱ 국무총리

풀이 ㉮ 환경부장관에 대한 설명이다.

정답 79 ㉱ 80 ㉱ 81 ㉯ 82 ㉮

83 대기환경보전법규상 위임업무 보고사항 중 "자동차 연료 및 첨가제의 제조·판매 또는 사용에 대한 규제현황" 업무의 보고횟수 기준은 얼마인가?

㉮ 연 1회 ㉯ 연 2회
㉰ 연 4회 ㉱ 수시

[풀이] 자동차 연료 및 첨가제의 제조·판매 또는 사용에 대한 규제현황의 업무 보고횟수 기준은 연 2회이다.

84 대기환경보전법규상 측정기기의 부착·운영 등과 관련된 행정처분기준 중 "부식·마모·고장 또는 훼손되어 정상적인 작동을 하지 아니하는 측정기기를 정당한 사유 없이 7일 이상 방치하는 경우" 1차~4차 행정처분기준으로 옳은 것은?

㉮ 경고 - 경고 - 경고 - 조업정지 5일
㉯ 경고 - 경고 - 경고 - 조업정지 10일
㉰ 경고 - 조업정지 10일 - 조업정지 30일 - 허가 취소 또는 폐쇄
㉱ 경고 - 경고 - 조업정지 10일 - 조업정지 30일

[풀이] 이 문제는 답을 기억해 두시면 됩니다.

85 다음은 실내공기질 관리법상 측정기기의 부착 및 운영·관리와 규제의 재검토 사항이다.( )안에 들어갈 알맞은 말은?

> 환경부장관은 다중이용시설의 실내공기질 실태를 파악하기 위하여 다중이용시설의 소유자·점유자 등 관리책임이 있는 자에게 환경부령으로 정하는 측정기기를 부착하고, 환경부령으로 정하는 기준에 따라 운영·관리할 것을 권고할 수 있다. 환경부장관은 위에 따른 측정기기의 부착 및 운영·관리에 대하여 2017년 1월 1일 기준으로 ( ) 그 타당성을 검토하여 개선 등의 조치를 하여야 한다.

㉮ 1년 마다 ㉯ 2년 마다
㉰ 3년 마다 ㉱ 5년 마다

[풀이] 2017년 1월 1일 기준으로 타당성 검토는 5년마다 한다.

86 대기환경보전법령상 비산먼지 발생사업으로서 "대통령령으로 정하는 사업" 중 환경부령으로 정하는 사업으로 틀린 것은?

㉮ 비금속물질의 채취업, 제조업 및 가공업
㉯ 제1차 금속 제조업
㉰ 운송장비 제조업
㉱ 목재 및 광석의 운송업

[풀이] 환경부령으로 정하는 사업
① 시멘트·석회·플라스터 및 시멘트관련 제품의 제조 및 가공업
② 비금속물질의 채취·제조·가공업
③ 제1차 금속제조업
④ 비료 및 사료 제품의 제조업
⑤ 건설업
⑥ 시멘트·석탄·토사·사료·곡물·고철의 운송업

정답 83 ㉯ 84 ㉱ 85 ㉱ 86 ㉱

⑦ 운송장비제조업
⑧ 저탄시설의 설치가 필요한 사업
⑨ 고철·곡물·사료·목재 및 광석의 하역업 또는 보관업
⑩ 금속제품 제조가공업
⑪ 폐기물 매립시설 설치·운영 사업

87 대기환경보전법규상 자동차 운행정지 표지에 기재되는 사항이 아닌 것은?

㉮ 점검당시 누적주행거리
㉯ 운행정지기간 중 주차장소
㉰ 자동차 소유자 성명
㉱ 자동차등록번호

[풀이] 자동차 운행정지표지에 기재되는 사항은 점검당시 누적주행거리, 운행정지기간 중 주차장소, 자동차등록번호이다.

88 환경정책기본법령상 "벤젠"의 대기환경 기준 (μg/m³)은? (단, 연간 평균치)

㉮ 0.1 이하
㉯ 0.15 이하
㉰ 0.5 이하
㉱ 5 이하

[풀이] 벤젠의 연간 평균치는 5(μg/m³) 이하이다.

89 실내공기질 관리법규상 노인요양시설 내부의 쾌적한 공기질을 유지하기 위한 실내공기질 유지기준이 설정된 오염물질이 아닌 것은?

㉮ 미세먼지(PM-10)
㉯ 폼알데하이드
㉰ 아산화질소
㉱ 총부유세균

[풀이] 노인요양시설 내부의 쾌적한 공기질을 유지하기 위한 실내공기질 유지기준이 설정된 오염물질은 미세먼지(PM-10), 이산화탄소, 폼알데하이드, 총부유세균, 일산화탄소, 초미세먼지(PM-2.5)이다.

90 대기환경보전법규상 자동차연료형 첨가제의 종류에 해당하지 않는 것은?

㉮ 청정분산제
㉯ 옥탄가향상제
㉰ 매연발생제
㉱ 세척제

[풀이] 자동차연료형 첨가제의 종류
① 세척제   ② 청정분산제
③ 매연억제제   ④ 다목적첨가제
⑤ 옥탄가 향상제   ⑥ 세탄가 향상제
⑦ 유동성 향상제   ⑧ 윤활유 향상제

91 대기환경보전법규상 사업자가 스스로 방지시설을 설계·시공하고자 하는 경우에 시·도지사에 제출하여야 할 서류로 틀린 것은?

㉮ 기술능력 현황을 적은 서류
㉯ 공정도
㉰ 배출시설의 공정도, 그 도면 및 운영규약
㉱ 원료(연료를 포함한다) 사용량, 제품 생산량 및 오염물질 등의 배출량을 예측한 명세서

[풀이] 자가방지시설의 설계·시공시 제출서류
① 배출시설의 설치명세서
② 공정도
③ 원료(연료를 포함한다) 사용량, 제품생산량 및 오염물질 등의 배출량을 예측한 명세서
④ 방지시설의 설치명세서와 그 도면
⑤ 기술능력 현황을 적은 서류

정답 87 ㉰ 88 ㉱ 89 ㉰ 90 ㉰ 91 ㉰

92 대기환경보전법령상 대기오염물질 배출허용기준 일일유량의 산정방법(일일유량=측정유량×일일조업시간) 중 일일조업시간 표시에 대한 설명으로 가장 적합한 것은?

㉮ 일일조업시간은 배출량을 측정하기 전 최근 조업한 7일 동안의 배출시설 조업시간 평균치를 시간으로 표시한다.
㉯ 일일조업시간은 배출량을 측정하기 전 최근 조업한 15일 동안의 배출시설 조업시간 평균치를 시간으로 표시한다.
㉰ 일일조업시간은 배출량을 측정하기 전 최근 조업한 30일 동안의 배출시설 조업시간평균치를 시간으로 표시한다.
㉱ 일일조업시간은 배출량을 측정하기 전 최근 조업한 60일 동안의 배출시설 조업시간 평균치를 시간으로 표시한다.

풀이 일일조업시간은 배출량을 측정하기 전 최근 조업한 30일 동안의 배출시설 조업시간평균치를 시간으로 표시한다.

93 대기환경보전법규상 배출시설을 설치·운영하는 사업자에 대하여 과징금을 부과할 때, "2종 사업장"에 대하여 부과하는 사업장 규모별 부과계수는 얼마인가?

㉮ 0.4 ㉯ 0.7
㉰ 1.0 ㉱ 1.5

풀이 사업장 규모별 부과계수
① 제1종 사업장 : 2.0
② 제2종 사업장 : 1.5
③ 제3종 사업장 : 1.0
④ 제4종 사업장 : 0.7
⑤ 제5종 사업장 : 0.4

94 대기환경보전법령상 황함유기준에 부적합한 유류를 판매하여 그 해당 유류의 회수처리명령을 받은 자는 시·도지사 등에게 그 명령을 받은 날부터 며칠 이내에 이행완료보고서를 제출하여야 하는가?

㉮ 5일 이내에 ㉯ 7일 이내에
㉰ 10일 이내에 ㉱ 30일 이내에

풀이 그 명령을 받은 날부터 5일 이내에 이행완료보고서를 제출하여야 한다.

95 악취방지법규상 지정악취물질이 아닌 것은?

㉮ 아세트알데하이드
㉯ 메틸메르캅탄
㉰ 톨루엔
㉱ 벤젠

풀이 지정악취물질은 기사시험에서 출제빈도가 높으므로 반드시 숙지하셔야 합니다.

96 대기환경보전법규상 특정대기유해물질에 해당하지 않는 것은?

㉮ 아닐린 ㉯ 아세트알데히드
㉰ 1.3-부타디엔 ㉱ 망간

풀이 특정대기유해물질은 시험에서 출제빈도가 높으므로 반드시 숙지하셔야 합니다.

정답 92 ㉰ 93 ㉱ 94 ㉮ 95 ㉱ 96 ㉱

97 대기환경보전법령상 초과부과금 부과대상 오염물질이 아닌 것은?

㉮ 이황화탄소
㉯ 시안화수소
㉰ 황화수소
㉱ 메탄

> 풀이 초과부과금 부과대상 오염물질
> ① 황산화물
> ② 암모니아
> ③ 황화수소
> ④ 이황화탄소
> ⑤ 먼지
> ⑥ 불소화합물
> ⑦ 염화수소
> ⑧ 질소산화물
> ⑨ 시안화수소

98 환경정책기본법령상 대기 환경기준 항목과 그 측정방법이 알맞게 짝지어진 것은?

㉮ 아황산가스 : 원자흡수분광광도법
㉯ 일산화탄소 : 비분산자외선분석법
㉰ 오존 : 자외선광도법
㉱ 미세먼지(PM-10) : 가스크로마토그래피

> 풀이 대기 환경기준 항목과 그 측정방법
> ㉮ 아황산가스 : 자외선형광법
> ㉯ 일산화탄소 : 비분산적외선분석법
> ㉱ 미세먼지(PM-10) : 베타선흡수법

99 대기환경보전법상 평균 배출허용기준을 초과한 자동차제작자에 대한 상환명령을 이행하지 아니하고 자동차를 제작한 자에 대한 벌칙기준으로 옳은 것은?

㉮ 7년 이하의 징역이나 1억원 이하의 벌금에 처한다.
㉯ 5년 이하의 징역이나 5천만원 이하의 벌금에 처한다.
㉰ 3년 이하의 징역이나 3천만원 이하의 벌금에 처한다.
㉱ 1년 이하의 징역이나 1천만원 이하의 벌금에 처한다.

> 풀이 ㉮ 7년 이하의 징역이나 1억원 이하의 벌금에 해당한다.

100 악취관리법상 악취배출시설 설치자가 환경부령으로 정하는 사항을 변경하려는 경우 변경신고를 해야 하는데 이 변경신고를 하지 아니한 경우 과태료 부과기준으로 옳은 것은?

㉮ 50만원 이하의 과태료
㉯ 100만원 이하의 과태료
㉰ 200만원 이하의 과태료
㉱ 500만원 이하의 과태료

> 풀이 ㉯ 100만원 이하의 과태료에 해당한다.

정답 97 ㉱ 98 ㉰ 99 ㉮ 100 ㉯

2018년 4회 대기환경기사

2018년 9월 15일 시행

| 제1과목 | 대기오염개론

01 다음 중 SO_2가 주로 오염물질로 작용한 대기오염 피해사건으로 틀린 것은?

㉮ London Smog 사건
㉯ Poza Rica 사건
㉰ Donora 사건
㉱ Meuse Valley 사건

풀이 ㉯ Poza Rica 사건은 황화수소(H_2S) 누설사건이다.

02 다음에서 설명하는 대기분산모델로 가장 적합한 것은?

- 적용 모델식 : 가우시안모델
- 적용 배출원 형태 : 점, 선 면
- 개발국 : 미국
- 특징 : 미국에서 널리 이용되는 범용적인 모델로 장기 농도계산용 모델임

㉮ RAMS   ㉯ ADMS
㉰ ISCLT   ㉱ MM5

풀이 ㉰ ISCLT에 대한 설명이다.

03 광화학반응에 의한 고농도 오존이 나타날 수 있는 기상조건으로 틀린 것은?

㉮ 시간당 일사량이 $5MJ/m^2$ 이상으로 일사가 강할 때
㉯ 질소산화물과 휘발성 유기화합물의 배출이 많을 때
㉰ 지면에 복사역전이 존재하고 대기가 불안정 할 때
㉱ 기압경도가 완만하여 풍속 4m/sec 이하의 약풍이 지속될 때

풀이 ㉰ 지면에 침강역전이 존재하고 대기가 안정 할 때

04 수용모델(Receptor Model)의 특징으로 틀린 것은?

㉮ 불법배출 오염원을 정량적으로 확인 평가 할 수 있다.
㉯ 2차 오염원의 확인이 가능하다.
㉰ 지형, 기상학적 정보 없이도 사용 가능하다.
㉱ 현재나 과거에 일어났던 일을 추정하여 미래를 위한 전략은 세울 수 있으나, 미래 예측은 어렵다.

풀이 ㉯ 분산모델에 대한 설명이다.

정답 01 ㉯ 02 ㉰ 03 ㉰ 04 ㉯

05 유효굴뚝높이 130m의 굴뚝으로부터 배출되는 SO_2가 지표면에서 최대농도를 나타내는 착지지점(X_{max})은? (단, sutton의 확산식을 이용하여 계산하고, 수직확산계수 $C_z = 0.05$, 대기안정도계수 $n = 0.25$ 이다.)

㉮ 4,880m ㉯ 5,797m
㉰ 6,877m ㉱ 7,995m

풀이
$$X_{max} = \left(\frac{He}{C_z}\right)^{\frac{2}{2-n}}$$

여기서
- X_{max} : 최대지상거리(m)
- He : 유효굴뚝높이(m)
- C_z : 수직확산계수
- n : 대기안정도 상수

따라서 $X_{max} = \left(\frac{130m}{0.05}\right)^{\frac{2}{2-0.25}}$
$= 7,995.15m$

06 다음 중 공중역전에 해당되지 않는 것은?

㉮ 난류역전   ㉯ 접지역전
㉰ 전선역전   ㉱ 침강역전

풀이 역전의 종류
① 지표역전(접지역전) : 복사성(방사성) 역전, 이류성 역전
② 공중역전 : 침강성 역전, 전선성 역전, 해풍역전, 난류성 역전

07 온실기체와 관련한 다음 설명 중 ( ) 안에 가장 알맞은 것은?

(㉠)는 지표부근 대기 중 농도가 약 1.5 ppm 정도이고 주로 미생물의 유기물 분해 작용에 의해 발생하며, (㉡)의 특수 파장을 흡수하여 온실 기체로 작용한다.

㉮ ㉠ CO_2, ㉡ 적외선
㉯ ㉠ CO_2, ㉡ 자외선
㉰ ㉠ CH_4, ㉡ 적외선
㉱ ㉠ CH_4, ㉡ 자외선

08 최대혼합깊이(MMD)에 관한 설명으로 틀린 것은?

㉮ 일반적으로 대단히 안정된 대기에서의 MMD가 작다.
㉯ 실체 측정 시 MMD는 지상에서 수 km 상공까지의 실제공기의 온도종단도로 작성하여 결정된다.
㉰ 일반적으로 MMD가 높은 날은 대기오염이 심하고 낮은 날에는 대기오염이 적음을 나타낸다.
㉱ 통상 계절적으로는 MMD는 이른 여름에 최대가 되고, 겨울에 최소가 된다.

풀이 ㉰ 일반적으로 MMD가 높은 날은 대기오염이 약하고, 낮은 날에는 대기오염이 심하다.

09 다음 중 크롬 발생과 가장 관련이 적은 업종은?

㉮ 피혁공업   ㉯ 염색공업
㉰ 시멘트제조업 ㉱ 레이온제조업

풀이 ㉱ 레이온제조업은 이황화탄소(CS_2)가 발생한다.

정답 05 ㉱ 06 ㉯ 07 ㉰ 08 ㉰ 09 ㉱

10 다음 물질의 특성에 대한 설명 중 옳은 것은?

㉮ 탄소의 순환에서 탄소(CO_2로서)의 가장 큰 저장고 역할을 하는 부분은 대기이다.
㉯ 불소(Fluorine)는 주로 자연상태에서 존재하며, 주 관련 배출업종으로는 황산 제조공정, 연소공정 등이다.
㉰ 질소산화물은 연소 전 연료의 성분으로부터 발생하는 fuel NO_X와 저온연소에서 공기 중의 질소와 수소가 반응하여 생기는 thermal NO_X 등이 있다.
㉱ 염화수소는 플라스틱공업, PVC소각, 소다공업 등이 관련 배출업종이다.

풀이 ㉮ 탄소의 순환에서 탄소(CO_2로서)의 가장 큰 저장고 역할을 하는 부분은 해양이다.
㉯ 불소(Fluorine)는 주로 자연상태에서 존재하지 않으며, 주 관련 배출업종으로는 알루미늄공업, 화학비료공업, 유리공업 등이다.
㉰ 질소산화물은 연소 전 연료의 성분으로부터 발생하는 fuel NO_X와 고온연소에서 공기 중의 질소와 산소가 반응하여 생기는 thermal NO_X 등이 있다.

11 대기오염물질의 분산을 예측하기 위한 바람장미(wind rose)에 관한 설명으로 틀린 것은?

㉮ 풍속이 1m/sec 이하일 때를 정온(calm) 상태로 본다.
㉯ 바람장미는 풍향별로 관측된 바람의 발생빈도와 풍속을 16방향으로 표시한 기상도형이다.
㉰ 관측된 풍향별 발생빈도를 %로 표시한 것을 방향량(vector)이라 한다.
㉱ 가장 빈번히 관측된 풍향을 주풍(prevailing wind)이라 하고, 막대의 길이를 가장 길게 표시한다.

풀이 ㉮ 풍속이 0.2m/sec 이하일 때를 정온(calm)상태로 본다.

12 다음 중 대기 내 오염물질의 일반적인 체류시간 순서로 옳은 것은?

㉮ CO_2 > N_2O > CO > SO_2
㉯ N_2O > CO_2 > CO > SO_2
㉰ CO_2 > SO_2 > N_2O > CO
㉱ N_2O > SO_2 > CO_2 > CO

풀이 체류시간은 N_2O : 20~100년, CO_2 : 2~4년, CO : 1~3개월, SO_2 : 4일

13 스테판-볼츠만의 법칙에 따르면 흑체복사를 하는 물체에서 물체의 표면온도가 1,500K에서 1,997K로 변화된다면, 복사에너지는 약 몇 배로 변화되는가?

㉮ 1.25 배   ㉯ 1.33배
㉰ 2.56배   ㉱ 3.14배

풀이 $E = \sigma T^4$에서 $E = T^4$이므로
$E = \dfrac{(1,997K)^4}{(1,500K)^4} = 3.14배$

14 아래 대기오염사건들의 발생 순서가 오래된 것부터 순서대로 올바르게 나열된 것은?

㉠ 인도 보팔시의 대기오염사건
㉡ 미국의 도노라 사건
㉢ 벨기에의 뮤즈계곡 사건
㉣ 영국의 런던 스모그 사건

㉮ ㉠ → ㉡ → ㉢ → ㉣
㉯ ㉢ → ㉡ → ㉣ → ㉠

정답 10 ㉱ 11 ㉮ 12 ㉯ 13 ㉱ 14 ㉯

㉰ ㉡→㉠→㉣→㉢
㉱ ㉢→㉣→㉠→㉡

> **풀이** 대기오염사건 발생년도
> ㉠ 1984년 ㉡ 1948년 ㉢ 1930년 ㉣ 1952년

15 가우시안모델에 관한 설명으로 틀린 것은?

㉮ 주로 평탄지역에 적용하도록 개발되어 왔으나, 최근 복잡지형에도 적용이 가능하도록 개발되고 있다.
㉯ 간단한 화학반응을 묘사할 수 있다.
㉰ 점오염원에서는 모든 방향으로 확산되어가는 plume은 동일하다고 가정하여 유도한다.
㉱ 장, 단기적인 대기오염도 예측에 사용이 용이하다.

> **풀이** ㉰ 점오염원에서는 풍하방향으로 확산되어가는 plume이 정규분포 한다고 가정하여 유도한다.

16 지구 대기의 성질에 관한 설명으로 틀린 것은?

㉮ 지표면의 온도는 약 15℃ 정도이나 상공 12km 정도의 대류권계면에서는 약 -55℃ 정도까지 하강한다.
㉯ 성층권계면에서의 온도는 지표보다는 약간 낮으나 성층권계면 이상의 중간권에서 기온은 다시 하강한다.
㉰ 중간권 이상에서의 온도는 대기의 분자운동에 의해 결정된 온도로서 직접 관측된 온도와는 다르다.
㉱ 대류권과 비교하였을 때 열권에서 분자의 운동속도는 매우 느리지만 공기 평균자유행로는 짧다.

17 다음 설명에 해당하는 특정대기유해물질은 무엇인가?

> 회백색이며, 높은 장력을 가진 가벼운 금속이다. 합금을 하면 전기 및 열전도가 크고, 마모와 부식에 강하다. 인체에 대한 영향으로는 직업성 폐질환이 우려되고, 발암성이 크고, 폐, 뼈, 간, 비장에 침착되므로 노출에 주의해야 한다.

㉮ V   ㉯ As
㉰ Be ㉱ Zn

> **풀이** ㉰ 베릴륨(Be)에 대한 설명이다.

18 상대습도가 70%이고, 상수를 1.2로 정의할 때, 먼지 농도가 70μg/m³이면, 가시거리는 얼마인가?

㉮ 약 12km   ㉯ 약 17km
㉰ 약 22km   ㉱ 약 27km

> **풀이**
> $$V = \frac{10^3 \times A}{G}$$
> 여기서
> V : 가시거리(km)
> A : 상수
> G : 농도(μg/m³)
>
> 따라서 $V = \frac{10^3 \times 1.2}{70\mu g/m^3} = 17.14km$

정답 15 ㉰ 16 ㉱ 17 ㉰ 18 ㉯

19 정규(Gaussian) 확산 모델과 Turner의 확산계수(10분 기준)를 이용해서 대기가 약간 불안정할 때 하나의 굴뚝에서 배출되는 SO_2의 풍하 1km 지점에서의 지상농도가 0.20ppm인 것으로 평가(계산)하였다면 SO_2의 1시간 평균농도는?

(단, $C_2 = C_1 \times \left(\dfrac{t_1}{t_2}\right)^q$ 이용, q = 0.17 이다.)

㉮ 약 0.26 ppm   ㉯ 약 0.22 ppm
㉰ 약 0.18 ppm   ㉱ 약 0.15 ppm

[풀이] $C_2 = C_1 \times \left(\dfrac{t_1}{t_2}\right)^q$

여기서
- C_1 : t_1(10min)에서의 농도(ppm)
- C_2 : t_2(60min)에서의 농도(ppm)
- q : 상수

따라서 $C_2 = 0.20\text{ppm} \times \left(\dfrac{10\text{min}}{60\text{min}}\right)^{0.17}$
= 0.15ppm

20 성층권에 관한 다음 설명으로 틀린 것은?

㉮ 하층부의 밀도가 커서 매우 안정한 상태를 유지하므로 공기의 상승이나 하강 등의 연직운동은 억제된다.
㉯ 화산분출 등에 의하여 미세한 분진이 이 권역에 유입되면 수년간 남아 있게 되어 기후에 영향을 미치기도 한다.
㉰ 고도에 따라 온도가 상승하는 이유는 성층권의 오존이 태양광선 중의 자외선을 흡수하기 때문이다.
㉱ 오존의 밀도는 일반적으로 지상으로부터 50km 부근이 가장 높고, 이와 같이 오존이 많이 분포한 층을 오존층이라 한다.

[풀이] ㉱ 오존의 밀도는 일반적으로 지상으로부터 20~30km 부근이 가장 높고, 이와 같이 오존이 많이 분포한 층을 오존층이라 한다.

|제2과목| 연소공학

21 각종 연료의(CO_2)max(%)으로 거리가 먼 것은?

㉮ 탄소 10.5~11.0%
㉯ 코우크스 20.0~20.5%
㉰ 역청탄 18.5~19.0%
㉱ 고로가스 24.0~25.0%

[풀이] ㉮ 탄소 21.0%

22 기체연료의 특징으로 틀린 것은?

㉮ 저장이 용이, 시설비가 적게 든다.
㉯ 점화 및 소화가 간단하다.
㉰ 부하의 변동범위가 넓다.
㉱ 연소 조절이 용이하다.

[풀이] ㉮ 저장이 용이하지 못하고, 시설비가 많이 든다.

23 기체연료의 종류 중 액화석유가스에 관한 설명으로 틀린 것은?

㉮ LPG라 하며 가정, 업무용으로 많이 사용되어 온 석유계 탄화수소가스이다.
㉯ 1기압 하에서 -168℃ 정도로 냉각하여 액화시킨 연료이다.
㉰ 탄소수가 3~4개 까지 포함되는 탄화수소류가 주성분이다.
㉱ 대부분 석유정제 시 부산물로 얻어진다.

정답 19 ㉱ 20 ㉱ 21 ㉮ 22 ㉮ 23 ㉯

풀이 ㉰번의 설명은 액화천연가스에 대한 설명이다.

24 불꽃 점화기관에서의 연소과정 중 생기는 노킹현상을 효과적으로 방지하기 위한 기관구조에 대한 설명으로 틀린 것은?

㉮ 말단가스를 고온으로 하기 위한 산화촉매시스템을 사용한다.
㉯ 연소실을 구형(circular type)으로 한다.
㉰ 점화플로그는 연소실 중심에 부착시킨다.
㉱ 난류를 증가시키기 위해 난류생성 pot를 부착시킨다.

풀이 ㉮ 말단가스의 온도, 압력을 내린다.

25 메탄을 이론공기로 완전연소 할 때 부피를 기준으로 한 공연비(AFR)는 얼마인가?

㉮ 6.84 ㉯ 7.68
㉰ 9.52 ㉱ 11.58

풀이 $CH_4 + 2O_2 \rightarrow CO_2 + 2H_2O$
공연비(AFR ; Sm^3/Sm^3)

$$= \frac{\text{산소갯수} \times 22.4 Sm^3 \times \frac{1}{0.21}}{\text{연료갯수} \times 22.4 Sm^3}$$

$$= \frac{2 \times 22.4 Sm^3 \times \frac{1}{0.21}}{1 \times 22.4 Sm^3}$$

$= 9.52$

26 연소시 발생하는 매연 또는 그을음 생성에 미치는 인자 등에 대한 설명으로 틀린 것은?

㉮ 산화하기 쉬운 탄화수소는 매연 발생이 적다.
㉯ 탈수소가 용이한 연료일수록 매연이 잘 생기지 않는다.
㉰ 일반적으로 탄수소비(C/H)가 클수록 매연이 생기기 쉽다.
㉱ 중합 및 고리화합물 등이 매연이 잘 생긴다.

풀이 ㉯ 탈수소가 용이한 연료일수록 매연이 잘 발생한다.

27 연료의 연소시 질소산화물(NO_X)의 발생을 줄이는 방법으로 틀린 것은?

㉮ 예열연소   ㉯ 2단연소
㉰ 저산소연소 ㉱ 배가스 재순환

풀이 ㉮ 저온도 연소

28 화격자 연소 중 상부투입 연소(over feeding fring)에서 일반적인 층의 구성순서로 가장 적합한 것은? (단, 상부 → 하부)

㉮ 석탄층 → 건류층 → 환원층 → 산화층 → 재층 → 화격자
㉯ 화격자 → 석탄층 → 건류층 → 산화층 → 환원층 → 재층
㉰ 석탄층 → 건류층 → 산화층 → 환원층 → 재층 → 화격자
㉱ 화격자 → 건류층 → 석탄층 → 환원층 → 산화층 → 재층

정답 24 ㉮ 25 ㉰ 26 ㉯ 27 ㉮ 28 ㉮

29 3.0%이 황을 함유하는 중유를 매시 2000kg 연소할 때 생기는 황산화물(SO_2)의 이론량(Sm^3/hr)은? (단, 중유 중 황은 전량 SO_2로 배출됨)

㉮ 42 ㉯ 66
㉰ 84 ㉱ 105

풀이 $S + O_2 \rightarrow SO_2$
32kg : 22.4Sm^3
2,000kg/hr×0.03 : X
∴ X = 42Sm^3/hr

30 프로판(C_3H_8) 1Sm^3을 완전연소 하였을 때, 건연소가스 중의 CO_2가 8%(V/V%)이었다. 공기 과잉계수(m)는 얼마인가?

㉮ 1.32 ㉯ 1.43
㉰ 1.52 ㉱ 1.66

풀이 $CO_2\% = \dfrac{CO_2량}{실제건연소가스량(Gd)} \times 100$

$C_3H_8 + 5O_2 \rightarrow 3CO_2 + 4H_2O$
$Gd = (m-0.21)A_o + CO_2량$

따라서 $8\% = \dfrac{3}{(m-0.21)\times\dfrac{5}{0.21}+3} \times 100$

∴ m = 1.659

31 A(g) → 생성물 반응에서 그 반감기가 0.693/k인 반응은? (단, k는 반응속도상수)

㉮ 0차 반응 ㉯ 1차 반응
㉰ 2차 반응 ㉱ 3차 반응

풀이 ㉯ 1차반응에 대한 설명이다.

32 프로판의 고위발열량이 20,000kcal/Sm^3이라면 저위발열량(kcal/Sm^3)은?

㉮ 17,040 ㉯ 17,620
㉰ 18,080 ㉱ 18,830

풀이 $C_3H_8 + 5O_2 \rightarrow 3CO_2 + 4H_2O$
저위발열량(Hl)
= 고위발열량(Hh)-480×H_2O량(kcal/Sm^3)
= 20,000kcal/Sm^3-480×4
= 18,080kcal/Sm^3

33 석탄의 탄화도와 관련된 설명으로 틀린 것은?

㉮ 탄화도가 클수록 고정탄소가 많아져 발열량이 커진다.
㉯ 탄화도가 클수록 휘발분이 감소하고 착화온도가 높아진다.
㉰ 탄화도가 클수록 연소속도가 빨라진다.
㉱ 탄화도가 클수록 연료비가 증가한다.

풀이 ㉰ 탄화도가 클수록 연소속도가 느려진다.

34 기체연료의 연소장치 및 연소방식에 관한 설명으로 틀린 것은?

㉮ 확산연소는 주로 탄화수소가 적은 발생로가스, 고로가스에 적용되는 연소방식이고, 천연가스에도 사용될 수 있다.
㉯ 확산연소에 사용되는 버너 중 포트형은 기체연료와 공기를 다 같이 길이가 고온으로 예열할 수 있다.
㉰ 예혼합연소는 화염온도가 높아 연소 부하가 큰 경우에 사용되고 화염 길이가 길고, 그을음 생성이 많다.
㉱ 예혼합연소에 사용되는 고압버너는 기체연료의 압력을 2kg/cm^2 이상으로 공급하므로 연소실내의 압력은 정압이다.

정답 29 ㉮ 30 ㉱ 31 ㉯ 32 ㉰ 33 ㉰ 34 ㉰

[풀이] ㉰ 예혼합연소는 화염온도가 높아 연소부하가 큰 경우에 사용되고, 화염길이가 짧고, 그을음 생성이 적다.

35 최적 연소부하율이 100,000kcal/m³·hr인 연소로를 설계하여 발열량이 5,000kcal/kg 인 석탄을 200kg/hr로 연소하고자 한다면 이 때 필요한 연소로의 연소실 용적은? (단, 열효율은 100%이다.)

㉮ 200m³ ㉯ 100m³
㉰ 20m³ ㉱ 10m³

[풀이] 연소부하율(kcal/m³·hr)
$= \dfrac{\text{저위발열량(kcal/kg)} \times \text{석탄량(kg/hr)}}{\text{용적(m}^3\text{)}}$

따라서

$100{,}000\text{kcal/m}^3 \cdot \text{hr} = \dfrac{5{,}000\text{kcal/kg} \times 200\text{kg/hr}}{\text{용적(m}^3\text{)}}$

∴ 용적 $= \dfrac{5{,}000\text{kcal/kg} \times 200\text{kg/hr}}{100{,}000\text{kcal/m}^3 \cdot \text{hr}}$
$= 10\text{m}^3$

36 화염으로부터 열을 받으면 가연성 증기가 발생하는 연소로서 휘발유, 등유, 알코올, 벤젠 등의 액체연료의 연소형태는 무엇인가?

㉮ 증발 연소 ㉯ 자기 연소
㉰ 표면 연소 ㉱ 발화 연소

[풀이] ㉮ 증발연소에 대한 설명이다.

37 C 85%, H 7%, O 5%, S 3%인 중유의 이론적인 $(CO_2)max(\%)$ 값은 얼마인가?

㉮ 9.6 ㉯ 12.6
㉰ 17.6 ㉱ 20.6

[풀이] ① 이론공기량(A_o)
$= 8.89C + 26.67\left(H - \dfrac{O}{8}\right) + 3.33S \,(\text{Sm}^3/\text{kg})$
$= 8.89 \times 0.85 + 26.67 \times \left(0.07 - \dfrac{0.05}{8}\right) + 3.33 \times 0.03$
$= 9.3566 \,\text{Sm}^3/\text{kg}$

② 이론건연소가스량(God)
$= A_o - 5.6H + 0.7O + 0.8N \,(\text{Sm}^3/\text{kg})$
$= 9.3566\,\text{Sm}^3/\text{kg} - 5.6 \times 0.07 + 0.7 \times 0.05$
$= 8.9996\,\text{Sm}^3/\text{kg}$

③ $CO_{2max}(\%) = \dfrac{1.867C}{God} \times 100$
$= \dfrac{1.867 \times 0.85 \,\text{Sm}^3/\text{kg}}{8.9996\,\text{Sm}^3/\text{kg}} \times 100$
$= 17.63\%$

38 연료에 관한 다음 설명으로 틀린 것은?

㉮ 하한값은 낮을수록, 상한값은 높을수록 위험하다.
㉯ 폭발범위가 넓을수록 위험하다.
㉰ 온도와 압력이 낮을수록 위험하다.
㉱ 불연성 가스를 첨가하면 폭발범위가 좁아진다.

[풀이] ㉰ 온도와 압력이 높을수록 위험하다.

정답 35 ㉱ 36 ㉮ 37 ㉰ 38 ㉰

39 연료에 관한 다음 설명으로 틀린 것은?

㉮ 연료비는 탄화도의 정도를 나타내는 지수로서, 고정탄소/휘발분으로 계산된다.
㉯ 석유계 액체연료는 고위발열량이 10,000~12,000kcal/kg 정도이고, 메탄올과 같이 산소를 함유한 연료의 경우 발열량은 일반 석유계 액체연료보다 높아진다.
㉰ 일산화탄소의 고위발열량은 3,000kcal/Sm^3 정도이며, 프로판과 부탄보다는 발열량이 낮다.
㉱ LPG는 상온에서 압력을 주면 용이하게 액화되는 석유계의 탄화수소를 말한다.

[풀이] ㉯ 석유계 액체연료는 고위발열량이 10,000~12,000kcal/kg 정도이고, 메탄올과 같이 산소를 함유한 연료의 경우 발열량은 일반 석유계 액체연료보다 낮아진다.

40 시간당 1ton의 석탄을 연소시킬 때 발생하는 SO_2는 0.31Sm^3/min였다. 이 석탄의 황 함유량(%)은 얼마인가? (단, 표준상태를 기준으로 하고, 석탄 중의 황성분은 연소하여 전량 SO_2가 된다.)

㉮ 2.66%　　㉯ 2.97%
㉰ 3.12%　　㉱ 3.40%

[풀이] S + O_2 → SO_2
32kg : 22.4Sm^3
1ton/hr×1hr/60min×10^{3}kg/ton×$\frac{S(\%)}{100}$: 0.31Sm^3/min
∴ S = 2.66%

제3과목 | 대기오염방지기술

41 공장 배출가스 중의 일산화탄소를 백금계의 촉매를 사용하여 연소시켜 처리하고자 할 때, 촉매독으로 작용하는 물질로 가장 거리가 먼 것은?

㉮ Ni　　㉯ Zn
㉰ As　　㉱ S

[풀이] 일산화탄소를 백금계의 촉매를 사용하여 연소시켜 처리하고자 할 때, 촉매독으로 작용하는 물질은 Pb, As, S, Zn 등이 있다.

42 가솔린 자동차의 후처리에 의한 배출가스 저감방안의 하나인 삼원 촉매장치의 설명으로 틀린 것은?

㉮ CO와 HC의 산화촉매로는 주로 백금(Pt)이 사용된다.
㉯ 일반적으로 촉매는 백금(Pt)과 로듐(Rh)의 비율이 2:1로 사용되며, 로듐(Rh)은 NO의 산화반응을 촉진시킨다.
㉰ CO와 HC는 CO_2와 H_2O로 산화되며 NO는 N_2로 환원된다.
㉱ CO, HC, NO_X 3성분의 동시 저감을 위해 엔진에 공급되는 공기연료비는 이론공연비정도로 공급되어야 한다.

[풀이] ㉯ 일반적으로 촉매는 백금(Pt)과 로듐(Rh)의 비율이 2 : 1로 사용되며, 로듐(Rh)은 NO의 환원반응을 촉진시킨다.

정답　39 ㉯　40 ㉮　41 ㉮　42 ㉯

43 입경측정방법 중 관성충돌법(cascade impactor법)에 관한 설명으로 틀린 것은?

㉮ 관성충돌을 이용하여 입경을 간접적으로 측정하는 방법이다.
㉯ 입자의 질량크기분포를 알 수 있다.
㉰ 되튐으로 인한 시료의 손실이 일어날 수 있다.
㉱ 시료채취가 용이하고 채취준비에 시간이 걸리지 않는 장점이 있으나, 단수의 임의 설계가 어렵다.

44 송풍기 회전판 회전에 의하여 집진장치에 공급되는 세정액이 미립자로 만들어져 집진하는 원리를 가진 회전식 세정집진 장치에서 직경이 10cm인 회전판이 9,620rpm으로 회전할 때 형성되는 물방울의 직경(μm)은 얼마인가?

㉮ 93 ㉯ 104
㉰ 208 ㉱ 316

 풀이

$dw = \dfrac{200}{N \times \sqrt{R}} \times 10^4$

여기서
- dw : 물방울 직경(μm)
- N : 회전수(rpm = 회/min)
- R : 반경(cm)

따라서 $dw = \dfrac{200}{9,620rpm \times \sqrt{5cm}} \times 10^4 = 92.98 μm$

45 cyclone으로 집진 시 입경에 따라 집진효율이 달라지게 되는데 집진효율이 50%인 입경을 의미하는 용어는 무엇인가?

㉮ Cut size diameter
㉯ Critical diameter
㉰ Stokes diameter
㉱ Projected area diameter

풀이 ㉮ Cut size diameter = 50%인 입경 = 절단입경

46 내경이 120mm의 원통내를 20℃ 1기압의 공기가 30m³/hr로 흐른다. 표준상태의 공기의 밀도가 1.3kg/Sm³, 20℃의 공기의 점도가 1.81×10⁻⁴ poise이라면 레이놀드 수는 얼마인가?

㉮ 약 4,500 ㉯ 약 5,900
㉰ 약 6,500 ㉱ 약 7,300

풀이

$Re = \dfrac{D \times V \times \rho}{\mu}$

여기서
- Re : 레이놀드 수
- D : 내경(m)
- V : 속도(m/sec)
- ρ : 점성계수(kg/m·sec)

따라서 $Re = \dfrac{0.12m \times 0.7368m/sec \times 1.21kg/m^3}{1.8 \times 10^{-5} kg/m \cdot sec}$

$= 5,943.52$

TIP

① 속도(V) = $\dfrac{Q}{A} = \dfrac{Q}{\dfrac{\pi \times d^2}{4}}$

$= \dfrac{30m^3/hr \times 1hr/3600sec}{\dfrac{\pi \times (0.12m)^2}{4}}$

$= 0.7368 m/sec$

② $\rho = 1.3kg/Sm^3 \times \dfrac{273}{273+20℃}$

$= 1.21 kg/m^3$

③ poise × 10⁻¹ = kg/m·sec

정답 43 ㉱ 44 ㉮ 45 ㉮ 46 ㉯

④ poise = g/cm·sec

47 A굴뚝 배출가스 중의 염화수소 농도가 250ppm이었다. 염화수소의 배출허용기준을 80mg/Sm³로 하면 염화수소의 농도를 현재 값의 몇 % 이하로 하여야 하는가? (단, 표준상태 기준)

㉮ 약 10% 이하   ㉯ 약 20% 이하
㉰ 약 30% 이하   ㉱ 약 40% 이하

풀이 현재값의 농도(%) = $\dfrac{\text{배출허용기준}}{\text{배출농도}} \times 100$

$= \dfrac{80\text{mg/Sm}^3}{250\text{mL/Sm}^3 \times \dfrac{36.5\text{mg}}{22.4\text{mL}}} \times 100$

$= 19.64\%$

48 중력 집진장치에서 수평이동속도 V_x, 침강실폭 B, 침강실 수평길이 L, 침강실 높이 H, 종말침강속도가 V_t 라면 주어진 입경에 대한 부분집진효율은? (단, 층류기준)

㉮ $\dfrac{V_x \times B}{V_t \times H}$ ㉯ $\dfrac{V_t \times H}{V_x \times B}$

㉰ $\dfrac{V_t \times L}{V_x \times H}$ ㉱ $\dfrac{V_x \times H}{V_t \times L}$

49 Venturi scrubber에서 액가스비가 0.6L/m^3, 목부의 압력손실이 330mmH₂O 일 때 목부의 가스속도(m/sec)는 얼마인가?

(단, $r = 1.2\text{kg/m}^3$, Venturi scrubber의 압력손실식 $\triangle P = (0.5+L) \times \dfrac{rV^2}{2g}$ 를 이용할 것)

㉮ 60   ㉯ 70
㉰ 80   ㉱ 90

풀이 $\triangle P = (0.5+L) \times \dfrac{rV^2}{2g}$

여기서
$\triangle P$: 압력손실(mmH₂O)
L : 액가스비(L/m³)
r : 가스의 밀도(kg/m³)
V : 가스속도(m/sec)
g : 중력가속도(9.8m/sec²)

따라서

$330\text{mmH}_2\text{O} = (0.5+0.6\text{L/m}^3) \times \dfrac{1.2\text{kg/m}^3 \times V^2}{2 \times 9.8\text{m/sec}^2}$

∴ V = 70m/sec

50 다음 중 다른 VOC 방지장치와 상대 비교한 생물여과장치의 특성으로 틀린 것은?

㉮ CO 및 NO_x를 포함한 생성 오염부산물이 적거나 없다.
㉯ 고농도 오염물질의 처리에 적합하고, 설치가 복잡한 편이다.
㉰ 습도제어에 각별한 주의가 필요하다.
㉱ 생체량의 증가로 장치가 막힐 수 있다.

풀이 ㉯ 고농도 오염물질의 처리에 부적합하고, 설치가 간단한 편이다.

51 NO_x 발생을 억제하는 방법으로 틀린 것은?

㉮ 과잉 공기를 적게하여 연소시킨다.
㉯ 연소용 공기에 배기가스의 일부를 혼합 공급하여 산소 농도를 감소시켜 운전한다.
㉰ 이론공기량의 70% 정도를 버너에 공급하여 불완전 연소시키고, 그 후 30~35% 공기를 하부로 주입하여 완전 연소시켜 화염온도를 증가시킨다.
㉱ 고체, 액체연료에 비해 기체연료가 공기와의 혼합이 잘 되어 신속히 연소함으로써 고온에서 연소가스의 체류시간을 단축시켜 운전한다.

정답 47 ㉯ 48 ㉰ 49 ㉯ 50 ㉯ 51 ㉰

52 HOG가 0.7m이고 제거율이 99%면 흡수탑의 충진높이는 얼마인가?

㉮ 1.6m ㉯ 2.1m
㉰ 2.8m ㉱ 3.2m

풀이 H = NOG×HOG
여기서
- H : 충전탑의 높이(m)
- NOG : 총괄이동단위수
- NOG : $\ln\left(\dfrac{1}{1-\eta}\right)$
- HOG : 총괄이동단위높이(m)

따라서 H = $\ln\left(\dfrac{1}{1-0.99}\right)$×0.7m = 3.22m

53 사이클론의 유입구 높이가 18.75cm, 원통부의 높이가 1.0m, 원추부의 높이가 1.0m 일 때 외부선회류의 회전수는 얼마인가?

㉮ 2   ㉯ 4
㉰ 6   ㉱ 8

풀이 N = $\dfrac{1}{H_A}\times\left(H_B + \dfrac{H_C}{2}\right)$

여기서
- N : 회전수
- H_A : 유입구 높이(m)
- H_B : 원통부 높이(m)
- H_C : 원추부 높이(m)

따라서 회전수(N) = $\dfrac{1}{0.1875m}\times\left(1m + \dfrac{1m}{2}\right)$
= 8회

54 유해가스 처리를 위한 흡수액의 선정 조건으로 옳은 것은?

㉮ 용해도가 적어야 한다.
㉯ 휘발성이 적어야 한다.
㉰ 점성이 높아야 한다.
㉱ 용매의 화학적 성질과 확연히 달라야 한다.

풀이 ㉮ 용해도가 높아야 한다.
㉰ 점성이 작아야 한다.
㉱ 용매의 화학적 성질과 비슷해야 한다.

55 2개의 집진장치를 조합하여 먼지를 제거하려고 한다. 2개를 직렬로 연결하는 방식(A)과 2개를 병렬로 연결하는 방식(B)에 대한 다음 설명으로 틀린 것은? (단, 각 집진장치의 처리량과 집진율은 80%로 둘 다 동일하다고 가정한다.)

㉮ (A)방식이 (B)방식보다 더 일반적이다.
㉯ (B)방식은 처리가스의 양이 많은 경우 사용된다.
㉰ (A)방식의 총집진율은 94%이다.
㉱ (B)방식의 총집진율은 단일집진장치 때와 같이 80%이다.

풀이 ㉰ (A)방식의 총집진율은 96%이다.

TIP
① A방식의 총집진율(η_T) = 1-(1-η_1)×(1-η_2)
= 1-(1-0.8)×(1-0.8)
= 0.96 따라서 96%
② B방식의 총집진율(η_T) = $\dfrac{\eta_1+\eta_2}{2}$
= $\dfrac{80\%+80\%}{2}$
= 80%

정답 52 ㉱ 53 ㉱ 54 ㉯ 55 ㉰

56 3개의 집진장치를 직렬로 조합하여 집진한 결과 총집진율이 99%이었다. 1차 집진장치의 집진율이 70%, 2차 집진장치의 집진율이 80%라면 3차 집진장치의 집진율은 얼마인가?

㉮ 약 75.6% ㉯ 약 83.3%
㉰ 약 89.2% ㉱ 약 93.4%

풀이 총합집진율(η_T) = 1-(1-η_1)×(1-η_2)×(1-η_3)
∴ 0.99 = 1-(1-0.7)×(1-0.8)×(1-η_3)
따라서 η_3 = 0.8333 이므로 83.33% 이다.

57 가로 5m, 세로 8m인 두 집진판이 평행하게 설치되어 있고, 두 판 사이 중간에 원형철심방전극이 위치하고 있는 전기집진장치에 굴뚝가스가 120m³/min로 통과하고, 입자이동속도가 0.12m/s 일 때의 집진효율은? (단, Deutsch - Anderson 식 적용)

㉮ 98.2% ㉯ 98.7%
㉰ 99.2% ㉱ 99.7%

풀이 $\eta = \left\{1-\exp\frac{-A \cdot We}{Q}\right\} \times 100(\%)$
$= \left\{1-\exp\frac{-2\times 5m\times 8m\times 0.12m/sec}{120m^3/min\times 1min/60sec}\right\} \times 100$
$= 99.18\%$

TIP
단면적(A) = 2×가로×세로(m²)

58 흡착제에 관한 설명으로 옳지 않은 것은?

㉮ 마그네시아는 표면적이 50~100m²/g 으로 NaOH 용액 중 불순물 제거에 주로 사용된다.
㉯ 활성탄은 표면적이 600~1400m²/g 으로 용제회수, 악취제거, 가스정화 등에 사용된다.
㉰ 일반적으로 활성탄의 물리적 흡착방법으로 제거할 수 있는 유기성 가스의 분자량은 45이상이어야 한다.
㉱ 활성탄은 비극성물질을 흡착하며 대부분의 경우 유기용제 증기를 제거하는데 탁월하다.

풀이 ㉮ 마그네시아는 표면적이 200m²/g 으로 기름용제 정제에 주로 사용된다.

59 석회세정법의 특성으로 틀린 것은?

㉮ 배기온도가 높아(120℃ 정도) 통풍력이 높다.
㉯ 먼지와 연소재의 동시 제거가 가능하므로 제진시설이 따로 불필요하다.
㉰ 소규모 소용량 이용에 편리하다.
㉱ 통풍펜을 사용할 경우 동력비가 비싸다.

풀이 ㉮ 배기온도가 낮아 통풍력이 낮다.

60 다음 세정집진장치 중 세정액을 가압 공급하여 함진가스를 세정하는 가압수식에 해당하지 않는 것은?

㉮ Venturi scrubber
㉯ Impulse scrubber
㉰ Packed tower
㉱ Jet scrubber

풀이 ㉯ Impulse scrubber는 회전식 집진장치이다.

정답 56 ㉯ 57 ㉰ 58 ㉮ 59 ㉮ 60 ㉯

| 제4과목 | 대기오염공정시험기준

61 굴뚝을 통하여 대기중으로 배출되는 가스상 물질을 분석하기 위한 시료 채취방법에 대한 주의사항 중 틀린 것은?

㉮ 흡수병을 공용으로 할 때에는 대상 성분이 달라질 때마다 묽은 산 또는 알칼리 용액과 물로 깨끗이 씻은 다음 다시 흡수액으로 3회 정도 씻은 후 사용한다.
㉯ 가스미터는 500mmH₂O 이내에서 사용한다.
㉰ 습식 가스미터를 이동 또는 운반할 때에는 반드시 물을 빼고, 오랫동안 쓰지 않을 때에도 그와 같이 배수한다.
㉱ 굴뚝내의 압력이 매우 큰 부압(-300 mmH₂O 정도 이하)인 경우에는, 시료 채취용 굴뚝을 부설하여 용량이 큰 펌프를 써서 시료가스를 흡입하고 그 부설한 굴뚝에 채취구를 만든다.

[풀이] ㉯ 가스미터는 100mmH₂O 이내에서 사용한다.

62 기체-액체크로마토그래피에서 일반적으로 사용되는 분배형 충전물질인 고정상액체의 종류 중 탄화수소계에 해당되는 것은?

㉮ 플루오린화규소
㉯ 스쿠아란(Squlalne)
㉰ 폴리페닐에테르
㉱ 활성알루미나

[풀이] ㉮ 실리콘계 ㉰ 에테르계 ㉱ 흡착형 충전물질

63 굴뚝 배출가스 중 플루오린화합물의 자외선/가시선분광법에 대한 설명으로 틀린 것은?

㉮ 0.1mol/L 수산화소듐용액을 흡수액으로 한다.
㉯ 흡수파장은 620nm를 사용한다.
㉰ 란타넘과 알라자린콤플렉손을 가하여 이때 생기는 색의 흡광도를 측정한다.
㉱ 플루오린화 이온을 방해이온과 분리한 다음 묽은 황산으로 pH 5 ~ 6으로 조절한다.

[풀이] ㉱ 플루오린화 이온을 방해이온과 분리한 다음 완충액으로 pH를 조절한다.

64 굴뚝 배출가스 중 사이안화수소를 자외선/가시선분광법-4-피리딘카복실산-피라졸론법으로 분석하는 방법에 대한 설명으로 틀린 것은?

㉮ 정량범위는 0.05ppm~8.61ppm이다.
㉯ 638nm 부근의 흡광도를 측정한다.
㉰ 배출가스 중 염소 등의 산화성가스가 공존하면 영향을 받는다.
㉱ 흡수액은 황산용액(20g/L)이다.

[풀이] ㉱ 흡수액은 수산화소듐용액(20g/L)이다.

65 굴뚝배출가스 중 질소산화물을 연속적으로 자동 측정하는 방법 중 자외선흡수 분석계의 구성에 관한 설명으로 틀린 것은?

㉮ 광원 : 중수소방전관 또는 중압수은등을 사용한다.
㉯ 시료셀 : 시료가스가 연속적으로 흘러 갈 수 있는 구조로 되어 있으며 그 길이는 200~500mm이고, 셀의 창은 석영판

정답 61 ㉯ 62 ㉯ 63 ㉱ 64 ㉱ 65 ㉰

과 같이 자외선 및 가시광선이 투과할 수 있는 재질이어야 한다.
㉰ 광학필터 : 프리즘과 회절격자 분광기 등을 이용하여 자외선 영역 또는 가시광선영역의 단색광을 얻는 데 사용된다.
㉲ 합산증폭기 : 신호를 증폭하는 기능과 일산화질소 측정파장에서 아황산가스의 간섭을 보정하는 기능을 가지고 있다.

66 굴뚝 배출가스 중 산소를 전기화학식으로 측정하는 방법에 대한 설명으로 틀린 것은?

㉮ 산소의 전기화학적 산화환원 반응을 이용하여 산소농도를 연속적으로 측정한다.
㉯ 질코니아방식은 고온에서 산소와 반응하는 가연성가스(일산화탄소, 메테인 등)의 영향을 무시할 수 있는 경우에 적용할 수 있다.
㉰ 측정범위는 0% ~ 5.0% 이하로 한다.
㉲ 전극방식은 산화환원반응을 일으키는 가스(SO_2, CO_2 등)의 영향을 무시할 수 있는 경우에 적용할 수 있다.

풀이 ㉰ 측정범위는 0% ~ 25.0% 이하로 한다.

67 굴뚝 배출가스 중의 황화수소 분석방법에 관한 설명으로 옳은 것은?

㉮ 오르토 톨리딘을 함유하는 흡수액에 황화수소를 통과시켜 얻어지는 발색액의 흡광도를 측정한다.
㉯ 시료 중의 황화수소를 아연아민착염 용액에 흡수시켜 P-아미노다이메틸아닐린 용액과 염화철(Ⅲ) 용액을 가하여 생성되는 메틸렌블루의 흡광도를 측정한다.
㉰ 다이에틸아민구리 용액에서 황화수소 가스를 흡수시켜 생성된 다이에틸 다이싸이오카밤산구리의 흡광도를 측정한다.
㉲ 황화수소 흡수액을 일정량으로 묽게 한 다음 완충액을 가하여 pH를 조절하고, 란탄과 알리자린 콤플렉션을 가하여 얻어지는 발색액의 흡광도를 측정한다.

68 환경대기 중 먼지를 저용량 공기시료 채취기로 분당 20L 씩 채취할 경우, 유량계의 눈금값 Q_r(L/min)을 나타내는 식으로 옳은 것은? (단, 1기압에서의 기준이며, $\triangle P$(mmHg)는 마노미터로 측정한 유량계 내의 압력손실이다.)

㉮ $20\sqrt{\dfrac{760-\triangle P}{760}}$

㉯ $20\sqrt{\dfrac{760}{760-\triangle P}}$

㉰ $760\sqrt{\dfrac{20/\triangle P}{760}}$

㉲ $760\sqrt{\dfrac{760}{20/\triangle P}}$

정답 66 ㉰ 67 ㉯ 68 ㉯

69 대기오염공정시험기준의 총칙에 근거한 "방울수"의 의미로 가장 적합한 것은?

㉮ 20℃에서 정제수 20방울을 떨어뜨릴 때 그 부피가 약 1mL 되는 것을 뜻한다.
㉯ 20℃에서 정제수 10방울을 떨어뜨릴 때 그 부피가 약 1mL 되는 것을 뜻한다.
㉰ 0℃에서 정제수 10방울을 떨어뜨릴 때 그 부피가 약 1mL 되는 것을 뜻한다.
㉱ 0℃에서 정제수 1방울을 떨어뜨릴 때 그 부피가 약 1mL 되는 것을 뜻한다.

70 굴뚝배출가스 중 오염물질 연속자동측정기기의 설치 위치 및 방법으로 틀린 것은?

㉮ 병합굴뚝에서 배출허용기준이 다른 경우에는 측정기기 및 유량계를 합쳐지기 전 각각의 지점에 설치하여야 한다.
㉯ 분산굴뚝에서 측정기기는 나뉘기 전 굴뚝에 설치하거나 나뉜 각각의 굴뚝에 설치하여야 한다.
㉰ 병합굴뚝에서 배출허용기준이 같은 경우에는 측정기기 및 유량계를 오염물질이 합쳐진 후 지점 또는 합쳐지기 전 지점에 설치하여야 한다.
㉱ 불가피하게 외부공기가 유입되는 경우에 측정기기는 외부공기 유입 후에 설치하여야한다.

[풀이] ㉱ 불가피하게 외부공기가 유입되는 경우에 측정기기는 외부공기 유입 전에 설치하여야 한다.

71 굴뚝 등에서 배출되는 오염물질별 분석 방법으로 틀린 것은?

㉮ 자외선가시선분광법에 의한 암모니아 분석시 분석용 시료 용액에 페놀-나이트로프루시드소듐 용액과 하이포아염소산소듐 용액을 가하고 암모늄 이온과 반응시킨다.
㉯ 염화수소를 자외선가시선분광법으로 분석시 시료에 메틸알콜 10mL 등을 가하고 마개를 한 후 흔들어 잘 섞는다.
㉰ 이황화탄소를 자외선가시선분광법으로 분석시 황화수소를 제거하기 위해 흡수병 중 한개는 전처리용으로 아세트산카드뮴용액을 넣는다.
㉱ 황산화물을 침전적정법으로 분석 시 종말점은 녹색이다.

[풀이] ㉱ 황산화물을 침전적정법으로 분석 시 종말점은 청색이 1분간 지속되는 점이다.

72 다음 액체시약 중 비중이 가장 큰 것은?

(단, 브롬의 원자량은 79.9, 염소는 35.5, 아이오딘(요오드)는 126.9이다.)

㉮ 브롬화수소(HBr, 농도 : 49%)
㉯ 염산(HCl, 농도 : 37%)
㉰ 질산(HNO_3, 농도 : 62%)
㉱ 아이오드화수소(HI, 농도 : 58%)

[풀이] 보기 액체의 비중
㉮ 1.48 ㉯ 1.18 ㉰ 1.38 ㉱ 1.70

정답 69 ㉮ 70 ㉱ 71 ㉱ 72 ㉱

73 시판되는 염산시약의 농도가 35%이고 비중이 1.18인 경우 0.1M의 염산 1L를 제조할 때 시판 염산시약 약 몇 mL를 취하여 증류수로 희석하여야 하는가?

㉮ 3 ㉯ 6
㉰ 9 ㉱ 15

풀이
① $N(eq/L) = \dfrac{비중(g)}{mL} \times \dfrac{10^3 mL}{L} \times \dfrac{1eq}{분자량(g)/가수} \times \dfrac{\%농도}{100}$

$= \dfrac{1.18g}{mL} \times \dfrac{10^3 mL}{L} \times \dfrac{1eq}{36.5g/1} \times \dfrac{35\%}{100}$

$= 11.315N$

② $N_1 \times V_1 = N_2 \times V_2$
$0.1N \times 1000mL = 11.315N \times V_2$
$\therefore V_2 = 8.84mL$

74 원자흡수분광광도법에서 원자흡광 분석장치의 구성으로 틀린 것은?

㉮ 분리관 ㉯ 광원부
㉰ 단색화부 ㉱ 시료원자화부

풀이 원자흡광 분석장치의 구성은 광원부 → 시료원자화부 → 단색화부 → 측광부 순이다.

75 대기오염공정시험기준에 의거 환경대기 중 휘발성 유기화합물(유해 VOCs 고체흡착법)을 추출할 때 추출용매로 가장 적합한 것은?

㉮ Ethyl alcohol ㉯ PCB
㉰ CS_2 ㉱ n-Hexane

풀이 추출용매로 사용하는 것은 이황화탄소(CS_2)이다.

76 광원에서 나오는 빛을 단색화장치에 의하여 좁은 파장범위의 빛만을 선택하여 어떤 액층을 통과시킬 때 입사광의 강도가 1이고, 투사광의 강도가 0.5였다. 이 경우 Lambert-Beer법칙을 적용하여 흡광도를 구하면 얼마인가?

㉮ 0.3 ㉯ 0.5
㉰ 0.7 ㉱ 1.0

풀이 흡광도(A) $= \log\left(\dfrac{입사광의\ 강도}{투사광의\ 강도}\right)$
$= \log\left(\dfrac{1}{0.5}\right) = 0.30$

77 굴뚝의 측정공에서 피토우관을 이용하여 측정한 조건이 다음과 같을 때 배출가스의 유속은 얼마인가?

- 동압 : 13mmH₂O
- 피토우관계수 : 0.85
- 가스의 밀도 : 1.2kg/m³

㉮ 10.6m/sec ㉯ 12.4m/sec
㉰ 14.8m/sec ㉱ 17.8m/sec

풀이 $V = C \times \sqrt{\dfrac{2gh}{r}}$

여기서
V : 공기의 유속(m/sec)
C : 피토우관 계수
g : 중력가속도(9.8m/sec²)
h : 동압(mmH₂O)
r : 밀도(kg/m³)

따라서 $V = 0.85 \times \sqrt{\dfrac{2 \times 9.8 m/sec^2 \times 13 mmH_2O}{1.2 kg/m^3}}$
$= 12.39 m/sec$

정답 73 ㉰ 74 ㉮ 75 ㉰ 76 ㉮ 77 ㉯

78 비분산적외선분광분석법에서 용어의 정의 중 "측정성분이 흡수되는 적외선을 그 흡수파장에서 측정하는 방식"을 의미하는 것은?

㉮ 정필터형
㉯ 복광필터형
㉰ 회절격자형
㉱ 적회선흡광형

▸풀이 ㉮ 정필터형에 대한 설명이다.

79 다음은 자외선가시선분광법에서 측광부에 관한 설명이다. ( )안에 가장 알맞은 것은?

> 측광부의 광전측광에는 광전관, 광전자증배관, 광전도셀 또는 광전지 등을 사용한다. 광전관, 광전자증배관은 주로 (㉠) 범위에서, 광전도셀은 (㉡) 범위에서, 광전지는 주로 (㉢) 범위 내에서의 광전측광에 사용된다.

㉮ ㉠ 근적외파장, ㉡ 자외파장, ㉢ 가시파장
㉯ ㉠ 가시파장, ㉡ 근자외 내지 가시파장, ㉢ 적외파장
㉰ ㉠ 근적외파장, ㉡ 근자외파장, ㉢ 가시 내지 근적외파장
㉱ ㉠ 자외 내지 가시파장, ㉡ 근적외파장, ㉢ 가시파장

▸풀이 측광부
① 광전관, 광전자증배관 : 자외 내지 가시파장 범위
② 광전도셀 : 근적외파장 범위
③ 광전지 : 가시파장 범위

80 굴뚝배출가스 중 폼알데하이드 분석방법으로 틀린 것은?

㉮ 크로모트로핀산 자외선/가시선분광법은 배출가스를 크로모트로핀산을 함유하는 흡수발색액에 채취하고 가온하여 얻은 자색발색액의 흡광도를 측정하여 농도를 구한다.
㉯ 아세틸아세톤 자외선/가시선분광법은 배출가스를 아세틸아세톤을 함유하는 흡수발색액에 채취하고 가온하여 얻은 황색발색액의 흡광도를 측정하여 농도를 구한다.
㉰ 흡수액 2,4-DNPH(Dinitrophenylthydrazine)과 반응하여 하이드라존 유도체를 생성하게 되고 이를 액체크로마토그래프로 분석한다.
㉱ 수산화소듐용액(0.4W/V%)에 흡수·채취시켜 이 용액을 산성으로 한 후 초산에틸로 용매를 추출해서 이온화검출기를 구비한 가스크로마토그래프로 분석한다.

▸풀이 폼알데하이드의 분석방법은 고성능 액체크로마토그래피법, 크로모트로핀산 자외선/가시선분광법, 아세틸아세톤 자외선/가시선분광법이 있다.

정답 78 ㉮ 79 ㉱ 80 ㉱

| 제5과목 | 대기환경관계법규

81 실내공기질 관리법규상 "의료기관"의 폼알데하이드($\mu g/m^3$)실내공기질 유지기준은?

㉮ 10 이하   ㉯ 25 이하
㉰ 80 이하   ㉱ 150 이하

풀이 의료기관의 폼알데하이드의 실내공기질 유지기준은 80$\mu g/m^3$이하이다.

82 대기환경보전법규상 가스를 사용연료로 하는 경자동차의 배출가스 보증 적용기간 기준으로 옳은 것은? (단, 2016년 1월 1일 이후 제작자동차 기준)

㉮ 2년 또는 10,000km
㉯ 2년 또는 160,000km
㉰ 6년 또는 10,000km
㉱ 10년 또는 192,000km

83 환경정책기본법령상 아황산가스(SO_2)의 대기환경기준으로 옳게 연결된 것은?

- 24시간 평균치 : (㉠) ppm 이하
- 1시간 평균치 : (㉡) ppm 이하

㉮ ㉠ 0.05, ㉡ 0.15
㉯ ㉠ 0.06, ㉡ 0.10
㉰ ㉠ 0.07, ㉡ 0.12
㉱ ㉠ 0.08, ㉡ 0.12

풀이 아황산가스(SO_2)의 환경기준
① 연간 평균치 : 0.02ppm 이하
② 24시간 평균치 : 0.05ppm 이하
③ 1시간 평균치 : 0.15ppm 이하

84 대기환경보전법상 장거리이동대기오염물질 대책위원회에 관한 사항으로 틀린 것은?

㉮ 위원회는 위원장 1명을 포함한 25명 이내의 위원으로 구성한다.
㉯ 위원회의 위원장은 환경부장관이 되고, 위원은 환경부령으로 정하는 중앙행정기관이 위촉하거나 임명하는 자로 한다.
㉰ 위원회와 실무위원회 및 장거리이동대기 오염물질연구단의 구성 및 운영 등에 관하여 필요한 사항은 대통령령으로 정한다.
㉱ 환경부장관은 장거리이동대기오염물질 피해방지를 위하여 5년마다 관계 중앙행정기관의 장과 협의하고 시·도지사의 의견을 들어야 한다.

풀이 ㉯ 위원회의 위원장은 환경부차관이 되고, 위원은 대통령령으로 정하는 중앙행정기관이 위촉하거나 임명하는 자로 한다.

85 대기환경보전법상 배출시설 설치·운영사업자에게 조업정지를 명하여야 하는 경우지만 공익에 현저한 지장을 줄 우려가 있어 조업정지처분을 갈음하여 과징금처분을 하고자 할 경우, 부과할 수 있는 과징금은 매출액에 얼마를 곱한 금액을 초과하지 않는 범위에서 정하는가?

㉮ 100분의 1   ㉯ 100분의 3
㉰ 100분의 5   ㉱ 100분의 10

풀이 조업정지가 주민의 생활, 대외적인 신용·고용·물가 등 국민경제, 그 밖에 공익에 현저한 지장을 줄 우려가 있다고 인정되는 경우 조업정지 처분을 갈음하여 매출액에 100분의 5를 곱한 금액을 초과하지 않는 범위에서 과징금 부과한다.

정답 81 ㉰ 82 ㉱ 83 ㉮ 84 ㉯ 85 ㉰

86 대기환경보전법령상 경유를 사용하는 자동차의 배출가스 중 대통령령으로 정하는 오염물질의 종류에 해당되지 않는 것은?

㉮ 탄화수소　　㉯ 알데히드
㉰ 질소산화물　㉱ 일산화탄소

풀이 대통령령으로 정하는 오염물질
① 휘발유 자동차 : 일산화탄소, 탄화수소, 질소산화물, 알데히드, 입자상물질, 암모니아
② 경유 자동차 : 일산화탄소, 탄화수소, 질소산화물, 매연, 입자상물질, 암모니아

87 대기환경보전법령상 시·도지사가 대기오염물질 기준이내 배출량 조정시 사업자가 제출한 확정배출량 자료가 명백히 거짓으로 판명되었을 경우에는 확정배출량을 현지조사 하여 산정하되 확정배출량의 얼마에 해당하는 배출량을 기준이내 배출량으로 산정하는가?

㉮ 100분의 20　　㉯ 100분의 50
㉰ 100분의 120　㉱ 100분의 150

88 대기환경보전법규상 특별대책지역 또는 대기환경규제지역 안에서 "휘발성 유기화합물"을 배출하는 시설로서 대통령령이 정하는 시설을 설치하고자 할 경우 시·도지사 등에게 배출시설 설치신고서를 제출해야 하는 기간 기준은 얼마인가?

㉮ 시설 설치일 7일 전까지
㉯ 시설 설치일 10일 전까지
㉰ 시설 설치 후 7일 이내
㉱ 시설 설치 후 10일 이내

89 대기환경보전법규상 시·도지사가 설치하는 대기오염 측정망에 해당하지 않는 것은?

㉮ 도시지역의 휘발성유기화합물 등의 농도를 측정하기 위한 광화학대기오염물질측정망
㉯ 도시지역의 대기오염물질 농도를 측정하기 위한 도시대기측정망
㉰ 도로변의 대기오염물질 농도를 측정하기 위한 도로변대기측정망
㉱ 대기 중의 중금속 농도를 측정하기 위한 대기중금속측정망

풀이 ㉮번은 수도권대기환경청장, 국립환경과학원장 또는 한국환경공단이 설치하는 대기오염측정망의 종류이다.

90 환경정책기본법령상 이산화질소(NO_2)의 대기환경기준은 얼마인가? (단, 24시간 평균치 기준)

㉮ 0.03ppm 이하　㉯ 0.05ppm 이하
㉰ 0.06ppm 이하　㉱ 0.10ppm 이하

풀이 이산화질소(NO_2)의 대기환경기준
① 연간 평균치 : 0.03ppm 이하
② 24시간 평균치 : 0.06ppm 이하
③ 1시간 평균치 : 0.10ppm 이하

정답 86 ㉯　87 ㉰　88 ㉯　89 ㉮　90 ㉰

91 대기환경보전법령상 사업장별 환경기술인의 자격기준에 관한 사항으로 틀린 것은?

㉮ 2종사업장의 환경기술인의 자격기준은 대기환경산업기사 이상의 기술자격 소지자 1명 이상이다.
㉯ 4종사업장과 5종사업장 중 환경부령으로 정하는 기준 이상의 특정대기유해물질이 포함된 오염물질을 배출하는 경우에는 3종사업장에 해당하는 기술인을 두어야 한다.
㉰ 1종사업장과 2종사업장 중 1개월 동안 실제 작업한 날만을 계산하여 1일 평균 17시간 이상 작업하는 경우에는 해당 사업장의 기술인을 각각 2명 이상 두어야 한다.
㉱ 공동방지시설에서 각 사업장의 대기오염물질 발생량의 합계가 4종사업장과 5종사업장의 규모에 해당하는 경우에는 5종사업장에 해당하는 기술인을 두어야 한다.

풀이 ㉱ 공동방지시설에서 각 사업장의 대기오염물질 발생량의 합계가 4종사업장과 5종사업장의 규모에 해당하는 경우에는 3종사업장에 해당하는 기술인을 두어야 한다.

92 악취방지법규상 악취검사기관의 검사시설 및 장비가 부족하거나 고장난 상태로 7일 이상 방치한 경우로써 규정에 의한 악취검사기관의 지정기준에 미치지 못하게 된 경우 3차행정처분기준으로 가장 적합한 것은?

㉮ 지정취소
㉯ 업무정지 3개월
㉰ 업무정지 6개월
㉱ 업무정지 12개월

93 다음은 대기환경보전법령상 시·도지사가 배출시설의 설치를 제한할 수 있는 경우이다. ( )안에 가장 알맞은 것은?

> 배출시설 설치 지점으로부터 반경 1킬로미터 안의 상주 인구가 (㉠)인 지역으로서 특정 대기유해물질 중 한 가지 종류의 물질을 연간 (㉡) 배출하거나 두 가지 이상의 물질을 연간 (㉢) 배출하는 시설을 설치하는 경우

㉮ ㉠1만명 이상, ㉡5톤 이상, ㉢10톤 이상
㉯ ㉠1만명 이상, ㉡10톤 이상, ㉢20톤 이상
㉰ ㉠2만명 이상, ㉡5톤 이상, ㉢10톤 이상
㉱ ㉠2만명 이상, ㉡10톤 이상, ㉢25톤 이상

풀이 배출시설의 설치 제한
① 배출시설 설치 지점으로부터 반경 1킬로미터 안의 상주 인구가 2만명인 지역으로서 특정 대기유해물질 중 한 가지 종류의 물질을 연간 10톤 이상 배출하거나 두 가지 이상의 물질을 연간 25톤 이상 배출하는 시설을 설치하는 경우
② 대기오염물질(먼지·황산화물 및 질소산화물만 해당)의 발생량 합계가 연간 10톤 이상인 배출시설을 특별대책지역(총량규제구역으로 지정된 특별대책지역은 제외)에 설치하는 경우

94 대기환경보전법령상 기본부과금의 지역별부과 계수로 옳게 연결된 것은? (단, 지역구분은 「국토의 계획 및 이용에 관한 법률」에 따르고, 대표적으로 Ⅰ지역은 주거지역, Ⅱ지역은 공업지역, Ⅲ지역은 녹지지역이 해당한다.)

㉮ Ⅰ지역-0.5, Ⅱ지역-1.0, Ⅲ지역-1.5
㉯ Ⅰ지역-1.5, Ⅱ지역-0.5, Ⅲ지역-1.0
㉰ Ⅰ지역-1.0, Ⅱ지역-0.5, Ⅲ지역-1.5
㉱ Ⅰ지역-1.5, Ⅱ지역-1.0, Ⅲ지역-0.5

정답 91 ㉱ 92 ㉯ 93 ㉱ 94 ㉯

95 악취방지법규상 지정악취물질의 배출 허용기준 및 그 범위로 옳지 않은 것은?

항목	구분	배출허용기준(ppm)	
		공업지역	기타지역
㉠	암모니아	2 이하	1 이하
㉡	메틸메르캅탄	0.008 이하	0.005 이하
㉢	황화수소	0.06 이하	0.02 이하
㉣	트라이메틸아민	0.02 이하	0.005 이하

㉮ ㉠ ㉯ ㉡
㉰ ㉢ ㉱ ㉣

[풀이] ㉡ 메틸메르캅탄 {공업지역 : 0.004ppm 이하 / 기타지역 : 0.002ppm 이하

96 실내공기질 관리법규상 건축자재의 오염물질 방출기준 중 "페인트"의 ㉠ 톨루엔, ㉡ 총휘발성유기화합물 기준으로 옳은 것은? (단, 단위는 mg/m² · h)

㉮ ㉠ 0.05 이하, ㉡ 20.0 이하
㉯ ㉠ 0.05 이하, ㉡ 4.0 이하
㉰ ㉠ 0.08 이하, ㉡ 20.0 이하
㉱ ㉠ 0.08 이하, ㉡ 2.5 이하

97 대기환경보전법상 한국자동차환경협회의 회원이 될 수 있는 자로 틀린 것은?

㉮ 배출가스저감장치 제작자
㉯ 저공해엔진 제조·교체 등 배출가스저감사업 관련 사업자
㉰ 저공해자동차 판매사업자
㉱ 자동차 조기폐차 관련사업자

98 대기환경보전법규상 수도권대기환경청장, 국립환경과학원장 또는 한국환경공단이 설치하는 대기오염 측정망의 종류에 해당하지 않는 것은?

㉮ 대기오염물질의 지역배경농도를 측정하기 위한 교외대기측정망
㉯ 대기 중의 중금속 농도를 측정하기 위한 대기중 금속측정망
㉰ 초미세먼지(PM-2.5)의 성분 및 농도를 측정하기 위한 미세먼지성분측정망
㉱ 산성 대기오염물질의 건성 및 습성 침착량을 측정하기 위한 산성강하물측정망

[풀이] ㉯번은 시·도지사가 설치하는 대기오염 측정망의 종류이다.

99 대기환경보전법규상 관제센터로 측정결과를 자동전송하지 않는 먼지·황산화물 및 질소산화물의 연간 발생량의 합계가 80톤 이상인 사업장 배출구의 자가측정횟수 기준은? (단, 기타사항 등은 제외)

㉮ 매일 1회 이상
㉯ 매주 1회 이상
㉰ 매월 2회 이상
㉱ 2개월마다 1회 이상

[풀이] 관제센터로 측정결과를 자동전송하지 않는 사업장의 배출구

구분	배출구별규모 (먼지·황산화물 및 질소산화물의 연간 발생량 합계기준)
제1종 배출구	연간 80톤 이상
제2종 배출구	연간 20톤 이상 80톤 미만
제3종 배출구	연간 10톤 이상 20톤 미만
제4종 배출구	연간 2톤 이상 10톤 미만
제5종 배출구	연간 2톤 미만

정답 96 ㉱ 97 ㉰ 98 ㉯ 99 ㉯

구분	측정횟수	측정항목
제1종 배출구	매주 1회 이상	배출허용기준이 적용되는 대기오염물질. 다만, 비산먼지는 제외
제2종 배출구	매월 2회 이상	
제3종 배출구	2개월마다 1회 이상	
제4종 배출구	반기마다 1회 이상	
제5종 배출구	반기마다 1회 이상	

100 다음은 대기환경보전법규상 제작자동차의 배출가스 보증기간에 관한 사항이다. ( )안에 알맞은 것은? (단, 2016년 1월 1일 이후 제작자동차 기준)

> - 배출가스 보증기간의 만료는(㉠)을 기준으로 한다.
> - 휘발유와 가스를 병용하는 자동차는 (㉡)사용 자동차의 보증기간을 적용한다.

㉮ ㉠ 기간 또는 주행거리, 가동시간 중 나중 도달하는 것, ㉡ 휘발유
㉯ ㉠ 기간 또는 주행거리, 가동시간 중 나중 도달하는 것, ㉡ 가스
㉰ ㉠ 기간 또는 주행거리, 가동시간 중 먼저 도달하는 것, ㉡ 휘발유
㉱ ㉠ 기간 또는 주행거리, 가동시간 중 먼저 도달하는 것, ㉡ 가스

풀이 제작자동차의 배출가스 보증기간
① 배출가스 보증기간의 만료는 기간 또는 주행거리, 가동시간 중 먼저 도달하는 것을 기준으로 한다.
② 휘발유와 가스를 병용하는 자동차는 가스사용 자동차의 보증기간을 적용한다.

정답 100 ㉱

2019년 1회 대기환경기사

2019년 3월 3일 시행

| 제1과목 | 대기오염개론

01 굴뚝 유효높이를 3배로 증가시키면 지상 최대오염도는 어떻게 변화되는가?
(단, sutton의 식에 의함)

㉮ 처음의 3배 ㉯ 처음의 1/3
㉰ 처음의 9배 ㉱ 처음의 1/9

$$C_{max} = \frac{2Q}{\pi \cdot e \cdot u \cdot He^2}\left(\frac{C_z}{C_y}\right)$$

따라서 $C_{max} = \frac{1}{He^2}$ 이므로

$$\therefore C_{max} = \frac{1}{3^2} = \frac{1}{9}\text{배}$$

02 다음은 지구온난화와 관련된 설명이다. ( )안에 알맞은 것은?

(㉠)는 온실기체들의 구조상 또는 열축적 능력에 따라 온실효과를 일으키는 잠재력을 지수로 표현한 것으로, 이 온실기체들은 CH_4, N_2O, HFC_S, CO_2, SF_6 등이 있으며, 이 중 (㉠)가 가장 큰 값을 나타내는 물질은 (㉡)이다.

㉮ ㉠ GHG, ㉡ CO_2
㉯ ㉠ GHG, ㉡ SF_6
㉰ ㉠ GWP, ㉡ CO_2
㉱ ㉠ GWP, ㉡ SF_6

풀이 ① GWP는 CO_2를 기준으로 하는 지구온난화지수이다.
② SF_6(육불화황)은 GWP가 23,900으로 가장 큰 값을 가진다.

TIP
온실가스별 지구온난화지수(GWP)

화학식	물질명	GWP
CO_2	이산화탄소	1.0
CH_4	메탄	21
N_2O	아산화질소	310
HFC_S	수소불화탄소	1,300
PFC_S	과불화탄소	7,000
SF_6	육불화황	23,900

03 2,000m에서 대기압력(최초 기압)이 860mbar, 온도가 5℃, 비열비 K가 1.4일 때 온위(potential temperature)는?
(단, 표준압력은 1,000mbar)

㉮ 약 284K ㉯ 약 290K
㉰ 약 294K ㉱ 약 309K

풀이
$$온위(\theta) = T \times \left(\frac{1,000}{P}\right)^{0.288}$$
$$= (273+5℃)k \times \left(\frac{1,000mbar}{860mbar}\right)^{0.288}$$
$$= 290.34K$$

answer 01 ㉱ 02 ㉱ 03 ㉯

04 다음 중 석면의 구성성분으로 틀린 것은?

㉮ K ㉯ Na
㉰ Fe ㉱ Si

풀이 석면의 구성성분은 나트륨(Na), 철(Fe), 규소(Si)이다.

05 석면폐증에 관한 설명으로 틀린 것은?

㉮ 석면폐증은 폐의 석면분진 침착에 의한 섬유화이며, 흉막의 섬유화와는 무관하다.
㉯ 석면폐증은 폐상엽에서 주로 발생하며, 전이되지 않는다.
㉰ 폐의 섬유화는 폐조직의 신축성을 감소시키고, 혈액으로의 산소공급을 불충분하게 한다.
㉱ 석면폐증은 비가역적이며, 석면노출이 중단된 이후에도 악화되는 경우가 있다.

풀이 ㉯ 석면폐증은 폐하엽에서 주로 발생하며, 흉막을 따라 폐중엽이나 설엽으로 퍼져 나간다.

06 스테판-볼쯔만의 법칙에 의하면 표면온도가 1,500K에서 1,800K가 되었다면, 흑체에서 복사되는 에너지는 약 몇 배가 되는가?

㉮ 1.2배 ㉯ 1.4배
㉰ 2.1배 ㉱ 3.2배

풀이 $E = \sigma T^4$에서 $E = T^4$이므로

흑체에서 복사되는 에너지(E) $= \dfrac{(1,800K)^4}{(1,500K)^4} = 2.07$배

07 대기오염물의 분산과정에서 최대 혼합깊이(Maximum mixing depth)를 가장 적합하게 표현한 것은?

㉮ 열부상 효과에 의한 대류혼합층의 높이
㉯ 풍향에 의한 대류혼합층의 높이
㉰ 기압의 변화에 의한 대류혼합층의 높이
㉱ 오염물간 화학반응에 의한 대류혼합층의 높이

풀이 최대 혼합깊이는 열부상 효과에 의한 대류혼합층의 높이이다.

08 체적이 100m³인 복사실의 공간에서 오존 배출량이 분당 0.2mg인 복사기를 연속 사용하고 있다. 복사기 사용전의 실내 오존의 농도가 0.1ppm이라고 할 때 5시간 사용 후 오존농도는 몇 ppb인가? (단, 0℃, 1기압 기준, 환기는 고려하지 않음)

㉮ 260 ㉯ 380
㉰ 420 ㉱ 520

풀이 ① 복사기 사용 후 오존농도(ppm)
ppm(mL/Sm³)

$= \dfrac{0.2\text{mg}}{\text{min}} \times \dfrac{60\text{min}}{1\text{hr}} \times 5\text{hr} \times \dfrac{1}{100\text{m}^3} \times \dfrac{22.4\text{mL}}{48\text{mg}}$

$= 0.28$ppm

② 오존농도
= 복사기 사용 전 농도 + 복사기 사용 후 농도
= 0.1ppm + 0.28ppm = 0.38ppm
따라서 $0.38\text{ppm} \times 10^3 = 380$ppb

TIP
① ppm = mL/Sm³
② ppb = μL/Sm³
③ O_3 1mol $\begin{cases} 48\text{mg} \\ 22.4\text{mL} \end{cases}$
④ ppm $\xrightarrow{\times 10^3}$ ppb
⑤ 표준상태의 체적 : Sm³ = Nm³

answer 04 ㉮ 05 ㉯ 06 ㉰ 07 ㉮ 08 ㉯

09 오존(O_3)의 특성과 광화학반응에 관한 설명으로 틀린 것은?

㉮ 산화력이 강하여 눈을 자극하고 물에 난용성이다.
㉯ 대기 중 지표면 오존의 농도는 NO_2로 산화된 NO 량에 비례하여 증가한다.
㉰ 과산화기가 산소와 반응하여 오존이 생길 수도 있다.
㉱ 오존의 탄화수소 산화반응율은 원자 상태의 산소에 의한 탄화수소의 산화보다 빠르다.

풀이 ㉱ 오존의 탄화수소 산화반응율은 원자상태의 산소에 의한 탄화수소의 산화보다 느리다.

10 지표 부근 대기의 일반적인 체류시간의 순서로 가장 적합한 것은?

㉮ $O_2 > N_2O > CH_4 > CO$
㉯ $O_2 > CH_4 > CO > N_2O$
㉰ $CO > O_2 > N_2O > CH_4$
㉱ $CO > CH_4 > O_2 > N_2O$

풀이 체류시간의 순서는 O_2(6,000년) > N_2O(20~100년) > CH_4(3~8년) > CO(1~3개월) 순이다.

11 바람을 일으키는 힘 중 전향력에 관한 설명으로 틀린 것은?

㉮ 전향력은 운동방향은 변화시키지 않지만, 속도에는 영향을 미친다.
㉯ 북반구에서는 항상 움직이는 물체의 운동방향의 오른쪽 직각방향으로 작용한다.
㉰ 전향력은 극지방에서 최대가 되고 적도 지방에서 최소가 된다.
㉱ 전향력의 크기는 위도, 지구자전 각속도, 풍속의 함수로 나타낸다.

풀이 ㉮ 전향력은 운동방향은 변화시키고, 속도에는 아무런 영향을 미치지 않는다.

12 파장이 5240Å인 빛 속에서 상대습도가 70% 이하인 경우 밀도가 1700mg/cm³이고, 직경이 0.4μm인 기름방울의 분산면적비가 4.5일 때, 가시거리가 959m이라면 먼지농도(mg/m³)는?

㉮ 0.21   ㉯ 0.31
㉰ 0.41   ㉱ 0.51

풀이
$$V = \frac{5.2 \times \rho \times r}{K \times C}$$

여기서 V : 가시거리(m)
ρ : 먼지의 밀도(mg/cm³)
r : 반경(μm)
K : 상수
C : 농도(mg/m³)

따라서
$$959m = \frac{5.2 \times 1,700\text{mg/cm}^3 \times 0.2\mu m}{4.5 \times C}$$

∴ C = 0.41mg/m³

TIP 먼지의 밀도와 농도에서 질량 단위를 동일하게 만드는 것이 핵심 포인트임!!

13 광화학물질인 PAN에 관한 설명으로 틀린 것은?

㉮ PAN의 분자식은 $C_6H_5COOONO_2$ 이다.
㉯ 식물의 경우 주로 생활력이 왕성한 초엽에 피해가 크다.
㉰ 식물의 영향은 잎의 밑부분이 은(백)색

answer 09 ㉱   10 ㉮   11 ㉮   12 ㉰   13 ㉮

또는 청동색이 되는 경향이 있다.
㉣ 눈에 통증을 일으키며 빛을 분산시키므로 가시거리를 단축시킨다.

[풀이] ㉮ PAN의 분자식은 $CH_3COOONO_2$ 이다.

14 다음 중 지표부근 대기 중에서 성분함량이 가장 낮은 것은?
㉮ Ar   ㉯ He
㉰ Xe   ㉣ Kr

[풀이] 성분함량 순서는 Ar > He > Kr > Xe 이다.

15 다음 중 오존층 보호를 위한 국제 환경협약으로만 옳게 연결된 것은?
㉮ 바젤협약 - 비엔나협약
㉯ 오슬로협약 - 비엔나협약
㉰ 비엔나협약 - 몬트리올의정서
㉣ 몬트리올의정서 - 람사협약

[풀이] 오존층 보호를 위한 국제 환경협약
① 비엔나 협약
② 몬트리올 의정서
③ 런던회의

16 질소산화물(NO_X)에 관한 설명으로 틀린 것은?
㉮ NO_X의 인위적 배출량 중 거의 대부분이 연소과정에서 발생된다.
㉯ NO_X는 그 자체도 인체에 해롭지만 광화학스모그의 원인물질로도 중요한 역할을 한다.
㉰ 연소과정에서 초기에 발생되는 NO_X는 주로 NO 이다.
㉣ 연소시 연료 중 질소의 NO 변환율은 대체로 약 2~5% 범위이다.

[풀이] ㉣ 연소시 연료 중 질소의 NO 변환율은 대체로 약 20~50% 범위이다.

17 역사적으로 유명한 대기오염사건 중 LA smog 사건에 대한 설명으로 틀린 것은?
㉮ 아침, 저녁 환원반응에 의한 발생
㉯ 자동차 등의 석유연료의 소비 증가
㉰ 침강역전 상태
㉣ Aldehyde, O_3 등의 옥시던트 발생

[풀이] ㉮ 한낮 광화학(산화)반응에 의한 발생

18 내경이 2m이고, 실제높이가 45m인 연돌에서 15m/s로 배출되는 배기가스의 온도는 127℃, 대기중의 공기압은 1기압, 기온은 27℃이다. 연돌 배출구에서의 풍속이 5m/s일 때, 유효연돌 높이는?
(단, Holland의 연기 상승높이 결정식은 다음과 같다.)

$$\triangle H = \frac{V_s \cdot d}{U}\left(1.5+2.68\times10^{-3}\cdot P\left(\frac{T_s-T_a}{T_a}\right)\times d\right)$$

㉮ 74.1m   ㉯ 67.1m
㉰ 65.1m   ㉣ 62.1m

[풀이] ① $\triangle H = \frac{V_s \times d}{U} \times \left(1.5+2.68\times10^{-3}\times P\times \frac{T_s-T_a}{T_s}\times d\right)$

여기서 △H : 연기의 상승고(m)
Vs : 배출가스 속도(m/sec)
u : 풍속(m/sec)
d : 안지름(m)

answer 14 ㉰   15 ㉰   16 ㉣   17 ㉮   18 ㉣

```
P : 대기압(mba)
Ts : 가스의 절대온도(273+tg℃)
Ta : 대기(외기)의 절대온도(273+ta℃)

∴ △H = (15m/sec×2m)/(5m/sec) × (1.5+2.68×10⁻³×1013.2mba
        × ((273+127)-(273+27))/((273+127)) ×2m)
      = 17.15m
```

② He = H+△H
  여기서 He : 유효굴뚝높이(m)
        H : 실제굴뚝높이(m)
        △H : 연기의 상승고(m)
  ∴ He = 45m+17.15m = 62.15m

19 암모니아가 식물에 미치는 영향으로 틀린 것은?

㉮ 토마토, 메밀 등은 40ppm 정도의 암모니아 가스 농도에서 1시간 지나면 피해 증상이 나타난다.
㉯ 최초의 증상은 잎 선단부에 경미한 황화현상으로 나타난다.
㉰ 잎의 일부분에 영향이 나타나며, 강한 식물로는 겨자, 해바라기 등이 있다.
㉱ 암모니아의 독성은 HCl과 비슷한 정도이다.

풀이 ㉰ 잎의 전부분에 영향이 나타나며, 약한 식물로 토마토, 해바라기, 메밀 등이 있다.

20 지상에서부터 500m까지의 평균기온감율은 0.88℃/100m이다. 100m 고도에서의 기온이 20℃라면 300m에서의 기온은?

㉮ 15.5℃   ㉯ 16.2℃
㉰ 17.5℃   ㉱ 18.2℃

풀이 기온(℃) = 20℃ - {$\frac{0.88℃}{100m}$ ×(300m-100m)}
            = 18.24℃

| 제2과목 | **연소공학**

21 과잉공기가 지나칠 때 나타나는 현상으로 틀린 것은?

㉮ 연소실 내의 온도가 저하된다.
㉯ 배기가스에 의한 열손실이 증가된다.
㉰ 배기가스의 온도가 높아지고 매연이 증가한다.
㉱ 열효율이 감소되고 배기가스 중 NO_x 증가의 가능성이 있다.

풀이 ㉰번에서 매연이 증가하는 것은 공기비가 작을 경우에 해당한다.

TIP
공기비(m)가 클 경우 발생하는 현상
① 연소실내 연소온도 감소(연소실의 냉각효과를 가져옴)
② 배기가스에 의한 열손실 증대
③ SO_2, NO_2의 함량이 증가하여 부식이 촉진
④ CH_4, CO 및 C 등 물질의 농도가 감소
⑤ 방지시설의 용량이 커지고 에너지 손실 증가
⑥ 희석효과가 높아져 연소 생성물의 농도 감소

22 탄소 85%, 수소 15%의 구성비를 갖는 중유를 연소할 때 CO_2max(%)는 얼마인가?

㉮ 11.6%   ㉯ 13.4%
㉰ 14.8%   ㉱ 16.4%

풀이 ① 이론공기량(A_0)

answer 19 ㉰ 20 ㉱ 21 ㉰ 22 ㉰

$$= 8.89C + 26.67\left(H - \frac{O}{8}\right) + 3.33S (Sm^3/kg)$$
$$= 8.89 \times 0.85 + 26.67 \times 0.15 = 11.557 Sm^3/kg$$

② 이론건연소가스량(God)
$$= A_o - 5.6H + 0.7O + 0.8N (Sm^3/kg)$$
$$= 11.557 Sm^3/kg - 5.6 \times 0.15$$
$$= 10.717 Sm^3/kg$$

④ $CO_{2max} = \frac{1.867C}{God} \times 100$
$$= \frac{1.867 \times 0.85 Sm^3/kg}{10.717 Sm^3/kg} \times 100$$
$$= 14.81\%$$

TIP
① CO_{2max}는 이론건연소가스량(God) 기준
② CO_2량 $= \frac{22.4 Sm^3}{12 kg} \times C = 1.867 \times C (Sm^3/kg)$

23 분자식 C_mH_n인 탄화수소 $1Sm^3$를 완전연소 시 이론공기량이 $19Sm^3$ 인 것은?

㉮ C_2H_4 ㉯ C_2H_2
㉰ C_3H_8 ㉱ C_3H_4

풀이 ㉮ $C_2H_4 + 2O_2 \rightarrow 2CO_2 + 2H_2O$
이론공기량$(A_o) = \frac{2}{0.21} = 9.52 Sm^3/Sm^3$

㉯ $C_2H_2 + 2.5O_2 \rightarrow 2CO_2 + H_2O$
이론공기량$(A_o) = \frac{2.5}{0.21} = 11.91 Sm^3/Sm^3$

㉰ $C_3H_8 + 5O_2 \rightarrow 3CO_2 + 4H_2O$
이론공기량$(A_o) = \frac{5}{0.21} = 23.81 Sm^3/Sm^3$

㉱ $C_3H_4 + 4O_2 \rightarrow 3CO_2 + 2H_2O$
이론공기량$(A_o) = \frac{4}{0.21} = 19.05 Sm^3/Sm^3$

24 연료 연소 시 매연발생에 관한 설명으로 틀린 것은?

㉮ 연료의 C/H 비율이 클수록 매연이 발생하기 쉽다.
㉯ 중합 및 고리화합물 등과 같이 반응이 일어나기 쉬운 탄화수소일수록 매연 발생이 적다.
㉰ 분해하기 쉽거나 산화하기 쉬운 탄화수소는 매연발생이 적다.
㉱ 탄소결합을 절단하기보다는 탈수소가 쉬운 쪽이 매연이 발생하기 쉽다.

풀이 ㉯ 중합 및 고리화합물 등과 같이 반응이 일어나기 쉬운 탄화수소일수록 매연 발생이 많다.

25 수소 8%, 수분 2%가 포함된 고체연료의 고위발열량이 8,000kcal/kg일 때 이 연료의 저위발열량은?

㉮ 7,984kcal/kg ㉯ 7,779kcal/kg
㉰ 7,556kcal/kg ㉱ 6,835kcal/kg

풀이 $Hl = Hh - 600(9H + W)(kcal/kg)$
여기서 Hl : 저위발열량(kcal/kg)
  Hh : 고위발열량(kcal/kg)
  H : 수소의 함량
  W : 수분의 함량
따라서 $Hl = 8,000 kcal/kg - 600 \times (9 \times 0.08 + 0.02)$
  $= 7,556 kcal/kg$

answer 23 ㉱ 24 ㉯ 25 ㉰

26 기체연료의 일반적 특징으로 틀린 것은?

㉮ 저발열량의 것으로 고온을 얻을 수 있다.
㉯ 연소효율이 높고 검댕이 거의 발생하지 않으나, 많은 과잉공기가 소모된다.
㉰ 저장이 곤란하고 시설비가 많이 드는 편이다.
㉱ 연료 속에 황이 포함되지 않은 것이 많고, 연소조절이 용이하다.

풀이 ㉯ 연소효율이 높고 검댕이 거의 발생하지 않으며, 적은 과잉공기가 소모된다.

27 다음 연료 중 착화온도가 가장 높은 것은?

㉮ 천연가스   ㉯ 황
㉰ 중유   ㉱ 휘발유

TIP
착화온도란 충분한 공기의 공급하에서 고체연료를 가열해가면 어떤 온도에 달하여 더 가열하지 않아도 연료자신의 연소열에 의하여 연소를 계속하게 되는 온도이다.

28 화학반응속도는 일반적으로 Arrnenius 식으로 표현된다. 어떤 반응에서 화학반응상수가 27℃일 때에 비하여 77℃ 일 때 3배가 되었다면 이 화학반응의 활성화 에너지는?

㉮ 2.3kcal/mol   ㉯ 4.6kcal/mol
㉰ 6.9kcal/mol   ㉱ 13.2kcal/mol

풀이 ① $\ln \dfrac{k_2}{k_1} = \dfrac{E(T_2-T_1)}{R \times T_2 \times T_1}$

$\ln 3 = \dfrac{E\{(273+77)-(273+27)\}}{8.314 J/mole \cdot k \times (273+77) \times (273+27)}$

∴ E = 19,181.11139J/mole

② $E(kcal/mole) = \dfrac{19,181.11139J}{mole} \times \dfrac{1cal}{4.2J} \times \dfrac{1kcal}{10^3 cal}$

= 4.57kcal/mole

29 다음 중 연소와 관련된 설명으로 가장 적합한 것은?

㉮ 공연비는 예혼합연소에 있어서의 공기와 연료의 질량비(또는 부피비)이다.
㉯ 등가비가 1보다 큰 경우, 공기가 과잉인 경우로 열손실이 많아진다.
㉰ 등가비와 공기비는 상호 비례관계가 있다.
㉱ 최대탄산가스량(%)은 실제 건조연소 가스량을 기준한 최대탄산가스의 용적백분율이다.

풀이 ㉯ 등가비가 1보다 큰 경우, 연료가 과잉인 경우로 불완전연소가 된다.
㉰ 등가비와 공기비는 상호 반비례관계가 있다.
㉱ 최대탄산가스량(%)은 이론 건조연소가스량을 기준한 최대탄산가스의 용적백분율이다.

30 연소의 종류에 관한 설명으로 틀린 것은?

㉮ 포트액면연소는 액면에서 증발한 연료가스 주위를 흐르는 공기와 혼합하면서 연소하는 것으로 연소속도는 주위 공기의 흐름속도에 거의 비례하여 증가한다.
㉯ 심지연소는 공급공기의 유속이 낮을수록, 공기의 온도가 높을수록 화염의 높이는 높아진다.
㉰ 증발연소는 일반적으로 가정용 석유

answer 26 ㉯ 27 ㉮ 28 ㉯ 29 ㉮ 30 ㉱

스토브, 보일러 등 연료가 경질유이며, 소형인 것에 사용된다.
㉣ 분무연소는 연소장치를 작게 할 수 있는 장점은 있으나, 고부하의 연소는 불가능하다.

풀이 ㉣ 분무연소는 연소장치를 작게 할 수 있는 장점이 있으며, 고부하 연소도 가능하다.

31 다음 연료별 이론공기량 $A_o(Sm^3/Sm^3)$이 가장 큰 것은?

㉮ 석탄가스 ㉯ 발생로가스
㉰ 탄소   ㉱ 고로가스

풀이 기체연료에서 이론공기량이 가장 큰 연료는 완전연소 반응식에서 산소의 개수가 가장 많은 연료가 된다. 따라서 ㉮ 석탄가스가 정답이다.

32 다음 조건에서 메탄의 이론연소온도는? (단, 메탄, 공기는 25℃에서 공급되며 CO_2, $H_2O(g)$, N_2의 평균정압 몰비열 (상온~2100℃)은 각각 13.1, 10.5, 8.0[kcal/kmol·℃]이고, 메탄의 저위발열량은 8,600[kcal/Sm³])

㉮ 약 1,870℃ ㉯ 약 2,070℃
㉰ 약 2,470℃ ㉱ 약 2,870℃

풀이
$CH_4 + 2O_2 \rightarrow CO_2 + 2H_2O + \frac{2}{0.21} \times 0.79 N_2$

$t_2 = \frac{H_1}{G \times C} + t_1$

$= \frac{8,600 kcal/Sm^3}{(1 \times 13.1 + 2 \times 10.5 + \frac{2}{0.21} \times 0.79 \times 8.0) kcal/kmol \cdot ℃ \times \frac{1kmol}{22.4Sm^3}}$
$+ 25℃ = 2,068.05℃$

33 다음 중 저온부식의 원인과 대책에 관한 설명으로 틀린 것은?

㉮ 연소가스 온도를 산노점 온도보다 높게 유지해야 한다.
㉯ 예열공기를 사용하거나 보온시공을 한다.
㉰ 저온부식이 일어날 수 있는 금속표면은 피복을 한다.
㉱ 250℃ 이상의 전열면에 응축하는 황산, 질산 등에 의하여 발생된다.

풀이 ㉱ 150℃ 이하에서 주로 황산에 의하여 발생된다.

34 탄소, 수소의 중량 조성이 각각 86%, 14%인 액체연료를 매시 30kg 연소한 경우 배기가스의 분석치가 CO_2 12.5%, O_2 3.5%, N_2 84%이라면 매시간 필요한 공기량(Sm^3/hr)은?

㉮ 약 794   ㉯ 약 675
㉰ 약 591   ㉱ 약 406

풀이
① $CO_2\%, O_2\%, N_2\%$

공기비$(m) = \frac{N_2\%}{N_2\% - 3.76 \times (O_2\% - 0.5CO\%)}$

$= \frac{84\%}{84\% - 3.76 \times 3.5\%} = 1.1858$

② 이론공기량$(A_o) = 8.89C + 26.67\left(H - \frac{O}{8}\right)$
$+ 3.33S (Sm^3/kg)$
$= 8.89 \times 0.86 + 26.67 \times 0.14$
$= 11.3792 Sm^3/kg$

③ 필요한 공기량(Sm^3/hr)
= 공기비$(m) \times$ 이론공기량$(A_o) \times$ 연료량(kg/hr)
$= 1.1858 \times 11.3792 Sm^3/kg \times 30 kg/hr$
$= 404.80 Sm^3/hr$

answer 31 ㉮ 32 ㉯ 33 ㉱ 34 ㉱

35 다음 기체연료 중 고위발생량(kJ/mol)이 가장 큰 것은? (단, 25℃, 1atm을 기준으로 한다.)

㉮ carbon monoxide
㉯ methane
㉰ ethane
㉱ n-pentane

풀이 고위발열량이 가장 큰 연료는 탄소수와 수소수가 가장 많은 연료이므로 ㉱ n-pentane(C_5H_{12})이 정답이다.

TIP
분자식
㉮ CO ㉯ CH_4 ㉰ C_2H_6 ㉱ C_5H_{12}

36 탄소 84.0%, 수소 13.0%, 황 2.0%, 질소 1.0%의 조성을 가진 중유 1kg당 15Sm³의 공기로 완전연소 할 경우 습배출가스 중 SO_2의 농도(ppm)는? (단, 표준상태 기준, 중유중의 황성분은 모두 SO_2로 된다.)

㉮ 약 680ppm
㉯ 약 735ppm
㉰ 약 800ppm
㉱ 약 890ppm

풀이 ① 실제습배기가스량(Gw)
= A+5.6H+0.7O+0.8N+1.244W(Sm^3/kg)
= 15Sm^3/kg+5.6×0.13+0.8×0.01
= 15.736Sm^3/kg

② SO_2 ppm = $\frac{0.7S(Sm^3/kg)}{Gw(Sm^3/kg)} \times 10^6$

= $\frac{0.7 \times 0.02 Sm^3/kg}{15.736 Sm^3/kg} \times 10^6$

= 889.68ppm

37 미분탄 연소장치에 관한 설명으로 틀린 것은?

㉮ 설비비와 유지비가 많이 들고 재의 비산이 많아 집진장치가 필요하다.
㉯ 부하변동의 적응이 어려워 대형과 대용량 설비에는 적합지 않다.
㉰ 연소제어가 용이하고 점화 및 소화시 손실이 적다.
㉱ 스토커 연소에 적합하지 않는 점결탄과 저발열량탄 등도 사용할 수 있다.

풀이 ㉯ 부하변동의 적응이 용이하며, 대형과 대용량 설비에 적합하다.

38 착화온도에 관한 설명으로 틀린 것은?

㉮ 휘발성분이 적고 고정탄소량이 많을수록 높아진다.
㉯ 반응 활성도가 작을수록 낮아진다.
㉰ 석탄의 탄화도가 증가하면 높아진다.
㉱ 공기의 산소농도가 높아지면 낮아진다.

풀이 ㉯ 반응 활성도가 작을수록 높아진다.

39 유류버너 중 회전식버너에 관한 설명으로 틀린 것은?

㉮ 연료유의 점도가 작을수록 분무화 입경이 작아진다.
㉯ 분무는 기계적 원심력과 공기를 이용한다.
㉰ 유압식버너에 비하여 연료유의 분무화 입경이 1/10 이하로 매우 작다.
㉱ 분무각도는 40°~ 80° 정도로 크며, 유량조절범위도 1 : 5 정도로 비교적 큰 편이다.

answer 35 ㉱ 36 ㉱ 37 ㉯ 38 ㉯ 39 ㉰

풀이 ㉰ 유압식버너에 비하여 연료유의 분무화 입경이 비교적 크다.

40 액화석유가스(LPG)에 관한 설명으로 틀린 것은?

㉮ 비중이 공기보다 작고, 상온에서 액화가 되지 않는다.
㉯ 액체에서 기체로 될 때 증발열이 발생한다.
㉰ 프로판, 부탄을 주성분으로 하는 혼합물이다.
㉱ 발열량이 20,000~30,000kcal/Sm³ 정도로 높다.

풀이 ㉮ 비중이 공기보다 크고, 상온에서 액화가 용이하다.

| 제3과목 | 대기오염방지기술

41 전기집진장치에서 입자가 받는 Coulomb 힘($kg \cdot m/s^2$)을 옳게 나타낸 것은?

(단, e_o : 전하(1.602×10^{-19})Coulomb), n : 전하수, E : 하전부의 전계강도(Volt/m), μ : 가스점도($kg/m \cdot s$), D : 입자직경(m), V_e : 입자분리 속도(m/s))

㉮ ne_oE ㉯ $2ne_o/E$
㉰ $3\pi\mu DV_e$ ㉱ $6\pi\mu DV_e$

풀이 쿨롱력 = n(전하수)×e_o(전하)×E(하전부의 전계강도)

42 배출가스중의 질소산화물의 처리방법인 비선택적 촉매환원법(NSCR)에서 사용하는 환원제로 거리가 먼 것은?

㉮ CH_4 ㉯ NH_3
㉰ H_2 ㉱ CO

풀이 주로 사용되는 환원제는 메탄(CH_4), 수소(H_2), 일산화탄소(CO)이다.

TIP
암모니아(NH_3)는 선택적 촉매환원법(SCR)에서 사용하는 환원제이다.

43 물을 가압(加壓) 공급하여 함진가스를 세정하는 형식의 가압수식 스크러버가 아닌 것은?

㉮ Venturi Scrubber
㉯ Impulse Scrubber
㉰ Spray Tower
㉱ Jet Scrubber

풀이 ㉯ Impulse Scrubber는 회전식 세정집진장치에 속한다.

TIP
세정집진장치의 종류
1. 유수식
 ① 가스선회형
 ② 임펠라형
 ③ 로타형
 ④ 분수형
2. 가압수식
 ① 벤츄리스크러버
 ② 분무탑
 ③ 제트스크러버
 ④ 충전탑
3. 회전식
 ① 타이젠와셔
 ② 임펠스스크러버

answer 40 ㉮ 41 ㉮ 42 ㉯ 43 ㉯

44 전기집진장치에서 전류밀도가 먼지층 표면부근의 이온전류 밀도와 같고 양호한 집진작용이 이루어지는 값이 2×10^{-8} A/cm²이며, 또한 먼지층 중의 절연파괴 전계강도를 5×10^3 V/cm로 한다면, 이때 ㉠ 먼지층의 겉보기 전기저항과 ㉡ 이 장치의 문제점으로 옳은 것은?

㉮ ㉠ 1×10^{-4} ($\Omega\cdot$cm), ㉡ 먼지의 재비산
㉯ ㉠ 1×10^{4} ($\Omega\cdot$cm), ㉡ 먼지의 재비산
㉰ ㉠ 2.5×10^{11} ($\Omega\cdot$cm), ㉡ 역전리 현상
㉱ ㉠ 4×10^{12} ($\Omega\cdot$cm), ㉡ 역전리 현상

[풀이] 먼지층의 겉보기 전기저항 = $\dfrac{5\times10^3 \text{V/cm}}{2\times10^{-8}\text{A/cm}^2}$

$= 2.5\times10^{11} \dfrac{\text{V}}{\text{A}}\cdot\text{cm}$

$= 2.5\times10^{11} \Omega\cdot\text{cm}$

45 공기 중 CO_2가스의 부피가 5%를 넘으면 인체에 해롭다고 한다면 지금 600m³ 되는 방에서 문을 닫고 80%의 탄소를 가진 숯을 최소 몇 kg을 태우면 해로운 상태로 되겠는가?(단, 기존의 공기 중 CO_2 가스의 부피는 고려하지 않음, 실내에서 완전 혼합, 표준상태 기준)

㉮ 약 5kg   ㉯ 약 10kg
㉰ 약 15kg ㉱ 약 20kg

[풀이] C + O₂ → CO₂
12kg : 22.4Sm³
Xkg×0.8 : 600m³×0.05
∴ X = 20.09kg

46 중력식 집진장치의 집진율 향상조건에 관한 설명으로 틀린 것은?

㉮ 침강실 내 처리가스의 속도가 작을수록 미립자가 채취된다.
㉯ 침강실 입구폭이 클수록 유속이 느려지며 미세한 입자가 채취된다.
㉰ 다단일 경우에는 단수가 증가할수록 집진효율은 상승하나, 압력손실도 증가한다.
㉱ 침강실의 높이가 낮고, 중력장의 길이가 짧을수록 집진율은 높아진다.

[풀이] ㉱ 침강실의 높이가 낮고, 중력장의 길이가 길수록 집진율은 높아진다.

47 레이놀드 수(Reynold Number)에 관한 설명으로 틀린 것은? (단, 유체 흐름 기준)

㉮ $\dfrac{\text{관성력}}{\text{점성력}}$로 나타낼 수 있다.
㉯ 무차원의 수이다.
㉰ $\dfrac{(\text{유체밀도}\times\text{유속}\times\text{유체흐름 관직경})}{\text{유체점도}}$로 나타낼 수 있다.
㉱ $\dfrac{\text{점성계수}}{\text{밀도}}$로 나타낼 수 있다.

[풀이] ㉱ 동점성계수 = $\dfrac{\text{점성계수}}{\text{밀도}}$

TIP
레이놀드 수(Re) 계산공식
① Re = $\dfrac{\text{유체흐름 관직경}\times\text{유속}\times\text{유체밀도}}{\text{점성계수}}$
② Re = $\dfrac{\text{유체흐름 관직경}\times\text{유속}}{\text{동점성계수}}$

answer 44 ㉰ 45 ㉱ 46 ㉱ 47 ㉱

48 유해가스 흡수장치 중 다공판탑에 관한 설명으로 틀린 것은?

㉮ 비교적 대량의 흡수액이 소요되고, 가스겉보기 속도는 10~20m/s 정도이다.
㉯ 액가스비는 0.3~5L/m³, 압력손실은 100~200mmH$_2$O/단 정도이다.
㉰ 고체부유물 생성시 적합하다.
㉱ 가스량의 변동이 격심할 때는 조업할 수 없다.

[풀이] ㉮ 비교적 소량의 흡수액이 소요되고, 가스겉보기 속도는 0.3~1.0m/s 정도이다.

49 황산화물 처리방법 중 건식 석회석 주입법에 관한 설명으로 틀린 것은?

㉮ 초기 투자비용이 적게 들어 소규모 보일러나 노후 보일러용으로 많이 사용되었다.
㉯ 부대시설은 많이 필요하나, 아황산가스의 제거효율은 비교적 높은 편이다.
㉰ 배기가스의 온도가 잘 떨어지지 않는다.
㉱ 연소로 내에서의 화학반응은 소성, 흡수, 산화의 3가지로 구분할 수 있다.

[풀이] ㉯ 부대시설은 적게 필요하나, 아황산가스의 제거효율은 비교적 낮은 편이다.

50 후드의 형식 중 외부식 후드에 해당하지 않는 것은?

㉮ 장갑부착 상자형(Glove box 형)
㉯ 슬로트형(Slot 형)
㉰ 그리드형(Grid 형)
㉱ 루버형(Louver 형)

[풀이] ㉮ 장갑부착 상자형(Glove box 형)은 포위식에 해당한다.

TIP
국소배기후드의 형식분류
1. 포위식
   ① 포위형(Cover)
   ② 장갑부착상자형(Globe box)
   ③ 건축부스형(Booth)
   ④ 드래프트 챔버형(Draft chamber)
2. 외부식
   ① 슬롯형(Slot)
   ② 루버형(Louver)
   ③ 그리드형(Grid)
   ④ 자립형(Free standing hood)
3. 리시버식
   ① 캐노피형(Canopy)
   ② 포위형(Grinder cover)
   ③ 자립형(Free standing receiving hood)

51 다음 여과제의 재질 중 내산성 여과재로 틀린 것은?

㉮ 목면   ㉯ 카네카론
㉰ 비닐론   ㉱ 글라스화이버

[풀이] ㉮ 목면은 내산성은 나쁘고, 내알칼리성은 약간 양호하다.

52 길이 5m, 높이 2m인 중력침강실이 바닥을 포함하여 8개의 평행판으로 이루어져 있다. 침강실에 유입되는 분진가스의 유속이 0.2m/s일 때 분진을 완전히 제거할 수 있는 최소입경은 얼마인가? (단, 입자의 밀도는 1,600kg/m³, 분진가스의 점도는 2.1×10^{-5}kg/m·s, 밀도는 1.3kg/m³이고 가스의 흐름은 층류로 가정한다.)

㉮ 31.0μm   ㉯ 23.2μm
㉰ 15.5μm   ㉱ 11.6μm

answer 48 ㉮ 49 ㉯ 50 ㉮ 51 ㉮ 52 ㉰

풀이
$$d = \sqrt{\frac{18 \times \mu \times u \times H}{(\rho_s - \rho) \times g \times L \times N}} \times 10^6$$
$$= \sqrt{\frac{18 \times 2.1 \times 10^{-5} kg/m \cdot s \times 0.2 m/sec \times 2m}{(1,600-1.3)kg/m^3 \times 9.8 m/sec^2 \times 5m \times 8}} \times 10^6$$
$$= 15.53 \mu m$$

53 NO_x와 SO_x 동시 제어기술에 관한 설명으로 틀린 것은?

㉮ SOXNO 공정은 감마 알루미나 담체의 표면에 나트륨을 첨가하여 SO_x와 NO_x를 동시에 흡착시킨다.
㉯ CuO 공정은 알루미나 담체에 CuO를 함침시켜 SO_2는 흡착반응하고 NO_x는 선택적 촉매환원되어 제거되는 원리를 이용하는 공정이다.
㉰ CuO 공정에서 온도는 보통 850~1,000℃ 정도로 조정하며, $CuSO_2$ 형태로 이동된 솔벤트 재생기에서 산소 또는 오존으로 재생된다.
㉱ 활성탄 공정은 S, H_2S, O_2 및 액상 SO_2 등의 부산물이 생성되며, 공정 중 재가열이 없으므로 경제적이다.

54 지름 20cm, 유효높이 3m인 원통형 Bag Filter로 $4m^3/s$의 함진가스를 처리하고자 한다. 여과속도를 0.04m/s로 할 경우 필요한 Bag Filter수는 얼마인가?

㉮ 35개 ㉯ 54개
㉰ 70개 ㉱ 120개

풀이 $Q = \pi \cdot D \cdot L \cdot n \cdot V_f$
$$\therefore n = \frac{Q}{\pi \cdot D \cdot L \cdot V_f} = \frac{4m^3/sec}{\pi \times 0.2m \times 3m \times 0.04m/sec}$$
$$= 53.05 = 54개$$

55 송풍기의 크기와 유체의 밀도가 일정할 때 송풍기의 회전수를 2배로 하면 풍압은 몇 배가 되는가?

㉮ 2배 ㉯ 4배
㉰ 6배 ㉱ 8배

풀이 풍압은 송풍기 회전수의 2승에 비례하므로
풍압 = (2배)² = 4배

56 충전탑(packed tower) 내 충전물이 갖추어야 할 조건으로 틀린 것은?

㉮ 단위체적당 넓은 표면적을 가질 것
㉯ 압력손실이 적을 것
㉰ 충전밀도가 작을 것
㉱ 공극률이 클 것

풀이 ㉰ 충전밀도가 클 것

57 전기집진장치에서 먼지의 전기비저항이 높은 경우 전기비저항을 낮추기 위해 주입하는 물질로 틀린 것은?

㉮ 수증기 ㉯ NH_3
㉰ H_2SO_4 ㉱ NaCl

풀이 ㉯ 암모니아(NH_3) 주입은 먼지의 전기비저항이 낮은 경우 전기비저항을 높이기 위해 사용한다.

answer 53 ㉰ 54 ㉯ 55 ㉯ 56 ㉰ 57 ㉯

58 유해가스와 물이 일정한 온도에서 평형상태에 있다. 기상의 유해가스의 분압이 40mmHg일 때 수중가스의 농도가 16.5kmol/m³이다. 이 경우 헨리정수 (atm · m³/kmol)는 약 얼마인가?

㉮ 1.5×10^{-3}
㉯ 3.2×10^{-3}
㉰ 4.3×10^{-3}
㉱ 5.6×10^{-3}

풀이 헨리정수(atm · m³/kmol)

$= \dfrac{\text{분압(atm)}}{\text{농도}(kmo/m^3)}$

$= \dfrac{40mmHg/760}{16.5kmol/m^3}$

$= 0.00319 \text{ atm} \cdot m^3/kmol$

$= 3.19 \times 10^{-3} \text{ atm} \cdot m^3/kmol$

TIP
① 표준기압 : 1atm = 760mmHg = 10,332mmH₂O
② 헨리정수(atm · m³/kmol) = $\dfrac{\text{분압(mmHg)}/760}{\text{농도}(kmol/m^3)}$
③ 헨리정수(atm · m³/kmol) = $\dfrac{\text{분압}(mmH_2O)/10{,}332}{\text{농도}(kmol/m^3)}$

59 휘발성유기화합물(VOCs)의 배출량을 줄이도록 요구받을 경우 그 저감방안으로 틀린 것은?

㉮ VOCs 대신 다른 물질로 대체한다.
㉯ 용기에서 VOCs 누출시 공기와 희석시켜 용기내 VOCs 농도를 줄인다.
㉰ VOCs를 연소시켜 인체에 덜 해로운 물질로 만들어 대기중으로 방출시킨다.
㉱ 누출되는 VOCs를 고체흡착제를 사용하여 흡착 제거한다.

풀이 휘발성유기화합물(VOCs)의 제어 기술로는 흡착법, 연소법, 응축법, 흡수법이 있다.

60 벤튜리스크러버의 특성에 관한 설명으로 틀린 것은?

㉮ 유수식 중 집진율이 가장 높고, 목부의 처리 가스유속은 보통 15~30m/s 정도이다.
㉯ 물방울 입경과 먼지 입경의 비는 150 : 1 전후가 좋다.
㉰ 액가스비의 경우 일반적으로 친수성은 10μm 이상의 큰 입자가 0.3L/m³ 전후이다.
㉱ 먼지 및 가스유동에 민감하고 대량의 세정액이 요구된다.

풀이 ㉮ 가압수식에 해당하며, 효율이 우수한 편이며, 목부의 처리 가스유속은 60~90m/s로 가장 크다.

| 제4과목 | 대기오염공정시험기준

61 휘발성유기화합물 누출확인에 사용되는 휴대용 VOCs 측정기기에 관한 설명으로 틀린 것은?

㉮ 휴대용 VOCs 측정기기의 계기눈금은 최소한 표시된 누출농도의 ±5 %를 읽을 수 있어야 한다.
㉯ 휴대용 VOCs 측정기기는 펌프를 내장하고 있어 연속적으로 시료가 검출기로 제공되어야 하며, 일반적으로 시료유량은 0.5 L/min~3 L/min이다.
㉰ 휴대용 VOCs 측정기기의 응답시간은 60초보다 작거나 같아야 한다.
㉱ 측정될 개별 화합물에 대한 기기의 반응인자(response factor)는 10보다 작아야 한다.

answer 58 ㉯ 59 ㉯ 60 ㉮ 61 ㉰

풀이 ㉰ 휴대용 VOCs 측정기기의 응답시간은 30초보다 작거나 같아야 한다.

62 이온크로마토그래피의 일반적인 장치 구성순서로 옳은 것은?

㉮ 펌프 - 시료주입장치 - 용리액조 - 분리관 - 검출기 - 써프렛서
㉯ 용리액조 - 펌프 - 시료주입장치 - 분리관 - 써프렛서 - 검출기
㉰ 시료주입장치 - 펌프 - 용리액조 - 써프렛서 - 분리관 - 검출기
㉱ 분리관 - 시료주입장치 - 펌프 - 용리액조 - 검출기 - 써프렛서

풀이 이온크로마토그래피의 구성순서는 용리액조 - 펌프 - 시료주입장치 - 분리관 - 써프렛서 - 검출기 순이다.

63 환경대기 중의 각 항목별 분석방법의 연결로 틀린 것은?

㉮ 질소산화물 : 살츠만법
㉯ 옥시던트(오존으로서) : 베타선법
㉰ 일산화탄소 : 불꽃이온화검출기법 (기체크로마토그래프법)
㉱ 아황산가스 : 파라로자닐린법

풀이 ㉯ 옥시던트(오존으로서) : 자외선광도법

64 전자 포획 검출기(ECD)에 관한 설명으로 틀린 것은?

㉮ 탄화수소, 알코올, 케톤 등에 대해 감도가 우수하다.
㉯ 유기 할로겐 화합물, 나이트로 화합물 및 유기금속 화합물 등 전자 친화력이 큰 원소가 포함된 화합물을 수 ppt의 매우 낮은 농도까지 선택적으로 검출할 수 있다.
㉰ 방사성 물질인 Ni-63 혹은 삼중수소로부터 방출되는 β선이 운반 기체를 전리하여 이로 인해 전자 포획 검출기 셀(cell)에 전자구름이 생성되어 일정 전류가 흐르게 된다.
㉱ 고순도(99.9995%)의 운반 기체를 사용하여야 하고 반드시 수분트랩(trap)과 산소트랩을 연결하여 수분과 산소를 제거할 필요가 있다.

풀이 ㉮ 탄화수소, 알코올, 케톤 등에 대해 감도가 불량하다.

65 굴뚝 배출가스상 물질의 시료채취방법으로 틀린 것은?

㉮ 채취관은 흡입가스의 유량, 채취관의 기계적 강도, 청소의 용이성 등을 고려해서 안지름 6mm~25mm정도의 것을 쓴다.
㉯ 채취관의 길이는 선정한 채취점까지 끼워 넣을 수 있는 것이어야 하고, 배출가스의 온도가 높을 때에는 관이 구부러지는 것을 막기 위한 조치를 해두는 것이 필요하다.
㉰ 여과재를 끼우는 부분은 교환이 쉬운 구조의 것으로 한다.
㉱ 일반적으로 사용되는 플루오로수지 연결관은 100℃ 이상에서는 사용할 수 없다.

풀이 ㉱ 일반적으로 사용되는 플루오로수지 연결관은 100℃ 이상에서도 사용할 수 있다.

answer   62 ㉯   63 ㉯   64 ㉮   65 ㉱

> **TIP**
> 도관 = 연결관

66 연료용 유류 중의 황 함유량을 측정하기 위한 분석방법은?

㉮ 방사선식 여기법
㉯ 자동 연속 열탈착 분석법
㉰ 시료채취 주머니-열 탈착법
㉱ 몰린 형광광도법

풀이 유류 중 황함유량 분석방법
① 연소관식 공기법
② 방사선식 여기법

67 굴뚝 배출가스 중 암모니아의 자외선/가시선분광법–인도페놀법으로 분석하는 방법에 대한 설명으로 틀린 것은?

㉮ 흡수액으로 수산화소듐용액(4g/L)을 사용한다.
㉯ 시료채취관의 재질로는 유리관, 스테인리스강재질, 석영관, 플루오로수지관을 사용한다.
㉰ 분석을 위한 광전광도계의 측정파장은 640nm이다.
㉱ 시료채취량이 20L인 경우 시료중의 암모니아 농도가 (1.2~12.5)ppm인 것의 분석에 적합하다.

풀이 ㉮ 흡수액으로 붕산용액(5g/L)을 사용한다.

68 굴뚝 배출가스 중 벤젠을 분석하고자 할 때 사용하는 채취관이나 연결관의 재질로 틀린 것은?

㉮ 경질유리 ㉯ 석영
㉰ 플루오로수지 ㉱ 보통강철

풀이 벤젠을 분석시 채취관이나 도관(연결관)의 재질
① 경질유리
② 석영
③ 플루오로수지

> **TIP**
> 보통강철은 일산화탄소(CO)와 암모니아(NH_3)의 채취관이나 연결관의 재질로 사용된다.

69 환경대기 중의 석면농도를 측정하기 위해 멤브레인필터에 채취한 대기부유먼지 중의 석면섬유를 위상차현미경을 사용하여 계수하는 방법에 관한 설명으로 틀린 것은?

㉮ 석면먼지의 농도표시는 20℃, 1기압 상태의 기체 1mL 중에 함유된 석면섬유의 개수(개/mL)로 표시한다.
㉯ 멤브레인 필터는 셀룰로오스 에스테르를 원료로 한 얇은 다공성의 막으로, 구멍의 지름은 평균 (0.01~10)μm의 것이 있다.
㉰ 대기 중 석면은 강제 흡입 장치를 통해 여과장치에 채취한 후 위상차현미경으로 계수하여 석면 농도를 산출한다.
㉱ 빛은 간섭성을 띄우기 위해 단일빛을 사용하며, 후광 또는 차광이 발생하더라도 측정에 영향을 미치지 않는다.

풀이 ㉱ 위상차가 일정해서 간섭을 일으킬 수 있는 빛은 파장과 주기가 모두 짧아서 간섭성을 띠려면 하

---

answer 66 ㉮ 67 ㉮ 68 ㉱ 69 ㉱

나의 광원에서 갈라진 두 갈래의 빛일 경우에만 가능하며, 후광(halo)이나 차광(shading)은 관찰을 방해하기도 한다.

70 굴뚝 배출가스 중 브로민 화합물 분석에 사용되는 흡수액으로 옳은 것은?

㉮ 0.005mol/L 황산용액
㉯ 붕산용액(5g/L)
㉰ 수산화소듐용액(4g/L)
㉱ 다이에틸아민구리용액

풀이
㉮ 0.05mol/L 황산용액 : 질소산화물(NO_X)
㉯ 붕산용액(5g/L) : 암모니아(NH_3)
㉱ 다이에틸아민구리용액 : 이황화탄소(CS_2)

71 다음 중 자외선/가시선 분광법에서 흡광도를 측정하기 위한 순서로써 원칙적으로 제일먼저 행하여야 할 행위는?

㉮ 시료셀을 광로에 넣고 눈금판의 지시치를 흡광도 또는 투과율로 읽는다.
㉯ 광로를 차단 후 대조셀로 영점을 맞춘다.
㉰ 광원으로부터 광속을 통하여 눈금 100에 맞춘다.
㉱ 눈금판의 지시가 안정되어 있는지 여부를 확인한다.

풀이 흡광도를 측정 순서는 ㉱ → ㉯ → ㉰ → ㉮ 이다.

72 원자흡수분광광도법에 사용되는 용어 설명으로 틀린 것은?

㉮ 역화(Flame Back) : 불꽃의 연소속도가 크고 혼합기체의 분출속도가 작을 때 연소현상이 내부로 옮겨지는 것

㉯ 중공음극램프(Hollow Cathode Lamp) : 원자흡광 분석의 광원이 되는 것으로 목적원소를 함유하는 중공음극 한 개 또는 그 이상을 고압의 질소와 함께 채운 방전관
㉰ 멀티 패스(Multi-Path) : 불꽃 중에서의 광로를 길게 하고 흡수를 증대시키기 위하여 반사를 이용하여 불꽃 중에 빛을 여러 번 투과시키는 것
㉱ 공명선(Resonance Line) : 원자가 외부로부터 빛을 흡수했다가 다시 먼저 상태로 돌아갈 때 방사하는 스펙트럼선

풀이 ㉯ 중공음극램프 : 원자흡광 분석의 광원이 되는 것으로 목적원소를 함유하는 중공음극 한 개 또는 그 이상을 저압의 네온과 함께 채운 방전관

73 자외선/가시선 분광법에서 미광(Stray light)의 유무조사에 사용되는 것은?

㉮ Cell Holder
㉯ Holmiumglass
㉰ Cut Filter
㉱ Monochrometer

풀이 광원이나 광전측광 검출기에는 한정된 사용파장역이 있어 미광의 영향이 크기 때문에 투과특성을 갖는 컷트필터를 사용하며 미광의 유무를 조사하는 것이 좋다.

74 굴뚝단면이 원형이고 굴뚝 직경이 3m인 경우, 배출가스 먼지 측정을 위한 측정점수는?

㉮ 8
㉯ 12
㉰ 16
㉱ 20

풀이 직경이 3m이므로 반경구분수 3, 측정점수 12 이다.

answer 70 ㉱ 71 ㉱ 72 ㉯ 73 ㉰ 74 ㉯

TIP

굴뚝직경(m)	반경구분수	측정점수
1 이하	1	4
1 초과 2 이하	2	8
2 초과 4 이하	3	12
4 초과 4.5 이하	4	16
4.5 초과	5	20

75 흡광차분광법(Differential Optical Absorption Spectroscopy)의 설명으로 틀린 것은?

㉮ 광원은 180nm~2,850nm 파장을 갖는 제논램프를 사용한다.
㉯ 주로 사용되는 검출기는 자외선 및 가시선 흡수 검출기이다.
㉰ 분광계는 Czerny-Turner방식이나 Holographic 방식을 채택한다.
㉱ 이산화황, 질소산화물, 오존 등의 대기오염물질분석에 적용된다.

풀이 ㉯ 흡광차분광법은 검출기가 없다.

76 다음은 기체크로마토그래피에 사용되는 검출기에 관한 설명이다. ( )안에 가장 적합한 것은?

( )는 안정된 직류전기를 공급하는 전원회로, 전류조절부, 신호검출 전기회로, 신호 감쇄부 등으로 구성되며, 둘 사이의 열전도 차이를 측정함으로써 시료를 검출하여 분석한다. 모든 화합물을 검출할 수 있어 분석대상에 제한이 없고, 값이 싸며 시료를 파괴하지 않는 장점이 있으나, 다른 검출기에 비해 감도가 낮다.

㉮ Flame Ionization Detector
㉯ Electron Capture Detector
㉰ Thermal Conductivity Detector
㉱ Flame Photometric Detector

풀이 ㉰ 열전도도 검출기(TCD)에 대한 설명이다.

77 황성분 1.6% 이하 함유한 액체연료를 사용하는 연소시설에서 배출되는 황산화물(표준산소농도를 적용받는 항목)의 실측농도 측정결과 741ppm이었고, 배출가스 중의 실측산소농도는 7%, 표준산소농도는 4%이다. 황산화물의 농도(ppm)는 약 얼마인가?

㉮ 750ppm ㉯ 800ppm
㉰ 850ppm ㉱ 900ppm

풀이 $C = C_a \times \dfrac{21-O_s}{21-O_a} = 741\text{ppm} \times \dfrac{21-4\%}{21-7\%}$
$= 899.79\text{ppm}$

TIP
① 오염물질 농도 보정식
$$C = C_a \times \dfrac{21-O_s}{21-O_a}$$
② 배출가스 유량 보정식
$$Q = Q_a \div \dfrac{21-O_s}{21-O_a}$$

answer 75 ㉯ 76 ㉰ 77 ㉱

78 굴뚝 배출가스 중 먼지를 보통형(1형) 흡입노즐을 이용할 때 등속흡입을 위한 흡입량(L/min)은?

- 대기압 : 758mmHg
- 측정점에서의 정압 : -1.5mmHg
- 건식가스미터의 흡입가스 게이지압 : 1mmHg
- 흡입노즐의 내경 : 6mm
- 배출가스의 유속 : 7.5m/s
- 배출가스 중 수증기의 부피 백분율 : 10%
- 건식가스미터의 흡입온도 : 20℃
- 배출가스 온도 : 125℃

㉮ 14.8 ㉯ 11.6
㉰ 9.9   ㉱ 8.4

[풀이]

$$q_m = \frac{\pi d^2}{4} \times v \times \left(1 - \frac{X_W}{100}\right) \times \frac{273 + \theta_m}{273 + \theta_s}$$

$$\times \frac{P_a + P_s}{P_a + P_m} \times 60\text{sec/min} \times 10^3 \text{L/m}^3$$

여기서 q_m : 등속 흡입유량(L/mim)
 d : 노즐의 직경(m)
 v : 배출가스 유속(m/sec)
 X_m : 수증기의 부피 백분율(%)
 θ_m : 가스미터의 흡입가스온도(℃)
 θ_s : 배출가스 온도(℃)
 P_a : 대기압(mmHg)
 P_s : 측정점에서의 정압(mmHg)
 P_m : 가스미터의 흡입가스 게이지압 (mmHg)

따라서 $q_m = \frac{\pi \times (6 \times 10^{-3}\text{m})^2}{4} \times 7.5\text{m/sec} \times (1-0.1)$

$$\times \frac{273+20℃}{273+125℃} \times \frac{765\text{mmHg}-1.5\text{mmHg}}{765\text{mmHg}+1\text{mmHg}}$$

$$\times 60\text{sec/min} \times 10^3\text{L/m}^3$$

$$= 8.40\text{L/min}$$

79 굴뚝 배출가스 중 암모니아의 자외선/가시선분광법-인도페놀법의 설명으로 틀린 것은?

㉮ 시료채취량 20L인 경우 시료 중의 암모니아 농도가 (1.2~12.5)ppm인 것의 분석에 적합하다.

㉯ 분석용 시료용액 10mL를 취하고 여기에 페놀-나이트로프루시드소듐 용액 10mL를 가한 후 하이포아염소산암모늄용액 10mL을 가한 다음 마개를 하고 조용히 흔들어 섞는다.

㉰ 액은 25~30℃에서 1시간 방치한 후, 광전분광광도계 또는 광전광도계로 측정한다.

㉱ 분석을 위한 광전광도계의 측정파장은 640nm 부근이다.

[풀이] ㉯ 분석용 시료용액 10mL를 취하고 여기에 페놀-나이트로프루시드소듐 용액 5mL를 가한 후 하이포아염소산소듐용액 5mL을 가한 다음 마개를 하고 조용히 흔들어 섞는다.

80 굴뚝 배출가스 중 아황산가스의 자동 연속 측정방법에서 사용하는 용어의 의미로 가장 적합한 것은?

㉮ 편향(Bias) : 측정결과에 치우침을 주는 원인에 의해서 생기는 우연오차

㉯ 제로드리프트 : 연속 자동측정기가 정상적으로 가동되는 조건하에서 제로가스를 일정시간 흘려준 후 발생한 출력신호가 변화한 정도

㉰ 시험가동시간 : 연속 자동측정기를 정상적인 조건에 따라 운전할 때 예기치 않는 수리, 조정, 부품교환 없이 연속 가동할 수 있는 최대시간

answer 78 ㉱ 79 ㉯ 80 ㉯

④ 점(Point) 측정 시스템 : 굴뚝 단면 직경의 20% 이하의 경로 또는 여러 지점에서 오염물질 농도를 측정하는 연속 자동측정시스템

풀이 ㉮ 편향(Bias) : 측정결과에 치우침을 주는 원인에 의해서 생기는 계통오차
㉰ 시험가동시간 : 연속 자동측정기를 정상적인 조건에 따라 운전할 때 예기치 않는 수리, 조정, 부품교환 없이 연속 가동할 수 있는 최소시간
㉱ 점(Point) 측정 시스템 : 굴뚝 단면 직경의 10% 이하의 경로 또는 단일점에서 오염물질 농도를 측정하는 배출가스 연속 자동측정시스템

| 제5과목 | **대기환경관계법규**

81 환경정책기본법상 용어의 정의 중 ( )안에 가장 적합한 것은?

> ( )이란 일정한 지역에서 환경오염 또는 환경훼손에 대하여 환경이 스스로 수용, 정화 및 복원하여 환경의 질을 유지할 수 있는 한계를 말한다.

㉮ 환경기준   ㉯ 환경용량
㉰ 환경보전   ㉱ 환경보존

풀이 ㉯ 환경용량에 대한 설명이다.

82 대기환경보전법규상 휘발유를 연료로 사용하는 "경자동차"의 배출가스 보증기간 적용기준으로 옳은 것은? (단, 2016년 1월 1일 이후 제작자동차)

㉮ 15년 또는 240,000km
㉯ 10년 또는 192,000km
㉰ 2년 또는 160,000km
㉱ 1년 또는 20,000km

풀이 휘발유 사용 경자동차의 배출가스 보증기간은 15년 또는 240,000km이다.

83 대기환경보전법규상 「의료법」에 따른 의료기관의 배출시설 등에 조업정지 처분을 갈음하여 과징금을 부과하고자 할 때, "2종사업장"의 규모별 부과계수로 옳은 것은?

㉮ 0.4   ㉯ 0.7
㉰ 1.0   ㉱ 1.5

풀이 사업장 규모별 부과계수
① 1종 사업장 : 2.0
② 2종 사업장 : 1.5
③ 3종 사업장 : 1.0
④ 4종 사업장 : 0.7
⑤ 5종 사업장 : 0.4

84 대기환경보전법규상 측정기기의 부착·운영 등과 관련된 행정처분기준 중 굴뚝 자동측정기기의 부착이 면제된 보일러(사용연료를 6개월 이내에 청정연료로 변경할 계획이 있는 경우)로서 사용연료를 6월 이내에 청정연료로 변경하지 아니한 경우의 4차 행정처분기준으로 가장 적합한 것은?

㉮ 조업정지 10일   ㉯ 조업정지 30일
㉰ 조업정지 5일   ㉱ 경고

풀이 행정처분
① 1차 행정처분 : 경고
② 2차 행정처분 : 경고
③ 3차 행정처분 : 조업정지 10일
④ 4차 행정처분 : 조업정지 30일

answer 81 ㉯ 82 ㉮ 83 ㉱ 84 ㉯

85 대기환경보전법령상 일일 기준초과배출량 및 일일유량의 산정방법에 관한 설명으로 틀린 것은?

㉮ 일일유량 산정을 위한 측정유량의 단위는 m^3/일로 한다.
㉯ 일일유량 산정을 위한 일일조업시간은 배출량을 측정하기 전 최근 조업한 30일 동안의 배출시설의 조업시간 평균치를 시간으로 표시한다.
㉰ 먼지 이외의 오염물질의 배출농도의 단위는 ppm으로 한다.
㉱ 특정대기유해물질의 배출허용기준초과 일일오염물질 배출량은 소수점 이하 넷째자리까지 계산한다.

[풀이] ㉮ 일일유량 산정을 위한 측정유량의 단위는 m^3/hr로 한다.

86 환경정책기본법령상 대기환경기준으로 틀린 것은?

구분	항목	기준	농도
㉠	CO	8시간 평균치	9ppm 이하
㉡	NO_2	24시간 평균치	0.10ppm 이하
㉢	PM-10	연간 평균치	50$\mu g/m^3$ 이하
㉣	벤젠	연간 평균치	5$\mu g/m^3$ 이하

㉮ ㉠ ㉯ ㉡
㉰ ㉢ ㉱ ㉣

[풀이] 이산화질소(NO_2)의 환경기준치
① 연간 평균치 : 0.03ppm 이하
② 24시간 평균치 : 0.06ppm 이하
③ 1시간 평균치 : 0.10ppm 이하

87 대기환경보전법상 1년 이하의 징역이나 1천만원 이하의 벌금에 처하는 벌칙기준이 아닌 것은?

㉮ 배출시설의 설치를 완료한 후 신고를 하지 아니하고 조업한 자
㉯ 환경상 위해가 발생하여 그 사용규제를 위반하여 자동차 연료·첨가제 또는 촉매제를 제조하거나 판매한 자
㉰ 측정기기 관리대행업의 등록 또는 변경등록을 하지 아니하고 측정기기 관리 업무를 대행한 자
㉱ 부품결함시정명령을 위반한 자동차 제작자

[풀이] ㉱번은 300만원 이하의 과태료에 해당한다.

88 대기환경보전법령상 대기배출시설의 설치허가를 받고자 하는 자가 제출해야 할 서류목록에 해당하지 않는 것은?

㉮ 오염물질 배출량을 예측한 명세서
㉯ 배출시설 및 방지시설의 설치명세서
㉰ 방지시설의 연간 유지관리 계획서
㉱ 배출시설 및 방지시설의 실시계획도면

[풀이] 대기배출시설의 설치허가를 받고자 하는 자가 제출해야 할 서류
① 원료(연료를 포함)의 사용량 및 제품 생산량과 오염물질 등의 배출량을 예측한 명세서(배출시설 설치허가를 신청하는 경우에만 첨부)
② 배출시설 및 방지시설의 설치명세서
③ 방지시설의 일반도
④ 방지시설의 연간 유지관리 계획서
⑤ 사용 연료의 성분 분석과 황산화물 배출농도 및 배출량 등을 예측한 명세서(배출시설의 경우에만 해당)
⑥ 배출시설설치허가증(변경허가를 신청하는 경우에만 해당)

answer 85 ㉮ 86 ㉯ 87 ㉱ 88 ㉱

89 실내공기질 관리법규상 "공동주택의 소유자"에게 권고하는 실내 라돈 농도의 기준으로 옳은 것은?

㉮ 1세제곱미터당 148베크렐 이하
㉯ 1세제곱미터당 300베크렐 이하
㉰ 1세제곱미터당 500베크렐 이하
㉱ 1세제곱미터당 800베크렐 이하

TIP
신축 공동주택의 실내 공기질 권고기준
① 폼알데하이드 : $210\mu g/m^3$ 이하
② 벤젠 : $30\mu g/m^3$ 이하
③ 톨루엔 : $1,000\mu g/m^3$ 이하
④ 에틸벤젠 : $360\mu g/m^3$ 이하
⑤ 자일렌 : $700\mu g/m^3$ 이하
⑥ 스티렌 : $300\mu g/m^3$ 이하
⑦ 라돈 : $148Bq/m^3$ 이하

90 대기환경보전법규상 휘발성유기화합물 배출 억제·방지시설 설치 및 검사·측정결과의 기록보존에 관한 기준 중 주유소 주유시설 기준으로 틀린 것은?

㉮ 회수설비의 처리효율은 90퍼센트 이상이어야 한다.
㉯ 유증기 회수배관을 설치한 후에는 회수배관 액체막힘 검사를 하고 그 결과를 3년간 기록·보존하여야 한다.
㉰ 회수설비의 유증기 회수율(회수량/주유량)이 적정범위(0.88~1.2)에 있는지를 회수설비를 설치한 날부터 1년이 되는 날 또는 직전에 검사한 날부터 1년이 되는 날마다 전후 45일 이내에 검사한다.
㉱ 주유소에서 차량을 유류를 공급할 때 배출되는 휘발성유기화합물은 주유시설에 부착된 유증기 회수설비를 이용하여 대기로 직접 배출되지 아니하도록 하여야 한다.

풀이 ㉯ 유증기 회수배관을 설치한 후에는 회수배관 액체막힘 검사를 하고 그 결과를 5년간 기록·보존하여야 한다.

91 대기환경보전법규상 배출시설 등의 가동개시 신고와 관련하여 환경부령으로 정하는 시운전 기간은?

㉮ 가동개시일부터 7일까지의 기간
㉯ 가동개시일부터 15일까지의 기간
㉰ 가동개시일부터 30일까지의 기간
㉱ 가동개시일부터 90일까지의 기간

풀이 환경부령이 정하는 시운전 기간은 가동개시일부터 30일이다.

92 실내공기질 관리법규상 폼알데하이드의 신축 공동주택의 실내공기질 권고기준은?

㉮ $30\mu g/m^3$ 이하
㉯ $210\mu g/m^3$ 이하
㉰ $300\mu g/m^3$ 이하
㉱ $700\mu g/m^3$ 이하

풀이 폼알데하이드의 신축 공동주택의 실내공기질 권고기준은 $210\mu g/m^3$ 이하이다.

93 대기환경보전법규상 고체연료 환산계수가 가장 큰 연료(또는 원료명)는? (단, 무연탄 환산계수 : 1.00, 단위 : kg 기준)

㉮ 톨루엔
㉯ 유연탄
㉰ 에탄올
㉱ 석탄타르

answer 89 ㉮ 90 ㉯ 91 ㉰ 92 ㉯ 93 ㉮

풀이 고체연료 환산계수
⑦ 톨루엔 : 2.06
⑭ 유연탄 : 1.34
⑮ 에탄올 : 1.44
㉑ 석탄타르 : 1.88

94 대기환경보전법상 환경부장관은 대기오염물질과 온실가스를 줄여 대기환경을 개선하기 위한 대기환경개선 종합계획을 얼마마다 수립하여 시행하여야 하는가?

⑦ 매년마다 ⑭ 3년마다
⑮ 5년마다 ㉑ 10년마다

풀이 대기환경개선 종합계획을 10년마다 수립하여 시행한다.

95 악취방지법규상 악취검사기관의 준수사항 중 실험일지 및 검량선-기록지, 검사 결과 발송 대장, 정도관리 수행기록철 등의 보존기간으로 옳은 것은?

⑦ 1년간 보존 ⑭ 2년간 보존
⑮ 3년간 보존 ㉑ 5년간 보존

풀이 실험일지 및 검량선-기록지, 검사 결과 발송 대장, 정도관리 수행기록철 등의 보존기간은 3년간이다.

96 환경정책기본법령상 아황산가스(SO_2)의 대기환경기준(ppm)으로 옳은 것은? (단, ㉠ 연간, ㉡ 24시간, ㉢ 1시간의 평균치 기준)

⑦ ㉠ 0.02 이하, ㉡ 0.05 이하, ㉢ 0.15 이하
⑭ ㉠ 0.03 이하, ㉡ 0.15 이하, ㉢ 0.25 이하
⑮ ㉠ 0.06 이하, ㉡ 0.10 이하, ㉢ 0.15 이하
㉑ ㉠ 0.03 이하, ㉡ 0.06 이하, ㉢ 0.10 이하

풀이 아황산가스(SO_2)의 환경기준치
① 연간 평균치 : 0.02ppm 이하
② 24시간 평균치 : 0.05ppm 이하
③ 1시간 평균치 : 0.15ppm 이하

97 대기환경보전법령상 초과부과금 산정기준에서 오염물질 1킬로그램당 부과금액이 가장 낮은 것은?

⑦ 먼지 ⑭ 황산화물
⑮ 암모니아 ㉑ 불소화물

풀이 오염물질 1킬로그램당 부과금액
⑦ 먼지 : 770원
⑭ 황산화물 : 500원
⑮ 암모니아 : 1,400원
㉑ 불소화물 : 2,300원

98 악취방지법상 악취로 인한 주변의 건강상 위해 예방 등을 위해 기술진단을 실시하지 아니한 자에 대한 과태료 부과기준으로 옳은 것은?

⑦ 500만원 이하의 과태료
⑭ 300만원 이하의 과태료
⑮ 200만원 이하의 과태료
㉑ 100만원 이하의 과태료

풀이 200만원 이하의 과태료에 해당한다.

answer 94 ㉑ 95 ⑮ 96 ⑦ 97 ⑭ 98 ⑮

99 대기환경보전법상 사업자는 조업을 할 때에는 환경부령으로 정하는 바에 따라 배출시설과 방지시설의 운영에 관한 상황을 사실대로 기록하여 보존하여야 하나 이를 위반하여 배출시설 등의 운영상황을 기록·보존하지 아니하거나 거짓으로 기록한 자에 대한 과태료 부과기준으로 옳은 것은?

㉮ 1000만원 이하의 과태료
㉯ 500만원 이하의 과태료
㉰ 300만원 이하의 과태료
㉱ 200만원 이하의 과태료

풀이 ㉰ 300만원 이하의 과태료에 해당한다.

100 대기환경보전법규상 운행차 배출허용기준 중 일반기준으로 틀린 것은?

㉮ 건설기계 중 덤프트럭, 콘크리트믹서트럭, 콘크리트펌프트럭에 대한 배출허용기준은 화물자동차기준을 적용한다.
㉯ 알코올만 사용하는 자동차는 탄화수소 기준을 적용하지 아니한다.
㉰ 1993년 이후에 제작된 자동차 중 과급기(Turbo charger)나 중간냉각기(Intercooler)를 부착한 경유사용 자동차의 배출허용기준은 무부하급가속 검사방법의 매연항목에 대한 배출허용기준에 5%를 더한 농도를 적용한다.
㉱ 희박연소(Lean Burn)방식을 적용하는 자동차는 공기과잉률 기준을 적용한다.

풀이 ㉱ 희박연소방식을 적용하는 자동차는 공기과잉률 기준을 적용하지 아니한다.

answer 99 ㉰ 100 ㉱

2019년 2회 대기환경기사

2019년 4월 27일 시행

| 제1과목 | 대기오염개론

01 지구온난화가 환경에 미치는 영향 중 옳은 것은?

㉮ 온난화에 의한 해면상승은 지역의 특수성에 관계없이 전지구적으로 동일하게 발생한다.
㉯ 대류권 오존의 생성반응을 촉진시켜 오존의 농도가 지속적으로 감소한다.
㉰ 기상조건의 변화는 대기오염의 발생횟수와 오염농도에 영향을 준다.
㉱ 기온상승과 토양의 건조화는 생물성장의 남방한계에는 영향을 주지만 북방한계에는 영향을 주지 않는다.

풀이 ㉮ 온난화에 의한 해면상승은 지역의 특수성에 따라 전지구적으로 다르게 발생한다.
㉯ 대류권 오존의 생성반응을 촉진시켜 오존의 농도가 지속적으로 증가한다.
㉱ 기온상승과 토양의 건조화는 생물성장의 남방한계와 북방한계에 영향을 준다.

02 대기오염모델 중 수용모델에 관한 설명으로 거리가 먼 것은?

㉮ 기초적인 기상학적 원리를 적용, 미래의 대기질을 예측하여 대기오염제어 정책 입안에 도움을 준다.
㉯ 입자상 물질, 가스상 물질, 가시도 문제 등 환경과학 전반에 응용할 수 있다.
㉰ 모델의 분류로는 오염물질의 분석방법에 따라 현미경분석법과 화학분석법으로 구분할 수 있다.
㉱ 측정 자료를 입력 자료로 사용하므로 시나리오 작성이 곤란하다.

풀이 ㉮번의 설명은 분산모델의 설명이다.

TIP
분산모델과 수용모델
1. 분산모델의 장·단점
   (1) 장점
   ① 미래의 대기질을 예측할 수 있다.
   ② 특정한 오염원의 배출속도와 바람에 의한 분산요인을 입력 자료로 하여 수용체 위치에서의 영향을 계산한다.
   ③ 특정오염원의 영향을 평가할 수 있는 잠재력이 있다.
   ④ 2차 오염의 확인이 가능하다.
   ⑤ 점, 선, 면 오염원의 영향을 평가할 수 있다.
   ⑥ 기초적인 기상학적 원리를 적용, 미래의 대기질을 예측하여 대기오염제어 정책입안에 도움을 준다.
   (2) 단점
   ① 새로운 오염원의 지역 내에 생길 때 매번 재평가하여야 한다.
   ② 지형 및 오염원의 조업조건에 영향을 받는다.
   ③ 기상과 관련하여 대기 중의 무작위적인 특성을 적절하게 묘사할 수 없기 때문에 결과에 대한 불확실성이 크게 작용한다.
   ④ 오염물의 단기간 분석 시 문제가 된다.
   ⑤ 분진의 영향평가는 기상의 불확실성과 오염원이 미확인인 경우에 많은 문제점을 가진다.
2. 수용모델의 장·단점
   (1) 장점
   ① 입자상 및 가스상 물질, 가시도 문제 등 환경과학 전반에 응용할 수 있다.
   ② 새로운 오염원, 불확실한 오염원과 불법 배출

answer 01 ㉰ 02 ㉮

오염원을 정량적으로 확인 평가할 수 있다.
③ 대기오염 배출원이 주변지역에 미치는 영향 또는 기여도를 수리통계학적으로 분석하는 것이다.
④ 질량보전의 법칙과 질량수지 개념에 바탕을 두고 유도가 시작된다.
⑤ 적용범위는 도시단위의 소규모에서 최근에는 국가 단위의 중규모까지 확장되고 있고, 분산모델의 결과를 확인하는 역할을 하고 있다.
⑥ 지형, 기상학적 정보 없이도 사용 가능하다.
⑦ 수용체입장에서 영향평가가 현실적으로 이루어 질 수 있다.
⑧ 현재나 과거에 일어났던 일을 추정, 미래를 위한 전략을 세울 수 있다.
⑨ 오염원의 조업 및 운영 상태에 대한 정보 없이도 사용 가능하다.

(2) 단점
① 측정자료를 입력하므로 시나리오 작성이 곤란하다.
② 미래를 예측하기가 어렵다.

03 광화학반응과 관련된 오염물질 일변화의 일반적인 특징으로 가장 거리가 먼 것은?

㉮ NO_2와 HC의 반응에 의해 오후 3시경을 전후로 NO가 최대로 발생하기 시작한다.
㉯ NO에서 NO_2로의 산화가 거의 완료되고 NO_2가 최고농도에 도달하는 때부터 O_3가 증가되기 시작한다.
㉰ Aldehyde는 O_3생성에 앞서 반응초기부터 생성되며 탄화수소의 감소에 대응한다.
㉱ 주요 생성물로는 PAN, Aldehyde, 과산화기 등이 있다.

풀이 ㉮ NO_2와 HC의 반응에 의해 한낮에 O_3의 농도가 최대가 된다.

04 다음 중 CFCs(염화불화탄소)의 배출원과 거리가 먼 것은?

㉮ 스프레이 분사제
㉯ 우레탄 발포제
㉰ 형광등 안정기
㉱ 냉장고의 냉매

풀이 탄화수소 화합물에서 수소를 불소 또는 할로겐 원소로 치환한 물질로 냉장고나 에어컨 등의 냉매 그리고 용제나 발포제, 스프레이나 소화기의 분무제 등으로 사용된다.

05 대기오염 농도를 추정하기 위한 상자모델에서 사용하는 가정으로 옳지 않은 것은?

㉮ 고려되는 공간에서 오염물질의 농도는 균일하다.
㉯ 오염물질의 배출원이 지면 전역에 균등히 분포되어 있다.
㉰ 오염물질의 분해는 0차 반응에 의한다.
㉱ 고려되는 공간의 수직단면에 직각방향으로 부는 바람의 속도가 일정하여 환기량이 일정하다.

풀이 ㉰ 오염물질의 분해는 1차 반응에 의한다.

TIP
상자모델의 가정조건
① 오염물 분해는 1차 반응에 의한다.
② 오염물 배출원이 지면전역에 균등히 분포되어 있다.
③ 고려된 공간에서 오염물의 농도는 균일하다.
④ 오염물질의 농도가 시간에 따라서만 변하는 0차원 모델이다.
⑤ 오염원은 방출과 동시에 균등하게 혼합된다.
⑥ 고려되는 공간의 단면에 직각방향으로 부는 바람의 속도가 일정하여 환기량이 일정하다.
⑦ 배출원 오염물질은 다른 물질로 변하지도 않고 지면에 흡수되지도 않는다.
⑧ 상자안에서는 밑면에서 방출되는 오염물질이 상자높이인 혼합층까지 즉시 균등하게 혼합된다.

answer 03 ㉮ 04 ㉰ 05 ㉰

06 유효굴뚝높이 200m인 연돌에서 배출되는 가스량은 20m³/sec, SO_2 농도는 1,750ppm이다. $k_y = 0.07$, $k_z = 0.09$인 중립 대기조건에서 SO_2의 최대 지표농도(ppb)는? (단, 풍속은 30m/sec이다.)

㉮ 34ppb ㉯ 22ppb
㉰ 15ppb ㉱ 9ppbdbf

풀이 $C_{max} = \dfrac{2Q}{\pi \cdot e \cdot U \cdot He^2}\left(\dfrac{k_z}{k_y}\right)$

여기서

- Q : 배출가스량(m³/sec)
- u : 풍속(m/sec)
- He : 유효굴뚝높이(m)
- k_z : 수직확산계수
- k_y : 수평확산계수
- e : 자연대수(2.72)

① $C_{max} = \dfrac{2 \times 20\,m^3/sec \times 1,750\,ppm}{\pi \times 2.72 \times 30\,m/sec \times (200\,m)^2}\left(\dfrac{0.09}{0.07}\right)$

$= 8.777 \times 10^{-3}\,ppm$

② $8.777 \times 10^{-3}\,ppm \times 10^3 = 8.78\,ppb$

TIP
① ppm = mL/Sm³ = mL/Nm³
② ppb = μL/Sm³ = μL/Nm³
③ ppm $\xrightarrow{\times 10^3}$ ppb
④ ppb $\xrightarrow{\times 10^{-3}}$ ppm

07 해륙풍에 관한 설명으로 옳지 않은 것은?

㉮ 육지와 바다는 서로 다른 열적 성질 때문에 주간에는 육지로부터, 야간에는 바다로부터 바람이 분다.
㉯ 야간에는 바다의 온도 냉각율이 육지에 비해 작으므로 기압차가 생겨나 육풍이 존재한다.
㉰ 육풍은 해풍에 비해 풍속이 작고, 수직 수평적인 범위도 좁게 나타나는 편이다.
㉱ 해륙풍이 장기간 지속되는 경우에는 폐쇄된 국지 순환의 결과로 인하여 해안가에 공업단지 등의 산업도시가 있는 지역에서는 대기오염물질의 축적이 일어날 수 있다.

풀이 ㉮ 육지와 바다는 서로 다른 열적 성질 때문에 주간에는 바다로부터, 야간에는 육지로부터 바람이 분다.

08 가스상 물질의 영향에 관한 설명으로 거리가 먼 것은?

㉮ SO_2는 1ppm 정도에서도 수 시간 내에 고등식물에게 피해를 준다.
㉯ CO_2 독성은 10ppm 정도에서 인체와 식물에 해롭다.
㉰ CO는 100ppm까지는 1~3주간 노출되어도 고등식물에 대한 피해는 약한 편이다.
㉱ HCl은 SO_2 보다 식물에 미치는 영향이 훨씬 적으며, 한계농도는 10ppm에서 수 시간 정도이다.

풀이 ㉯ CO_2는 1,000ppm 정도에서 인체와 식물에 해롭다.

09 열섬현상에 관한 설명으로 가장 거리가 먼 것은?

㉮ Dust dome effect라고도 하며, 직경 10km 이상의 도시에서 잘 나타나는 현상이다.
㉯ 도시지역 표면의 열적 성질의 차이 및 지표면에서의 증발잠열의 차이 등으로 발생된다.
㉰ 태양의 복사열에 의해 도시에 축적된 열이 주변지역에 비해 크기 때문에 형

answer 06 ㉱ 07 ㉮ 08 ㉯ 09 ㉱

㉣ 대도시에서 발생하는 기후현상으로 주변지역 보다 비가 적게 오며, 건조해져 코, 기관지 염증의 원인이 되며, 태양복사량과 관련된 비타민 C의 결핍을 초래한다.

풀이 ㉣ 대도시에서 발생하는 기후현상으로 주변지역 보다 온도가 높고, 비가 많이 오고 안개가 자주 발생한다.

10 먼지 농도가 40μg/m³일 때 가시거리는?
(단, 상대습도 70%, A = 1.2)

㉮ 25km   ㉯ 30km
㉰ 35km   ㉱ 40km

풀이 $V = \dfrac{10^3 \times A}{G}$

여기서
- V : 가시거리(km)
- A : 상수
- G : 농도(μg/m³)

따라서 $V = \dfrac{10^3 \times 1.2}{40\mu g/m^3} = 30km$

11 다음 분산모델 중 미국에서 개발한 것으로 광화학모델이며, 점오염원이나 면오염원에 적용하고, 도시지역의 오염물질 이동을 계산할 수 있는 것은?

㉮ ISCLT   ㉯ TCM
㉰ UAM   ㉱ RAMS

풀이 ㉰ UAM에 대한 설명이다.

12 다음 중 PAN(Peroxy Acetyl Nitrate)의 구조식을 옳게 나타낸 것은?

㉮ $C_6H_5-\overset{\overset{O}{\|}}{C}-O-O-NO_2$

㉯ $CH_3-\overset{\overset{O}{\|}}{C}-O-O-NO_2$

㉰ $C_2H_5-\overset{\overset{O}{\|}}{C}-O-O-NO_2$

㉱ $C_4H_8-\overset{\overset{O}{\|}}{C}-O-O-NO_2$

풀이
㉮ PBzN(Peroxy Benzonyl Nitrate)
㉰ PAN(Peroxy Acetyl Nitrate)
㉱ PPN(Peroxy Propionyl Nitrate)

13 다음은 어떤 연기 형태에 해당하는 설명인가?

> 대기가 매우 안정한 상태일 때에 아침과 새벽에 잘 발생하며, 강한 역전조건에서 잘 생긴다. 이런 상태에서는 연기의 수직방향 분산은 최소가 되고, 풍향에 수직되는 수평방향의 분산은 아주 적다.

㉮ fanning   ㉯ coning
㉰ looping   ㉱ lofting

풀이 대기안정도
㉮ fanning : 역전(매우 안정) 조건
㉯ coning : 중립, 미단열, 등온 조건
㉰ looping : 과단열(매우 불안정) 조건
㉱ lofting : 하층-역전(매우 안정), 고공-과단열 (매우 불안정)

answer 10 ㉯   11 ㉰   12 ㉯   13 ㉮

14 아래 그림은 고도에 따른 대기의 기온 변화를 나타낸 것이다. 다음 중 대기 중에 섞인 오염물질이 가장 잘 확산되는 기온 변화 형태는?

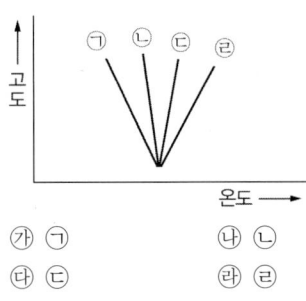

㉮ ㉠ ㉯ ㉡
㉰ ㉢ ㉱ ㉣

풀이 ㉠ 그래프 : 과단열(매우 불안정)
㉣ 그래프 : 역전(매우 안정)

15 다음 대기오염물질의 분류 중 2차 오염물질에 해당하지 않은 것은?

㉮ NOCl ㉯ 알데하이드
㉰ 케톤   ㉱ N_2O_3

풀이 ㉱ N_2O_3는 1차성 물질이다.

16 가솔린 연료를 사용하는 차량은 엔진 가동형태에 따라 오염물질 배출량은 달라진다. 다음 중 통상적으로 탄화수소가 제일 많이 발생하는 엔진 가동형태는?

㉮ 정속(60km/h) ㉯ 가속
㉰ 정속(40km/h) ㉱ 감속

풀이 가솔린 엔진에서 많이 발생하는 조건
① 질소산화물(NO_X) : 가속시
② 탄화수소(HC) : 감속시
③ 일산화탄소(CO) : 공회전시

17 지표부근에 존재하는 오존(O_3)에 관한 설명 중 틀린 것은?

㉮ 질소산화물과 탄화수소의 광화학적 반응에 의해 생성되며, 강력한 산화작용을 한다.
㉯ 오존에 강한 식물로는 담배, 앨팰퍼, 무 등이 있다.
㉰ 식물의 엽록소 파괴, 동화작용의 억제, 산소작용의 저해 등을 일으킨다.
㉱ 식물의 피해정도는 기공의 개폐, 증산작용의 대소 등에 따라 달라진다.

풀이 ㉯ 오존에 약한 식물로는 담배, 앨팰퍼, 무 등이 있다.

18 Down Wash 현상에 관한 설명은?

㉮ 원심력집진장치에서 처리가스량의 5~10%정도를 흡입하여 줌으로써 유효원심력을 증대 시키는 방법이다.
㉯ 굴뚝의 높이가 건물보다 높은 경우 건물 뒤편에 공동현상이 생기고 이 공동에 대기오염물질의 농도가 높아지는 현상을 말한다.
㉰ 굴뚝 아래로 오염물질이 휘날리어 굴뚝 밑부분에 오염물질의 농도가 높아지는 현상을 말한다.
㉱ 해가 뜬 후 지표면이 가열되어 대기가 지면으로부터 열을 받아 지표면 부근부터 역전층이 해소되는 현상을 말한다.

풀이 ㉮ 원심력집진장치의 블로우다운 현상
㉯ 다운드래프트 현상
㉰ 다운와쉬 현상
㉱ 훈증형

answer 14 ㉮ 15 ㉱ 16 ㉱ 17 ㉯ 18 ㉰

19 가우시안 모델에 도입된 가정조건으로 거리가 먼 것은?

㉮ 연기의 분산은 정상상태 분포를 가정한다.
㉯ 바람에 의한 오염물의 주 이동방향은 x축이며, 풍속은 일정하다.
㉰ 연직방향의 풍속은 통상 수평방향의 풍속보다 크므로 고도변화에 따라 반영한다.
㉱ 난류확산계수는 일정하다.

풀이 ㉰ 연직방향의 풍속은 통상 수평방향의 풍속보다 상대적으로 크기가 작기 때문에 연직 방향의 풍속은 무시한다.

20 지상으로부터 500m까지의 평균 기온 감율이 0.85℃/100m 고도의 기온이 15℃라 하면 400m에서 기온은?

㉮ 13.30℃   ㉯ 12.45℃
㉰ 11.45℃   ㉱ 10.45℃

풀이 기온(℃) = 15℃ - $\left\{\dfrac{0.85℃}{100m} \times (400m - 100m)\right\}$
= 12.45℃

| 제2과목 | **연소공학**

21 중유의 특성에 관한 설명으로 가장 거리가 먼 것은?

㉮ 중유는 비중이 클수록 유동점, 점도가 증가한다.
㉯ 중유는 인화점이 150℃ 이상으로 이 온도 이하에서는 인화의 위험이 적다.
㉰ 중유의 잔류 탄소함량은 일반적으로 7~16% 정도이다.
㉱ 점도가 낮은 것은 일반적으로 낮은 비점의 탄화수소를 함유한다.

풀이 ㉯ 중유는 인화점이 40℃ 정도이며 이 온도 이하에서는 인화의 위험이 적다.

22 공기를 사용하여 propane을 완전연소 시킬 때 건조 연소가스 중의 $CO_2max(\%)$는?

㉮ 13.76   ㉯ 17.76
㉰ 18.25   ㉱ 22.85

풀이 $CO_2max(\%) = \dfrac{CO_2량(Sm^3/Sm^3)}{God(Sm^3/Sm^3)} \times 100$

① Propane(C_3H_8)의 완전연소 반응식
$C_3H_8 + 5O_2 \rightarrow 3CO_2 + 4H_2O$

② 이론건연소가스량(God)
= $(1-0.21)A_o + CO_2량(Sm^3/Sm^3)$
= $(1-0.21) \times \dfrac{5}{0.21} + 3$
= $21.8095 Sm^3/Sm^3$

③ $CO_2량 = 3Sm^3/Sm^3$

④ $CO_2max = \dfrac{3Sm^3/Sm^3}{21.8095 Sm^3/Sm^3} \times 100$
= 13.76%

answer 19 ㉰   20 ㉯   21 ㉯   22 ㉮

23 화학반응속도 및 반응속도상수에 관한 설명으로 옳지 않은 것은?

㉮ 1차 반응에서 반응속도상수의 단위는 s^{-1}이다.
㉯ 반응물의 농도를 무제한 증가할지라도 반응속도에는 영향을 미치지 않는 반응을 0차반응이라 한다.
㉰ 화학반응속도론에서 반응속도상수 결정에 활성화에너지가 가장 주요한 영향인자로 작용하며, 넓은 온도범위에 걸쳐 유효하게 적용된다.
㉱ 반응속도상수는 온도에 영향을 받는다.

풀이 정답만 암기해 두시면 되는 문제입니다.

24 착화점의 설명으로 옳지 않은 것은?

㉮ 화학적으로 발열량이 작을수록 착화점은 낮다.
㉯ 화학결합의 활성도가 클수록 착화점은 낮다.
㉰ 분자구조가 복잡할수록 착화점은 낮다.
㉱ 산소 농도가 클수록 착화점은 낮다.

풀이 ㉮ 화학적으로 발열량이 작을수록 착화점은 커진다.

25 다음 중 기체연료 연소장치에 해당하지 않는 것은?

㉮ 송풍 버너 ㉯ 선회 버너
㉰ 방사형 버너 ㉱ 로터리 버너

풀이 ㉱ 로터리(회전식) 버너는 액체연료 연소장치이다.

26 석유류의 물성에 관한 설명으로 옳지 않은 것은?

㉮ 비중이 커지면 화염의 휘도가 커지며, 점도가 증가한다.
㉯ 증기압이 크면 인화점 및 착화점이 높아져서 안전하지만, 연소효율은 저하된다.
㉰ 점도가 낮아지면 인화점이 낮아지고 연소가 잘 된다.
㉱ 유체온도를 서서히 냉각하였을 때 유체가 유동할 수 있는 최저온도를 유동점이라 하고, 일반적으로 응고점보다 2.5℃ 높은 온도를 유동점이라 한다.

풀이 ㉯ 증기압이 크면 인화점 및 착화점이 낮아서 위험하다.

27 용적 100m³의 밀폐된 실내에서 황함량 0.01%인 등유 200g을 완전연소 시킬 때 실내의 평균 SO_2농도(ppb)는? (단, 표준상태를 기준으로 하고, 황은 전량 SO_2로 전환된다.)

㉮ 140 ㉯ 240
㉰ 430 ㉱ 570

풀이 ① SO_2량(g) 계산
$S + O_2 \rightarrow SO_2$
32g : 64g
200g × 0.0001 : X
∴ X = 0.04g

② $ppb = \dfrac{0.04g}{100m^3} \times \dfrac{22.4L}{64g} \times \dfrac{10^6 \mu L}{1L}$
= 140ppb

TIP
① $ppm = mL/Sm^3 = mL/Nm^3$
② $ppb = \mu L/Sm^3 = \mu L/Nm^3$
③ SO_2 1mol $\begin{cases} 64g \\ 22.4L \end{cases}$

answer 23 ㉰ 24 ㉮ 25 ㉱ 26 ㉯ 27 ㉮

28 탄화도의 증가에 따른 연소특성의 변화에 대한 설명으로 옳지 않은 것은?

㉮ 착화온도는 상승한다.
㉯ 발열량은 증가한다.
㉰ 산소의 양이 줄어든다.
㉱ 연료비(고정탄소% / 휘발분%)는 감소한다.

풀이 ㉱ 연료비(고정탄소% / 휘발분%)는 증가한다.

29 다음 중 연료 연소 시 공기비가 이론치보다 작을 때 나타나는 현상으로 가장 적합한 것은?

㉮ 완전연소로 연소실내의 열손실이 작아진다.
㉯ 배출가스 중 일산화탄소의 양이 많아진다.
㉰ 연소실벽에 미연탄화물 부착이 줄어든다.
㉱ 연소효율이 증가하여 배출가스의 온도가 불규칙하게 증가 및 감소를 반복한다.

TIP
공기비(m)의 특징
(1) 공기비(m)가 작을 경우 발생하는 현상
  ① 연소가스 중의 CO와 HC의 농도가 증가
  ② 매연이나 검댕의 발생량 증가
  ③ 연소효율 저하
(2) 공기비(m)가 클 경우 발생하는 현상
  ① 연소실내 연소온도 감소(연소실의 냉각효과를 가져옴)
  ② 배기가스에 의한 열손실 증대
  ③ SO_2, NO_2의 함량이 증가하여 부식이 촉진
  ④ CH_4, CO 및 C 등 물질의 농도가 감소
  ⑤ 방지시설의 용량이 커지고 에너지 손실 증가
  ⑥ 희석효과가 높아져 연소 생성물의 농도 감소

30 탄소 85%, 수소 15%된 경유(1kg)를 공기과잉 계수 1.1로 연소했더니 탄소 1%가 검댕(그을음)으로 된다. 건조 배기가스 1Sm^3중 검댕의 농도(g/Sm^3)는?

㉮ 약 0.72   ㉯ 약 0.86
㉰ 약 1.72   ㉱ 약 1.86

풀이 ① 이론공기량(A_o)
  = $8.89C+26.67\left(H-\dfrac{O}{8}\right)+3.33S$($Sm^3/kg$)
  = $8.89\times0.85+26.67\times0.15$ = 11.557Sm^3/kg
② 실제건연소가스량(Gd)
  = $mA_o-5.6H+0.7O+0.8N$(Sm^3/kg)
  = $1.1\times11.557Sm^3/kg-5.6\times0.15$
  = 11.8727Sm^3/kg
③ 검댕의 농도(g/Sm^3)
  = $\dfrac{0.85\times0.01 kg/kg}{11.8727 Sm^3/kg}\times10^3 g/kg = 0.72 g/Sm^3$

31 다음 연료의 연소 시 이론공기량의 개략치(Sm^3/kg)가 가장 큰 것은?

㉮ LPG   ㉯ 고로가스
㉰ 발생로가스 ㉱ 석탄가스

32 유압분무식 버너의 특징과 거리가 먼 것은?

㉮ 유량조절범위가 1 : 10 정도로 넓어서 부하변동에 적응이 쉽다.
㉯ 연료분사범위는 15~2000L/h 정도이다.
㉰ 연료의 점도가 크거나 유압이 5kg/cm^2 이하가 되면 분무화가 불량하다.
㉱ 구조가 간단하여 유지 및 보수가 용이한 편이다.

풀이 ㉮ 유량조절범위가 좁아 부하변동에 적응성이 낮다.

answer 28 ㉱ 29 ㉯ 30 ㉮ 31 ㉮ 32 ㉮

33 9,000kcal/kg의 열량을 내는 석탄을 시간당 80kg 연소하는 보일러가 있다. 실제로 이 보일러에서 시간당 흡수된 열량이 600,000kcal라면 이 보일러의 열효율(%)은?

㉮ 66.7　㉯ 75.0
㉰ 83.3　㉱ 90.0

풀이 보일러의 열효율(%)

$= \dfrac{\text{흡수열량}}{\text{연료의 발생열량}} \times 100(\%)$

$= \dfrac{600,000\,kcal/hr}{9,000\,kcal/kg \times 80\,kg/hr} \times 100$

$= 83.33\%$

34 저위발열량이 7,000kcal/Sm³의 가스연료의 이론연소온도(℃)는? (단, 이론연소가스량은 10m³/Sm³, 연료연소가스의 평균 정압비열은 0.35kcal/Sm³·℃, 기준온도는 15℃, 지금공기는 예열되지 않으며, 연소가스는 해리되지 않음)

㉮ 1,515　㉯ 1,825
㉰ 2,015　㉱ 2,325

풀이 이론연소온도(℃)

$= \dfrac{\text{저위발열량(kcal/Sm}^3\text{)}}{\text{가스량(Sm}^3\text{/Sm}^3\text{)} \times \text{평균정압비열(kcal/Sm}^3\cdot\text{℃)}} + \text{기준온도(℃)}$

$= \dfrac{7,000\,kcal/Sm^3}{10\,m^3/Sm^3 \times 0.35\,kcal/Sm^3\cdot\text{℃}} + 15\text{℃}$

$= 2,015\text{℃}$

35 폐열회수장치가 설치된 소각로의 특징에 관한 설명으로 거리가 먼 것은? (단, 폐열회수를 안하는 소각로와 비교)

㉮ 연소가스 배출 부분과 수증기 보일러관에서 부식의 염려가 없다.
㉯ 열 회수로 연소가스의 온도와 부피를 줄일 수 있다.
㉰ 공기와 연소가스의 양이 비교적 적으므로 용량이 작은 송풍기를 쓸 수 있다.
㉱ 수증기 생산을 위한 수냉로벽, 보일러 등 설비가 필요하다.

풀이 ㉮ 연소가스 배출 부분과 수증기 보일러관에서 부식의 염려가 있다.

36 기체연료의 연소방식과 연소장치에 관한 설명으로 옳지 않은 것은?

㉮ 확산연소는 주로 탄화수소가 적은 발생로가스, 고로가스 등에 적용되는 연소방식이다.
㉯ 예혼합연소는 화염온도가 낮아 국부가열의 염려가 없고 연소부하가 작은 경우 사용이 가능하며, 화염의 길이가 길다.
㉰ 저압버너는 역화방지를 위해 1차 공기량을 이론공기량의 약 60% 정도만 흡입하고 2차 공기는 로내의 압력을 부압(-)으로 하여 공기를 흡입한다.
㉱ 예혼합연소에 사용되는 버너에는 저압버너, 고압버너, 송풍버너 등이 있다.

풀이 ㉯ 예혼합연소는 화염온도가 높아 국부가열의 염려가 있고 연소부하가 큰 경우 사용이 가능하며, 화염의 길이가 짧다.

answer 33 ㉰　34 ㉰　35 ㉮　36 ㉯

37 A기체연료 $2Sm^3$을 분석한 결과 C_3H_8 $1.7Sm^3$, CO $0.15Sm^3$, H_2 $0.14Sm^3$, O_2 $0.01Sm^3$였다면 이 연료를 완전연소 시켰을 때 생성되는 이론 습연소가스량 (Sm^3)은?

㉮ 약 $41Sm^3$ ㉯ 약 $45Sm^3$
㉰ 약 $52Sm^3$ ㉱ 약 $57Sm^3$

풀이 $C_3H_8 + 5O_2 \rightarrow 3CO_2 + 4H_2O : 1.7Sm^3$
$CO + 0.5O_2 \rightarrow CO_2 : 0.15Sm^3$
$H_2 + 0.5O_2 \rightarrow H_2O : 0.14Sm^3$
$O_2 : 0.01Sm^3$
이론 습연소가스량(Gow)
$= (1-0.21)A_o + CO_2 + H_2O량(Sm^3)$
$= (1-0.21) \times \left(\dfrac{5 \times 1.7 + 0.5 \times 0.15 + 0.5 \times 0.14 - 0.01}{0.21} \right)$
$+ 3 \times 1.7 + 4 \times 1.7 + 1 \times 0.15 + 1 \times 0.14$
$= 44.67Sm^3$

TIP
주어진 분석치는 연료 $2Sm^3$에 해당하는 값임에 주의한다.

38 $CH_4 : 30\%$, $C_2H_6 : 30\%$, $C_3H_8 : 40\%$인 혼합가스의 폭발범위로 가장 적합한 것은? (단, 르샤틀리에의 식 적용)

- CH_4 폭발범위 : 5~15%
- C_2H_6 폭발범위 : 3~12.5%
- C_3H_8 폭발범위 : 2.1~9.5%

㉮ 약 2.9~11.6% ㉯ 약 3.7~13.8%
㉰ 약 4.9~14.6% ㉱ 약 5.8~15.4%

풀이 르샤틀리에 공식
$\dfrac{100}{L} = \dfrac{V_1}{L_1} \times \dfrac{V_2}{L_2} \times \dfrac{V_3}{L_3}$
여기서

L : 폭발범위
V : 조성비

① 하한값 : $\dfrac{100}{L} = \dfrac{30\%}{5\%} + \dfrac{30\%}{3\%} + \dfrac{40\%}{2.1\%}$
∴ L = 2.85%

② 상한값 : $\dfrac{100}{L} = \dfrac{30\%}{15\%} + \dfrac{30\%}{12.5\%} + \dfrac{40\%}{9.5\%}$
∴ L = 11.61%

③ 혼합가스의 폭발범위는 2.85%~11.61%이다.

39 미분탄연소의 특징에 관한 설명으로 거리가 먼 것은?

㉮ 부하변동에 대한 응답성이 좋은 편이어서 대용량의 연소에 적합하다.
㉯ 화격자연소보다 낮은 공기비로서 높은 연소효율을 얻을 수 있다.
㉰ 분무연소와 상이한 점은 가스화 속도가 빠르고, 화염이 연소실 중앙부에 집중하여 명료한 화염면이 형성된다는 것이다.
㉱ 석탄의 종류에 따른 탄력성이 부족하고, 로벽 및 전열면에서 재의 퇴적이 많은 편이다.

40 Butane 2kg을 표준상태에서 완전연소 시키는데 필요한 이론산소의 양(kg)은?

㉮ 3.59 ㉯ 5.02
㉰ 7.17 ㉱ 11.17

풀이 $C_4H_{10} + 6.5O_2 \rightarrow 4CO_2 + 5H_2O$
58kg : 6.5×32kg
2kg : X
따라서 X = 7.17kg

TIP
① C_4H_{10}의 분자량 = 12×4 + 1×10 = 58kg
② 질량(kg) = 계수 × 분자량(kg)
③ 부피(Sm^3) = 계수 × 22.4(Sm^3)

answer 37 ㉯ 38 ㉮ 39 ㉰ 40 ㉰

| 제3과목 | 대기오염방지기술

41 사이클론의 반경이 50cm인 원심력 집진장치에서 입자의 접선방향속도가 10m/sec이라면 분리계수는?

㉮ 10.2 ㉯ 20.4
㉰ 34.5 ㉱ 40.9

[풀이] 분리계수(S) = $\frac{V^2}{Rg}$ = $\frac{(10m/sec)^2}{0.5m \times 9.8m/sec^2}$ = 20.41

42 유해가스의 물리적 흡착에 관한 설명으로 옳지 않은 것은?

㉮ 온도가 낮을수록 흡착량은 많다.
㉯ 흡착제에 대한 용질의 분압이 높을수록 흡착량이 증가한다.
㉰ 가역성이 높고 여러 층의 흡착이 가능하다.
㉱ 흡착열이 높고, 분자량이 작을수록 잘 흡착 된다.

[풀이] ㉱ 흡착열이 낮고, 분자량이 클수록 잘 흡착 된다.

43 시간당 5톤의 중유를 연소하는 보일러의 배기가스를 수산화나트륨 수용액으로 세정하여 탈황하고 부산물로 아황산나트륨을 회수하려고 한다. 중유 중 황(S)함량이 2.56%, 탈황장치의 탈황효율이 87.5%일 때, 필요한 수산화나트륨의 이론량은 시간당 몇 kg인가?

㉮ 300kg ㉯ 280kg
㉰ 250kg ㉱ 225kg

[풀이] S + O₂ → SO₂ + 2NaOH → Na₂SO₃ + H₂O
32kg : 2×40kg
5×10³kg/hr×0.0256×0.875 : X

∴ X = $\frac{5 \times 10^3 kg/hr \times 0.0256 \times 0.875 \times 2 \times 40kg}{32kg}$
= 280kg/hr

44 암모니아의 농도가 용적비로 200ppm인 실내공기를 송풍기로 환기시킬 때 실내용적이 4,000m³이고, 송풍량이 100m³/min 이면 농도를 20ppm으로 감소시키기 위해 소요되는 시간은?

㉮ 82min   ㉯ 92min
㉰ 102min ㉱ 112min

[풀이] 1차 반응식 : $\ln \frac{C_t}{C_o}$ = -k · t

여기서
C_o : 초기농도(ppm)
C_t : t시간 후의 농도(허용농도)(ppm)
k : 상수(/hr)
t : 시간(hr)

① k(/min) = $\frac{송풍량}{실내용적}$
= $\frac{100m^3/min}{4,000m^3}$ = 0.025/min

② $\ln \frac{C_t}{C_o}$ = -k · t

$\ln \frac{20ppm}{200ppm}$ = -0.025/min × t

∴ t = 92.10min

answer 41 ㉯ 42 ㉱ 43 ㉯ 44 ㉯

45 다음 중 (CH₃)₂CHCH₂CHO의 냄새특성으로 가장 적합한 것은?

㉮ 양파, 양배추 썩는 냄새
㉯ 분뇨 냄새
㉰ 땀냄새
㉱ 자극적이며, 새콤하고 타는 듯한 냄새

[풀이] (CH₃)₂CHCH₂CHO는 i-발레르알데하이드로 지정악취물질로 자극적이며, 새콤하고 타는 듯한 냄새가 난다.

46 냄새물질에 관한 다음 설명 중 가장 거리가 먼 것은?

㉮ 물리화학적 자극량과 인간의 감각강도 관계는 Ranney 법칙과 잘 맞다.
㉯ 골격이 되는 탄소(C)수는 저분자일수록 관능기 특유의 냄새가 강하고 자극적이며, 8~13에서 가장 향기가 강하다.
㉰ 분자내 수산기의 수는 1개 일 때 가장 강하고 수가 증가하면 약해져서 무취에 이른다.
㉱ 불포화도가 높으면 냄새가 보다 강하게 난다.

[풀이] ㉮ 물리화학적 자극량과 인간의 감각강도 관계는 웨버-페히너 법칙과 잘 맞다.

47 유해가스의 연소처리에 관한 설명으로 가장 거리가 먼 것은?

㉮ 직접연소법은 경우에 따라 보조연료나 보조공기가 필요하며, 대체로 오염물질의 발열량이 연소에 필요한 전체 열량의 50% 이상일 때 경제적으로 타당하다.
㉯ 직접연소법은 after burner법이라고도 하며, HC, H₂, NH₃, HCN 및 유독가스 제거법으로 사용된다.
㉰ 가열연소법은 배기가스 중 가연성 오염물질의 농도가 매우 높아 직접연소법으로 불가능할 경우에 주로 사용되고 조업의 유동성이 적어 NOx 발생이 많다.
㉱ 가열연소법에서 연소로 내의 체류시간은 0.2~0.8초 정도이다.

[풀이] ㉰ 가열연소법은 배기가스 중 가연성 오염물질의 농도가 매우 낮아 직접연소법으로 가능할 경우에 주로 사용된다.

48 탈취방법에 관한 설명으로 옳지 않은 것은?

㉮ BALL 차단법은 밀폐형 구조물을 설치할 필요가 없고, 크기와 색상이 다양한 편이다.
㉯ 약액세정법은 조작이 복잡하고, 대상 악취물질에 대한 제한성이 크지만, 산성가스 및 염기성 가스의 별도 처리가 필요하지 않다.
㉰ 산화법 중 염소주입법은 페놀이 다량 함유되었을 때에는 클로로페놀을 형성하여 2차오염 문제를 발생시킨다.
㉱ 수세법은 수온 변화에 따라 탈취효과가 변하고, 처리풍향 및 압력손실이 크다.

[풀이] ㉯ 약액세정법은 조작이 간단하고, 대상 악취물질에 대한 제한성이 작지만, 산성가스 및 염기성 가스의 별도 처리가 필요하다.

answer 45 ㉱ 46 ㉮ 47 ㉰ 48 ㉯

49 흡수에 관한 설명으로 옳지 않은 것은?

㉮ 가스측 경막저항은 흡수액에 대한 유해 가스의 농도가 클 때 경막저항을 지배하고, 반대로 액측 경막저항은 용해도가 작을 때 지배한다.
㉯ 대기오염물질은 보통 공기 중에 소량 포함되어 있고, 유해가스의 농도가 큰 흡수제를 사용하므로 가스측 경막저항이 주로 지배한다.
㉰ Baker는 평형선과 조작선을 사용하여 NTU를 결정하는 방법을 제안하였다.
㉱ 충전탑의 조건이 평형곡선에서 멀어질수록 흡수에 대한 추진력은 더 작아지며, NTU는 Berl number에 의해 지배된다.

50 여과집진장치에 사용되는 각종 여과제의 성질에 관한 연결로 가장 거리가 먼 것은? (단, 여과제의 종류 - 산에 대한 저항성 - 최고사용온도)

㉮ 목면 - 양호 - 150℃
㉯ 글라스화이버 - 양호 - 250℃
㉰ 오론 - 양호 - 150℃
㉱ 비닐론 - 양호 - 100℃

[풀이] ㉮ 목면 - 나쁨 - 80℃

51 직경이 15cm인 원형관에서 층류로 흐를 수 있게 임계 레이놀즈수를 2,100으로 할 때, 최대 평균유속(cm/sec)은?
(단, $\nu = 1.8 \times 10^{-6}$ m²/sec)

㉮ 1.52 ㉯ 2.52
㉰ 4.59 ㉱ 6.74

[풀이]
$$Re = \frac{D \times V \times \rho}{\mu} = \frac{D \times V}{\nu}$$

$$2,100 = \frac{0.15m \times V}{1.8 \times 10^{-6} m^2/sec}$$

$$\therefore V = \frac{2,100 \times 1.8 \times 10^{-6} m^2/sec}{0.15m}$$

$$= 0.025 m/sec = 2.52 cm/sec$$

52 덕트설치 시 주요원칙으로 거리가 먼 것은?

㉮ 공기가 아래로 흐르도록 하향구배를 만든다.
㉯ 구부러짐 전후에는 청소구를 만든다.
㉰ 밴드는 가능하면 완만하게 구부리며, 90°는 피한다.
㉱ 덕트는 가능한 한 길게 배치하도록 한다.

[풀이] ㉱ 덕트는 가능한 한 짧게 배치하도록 한다.

53 전기집진장치에서 비저항과 관련된 내용으로 옳지 않은 것은?

㉮ 배연설비에서 연료에 S함유량이 많은 경우는 먼지의 비저항이 낮아진다.
㉯ 비저항이 낮은 경우에는 건식 전기집진장치를 사용하거나, 암모니아 가스를 주입한다.
㉰ $10^{11} \sim 10^{13}$ Ω·cm 범위에서는 역전리 또는 역이온화가 발생한다.
㉱ 비저항이 높은 경우는 분진층의 전압손실이 일정하더라도 가스상의 전압손실이 감소하게 되므로, 전류는 비저항의 증가에 따라 감소된다.

[풀이] ㉯ 비저항이 낮은 경우에는 습식 전기집진장치를 사용하거나, 암모니아 가스를 주입한다.

🔑 answer 49 ㉱ 50 ㉮ 51 ㉯ 52 ㉱ 53 ㉯

54 설치 초기 전기집진장치의 효율이 98% 였으나, 2개월 후 성능이 96%로 떨어졌다. 이때 먼지 배출농도는 설치 초기의 몇 배인가?

㉮ 2배 ㉯ 4배
㉰ 8배 ㉱ 16배

풀이 통과율의 변화 = $\dfrac{(100-96\%)}{(100-98\%)} = \dfrac{4\%}{2\%} = 2$배

55 다음 입자상 물질의 크기를 결정하는 방법 중 입자상 물질의 그림자를 2개의 등면적으로 나눈 선의 길이를 직경으로 하는 입경은?

㉮ 마틴직경 ㉯ 스톡스직경
㉰ 피렛직경 ㉱ 투영면적경

풀이 ㉮ 마틴직경에 대한 설명이다.

56 유해가스에 대한 설명 중 가장 거리가 먼 것은?

㉮ Cl_2가스는 상온에서 황록색을 띤 기체이며 자극성 냄새를 가진 유독물질로 관련 배출원은 표백공업이다.
㉯ F_2는 상온에서 무색의 발연성 기체로 강한 자극성이며 물에 잘 녹고 관련 배출원은 알루미늄 제련공업이다.
㉰ SO_2는 무색의 강한 자극성 기체로 환원성 표백제로도 이용되고 화석연료의 연소에 의해서도 발생된다.
㉱ NO는 적갈색의 특이한 냄새를 가진 물에 잘 녹는 맹독성 기체로 자동차 배출이 가장 많은 부분을 차지한다.

풀이 ㉱ NO는 무색, 무취의 기체로 물에 잘 녹지 않는 난용성으로 자동차에서 가장 많이 배출된다.

57 가스 $1m^3$당 50g의 아황산가스를 포함하는 어떤 폐가스를 흡수 처리하기 위하여 가스 $1m^3$에 대하여 순수한 물 2,000kg의 비율로 연속 향류 접촉시켰더니 폐가스 내 아황산가스의 농도가 1/10로 감소하였다. 물 1,000kg에 흡수된 아황산가스의 양(g)은?

㉮ 11.5 ㉯ 22.5
㉰ 33.5 ㉱ 44.5

풀이 순수한 물 2,000kg을 사용할 때 폐가스내 아황산가스 농도가 1/10로 감소하므로 처리해야 할 아황산가스 농도는 $1m^3$당 45g이 된다.
따라서 45g : 2,000kg = X(g) : 1,000kg
∴ X = 22.5g

58 흡착장치에 관한 다음 설명 중 가장 거리가 먼 것은?

㉮ 고정층 흡착장치에서 보통 수직으로 된 것은 대규모에 적합하고, 수평으로 된 것은 소규모에 적합하다.
㉯ 일반적으로 이동층 흡착장치는 유동층 흡착장치에 비해 가스의 유속을 크게 유지할 수 없는 단점이 있다.
㉰ 유동층 흡착장치는 고정층과 이동층 흡착장치의 장점만을 이용한 복합형으로 고체와 기체의 접촉을 좋게 할 수 있다.
㉱ 유동층 흡착장치는 흡착제의 유동에 의한 마모가 크게 일어나고, 조업조건에 따른 주어진 조건의 변동이 어렵다.

풀이 ㉮ 고정층 흡착장치에서 보통 수직으로 된 것은 소규모에 적합하고, 수평으로 된 것은 대규모에 적합하다.

answer 54 ㉮ 55 ㉮ 56 ㉱ 57 ㉯ 58 ㉮

59 Bag filter에서 먼지부하가 360g/m²일 때마다 부착먼지를 간헐적으로 탈락시키고자 한다. 유입가스 중의 먼지농도가 10g/m³이고, 겉보기 여과속도가 1cm/sec일 때 부착먼지의 탈락시간 간격은? (단, 집진율은 80%이다.)

㉮ 약 0.4hr   ㉯ 약 1.3hr
㉰ 약 2.4hr   ㉱ 약 3.6hr

풀이 $L_d = C_i \times \eta \times V_f \times t$
여기서
- L_d : 먼지부하(g/m²)
- C_i : 먼지의 유입농도(g/m³)
- η : 집진율(%)
- V_f : 여과속도(m/sec)
- t : 탈락시간(sec)

① $360g/m^2 = 10g/m^3 \times 0.80 \times 0.01m/sec \times t$

$\therefore t = \dfrac{360g/m^2}{10g/m^3 \times 0.80 \times 0.01m/sec} = 4,500sec$

② $t(hr) = 4,500sec \times \dfrac{1hr}{3,600sec} = 1.25hr$

60 원심력 집진장치에서 압력손실의 감소 원인으로 가장 거리가 먼 것은?

㉮ 장치 내 처리가스가 선회되는 경우
㉯ 호퍼 하단 부위에 외기가 누입될 경우
㉰ 외통의 접합부 불량으로 함진가스가 누출될 경우
㉱ 내통이 마모되어 구멍이 뚫려 함진가스가 by pass될 경우

풀이 ㉮ VANE의 마모

TIP VANE은 압축기에서 유입된 공기를 일정한 방향으로 축을 회전시키기 위해서 붙어있는 작은 날개들 또는 풍향기와 같이 공기를 유연하게 흐르게 하는 깃이다.

| 제4과목 | **대기오염공정시험기준**

61 다음은 시험의 기재 및 용어에 관한 설명이다. (   )안에 알맞은 것은?

> 시험조작 중 "즉시"란 (㉠)이내에 표시된 조작을 하는 것을 뜻하며, "감압 또는 진공"이라 함은 따로 규정이 없는 한 (㉡) 이하를 뜻한다.

㉮ ㉠ 10초, ㉡ 15mmH₂O
㉯ ㉠ 10초, ㉡ 15mmHg
㉰ ㉠ 30초, ㉡ 15mmH₂O
㉱ ㉠ 30초, ㉡ 15mmHg

풀이 ① 즉시 : 30초 이내
② 감압 또는 진공 : 15mmHg 이하

62 굴뚝 배출가스 중 사이안화수소를 자외선/가시선분광법-4-피리딘카복실산-피라졸론법으로 분석 시 흡수액은?

㉮ 붕산용액(5g/L)
㉯ 과산화수소용액
㉰ 수산화소듐용액(20g/L)
㉱ 아연아민착염용액

풀이 ㉮ 붕산용액(5g/L) : 암모니아
㉯ 과산화수소용액 : 황산화물
㉱ 아연아민착염용액 : 황화수소

answer 59 ㉯ 60 ㉮ 61 ㉱ 62 ㉰

63 대기오염공정시험기준상 굴뚝 배출가스 중 플루오린화수소산을 연속적으로 자동 측정하는 방법은?

㉮ 자외선형광법 ㉯ 이온전극법
㉰ 적외선흡수법 ㉱ 자외선흡수법

풀이
① 분석방법 : 자외선/가시선 분광법, 적정법, 이온선택전극법
② 자동연속측정법 : 이온전극법

64 다음은 굴뚝 배출가스 중의 이황화탄소 분석방법에 관한 설명이다. ( )안에 알맞은 것은?

> 자외선/가시선 분광법은 다이에틸아민구리용액에서 시료가스를 흡수시켜 생성된 다이에틸 다이싸이오카밤산구리의 흡광도를 (㉠)의 파장에서 측정한다. 이 방법은 시료가스채취량 10L인 경우 배출가스 중의 이황화탄소 농도 (㉡)의 분석에 적합하다.

㉮ ㉠ 340nm, ㉡ (0.05~1)ppm
㉯ ㉠ 340nm, ㉡ (4.0~60.0)ppm
㉰ ㉠ 435nm, ㉡ (0.05~1)ppm
㉱ ㉠ 435nm, ㉡ (4.0~60.0)ppm

풀이 이황화탄소의 자외선/가시선 분광법
① 흡수액 : 다이에틸아민구리용액
② 파장 : 435nm
③ 농도 : (4.0~60.0)ppm

65 자외선/가시선 분광법에 관한 설명으로 옳지 않은 것은?

㉮ 시료물질 등에 적당한 시약을 넣어 발색시킨 용액의 흡광도를 측정하여 시료중의 목적성분을 정량하는 방법으로 파장 200nm~1200nm에서의 액체의 흡광도를 측정한다.
㉯ 일반적으로 광원으로 나오는 빛을 단색화장치(monochromter) 또는 필터(filter)에 의하여 좁은 파장범위의 빛만을 선택하여 액층을 통과시킨 다음 광전측광으로 흡광도를 측정하여 목적성분의 농도를 정량하는 방법이다.
㉰ (투사광의 강도/입사광의 강도)를 투과도(t)라 하며, 투과도(t)의 상용대수를 흡광도라 한다.
㉱ 광원부-파장선택부-시료부-측광부로 구성되어 있고, 가시부와 근적외부의 광원으로는 주로 텅스텐램프를 사용한다.

풀이 ㉰ (투사광의 강도/입사광의 강도)를 투과도(t)라 하며, 투과도(t) 역수의 상용대수를 흡광도라 한다.

66 이온크로마토그래피에 관한 설명으로 옳지 않은 것은?

㉮ 분리관의 재질은 용리액 및 시료액과 반응성이 큰 것을 선택하며 스테인리스관이 널리 사용된다.
㉯ 용리액조는 일반적으로 폴리에틸렌이나 경질 유리제를 사용한다.
㉰ 송액펌프는 일반적으로 맥동이 적은 것을 사용한다.
㉱ 검출기는 일반적으로 전도도 검출기를 많이 사용하고, 그 외 자외선, 가시선 흡수검출기(UV, VIS 검출기), 전기화학적 검출기 등이 사용된다.

answer 63 ㉯ 64 ㉱ 65 ㉰ 66 ㉮

풀이 ㉮ 분리관의 재질은 용리액 및 시료액과 반응성이 적은 것을 선택하며 에폭시수지관 또는 유리관이 사용된다.

67 다음은 비분산형적외선분석기의 성능 기준이다. ( )안에 알맞은 것은?

> 제로 조정용 가스를 도입하여 안정된 후 유로를 스팬가스로 바꾸어 기준 유량으로 분석기에 도입하여 그 농도를 눈금 범위내의 어느 일정한 값으로부터 다른 일정한 값으로 갑자기 변화시켰을 때 스텝(step) 응답에 대한 소비시간이 (㉠)이어야 한다. 또 이때 최종 지시치에 대한 90%의 응답을 나타내는 시간은 (㉡)이어야 한다.

㉮ ㉠ 10초 이내, ㉡ 30초 이내
㉯ ㉠ 10초 이내, ㉡ 40초 이내
㉰ ㉠ 1초 이내, ㉡ 30초 이내
㉱ ㉠ 1초 이내, ㉡ 40초 이내

풀이 ① 스텝응답에 대한 소비시간은 1초 이내
② 최종 지시치에 대한 90%의 응답을 나타내는 시간은 40초 이내

68 원자흡수분광광도법에 사용되는 용어의 정의로 옳지 않은 것은?

㉮ 분무실(Nebulizer-Chamber) : 분무기와 함께 분무된 시료용액의 미립자를 더욱 미세하게 해주는 한편 큰 입자와 분리시키는 작용을 갖는 장치
㉯ 선프로파일(Line Profile) : 파장에 대한 스펙트럼선의 강도를 나타내는 곡선
㉰ 예복합 버너(Premix Type Burner) : 가연성 가스, 조연성 가스 및 시료를 분무실에서 혼합시켜 불꽃 중에 넣어주는 방식의 버너
㉱ 근접선(Neighbouring Line) : 원자가 외부로부터 빛을 흡수했다가 다시 먼저 상태로 돌아갈 때 방사하는 스펙트럼선

풀이 ㉱ 근접선 : 목적하는 스펙트럼선에 가까운 파장을 갖는 다른 스펙트럼선

69 비산먼지의 농도를 구하기 위해 측정한 조건 및 결과가 다음과 같을 때 비산먼지의 농도(mg/Sm³)는?

> <측정조건 및 결과>
> • 채취먼지량이 가장 많은 위치에서의 먼지농도(mg/Sm³) : 5.8
> • 대조위치에서의 먼지농도(mg/Sm³) : 0.17
> • 전 시료채취 기간 중 주 풍향이 45°~ 90° 변한다.
> • 풍속이 0.5m/s 미만 또는 10m/s 이상되는 시간이 전 채취시간의 50% 이상이다.

㉮ 5.6   ㉯ 6.8
㉰ 8.1   ㉱ 10.1

풀이 비산먼지농도(C)
= $(C_H - C_B) \times W_D \times W_S$ = (5.8-0.17)mg/Sm³ × 1.2 × 1.2
= 8.11mg/Sm³

TIP
보정계수
(1) 풍향에 대한 보정계수

풍향변화범위	보정계수
주풍향이 90° 이상	1.5
주풍향이 45°~90°	1.2
주풍향이 45° 미만	1.0

(2) 풍속에 대한 보정계수

풍속계수	보정계수
전 채취시간의 50% 미만	1.0
전 채취시간의 50% 이상	1.2

answer 67 ㉱ 68 ㉱ 69 ㉰

70 수산화소듐(NaOH)용액을 흡수액으로 사용하는 분석대상가스가 아닌 것은?

㉮ 염화수소 ㉯ 사이안화수소
㉰ 플루오린화합물 ㉱ 이황화탄소

풀이 ㉱ 이황화탄소의 흡수액은 다이에틸아민구리용액이다.

71 기체크로마토그래피에 관한 설명으로 옳지 않은 것은?

㉮ 기체시료 또는 기화한 액체나 고체 시료를 운반가스에 의하여 분리, 관내에 전개, 응축시켜 액체 상태로 각 성분을 분리 분석한다.
㉯ 일반적으로 대기의 무기물 또는 유기물의 대기오염 물질에 대한 정성, 정량분석에 이용된다.
㉰ 일정유량으로 유지되는 운반가스는 시료도입부로부터 분리관내를 흘러서 검출기를 통해 외부로 방출된다.
㉱ 시료도입부로부터 기체, 액체 또는 고체 시료를 도입하면 기체는 그대로, 액체나 고체는 가열기화되어 운반가스에 의하여 분리관내로 송입된다.

풀이 ㉮ 기체시료 또는 기화한 액체나 고체 시료를 운반가스에 의하여 분리, 관내에 전개시켜 기체 상태로 각 성분을 분리 분석한다.

72 분석대상가스별 흡수액으로 잘못 짝지어진 것은?

㉮ 암모니아 - 붕산용액(5g/L)
㉯ 비소 - 수산화소듐용액(질량분율 4%)
㉰ 브로민화합물 - 수산화소듐용액(4g/L)
㉱ 질소산화물 - 수산화소듐용액(4g/L)

풀이 ㉱ 질소산화물 - 0.005mol/L 황산용액

73 화학분석 일반사항에 관한 설명으로 옳지 않은 것은?

㉮ 1억분율은 ppm, 10억분율은 pphm으로 표시한다.
㉯ 실온은 (1~35)℃로 하고, 찬 곳은 따로 규정이 없는 한 (0~15)℃의 곳을 뜻한다.
㉰ "냉후"(식힌 후)라 표시되어 있을 때는 보온 또는 가열 후 실온까지 냉각된 상태를 뜻한다.
㉱ 액의 농도를 (1→2), (1→5) 등으로 표시한 것은 그 용질의 성분이 고체일 때는 1g을, 액체일 때는 1mL를 용매에 녹여 전량을 각각 2mL 또는 5mL로 하는 비율을 뜻한다.

풀이 ㉮ 1억분율은 pphm, 10억분율은 ppb로 표시한다.

74 굴뚝 배출가스 중 폼알데하이드를 정량할 때 쓰이는 흡수액은?

㉮ 아세틸아세톤 함유 흡수액
㉯ 아연아민착염 함유 흡수액
㉰ 질산암모늄+황산(1+5)
㉱ 수산화소듐용액(0.4W/V%)

풀이 폼알데하이드의 흡수액
① 고성능 액체크로마토그래피법 : 2,4-다이나이트로페닐하이드라진(DNPH)
② 크로모트로핀산법 : 크로모트로핀산 + 황산
③ 아세틸아세톤법 : 아세틸아세톤 함유 흡수액

answer 70 ㉱ 71 ㉮ 72 ㉱ 73 ㉮ 74 ㉮

75 대기오염공정기준에 의거, 환경대기 중 각 항목별 분석 방법으로 옳지 않은 것은?

㉮ 질소산화물 - 살츠만법
㉯ 옥시던트 - 광산란법
㉰ 탄화수소 - 비메탄 탄화수소 측정법
㉱ 아황산가스 - 파라로자닐린법

풀이 옥시던트의 분석방법으로는 자외선광도법, 화학발광법, 중성아이오드화포타슘법, 흡광차분광법이 있다.

76 다음은 연료용 유류 중의 황함유량을 연소관식 공기법으로 분석하는 방법이다. ( )안에 알맞은 것은?

(950~1,100)℃로 가열한 석영재질 연소관 중에 공기를 불어넣어 시료를 연소시킨다. 생성된 황산화물을 (㉠)에 흡수시켜 황산으로 만든 다음, (㉡)으로 중화적정하여 황함유량을 구한다.

㉮ ㉠ 과산화수소(3%), ㉡ 수산화칼륨표준액
㉯ ㉠ 과산화수소(3%), ㉡ 수산화소듐표준액
㉰ ㉠ 10% $AgNO_3$, ㉡ 수산화칼륨표준액
㉱ ㉠ 10% $AgNO_3$, ㉡ 수산화소듐표준액

풀이 연료용 유류 중의 황함유량 분석법
(1) 연소관식 공기법
  ① 연소온도 : (950~1,100)℃
  ② 흡수액 : 과산화수소(3%)
  ③ 적정액 : 수산화소듐표준액
(2) 방사선식 여기법
  ① 방사선 조사
  ② 형광 X선의 강도 측정

77 고용량공기시료채취기로 비산먼지를 채취하고자 한다. 측정결과가 다음과 같을 때 비산먼지의 농도는?

- 채취시간 : 24시간
- 채취개시 직후의 유량 : $1.8m^3/min$
- 채취종료 직전의 유량 : $1.2m^3/min$
- 채취 후 여과지의 질량 : 3.828g
- 채취 전 여과지의 질량 : 3.419g

㉮ $0.13mg/m^3$ ㉯ $0.19mg/m^3$
㉰ $0.25mg/m^3$ ㉱ $0.35mg/m^3$

풀이 비산먼지의 농도

$$= \frac{(채취\ 후 - 채취\ 전)mg}{\frac{(직전의\ 유량+직후의\ 유량)m^3/min}{2} \times 채취시간(hr) \times 60}$$

$$= \frac{(3.828 - 3.419)g \times 10^3 mg/g}{\frac{(1.2+1.8)m^3/min}{2} \times 24hr \times 60} = 0.19mg/m^3$$

78 기체-고체 크로마토그래피법에서 사용하는 흡착형 충전물과 거리가 먼 것은?

㉮ 알루미나   ㉯ 활성탄
㉰ 담체   ㉱ 실리카겔

풀이 ㉰ 담체는 기체-액체 크로마토그래피법에 사용된다.

TIP
기체-고체 크로마토그래피법에서 사용하는 흡착형 충전물로는 실리카겔, 활성탄, 알루미나, 합성제올라이트 등이 있다.

answer 75 ㉯ 76 ㉯ 77 ㉯ 78 ㉰

79 A도시면적이 150km²이고 인구밀도가 4,000명/km²이며 전국 평균 인구밀도가 800명/km²일 때, 인구비례에 의한 방법으로 결정한 A도시의 환경기준 시험을 위한 시료 측정점수는? (단, A도시 면적은 지역의 가주지 면적(총면적에서 전답, 호수, 임야, 하천 등의 면적을 뺀 면적)이다.)

㉮ 30
㉯ 35
㉰ 40
㉱ 45

풀이 측정점수 = $\dfrac{\text{그 지역 가주지 면적(km}^2\text{)}}{25\text{km}^2}$

$\times \dfrac{\text{그 지역 인구밀도}}{\text{전국 평균 인구밀도}}$

$= \dfrac{150\text{km}^2}{25\text{km}^2} \times \dfrac{4,000}{800} = 30$

80 굴뚝 배출가스 중 불꽃이온화검출기에 의한 총탄화수소 측정에 관한 설명으로 옳지 않은 것은?

㉮ 결과 농도는 프로페인 또는 탄소등가농도로 환산하여 표시한다.
㉯ 배출원에서 채취된 시료는 여과지 등을 이용하며 먼지를 제거한 후 가열채취관을 통하여 불꽃이온화분석기로 유입되어 분석된다.
㉰ 반응시간은 오염물질농도의 단계변화에 따라 최종값의 50%이상에 도달하는 시간을 말한다.
㉱ 시료채취관은 스테인리스강 또는 이와 동등한 재질의 것으로 하고 굴뚝중심 부분의 10%범위 내에 위치할 정도의 길이의 것을 사용한다.

풀이 ㉰ 반응시간은 오염물질농도의 단계변화에 따라 최종값의 90%이상에 도달하는 시간을 말한다.

| 제5과목 | 대기환경관계법규

81 실내공기질 관리법규상 건축자재의 오염물질방출 기준이다. ( )안에 알맞은 것은? (단, 단위는 mg/m²·h)

오염물질	접착제	페인트
톨루엔	0.08 이하	(㉠)
총휘발성 유기화합물	(㉡)	(㉢)

㉮ ㉠ 0.02 이하, ㉡ 0.05 이하, ㉢ 1.5 이하
㉯ ㉠ 0.05 이하, ㉡ 0.1 이하, ㉢ 2.0 이하
㉰ ㉠ 0.08 이하, ㉡ 2.0 이하, ㉢ 2.5 이하
㉱ ㉠ 0.10 이하, ㉡ 2.5 이하, ㉢ 4.0 이하

82 대기환경보전법규상 자동차의 종류에 대한 설명으로 옳지 않은 것은? (단, 2015년 12월10일 이후 적용)

㉮ 이륜자동차의 규모는 차량총중량이 1천킬로그램을 초과하지 않는 것이다.
㉯ 이륜자동차는 측차를 붙인 이륜자동차와 이륜자동차에서 파생된 삼륜 이상의 자동차는 제외한다.
㉰ 소형화물자동차에는 승용자동차에 해당되지 않는 승차인원이 9명 이상인 승합차를 포함한다.
㉱ 초대형 승용자동차의 규모는 차량총중량이 15톤 이상이다.

풀이 ㉯ 이륜자동차는 측차를 붙인 이륜자동차와 이륜자동차에서 파생된 삼륜 이상의 자동차를 포함한다.

answer 79 ㉮ 80 ㉰ 81 ㉰ 82 ㉯

83 환경정책기본법령상 초미세먼지(PM-2.5)의 연간 평균치 기준은?

㉮ 15μg/m³ 이하
㉯ 35μg/m³ 이하
㉰ 50μg/m³ 이하
㉱ 100μg/m³ 이하

[풀이] 초미세먼지(PM-2.5)의 기준치
① 연간 평균치 : 15μg/m³ 이하
② 24시간 평균치 : 35μg/m³ 이하

84 대기환경보전법규상 휘발유를 연료로 사용하는 자동차연료 제조기준으로 옳지 않은 것은?

㉮ 90% 유출온도(℃) : 170 이하
㉯ 산소함량(무게%) : 2.3 이하
㉰ 황함량(ppm) : 50 이하
㉱ 벤젠함량(부피%) : 0.7 이하

[풀이] ㉰ 황함량(ppm) : 10 이하

85 대기환경보전법령상 배출허용 기준초과와 관련한 개선명령을 받은 사업자는 그 명령을 받은 날부터 며칠 이내에 개선계획서를 환경부령으로 정하는 바에 따라 시·도지사에게 제출하여야 하는가? (단, 연장이 없는 경우)

㉮ 즉시
㉯ 10일 이내
㉰ 15일 이내
㉱ 30일 이내

[풀이] 개선명령을 받은 사업자는 그 명령을 받은 날부터 15일 이내에 개선계획서를 환경부령으로 정하는 바에 따라 시·도지사에게 제출하여야 한다.

86 대기환경보전법규상 환경부장관이 대기오염물질을 총량으로 규제하고자 할 때 고시해야 하는 사항으로 거리가 먼 것은? (단, 기타사항은 제외)

㉮ 총량규제구역
㉯ 총량규제 대기오염물질
㉰ 대기오염물질의 저감계획
㉱ 규제기준농도

[풀이] 총량 규제 시 고시해야 하는 사항
① 총량규제구역
② 총량규제 대기오염물질
③ 대기오염물질의 저감계획

87 다음은 대기환경보전법규상 자가측정 자료의 보존기간(기준)이다. ( )안에 가장 적합한 것은?

> 법에 따라 사업자는 자가측정에 관한 기록을 보존하여야 하는데, 자가측정 시 사용한 여지 및 시료채취기록지의 보존기간은 「환경분야 시험·검사 등에 관한 법률」에 따른 환경오염공정시험기준에 따라 측정한 날부터 ( )(으)로 한다.

㉮ 1개월 ㉯ 3개월
㉰ 6개월 ㉱ 1년

[풀이] 자가측정 자료의 보존기간은 측정한 날부터 6개월간 보존한다.

answer 83 ㉮ 84 ㉰ 85 ㉰ 86 ㉱ 87 ㉰

88 실내공기질 관리법령의 적용대상이 되는 다중이용시설 중 대통령령이 정하는 규모기준으로 옳지 않은 것은?

㉮ 항만시설 중 연면적 5천제곱미터 이상인 대합실
㉯ 연면적 1천제곱미터 이상인 실내주차장(기계식 주차장을 포함한다.)
㉰ 모든 대규모점포
㉱ 연면적 430제곱미터 이상인 국공립어린이집, 법인어린이집, 직장어린이집 및 민간어린이집

풀이 ㉯ 연면적 2천제곱미터 이상인 실내주차장(기계식 주차장을 제외한다.)

89 대기환경보전법규상 대기환경규제지역을 관할하는 시·도지사 등이 해당 지역의 환경기준을 달성, 유지하기 위해 수립하는 실천계획에 포함될 사항과 거리가 먼 것은?

㉮ 대기오염측정결과에 따른 대기오염기준 설정
㉯ 계획달성연도의 대기질 예측결과
㉰ 대기보전을 위한 투자계획과 오염물질 저감효과를 고려한 경제성 평가
㉱ 대기오염원별 대기오염물질 저감계획 및 계획의 시행을 위한 수단

풀이 실천계획의 수립에 포함되어야 할 사항
① 일반 환경 현황
② 대기오염예측모형을 이용하여 예측한 대기오염도
③ 계획달성연도의 대기질 예측결과
④ 대기보전을 위한 투자계획과 오염물질 저감효과를 고려한 경제성 평가
⑤ 대기오염원별 대기오염물질 저감계획 및 계획의 시행을 위한 수단

90 대기환경보전법령상 오염물질의 초과부과금 산정 시 위반횟수별 부과계수 산출방법이다. ( )안에 알맞은 것은?

> 2차 이상 위반한 경우는 위반 직전의 부과계수에 ( )을(를) 곱한 것으로 한다.

㉮ 100분의 100   ㉯ 100분의 105
㉰ 100분의 110   ㉱ 100분의 120

풀이 초과부과금의 위반횟수별 부과계수
① 위반이 없는 경우 : $\dfrac{100}{100}$
② 처음 위반한 경우 : $\dfrac{105}{100}$
③ 2차 이상 위반한 경우 : $\dfrac{105}{100} \times \dfrac{105}{100}$

91 대기환경보전법규상 대기오염방지시설과 가장 거리가 먼 것은?

㉮ 미생물을 이용한 처리시설
㉯ 촉매반응을 이용하는 시설
㉰ 흡수에 의한 시설
㉱ 확산에 의한 시설

풀이 대기오염방지시설로는 중력집진시설, 관성력집진시설, 원심력집진시설, 세정집진시설, 여과집진시설, 전기집진시설, 음파집진시설, 흡수에 의한 시설, 흡착에 의한 시설, 직접연소에 의한 시설, 촉매반응을 이용한 시설, 응축에 의한 시설, 산화·환원에 의한 시설, 미생물을 이용한 처리시설, 연소조절에 의한 시설이 있다.

answer 88 ㉯ 89 ㉮ 90 ㉯ 91 ㉱

92 대기환경보전법상 황함유기준을 초과하는 연료를 공급·판매한 자에 대한 벌칙기준으로 옳은 것은?

㉮ 5년 이하의 징역이나 5천만원 이하의 벌금
㉯ 3년 이하의 징역이나 3천만원 이하의 벌금
㉰ 2년 이하의 징역이나 2천만원 이하의 벌금
㉱ 1년 이하의 징역이나 1천만원 이하의 벌금

풀이 ㉯ 3년 이하의 징역이나 3천만원 이하의 벌금에 해당한다.

93 대기환경보전법규상 배출시설에서 배출되는 입자상물질인 아연화합물(Zn로서)의 배출허용기준은? (단, 모든 배출시설)

㉮ 5mg/Sm³ 이하 ㉯ 10mg/Sm³ 이하
㉰ 15mg/Sm³ 이하 ㉱ 20mg/Sm³ 이하

풀이 입자상물질인 아연화합물(Zn로서)의 배출허용기준은 5mg/Sm³ 이하이다.

94 대기환경보전법상 사용하는 용어의 정의로 옳지 않은 것은?

㉮ "검댕"이란 연소할 때에 생기는 유리(遊離)탄소가 응결하여 입자의 지름이 1미크론 이상이 되는 입자상물질을 말한다.
㉯ "온실가스 평균배출량"이란 자동차제작자가 판매한 자동차 중 환경부령으로 정하는 자동차의 온실가스 배출량의 합계를 해당 자동차 총 대수로 나누어 산출한 평균값(g/km)을 말한다.
㉰ "온실가스"란 적외선 복사열을 흡수하거나 다시 방출하여 온실효과를 유발하는 대기중의 가스 상태 물질로서 이산화탄소, 메탄, 아산화질소, 수소불화탄소, 과불화탄소, 육불화황을 말한다.
㉱ "냉매(冷媒)"란 열전달을 통한 냉난방, 냉동·냉장 등의 효과를 목적으로 사용되는 물질로서 산업통상자원부령으로 정하는 것을 말한다.

풀이 ㉱ 냉매란 열전달을 통한 냉난방, 냉동·냉장 등의 효과를 목적으로 사용되는 물질로서 환경부령으로 정하는 것을 말한다.

95 다음은 대기환경보전법규상 휘발성유기화합물 배출 억제·방지시설 설치 및 검사·측정결과의 기록보존에 관한 기준 중 주유소 저장시설에 관한 기준이다. ( )안에 알맞은 것은?

- 회수설비의 유증기 회수율은 (㉠)이여야 한다.
- 회수설비의 적정 가동 여부 등을 확인하기 위한 압력감쇄·누설 등을 (㉡) 검사하고, 그 결과를 다음 검사를 완료하는 날까지 기록 및 보존하여야 한다.

㉮ ㉠ 75% 이상, ㉡ 1년마다
㉯ ㉠ 75% 이상, ㉡ 2년마다
㉰ ㉠ 90% 이상, ㉡ 1년마다
㉱ ㉠ 90% 이상, ㉡ 2년마다

풀이 주유소 저장시설에 관한 기준
① 유증기 회수율 : 90% 이상
② 압력감쇄·누설 등의 검사기간 : 2년 마다

answer 92 ㉯ 93 ㉮ 94 ㉱ 95 ㉱

96 대기환경보전법규상 위임업무 보고사항 중 보고 횟수가 연 1회인 것은?

㉮ 자동차 연료 제조·판매 또는 사용에 대한 규제현황
㉯ 수입자동차 배출가스 인증 및 검사현황
㉰ 측정기기 관리대행업의 등록, 변경등록 및 행정처분 현황
㉱ 환경오염사고 발생 및 조치사항

풀이 위임업무 보고사항

업무내용	보고 횟수	보고기일
환경오염사고 발생 및 조치사항	수시	사고발생 시
수입자동차 배출가스 인증 및 검사현황	연 4회	매분기 종료 후 15일 이내
자동차 연료 또는 첨가제의 제조기준 적합 여부 검사현황	연료: 연 4회 첨가제: 연 2회	연료: 매분기 종료 후 15일이내 첨가제: 매반기 종료 후 15일이내
자동차 연료 및 첨가제의 제조·판매 또는 사용에 대한 규제현황	연 2회	매반기 종료 후 15일이내
측정기기 관리대행업의 등록, 변경등록 및 행정처분 현황	연 1회	다음 해 1월 15일까지

97 대기환경보전법령상 Ⅱ지역의 기본부과금의 지역별 부과계수로 옳은 것은?
(단, Ⅱ지역의 「국토의 계획 및 이용에 관한 법률」에 따른 공업지역 등이 해당)

㉮ 0.5   ㉯ 1.0
㉰ 1.5   ㉱ 2.0

풀이 기본부과금의 지역별 부과계수
① Ⅰ지역: 1.5
② Ⅱ지역: 0.5
③ Ⅲ지역: 1.0

TIP
각 지역
① Ⅰ지역: 주거지역, 상업지역, 취락지역, 택지개발 예정지구
② Ⅱ지역: 공업지역, 수자원보호구역, 전원개발 사업구역 및 예정구역
③ Ⅲ지역: 녹지지역, 농림지역 및 자연환경보전지역, 관광·휴양개발진흥지구

98 악취방지법상에서 사용하는 용어의 뜻으로 옳지 않은 것은?

㉮ "상승악취"란 두 가지 이상의 악취물질이 함께 작용하여 사람의 후각을 자극하여 불쾌감과 혐오감을 주는 냄새를 말한다.
㉯ "악취배출시설"이란 악취를 유발하는 시설, 기계, 기구, 그 밖의 것으로서 환경부장관이 관계 중앙행정기관의 장과 협의하여 환경부령으로 정하는 것을 말한다.
㉰ "악취"란 황화수소, 메르캅탄류, 아민류, 그 밖에 자극성이 있는 물질이 사람의 후각을 자극하여 불쾌감과 혐오감을 주는 냄새를 말한다.
㉱ "지정악취물질"이란 악취의 원인이 되는 물질로서 환경부령으로 정하는 것을 말한다.

풀이 ㉮ 복합악취란 두 가지 이상의 악취물질이 함께 작용하여 사람의 후각을 자극하여 불쾌감과 혐오감을 주는 냄새를 말한다.

answer 96 ㉰ 97 ㉮ 98 ㉮

99 대기환경보전법령상 대기오염물질발생량의 합계가 연간 25톤인 사업장에 해당하는 것은? (단, 기타사항 제외)

㉮ 1종 사업장 ㉯ 2종 사업장
㉰ 3종 사업장 ㉱ 4종 사업장

풀이 사업장의 분류

종별	오염물질 발생량(연간)
1종 사업장	80톤 이상
2종 사업장	20톤 이상 80톤 미만
3종 사업장	10톤 이상 20톤 미만
4종 사업장	2톤 이상 10톤 미만
5종 사업장	2톤 미만

100 다음은 대기환경보전법령상 시·도지사가 배출시설의 설치를 제한할 수 있는 경우이다. ( )안에 알맞은 것은?

> 배출시설 설치 지점으로부터 반경 1킬로미터 안의 상주 인구가 (㉠)명 이상인 지역으로서 특정대기유해물질 중 한 가지 종류의 물질을 연간 10톤 이상 배출하거나 두 가지 이상의 물질을 연간 (㉡)톤 이상 배출하는 시설을 설치하는 경우

㉮ ㉠ 1만, ㉡ 20
㉯ ㉠ 2만, ㉡ 20
㉰ ㉠ 1만, ㉡ 25
㉱ ㉠ 2만, ㉡ 25

풀이 배출시설 설치 제한
① 상주인구 2만명 이상 지역으로 특정대기유해물질 중 한 가지 물질 연간 10톤 이상
② 상주인구 2만명 이상 지역으로 특정대기유해물질 중 두 가지 물질 연간 25톤 이상
③ 특별대책 지역 중 대기오염물질의 합계가 연간 10톤 이상

answer 99 ㉯ 100 ㉱

2019년 4회 대기환경기사

2019년 9월 21일 시행

| 제1과목 | 대기오염개론

01 황산화물의 각종 영향에 대한 설명으로 옳지 않은 것은?

㉮ 공기가 SO_2를 함유하면 부식성이 강하게 된다.
㉯ SO_2는 대기 중의 분진과 반응하여 황산염이 형성됨으로써 대부분의 금속을 부식시킨다.
㉰ 대기에서 형성되는 아황산 및 황산은 석회, 대리석, 시멘트 등 각종 건축 재료를 약화시킨다.
㉱ 황산화물은 대기 중 또는 금속의 표면에서 황산으로 변함으로써 부식성을 더욱 약하게 한다.

[풀이] ㉱ 황산화물은 대기 중 또는 금속의 표면에서 황산으로 변함으로써 부식성을 더욱 강하게 한다.

02 다음과 같이 인체에 피해를 유발시킬 수 있는 오염물질로 가장 적합한 것은?

> 혈액 헤모글로빈의 기본요소인 포르피린고리의 형성을 방해함으로써 인체 내 헤모글로빈의 형성을 억제하여 만성빈혈이 발생할 수 있다.

㉮ 다이옥신 ㉯ 납
㉰ 망간 ㉱ 바나듐

[풀이] ㉯ 납(Pb)에 대한 설명이다.

03 다음 Dobson unit에 관한 설명 중 ( )안에 알맞은 것은?

> 1Dobson은 지구 대기 중 오존의 총량을 0℃, 1기압의 표준상태에서 두께로 환산했을 때 ( )에 상당하는 양을 의미한다.

㉮ 0.01mm ㉯ 0.1mm
㉰ 0.1cm ㉱ 1cm

[풀이] 지구 대기층의 오존총량을 표준상태에서 두께로 환산했을 때 1mm는 100돕슨(Dobson)에 해당한다.
따라서 1mm : 100Dobson = $x$mm : 1Dobson
∴ $x = 0.01$mm

04 NO_x 중 이산화질소에 관한 설명으로 옳지 않은 것은?

㉮ 적갈색의 자극성을 가진 기체이며, NO보다 5~7배 정도 독성이 강하다.
㉯ 분자량 46, 비중은 1.59 정도이다.
㉰ 수용성이지만 NO보다는 수중 용해도가 낮으며 일명 웃음기체라고도 한다.
㉱ 부식성이 강하고, 산화력이 크며, 생리적인 독성과 자극성을 유발할 수 있다.

[풀이] ㉰ 이산화질소(NO_2)는 난용성이며, 웃음기체는 아산화질소(N_2O)이다.

answer 01 ㉱ 02 ㉯ 03 ㉮ 04 ㉰

05 오염물질이 식물에 미치는 영향에 대한 설명으로 가장 거리가 먼 것은?

㉮ 오존은 0.2ppm 정도의 농도에서 2~3시간 접촉하면 피해를 일으키며, 보통 엽록소 파괴, 동화작용 억제, 산소작용의 저해 등을 일으킨다.
㉯ 질소산화물은 엽록소가 갈색으로 되어 잎의 내부에 갈색 또는 흑갈색의 반점이 생기며 담배, 해바라기, 진달래 등은 이산화질소에 대한 식물의 감수성이 약한 편이다.
㉰ 양배추, 클로버, 상추 등은 에틸렌가스에 대해 저항성 식물이다.
㉱ 보리, 목화 등은 아황산가스에 대해 저항성이 강한 식물이며, 까치밤나무, 쥐당나무 등은 저항성이 약한 식물에 해당한다.

풀이 ㉱ 보리, 목화 등은 아황산가스에 대해 저항성이 약한 식물이며, 까치밤나무, 쥐당나무 등은 저항성이 강한 식물에 해당한다.

06 역전에 관한 설명으로 옳지 않은 것은?

㉮ 복사역전층은 보통 가을로부터 봄에 걸쳐서 날씨가 좋고, 바람이 약하며, 습도가 적을 때 자정 이후 아침까지 잘 발생한다.
㉯ 침강역전은 고기압 중심부분에서 기층이 서서히 침강하면서 기온이 단열변화로 승온되어 발생하는 현상이다.
㉰ 전선역전층은 빠른 속도로 움직이는 경향이 있어서 오염문제에 심각한 영향을 주지는 않는 편이다.
㉱ 해풍역전은 정체성 역전으로서 보통 오염물질을 오랫동안 정체시킨다.

풀이 ㉱ 해풍역전은 육지위에 있는 따뜻한 기층 바로 아래로 한냉한 해풍이 불어와 형성된 역전이다.

07 산란에 관한 설명으로 옳지 않은 것은?

㉮ Rayleigh는 "맑은 하늘 또는 저녁노을은 공기 분자에 의한 빛의 산란에 의한 것"이라는 것을 발견하였다.
㉯ 빛을 입자가 들어있는 어두운 상자 안으로 도입시킬 때 산란광이 나타나며 이것을 틴달빛(光)이라고 한다.
㉰ Mie산란의 결과는 입사빛의 파장에 대하여 입자가 대단히 작은 경우에만 적용되는 반면, Rayleigh의 결과는 모든 입경에 대하여 적용된다.
㉱ 입자에 빛이 조사될 때 산란의 경우, 동일한 파장의 빛이 여러 방향으로 다른 강도로 산란되는 반면, 흡수의 경우는 빛에너지가 열, 화학반응의 에너지로 변환된다.

풀이 ㉰ Mie산란의 결과는 입자의 크기가 빛의 파장과 거의 같거나 큰 경우에 적용되는 반면, Rayleigh의 결과는 입자의 크기가 빛의 파장보다 대단히 작은 경우에 적용된다.

08 먼지의 농도가 0.075mg/m³ 인 지역의 상대습도가 70%일 때, 가시거리는? (단, 계수 = 1.2로 가정)

㉮ 4km ㉯ 16km
㉰ 30km ㉱ 42km

풀이 $V = \dfrac{10^3 \times A}{G}$

여기서
V : 가시거리(km)
A : 상수
G : 농도(μg/m³)

따라서 $V = \dfrac{10^3 \times 1.2}{0.075 \times 10^3 \mu g/m^3}$
= 16km

answer 05 ㉱ 06 ㉱ 07 ㉰ 08 ㉯

09 다음 대기오염물질 중 바닷물의 물보라 등이 배출원이며, 1차 오염물질에 해당하는 것은?

㉮ N_2O_3 ㉯ 알데하이드
㉰ HCN ㉱ NaCl

풀이 바닷물의 물보라 등이 배출원이면서 1차 오염물질은 염화나트륨(NaCl)이다.

10 Fick의 확산방정식을 실제 대기에 적용시키기 위해 세우는 추가적인 가정으로 거리가 먼 것은?

㉮ $\dfrac{dC}{dt} = 0$ 이다.
㉯ 바람에 의한 오염물의 주이동 방향은 X축으로 한다.
㉰ 오염물질의 농도는 비점오염원에서 간헐적으로 배출된다.
㉱ 풍속은 x, y, z 좌표 내의 어느 점에서든 일정하다.

풀이 ㉰ 오염물질의 농도는 점오염원으로부터 계속적으로 배출된다.

11 역사적인 대기오염사건에 관한 설명으로 옳은 것은?

㉮ 포자리카 사건은 MIC에 의한 피해이다.
㉯ 런던스모그 사건은 복사역전 형태였다.
㉰ 뮤즈계곡 사건은 PAN이 주된 오염물질로 작용했다.
㉱ 도쿄 요코하마 사건은 PCB가 주된 오염물질로 작용했다.

풀이 ㉮ 포자리카 사건은 황화수소(H_2S)에 의한 피해이다.
㉰ 뮤즈계곡 사건은 아황산가스(SO_2)가 주된 오염물질로 작용했다.
㉱ 도쿄 요코하마 사건은 황산화물(SO_X)이 주된 오염물질로 작용했다.

12 최대혼합고도가 500m일 때 오염농도는 4ppm이었다. 오염농도가 500ppm일 때 최대혼합고도는 얼마인가?

㉮ 50m ㉯ 100m
㉰ 200m ㉱ 250m

풀이 실제오염농도(ppm)
= 예상오염농도(ppm) × $\left(\dfrac{예상최대혼합고}{실제최대혼합고}\right)^3$

4ppm = 500ppm × $\left(\dfrac{Hm}{500m}\right)^3$

따라서 H = 100m

13 도시 대기오염물질 중 태양빛을 흡수하는 기체 중의 하나로서 파장 420nm 이상의 가시광선에 의해 광분해되는 물질로 대기 중 체류시간이 약 2~5일 정도인 것은?

㉮ SO_2 ㉯ NO_2
㉰ CO_2 ㉱ RCHO

풀이 ㉯ 이산화질소(NO_2)에 대한 설명이다.

TIP 보기 중에서 답을 찾는 포인트는 광분해반응을 하는 물질을 찾는 것이다.

answer 09 ㉱ 10 ㉰ 11 ㉯ 12 ㉯ 13 ㉯

14 가우시안 모델의 대기오염 확산방정식을 적용할 때 지면에 있는 오염원으로부터 바람이 부는 방향으로 200m 떨어진 연기의 중심축상 지상 오염농도(mg/m³)는? (단, 오염물질의 배출량은 6g/s, 풍속은 3.5m/s, σ_y, σ_z는 각각 22.5m, 12m이다.)

㉮ 0.96 ㉯ 1.41
㉰ 2.02 ㉱ 2.46

풀이
$$C = \frac{Q}{\pi \cdot U \cdot \sigma_y \cdot \sigma_z}$$
$$= \frac{6g/sec \times 10^3 mg/g}{\pi \times 22.5m \times 12m \times 3.5m/sec}$$
$$= 2.02 mg/m^3$$

TIP
$$C = \frac{Q}{\pi \cdot U \cdot \sigma_y \cdot \sigma_z} \exp\left[-\frac{1}{2}\left(\frac{He}{\sigma_z}\right)^2\right]$$
조건에서 He = 0이면 $C = \frac{Q}{\pi \cdot U \cdot \sigma_y \cdot \sigma_z}$ 가 된다.
여기서 C : 농도(mg/m³)
 Q : 오염물질 배출량(mg/sec)
 σ_y : 수평방향의 표준편차(m)
 σ_z : 수직방향의 표준편차(m)
 U : 풍속(m/sec)
 He : 유효굴뚝높이(m)

15 수용모델의 분석법에 관한 설명으로 옳지 않은 것은?

㉮ 광화학현미경법은 입경이 0.01μm 보다 큰 입자만을 대상으로 먼지의 형상, 모양 및 색깔별로 오염원을 구별할 수 있고, 미숙련 경험자도 쉽게 분석 가능하다.
㉯ 전자주사현미경은 광학현미경보다 작은 입자를 측정할 수 있고, 정성적으로 먼지의 오염원을 확인할 수 있다.
㉰ 시계열분석법은 대기오염 제어의 기능을 평가하고 특정 오염원의 경향을 추적할 수 있으며, 타 방법을 통해 제시된 오염원을 확인하는 데 매우 유용한 정성적 분석법이다.
㉱ 공간계열법은 시료채취기간 중 오염배출속도 및 기상학 등에 크게 의존하여 분산모델과 큰 연관성을 갖는다.

풀이 ㉮ 광화학현미경법은 입경이 1μm보다 큰 입자만을 대상으로 먼지의 형상, 모양 및 색깔별로 오염원을 구별할 수 있고, 숙련된 경험자만이 분석할 수 있다.

16 오존에 관한 설명으로 옳지 않은 것은? (단, 대류권 내 오존 기존)

㉮ 보통 지표오존의 배경농도는 1~2ppm 범위이다.
㉯ 오존은 태양빛, 자동차 배출원인 질소산화물과 휘발성 유기화합물 등에 의해 일어나는 복잡한 광화학반응으로 생성된다.
㉰ 오염된 대기 중 오존농도에 영향을 주는 것은 태양빛의 강도, NO_2/NO의 비, 반응성 탄화수소농도 등이다.
㉱ 국지적인 광화학스모그로 생성된 Oxidant의 지표물질이다.

풀이 ㉮ 보통 지표오존의 배경농도는 0.01~0.02ppm 범위이다.

17 대기오염가스를 배출하는 굴뚝의 유효고도가 87m에서 100m로 높아졌다면 굴뚝의 풍하측 지상 최대 오염농도는 87m일 때의 것과 비교하면 몇 %가 되겠는가? (단, 기타 조건은 일정)

㉮ 47% ㉯ 62%
㉰ 76% ㉱ 88%

answer 14 ㉰ 15 ㉮ 16 ㉮ 17 ㉰

풀이 지상최대오염농도(C_{max}) = $\dfrac{1}{He^2}$

따라서, 지상최대오염농도(%) = $\dfrac{\dfrac{1}{(100m)^2}}{\dfrac{1}{(87m)^2}} \times 100$

= 75.69%

18 다음 중 2차 대기오염물질에 해당하지 않는 것은?

㉮ SO_3 ㉯ H_2SO_4
㉰ NO_2 ㉱ CO_2

풀이 ㉱ 이산화탄소(CO_2)는 1차성 물질이다.

19 다음 특정물질 중 오존 파괴지수가 가장 큰 것은?

㉮ Halon-1211 ㉯ Halon-1301
㉰ CCl_4 ㉱ HCFC-22

풀이 오존층 파괴지수
㉮ Halon-1211 : 3.0
㉯ Halon-1301 : 10.0
㉰ CCl_4 : 1.1
㉱ HCFC-22 : 0.055

20 벤젠에 관한 설명으로 옳지 않은 것은?

㉮ 체내에 흡수된 벤젠은 지방이 풍부한 피하조직과 골수에서 고농도로 축적되어 오래 잔존할 수 있다.
㉯ 체내에서 마뇨산(hippuric acid)으로 대사하여 소변으로 배설된다.
㉰ 비점은 약 80℃ 정도이고, 체내 흡수는 대부분 호흡기를 통하여 이루어진다.
㉱ 벤젠 폭로에 의해 발생되는 백혈병은 주로 급성 골수아성 백혈병(acute myeloblastic leukemia)이다.

풀이 ㉰ 체내 흡수는 대부분 호흡기를 통하여 이루어진다.

| 제2과목 | **연소공학**

21 화격자 연소로에서 석탄을 연소시킬 경우 화염이동속도에 대한 설명으로 옳지 않은 것은?

㉮ 입경이 작을수록 화염이동속도는 커진다.
㉯ 발열량이 높을수록 화염이동속도는 커진다.
㉰ 공기온도가 높을수록 화염이동속도는 커진다.
㉱ 석탄화도가 높을수록 화염이동속도는 커진다.

풀이 ㉱ 석탄화도가 높을수록 화염이동속도는 작아진다.

22 연료의 특성에 대한 설명 중 옳은 것은?

㉮ 석탄의 비중은 탄화도가 진행될수록 작아진다.
㉯ 중유의 비중이 클수록 유동점과 잔류탄소는 감소한다.
㉰ 중유 중 잔류탄소의 함량이 많아지면 점도가 낮아진다.
㉱ 메탄은 프로판에 비해 이론공기량이 적다.

풀이 ㉮ 석탄의 비중은 탄화도가 진행될수록 커진다.
㉯ 중유의 비중이 클수록 유동점과 잔류탄소는 증가한다.
㉰ 중유 중 잔류탄소의 함량이 많아지면 점도가 높아진다.

answer 18 ㉱ 19 ㉯ 20 ㉰ 21 ㉱ 22 ㉱

23 정상연소에서 연소속도를 지배하는 요인으로 가장 적합한 것은?

㉮ 연료 중의 불순물 함유량
㉯ 연료 중의 고정탄소량
㉰ 공기 중의 산소의 확산속도
㉱ 배출가스 중의 N_2 농도

풀이 정상연소에서 연소속도를 지배하는 요인은 공기 중의 산소의 확산속도이다.

24 휘발유, 등유, 알코올, 벤젠 등 액체연료의 연소방식에 해당하는 것은?

㉮ 자기연소   ㉯ 확산연소
㉰ 증발연소   ㉱ 표면연소

풀이 휘발유, 등유, 알코올, 벤젠 등 액체연료의 연소방식은 증발연소이다.

25 다음은 연료의 분류에 관한 설명이다. ( )안에 들어갈 가장 적합한 것은?

( )는 가솔린과 유사하거나 또는 약간 높은 끓는점 범위의 유분으로 240℃에서 96% 이상이 증류되는 성분을 말하며, 옥탄가가 낮아 직접적으로 내연기관의 연료로 사용될 수 없기 때문에 가솔린에 혼합하거나 석유화학 원료용으로 주로 사용된다.

㉮ 나프타   ㉯ 등유
㉰ 경유   ㉱ 중유

풀이 ㉮ 나프타에 대한 설명이다.

26 중유조성이 탄소 87%, 수소 11%, 황 2%이었다면 이 중유연소에 필요한 이론 습연소가스량(Sm^3/kg)은?

㉮ 9.63   ㉯ 11.35
㉰ 13.63   ㉱ 15.62

풀이 ① 이론공기량(A_o)
$= 8.89C+26.67\left(H-\dfrac{O}{8}\right)+3.33S(Sm^3/kg)$
$= 8.89×0.87+26.67×0.11+3.33×0.02$
$= 10.7346 Sm^3/kg$
② 이론 습연소가스량(G_{ow})
$= A_o+5.6H+0.7O+0.8N+1.244W(Sm^3/kg)$
$= 10.7346 Sm^3/kg+5.6×0.11$
$= 11.35 Sm^3/kg$

27 목재, 석탄, 타르 등 연소초기에 가연성가스가 생성되고 긴 화염이 발생되는 연소의 형태는?

㉮ 표면연소   ㉯ 분해연소
㉰ 증발연소   ㉱ 확산연소

풀이 ㉯ 분해연소에 대한 설명이다.

28 분무연소기의 자동제어 방법인 시퀀스제어(순차제어, sequential control)에 관한 설명으로 가장 거리가 먼 것은?

㉮ 안전장치가 따로 필요 없다.
㉯ 분무연소기의 자동점화, 자동소화, 연소량 자동제어 등이 행해진다.
㉰ 화염이 꺼진 경우 화염검출기가 소화를 검출하고, 점화플로그를 다시 작동시킨다.
㉱ 지진에 의해서 감지기가 작동하면 연료 개폐 밸브가 닫힌다.

풀이 ㉮ 안전장치가 따로 필요하다.

answer 23 ㉰ 24 ㉰ 25 ㉮ 26 ㉯ 27 ㉯ 28 ㉮

29 유동층 연소에 관한 설명으로 거리가 먼 것은?

㉮ 사용연료의 입도범위가 넓기 때문에 연료를 미분쇄 할 필요가 없다.
㉯ 비교적 고온에서 연소가 행해지므로 열생성 NO_X가 많고, 전열관의 부식이 문제가 된다.
㉰ 연료의 층내 체류시간이 길어 저발열량의 석탄도 완전연소가 가능하다.
㉱ 유동매체에 석회석 등의 탈황제를 사용하여 로내 탈황도 가능하다.

[풀이] ㉯ 다른 연소법에 비해 열생성 NO_X의 발생이 적고, 전열관 부식의 문제가 없다.

30 COM(coal oil mixture, 혼탄유) 연소에 관한 설명으로 옳지 않은 것은?

㉮ COM은 주로 석탄과 중유의 혼합연료이다.
㉯ 연소실내 체류시간의 부족, 분사변의 폐쇄와 마모 등 주의가 요구된다.
㉰ 재의 처리가 용이하고, 중유 전용 보일러의 연료로서 개조 없이 COM을 효율적으로 이용할 수 있다.
㉱ 중유보다 미립화 특성이 양호하다.

[풀이] ㉰ 재의 처리가 용이하지 못하고, 중유 전용 보일러의 연료로서 개조 없이 COM을 효율적으로 이용할 수 없다.

31 옥탄가에 대한 설명으로 옳지 않은 것은?

㉮ n-Paraffine에서는 탄소수가 증가할수록 옥탄가는 저하하여 C_7에서 옥탄가는 0이다.
㉯ 방향족 탄화수소의 경우 벤젠고리의 측쇄가 C_3까지는 옥탄가가 증가하지만 그 이상이면 감소한다.
㉰ Naphthene계는 방향족 탄화수소보다는 옥탄가가 작지만 n-Paraffine계보다는 큰 옥탄가를 가진다.
㉱ iso-Paraffine에서는 methyl 가지가 적을수록, 중앙에 집중하지 않고 분산될수록 옥탄가가 증가한다.

[풀이] ㉱ iso-Paraffine에서는 methyl 가지가 적을수록, 중앙에 집중하지 않고 분산될수록 옥탄가가 감소한다.

32 내용적 $160m^3$의 밀폐된 실내에서 2.23kg의 부탄을 완전연소 할 때, 실내에서의 산소농도(V/V, %)는? (단, 표준상태, 기타 조건은 무시하며, 공기 중 용적산소비율은 21%)

㉮ 15.6% ㉯ 17.5%
㉰ 19.4% ㉱ 20.8%

[풀이] ① 부탄(C_4H_{10}) 연소시 소모되는 산소량
$C_4H_{10} + 6.5O_2 \rightarrow 4CO_2 + 5H_2O$
58kg : $6.5 \times 22.4m^3$
2.23kg : X
∴ X = $5.60m^3$
② 실내에 있는 산소량 = $160m^3 \times 0.21 = 33.6m^3$
③ 남아있는 산소량
= 실내에 있는 산소량 - 부탄 연소시 소모된 산소량
= $33.6m^3 - 5.60m^3 = 28m^3$
④ 실내의 산소농도(%) = $\frac{28m^3}{160m^3} \times 100 = 17.5\%$

answer 29 ㉯ 30 ㉰ 31 ㉱ 32 ㉯

33 연소가스 분석결과 CO_2는 17.5%, O_2는 7.5% 일 때 $(CO_2)max(\%)$는?

㉮ 19.6 ㉯ 21.6
㉰ 27.2 ㉱ 34.8

풀이
$$CO_2max(\%) = \frac{21 \times CO_2\%}{21-O_2\%} = \frac{21 \times 17.5\%}{21-7.5\%}$$
$$= 27.22\%$$

34 액체연료의 연소용 버너 중 유량의 조절 범위가 일반적으로 가장 큰 것은?

㉮ 저압기류분무식 버너
㉯ 회전식 버너
㉰ 고압기류분무식 버너
㉱ 유압분무식 버너

풀이 유량 조절범위
㉮ 저압기류분무식 버너 1 : 5
㉯ 회전식 버너 1 : 5
㉰ 고압기류분무식 버너 1 : 10
㉱ 유압분무식 버너 1 : 3

35 다음 중 그을음이 잘 발생하기 쉬운 연료 순으로 나열한 것은? (단, 쉬운 연료 > 어려운 연료)

㉮ 타르 > 중유 > 석탄가스 > LPG
㉯ 석탄가스 > LPG > 타르 > 중유
㉰ 중유 > LPG > 석탄가스 > 타르
㉱ 중유 > 타르 > LPG > 석탄가스

풀이 그을음이 잘 발생하기 쉬운 연료는 불완전연소가 되는 저질연료이므로 타르 > 중유 > 석탄가스 > LPG 순서가 된다.

36 미분탄 연소의 특징으로 거리가 먼 것은?

㉮ 스토커 연소에 비해 작은 공기비로 완전연소가 가능하다.
㉯ 사용연료의 범위가 넓고, 스토커 연소에 적합하지 않은 점결탄과 저발열량탄 등도 사용가능하다.
㉰ 부하변동에 쉽게 적용할 수 있다.
㉱ 설비비와 유지비가 적게 들고, 재비산의 염려가 없으며, 별도 설비가 불필요하다.

풀이 ㉱ 설비비와 유지비가 많이 들고, 재비산의 염려가 있으며, 별도 설비(집진장치)가 필요하다.

37 고압기류분무식 버너에 관한 설명으로 옳지 않은 것은?

㉮ 2~8kg/cm² 의 고압공기를 사용하여 연료유를 분무화 시키는 방식이다.
㉯ 분무각도는 30° 정도, 유량조절비는 1 : 10 정도이다.
㉰ 분무에 필요한 1차 공기량은 이론공기량의 80~90% 범위이다.
㉱ 연료유의 점도가 커도 분무화가 용이하나 연소 시 소음이 큰 편이다.

풀이 ㉰ 분무에 필요한 1차 공기량은 이론공기량의 7~12% 범위이다.

answer 33 ㉰ 34 ㉰ 35 ㉮ 36 ㉱ 37 ㉰

38 가연한계에 대한 설명으로 옳지 않은 것은?

㉮ 일반적으로 가연한계는 산화제 중의 산소분율이 커지면 넓어진다.
㉯ 파라핀계 탄화수소의 가연범위는 비교적 좁다.
㉰ 기체연료는 압력이 증가할수록 가연한계가 넓어지는 경향이 있다.
㉱ 혼합기체의 온도를 높게 하면 가연범위는 좁아진다.

풀이 ㉱ 혼합기체의 온도를 높게 하면 가연범위는 넓어진다.

39 저 NOx 연소기술 중 배가스 순환기술에 관한 설명으로 거리가 먼 것은?

㉮ 일반적으로 배가스 재순환비율은 연소공기 대비 10~20%에서 운전된다.
㉯ 희석에 의한 산소농도 저감효과보다는 화염온도 저하효과가 작기 때문에, 연료 NOx보다는 고온 NOx 억제효과가 적다.
㉰ 장점으로 대부분의 다른 연소제어기술과 병행해서 사용할 수 있다.
㉱ 저 NOx 버너와 같이 사용하는 경우가 많다.

풀이 ㉯ 희석에 의한 산소농도 저감효과보다는 화염온도 저하효과가 크기 때문에, 연료 NOx보다는 고온 NOx 억제효과가 높다.

40 착화점이 낮아지는 조건으로 거리가 먼 것은?

㉮ 산소의 농도는 낮을수록
㉯ 반응활성도는 클수록
㉰ 분자의 구조는 복잡할수록
㉱ 발열량은 높을수록

풀이 ㉮ 산소의 농도는 높을수록

| 제3과목 | 대기오염방지기술

41 악취물질의 성질과 발생원에 관한 설명으로 가장 거리가 먼 것은?

㉮ 에틸아민($C_2H_5NH_2$)은 암모니아취 물질로 수산가공, 약품제조 시에 발생한다.
㉯ 메틸머캡탄(CH_3SH)은 부패양파취 물질로 석유정제, 가스제조, 약품제조 시에 발생한다.
㉰ 황화수소(H_2S)는 썩은 계란취 물질로 석유정제, 약품제조 시에 발생한다.
㉱ 아크로레인(CH_2CHCHO)은 생선취 물질로 하수처리장, 축산업에서 발생한다.

풀이 ㉱ 아크로레인(CH_2CHCHO)은 불쾌한 냄새가 나며 호흡기에 심한 자극성 물질로 석유화학, 글리세롤제조, 의약품 제조시에 발생한다.

answer 38 ㉱ 39 ㉯ 40 ㉮ 41 ㉱

42 각 집진장치의 특징에 관한 설명으로 옳지 않은 것은?

㉮ 여과집진장치에서 여포는 가스온도가 350℃를 넘지 않도록 하여야 하며, 고온 가스를 냉각시킬 때에는 산노점 이하로 유지해야 한다.
㉯ 전기집진장치는 낮은 압력손실로 대량의 가스처리에 적합하다.
㉰ 제트스크러버는 처리가스량이 많은 경우에는 잘 쓰지 않는 경향이 있다.
㉱ 중력집진장치는 설치면적이 크고 효율이 낮아 전처리설비로 주로 이용되고 있다.

[풀이] ㉮ 여과집진장치에서 여포는 가스온도가 250℃를 넘지 않도록 하여야 하며, 고온가스를 냉각시킬 때에는 산노점 이상로 유지해야 한다.

43 배출가스 중 먼지농도가 3,200mg/Sm³인 먼지처리를 위해 집진율이 각각 60%, 70%, 75%인 중력집진장치, 원심력집진장치, 세정집진장치를 직렬로 연결해서 사용해 왔다. 여기에 집진장치 하나를 추가로 직렬연결 하여 최종 배출구 먼지농도를 20mg/Sm³ 이하로 줄이려면, 추가 집진장치의 집진율은 최소 몇 %가 되어야 하는가?

㉮ 약 79.2%   ㉯ 약 85.6%
㉰ 약 89.6%   ㉱ 약 92.4%

[풀이]
$$집진율(\%) = \left(1 - \frac{배출농도}{유입농도}\right) \times 100$$
$$= \left(1 - \frac{20\text{mg/Sm}^3}{3,200\text{mg/Sm}^3 \times (1-0.60) \times (1-0.70) \times (1-0.75)}\right) \times 100$$
$$= 79.17\%$$

44 복합 국소배기장치에서 댐퍼조절평형법(또는 저항조절평형법)의 특징으로 옳지 않은 것은?

㉮ 오염물질 배출원이 많아 여러 개의 가지 덕트를 주덕트에 연결할 필요가 있는 경우 사용한다.
㉯ 덕트의 압력손실이 큰 경우 주로 사용한다.
㉰ 작업 공정에 따른 덕트의 위치 변경이 가능하다.
㉱ 설치 후 송풍량 조절이 불가능하다.

[풀이] ㉱ 설치 후 송풍량 조절이 가능하다.

45 유해가스 처리를 위한 흡수액의 구비조건으로 거리가 먼 것은?

㉮ 용해도가 커야 한다.
㉯ 휘발성이 적어야 한다.
㉰ 점성이 커야 한다.
㉱ 용매의 화학적 성질과 비슷해야 한다.

[풀이] ㉰ 점성이 작아야 한다.

46 탈황과 탈질 동시제어 공정으로 거리가 먼 것은?

㉮ SCR공정   ㉯ 전자빔공정
㉰ NOXSO공정   ㉱ 산화구리공정

[풀이] ㉮ SCR공정은 선택적 촉매접촉환원법으로 질소산화물(NO_X)을 처리하는 방법이다.

answer 42 ㉮ 43 ㉮ 44 ㉱ 45 ㉰ 46 ㉮

47 선택적 촉매환원법과 선택적 비촉매환원법으로 주로 제거하는 오염물질은?

㉮ 휘발성유기화합물
㉯ 질소산화물
㉰ 황산화물
㉱ 악취물질

[풀이] 선택적 촉매환원법(SCR)과 선택적 비촉매환원법(NCR)은 질소산화물(NO_X)을 제거하는 방법이다.

48 벤츄리 스크러버 적용 시 액가스비를 크게 하는 요인으로 옳지 않은 것은?

㉮ 먼지의 친수성이 클 때
㉯ 먼지의 입경이 작을 때
㉰ 처리가스의 온도가 높을 때
㉱ 먼지의 농도가 높을 때

[풀이] ㉮ 먼지의 친수성이 작을 때

49 사이클론에서 가스 유입속도를 2배로 증가시키고, 입구폭을 4배로 늘리면 50% 효율로 집진되는 입자의 직경, 즉 Lapple의 절단입경(d_{p50})은 처음에 비해 어떻게 변화되겠는가?

㉮ 처음의 2배
㉯ 처음의 $\sqrt{2}$ 배
㉰ 처음의 $\dfrac{1}{2}$ 배
㉱ 처음의 $\dfrac{1}{\sqrt{2}}$ 배

[풀이] $d_{p50} = \left(\dfrac{9 \times \mu \times B}{2 \times \pi \times V \times (\rho_s - \rho) \times N}\right)^{\frac{1}{2}} \times 10^6 (\mu m)$

따라서 $d_{p50} = \sqrt{\dfrac{B}{V}} = \sqrt{\dfrac{4B}{2V}} = \sqrt{2}$ 배

50 벤츄리 스크러버에 관한 설명으로 가장 적합한 것은?

㉮ 먼지부하 및 가스유동에 민감하다.
㉯ 집진율이 낮고 설치 소요면적이 크며, 가압수식 중 압력손실은 매우 크다.
㉰ 액가스비가 커서 소량의 세정액이 요구된다.
㉱ 점착성, 조해성 먼지처리 시 노즐 막힘 현상이 현저하여 처리가 어렵다.

[풀이] ㉯ 집진율이 높고 설치 소요면적이 작으며, 가압수식 중 압력손실은 가장 크다.
㉰ 액가스비가 작고, 대량의 세정액이 요구된다.
㉱ 점착성, 조해성 먼지처리 시 노즐 막힘 현상이 낮아 처리가 용이하다.

51 전기집진장치의 장해현상 중 2차 전류가 현저하게 떨어질 때의 원인 또는 대책에 관한 설명으로 거리가 먼 것은?

㉮ 분진의 농도가 너무 높을 때 발생한다.
㉯ 대책으로는 스파크의 횟수를 늘리는 방법이 있다.
㉰ 대책으로는 조습용 스프레이의 수량을 늘리는 방법이 있다.
㉱ 분진의 비저항이 비정상적으로 낮을 때 발생하며, CO를 주입시킨다.

[풀이] ㉱ 분진의 비저항이 비정상적으로 높을 때 발생하며, SO_2를 주입시킨다.

answer 47 ㉯ 48 ㉮ 49 ㉯ 50 ㉮ 51 ㉱

52 유해물질을 함유하는 가스와 그 제거장치의 조합으로 거리가 먼 것은?

㉮ 시안화수소 함유 가스 - 물에 의한 세정
㉯ 사불화규소 함유 가스 - 충전탑
㉰ 벤젠 함유 가스 - 촉매연소법
㉱ 삼산화인 함유 가스 - 표면적이 충분히 넓은 충전물을 채운 흡수탑 안에서 알칼리성 용액에 의한 흡수제거

▶풀이 ㉯ 사불화규소 함유 가스 - 분무탑이나 제트스크러버

53 흡수탑의 충전물에 요구되는 사항으로 거리가 먼 것은?

㉮ 단위 부피 내의 표면적이 클 것
㉯ 간격의 단면적이 클 것
㉰ 단위 부피의 무게가 가벼울 것
㉱ 가스 및 액체에 대하여 내식성이 없을 것

▶풀이 ㉱ 가스 및 액체에 대하여 내식성이 있을 것

54 석유정제 시 배출되는 H_2S의 제거에 사용되는 세정제는?

㉮ 암모니아수
㉯ 사염화탄소
㉰ 다이에탄올아민 용액
㉱ 수산화칼슘 용액

▶풀이 황화수소(H_2S)의 제거에 사용되는 세정제는 수산화칼슘[$Ca(OH)_2$] 용액을 사용한다.

55 후드 설계 시 고려사항으로 옳지 않은 것은?

㉮ 잉여공기의 흡입을 적게 하고 충분한 포착속도를 가지기 위해 가능한 한 후드를 발생원에 근접시킨다.
㉯ 분진을 발생시키는 부분을 중심으로 국부적으로 처리하는 로컬 후드방식을 취한다.
㉰ 후드 개구면의 중앙부를 열어 흡입풍량을 최대한으로 늘리고, 포착속도를 최소한으로 작게 유지한다.
㉱ 실내외 기류, 발생원과 후드 사이의 장애물 등에 의한 영향을 고려하여 필요에 따라 에어커튼을 이용한다.

▶풀이 ㉰ 후드 개구면의 중앙부를 닫아 흡입풍량을 최소한으로 줄이고, 포착속도를 최대한으로 크게 유지한다.

56 다음 입경측정법에 해당하는 것은?

> 주로 1μm 이상인 먼지의 입경 측정에 이용되고, 그 측정 장치로는 앤더슨 피펫, 침강천칭, 광투과장치 등이 있다.

㉮ 표준체 측정법   ㉯ 관성충돌법
㉰ 공기투과법   ㉱ 액상 침강법

▶풀이 ㉱ 액상 침강법에 대한 설명이다.

answer 52 ㉯   53 ㉱   54 ㉱   55 ㉰   56 ㉱

57 배출가스 내의 황산화물 처리방법 중 건식법의 특징으로 가장 거리가 먼 것은?
(단, 습식법과 비교)

㉮ 장치의 규모가 큰 편이다.
㉯ 반응효율이 높은 편이다.
㉰ 배출가스의 온도 저하가 거의 없는 편이다.
㉱ 연돌에 의한 배출가스의 확산이 양호한 편이다.

풀이 ㉯ 반응효율이 낮은 편이다.

58 입자상 물질과 NOx 저감을 위한 디젤엔진 연료분사시스템의 적용기술로 가장 거리가 먼 것은?

㉮ 분사압력 저압화
㉯ 분사압력 최적제어
㉰ 분사율 제어
㉱ 분사시기 제어

풀이 ㉮ 분사압력 고압화

59 펄스젯 여과집진기에서 압축공기량 조절장치와 가장 관련이 깊은 것은?

㉮ 확산관(diffuser tube)
㉯ 백케이지(bag cage)
㉰ 스크레이퍼(scraper)
㉱ 방전극(discharge electrode)

풀이 ㉮ 확산관(diffuser tube)는 펄스젯 여과집진기의 경우 여과포 상단에서 압축공기를 불어넣어 여과포 외피에 부착된 먼지를 제거하게 된다. 그러나 압축공기의 힘이 여과포 하단까지 도달하려면 여과포를 통과하여 외부로 빠지는 압축공기량을 조절하여 주는 장치를 말한다.

60 밀도 $0.8g/cm^3$인 유체의 동점도가 3Stokes 이라면 절대점도는?

㉮ 2.4poise
㉯ 2.4centi poise
㉰ 2400poise
㉱ 2400centi poise

풀이 절대점도(g/cm · sec) = 밀도×동점도
$= 0.8g/cm^3 \times 3cm^2/sec$
$= 2.4 g/cm \cdot sec$

TIP
① Poise = g/cm · sec
② Centi Poise $\xrightarrow{\times 10^{-2}}$ Poise
③ Stokes = cm^2/sec
④ 동점도(cm^2/sec) = $\dfrac{점성계수(g/cm \cdot sec)}{밀도(g/cm^3)}$

| 제4과목 | **대기오염공정시험기준**

61 흡광차분광법(DOAS)의 원리와 적용범위에 관한 설명으로 거리가 먼 것은?

㉮ 50m~1,000m 정도 떨어진 곳의 빛의 이동경로 (Path)를 통과하는 가스를 실시간으로 분석할 수 있다.
㉯ 이산화황, 질소산화물, 오존 등의 대기오염물질 분석에 적용할 수 있다.
㉰ 측정에 필요한 광원은 180~380nm 파장을 갖는 자외선램프를 사용한다.
㉱ 흡광광도법의 기본 원리인 Beer-Lambert 법칙을 응용하여 분석한다.

풀이 ㉰ 측정에 필요한 광원은 180nm~2,850nm 파장을 갖는 제논램프를 사용한다.

answer 57 ㉯   58 ㉮   59 ㉮   60 ㉮   61 ㉰

62 환경대기 중의 옥시던트 측정법에 사용되는 용어의 설명으로 옳지 않은 것은?

㉮ 옥시던트는 전옥시던트, 광화학 옥시던트, 오존 등의 산화성물질의 총칭을 말한다.
㉯ 전옥시던트는 중성아이오딘화포타슘 용액에 의해 아이오딘를 유리시키는 물질을 총칭한다.
㉰ 광화학옥시던트는 전옥시던트에서 오존을 제외한 물질이다.
㉱ 제로가스는 측정기의 영점을 교정하는 데 사용하는 교정용 가스이다.

🔹**풀이** ㉰ 광화학옥시던트는 전옥시던트에서 이산화질소를 제외한 물질이다.

63 자기분광광전도계를 사용하여 과망간산포타슘 용액(20~60mg/L)의 흡수곡선을 작성할 경우 다음 중 흡광도 값이 최대가 나오는 파장의 범위는?

㉮ (350~400)nm   ㉯ (400~450)nm
㉰ (500~550)nm   ㉱ (600~650)nm

🔹**풀이** 자기분광광전도계를 사용하여 과망간산포타슘 용액(20~60mg/L)의 흡수곡선을 작성할 경우 흡광도 값이 최대가 나오는 파장의 범위는 (500~550)nm이다.

64 메틸렌블루법은 배출가스 중 어떤 물질을 측정하기 위한 방법인가?

㉮ 황화수소
㉯ 플루오린화수소
㉰ 염화수소
㉱ 사이안화수소

🔹**풀이** 메틸렌블루법(자외선/가시선 분광법)은 황화수소(H_2S)를 측정하는 방법이다.

65 원형굴뚝의 직경이 4.3m이었다. 굴뚝 배출가스 중의 먼지 측정을 위한 측정점 수는 몇 개로 하여야 하는가?

㉮ 12   ㉯ 16
㉰ 20   ㉱ 24

🔹**풀이** 직경이 4.3m이므로 반경구분수 4, 측정점수 16이다.

TIP

굴뚝직경(m)	반경구분수	측정점수
1 이하	1	4
1 초과 2 이하	2	8
2 초과 4 이하	3	12
4 초과 4.5 이하	4	16
4.5 초과	5	20

66 이온크로마토그래피에서 사용되는 써프렛서에 관한 설명으로 옳지 않은 것은?

㉮ 관형과 이온교환막형이 있다.
㉯ 용리액으로 사용되는 전해질 성분을 분리검출하기 위하여 분리관 앞에 병렬로 접속시킨다.
㉰ 관형 써프렛서 중 음이온에는 스티롤계 강산형(H^+)수지가 충진된 것을 사용한다.
㉱ 전해질을 물 또는 저전도도의 용매로 바꿔줌으로써 전기 전도도 셀에서 목적이온 성분과 전기 전도도만을 고감도로 검출할 수 있게 해준다.

🔹**풀이** ㉯ 용리액으로 사용되는 전해질 성분을 분리검출하기 위하여 분리관 뒤에 직렬로 접속시킨다.

answer 62 ㉰ 63 ㉰ 64 ㉮ 65 ㉯ 66 ㉯

67 시험분석에 사용하는 용어 및 기재사항에 관한 설명으로 옳지 않은 것은?

㉮ "약"이란 그 무게 또는 부피에 대하여 ±10% 이상의 차가 있어서는 안된다.
㉯ "정확히 단다"라 함은 규정한 양의 검체를 취하여 분석용 저울로 0.1mg까지 다는 것을 뜻한다.
㉰ "항량이 될 때까지 건조한다 또는 강열한다"라 함은 따로 규정이 없는 한 보통의 건조방법으로 30분간 더 건조 또는 강열할 때 전후 무게의 차가 0.3mg 이하일 때를 뜻한다.
㉱ 액체성분의 양을 "정확히 취한다"라 함은 홀피펫, 부피플라스크 또는 이와 동등 이상의 정도를 갖는 용량계를 사용하여 조작하는 것을 뜻한다.

풀이 ㉰ "항량이 될 때까지 건조한다 또는 강열한다"라 함은 따로 규정이 없는 한 보통의 건조 방법으로 1시간 더 건조 또는 강열할 때 전후 무게의 차가 매 g당 0.3mg 이하일 때를 뜻한다.

68 환경대기 중에 있는 아황산가스 농도를 자동연속측정법으로 분석하고자 한다. 이에 해당하지 않는 것은?

㉮ 적외선형광법   ㉯ 용액전도율법
㉰ 흡광차분석법   ㉱ 불꽃광도법

풀이 ㉮ 자외선형광법

69 소각로, 소각시설 및 그 밖의 배출원에서 배출되는 입자상 및 가스상 수은(Hg)의 측정·분석방법 중 냉증기 원자흡수분광광도법에 관한 설명으로 옳지 않은 것은?

㉮ 배출원에서 등속으로 흡입된 입자상과 가스상 수은은 흡수액인 산성 과망간산포타슘 용액에 채취된다.
㉯ 정량범위는 0.005mg/Sm³~0.075mg/Sm³ 이고 (건조시료가스량 1Sm³인 경우), 방법검출한계는 0.003mg/Sm³이다.
㉰ Hg^{2+} 형태로 채취한 수은을 Hg^0 형태로 환원시켜서 측정한다.
㉱ 시료채취 시 배출가스 중에 존재하는 산화 유기물질은 수은의 채취를 방해할 수 있다.

풀이 ㉯ 정량범위는 0.0005mg/Sm³~0.0075mg/Sm³ 이고 (건조시료가스량 1Sm³인 경우), 방법검출한계는 0.0002mg/Sm³이다.

70 굴뚝 배출가스 중 사이안화수소를 자외선/가시선분광법-4-피리딘카복실산-피라졸론법으로 분석하는 방법에 대한 설명으로 틀린 것은?

㉮ 흡수액으로 수산화소듐용액(20g/L)을 사용한다.
㉯ 흡광도를 540nm 부근에서 측정한다.
㉰ 시료채취량이 10L이고 분석용 시료용액의 양이 250mL인 경우 정량범위는 (0.05~8.61)ppm이다.
㉱ 배출가스 중 염소등의 산화성가스 또는 알데하이드류, 황화수소, 이산화황 등의 환원성가스가 공존하면 영향을 받는다.

answer   67 ㉰   68 ㉮   69 ㉯   70 ㉯

[풀이] ④ 흡광도를 638nm 부근에서 측정한다.

71 원자흡수분광광도법에서 사용하는 용어 설명으로 거리가 먼 것은?

㉮ 공명선(Resonance Line) : 원자가 외부로 빛을 반사했다가 방사하는 스펙트럼선
㉯ 근접선(Neighbouring Line) : 목적하는 스펙트럼선에 가까운 파장을 갖는 다른 스펙트럼선
㉰ 역화(Flame Back) : 불꽃의 연소속도가 크고 혼합기체의 분출속도가 작을 때 연소현상이 내부로 옮겨지는 것
㉱ 원자흡광(분광)측광 : 원자흡광스펙트럼을 이용하여 시료중의 특정원소의 농도와 그 휘선의 흡광정도와의 상관관계를 측정하는 것

[풀이] ㉮ 공명선 : 원자가 외부로부터 빛을 흡수했다가 다시 먼저 상태로 돌아갈 때 방사하는 스펙트럼선

72 굴뚝 배출가스 중 산소를 자기식(자기력)으로 측정하는 방법에 대한 설명으로 틀린 것은?

㉮ 측정범위는 1% ~ 15.0% 이하로 한다.
㉯ 상자성체인 산소분자가 자계 내에서 자기화 될 때 생기는 흡인력을 이용한다.
㉰ 체적자화율이 큰 가스(일산화질소, NO)의 영향을 무시할 수 있는 경우에 적용한다.
㉱ 덤벨형 방식과 압력검출형 방식이 있다.

[풀이] ㉮ 측정범위는 0% ~ 10.0% 이하로 한다.

73 다음 원자흡수분광광도법의 측정순서 중 일반적으로 가장 먼저 하여야 하는 것은?

㉮ 분광기의 파장눈금을 분석선의 파장에 맞춘다.
㉯ 광원램프를 점등하여 적당한 전류값으로 설정한다.
㉰ 가스유량 조절기의 밸브를 열어 불꽃을 점화한다.
㉱ 시료용액을 불꽃 중에 분무시켜 지시한 값을 읽어 둔다.

[풀이] 측정순서는 ㉯ → ㉰ → ㉮ → ㉱ 순이다.

74 배출허용기준 중 표준산소농도를 적용받는 항목에 대한 배출가스유량 보정식으로 옳은것은? (단, Q : 배출가스유량(Sm^3/일), Q_a : 실측배출가스유량(Sm^3/일), O_a : 실측산소농도(%), O_s : 표준산소농도(%))

㉮ $Q = Q_a \times [(21-O_s)/(21-O_a)]$
㉯ $Q = Q_a \div [(21-O_s)/(21-O_a)]$
㉰ $Q = Q_a \times [(21+O_s)/(21+O_a)]$
㉱ $Q = Q_a \div [(21+O_s)/(21+O_a)]$

[풀이] 보정식
① 농도 보정식 : $C = C_a \times \dfrac{(21-O_s)}{(21-O_a)}$
② 유량 보정식 : $Q = Q_a \div \dfrac{(21-O_s)}{(21-O_a)}$

answer 71 ㉮ 72 ㉮ 73 ㉯ 74 ㉯

75 특정발생원에서 일정한 굴뚝을 거치지 않고 외부로 비산되는 먼지를 고용량 공기시료채취법으로 측정한 결과 다음과 같은 자료를 얻었다. 이 때 비산먼지의 농도는 몇 mg/Sm³인가?

- 채취먼지량이 가장 많은 위치에서의 먼지농도 : 65mg/Sm³
- 대조위치에서의 먼지농도 : 0.23mg/Sm³
- 전 시료채취 기간 중 주 풍향이 90° 이상 변하고, 풍속이 0.5m/s 미만 또는 10m/s 이상 되는 시간이 전 채취시간이 50% 이상이다.

㉮ 117 ㉯ 102
㉰ 94 ㉱ 87

풀이 비산먼지농도(C)
= $(C_H - C_B) \times W_D \times W_S$ = (65-0.23)mg/Sm³×1.5×1.2
= 116.59mg/Sm³

TIP
보정계수
(1) 풍향에 대한 보정계수

풍향변화범위	보정계수
주풍향이 90° 이상	1.5
주풍향이 45°~90°	1.2
주풍향이 45° 미만	1.0

(2) 풍속에 대한 보정계수

풍속계수	보정계수
전 채취시간의 50% 미만	1.0
전 채취시간의 50% 이상	1.2

76 환경대기 중 위상차현미경을 사용한 석면시험 방법과 그 용어의 설명으로 옳지 않은 것은?

㉮ 위상차 현미경은 굴절율 또는 두께가 부분적으로 다른 무색투명한 물체의 각 부분의 투과광 사이에 생기는 위상차를 화상면에서 명암의 차로 바꾸어, 구조를 보기 쉽도록 한 현미경이다.
㉯ 석면먼지의 농도표시는 0℃, 760mmH₂O의 기체 1μL중에 함유된 석면섬유의 개수(개/μL)로 표시한다.
㉰ 대기 중 석면은 강제 흡인 장치를 통해 여과장치에 채취한 후 위상차현미경으로 계수하여 석면 농도를 산출한다.
㉱ 위상차현미경을 사용하여 섬유상으로 보이는 입자를 계수하고 같은 입자를 보통의 생물현미경으로 바꾸어 계수하여, 그 계수치들의 차를 구하면 굴절율이 거의 1.5인 섬유상의 입자 즉 석면이라고 추정할 수 있는 입자를 계수할 수가 있게 된다.

풀이 ㉯ 석면먼지의 농도표시는 20℃, 760mmHg의 기체 1mL 중에 함유된 석면섬유의 개수(개/mL)로 표시한다.

77 대기오염공정시험기준상 따로 규정이 없는 한 "시약 명칭 – 화학식 농도(%) – 비중 (약)"기준으로 옳은 것은?

㉮ 암모니아수 - NH_4OH - 30.0~34.0(NH_3 로서) - 1.05
㉯ 아이오딘화수소산 - HI - 46.0~48.0 - 1.25
㉰ 브로민화수소산 - HBr - 47.0~49.0 - 1.48
㉱ 과염소산 - H_2ClO_3 - 60.0~62.0 - 1.34

answer 75 ㉮ 76 ㉯ 77 ㉰

풀이 ㉮ 암모니아수 - NH₄OH- 28.0~30.0(NH₃로서) - 0.90
㉯ 아이오딘화수소산 - HI - 55.0~58.0 - 1.70
㉰ 과염소산 - HClO₄ - 60.0~62.0 - 1.54

78 비분산적외선분광분석법(Non Dispersive Infrared Photometer Analysis)에서 사용되는 용어에 관한 설명으로 옳지 않은 것은?

㉮ 비교가스는 시료셀에서 적외선 흡수를 측정하는 경우 대조가스로 사용하는 것으로 적외선을 흡수하지 않는 가스를 말한다.
㉯ 비교셀은 시료셀과 동일한 모양을 가지며 아르곤 또는 질소와 같은 불활성 기체를 봉입하여 사용한다.
㉰ 광학필터는 시료광속과 비교광속을 일정주기로 단속시켜, 광학적으로 변조시키는 것으로 단속방식에는 1~20Hz의 교호단속 방식과 동시단속 방식이 있다.
㉱ 시료셀은 시료가스가 흐르는 상태에서 양단의 창을 통해 시료광속이 통과되는 구조를 갖는다.

풀이 ㉰ 광학필터는 시료가스중에 간섭물질 가스의 흡수파장역의 적외선을 흡수제거하기 위하여 사용하며, 가스필터와 고체필터가 있는데, 이것은 단독 또는 적절히 조합하여 사용한다.

79 기체크로마토그래피에 의한 정량분석에서 이용되는 정량법으로 거리가 먼 것은?

㉮ 표준넓이추가법
㉯ 보정넓이 백분율법
㉰ 상대검정곡선법
㉱ 절대검정곡선법

풀이 기체크로마토그래피에 의한 정량분석에서 이용되는 정량법으로는 절대검정곡선법, 넓이 백분율법, 보정넓이 백분율법, 상대검정곡선법, 표준물첨가법이 있다.

80 다음 중 현행 대기오염공정시험기준상 일반적으로 자외선/가시선분광법으로 분석하지 않는 물질은?

㉮ 배출가스 중 이황화탄소
㉯ 유류 중 황함유량
㉰ 배출가스 중 황화수소
㉱ 배출가스 중 플루오린화합물

풀이 유류 중 황함유량의 분석방법으로는 연소관식 공기법과 방사선식 여기법이 있다.

| 제5과목 | 대기환경관계법규

81 다음은 대기환경보전법규상 과징금 처부기준이다. ( ) 안에 알맞은 것은?

> 환경부장관은 자동차제작자가 거짓으로 제작차의 인증 또는 변경인증을 받은 경우에는 그 자동차제작자에 대하여 매출액에 (㉠)(을)를 곱한 금액을 초과하지 아니하는 범위에서 과징금을 부과할 수 있다. 이 경우 과징금의 금액은 (㉡)을 초과할 수 없다.

㉮ ㉠ 100분의 3, ㉡ 100억원
㉯ ㉠ 100분의 3, ㉡ 500억원
㉰ ㉠ 100분의 5, ㉡ 100억원
㉱ ㉠ 100분의 5, ㉡ 500억원

answer 78 ㉰ 79 ㉮ 80 ㉯ 81 ㉱

82 실내공기질 관리법규상 자일렌 항목의 신축 공동주택의 실내공기질 권고기준은?

㉮ 30μg/m³ 이하　㉯ 210μg/m³ 이하
㉰ 300μg/m³ 이하　㉱ 700μg/m³ 이하

TIP
신축 공동주택의 실내 공기질 권고기준
① 폼알데하이드 : 210μg/m³ 이하
② 벤젠 : 30μg/m³ 이하
③ 톨루엔 : 1,000μg/m³ 이하
④ 에틸벤젠 : 360μg/m³ 이하
⑤ 자일렌 : 700μg/m³ 이하
⑥ 스티렌 : 300μg/m³ 이하
⑦ 라돈 : 148Bq/m³ 이하

83 대기환경보전법규상 배출시설 및 방지시설 등과 관련된 행정처분기준 중 "부식·마모로 인하여 대기오염물질이 누출되는 배출시설을 정당한 사유 없이 방치한 경우"의 3차 행정처분기준은?

㉮ 개선명령　㉯ 경고
㉰ 조업정지 10일　㉱ 조업정지 30일

풀이 행정처분
① 1차 행정처분 : 경고
② 2차 행정처분 : 조업정지 10일
③ 3차 행정처분 : 조업정지 30일
④ 4차 행정처분 : 허가취소 또는 폐쇄

84 다음은 대기환경보전법규상 "초미세먼지(PM-2.5)"의 주의보 발령기준이다. ( ) 안에 알맞은 것은?

<주의보 발령기준>
기상조건 등을 고려하여 해당지역의 대기자동측정소 PM-2.5 시간당 평균농도가 ( ) 지속인 때

㉮ 50μg/m³ 이상 1시간 이상
㉯ 50μg/m³ 이상 2시간 이상
㉰ 75μg/m³ 이상 1시간 이상
㉱ 75μg/m³ 이상 2시간 이상

풀이 초미세먼지(PM-2.5) 발령기준
① 주의보 : 75μg/m³ 이상 2시간 이상
② 경보 : 150μg/m³ 이상 2시간 이상

85 다음은 대기환경보전법령상 부과금의 납부통지 기준에 관한 사항이다. ( ) 안에 알맞은 것은?

초과부과금은 초과부과금 부과 사유가 발생한 때(자동측정자료의 (㉠)가 배출허용기준을 초과한 경우에는 (㉡)에, 기본부과금은 해당 부과기간의 확정배출량 자료제출기간 종료일부터 (㉢)에 부과금의 납부통지를 하여야 한다. 다만, 배출시설이 폐쇄되거나 소유권이 이전되는 경우에는 즉시 납부통지를 할 수 있다.

㉮ ㉠30분 평균치, ㉡매 분기 종료일부터 30일 이내, ㉢30일 이내
㉯ ㉠30분 평균치, ㉡매 반기 종료일부터 60일 이내, ㉢60일 이내
㉰ ㉠1시간 평균치, ㉡매 분기 종료일부터 30일 이내, ㉢30일 이내

answer 82 ㉱　83 ㉱　84 ㉱　85 ㉯

㉣ ㉠1시간 평균치, ㉡ 매 반기 종료일부터 60일 이내, ㉢ 60일 이내

86 대기환경보전법규상 운행차 배출허용기준에 관한 설명으로 옳지 않은 것은?

㉮ 휘발유와 가스를 같이 사용하는 자동차의 배출가스 측정 및 배출허용기준은 가스의 기준을 적용한다.
㉯ 알코올만 사용하는 자동차는 탄화수소 기준을 적용한다.
㉰ 건설기계 중 덤프트럭, 콘크리트믹서트럭, 콘크리트펌프트럭에 대한 배출허용기준은 화물자동차기준을 적용한다.
㉱ 수입자동차는 최초등록일자를 제작일자로 본다.

풀이 ㉯ 알코올만 사용하는 자동차는 탄화수소 기준을 적용하지 아니한다.

87 대기환경보전법상 해당 연도의 평균 배출량이 평균 배출허용기준을 초과하여 그에 따른 상환명령을 이행하지 아니하고 자동차를 제작한 자에 대한 벌칙기준은?

㉮ 7년 이하의 징역이나 1억원 이하의 벌금
㉯ 5년 이하의 징역이나 5천만원 이하의 벌금
㉰ 3년 이하의 징역이나 3천만원 이하의 벌금
㉱ 1년 이하의 징역이나 1천만원 이하의 벌금

풀이 ㉮ 7년 이하의 징역이나 1억원 이하의 벌금에 해당한다.

88 대기환경보전법규상 자동차 종류 구분기준 중 전기만을 동력으로 사용하는 자동차로서 1회 충전 주행거리가 80km 이상 160km 미만에 해당하는 것은?

㉮ 제1종 ㉯ 제2종
㉰ 제3종 ㉱ 제4종

풀이 ㉯ 제2종에 대한 설명이다.

TIP
전기만을 동력으로 사용하는 자동차로 1회 충전 주행거리에 따라
① 제1종 : 80km미만
② 제2종 : 80km이상 160km미만
③ 제3종 : 160km이상

89 대기환경보전법규상 자가 측정 시 사용한 여과지 및 시료채취기록지의 보존기간은 환경오염공정시험기준에 따라 측정한 날부터 얼마로 하는가?

㉮ 3개월 ㉯ 6개월
㉰ 1년   ㉱ 3년

풀이 자가측정 시 사용한 여과지 및 시료채취기록지의 보존기간은 6개월이다.

90 대기환경보전법규상 위임업무 보고사항 중 "자동차 연료 및 첨가제의 제조·판매 또는 사용에 대한 규제현황"의 보고 횟수 기준은?

㉮ 연 1회 ㉯ 연 2회
㉰ 연 4회 ㉱ 수시

answer 86 ㉯ 87 ㉮ 88 ㉯ 89 ㉯ 90 ㉯

[풀이] 위임업무 보고사항

업무내용	보고 횟수	보고기일
환경오염사고 발생 및 조치사항	수시	사고발생 시
수입자동차 배출가스 인증 및 검사현황	연 4회	매분기 종료 후 15일 이내
자동차 연료 또는 첨가제의 제조기준 적합 여부 검사현황	연료 : 연 4회 첨가제 : 연 2회	연료 : 매분기 종료 후 15일이내 첨가제 : 매반기 종료 후 15일이내
자동차 연료 및 첨가제의 제조·판매 또는 사용에 대한 규제현황	연 2회	매반기 종료 후 15일이내
측정기기 관리대행업의 등록, 변경등록 및 행정처분 현황	연 1회	다음 해 1월 15일까지

91 대기환경보전법상 환경부장관은 대기오염물질과 온실가스를 줄여 대기환경을 개선하기 위하여 대기환경개선 종합계획을 몇 년마다 수립하여 시행하여야 하는가?

㉮ 1년마다 ㉯ 3년마다
㉰ 5년마다 ㉱ 10년마다

[풀이] 대기환경개선 종합계획은 10년마다 수립하여 시행하여야 한다.

92 대기환경보전법규상 대기오염방지시설과 가장 거리가 먼 것은? (단, 그 밖의 경우 등은 제외)

㉮ 산화·환원에 의한 시설
㉯ 응축에 의한 시설
㉰ 미생물을 이용한 처리시설
㉱ 이온교환시설

[풀이] 대기오염방지시설로는 중력집진시설, 관성력집진시설, 원심력집진시설, 세정집진시설, 여과집진시설, 전기집진시설, 음파집진시설, 흡수에 의한 시설, 흡착에 의한 시설, 직접연소에 의한 시설, 촉매반응을 이용한 시설, 응축에 의한 시설, 산화환원에 의한 시설, 미생물을 이용한 처리시설, 연소조절에 의한 시설이 있다.

93 대기환경보전법령상 초과부과금 산정 기준에서 다음 중 오염물질 1킬로그램당 부과금액이 가장 적은 것은?

㉮ 이황화탄소 ㉯ 암모니아
㉰ 황화수소   ㉱ 불소화물

[풀이] 오염물질 1킬로그램 당 부과금액
㉮ 이황화탄소 : 1,600원
㉯ 암모니아 : 1,400원
㉰ 황화수소 : 6,000원
㉱ 불소화물 : 2,300원

answer 91 ㉱ 92 ㉱ 93 ㉯

94 실내공기질 관리법상 다중이용시설을 설치하는 자는 환경부령으로 정한 기준을 초과한 오염물질방출 건축자재를 사용해서는 안되는데, 이 규정을 위반하여 사용한 자에 대한 벌칙기준으로 옳은 것은?

㉮ 1년 이하의 징역 또는 1천만원 이하의 벌금
㉯ 500만원 이하의 과태료
㉰ 200만원 이하의 과태료
㉱ 100만원 이하의 과태료

[풀이] ㉮ 1년 이하의 징역 또는 1천만원 이하의 벌금에 해당한다.

95 대기환경보전법령상 특별대책지역에서 환경부령에 따라 신고해야 하는 휘발성유기화합물 배출시설 중 "대통령령으로 정하는 시설"에 해당하지 않는 것은? (단, 그 밖에 휘발성유기화합물을 배출하는 시설로서 환경부장관이 관계 중앙행정기관의 장과 협의하여 고시하는 시설 등은 제외한다.)

㉮ 저유소의 저장시설 및 출하시설
㉯ 주유소의 저장시설 및 주유시설
㉰ 석유정제를 위한 제조시설, 저장시설, 출하시설
㉱ 휘발성유기화합물 분석을 위한 실험실

[풀이] ㉱ 세탁시설

96 환경정책기본법령상 환경기준으로 옳은 것은? (단, ㉠, ㉡은 대기환경기준, ㉢, ㉣은 수질 및 수생태계 '하천'에서의 사람의 건강보호기준)

구분	항목	기준값
㉠	O_3(1시간 평균치)	0.06ppm 이하
㉡	NO_2(1시간 평균치)	0.15ppm 이하
㉢	Cd	0.5mg/L 이하
㉣	Pb	0.05mg/L 이하

㉮ ㉠ ㉯ ㉡
㉰ ㉢ ㉱ ㉣

[풀이] 환경정책기본법령상 환경기준
㉠ O_3(1시간 평균치) : 0.1ppm 이하
㉡ NO_2(1시간 평균치) : 0.10ppm 이하
㉢ Cd : 0.005mg/L 이하
㉣ Pb : 0.05mg/L 이하

97 다음 중 대기환경보전법령상 3종사업장 분류기준에 속하는 것은?

㉮ 대기오염물질발생량의 합계가 연간 9톤인 사업장
㉯ 대기오염물질발생량의 합계가 연간 12톤인 사업장
㉰ 대기오염물질발생량의 합계가 연간 22톤인 사업장
㉱ 대기오염물질발생량의 합계가 연간 33톤인 사업장

[풀이] 사업장의 분류

종별	오염물질 발생량(연간)
1종 사업장	80톤 이상
2종 사업장	20톤 이상 80톤 미만
3종 사업장	10톤 이상 20톤 미만
4종 사업장	2톤 이상 10톤 미만
5종 사업장	2톤 미만

answer   94 ㉮   95 ㉱   96 ㉱   97 ㉯

98 다음은 대기환경보전법상 용어의 뜻이다. ( ) 안에 알맞은 것은?

> ( )(이)란 연소할 때 생기는 유리탄소가 응결하여 입자의 지름이 1미크론 이상이 되는 입상상물질을 말한다.

㉮ 스모그 ㉯ 안개
㉰ 검댕   ㉱ 먼지

풀이 ㉰ 검댕에 대한 설명이다.

99 대기환경보전법령상 일일 기준초과배출량 및 일일유량의 산정방법으로 옳지 않은 것은?

㉮ 특정대기유해물질의 배출허용기준초과 일일오염물질배출량은 소수점 이하 셋째자리까지 계산하고, 일반오염물질은 소수점 이하 둘째 자리까지 계산한다.
㉯ 먼지의 배출농도 단위는 표준상태(0℃, 1기압을 말한다)에서의 세제곱미터당 밀리그램(mg/Sm³)으로 한다.
㉰ 측정유량의 단위는 시간당 세제곱미터(m³/h)로 한다.
㉱ 일일조업시간은 배출량을 측정하기 전 최근 조업한 30일 동안의 배출시설 조업시간 평균치를 시간으로 표시한다.

풀이 ㉮ 특정대기유해물질의 배출허용기준초과 일일오염물질배출량은 소수점 이하 넷째자리까지 계산하고, 일반오염물질은 소수점 이하 첫째자리까지 계산한다.

100 악취방지법상 악취방지계획에 따라 악취방지에 필요한 조치를 하지 아니하고 악취배출시설을 가동한 자에 대한 벌칙 기준으로 옳은 것은?

㉮ 1천만원 이하의 벌금
㉯ 500만원 이하의 벌금
㉰ 300만원 이하의 벌금
㉱ 100만원 이하의 벌금

풀이 ㉰ 300만원 이하의 벌금에 해당한다.

answer 98 ㉰ 99 ㉮ 100 ㉰

2020년 1·2회 대기환경기사

2020년 6월 7일 시행

| 제1과목 | 대기오염개론

01 전기자동차의 일반적 특성으로 가장 거리가 먼 것은?

㉮ 내연기관에 비해 소음과 진동이 적다.
㉯ CO_2나 NO_X를 배출하지 않는다.
㉰ 충전 시간이 오래 걸리는 편이다.
㉱ 대형차에 잘 맞으며, 자동차 수명보다 전지 수명이 길다.

풀이 ㉱ 소형차에 잘 맞으며, 자동차 수명보다 전지 수명이 짧다.

02 디젤 자동차의 배출가스 후처리기술로 옳지 않은 것은?

㉮ 매연여과장치   ㉯ 습식흡수방법
㉰ 산화 촉매장치   ㉱ 선택적 촉매환원

풀이 디젤 자동차의 배출가스 후처리기술
㉮ 매연여과장치 : 입자상물질 제거
㉰ 산화 촉매장치 : 팔라듐(Pd)과 백금(Pt)의 산화 촉매를 이용해 CO, HC 제거
㉱ 선택적 촉매환원 : 로듐(Rh)의 환원촉매를 이용해 NO_X 제거

03 Panofsky에 의한 리차드슨 수(Ri)의 크기와 대기의 혼합간의 관계에 관한 설명으로 옳지 않은 것은?

㉮ Ri = 0 : 수직방향의 혼합이 없다.
㉯ 0 < Ri < 0.25 : 성층에 의해 약화된 기계적 난류가 존재한다.
㉰ Ri < -0.04 : 대류에 의한 혼합이 기계적 혼합을 지배한다.
㉱ -0.03 < Ri < 0 : 기계적 난류와 대류가 존재하나 기계적 난류가 혼합을 주로 일으킨다.

풀이 ㉮ Ri = 0 : 기계적 난류만 존재한다.

04 도시 대기오염물질의 광화학 반응에 관한 설명으로 옳지 않은 것은?

㉮ O_3는 파장 200~320nm에서 강한 흡수가, 450~700nm에서는 약한 흡수가 일어난다.
㉯ PAN은 알데하이드의 생성과 동시에 생기기 시작하며, 일반적으로 오존농도와는 관계가 없다.
㉰ NO_2는 도시 대기오염물질 중에서 가장 중요한 태양빛 흡수 기체로서 파장 420nm 이상의 가시광선에 의하여 NO와 O로 광분해한다.
㉱ SO_3는 대기 중의 수분과 쉽게 반응하여 황산을 생성하고 수분을 더 흡수하여 중요한 대기오염물질의 하나인 황산입자 또는 황산미스트를 생성한다.

answer   01 ㉱   02 ㉯   03 ㉮   04 ㉯

풀이 ㉰ PAN은 알데하이드의 생성보다 늦게 생기기 시작하며, 일반적으로 오존농도와 관계가 있다.

05 LA 스모그에 관한 설명으로 옳지 않은 것은?

㉮ 광화학적 산화반응으로 발생한다.
㉯ 주 오염원은 자동차 배기가스이다.
㉰ 주로 새벽이나 초저녁에 자주 발생한다.
㉱ 기온이 24℃ 이상이고, 습도가 70% 이하로 낮은 상태일 때 잘 발생한다.

풀이 ㉰ 주로 햇빛이 강한 한낮에 주로 발생한다.

06 다음 중 주로 연소 시 배출되는 무색의 기체로 물에 매우 난용성이며, 혈액 중의 헤모글로빈과 결합력이 강해 산소 운반능력을 감소시키는 물질은?

㉮ HC ㉯ NO
㉰ PAN ㉱ 알데하이드

풀이 무색의 기체로 물에 매우 난용성이며, 헤모글로빈과 결합력이 강한 물질은 일산화질소(NO)이다.

TIP
헤모글로빈과의 결합력
니트로소헤모글로빈(NHb) > 카르복시헤모글로빈(COHb) > 옥시헤모글로빈(O_2Hb)

07 열섬효과에 관한 설명으로 옳지 않은 것은?

㉮ 열섬현상은 고기압의 영향으로 하늘이 맑고 바람이 약한 때에 잘 발생한다.
㉯ 열섬효과로 도시주위의 시골에서 도시로 바람이 부는데, 이를 전원풍이라 한다.
㉰ 도시의 지표면은 시골보다 열용량이 적고 열전도율이 높아 열섬효과의 원인이 된다.
㉱ 도시에서는 인구와 산업의 밀집지대로서 인공적인 열이 시골에 비하여 월등하게 많이 공급된다.

풀이 ㉰ 도시의 지표면은 시골보다 열용량이 높고 열전도율이 낮아 열섬효과의 원인이 된다.

08 실내공기 오염물질인 라돈에 관한 설명으로 가장 거리가 먼 것은?

㉮ 무색, 무취의 기체로 액화되어도 색을 띠지 않는 물질이다.
㉯ 반감기는 3.8일로 라듐이 핵분열 할 때 생성되는 물질이다.
㉰ 자연계에 널리 존재하며, 건축자재 등을 통하여 인체에 영향을 미치고 있다.
㉱ 주기율표에서 원자번호가 238번으로, 화학적으로 활성이 큰 물질이며, 흙속에서 방사선붕괴를 일으킨다.

풀이 ㉱ 주기율표에서 원자번호가 86번으로, 화학적으로 활성이 작은 물질이며, 흙속에서 방사선 붕괴를 일으킨다.

09 실제 굴뚝 높이가 50m, 굴뚝내경 5m, 배출가스의 분출속도가 12m/s, 굴뚝주위의 풍속이 4m/s 라고 할 때, 유효굴뚝의 높이(m)는?

(단, $\triangle H = 1.5 \times D \times \left(\dfrac{V_s}{U}\right)$ 이다.)

㉮ 22.5 ㉯ 27.5
㉰ 72.5 ㉱ 82.5

풀이 ① $\triangle H = \dfrac{1.5 \times V_s \times D}{U}$

answer 05 ㉰ 06 ㉯ 07 ㉰ 08 ㉱ 09 ㉰

여기서 △H : 연기의 상승고(m)
V_s : 배출가스속도(m/sec)
U : 풍속(m/sec)
D : 내경(m)

따라서 $\triangle H = \dfrac{1.5 \times 12 m/sec \times 5m}{4 m/sec} = 22.5 m$

② He = H + △H
여기서 He : 유효굴뚝높이(m)
H : 실제굴뚝높이(m)
△H : 연기의 상승고(m)
따라서 He = 50m + 22.5m = 72.5m

10 다음 [보기]가 설명하는 오염물질로 옳은 것은?

① 상온에서 무색이며 투명하여 순수한 경우에는 냄새가 거의 없지만 일반적으로 불쾌한 자극성 냄새를 가진 액체
② 햇빛에 파괴될 정도로 불안정하지만 부식성은 비교적 약함
③ 끓는점은 약 46℃이며, 그 증기는 공기보다 약 2.64배 정도 무거움

㉮ $COCl_2$　　㉯ Br_2
㉰ SO_2　　㉱ CS_2

풀이 ㉱ 이황화탄소(CS_2)에 대한 설명이다.

TIP 이 문제에서 정답을 찾는 포인트는 증기의 비중이다.

11 대기 중 각 오염원의 영향평가를 해결하기 위한 수용모델에 관한 설명으로 옳지 않은 것은?

㉮ 지형, 기상학적 정보 없이도 사용 가능하다.
㉯ 수용체 입장에서 영향평가가 현실적으로 이루어 질 수 있다.
㉰ 오염원의 조업 및 운영 상태에 대한 정보 없이도 사용 가능하다.
㉱ 측정 자료를 입력 자료로 사용하므로 배출원 조건의 시나리오 작성이 용이하다.

풀이 ㉱ 측정 자료를 입력 자료로 사용하므로 배출원 조건의 시나리오 작성이 곤란하다.

12 산성비가 토양에 미치는 영향에 관한 설명으로 옳지 않은 것은?

㉮ Al^{3+}은 뿌리의 세포분열이나 Ca 또는 P의 흡수나 흐름을 저해한다.
㉯ 교환성 Al은 산성의 토양에만 존재하는 물질이고, 교환성 H와 함께 토양 산성화의 주요한 요인이 된다.
㉰ 토양의 양이온 교환기는 강산적 성격을 갖는 부분과 약산적 성격을 갖는 부분으로 나누는데, 결정도가 낮은 점토광물은 강산적이다.
㉱ 산성강수가 가해지면 토양은 산적 성격이 약한 교환기부터 순서적으로 Ca^{2+}, Mg^{2+}, Na^+, K^+ 등의 교환성 염기를 방출하고, 대신 그 교환 자리에 H^+가 흡착되어 치환된다.

풀이 ㉰ 토양의 양이온 교환기는 강산적 성격을 갖는 부분과 약산적 성격을 갖는 부분으로 나누는데, 결정도가 높은 점토광물은 강산적이다.

13 다음 중 2차 오염물질(secondary pollutants)은?

㉮ SiO_2　　㉯ N_2O_3
㉰ NaCl　　㉱ NOCl

풀이 오염물질
㉮ SiO_2 : 1차 오염물질

answer　10 ㉱　11 ㉱　12 ㉰　13 ㉱

㉯ N_2O_3 : 1차 오염물질
㉰ NaCl : 1차 오염물질
㉱ NOCl : 2차 오염물질

14 다음 오염물질 중 온실효과를 유발하는 것으로 가장 거리가 먼 것은?

㉮ 메탄   ㉯ CFCs
㉰ 이산화탄소   ㉱ 아황산가스

풀이 온실효과를 유발하는 물질은 이산화탄소, 메탄, 아산화질소, 수소불화탄소, 과불화탄소, 육불화황, 염화불화탄소, 수소염화불화탄소가 있다.

15 대기오염사건과 대표적인 주 원인물질 또는 전구물질의 연결이 옳지 않은 것은?

㉮ 뮤즈계곡 사건 - SO_2
㉯ 도노라 사건 - NO_2
㉰ 런던 스모그 사건 - SO_2
㉱ 보팔 사건 - MIC(Methyl Isocyanate)

풀이 ㉯ 도노라 사건 - SO_2

16 지름이 1.0μm인 물방울이 3.2×10^{-3}cm/s의 속도로 공기 중에서 지표로 자유낙하할 때 Reynolds 수는? (단, 공기의 점도는 1.72×10^{-2} g/cm·s, 밀도는 1.29kg/m³이다.)

㉮ 1.9×10^{-8} ㉯ 2.4×10^{-8}
㉰ 1.9×10^{-5} ㉱ 2.4×10^{-5}

풀이 $N_{Re} = \dfrac{D \times V \times \rho}{\mu}$

여기서

D : 지름(m)
V : 속도(m/sec)
ρ : 공기의 밀도(kg/m³)
μ : 공기의 점도(kg/m·sec)

따라서

$N_{Re} = \dfrac{1.0 \times 10^{-6} \text{m} \times 3.2 \times 10^{-5} \text{m/s} \times 1.29 \text{kg/m}^3}{1.72 \times 10^{-3} \text{kg/m·sec}}$

$= 2.4 \times 10^{-8}$

TIP

① 판정기준
 (층류) $N_{Re} < 2,100$
 (난류) $N_{Re} > 4,000$
 (천이구역) $2,100 < N_{Re} < 4,000$

② 3.2×10^{-3} cm/s $\xrightarrow{\times 10^{-2}}$ 3.2×10^{-5} m/s

③ 1.72×10^{-2} g/cm·s $\xrightarrow{\times 10^{-1}}$ 1.72×10^{-3} kg/m·s

17 NO의 농도가 0.5ppm일 때 20℃, 750mmHg에서 NO의 농도(μg/m³)는?

㉮ 약 463   ㉯ 약 524
㉰ 약 553   ㉱ 약 616

풀이 NO의 농도(μg/m³)

$= \dfrac{0.5 \text{mL}}{\text{Sm}^3} \times \dfrac{273}{273+20} \times \dfrac{750 \text{mmHg}}{760 \text{mmHg}}$

$\times \dfrac{30 \text{mg}}{22.4 \text{mL}} \times \dfrac{10^3 \mu\text{g}}{1 \text{mg}}$

$= 615.72 \mu\text{g/m}^3$

TIP

① ppm = mL/Sm³

② NO 1mol $\begin{cases} 30\text{mg} \\ 22.4\text{mL} \end{cases}$

answer 14 ㉱ 15 ㉯ 16 ㉯ 17 ㉱

18 대기 중에 존재하는 가스상 오염물질 중 염화수소와 염소에 관한 설명으로 옳지 않은 것은?

㉮ 염소는 강한 산화력을 이용하여 살균제, 표백제로 쓰인다.
㉯ 염화수소가 대기 중에 노출될 경우 백색의 연무를 형성하기도 한다.
㉰ 염소는 상온에서 적갈색을 띄는 액체로 휘발성과 부식성이 강하다.
㉱ 염화수소는 무색으로서 자극성 냄새가 있으며 상온에서 기체이다. 전지, 약품, 비료 등에 사용된다.

풀이 ㉰ 염소는 상온에서 황록색을 띄는 액체로 휘발성과 부식성이 강하다.

19 대기압력이 900mb인 높이에서의 온도가 25℃일 때 온위(potential temperature, K)는?

(단, $\theta = T\left(\dfrac{1,000}{P}\right)^{0.288}$)

㉮ 307.2 ㉯ 377.8
㉰ 421.4 ㉱ 487.5

풀이
$\theta = T \times \left(\dfrac{1,000}{P}\right)^{0.288}$
$= (273+25℃)k \times \left(\dfrac{1,000}{900mb}\right)^{0.288}$
$= 307.18K$

20 대기오염원의 영향을 평가하는 방법 중 분산모델에 관한 설명으로 가장 거리가 먼 것은?

㉮ 오염물의 단기간 분석 시 문제가 된다.
㉯ 지형 및 오염원의 조업조건에 영향을 받는다.
㉰ 먼지의 영향평가는 기상의 불확실성과 오염원이 미확인인 경우에 문제점을 가진다.
㉱ 현재나 과거에 일어났을 일을 추정, 미래를 위한 전략은 세울 수 있으나 미래 예측은 어렵다.

풀이 ㉱번의 설명은 수용모델이다.

제2과목 | 연소공학

21 액체연료 연소장치 중 건타입(Gun type) 버너에 관한 설명으로 옳지 않은 것은?

㉮ 유압은 보통 7kg/cm² 이상 이다.
㉯ 연소가 양호하고 전자동 연소가 가능하다.
㉰ 형식은 유압식과 공기분무식을 합한 것이다.
㉱ 유량조절 범위가 넓어 대형 연소에 사용한다.

풀이 ㉱ 유량조절 범위가 좁아 소형 연소에 사용한다.

22 기체연료의 특징 및 종류에 관한 설명으로 옳지 않은 것은?

㉮ 부하의 변동범위가 넓고 연소의 조절이 용이한 편이다.
㉯ 천연가스는 화염전파속도가 크며, 폭발 범위가 크므로 1차 공기를 적게 혼합하는 편이 유리하다.
㉰ 액화천연가스는 메탄을 주성분으로 하는 천연가스를 1기압 하에서 -168℃ 근처에서 냉각, 액화시켜 대량수송 및 저장을 가능하게 한 것이다.

answer 18 ㉰ 19 ㉮ 20 ㉱ 21 ㉱ 22 ㉯

㉣ 액화석유가스는 액체에서 기체로 될 때 증발열(90~100kcal/kg)이 있으므로 사용하는데 유의할 필요가 있다.

풀이 ㉯ 천연가스는 화염전파속도가 작고, 폭발범위가 작다.

23 액체연료의 특징으로 옳지 않은 것은?

㉮ 저장 및 계량, 운반이 용이하다.
㉯ 점화, 소화 및 연소의 조절이 쉽다.
㉰ 발열량이 높고 품질이 대체로 일정하며 효율이 높다.
㉱ 소량의 공기로 완전 연소되며 검댕발생이 없다.

풀이 ㉱번은 기체연료에 대한 설명이다.

24 어떤 물질의 1차 반응에서 반감기가 10분이었다. 반응물이 1/10 농도로 감소할 때까지 얼마의 시간(분)이 걸리겠는가?

㉮ 6.9
㉯ 33.2
㉰ 69.3
㉱ 3,323

풀이 1차 반응식 : $\ln \dfrac{C_t}{C_o} = -k \times t$

여기서
- C_o : 초기농도
- C_t : t시간 후 농도
- k : 상수
- t : 시간

① $\ln \dfrac{1}{2} = -k \times 10 \text{min}$

∴ $k = \dfrac{\ln \dfrac{1}{2}}{-10 \text{min}} = 0.0693/\text{min}$

② $\ln \dfrac{1}{10} = -0.0693/\text{min} \times t$

∴ $t = \dfrac{\ln \dfrac{1}{10}}{-0.0693/\text{min}} = 33.23 \text{min}$

25 다음 기체연료 중 고위발열량(kcal/Sm³)이 가장 낮은 것은?

㉮ Ethane
㉯ Ethylene
㉰ Acetylene
㉱ Methane

풀이 기체연료 중 고위발열량이 가장 낮은 연료는 탄소와 수소가 가장 적은 연료이므로 메탄(CH_4)이 정답이다.

TIP

각 연료의 화학식
㉮ Ethane : C_2H_6 ㉯ Ethylene : C_2H_4
㉰ Acetylene : C_2H_2 ㉱ Methane : CH_4

26 유류연소버너 중 유압식 버너에 관한 설명으로 가장 거리가 먼 것은?

㉮ 대용량 버너 제작이 용이하다.
㉯ 유압은 보통 50~90kg/cm² 정도이다.
㉰ 유량 조절 범위가 좁아(환류식 1 : 3, 비환류식 1 : 2) 부하변동에 적응하기 어렵다.
㉱ 연료유의 분사각도는 기름의 압력, 점도 등으로 약간 달라지지만 40~90° 정도의 넓은 각도로 할 수 있다.

풀이 ㉯ 유압은 보통 5~30kg/cm² 정도이다.

answer 23 ㉱ 24 ㉯ 25 ㉱ 26 ㉯

27 액화석유가스에 관한 설명으로 옳지 않은 것은?

㉮ 저장 설비비가 많이 든다.
㉯ 황분이 적고 독성이 없다.
㉰ 비중이 공기보다 가볍고, 누출될 경우 쉽게 인화 폭발될 수 있다.
㉱ 유지 등을 잘 녹이기 때문에 고무 패킹이나 유지로 된 도포제로 누출을 막는 것은 어렵다.

풀이 ㉰ 비중이 공기보다 무겁고, 누출될 경우 쉽게 인화 폭발될 수 있다.

TIP
기체연료
① 액화석유가스의 주성분 : 프로판(C_3H_8)과 부탄(C_4H_{10})
② 액화천연가스의 주성분 : 메탄(CH_4)

28 기체 연료의 연소방식 중 확산연소에 관한 설명으로 옳지 않은 것은?

㉮ 역화의 위험성이 없다.
㉯ 붉고 긴 화염을 만든다.
㉰ 가스와 공기를 예열할 수 없다.
㉱ 연료의 분출속도가 클 경우에는 그을음이 발생하기 쉽다.

풀이 ㉰ 가스와 공기를 예열할 수 있다.

29 다음 연소장치 중 일반적으로 가장 큰 공기비를 필요로 하는 것은?

㉮ 오일버너   ㉯ 가스버너
㉰ 미분탄버너 ㉱ 수평수동화격자

풀이 연소장치 중 일반적으로 가장 큰 공기비를 필요로 하는 것은 고체연료를 연소하는 장치이므로 ㉱ 수평수동화격자가 정답이 된다.

30 프로판과 부탄이 용적비 3 : 2로 혼합된 가스 $1Sm^3$가 이론적으로 완전연소 할 때 발생하는 CO_2의 양(Sm^3)은?

㉮ 2.7   ㉯ 3.2
㉰ 3.4   ㉱ 4.1

풀이 $C_3H_8+5O_2 \rightarrow 3CO_2+4H_2O : \dfrac{3}{5}$

$C_4H_{10}+6.5O_2 \rightarrow 4CO_2+5H_2O : \dfrac{2}{5}$

따라서 CO_2량 $= 3 \times \dfrac{3}{5} + 4 \times \dfrac{2}{5} = 3.4Sm^3/Sm^3$

31 연소 시 매연 발생량이 가장 적은 탄화수소는?

㉮ 나프텐계   ㉯ 올레핀계
㉰ 방향족계   ㉱ 파라핀계

풀이 연소 시 매연 발생량이 가장 적은 탄화수소는 파라핀계(C_nH_{2n+2})이다.

32 C 80%, H 20%로 구성된 액체 탄화수소 연료 1kg을 완전연소 시킬 때 발생하는 CO_2의 부피(Sm^3)는?

㉮ 1.2   ㉯ 1.5
㉰ 2.6   ㉱ 2.9

풀이 C + O_2 → CO_2
12kg   : $22.4Sm^3$
1kg×0.80 : X
∴ X = $1.49Sm^3$

answer 27 ㉰ 28 ㉰ 29 ㉱ 30 ㉰ 31 ㉱ 32 ㉯

33 저위발열량이 5,000kcal/Sm³인 기체 연료의 이론 연소온도(℃)는 약 얼마인가? (단, 이론연소가스량 15Sm³/Sm³, 연료연소가스의 평균정압 비열 0.35kcal/Sm³·℃, 기준온도는 0℃, 공기는 예열하지 않으며, 연소가스는 해리되지 않는다고 본다.)

㉮ 952 ㉯ 994
㉰ 1,008 ㉱ 1,118

풀이 이론연소온도(℃)
$$= \frac{저위발열량(kcal/Sm^3)}{가스량(Sm^3/Sm^3) \times 평균정압비열(kcal/Sm^3 \cdot ℃)} + 기준온도(℃)$$
$$= \frac{5,000kcal/Sm^3}{15Sm^3/Sm^3 \times 0.35kcal/Sm^3 \cdot ℃} + 0℃$$
$$= 952.38℃$$

34 프로판 2kg을 과잉공기계수 1.31로 완전연소시킬 때 발생하는 습연소가스량(kg)은?

㉮ 약 24 ㉯ 약 32
㉰ 약 38 ㉱ 약 43

풀이 $C_3H_8 + 5O_2 \rightarrow 3CO_2 + 4H_2O$
① 실제 습연소가스량(Gw)
 = (m−0.232)A₀ + CO₂량 + H₂O량
 $= (1.31-0.232) \times \frac{5 \times 32kg}{1 \times 44kg \times 0.232} + \frac{3 \times 44kg}{1 \times 44kg}$
 $+ \frac{4 \times 18kg}{1 \times 44kg}$
 = 21.533kg/kg
② 21.533kg/kg × 2kg = 43.07kg

TIP
이론공기량(A₀) = 이론산소량(kg/kg) × $\frac{1}{0.232}$ (kg/kg)

35 착화온도(발화점)에 대한 특성으로 옳지 않은 것은?

㉮ 분자구조가 복잡할수록 착화온도는 낮아진다.
㉯ 산소농도가 낮을수록 착화온도는 낮아진다.
㉰ 발열량이 클수록 착화온도는 낮아진다.
㉱ 화학반응성이 클수록 착화온도는 낮아진다.

풀이 ㉯ 산소농도가 낮을수록 착화온도는 높아진다.

36 S 함량 3%의 벙커 C유 100kL를 사용하는 보일러에 S 함량 1%인 벙커 C유로 30% 섞어 사용하면 SO₂ 배출량은 몇 % 감소하는가? (단, 벙커 C유 비중 0.95, 벙커 C유 함유 S는 모두 SO₂로 전환된다.)

㉮ 16% ㉯ 20%
㉰ 25% ㉱ 28%

풀이 ① 처음 사용 : S함량이 3%인 100%
② 나중 사용 : S함량이 3%인 70% + S함량이 1%인 30%
③ 감소량(%) = $\left(1 - \frac{나중 사용}{처음 사용}\right) \times 100$
$= \left\{1 - \frac{(3\% \times 0.70 + 1\% \times 0.30) \times 100kL}{(3\% \times 1) \times 100kL}\right\}$
$\times 100$
= 20%

37 옥탄(C_8H_{18})을 완전연소 시킬 때의 AFR(Air Fuel Ratio)은? (단, 질량비 기준으로 한다.)

㉮ 15.1 ㉯ 30.8
㉰ 45.3 ㉱ 59.5

풀이 $C_8H_{18} + 12.5O_2 \rightarrow 8CO_2 + 9H_2O$

answer 33 ㉮ 34 ㉱ 35 ㉯ 36 ㉯ 37 ㉮

$$공연비(kg/kg) = \frac{산소갯수 \times 32kg \times \frac{1}{0.232}}{연료갯수 \times 연료의 분자량(kg)}$$

$$= \frac{12.5 \times 32kg \times \frac{1}{0.232}}{114kg}$$

$$= 15.12$$

TIP

① 공연비 = AFR = $\frac{공기량}{연료량}$

② AFR(Sm³/Sm³) = $\frac{산소갯수 \times 22.4Sm^3 \times \frac{1}{0.21}}{연료갯수 \times 22.4Sm^3}$

③ 체적(Sm³) = 계수 × 22.4(Sm³)

④ 질량(kg) = 계수 × 분자량(kg)

38
황화수소의 연소반응식이 다음 [보기]와 같을 때 황화수소 1Sm³의 이론연소공기량(Sm³)은?

[보기]　$2H_2S + 3O_2 \rightarrow 2SO_2 + 2H_2O$

㉮ 5.54　　㉯ 6.42
㉰ 7.14　　㉱ 8.92

풀이

① $2H_2S + 3O_2 \rightarrow 2SO_2 + 2H_2O$
　　$2 \times 22.4Sm^3 : 3 \times 22.4Sm^3$
　　$1Sm^3 : 이론산소량$
　　∴ 이론산소량 = $1.5Sm^3$

② 이론공기량(A_o)
　　= 이론산소량(Sm³) × $\frac{1}{0.21}$(Sm³)
　　= $1.5Sm^3 \times \frac{1}{0.21}$
　　= $7.14Sm^3$

39
어떤 액체연료를 보일러에서 완전연소시켜 그 배출가스를 Orsat 분석 장치로서 분석하여 CO_2 15%, O_2 5%의 결과를 얻었다면, 이때 과잉공기계수는? (단, 일산화탄소 발생량은 없다.)

㉮ 1.12　　㉯ 1.19
㉰ 1.25　　㉱ 1.31

풀이

과잉공기계수(m) = $\frac{N_2\%}{N_2\% - 3.76 \times O_2\%}$

= $\frac{80\%}{80\% - 3.76 \times 5\%}$ = 1.307

여기서 $N_2(\%)$ = 100 - (15% + 5%) = 80%

40
다음 연소의 종류 중 흑연, 코크스, 목탄 등과 같이 대부분 탄소만으로 되어있는 고체연료에서 관찰되는 연소형태는?

㉮ 표면연소　㉯ 내부연소
㉰ 증발연소　㉱ 자기연소

풀이 ㉮ 표면연소에 대한 설명이다.

TIP

연소형태

① 표면연소 : 코크스나 석탄 등이 고온 연소시 고체 표면이 빨갛게 빛을 내면서 반응하는 연소로 화염이 없는 연소형태이다.

② 분해연소 : 장작, 석탄, 중유 등이 열분해하여 발생한 증기와 함께 연소초기에 불꽃을 내면서 연소하는 형태이다.

answer　38 ㉰　39 ㉱　40 ㉮

| 제3과목 | 대기오염방지기술

41 중력침전을 결정하는 중요 매개변수는 먼지입자의 침전속도이다. 다음 중 먼지의 침전속도 결정과 가장 관계가 깊은 것은?

㉮ 입자의 온도
㉯ 대기의 분압
㉰ 입자의 유해성
㉱ 입자의 크기와 밀도

풀이 먼지의 침전속도를 결정하는 것은 ㉱ 입자의 크기와 밀도이다.

42 처리가스량 25,420m³/h, 압력손실이 100mmH₂O인 집진장치의 송풍기 소요동력(kW)은 약 얼마인가? (단, 송풍기 효율은 60%, 여유율은 1.3이다.)

㉮ 9   ㉯ 12
㉰ 15   ㉱ 18

풀이 $kW = \dfrac{Ps \times Q}{102 \times \eta} \times \alpha$

여기서
- Ps : 압력손실(mmH₂O)
- Q : 처리가스량(m³/sec)
- η : 처리효율
- α : 여유율

따라서
$kW = \dfrac{100mmH_2O \times 25,420m^3/hr \times 1hr/3,600sec}{102 \times 0.60} \times 1.3$
= 15.0kW

43 다음은 활성탄의 고온 활성화 재생방법으로 적용될 수 있는 다단로(multi-hearthfurnace)와 회전로(rotary kiln)의 비교표이다. 비교 내용 중 옳지 않은 것은?

구분		다단로	회전로
①	온도유지	여러 개의 버너로 구분된 반응 영역에서 온도분포 조절이 가능하고 열효율이 높음	단 1개의 버너로 열공급 영역별 온도유지가 불가능하고 열효율이 낮음
②	수증기 공급	반응영역에서 일정하게 분사	입구에서만 공급하므로 일정치 않음
③	입도분포	입도에 비례하여 큰 입자가 빨리 배출	입도 분포에 관계없이 체류시간을 동일하게 유지가능
④	품질	고품질 입상재생 설비로 적합	고품질 입상재생 설비로 부적합

㉮ ①   ㉯ ②
㉰ ③   ㉱ ④

풀이 ③ 다단로의 입도분포 : 입도 분포에 관계없이 체류시간을 동일하게 유지가능
③ 회전로의 입도분포 : 입도에 비례하여 큰 입자가 빨리 배출

44 다음 악취물질 중 공기 중의 최소 감지 농도가 가장 낮은 것은?

㉮ 염소   ㉯ 암모니아
㉰ 황화수소   ㉱ 이황화탄소

answer 41 ㉱ 42 ㉰ 43 ㉰ 44 ㉰

풀이 공기 중의 최소 감지농도가 낮다는 것은 악취가 심하다는 의미이므로 보기 중에서 악취가 가장 심한 황화수소(H_2S)가 정답이다.

45 환기 및 후드에 관한 설명으로 옳지 않은 것은?

㉮ 폭이 넓은 오염원 탱크에서는 주로 '밀고 당기는(push/pull)' 방식의 환기공정이 요구된다.
㉯ 후드는 일반적으로 개구면적을 좁게 하여 흡인속도를 크게 하고, 필요 시 에어커튼을 이용한다.
㉰ 폭이 좁고 긴 직사각형의 슬로트후드(slot hood)는 전기도금공정과 같은 상부개방형 탱크에서 방출되는 유해물질을 포집하는데 효율적으로 이용된다.
㉱ 천개형후드는 포착형보다 유입 공기의 속도가 빠를 때 사용되며, 주로 저온의 오염공기를 배출하고 과잉습도를 제거할 때 제한적으로 사용된다.

풀이 ㉱ 천개형후드는 주로 고온의 오염공기를 처리하는데 사용된다.

46 접선유입식 원심력 집진장치의 특징에 관한 설명 중 옳은 것은?

㉮ 장치의 압력손실은 5,000mmH₂O이다.
㉯ 장치 입구의 가스속도는 18~20cm/s 이다.
㉰ 유입구 모양에 따라 나선형과 와류형으로 분류된다.
㉱ 도익선회식이라고도 하며 반전형과 직진형이 있다.

풀이 ㉮ 장치의 압력손실은 100mmH₂O 전후이다.
㉯ 장치 입구의 가스속도는 7~15m/s이다.
㉱번은 축류식 원심력 집진장치에 해당한다.

47 A집진장치의 입구 및 출구의 배출가스 중 먼지의 농도가 각각 15g/Sm³, 150mg/Sm³이었다. 또한 입구 및 출구에서 채취한 먼지시료 중에 포함된 0~5μm의 입경분포의 중량 백분율이 각각 10%, 60%이었다면 이 집진장치의 0~5μm의 입경범위의 먼지시료에 대한 부분집진율(%)은?

㉮ 90%　㉯ 92%
㉰ 94%　㉱ 96%

풀이 부분집진율(%) = $\left(1 - \dfrac{C_o \times f_o}{C_i \times f_i}\right) \times 100$

여기서 C_i : 입구의 먼지농도(g/Sm³)
　　　C_o : 출구의 먼지농도(g/Sm³)
　　　f_i : 입구의 중량분포
　　　f_o : 출구의 중량분포

따라서
부분집진율(%) = $\left(1 - \dfrac{0.15\text{g/Sm}^3 \times 0.60}{15\text{g/Sm}^3 \times 0.1}\right) \times 100$
= 94.0%

48 직경이 D인 구형입자의 비표면적(S_v, m²/m³)에 관한 설명으로 옳지 않은 것은? (단, ρ는 구형입자의 밀도이다.)

㉮ $S_v = \dfrac{3\rho}{D}$ 로 나타낸다.
㉯ 입자가 미세할수록 부착성이 커진다.
㉰ 먼지의 입경과 비표면적은 반비례 관계이다.
㉱ 비표면적이 크게 되면 원심력 집진장치의 경우에는 장치벽면을 폐색시킨다.

풀이 ㉮ 비표면적(S_v) = $\dfrac{6}{D}$ 로 나타낸다.

answer 45 ㉱　46 ㉰　47 ㉰　48 ㉮

49 염소농도 0.2%인 굴뚝 배출가스 3,000 Sm³/h를 수산화칼슘용액을 이용하여 염소를 제거 하고자 할 때, 이론적으로 필요한 시간당 수산화칼슘의 양(kg/h)은? (단, 처리효율은 100%로 가정한다.)

㉮ 16.7
㉯ 18.2
㉰ 19.8
㉱ 23.1

풀이 $2Cl_2 + 2Ca(OH)_2 \rightarrow CaCl_2 + Ca(OCl)_2 + 2H_2O$
$2 \times 22.4 Sm^3 : 2 \times 74 kg$
$3,000 Sm^3/hr \times 0.2\% \times 10^{-2} : X$

$\therefore X = \dfrac{3,000 Sm^3/hr \times 0.2\% \times 10^{-2} \times 2 \times 74 kg}{2 \times 22.4 Sm^3}$

$= 19.82 kg/hr$

50 헨리의 법칙에 관한 설명으로 옳지 않은 것은?

㉮ 비교적 용해도가 적은 기체에 적용된다.
㉯ 헨리상수의 단위는 atm/m³·kmol이다.
㉰ 헨리상수의 값은 온도가 높을수록, 용해도가 적을수록 커진다.
㉱ 온도와 기체의 부피가 일정할 때 기체의 용해도는 용매와 평형을 이루고 있는 기체의 분압에 비례한다.

풀이 ㉯ 헨리상수의 단위는 atm·m³/kmol이다.

51 탈취방법 중 촉매연소법에 관한 설명으로 옳지 않은 것은?

㉮ 직접연소법에 비해 질소산화물의 발생량이 높고, 고농도로 배출된다.
㉯ 직접연소법에 비해 연료소비량이 적어 운전비는 절감되나, 촉매독이 문제가 된다.
㉰ 적용 가능한 악취성분은 가연성 악취성분, 황화수소, 암모니아 등이 있다.
㉱ 촉매는 백금, 코발트, 니켈 등이 있으며, 고가이지만 성능이 우수한 백금계의 것이 많이 이용된다.

풀이 ㉮ 직접연소법에 비해 온도가 낮아 질소산화물의 발생량이 낮다.

52 다음은 물리흡착과 화학흡착의 비교표이다. 비교 내용 중 옳지 않은 것은?

구분	물리흡착	화학흡착
① 온도범위	낮은 온도	대체로 높은 온도
② 흡착층	단일 분자층	여러 층이 가능
③ 가역정도	가역성이 높음	가역성이 낮음
④ 흡착열	낮음	높음(반응열 정도)

㉮ ①
㉯ ②
㉰ ③
㉱ ④

풀이 ② 물리흡착의 흡착층 : 여러 층이 가능
② 화학흡착의 흡착층 : 단일 분자층

53 벤츄리스크러버의 액가스비를 크게 하는 요인으로 가장 거리가 먼 것은?

㉮ 먼지의 농도가 높을 때
㉯ 처리가스의 온도가 높을 때
㉰ 먼지 입자의 친수성이 클 때
㉱ 먼지 입자의 점착성이 클 때

풀이 ㉰ 먼지 입자의 친수성이 작을 때

answer 49 ㉰ 50 ㉯ 51 ㉮ 52 ㉯ 53 ㉰

54 다음 중 유해물질 처리방법으로 가장 거리가 먼 것은?

㉮ CO는 백금계의 촉매를 사용하여 연소시켜 제거한다.
㉯ Br_2는 산성수용액에 의한 선정법으로 제거한다.
㉰ 이황화탄소는 암모니아를 불어넣는 방법으로 제거한다.
㉱ 아크로레인은 NaClO 등의 산화제를 혼입한 가성소다 용액으로 흡수 제거한다.

풀이 ㉯ Br_2는 가성소다수용액에 의한 선정법으로 제거한다.

55 80%의 효율로 제진하는 전기집진장치의 집진면적을 2배로 증가시키면 집진효율(%)은 얼마로 향상되는가?

㉮ 92% ㉯ 94%
㉰ 96% ㉱ 98%

풀이

집진극의 면적변화 = $\dfrac{LN(1-\eta_2) \times \left(\dfrac{-Q}{We}\right)}{LN(1-\eta_1) \times \left(\dfrac{-Q}{We}\right)}$

$2배 = \dfrac{LN(1-\eta_2) \times \left(\dfrac{-Q}{We}\right)}{LN(1-0.80) \times \left(\dfrac{-Q}{We}\right)}$

∴ $\eta_2 = 0.96$ 따라서 96%이다.

56 굴뚝 배출 가스량은 2,000Sm³/h, 이 배출가스 중 HF 농도는 500mL/Sm³이다. 이 배출가스를 50m³의 물로 세정할 때 24시간 후 순환수인 폐수의 pH는?
(단, HF는 100% 전리되며, HF 이외의 영향은 무시한다.)

㉮ 약 1.3 ㉯ 약 1.7
㉰ 약 2.1 ㉱ 약 2.6

풀이 ① HF의 mol/L

$= \dfrac{가스량(Sm^3/hr) \times 농도(ppm = mL/Sm^3) \times 10^{-3} L/mL \times \dfrac{제거율(\%)}{100} \times 제거시간(hr) \times \dfrac{1mol}{22.4L}}{순환수(L)}$

$= \dfrac{2,000Sm^3/hr \times 500mL/Sm^3 \times 10^{-3}L/mL \times 24hr \times \dfrac{1mol}{22.4L}}{50 \times 10^3 L}$

$= 2.143 \times 10^{-2} mol/L$

② $[H^+] = 2.143 \times 10^{-2} mol/L$
③ $pH = -\log[H^+] = -\log[2.143 \times 10^{-2} mol/L] = 1.67$

57 먼지의 입경분포에 관한 설명으로 옳지 않은 것은?

㉮ 대수정규분포는 미세한 입자의 특성과 잘 일치한다.
㉯ 빈도분포는 먼지의 입경분포를 적당한 입경간격의 개수 또는 질량의 비율로 나타내는 방법이다.
㉰ 먼지의 입경분포를 나타내는 방법 중 적산분포에는 정규분포, 대수정규분포, Rosin Rammler 분포가 있다.
㉱ 적산분포(R)는 일정한 입경보다 큰 입자가 전체의 입자에 대하여 몇 % 있는가를 나타내는 것으로 입경분포가 0이면 R = 100%이다.

풀이 ㉮ 대수정규분포는 큰 입자의 특성과 잘 일치한다.

answer 54 ㉯ 55 ㉰ 56 ㉯ 57 ㉮

58 사이클론의 원추부 높이가 1.4m, 유입구 높이가 15cm, 원통부 높이가 1.4m일 때 외부선회류의 회전수는?

(단, $N = \dfrac{1}{H_A}\left[H_B + \dfrac{H_C}{2}\right]$)

㉮ 6회   ㉯ 11회
㉰ 14회   ㉱ 18회

풀이 $N = \dfrac{1}{H_A} \times \left(H_B + \dfrac{H_C}{2}\right)$

여기서
- N : 유효회전수
- H_A : 유입구 높이(m)
- H_B : 원통부 높이(m)
- H_C : 원추부 높이(m)

따라서 회전수(N) = $\dfrac{1}{0.15m} \times \left(1.4m + \dfrac{1.4m}{2}\right)$
= 14회

59 세정집진장치의 특징으로 옳지 않은 것은?

㉮ 압력손실이 작아 운전비가 적게 든다.
㉯ 소수성 입자의 집진율이 낮은 편이다.
㉰ 점착성 및 조해성 분진의 처리가 가능하다.
㉱ 연소성 및 폭발성 가스의 처리가 가능하다.

풀이 ㉮ 압력손실이 커 운전비가 많이 든다.

60 국소배기시설에서 후드의 유입계수가 0.84, 속도압이 10mmH₂O일 때 후드에서의 압력손실(mmH₂O)은?

㉮ 4.2   ㉯ 8.4
㉰ 16.8   ㉱ 33.6

풀이 $\triangle P = \dfrac{1-Ce^2}{Ce^2} \times V_p (mmH_2O)$

여기서
- $\triangle P$: 압력손실(mmH₂O)
- Ce : 유입계수
- Vp : 속도압(mmH₂O)

따라서
$\triangle P = \dfrac{1-(0.84)^2}{(0.84)^2} \times 10 mmH_2O = 4.17 mmH_2O$

| 제4과목 | 대기오염공정시험기준

61 배출가스 중 질소산화물 농도 측정방법으로 옳지 않은 것은?

㉮ 화학발광법
㉯ 자외선형광법
㉰ 적외선 흡수법
㉱ 아연환원 나프틸에틸렌다이아민법

풀이 배출가스 중 질소산화물 농도 측정방법으로는 화학발광법, 자외선흡수법, 적외선 흡수법, 전기화학식(정전위전해법), 아연환원 나프틸에틸렌다이아민법이 있다.

62 적정법에 의한 배출가스 중 브로민화합물의 정량 시 과잉의 하이포아염소산염을 환원시키는데 사용하는 것은?

㉮ 염산   ㉯ 폼산소듐
㉰ 수산화소듐   ㉱ 암모니아수

풀이 적정법에 의한 배출가스 중 브로민화합물의 정량 시 과잉의 하이포아염소산염을 환원시키는데 사용하는 것은 폼산소듐이다.

answer 58 ㉰ 59 ㉮ 60 ㉮ 61 ㉯ 62 ㉯

> **TIP**
> **브로민화합물의 적정법**
> 배출가스 중 브로민화합물을 수산화소듐 용액에 흡수시킨 다음 브로민을 하이포아염소산소듐 용액을 사용하여 브로민산 이온으로 산화시키고 과잉의 하이포아염소산염은 폼산소듐으로 환원시켜 이 브로민산 이온을 아이오딘 적정법으로 정량하는 방법이다.

63 화학반응 공정 등에서 배출되는 굴뚝 배출가스 중 일산화탄소 분석방법에 따른 정량범위로 틀린 것은?

㉮ 정전위전해법 : 0ppm~200ppm 이하
㉯ 비분산형적외선분석법 : 0ppm~1,000ppm 이하
㉰ 기체크로마토그래피 : TCD의 경우 1,000ppm 이상
㉱ 기체크로마토그래피 : FID의 경우 1ppm~2,000ppm

풀이 ㉮ 정전위전해법 : 0ppm~1,000ppm 이하

64 액의 농도에 관한 설명으로 옳지 않은 것은?

㉮ 단순히 용액이라 기재하고 그 용액의 이름을 밝히지 않은 것은 수용액을 뜻한다.
㉯ 혼액(1+2)은 액체상의 성분을 각각 1용량 대 2용량의 비율로 혼합한 것을 뜻한다.
㉰ 황산(1 : 7)은 용질이 액체일 때 1mL를 용매에 녹여 전량을 7mL로 하는 것을 뜻한다.
㉱ 액의 농도를 (1→5)로 표시한 것은 그 용질의 성분이 고체일 때는 1g을 용매에 녹여 전량을 5mL로 하는 비율을 말한다.

풀이 ㉰ 황산(1 : 7)은 용질이 액체일 때 1mL를 용매 7mL에 녹여 전량을 8mL로 하는 것을 뜻한다.

65 대기오염공정시험기준상 비분산적외선 분광분석법에서 응답시간에 관한 설명이다. ( )안에 알맞은 것은?

> 응답시간은 제로 조정용 가스를 도입하여 안정된 후 유로를 스팬가스로 바꾸어 기준 유량으로 분석기에 도입하여 그 농도를 눈금 범위 내의 어느 일정한 값으로부터 다른 일정한 값으로 갑자기 변화시켰을 때 스텝(step) 응답에 대한 소비시간이 (㉠) 이내이어야 한다. 또 이때 최종 지시값에 대한 90%의 응답을 나타내는 시간은 (㉡) 이내이어야 한다.

㉮ ㉠ 1초, ㉡ 1분   ㉯ ㉠ 1초, ㉡ 40초
㉰ ㉠ 10초, ㉡ 1분 ㉱ ㉠ 10초, ㉡ 40초

풀이 ① 스텝(step) 응답에 대한 소비시간 1초 이내
② 최종 지시값에 대한 90%의 응답을 나타내는 시간 40초 이내

66 대기 및 굴뚝 배출 기체중의 오염물질을 연속적으로 측정하는 비분산형적외선 분석기(고정형)의 성능 유지조건에 대한 설명으로 옳은 것은?

㉮ 최대눈금 범위의 ±5% 이하에 해당하는 농도변화를 검출할 수 있는 것이어야 한다.
㉯ 측정가스의 유량이 표시한 기준유량에 대하여 ±10% 이내에서 변동하여도 성능에 지장이 있어서는 안된다.
㉰ 동일 조건에서 제로가스를 연속적으로 도입하여 24시간 연속 측정하는 동안 전

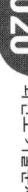

answer 63 ㉮ 64 ㉰ 65 ㉯ 66 ㉱

체눈금의 ±5% 이상의 지시변화가 없어야 한다.
㉣ 전압변동에 대한 안정성 측면에서 전원전압이 설정 전압의 ±10% 이내로 변화하였을 때 지시값 변화는 전체눈금의 ±1% 이내이어야 한다.

풀이
㉮ ±5% 이하 → ±1% 이하
㉯ ±10% 이내 → ±2% 이내
㉰ ±5% 이상 → ±2% 이상

67 굴뚝 배출가스 유속을 피토관으로 측정한 결과가 다음과 같을 때 배출가스 유속(m/s)은?

- 동압 : 100mmH₂O
- 배출가스 온도 : 295℃
- 표준상태 배출가스 밀도 : 1.2kg/m³ (0℃, 1기압)
- 피토관 계수 : 0.87

㉮ 43.7 ㉯ 48.2
㉰ 50.7 ㉱ 54.3

풀이

$$V = C \times \sqrt{\frac{2gh}{r}}$$

- V : 공기의 유속(m/sec)
- C : 피토관 계수
- g : 중력가속도(9.8m/sec²)
- h : 동압(mmH₂O)
- r : 밀도(kg/m³)

따라서 $V = 0.87 \times \sqrt{\dfrac{2 \times 9.8\,m/sec^2 \times 100\,mmH_2O}{1.2\,kg/Sm^3 \times \dfrac{273}{273+295}}}$

= 50.72 m/sec

TIP
배출가스 밀도 1.2kg/m³는 표준상태이므로 온도를 보정해야 한다.

68 기체크로마토그래피의 장치구성에 관한 설명으로 옳지 않은 것은?

㉮ 분리관유로는 시료도입부, 분리관, 검출기기배관으로 구성되며, 배관의 재료는 스테인리스강이나 유리 등 부식에 대한 저항이 큰 것이어야 한다.
㉯ 분리관(column)은 충전물질을 채운 내경 2mm~7mm의 시료에 대하여 불활성금속, 유리 또는 합성수지관으로 각 분석방법에서 규정하는 것을 사용한다.
㉰ 운반가스는 일반적으로 열전도도형 검출기(TCD)에서는 순도 99.8% 이상의 아르곤이나 질소를, 수소염 이온화 검출기(FID)에서는 순도 99.8% 이상의 수소를 사용한다.
㉱ 주사기를 사용하는 시료도입부는 실리콘고무와 같은 내열성 탄성체격막이 있는 시료 기화실로서 분리관온도와 동일하거나 또는 그 이상의 온도를 유지할 수 있는 가열기구가 갖추어져야 한다.

풀이 ㉰ 운반가스는 일반적으로 열전도도형 검출기(TCD)에서는 순도 99.8% 이상의 수소나 헬륨을, 불꽃이온화검출기(FID)에서는 순도 99.8% 이상의 질소나 헬륨을 사용한다.

69 배출가스 중 가스상 물질의 시료 채취방법 중 다음 분석물질별 흡수액과의 연결이 옳지 않은 것은?

	분석방법	흡수액
①	플루오린화합물	수산화소듐용액(0.1mol/L)
②	이황화탄소	다이에틸아민구리용액
③	비소	수산화칼륨용액(질량분율 4%)
④	황화수소	아연아민착염용액

㉮ ① ㉯ ②

answer 67 ㉰ 68 ㉰ 69 ㉰

㉰ ③ ㉯ ④

풀이 비소의 흡수액은 수산화소듐 용액(질량분율 4%)이다.

70 다음 중 굴뚝에서 배출되는 가스의 유량을 측정하는 기기가 아닌 것은?

㉮ 피토우관 ㉯ 열선 유속계
㉰ 와류 유속계 ㉱ 위상차 유속계

풀이 굴뚝에서 배출되는 가스의 유량을 측정하는 기기는 피토우관, 열선 유속계, 와류 유속계 등이다.

71 배출가스 중 암모니아를 인도페놀법으로 분석할 때 암모니아와 같은 양으로 공존하면 안 되는 물질은?

㉮ 아민류 ㉯ 황화수소
㉰ 아황산가스 ㉱ 이산화질소

풀이 암모니아를 인도페놀법으로 분석시 간섭(방해)물질
① 이산화질소 100배 이상
② 아민류 몇 십배 이상
③ 이산화황 10배 이상
④ 황화수소 같은 양 이상

72 배출가스 중 아연화합물을 분석하는 방법으로 알맞게 연결된 것은?

㉮ 자외선/가시선분광법 - 유도결합플라스마 분광법
㉯ 원자흡수분광광도법 - 유도결합플라스마 분광법
㉰ 기체크로마토그래피 - 이온크로마토그래피
㉱ 원자흡수분광광도법 - 자외선/가시선분광법

풀이 아연화합물 분석방법에는 원자흡수분광광도법, 유도결합플라스마 분광법이 있다.

73 대기오염공정시험기준상 원자흡수분광광도법 분석 장치 중 시료원자화장치에 관한 설명으로 옳지 않은 것은?

㉮ 시료원자화장치 중 버너의 종류로 전분무버너와 예혼합버너가 있다.
㉯ 내화성산화물을 만들기 쉬운 원소의 분석에 적당한 불꽃은 프로판-공기 불꽃이다.
㉰ 빛이 투과하는 불꽃의 길이를 10cm 이상으로 해 주려면 멀티패스(Multi-Path) 방식을 사용한다.
㉱ 분석위 감도를 높여주고 안정한 측정치를 얻기 위하여 불꽃 중에 빛을 투과시킬 때 불꽃 중에서의 유효길이를 되도록 길게 한다.

풀이 ㉯ 내화성산화물을 만들기 쉬운 원소의 분석에 적당한 불꽃은 아세틸렌-아산화질소 불꽃이다.

74 배출허용기준 중 표준산소농도를 적용받는 항목에 대한 배출가스량 보정식으로 옳은 것은? (단, Q : 배출가스유량(Sm^3/일), Q_a : 실측배출가스유량(Sm^3/일), O_s : 표준산소농도(%), O_a : 실측산소농도(%))

㉮ $Q = Q_a \times \dfrac{O_s - 21}{O_a - 21}$

㉯ $Q = Q_a \times \dfrac{O_a - 21}{O_s - 21}$

㉰ $Q = Q_a \div \dfrac{21 - O_s}{21 - O_a}$

---

answer 70 ㉱ 71 ㉯ 72 ㉯ 73 ㉯ 74 ㉰

㉣ $Q = Q_a \div \dfrac{21-O_a}{21-O_s}$

[풀이]
① 유량 보정식 : $Q = Q_a \div \dfrac{21-O_s}{21-O_a}$

② 농도 보정식 : $C = C_a \times \dfrac{21-O_s}{21-O_a}$

75 공정시험방법상 환경대기 중의 탄화수소 농도를 측정하기 위한 주시험법은?

㉮ 총탄화수소 측정법
㉯ 활성 탄화수소 측정법
㉰ 비활성 탄화수소 측정법
㉱ 비메탄 탄화수소 측정법

[풀이] 환경대기중의 탄화수소 측정방법
① 총탄화수소 측정법
② 활성 탄화수소 측정법
③ 비메탄 탄화수소 측정법(주 시험방법)

76 대기오염공정시험기준상 분석시험에 있어 기재 및 용어에 관한 설명으로 옳은 것은?

㉮ 시험조작중 "즉시"란 10초 이내에 표시된 조작을 하는 것을 뜻한다.
㉯ "감압 또는 진공"이라 함은 따로 규정이 없는 한 10mmHg 이하를 뜻한다.
㉰ 용액의 액성표시는 따로 규정이 없는 한 유리전극법에 의한 pH미터로 측정한 것을 뜻한다.
㉱ "정확히 단다"라 함은 규정한 양의 검체를 취하여 분석용 저울로 0.3mg까지 다는 것을 뜻한다.

[풀이] ㉮ 시험조작중 "즉시"란 30초 이내에 표시된 조작을 하는 것을 뜻한다.
㉯ "감압 또는 진공"이라 함은 따로 규정이 없는 한 15mmHg 이하를 뜻한다.
㉱ "정확히 단다"라 함은 규정한 양의 검체를 취하여 분석용 저울로 0.1mg까지 다는 것을 뜻한다.

77 굴뚝배출가스 중 수분량이 체적백분율로 10%이고, 배출가스의 온도는 80℃, 시료채취량은 10L, 대기압은 0.6기압, 가스미터 게이지압은 25mmHg, 가스미터온도 80℃에서의 수증기포화압이 255mmHg라 할 때, 흡수된 수분량(g)은?

㉮ 0.15g ㉯ 0.21g
㉰ 0.33g ㉱ 0.46g

[풀이]
$X_w(\%) = \dfrac{1.244 \times ma(L)}{Vs(L) + 1.244 \times ma(L)} \times 100(\%)$

① $Vs(L) = V(L) \times \dfrac{273}{273+℃} \times \dfrac{(Pa+Pm-Pv)mmHg}{760mmHg}$

$= 10L \times \dfrac{273}{273+80℃}$

$\times \dfrac{(0.6 \times 760 + 25 - 255)mmHg}{760mmHg}$

$= 2.30L$

② $10\% = \dfrac{1.244 \times ma}{2.30L + 1.244 \times ma} \times 100$

∴ ma = 0.21g

answer 75 ㉱ 76 ㉰ 77 ㉯

78 굴뚝배출가스 중 아황산가스의 자동연속 측정방법 중 자외선 흡수분석계에 관한 설명으로 옳지 않은 것은?

㉮ 광원 : 저압수소방전관 또는 저압수은 등이 사용된다.
㉯ 분광기 : 프리즘 또는 회절격자분광기를 이용하여 자외선영역 또는 가시광선 영역의 단색광을 얻는데 사용된다.
㉰ 검출기 : 자외선 및 가시광선에 감도가 좋은 광전자증배관 또는 광전광이 이용된다.
㉱ 시료셀 : 시료셀은 200~500mm의 길이로 시료가스가 연속적으로 통과할 수 있는 구조로 되어 있다.

풀이 ㉮ 광원 : 중수소방전관 또는 중압수은 등이 사용된다.

79 배출가스 중 이황화탄소를 자외선가시선분광법으로 정량할 때 흡수액으로 옳은 것은?

㉮ 아연아민착염 용액
㉯ 제일염화주석 용액
㉰ 다이에틸아민구리 용액
㉱ 수산화제이철암모늄 용액

풀이 자외선가시선분광법으로 분석 시 이황화탄소의 흡수액은 다이에틸아민구리 용액이다.

80 원자흡광분석에서 발생하는 간섭 중 분석에 사용하는 스펙트럼의 불꽃 중에서 생성되는 목적원소의 원자증기 이외의 물질에 의하여 흡수되는 경우에 발생되는 것은?

㉮ 물리적 간섭 ㉯ 화학적 간섭
㉰ 분광학적 간섭 ㉱ 이온학적 간섭

풀이 ㉰ 분광학적 간섭에 대한 설명이다.

| 제5과목 | 대기환경관계법규

81 대기환경보전법령상 기본부과금 산정기준 중 "수산자원보호구역"의 지역별 부과계수는? (단, 지역구분은 국토의 계획 및 이용에 관한 법률에 의한다.)

㉮ 0.5 ㉯ 1.0
㉰ 1.5 ㉱ 2.0

풀이 수산자원보호구역은 Ⅱ지역으로 부과계수는 0.5이다.

TIP
기본부과금의 지역별 부과계수
① Ⅰ지역(주거지역, 상업지역, 취락지역, 택지개발예정지구) : 1.5
② Ⅱ지역(공업지역, 수자원보호구역, 전원개발 사업구역 및 예정구역) : 0.5
③ Ⅲ지역(녹지지역, 농림지역 및 자연환경보전지역, 관광·휴양개발진흥지구) : 1.0

82 대기환경보전법규상 사업자는 자가측정 시 사용한 여과지 및 시료채취기록지는 환경오염공정시험기준에 따라 측정한 날부터 얼마동안 보존(기준)하여야 하는가?

㉮ 2년 ㉯ 1년
㉰ 6개월 ㉱ 3개월

풀이 사업자는 자가측정 시 사용한 여과지 및 시료채취기록지는 측정한 날부터 6개월 동안 보존한다.

answer 78 ㉮ 79 ㉰ 80 ㉰ 81 ㉮ 82 ㉰

83 환경정책기본법령상 각 항목별 대기환경기준으로 옳지 않은 것은? (단, 기준치는 24시간 평균치이다.)

㉮ 아황산가스(SO_2) : 0.05ppm 이하
㉯ 이산화질소(NO_2) : 0.06ppm 이하
㉰ 오존(O_3) : 0.06 ppm 이하
㉱ 미세먼지(PM-10) : 100$\mu g/m^3$ 이하

풀이 오존(O_3)의 대기환경기준
① 8시간 평균치 : 0.06ppm 이하
② 1시간 평균치 : 0.1ppm 이하

84 대기환경보전법령상 초과부과금의 부과대상이 되는 오염물질이 아닌 것은?

㉮ 황산화물 ㉯ 염화수소
㉰ 황화수소 ㉱ 페놀

풀이 초과부과금의 부과대상물질은 황산화물, 암모니아, 황화수소, 이황화탄소, 먼지, 불소화물, 염화수소, 질소산화물, 시안화수소이다.

85 실내공기질 관리법규상 "영화상영관"의 실내공기질 유지기준($\mu g/m^3$)은? (단, 항목은 미세먼지(PM-10)($\mu g/m^3$)이다.)

㉮ 10 이하 ㉯ 100 이하
㉰ 150 이하 ㉱ 200 이하

풀이 영화상영관의 경우 미세먼지(PM-10)의 실내공기질 유지기준은 100$\mu g/m^3$이다.

86 대기환경보전법규상 한국환경공단이 환경부장관에게 행하는 위탁업무 보고사항 중 "자동차배출가스 인증생략 현황"의 보고 횟수 기준은?

㉮ 수시 ㉯ 연 1회
㉰ 연 2회 ㉱ 연 4회

풀이 위탁업무 보고사항 중 자동차배출가스 인증생략 현황의 보고 횟수 기준은 연 2회이다.

87 대기환경보전법규상 수도권대기환경청장, 국립환경과학원장 또는 한국환경공단이 설치하는 대기오염 측정망에 해당하는 것은?

㉮ 도시지역의 휘발성유기화합물 등의 농도를 측정하기 위한 광화학대기오염물질 측정망
㉯ 도시지역의 대기오염물질 농도를 측정하기 위한 도시대기측정망
㉰ 도로변의 대기오염물질 농도를 측정하기 위한 도로변대기측정망
㉱ 대기 중의 중금속 농도를 측정하기 위한 대기중금속측정망

풀이 ㉯, ㉰, ㉱번은 시·도지사가 설치하는 측정망의 종류이다.

88 악취방지법상 악취검사를 위한 관계 공무원의 출입·채취 및 검사를 거부 또는 방해하거나 기피한 자에 대한 벌칙기준은?

㉮ 100만원 이하의 벌금
㉯ 200만원 이하의 벌금
㉰ 300만원 이하의 벌금
㉱ 1000만원 이하의 벌금

풀이 ㉰ 300만원 이하의 벌금에 해당한다.

answer 83 ㉰ 84 ㉱ 85 ㉯ 86 ㉰ 87 ㉮ 88 ㉰

89 다음은 대기환경보전법령상 시·도지사가 배출시설의 설치를 제한할 수 있는 경우이다. ( )안에 알맞은 것은?

> 배출시설 설치지점으로부터 반경 1킬로미터 안의 상주인구가 (㉠) 이상인 지역으로서 특정대기유해물질 중 한 가지 종류의 물질을 연간 (㉡) 이상 배출하거나 두 가지 이상의 물질을 연간 (㉢) 이상 배출하는 시설을 설치하는 경우는 시·도지사가 배출시설의 설치를 제한할 수 있다.

㉮ ㉠2만명, ㉡10톤, ㉢25톤
㉯ ㉠2만명, ㉡5톤, ㉢15톤
㉰ ㉠1만명, ㉡10톤, ㉢25톤
㉱ ㉠1만명, ㉡5톤, ㉢15톤

90 다음은 대기환경보전법규상 비산먼지 발생을 억제하기 위한 시설의 설치 및 필요한 조치에 관한 엄격한 기준이다. ( )안에 알맞은 것은?

> 배출공정 중 "싣기와 내리기 공정"은 싣거나 내리는 장소 주위에 고정식 또는 이동식 물뿌림시설(물뿌림 반경 (㉠) 이상, 수압 (㉡) 이상)을 설치하여야 한다.

㉮ ㉠3m, ㉡2kg/cm²
㉯ ㉠3m, ㉡3kg/cm²
㉰ ㉠5m, ㉡2kg/cm²
㉱ ㉠7m, ㉡5kg/cm²

TIP
비산먼지의 발생 억제 시설 중 싣기와 내리기 공정
① 일반 기준인 조건
 ㉮ 살수 반경 : 5m 이상
 ㉯ 수압 : 3kg/cm² 이상
② 엄격한 기준인 조건
 ㉮ 물뿌림 반경 : 7m 이상
 ㉯ 수압 : 5kg/cm² 이상

91 실내공기질 관리법규상 "산후조리원"의 현행 실내공기질 권고기준으로 옳지 않은 것은?

㉮ 라돈(Bq/m³) : 5.0 이하
㉯ 이산화질소(ppm) : 0.05 이하
㉰ 총휘발성유기화합물(μg/m³) : 400 이하
㉱ 곰팡이(CFU/m³) : 500 이하

▣ 풀이 ㉮ 라돈(Bq/m³) : 148 이하

92 실내공기질 관리법규상 신축 공동주택의 오염물질 항목별 실내공기질 권고기준으로 옳지 않은 것은?

㉮ 폼알데하이드 : 300μg/m³ 이하
㉯ 에틸벤젠 : 360μg/m³ 이하
㉰ 자일렌 : 700μg/m³ 이하
㉱ 벤젠 : 30μg/m³ 이하

▣ 풀이 ㉮ 폼알데하이드 : 210μg/m³ 이하

TIP
신축 공동주택의 실내 공기질 권고기준
① 폼알데하이드 : 210μg/m³ 이하
② 벤젠 : 30μg/m³ 이하
③ 톨루엔 : 1,000μg/m³ 이하
④ 에틸벤젠 : 360μg/m³ 이하
⑤ 자일렌 : 700μg/m³ 이하
⑥ 스티렌 : 300μg/m³ 이하
⑦ 라돈 : 148Bq/m³ 이하

answer 89 ㉮ 90 ㉱ 91 ㉮ 92 ㉮

93 다음은 대기환경보전법규상 미세먼지(PM-10)의 "주의보"발령기준 및 해제기준이다. ( )안에 알맞은 것은?

> - 발령기준 : 기상조건 등을 고려하여 해당지역의 대기자동측정소 PM-10 시간당 평균농도가 (㉠) 지속인 때
> - 해제기준 : 주의보가 발령된 지역의 기상조건 등을 검토하여 대기자동측정소의 PM-10 시간당 평균농도가 (㉡)인 때

㉮ ㉠ 150μg/m³ 이상 2시간 이상, ㉡ 100μg/m³ 미만
㉯ ㉠ 150μg/m³ 이상 1시간 이상, ㉡ 150μg/m³ 미만
㉰ ㉠ 100μg/m³ 이상 2시간 이상, ㉡ 100μg/m³ 미만
㉱ ㉠ 100μg/m³ 이상 1시간 이상, ㉡ 80μg/m³ 미만

TIP
미세먼지(PM-10)의 농도 기준
① 주의보 발령기준 : 150μg/m³ 이상 2시간 이상, 해제기준 : 100μg/m³ 미만
② 경보 발령기준 : 300μg/m³ 이상 2시간 이상, 주의보 전환기준 : 150μg/m³ 미만

94 다음은 대기환경보전법규상 고체연료 사용시설 설치기준이다. ( )안에 가장 적합한 것은?

> 석탄사용시설의 경우 배출시설의 굴뚝높이는 100m 이상으로 하되, 굴뚝상부 안지름, 배출가스 온도 및 속도 등을 고려한 유효굴뚝높이가 ( )인 경우에는 굴뚝높이를 60m 이상 100m 미만으로 할 수 있다.

㉮ 150m 이상 ㉯ 220m 이상
㉰ 350m 이상 ㉱ 440m 이상

풀이 굴뚝의 높이
① 석탄사용시설 : 100m 이상
② 유효굴뚝높이가 440m 경우 : 60m 이상 100m 미만

95 대기환경보전법상 제작차배출허용기준에 맞지 아니하게 자동차를 제작한 자에 대한 벌칙기준은?

㉮ 7년 이하의 징역이나 1억원 이하의 벌금에 처한다.
㉯ 5년 이하의 징역이나 5천만원 이하의 벌금에 처한다.
㉰ 3년 이하의 징역이나 3천만원 이하의 벌금에 처한다.
㉱ 1년 이하의 징역이나 1천만원 이하의 벌금에 처한다.

풀이 ㉮ 7년 이하의 징역이나 1억원 이하의 벌금에 해당한다.

96 대기환경보전법령상 인증을 생략할 수 있는 자동차에 해당하지 않은 것은?

㉮ 훈련용 자동차로서 문화체육관광부장관의 확인을 받은 자동차
㉯ 주한 외국군인의 가족이 사용하기 위하여 반입하는 자동차
㉰ 자동차제작자 및 자동차 관련 연구기관 등이 자동차의 개발 또는 전시 등 주행 외의 목적으로 사용하기 위하여 수입하는 자동차
㉱ 항공기 지상 조업용 자동차

풀이 ㉰번은 인증의 면제 자동차에 해당한다.

answer 93 ㉮ 94 ㉱ 95 ㉮ 96 ㉰

97 환경정책기본법령상 일산화탄소(CO)의 대기환경기준은? (단, 8시간 평균치이다.)

㉮ 0.15ppm 이하   ㉯ 0.3ppm 이하
㉰ 9ppm 이하   ㉱ 25ppm 이하

풀이 일산화탄소(CO)의 대기환경기준
① 8시간 평균치 : 9ppm 이하
② 1시간 평균치 : 25ppm 이하

98 다음은 대기환경보전법상 기존 휘발성유기화합물 배출시설 규제에 관한 사항이다. ( )안에 알맞은 것은?

> 특별대책지역, 대기관리권역 또는 휘발성유기화합물 배출규제 추가지역으로 지정·고시될 당시 그 지역에서 휘발성유기화합물을 배출하는 시설을 운영하고 있는 자는 특별대책지역, 대기관리권역 또는 휘발성유기화합물 배출규제 추가지역으로 지정·고시된 날부터 ( )에 시·도지사 등에게 휘발성유기화합물 배출시설 설치 신고를 하여야 한다.

㉮ 15일 이내   ㉯ 1개월 이내
㉰ 2개월 이내   ㉱ 3개월 이내

99 대기환경보전법령상 대기오염 경보단계의 3가지 유형 중 "경보발령"시 조치사항으로 가장 거리가 먼 것은?

㉮ 주민의 실외활동 제한요청
㉯ 자동차 사용의 제한
㉰ 사업장의 연료사용량 감축권고
㉱ 사업장의 조업시간 단축명령

풀이 ㉱ 중대경보 발령의 조치사항이다.

TIP
경보 단계별 조치사항
1. 주의보 발령
   ① 주민의 실외활동 자제 요청
   ② 자동차 사용의 자제 요청
2. 경보 발령
   ① 주민의 실외활동 제한 요청
   ② 자동차 사용의 제한
   ③ 사업장의 연료사용량 감축 권고
3. 중대경보 발령
   ① 주민의 실외활동 금지 요청
   ② 자동차의 통행금지
   ③ 사업장의 조업시간 단축 명령

100 대기환경보전법령상 대기오염물질발생량의 합계가 연간 25톤인 사업장은 몇 종 사업장에 해당되는가?

㉮ 2종사업장   ㉯ 3종사업장
㉰ 4종사업장   ㉱ 5종사업장

TIP
사업장의 분류

종별	오염물질발생량 구분
1종 사업장	연간 80톤 이상
2종 사업장	연간 20톤 이상 80톤 미만
3종 사업장	연간 10톤 이상 20톤 미만
4종 사업장	연간 2톤 이상 10톤 미만
5종 사업장	연간 2톤 미만

answer 97 ㉰   98 ㉱   99 ㉱   100 ㉮

2020년 3회 대기환경기사

2020년 8월 22일 시행

| 제1과목 | 대기오염개론

01 햇빛이 지표면에 도달하기 전에 자외선의 대부분을 흡수함으로써 지표생물권을 보호하는 대기권의 명칭은?

㉮ 대류권 ㉯ 성층권
㉰ 중간권 ㉱ 열권

풀이 햇빛이 지표면에 도달하기 전에 자외선의 대부분을 흡수함으로써 지표생물권을 보호하는 대기권은 성층권이다.

02 44m 높이의 연돌에서 배출되는 가스의 평균온도가 250℃이고, 대기의 온도가 25℃일 때, 이 굴뚝의 통풍력(mmH₂O)은? (단, 표준상태의 가스와 공기의 밀도는 1.3kg/Sm³이고 굴뚝 안에서의 마찰손실은 무시한다.)

㉮ 약 12.4   ㉯ 약 15.8
㉰ 약 22.5   ㉱ 약 30.7

풀이 $Z = 355 \times H \times \left(\dfrac{1}{273+t_a℃} - \dfrac{1}{273+t_g℃} \right)$

여기서
- Z : 통풍력(mmH₂O)
- H : 굴뚝의 높이(m)
- t_a : 외기의 온도(℃)
- t_g : 가스의 온도(℃)

따라서

$Z = 355 \times 44m \times \left(\dfrac{1}{273+25℃} - \dfrac{1}{273+250℃} \right)$
$= 22.55 mmH_2O$

03 다음 대기오염물질과 관련되는 주요 배출업종을 연결한 것으로 가장 적합한 것은?

㉮ 벤젠 – 도장공업
㉯ 염소 – 주유소
㉰ 시안화수소 – 유리공업
㉱ 이황화탄소 – 구리정련

풀이 주요 배출업종
㉮ 벤젠 – 도장공업, 석유정제, 피혁제조, 수지공업
㉯ 염소 – 농약제조, 화학공업, 소다공업
㉰ 시안화수소 – 청산제조공업, 제철공업, 화학공업, 가스공업
㉱ 이황화탄소 – 비스코스섬유공업, 레이온제조업

04 대기가 가시광선을 통과시키고 적외선을 흡수하여 열을 밖으로 나가지 못하게 함으로써 보온 작용을 하는 것을 무엇이라 하는가?

㉮ 온실효과   ㉯ 복사균형
㉰ 단파복사   ㉱ 대기의 창

풀이 ㉮ 온실효과에 대한 설명이다.

answer 01 ㉯ 02 ㉰ 03 ㉮ 04 ㉮

05 대기오염이 식물에 미치는 영향에 관한 설명으로 가장 거리가 먼 것은?

㉮ SO_2는 회백색 반점을 생성하며, 피해 부분은 엽육세포이다.
㉯ PAN은 유리화, 은백색 광택을 나타내며, 주로 해면연조직에 피해를 준다.
㉰ NO_2는 불규칙 흰색 또는 갈색으로 변화되며, 피해 부분은 엽육세포이다.
㉱ HF는 SO_2와 같이 잎 안쪽 부분에 반점을 나타내기 시작하며, 늙은 잎에 특히 민감하고, 밤이 낮보다 피해가 크다.

풀이 ㉱ HF는 SO_2와는 다르게 잎의 선단(끝) 부분에 반점을 나타내기 시작하며, 어린 잎에 특히 민감하고, 낮이 밤보다 피해가 크다.

06 오존에 관한 설명으로 옳지 않은 것은?

㉮ 대기 중 오존은 온실가스로 작용한다.
㉯ 대기 중에서 오존의 배경농도는 0.1∼0.2ppm 범위이다.
㉰ 단위체적당 대기 중에 포함된 오존의 분자수(mol/cm^3)로 나타낼 경우 약 지상 25km 고도에서 가장 높은 농도를 나타낸다.
㉱ 오존전량(total overhead amount)은 일반적으로 적도지역에서 낮고, 극지의 인근 지점에서는 높은 경향을 보인다.

풀이 ㉯ 대기 중에서 오존의 배경농도는 0.01∼0.02ppm 범위이다.

07 다음 황화합물에 관한 설명 중 ( )안에 가장 알맞은 것은?

> 전지구적으로 해양을 통해 자연적 발생원 중 가장 많은 양의 황화합물이 ( )형태로 배출되고 있다.

㉮ H_2S ㉯ CS_2
㉰ OCS ㉱ $(CH_3)_2S$

풀이 ㉱ DMS(Dimethyl sulfide : $(CH_3)_2S$)에 대한 설명이다.

08 다음 중 지구온난화 지수가 가장 큰 것은?

㉮ CH_4 ㉯ SF_6
㉰ N_2O ㉱ HFCs

풀이 지구온난화 지수(GWP)
㉮ CH_4(메탄) : 21
㉯ SF_6(육불화황) : 23,900
㉰ N_2O(아산화질소) : 310
㉱ HFCs(과불화탄소) : 1,300

09 시정장애에 관한 설명 중 옳지 않은 것은?

㉮ 시정장애 직접 원인은 부유분진 중 극미세먼지 때문이다.
㉯ 시정장애 물질들은 주민의 호흡기계 건강에 영향을 미친다.
㉰ 빛이 대기를 통과할 때 시정장애 물질들은 빛을 산란 또는 흡수한다.
㉱ 2차 오염물질들이 서로 반응, 응축, 응집하여 생성된 물질들이 직접적인 원인이다.

풀이 ㉱ 1차 오염물질들이 서로 반응, 응축, 응집하여 생성된 물질들이 직접적인 원인이다.

answer 05 ㉱ 06 ㉯ 07 ㉱ 08 ㉯ 09 ㉱

10 석면이 가지고 있는 일반적인 특성과 거리가 먼 것은?

㉮ 절연성
㉯ 내화성 및 단열성
㉰ 흡습성 및 저인장성
㉱ 화학적 불활성

풀이 석면의 일반적인 특성은 절연성이 있고, 내화성 및 단열성을 가지며, 화학적으로 불활성이다.

11 A굴뚝으로부터 배출되는 SO_2가 풍하측 5,000m 지점에서 지표 최고 농도를 나타냈을 때, 유효굴뚝 높이(m)는? (단, Sutton의 확산식을 사용하고, 수직확산계수는 0.07, 대기안정도 지수(n)는 0.25이다.)

㉮ 약 120 ㉯ 약 140
㉰ 약 160 ㉱ 약 180

풀이 $X_{max} = \left(\dfrac{He}{C_z}\right)^{\frac{2}{2-n}}$

여기서
- X_{max} : 최대지상거리(m)
- He : 유효굴뚝높이(m)
- C_z : 수직확산계수
- n : 대기안정도 상수

$5,000m = \left(\dfrac{He}{0.07}\right)^{\frac{2}{2-0.25}}$

∴ $He = 0.07 \times (5,000m)^{\frac{2-0.25}{2}}$

$= 120.70m$

12 산성비에 관한 설명 중 옳은 것은?

㉮ 산성비 생성의 주요 원인물질은 다이옥신, 중금속 등이다.
㉯ 일반적으로 산성비에 대한 내성은 침엽수가 활엽수보다 강하다.
㉰ 산성비란 정상적인 빗물의 pH 7 보다 낮게 되는 경우를 말한다.
㉱ 산성비로 인해 호수나 강이 산성화되면 물고기 먹이가 되는 플랑크톤의 생장을 촉진한다.

풀이 ㉮ 산성비 생성의 주요 원인물질은 SO_X, NO_X, HCl 등이다.
㉰ 산성비란 정상적인 빗물의 pH가 5.6 보다 낮게 되는 경우를 말한다.
㉱ 산성비로 인해 호수나 강이 산성화되면 물고기 먹이가 되는 플랑크톤의 생장이 억제된다.

13 다음 [보기]가 설명하는 주위 대기조건에 따른 연기의 배출형태를 옳게 나열한 것은?

[보기]
㉠ 지표면 부근에 대류가 활발하여 불안정하지만, 그 상층은 매우 안정하여 오염물의 확산이 억제되는 대기조건에서 발생한다. 발생시간 동안 상대적으로 지표면의 오염물질농도가 일시적으로 높아질 수 있는 형태
㉡ 대기상태가 중립인 경우에 나타나며, 바람이 다소 강하거나 구름이 많이 낀 날 자주 볼 수 있는 상태

㉮ ㉠ 지붕형, ㉡ 원추형
㉯ ㉠ 훈증형, ㉡ 원추형
㉰ ㉠ 구속형, ㉡ 훈증형
㉱ ㉠ 부채형, ㉡ 훈증형

풀이 대기 안정도
① 훈증형 : 지표-과단열(매우 불안정) 조건, 고공-역전(매우 안정) 조건
② 원추형 : 중립, 등온, 미단열 조건

answer 10 ㉰ 11 ㉮ 12 ㉯ 13 ㉯

14 상온에서 녹황색이고 강한 자극성 냄새를 내는 기체로서 공기보다 무겁고 표백작용이 강한 오염물질은?

㉮ 염소
㉯ 아황산가스
㉰ 이산화질소
㉱ 폼알데하이드

🔑 풀이 ㉮ 상온(15~25℃)에서 녹황색이고 강한 자극성 냄새를 내는 기체로서 공기보다 무겁고 표백작용이 강한 오염물질은 염소(Cl_2)이다.

15 다음 ( )안에 들어갈 용어로 옳은 것은?

지구의 평균 지상기온은 지구가 태양으로부터 받고 있는 태양에너지와 지구가 (㉠) 형태로 우주로 방출하고 있는 에너지의 균형으로부터 결정된다. 이 균형은 대기 중의 (㉡), 수증기 등 (㉠)을(를) 흡수하는 기체가 큰 역할을 하고 있다.

㉮ ㉠ 자외선, ㉡ CO
㉯ ㉠ 적외선, ㉡ CO
㉰ ㉠ 자외선, ㉡ CO_2
㉱ ㉠ 적외선, ㉡ CO_2

TIP
① 온실효과에 참여하는 빛 : 적외선
② 광화학반응에 참여하는 빛 : 자외선

16 로스앤젤레스 스모그 사건에 대한 설명 중 옳지 않은 것은?

㉮ 대기는 침강성 역전 상태였다.
㉯ 주 오염성분은 NO_X, O_3, PAN, 탄화수소이다.
㉰ 광화학적 및 열적 산화반응을 통해서 스모그가 형성되었다.
㉱ 주 오염 발생원은 가정 난방용 석탄과 화력발전소의 매연이다.

🔑 풀이 ㉱ 주 오염원은 대도시의 자동차에서 배출되는 질소산화물과 탄화수소에 의해서 생성되는 광화학산화물(O_3, PAN 등)이다.

17 다음 ( )안에 가장 적합한 물질은?

방향족 탄화수소 중 ( )은 대표적인 발암 물질이며, 환경 호르몬으로 알려져 있고, 연소 과정에서 생성된다. 숯불에 구운 쇠고기 등 가열로 검게 탄 식품, 담배연기, 자동차 배기가스, 석탄타르 등에 포함되어 있다.

㉮ 벤조피렌
㉯ 나프탈렌
㉰ 안트라센
㉱ 톨루엔

🔑 풀이 ㉮ 벤조피렌에 대한 설명이다.

18 빛의 소멸계수(σ_{ext})가 $0.45km^{-1}$인 대기에서, 시정거리의 한계를 빛의 강도가 초기 강도의 95%가 감소했을 때의 거리라고 정의할 경우 이 때 시정거리 한계(km)는? (단, 광도는 Lambert-Beer 법칙을 따르며, 자연대수로 적용한다.)

㉮ 약 0.1
㉯ 약 6.7
㉰ 약 8.7
㉱ 약 12.4

🔑 풀이 $I = I_0 exp^{(-\sigma_{ext} \cdot X)}$
여기서
- I : 거리 X를 통과한 후의 농도
- I_0 : 광원으로부터 광도
- σ_{ext} : 빛의 소멸계수
- X : 거리

따라서 $5\% = 100 exp^{(-0.45km^{-1} \cdot X)}$

answer   14 ㉮   15 ㉱   16 ㉱   17 ㉮   18 ㉯

$$\therefore X = \frac{\ln \frac{5\%}{100}}{-0.45 \text{km}^{-1}} = 6.66 \text{km}$$

19 안료, 색소, 의약품 제조공업에 이용되며 색소침착, 손·발바닥의 각화, 피부암 등을 일으키는 물질로 옳은 것은?

㉮ 납　　　　　㉯ 크롬
㉰ 비소　　　　㉱ 니켈

풀이 ㉰ 비소(As)에 대한 설명이다.

20 Fick의 확산방정식을 실제 대기에 적용시키기 위한 추가적 가정에 대한 내용과 가장 거리가 먼 것은?

㉮ 오염물질은 플룸(plum)내에서 소멸된다.
㉯ 바람에 의한 오염물의 주 이동방향은 x축이다.
㉰ 풍향, 풍속, 온도 시간에 따른 농도변화가 없는 정상상태 분포를 가정한다.
㉱ 풍속은 x, y, z 좌표시스템 내의 어느 점에서든 일정하다.

풀이 ㉮ 오염물질은 플룸(plum)내에서 방출된다.

| 제2과목 | **연소공학**

21 연료의 연소 시 과잉공기의 비율을 높여 생기는 현상으로 옳지 않은 것은?

㉮ 에너지손실이 커진다.
㉯ 연소가스의 희석효과가 높아진다.
㉰ 공연비가 커지고 연소온도가 낮아진다.
㉱ 화염의 크기가 커지고 연소가스 중 불완전 연소물질의 농도를 증가한다.

풀이 ㉱ 연소물질(CH_4, CO, C 등)의 농도 감소

22 다음 가스 중 1Sm³를 완전연소할 때 가장 많은 이론공기량(Sm³)이 요구되는 것은? (단, 가스는 순수가스임)

㉮ 에탄　　　　㉯ 프로판
㉰ 에틸렌　　　㉱ 아세틸렌

풀이 이론공기량이 가장 큰 연료는 완전연소반응식에서 산소의 갯수가 가장 큰 가스이므로 정답은 ㉯번 propane이 된다.
㉮ C_2H_6(ethane)+3.5O_2 → 2CO_2+3H_2O
㉯ C_3H_8(propane)+5O_2 → 3CO_2+4H_2O
㉰ C_2H_4(ethylene)+3O_2 → 2CO_2+2H_2O
㉱ C_2H_2(acetylene)+2.5O_2 → 2CO_2+H_2O

23 기체연료 연소방식 중 예혼합연소에 관한 설명으로 옳지 않은 것은?

㉮ 연소조절이 쉽고 화염길이가 짧다.
㉯ 역화의 위험이 없으며 공기를 예열할 수 있다.
㉰ 화염온도가 높아 연소부하가 큰 경우에 사용이 가능하다.
㉱ 연소기 내부에서 연료와 공기의 혼합비가 변하지 않고 균일하게 연소된다.

풀이 ㉯ 역화의 위험이 있으며, 공기를 예열할 수 없다.

answer　19 ㉰　20 ㉮　21 ㉱　22 ㉯　23 ㉯

24 가스의 조성이 CH₄ 70%, C₂H₆ 20%, C₃H₈ 10%인 혼합가스의 폭발범위로 가장 적합한 것은? (단, CH₄ 폭발범위 : 5 ~ 15%, C₂H₆ 폭발범위 : 3 ~ 12.5%, C₃H₈ 폭발범위 : 2.1 ~ 9.5% 이며, 르샤틀리의 식을 적용한다.)

㉮ 약 2.9 ~ 12%   ㉯ 약 3.1 ~ 13%
㉰ 약 3.9 ~ 13.7% ㉱ 약 4.7 ~ 7.8%

풀이 르샤틀리에 공식

$$\frac{100}{L} = \frac{V_1}{L_1} + \frac{V_2}{L_2} + \frac{V_3}{L_3}$$

여기서 L : 폭발범위
　　　 V : 조성비

① 하한값 : $\frac{100}{L} = \frac{70\%}{5\%} + \frac{20\%}{3\%} + \frac{10\%}{2.1\%}$

∴ L = 3.93%

② 상한값 : $\frac{100}{L} = \frac{70\%}{15\%} + \frac{20\%}{12.5\%} + \frac{10\%}{9.5\%}$

∴ L = 13.66%

③ 혼합가스의 폭발범위는 3.93% ~ 13.66%이다.

25 다음 설명에 해당하는 기체연료는?

- 고온으로 가열된 무연탄이나 코크스 등에 수증기를 반응시켜 얻은 기체연료 이다.
- 반응식 C + H₂O → CO + H₂ + Q
　　　　 C + 2H₂O → CO₂ + 2H₂ + Q

㉮ 수성가스   ㉯ 오일 가스
㉰ 고로 가스 ㉱ 발생로 가스

풀이 주성분이 수소(H₂)와 일산화탄소(CO)인 연료는 ㉮ 수성가스이다.

26 다음 중 기체연료의 확산연소에 사용되는 버너 형태로 가장 적합한 것은?

㉮ 심지식 버너   ㉯ 회전식 버너
㉰ 포트형 버너   ㉱ 증기 분무식 버너

풀이 기체연료의 확산연소에 사용되는 버너 형태는 포트형과 버너형이다.

27 연소실 열발생률에 대한 설명으로 옳은 것은?

㉮ 연소실의 단위면적, 단위시간당 발생되는 열량이다.
㉯ 열손실의 단위용적, 단위시간당 발생되는 열량이다.
㉰ 단위시간에 공급된 연료의 중량을 연소실 용적으로 나눈 값이다.
㉱ 연소실에 공급된 연료의 발열량을 연소실 면적으로 나눈 값이다.

풀이 연소실 열발생률(kcal/m³·hr)은 열손실의 단위용적, 단위시간당 발생되는 열량이다.

28 1.5%(무게기준) 황분을 함유한 석탄 1,143kg을 이론적으로 완전연소시킬 때 SO_2 발생량(Sm^3)은? (단, 표준상태 기준이며, 황분은 전량 SO_2로 전환된다.)

㉮ 12   ㉯ 18
㉰ 21   ㉱ 24

풀이　S + O₂ → SO₂
　　　32kg : 22.4Sm³
　　　1,143kg×0.015 : X

∴ X = $\frac{1{,}143\text{kg} \times 0.015 \times 22.4\text{Sm}^3}{32\text{kg}}$

　　 = 12.0Sm³

answer 24 ㉰　25 ㉮　26 ㉰　27 ㉯　28 ㉮

29 쓰레기 이송방식에 따라 가동화격자(moving stoker)를 분류할 때 다음 [보기]가 설명하는 화격자 방식은?

> [보기]
> - 고정화격자와 가동화격자를 횡방향으로 나란히 배치하고, 가동화격자를 전후로 왕복운동 시킨다.
> - 비교적 강한 교반력과 이송력을 갖고 있으며, 화격자의 눈이 메워짐이 별로 없다는 이점이 있으나, 낙진량이 많고 냉각작용이 부족하다.

㉮ 직렬식 ㉯ 병렬요동식
㉰ 부채 반전식 ㉱ 회전 로울러식

풀이 ㉯ 병렬요동식에 대한 설명이다.

30 코크스나 목탄 등이 고온으로 될 때 빨간 짧은 불꽃을 내면서 연소하는 것으로, 휘발성분이 없는 고체연료의 연소형태는?

㉮ 자기연소 ㉯ 분해연소
㉰ 표면연소 ㉱ 내부연소

풀이 ㉰ 표면연소에 대한 설명이다.

TIP
분해연소 : 장작, 석탄, 중유 등이 열분해하여 발생한 증기와 함께 연소초기에 불꽃을 내면서 연소하는 고체연료의 연소형태이다.

31 다음 연료 중 착화온도(℃)의 대략적인 범위가 옳지 않은 것은?

㉮ 목탄 : 320~370℃
㉯ 중유 : 430~480℃
㉰ 수소 : 580~600℃
㉱ 메탄 : 650~750℃

풀이 ㉯ 중유 : 550~580℃

32 벙커 C유에 2.5%의 S성분이 함유되어 있을 때 건조 연소가스량 중의 SO_2양(%)은? (단, 공기비 1.3, 이론공기량 12Sm^3/kg-oil, 이론 건조연소 가스량 12.5Sm^3/kg-oil이고, 연료 중의 황성분은 95%가 연소되어 SO_2로 된다.)

㉮ 약 0.1 ㉯ 약 0.2
㉰ 약 0.3 ㉱ 약 0.4

풀이 ① $Gd = (m-1)A_o + God$
    $= (1.3-1) \times 12 Sm^3/kg + 12.5 Sm^3/kg$
    $= 16.1 Sm^3/kg$

② $SO_2(\%) = \dfrac{SO_2량(Sm^3/kg)}{Gd(Sm^3/kg)} \times 100$

    $= \dfrac{0.7 \times 0.025 Sm^3/kg}{16.1 Sm^3/kg} \times 100$

    $= 0.11\%$

33 배기장치의 송풍기에서 1,000Sm^3/min의 배기가스를 배출하고 있다. 이 장치의 압력손실은 250mmH_2O이고, 송풍기의 효율이 65%라면 이 장치를 움직이는데 소요되는 동력(kW)은?

㉮ 43.61 ㉯ 55.36
㉰ 62.84 ㉱ 78.57

answer 29 ㉯ 30 ㉰ 31 ㉯ 32 ㉮ 33 ㉰

풀이 $kW = \dfrac{Ps \times Q}{102 \times \eta} \times \alpha$

여기서
- Ps : 정압(mmH₂O)
- Q : 배출가스량(Sm³/sec)
- η : 송풍기 정압효율
- α : 여유율

따라서

$kW = \dfrac{250\,mmH_2O \times 1{,}000\,Sm^3/min \times 1min/60sec}{102 \times 0.65}$

$= 62.85\,kW$

34 [보기]에서 설명하는 내용으로 가장 적합한 유류연소버너는?

[보기]
- 화염의 형식 : 가장 좁은 각도의 긴 화염이다.
- 유량조절범위 : 약 1:10 정도이며, 대단히 넓다.
- 용도 : 제강용평로, 연속가열로, 유리용해로 등의 대형가열로 등에 많이 사용된다.

㉮ 유압식　　㉯ 회전식
㉰ 고압기류식　㉱ 저압기류식

풀이 ㉰ 고압기류식에 대한 설명이다.

35 유동층연소에서 부하변동에 대한 적응성이 좋지 않은 단점을 보완하기 위한 방법으로 가장 거리가 먼 것은?

㉮ 층의 높이를 변화시킨다.
㉯ 층 내의 연료비율을 고정시킨다.
㉰ 공기분산판을 분할하여 층을 부분적으로 유동시킨다.
㉱ 유동층을 몇 개의 셀로 분할하여 부하에 따라 작동시키는 수를 변화시킨다.

풀이 ㉯ 층 내의 연료비율을 유동성 있게 한다.

36 탄소 80%, 수소 15%, 산소 5% 조성을 갖는 액체연료의 (CO₂)max(%)는? (단, 표준상태 기준)

㉮ 12.7　　㉯ 13.7
㉰ 14.7　　㉱ 15.7

풀이 ① 이론공기량(A₀)

$= 8.89C + 26.67\left(H - \dfrac{O}{8}\right) + 3.33S\,(Sm^3/kg)$

$= 8.89 \times 0.80 + 26.67 \times \left(0.15 - \dfrac{0.05}{8}\right)$

$= 10.9458\,Sm^3/kg$

② 이론건연소가스량(God)

$= A_o - 5.6H + 0.7O + 0.8N\,(Sm^3/kg)$

$= 10.9458\,Sm^3/kg - 5.6 \times 0.15 + 0.7 \times 0.05$

$= 10.1408\,Sm^3/kg$

③ $CO_{2max}(\%) = \dfrac{1.867C}{God} \times 100$

$= \dfrac{1.867 \times 0.80\,Sm^3/kg}{10.1408\,Sm^3/kg} \times 100$

$= 14.73\%$

37 메탄 1mol이 공기비 1.2로 연소할 때의 등가비는?

㉮ 0.63　　㉯ 0.83
㉰ 1.26　　㉱ 1.62

풀이 등가비 $= \dfrac{1}{공기비(m)} = \dfrac{1}{1.2} = 0.83$

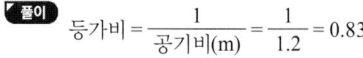

answer　34 ㉰　35 ㉯　36 ㉰　37 ㉯

38 메탄의 고위발열량이 9,900kcal/Sm³이라면 저위발열량(kcal/Sm³)은?

㉮ 8,540 ㉯ 8,620
㉰ 8,790 ㉱ 8,940

풀이 $CH_4 + 2O_2 \rightarrow CO_2 + 2H_2O$
저위발열량(Hl)
= 고위발열량(Hh)-480×H₂O량(kcal/Sm³)
= 9,900kcal/Sm³-480×2
= 8,940kcal/Sm³

39 액화천연가스의 대부분을 차지하는 구성성분은?

㉮ CH_4 ㉯ C_2H_6
㉰ C_3H_8 ㉱ C_4H_{10}

풀이 ① 액화천연가스(LNG)의 주성분 : 메탄(CH_4)
② 액화석유가스(LPG)의 주성분 : 프로판(C_3H_8), 부탄(C_4H_{10})

40 H₂ 40%, CH₄ 20%, C₃H₈ 20%, CO 20%의 부피조성을 가진 기체연료 1Sm³을 공기비 1.1로 연소시킬 때 필요한 실제 공기량(Sm³)은?

㉮ 약 8.1 ㉯ 약 8.9
㉰ 약 10.1 ㉱ 약 10.9

풀이 $H_2 + 0.5O_2 \rightarrow H_2O$: 40%
$CH_4 + 2O_2 \rightarrow CO_2 + 2H_2O$: 20%
$C_3H_8 + 5O_2 \rightarrow 3CO_2 + 4H_2O$: 20%
$CO + 0.5O_2 \rightarrow CO_2$: 20%
필요한 실제공기량(Sm³)
= 공기비(m) × $\frac{이론 산소량(Sm^3)}{0.21}$
= 1.1 × $\frac{(0.5 \times 0.40 + 2 \times 0.20 + 5 \times 0.20 + 0.5 \times 0.20)}{0.21}$
= 8.91Sm³

| 제3과목 | 대기오염방지기술

41 전기집진장치로 함진가스를 처리할 때 입자의 겉보기 고유저항이 높을 경우의 대책으로 옳지 않은 것은?

㉮ 아황산가스를 조절제로 투입한다.
㉯ 처리가스의 습도를 높게 유지한다.
㉰ 탈진의 빈도를 늘리거나 타격강도를 높인다.
㉱ 암모니아를 조절제로 주입하고, 건식집진장치를 사용한다.

풀이 ㉱ 황산을 조절제로 주입하고, 습식집진장치를 사용한다.

42 다음 각 집진장치의 유속과 집진특성에 대한 설명 중 옳지 않은 것은?

㉮ 건식 전기집진장치는 재비산 한계내에서 기본유속을 정한다.
㉯ 벤츄리스크러버와 제트스크러버는 기본유속이 작을수록 집진율이 높다.
㉰ 중력집진장치와 여과집진장치는 기본유속이 작을수록 미세한 입자를 포집한다.
㉱ 원심력집진장치는 적정 한계내에서는 입구유속이 빠를수록 효율은 높은 반면 압력손실을 높아진다.

풀이 ㉯ 벤츄리스크러버와 제트스크러버는 기본유속이 클수록 집진율이 높다.

answer 38 ㉱ 39 ㉮ 40 ㉯ 41 ㉱ 42 ㉯

43 적용 방법에 따른 충전탑(packed tower)과 단탑(plate tower)을 비교한 설명으로 가장 거리가 먼 것은?

㉮ 포말성 흡수액일 경우 충전탑이 유리하다.
㉯ 흡수액에 부유물이 포함되어 있을 경우 단탑을 사용하는 것이 더 효율적이다.
㉰ 온도 변화에 따른 팽창과 수축이 우려될 경우에는 충전제 손상이 예상되므로 단탑이 더 유리하다.
㉱ 운전 시 용매에 의해 발생하는 용해열을 제거해야 할 경우 냉각오일을 설치하기 쉬운 충전탑이 유리하다.

풀이 ㉱ 운전 시 용매에 의해 발생하는 용해열을 제거해야 할 경우 냉각오일을 설치하기 쉬운 단탑이 유리하다.

44 먼지함유량이 A인 배출가스에서 C만큼 제거시키고 B만큼을 통과시키는 집진장치의 효율 산출식과 가장 거리가 먼 것은?

㉮ $\dfrac{C}{A}$ ㉯ $\dfrac{C}{(B+C)}$
㉰ $\dfrac{B}{A}$ ㉱ $\dfrac{(A-B)}{A}$

풀이 ㉰ $\dfrac{B}{A}$ 은 통과율 산출식이다.

TIP

```
  A         C         B
입구농도 → 집진장치 → 출구농도
```

45 평판형 전기집진장치의 집진판 사이의 간격이 10cm, 가스의 유속은 3m/s, 입자가 집진극으로 이동하는 속도가 4.8cm/s 일 때, 층류영역에서 입자를 완전히 제거하기 위한 이론적인 집진극의 길이(m)는?

㉮ 1.34   ㉯ 2.14
㉰ 3.13   ㉱ 4.29

풀이 $L = \dfrac{u \times S}{We}$

여기서
- L : 집진기 길이(m)
- u : 유속(m/sec)
- S : 집진극과 방전극간 거리(m)
- We : 이동 속도(m/sec)

따라서 $L = \dfrac{3\text{m/sec} \times 0.05\text{m}}{0.048\text{m/sec}} = 3.13\text{m}$

TIP

$S = \dfrac{10\text{cm}}{2} = 5\text{cm} = 0.05\text{m}$

46 습식탈황법의 특징에 대한 설명 중 옳지 않은 것은?

㉮ 반응속도가 빨라 SO_2의 제거율이 높다.
㉯ 처리한 가스의 온도가 낮아 재가열이 필요한 경우가 있다.
㉰ 장치의 부식 위험이 있고, 별도의 폐수 처리시설이 필요하다.
㉱ 상업상 부산물의 회수가 용이하지 않고, 보수가 어려우며, 공정의 신뢰도가 낮다.

풀이 ㉱ 상업상 부산물의 회수가 용이하고, 보수가 쉬우며, 공정의 신뢰도가 높다.

answer 43 ㉱ 44 ㉰ 45 ㉰ 46 ㉱

47 배출가스 중 염화수소 제거에 관한 설명으로 옳지 않은 것은?

㉮ 누벽탑, 충전탑, 스크러버 등에 의해 용이하게 제거 가능하다.
㉯ 염화수소 농도가 높은 배기가스를 처리하는 데는 관외 냉각형, 염화수소 농도가 낮은 때에는 충전탑 사용이 권장된다.
㉰ 염화수소의 용해열이 크고 온도가 상승하면 염화수소의 분압이 상승하므로 완전 제거를 목적으로 할 경우에는 충분히 냉각할 필요가 있다.
㉱ 염산은 부식성이 있어 장치는 플라스틱, 유리라이닝, 고무라이닝, 폴리에틸렌 등을 사용해서는 안 되며 충전탑, 스크러버를 사용할 경우에는 mist catcher는 설치할 필요가 없다.

풀이 ㉱ 염산은 부식성이 있어 장치는 플라스틱, 유리라이닝, 고무라이닝, 폴리에틸렌 등을 사용해야 하고, 충전탑, 스크러버를 사용할 경우에는 mist catcher는 설치해야 한다.

48 가스 중 불화수소를 수산화나트륨 용액과 향류로 접촉시켜 87% 흡수시키는 충전탑의 흡수율을 99.5%로 향상시키기 위한 충전탑의 높이는? (단, 흡수액상의 불화수소의 평형분압은 0이다.)

㉮ 2.6배 높아져야 함
㉯ 5.2배 높아져야 함
㉰ 9배 높아져야 함
㉱ 18배 높아져야 함

풀이 H = NOG×HOG
H ∝ NOG 이므로
$NOG = \ln\left(\frac{1}{1-\eta}\right)$

$\frac{NOG_2}{NOG_1} = \frac{\ln\left(\frac{1}{1-0.995}\right)}{\ln\left(\frac{1}{1-0.87}\right)} = 2.60$배

49 다음 [보기]가 설명하는 원심력 송풍기는?

[보기]
• 구조가 간단하여 설치장소의 제약이 적고, 고온, 고압 대용량에 적합하며, 압입통풍기로 주로 사용된다.
• 효율이 좋고 적은 동력으로 운전이 가능하다.

㉮ 터보형   ㉯ 평판형
㉰ 다익형   ㉱ 프로펠러형

풀이 ㉮ 터보형에 대한 설명이다.

50 중력집진장치에서 집진효율을 향상시키기 위한 조건으로 옳지 않은 것은?

㉮ 침강실의 입구폭을 작게 한다.
㉯ 침강실 내의 가스흐름을 균일하게 한다.
㉰ 침강실 내의 처리가스의 유속을 느리게 한다.
㉱ 침강실의 높이는 낮게 하고, 길이는 길게 한다.

풀이 ㉮ 침강실의 입구폭을 크게(유입속도를 작게) 한다.

answer   47 ㉱   48 ㉮   49 ㉮   50 ㉮

51 다음 [보기]가 설명하는 흡착장치로 옳은 것은?

> [보기]
> 가스의 유속을 크게 할 수 있고, 고체와 기체의 접촉을 크게 할 수 있으며, 가스와 흡착제를 향류로 접촉할 수 있는 장점은 있으나, 주어진 조업조건에 따른 조건 변동이 어렵다.

㉮ 유동층 흡착장치 ㉯ 이동층 흡착장치
㉰ 고정층 흡착장치 ㉱ 원통형 흡착장치

풀이 ㉮ 유동층 흡착장치에 대한 설명이다.

52 45° 곡관의 반경비가 2.0일 때, 압력손실계수는 0.27이다. 속도압이 26mmH$_2$O일 때, 곡관의 압력손실(mmH$_2$O)은?

㉮ 1.5 ㉯ 2.0
㉰ 3.5 ㉱ 4.0

풀이 ① 압력손실 = 압력손실계수(F) × 속도압(Vp)
= 0.27×26mmH$_2$O = 7.02mmH$_2$O
② 45° 곡관의 압력손실
= 7.02mmH$_2$O÷2.0 = 3.51mmH$_2$O

53 후드의 종류에 관한 설명으로 옳지 않은 것은?

㉮ 일반적으로 포집형 후드는 다른 후드보다 작업자의 작업방해가 적고, 적용이 유리하다.
㉯ 포위식 후드의 예로는 완전 포위식인 글러브 상자와 부분 포위식인 실험실 후드, 페인트 분무도장 후드가 있다.
㉰ 후드는 동작원리에 따라 크게 포위식과 외부식으로, 포위식은 다시 레시버형 또는 수형과 포집형 후드로 구분할 수 있다.
㉱ 포위식 후드는 적은 제어풍량으로 만족할 만한 효과를 기대할 수 있으나, 유입 공기량이 적어 충분한 후드 개구면 속도를 유지하지 못하면 오히려 외부로 오염물질이 배출될 우려가 있다.

풀이 ㉰ 후드는 동작원리에 따라 크게 포위식과 외부식 그리고 레시버식으로 구분할 수 있다.

TIP
후드의 종류
① 포위식 : 포위형(Cover), 장갑부착상자형, 건축부스형, 드래프트 챔버형
② 외부식 : 슬로트형, 루버형, 그리드형, 자립형
③ 레시버형 : 캐노피형, 포위형(Grider cover), 자립형

54 공기의 유속과 점도가 각각 1.5m/s, 0.0187cP일 때, 레이놀즈수를 계산한 결과 1,950이었다. 이때 덕트 내를 이동하는 공기의 밀도(kg/m^3)는 약 얼마인가? (단, 덕트의 직경은 75mm이다.)

㉮ 0.23 ㉯ 0.29
㉰ 0.32 ㉱ 0.40

풀이 $Re = \dfrac{D \times V \times \rho}{\mu}$

$1,950 = \dfrac{75 \times 10^{-3} m \times 1.5 m/sec \times \rho}{0.0187 \times 10^{-3} kg/m \cdot sec}$

∴ $\rho = 0.32 kg/m^3$

TIP
① $D = 75mm \xrightarrow{\times 10^{-3}} 75 \times 10^{-3} m = 0.075m$
② $\mu = 0.0187 cP \xrightarrow{\times 10^{-3}} 0.0187 \times 10^{-3} kg/m \cdot sec$
③ μ(점성계수)
 : $cP \xrightarrow{\times 10^{-2}} P(g/cm \cdot sec) \xrightarrow{\times 10^{-1}} kg/m \cdot sec$

answer 51 ㉮ 52 ㉰ 53 ㉰ 54 ㉰

55 전기집진장치의 각종 장해현상에 따른 대책으로 가장 거리가 먼 것은?

㉮ 먼지의 비저항이 낮아 재비산 현상이 발생할 경우 baffle을 설치한다.
㉯ 배출가스의 점성이 커서 역전리 현상이 발생할 경우 집진극의 타격을 강하게 하거나 빈도수를 늘린다.
㉰ 먼지의 비저항이 비정상적으로 높아 2차 전류가 현저하게 떨어질 경우 스파크 횟수를 줄인다.
㉱ 먼지의 비저항이 비정상적으로 높아 2차 전류가 현저하게 떨어질 경우 조습용 스프레이의 수량을 늘린다.

풀이 ㉰ 먼지의 비저항이 비정상적으로 높아 2차 전류가 현저하게 떨어질 경우 스파크 횟수를 늘린다.

56 일반적인 활성탄 흡착탑에서의 화재방지에 관한 설명으로 가장 거리가 먼 것은?

㉮ 접촉시간은 30초 이상, 선속도는 0.1m/s 이하로 유지한다.
㉯ 축열에 의한 발열을 피할 수 있도록 형상이 균일한 조립상 활성탄을 사용한다.
㉰ 사영역이 있으면 축열이 일어나므로 활성탄 층의 구조를 수직 또는 경사지게 하는 편이 좋다.
㉱ 운전 초기에는 흡착열이 발생하여 15~30분 후에는 점차 낮아지므로 물을 충분히 뿌려주어 30분 정도 공기를 공회전시킨 다음 정상 가동한다.

풀이 ㉮ 접촉시간은 2초 이하, 선속도는 0.2~0.4m/s로 유지한다.

TIP
선속도가 0.2m/s 미만이면 유속이 낮아 축열이 생겨 화재가 발생할 수 있다.

57 광학현미경을 이용하여 입자의 투영면적을 관찰하고 그 투영면적으로부터 먼지의 입경을 측정하는 방법 중 "입자의 투영면적 가장자리에 접하는 가장 긴 선의 길이"로 나타내는 입경(직경)은?

㉮ 등면적 직경   ㉯ Feret 직경
㉰ Martin 직경   ㉱ Heyhood 직경

풀이 ㉯ Feret 직경에 대한 설명이다.

58 다음 중 활성탄으로 흡착 시 효과가 가장 적은 것은?

㉮ 알코올류   ㉯ 아세트산
㉰ 담배연기   ㉱ 일산화질소

풀이 ㉱ 일산화질소(NO)는 환원법을 이용하여 처리한다.

59 배출가스 중의 NO_X 제거법에 관한 설명으로 옳지 않은 것은?

㉮ 비선택적인 촉매환원에서는 NO_X 뿐만 아니라 O_2까지 소비된다.
㉯ 선택적 촉매환원법의 최적온도 범위는 700~850℃ 정도이며, 보통 50% 정도의 NO_X를 저감시킬 수 있다.
㉰ 선택적 촉매환원법은 T_iO_2와 V_2O_5를 혼합하여 제조한 촉매에 NH_3, H_2, CO, H_2S 등의 환원가스를 작용시켜 NO_X를 N_2로 환원시키는 방법이다.
㉱ 배출가스 중의 NO_X 제거는 연소조절에 의한 제어법보다 더 높은 NO_X 제거효율이 요구되는 경우나 연소방식을 적용할 수 없는 경우에 사용된다.

풀이 ㉯ 선택적 촉매환원법의 최적온도 범위는 300~400℃ 정도이며, 보통 80% 정도의 NO_X를 저감시킬 수 있다.

answer 55 ㉰   56 ㉮   57 ㉯   58 ㉱   59 ㉯

60 반지름 250mm, 유효높이 15m인 원통형 백필터를 사용하여 농도 6g/m³인 배출가스를 20m³/s 로 처리하고자 한다. 겉보기 여과속도를 1.2cm/s로 할 때 필요한 백필터의 수는?

㉮ 49 ㉯ 62
㉰ 65 ㉱ 71

풀이 $Q = \pi \cdot D \cdot L \cdot n \cdot V_f$

$\therefore n = \dfrac{Q}{\pi \cdot D \cdot L \cdot V_f} = \dfrac{20\text{m}^3/\text{sec}}{\pi \times 2 \times 0.25\text{m} \times 15\text{m} \times 0.012\text{m/sec}}$

$= 70.7355 = 71$개

TIP
① D는 직경이므로 D = 2×250mm = 2×0.25m
② L = 유효높이 = 길이(m)
③ V_f = 1.2cm/sec = 0.012m/sec

| 제4과목 | 대기오염공정시험기준

61 대기오염공정시험기준상 고성능 이온 크로마토그래피의 장치 중 써프렛서에 관한 설명으로 가장 거리가 먼 것은?

㉮ 장치의 구성상 써프렛서 앞에 분리관이 위치한다.
㉯ 용리액에 사용되는 전해질 성분을 제거하기 위한 것이다.
㉰ 관형 써프렛서에 사용하는 충전물은 스티롤계 강산형 및 강염기형 수지이다.
㉱ 목적성분의 전기전도도를 낮추어 이온성분을 고감도로 검출할 수 있게 해준다.

풀이 ㉱ 목적 성분의 전기전도도를 낮추어 목적이온 성분과 전기 전도도만을 고감도로 검출할 수 있게 해준다.

62 굴뚝 배출가스 중 먼지농도를 반자동식 시료채취기에 의해 분석하는 경우 채취장치 구성에 관한 설명으로 옳지 않은 것은?

㉮ 흡인노즐의 꼭지점은 80° 이하의 예각이 되도록 하고 주위장치에 고정시킬 수 있도록 충분한 각(가급적 수직)이 확보되도록 한다.
㉯ 흡인노즐의 안과 밖의 가스흐름이 흐트러지지 않도록 흡인노즐 안지름 (d)은 3mm 이상으로 하고, d는 정확히 측정하여 0.1mm 단위까지 구하여 둔다.
㉰ 흡입관은 수분농축 방지를 위해 시료가스 온도를 120℃±14℃로 유지할 수 있는 가열기를 갖춘 보로실리케이트, 스테인리스강 재질 또는 석영 유리관을 사용한다.
㉱ 피토관은 피토관 계수가 정해진 L형 피토관(C : 1.0 전후) 또는 S형(웨스틴형 C : 0.85전후) 피토관으로써 배출가스 유속의 계속적인 측정을 위해 흡입관에 부착하여 사용한다.

풀이 ㉮ 흡인노즐의 꼭지점은 30° 이하의 예각이 되도록 하고, 내외면은 매끄럽게 되어야 한다.

63 굴뚝에서 배출되는 건조배출가스의 유량을 계산할 때 필요한 값으로 옳지 않은 것은? (단, 굴뚝의 단면은 원형이다.)

㉮ 굴뚝 단면적
㉯ 배출가스 평균온도
㉰ 배출가스 평균동압
㉱ 배출가스 중의 수분량

풀이 ㉰ 배출가스 평균정압

answer 60 ㉱ 61 ㉱ 62 ㉮ 63 ㉰

64 대기오염공정시험기준상 원자흡수분광광도법에서 사용하는 용어의 정의로 옳지 않은 것은?

㉮ 선프로파일(Line Profile) : 파장에 대한 스펙트럼선의 강도를 나타내는 곡선
㉯ 공명선(Resonance Line) : 목적하는 스펙트럼선에 가까운 파장을 갖는 다른 스펙트럼선
㉰ 예복합 버너(Premix Type Burner) : 가연성 가스, 조연성 가스 및 시료를 분무실에서 혼합시켜 불꽃 중에 넣어주는 방식의 버너
㉱ 분무실(Nebulizer-Chamber) : 분무기와 함께 분무된 시료용액의 미립자를 더욱 미세하게 해주는 한편 큰 입자와 분리시키는 작용을 갖는 장치

풀이 ㉯ 공명선 : 원자가 외부로부터 빛을 흡수했다가 다시 먼저 상태로 돌아갈 때 방사하는 스펙트럼 선

65 굴뚝 배출가스 내의 산소측정방법 중 덤벨형(dumb-bell) 자기력 분석계에 관한 설명으로 옳지 않은 것은?

㉮ 측정셀은 시료 유통실로서 자극사이에 배치하여 덤벨 및 불균형 자계발생 자극편을 내장한 것이어야 한다.
㉯ 편위검출부는 덤벨의 편위를 검출하기 위한 것으로 광원부와 덤벨봉에 달린 거울에서 반사하는 빛을 받는 수광기로 된다.
㉰ 피드백코일은 편위량을 없애기 위하여 전류에 의하여 자기를 발생시키는 것으로 일반적으로 백금선이 이용된다.
㉱ 덤벨은 자기화율이 큰 유리 등으로 만들어진 중공의 구체를 막대 양 끝에 부착한 것으로 수소 또는 헬륨을 봉입한 것을 말한다.

풀이 ㉱ 덤벨은 석영 등 산소에 비해 자화율이 매우 작은 재료를 봉의 양 끝에 붙인 것을 말한다.

66 환경대기 중 석면농도를 측정하기 위해 위상차현미경을 사용한 계수방법에 관한 설명으로 ( )안에 알맞은 것은?

> 시료채취 측정시간은 주간시간대에 (오전 8시~오후 7시) (㉠) 으로 1시간 측정하고, 시료채취조작 시 유량계의 부자를 (㉡)되게 조정한다.

㉮ ㉠ 1 L/min, ㉡ 1 L/min
㉯ ㉠ 1 L/min, ㉡ 10 L/min
㉰ ㉠ 10 L/min, ㉡ 1 L/min
㉱ ㉠ 10 L/min, ㉡ 10 L/min

풀이 시료채취 측정시간은 주간시간대에 (오전 8시~오후 7시) 10 L/min으로 1시간 측정하고, 시료채취조작 시 유량계의 부자를 10 L/min되게 조정한다.

67 대기오염공정시험기준상 일반화학분석에 대한 공통적인 사항으로 따로 규정이 없는 경우 사용해야 하는 시약의 규격으로 옳지 않은 것은?

	명칭	농도(%)	비중(약)
가	암모니아수	32.0~38.0 (NH_3로서)	1.38
나	플루오린화수소	46.0~68.0	1.14
다	브로민화수소	47.0~49.0	1.48
라	과염소산	60.0~62.0	1.54

㉮ 가
㉯ 나
㉰ 다
㉱ 라

answer 64 ㉯ 65 ㉱ 66 ㉱ 67 ㉮

풀이 ㉮ 암모니아수 : 농도 28.0~30.0(NH_3로서), 비중 약 0.90

68
어떤 굴뚝 배출가스의 유속을 피토관으로 측정하고자 한다. 동압 측정 시 확대율이 10배인 경사 마노미터를 사용하여 액주 55mm를 얻었다. 동압은 약 몇 mmH_2O인가? (단, 경사 마노미터에는 비중 0.85의 톨루엔을 사용한다.)

㉮ 4.7 ㉯ 5.5
㉰ 6.5 ㉱ 7.0

풀이 동압(h) = 액주거리(mm)×톨루엔 비중×$\dfrac{1}{확대율}$

$= 55mm × 0.85 × \dfrac{1}{10} = 4.68 mmH_2O$

69
굴뚝 배출가스량이 125Sm^3/h이고, HCl 농도가 200ppm 일 때, 5,000L 물에 2시간 흡수시켰다. 이때 이 수용액의 pOH는? (단, 흡수율은 60%이다.)

㉮ 8.5   ㉯ 9.3
㉰ 10.4 ㉱ 13.3

풀이
① HCl의 mol/L

$= \dfrac{Q(Sm^3/hr) × C(mL/Sm^3) × 10^{-3} L/mL × \dfrac{\eta(\%)}{100} × 제거시간(hr) × \dfrac{1mol}{22.4L}}{순환수(L)}$

$= \dfrac{125 Sm^3/hr × 200 mL/Sm^3 × 10^{-3} L/mL × 0.6 × 2hr × \dfrac{1mol}{22.4L}}{5,000L}$

$= 2.68 × 10^{-4} mol/L$

② $[H^+] = 2.68 × 10^{-4} mol/L$
③ pH = -log$[H^+]$ = -log$[2.68×10^{-4} mol/L]$
$= 3.572$
④ pOH = 14-pH = 14-3.572 = 10.43

70
대기오염공정시험기준상 화학분석 일반사항에 대한 규정 중 옳지 않은 것은?

㉮ "약"이란 그 무게 또는 부피에 대하여 ±10% 이상의 차가 있어서는 안 된다.
㉯ 냉수는 15℃ 이하, 온수는 (60~70)℃, 열수는 약 100℃를 말한다.
㉰ 방울수라 함은 10℃에서 정제수 10방울을 떨어뜨릴 때 그 부피가 약 1mL 되는 것을 뜻한다.
㉱ 밀봉용기라 함은 물질을 취급 또는 보관하는 동안에 기체 또는 미생물이 침입하지 않도록 내용물을 보호하는 용기를 뜻한다.

풀이 ㉰ 방울수라 함은 20℃에서 정제수 20방울을 떨어뜨릴 때 그 부피가 약 1mL 되는 것을 뜻한다.

71
대기오염공정시험기준상 원자흡수분광광도법에서 분석시료의 측정조건 결정에 관한 설명으로 가장 거리가 먼 것은?

㉮ 분석선 선택 시 감도가 가장 높은 스펙트럼선을 분석선으로 하는 것이 일반적이다.
㉯ 양호한 SN비를 얻기 위하여 분광기의 슬릿폭은 목적으로 하는 분석선을 분리할 수 있는 범위 내에서 되도록 넓게 한다(이웃의 스펙트럼선과 겹치지 않는 범위 내에서).
㉰ 불꽃 중에서의 시료의 원자밀도 분포와 원소 불꽃의 상태 등에 따라 다르므로 불꽃의 최적위치에서의 빛이 투과하도록 버너의 위치를 조절한다.
㉱ 일반적으로 광원램프의 전류값이 낮으면 램프의 감도가 떨어지는 등 수명이 감소하므로 광원램프는 장치의 성능이 허락하는 범위 내에서 되도록 높은 전류값에서 동작시킨다.

answer 68 ㉮ 69 ㉰ 70 ㉰ 71 ㉱

풀이 ㉣ 일반적으로 광원램프의 전류값이 높으면 램프의 감도가 떨어지는 등 수명이 감소하므로 광원램프는 장치의 성능이 허락하는 범위 내에서 되도록 낮은 전류값에서 동작시킨다.

72 굴뚝 내의 온도(θ_s)는 133℃이고, 정압(Ps)은 15mmHg이며 대기압(Pa)은 745mmHg이다. 이 때 대기오염공정시험기준상 굴뚝 내의 배출가스 밀도(kg/m³)는? (단, 표준상태의 공기의 밀도(ν_o)는 1.3kg/Sm³이고, 굴뚝 내 기체 성분은 대기와 같다.)

㉮ 0.744   ㉯ 0.874
㉰ 0.934   ㉣ 0.984

풀이 배출가스 밀도(kg/m³)
$= \frac{1.3\text{kg}}{\text{Sm}^3} \times \frac{273}{273+133℃} \times \frac{(745+15)\text{mmHg}}{760\text{mmHg}}$
$= 0.87\text{kg/m}^3$

73 고용량공기시료채취기를 이용하여 배출가스 중 비산먼지의 농도를 계산하려고 한다. 풍속이 0.5m/s 미만 또는 10m/s 이상 되는 시간이 전 채취시간의 50% 이상일 때 풍속에 대한 보정계수는?

㉮ 1.0   ㉯ 1.2
㉰ 1.4   ㉣ 1.5

풀이

풍속에 대한 보정계수	풍향에 대한 보정계수
전 채취시간의 50% 미만 : 1.0 전 채취시간의 50% 이상 : 1.2	주풍향이 90° 이상 : 1.5 주풍향이 45°~90° : 1.2 주풍향이 45° 미만 : 1.0

74 굴뚝 배출가스 중 아황산가스의 연속 자동측정방법의 종류로 옳지 않은 것은?

㉮ 불꽃광도법   ㉯ 광전도전위법
㉰ 자외선흡수법   ㉣ 용액전도율법

풀이 굴뚝 배출가스 중 아황산가스의 연속 자동측정방법으로는 불꽃광도법, 자외선흡수법, 용액전도율법, 적외선흡수법, 정전위전해법이 있다.

75 대기오염공정시험기준상 환경대기 중 정가스상 물질의 시료 채취방법에 관한 설명으로 옳지 않은 것은?

㉮ 용기채취법에서 용기는 일반적으로 수소 또는 헬륨 가스가 충진된 주머니(bag)를 사용한다.
㉯ 용기채취법은 시료를 일단 일정한 용기에 채취한 다음 분석에 이용하는 방법으로 채취관 - 용기, 또는 채취관 - 유량조절기 - 흡입펌프 - 용기로 구성된다.
㉰ 직접채취법에서 채취관은 일반적으로 4불화에틸렌수지(teflon), 경질유리, 스테인리스강제 등으로 된 것을 사용한다.
㉣ 직접채취법에서 채취관의 길이는 5 m 이내로 되도록 짧은 것이 좋으며, 그 끝은 빗물이나 곤충 기타 이물질이 들어가지 않도록 되어 있는 구조이어야 한다.

풀이 ㉮ 용기채취법에서 용기는 일반적으로 진공병 또는 공기주머니를 사용한다.

76 배출가스 중 굴뚝 배출 시료채취방법 중 분석대상기체가 폼알데하이드일 때 채취관, 연결관의 재질로 옳지 않은 것은?

㉮ 석영   ㉯ 보통강철
㉰ 경질유리   ㉣ 플루오로수지

answer 72 ㉯   73 ㉯   74 ㉯   75 ㉮   76 ㉯

풀이 폼알데하이드의 채취관과 도관(연결관)의 재질은 석영, 경질유리, 플루오로수지이다.

77 굴뚝의 배출가스 중 구리화합물을 원자흡수분광광도법으로 분석할 때의 적정 파장(nm)은?

㉮ 213.8 ㉯ 228.8
㉰ 324.8 ㉱ 357.9

풀이 구리화합물을 원자흡수분광광도법으로 분석할 때의 적정한 측정 파장은 324.8nm이다.

78 대기오염공정시험기준상 비분산적외선 분광분석법의 용어 및 장치 구성에 관한 설명으로 옳지 않은 것은?

㉮ 제로 드리프트(Zero Drift)는 측정기의 교정범위눈금에 대한 지시값의 일정기간 내의 변동을 말한다.
㉯ 비교가스는 시료 셀에서 적외선 흡수를 측정하는 경우 대조가스로 사용하는 것으로 적외선을 흡수하지 않는 가스를 말한다.
㉰ 광원은 원칙적으로 흑체발광으로 니크로뮴선 또는 탄화규소의 저항체에 전류를 흘려 가열한 것을 사용한다.
㉱ 시료셀은 시료가스가 흐르는 상태에서 양단의 창을 통해 시료 광속이 통과하는 구조를 갖는다.

풀이 ㉮ 제로 드리프트(Zero Drift)는 측정기의 최저눈금에 대한 지시값의 일정기간내의 변동을 말한다.

79 다음 굴뚝 배출가스를 분석할 때 아연환원 나프틸에틸렌다이아민법이 시험방법인 물질로 옳은 것은?

㉮ 페놀 ㉯ 브로민화합물
㉰ 이황화탄소 ㉱ 질소산화물

풀이 ㉱ 질소산화물의 시험방법에 해당한다.

80 환경대기 중 아황산가스를 파라로자닐린법으로 분석할 때 다음 간섭물질에 대한 제거방법으로 옳은 것은?

㉮ NO_X : 측정기간을 늦춘다.
㉯ Cr : pH를 4.5 이하로 조절한다.
㉰ O_3 : 설퍼민산(NH_3SO_3)을 사용한다.
㉱ Mn, Fe : EDTA 및 인산을 사용한다.

풀이 ㉮ NO_X : 설퍼민산(NH_3SO_3)을 사용한다.
㉯ Cr : EDTA 및 인산을 사용한다.
㉰ O_3 : 측정기간을 늦춘다.

제5과목 | 대기환경관계법규

81 대기환경보전법령상 황함유기준에 부적합한 유류를 판매하여 그 해당 유류의 회수처리 명령을 받은 자는 시·도지사 등에게 그 명령을 받은 날부터 며칠 이내에 이행완료보고서를 제출하여야 하는가?

㉮ 5일 이내에 ㉯ 7일 이내에
㉰ 10일 이내에 ㉱ 30일 이내에

풀이 황함유기준에 부적합한 유류를 판매하여 그 해당 유류의 회수처리 명령을 받은 자는 시·도지사 등에게 그 명령을 받은 날부터 5일 이내에 이행완료보고서를 제출하여야 한다.

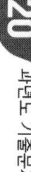

answer 77 ㉰ 78 ㉮ 79 ㉱ 80 ㉱ 81 ㉮

82 대기환경보전법령상 자동차 연료형 첨가제의 종류가 아닌 것은?

㉮ 세척제 ㉯ 청정분산제
㉰ 성능 향상제 ㉱ 유동성 향상제

풀이 자동차연료형 첨가제의 종류에는 세척제, 청정분산제, 매연억제제, 다목적첨가제, 옥탄가 향상제, 세탄가 향상제, 유동성 향상제, 윤활유 향상제가 있다.

83 대기환경보전법령상 용어의 뜻으로 틀린 것은?

㉮ 대기오염물질 : 대기 중에 존재하는 물질 중 심사·평가 결과 대기오염의 원인으로 인정된 가스·입자상물질로서 환경부령으로 정하는 것을 말한다.
㉯ 기후·생태계 변화유발물질 : 지구 온난화 등으로 생태계의 변화를 가져올 수 있는 기체상물질로서 온실가스와 환경부령으로 정하는 것을 말한다.
㉰ 매연 : 연소할 때에 생기는 유리 탄소가 주가 되는 미세한 입자상물질을 말한다.
㉱ 촉매제 : 자동차에서 배출되는 대기오염물질을 줄이기 위하여 자동차에 부착 또는 교체하는 장치로서 환경부령으로 정하는 저감효율에 적합한 장치를 말한다.

풀이 ㉱ 촉매제 : 배출가스를 줄이는 효과를 높이기 위하여 배출가스 저감장치에 사용되는 화학물질로서 환경부령으로 정하는 것을 말한다.

84 대기환경보전법령상 수도권대기환경청장, 국립환경과학원장 또는 한국환경공단이 설치하는 대기오염 측정망의 종류에 해당하지 않는 것은?

㉮ 대기오염물질이 국가배경농도와 장거리이동 현황을 파악하기 위한 국가배경농도측정망
㉯ 대기오염물질의 지역배경농도를 측정하기 위한 교외대기측정망
㉰ 도시지역의 휘발성유기화합물 등의 농도를 측정하기 위한 광화학대기오염물질측정망
㉱ 대기 중의 중금속 농도를 측정하기 위한 대기중금속측정망

풀이 ① 수도권대기환경청장, 국립환경과학원장 또는 한국환경공단이 설치하는 대기오염측정망의 종류에는 교외대기측정망, 국가배경농도측정망, 유해대기물질측정망, 광화학대기오염물질측정망, 산성강하물측정망, 지구대기측정망, 대기오염집중측정망, 미세먼지성분측정망이 있다.
② 시·도지사가 설치하는 대기오염측정망의 종류에는 도시대기측정망, 도로변대기측정망, 대기중금속측정망이 있다.

85 대기환경보전법령상 초과부과금 산정 기준 중 오염물질과 그 오염물질 1kg당 부과금액(원)의 연결로 모두 옳은 것은?

㉮ 황산화물 - 500, 암모니아 - 1,400
㉯ 먼지 - 6,000, 이황화탄소 - 2,300
㉰ 불소화물 - 7,400, 시안화수소 - 7,300
㉱ 염소 - 7,400, 염화수소 - 1,600

풀이 ㉯ 먼지 - 770, 이황화탄소 - 1,600
㉰ 불소화물 - 2,300, 시안화수소 - 7,300
㉱ 염소 - 해당없음, 염화수소 - 7,400

answer 82 ㉰ 83 ㉱ 84 ㉱ 85 ㉮

86 다음은 대기환경보전법령상 대기오염물질 배출시설기준이다. ( )안에 알맞은 것은?

배출시설	대상배출시설
폐수 폐기물처리시설	• 시간당 처리능력이 (㉠) 세제곱미터 이상인 폐수·폐기물 증발시설 및 농축시설 • 용적이 (㉡) 세제곱미터 이상인 폐수·폐기물 건조시설 및 정제시설

㉮ ㉠ 0.5, ㉡ 0.3 ㉯ ㉠ 0.3, ㉡ 0.15
㉰ ㉠ 0.3, ㉡ 0.3 ㉱ ㉠ 0.5, ㉡ 0.15

87 대기환경관계법령상 자가측정 대상 및 방법에 관한 기준이다. ( )안에 알맞은 것은?

사업자가 자가측정 시 사용한 여과지 및 시료채취기록지의 보존기간은 「환경분야 시험·검사 등에 관한 법률」에 따른 환경오염공정시험기준에 따라 측정한 날부터 ( )(으)로 한다.

㉮ 6개월 ㉯ 9개월
㉰ 1년 ㉱ 2년

[풀이] 자가측정 시 사용한 여과지 및 시료채취기록지의 보존기간은 측정한 날부터 6개월로 한다.

88 대기환경보전법령상 측정기기의 부착·운영 등과 관련된 행정처분기준 중 사업자가 부착한 굴뚝 자동측정기기의 측정자료를 관제센터로 전송하지 아니한 경우 각 위반 차수별(1차~4차) 행정처분기준으로 옳은 것은?

㉮ 경고 - 조치명령 - 조업정지 10일 - 조업정지 30일
㉯ 조업정지 10일 - 조업정지 30일 - 경고 - 허가취소
㉰ 조업정지 10일 - 조업정지 30일 - 조치이행명령 - 사용중지
㉱ 개선명령 - 조업정지 30일 - 사용중지 - 허가취소

89 대기환경보전법령상 위임업무 보고사항 중 자동차 연료 및 첨가제의 제조·판매 또는 사용에 대한 규제현황에 대한 보고횟수 기준은?

㉮ 연 1회 ㉯ 연 2회
㉰ 연 4회 ㉱ 연 12회

[풀이] 자동차 연료 및 첨가제의 제조·판매 또는 사용에 대한 규제현황에 대한 보고횟수기준은 연 2회이다.

90 악취방지법령상 지정악취물질에 해당하지 않는 것은?

㉮ 염화수소 ㉯ 메틸에틸케톤
㉰ 프로피온산 ㉱ 뷰틸아세테이트

answer 86 ㉱ 87 ㉮ 88 ㉮ 89 ㉯ 90 ㉮

91 대기환경보전법령상 배출가스 관련부품을 장치별로 구분할 때 다음 중 배출가스 자기진단장치(On Board Diagnostics)에 해당하는 것은?

㉮ EGR제어용 서모밸브(EGR Control Thermo Valve)
㉯ 연료계통 감시장치(Fuel System Monitor)
㉰ 정화조절밸브(Purge Control Valve)
㉱ 냉각수온센서(Water Temperature Sensor)

▶풀이 배출가스 관련부품을 장치별로 구분
㉮ 배출가스 재순환장치
㉯ 배출가스 자기진단장치
㉰ 연료증발가스 방지장치
㉱ 연료공급장치

92 대기환경보전법령상 배출허용기준 준수여부를 확인하기 위한 환경부령으로 정하는 대기오염도 검사기관에 해당하지 않는 것은?

㉮ 환경기술인협회
㉯ 한국환경공단
㉰ 특별자치도 보건환경연구원
㉱ 국립환경과학원

▶풀이 ㉮ 유역환경청, 지방환경청, 수도권대기환경청

93 대기환경보전법령상 사업자가 환경기술인을 바꾸어 임명하려는 경우 그 사유가 발생한 날부터 며칠 이내에 임명하여야 하는가? (단, 기타의 경우는 고려하지 않는다.)

㉮ 당일 ㉯ 3일 이내
㉰ 5일 이내 ㉱ 7일 이내

▶풀이 환경기술인 임명 신고기간
① 최초로 배출시설 설치한 경우 : 가동개시 신고와 동시에
② 환경기술인을 바꾸어 임명하는 경우 : 사유가 발생한 날로부터 5일 이내

94 실내공기질 관리법령상 신축 공동주택의 실내공기질 권고기준으로 틀린 것은?

㉮ 자일렌 : 600μg/m³ 이하
㉯ 톨루엔 : 1,000μg/m³ 이하
㉰ 스티렌 : 300μg/m³ 이하
㉱ 에틸벤젠 : 360μg/m³ 이하

▶풀이 ㉮ 자일렌 : 700μg/m³ 이하

TIP
신축 공동주택의 실내 공기질 권고기준
① 폼알데하이드 : 210μg/m³ 이하
② 벤젠 : 30μg/m³ 이하
③ 톨루엔 : 1,000μg/m³ 이하
④ 에틸벤젠 : 360μg/m³ 이하
⑤ 자일렌 : 700μg/m³ 이하
⑥ 스티렌 : 300μg/m³ 이하
⑦ 라돈 : 148Bq/m³ 이하

95 환경정책기본법령상 미세먼지(PM-10)의 환경기준으로 옳은 것은? (단, 24시간 평균치)

㉮ 100μg/m³ 이하 ㉯ 50μg/m³ 이하
㉰ 35μg/m³ 이하 ㉱ 15μg/m³ 이하

▶풀이 미세먼지(PM-10)의 환경기준
① 연간 평균치 : 50μg/m³ 이하
② 24시간 평균치 : 100μg/m³ 이하

TIP
초미세먼지(PM-2.5)의 환경기준
① 연간 평균치 : 15μg/m³ 이하
② 24시간 평균치 : 35μg/m³ 이하

answer 91 ㉯ 92 ㉮ 93 ㉰ 94 ㉮ 95 ㉮

96 대기환경보전법령상 배출시설 설치허가를 받은 자가 대통령령으로 정하는 중요한 사항의 특정대기유해물질 배출시설을 증설하고자 하는 경우 배출시설 변경허가를 받아야 하는 시설의 규모기준은? (단, 배출시설의 규모의 합계나 누계는 배출구별로 산정한다.)

㉮ 배출시설 규모의 합계나 누계의 100분의 5 이상 증설
㉯ 배출시설 규모의 합계나 누계의 100분의 20 이상 증설
㉰ 배출시설 규모의 합계나 누계의 100분의 30 이상 증설
㉱ 배출시설 규모의 합계나 누계의 100분의 50 이상 증설

풀이 배출시설 설치허가를 받은 자가 대통령령으로 정하는 중요한 사항
① 일반대기유해물질 배출시설을 증설 : 100분의 50 이상
② 특정대기유해물질 배출시설을 증설 : 100분의 30 이상

97 대기환경보전법령상 기후·생태계변화 유발물질과 가장 거리가 먼 것은?

㉮ 이산화질소   ㉯ 메탄
㉰ 과불화탄소   ㉱ 염화불화탄소

풀이 대기환경보전법령상 기후·생태계변화 유발물질은 이산화탄소, 메탄, 아산화질소, 수소불화탄소, 과불화탄소, 육불화황, 염화불화탄소, 수소염화불화탄소이다.

98 환경정책기본법령상 "벤젠"의 대기환경기준($\mu g/m^3$)은? (단, 연간평균치)

㉮ 0.1 이하   ㉯ 0.15 이하
㉰ 0.5 이하   ㉱ 5 이하

풀이 벤젠의 연간 평균치는 $5\mu g/m^3$ 이하이다.

99 환경정책기본법령상 환경부장관은 국가환경종합계획의 종합적·체계적 추진을 위해 몇 년마다 환경보전중기종합계획을 수립하여야 하는가?

㉮ 1년   ㉯ 2년
㉰ 3년   ㉱ 5년

풀이 환경정책기본법령상 환경부장관은 국가환경종합계획의 종합적·체계적 추진을 위해 5년 마다 환경보전중기종합계획을 수립하여야 한다.

100 대기환경보전법령상 대기오염 경보의 발령시 단계별 조치사항으로 틀린 것은?

㉮ 주의보→ 주민의 실외활동 자제요청
㉯ 경보→ 주민의 실외활동 제한요청
㉰ 경보→ 사업장의 연료사용량 감축권고
㉱ 중대경보→ 자동차의 사용제한 명령

풀이 ㉱ 중대경보→ 자동차의 통행금지

TIP
경보 단계별 조치사항
1. 주의보 발령
 ① 주민의 실외활동 자제 요청
 ② 자동차 사용의 자제 요청
2. 경보 발령
 ① 주민의 실외활동 제한 요청
 ② 자동차 사용의 제한
 ③ 사업장의 연료사용량 감축 권고
3. 중대경보 발령
 ① 주민의 실외활동 금지 요청
 ② 자동차의 통행금지
 ③ 사업장의 조업시간 단축 명령

answer 96 ㉰   97 ㉮   98 ㉱   99 ㉱   100 ㉱

2020년 4회 대기환경기사

2020년 9월 27일 시행

| 제1과목 | 대기오염개론

01 다음 중 대기층의 구조에 관한 설명으로 옳은 것은?

㉮ 지상 80km 이상을 열권이라고 한다.
㉯ 오존층은 주로 지상 약 30 ~ 45km에 위치한다.
㉰ 대기층의 수직 구조는 대기압에 따라 4개 층으로 나뉜다.
㉱ 일반적으로 지상에서부터 상층 10 ~ 12km까지를 성층권이라고 한다.

[풀이] ㉯ 오존층은 주로 지상 약 20 ~ 30km에 위치한다.
㉰ 대기층의 수직 구조는 온도에 따라 4개 층으로 나뉜다.
㉱ 일반적으로 지상에서부터 상층 11 ~ 50km까지를 성층권이라고 한다.

02 광화학적 산화제와 2차 대기오염물질에 관한 설명으로 옳지 않은 것은?

㉮ 오존은 산화력이 강하므로 눈을 자극하고, 폐수종과 폐출혈 등을 유발시킨다.
㉯ PAN은 강산화제로 작용하며, 빛을 흡수하여 가시거리를 증가시키며, 고엽에 특히 피해가 큰 편이다.
㉰ 오존은 성숙한 잎에 피해가 크며, 섬유류의 퇴색작용과 직물의 셀룰로우스를 손상시킨다.
㉱ 자외선이 강할 때, 빛의 지속시간이 긴 여름철에, 대기가 안정되었을 때 대기 중 광산화제의 농도가 높아진다.

[풀이] ㉯ PAN은 강산화제로 작용하며, 빛을 분산하여 가시거리를 감소시키며, 어린잎에 특히 피해가 큰 편이다.

03 광화학옥시던트 중 PAN에 관한 설명으로 옳은 것은?

㉮ 분자식은 $CH_3COOONO_2$이다.
㉯ PBzN 보다 100배 정도 강하게 눈을 자극한다.
㉰ 눈에는 자극이 없으나 호흡기 점막에는 강한 자극을 준다.
㉱ 푸른색, 계란 썩는 냄새를 갖는 기체로서 대기중에서 강산화제로 작용한다.

[풀이] ㉯ PBzN이 100배 정도 강하게 눈을 자극한다.
㉰ 눈에 자극이 있다.
㉱ 무색, 무미의 기체로서 대기중에서 강산화제로 작용한다.

answer 01 ㉮ 02 ㉯ 03 ㉮

04 최대에너지의 파장과 흑체 표면의 절대온도는 반비례함을 나타내는 법칙은?

㉮ 플랑크 법칙
㉯ 알베도의 법칙
㉰ 비인의 변위법칙
㉱ 스테판-볼츠만의 법칙

[풀이] 최대에너지의 파장과 흑체 표면의 절대온도는 반비례함을 나타내는 법칙은 비인의 변위법칙으로 파장(λ_m) = $\dfrac{비례상수(a)}{절대온도(T)}$ 로 나타낸다.

05 온실효과에 관한 설명 중 가장 적합한 것은?

㉮ 실제 온실에서의 보온작용과 같은 원리이다.
㉯ 일산화탄소의 기여도가 가장 큰 것으로 알려져 있다.
㉰ 온실효과 가스가 증가하면 대류권에서 적외선 흡수량이 많아져서 온실효과가 증대된다.
㉱ 가스차단기, 소화기 등에 주로 사용되는 NO_2는 온실효과에 대한 기여도가 CH_4 다음으로 크다.

[풀이] ㉮ 실제 온실에서의 보온작용과는 다른 원리이다.
㉯ 이산화탄소의 기여도가 가장 큰 것으로 알려져 있다.
㉱ 가스차단기, 소화기 등에 주로 사용되는 CFC는 온실효과에 대한 기여도가 CH_4 보다 크다.

06 대기압력이 950mb인 높이에서 공기의 온도가 -10℃일 때 온위(potential temperature)는? (단, $\theta = T\left(\dfrac{1,000}{P}\right)^{0.288}$ 를 이용한다.)

㉮ 약 267K   ㉯ 약 277K
㉰ 약 287K   ㉱ 약 297K

[풀이] 온위(θ) = (273-10)K × $\left(\dfrac{1,000}{950mb}\right)^{0.288}$
= 266.91K

07 라돈에 관한 설명으로 가장 거리가 먼 것은?

㉮ 무색, 무취의 기체로 액화되어도 색을 띠지 않는 물질이다.
㉯ 공기보다 9배 정도 무거워 지표에 가깝게 존재한다.
㉰ 주로 토양, 지하수, 건축자재 등을 통하여 인체에 영향을 미치고 있으며 흙속에서 방사선 붕괴를 일으킨다.
㉱ 일반적으로 인체의 조혈기능 및 중추신경계통에 가장 큰 영향을 미치는 것으로 알려져 있으며, 화학적으로 반응성이 크다.

[풀이] ㉱ 일반적으로 호흡기계통의 질환과 폐암을 유발하며, 화학적으로 정하여 반응성이 작다.

answer   04 ㉰   05 ㉰   06 ㉮   07 ㉱

08 건물에 사용되는 대리석, 시멘트 등을 부식시켜 재산상의 손실을 발생시키는 산성비에 가장 큰 영향을 미치는 물질로 옳은 것은?

㉮ O_3
㉯ N_2
㉰ SO_2
㉱ TSP

풀이 산성비에 가장 큰 영향을 미치는 물질은 황산화물(SO_X), 질소산화물(NO_X), HCl 등이 있다.

09 다음 중 염소 또는 염화수소 배출 관련 업종으로 가장 거리가 먼 것은?

㉮ 화학 공업
㉯ 소다 제조업
㉰ 시멘트 제조업
㉱ 플라스틱 제조업

풀이 관련업종
① 염화수소 : 소다 제조업, 활성탄 제조업, 플라스틱 제조업, 금속제련업, 염산제조업
② 염소 : 농약제조업, 화학공업, 소다제조업

10 Richardson수(R)에 관한 설명으로 옳지 않은 것은?

㉮ R = 0은 대류에 의한 난류만 존재함을 나타낸다.
㉯ 0.25 < R 은 수직방향의 혼합이 거의 없음을 나타낸다.
㉰ Richardson수(R)가 큰 음의 값을 가지면 바람이 약하게 되어 강한 수직운동이 일어난다.
㉱ -0.03 < R < 0 기계적 난류와 대류가 존재하나 기계적 난류가 혼합을 주로 일으킴을 나타낸다.

풀이 ㉮ R = 0은 기계적인 난류만 존재함을 나타낸다.

11 대기오염사건과 기온역전에 관한 설명으로 옳지 않은 것은?

㉮ 로스앤젤레스 스모그사건은 광화학스모그의 오염형태를 가지며, 기상의 안정도는 침강역전 상태이다.
㉯ 런던스모그 사건은 주로 자동차 배출가스 중의 질소산화물과 반응성 탄화수소에 의한 것이다.
㉰ 침강역전은 고기압 중심부분에서 기층이 서서히 침강하면서 기온이 단열변화로 승온되어 발생하는 현상이다.
㉱ 복사역전은 지표에 접한 공기가 그보다 상공의 공기에 비하여 더 차가워져서 생기는 현상이다.

풀이 ㉯ 런던스모그 사건은 주로 석탄연료에서 발생되는 아황산가스와 먼지 등이 복사성 역전, 무풍상태, 높은 습도에서 발생한 것이다.

12 온위(Potential temperature)에 대한 설명으로 옳은 것은?

㉮ 환경감률이 건조 단열감률과 같은 기층에서는 온위가 일정하다.
㉯ 환경감률이 습윤 단열감률과 같은 기층에서는 온위가 일정하다.
㉰ 어떤 고도의 공기덩어리를 850mb 고도까지 건조단열적으로 옮겼을 때의 온도이다.
㉱ 어떤 고도의 공기덩어리를 1,000mb 고도까지 건조단열적으로 옮겼을 때의 온도이다.

풀이 안정도
① 중립 : 환경감율선(r) = 건조단열감율선(rd)
② 과단열 : 환경감율선(r) > 건조단열감율선(rd)
③ 역전 : 환경감율선(r) < 건조단열감율선(rd)

answer 08 ㉰ 09 ㉰ 10 ㉮ 11 ㉯ 12 ㉮

13 다음 중 일반적으로 대도시의 산성강우 속에 가장 높은 농도로 존재할 것으로 예상되는 이온성분은? (단, 산성강우는 pH 5.6이하로 본다.)

㉮ K^+ ㉯ F^-
㉰ Na^+ ㉱ SO_4^{2-}

풀이 산성강우는 산성물질에 의해 발생하므로 보기 중에서 황산이온(SO_4^{2-})이 정답이 된다.

14 다음 중 CFC-12의 올바른 화학식은?

㉮ CF_3Br ㉯ CF_3Cl
㉰ CF_2Cl_2 ㉱ $CHFCl_2$

풀이
㉮ CF_3Br : Halon 1301
㉯ CF_3Cl : CFC-13
㉰ CF_2Cl_2 : CFC-12
㉱ $CHFCl_2$: HCFC-21

15 다음 중 이산화탄소의 가장 큰 흡수원으로 옳은 것은?

㉮ 토양 ㉯ 동물
㉰ 해수 ㉱ 미생물

풀이 이산화탄소(CO_2)의 50%는 대기내 축적되고 나머지 50%는 바다에 대부분 흡수되고 일부는 식물에 흡수된다.

16 충분히 발달된 지표경계층에서 측정된 평균풍속 자료가 아래 표와 같은 경우 마찰속도(u*)는? (단, $U = \dfrac{U^*}{k}\ln\dfrac{Z}{Z_o}$, Karman constant : 0.40)

고도(m)	풍속(m/s)
1	2.9
2	3.7

㉮ 0.12m/s ㉯ 0.46m/s
㉰ 1.06m/s ㉱ 2.12m/s

풀이
$U = \dfrac{U^*}{k} \times \ln\dfrac{Z}{Z_o}$

$(3.7-2.9)\text{m/s} = \dfrac{U^*}{0.40} \times \ln\dfrac{2m}{1m}$

$\therefore U^* = 0.46\text{m/s}$

17 대기환경보호를 위한 국제의정서와 설명의 연결이 옳지 않은 것은?

㉮ 소피아 의정서 - CFC 감축의무
㉯ 교토 의정서 - 온실가스 감축목표
㉰ 몬트리올 의정서 - 오존층 파괴물질의 생산 및 사용의 규제
㉱ 헬싱키 의정서 - 유황배출량 또는 국가 간 이동량 최저 30% 삭감

풀이 ㉮ 소피아 의정서 - 질소산화물(NO_X) 저감에 관한 협약

18 입자에 의한 산란에 관한 설명으로 옳지 않은 것은? (단, λ : 파장, D : 입자직경으로 한다.)

㉮ 레일리산란은 D/λ가 10보다 클 때 나타나는 산란현상으로 산란광의 광도는 λ^4에 비례한다.
㉯ 맑은 하늘이 푸르게 보이는 까닭은 태양광선의 공기에 의한 레일리산란 때문이다.
㉰ 레일리산란에 의해 가시광선 중에서는 청색광이 많이 산란되고, 적색광이 적게 산란된다.
㉱ 입자의 크기가 빛의 파장과 거의 같거나 큰 경우에 나타나는 산란을 미산란이라고 한다.

[풀이] ㉮ 레일리산란은 입자의 반경이 입사광선의 파장보다 훨씬 적은 경우에 발생하고 레일리산란의 세기는 파장의 4승에 반비례한다.

19 지표에 도달하는 일사량의 변화에 영향을 주는 요소와 가장 거리가 먼 것은?

㉮ 계절
㉯ 대기의 두께
㉰ 지표면의 상태
㉱ 태양의 입사각의 변화

[풀이] 지표에 도달하는 일사량의 변화에 영향을 주는 요소로는 계절, 대기의 두께, 태양의 입사각의 변화 등이 있다.

20 50m의 높이가 되는 굴뚝내의 배출가스 평균온도가 300℃, 대기온도가 20℃일 때 통풍력(mmH$_2$O)은? (단, 연소가스 및 공기의 비중을 1.3kg/Sm^{3}이라고 가정한다.)

㉮ 약 15   ㉯ 약 30
㉰ 약 45   ㉱ 약 60

[풀이]
$$Z = 355 \times 50m \times \left(\frac{1}{273+20℃} - \frac{1}{273+300℃} \right)$$
$$= 29.60 mmH_2O$$

TIP
$$Z = 355 \times H \times \left(\frac{1}{273+t_a℃} - \frac{1}{273+t_g℃} \right)$$
여기서 Z : 통풍력(mmH$_2$O)
H : 굴뚝의 높이(m)
t_a : 대기의 온도(℃)
t_g : 가스의 온도(℃)

| 제2과목 | 연소공학

21 옥탄가(octane number)에 관한 설명으로 옳지 않은 것은?

㉮ N-paraffine에서는 탄소수가 증가할수록 옥탄가가 저하하여 C$_7$에서 옥탄가는 0이다.
㉯ Iso-paraffine에서는 methyl 측쇄가 많을수록, 특히 중앙부에 집중할수록 옥탄가는 증가한다.
㉰ 방향족 탄화수소의 경우 벤젠고리의 측쇄가 C$_3$까지는 옥탄가가 증가하지만 그 이상이면 감소한다.
㉱ iso-octane과 n-octane, neo-octane의 혼합표준연료의 노킹정도와 비교하여 공급가솔린과 동등한 노킹정도를 나타

answer 18 ㉮ 19 ㉰ 20 ㉯ 21 ㉱

내는 혼합표준연료 중의 iso-octane(%)를 말한다.

풀이 ㉰ iso-octane과 n-heptane의 혼합표준연료의 노킹 정도와 비교했을 때, 공급가솔린과 동등한 노킹 정도를 나타내는 혼합표준연료 중의 iso-octane (%)를 말한다.

22 중유에 관한 설명과 거리가 먼 것은?

㉮ 점도가 낮을수록 유동점이 낮아진다.
㉯ 잔류탄소의 함량이 많아지면 점도가 높게 된다.
㉰ 점도가 낮은 것이 사용상 유리하고, 용적당 발열량이 적은 편이다.
㉱ 인화점이 높은 경우 역화의 위험이 있으며, 보통 그 예열온도보다 약 2℃ 정도 높은 것을 쓴다.

풀이 ㉱ 인화점이 낮은 경우 역화의 위험이 있으며, 보통 그 예열온도보다 약 5℃ 정도 높은 것을 쓴다.

23 다음 중 화학적 반응이 항상 자발적으로 일어나는 경우는? (단, $\Delta G°$는 Gibbs 자유에너지 변화량, $\Delta S°$는 엔트로피 변화량, ΔH는 엔탈피 변화량이다.)

㉮ $\Delta G° < 0$ ㉯ $\Delta G° > 0$
㉰ $\Delta S° < 0$ ㉱ $\Delta H < 0$

풀이 ㉮ $\Delta G° < 0$이면 반응은 자발적으로 일어난다.

24 다음 중 석탄의 탄화도 증가에 따라 감소하는 것은?

㉮ 비열   ㉯ 발열량
㉰ 고정탄소   ㉱ 착화온도

풀이 석탄의 탄화도 증가에 따라
① 증가 : 고정탄소, 발열량, 착화온도, 연료비 (고정탄소/휘발분)
② 감소 : 매연발생량, 비열, 휘발분, 수분, 산소의 양, 연소속도

25 다음 중 NOx 발생을 억제하기 위한 방법으로 가장 거리가 먼 것은?

㉮ 연료대체
㉯ 2단 연소
㉰ 배출가스 재순환
㉱ 버너 및 연소실의 구조 개량

풀이 ㉮ 저온도 연소 및 저과잉공기량 연소

26 액체연료의 연소장치에 관한 설명 중 옳은 것은?

㉮ 건타입(gun type) 버너는 유압식과 공기분무식을 혼합한 것으로 유압이 30kg/cm² 이상으로 대형 연소장치이다.
㉯ 저압기류 분무식 버너의 분무각도는 30~60° 정도이고, 분무에 필요한 공기량은 이론연소 공기량의 30~50% 정도이다.
㉰ 고압기류 분무식 버너의 분무각도는 70°이고, 유량조절 비가 1 : 3 정도로 부하변동 적응이 어렵다.
㉱ 회전식 버너는 유압식 버너에 비해 연료유의 입경이 작으며, 직결식은 분무컵의 회전수가 전동기의 회전수보다 빠른 방식이다.

풀이 ㉮ 건타입(gun type) 버너는 유압식과 공기분무식을 혼합한 것으로 유압이 7kg/cm² 이상으로 소형 연소장치이다.
㉰ 고압기류 분무식 버너의 분무각도는 20~30°

answer 22 ㉱ 23 ㉮ 24 ㉮ 25 ㉮ 26 ㉯

이고, 유량조절 비가 1 : 10 정도로 부하변동 적응이 용이하다.
㉣ 회전식 버너는 유압식 버너에 비해 연료유의 입경이 크다.

27 다음 각종 연료성분의 완전연소 시 단위체적당 고위발열량(kcal/Sm³)의 크기 순서로 옳은 것은?

㉮ 일산화탄소 > 메탄 > 프로판 > 부탄
㉯ 메탄 > 일산화탄소 > 프로판 > 부탄
㉰ 프로판 > 부탄 > 메탄 > 일산화탄소
㉱ 부탄 > 프로판 > 메탄 > 일산화탄소

풀이 기체연료의 경우 탄소수와 수소수가 많은 연료일수록 발열량이 증가하므로 ㉱번이 정답이 된다.

28 어떤 화학반응 과정에서 반응물질이 25% 분해하는데 41.3분 걸린다는 것을 알았다. 이 반응이 1차라고 가정할 때, 속도상수 $k(s^{-1})$는?

㉮ 1.022×10^{-4} ㉯ 1.161×10^{-4}
㉰ 1.232×10^{-4} ㉱ 1.437×10^{-4}

풀이 $\ln \frac{(100-25)\%}{100\%} = -k \times 41.3 \text{min} \times 60 \text{sec/min}$

∴ $k = 1.16 \times 10^{-4}/\text{sec}$

TIP
1차 반응식 : $\ln \frac{C_t}{C_o} = -k \times t$
여기서 C_o : 초기농도(%)
C_t : t시간 후의 농도(%)
k : 상수(/sec)
t : 시간(sec)

29 C : 78(중량%), H : 18(중량%), S : 4(중량%)인 중유의 $(CO_2)_{max}$는? (단, 표준상태, 건조가스 기준으로 한다.)

㉮ 약 13.4%   ㉯ 약 14.8%
㉰ 약 17.6%   ㉱ 약 20.6%

풀이
① 이론공기량(A_o)
$= 8.89C + 26.67\left(H - \frac{O}{8}\right) + 3.33S (Sm^3/kg)$
$= 8.89 \times 0.78 + 26.67 \times 0.18 + 3.33 \times 0.04$
$= 11.868 Sm^3/kg$

② 이론건연소가스량(God)
$= A_o - 5.6H + 0.7O + 0.8N (Sm^3/kg)$
$= 11.868 Sm^3/kg - 5.6 \times 0.18$
$= 10.86 Sm^3/kg$

③ $CO_{2max}(\%) = \frac{1.867C}{God} \times 100$

$= \frac{1.867 \times 0.78 Sm^3/kg}{10.86 Sm^3/kg} \times 100$

$= 13.41\%$

30 아래의 조성을 가진 혼합기체의 하한 연소범위(%)는?

성분	조성(%)	하한연소범위(%)
메탄	80	5.0
에탄	15	3.0
프로판	4	2.1
부탄	1	1.5

㉮ 3.46   ㉯ 4.24
㉰ 4.55   ㉱ 5.05

풀이 르샤틀리에 공식 :

$\frac{100}{L} = \frac{V_1}{L_1} + \frac{V_2}{L_2} + \frac{V_3}{L_3}$

$\frac{100}{L} = \frac{80\%}{5.0\%} + \frac{15\%}{3.0\%} + \frac{4\%}{2.1\%} + \frac{1\%}{1.5\%}$

∴ $L = 4.24\%$

answer 27 ㉱ 28 ㉯ 29 ㉮ 30 ㉯

31 중유를 시간당 1,000kg씩 연소시키는 배출시설이 있다. 연돌의 단면적이 3m² 일 때 배출가스의 유속(m/s)은? (단, 이 중유의 표준상태에서의 원소 조성 및 배출가스의 분석치는 아래 표와 같고, 배출가스의 온도는 270℃이다.)

[중유의 조성]
C : 86.0%, H : 13.0%, 황분 : 1.0%
[배출가스의 분석결과]
(CO_2)+(SO_2) : 13.0%, O_2 : 2.0%, CO : 0.1%

㉮ 약 2.4 ㉯ 약 3.2
㉰ 약 3.6 ㉱ 약 4.4

풀이
① 공기비(m) = $\dfrac{N_2\%}{N_2\%-3.76\times(O_2\%-0.5CO\%)}$

$N_2(\%) = 100-(CO_2\%+O_2\%+CO\%)$
$= 100-(13+2+0.1)\% = 84.9\%$

따라서
공기비(m) = $\dfrac{84.9\%}{84.9\%-3.76\times(2.0\%-0.5\times0.1\%)}$
$= 1.0945$

② 이론공기량(A_o)
$= 8.89C+26.67\left(H-\dfrac{O}{8}\right)+3.33S(Sm^3/kg)$
$= 8.89\times0.86+26.67\times0.13+3.33\times0.01$
$= 11.1458 Sm^3/kg$

③ 실제습연소가스량(Gw)
$= mA_o+5.6H+0.7O+0.8N+1.244W(Sm^3/kg)$
$= 1.0945\times11.1458Sm^3/kg+5.6\times0.13$
$= 12.927 Sm^3/kg$

④ 가스량(Q)
$=$ 실제습연소가스량(Gw)×중유량(kg/hr)
$= 12.927Sm^3/kg\times1,000kg/hr\times1hr/3,600sec$
$= 3.5908 Sm^3/sec$

⑤ 가스량(Q) = 단면적(A)×유속(v)
$3.5908Sm^3/sec\times\dfrac{273+270}{273} = 3m^2\times v(m/sec)$
∴ v = 2.38m/sec

32 저위발열량이 4,900kcal/Sm³인 가스 연료의 이론연소온도(℃)는? (단, 이론연소가스량 : 10Sm³/Sm³, 기준온도 : 15℃, 연료 연소가스의 평균정압비열 : 0.35kcal/Sm³·℃, 공기는 예열되지 않으며, 연소가스는 해리되지 않는 것으로 한다.)

㉮ 1,015 ㉯ 1,215
㉰ 1,415 ㉱ 1,615

풀이 이론연소온도(℃)
$= \dfrac{저위발열량(kcal/Sm^3)}{가스량(Sm^3/Sm^3)\times평균정압비열(kcal/Sm^3\cdot℃)} +$ 기준온도(℃)
$= \dfrac{4,900kcal/Sm^3}{10Sm^3/Sm^3\times0.35kcal/Sm^3\cdot℃} + 15℃$
$= 1,415℃$

33 연료 연소 시 매연이 잘 생기는 순서로 옳은 것은?

㉮ 타르 > 중유 > 경유 > LPG
㉯ 타르 > 경유 > 중유 > LPG
㉰ 중유 > 타르 > 경유 > LPG
㉱ 경유 > 타르 > 중유 > LPG

풀이 연료 연소 시 매연이 잘 생기는 순서는 타르 > 중유 > 경유 > LPG 순이다.

34 중유의 원소조성은 C : 88%, H : 12%이다. 이 중유를 완전연소 시킨 결과, 중유 1kg당 건조 배기가스량이 15.8Sm³이었다면, 건조 배기가스 중의 CO_2의 농도(%)는?

㉮ 10.4 ㉯ 13.1
㉰ 16.8 ㉱ 19.5

answer 31 ㉮ 32 ㉰ 33 ㉮ 34 ㉮

풀이
$$CO_2(\%) = \frac{CO_2량}{건조가스량(Gd)} \times 100(\%)$$
$$= \frac{1.867 \times 0.88 Sm^3/kg}{15.8 Sm^3/kg} \times 100$$
$$= 10.40\%$$

35 다음 각종 가스의 완전연소 시 단위부피당 이론공기량(Sm^3/Sm^3)이 가장 큰 것은?

㉮ Ethylene   ㉯ Methane
㉰ Acetylene ㉱ Propylene

풀이 기체연료 중 $1Sm^3$당 이론공기량이 가장 큰 물질은 탄소수와 수소수가 가장 많은 물질이므로 ㉱ Propylene (C_3H_6)이 된다.

TIP
㉮ Ethylene : C_2H_4 ㉯ Methane : CH_4
㉰ Acetylene : C_2H_2 ㉱ Propylene : C_3H_6

36 액화석유가스(LPG)에 대한 설명으로 옳지 않은 것은?

㉮ 유황분이 적고 유독성분이 거의 없다.
㉯ 천연가스에서 회수되기도 하지만 대부분은 석유정제 시 부산물로 얻어진다.
㉰ 비중이 공기보다 가벼워 누출될 경우 인화 폭발 위험성이 크다.
㉱ 사용에 편리한 기체연료의 특징과 수송 및 저장에 편리한 액체연료의 특징을 겸비하고 있다.

풀이 ㉰ 비중이 공기보다 무거워 누출될 경우 인화 폭발 위험성이 크다.

TIP
① 액화석유가스(LPG)의 주성분 : 프로판(C_3H_8), 부탄(C_4H_{10})
② 액화천연가스(LNG)의 주성분 : 메탄(CH_4)

37 메탄올 2.0kg을 완전연소하는데 필요한 이론공기량(Sm^3)은?

㉮ 2.5   ㉯ 5.0
㉰ 7.5   ㉱ 10.0

풀이
① $CH_3OH + 1.5O_2 \rightarrow CO_2 + 2H_2O$
   32kg : $1.5 \times 22.4 Sm^3$
   2.0kg : X(산소량)
   $\therefore X(산소량) = \frac{2.0kg \times 1.5 \times 22.4 Sm^3}{32kg}$
   $= 2.1 Sm^3$
② 이론공기량(Sm^3) = 이론산소량(Sm^3) $\times \frac{1}{0.21}$
   $= 2.1 Sm^3 \times \frac{1}{0.21}$
   $= 10 Sm^3$

38 A석탄을 사용하여 가열로의 배출가스를 분석한 결과 CO_2 14.5%, O_2 6%, N_2 79%, CO 0.5%이었다. 이 경우의 공기비는?

㉮ 1.18   ㉯ 1.38
㉰ 1.58   ㉱ 1.78

풀이 배출가스 분석치 : $CO_2\%, O_2\%, CO\%, N_2\%$ 일 때
$$공기비(m) = \frac{N_2\%}{N_2\% - 3.76 \times (O_2\% - 0.5 CO\%)}$$
$$= \frac{79\%}{79\% - 3.76 \times (6\% - 0.5 \times 0.5\%)} = 1.38$$

answer 35 ㉱   36 ㉰   37 ㉱   38 ㉯

39 액체연료가 미립화 되는데 영향을 미치는 요인으로 가장 거리가 먼 것은?

㉮ 분사압력 ㉯ 분사속도
㉰ 연료의 점도 ㉱ 연료의 발열량

풀이 액체연료가 미립화 되는데 영향을 미치는 요인으로는 분사압력, 분사속도, 연료의 점도 등이 있다.

40 연료의 종류에 따른 연소 특성으로 옳지 않은 것은?

㉮ 기체연료는 부하의 변동범위(turn down ratio)가 좁고 연소의 조절이 용이하지 않다.
㉯ 기체연료는 저발열량의 것으로 고온을 얻을 수 있고, 전열효율을 높일 수 있다.
㉰ 액체연료의 경우 회분은 아주 적지만, 재속의 금속산화물이 장해원인이 될 수 있다.
㉱ 액체연료는 화재, 역화 등의 위험이 크며, 연소온도가 높아 국부적인 과열을 일으키기 쉽다.

풀이 ㉮ 기체연료는 부하의 변동범위가 넓고 연소의 조절이 용이하다.

| 제3과목 | 대기오염방지기술

41 다음 유해가스 처리에 관한 설명 중 가장 거리가 먼 것은?

㉮ 시안화수소는 물에 대한 용해도가 매우 크므로 가스를 물로 세정하여 처리한다.
㉯ 염화인(PCl_3)은 물에 대한 용해도가 낮아 암모니아를 불어넣어 병류식 충전탑에서 흡수 처리한다.
㉰ 아크로레인은 그대로 흡수가 불가능하며 NaClO 등의 산화제를 혼입한 가성소다 용액으로 흡수 제거한다.
㉱ 이산화셀렌은 코트럴집진기로 포집, 결정으로 석출, 물에 잘 용해되는 성질을 이용해 스크러버에 의해 세정하는 방법 등이 이용된다.

풀이 ㉯ 염화인(PCl_3)은 물에 대한 용해도가 높아 물에 흡수시켜 제거한다.

42 황함유량 2.5%인 중유를 30ton/h로 연소하는 보일러에서 배기가스를 NaOH 수용액으로 처리한 후 황성분을 전량 Na_2SO_3로 회수할 경우, 이 때 필요한 NaOH의 이론량(kg/h)은? (단, 황성분은 전량 SO_2로 전환된다.)

㉮ 1,750 ㉯ 1,875
㉰ 1,935 ㉱ 2,015

풀이 S + O_2 → SO_2 + 2NaOH → Na_2SO_3 + H_2O
32kg : 2×40kg
30×10³kg/hr×0.025 : X

∴ X = $\frac{30 \times 10^3 kg/hr \times 0.025 \times 2 \times 40kg}{32kg}$

= 1,875kg/hr

answer 39 ㉱ 40 ㉮ 41 ㉯ 42 ㉯

43 흡수장치에 사용되는 흡수액이 갖추어야 할 요건으로 옳은 것은?

㉮ 용해도가 낮아야 한다.
㉯ 휘발성이 높아야 한다.
㉰ 부식성이 높아야 한다.
㉱ 점성은 비교적 낮아야 한다.

풀이 ㉮ 용해도가 높아야 한다.
㉯ 휘발성이 낮아야 한다.
㉰ 부식성이 낮아야 한다.

44 흡착과정에 대한 설명으로 옳지 않은 것은?

㉮ 파과곡선의 형태는 흡착탑의 경우에 따라서 비교적 기울기가 큰 것이 바람직하다.
㉯ 포화점에서는 주어진 온도와 압력조건에서 흡착제가 가장 많은 양의 흡착질을 흡착하는 점이다.
㉰ 실제의 흡착은 비정상상태에서 진행되므로 흡착의 초기에는 흡착이 천천히 진행되다가 어느 정도 흡착이 진행되면 빠르게 흡착이 이루어진다.
㉱ 흡착제층 전체가 포화되어 배출가스 중에 오염가스 일부가 남게 되는 점을 파과점이라 하고, 이점 이후부터는 오염가스의 농도가 급격히 증가한다.

풀이 ㉰ 실제의 흡착은 비정상상태에서 진행되므로 흡착의 초기에는 흡착이 빠르게 진행되다가 어느 정도 흡착이 진행되면 천천히 흡착이 이루어진다.

45 다음 발생 먼지 종류 중 일반적으로 S/Sb가 가장 큰 것은? (단, S는 진비중, Sb는 겉보기 비중이다.)

㉮ 카본블랙   ㉯ 시멘트킬른
㉰ 미분탄보일러   ㉱ 골재드라이어

풀이 진비중(S)/겉보기비중(Sb)

㉮ 카본블랙 $= \dfrac{1.9}{0.025} = 76.0$

㉯ 시멘트킬른 $= \dfrac{3.00}{0.60} = 5.0$

㉰ 미분탄보일러 $= \dfrac{2.10}{0.52} = 4.03$

㉱ 골재드라이어 $= \dfrac{2.9}{1.06} = 2.73$

TIP
진비중(S)/겉보기비중(Sb)가 클수록 재비산현상을 유발할 가능성이 높다.

46 실내에서 발생하는 CO_2의 양이 시간당 $0.3m^3$일 때 필요한 환기량(m^3/h)은? (단, CO_2의 허용농도와 외기의 CO_2농도는 각각 0.1%와 0.03%이다.)

㉮ 약 145   ㉯ 약 210
㉰ 약 320   ㉱ 약 430

풀이 $0.3m^3/hr =$ 환기량$(m^3/hr) \times (0.1-0.03)\% \times 10^{-2}$

∴ 환기량 $= \dfrac{0.3m^3/hr}{(0.1-0.03)\% \times 10^{-2}} = 428.57 m^3/hr$

answer 43 ㉱ 44 ㉰ 45 ㉮ 46 ㉱

47 유량측정에 사용되는 가스 유속측정 장치 중 작동원리로 Bernoulli식이 적용되지 않는 것은?

㉮ 로터미터(Rotameter)
㉯ 벤튜리장치(Venturi meter)
㉰ 건조가스장치(Dry gas meter)
㉱ 오리피스장치(Orifice meter)

[풀이] 작동원리로 Bernoulli식이 적용되는 장치는 로터미터, 벤튜리장치, 오리피스장치이다.

48 배출가스의 온도를 냉각시키는 방법 중 열교환법의 특성으로 가장 거리가 먼 것은?

㉮ 운전비 및 유지비가 높다.
㉯ 열에너지를 회수할 수 있다.
㉰ 최종 공기부피가 공기희석법, 살수법에 비해 매우 크다.
㉱ 온도감소로 인해 상대습도는 증가하지만 가스 중 수분량에는 거의 변화가 없다.

[풀이] ㉰ 최종 공기부피가 공기희석법, 살수법에 비해 매우 작다.

49 중력 집진장치의 효율을 향상시키는 조건에 대한 설명으로 옳지 않은 것은?

㉮ 침강실 내의 배기가스 기류는 균일하여야 한다.
㉯ 침강실의 침전높이가 작을수록 집진율이 높아진다.
㉰ 침강실의 길이를 길게 하면 집진율이 높아진다.
㉱ 침강실 내 처리가스 속도가 클수록 미세한 분진을 포집할 수 있다.

[풀이] ㉱ 침강실 내 처리가스 속도가 작을수록 미세한 분진을 포집할 수 있다.

50 여과 집진장치에 관한 설명으로 옳지 않은 것은?

㉮ 폭발성, 점착성 및 흡습성 분진의 제거에 효과적이다.
㉯ 탈진방식 중 간헐식은 여포의 수명이 연속식에 비해 길다.
㉰ 탈진방식 중 간헐식은 진동형, 역기류형, 역기류진동형으로 분류할 수 있다.
㉱ 여과재는 내열성이 약하므로 고온가스 냉각 시 산노점(dew point) 이상으로 유지해야 한다.

[풀이] ㉮ 폭발성, 점착성 및 흡습성 분진의 제거에 비효과적이다.

51 입자상 물질에 관한 설명으로 가장 거리가 먼 것은?

㉮ 직경 d인 구형입자의 비표면적(단위체적당 표면적)은 d/6이다.
㉯ cascade impactor는 관성충돌을 이용하여 입경을 간접적으로 측정하는 방법이다.
㉰ 공기동력학경은 stokes경과 달리 입자밀도를 $1g/cm^3$으로 가정함으로써 보다 쉽게 입경을 나타낼 수 있다.
㉱ 비구형입자에서 입자의 밀도가 1보다 클 경우 공기동력학경은 stokes경에 비해 항상 크다고 볼 수 있다.

[풀이] ㉮ 직경 d인 구형입자의 비표면적(단위체적당 표면적)은 6/d이다.

answer 47 ㉰ 48 ㉰ 49 ㉱ 50 ㉮ 51 ㉮

52 어떤 집진장치의 입구와 출구의 함진가스의 분진농도가 7.5g/Sm³과 0.055g/Sm³이었다. 또한 입구와 출구에서 측정한 분진시료 중 입경이 0~5μm인 입자의 중량분율은 전분진에 대하여 0.1과 0.50이었다면 0~5μm의 입경을 가진 입자의 부분 집진율(%)은?

㉮ 약 87 ㉯ 약 89
㉰ 약 96 ㉱ 약 98

풀이 부분집진율(%) = $\left(1 - \dfrac{0.055 \text{g/Sm}^3 \times 0.5}{7.5 \text{g/Sm}^3 \times 0.1}\right) \times 100$
= 96.33%

TIP
부분집진율(%) = $\left(1 - \dfrac{C_o \times f_o}{C_i \times f_i}\right) \times 100$

여기서 C_i : 입구농도
C_o : 출구농도
f_i : 입구의 중량분포
f_o : 출구의 중량분포

53 다음 [보기]가 설명하는 축류 송풍기의 유형으로 옳은 것은?

> • 축류형 중 가장 효율이 높으며, 일반적으로 직선류 및 아담한 공간이 요구되는 HVAC설비에 응용된다. 공기의 분포가 양호하여 많은 산업장에서 응용되고 있다.
> • 효율과 압력상승 효과를 얻기 위해 직선형 고정날개를 사용하나, 날개의 모양과 간격은 변형되기도 한다.

㉮ 원통 축류형 송풍기
㉯ 방사 경사형 송풍기
㉰ 고정날개 축류형 송풍기
㉱ 공기회전자 축류형 송풍기

풀이 ㉰ 고정날개 축류형 송풍기에 대한 설명이다.

54 습식전기집진장치의 특징에 관한 설명 중 틀린 것은?

㉮ 집진면이 청결하여 높은 전계 강도를 얻을 수 있다.
㉯ 고저항의 먼지로 인한 역전리 현상이 일어나기 쉽다.
㉰ 건식에 비하여 가스의 처리속도를 2배 정도 크게 할 수 있다.
㉱ 작은 전기저항에 의해 생기는 먼지의 재비산을 방지할 수 있다.

풀이 ㉯ 고저항의 먼지로 인한 역전리 현상이 일어나기 어렵다.

55 가로 a, 세로 b인 직사각형의 유로에 유체가 흐를 경우 상당직경(equivalent diameter)을 산출하는 간이식은?

㉮ $\sqrt{ab}$ ㉯ $2ab$
㉰ $\sqrt{\dfrac{2(a+b)}{ab}}$ ㉱ $\dfrac{2ab}{a+b}$

풀이 상당직경 = $\dfrac{\text{단면적}}{\text{평균 둘레길이}}$

$= \dfrac{a \times b}{\dfrac{2 \times (a+b)}{4}}$

$= \dfrac{2ab}{a+b}$

answer 52 ㉰ 53 ㉰ 54 ㉯ 55 ㉱

56 배연탈황기술과 가장 거리가 먼 것은?

㉮ 암모니아법　㉯ 석회석 주입법
㉰ 수소화 탈황법　㉱ 활성산화 망간법

▶풀이 ㉰ 수소화 탈황법은 중유탈황법에 해당한다.

57 벤츄리 스크러버의 액가스비를 크게 하는 요인으로 옳지 않은 것은?

㉮ 먼지의 입경이 작을 때
㉯ 먼지입자의 친수성이 클 때
㉰ 먼지입자의 점착성이 클 때
㉱ 처리가스의 온도가 높을 때

▶풀이 ㉯ 먼지입자의 친수성이 작을 때

58 압력손실이 250mmH$_2$O이고, 처리가스량 30,000m^3/h인 집진장치의 송풍기 소요동력(kW)은? (단, 송풍기의 효율은 80%, 여유율은 1.25이다.)

㉮ 약 25　㉯ 약 29
㉰ 약 32　㉱ 약 38

▶풀이 $kW = \dfrac{Ps \times Q}{102 \times \eta} \times \alpha$

$= \dfrac{250mmH_2O \times 30,000m^3/hr \times 1hr/3,600sec}{102 \times 0.80} \times 1.25$

$= 31.91kW$

59 집진장치의 압력손실이 400mmH$_2$O, 처리가스량이 30,000m^3/h이고, 송풍기의 전압효율은 70%, 여유율이 1.2일 때 송풍기의 축동력(kW)은? (단, 1 kW=102kgf·m/s이다.)

㉮ 36　㉯ 56
㉰ 80　㉱ 95

▶풀이 $kW = \dfrac{Ps \times Q}{102 \times \eta} \times \alpha$

$= \dfrac{400mmH_2O \times 30,000m^3/hr \times 1hr/3,600sec}{102 \times 0.70} \times 1.2$

$= 56.02kW$

60 면적 1.5m^{2}인 여과집진장치로 먼지농도가 1.5g/m^{3}인 배기가스가 100m^3/min으로 통과하고 있다. 먼지가 모두 여과포에서 제거되었으며, 집진된 먼지층의 밀도가 1g/cm^{3}라면 1시간 후 여과된 먼지층의 두께(mm)는?

㉮ 1.5　㉯ 3
㉰ 6　㉱ 15

▶풀이 ① 여과속도(cm/min)

$= \dfrac{유량(m^3/min)}{면적(m^2)}$

$= \dfrac{100m^3/min}{1.5m^2}$

$= 66.6667m/min = 6666.67cm/min$

② 먼지부하(g/cm^2)

= 입구농도(g/cm^3)×여과속도(cm/min)×탈락시간(min)×효율

$= 1.5g/m^3 \times 10^{-6}m^3/1cm^3 \times 6666.67cm/min \times 1hr \times 60min/1hr$

$= 0.60g/cm^2$

③ 먼지층의 두께(mm)

$= \dfrac{먼지\ 부하}{먼지층\ 밀도} = \dfrac{0.60g/cm^2}{1g/cm^3}$

$= 0.6cm = 6mm$

answer　56 ㉰　57 ㉯　58 ㉰　59 ㉯　60 ㉰

| 제4과목 | 대기오염공정시험기준

61 다음은 기체크로마토그램에서 봉우리(peak)의 분리정도를 나타낸 그림이다. 분리계수(d)와 분리도(R)를 구하는 식으로 옳은 것은?

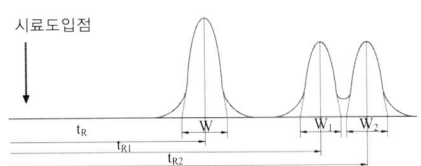

㉮ $d = \dfrac{t_{R2}}{t_{R1}},\ R = \dfrac{2(t_{R2}-t_{R1})}{W_1+W_2}$

㉯ $d = t_{R2} - t_{R1},\ R = \dfrac{t_{R1}+t_{R2}}{W_1+W_2}$

㉰ $d = \dfrac{t_{R2}-t_{R1}}{W_1+W_2},\ R = \dfrac{t_{R2}}{t_{R1}}$

㉱ $d = \dfrac{t_{R2}-t_{R1}}{2},\ R = 100 \times d(\%)$

62 배출허용기준 중 표준 산소농도를 적용받는 어떤 오염물질의 보정된 배출가스 유량이 50Sm³/day이었다. 이 때 배출가스를 분석하니 실측 산소농도는 5%, 표준 산소농도는 3%일 때, 측정되어진 실측 배출가스 유량(Sm³/day)은?

㉮ 46.25 ㉯ 51.25
㉰ 56.25 ㉱ 61.25

[풀이] $50 Sm^3/day = Qa \div \dfrac{21-3\%}{21-5\%}$

∴ $Qa = 56.25 Sm^3/day$

TIP

$Q = Qa \div \dfrac{21-O_s}{21-O_a}$

여기서 Q : 배출가스 유량(Sm³/day)
Q_a : 실측 배출가스 유량(Sm³/day)
O_s : 표준산소농도(%)
O_a : 실측산소농도(%)

63 원자흡수분광광도법의 장치 구성이 순서대로 옳게 나열된 것은?

㉮ 광원부 → 파장선택부 → 측광부 → 시료원자화부
㉯ 광원부 → 시료원자화부 → 파장선택부 → 측광부
㉰ 시료원자화부 → 광원부 → 파장선택부 → 측광부
㉱ 시료원자화부 → 파장선택부 → 광원부 → 측광부

[풀이] 원자흡수분광광도법의 장치는 광원부 → 시료원자화부 → 파장선택부 → 측광부 순이다.

64 다음 중 물질을 취급 또는 보관하는 동안에 기체 또는 미생물이 침입하지 않도록 내용물을 보호하는 용기를 뜻하는 것은?

㉮ 기밀용기 ㉯ 밀폐용기
㉰ 밀봉용기 ㉱ 차광용기

[풀이] ㉰ 밀봉용기에 대한 설명이다.

answer 61 ㉮ 62 ㉰ 63 ㉯ 64 ㉰

65 굴뚝 배출가스 중 먼지의 자동 연속 측정방법에서 사용하는 용어의 뜻으로 옳지 않은 것은?

㉮ 검출한계는 제로드리프트의 2배에 해당하는 지시치가 갖는 교정용 입자의 먼지농도를 말한다.
㉯ 응답시간은 표준교정판을 끼우고 측정을 시작했을 때 그 보정치의 90%에 해당하는 지시치를 나타낼 때까지 걸린 시간을 말한다.
㉰ 교정용입자는 실내에서 감도 및 교정오차를 구할 때 사용하는 균일계 단분산 입자로서 기하평균 입경이 0.3 ~ 3μm인 인공입자로 한다.
㉱ 시험가동시간이란 연속자동측정기를 정상적인 조건에서 운전할 때 예기치 않는 수리, 조정 및 부품교환 없이 연속 가동 할 수 있는 최소시간을 말한다.

풀이 ㉯ 응답시간은 표준교정판을 끼우고 측정을 시작했을 때 그 보정치의 95%에 해당하는 지시치를 나타낼 때까지 걸린 시간을 말한다.

66 자외선/가시선 분광분석 측정에서 최초 광의 60%가 흡수되었을 때의 흡광도는?

㉮ 0.25　　㉯ 0.3
㉰ 0.4　　㉱ 0.6

풀이 흡광도(A) = $\log \dfrac{1}{투과도} = \log \dfrac{1}{0.40} = 0.40$

TIP
① 투과율(%) = 100 - 흡수율(%)
② 투과율(%) = 투과퍼센트

67 비분산적외선분광분석법에서 사용하는 주요 용어의 의미로 옳지 않은 것은?

㉮ 스팬가스 : 분석계의 최저 눈금값을 교정하기 위하여 사용하는 가스
㉯ 스팬 드리프트 : 측정기의 교정범위 눈금에 대한 지시값의 일정기간 내의 변동
㉰ 정필터형 : 측정성분이 흡수되는 적외선을 그 흡수파장에서 측정하는 방식
㉱ 비교가스 : 시료셀에서 적외선 흡수를 측정하는 경우 대조가스로 사용하는 것으로 적외선을 흡수하지 않는 가스

풀이 ㉮ 스팬가스 : 분석계의 최고 눈금값을 교정하기 위하여 사용하는 가스

68 다음은 연소관식 공기법을 사용하여 유류 중 황함유량을 분석하는 방법이다. ( )안에 알맞은 것은?

> 950℃ ~ 1,100℃ 가열한 석영 재질 연소관 중에 공기를 불어넣어 시료를 연소시킨다. 생성된 황산화물을 (㉠)에 흡수시켜 황산으로 만든 다음, (㉡)으로 중화 적정하여 황함유량을 구한다.

㉮ ㉠ 수산화소듐, ㉡ 염산표준액
㉯ ㉠ 염산, ㉡ 수산화소듐 표준액
㉰ ㉠ 과산화수소(3%), ㉡ 수산화소듐 표준액
㉱ ㉠ 싸이오시안산용액, ㉡ 수산화칼슘 표준액

풀이 연소관식 공기법
① 연소온도 : 950℃ ~ 1,100℃
② 흡수 : 과산화수소(3%)
③ 적정용액 : 수산화소듐 표준액

answer 65 ㉯　66 ㉰　67 ㉮　68 ㉰

69 다음은 굴뚝 배출가스 중 황산화물의 침전적정법에 관한 설명이다. ( )안에 알맞은 것은?

> 아르세나조 Ⅲ 지시약 (4~6) 방울을 가하여 (㉠)으로 적정하고 용액의 색이 (㉡)으로 변한 점을 종말점으로 한다.

㉮ ㉠ 에틸아민구리용액, ㉡ 녹색
㉯ ㉠ 에틸아민구리용액, ㉡ 자주색
㉰ ㉠ 0.005mol/L 아세트산바륨용액, ㉡ 녹색
㉱ ㉠ 0.005mol/L 아세트산바륨용액, ㉡ 청색

풀이 황산화물의 침전적정법
① 적정액 : 0.005mol/L 아세트산바륨용액
② 종말점 : 청색이 1분간 지속되는 점

70 다음 분석가스 중 아연아민착염용액을 흡수액으로 사용하는 것은?

㉮ 황화수소 ㉯ 브로민화합물
㉰ 질소산화물 ㉱ 폼알데하이드

풀이 흡수액으로 아연아민착염용액을 사용하는 것은 황화수소이다.

71 다음 [보기]가 설명하는 굴뚝 배출가스 중의 산소측정방식으로 옳은 것은?

> 이 방식은 주기적으로 단속하는 자계내에서 산소분자에 작용하는 단속적인 흡입력을 자계 내에 일정유량으로 유입하는 보조가스의 배압변화량으로서 검출한다.

㉮ 전극 방식 ㉯ 덤벨형 방식
㉰ 질코니아 방식 ㉱ 압력검출형 방식

풀이 산소측정방식 중 압력검출형 방식에 대한 설명이다.

72 굴뚝 배출가스 중 총탄화수소 측정을 위한 장치 구성조건 등에 관한 설명으로 옳지 않은 것은?

㉮ 기록계를 사용하는 경우에는 최소 4회/분이 되는 기록계를 사용한다.
㉯ 총탄화수소분석기는 흡광차분광방식 또는 비불꽃(non flame)이온크로마토그램방식의 분석기를 사용하며 폭발위험이 없어야 한다.
㉰ 시료채취관은 스테인리스강 또는 이와 동등한 재질의 것으로 하고 굴뚝중심 부분의 10%범위 내에 위치할 정도의 길이의 것을 사용한다.
㉱ 영점가스로는 총탄화수소농도(프로판 또는 탄소등가 농도)가 0.1mL/m³ 이하 또는 스팬값의 0.1% 이하인 고순도 공기를 사용한다.

풀이 ㉯ 총탄화수소분석기는 성능규격에 적합하거나 그 이상의 성능을 가진 분석기를 사용하며 기기 선택, 설치 및 사용시에 불꽃 등에 의한 폭발위험이 없어야 한다.

answer 69 ㉱ 70 ㉮ 71 ㉱ 72 ㉯

73 배출가스 중 먼지를 여과지에 포집하고 이를 적당한 방법으로 처리하여 분석용 시험용액으로 한 후 원자흡수분광광도법을 이용하여 각종 금속원소의 원자흡광도를 측정하여 정량분석 하고자 할 때, 다음 중 금속원소별 측정파장으로 옳게 짝지어진 것은?

㉮ Pb - 357.9nm ㉯ Cu - 228.8nm
㉰ Ni - 283.3nm ㉱ Zn - 213.8nm

풀이 금속원소별 측정파장
㉮ Pb - 217.0/283.3nm
㉯ Cu - 324.8nm
㉰ Ni - 232.0nm

74 굴뚝 배출가스 중 질소산화물의 연속 자동측정법으로 옳지 않은 것은?

㉮ 화학발광법 ㉯ 용액전도율법
㉰ 자외선흡수법 ㉱ 적외선흡수법

풀이 질소산화물의 연속 자동측정법으로는 화학발광법, 적외선흡수법, 자외선흡수법, 정전위전해법이 있다.

75 대기오염공정시험기준상 자외선/가시선 분광법에서 사용되는 흡수셀의 재질에 따른 사용 파장범위로 가장 적합한 것은?

㉮ 플라스틱제는 자외부 파장범위
㉯ 플라스틱제는 가시부 파장범위
㉰ 유리제는 가시부 및 근적외부 파장범위
㉱ 석영제는 가시부 및 근적외부 파장범위

풀이 흡수셀의 재질에 따른 사용 파장범위
① 유리제 : 가시부 및 근적외부 파장범위
② 석영제 : 자외부 파장범위
③ 플라스틱제 : 근적외부 파장범위

76 보통형(I형) 흡입노즐을 사용한 굴뚝 배출가스 흡입 시 10분간 채취한 흡입가스량(습식가스미터에서 읽은 값)이 60L이었다. 이 때 등속흡입이 행하여지기 위한 가스미터에 있어서의 등속흡입유량(L/min)의 범위는? (단, 등속흡입 정도를 알기 위한 등속흡입계수 $I(\%) = \dfrac{V_m}{q_m \times t} \times 100$ 이다.)

㉮ 3.3 ~ 5.3 ㉯ 5.5 ~ 6.7
㉰ 6.5 ~ 7.3 ㉱ 7.5 ~ 8.3

풀이 ① 등속계수(I)가 90%일 때
$$등속유량(q_m) = \dfrac{V_m}{I \times t} = \dfrac{60L}{0.90 \times 10min} = 6.67 L/min$$
② 등속계수(I)가 110%일 때
$$등속유량(q_m) = \dfrac{V_m}{I \times t} = \dfrac{60L}{1.10 \times 10min} = 5.46 L/min$$
③ 등속흡인유량의 범위는 5.46L/min~6.67L/min이다.

TIP
$I(\%) = \dfrac{V_m}{q_m \times t} \times 100$

여기서
I : 등속계수(%) (등속계수의 범위는 90~110%)
V_m : 흡입가스량(습식가스미터에서 읽은 값)(L)
q_m : 가스미터에 있어서의 등속흡입유량(L/분)
t : 가스 흡인시간(분)

answer 73 ㉱ 74 ㉯ 75 ㉰ 76 ㉯

77 기체–액체 크로마토그래피에서 사용되는 고정상액체(Stationary Liquid)의 조건으로 옳은 것은?

㉮ 사용온도에서 증기압이 낮고, 점성이 작은 것이어야 한다.
㉯ 사용온도에서 증기압이 낮고, 점성이 큰 것이어야 한다.
㉰ 사용온도에서 증기압이 높고, 점성이 작은 것이어야 한다.
㉱ 사용온도에서 증기압이 높고, 점성이 큰 것이어야 한다.

풀이 고정상 액체의 구비조건
① 분석대상 성분을 완전히 분리할 수 있는 것.
② 사용온도에서 증기압이 낮고, 점성이 작은 것.
③ 화학적으로 안정된 것.
④ 화학적 성분이 일정한 것.

78 흡광차분광법을 사용하여 이산화황을 분석할 때 간섭성분으로 오존(O_3)이 존재할 경우 다음 조건에 따른 오존의 영향(%)을 산출한 값은?

- 오존을 첨가했을 경우의 지시값 : 0.7(μmol/mol)
- 오존을 첨가하지 않은 경우의 지시값 : 0.5(μmol/mol)
- 분석기기의 최대 눈금값 : 5(μmol/mol)
- 분석기기의 최소 눈금값 : 0.01(μmol/mol)

㉮ 1 ㉯ 2
㉰ 3 ㉱ 4

풀이 오존의 영향(Rt)

$= \dfrac{A(\text{오존 첨가시 지시값})-B(\text{오존 미첨가시 지시값})}{C(\text{최대눈금값})} \times 100$

$= \dfrac{0.7\,\mu mol/mol - 0.5\,\mu mol/mol}{5\,\mu mol/mol} \times 100 = 4.0$

79 굴뚝 배출가스 중 황화수소를 자외선/가시선분광법–메틸렌블루법으로 분석하는 방법에 대한 설명으로 틀린 것은?

㉮ 흡수액은 수산화소듐용액(4g/L)이다.
㉯ 메틸렌블루의 흡광도를 670nm 부근에서 측정한다.
㉰ 시료가스 채취량이 (0.1~20)L인 경우 시료중의 황화수소가 (1.7~140)ppm 함유되어 있는 경우 분석에 적합하다.
㉱ 배관중에 수분이 응축할 염려가 있는 경우에는 시료채취관과 흡수병까지의 사이를 120℃로 가열하여야 한다.

풀이 ㉮ 흡수액은 아연아민착염용액이다.

80 자외선/가시선 분광법에 의한 플루오린화합물 분석방법에 관한 설명으로 옳지 않은 것은?

㉮ 분광광도계로 측정 시 흡수파장은 460nm를 사용한다.
㉯ 이 방법의 정량범위는 플루오린화합물로서 0.05ppm ~ 3.73ppm이며, 방법검출한계는 0.02ppm이다.
㉰ 시료가스 중에 알루미늄(Ⅲ), 철(Ⅱ), 구리(Ⅱ), 아연(Ⅱ) 등의 중금속 이온이나 인산 이온이 존재하면 방해 효과를 나타낸다.
㉱ 굴뚝에서 적절한 시료채취장치를 이용하여 얻은 시료 흡수액을 일정량으로 묽게 한 다음 완충액을 가하여 pH를

answer 77 ㉮ 78 ㉱ 79 ㉮ 80 ㉮

조절하고 란타넘과 알리자린콤플렉손을 가하여 생성되는 생성물의 흡광도를 분광광도계로 측정한다.

[풀이] ㉮ 분광광도계로 측정 시 흡수 파장은 620nm를 사용한다.

| 제5과목 | 대기환경관계법규

81 다음은 대기환경보전법령상 환경기술인에 관한 사항이다. ( )안에 알맞은 것은?

> 환경기술인을 두어야 할 사업장의 범위, 환경기술인의 자격기준, 임명기간은 ( )으로 정한다.

㉮ 시·도지사령　　㉯ 총리령
㉰ 환경부령　　　 ㉱ 대통령령

[풀이] 환경기술인을 두어야 할 사업장의 범위, 환경기술인의 자격기준, 임명기간은 대통령령으로 정한다.

82 대기환경보전법령상 자동차 연료(휘발유)의 제조기준 중 벤젠 함량(부피 %) 기준으로 옳은 것은?

㉮ 1.5 이하　　㉯ 1.0 이하
㉰ 0.7 이하　　㉱ 0.0013 이하

[풀이] 벤젠 함량(부피 %) 기준은 0.7 이하이다.

83 대기환경보전법령상 먼지·황산화물 및 질소산화물의 연간 발생량 합계가 18톤인 배출구의 자가측정횟수 기준은? (단, 특정대기유해물질이 배출되지 않으며, 관제센터로 측정결과를 자동전송하지 않는 사업장의 배출구이다.)

㉮ 매주 1회 이상
㉯ 매월 2회 이상
㉰ 2개월마다 1회 이상
㉱ 반기마다 1회 이상

[풀이] 자가측정

구분	배출구별 규모(연간)	측정횟수
제1종	연간 80톤 이상	매주 1회 이상
제2종	연간 20톤 이상 80톤 미만	매월 2회 이상
제3종	연간 10톤 이상 20톤 미만	2개월마다 1회 이상
제4종	연간 2톤 이상 10톤 미만	반기마다 1회 이상
제5종	연간 2톤 미만	반기마다 1회 이상

84 대기환경보전법령상 배출시설 설치허가 신청서 또는 배출시설 설치신고서에 첨부하여야 할 서류가 아닌 것은?

㉮ 원료(연료를 포함한다)의 사용량 및 제품 생산량을 예측한 명세서
㉯ 배출시설 및 방지시설의 설치명세서
㉰ 방지시설의 상세 설계도
㉱ 방지시설의 연간 유지관리 계획서

[풀이] 첨부하여야 할 서류에는 ① 원료(연료를 포함한다)의 사용량 및 제품 생산량을 예측한 명세서, ② 배출시설 및 방지시설의 설치명세서, ③ 방지시설의 일반도, ④ 방지시설의 연간 유지관리 계획서, ⑤ 사용연료의 성분분석과 황산화물 배출농도 및

answer　81 ㉱　82 ㉰　83 ㉰　84 ㉰

배출량 등을 예측한 명세서(배출시설의 경우에만 해당), ⑥ 배출시설 설치 허가증(변경허가를 신청하는 경우에만 해당)이다.

85 다음은 대기환경보전법령상 환경부령으로 정하는 첨가제 제조기준에 맞는 제품의 표시방법이다. ( )안에 알맞은 것은?

> 표시 크기는 첨가제 또는 촉매제 용기 앞면의 제품명 밑에 제품명 글자 크기의 ( )에 해당하는 크기로 표시하여야 한다.

㉮ 100분의 10 이상
㉯ 100분의 20 이상
㉰ 100분의 30 이상
㉱ 100분의 50 이상

풀이 표시 크기는 첨가제 또는 촉매제 용기 앞면의 제품명 밑에 제품명 글자 크기의 100분의 30 이상에 해당하는 크기로 표시하여야 한다.

86 대기환경보전법령상 기관출력이 130kW 초과인 선박의 질소산화물 배출기준(g/kWh)은? (단, 정격 기관속도 n(크랭크샤프트의 분당 속도)이 130rpm 미만이며 2011년 1월 1일 이후에 건조한 선박의 경우이다.)

㉮ 17 이하
㉯ $44.0 \times n^{(-0.23)}$ 이하
㉰ 7.7 이하
㉱ 14.4 이하

87 대기환경보전법령상 대기오염도 검사기관과 거리가 먼 것은?

㉮ 수도권대기환경청
㉯ 한국환경보전원
㉰ 한국환경공단
㉱ 유역환경청

풀이 대기오염도 검사기관에는 국립환경과학원, 보건환경연구원, 유역환경청, 지방환경청, 수도권대기환경청, 한국환경공단이 있다.

88 대기환경보전법령상 청정연료를 사용하여야 하는 대상시설의 범위에 해당하지 않는 시설은?

㉮ 산업용 열병합 발전시설
㉯ 전체보일러의 시간당 총 증발량이 0.2톤 이상인 업무용보일러
㉰ 「집단에너지사업법 시행령」에 따른 지역냉난방사업을 위한 시설
㉱ 「건축법 시행령」에 따른 중앙집중난방방식으로 열을 공급받고 단지 내의 모든 세대의 평균 전용면적이 40.0m² 를 초과하는 공동주택

풀이 ㉮ 발전시설. 다만, 산업용 열병합 발전시설은 제외

answer 85 ㉰ 86 ㉱ 87 ㉯ 88 ㉮

89 대기환경보전법령상 벌칙기준 중 7년 이하의 징역이나 1억원 이하의 벌금에 처하는 것은?

㉮ 대기오염물질의 배출허용기준 확인을 위한 측정기기의 부착 등의 조치를 하지 아니한자
㉯ 황 연료사용 제한조치 등의 명령을 위반한 자
㉰ 제작차 배출허용기준에 맞지 아니하게 자동차를 제작한 자
㉱ 배출가스 전문정비사업자로 등록하지 아니하고 정비·점검 또는 확인검사 업무를 한자

▶풀이
㉮ 5년 이하의 징역이나 3천만원 이하의 벌금
㉯ 5년 이하의 징역이나 3천만원 이하의 벌금
㉰ 7년 이하의 징역이나 1억원 이하의 벌금
㉱ 5년 이하의 징역이나 3천만원 이하의 벌금

90 대기환경보전법령상 가스형태의 물질 중 소각용량이 시간당 2톤(의료폐기물 처리시설은 시간당 200kg) 이상인 소각 처리시설에서의 일산화탄소 배출허용기준(ppm)은? (단, 각 보기항의 ( )안의 값은 표준산소농도(O_2의 백분율)를 의미한다.)

㉮ 30(12) 이하   ㉯ 50(12) 이하
㉰ 200(12) 이하   ㉱ 300(12) 이하

91 대기환경보전법령상 환경부장관이 특별대책지역의 대기오염 방지를 위하여 필요하다고 인정하면 그 지역에 새로 설치되는 배출시설에 대해 정할 수 있는 기준은?

㉮ 일반배출허용기준
㉯ 특별배출허용기준
㉰ 심화배출허용기준
㉱ 강화배출허용기준

▶풀이 특별대책지역의 대기오염 방지를 위하여 필요하다고 인정하면 그 지역에 새로 설치되는 배출시설에 대해 정할 수 있는 기준은 특별배출허용기준이다.

92 대기환경보전법령상 대기오염 경보단계 중 오존에 대한 "경보"해제기준과 관련하여 ( )안에 알맞은 것은?

> 경보가 발령된 지역의 기상조건 등을 고려하여 대기자동측정소의 오존농도가 ( )인 때는 주의보로 전환한다.

㉮ 0.1ppm 이상 0.3ppm 미만
㉯ 0.1ppm 이상 0.5ppm 미만
㉰ 0.12ppm 이상 0.3ppm 미만
㉱ 0.12ppm 이상 0.5ppm 미만

▶풀이 오존 발령기준
① 주의보 : 0.12ppm 이상
② 경보 : 0.3ppm 이상
③ 중대경보 : 0.5ppm 이상

answer   89 ㉰   90 ㉯   91 ㉯   92 ㉰

93 다음은 대기환경보전법령상 기본부과금 부과대상 오염물질에 대한 초과배출량 산정방법중 초과배출량 공제분 산정방법이다. (   )안에 알맞은 것은?

> 3개월간 평균배출농도는 배출허용기준을 초과한 날 이전 정상 가동된 3개월 동안의 (   )를 산술평균한 값으로 한다.

㉮ 5분 평균치   ㉯ 10분 평균치
㉰ 30분 평균치 ㉱ 1시간 평균치

풀이 3개월간 평균배출농도는 배출허용기준을 초과한 날 이전 정상 가동된 3개월 동안의 30분 평균치를 산술평균한 값으로 한다.

94 다음은 악취방지법령상 악취검사기관의 준수사항에 관한 내용이다. (   )안에 알맞은 것은?

> 검사기관이 법인인 경우 보유차량에 국가기관의 악취검사차량으로 잘못 인식하게 하는 문구를 표시하거나 과대표시를 해서는 아니되며, 검사기관은 다음의 서류를 작성하여 (   ) 보존하여야 한다.
> 가. 실험일지 및 검량선 기록지
> 나. 검사결과 발송 대장
> 다. 정도관리 수행기록철

㉮ 1년간   ㉯ 2년간
㉰ 3년간   ㉱ 5년간

95 다음 중 대기환경보전법령상 초과부과금 산정기준에 따른 오염물질 1킬로그램당 부과금액이 가장 높은 것은?

㉮ 질소산화물   ㉯ 황화수소
㉰ 이황화탄소   ㉱ 시안화수소

풀이 오염물질 1킬로그램당 부과금액
㉮ 질소산화물 : 2,130원
㉯ 황화수소 : 6,000원
㉰ 이황화탄소 : 1,600원
㉱ 시안화수소 : 7,300원

96 환경정책기본법령상 미세먼지(PM-10)의 대기 환경기준은? (단, 연간 평균치 기준이다.)

㉮ $10\mu g/m^3$ 이하   ㉯ $25\mu g/m^3$ 이하
㉰ $30\mu g/m^3$ 이하   ㉱ $50\mu g/m^3$ 이하

풀이 미세먼지(PM-10)의 대기 환경기준
① 연간 평균치 : $50\mu g/m^3$ 이하
② 24시간 평균치 : $100\mu g/m^3$ 이하

TIP
초미세먼지(PM-2.5)의 대기 환경기준
① 연간 평균치 : $15\mu g/m^3$ 이하
② 24시간 평균치 : $35\mu g/m^3$ 이하

answer 93 ㉰ 94 ㉰ 95 ㉱ 96 ㉱

97 실내공기질 관리법령상 신축 공동주택의 실내 공기질 권고기준으로 옳은 것은?

㉮ 스티렌 250μg/m³ 이하
㉯ 폼알데하이드 360μg/m³ 이하
㉰ 자일렌 360μg/m³ 이하
㉱ 에틸벤젠 360μg/m³ 이하

풀이 ㉮ 스티렌 300μg/m³ 이하
㉯ 폼알데하이드 210μg/m³ 이하
㉰ 자일렌 700μg/m³ 이하

98 악취방지법령상 위임업무 보고사항 중 "악취검사기관의 지도·점검 및 행정처분 실적" 보고횟수 기준은?

㉮ 연 1회
㉯ 연 2회
㉰ 연 4회
㉱ 수시

풀이 악취검사기관의 지도·점검 및 행정처분 실적의 보고횟수 기준은 연 1회이다.

99 다음은 대기환경보전법령상 운행차정기검사의 방법 및 기준에 관한 사항이다. ( )안에 알맞은 것은?

> 배출가스 검사대상 자동차의 상태를 검사할 때 원동기가 충분히 예열되어 있는 것을 확인하고, 수냉식 기관의 경우 계기판 온도가 (㉠) 또는 계기판 눈금이 (㉡)이어야 하며, 원동기가 과열되었을 경우에는 원동기실 덮개를 열고 (㉢) 지난 후 정상상태가 되었을 때 측정한다.

㉮ ㉠25℃ 이상, ㉡1/10 이상, ㉢1분 이상
㉯ ㉠25℃ 이상, ㉡1/10 이상, ㉢5분 이상
㉰ ㉠40℃ 이상, ㉡1/4 이상, ㉢1분 이상
㉱ ㉠40℃ 이상, ㉡1/4 이상, ㉢5분 이상

100 악취방지법령상 지정악취물질이 아닌 것은?

㉮ 아세트알데하이드
㉯ 메틸메르캅탄
㉰ 톨루엔
㉱ 벤젠

풀이 ㉱ 벤젠은 악취방지법령상 지정악취물질이 아니다.

answer 97 ㉱ 98 ㉮ 99 ㉱ 100 ㉱

2021년 1회 대기환경기사

2021년 3월 7일 시행

| 제1과목 | 대기오염개론

01 다음에서 설명하는 오염물질로 가장 적합한 것은?

> - 부드러운 청회색의 금속으로 밀도가 크고 내식성이 강하다.
> - 소화기로 섭취되면 대략 10% 정도가 소장에서 흡수되고, 나머지는 대변으로 배출된다. 세포 내에서는 SH기와 결합하여 헴(heme)합성에 관여하는 효소 등 여러 효소작용을 방해한다.
> - 인체에 축적되면 적혈구 형성을 방해하며, 심하면 복통, 빈혈, 구토를 일으키고 뇌세포에 손상을 준다.

㉮ Cr ㉯ Hg
㉰ Pb ㉱ Al

풀이 ㉰ 납(Pb)에 대한 설명이다.

02 국지풍에 관한 설명으로 옳지 않은 것은?

㉮ 일반적으로 낮에 바다에서 육지로 부는 해풍은 밤에 육지에서 바다로 부는 육풍보다 강하다.
㉯ 고도가 높은 산맥에 직각으로 강한 바람이 부는 경우에 산맥의 풍하 쪽으로 건조한 바람이 부는데 이러한 바람을 휀풍이라 한다.
㉰ 곡풍은 경사면 → 계곡 → 주계곡으로 수렴하면서 풍속이 가속되기 때문에 일반적으로 낮에 산 위쪽으로 부는 산풍보다 더 강하게 분다.
㉱ 열섬효과로 인하여 도시 중심부가 주위보다 고온이 되어 도시 중심부에서 상승기류가 발생하고 도시 주위의 시골에서 도시로 바람이 부는데 이를 전원풍이라 한다.

풀이 ㉰ 산풍은 경사면 → 계곡 → 주계곡으로 수렴하면서 풍속이 가속되기 때문에 일반적으로 낮에 산 위쪽으로 부는 곡풍보다 더 강하게 분다.

03 다음에서 설명하는 대기분산모델로 가장 적합한 것은?

> - 가우시안모델식을 적용한다.
> - 적용 배출원의 형태는 점, 선, 면이다.
> - 미국에서 최근에 널리 이용되는 범용적인 모델로 장기 농도 계산용이다.

㉮ RAMS ㉯ ISCLT
㉰ UAM   ㉱ AUSPLUME

풀이 ㉯ ISCLT에 대한 설명이다.

answer 01 ㉰ 02 ㉰ 03 ㉯

04 0℃, 1기압에서 SO_2 10ppm은 몇 mg/m^3인가?

㉮ 19.62 ㉯ 28.57
㉰ 37.33 ㉱ 44.14

풀이
$$mg/m^3 = 10ppm(mL/Sm^3) \times \frac{64mg}{22.4mL}$$
$$= 28.57 mg/Sm^3$$

TIP
① $ppm = mL/Sm^3 = mL/Nm^3$
② SO_2 1mol $\begin{cases} 64mg \\ 22.4mL \end{cases}$

05 굴뚝에서 배출되는 연기의 형태 중 환상형(looping)에 관한 설명으로 옳은 것은?

㉮ 대기가 과단열감률 상태일 때 나타나므로 맑은 날 오후에 발생하기 쉽다.
㉯ 상층이 불안정, 하층이 안정일 경우에 나타나며, 지표 부근의 오염물질 농도가 가장 낮다.
㉰ 전체 대기층이 중립 상태일 때 나타나며, 매연 속의 오염물질 농도는 가우시안 분포를 갖는다.
㉱ 전체 대기층이 매우 안정할 때 나타나며, 상하 확산 폭이 적어 굴뚝의 높이가 낮을 경우 지표 부근에 심각한 오염문제를 야기한다.

풀이 ㉯ 지붕형(상승형) ㉰ 원추형 ㉱ 부채형

06 폼알데하이드의 배출과 관련된 업종으로 가장 거리가 먼 것은?

㉮ 피혁제조공업
㉯ 합성수지공업
㉰ 암모니아제조공업
㉱ 포르말린제조공업

풀이 ㉰ 암모니아제조공업은 황화수소가 배출되는 공업이다.

07 시골에서 먼지농도를 측정하기 위하여 공기를 0.15m/s의 속도로 12시간 동안 여과지에 여과시켰을 때, 사용된 여과지의 빛 전달률이 깨끗한 여과지의 80%로 감소했다. 1,000m당 Coh는?

㉮ 0.2 ㉯ 0.6
㉰ 1.1 ㉱ 1.5

풀이
$$Coh = \frac{\log \frac{1}{빛전달률} \times 100}{여과속도(m/sec) \times 여과시간(hr) \times 3,600} \times 1,000m$$
$$= \frac{\log \frac{1}{0.80} \times 100}{0.15 m/sec \times 12hr \times 3,600} \times 1,000m = 1.50$$

answer 04 ㉯ 05 ㉮ 06 ㉰ 07 ㉱

08 다음에서 설명하는 오염물질로 가장 적합한 것은?

- 매우 낮은 농도에서 피해를 일으킬 수 있으며, 주된 증상으로 상편생장, 전두운동의 저해, 황화현상, 줄기의 신장저해, 성장 감퇴 등이 있다.
- 0.1ppm 정도의 저농도에서도 스위트피와 토마토에 상편생장을 일으킨다.

㉮ 오존   ㉯ 에틸렌
㉰ 아황산가스   ㉱ 불소화합물

[풀이] ㉯ 에틸렌에 대한 설명이다.

09 비인의 변위법칙에 관한 식은?

㉮ $\lambda = 2897/T$ (λ : 최대에너지가 복사될 때의 파장, T = 흑체의 표면온도)
㉯ $E = \sigma T^4$ (E : 측체의 단위표면적에서 복사되는 에너지, σ : 상수, T : 흑체의 표면온도)
㉰ $I = I_0 \exp(-kpL)$ (I_0, I : 각각 입사 전후의 빛의 복사속밀도, K : 감쇠상수, p : 매질의 밀도, L : 통과거리)
㉱ $R = K(1-a)-L$ (R : 순복사, K : 지표면에 도달한 일사량, α : 지표의 반사율, L : 지표로부터 방출되는 장파복사)

10 2차 대기오염물질에 해당하는 것은?

㉮ H_2S ㉯ H_2O_2
㉰ NH_3 ㉱ $(CH_3)_2S$

[풀이] 2차 대기오염물질에 해당하는 것은 ㉯ H_2O_2이다.

11 다음에서 설명하는 오염물질로 가장 적합한 것은?

- 분자량이 98.9이고, 비등점이 약 8℃인 독특한 풀냄새가 나는 무색(시판용품은 담황녹색) 기체(액화가스)이다.
- 수분이 존재하면 가수분해되어 염산을 생성하여 금속을 부식시킨다.

㉮ 페놀   ㉯ 석면
㉰ 포스겐   ㉱ T.N.T

[풀이] ㉰ 포스겐($COCl_2$)에 대한 설명이다.

12 불안정한 조건에서 굴뚝의 안지름이 5m, 가스 온도가 173℃, 가스 속도가 10m/s, 기온이 17℃, 풍속이 36km/h일 때, 연기의 상승 높이(m)는? (단, 불안정 조건 시 연기의 상승 높이 $\triangle H = 150\frac{F}{U^3}$ 이며, F는 부력을 나타냄)

㉮ 34   ㉯ 40
㉰ 49   ㉱ 56

[풀이]
① $F = g \times \left(\frac{D}{2}\right)^2 \times V_s \times \left(\frac{Ts-Ta}{Ta}\right)$ (m⁴/sec³)

$= 9.8\text{m/sec}^2 \times \left(\frac{5m}{2}\right)^2 \times 10\text{m/sec}$

$\times \left(\frac{(273+173)-(273+17)}{(273+17)}\right)$

$= 329.48\text{m}^4/\text{sec}^3$

② 풍속(m/sec) $= \frac{36\text{km}}{\text{hr}} \times \frac{10^3\text{m}}{1\text{km}} \times \frac{1\text{hr}}{3,600\text{sec}}$

$= 10\text{m/sec}$

③ $\triangle H = 150 \times \frac{F}{u^3}$

$= 150 \times \frac{329.48\text{m}^4/\text{sec}^3}{(10\text{m/sec})^3}$

$= 49.42\text{m}$

answer 08 ㉯   09 ㉮   10 ㉯   11 ㉰   12 ㉰

13 다음 중 오존 파괴지수가 가장 큰 것은?

㉮ CCl_4 ㉯ $CHFCl_2$
㉰ CH_2FCl ㉱ $C_2H_2FCl_3$

풀이 오존 파괴지수
㉮ CCl_4 : 1.1
㉯ $CHFCl_2$: 0.04
㉰ CH_2FCl : 0.02
㉱ $C_2H_2FCl_3$: 0.007-0.05

14 Fick의 확산방정식을 실제 대기에 적용시키기 위하여 필요한 가정 조건으로 가장 거리가 먼 것은?

㉮ 바람에 의한 오염물질의 주 이동방향은 X축이다.
㉯ 오염물질은 점배출원으로부터 연속적으로 배출된다.
㉰ 풍향, 풍속, 온도, 시간에 따른 농도변화가 없는 정상상태이다.
㉱ 하류로의 확산은 바람이 부는 방향(X축)의 확산보다 강하다.

TIP
Fick's 방정식의 가정조건
① 오염물은 점원으로부터 계속적으로 방출된다.
② 과정은 안정상태이다. 즉, $\frac{dc}{dt} = 0$
③ 풍속은 x, y, z 좌표시스템내의 어느 점에서든 일정하다.
④ 바람에 의한 오염물의 주 이동방향은 X축이다.

15 일산화탄소에 관한 설명으로 옳지 않은 것은?

㉮ 대류권 및 성층권에서의 광화학반응에 의하여 대기 중에서 제거된다.
㉯ 물에 잘 녹아 강우의 영향을 크게 받으며, 다른 물질에 강하게 흡착하는 특징을 가진다.
㉰ 토양 박테리아의 활동에 의하여 이산화탄소로 산화되어 대기 중에서 제거된다.
㉱ 발생량과 대기중의 평균농도로부터 대기 중 평균 체류시간이 약 1~3개월 정도일 것이라 추정되고 있다.

풀이 ㉯ 물에 잘 녹지 않아 강우의 영향을 거의 받지 않으며, 다른 물질에 거의 흡착되지 않는다.

16 역사적인 대기오염 사건에 관한 설명으로 가장 적합하지 않은 것은?

㉮ 로스앤젤레스 사건은 자동차에서 배출되는 질소산화물, 탄화수소 등에 의하여 침강성 역전 조건에서 발생한다.
㉯ 뮤즈계곡 사건은 공장에서 배출되는 아황산가스, 황산, 미세입자 등에 의하여 기온역전, 무풍상태에서 발생했다.
㉰ 런던 사건은 석탄연료의 연소시 배출되는 아황산가스, 먼지 등에 의하여 복사성 역전, 높은 습도, 무풍상태에서 발생했다.
㉱ 보팔 사건은 공장조업사고로 황화수소가 다량누출 되어 발생하였으며 기온역전, 지형상 분지 등의 조건으로 많은 인명피해를 유발했다.

풀이 ㉱ 보팔 사건은 메틸이소시아네이트(CH_3CNO)의 누설에 의해서 발생한 사건이다.

TIP
포자리카 사건 : 황화수소(H_2S) 누설사건

answer 13 ㉮ 14 ㉱ 15 ㉯ 16 ㉱

17 지표면의 오존 농도가 증가하는 원인으로 가장 거리가 먼 것은?

㉮ CO
㉯ NOx
㉰ VOCs
㉱ 태양열 에너지

풀이 일산화탄소(CO)는 안정한 물질로 2차성 물질을 발생시키는데 참여하지 않는다.

18 세류현상(down wash)이 발생되지 않는 조건은?

㉮ 오염물질의 토출속도가 굴뚝높이에서의 풍속과 같을 때
㉯ 오염물질의 토출속도가 굴뚝높이에서의 풍속의 2.0배 이상일 때
㉰ 굴뚝높이에서의 풍속이 오염물질 토출속도의 1.5배 이상일 때
㉱ 굴뚝높이에서의 풍속이 오염물질 토출속도의 2.0배 이상일 때

풀이 ㉯번은 방지책에 해당한다.

19 고도에 따른 대기층의 명칭을 순서대로 나열한 것은? (단, 낮은 고도 → 높은 고도)

㉮ 지표 → 대류권 → 성층권 → 중간권 → 열권
㉯ 지표 → 대류권 → 중간권 → 성층권 → 열권
㉰ 지표 → 성층권 → 대류권 → 중간권 → 열권
㉱ 지표 → 성층권 → 중간권 → 대류권 → 열권

풀이 고도에 따른 대기층의 순서는 지표 → 대류권 → 성층권 → 중간권 → 열권(온도권) 순이다.

20 다음 오존파괴물질 중 평균수명(년)이 가장 긴 것은?

㉮ CFC-11
㉯ CFC-115
㉰ HCFC-123
㉱ CFC-124

풀이 ㉯ CFC-115는 평균수명이 1,700년 정도로 가장 길다.

| 제2과목 | **연소공학**

21 옥탄가에 관한 설명이다. ( )안에 들어갈 말로 옳은 것은?

> 옥탄가는 시험 가솔린의 노킹 정도를 (㉠)과 (㉡)의 혼합표준연료의 노킹 정도와 비교했을 때, 공급 가솔린과 동등한 노킹정도를 나타내는 혼합표준연료 중의 (㉠)%를 말한다.

㉮ ㉠ iso-octane, ㉡ n-butane
㉯ ㉠ iso-octane, ㉡ n-heptane
㉰ ㉠ iso-propane, ㉡ n-pentane
㉱ ㉠ iso-pentane, ㉡ n-butane

22 다음 회분 성분 중 백색에 가깝고 융점이 높은 것은?

㉮ CaO
㉯ SiO_2
㉰ MgO
㉱ Fe_2O_3

풀이 회분 성분 중 백색에 가깝고 융점이 높은 것은 이산화규소(SiO_2)이다.

answer 17 ㉮ 18 ㉯ 19 ㉮ 20 ㉯ 21 ㉯ 22 ㉯

23 액화석유가스(LPG)에 관한 설명으로 옳지 않은 것은?

㉮ 천연가스 회수, 나프타 분해, 석유정제 시 부산물로부터 얻어진다.
㉯ 비중은 공기의 1.5~2.0배 정도로 누출 시 인화 폭발의 위험이 크다.
㉰ 액체에서 기체로 될 때 증발열이 있으므로 사용하는 데 유의할 필요가 있다.
㉱ 메탄, 에탄을 주성분으로 하는 혼합물로 1atm에서 -168℃ 정도로 냉각하면 쉽게 액화된다.

[풀이] ㉱ 액화석유가스(LPG)의 주성분은 프로판(C_3H_8)과 부탄(C_4H_{10})이다.

24 고체연료의 연소방법 중 유동층 연소에 관한 설명으로 옳지 않은 것은?

㉮ 재나 미연탄소의 배출이 많다.
㉯ 미분탄연소에 비해 연소온도가 높아 NOx 생성을 억제하는데 불리하다.
㉰ 미분탄연소와는 달리 고체연료를 분쇄할 필요가 없고 이에 따른 동력손실이 없다.
㉱ 석회석입자를 유동층매체로 사용할 때, 별도의 배연탈황 설비가 필요하지 않다.

[풀이] ㉯ 미분탄연소에 비해 연소온도가 낮아 NOx 생성을 억제하는데 유리하다.

25 디젤노킹을 억제할 수 있는 방법으로 옳지 않은 것은?

㉮ 회전속도를 높인다.
㉯ 급기온도를 높인다.
㉰ 기관의 압축비를 크게 하여 압축압력을 높인다.
㉱ 착화지연 기간 및 급격연소 시간의 분사량을 적게 한다.

[풀이] ㉮ 회전속도를 낮춘다.

26 회전식 버너에 관한 설명으로 옳지 않은 것은?

㉮ 분무각도가 40~80°로 크고, 유량조절 범위도 1 : 5 정도로 비교적 넓은 편이다.
㉯ 연료유는 0.3~0.5kg/cm² 정도로 가압하여 공급하며, 직결식의 분사유량은 1,000L/h 이하이다.
㉰ 연료유의 점도가 크고, 분무컵의 회전수가 작을수록 분무상태가 좋아진다.
㉱ 3,000~10,000rpm으로 회전하는 컵 모양의 분무컵에 송입되는 연료유가 원심력으로 비산됨과 동시에 송풍기에서 나오는 1차 공기에 의해 분무되는 형식이다.

[풀이] ㉰ 연료유의 점도가 작고, 분무컵의 회전수가 빠를수록 분무상태가 좋아진다.

answer   23 ㉱   24 ㉯   25 ㉮   26 ㉰

27 액체연료에 관한 설명으로 옳지 않은 것은?

㉮ 회분이 거의 없으며 연소, 소화, 점화의 조절이 쉽다.
㉯ 화재, 역화의 위험이 크고, 연소 온도가 높기 때문에 국부가열의 위험이 존재한다.
㉰ 기체연료의 비해 밀도가 커 저장에 큰 장소가 필요하지 않고 연료의 수송도 간편한 편이다.
㉱ 완전연소 시 다량의 과잉공기가 필요하므로 연소장치가 대형화되는 단점이 있으며, 소화가 용이하지 않다.

풀이 ㉱번은 고체연료에 대한 설명이다.

28 폭굉 유도 거리(DID)가 짧아지는 요건으로 가장 거리가 먼 것은?

㉮ 압력이 높다.
㉯ 점화원의 에너지가 강하다.
㉰ 정상의 연소속도가 작은 단일가스이다.
㉱ 관속에 방해물이 있거나 관내경이 작다.

풀이 ㉰ 정상의 연소속도가 큰 혼합가스이다.

29 석탄의 탄화도가 증가할수록 나타나는 성질로 옳지 않은 것은?

㉮ 착화온도가 높아진다.
㉯ 연소속도가 느려진다.
㉰ 수분이 감소하고 발열량이 증가한다.
㉱ 연료비(고정탄소(%) / 휘발분(%))가 감소한다.

풀이 ㉱ 연료비(고정탄소(%) / 휘발분(%))가 증가한다.

30 당량비($\emptyset$)에 관한 설명으로 옳지 않은 것은?

㉮ $\emptyset$>1 경우는 불완전연소가 된다.
㉯ $\emptyset$>1 경우는 연료가 과잉인 경우이다.
㉰ $\emptyset$<1 경우는 공기가 부족한 경우이다.
㉱ $\emptyset = \dfrac{실제의연료량/산화제}{완전연소를 위한 이상적 연료량/산화제}$ 이다.

풀이 ㉰ $\emptyset$<1 경우는 공기가 과잉인 경우이다.

31 고위발열량이 12,000kcal/kg인 연료 1kg의 성분을 분석한 결과 탄소가 87.7%, 수소가 12%, 수분이 0.3%이었다. 이 연료의 저위발열량(kcal/kg)은?

㉮ 10,350 ㉯ 10,820
㉰ 11,020 ㉱ 11,350

풀이 저위발열량(kcal/kg)
= 고위발열량(kcal/kg)-600(9H+W)
= 12,000kcal/kg-600×(9×0.12+0.003)
= 11,350.2kcal/kg

32 분무화 연소방식에 해당하지 않는 것은?

㉮ 유압 분무화식   ㉯ 충돌 분무화식
㉰ 여과 분무화식   ㉱ 이류체 분무화식

풀이 분무화 연소방식에는 유압 분무화식, 충돌 분무화식, 이류체 분무화식이 있다.

answer 27 ㉱ 28 ㉰ 29 ㉱ 30 ㉰ 31 ㉱ 32 ㉰

33 기체연료의 연소방법 중 예혼합연소에 관한 설명으로 옳지 않은 것은?

㉮ 화염길이가 길고 그을음이 발생하기 쉽다.
㉯ 역화의 위험이 있어 역화방지기를 부착해야 한다.
㉰ 화염온도가 높아 연소부하가 큰 곳에 사용가능하다.
㉱ 연소기 내부에서 연료와 공기의 혼합비가 변하지 않고 균일하게 연소된다.

[풀이] ㉮ 화염길이가 짧고 그을음이 발생하지 않는다.

34 연소에 관한 설명으로 옳지 않은 것은?

㉮ 표면연소는 휘발분 함유율이 적은 물질의 표면 탄소분부터 직접 연소되는 형태이다.
㉯ 다단연소는 공기 중의 산소 공급없이 물질 자체가 함유하고 있는 산소를 사용하여 연소하는 형태이다.
㉰ 증발연소는 비교적 융점이 낮은 고체연료가 연소하기 전에 액상으로 융해한 후 증발하여 연소하는 형태이다.
㉱ 분해연소는 분해온도가 증발온도보다 낮은 고체연료가 기상 중에 화염을 동반하여 연소할 경우 관찰되는 연소 형태이다.

[풀이] ㉯번은 자기연소에 대한 설명이다.

35 S함량이 5%인 B-C유 400kL를 사용하는 보일러에 S함량이 1%인 B-C유를 50% 섞어서 사용하면 SO_2의 배출량은 몇 % 감소하는가? (단, 기타 연소조건은 동일하며, S는 연소시 전량 SO_2로 변환되고, S함량에 무관하게 B-C유의 비중은 0.95임)

㉮ 30% ㉯ 35%
㉰ 40% ㉱ 45%

[풀이] 감소율(%) = $\left(1 - \dfrac{5\% \times 50\% + 1\% \times 50\%}{5\% \times 100\%}\right) \times 100$
= 40%

36 C 85%, H 11%, S 2%, 회분 2%의 무게비로 구성된 B-C유 1kg을 공기비 1.3으로 완전연소시킬 때, 건조 배출가스 중의 먼지농도(g/Sm^3)는? (단, 모든 회분 성분은 먼지가 됨)

㉮ 0.82 ㉯ 1.53
㉰ 5.77 ㉱ 10.23

[풀이] ① 이론공기량(A_o)
= $8.89C + 26.67\left(H - \dfrac{O}{8}\right) + 3.33S (Sm^3/kg)$
= $8.89 \times 0.85 + 26.67 \times 0.11 + 3.33 \times 0.02$
= $10.5568 Sm^3/kg$
② 실제건조배출가스량(Gd)
= $mA_o - 5.6H + 0.7O + 0.8N (Sm^3/kg)$
= $1.3 \times 10.5568 Sm^3/kg - 5.6 \times 0.11$
= $13.1078 Sm^3/kg$
③ 먼지농도(g/Sm^3)
= $\dfrac{0.02 kg/kg}{13.1078 Sm^3/kg} \times 10^3 g/kg = 1.53 g/Sm^3$

answer 33 ㉮ 34 ㉯ 35 ㉰ 36 ㉯

37 표준상태에서 CO_2 50kg의 부피(m^3)는? (단, CO_2는 이상기체라 가정)

㉮ 12.73 ㉯ 22.40
㉰ 25.45 ㉱ 44.80

풀이 $50kg \times \dfrac{22.4 Sm^3}{44kg} = 25.45 Sm^3$

TIP CO_2 1Kmol $\begin{cases} 44kg \\ 22.4\ Sm^3 \end{cases}$

38 고체연료의 화격자 연소장치 중 연료가 화격자 → 석탄층 → 건류층 → 산화층 → 환원층을 거치며 연소되는 것으로, 연료층을 항상 균일하게 제어할 수 있고 저품질 연료도 유효하게 연소시킬 수 있어 쓰레기 소각로에 많이 이용되는 장치로 가장 적합한 것은?

㉮ 체인 스토커(chain stoker)
㉯ 포트식 스토커(pot stoker)
㉰ 산포식 스토커(spreader stoker)
㉱ 플라스마 스토커(plasma stoker)

풀이 ㉮ 체인 스토커에 대한 설명이다.

39 어떤 액체연료의 연소 배출가스 성분을 분석한 결과 CO_2가 12.6%, O_2가 6.4%일 때, (CO_2) max(%)는? (단, 연료는 완전연소 됨)

㉮ 11.5 ㉯ 13.2
㉰ 15.3 ㉱ 18.1

풀이 $CO_2 max(\%) = \dfrac{21 \times CO_2\%}{21 - O_2\%} = \dfrac{21 \times 12.6\%}{21 - 6.4\%}$
$= 18.12\%$

TIP $CO_2 max(\%) = \dfrac{21 \times (CO_2\% + CO\%)}{21 - O_2\% + 0.395 \times CO\%}$

40 다음 중 황함량이 가장 낮은 연료는?

㉮ LPG ㉯ 중유
㉰ 경유 ㉱ 휘발유

풀이 황함량 순서는 LPG < 휘발유 < 경유 < 중유 순이다.

| 제3과목 | 대기오염방지기술

41 유체의 점성에 관한 설명으로 옳지 않은 것은?

㉮ 액체의 온도가 높아질수록 점성계수는 감소한다.
㉯ 점성계수는 압력과 습도의 영향을 거의 받지 않는다.
㉰ 유체 내에 발생하는 전단응력은 유체의 속도구배에 반비례한다.
㉱ 점성은 유체분자 상호간에 작용하는 응집력과 인접 유체층간의 운동량 교환에 기인한다.

풀이 ㉰ 유체 내에 발생하는 전단응력은 유체의 속도구배 제곱에 반비례한다.

answer 37 ㉰ 38 ㉮ 39 ㉱ 40 ㉮ 41 ㉰

42 송풍기 회전수(N)와 유체밀도(ρ)가 일정할 때 성립하는 송풍기 상사법칙을 나타내는 식은? (단, Q : 유량, P : 풍압, L : 동력, D : 송풍기의 크기)

㉮ $Q_2 = Q_1 \times \left[\dfrac{D_1}{D_2}\right]^2$

㉯ $P_2 = P_1 \times \left[\dfrac{D_1}{D_2}\right]^2$

㉰ $Q_2 = Q_1 \times \left[\dfrac{D_2}{D_1}\right]^3$

㉱ $L_2 = L_1 \times \left[\dfrac{D_2}{D_1}\right]^3$

43 사이클론(cyclone)의 운전조건과 치수가 집진율에 미치는 영향으로 옳지 않은 것은?

㉮ 동일한 유량일 때 원통의 직경이 클수록 집진율이 증가한다.
㉯ 입구의 직경이 작을수록 처리가스의 유입속도가 빨라져 집진율과 압력손실이 증가한다.
㉰ 함진가스의 온도가 높아지면 가스의 점도가 커져 집진율이 감소하나 그 영향은 크지 않은 편이다.
㉱ 출구의 직경이 작을수록 집진율이 증가하지만 동시에 압력손실이 증가하고 함진가스의 처리능력이 감소한다.

▶풀이 ㉮ 동일한 유량일 때 원통의 직경이 작을수록 집진율이 증가한다.

44 사이클론(cyclone)의 가스 유입속도를 4배로 증가시키고 유입구의 폭을 3배로 늘렸을 때, 처음 Lapple의 절단입경 d_p에 대한 나중 Lapple의 절단입경 $d_p{'}$의 비는?

㉮ 0.87   ㉯ 0.93
㉰ 1.18   ㉱ 1.26

▶풀이 $d_{P50} = \sqrt{\dfrac{9\mu B}{2\pi V(\rho_s - \rho)N}} \times 10^6 \; (\mu m)$

따라서 $d_{P50} = \sqrt{\dfrac{B}{V}} = \sqrt{\dfrac{3배}{4배}} = 0.87$

45 임의로 충진한 충진탑에서 혼합물을 물리적으로 분리할 때, 액의 분배가 원활하게 이루어지지 못하면 어떤 현상이 발생할 수 있는가?

㉮ mixing 현상   ㉯ flooding 현상
㉰ blinding 현상   ㉱ channeling 현상

▶풀이 ㉱ channeling 현상에 대한 설명이다.

46 입경측정방법 중 관성충돌법(cascade impactor)에 관한 설명으로 옳지 않은 것은?

㉮ 입자의 질량크기분포를 알 수 있다.
㉯ 퇴튐으로 인한 시료의 손실이 일어날 수 있다.
㉰ 관성충돌을 이용하여 입경을 간접적으로 측정하는 방법이다.
㉱ 시료채취가 용이하고 채취 준비에 많은 시간이 소요되지 않는 장점이 있으나, 단수를 임의로 설계하기가 어렵다.

answer 42 ㉰   43 ㉮   44 ㉮   45 ㉱   46 ㉱

풀이 ㉰ 시료채취가 어렵고, 채취 준비에 많은 시간이 소요된다.

47 다음 여과포의 재질 중 최고사용온도가 가장 높은 것은?

㉮ 오론
㉯ 목면
㉰ 비닐론
㉱ 나일론(폴리아미드계)

풀이 최고사용 온도
㉮ 오론 : 150℃
㉯ 목면 : 80℃
㉰ 비닐론 : 100℃
㉱ 나일론(폴리아미드계) : 110℃

48 유해가스를 처리할 때 사용하는 충전탑 (packed tower)에 관한 내용으로 옳지 않은 것은?

㉮ 충전탑에서 hold-up은 탑의 단위면적당 충전재의 양을 의미한다.
㉯ 흡수액에 고형물이 함유되어 있는 경우에는 침전물이 생기는 방해를 받는다.
㉰ 충전물을 불규칙적으로 충전했을 때 접촉면적과 압력손실이 커진다.
㉱ 일정량의 흡수액을 흘릴 때 유해가스의 압력손실은 가스속도의 대수 값에 비례하며, 가스속도가 증가할 때 나타나는 첫 번째 파괴점(break point)을 loading point라 한다

풀이 ㉮ 충전탑에서 hold-up은 탑의 단위면적당 액의 보유량을 의미한다.

49 하전식 전기집진장치에 관한 설명으로 옳지 않은 것은?

㉮ 2단식은 1단식에 비해 오존의 생성이 적다.
㉯ 1단식은 일반적으로 산업용에 많이 사용된다.
㉰ 2단식은 비교적 함진 농도가 낮은 가스 처리에 유용하다.
㉱ 1단식은 역전리 억제에는 효과적이나 재비산 방지는 곤란하다.

풀이 ㉱ 1단식은 역전리 억제에는 비효과적이나 재비산 방지는 용이하다.

50 사이클론(cyclone)을 사용하여 입자상 물질을 집진할 때, 입경에 따라 집진효율이 달라진다. 집진효율이 50%인 입경을 나타내는 용어는?

㉮ stokes diameter
㉯ critical diameter
㉰ cut size diameter
㉱ aerodynamic diameter

풀이 ㉰ cut size diameter에 대한 설명이다.

51 일정한 온도 하에서 어떤 유해가스와 물이 평형을 이루고 있다. 가스 분압이 38mmHg이고 Henry 상수가 0.01atm $\cdot m^3/kg \cdot mol$일 때, 액 중 유해가스 농도($kg \cdot mol/m^3$)는?

㉮ 3.8 ㉯ 4.0
㉰ 5.0 ㉱ 5.8

풀이 유해가스 농도($kg \cdot mol/m^3$)

answer 47 ㉮ 48 ㉮ 49 ㉱ 50 ㉰ 51 ㉰

$$= \frac{분압(atm)}{헨리상수(atm \cdot m^3/kg \cdot mol)}$$

$$= \frac{38mmHg/760}{0.01atm \cdot m^3/kg \cdot mol}$$

$$= 5kg \cdot mol/m^3$$

52 광학현미경을 사용하여 분진의 입경을 측정할 수 있다. 이때 입자의 투영면적을 2등분하는 선의 길이로 나타낸 분진의 입경은?

㉮ Feret경 ㉯ Martin경
㉰ 등면적경 ㉱ Heyhood경

[풀이] ㉯ Martin경에 대한 설명이다.

53 촉매산화식 탈취공정에 관한 설명으로 옳지 않은 것은?

㉮ 대부분의 성분은 탄산가스와 수증기가 되기 때문에 배수처리가 필요 없다.
㉯ 비교적 고온에서 처리하기 때문에 직접연소식에 비해 질소산화물의 발생량이 많다.
㉰ 광범위한 가스 조건 하에서 적용이 가능하며 저농도에서도 뛰어난 탈취효과를 발휘할 수 있다.
㉱ 처리하고자 하는 대상가스 중의 악취성분 농도나 발생상황에 대응하여 최적의 촉매를 선정함으로서 뛰어난 탈취효과를 확보할 수 있다.

[풀이] ㉯ 비교적 저온에서 처리하기 때문에 직접연소식에 비해 질소산화물의 발생량이 적다.

54 유량이 5,000m³/h인 가스를 충전탑을 사용하여 처리하고자 한다. 충전탑 내의 가스 유속을 0.34m/s로 할 때, 충전탑의 직경(m)은?

㉮ 1.9 ㉯ 2.3
㉰ 2.8 ㉱ 3.5

[풀이] 유량(Q) = 단면적(A)×유속(v)

$$= \frac{\pi D^2}{4}(m^2) \times v(m/sec)$$

$$D = \sqrt{\frac{4Q}{\pi v}} = \sqrt{\frac{4 \times 5,000 m^3/hr \times 1hr/3,600sec}{\pi \times 0.34 m/sec}}$$

$$= 2.28m$$

55 시멘트산업에서 일반적으로 사용하는 전기집진장치의 배출가스 조절제는?

㉮ 물(수증기) ㉯ SO_3 가스
㉰ 암모늄염 ㉱ 가성소다

[풀이] 시멘트산업에서 일반적으로 사용하는 전기집진장치의 배출가스 조절제는 물(수증기)이다.

56 가연성 유해가스를 제거하기 위한 방법 중 촉매산화법에 관한 설명으로 옳지 않은 것은?

㉮ 압력손실이 커서 운영 비용이 많이 든다.
㉯ 체류시간은 연소 장치에서 요구되는 것보다 짧다.
㉰ 촉매로는 백금, 팔라듐 등의 귀금속이 활성이 크기 때문에 널리 사용된다.
㉱ 촉매들은 운전시 상한온도가 있기 때문에 촉매층을 통과할 때 온도가 과도하게 올라가지 않도록 한다.

[풀이] ㉮ 압력손실이 작아서 운영 비용이 적게 든다.

answer 52 ㉯ 53 ㉯ 54 ㉯ 55 ㉮ 56 ㉮

57 직경이 1.2m인 직선덕트를 사용하여 가스를 15m/s의 속도로 수송할 때, 길이 100m당 압력손실(mmH₂O)은? (단, 덕트의 마찰계수=0.005, 가스의 밀도=1.3kg/m³)

㉮ 19.1　　㉯ 21.8
㉰ 24.9　　㉱ 29.8

풀이
$$\triangle P = 4f \times \frac{L}{D} \times \frac{r \times V^2}{2 \times g} \text{(mmH}_2\text{O)}$$
$$= 4 \times 0.005 \times \frac{100m}{1.2m} \times \frac{1.3kg/m^3 \times (15m/sec)^2}{2 \times 9.8m/sec^2}$$
$$= 24.87 mmH_2O$$

58 20℃, 1기압에서 공기의 동점성계수는 $1.5 \times 10^{-5} m^2/s$이다. 관의 지름이 50mm일 때, 그 관을 흐르는 공기의 속도(m/s)는? (단, 레이놀즈 수 = 3.5×10^4)

㉮ 4.0　　㉯ 6.5
㉰ 9.0　　㉱ 10.5

풀이
$$Re = \frac{D \times V \times \rho}{\mu} = \frac{D \times V}{\nu}$$
$$3.5 \times 10^4 = \frac{50 \times 10^{-3}m \times V}{1.5 \times 10^{-5} m^2/sec}$$
$$\therefore V = \frac{3.5 \times 10^4 \times 1.5 \times 10^{-5} m^2/sec}{50 \times 10^{-3}m} = 10.5 m/sec$$

59 탈취방법 중 수세법에 관한 설명으로 옳지 않은 것은?

㉮ 고농도의 악취가스 전처리에 효과적이다.
㉯ 조작이 간단하며 탈취효율이 우수하여 전처리과정 없이 사용된다.
㉰ 수온에 따라 탈취효과가 달라지고 압력손실이 큰 것이 단점이다.
㉱ 알데하이드류, 저급유기산류, 페놀 등 친수성 극성기를 가지는 성분을 제거할 수 있다.

풀이 ㉯ 조작이 간단하나 탈취효율이 낮아 타 방법과 병용처리시 전처리로 사용한다.

60 기체분산형 흡수장치로만 짝지어진 것은?

㉮ 단탑, 기포탑　　㉯ 기포탑, 충전탑
㉰ 분무탑, 단탑　　㉱ 분무탑, 충전탑

풀이 흡수장치의 종류
① 액 분산형 흡수장치 : 충전탑(흡수탑), 분무탑, 벤츄리스크러버
② 기체 분산형 흡수장치 : 다공판탑, 종탑, 기포탑, 단탑

제4과목 | 대기오염공정시험기준

61 이온크로마토그래피의 검출기에 관한 설명이다. ( )안에 들어갈 내용으로 가장 적합한 것은?

(㉠)는 고성능 액체크로마토그래피 분야에서 가장 널리 사용되는 검출기로, 최근에는 이온크로마토그래피에서도 전기전도도 검출기와 병행하여 사용되기도 한다. 또한 (㉡)는 전이금속 성분의 발색반응을 이용하는 경우에 사용된다.

㉮ ㉠ 광학검출기
　　㉡ 암페로메트릭검출기
㉯ ㉠ 전기화학적검출기
　　㉡ 불꽃광도검출기

answer 57 ㉰　58 ㉱　59 ㉯　60 ㉮　61 ㉰

㉰ ㉠ 자외선흡수검출기
　　㉡ 가시선흡수검출기
㉱ ㉠ 전기전도도검출기
　　㉡ 전기화학적검출기

62 굴뚝 배출가스 중의 황산화물을 분석하는데 사용하는 시료흡수용 흡수액은?

㉮ 질산용액
㉯ 붕산용액
㉰ 과산화수소용액
㉱ 수산화소듐용액

풀이 황산화물의 흡수액은 과산화수소(H_2O_2)용액(1+9)이다.

63 자외선/가시선분광법에 관한 설명으로 옳지 않은 것은? (단, I_o : 입사광의 강도, I_t : 투사광의 강도)

㉮ $\dfrac{I_t}{I_o}$를 투과도(t)라 한다.

㉯ $\log \dfrac{I_t}{I_o}$을 흡광도(A)라 한다.

㉰ 투과도(t)를 백분율로 표시한 것을 투과 퍼센트라 한다.

㉱ 자외선/가시선분광법은 램버어트-비어 법칙을 응용한 것이다.

풀이 ㉯ $\log \dfrac{I_o}{I_t}$을 흡광도(A)라 한다.

64 오염물질 A의 실측 농도가 250mg/Sm³이고 그 때의 실측 산소농도가 3.5%이다. 오염물질 A의 보정농도(mg/Sm³)는? (단, 오염물질 A는 표준산소농도를 적용받으며, 표준산소농도는 4%임)

㉮ 219
㉯ 243
㉰ 247
㉱ 286

풀이 오염물질 A의 보정농도(mg/Sm³)

$= C_a \times \dfrac{21-O_s}{21-O_a}$

$= 250\text{mg/Sm}^3 \times \dfrac{21-4\%}{21-3.5\%}$

$= 242.86\text{mg/Sm}^3$

65 비분산형적외선분석기의 구성에서 ( ) 안에 들어갈 기기로 옳은 것은? (단, 복광속 분석계 기준)

광원 → (㉠) → (㉡) → 시료셀 → 검출기 → 증폭기 → 지시계

㉮ ㉠ 광학섹터, ㉡ 회전필터
㉯ ㉠ 회전섹터, ㉡ 광학필터
㉰ ㉠ 광학필터, ㉡ 회전필터
㉱ ㉠ 회전섹터, ㉡ 광학섹터

풀이 장치의 순서는 광원 → 회전섹터 → 광학필터 → 시료셀 → 검출기 → 증폭기 → 지시계 순이다.

answer 62 ㉰　63 ㉯　64 ㉯　65 ㉯

66 배출가스 중의 건조시료가스 채취량을 건식가스미터를 사용하여 측정할 때 필요한 항목에 해당하지 않는 것은?

㉮ 가스미터의 온도
㉯ 가스미터의 게이지압
㉰ 가스미터로 측정한 흡입가스량
㉱ 가스미터 온도에서의 포화 수증기압

풀이 ㉱번은 습식가스미터를 사용한 경우이다.

67 대기 중의 가스상 물질을 용매채취법에 따라 채취할 때 사용하는 순간유량계 중 면적식 유량계는?

㉮ 노즐식 유량계
㉯ 오리피스 유량계
㉰ 게이트식 유량계
㉱ 미스트식 가스미터

풀이 용매채취법에서 순간유량계 중 면적식 유량계는 게이트식 유량계이다.

68 굴뚝을 통해 대기 중으로 배출되는 가스상의 시료를 채취할 때 사용하는 연결관에 관한 설명으로 옳지 않은 것은?

㉮ 연결관의 안지름은 연결관의 길이, 흡인가스의 유량, 응축수에 의한 막힘, 또는 흡인펌프의 능력 등을 고려해서 4mm ~25mm로 한다.
㉯ 하나의 연결관으로 여러 개의 측정기를 사용할 경우 각 측정기 앞에서 연결관을 병렬로 연결하여 사용한다.
㉰ 연결관의 길이는 가능한 한 먼 곳의 시료채취구에서도 채취가 용이하도록 100m 정도로 가급적 길게 하되, 200m를 넘지 않도록 한다.
㉱ 연결관은 가능한 한 수직으로 연결해야 하고 부득이 구부러진 관을 사용할 경우에는 응축수가 흘러나오기 쉽도록 경사지게 (5° 이상) 한다.

풀이 ㉰ 연결관(도관)의 길이는 되도록 짧게 하고, 부득이 길게 해서 쓰는 경우에는 이음매가 없는 배관을 써서 접속 부분을 적게 하고 받침기구로 고정해서 사용해야 한다.

69 굴뚝 배출가스 중의 염화수소를 분석하는 방법 중 자외선/가시선 분광법(흡광광도법)에 해당하는 것은?

㉮ 질산은법
㉯ 4-아미노안티피린법
㉰ 싸이오시안산제이수은법
㉱ 란타넘-알리자린 콤플렉숀법

풀이 염화수소를 분석하는 방법 중 자외선/가시선 분광법(흡광광도법)은 싸이오시안산제이수은법이다.

70 굴뚝 배출가스 중의 질소산화물을 연속자동측정 할 때 사용하는 화학발광 분석계의 구성에 관한 설명으로 옳지 않은 것은?

㉮ 반응조는 시료가스와 오존가스를 도입하여 반응시키기 위한 용기로서 내부압력조건에 따라 감압형과 상압형으로 구분된다.
㉯ 오존발생기는 산소가스를 오존으로 변환시키는 역할을 하며, 에너지원으로서 무성방전관 또는 자외선발생기를 사용한다.

answer 66 ㉱ 67 ㉰ 68 ㉰ 69 ㉰ 70 ㉰

㉰ 검출기에는 화학발광을 선택적으로 투과시킬 수 있는 발광필터가 부착되어 있어 전기신호를 발광도로 변환시키는 역할을 한다.

㉱ 유량제어부는 시료가스 유량제어부와 오존가스 유량제어부가 있으며 이들은 각각 저항관, 압력조절기, 니들밸브, 면적유량계, 압력계 등으로 구성되어 있다.

[풀이] ㉰ 검출기에는 화학발광을 선택적으로 투과시킬 수 있는 광학필터가 부착되어 있어 발광도를 전기신호로 변환시키는 역할을 한다.

71 굴뚝 배출가스 중의 질소산화물을 아연환원나프틸에틸렌다이아민법에 따라 분석할 때에 관한 설명이다. ( )안에 들어갈 내용으로 옳은 것은?

> 시료 중의 질소산화물을 오존 존재 하에서 흡수액에 흡수시켜 (㉠)으로 만들고 (㉡)을 사용하여 (㉢)으로 환원한 후 설파닐아마이드(sulfanilamide) 및 나프틸에틸렌다이아민(naphthyl ethylene diamine)을 반응시켜 얻어진 착색의 흡광도로부터 질소산화물을 정량한다.

㉮ ㉠ 아질산이온, ㉡ 분말금속아연, ㉢ 질산이온
㉯ ㉠ 아질산이온, ㉡ 분말황산아연, ㉢ 질산이온
㉰ ㉠ 질산이온, ㉡ 분말황산아연, ㉢ 아질산이온
㉱ ㉠ 질산이온, ㉡ 분말금속아연, ㉢ 아질산이온

72 대기오염공정시험기준 총칙 상의 시험기재 및 용어에 관한 내용으로 옳지 않은 것은?

㉮ 시험조작 중 "즉시"란 30초 이내에 표시된 조작을 하는 것을 뜻한다.
㉯ "감압 또는 진공"이라 함은 따로 규정이 없는 한 50mmHg 이하를 뜻한다.
㉰ 용액의 액성표시는 따로 규정이 없는 한 유리전극법에 의한 pH미터로 측정한 것을 뜻한다.
㉱ 액체성분의 양을 "정확히 취한다"는 홀피펫, 부피플라스크 또는 이와 동등 이상의 정도를 갖는 용량계를 사용하여 조작하는 것을 뜻한다.

[풀이] ㉯ "감압 또는 진공"이라 함은 따로 규정이 없는 한 15mmHg 이하를 뜻한다.

73 대기오염공정시험기준 총칙 상의 용어 정의로 옳지 않은 것은?

㉮ 냉수는 4℃ 이하, 온수는 (60~70)℃, 열수는 약 100℃를 말한다.
㉯ 시험에 사용하는 시약은 따로 규정이 없는 한 특급 또는 1급 이상 또는 이와 동등한 규격의 것을 사용하여야 한다.
㉰ 기체 중의 농도를 mg/m^3로 나타냈을 때 m^3은 표준상태의 기체 용적을 뜻하는 것으로 Sm^3로 표시한 것과 같다.
㉱ ppm의 기호는 따로 표시가 없는 한 기체일 때는 용량 대 용량(부피분율), 액체일 때는 중량대 중량(질량분율)으로 표시한 것을 뜻한다.

[풀이] ㉮ 냉수는 15℃ 이하, 온수는 (60~70)℃, 열수는 약 100℃를 말한다.

answer 71 ㉱ 72 ㉯ 73 ㉮

74 대기 중의 유해 휘발성 유기화합물을 고체흡착법에 따라 분석할 때 사용하는 용어의 정의이다. ( )안에 들어갈 내용으로 가장 적합한 것은?

> 일정농도의 VOCs가 흡착관에 흡착되는 초기 시점부터 일정시간이 흐르게 되면 흡착관 내부에 상당량의 VOCs가 포화되기 시작하고 전체 VOCs양의 5%가 흡착관을 통과하게 되는데, 이 시점에서 흡착관 내부로 흘러간 총 부피를 ( )라 한다.

㉮ 머무름부피(retention volume)
㉯ 안전부피(safe sample volume)
㉰ 파과부피(breakthrough volume)
㉱ 탈착부피(desorption volume)

풀이 ㉰ 파과부피에 대한 설명이다.

75 굴뚝 배출가스 중의 일산화탄소를 분석하는 방법에 해당하지 않는 것은?

㉮ 정전위전해법
㉯ 자외선가시선분광법
㉰ 비분산적외선분광분석법
㉱ 기체크로마토그래피법

풀이 일산화탄소를 분석하는 방법에는 정전위전해법(전기화학식), 비분산적외선분광분석법, 기체크로마토그래피법이 있다.

76 굴뚝 배출가스 중의 무기 플루오린화합물을 자외선/가시선분광법에 따라 분석하여 얻은 결과이다. 플루오린화합물의 농도(ppm)은? (단, 방해이온이 존재할 경우임)

- 검정곡선에서 구한 플루오린화합물 이온의 질량 : 1mg
- 건조시료가스량 : 20L
- 분취한 액량 : 50mL

㉮ 100   ㉯ 155
㉰ 250   ㉱ 295

풀이 농도(ppm)

$$= \frac{\text{플루오린이온의 질량(mg)} \times \frac{\text{시료용액 전량(mL)}}{\text{분취한 액량(mL)}}}{\text{건조시료 가스량(L)}} \times 1,000 \times \frac{22.4}{19}$$

$$= \frac{1mg \times \frac{250mL}{50mL}}{20L} \times 1,000 \times \frac{22.4}{19}$$

$$= 294.74 ppm$$

TIP
시료용액 전량
① 방해이온이 존재할 경우 : 250mL
② 방해이온이 존재하지 않을 경우 : 200mL

77 원자흡수분광법에 따라 분석하여 얻은 측정결과이다. 대기 중의 납 농도(mg/m^3)는?

- 분석시료용액 : 100mL
- 표준시료 가스량 : 500L
- 시료용액 흡광도에 상당하는 납 농도 : 0.0125mg Pb/mL

㉮ 2.5   ㉯ 5.0
㉰ 7.5   ㉱ 9.5

풀이 납 농도(mg/m^3) $= \dfrac{0.0125mg/mL \times 100mL}{500L \times \dfrac{1m^3}{10^3 L}}$

$= 2.5 mg/m^3$

answer 74 ㉰ 75 ㉯ 76 ㉱ 77 ㉮

78 대기 중의 다환방향족 탄화수소(PAH)를 기체크로마토그래피법에 따라 분석하고 자 한다. 다음 중 체류시간(retention time) 이 가장 긴 것은?

㉮ 플루오렌(fluorene)
㉯ 나프탈렌(naphthalene)
㉰ 안트라센(anthracene)
㉱ 벤조(a)피렌(benzo(a)pyrene)

[풀이] 문제와 답만 기억하면 되는 문제입니다.

79 굴뚝 배출가스 중의 일산화탄소를 기체 크로마토그래피법에 따라 분석할 때에 관한 설명으로 옳지 않은 것은?

㉮ 부피분율 99.9%이상의 헬륨을 운반 가스로 사용한다.
㉯ 활성알루미나(Al_2O_3 93.1%, SiO_2 0.02%) 를 충전제로 사용한다.
㉰ 메테인화 반응장치가 있는 불꽃이온 화 검출기를 사용한다.
㉱ 내면을 잘 세척한 안지름이 2~4mm, 길이가 0.5~1.5m인 스테인리스강 재 질관을 분리관으로 사용한다.

[풀이] ㉯ 합성제올라이트를 충전제로 사용한다.

80 이온크로마토그래피의 설치조건(기준) 으로 옳지 않은 것은?

㉮ 대형변압기, 고주파가열 등으로부터 전자유도를 받지 않아야 한다.
㉯ 부식성 가스 및 먼지발생이 적고, 진동 이 없으며 직사광선을 피해야 한다.
㉰ 실험실 온도 15℃~25℃, 상대습도 30%~85% 범위로 급격한 온도 변화 가 없어야 한다.
㉱ 공급전원은 기기의 사양에 지정된 전 압 전기용량 및 주파수로 전압변동은 40% 이하이고, 주파수 변동이 없어야 한다.

[풀이] ㉱ 공급전원은 기기의 사양에 지정된 전압 전기용 량 및 주파수로 전압변동은 10% 이하이고, 주파 수 변동이 없어야 한다.

| 제5과목 | **대기환경관계법규**

81 대기환경보전법령상 환경기술인 등의 교육을 받게 하지 아니한 자에 대한 행 정 처분기준으로 옳은 것은?

㉮ 50만원 이하의 과태료를 부과한다.
㉯ 100만원 이하의 과태료를 부과한다.
㉰ 100만원 이하의 벌금에 처한다.
㉱ 200만원 이하의 벌금에 처한다.

[풀이] ㉯ 100만원 이하의 과태료에 해당한다.

82 대기환경보전법령상 수도권대기환경청 장, 국립환경과학원장 또는 한국환경공 단이 설치하는 대기오염 측정망의 종류 가 아닌 것은?

㉮ 도시지역의 휘발성유기화합물 등의 농도를 측정하기 위한 광화학대기오 염물질측정망
㉯ 기후·생태계변화 유발물질의 농도를 측정하기 위한 지구대기측정망
㉰ 대기 중의 중금속 농도를 측정하기 위 한 대기중금속측정망

answer 78 ㉱ 79 ㉯ 80 ㉱ 81 ㉯ 82 ㉰

㉣ 대기오염물질의 지역배경농도를 측정하기 위한 교외대기측정망

풀이 ㉣번은 시·도지사가 설치하는 대기오염 측정망의 종류이다.

TIP
① 수도권대기환경청장, 국립환경과학원장 또는 한국환경공단이 설치하는 대기오염측정망의 종류에는 교외대기측정망, 국가배경농도측정망, 유해대기물질측정망, 광화학대기오염물질측정망, 산성강하물측정망, 지구대기측정망, 대기오염집중측정망, 미세먼지성분측정망이 있다.
② 시·도지사가 설치하는 대기오염측정망의 종류에는 도시대기측정망, 도로변대기측정망, 대기중금속측정망이 있다.

83 대기환경보전법령상 개선명령의 이행보고와 관련하여 환경부령으로 정하는 대기오염도 검사기관에 해당하지 않는 것은?

㉮ 보건환경연구원
㉯ 유역환경청
㉰ 한국환경공단
㉱ 한국환경보전원

풀이 ㉱ 국립환경과학원

84 대기환경관계법령상 비산먼지 발생을 억제하기 위한 시설의 설치 및 필요한 조치에 관한 기준 중 시멘트 수송공정에서 적재물은 적재함 상단으로부터 수평으로 몇 cm 이하까지 적재하여야 하는가?

㉮ 5cm 이하
㉯ 10cm 이하
㉰ 20cm 이하
㉱ 30cm 이하

풀이 시멘트 수송공정에서 적재물은 적재함 상단으로부터 수평으로 5cm 이하까지 적재하여야 한다.

85 대기환경보전법령상 분체상 물질을 싣고 내리는 공정의 경우, 비산먼지 발생을 억제하기 위해 작업을 중지해야 하는 평균풍속(m/s)의 기준은?

㉮ 2 이상
㉯ 5 이상
㉰ 7 이상
㉱ 8 이상

풀이 분체상 물질을 싣고 내리는 공정의 경우, 비산먼지 발생을 억제하기 위해 작업을 중지해야 하는 평균풍속은 8m/s 이상이다.

86 대기환경보전법령상 장거리이동대기오염물질대책위원회의 위원에는 대통령령으로 정하는 분야의 학식과 경험이 풍부한 전문가를 위촉할 수 있다. 여기서 나타내는 '대통령령으로 정하는 분야'와 가장 거리가 먼 것은?

㉮ 예방의학 분야
㉯ 유해화학물질 분야
㉰ 국제협력 분야 및 언론 분야
㉱ 해양 분야

풀이 대통령령으로 정하는 분야는 산림 분야, 대기환경 분야, 기상 분야, 예방의학 분야, 보건 분야, 화학사고 분야, 해양 분야, 국제협력 분야, 언론 분야이다.

answer 83 ㉱ 84 ㉮ 85 ㉱ 86 ㉯

87 대기환경보전법령상 대기오염경보에 관한 설명으로 틀린 것은?

㉮ 시·도지사는 당해 지역에 대하여 대기오염경보를 발령할 수 있다.
㉯ 지역의 대기오염 발생 특성 등을 고려하여 특별시, 광역시 등의 조례로 경보 단계별 조치사항을 일부 조정할 수 있다.
㉰ 대기오염경보의 대상 지역, 대상 오염물질, 발령 기준, 경보 단계 및 경보 단계별 조치 등에 필요한 사항은 환경부령으로 정한다.
㉱ 경보단계 중 경보발령의 경우에는 주민의 실외활동 제한 요청, 자동차 사용의 제한 및 사업장의 연료사용량 감축 권고 등의 조치를 취하여야 한다.

〔풀이〕 ㉰ 대기오염경보의 대상 지역, 대상 오염물질, 발령 기준, 경보 단계 및 경보 단계별 조치 등에 필요한 사항은 대통령령으로 정한다.

88 대기환경보전법령상 기후·생태계 변화 유발물질 중 "환경부령으로 정하는 것"에 해당하는 것은?

㉮ 염화불화탄소와 수소염화불화탄소
㉯ 염화불화산소와 수소염화불화산소
㉰ 불화염화수소와 불화염소화수소
㉱ 불화염화수소와 불화수소화탄소

〔풀이〕 기후·생태계 변화 유발물질 중 환경부령으로 정하는 것은 염화불화탄소와 수소염화불화탄소이다.

89 대기환경보전법령상 장거리이동대기오염물질 대책위원회에 관한 사항으로 틀린 것은?

㉮ 위원회는 위원장 1명을 포함한 25명 이내의 위원으로 구성한다.
㉯ 위원회의 위원장은 환경부장관이 되고, 위원은 환경부령으로 정하는 중앙행정기관의 공무원 등으로서 환경부장관이 위촉하거나 임명하는 자로 한다.
㉰ 위원회와 실무위원회 및 장거리이동대기오염물질연구단의 구성 및 운영 등에 관하여 필요한 사항은 대통령령으로 정한다.
㉱ 환경부장관은 장거리이동대기오염물질 피해방지를 위하여 5년마다 관계 중앙행정기관의 장과 협의하고 시·도지사의 의견을 들어야 한다.

〔풀이〕 ㉯ 위원회의 위원장은 환경부차관이 되고, 위원은 환경부령으로 정하는 중앙행정기관의 공무원 등으로서 환경부장관이 위촉하거나 임명하는 자로 한다.

90 실내공기질 관리법령상 신축 공동주택에 실내공기질 권고기준 중 "에틸벤젠" 기준으로 옳은 것은?

㉮ 210μg/m³ 이하   ㉯ 300μg/m³ 이하
㉰ 360μg/m³ 이하   ㉱ 700μg/m³ 이하

TIP 신축 공동주택의 실내 공기질 권고기준
① 폼알데하이드 : 210μg/m³ 이하
② 벤젠 : 30μg/m³ 이하
③ 톨루엔 : 1,000μg/m³ 이하
④ 에틸벤젠 : 360μg/m³ 이하
⑤ 자일렌 : 700μg/m³ 이하
⑥ 스티렌 : 300μg/m³ 이하
⑦ 라돈 : 148Bq/m³ 이하

answer 87 ㉰ 88 ㉮ 89 ㉯ 90 ㉰

91 대기환경보전법령상 환경부장관은 오염물질 측정기기와 운영·관리기준을 지키지 않는 사업자에 대해 조치명령을 하는 경우, 부득이한 사유인 경우 신청에 의한 연장기간까지 포함하여 최대 몇 개월의 범위에서 개선기간을 정할 수 있는가?

㉮ 3개월 ㉯ 6개월
㉰ 9개월 ㉱ 12개월

풀이 개선기간 6개월 + 연장기간 6개월 = 12개월

92 대기환경보전법령상 그 배출시설이 발전소의 발전 설비로서 국민경제에 현저한 지장을 줄 우려가 있어 조업정지처분을 갈음하여 과징금을 부과할 때, 3종사업장인 경우 조업정지 1일당 과징금 부과금액 기준으로 옳은 것은?

㉮ 900만원 ㉯ 600만원
㉰ 450만원 ㉱ 300만원

풀이 사업장 규모에 관계없이 조업정지 1일당 과징금 부과금액 기준은 300만원이다.

93 대기환경보전법령상 위임업무 보고사항 중 "자동차 연료 및 첨가제의 제조·판매 또는 사용에 대한 규제현황" 업무의 보고횟수 기준은?

㉮ 연 1회 ㉯ 연 2회
㉰ 연 4회 ㉱ 수시

풀이 자동차 연료 및 첨가제의 제조·판매 또는 사용에 대한 규제현황 업무의 보고횟수 기준은 연 2회이다.

94 대기환경보전법령상 비산먼지 발생사업으로서 "대통령령으로 정하는 사업" 중 환경부령으로 정하는 사업과 가장 거리가 먼 것은?

㉮ 비금속물질의 채취업, 제조업 및 가공업
㉯ 제1차 금속 제조업
㉰ 운송장비 제조업
㉱ 목재 및 광석의 운송업

95 환경정책기본법령상 대기 환경기준에 해당되지 않는 항목은?

㉮ 탄화수소(HC)
㉯ 아황산가스(SO_2)
㉰ 일산화탄소(CO)
㉱ 이산화질소(NO_2)

풀이 환경정책기본법령상 대기 환경기준에 해당하는 항목은 아황산가스(SO_2), 일산화탄소(CO), 이산화질소(NO_2), 미세먼지(PM-10), 초미세먼지(PM-2.5), 오존(O_3), 납(Pb), 벤젠이다.

96 실내공기질 관리법령상 "의료기관"의 라돈(Bq/m^3)항목 실내공기질 권고기준은?

㉮ 148 이하 ㉯ 400 이하
㉰ 500 이하 ㉱ 1,000 이하

풀이 의료기관의 라돈 항목의 실내공기질 권고기준은 $148Bq/m^3$ 이하이다.

answer 91 ㉱ 92 ㉱ 93 ㉯ 94 ㉱ 95 ㉮ 96 ㉮

97 대기환경보전법령상 배출시설 설치신고를 하고자 하는 경우 배출시설 설치신고서에 포함되어야 하는 사항과 가장 거리가 먼 것은?

㉮ 배출시설 및 방지시설의 설치명세서
㉯ 방지시설의 일반도
㉰ 방지시설의 연간 유지관리 계획서
㉱ 유해오염물질 확정 배출농도 내역서

풀이 배출시설 설치신고서에 포함되어야 하는 사항에는 ① 원료(연료포함)의 사용량 및 제품 생산량과 오염물질 등의 배출량을 예측한 명세서, ② 배출시설 및 방지시설의 설치명세서, ③ 방지시설의 일반도, ④ 방지시설의 연간 유지관리 계획서, ⑤ 사용연료의 성분분석과 황산화물 배출농도 및 배출량 등을 예측한 명세서(배출시설의 경우에만 해당), ⑥ 배출시설설치허가증(변경허가를 신청하는 경우에만 해당)이 있다.

98 환경정책기본법령상 오존(O_3)의 환경기준 중 8시간 평균치 기준(㉠)과 1시간 평균치 기준(㉡)으로 옳은 것은?

㉮ ㉠ 0.06ppm 이하, ㉡ 0.03ppm 이하
㉯ ㉠ 0.06ppm 이하, ㉡ 0.1ppm 이하
㉰ ㉠ 0.03ppm 이하, ㉡ 0.03ppm 이하
㉱ ㉠ 0.03ppm 이하, ㉡ 0.1ppm 이하

풀이 오존(O_3)의 환경기준
① 8시간 평균치 : 0.06ppm 이하
② 1시간 평균치 : 0.1ppm 이하

99 대기환경보전법령상 운행차배출허용기준을 초과하여 개선명령을 받은 자동차에 대한 운행정지표지의 색상 기준으로 옳은 것은?

㉮ 바탕색은 노란색, 문자는 검정색
㉯ 바탕색은 흰색, 문자는 검정색
㉰ 바탕색은 초록색, 문자는 흰색
㉱ 바탕색은 노란색, 문자는 흰색

풀이 운행차배출허용기준을 초과하여 개선명령을 받은 자동차에 대한 운행정지표지의 색상 기준은 바탕색은 노란색, 문자는 검정색이다.

100 실내공기질 관리법령상 이 법의 적용대상이 되는 시설 중 "대통령령이 정하는 규모의 것"에 해당하지 않는 것은?

㉮ 여객자동차터미널의 연면적 1천 5백 제곱미터 이상인 대합실
㉯ 공항시설 중 연면적 1천 5백제곱미터 이상인 여객터미널
㉰ 연면적 430제곱미터 이상인 어린이집
㉱ 연면적 2천제곱미터 이상이거나 병상 수 100개 이상인 의료기관

풀이 ㉮ 여객자동차터미널의 연면적 2천 제곱미터 이상인 대합실

answer 97 ㉱ 98 ㉯ 99 ㉮ 100 ㉮

2021년 2회 대기환경기사

2021년 5월 15일 시행

| 제1과목 | 대기오염개론

01 대기 압력이 990mb인 높이에서의 온도가 22℃일 때, 온위(K)는?

㉮ 275.63   ㉯ 280.63
㉰ 286.46   ㉱ 295.86

풀이

$\theta = T \times \left(\dfrac{1,000}{P}\right)^{0.288}$

$= (273+22℃)K \times \left(\dfrac{1,000}{990mb}\right)^{0.288}$

$= 295.86K$

02 자동차 배출가스 정화장치인 삼원촉매장치에 관한 내용으로 옳지 않은 것은?

㉮ HC는 CO_2와 H_2O로 산화되며, NO_X는 N_2로 환원된다.
㉯ 우수한 효율을 얻기 위해서는 엔진에 공급되는 공기 연료비가 이론 공연비이어야 한다.
㉰ 두개의 촉매 층이 직렬로 연결되어 CO, HC, NO_X를 동시에 처리할 수 있다.
㉱ 일반적으로 로듐촉매는 CO와 HC를 저감시키는 반응을 촉진시키고 백금촉매는 NO_X를 저감시키는 반응을 촉진시킨다.

풀이 ㉱ 일반적으로 백금촉매는 CO와 HC를 저감시키는 반응을 촉진시키고 로듐촉매는 NO_X를 저감시키는 반응을 촉진시킨다.

TIP
① 산화촉매 : 백금(Pt), 팔라듐(Pd)
② 환원촉매 : 로듐(Rh)

03 다음 중 오존층 보호와 가장 거리가 먼 것은?

㉮ 헬싱키 의정서   ㉯ 런던 회의
㉰ 비엔나 협약   ㉱ 코펜하겐 회의

풀이 ㉮ 헬싱키 의정서는 산성비의 원인물질인 황산화물(SO_X) 저감에 관한 협약이다.

04 다음 중 오존파괴지수가 가장 작은 물질은?

㉮ CCl_4 ㉯ CF_3Br
㉰ CF_2BrCl ㉱ $CHFClCF_3$

풀이 오존층 파괴지수(ODP)
㉮ CCl_4 : 1.1   ㉯ CF_3Br : 10.0
㉰ CF_2BrCl : 3.0   ㉱ $CHFClCF_3$: 0.022

answer 01 ㉱ 02 ㉱ 03 ㉮ 04 ㉱

05 산성비에 관한 설명으로 가장 거리가 먼 것은?

㉮ 산성비는 대기 중에 배출되는 황산화물과 질소산화물이 황산, 질산 등의 산성물질로 변하여 발생한다.
㉯ 산성비 문제를 해결하기 위하여 질소산화물 배출량 또는 국가 간 이동량을 최저 30% 삭감하는 몬트리올 의정서가 채택되었다.
㉰ 산성비가 토양에 내리면 토양은 Ca^{2+}, Mg^{2+}, Na^+, K^+ 등의 교환성염기를 방출하고, 그 교환자리에 H^+가 치환된다.
㉱ 일반적으로 산성비란 pH가 5.6 이하인 강우를 뜻하는데, 이는 자연 상태에 존재하는 CO_2가 빗방울에 흡수되어 평형을 이루었을 때의 pH를 기준으로 한 것이다.

[풀이] ㉯ 산성비 문제를 해결하기 위한 국제협약은 헬싱키 의정서와 소피아 의정서이다.

06 1984년 인도 중부지방의 보팔시에서 발생한 대기오염 사건의 원인물질은?

㉮ CH_3CNO ㉯ SOx
㉰ H_2S ㉱ $COCl_2$

[풀이] 1984년 인도 중부지방의 보팔시에서 발생한 대기오염 사건의 원인물질은 메틸이소시아네이트(CH_3CNO)이다.

TIP
MIC(Methyl Isocyanate) = CH_3CNO

07 리차드슨 수(Ri)에 관한 내용으로 옳지 않은 것은?

㉮ Ri수가 0에 접근하면 분산이 줄어든다.
㉯ Ri수가 0일 때 대기는 중립상태가 되고 기계적 난류가 지배적이다.
㉰ Ri수가 큰 양의 값을 가지면 대류가 지배적이어서 강한 수직운동이 일어난다.
㉱ Ri수는 무차원수로 대류 난류를 기계적 난류로 전환시키는 비율을 나타낸 것이다.

[풀이] ㉰ Ri수가 큰 음의 값을 가지면 대류가 지배적이어서 강한 수직운동이 일어난다.

08 대기 중의 광화학반응에서 탄화수소와 반응하여 2차 오염물질을 형성하는 화학종과 가장 거리가 먼 것은?

㉮ CO ㉯ -OH
㉰ NO ㉱ NO_2

[풀이] ㉮ CO(일산화탄소)는 1차성 오염물질로 광화학 반응에 참여하지 않는다.

09 입자상물질의 농도가 $0.25mg/m^3$이고, 상대습도가 70%일 때, 가시거리(km)는? (단, 상수 A는 1.3)

㉮ 4.3 ㉯ 5.2
㉰ 6.5 ㉱ 7.2

[풀이]
$$V = \frac{10^3 \times A}{G} = \frac{10^3 \times 1.3}{0.25 \times 10^3 \mu g/m^3} = 5.2 km$$

answer 05 ㉯ 06 ㉮ 07 ㉰ 08 ㉮ 09 ㉯

10 대기오염물질은 발생방법에 따라 1차 오염물질과 2차 오염물질로 구분할 수 있다. 2차 오염물질에 해당하는 것은?

㉮ CO ㉯ H_2S
㉰ NOCl ㉱ $(CH_3)_2S$

풀이 2차 오염물질은 ㉰ NOCl이다.

11 탄화수소가 관여하지 않을 경우 NO_2의 광화학 반응식이다. ㉠ ~ ㉣에 알맞은 것은? (단, O는 산소원자)

$$[㉠] + h\nu \rightarrow [㉡] + O$$
$$O + [㉢] \rightarrow [㉣]$$
$$[㉣] + [㉡] \rightarrow [㉠] + [㉢]$$

㉮ ㉠ NO, ㉡ NO_2, ㉢ O_3, ㉣ O_2
㉯ ㉠ NO_2, ㉡ NO, ㉢ O_2, ㉣ O_3
㉰ ㉠ NO, ㉡ NO_2, ㉢ O_2, ㉣ O_3
㉱ ㉠ NO_2, ㉡ NO, ㉢ O_3, ㉣ O_2

12 표준상태에서 일산화탄소 12ppm은 몇 $\mu g/Sm^3$인가?

㉮ 12,000 ㉯ 15,000
㉰ 20,000 ㉱ 22,400

풀이
$$\mu g/Sm^3 = 12mL/Sm^3 \times \frac{28mg}{22.4mL} \times \frac{10^3 \mu g}{1mg}$$
$$= 15,000 \mu g/Sm^3$$

TIP
① $ppm = mL/Sm^3 = mL/Nm^3$
② 표준상태 = 0℃, 760mmHg
③ 일산화탄소(CO) 1mol $\begin{cases} 28mg \\ 22.4mL \end{cases}$

13 열섬효과에 관한 내용으로 가장 거리가 먼 것은?

㉮ 구름이 많고 바람이 강한 주간에 주로 발생한다.
㉯ 일교차가 심한 봄, 가을이나 추운겨울에 주로 발생한다.
㉰ 교외지역에 비해 도시지역에 고온의 공기층이 형성된다.
㉱ 직경이 10km 이상인 도시에서 자주 나타나는 현상이다.

풀이 ㉮ 열섬현상은 밤에 발생하는 현상이다.

14 질소산화물(NOx)에 관한 내용으로 옳지 않은 것은?

㉮ NO_2는 적갈색의 자극성 기체로 NO보다 독성이 강하다.
㉯ 질소산화물은 fuel NOx와 thermal NOx로 구분될 수 있다.
㉰ NO는 혈액 중 헤모글로빈과의 결합력이 CO보다 강하다.
㉱ N_2O는 무색, 무취의 기체로 대기 중에서 반응성이 매우 크다.

풀이 ㉱ N_2O는 상쾌하고 달콤한 냄새와 맛을 가진 무색 기체로 대기중에서 반응성이 매우 작다.

answer 10 ㉰ 11 ㉯ 12 ㉯ 13 ㉮ 14 ㉱

15 납이 인체에 미치는 영향에 관한 일반적인 내용으로 가장 거리가 먼 것은?

㉮ 신경, 근육장애가 발생하며 경련이 나타난다.
㉯ 헤모글로빈의 기본요소인 포르피린 고리의 형성을 방해한다.
㉰ 인체 내 노출된 납의 99% 이상은 뇌에 축적된다.
㉱ 세포 내의 SH기와 결합하여 헴(Heme) 합성에 관여하는 효소를 포함한 여러 세포의 효소작용을 방해한다.

[풀이] ㉰ 소화기로 섭취된 납은 입자의 크기에 따라 다르지만 약 10% 정도만 소장에서 흡수되고 나머지는 대변으로 배출된다.

16 고도가 높아짐에 따라 기온이 급격히 떨어져 대기가 불안정하고 난류가 심할 때, 연기의 확산형태는?

㉮ 상승형(lofting)
㉯ 환상형(looping)
㉰ 부채형(fanning)
㉱ 훈증형(fumigation)

[풀이] ㉯ 환상형(looping)에 대한 설명이다.

17 가우시안 모델을 전개하기 위한 기본적인 가정으로 가장 거리가 먼 것은?

㉮ 연기의 확산은 정상상태이다.
㉯ 풍하방향으로의 확산은 무시한다.
㉰ 고도가 높아짐에 따라 풍속이 증가한다.
㉱ 오염분포의 표준편차는 약 10분간의 대표치이다.

[풀이] ㉰ 풍속은 일정하다.

18 물질의 특성에 관한 설명으로 옳은 것은?

㉮ 디젤차량에서는 탄화수소, 일산화탄소, 납이 주로 배출된다.
㉯ 염화수소는 플라스틱공업, 소다공업 등에서 주로 배출된다.
㉰ 탄소의 순환에서 가장 큰 저장고 역할을 하는 부분은 대기이다.
㉱ 불소는 자연상태에서 단분자로 존재하며 활성탄 제조 공정, 연소공정 등에서 주로 배출된다.

[풀이] ㉮ 디젤차량에서는 탄화수소, 일산화탄소, 매연이 주로 배출된다.
㉰ 탄소의 순환에서 가장 큰 저장고 역할을 하는 부분은 해양이다.
㉱ 불소는 자연상태에서 단체로 존재할 수 없으며, 화학비료공업, 알루미늄공업, 요업공업, 유리공업 등에서 주로 배출된다.

19 바람에 관한 내용으로 옳지 않은 것은?

㉮ 경도풍은 기압경도력, 전향력, 원심력이 평형을 이루어 부는 바람이다.
㉯ 해륙풍 중 해풍은 낮 동안 햇빛에 더워지기 쉬운 육지 쪽 지표상에 상승기류가 형성되어 바다에서 육지로 부는 바람이다.
㉰ 지균풍은 마찰력이 무시될 수 있는 고공에서 기압경도력과 전향력이 평형을 이루어 등압선에 평행하게 직선운동을 하는 바람이다.
㉱ 산풍은 경사면 → 계곡 → 주계곡으로

answer 15 ㉰ 16 ㉯ 17 ㉰ 18 ㉯ 19 ㉱

수렴하면서 풍속이 감속되기 때문에 낮에 산위쪽으로 부는 곡풍보다 세기가 약하다.

풀이 ㉣ 산풍은 경사면 → 계곡 → 주계곡으로 수렴하면서 풍속이 가속되기 때문에 낮에 산위쪽으로 부는 곡풍보다 세기가 강하다.

TIP
① 탄화도가 증가하면 고정탄소, 발열량, 착화온도, 연료비 증가
② 탄화도가 증가하면 매연발생량, 비열, 휘발분, 수분, 산소의 양, 연소속도 감소

20 대기 중의 오존층 파괴에 관한 설명으로 옳지 않은 것은?

㉮ 오존층의 두께는 적도지방이 극지방보다 얇다.
㉯ 오존층 파괴물질이 오존층을 파괴하는 자유라디칼을 생성시킨다.
㉰ 성층권의 오존층 농도가 감소하면 지표면에 보다 많은 양의 자외선이 도달한다.
㉱ 프레온가스의 대체 물질인 HCFCs(hydrochlorofluorocarbons)은 오존층 파괴능력이 없다.

풀이 ㉱ 프레온가스의 대체 물질인 HCFCs는 오존층 파괴능력이 약하다.

22 착화온도에 관한 설명으로 옳지 않은 것은?

㉮ 발열량이 낮을수록 높아진다.
㉯ 산소농도가 높을수록 낮아진다.
㉰ 반응활성도가 클수록 높아진다.
㉱ 분자구조가 간단할수록 높아진다.

풀이 ㉰ 반응활성도가 클수록 낮아진다.

23 확산형 가스버너 중 포트형에 관한 설명으로 가장 거리가 먼 것은?

㉮ 가스와 공기를 함께 가열할 수 있다.
㉯ 포트의 입구가 작으면 슬래그가 부착되어 막힐 우려가 있다.
㉰ 역화의 위험이 있기 때문에 반드시 역화방지기를 부착해야 한다.
㉱ 밀도가 큰 가스 출구는 상부에, 밀도가 작은 가스 출구는 하부에 배치되도록 설계한다.

풀이 ㉰ 역화의 위험성이 없다.

| 제2과목 | **연소공학**

21 석탄의 탄화도가 증가할수록 나타나는 성질로 옳지 않은 것은?

㉮ 휘발분이 감소한다.
㉯ 발열량이 증가한다.
㉰ 착화온도가 낮아진다.
㉱ 고정탄소의 양이 증가한다.

풀이 ㉰ 착화온도가 높아진다.

24 공기 중의 산소 공급 없이 연료 자체가 함유하고 있는 산소를 이용하여 연소하는 연소형태는?

㉮ 자기연소   ㉯ 확산연소
㉰ 표면연소   ㉱ 분해연소

answer 20 ㉱ 21 ㉰ 22 ㉰ 23 ㉰ 24 ㉮

풀이 공기 중의 산소 공급 없이 연료 자체가 함유하고 있는 산소를 이용하여 연소하는 연소형태는 자기연소이며, 나이트로글리세린이 해당한다.

25 석탄·석유 혼합연료(COM)에 관한 설명으로 가장 적합한 것은?

㉮ 별도의 탈황, 탈질 설비가 필요 없다.
㉯ 별도의 개조 없이 중유 전용 연소시설에 사용될 수 있다.
㉰ 미분쇄한 석탄에 물과 첨가제를 섞어서 액체화시킨 연료이다.
㉱ 연소가스의 연소실 내 체류시간 부족, 분서변의 폐쇄와 마모 등의 문제점을 갖는다.

풀이 ㉮ 별도의 탈황, 탈질 설비가 필요하다.
㉯ 별도로 개조를 하면 중유 전용 연소시설에 사용될 수 있다.
㉰ 미분쇄한 석탄에 기름과 첨가제를 섞어서 액체화시킨 연료이다.

26 저발열량이 6,000kcal/Sm³, 평균정압비열이 0.38kcal/Sm³·℃인 가스연료의 이론연소온도(℃)는? (단, 이론 연소가스량은 10Sm³/Sm³, 연료와 공기의 온도는 15℃, 공기는 예열되지 않으며 연소가스는 해리되지 않음)

㉮ 1,385   ㉯ 1,412
㉰ 1,496   ㉱ 1,594

풀이 이론연소온도(℃)

$$= \frac{\text{저위발열량(kcal/Sm}^3\text{)}}{\text{가스량(Sm}^3/\text{Sm}^3\text{)}\times\text{평균정압비열(kcal/Sm}^3\cdot\text{℃)}} + \text{기준온도(℃)}$$

$$= \frac{6{,}000\text{kcal/Sm}^3}{10\text{Sm}^3/\text{Sm}^3 \times 0.38\text{kcal/Sm}^3\cdot\text{℃}} + 15\text{℃}$$

$= 1{,}593.95\text{℃}$

27 기체연료의 일반적인 특징으로 가장 거리가 먼 것은?

㉮ 적은 과잉공기로 완전연소가 가능하다.
㉯ 연소 조절, 점화 및 소화가 용이한 편이다.
㉰ 연료의 예열이 쉽고, 저질 연료로 고온을 얻을 수 있다.
㉱ 누설에 의한 역화·폭발 등의 위험이 작고, 설비비가 많이 들지 않는다.

풀이 ㉱ 누설에 의한 역화·폭발 등의 위험이 크고, 설비비가 많이 든다.

28 중유를 A, B, C중유로 구분할 때, 구분 기준은?

㉮ 점도   ㉯ 착화온도
㉰ 비중   ㉱ 유황함량

풀이 중유를 A, B, C중유로 구분할 때, 구분기준은 점도이다.

29 중유를 사용하는 가열로의 배출가스를 분석 결과 N_2 : 80%, CO : 12%, O_2 : 8%의 부피비를 얻었다. 공기비는?

㉮ 1.1   ㉯ 1.4
㉰ 1.6   ㉱ 2.0

풀이

$$\text{공기비(m)} = \frac{N_2\%}{N_2\% - 3.76\times(O_2\% - 0.5CO\%)}$$

$$= \frac{80\%}{80\% - 3.76\times(8\% - 0.5\times 12\%)}$$

$= 1.1$

answer 25 ㉱ 26 ㉱ 27 ㉱ 28 ㉮ 29 ㉮

30 메탄 1mol이 완전연소할 때, AFR은?
(단, 부피 기준)

㉮ 6.5 ㉯ 7.5
㉰ 8.5 ㉱ 9.5

풀이 $CH_4 + 2O_2 \rightarrow CO_2 + 2H_2O$

공연비(AFR ; Sm^3/Sm^3)

$$= \frac{\text{산소갯수} \times 22.4 Sm^3 \times \frac{1}{0.21}}{\text{연료갯수} \times 22.4 Sm^3}$$

$$= \frac{2 \times 22.4 Sm^3 \times \frac{1}{0.21}}{1 \times 22.4 Sm^3}$$

$= 9.52$

31 프로판과 부탄을 1 : 1의 부피비로 혼합한 연료를 연소했을 때, 건조 배출가스 중의 CO_2 농도가 10%이다. 이 연료 $4m^3$를 연소했을 때 생성되는 건조 배출가스의 양(Sm^3)은? (단, 연료 중의 C성분은 전량 CO_2로 전환)

㉮ 105 ㉯ 140
㉰ 175 ㉱ 210

풀이 $C_3H_8 + 5O_2 \rightarrow 3CO_2 + 4H_2O : \frac{1}{2}$

$C_4H_{10} + 6.5O_2 \rightarrow 4CO_2 + 5H_2O : \frac{1}{2}$

$CO_2\% = \frac{CO_2량}{가스량} \times 100$

$10\% = \frac{3 \times \frac{1}{2} + 4 \times \frac{1}{2}}{가스량} \times 100$

가스량 $= 35 Sm^3/Sm^3$

따라서 $35 Sm^3/Sm^3 \times 4m^3 = 140 Sm^3$

TIP
프로판 $= C_3H_8$, 부탄 $= C_4H_{10}$

32 C : 85%, H : 10%, S : 5%의 중량비를 갖는 중유 1kg을 1.3의 공기비로 완전연소시킬 때, 건조 배출가스 중의 이산화황 부피분율(%)은? (단, 황 성분은 전량 이산화황으로 전환)

㉮ 0.18 ㉯ 0.27
㉰ 0.34 ㉱ 0.45

풀이 ① 이론공기량(A_o)

$= 8.89C + 26.67\left(H - \frac{O}{8}\right) + 3.33S (Sm^3/kg)$

$= 8.89 \times 0.85 + 26.67 \times 0.10 + 3.33 \times 0.05$

$= 10.39 Sm^3/kg$

② 실제건조배출가스량(Gd)

$= mA_o - 5.6H + 0.7O + 0.8N (Sm^3/kg)$

$= 1.3 \times 10.39 Sm^3/kg - 5.6 \times 0.10$

$= 12.947 Sm^3/kg$

③ $SO_2(\%) = \frac{0.7S(Sm^3/kg)}{Gd(Sm^3/kg)} \times 100$

$= \frac{0.7 \times 0.05 Sm^3/kg}{12.947 Sm^3/kg} \times 100$

$= 0.27\%$

33 액화석유가스(LPG)에 관한 설명으로 가장 거리가 먼 것은?

㉮ 발열량이 높고, 유황분이 적은 편이다.
㉯ 증발열이 5~10kcal/kg로 작아 취급이 용이하다.
㉰ 비중이 공기보다 커서 누출 시 인화 폭발의 위험성이 높은 편이다.
㉱ 천연가스에서 회수되거나 나프타의 열분해에 의해 얻어지기도 하지만 대부분 석유 정제시 부산물로 얻어진다.

풀이 ㉯ 증발열이 90~100kcal/kg로 커서 취급이 용이하지 못하다.

answer 30 ㉱ 31 ㉯ 32 ㉯ 33 ㉯

34 수소 13%, 수분 0.7%가 포함된 중유의 고발열량이 5,000kcal/kg일 때, 중유의 저발열량(kcal/kg)은?

㉮ 4,126　　㉯ 4,294
㉰ 4,365　　㉱ 4,926

풀이　$Hl = Hh - 600(9H+W)$ (kcal/kg)
　　　$= 5,000\text{kcal/kg} - 600 \times (9 \times 0.13 + 0.007)$
　　　$= 4,293.8 \text{kcal/kg}$

35 매연 발생에 관한 설명으로 옳지 않은 것은?

㉮ 연료의 C/H 비가 클수록 매연이 발생하기 쉽다.
㉯ 분해되기 쉽거나 산화되기 쉬운 탄화수소는 매연 발생이 적다.
㉰ 탄소결합을 절단하기보다 탈수소가 쉬운 쪽이 매연이 발생하기 쉽다.
㉱ 중합 및 고리화합물 등과 같이 반응이 일어나기 쉬운 탄화수소일수록 매연 발생이 적다.

풀이　㉱ 중합 및 고리화합물 등과 같이 반응이 일어나기 쉬운 탄화수소일수록 매연 발생이 많다.

36 불꽃점화기관에서 연소과정 중 발생하는 노킹현상을 방지하기 위한 기관의 구조에 관한 설명으로 가장 거리가 먼 것은?

㉮ 연소실을 구형(circular type)으로 한다.
㉯ 점화플러그를 연소실 중심에 설치한다.
㉰ 난류를 증가시키기 위해 난류생성 pot을 부착시킨다.
㉱ 말단가스를 고온으로 하기 위해 삼원촉매시스템을 사용한다.

풀이　㉱ 삼원촉매시스템은 촉매(산화촉매, 환원촉매)를 이용하여 NO_x, CO, HC를 제어하는 장치이다.

37 연소 배출가스의 성분 분석결과 CO_2가 30%, O_2가 7%일 때, $(CO_2)max(\%)$는?
(단, 완전연소 기준)

㉮ 35　　㉯ 40
㉰ 45　　㉱ 50

풀이　$CO_2 max(\%) = \dfrac{21 \times CO_2\%}{21 - O_2\%} = \dfrac{21 \times 30\%}{21 - 7\%}$
　　　　　　$= 45\%$

TIP
$$CO_2 max(\%) = \dfrac{21 \times (CO_2\% + CO\%)}{21 - O_2\% + 0.395 \times CO\%}$$

38 가연성 가스의 폭발범위와 그 위험도에 관한 설명으로 옳지 않은 것은?

㉮ 폭발하한값이 높을수록 위험도가 증가한다.
㉯ 일반적으로 가스의 온도가 높아지면 폭발범위가 넓어진다.
㉰ 폭발한계농도 이하에서는 폭발성 혼합가스를 생성하기 어렵다.
㉱ 가스 압력이 높아졌을 때 폭발하한값은 크게 변하지 않으나 폭발상한값은 높아진다.

풀이　㉮ 폭발하한값이 높을수록 위험도가 감소한다.

answer　34 ㉯　35 ㉱　36 ㉱　37 ㉰　38 ㉮

39 액체연료의 연소버너에 관한 설명으로 가장 거리가 먼 것은?

㉮ 유압분무식 버너는 유량조절 범위가 좁은 편이다.
㉯ 회전식 버너는 유압식 버너에 비해 연료유의 분무화 입경이 크다.
㉰ 고압공기식 버너의 분무각도는 40~90° 정도로 저압공기식 버너에 비해 넓은 편이다.
㉱ 저압공기식 버너는 주로 소형 가열로에 이용되고, 분무에 필요한 공기량은 이론연소 공기량의 30~50% 정도이다.

[풀이] ㉰ 고압공기식 버너의 분무각도는 20~30° 정도로 저압공기식 버너(분무각도 30~60°)에 비해 좁은 편이다.

40 등가비(Φ, equivalent ratio)에 관한 내용으로 옳지 않은 것은?

㉮ 등가비(Φ)는
$$\frac{실제연료량/산화제}{완전연소를위한이상적인연료량/산화제}$$
로 정의된다.
㉯ $\Phi < 1$일 때, 공기 과잉이며 일산화탄소(CO) 발생량이 적다.
㉰ $\Phi > 1$일 때, 연료 과잉이며 질소산화물(NO_X) 발생량이 많다.
㉱ $\Phi = 1$일 때, 연료와 산화제의 혼합이 이상적이며 연료가 완전연소된다.

[풀이] ㉰ $\Phi > 1$은 연료가 과잉이며, 불완전연소로 CO, HC가 최대이고 NO_X가 최소가 된다.

| 제3과목 | 대기오염방지기술

41 집진율이 85%인 사이클론과 집진율이 96%인 전기집진장치를 직렬로 연결하여 입자를 제거할 경우, 총 집진효율(%)은?

㉮ 90.4 ㉯ 94.4
㉰ 96.4 ㉱ 99.4

[풀이] $\eta_T = 1-(1-\eta_1)\times(1-\eta_2)$
$= 1-(1-0.85)\times(1-0.96) = 0.994$
따라서 총 집진율은 99.4%이다.

42 다음에서 설명하는 후드 형식으로 가장 적합한 것은?

> 작업을 위한 하나의 개구면을 제외하고 발생원 주위를 전부 에워싼 것으로 그 안에서 오염물질이 발산된다. 오염물질의 송풍시 낭비되는 부분이 적은데 이는 개구면 주변의 벽이 라운지 역할을 하고, 측벽은 외부로부터의 분기류에 의한 방해에 대한 방해판 역할을 하기 때문이다.

㉮ slot형 후드 ㉯ booth형 후드
㉰ canopy형 후드 ㉱ exterior형 후드

[풀이] ㉯ booth형 후드에 대한 설명이다.

answer 39 ㉰ 40 ㉰ 41 ㉱ 42 ㉯

43 다음에서 설명하는 송풍기 유형은?

> 후향 날개형을 정밀하게 변형시킨 것으로 원심력 송풍기 중 효율이 가장 좋아 대형 냉난방 공기조화장치, 산업용 공기청정장치 등에 주로 사용되며, 에너지 절감효과가 뛰어나다.

㉮ 프로펠러형 (propeller)
㉯ 비행기 날개형(airfoil blade)
㉰ 방사 날개형(radial blade)
㉱ 전향 날개형(forward curved)

▶풀이 ㉯ 비행기 날개형에 대한 설명이다.

44 전기집진기의 음극(-)코로나 방전에 관한 내용으로 옳은 것은?

㉮ 주로 공기정화용으로 사용된다.
㉯ 양극(+)코로나 방전에 비해 전계강도가 약하다.
㉰ 양극(+)코로나 방전에 비해 불꽃 개시전압이 낮다.
㉱ 양극(+)코로나 방전에 비해 코로나 개시전압이 낮다.

▶풀이 전기집진기의 음극(-)코로나 방전은 양극(+)코로나 방전에 비해 코로나 개시전압이 낮다.

TIP
코로나 개시전압 : 코로나 방전이 발생하기 시작할 때의 전압

45 층류의 흐름인 공기 중의 입경이 2.2μm, 밀도가 2,400g/L인 구형입자가 자유낙하하고 있다. 구형입자의 종말속도(m/s)는? (단, 20°C에서 공기의 밀도는 1.29g/L, 공기의 점도는 1.81×10^{-4} poise)

㉮ 3.5×10^{-6} ㉯ 3.5×10^{-5}
㉰ 3.5×10^{-4} ㉱ 3.5×10^{-3}

▶풀이
$$V_g = \frac{d^2 \times (\rho_s - \rho) \times g}{18\mu}$$

$$= \frac{(2.2 \times 10^{-6}\text{m})^2 \times (2,400\text{kg/m}^3 - 1.29\text{kg/m}^3) \times 9.8\text{m/sec}^2}{18 \times 1.81 \times 10^{-5}\text{kg/m} \cdot \text{sec}}$$

$$= 3.5 \times 10^{-4} \text{m/sec}$$

TIP
① 밀도 g/L = kg/m³
② 점성계수(μ)의 단위
Centipoise $\xrightarrow{\times 10^{-2}}$ poise(g/cm·sec)
$\xrightarrow{\times 10^{-1}}$ kg/m·sec

46 유해가스 흡수장치 중 충전탑(Packed tower)에 관한 설명으로 옳지 않은 것은?

㉮ 온도의 변화가 큰 곳에는 적응성이 낮고, 희석열이 심한 곳에는 부적합하다.
㉯ 충전제에 흡수액을 미리 분사시켜 엷은층을 형성시킨 후 가스를 유입시켜 기·액 접촉을 극대화한다.
㉰ 액분산형 가스흡수장치에 속하며, 효율을 높이기 위해서는 가스의 용해도를 증가시켜야 한다.
㉱ 흡수액을 통과시키면서 가스유속을 증가시킬 때, 충전층 내의 액보유량이 증가하는 것을 flooding이라 한다.

▶풀이 ㉱ 흡수액을 통과시키면서 가스유속을 증가시킬 때, 충전층 내의 액보유량이 증가하는 것을 Hold up이라 한다.

answer 43 ㉯ 44 ㉱ 45 ㉰ 46 ㉱

47 미세입자가 운동하는 경우에 작용하는 마찰 저항력(drag force)에 관한 내용으로 가장 거리가 먼 것은?

㉮ 마찰저항력은 항력계수가 커질수록 증가한다.
㉯ 마찰저항력은 입자의 투영면적이 커질수록 증가한다.
㉰ 마찰저항력은 레이놀즈수가 커질수록 증가한다.
㉱ 마찰저항력은 상대속도의 제곱에 비례하여 증가한다.

풀이 ㉰ 마찰저항력은 레이놀즈수가 커질수록 감소한다.

48 유해가스 처리에 사용되는 흡수액의 조건으로 옳은 것은?

㉮ 점성이 커야 한다.
㉯ 끓는점이 높아야 한다.
㉰ 용해도가 낮아야 한다.
㉱ 어는점이 높아야 한다.

풀이 ㉮ 점성이 작아야 한다.
㉰ 용해도가 높아야 한다.
㉱ 어는점이 낮아야 한다.

49 다이옥신의 처리방법에 관한 내용으로 옳지 않은 것은?

㉮ 촉매 분해법: 금속산화물(V_2O_5, TiO_2), 귀금속(Pt, Pd)이 촉매로 사용된다.
㉯ 오존분해법: 산성 조건일수록 분해속도가 빨라지는 것으로 알려져 있다.
㉰ 광분해법: 자외선 파장(250~340nm)이 가장 효과적인 것으로 알려져 있다.
㉱ 열분해방법: 산소가 아주 적은 환원성 분위기에서 탈염소화, 수소첨가반응 등에 의해 분해시킨다.

풀이 ㉯ 오존분해법: 염기성 조건일수록 분해속도가 빨라지는 것으로 알려져 있다.

50 원형 덕트(duct)의 기류에 의한 압력손실에 관한 내용으로 옳지 않은 것은?

㉮ 곡관이 많을수록 압력손실이 작아진다.
㉯ 관의 길이가 길수록 압력손실은 커진다.
㉰ 유체의 유속이 클수록 압력손실은 커진다.
㉱ 관의 직경이 클수록 압력손실은 작아진다.

풀이 ㉮ 곡관이 많을수록 압력손실이 증가한다.

TIP

$$\Delta P = \lambda \times \frac{L}{D} \times \frac{rV^2}{2g} (mmH_2O)$$

51 배출가스 중의 일산화탄소를 제거하는 방법 중 가장 실질적이고, 확실한 것은?

㉮ 활성탄 등의 흡착제를 사용하여 흡착 제거
㉯ 벤츄리스크러버나 충전탑 등으로 세정하여 제거
㉰ 탄산나트륨을 사용하는 시보드법을 적용하여 제거
㉱ 백금계 촉매를 사용하여 무해한 이산화탄소로 산화시켜 제거

풀이 일산화탄소(CO)는 산화촉매(Pt, Pd)를 이용해 이산화탄소(CO_2)로 산화시켜서 제거한다.

answer 47 ㉰ 48 ㉯ 49 ㉯ 50 ㉮ 51 ㉱

52 NO 농도가 250ppm인 배기가스 2,000 Sm³/min을 CO를 이용한 선택적 접촉 환원법으로 처리하고자 한다. 배기가스 중의 NO를 완전히 처리하기 위해 필요한 CO의 양(Sm³/h)은?

㉮ 30 ㉯ 35
㉰ 40 ㉱ 45

풀이
NO + CO → $0.5N_2 + CO_2$
22.4Sm³ : 22.4Sm³
$2,000 Sm^3/min \times \dfrac{60min}{1hr} \times 250ppm \times 10^{-6}$: X

∴ X = 30Sm³/hr

53 유해가스의 처리에 사용되는 흡착제에 관한 일반적인 설명으로 가장 거리가 먼 것은?

㉮ 실리카겔은 250℃ 이하에서 물과 유기물을 잘 흡착한다.
㉯ 활성탄은 극성물질 제거에는 효과적이지만, 유기용매 회수에는 효과적이지 않다.
㉰ 활성알루미나는 기체 건조에 주로 사용되며 가열로 재생시킬 수 있다.
㉱ 합성제올라이트는 극성이 다른 물질이나 포화정도가 다른 탄화수소의 분리에 효과적이다.

풀이 ㉯ 활성탄은 극성 물질 제거에는 비효과적이지만, 유기용매 회수에는 효과적이다.

TIP
흡착제의 성질
㉮ 실리카겔 : 친수성(극성) 흡착제
㉯ 활성탄 : 소수성(비극성) 흡착제
㉰ 활성알루미나 : 친수성(극성) 흡착제
㉱ 합성제올라이트 : 친수성(극성) 흡착제

54 집진장치의 압력손실이 300mmH₂O, 처리 가스량이 500m³/min, 송풍기 효율이 70%, 여유율이 1.0이다. 송풍기를 하루에 10시간씩 30일을 가동할 때, 전력요금(원)은? (단, 전력요금은 1kWh 당 50원)

㉮ 525,210 ㉯ 1,050,420
㉰ 31,512,605 ㉱ 22,058,823

풀이
$kW = \dfrac{Ps \times Q}{102 \times \eta} \times \alpha$

$= \dfrac{300mmH_2O \times 500m^3/min \times 1min/60sec}{102 \times 0.70} \times 1.0$

$= 35.014kW$

따라서
35.014kW × 50원/1kWh × 10hr/일 × 30일 = 525,210원

55 여과집진장치의 탈진방식에 관한 설명으로 옳지 않은 것은?

㉮ 간헐식은 먼지의 재비산이 적고 높은 집진율을 얻을 수 있다.
㉯ 연속식은 탈진시 먼지의 재비산이 일어나 간헐식에 비해 집진율이 낮고 여포의 수명이 짧은 편이다.
㉰ 연속식은 포집과 탈진이 동시에 이루어져 압력손실의 변동이 크므로 고농도, 저용량의 가스처리에 효율적이다.
㉱ 간헐식의 여포 수명은 연속식에 비해서는 긴 편이고, 점성이 있는 조대먼지를 탈진할 경우 여포손상의 가능성이 있다.

풀이 ㉰ 연속식은 포집과 탈진이 동시에 이루어져 압력손실이 거의 일정하며, 고농도 대용량 처리에 효율적이다.

answer 52 ㉮ 53 ㉯ 54 ㉮ 55 ㉰

56 전기집진장치에서 먼지의 전기비저항이 높은 경우 전기비저항을 낮추기 위해 일반적으로 주입하는 물질과 가장 거리가 먼 것은?

㉮ NH_3 ㉯ $NaCl$
㉰ H_2SO_4 ㉱ 수증기

[풀이] ㉮ 암모니아(NH_3)는 재비산현상을 방지하기 위해 주입하는 물질이다.

57 다음 그림과 같은 배기시설에서 관 DE를 지나는 유체의 속도는 관 BC를 지나는 유체속도의 몇 배인가? (단, Φ는 관의 직경, Q는 유량, 마찰 손실과 밀도 변화는 무시)

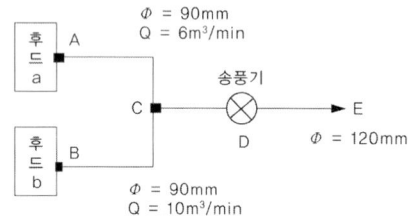

㉮ 0.8 ㉯ 0.9
㉰ 1.2 ㉱ 1.5

[풀이]
속도압(V_p) = $\left(\dfrac{V}{242.2}\right)^2$ (mmH₂O)

여기서 V : 평균유속(m/min)

① 관 DE의 V(m/min) = $\dfrac{Q(m^3/min)}{A(m^2)} = \dfrac{Q(m^3/min)}{\dfrac{\pi D^2}{4}(m^2)}$

$= \dfrac{16 m^3/min}{\dfrac{\pi}{4} \times (0.12m)^2}$

$= 1,414.71 m/min$

② 관 BC의 V(m/min) = $\dfrac{Q(m^3/min)}{A(m^2)} = \dfrac{Q(m^3/min)}{\dfrac{\pi D^2}{4}(m^2)}$

$= \dfrac{10 m^3/min}{\dfrac{\pi}{4} \times (0.09m)^2}$

$= 1,571.90 m/min$

③ $\dfrac{1,414.71 m/min}{1,571.90 m/min} = 0.90$

58 사이클론(cyclone)에서 50%의 집진효율로 제거되는 입자의 최소입경을 나타내는 용어는?

㉮ critical diameter
㉯ average diameter
㉰ cut size diameter
㉱ analytical diameter

[풀이] 사이클론(cyclone)에서 50%의 집진효율로 제거되는 입자의 최소입경을 나타내는 용어는 cut size diameter이다.

59 환기시설의 설계에 사용하는 보충용 공기에 관한 설명으로 가장 거리가 먼 것은?

㉮ 환기시설에 의해 작업장에서 배기된 만큼의 공기를 작업장 내로 재공급하여야 하는데 이를 보충용 공기라 한다.
㉯ 보충용 공기는 일반 배기가스용 공기보다 많도록 조절하여 실내를 약간 양(+)압으로 하는 것이 좋다.
㉰ 보충용 공기의 유입구는 작업장이나 다른 건물의 배기구에서 나온 유해물질의 유입을 유도하기 위해서 최대한 바닥에 가깝도록 한다.
㉱ 여름에는 보통 외부공기를 그대로 공급하지만, 공정 내의 열부하가 커서 제어해야 하는 경우에는 보충용 공기를 냉각하여 공급한다.

answer 56 ㉮ 57 ㉯ 58 ㉰ 59 ㉰

풀이 ㉰ 보충용 공기의 유입구는 작업장이나 다른 건물의 배기구에서 나온 유해물질을 차단하기 위하여 최대한 천장에 가깝도록 한다.

60 배출가스 내의 NOx 제거방법 중 건식법에 관한 설명으로 옳지 않은 것은?

㉮ 현재 상용화된 대부분의 선택적 촉매환원법(SCR)은 환원제로 NH_3 가스를 사용한다.
㉯ 흡착법은 흡착제로 활성탄, 실리카겔 등을 사용하며, 특히 NO를 제거하는 데 효과적이다.
㉰ 선택적 촉매 환원법(SCR)은 촉매층에 배기가스와 환원제를 통과시켜 NOx를 N_2로 환원시키는 방법이다.
㉱ 선택적 비촉매 환원법(SNCR)의 단점은 배출가스가 고온이어야 하고, 온도가 낮을 경우 미반응된 NH_3가 배출될 수 있다는 것이다.

풀이 ㉯ 흡착법은 흡착제로 활성탄, 실리카겔 등을 사용하며, 특히 NH_3를 제거하는 데 효과적이다.

제4과목 | 대기오염공정시험기준

61 굴뚝 배출가스 중의 브로민화합물 분석에 사용되는 흡수액은?

㉮ 붕산용액
㉯ 수산화소듐용액
㉰ 다이에틸아민구리용액
㉱ 황산+과산화수소+증류수

풀이 브로민화합물의 흡수액은 수산화소듐(NaOH)용액이다.

62 불꽃이온화검출기법에 따라 분석하여 얻은 대기 시료에 대한 측정결과이다. 대기 중의 일산화탄소 농도(ppm)는?

- 교정용 가스중의 일산화탄소 농도 : 30ppm
- 시료 공기중의 일산화탄소 봉우리 높이 : 10mm
- 교정용 가스중의 일산화탄소 봉우리 높이 : 20mm

㉮ 15   ㉯ 35
㉰ 40   ㉱ 60

풀이 대기 중의 CO농도(ppm)
= 교정용 가스중의 CO 농도 × $\frac{시료공기중의 CO 봉우리 높이}{교정용가스중의 CO 봉우리 높이}$
= $30ppm \times \frac{10mm}{20mm}$ = 15ppm

answer 60 ㉯ 61 ㉯ 62 ㉮

63 굴뚝 배출가스 중 산소를 자기식(자기풍)으로 측정하는 방법에 대한 설명으로 틀린 것은?

㉮ 측정범위는 0% ~ 5.0% 이하로 한다.
㉯ 상자성체인 산소분자가 자계 내에서 자기화 될 때 생기는 흡인력을 이용한다.
㉰ 체적자화율이 큰 가스(일산화질소, NO)의 영향을 무시할 수 있는 경우에 적용한다.
㉱ 덤벨형 방식과 압력검출형 방식이 있다.

풀이 ㉱ 자기풍 방식이 있다.

64 염산(1+4) 용액을 조제하는 방법은?

㉮ 염산 1용량에 물 2용량을 혼합한다.
㉯ 염산 1용량에 물 3용량을 혼합한다.
㉰ 염산 1용량에 물 4용량을 혼합한다.
㉱ 염산 1용량에 물 5용량을 혼합한다.

풀이 염산(1+4) 용액은 염산 1용량에 물 4용량을 혼합하여 총 5용량으로 조제한다.

65 굴뚝 배출가스 중의 폼알데하이드를 크로모트로핀산 자외선/가시선 분광법에 따라 분석할 때, 흡수 발색액 제조에 필요한 시약은?

㉮ H_2SO_4
㉯ NaOH
㉰ NH_4OH
㉱ CH_3COOH

풀이 폼알데하이드를 크로모트로핀산 자외선/가시선 분광법에 따라 분석할 때, 흡수 발색액 제조에 필요한 시약은 황산(H_2SO_4)이다.

66 흡광차분광법에 따라 분석하는 대기오염물질과 그 물질에 대한 간섭성분의 연결이 옳은것은?

㉮ 오존(O_3) - 벤젠(C_6H_6)의 영향
㉯ 이산화황(SO_2) - 오존(O_3)의 영향
㉰ 일산화탄소(CO) - 수분(H_2O)의 영향
㉱ 질소산화물(NOx) - 톨루엔($C_6H_5CH_3$)의 영향

풀이 대기오염물질과 그 물질에 대한 간섭성분
① 오존(O_3) - 수분(H_2O)의 영향
② 오존(O_3) - 톨루엔($C_6H_5CH_3$)의 영향
③ 이산화황(SO_2) - 오존(O_3)의 영향

67 기체크로마토그래피의 장치 구성에 관한 설명으로 옳지 않은 것은?

㉮ 분리관오븐의 온도조절 정밀도는 전원 전압변동 10%에 대하여 온도 변화가 ±0.5℃ 범위 이내(오븐의 온도가 150℃ 부근일 때)이어야 한다.
㉯ 방사성 동위원소를 사용하는 검출기를 수용하는 검출기 오븐의 경우 온도조절 기구와 별도로 독립작용 할 수 있는 과열방지기구를 설치하여야 한다.
㉰ 머무름시간을 측정할 때는 10회 측정하여 그 평균치를 구하며 일반적으로 5~30분 정도에서 측정하는 봉우리의 머무름시간은 반복시험 할 때 ±5% 오차범위 이내이어야 한다.
㉱ 불꽃이온화 검출기는 대부분의 화합물에 대하여 열전도도 검출기보다 약 1,000배 높은 감도를 나타내고 대부분의 유기화합물을 검출할 수 있기 때문에 흔히 사용된다.

answer 63 ㉱ 64 ㉰ 65 ㉮ 66 ㉯ 67 ㉰

68 휘발성유기화합물질(VOCs)의 누출확인 방법에 관한 설명으로 옳지 않은 것은?

㉮ 교정가스는 기기 표시치를 교정하는 데 사용되는 불활성 기체이다.
㉯ 누출농도는 VOCs가 누출되는 누출원 표면에서의 VOCs 농도로서 대조화합물을 기초로 한 기기의 측정값이다.
㉰ 응답시간은 VOCs가 시료채취장치로 들어가 농도 변화를 일으키기 시작하여 기기계기판의 최종값이 90%를 나타내는 데 걸리는 시간이다.
㉱ 검출불가능 누출농도는 누출원에서 VOCs가 대기 중으로 누출되지 않는다고 판단되는 농도로서 국지적 VOCs 배경농도의 최고값이다.

풀이 ㉮ 교정가스는 기지농도로 기기 표시치를 교정하는데 사용되는 VOCs 화합물로서 일반적으로 누출농도와 유사한 농도의 대조화합물이다.

69 원자흡수분광광도법에 따라 원자흡광분석을 수행할 때, 빛이 스펙트럼의 불꽃 중에서 생성되는 목적 원소의 원자증기 이외의 물질에 의하여 흡수되는 경우에 일어나는 간섭은?

㉮ 물리적 간섭 ㉯ 화학적 간섭
㉰ 이온학적 간섭 ㉱ 분광학적 간섭

풀이 ㉱ 분광학적 간섭에 대한 설명이다.

풀이 ㉰ 머무름시간을 측정할 때는 3회 측정하여 그 평균치를 구하며 일반적으로 5분~30분 정도에서 측정하는 봉우리의 머무름시간은 반복시험할 때 ±3% 오차범위 이내이어야 한다.

70 굴뚝 배출가스 중의 오염물질과 연속자동측정방법의 연결이 옳지 않은 것은?

㉮ 염화수소 - 이온전극법
㉯ 플루오린화수소 - 자외선흡수법
㉰ 아황산가스 - 불꽃광도법
㉱ 질소산화물 - 적외선흡수법

풀이 ㉯ 플루오린화수소 - 이온전극법

TIP
오염물질과 연속자동측정방법
① 염화수소 - 이온전극법, 비분산적외선분광분석법
② 플루오린화수소 - 이온전극법
③ 아황산가스 - 불꽃광도법, 용액전도율법, 적외선흡수법, 자외선흡수법, 정전위전해법
④ 질소산화물 - 적외선흡수법, 화학발광법, 자외선흡수법, 정전위흡수법
⑤ 암모니아 - 용액전도율법, 적외선가스분석법

71 굴뚝 배출가스 중 암모니아의 자외선/가시선분광법-인도페놀법으로 분석하는 경우 간섭 물질(방해성분)에 대한 설명으로 틀린 것은?

㉮ 암모니아 농도에 대해서 이산화질소가 100배 이상이면 영향을 준다.
㉯ 암모니아 농도에 대해서 아민류가 같은 양 이상이면 영향을 준다.
㉰ 암모니아 농도에 대해서 이산화황이 10배 이상이면 영향을 준다.
㉱ 암모니아 농도에 대해서 황화수소가 같은 양 이상이면 영향을 준다.

풀이 ㉯ 암모니아 농도에 대해서 아민류가 몇 십 배 이상이면 영향을 준다.

answer 68 ㉮ 69 ㉱ 70 ㉯ 71 ㉯

72 환경대기 중의 벤조(a)피렌 농도를 측정하기 위한 주 시험방법으로 가장 적합한 것은?

㉮ 이온크로마토그래피법
㉯ 기체크로마토그래피법
㉰ 흡광차분광법
㉱ 용매포집법

풀이 환경대기 중의 벤조(a)피렌 농도를 측정하기 위한 방법에는 기체크로마토그래피법(주 시험방법)과 형광분광광도법이 있다.

73 굴뚝 배출가스 중의 일산화탄소 분석방법에 해당하지 않는 것은?

㉮ 이온크로마토그래피법
㉯ 기체크로마토그래피법
㉰ 비분산적외선분광분석법
㉱ 정전위전해법

풀이 굴뚝 배출가스 중의 일산화탄소 분석방법에는 기체크로마토그래피법, 비분산적외선분광분석법, 정전위 전해법(전기화학식)이 있다.

74 굴뚝 A의 배출가스에 대한 측정 결과이다. 피토관으로 측정한 배출가스의 유속(m/s)은?

- 배출가스 온도 : 150℃
- 비중이 0.85인 톨루엔을 사용했을 때의 경사마노미터 동압 : 7.0mm 톨루엔주
- 피토관 계수 : 0.8584
- 배출가스의 밀도 : 1.3kg/Sm³

㉮ 8.3　　㉯ 9.4
㉰ 10.1　　㉱ 11.8

풀이 ① 동압(h) = 액주거리(mm)×톨루엔 비중
= 7.0mm×0.85
= 5.95mmH₂O

② $V = C \times \sqrt{\dfrac{2gh}{r}}$

$= 0.8584 \times \sqrt{\dfrac{2 \times 9.8 m/sec^2 \times 5.95 mmH_2O}{1.3 kg/Sm^3 \times \dfrac{273}{273+150℃}}}$

= 10.12m/sec

75 굴뚝 배출가스 중의 황산화물을 아르세나조Ⅲ법에 따라 분석할 때에 관한 설명으로 옳지 않은 것은?

㉮ 아세트산바륨 용액으로 적정한다.
㉯ 과산화수소용액을 흡수액으로 사용한다.
㉰ 아르세나조Ⅲ을 지시약으로 사용한다.
㉱ 이 시험법은 오르토톨리딘법이라고도 불린다.

풀이 ㉱ 이 시험법은 침전적정법이라고도 불린다.

76 배출가스 중의 금속원소를 원자흡수분광광도법에 따라 분석할 때, 금속원소와 측정파장의 연결이 옳은 것은?

㉮ Pb - 357.9nm　　㉯ Cu - 228.8nm
㉰ Ni - 217.0nm　　㉱ Zn - 213.8nm

풀이 금속원소와 측정파장
㉮ Pb - 217.0nm
㉯ Cu - 324.8nm
㉰ Ni - 232.0 nm

answer 72 ㉯　73 ㉮　74 ㉰　75 ㉱　76 ㉱

77 분석대상가스와 채취관 및 연결관 재질의 연결이 옳지 않은 것은?

㉮ 일산화탄소 - 석영
㉯ 이황화탄소 - 보통강철
㉰ 암모니아 - 스테인리스강
㉱ 질소산화물 - 스테인리스강

[풀이] ㉯ 이황화탄소의 채취관 및 도관(연결관)의 재질은 경질유리, 석영, 플루오로수지이다.

78 대기오염공정시험기준 총칙에 관한 내용으로 옳지 않은 것은?

㉮ 정확히 단다 - 분석용 저울로 0.1mg까지 측정
㉯ 용액의 액성 표시 - 유리전극법에 의한 pH미터로 측정
㉰ 액체성분의 양을 정확히 취한다 - 피펫, 삼각플라스크를 사용해 조작
㉱ 여과용 기구 및 기기를 기재하지 아니하고 여과한다 - KS M 7602 거름종이 5종 또는 이와 동등한 여과지를 사용해 여과

[풀이] ㉰ 액체성분의 양을 정확히 취한다 - 홀피펫, 부피플라스크 또는 이와 동등 이상의 정도를 갖는 용량계를 사용하여 조작

79 원자흡수분광광도법에 사용되는 불꽃을 만들기 위한 가연성가스와 조연성가스의 조합 중, 불꽃 온도가 높아서 불꽃 중에서 해리하기 어려운 내화성산화물을 만들기 쉬운 원소의 분석에 가장 적합한 것은?

㉮ 수소(H_2) - 산소(O_2)
㉯ 프로판(C_3H_8) - 공기(air)
㉰ 아세틸렌(C_2H_2) - 공기(air)
㉱ 아세틸렌(C_2H_2) - 아산화질소(N_2O)

[풀이] 불꽃을 만들기 위한 가연성가스와 조연성가스의 조합
① 수소(H_2) - 공기(air) : 원자외 영역
② 프로판(C_3H_8) - 공기(air) : 불꽃온도가 낮은 경우
③ 아세틸렌(C_2H_2) - 아산화질소(N_2O) : 내화성 산화물을 만들기 쉬운 원소

80 배출가스 중의 먼지를 원통여지 포집기로 포집하여 얻은 측정결과이다. 표준상태에서의 먼지농도(mg/m³)는?

- 대기압 : 765mmHg
- 가스미터의 가스게이지압 : 4mmHg
- 15℃에서의 포화수증기압 : 12.67mmHg
- 가스미터의 흡인가스온도 : 15℃
- 먼지포집 전의 원통여지무게 : 6.2721g
- 먼지포집 후의 원통여지무게 : 6.2963g
- 습식가스미터에서 읽은 흡인가스량 : 50L

㉮ 386
㉯ 436
㉰ 513
㉱ 558

[풀이] 먼지농도(mg/Sm³)

$$= \frac{(\text{포집 후 무게}-\text{포집 전 무게})g \times 10^3 mg/g}{V(L) \times \frac{273}{273+t℃} \times \frac{(Pa+Pm-Pv)mmHg}{760} \times 10^{-3} Sm^3/L}$$

$$= \frac{(6.2963-6.2721)g \times 10^3 mg/g}{50L \times \frac{273}{273+15} \times \frac{(765+4-12.67)mmHg}{760mmHg} \times 10^{-3} Sm^3/L}$$

$= 513.07 mg/Sm^3$

answer 77 ㉯   78 ㉰   79 ㉱   80 ㉰

| 제5과목 | **대기환경관계법규**

81 환경정책기본법령상 시·도로부터 해당 지역의 환경적 특수성을 고려하여 필요하다고 인정되어 보다 확대·강화된 별도의 환경기준을 설정 또는 변경한 경우, 누구에게 보고하여야 하는가?

㉮ 국무총리
㉯ 환경부장관
㉰ 보건복지부장관
㉱ 국토교통부장관

82 대기환경보전법령상 한국환경공단이 환경부장관에게 보고하여야 하는 위탁업무 보고사항 중 "결함확인검사 결과"의 보고기일 기준은?

㉮ 매 반기 종료 후 15일 이내
㉯ 매 분기 종료 후 15일 이내
㉰ 다음 해 1월 15일까지
㉱ 위반사항 적발 시

[풀이] 위탁업무 보고사항 중 결함확인검사 결과의 보고기일 기준은 위반사항 적발 시이다.

83 대기환경보전법령상 배출시설의 변경신고를 하여야 하는 경우에 해당하지 않는 것은?

㉮ 배출시설 또는 방지시설을 임대하는 경우
㉯ 사업장의 명칭이나 대표자를 변경하는 경우
㉰ 종전의 연료보다 황함유량이 낮은 연료로 변경하는 경우
㉱ 배출시설에서 허가받은 오염물질 외의 새로운 대기오염물질이 배출되는 경우

[풀이] ㉰ 종전의 연료보다 황함유량이 낮은 연료로 변경하는 경우는 제외한다.

84 환경정책기본법령상 "일정한 지역에서 환경오염 또는 환경훼손에 대하여 환경이 스스로 수용, 정화 및 복원하여 환경의 질을 유지할 수 있는 한계"를 의미하는 것은?

㉮ 환경기준   ㉯ 환경한계
㉰ 환경용량   ㉱ 환경표준

[풀이] 일정한 지역에서 환경오염 또는 환경훼손에 대하여 환경이 스스로 수용, 정화 및 복원하여 환경의 질을 유지할 수 있는 한계를 환경용량이라 한다.

answer 81 ㉯ 82 ㉱ 83 ㉰ 84 ㉰

85 대기환경보전법령상의 자동차 연료·첨가제 또는 촉매제 검사기관의 지정기준 중 자동차연료 검사기관의 기술능력 및 검사장비 기준에 관한 내용으로 옳지 않은 것은?

㉮ 검사원은 2명 이상이어야 하며, 그 중 한 명은 해당 검사 업무에 10년 이상 종사한 경험이 있는 사람이어야 한다.
㉯ 휘발유·경유·바이오디젤(BD100) 검사장비로 1ppm 이하 분석이 가능한 황함량분석기 1식을 갖추어야 한다.
㉰ 검사원은 자동차, 화공, 안전관리(가스), 환경 분야의 기사 자격 이상을 취득한 사람이어야 한다.
㉱ 휘발유·경유·바이오디젤 검사기관과 LPG·CNG·바이오가스 검사기관의 기술능력 기준은 같으며, 두 검사 업무를 함께 하려는 경우에는 기술능력을 중복하여 갖추지 아니할 수 있다.

[풀이] ㉮ 검사원은 4명 이상이어야 하며, 그 중 2명은 해당검사 업무에 5년 이상 종사한 경험이 있는 사람이어야 한다.

86 환경정책기본법령상 일산화탄소의 대기환경기준은? (단, 8시간 평균치 기준)

㉮ 5ppm 이하　㉯ 9ppm 이하
㉰ 25ppm 이하　㉱ 35ppm 이하

[풀이] 일산화탄소의 대기환경기준
① 8시간 평균치 : 9ppm 이하
② 1시간 평균치 : 25ppm 이하

87 대기환경보전법령상 배출허용기준 초과와 관련하여 개선명령을 받은 경우로서 개선하여야 할 사항이 배출시설 또는 방지시설인 경우 사업자가 시·도지사에게 제출하여야 하는 개선계획서에 포함 또는 첨부되어야 하는 사항에 해당하지 않는 것은?

㉮ 배출시설 또는 방지시설의 개선명세서 및 설계도
㉯ 대기오염물질의 처리방식 및 처리효율
㉰ 운영기기 진단계획
㉱ 공사기간 및 공사비

> **TIP**
> 운전미숙인 경우 첨부해야 하는 사항
> ① 대기오염물질 발생량 및 방지시설의 처리능력
> ② 배출허용기준의 초과사유 및 대책

88 대기환경보전법령상 비산먼지 발생사업에 해당하지 않는 것은?

㉮ 화학제품제조업 중 석유정제업
㉯ 제1차 금속제조업 중 금속주조업
㉰ 비료 및 사료 제품의 제조업 중 배합사료제조업
㉱ 비금속물질의 채취·제조·가공업 중 일반도자기제조업

answer　85 ㉮　86 ㉯　87 ㉰　88 ㉮

89 대기환경보전법령상 일일유량은 측정유량과 일일조업시간의 곱으로 환산한다. 이 때, 일일조업시간의 표시기준은?

㉮ 배출량을 측정하기 전 최근 조업한 1일 동안의 배출시설 조업시간 평균치를 시간으로 표시한다.
㉯ 배출량을 측정하기 전 최근 조업한 7일 동안의 배출시설 조업시간 평균치를 시간으로 표시한다.
㉰ 배출량을 측정하기 전 최근 조업한 30일 동안의 배출시설 조업시간 평균치를 시간으로 표시한다.
㉱ 배출량을 측정하기 전 최근 조업한 전 체기간의 배출시설 조업시간 평균치를 시간으로 표시한다.

풀이 일일조업시간은 배출량을 측정하기 전 최근 조업한 30일 동안의 배출시설 조업시간평균치를 시간으로 표시한다.

90 대기환경보전법령상 환경기술인의 임명기준에 관한 내용이다. ( )안에 알맞은 말은?

> 환경기술인을 바꾸어 임명하는 경우에는 그 사유가 발생한 날부터 (①)이내에 임명하여야 한다. 다만, 환경기사 또는 환경산업기사 이상의 자격이 있는 자를 임명하여야 하는 사업장으로서 (①)이 내에 채용할 수 없는 부득이한 사정이 있는 경우에는 (②)의 범위에서 규정에 적합한 환경기술인을 임명할 수 있다.

㉮ ① 5일, ② 30일
㉯ ① 5일, ② 60일
㉰ ① 10일, ② 30일
㉱ ① 10일, ② 60일

91 대기환경보전법령상 특정대기유해물질에 해당하지 않는 것은?

㉮ 염소 및 염화수소
㉯ 아크릴로니트릴
㉰ 황화수소
㉱ 이황화메틸

풀이 ㉰ 황화수소(H_2S)는 특정대기유해물질이 아니다.

92 대기환경보전법령상 수도권대기환경청장, 국립환경과학원장 또는 한국환경공단이 설치하는 대기오염 측정망에 해당하지 않는 것은?

㉮ 대기오염물질의 지역배경농도를 측정하기 위한 교외대기측정망
㉯ 도시지역의 대기오염물질 농도를 측정하기 위한 도시대기측정망
㉰ 산성 대기오염 물질의 건성 및 습성침착량을 측정하기 위한 산성강하물측정망
㉱ 도시지역의 휘발성유기화합물 등의 농도를 측정하기 위한 광화학대기오염물질측정망

풀이 ① 수도권대기환경청장, 국립환경과학원장 또는 한국환경공단이 설치하는 대기오염측정망의 종류에는 교외대기측정망, 국가배경농도측정망, 유해대기물질측정망, 광화학대기오염물질측정망, 산성강하물측정망, 지구대기측정망, 대기오염집중측정망, 미세먼지성분측정망이 있다.
② 시·도지사가 설치하는 대기오염측정망의 종류에는 도시대기측정망, 도로변대기측정망, 대기중금속측정망이 있다.

answer 89 ㉰ 90 ㉮ 91 ㉰ 92 ㉯

93 대기환경보전법령상 배출부과금을 부과할 때 고려하여야 하는 사항에 해당하지 않는 것은? (단, 그 밖에 대기환경의 오염 또는 개선과 관련되는 사항으로서 환경부령으로 정하는 사항은 제외)

㉮ 사업장 운영현황
㉯ 배출허용기준 초과여부
㉰ 대기오염물질의 배출기간
㉱ 배출되는 대기오염물질의 종류

▶풀이 배출부과금을 부과할 때 고려하여야 하는 사항은 ① 배출허용기준 초과여부 ② 대기오염물질의 배출기간 ③ 배출되는 대기오염물질의 종류 ④ 대기오염 물질의 배출량 ⑤ 자가측정을 하였는지 여부이다.

94 악취방지법령상 지정악취물질과 배출허용기준의 연결이 옳지 않은 것은?

항목	구분	배출허용기준(ppm) 공업지역	기타지역
㉠	암모니아	2 이하	1 이하
㉡	메틸메르캅탄	0.008 이하	0.005 이하
㉢	황화수소	0.06 이하	0.02 이하
㉣	트라이메틸아민	0.02 이하	0.005 이하

㉮ ㉠ ㉯ ㉡
㉰ ㉢ ㉱ ㉣

▶풀이 메틸메르캅탄의 배출허용기준
① 공업지역 : 0.004 이하 ② 기타지역 : 0.002 이하

95 대기환경보전법령상 환경부장관이 사업장에서 배출되는 대기오염물질을 총량으로 규제하고자 할 때 고시하여야 하는 사항에 해당하지 않는 것은?

㉮ 총량규제구역
㉯ 측정망 설치계획
㉰ 총량규제 대기오염물질
㉱ 대기오염물질의 저감계획

▶풀이 대기오염물질을 총량으로 규제하고자 할 때 고시하여야 하는 사항에는 ① 총량규제구역 ② 총량규제 대기오염물질 ③ 대기오염물질의 저감계획이 있다.

96 대기환경보전법령상 환경부장관이 배출시설의 설치를 제한할 수 있는 경우에 관한 사항이다. ( )안에 알맞은 말은?

> 배출시설 설치 지점으로부터 반경 1킬로미터 안의 상주인구가 (㉠)명 이상인 지역으로서 특정대기유해물질 중 한 가지 종류의 물질을 연간 (㉡) 이상 배출하는 시설을 설치하는 경우

㉮ ㉠ 1만, ㉡ 1톤   ㉰ ㉠ 1만, ㉡ 10톤
㉯ ㉠ 2만, ㉡ 1톤   ㉱ ㉠ 2만, ㉡ 10톤

▶풀이 배출시설 설치지점으로부터 반경 1킬로미터 안의 상주인구가 2만명 이상인 지역으로서 특정대기유해물질 중 한 가지 종류의 물질을 연간 10톤 이상 배출하거나 두 가지 이상의 물질을 연간 25톤 이상 배출하는 시설을 설치하는 경우는 시·도지사가 배출시설의 설치를 제한할 수 있다.

answer 93 ㉮ 94 ㉯ 95 ㉯ 96 ㉱

97 실내공기질 관리법령상 "실내주차장"에서 미세먼지(PM-10)의 실내공기질 유지기준은?

㉮ $200\mu g/m^3$ 이하 ㉯ $150\mu g/m^3$ 이하
㉰ $100\mu g/m^3$ 이하 ㉱ $25\mu g/m^3$ 이하

풀이 실내공기질 관리법령상 실내주차장에서 미세먼지(PM-10)의 실내공기질 유지기준은 $200\mu g/m^3$ 이하이다.

98 대기환경보전법령상 대기오염경보 발령 시 포함되어야 할 사항에 해당하지 않는 것은? (단, 기타사항은 제외)

㉮ 대기오염경보단계
㉯ 대기오염경보의 대상지역
㉰ 대기오염경보의 경보대상기간
㉱ 대기오염경보단계별 조치사항

풀이 대기환경보전법령상 대기오염경보 발령 시 포함되어야 할 사항에는 ① 대기오염경보단계 ② 대기오염경보의 대상지역 ③ 대기오염경보단계별 조치사항 ④ 대기오염경보의 대상오염물질 ⑤ 대기오염경보의 발령기준이 있다.

99 대기환경보전법령상 4종 사업장의 분류기준에 해당하는 것은?

㉮ 대기오염물질 발생량의 합계가 연간 80톤 이상 100톤 미만
㉯ 대기오염물질 발생량의 합계가 연간 20톤 이상 80톤 미만
㉰ 대기오염물질 발생량의 합계가 연간 10톤 이상 20톤 미만
㉱ 대기오염물질 발생량의 합계가 연간 2톤 이상 10톤 미만

풀이 사업장 종별 분류기준

종별	오염물질 발생량 구분
1종 사업장	연간 80톤 이상
2종 사업장	연간 20톤 이상 80톤 미만
3종 사업장	연간 10톤 이상 20톤 미만
4종 사업장	연간 2톤 이상 10톤 미만
5종 사업장	연간 2톤 미만

100 실내공기질 관리법령상 노인요양시설의 실내공기질 유지기준이 되는 오염물질 항목에 해당하지 않는 것은?

㉮ 미세먼지(PM-10)
㉯ 폼알데하이드
㉰ 아산화질소
㉱ 총부유세균

풀이 노인요양시설의 실내공기질 항목 및 유지기준
① 미세먼지(PM-10) : $75\mu g/m^3$ 이하
② 초미세먼지(PM-2.5) : $35\mu g/m^3$ 이하
③ 폼알데하이드 : $80\mu g/m^3$ 이하
④ 총부유세균 : $800CFU/m^3$ 이하

answer 97 ㉮ 98 ㉰ 99 ㉱ 100 ㉰

2021년 4회 대기환경기사

2021년 9월 12일 시행

| 제1과목 | 대기오염개론

01 온실효과와 지구온난화에 관한 설명으로 옳은 것은?

㉮ CH_4가 N_2O보다 지구온난화에 기여도가 낮다.
㉯ 지구온난화지수(GWP)는 SF_6가 HFCs보다 작다.
㉰ 대기의 온실효과는 실제 온실에서의 보온 작용과 같은 원리이다.
㉱ 북반구에서 대기 중의 CO_2 농도는 여름에 감소하고 겨울에 증가하는 경향이 있다.

풀이 ㉮ CH_4가 N_2O보다 지구온난화에 기여도가 높다.
㉯ 지구온난화지수(GWP)는 SF_6가 HFCs보다 크다.
㉰ 대기의 온실효과는 실제 온실에서의 보온 작용과는 다른 원리이다.

02 대기오염 물질의 확산을 예측하기 위한 바람장미에 관한 내용으로 옳지 않은 것은?

㉮ 풍향은 바람이 불어오는 쪽으로 표시한다.
㉯ 풍속이 0.2 m/s 이하일 때를 정온(calm)이라 한다.
㉰ 가장 빈번히 관측된 풍향을 주풍이라 하고 막대의 굵기를 가장 굵게 표시한다.
㉱ 바람장미는 풍향별로 관측된 바람의 발생빈도와 풍속을 16 방향인 막대기형으로 표시한 기상도형이다.

풀이 ㉰ 가장 빈번히 관측된 풍향을 주풍이라 하고 막대의 길이를 가장 길게 표시한다.

TIP 풍속은 막대기의 굵기로 표시한다.

03 다음 중 광화학반응과 가장 관련이 깊은 탄화수소는?

㉮ Parafin계 탄화수소
㉯ Olefin계 탄화수소
㉰ Acetylene계 탄화수소
㉱ 지방족 탄화수소

풀이 광화학반응의 3대요소
① 질소산화물(NO_X)
② 올레핀계 탄화수소
③ 자외선

04 광화학반응으로 생성되는 오염물질에 해당하지 않는 것은?

㉮ 케톤   ㉯ PAN
㉰ 과산화수소   ㉱ 염화불화탄소

풀이 ㉱ 염화불화탄소는 일명 프레온가스로 오존층 파괴물질이며, 1차성물질에 해당한다.

answer 01 ㉱ 02 ㉰ 03 ㉯ 04 ㉱

05 다음 중 오존파괴지수가 가장 큰 것은?

㉮ CFC-113　　㉯ CFC-114
㉰ Halon-1211　㉱ Halon-1301

풀이 오존파괴지수(GWP)
㉮ CFC-113 : 0.8
㉯ CFC-114 : 1.0
㉰ Halon-1211 : 3.0
㉱ Halon-1301 : 10.0

06 LA 스모그에 관한 내용으로 가장 적합하지 않은 것은?

㉮ 화학반응은 산화반응이다.
㉯ 복사역전 조건에서 발생했다.
㉰ 런던 스모그에 비해 습도가 낮은 조건에서 발생했다.
㉱ 석유계 연료에서 유래되는 질소산화물이 주원인물질이다.

풀이 ㉯ 침강성역전 조건에서 발생했다.

07 가우시안 모델을 적용하기 위한 가정으로 가장 적합하지 않은 것은?

㉮ 고도변화에 따른 풍속 변화는 무시한다.
㉯ 수평방향의 난류확산보다 대류에 의한 확산이 지배적이다.
㉰ 배출된 오염물질은 흘러가는 동안 없어지거나 다른 물질로 바뀌지 않는다.
㉱ 이류방향으로의 오염물질 확산을 무시하고 풍하방향으로의 확산만을 고려한다.

풀이 ㉱ 연직방향의 풍속은 통상 수평방향의 풍속보다 상대적으로 크기가 작기 때문에 연직방향의 풍속을 무시한다.

08 먼지의 농도를 측정하기 위해 공기를 0.3m/s의 속도로 1.5시간 동안 여과지에 여과시킨 결과 여과지의 빛 전달률이 깨끗한 여과지의 80%로 감소했다. 1,000m당 Coh는?

㉮ 6.0　　㉯ 3.0
㉰ 2.5　　㉱ 1.5

풀이
$$Coh = \frac{\log \frac{1}{빛전달률} \times 100}{속도(m/sec) \times 여과시간(hr) \times 3,600} \times 1,000m$$

$$= \frac{\log \frac{1}{0.80} \times 100}{0.3 m/sec \times 1.5 hr \times 3,600} \times 1,000m = 5.98$$

09 일반적인 자동차 배출가스의 구성 중 자동차가 공회전할 때 특히 많이 배출되는 오염물질은?

㉮ 일산화탄소　㉯ 탄화수소
㉰ 질소산화물　㉱ 이산화탄소

풀이 가장 많이 발생하는 조건
㉮ 일산화탄소 : 공회전(아이드링) 시
㉯ 탄화수소 : 감속 시
㉰ 질소산화물 : 가속 시
㉱ 이산화탄소 : 완전연소 시

answer 05 ㉱　06 ㉯　07 ㉱　08 ㉮　09 ㉮

10 산성비에 관한 설명 중 ( ) 안에 알맞은 것은?

> 일반적으로 산성비는 pH (㉠) 이하의 강우를 말하며, 이는 자연상태의 대기 중에 존재하는 (㉡)가 강우에 흡수되었을 때의 pH를 기준으로 한 것이다.

㉮ ㉠ 3.6, ㉡ CO_2
㉯ ㉠ 3.6, ㉡ NO_2
㉰ ㉠ 5.6, ㉡ CO_2
㉱ ㉠ 5.6, ㉡ NO_2

11 온위에 관한 내용으로 옳지 않은 것은?
(단, θ는 온위(K), T는 절대온도(K), P는 압력(mb))

㉮ 온위는 밀도와 비례한다.
㉯ $\theta = T\left(\dfrac{1{,}000}{P}\right)^{0.288}$ 로 나타낼 수 있다.
㉰ 고도가 높아질수록 온위가 높아지면 대기는 안정하다.
㉱ 표준압력(1,000mb)에서 어느 고도의 공기를 건조단열적으로 끌어내리거나 끌어올려 1,000mb 고도에 가져갔을 때 나타나는 온도를 온위라고 한다.

[풀이] ㉮ 온위는 절대온도에 비례한다.

12 150℃, 0.8atm에서 NO_2 농도(ppm)가 $0.5g/m^3$이다. 표준상태에서 NO_2 농도는?

㉮ 472   ㉯ 492
㉰ 570   ㉱ 595

[풀이]
$$ppm(mL/Sm^3) = \dfrac{0.5g}{m^3} \times \dfrac{273+150℃}{273} \times \dfrac{1atm}{0.8atm}$$
$$\times \dfrac{10^3 mg}{1g} \times \dfrac{22.4mL}{46mg}$$
$$= 471.57 mL/Sm^3(ppm)$$

TIP
① $ppm = mL/Sm^3 = mL/Nm^3$
② 표준상태 = 0℃, 760mmHg
③ 이산화질소(NO_2) 1mol $\begin{cases} 46mg \\ 22.4mL \end{cases}$

13 불화수소(HF) 배출과 가장 관련 있는 산업은?

㉮ 소다공업   ㉯ 도금공장
㉰ 플라스틱공업   ㉱ 알루미늄공업

[풀이] 불화수소(HF)는 화학비료공업, 알루미늄공업, 요업공업, 유리공업 등에서 발생한다.

14 환기를 위한 실내공기오염의 지표가 되는 물질은?

㉮ SO_2 ㉯ NO_2
㉰ CO ㉱ CO_2

[풀이] 환기를 위한 실내공기오염의 지표가 되는 물질은 이산화탄소(CO_2)이다.

answer 10 ㉰ 11 ㉮ 12 ㉮ 13 ㉱ 14 ㉱

15 환경기온감률이 다음과 같을 때 가장 안정한 조건은?

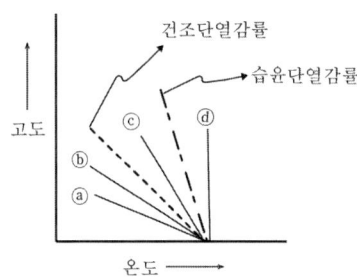

㉮ ⓐ ㉯ ⓑ
㉰ ⓒ ㉱ ⓓ

풀이 ① 가장 안정한 조건 : ⓓ
② 가장 불안정한 조건 : ⓐ

16 유효굴뚝높이가 1m인 굴뚝에서 배출되는 오염물질의 최대착지농도를 현재의 1/10로 낮추고자 할 때, 유효굴뚝높이를 몇 m 증가시켜야 하는가? (단, sutton의 확산방정식 사용, 기타 조건은 동일)

㉮ 0.04 ㉯ 0.20
㉰ 1.24 ㉱ 2.16

풀이 ① $C_{max} = \dfrac{2Q}{\pi \cdot e \cdot u \cdot He^2}\left(\dfrac{C_z}{C_y}\right)$ 에서

$C_{max} = \dfrac{1}{He^2}$ 이므로

$1C_1 : \dfrac{1}{(1m)^2} = \dfrac{1}{10}C_1 : \dfrac{1}{He^2}$

∴ $He = \sqrt{(1m)^2 \times 10} = 3.16m$

② $\varDelta He = 3.16m - 1m = 2.16m$

17 지균풍에 관한 설명으로 가장 적합하지 않은 것은?

㉮ 등압선에 평행하게 직선운동을 하는 수평의 바람이다.
㉯ 고공에서 발생하기 때문에 마찰력의 영향이 거의 없다.
㉰ 기압경도력과 전향력의 크기가 같고 방향이 반대일 때 발생한다.
㉱ 북반구에서 지균풍은 오른쪽에 저기압, 왼쪽에 고기압을 두고 분다.

풀이 ㉱ 북반구에서 지균풍은 오른쪽에 고기압, 왼쪽에 저기압을 두고 분다.

18 유효굴뚝높이가 60m인 굴뚝으로부터 SO_2가 125g/s의 속도로 배출되고 있다. 굴뚝높이에서의 풍속이 6m/s일 때, 이 굴뚝으로부터 500m 떨어진 연기중심선 상에서 오염물질의 지표농도($\mu g/m^3$)는? (단, 가우시안모델식 사용, 수평 확산계수 (δ_y)는 36m, 수직 확산계수(δ_z)는 18.5m, 배출되는 SO_2는 화학적으로 반응하지 않음)

㉮ 52   ㉯ 66
㉰ 2,483 ㉱ 9,957

풀이 $C = \dfrac{Q}{\pi \cdot \delta_y \cdot \delta_z \cdot u} \exp\left[-\dfrac{1}{2}\left(\dfrac{H}{\delta_z}\right)^2\right]$

$= \dfrac{125g/sec \times 10^6 \mu g/g}{\pi \times 36m \times 18.5m \times 6m/sec} \exp\left[-\dfrac{1}{2} \times \left(\dfrac{60m}{18.5m}\right)^2\right]$

$= 51.77\mu g/m^3$

answer 15 ㉱ 16 ㉱ 17 ㉱ 18 ㉮

19 냄새물질에 관한 일반적인 설명으로 옳지 않은 것은?

㉮ 분자량이 작을수록 냄새가 강하다.
㉯ 분자 내에 황 또는 질소가 있으면 냄새가 강하다.
㉰ 포화도(이중결합 및 삼중결합의 수)가 높을수록 냄새가 강하다.
㉱ 분자 내 수산기의 수가 1개일 때 냄새가 가장 약하고 수산기의 수가 증가할수록 냄새가 강해진다.

풀이 ㉱ 분자 내 수산기의 수가 1개일 때 냄새가 가장 강하고 수산기의 수가 증가할수록 냄새가 약해진다.

20 광화학반응에 의해 고농도 오존이 나타날 수 있는 조건에 해당하지 않는 것은?

㉮ 무풍상태일 때
㉯ 일사량이 강할 때
㉰ 대기가 불안정할 때
㉱ 질소산화물과 휘발성 유기화합물의 배출이 많을 때

풀이 ㉰ 대기가 안정할 때

| 제2과목 | 연소공학

21 화염으로부터 열을 받으면 가연성 증기가 발생하는 연소로 휘발유, 등유, 알코올, 벤젠 등 액체연료의 연소형태는?

㉮ 증발연소   ㉯ 자기연소
㉰ 표면연소   ㉱ 확산연소

풀이 ㉮ 증발연소에 대한 설명이다.

22 가연성 가스의 폭발범위에 관한 일반적인 설명으로 옳지 않은 것은?

㉮ 가스의 온도가 높아지면 폭발범위가 넓어진다.
㉯ 폭발한계농도 이하에서는 폭발성 혼합가스가 생성되기 어렵다.
㉰ 폭발상한과 폭발하한의 차이가 클수록 위험도가 증가한다.
㉱ 가스의 압력이 높아지면 상한값은 크게 변하지 않으나 하한값이 높아진다.

풀이 ㉱ 가스의 압력이 높아지면 하한값은 크게 변하지 않으나 상한값이 높아진다.

23 자동차 내연기관에서 휘발유(C_8H_{18})가 완전 연소될 때 질량 기준의 공기 연료비(AFR)는? (단, 공기의 분자량은 28.95)

㉮ 15   ㉯ 30
㉰ 40   ㉱ 60

풀이 $C_8H_{18} + 12.5O_2 \rightarrow 8CO_2 + 9H_2O$

$$공연비(kg/kg) = \frac{산소갯수 \times 32kg \times \frac{1}{0.232}}{연료갯수 \times 연료의 분자량(kg)}$$

$$= \frac{12.5 \times 32kg \times \frac{1}{0.232}}{114kg}$$

$$= 15.12$$

TIP

① 공연비 = AFR = $\frac{공기량}{연료량}$

② AFR(Sm³/Sm³) = $\frac{산소갯수 \times 22.4Sm^3 \times \frac{1}{0.21}}{연료갯수 \times 22.4Sm^3}$

③ 체적(Sm³) = 계수 × 22.4(Sm³)
④ 질량(kg) = 계수 × 분자량(kg)

answer 19 ㉱ 20 ㉰ 21 ㉮ 22 ㉱ 23 ㉮

24 등가비(∅)에 관한 내용으로 옳지 않은 것은?

㉮ ∅ = 공기비(m)
㉯ ∅ = 1일 때 완전연소
㉰ ∅ < 1일 때 공기가 과잉
㉱ ∅ > 1일 때 연료가 과잉

풀이 ㉮ 등가비(∅) = $\dfrac{1}{공기비(m)}$

25 기체연료의 종류에 관한 설명으로 가장 적합한 것은?

㉮ 수성 가스는 코크스를 용광로에 넣어 선철을 제조할 때 발생하는 기체연료이다.
㉯ 석탄가스는 석유류를 열분해, 접촉분해 및 부분 연소시킬 때 발생하는 기체연료이다.
㉰ 고로가스는 고온으로 가열된 무연탄이나 코크스 등에 수증기를 반응시켜 얻은 기체연료이다.
㉱ 발생로가스는 코크스나 석탄, 목재 등을 적열상태로 가열하여 공기 또는 산소를 보내 불완전 연소시켜 얻은 기체연료이다.

풀이 ㉮ 수성 가스는 고온으로 가열된 무연탄이나 코크스 등에 수증기를 반응시켜 얻은 기체연료이다.
㉯ 석탄가스(코크스가스)는 코크스를 용광로에 넣어 선철을 제조할 때 발생하는 기체연료이며, 주성분은 H_2와 CH_4이다.
㉰ 고로가스는 용광로에서 선철을 제조할 때 발생하는 기체연료이며, 주성분은 CO_2, N_2이다.

26 공기비가 클 때 나타나는 현상으로 가장 적합하지 않은 것은?

㉮ 연소실 내의 온도감소
㉯ 배기가스에 의한 열손실 증가
㉰ 가스폭발의 위험 증가와 매연 발생
㉱ 배기가스 내의 SO_2, NO_2 함량 증가로 인한 부식 촉진

풀이 ㉰번의 설명은 공기비가 작을 경우 발생하는 현상이다.

27 과잉 산소량(잔존 산소량)을 나타내는 표현은? (단, A : 실제공기량, A_o : 이론공기량, m : 공기비(m > 1), 표준상태, 부피 기준)

㉮ $0.21mA_o$ ㉯ $0.21mA$
㉰ $0.21(m-1)A_o$ ㉱ $0.21(m-1)A$

풀이 과잉공기량은 $(m-1) \times A_o$이고, 공기중의 산소의 체적비는 21%이므로 과잉산소량은 $(m-1) \times A_o \times 0.21$이다.

28 C : 80%, H: 15%, S : 5%의 무게비로 구성된 중유 1kg을 1.1의 공기비로 완전연소시킬 때, 건조 배출가스 중의 SO_2농도(ppm)는? (단, 모든 S성분은 SO_2가 됨)

㉮ 3,026 ㉯ 3,530
㉰ 4,126 ㉱ 4,530

풀이 ① 공기비(m) = 1.1
② $A_o = 8.89C + 26.67\left(H - \dfrac{O}{8}\right) + 3.33S(Sm^3/kg)$
 = 8.89×0.80+26.67×0.15+3.33×0.05
 = 11.279Sm^3/kg
③ Gd = mA_o-5.6H+0.7O+0.8N(Sm^3/kg)
 = 1.1×11.279Sm^3/kg-5.6×0.15
 = 11.5669Sm^3/kg
③ SO_2(ppm) = $\dfrac{SO_2량}{Gd} \times 10^6$
 = $\dfrac{0.7 \times 0.05 Sm^3/kg}{11.5669 Sm^3/kg} \times 10^6$
 = 3,025.88ppm

answer 24 ㉮ 25 ㉱ 26 ㉰ 27 ㉰ 28 ㉮

29 고체연료 중 코크스에 관한 설명으로 가장 적합하지 않은 것은?

㉮ 주성분은 탄소이다.
㉯ 원료탄보다 회분의 함량이 많다.
㉰ 연소 시에 매연이 많이 발생한다.
㉱ 원료탄을 건류하여 얻어지는 2차 연료로 코크스로에서 제조된다.

풀이 ㉰ 연소 시에 매연이 거의 발생하지 않는다.

30 화격자 연소에 관한 설명으로 가장 적합하지 않은 것은?

㉮ 상부투입식은 투입되는 연료와 공기가 향류로 교차하는 형태이다.
㉯ 상부투입식의 경우 화격자 상에 고정층을 형성해야 하므로 분체상의 석탄을 그대로 사용할 수 없다.
㉰ 정상상태에서 상부투입식은 상부로부터 석탄층 → 건조층 → 건류층 → 환원층 → 산화층 → 회층의 구성순서를 갖는다.
㉱ 하부투입식은 저융점의 회분을 많이 포함한 연료의 연소에 적합하며 착화성이 나쁜 연료도 유용하게 사용 가능하다.

풀이 ㉱ 하부투입식은 저융점의 회분을 많이 포함한 연료의 연소에 부적합하며 착화성이 좋은 연료에 유용하게 사용 가능하다.

31 CH_4의 최대 탄산가스율(%)은? (단, CH_4는 완전 연소함)

㉮ 11.7   ㉯ 21.8
㉰ 34.5   ㉱ 40.5

풀이 ① $CH_4 + 2O_2 \rightarrow CO_2 + 2H_2O$
② 이론건연소가스량(God)
   $= (1-0.21)A_o + CO_2량 (Sm^3/Sm^3)$
   $= (1-0.21) \times \dfrac{2}{0.21} + 1$
   $= 8.5238 Sm^3/Sm^3$
③ CO_2량 = 생성되는 CO_2 갯수 = $1 Sm^3/Sm^3$
④ $CO_2 \max(\%) = \dfrac{CO_2량(Sm^3/Sm^3)}{God(Sm^3/Sm^3)} \times 100$
   $= \dfrac{1 Sm^3/Sm^3}{8.5238 Sm^3/Sm^3} \times 100$
   $= 11.73\%$

32 다음 조건을 갖는 기체연료의 이론연소온도(℃)는?

- 연료의 저발열량 : 7,500kcal/Sm^3
- 연료의 이론연소가스량 : 10.5 Sm^3/Sm^3
- 연료 연소가스의 평균정압비열 : 0.35kcal/$Sm^3 \cdot$℃
- 기준온도 : 25℃
- 공기는 예열되지 않고, 연소가스는 해리되지 않음

㉮ 1,916   ㉯ 2,066
㉰ 2,196   ㉱ 2,256

풀이 이론연소온도(℃)
$= \dfrac{저위발열량(kcal/Sm^3)}{가스량(Sm^3/Sm^3) \times 평균정압비열(kcal/Sm^3 \cdot ℃)} + 기준온도(℃)$
$= \dfrac{7,500 kcal/Sm^3}{10.5 Sm^3/Sm^3 \times 0.35 kcal/Sm^3 \cdot ℃} + 25℃$
$= 2,065.82℃$

answer 29 ㉰ 30 ㉱ 31 ㉮ 32 ㉯

33 가솔린 기관의 노킹현상을 방지하기 위한 방법으로 가장 적합하지 않은 것은?

㉮ 화염속도를 빠르게 한다.
㉯ 말단 가스의 온도와 압력을 낮춘다.
㉰ 혼합기의 자기착화온도를 높게 한다.
㉱ 불꽃진행거리를 길게하여 말단가스가 고온·고압에 충분히 노출되도록 한다.

[풀이] ㉱ 불꽃진행거리를 짧게하여 말단가스가 고온·고압에 노출되는 시간을 짧게 한다.

34 C_2H_6의 고위발열량이 15,520kcal/Sm^3 일 때, 저위발열량(kcal/Sm^3)은?

㉮ 18,380 ㉯ 16,560
㉰ 14,080 ㉱ 12,820

[풀이] $C_2H_6 + 3.5O_2 \rightarrow 2CO_2 + 3H_2O$
저위발열량(Hl)
= 고위발열량(Hh)$-480\times H_2O$량(kcal/Sm^3)
= 15,520kcal/$Sm^3-480\times 3$
= 14,080kcal/Sm^3

35 89%의 탄소와 11%의 수소로 이루어진 액체연료를 1시간에 187kg씩 완전 연소할 때 발생하는 배출 가스의 조성을 분석한 결과 CO_2 : 12.5%, O_2 : 3.5%, N_2 : 84%이었다. 이 연료를 2시간 동안 완전 연소시켰을 때 실제 소요된 공기량(Sm^3)은?

㉮ 1,205 ㉯ 2,410
㉰ 3,610 ㉱ 4,810

[풀이] ① $CO_2\%$, $O_2\%$, $N_2\%$가 주어진 경우

공기비(m) = $\dfrac{N_2\%}{N_2\%-3.76\times(O_2\%-0.5CO\%)}$

= $\dfrac{84\%}{84\%-3.76\times 3.5\%}$ = 1.1858

② 이론공기량(A_o) = $8.89C+26.67\left(H-\dfrac{O}{8}\right)$
$+3.33S(Sm^3/kg)$
= $8.89\times 0.89+26.67\times 0.11$
= 10.8458Sm^3/kg

③ 필요한 공기량(Sm^3)
= 공기비(m)×이론공기량(Sm^3/kg)
×연료량(kg/hr)×소요시간(hr)
= $1.1858\times 10.8458Sm^3/kg\times 187kg/hr\times 2hr$
= 4,810Sm^3

36 연소에 관한 용어 설명으로 옳지 않은 것은?

㉮ 유동점은 저온에서 중유를 취급할 경우의 난이도를 나타내는 척도가 될 수 있다.
㉯ 인화점은 액체연료의 표면에 인위적으로 불씨를 가했을 때 연소하기 시작하는 최저온도이다.
㉰ 발열량은 연료가 완전연소 할 때 단위중량 혹은 단위부피당 발생하는 열량으로 잠열을 포함하는 저발열량과 포함하지 않는 고발열량으로 구분된다.
㉱ 발화점은 공기가 충분한 상태에서 연료를 일정온도 이상으로 가열했을 때 외부에서 점화하지 않더라도 연료 자신의 연소열에 의해 연소가 일어나는 최저온도이다.

[풀이] ㉰ 발열량은 연료가 완전연소 할 때 단위중량 혹은 단위부피당 발생하는 열량으로 잠열을 포함하는 고발열량과 포함하지 않는 저발열량으로 구분된다.

answer 33 ㉱ 34 ㉰ 35 ㉱ 36 ㉰

37 석탄의 유동층 연소에 관한 설명으로 가장 적합하지 않은 것은?

㉮ 부하변동에 쉽게 적응할 수 없다.
㉯ 유동매체의 보충이 필요하지 않다.
㉰ 유동매체를 석회석으로 할 경우 로 내에서 탈황이 가능하다.
㉱ 비교적 저온에서 연소가 행해지기 때문에 화격자 연소에 비해 themal NOx 발생량이 적다.

풀이 ㉯ 유동매체의 보충이 필요하다.

38 석유류의 특성에 관한 내용으로 옳은 것은?

㉮ 일반적으로 인화점은 예열온도보다 약간 높은 것이 좋다.
㉯ 인화점이 낮을수록 역화의 위험성이 낮아지고 착화가 곤란하다.
㉰ 일반적으로 API가 10° 미만이면 경질유, 40° 이상이면 중질유로 분류된다.
㉱ 일반적으로 경질유는 방향족계 화합물을 50% 이상 함유하고 중질유에 비해 밀도와 점도가 높은 편이다.

풀이 ㉯ 인화점이 낮을수록 역화의 위험성이 커지고 착화가 용이하다.
㉰ 일반적으로 API가 10° 미만이면 중질유, 40° 이상이면 경질유로 분류된다.
㉱ 일반적으로 경질유는 방향족계 화합물을 50% 이상 함유하고 중질유에 비해 밀도와 점도가 낮은 편이다.

TIP
API비중이란 미국석유협회(API)가 제정한 원유의 화학적 비중표시방법이다.

39 25℃에서 탄소가 연소하여 일산화탄소가 될 때 엔탈피 변화량(kJ)은?

- $C + O_2(g) \rightarrow CO_2(g)$ $\triangle H = -393.5 kJ$
- $CO + 1/2 O_2(g) \rightarrow CO_2(g)$ $\triangle H = -283.0 kJ$

㉮ -676.5   ㉯ -110.5
㉰ 110.5   ㉱ 676.5

풀이 엔탈피 변화량
= 탄소의 엔탈피 - 일산화탄소의 엔탈피
= (-393.5kJ) - (-283.0kJ) = -110.5kJ

40 액체연료를 비점(℃)이 큰 순서대로 나열한 것은?

㉮ 등유 > 중유 > 휘발유 > 경유
㉯ 중유 > 경유 > 등유 > 휘발유
㉰ 경유 > 휘발유 > 중유 > 등유
㉱ 휘발유 > 경유 > 등유 > 중유

풀이 액체연료 중 비점(℃)이 큰 순서는 중유 > 경유 > 등유 > 휘발유이다.

| 제3과목 | 대기오염방지기술

41 질소산화물(NOx) 저감방법으로 가장 적합하지 않은 것은?

㉮ 연소영역에서의 산소 농도를 높인다.
㉯ 부분적인 고온영역이 없게 한다.
㉰ 고온 영역에서 연소가스의 체류시간을 짧게 한다.
㉱ 유기질소화합물을 함유하지 않는 연료를 사용한다.

풀이 ㉮ 연소영역에서의 산소 농도를 낮춘다.

42 유해가스를 처리하는 흡수장치의 효율을 높이기 위한 흡수액의 조건은?

㉮ 점성이 커야 한다.
㉯ 어는점이 높아야 한다.
㉰ 휘발성이 적어야 한다.
㉱ 가스의 용해도가 낮아야 한다.

[풀이] ㉮ 점성이 작아야 한다.
㉯ 어는점이 낮아야 한다.
㉱ 가스의 용해도가 높아야 한다.

43 먼지의 자유낙하에서 종말침강속도에 관한 설명으로 옳은 것은?

㉮ 입자가 바닥에 닿는 순간의 속도
㉯ 입자의 가속도가 0이 될 때의 속도
㉰ 입자의 속도가 0이 되는 순간의 속도
㉱ 정지된 다른 입자와 충돌하는데 필요한 최소한의 속도

[풀이] 먼지의 자유낙하에서 종말침강속도는 입자의 가속도가 0이 될 때의 속도이다.

44 후드에 의한 먼지 흡입에 관한 설명으로 옳지 않은 것은?

㉮ 국소적인 흡인방식을 취한다.
㉯ 배풍기에 충분한 여유를 둔다.
㉰ 후드를 발생원에 가깝게 설치한다.
㉱ 후드의 개구면적을 가능한 크게 한다.

[풀이] ㉱ 후드의 개구면적을 가능한 작게 한다.

45 집진장치의 입구 쪽 처리가스 유량이 300,000m³/h, 먼지 농도가 15g/m³이고, 출구 쪽 처리된 가스의 유량이 305,000m³/h, 먼지 농도가 40mg/m³일 때, 집진효율(%)은?

㉮ 89.6　　㉯ 95.3
㉰ 99.7　　㉱ 103.2

[풀이]
$$집진효율(\%) = \left(1 - \frac{출구농도 \times 출구가스의 유량}{입구농도 \times 입구가스의 유량}\right) \times 100$$
$$= \left(1 - \frac{40 \times 10^{-3} g/m^3 \times 305,000 m^3/hr}{15 g/m^3 \times 300,000 m^3/hr}\right) \times 100$$
$$= 99.73\%$$

46 직경이 10μm인 구형 입자가 20℃ 층류 영역의 대기 중에서 낙하하고 있다. 입자의 종말침강속도(m/s)와 레이놀즈수를 순서대로 나열한 것은? (단, 20℃에서 입자의 밀도 =1,800kg/m³, 공기의 밀도 = 1.2 kg/m³, 공기의 점도 = 1.8×10⁻⁵kg/m·s)

㉮ 5.44×10⁻³, 3.63×10⁻³
㉯ 5.44×10⁻³, 2.44×10⁻⁶
㉰ 3.63×10⁻⁶, 2.44×10⁻⁶
㉱ 3.63×10⁻⁶, 3.63×10⁻³

[풀이] ① $Vg = \dfrac{d^2(\rho_s - \rho)g}{18\mu}$

여기서 Vg : 종말침강속도(m/sec)
　　　　d : 직경(m)
　　　　ρ_s : 입자의 밀도(kg/m³)
　　　　ρ : 가스의 밀도(kg/m³)
　　　　g : 중력가속도(9.8m/sec²)
　　　　μ : 점성도(kg/m·sec)

따라서
$$Vg = \frac{(10 \times 10^{-6} m)^2 \times (1,800-1.2)kg/m^3 \times 9.8 m/sec^2}{18 \times 1.8 \times 10^{-5} kg/m \cdot sec}$$
$$= 5.44 \times 10^{-3} m/sec$$

answer 42 ㉰　43 ㉯　44 ㉱　45 ㉰　46 ㉮

② $Re = \dfrac{D \times V \times \rho}{\mu}$

여기서 Re : 레이놀즈수
D : 직경(m)
V : 종말침강속도(m/sec)
ρ : 공기의 밀도(kg/m³)

따라서

$Re = \dfrac{10 \times 10^{-6}m \times 5.44 \times 10^{-3}m/sec \times 1.2kg/m^3}{1.8 \times 10^{-5} kg/m \cdot sec}$

$= 0.00363 = 3.63 \times 10^{-3}$

47 표준상태의 공기가 내경이 50cm인 강관 속을 2m/s의 속도로 흐르고 있을 때, 공기의 질량유속(kg/s)은? (단, 공기의 평균분자량 = 29)

㉮ 0.34 ㉯ 0.51
㉰ 0.78 ㉱ 0.97

[풀이] ① 공기 속도 = 2m/sec
② 표준상태의 공기밀도 = 1.3kg/Sm³
③ 단면적 = $\dfrac{\pi D^2}{4}(m^2) = \dfrac{\pi \times (0.50m)^2}{4}$
$= 0.19635 m^2$
④ 공기의 속도(m/sec)
$= \dfrac{질량유속(kg/sec)}{공기의 밀도(kg/m^3) \times 단면적(m^2)}$
$2m/sec = \dfrac{질량유속(kg/sec)}{1.3kg/Sm^3 \times 0.19635m^2}$
따라서 질량유속 = 0.51kg/sec

48 여과집진장치의 탈진방식 중 간헐식에 관한 설명으로 옳지 않은 것은?

㉮ 연속식에 비해 먼지의 재비산이 적고 높은 집진효율을 얻을 수 있다.
㉯ 고농도, 대량가스 처리에 적합하며 점성이 있는 조대먼지의 탈진에 효과적이다.
㉰ 진동형은 여과포의 음파진동, 횡진동, 상하진동에 의해 포집된 먼지를 털어내는 방식이다.
㉱ 역기류형은 단위집진실에 처리 가스의 공급을 중단시킨 후 순차적으로 탈진하는 방식이다.

[풀이] ㉯번의 설명은 연속식 탈진방식에 해당한다.

49 촉매소각법에 관한 일반적인 설명으로 옳지 않은 것은?

㉮ 열소각법에 비해 연소 반응시간이 짧다.
㉯ 열소각법에 비해 thermal NOx 생성량이 작다.
㉰ 백금, 코발트는 촉매로 바람직하지 않은 물질이다.
㉱ 촉매제가 고가이므로 처리가스량이 많은 경우에는 부적합하다.

[풀이] ㉰ 백금, 코발트는 촉매로 사용되는 물질이다.

50 물리적 흡착에 의한 가스처리에 관한 설명으로 옳지 않은 것은?

㉮ 처리가스의 분압이 낮아지면 흡착량이 감소한다.
㉯ 처리 가스의 온도가 높아지면 흡착량이 증가한다.
㉰ 흡착과정이 가역적이기 때문에 흡착제의 재생이 가능하다.
㉱ 다분자층 흡착이며 화학적 흡착에 비해 오염 가스의 회수가 용이하다.

[풀이] ㉯ 처리 가스의 온도가 높아지면 흡착량이 감소한다.

answer 47 ㉯ 48 ㉯ 49 ㉰ 50 ㉯

51 원심력집진장치(cyclone)의 집진효율에 관한 내용으로 옳은 것은?

㉮ 원통의 직경이 클수록 집진효율이 증가한다.
㉯ 입자의 밀도가 클수록 집진효율이 감소한다.
㉰ 가스의 온도가 높을수록 집진효율이 증가한다.
㉱ 가스의 유입 속도가 클수록 집진효율이 증가한다.

풀이 ㉮ 원통의 직경이 클수록 집진효율이 감소한다.
㉯ 입자의 밀도가 클수록 집진효율이 증가한다.
㉰ 가스의 온도가 높을수록 집진효율이 감소한다.

52 세정집진장치의 장점으로 가장 적합한 것은?

㉮ 점착성 및 조해성 먼지의 제거가 용이하다.
㉯ 별도의 폐수처리시설이 필요하지 않다.
㉰ 먼지에 의한 폐쇄 등의 장애가 일어날 확률이 낮다.
㉱ 소수성 먼지에 대해 높은 집진효율을 얻을 수 있다.

풀이 ㉯ 별도의 폐수처리시설이 필요하다.
㉰ 먼지에 의한 폐쇄 등의 장애가 일어날 확률이 높다.
㉱ 친수성 먼지에 대해 높은 집진효율을 얻을 수 있다.

53 흡인통풍의 장점으로 가장 적합하지 않은 것은?

㉮ 통풍력이 크다.
㉯ 연소용 공기를 예열할 수 있다.
㉰ 굴뚝의 통풍저항이 큰 경우에 적합하다.
㉱ 노 내압이 부압(-)으로 역화의 우려가 없다.

풀이 ㉯ 연소용 공기를 예열할 수 없다.

54 원통형 전기집진장치의 집진극 직경이 10cm이고 길이가 0.75m이다. 배출가스의 유속이 2m/s이고 먼지의 겉보기 이동속도가 10cm/s일 때, 이 집진장치의 실제 집진효율(%)은?

㉮ 78   ㉯ 86
㉰ 95   ㉱ 99

풀이 $\eta = \left\{1-\exp\left(\frac{-2\times We\times L}{R\times U}\right)\right\}\times 100$
$= \left\{1-\exp\left(\frac{-2\times 0.1m/sec\times 0.75m}{0.05m\times 2m/sec}\right)\right\}\times 100 = 77.69\%$

TIP
반경(R) = $\frac{집진극의 직경}{2} = \frac{10cm}{2}$
= 5cm = 0.05m

55 외기 유입이 없을 때 집진효율이 88%인 원심력집진장치(cyclone)가 있다. 이 원심력 집진장치에 외기가 10% 유입되었을 때, 집진효율(%)은? (단, 외기가 10% 유입되었을 때 먼지 통과율은 외기가 유입되지 않은 경우의 3배)

㉮ 54   ㉯ 64
㉰ 75   ㉱ 83

풀이 ① 정상시 효율(η)= 88%이므로
정상시 통과율(P) = 100 − 88% = 12%
② 비정상시 통과율(P)
= 정상시 통과율(P)×3배 = 12%×3 = 36%
③ 비정상시 효율(η) = 100 − 36% = 64%

answer   51 ㉱   52 ㉮   53 ㉯   54 ㉮   55 ㉯

TIP
① 통과율(P) + 효율(η) = 100%
② 통과율(P) = 100% - 효율(η)
③ 효율(η) = 100% - 통과율(P)

56 불소화합물 처리에 관한 내용이다. ( )안에 들어갈 화학식으로 가장 적합한 것은?

> 사불화규소는 물과 반응해서 콜로이드 상태의 규산과 ( )을(를) 생성한다.

㉮ CaF_2　　　㉯ $NaHF_2$
㉰ $NaSiF_6$　　㉱ H_2SiF_6

TIP
① 사불화규소 = SiF_6
② 규산 = H_2SiO_4
③ 규불산 = H_2SiF_6

57 유체의 점도를 나타내는 단위에 해당하지 않는 것은?

㉮ poise　　　㉯ Pa·s
㉰ L·atm　　㉱ g/cm·s

풀이 유체의 점도를 나타내는 단위는 poise, Pa·s, g/cm·s, kg/m·s이다.

TIP
점도의 단위에는 반드시 "sec"가 들어있어야 함이 정답을 찾는 포인트이다.

58 중력집진장치에 관한 설명으로 가장 적합하지 않은 것은?

㉮ 배기가스의 점도가 낮을수록 집진효율이 증가한다.
㉯ 함진가스의 온도변화에 의한 영향을 거의 받지 않는다.
㉰ 침강실의 높이가 낮고, 길이가 길수록 집진효율이 증가한다.
㉱ 함진가스의 유량, 유입속도 변화에 거의 영향을 받지 않는다.

풀이 ㉱ 함진가스의 유량과 유입속도 변화에 영향을 많이 받는다.

59 처리가스량이 30,000m³/h, 압력손실이 300mmH₂O인 집진장치를 효율이 47%인 송풍기로 운전할 때, 송풍기의 소요동력(kW)은?

㉮ 38　　㉯ 43
㉰ 49　　㉱ 52

풀이
$$kW = \frac{Ps \times Q}{102 \times \eta} \times \alpha$$
여기서 Ps : 압력손실(mmH₂O)
　　　　Q : 가스량(m³/sec)
　　　　η : 효율
　　　　α : 여유율
따라서
$$kW = \frac{300mmH_2O \times 30,000m^3/hr \times 1hr/3,600sec}{102 \times 0.47}$$
$$= 52.15kW$$

TIP
1kW = 102 kg·m/sec 이므로 가스량(Q)의 시간단위는 반드시 "sec"임에 주의

answer　56 ㉱　57 ㉰　58 ㉱　59 ㉱

60 먼지의 입경측정 방법을 직접측정법과 간접측정법으로 구분할 때, 직접측정법에 해당하는 것은?

㉮ 광산란법 ㉯ 관성충돌법
㉰ 액상침강법 ㉱ 표준체측정법

풀이 먼지의 입경측정 방법
① 직접측정법 : 표준체측정법, 현미경측정법
② 간접측정법 : 관성충돌법, 액상침강법, 공기투과법, 광산란법

| 제4과목 | 대기오염공정시험기준

61 배출가스 중의 수은화합물을 냉증기 원자흡수분광광도법에 따라 분석할 때 사용하는 흡수액은?

㉮ 질산암모늄 + 황산용액
㉯ 과망간산포타슘 + 황산용액
㉰ 시안화포타슘 + 디티존 용액
㉱ 수산화칼슘 + 피로가롤용액

풀이 수은화합물을 냉증기 원자흡수분광광도법에 따라 분석할 때 사용하는 흡수액은 과망간산포타슘 + 황산용액이다.

62 비분산형적외선 분석기의 장치구성에 관한 설명으로 옳지 않은 것은?

㉮ 비교셀은 시료셀과 동일한 모양을 가지며 산소를 봉입하여 사용한다.
㉯ 광원은 원칙적으로 흑체발광으로 니크로뮴선 또는 탄화규소의 저항체에 전류를 흘려 가열한 것을 사용한다.
㉰ 광학필터는 시료가스 중에 포함되어있는 간섭 물질가스의 흡수파장역 적외선을 흡수제거하기 위해 사용한다.
㉱ 회전섹타는 시료광속과 비교광속을 일정 주기로 단속시켜 광학적으로 변조시키는 것으로 측정 광신호의 증폭에 유효하고 잡신호의 영향을 줄일 수 있다.

풀이 ㉮ 비교셀은 시료셀과 동일한 모양을 가지며 아르곤 또는 질소와 같은 불활성 기체를 봉입하여 사용한다.

63 다음 자료를 바탕으로 구한 비산먼지의 농도(mg/Sm³)는?

- 채취먼지량이 가장 많은 위치에서의 먼지농도 : 115mg/Sm³
- 대조위치에서의 먼지농도 : 0.15mg/Sm³
- 전 시료채취기간 중 주 풍향이 90° 이상 변함
- 풍속이 0.5m/s 미만 또는 10m/s 이상이 되는 시간이 전 채취시간의 50% 이상임

㉮ 114.9 ㉯ 137.8
㉰ 165.4 ㉱ 206.7

풀이 $C = (C_H - C_B) \times W_D \times W_S$
여기서 C_H : 포집먼지량이 가장 많은 위치에서의 먼지농도(mg/Sm³)
C_B : 대조위치에서의 먼지농도(mg/Sm³)
W_D, W_S : 풍향, 풍속 측정 결과로부터 구한 보정계수
따라서 $C = (115-0.15)mg/Sm^3 \times 1.5 \times 1.2$
$= 206.73 mg/Sm^3$

TIP
풍향과 풍속의 보정계수
(1) 풍향 보정계수
① 주풍향이 90° 이상 : 1.5
② 주풍향이 45°~90° : 1.2
③ 주풍향이 45° 미만 : 1.0
(2) 풍속 보정계수

answer 60 ㉱ 61 ㉯ 62 ㉮ 63 ㉱

① 전 채취시간의 50% 미만 : 1.0
② 전 채취시간의 50% 이상 : 1.2

64 대기오염공정시험기준상의 용어 정의 및 규정에 관한 내용으로 옳은 것은?

㉮ "약"이란 그 무게 또는 부피에 대해 ±1% 이상의 차가 있어서는 안 된다.
㉯ 상온은 (15~25)℃, 실온은 (1~35)℃, 찬 곳은 따로 규정이 없는 한 (0~15)℃의 곳을 뜻한다."
㉰ 방울수라 함은 20℃에서 정제수 10방울을 떨어뜨릴 때 그 부피가 약 1 mL 되는 것을 뜻한다.
㉱ 10억분율은 pphm으로 표시하고 따로 표시가 없는 한 기체일 때는 용량 대 용량(부피분율), 액체일 때는 중량 대 중량(질량분율)을 표시한 것을 뜻한다.

풀이 ㉮ "약"이란 그 무게 또는 부피에 대해 ±10% 이상의 차가 있어서는 안 된다.
㉰ 방울수라 함은 20℃에서 정제수 20방울을 떨어뜨릴 때 그 부피가 약 1 mL 되는 것을 뜻한다.
㉱ 10억분율은 ppb로 표시하고 따로 표시가 없는 한 기체일 때는 용량 대 용량(부피분율), 액체일 때는 중량 대 중량(질량분율)을 표시한 것을 뜻한다.

65 가로 길이가 3m, 세로 길이가 2m인 상·하 동일 단면적의 사각형 굴뚝이 있다. 이 굴뚝의 환산직경(m)은?

㉮ 2.2 ㉯ 2.4
㉰ 2.6 ㉱ 2.8

풀이 환산직경(m) = $\dfrac{2 \times 가로 \times 세로}{가로 + 세로}$
= $\dfrac{2 \times 3m \times 2m}{3m + 2m}$ = 2.4m

66 굴뚝 배출가스 중의 황산화물 시료채취에 관한 일반적인 내용으로 옳지 않은 것은?

㉮ 채취관과 삼방콕 등 가열하는 실리콘을 제외한 보통 고무관을 사용한다.
㉯ 시료가스 중의 황산화물과 수분이 응축되지 않도록 시료가스 채취관과 콕 사이를 가열할 수 있는 구조로 한다.
㉰ 시료채취관은 유리, 석영, 스테인리스 강 등 시료가스 중의 황산화물에 의해 부식되지 않는 재질을 사용한다.
㉱ 시료가스 중에 먼지가 섞여 들어가는 것을 방지하기 위해 채취관의 앞 끝에 알칼리(alkali)가 없는 유리솜 등의 적당한 여과재를 넣는다.

풀이 ㉮ 채취관과 삼방콕 등 가열하는 접속부분은 갈아맞춤 또는 실리콘 고무관을 사용하고, 보통 고무관을 사용하면 안된다.

67 굴뚝 배출가스 중 산소를 전기화학식으로 측정하는 방법에 대한 설명으로 틀린 것은?

㉮ 산소의 전기화학적 산화환원 반응을 이용하여 산소농도를 연속적으로 측정한다.
㉯ 질코니아방식은 고온에서 산소와 반응하는 가연성가스(일산화탄소, 메테인 등)의 영향을 무시할 수 있는 경우에 적용할 수 있다.
㉰ 전극방식은 산화환원반응을 일으키는 가스(SO_2, CO_2 등)의 영향을 무시할 수 있는 경우에 적용할 수 있다.
㉱ 측정범위는 0% ~ 5.0% 이하로 한다.

풀이 ㉱ 측정범위는 0% ~ 25.0% 이하로 한다.

answer 64 ㉯ 65 ㉯ 66 ㉮ 67 ㉱

68 굴뚝 배출가스 중의 폼알데하이드 및 알데하이드류의 분석방법에 해당하지 않는 것은?

㉮ 차아염소산염 자외선/가시선 분광법
㉯ 아세틸아세톤 자외선/가시선 분광법
㉰ 크로모트로핀산 자외선/가시선 분광법
㉱ 고성능액체크로마토그래피법

풀이 폼알데하이드 및 알데하이드류의 분석방법에는 아세틸아세톤 자외선/가시선 분광법, 크로모트로핀산 자외선/가시선 분광법, 고성능액체크로마토그래피법이 있다.

69 환경대기 중의 시료채취 시 주의사항으로 옳지 않은 것은?

㉮ 시료채취 유량은 규정하는 범위 내에서 되도록 많이 채취하는 것을 원칙으로 한다.
㉯ 악취물질의 채취는 되도록 짧은 시간 내에 끝내고 입자상 물질 중의 금속성분이나 발암성 물질 등은 되도록 장시간 채취한다.
㉰ 입자상 물질을 채취할 경우에는 채취관 벽에 분진이 부착 또는 퇴적하는 것을 피하고 특히 채취관을 수평방향으로 연결할 경우에는 되도록 관의 길이를 길게 하고 곡률반경을 작게 한다.
㉱ 바람이나 눈, 비로부터 보호하기 위해 측정기기는 실내에 설치하고 채취구를 밖으로 연결할 경우 채취관 벽과의 반응, 흡착, 흡수 등에 의한 영향을 최소한도로 줄일 수 있는 재질과 방법을 선택한다.

풀이 ㉰ 입자상 물질을 채취할 경우에는 채취관벽에 분진이 부착 또는 퇴적하는 것을 피하고 특히 채취관을 수평방향으로 연결할 경우에는 되도록 관의 길이를 짧게 하고 곡률반경을 크게 한다.

70 분석대상가스가 암모니아인 경우 사용 가능한 채취관의 재질에 해당하지 않는 것은?

㉮ 석영 ㉯ 플루오로수지
㉰ 실리콘수지 ㉱ 스테인리스강

풀이 암모니아 채취관의 재질에는 경질유리, 석영, 보통강철, 플루오로수지, 스테인리스강, 세라믹이 있다.

71 환경대기 중의 석면을 위상차현미경법에 따라 측정할 때에 관한 설명으로 옳지 않은 것은?

㉮ 시료채취 시 시료 포집면이 풍향을 향하도록 설치한다.
㉯ 시료채취 지점에서의 실내기류는 0.3m/s 이내가 되도록 한다.
㉰ 포집한 먼지 중 길이가 10μm 이하이고 길이와 폭의 비가 5 : 1 이하인 섬유를 석면섬유로 계수한다.
㉱ 시료채취는 해당시설의 실제 운영조건과 동일하게 유지되는 일반 환경상태에서 수행하는 것을 원칙으로 한다.

풀이 ㉰ 포집한 먼지 중 길이가 5μm 이상이고 길이와 폭의 비가 3 : 1 이상인 섬유를 석면섬유로 계수한다.

answer 68 ㉮ 69 ㉰ 70 ㉰ 71 ㉰ 72 ㉮

72 단색화장치를 사용하여 광원에서 나오는 빛 중 좁은 파장범위의 빛만을 선택한 뒤 액층에 통과시켰다. 입사광의 강도가 1이고, 투사광의 강도가 0.5일 때, 흡광도는? (단, Lambert-Beer 법칙 적용)

㉮ 0.3
㉯ 0.5
㉰ 0.7
㉱ 1.0

풀이 흡광도(A) $= \log \dfrac{1}{\dfrac{\text{투사광의 강도(It)}}{\text{입사광의 강도(Io)}}}$
$= \log \dfrac{Io}{It} = \log \dfrac{1}{0.5} = 0.30$

73 유류 중의 황 함유량을 측정하기 위한 분석방법에 해당하는 것은?

㉮ 광학기법
㉯ 열탈착식 광도법
㉰ 방사선식 여기법
㉱ 자외선/가시선 분광법

풀이 유류 중의 황 함유량을 측정하기 위한 분석방법에는 연소관식 공기법, 방사선식 여기법이 있다.

74 피토관으로 측정한 결과 덕트(duct) 내부가스의 동압이 13mmH₂O이고 유속이 20m/s이었다. 덕트의 밸브를 모두 열었을 때 동압이 26mmH₂O일 때, 덕트의 밸브를 모두 열었을 때의 가스 유속(m/s)은?

㉮ 23.2
㉯ 25.0
㉰ 27.1
㉱ 28.3

풀이 $V = C \times \sqrt{\dfrac{2gh}{r}}$ 에서 $V \propto \sqrt{h}$ 관계이므로

$20\,\text{m/sec} : \sqrt{13\,\text{mmH}_2\text{O}} = V : \sqrt{26\,\text{mmH}_2\text{O}}$

$\therefore V = \dfrac{20\,\text{m/sec} \times \sqrt{26\,\text{mmH}_2\text{O}}}{\sqrt{13\,\text{mmH}_2\text{O}}} = 28.28\,\text{m/sec}$

75 흡광차분광법에 관한 설명으로 옳지 않은 것은?

㉮ 광원부는 발·수광부 및 광케이블로 구성된다.
㉯ 광원으로 180nm~2,850nm 파장을 갖는 제논램프를 사용한다.
㉰ 일반 흡광광도법은 적분적이며 흡광차분광법은 미분적이라는 차이가 있다.
㉱ 분석장치는 분석기와 광원부로 나누어지며 분석기 내부는 분광기, 샘플 채취부, 검지부, 분석부, 통신부 등으로 구성된다.

풀이 ㉰ 일반 흡광광도법은 미분적(일시적)이며 흡광차분광법은 적분적(연속적)이라는 차이가 있다.

76 원자흡수분광광도법에 따라 분석할 때, 분석 오차를 유발하는 원인으로 가장 적합하지 않은 것은?

㉮ 검정곡선 작성의 잘못
㉯ 공존물질에 의한 간섭영향 제거
㉰ 광원부 및 파장선택부의 광학계 조정 불량
㉱ 가연성가스 및 조연성가스의 유량 또는 압력의 변동

풀이 원자흡수분광광도법으로 분석할 때, 분석 오차를 유발하는 원인으로는 ① 표준시료의 선택의 부적당 및 제조의 잘못, ② 분석시료의 처리방법과 희석의 부적당, ③ 표준시료와 분석시료의 조성이나 물리적 화학적 성질의 차이, ④ 공존물질에 의한 간섭, ⑤ 광원램프의 드리프트 열화, ⑥ 광원부 및 파장선택

answer 73 ㉰ 74 ㉱ 75 ㉰ 76 ㉯

부의 광학계의 조정 불량, ⑦ 분무기 또는 버너의 오염이나 폐색, ⑧ 가연성가스 및 조연성가스의 유량이나 압력의 변동, ⑨ 불꽃을 투과하는 광속의 위치의 조정 불량, ⑩ 계산의 잘못, ⑪ 검정곡선 작성의 잘못, ⑫ 측광부의 불안정 또는 조절불량이 있다.

77 어떤 사업장의 굴뚝에서 배출되는 오염물질의 농도가 600ppm이고 표준산소농도가 6%, 실측산소농도가 8%일 때, 보정된 오염물질의 농도(ppm)는?

㉮ 692.3　　㉯ 722.3
㉰ 832.3　　㉱ 862.3

풀이
$C = C_a \times \dfrac{21-O_s}{21-O_a} = 600\text{ppm} \times \dfrac{21-6\%}{21-8\%}$
$= 692.31\text{ppm}$

TIP
배출가스 유량 보정식 : $Q = Q_a \div \dfrac{21-O_s}{21-O_a}$

78 이온크로마토그래피법에 관한 일반적인 설명으로 옳지 않은 것은?

㉮ 검출기로 불꽃이온화검출기(FID)가 많이 사용된다.
㉯ 용리액조, 송액펌프, 시료주입장치, 분리관, 써프렛서, 검출기, 기록계로 구성되어 있다.
㉰ 강수(비, 눈, 우박 등), 대기 먼지, 하천수 중의 이온성분을 정성, 정량 분석하는 데 사용된다.
㉱ 용리액조는 이온성분이 용출되지 않는 재질로서 용리액을 직접 공기와 접촉시키지 않는 밀폐된 것을 선택한다.

풀이 ㉮ 검출기는 전기전도도검출기를 많이 사용한다.

79 굴뚝 연속 자동측정기기에 사용되는 연결관에 관한 설명으로 옳지 않은 것은?

㉮ 연결관은 가능한 짧은 것이 좋다.
㉯ 냉각연결관은 될 수 있는 한 수직으로 연결한다.
㉰ 기체-액체 분리관은 연결관의 부착위치 중 가장 높은 부분에 부착한다.
㉱ 응축수의 배출에 사용하는 펌프는 내구성이 좋아야 하고, 이 때 응축수 트랩은 사용하지 않아도 된다.

풀이 ㉰ 기체-액체 분리관은 도관(연결관)의 부착위치 중 가장 낮은 부분에 부착한다.

80 환경대기 시료채취방법 중 측정대상 기체와 선택적으로 흡수 또는 반응하는 용매에 시료가스를 일정 유량으로 통과시켜 채취하는 방법으로 채취관 – 여과재 – 채취부 – 흡입펌프 – 유량계(가스미터)로 구성되는 것은?

㉮ 용기채취법　　㉯ 고체흡착법
㉰ 직접채취법　　㉱ 용매채취법

풀이 ㉱ 용매채취법에 대한 설명이다.

answer 77 ㉮　78 ㉮　79 ㉰　80 ㉱

제5과목 | 대기환경관계법규

81 대기환경보전법령상 환경기술인의 준수사항으로 옳지 않은 것은?

㉮ 배출시설 및 방지시설의 운영기록을 사실에 기초하여 작성해야 한다.
㉯ 환경기술인을 공동으로 임명한 경우 환경기술인이 해당 사업장에 번갈아 근무해서는 안 된다.
㉰ 배출시설 및 방지시설을 정상가동하여 대기오염물질 등의 배출이 배출허용기준에 맞도록 해야 한다.
㉱ 자가측정 시 사용한 여과지는 환경오염공정시험기준에 따라 기록한 시료채취 기록지와 함께 날짜별로 보관·관리해야 한다.

풀이 ㉯ 환경기술인을 공동으로 임명한 경우 환경기술인이 해당 사업장에 번갈아 근무하여야 한다.

82 대기환경보전법령상 환경부장관 또는 시·도지사가 배출부과금의 납부의무자가 납부기한 전에 배출부과금을 납부할 수 없다고 인정하여 징수를 유예하거나 징수금액을 분할 납부하게 할 경우에 관한 설명으로 옳지 않은 것은?

㉮ 부과금의 분할납부 기한 및 금액과 그 밖에 부과금의 부과·징수에 필요한 사항은 환경부장관 또는 시·도지사가 정한다.
㉯ 초과부과금의 징수유예기간은 유예한 날의 다음 날부터 2년 이내이며 그 기간 중의 분할납부 횟수는 12회 이내이다.
㉰ 기본부과금의 징수유예기간은 유예한 날의 다음 날부터 다음 부과기간의 개시일 전일까지이며 그 기간 중의 분할납부 횟수는 4회 이내이다.
㉱ 징수유예기간 내에 징수할 수 없다고 인정되어 징수유예기간을 연장하거나 분할납부 횟수를 증가시킬 경우 징수유예기간의 연장은 유예한 날의 다음날부터 5년 이내이며 분할납부 횟수는 30회 이내이다.

풀이 ㉱ 징수유예기간 내에 징수할 수 없다고 인정되어 징수유예기간을 연장하거나 분할납부 횟수를 증가시킬 경우 징수유예기간의 연장은 유예한 날의 다음날부터 3년이내이며 분할납부 횟수는 18회 이내이다.

83 대기환경보전법령상 "자동차 사용의 제한 및 사업장의 연료사용량 감축 권고" 등의 조치사항이 포함되어야 하는 대기오염 경보단계는?

㉮ 경계 발령   ㉯ 경보 발령
㉰ 주의보 발령   ㉱ 중대경보 발령

풀이 ㉯ 경보 발령단계에 대한 설명이다.

TIP
경보 단계별 조치사항
1. 주의보 발령
   ① 주민의 실외활동 자제 요청
   ② 자동차 사용의 자제 요청
2. 경보 발령
   ① 주민의 실외활동 제한 요청
   ② 자동차 사용의 제한
   ③ 사업장의 연료사용량 감축 권고
3. 중대경보 발령
   ① 주민의 실외활동 금지 요청
   ② 자동차의 통행금지
   ③ 사업장의 조업시간 단축 명령

answer 81 ㉯ 82 ㉱ 83 ㉯

84 대기환경보전법령상 일일 기준초과배출량 및 일일유량의 산정방법으로 옳지 않은 것은?

㉮ 측정유량의 단위는 m^3/h로 한다.
㉯ 먼지를 제외한 그 밖의 오염물질의 배출농도 단위는 ppm으로 한다.
㉰ 특정대기유해물질의 배출허용기준초과 일일 오염물질배출량은 소수점 이하 넷째 자리까지 계산한다.
㉱ 일일조업시간은 배출량을 측정하기 전 최근 조업한 3개월 동안의 배출시설 조업시간 평균치를 일 단위로 표시한다.

풀이 ㉱ 일일조업시간은 배출량을 측정하기 전 최근 조업한 3개월 동안의 배출시설 조업시간 평균치를 시간 단위로 표시한다.

85 환경정책기본법령상 SO_2의 대기환경기준은? (단, ㉠ 연간평균치, ㉡ 24시간평균치, ㉢ 1시간평균치)

㉮ ㉠ : 0.02ppm 이하, ㉡ : 0.05ppm 이하, ㉢ : 0.15ppm 이하
㉯ ㉠ : 0.03ppm 이하, ㉡ : 0.06ppm 이하, ㉢ : 0.10ppm 이하
㉰ ㉠ : 0.05ppm 이하, ㉡ : 0.10ppm 이하, ㉢ : 0.12ppm 이하
㉱ ㉠ : 0.06ppm 이하, ㉡ : 0.10ppm 이하, ㉢ : 0.12ppm 이하

풀이 SO_2의 대기환경기준
① 연간 평균치 : 0.02ppm 이하
② 24시간 평균치 : 0.05ppm 이하
③ 1시간 평균치 : 0.15ppm 이하

86 대기환경보전법령상 배출시설 및 방지시설 등과 관련된 1차 행정처분기준이 조업정지에 해당하지 않는 경우는?

㉮ 방지시설을 설치해야 하는 자가 방지시설을 임의로 철거한 경우
㉯ 배출허용기준을 초과하여 개선명령을 받은 자가 개선명령을 이행하지 않은 경우
㉰ 방지시설을 설치해야 하는 자가 방지시설을 설치하지 않고 배출시설을 가동하는 경우
㉱ 배출시설 가동개시 신고를 해야 하는 자가 가동개시 신고를 하지 않고 조업하는 경우

87 실내공기질 관리법령상 공동주택 소유자에게 권고하는 실내 라돈 농도의 기준은?

㉮ 1세제곱미터당 148베크렐 이하
㉯ 1세제곱미터당 348베크렐 이하
㉰ 1세제곱미터당 548베크렐 이하
㉱ 1세제곱미터당 848베크렐 이하

풀이 실내공기질 관리법령상 공동주택 소유자에게 권고하는 실내 라돈 농도의 기준은 $148Bq/m^3$ 이하이다.

answer 84 ㉱ 85 ㉮ 86 ㉱ 87 ㉮

88 대기환경보전법령상 첨가제·촉매제 제조기준에 맞는 제품의 표시방법에 관한 내용 중 ( ) 안에 알맞은 것은?

> 표시크기는 첨가제 또는 촉매제 용기 앞면의 제품명 밑에 제품명 글자크기의 ( )에 해당하는 크기이어야 한다.

㉮ 100분의 50 이상
㉯ 100분의 30 이상
㉰ 100분의 15 이상
㉱ 100분의 5 이상

풀이 표시크기는 첨가제 또는 촉매제 용기 앞면의 제품명 밑에 제품명 글자크기의 100분의 30 이상에 해당하는 크기이어야 한다.

89 대기환경보전법령상 환경부령으로 정하는 바에 따라 특별자치시장·특별자치도지사·시장·군수·구청장에게 신고하고 비산먼지의 발생을 억제하기 위한 시설을 설치하거나 필요한 조치를 해야할 경우에 해당하지 않는 경우는?

㉮ 비산먼지를 발생시키는 운송장비 제조업을 하려는 자
㉯ 비산먼지를 발생시키는 비료 및 사료제품의 제조업을 하려는 자
㉰ 비산먼지를 발생시키는 금속물질의 채취업 및 가공업을 하려는 자.
㉱ 비산먼지를 발생시키는 시멘트 관련 제품의 가공업을 하려는 자

90 대기환경보전법령상 제조기준에 맞지 않는 첨가제 또는 촉매제임을 알면서 사용한 자에 대한 과태료 부과기준은?

㉮ 1천만원 이하의 과태료
㉯ 500만원 이하의 과태료
㉰ 300만원 이하의 과태료
㉱ 200만원 이하의 과태료

풀이 ㉱ 200만원 이하의 과태료에 대한 설명이다.

91 대기환경보전법령상 자동차연료형 첨가제의 종류에 해당하지 않는 것은? (단, 그 밖에 환경부장관이 자동차의 성능을 향상시키거나 배출가스를 줄이기 위해 필요하다고 정하여 고시하는 경우를 제외)

㉮ 세척제
㉯ 청정분산제
㉰ 매연 발생제
㉱ 옥탄가향상제

풀이 자동차연료형 첨가제의 종류에는 ① 세척제, ② 청정분산제, ③ 매연억제제, ④ 다목적첨가제, ⑤ 옥탄가 향상제, ⑥ 세탄가 향상제, ⑦ 유동성 향상제, ⑧ 윤활유 향상제가 있다.

92 악취방지법령상 지정악취물질에 해당하지 않는 것은?

㉮ 메틸메르캅탄
㉯ 트라이메틸아민
㉰ 아세트알데하이드
㉱ 아닐린

93 실내공기질 관리법령의 적용 대상이 되는 대통령령으로 정하는 규모의 다중이용시설에 해당하지 않는 것은?

㉮ 모든 지하역사
㉯ 여객자동차터미널의 연면적 2천2백제곱미터인 대합실
㉰ 철도역사의 연면적 2천2백제곱미터인 대합실
㉱ 공항시설 중 연면적 1천1백제곱미터인 여객터미널

[풀이] ㉱ 공항시설 중 연면적이 1천5백제곱미터 이상인 여객터미널

94 대기환경보전법령상 시·도지사가 설치하는 대기오염 측정망에 해당하는 것은?

㉮ 대기 중의 중금속 농도를 측정하기 위한 대기중금속측정망
㉯ 대기오염물질의 지역 배경농도를 측정하기 위한 교외대기측정망
㉰ 도시지역의 휘발성유기화합물 등의 농도를 측정하기 위한 광화학대기오염물질측정망
㉱ 산성 대기오염물질의 건성 및 습성 침착량을 측정하기 위한 산성강하물측정망

[풀이] ① 수도권대기환경청장, 국립환경과학원장 또는 한국환경공단이 설치하는 대기오염측정망의 종류에는 교외대기측정망, 국가배경농도측정망, 유해대기물질측정망, 광화학대기오염물질측정망, 산성강하물측정망, 지구대기측정망, 대기오염집중측정망, 미세먼지성분측정망이 있다.
② 시·도지사가 설치하는 대기오염측정망의 종류에는 도시대기측정망, 도로변대기측정망, 대기중금속측정망이 있다.

95 대기환경보전법령상 배출시설 설치허가를 받은 자가 변경신고를 해야 하는 경우에 해당하지 않는 것은?

㉮ 배출시설 또는 방지시설을 임대하는 경우
㉯ 사업장의 명칭이나 대표자를 변경하는 경우
㉰ 종전의 연료보다 황함유량이 높은 연료로 변경하는 경우
㉱ 배출시설의 규모를 10% 미만으로 폐쇄함에 따라 변경되는 대기오염물질의 양이 방지시설의 처리용량 범위 내일 경우

[풀이] ㉱ 같은 배출구에 연결된 배출시설을 증설 또는 교체하거나 폐쇄하는 경우. 단, 배출시설의 규모를 10% 미만으로 배출시설의 증설, 교체, 폐쇄에 따라 변경되는 대기 오염물질의 양이 방지시설의 처리용량 범위 내일 경우는 제외한다.

96 대기환경보전법령상 초과부과금 부과 대상이 되는 오염물질에 해당하지 않는 것은?

㉮ 일산화탄소 ㉯ 암모니아
㉰ 시안화수소 ㉱ 먼지

[풀이] 초과부과금 대상 물질에는 ① 황산화물, ② 암모니아, ③ 황화수소, ④ 이황화탄소, ⑤ 먼지, ⑥ 불소화물, ⑦ 염화수소, ⑧ 질소산화물, ⑨ 시안화수소가 있다.

answer 93 ㉱ 94 ㉮ 95 ㉱ 96 ㉮

97 환경부장관은 라돈으로 인한 건강피해가 우려되는 시·도가 있는 경우 해당 시·도지사에게 라돈관리계획을 수립하여 시행하도록 요청할 수 있다. 이 때, 라돈관리계획에 포함되어야 하는 사항에 해당하지 않는 것은? (단, 그 밖에 라돈관리를 위해 시·도지사가 필요하다고 인정하는 사항은 제외)

㉮ 다중이용시설 및 공동주택 등의 현황
㉯ 라돈으로 인한 건강피해의 방지 대책
㉰ 인체에 직접적인 영향을 미치는 라돈의 양
㉱ 라돈의 실내 유입 차단을 위한 시설 개량에 관한 사항

98 실내공기질 관리법령상 의료기관의 폼알데하이드 실내공기질 유지기준은?

㉮ $10\mu g/m^3$ 이하   ㉯ $20\mu g/m^3$ 이하
㉰ $80\mu g/m^3$ 이하   ㉱ $150\mu g/m^3$ 이하

> **TIP**
> 의료기관의 오염물질 항목별 실내공기질 유지기준
> ① 미세먼지(PM-10) : $75\mu g/m^3$ 이하
> ② 초미세먼지(PM-2.5) : $35\mu g/m^3$ 이하
> ③ 이산화탄소 : 1,000ppm 이하
> ④ 폼알데하이드 : $80\mu g/m^3$ 이하
> ⑤ 총부유세균 : $800CFU/m^3$ 이하
> ⑥ 일산화탄소 : 10ppm 이하

99 대기환경보전법령상 대기오염방지시설에 해당하지 않는 것은? (단, 환경부장관이 인정하는 기타 시설은 제외)

㉮ 흡착에 의한 시설
㉯ 응집에 의한 시설
㉰ 촉매반응을 이용하는 시설
㉱ 미생물을 이용한 처리시설

[풀이] 대기오염방지시설로는 중력집진시설, 관성력집진시설, 원심력집진시설, 세정집진시설, 여과집진시설, 전기집진시설, 음파집진시설, 흡수에 의한 시설, 흡착에 의한 시설, 직접연소에 의한 시설, 촉매반응을 이용한 시설, 응축에 의한 시설, 산화환원에 의한 시설, 미생물을 이용한 처리시설, 연소조절에 의한 시설이 있다.

100 대기환경보전법령상의 용어 정의로 옳은 것은?

㉮ "온실가스"란 적외선 복사열을 흡수하거나 다시 방출하여 온실효과를 유발하는 대기중의 가스상 물질로서 이산화탄소, 메탄, 아산화질소, 수소불화탄소, 과불화탄소, 육불화황을 말한다.
㉯ "기후·생태계 변화유발물질"이란 지구온난화 등으로 생태계의 변화를 가져올 수 있는 액체상 물질로서 환경부령으로 정하는 것을 말한다.
㉰ "매연"이란 연소할 때에 생기는 탄소가 주가 되는 기체상 물질을 말한다.
㉱ "검댕"이란 연소할 때에 생기는 탄소가 응결하여 생성된 지름이 10μm 이상인 기체상 물질을 말한다.

[풀이] ㉯ "기후·생태계 변화유발물질"이란 지구온난화 등으로 생태계의 변화를 가져올 수 있는 기체상 물질로서 환경부령으로 정하는 것을 말한다.
㉰ "매연"이란 연소할 때에 생기는 유리탄소가 주가 되는 미세한 입자상 물질을 말한다.
㉱ "검댕"이란 연소할 때에 생기는 유리탄소가 응결하여 생성된 지름이 1μm 이상인 입자상 물질을 말한다.

---

answer 97 ㉰ 98 ㉰ 99 ㉯ 100 ㉮

2022년 1회 대기환경기사

2022년 3월 5일 시행

| 제1과목 | 대기오염개론

01 지구온난화가 환경에 미치는 영향에 관한 설명으로 알맞은 것은?

㉮ 지구온난화에 의한 해면상승은 지역의 특수성에 관계없이 전 지구적으로 동일하게 발생한다.
㉯ 오존의 분해반응을 촉진시켜 대류권의 오존농도가 지속적으로 감소한다.
㉰ 기상조건의 변화는 대기오염 발생횟수와 오염농도에 영향을 준다.
㉱ 기온상승과 이에 따른 토양의 건조화는 남방계 생물의 성장에는 영향을 주지만 북방계생물의 성장에는 영향을 주지 않는다.

풀이 ㉮ 지구온난화에 의한 해면상승은 지역의 특수성에 의해서 전 지구적으로 서로 다르게 발생한다.
㉯ 오존의 생성을 촉진시켜 대류권의 오존농도가 지속적으로 증가한다.
㉱ 기온상승과 이에 따른 토양의 건조화는 남방계 및 북방계 생물의 성장에 영향을 준다.

02 다음 중 PAN의 구조식으로 알맞은 것은?

㉮
$$C_6H_5 - \overset{\overset{O}{\|}}{C} - O - O - NO_2$$

㉯
$$CH_3 - \overset{\overset{O}{\|}}{C} - O - O - NO_2$$

㉰
$$C_2H_5 - \overset{\overset{O}{\|}}{C} - O - O - NO_2$$

㉱
$$C_4H_8 - \overset{\overset{O}{\|}}{C} - O - O - NO_2$$

풀이 ㉮ PBzN(Peroxy Benzonyl Nitrate)
㉯ PAN(Peroxy Acetyl Nitrate)
㉰ PPN(Peroxy Propionyl Nitrate)

03 실내공기오염 물질 중 라돈에 관한 설명으로 틀린 것은?

㉮ 무취의 기체로 액화 시 푸른색을 띤다.
㉯ 화학적으로 거의 반응을 일으키지 않는다.
㉰ 일반적으로 인체에 폐암을 유발하는 것으로 알려져 있다.
㉱ 라듐의 핵분열 시 생성되는 물질로 반감기는 3.8일 정도이다.

풀이 ㉮ 무색, 무취의 기체로 액화되어도 색을 띠지 않는다.

04 고도가 증가함에 따라 온위가 변하지 않고 일정할 때, 대기는 어떤 상태인가?

㉮ 안정   ㉯ 중립
㉰ 역전   ㉱ 불안정

answer 01 ㉰   02 ㉯   03 ㉮   04 ㉯

풀이 ① 고도가 증가함에 따라 온위가 변하지 않고 일정한 대기는 중립상태이다.
② 고도가 증가함에 따라 온위가 증가하는 대기는 안정(역전)상태이다.
③ 고도가 증가함에 따라 온위가 감소하는 대기는 불안정(과단열)상태이다.

05 흑체의 표면온도가 1,500K에서 1,800K로 증가했을 경우, 흑체에서 방출되는 에너지는 몇 배가 되는가? (단, 슈테판 볼츠만 법칙 기준)

㉮ 1.2배 ㉯ 1.4배
㉰ 2.1배 ㉱ 3.2배

풀이 $E = \sigma T^4$에서 $E = T^4$이므로
$E = \dfrac{(1,800\,K)^4}{(1,500\,K)^4} = 2.07$배

06 Thermal NOx에 관한 내용으로 틀린 것은? (단, 평형 상태 기준)

㉮ 연소 시 발생하는 질소산화물의 대부분은 NO와 NO_2이다.
㉯ 산소와 질소가 결합하여 NO가 생성되는 반응은 흡열반응이다.
㉰ 연소온도가 증가함에 따라 NO 생성량이 감소한다.
㉱ 발생원 근처에서는 NO/NO_2의 비가 크지만 발생원으로부터 멀어지면서 그 비가 감소한다.

풀이 ㉰ 연소온도가 증가함에 따라 NO 생성량은 증가한다.

07 연기의 형태에 관한 설명으로 틀린 것은?

㉮ 지붕형 : 상층이 안정하고 하층이 불안정한 대기상태가 유지될 때 발생한다.
㉯ 환상형 : 대기가 불안정하여 난류가 심할 때 잘 발생한다.
㉰ 원추형 : 오염의 단면분포가 전형적인 가우시안 분포를 이루며 대기가 중립조건일 때 잘 발생한다.
㉱ 부채형 : 하늘이 맑고 바람이 약한 안정한 상태일 때 잘 발생하며 상·하 확산폭이 적어 굴뚝부근 지표의 오염도가 낮은 편이다.

풀이 ㉮ 지붕형(Lofting형) : 상층이 불안정하고 하층이 안정한 대기상태가 유지될 때 발생한다.

08 대기오염 모델 중 수용모델에 관한 설명으로 틀린 것은?

㉮ 오염물질의 농도 예측을 위해 오염원의 조업 및 운영상태에 대한 정보가 필요하다.
㉯ 새로운 오염원, 불확실한 오염원과 불법 배출오염원을 정량적으로 확인 평가할 수 있다.
㉰ 오염물질의 분석방법에 따라 현미경 분석법과 화학분석법으로 구분할 수 있다.
㉱ 측정자료를 입력자료로 사용하므로 시나리오 작성이 곤란하다.

풀이 ㉮ 오염물질의 농도 예측을 위해 오염원의 조업 및 운영상태에 대한 정보 없이도 사용이 가능하다.

answer 05 ㉰ 06 ㉰ 07 ㉮ 08 ㉮

09 Fick의 확산방정식의 기본 가정으로 틀린 것은?

㉮ 시간에 따른 농도변화가 없는 정상상태이다.
㉯ 풍속이 높이에 반비례한다.
㉰ 오염물질이 점원에서 계속적으로 방출된다.
㉱ 바람에 의한 오염물질의 주 이동 방향이 x축이다.

풀이 ㉯ 풍속은 X, Y, Z 좌표시스템 내의 어느 점에서든 일정하다.

10 다음 악취물질 중 최소감지 농도(ppm)가 가장 낮은 것은?

㉮ 암모니아   ㉯ 황화수소
㉰ 아세톤   ㉱ 톨루엔

풀이 보기중에서 최소감지 농도가 가장 낮은 것은 황화수소(H_2S)이다.

TIP 최소감지농도란 매우 엷은 농도의 냄새는 아무것도 느낄 수 없지만 이것을 서서히 진하게 하면 어떤 농도가 되고, 무엇인지 모르지만 냄새의 존재를 느끼는 농도로 나타내는 최소농도를 말한다.

11 대표적인 대기오염물질인 CO_2에 관한 설명으로 틀린 것은?

㉮ 대기 중의 CO_2 농도는 여름에 감소하고 겨울에 증가한다.
㉯ 대기 중의 CO_2 농도는 북반구가 남반구보다 높다.
㉰ 대기 중의 CO_2는 바다에 많은 양이 흡수되나 식물에게 흡수되는 양보다는 작다.
㉱ 대기 중의 CO_2 농도는 약 410ppm 정도이다.

풀이 ㉰ 대기 중의 CO_2는 식물에 의한 흡수량보다 바다에 많은 양이 흡수된다.

TIP 배출되는 CO_2의 50%는 대기내에 축적되고 나머지 50%는 바다에 대부분 흡수되고 일부는 식물에 흡수된다.

12 실내공기오염물질 중 석면의 위험성은 점점 커지고 있다. 다음에서 설명하는 석면의 분류에 해당하는 것은?

> 전 세계에서 생산되는 석면의 95% 정도에 해당하는 것으로 백석면이라고도 한다. 섬유다발의 형태로 가늘고 잘 휘어지며 이상적인 화학식은 $Mg_3(Si_2O_5)(OH)_4$이다.

㉮ Chrysotile   ㉯ Amosite
㉰ Saponite   ㉱ Crocidolite

풀이 ㉮ Chrysotile(크리소타일) : 백석면
㉯ Amosite(아모사이트) : 갈석면
㉰ Saponite(사포나이트) : 점토광물
㉱ Crocidolite(크로시드라이트) : 청석면

13 일산화탄소 436ppm에 노출되어 있는 노동자의 혈중 카르복시헤모글로빈(COHb) 농도가 10%가 되는데 걸리는 시간(h)은?

> 혈중 COHb 농도(%) = $\beta(1 - e^{-\sigma t}) \times C_{co}$
> (여기서, β = 0.15%/ppm,
> σ = 0.402 h^{-1}, C_{co}의 단위는 ppm)

answer 09 ㉯ 10 ㉯ 11 ㉰ 12 ㉮ 13 ㉯

㉮ 0.21
㉯ 0.41
㉰ 0.61
㉱ 0.81

[풀이] 혈중 COHb 농도(%) = $\beta (1 - e^{-\sigma t}) \times C_{co}$
10% = 0.15%/ppm × $(1 - e^{-0.402/hr \times t})$ × 436 ppm
∴ t = 0.41 hr

14 역전에 관한 설명으로 틀린 것은?

㉮ 침강역전은 고기압 기류가 상층에 장기간 체류하며 상층의 공기가 하강하여 발생하는 역전이다.
㉯ 침강역전이 장기간 지속될 경우 오염물질이 장기 축적될 수 있다.
㉰ 복사역전은 주로 지표 부근에서 발생하므로 대기오염에 많은 영향을 준다.
㉱ 복사역전은 주로 구름이 많은 날 일출 후, 겨울보다 여름에 잘 발생한다.

[풀이] ㉱ 복사역전은 주로 밤에서 이른 새벽에 발생하며, 여름보다 겨울에 잘 발생한다.

15 납이 인체에 미치는 영향에 관한 설명으로 틀린 것은?

㉮ 일반적으로 납 중독증상은 Hunter-Russel 증후군으로 일컬어지고 있다.
㉯ 납 중독의 해독제로 Ca-EDTA, 페니실아민, DMSA 등을 사용한다.
㉰ 헤모글로빈의 기본요소인 포르피린 고리의 형성을 방해하여 빈혈을 유발한다.
㉱ 세포 내의 SH기와 결합하여 헴(heme) 합성에 관여하는 효소를 포함한 여러 효소작용을 방해한다.

[풀이] ㉮ Hunter-Russel 증후군은 수은(Hg)에 의한 중독증상이다.

16 산성강우에 관한 내용 중 ( )안에 알맞은 것을 순서대로 나열한 것은?

일반적으로 산성강우는 pH( ) 이하의 강우를 말하며, 기준이 되는 이 값은 대기중의 ( )가 강우에 포화되어 있을 때의 산도이다.

㉮ 7.0, CO_2
㉯ 7.0, NO_2
㉰ 5.6, CO_2
㉱ 5.6, NO_2

TIP
산성비
① pH : 5.6 이하
② 정의 : 강우의 농도 = CO_2 농도
③ 원인물질 : H_2SO_4, HNO_3, HCl

17 굴뚝의 반경이 1.5m, 실제 높이가 50m, 굴뚝 높이에서의 풍속이 180m/min일 때, 유효굴뚝높이를 24m 증가시키기 위한 배출가스의 속도(m/s)는 얼마인가?
(단, $\Delta H = 1.5 \times \dfrac{V_s}{u} \times D$ 여기서 ΔH : 연기상승높이, V_s : 배출가스의 속도, u : 굴뚝높이에서의 풍속, D : 굴뚝의 직경)

㉮ 5
㉯ 16
㉰ 33
㉱ 49

[풀이] $\Delta H = 1.5 \times \dfrac{V_s}{u} \times D$

$24m = 1.5 \times \left(\dfrac{V_s}{180m/min \times 1min/60sec}\right) \times (1.5m \times 2)$

∴ $V_s = 16 m/sec$

answer 14 ㉱ 15 ㉮ 16 ㉰ 17 ㉯

18 지상 50m에서의 온도가 23℃, 지상 10m에서의 온도가 23.3℃일 때, 대기안정도는?

㉮ 미단열 ㉯ 과단열
㉰ 안정   ㉱ 중립

풀이 실측기온감율
$= \dfrac{\Delta T}{\Delta Z} = \dfrac{23℃ - 23.3℃}{50\mathrm{m} - 10\mathrm{m}}$
$= \dfrac{-0.0075℃}{1\mathrm{m}} = \dfrac{-0.75℃}{100\mathrm{m}}$ 이고
건조단열감율 $= \dfrac{-0.97℃}{100\mathrm{m}}$ 이므로 두 개의 값을 비교하면 실측기온감율(r) < 건조단열감율(rd)이 되므로 대기안정도는 미단열조건(약한 안정 또는 약한 불안정)이다.

19 다음은 탄화수소가 관여하지 않을 때 이산화질소의 광화학반응을 도식화하여 나타낸 것이다. ㉠, ㉡에 알맞은 분자식은?

$$NO_2 + h\nu \rightarrow (\text{㉡}) + O^*$$
$$O^* + O_2 + M \rightarrow (\text{㉠}) + M$$
$$(\text{㉡}) + (\text{㉠}) \rightarrow NO_2 + O_2$$

㉮ ㉠ SO_3, ㉡ NO   ㉯ ㉠ NO, ㉡ SO_3
㉰ ㉠ O_3, ㉡ NO   ㉱ ㉠ NO, ㉡ O_3

20 황산화물(SOx)에 관한 설명으로 틀린 것은?

㉮ SO_2는 금속에 대한 부식성이 강하며 표백제로 사용되기도 한다.
㉯ 황 함유 광석이나 황 함유 화석연료의 연소에 의해 발생한다.
㉰ 일반적으로 대류권에서 광분해 되지 않는다.
㉱ 대기 중의 SO_2는 수분과 반응하여 SO_3로 산화된다.

풀이 ㉱ 대기 중의 SO_2는 산소와 반응하여 SO_3로 산화된다.

TIP
$S + O_2 \rightarrow SO_2 + 1/2 O_2 \rightarrow SO_3 + H_2O \rightarrow H_2SO_4$

| 제2과목 | 연소공학

21 탄소 : 79%, 수소 : 14%, 황 : 3.5%, 산소 : 2.2%, 수분 : 1.3%로 구성된 연료의 저발열량은? (단, Dulong 식 적용)

㉮ 9,100kcal/kg   ㉯ 9,700kcal/kg
㉰ 10,400kcal/kg   ㉱ 11,200 kcal/kg

풀이 ① Dulong 식을 이용해 고위발열량(Hh)을 계산한다.
$Hh = 8,100C + 34,000\left(H - \dfrac{O}{8}\right) + 2,500S\text{(kcal/kg)}$
$= 8,100 \times 0.79 + 34,000 \times \left(0.14 - \dfrac{0.022}{8}\right)$
$+ 2,500 \times 0.035$
$= 11,153 \text{kcal/kg}$
② 저위발열량(Hl)을 계산한다.
$Hl = Hh - 600(9H + W)\text{(kcal/kg)}$
$= 11,153 \text{kcal/kg} - 600 \times (9 \times 0.14 + 0.013)$
$= 10,389.2 \text{kcal/kg}$

TIP
Dulong식은 고위발열량 구하는 공식임에 주의해야 한다.

answer 18 ㉮ 19 ㉰ 20 ㉱ 21 ㉰

22 액체연료의 일반적인 특징으로 틀린 것은?

㉮ 인화 및 역화의 위험이 크다.
㉯ 고체연료에 비해 점화, 소화 및 연소 조절이 어렵다.
㉰ 연소온도가 높아 국부적인 과열을 일으키기 쉽다.
㉱ 고체연료에 비해 단위 부피당 발열량이 크고 계량이 용이하다.

풀이 ㉯ 고체연료에 비해 점화, 소화 및 연소 조절이 용이하다.

23 연소공학에서 사용되는 무차원수 중 Nusselt number의 의미는?

㉮ 압력과 관성력의 비
㉯ 대류 열전달과 전도 열전달의 비
㉰ 관성력과 중력의 비
㉱ 열 확산계수와 질량 확산계수의 비

풀이 Nusselt number는 대류 열전달과 전도 열전달의 비를 의미한다.

24 다음 연료 중 $(CO_2)max(\%)$가 가장 큰 것은?

㉮ 고로 가스   ㉯ 코크스로 가스
㉰ 갈탄   ㉱ 역청탄

풀이 $CO_2 max(\%)$의 값
㉮ 고로 가스 : 24.0 ~ 25.0
㉯ 코크스로 가스 : 19.0 ~ 20.0
㉰ 갈탄 : 19.0 ~ 19.5
㉱ 역청탄 : 18.5 ~ 19.0

25 연소에 관한 설명으로 알맞은 것은?

㉮ 공연비는 공기와 연료의 질량비(또는 부피비)로 정의되며 예혼합연소에서 많이 사용된다.
㉯ 등가비가 1보다 큰 경우 NOx 발생량이 증가한다.
㉰ 등가비와 공기비는 비례관계에 있다.
㉱ 최대탄산가스율은 실제 습연소가스량과 최대탄산가스량의 비율이다.

풀이 ㉯ 등가비가 1보다 큰 경우 NOx 발생량이 감소한다.
㉰ 등가비와 공기비는 반비례관계에 있다.
㉱ 최대탄산가스율은 이론 건연소가스량과 최대탄산가스량의 비율이다.

26 프로판 : 부탄 = 1 : 1의 부피비로 구성된 LPG를 완전 연소시켰을 때 발생하는 건조 연소가스의 CO_2 농도가 13%이었다. 이 LPG $1m^3$를 완전 연소할 때, 생성되는 건조 연소가스량(m^3)은?

㉮ 12   ㉯ 19
㉰ 27   ㉱ 38

풀이 ① $C_3H_8 + 5O_2 \rightarrow 3CO_2 + 4H_2O : 50\%$
$C_4H_{10} + 6.5O_2 \rightarrow 4CO_2 + 5H_2O : 50\%$
② $CO_2 max(\%)$
$= \dfrac{CO_2 량 (Sm^3/Sm^3)}{건조 연소가스량 (Sm^3/Sm^3)} \times 100$
$13\% = \dfrac{3 \times 0.5 + 4 \times 0.5}{건조 연소가스량} \times 100$
따라서 건조 연소가스량 = $26.92 Sm^3/Sm^3$

answer 22 ㉯ 23 ㉯ 24 ㉮ 25 ㉮ 26 ㉰

27 공기의 산소 농도가 부피기준으로 20%일 때, 메탄의 질량기준 공연비는? (단, 공기의 분자량은 28.95g/mol)

㉮ 1　　㉯ 18
㉰ 38　　㉱ 40

풀이 $CH_4 + 2O_2 \rightarrow CO_2 + 2H_2O$

$AFR(kg/kg)$
$= \dfrac{부피공연비 \times 공기의 분자량(kg)}{연료의 분자량(kg)}$
$= \dfrac{2 \times \dfrac{1}{0.20} \times 28.95 kg}{16 kg} = 18.09$

TIP
① 공연비 $= AFR = \dfrac{공기량}{연료량}$

② $AFR(Sm^3/Sm^3) = \dfrac{산소갯수 \times 22.4 Sm^3 \times \dfrac{1}{0.21}}{연료갯수 \times 22.4 Sm^3}$

③ $AFR(kg/kg) = \dfrac{산소갯수 \times 32kg \times \dfrac{1}{0.232}}{연료갯수 \times 연료의 분자량(kg)}$

④ 체적(Sm^3) = 계수 $\times 22.4 (Sm^3)$

⑤ 질량(kg) = 계수 $\times$ 분자량(kg)

28 다음 탄화수소 중 탄화수소 $1m^3$를 완전연소할 때 필요한 이론공기량이 $19m^3$인 것은?

㉮ C_2H_4　　㉯ C_2H_2
㉰ C_3H_8　　㉱ C_3H_4

풀이 이론공기량 $= \dfrac{이론산소량}{0.21} (Sm^3/Sm^3)$

$19 Sm^3/Sm^3 = \dfrac{이론산소량}{0.21}$

따라서 이론산소량 $= 4 Sm^3/Sm^3$
정답은 완전연소반응식에서 산소의 갯수(이론산소량)가 4인 C_3H_4이다.

TIP
완전연소반응식
㉮ $C_2H_4 + 3O_2 \rightarrow 2CO_2 + 2H_2O$
㉯ $C_2H_2 + 2.5O_2 \rightarrow 2CO_2 + H_2O$
㉰ $C_3H_8 + 5O_2 \rightarrow 3CO_2 + 4H_2O$
㉱ $C_3H_4 + 4O_2 \rightarrow 3CO_2 + 2H_2O$

29 $A(g) \rightarrow$ 생성물 반응의 반감기가 $0.693/k$일 때, 이 반응은 몇 차 반응인가? (단, k는 반응속도상수)

㉮ 0차 반응　　㉯ 1차 반응
㉰ 2차 반응　　㉱ 3차 반응

풀이 ㉯ 1차반응에 대한 설명이다.

30 기체연료의 연소에 관한 설명으로 틀린 것은?

㉮ 예혼합연소에는 포트형과 버너형이 있다.
㉯ 확산연소는 화염이 길고 그을음이 발생하기 쉽다.
㉰ 예혼합연소는 화염온도가 높아 연소부하가 큰 경우에 사용 가능하다.
㉱ 예혼합연소는 혼합기의 분출속도가 느릴 경우 역화의 위험이 있다.

풀이 ㉮ 확산연소에는 포트형과 버너형이 있다.

answer 27 ㉯　28 ㉱　29 ㉯　30 ㉮

31 매연 발생에 관한 일반적인 내용으로 틀린 것은?

㉮ -C-C-(사슬모양)의 탄소결합을 절단하기 쉬운 쪽이 탈수소가 쉬운 쪽보다 매연이 잘 발생한다.
㉯ 연료의 C/H 비가 클수록 매연이 잘 발생한다.
㉰ LPG를 연소할 때 보다 코크스를 연소할 때 매연의 발생빈도가 더 높다.
㉱ 산화하기 쉬운 탄화수소는 매연 발생이 적다.

풀이 ㉮ -C-C-(사슬모양)의 탄소결합을 절단하기 보다는 탈수소가 쉬운 쪽이 매연이 잘 발생한다.

32 고체연료의 일반적인 특징으로 틀린 것은?

㉮ 연소 시 많은 공기가 필요하므로 연소장치가 대형화된다.
㉯ 석탄을 이탄, 갈탄, 역청탄, 무연탄, 흑연으로 분류할 때 무연탄의 탄화도가 가장 작다.
㉰ 고체연료는 액체연료에 비해 수소 함유량이 작다.
㉱ 고체연료는 액체연료에 비해 산소 함유량이 크다.

풀이 ㉯ 석탄을 이탄, 갈탄, 역청탄, 무연탄, 흑연으로 분류할 때 무연탄의 탄화도가 가장 크다.

33 메탄 : 50%, 에탄 : 30%, 프로판 : 20% 으로 구성된 혼합가스의 폭발범위는? (단, 메탄의 폭발범위는 5 ~ 15%, 에탄의 폭발범위는 3 ~ 12.5%, 프로판의 폭발범위는 2.1 ~ 9.5%, 르샤틀리에의 식 적용)

㉮ 1.2 ~ 8.6% ㉯ 1.9 ~ 9.6%
㉰ 2.5 ~ 10.8% ㉱ 3.4 ~ 12.8%

풀이 르샤틀리에 공식

$$\frac{100}{L} = \frac{V_1}{L_1} + \frac{V_2}{L_2} + \frac{V_3}{L_3}$$

여기서 L : 폭발범위, V : 조성비

① 하한값 : $\frac{100}{L} = \frac{50\%}{5\%} + \frac{30\%}{3\%} + \frac{20\%}{2.1\%}$

∴ L = 3.39%

② 상한값 : $\frac{100}{L} = \frac{50\%}{15\%} + \frac{30\%}{12.5\%} + \frac{20\%}{9.5\%}$

∴ L = 12.76%

③ 혼합가스의 폭발범위는 3.39% ~ 12.76% 이다.

34 다음 기체연료 중 고발열량($kcal/Sm^3$)이 가장 낮은 것은?

㉮ 메탄   ㉯ 에탄
㉰ 프로판 ㉱ 에틸렌

풀이 기체연료 중 1 Sm^3당 발열량이 가장 작은 물질은 탄소수와 수소수가 가장 작은 물질이므로 ㉮ 메탄(CH_4)이 정답이 된다.

TIP
명칭과 화학식
㉮ 메탄(CH_4)   ㉯ 에탄(C_2H_6)
㉰ 프로판(C_3H_8) ㉱ 에틸렌(C_2H_4)

35 S성분을 2wt% 함유한 중유를 1시간에 10ton씩 연소시켜 발생하는 배출가스 중의 SO_2를 $CaCO_3$를 사용하여 탈황할 때, 이론적으로 소요되는 $CaCO_3$의 양(kg/h)은? (단, 중유중의 S성분은 전량 SO_2로 산화됨, 탈황율은 95%)

㉮ 594 ㉯ 625
㉰ 694 ㉱ 725

answer 31 ㉮ 32 ㉯ 33 ㉱ 34 ㉮ 35 ㉮

풀이 $S + O_2 \rightarrow SO_2 + CaCO_3 + 0.5O_2 \rightarrow CaSO_4 + CO_2$
32kg : 100kg
$10 \times 10^3 \text{kg/hr} \times 0.02 \times 0.95$: X

$$\therefore X = \frac{100\text{kg} \times 10 \times 10^3 \text{kg/hr} \times 0.02 \times 0.95}{32\text{kg}}$$
$$= 593.75 \text{kg/hr}$$

36 2.0MPa, 370℃의 수증기를 1시간에 30ton씩 생성하는 보일러의 석탄 연소량이 5.5ton/h이다. 석탄의 발열량이 20.9MJ/kg, 발생수증기와 급수의 비엔탈피는 각각 3,183kJ/kg, 84kJ/kg일 때, 열효율은 얼마인가?

㉮ 65%   ㉯ 70%
㉰ 75%   ㉱ 80%

풀이 이 문제가 출제되는 경우에는 동일하게 출제되므로 정답만 기억하시면 됩니다.

37 연료를 2.0의 공기비로 완전 연소시킬 때, 배출가스 중의 산소농도(%)는? (단, 배출가스에는 일산화탄소가 포함되어 있지 않음)

㉮ 7.5   ㉯ 9.5
㉰ 10.5   ㉱ 12.5

풀이 공기비(m) $= \dfrac{21}{21 - O_2}$

$2.0 = \dfrac{21}{21 - O_2(\%)}$ 따라서 $O_2 = 10.5\%$

38 액체연료의 연소방식을 기화 연소방식과 분무화 연소방식으로 분류할 때 기화 연소방식으로 틀린 것은?

㉮ 심지식 연소   ㉯ 유동식 연소
㉰ 증발식 연소   ㉱ 포트식 연소

풀이 ㉯ 유동식 연소는 분무화 연소방식에 해당한다.

39 어떤 2차 반응에서 반응물질의 10%가 반응하는데 250sec가 걸렸을 때, 반응물질의 90%가 반응하는데 걸리는 시간(sec)은? (단, 기타 조건은 동일)

㉮ 5,500   ㉯ 2,500
㉰ 20,300   ㉱ 28,300

풀이 2차 반응식: $\dfrac{1}{C_o} - \dfrac{1}{C_t} = -k \times t$

여기서 C_o : 초기농도
C_t : t시간 후 농도
k : 상수
t : 시간

① $C_o = 100\% = 1$
$C_t = 100 - 10\% = 90\% = 0.9$
따라서 $\dfrac{1}{1} - \dfrac{1}{0.9} = -k \times 250\text{sec}$
$\therefore k = 4.44 \times 10^{-4}/\text{sec}$

② $C_o = 100\% = 1$
$C_t = 100 - 90\% = 10\% = 0.1$
따라서 $\dfrac{1}{1} - \dfrac{1}{0.1} = (-4.44 \times 10^{-4}/\text{sec}) \times t$
$\therefore t = 20,270.27 \text{sec}$

answer 36 ㉱ 37 ㉰ 38 ㉯ 39 ㉰

40 연소에 관한 설명으로 틀린 것은?

㉮ $(CO_2)max$는 연료의 조성에 관계없이 일정하다.
㉯ $(CO_2)max$는 연소방식에 관계없이 일정하다.
㉰ 연소가스 분석을 통해 완전 연소, 불완전연소를 판정할 수 있다.
㉱ 실제 공기량은 연료의 조성, 공기비 등을 사용하여 구한다.

【풀이】 ㉮ $(CO_2)max$는 연료의 조성에 따라 정해지며, 연료에 따라 서로 다른 값을 가진다.

| 제3과목 | 대기오염방지기술

41 80%의 집진효율을 갖는 2개의 집진장치를 연결하여 먼지를 제거하고자 한다. 집진장치를 직렬 연결한 경우(A)와 병렬 연결한 경우(B)에 관한 내용으로 틀린 것은? (단, 두 집진장치의 처리가스량은 동일함.)

㉮ (A) 방식의 총 집진효율은 94%이다.
㉯ (A) 방식은 높은 처리효율을 얻기 위한 것이다.
㉰ (B) 방식은 처리 가스의 양이 많은 경우 사용된다.
㉱ (B)방식의 총 집진효율은 단일집진장치와 동일하게 80%이다.

【풀이】 ① A방식(직렬)의 총집진율(%)
$= 1 - (1 - 0.80)^2 = 0.96$ 따라서 96%
② B방식(병렬)의 총집진율(%)
$= \dfrac{80\% + 80\%}{2} = 80\%$

42 중력집진장치에 관한 설명으로 틀린 것은?

㉮ 배출가스의 점도가 높을수록 집진효율이 증가한다.
㉯ 침강실 내의 처리가스 속도가 느릴수록 미립자를 포집할 수 있다.
㉰ 침강실의 높이가 낮고 길이가 길수록 집진효율이 높아진다.
㉱ 배출가스 중의 입자상 물질을 중력에 의해, 자연 침강하도록 하여 배출가스로부터 입자상 물질을 분리·포집한다.

【풀이】 ㉮ 배출가스의 점도가 높을수록 집진효율이 감소한다.

43 여과집진장치의 특징으로 틀린 것은?

㉮ 수분이나 여과속도에 대한 적응성이 높다.
㉯ 폭발성, 점착성 및 흡습성 먼지의 제거가 어렵다.
㉰ 다양한 여과재의 사용으로 설계 시 융통성이 있다.
㉱ 여과재의 교환이 필요해 중력집진장치에 비해 유지비가 많이 든다.

【풀이】 ㉮ 수분이나 여과속도에 대한 적응성이 낮다.

44 동일한 밀도를 가진 먼지 입자 A, B가 있다. 먼지입자 B의 지름이 먼지입자 A 지름의 100배일 때, 먼지 입자 B의 질량은 먼지입자 A질량의 몇 배인가?

㉮ 100   ㉯ 10,000
㉰ 1,000,000   ㉱ 100,000,000

---

answer   40 ㉮   41 ㉮   42 ㉮   43 ㉮   44 ㉰

풀이 질량(kg) = 체적(m^3) × 밀도(kg/m^3)
$$= \frac{\pi D^3}{6}(m^3) \times 밀도(kg/m^3)$$
따라서 질량 = D^3 이므로
∴ 질량 = $(100배)^3$ = 1,000,000

45 공장 배출가스 중의 일산화탄소를 백금계 촉매를 사용하여 처리할 때, 촉매독으로 작용하는 물질에 해당하지 않는 것은?

㉮ Ni   ㉯ Zn
㉰ As   ㉱ S

풀이 촉매독으로 작용하는 물질은 아연(Zn), 비소(As), 황(S)이다.

46 전기집진장치에서 발생하는 각종 장애 현상에 대한 대책으로 틀린 것은?

㉮ 재비산 현상이 발생할 때에는 처리가스의 속도를 낮춘다.
㉯ 부착된 먼지로 불꽃이 빈발하여 2차 전류가 불규칙하게 흐를 때에는 먼지를 충분하게 탈리시킨다.
㉰ 먼지의 비저항이 비정상적으로 높아 2차 전류가 현저히 떨어질 때에는 스파크횟수를 줄인다.
㉱ 역전리 현상이 발생할 때에는 집진극의 타격을 강하게 하거나 타격빈도를 늘린다.

풀이 ㉰ 먼지의 비저항이 비정상적으로 높아 2차 전류가 현저히 떨어질 때에는 스파크횟수를 늘린다.

47 배출가스 중의 NOx를 저감하는 방법으로 틀린 것은?

㉮ 2단연소 시킨다.
㉯ 배출가스를 재순환 시킨다.
㉰ 연소용 공기의 예열온도를 낮춘다.
㉱ 과잉 공기량을 많게 하여 연소시킨다.

풀이 ㉱ 과잉 공기량을 적게 하여 연소시킨다.

48 후드의 압력손실이 3.5mmH$_2$O, 동압이 1.5mmH$_2$O일 때, 유입계수는?

㉮ 0.234   ㉯ 0.315
㉰ 0.548   ㉱ 0.734

풀이 $\Delta P = \frac{1-Ce^2}{Ce^2} \times H(mmH_2O)$

여기서 ΔP : 압력손실(mmH$_2$O)
Ce : 유입계수
H : 동압(mmH$_2$O)

$3.5 mmH_2O = \frac{1-Ce^2}{Ce^2} \times 1.5 mmH_2O$

따라서 Ce = 0.548

49 상온에서 유체가 내경이 50cm인 강관 속을 2m/s의 속도로 흐르고 있을 때, 유체의 질량유속(kg/sec)은 얼마인가?
(단, 유체의 밀도는 1g/cm^3)

㉮ 452.9   ㉯ 415.3
㉰ 392.7   ㉱ 329.6

풀이 질량유속(m/sec)
= 단면적(m^2) × 속도(m/sec) × 유체의 밀도(kg/m^3)
$= \frac{\pi \times (0.5m)^2}{4} \times 2m/sec \times 1,000 kg/m^3$
= 392.7 kg/sec

answer 45 ㉮   46 ㉰   47 ㉱   48 ㉰   49 ㉰

> **TIP**
> ① 단면적(A) = $\frac{\pi \times D^2}{4}$ (m²)
> ② g/cm³ $\xrightarrow{\times 10^3}$ kg/m³

50 원심력집진장치(cyclone)의 집진효율에 관한 내용으로 틀린 것은?

㉮ 유입속도가 빠를수록 집진효율이 증가한다.
㉯ 원통의 직경이 클수록 집진효율이 증가한다.
㉰ 입자의 직경과 밀도가 클수록 집진효율이 증가한다.
㉱ Blow-down 효과를 적용했을 때 집진효율이 증가한다.

풀이 ㉯ 원통의 직경이 클수록 집진효율이 감소한다.

51 액측 저항이 지배적으로 클 때 사용이 유리한 흡수장치는?

㉮ 충전탑   ㉯ 분무탑
㉰ 벤츄리스크러버 ㉱ 다공판탑

풀이 ① 액측 저항이 지배적일 때 유리한 기체분산형 흡수장치에는 다공판탑, 종탑, 기포탑 등이 있다.
② 가스측 저항이 지배적일 때 유리한 액분산형 흡수장치에는 충전탑, 분무탑, 벤츄리스크러버 등이 있다.

52 충전탑 내의 충전물이 갖추어야 할 조건으로 틀린 것은?

㉮ 공극률이 클 것
㉯ 충전밀도가 작을 것
㉰ 압력손실이 작을 것
㉱ 비표면적이 클 것

풀이 ㉯ 충전밀도가 클 것

53 여과집진장치의 여과포 탈진방법으로 틀린 것은?

㉮ 진동형
㉯ 역기류형
㉰ 충격제트기류 분사형(pulse jet)
㉱ 승온형

풀이 여과포 탈진방법에는 진동형(간헐식), 역기류형(역제트기류 분사형)(연속식), 충격제트기류 분사형(연속식)이 있다.

54 Scale 방지 대책(습식석회석법)으로 틀린 것은?

㉮ 순환액의 pH 변동을 크게 한다.
㉯ 탑 내에 내장물을 가능한 설치하지 않는다.
㉰ 흡수액량을 증가시켜 탑 내 결착을 방지한다.
㉱ 흡수탑 순환액에 산화탑에서 생성된 석고를 반송하고 슬러리의 석고농도를 5% 이상으로 유지하여 석고의 결정화를 촉진한다.

풀이 ㉮ 순환액의 pH 변동을 적게 한다.

answer 50 ㉯ 51 ㉱ 52 ㉯ 53 ㉱ 54 ㉮

55 대기오염물질의 입경을 현미경법으로 측정할 때, 입자의 투영면적을 2등분하는 선의 길이로 나타내는 입경은?

㉮ Feret경　　㉯ 장축경
㉰ Heyhood경　㉱ Martin경

풀이 입자의 투영면적을 2등분하는 선의 길이로 나타내는 입경은 Martin경이다.

56 유입구 폭이 20cm, 유효회전수가 8인 원심력 집진장치(cyclone)를 사용하여 다음 조건의 배출가스를 처리할 때, 절단입경(μm)은 얼마인가?

- 배출가스의 유입 속도 : 30 m/s
- 배출가스의 점도 : 2×10^{-5} kg/m·s
- 배출가스의 밀도 : 1.2 kg/m³
- 먼지입자의 밀도 : 2.0 g/cm³

㉮ 2.78　　㉯ 3.46
㉰ 4.58　　㉱ 5.32

풀이 $d_{p50} = \sqrt{\dfrac{9\mu B}{2\pi V(\rho_s - \rho)N}} \times 10^6 \text{(μm)}$

$= \sqrt{\dfrac{9 \times 2 \times 10^{-5} \text{kg/m·sec} \times 0.2\text{m}}{2 \times \pi \times 30\text{m/sec} \times (2,000-1.2)\text{kg/m}^3 \times 8회}}$
$\times 10^6 = 3.46\text{μm}$

57 직경이 30cm, 높이가 10m인 원통형 여과 집진장치를 사용하여 배출가스를 처리하고자 한다. 배출가스의 유량이 750m³/min, 여과속도가 3.5cm/s일 때, 필요한 여과포의 개수는?

㉮ 32개　　㉯ 38개
㉰ 45개　　㉱ 50개

풀이 $Q = \pi \cdot D \cdot L \cdot Vf \cdot n$

$\therefore n = \dfrac{Q}{\pi \cdot D \cdot L \cdot Vf}$

$= \dfrac{750\text{m}^3/\text{min} \times \dfrac{1\text{min}}{60\text{sec}}}{\pi \times 0.3\text{m} \times 10\text{m} \times 0.035\text{m/sec}}$

$= 37.89 ≒ 38개$

58 세정집진장치에 관한 설명으로 틀린 것은?

㉮ 분무탑은 침전물이 발생하는 경우에 사용이 적합하다.
㉯ 벤츄리스크러버는 점착성, 조해성 먼지의 제거에 효과적이다.
㉰ 제트스크러버는 처리 가스량이 많은 경우에 사용이 적합하다.
㉱ 충전탑은 온도 변화가 크고 희석열이 큰 곳에는 사용이 적합하지 않다.

풀이 ㉰ 제트스크러버는 처리 가스량이 많은 경우에 사용이 부적합하다.

59 공기의 평균분자량이 28.85일 때, 공기 100Sm³의 무게(kg)는 얼마인가?

㉮ 126.8　　㉯ 127.8
㉰ 128.8　　㉱ 129.8

풀이 $100\text{Sm}^3 \times \dfrac{28.85\text{kg}}{22.4\text{Sm}^3} = 128.79\text{kg}$

TIP
공기 1kmol $\begin{cases} 28.85\text{kg} \\ 22.4\text{Sm}^3 \end{cases}$

answer 55 ㉱　56 ㉯　57 ㉯　58 ㉰　59 ㉰

60 점성계수가 1.8×10⁻⁵kg/m·s이고 밀도가 1.3kg/m³인 공기를 안지름이 100mm인 원형파이프를 사용하여 수송할 때, 층류가 유지될 수 있는 최대 공기유속(m/sec)은 얼마인가?

㉮ 0.1   ㉯ 0.3
㉰ 0.6   ㉱ 0.9

풀이 레이놀즈 수

$$= \frac{\text{직경}(m) \times \text{속도}(mm/s) \times \text{밀도}(kg/m^3)}{\text{점성계수}(kg/m \cdot sec)}$$

$$2{,}100 = \frac{0.1m \times V \times 1.3 kg/m^3}{1.8 \times 10^{-5} kg/m \cdot sec}$$

따라서 $V = 0.29 \, m/sec$

TIP 레이놀즈 수(Re)
① 층류 : Re < 2,100
② 난류 : Re > 4,000
③ 천이구역 : 2,100 < Re < 4,000

| 제4과목 | 대기오염공정시험기준

61 배출가스 중의 수분량을 별도의 흡습관을 이용하여 분석하고자 한다. 측정조건과 측정결과가 다음과 같을 때, 배출가스 중 수증기의 부피 백분율(%)은 얼마인가? (단, 0℃, 1 atm 기준)

- 흡입한 건조 가스량 (건식가스미터에서 읽은 값) : 20L
- 측정 전 흡습관의 질량 : 96.16g
- 측정 후 흡습관의 질량 : 97.69g

㉮ 6.4   ㉯ 7.1
㉰ 8.7   ㉱ 9.5

풀이

$$X_w(\%) = \frac{1.244 ma}{Vs(L) + 1.244 ma} \times 100$$

$$= \frac{1.244 \times (97.69 - 96.16)g}{20L + 1.244 \times (97.69 - 96.16)g} \times 100$$

$$= 8.69\%$$

TIP 흡습관법 이용시 습가스량을 기준으로 농도를 계산한다.

62 원자흡수분광광도법의 원자흡광분석장치구성에 해당하지 않는 것은?

㉮ 분리관   ㉯ 광원부
㉰ 분광기   ㉱ 시료원자화부

풀이 ㉮ 분리관은 크로마토그래피의 장치에 해당한다.

63 대기오염공정시험기준 총칙 상의 내용으로 틀린 것은?

㉮ 액의 농도를(1→2)로 표시한 것은 용질 1g 또는 1mL를 용매에 녹여 전량을 2mL로 하는 비율을 뜻한다.
㉯ 황산(1 : 2)라 표시한 것은 황산 1용량에 정제수 2용량을 혼합한 것이다.
㉰ 시험에 사용하는 표준품은 원칙적으로 특급시약을 사용한다.
㉱ 방울수라 함은 4℃에서 정제수 20방울을 떨어뜨릴 때 부피가 약 1mL 되는 것을 뜻한다.

풀이 ㉱ 방울수라 함은 20℃에서 정제수 20방울을 떨어뜨릴 때 부피가 약 1mL 되는 것을 뜻한다.

---

answer   60 ㉯   61 ㉰   62 ㉮   63 ㉱

64 이온크로마토그래피에 관한 설명으로 틀린 것은?

㉮ 분리관의 재질로 스테인리스관이 널리 사용되며 에폭시수지관 또는 유리관은 사용할 수 없다.
㉯ 일반적으로 용리액조로 폴리에틸렌이나 경질 유리제를 사용한다.
㉰ 송액펌프는 맥동이 적은 것을 사용한다.
㉱ 검출기는 일반적으로 전도도 검출기를 많이 사용하고 그 외 자외선/가시선 흡수검출기, 전기화학적 검출기 등이 사용된다.

[풀이] ㉮ 분리관의 재질로 에폭시수지관 또는 유리관이 널리 사용되며 스테인리스관은 사용되지만 금속이온용으로는 좋지 않다.

65 굴뚝 배출가스 중의 이산화황을 연속적으로 자동 측정할 때 사용하는 용어 정의로 틀린 것은?

㉮ 검출한계 : 제로드리프트의 2배에 해당하는 지시치가 갖는 이산화황의 농도를 말한다.
㉯ 제로드리프트 : 연속자동측정기가 정상적으로 가동되는 조건하에서 제로가스를 일정시간 흘려준 후 발생한 출력신호가 변화한 정도를 말한다.
㉰ 경로(path) 측정시스템 : 굴뚝 또는 덕트 단면직경의 5% 이하의 경로를 따라 오염물질 농도를 측정하는 배출가스 연속자동측정시스템을 말한다.
㉱ 제로가스 : 정제된 공기나 순수한 질소를 말한다.

[풀이] ㉰ 경로(path) 측정시스템 : 굴뚝 또는 덕트 단면 직경의 10% 이상의 경로를 따라 오염물질 농도를 측정하는 배출가스 연속자동측정시스템을 말한다.

66 기체크로마토그래피의 정성분석에 대한 내용으로 틀린 것은?

㉮ 동일 조건에서 특정한 미지성분의 머무름값과 예측되는 물질의 봉우리의 머무름 값을 비교해야 한다.
㉯ 머무름 값의 표시는 무효부피(dead volume)의 보정유무를 기록해야 한다.
㉰ 일반적으로 5 ~ 30분 정도에서 측정하는 봉우리의 머무름시간은 반복시험을 할 때 ±10% 오차범위 이내이어야 한다.
㉱ 머무름 시간을 측정할 때는 3회 측정하여 그 평균치를 구한다.

[풀이] ㉰ 일반적으로 5 ~ 30분 정도에서 측정하는 봉우리의 머무름 시간은 반복시험을 할 때 ±3% 오차범위 이내이어야 한다.

67 특정 발생원에서 일정한 굴뚝을 거치지 않고 외부로 비산되는 먼지의 농도를 고용량 공기시료채취법으로 분석하고자 한다. 측정 조건과 결과가 다음과 같을 때 비산먼지의 농도($\mu g/m^3$)는 얼마인가?

- 채취시간 : 24시간
- 채취개시 직후의 유량 : $1.8 m^3/min$
- 채취종료 직전의 유량 : $1.2 m^3/min$
- 채취 후 여과지의 질량 : 3.828g
- 채취 전 여과지의 질량 : 3.419g
- 대조위치에서의 먼지농도 : $0.15 \mu g/m^3$

answer 64 ㉮ 65 ㉰ 66 ㉰ 67 ㉯

- 전 시료채취 기간 중 주 풍향이 90° 이상 변함
- 풍속이 0.5m/s 미만 또는 10 m/s 이상 되는 시간이 전 채취시간의 50% 미만임.

㉮ 185.76   ㉯ 283.80
㉰ 294.81   ㉱ 372.70

풀이 ① 흡인공기량(m^3)

$$= \frac{(1.8+1.2)\,m^3/min}{2} \times 24\,hr \times 60$$

$$= 2,160\,m^3$$

② 먼지농도(mg/m^3)

$$= \frac{(3.828\,g - 3.419\,g) \times 10^6\,\mu g/g}{2,160\,m^3}$$

$$= 189.35\,\mu g/m^3$$

③ $C = (C_H - C_B) \times W_D \times W_S$

여기서
C_H : 포집먼지량이 가장 많은 위치에서의 먼지 농도($\mu g/m^3$)
C_B : 대조위치에서의 먼지농도($\mu g/m^3$)
W_D, W_S : 풍향, 풍속 측정 결과로부터 구한 보정계수

따라서
$C = (189.35 - 0.15)\,mg/m^3 \times 1.5 \times 1.0$
$= 283.8\,\mu g/m^3$

TIP
(1) 풍향에 대한 보정계수
  ① 주풍향이 90° 이상 : 1.5
  ② 주풍향이 45°~90° : 1.2
  ③ 주풍향이 45°미만 : 1.0
(2) 풍속에 대한 보정계수
  ① 전 채취시간의 50% 이상 : 1.2
  ② 전 채취시간의 50% 미만 : 1.0

68 굴뚝 배출가스 중의 질소산화물을 분석하기 위한 시험방법은?

㉮ 아르세나조 Ⅲ법
㉯ 비분산적외선분광분석법
㉰ 4-피리딘카복실산-피라졸론법
㉱ 아연환원나프틸에틸렌다이아민법

풀이 질소산화물의 시험방법은 아연환원나프틸렌다이아민법과 자동측정법이다.

69 환경대기 중의 탄화수소 농도를 측정하기 위한 주 시험방법은?

㉮ 총탄화수소 측정법
㉯ 비메탄 탄화수소 측정법
㉰ 활성 탄화수소 측정법
㉱ 비활성 탄화수소 측정법

풀이 탄화수소의 시험방법에는 총탄화수소 측정법, 비메탄 탄화수소 측정법, 활성 탄화수소 측정법이 있으며, 주시험방법은 비메탄 탄화수소 측정법이다.

70 대기오염공정시험 기준상의 용어의 정의로 틀린 것은?

㉮ "밀폐용기"라 함은 물질을 취급 또는 보관하는 동안에 이물이 들어가거나 내용물이 손실되지 않도록 보호하는 용기를 뜻한다.
㉯ "감압 또는 진공"이라 함은 따로 규정이 없는 한 15mmHg 이하를 뜻한다.
㉰ "항량이 될 때까지 건조한다"라 함은 따로 규정이 없는 한 보통의 건조방법으로 1시간 더 건조 또는 강열할 때 전후 무게의 차가 매 g당 0.3mg 이하일 때를 뜻한다.
㉱ "정량적으로 씻는다"라 함은 어떤 조작에서 다음 조작으로 넘어갈 때 사용한 비커, 플라스크 등의 용기 및 여과막 등에 부착한 정량대상 성분을 증류수

answer 68 ㉱ 69 ㉯ 70 ㉱

로 깨끗이 씻어 그 세액을 합하는 것을 뜻한다.

풀이 ㉣ "정량적으로 씻는다"라 함은 어떤 조작에서 다음 조작으로 넘어갈 때 사용한 비커, 플라스크 등의 용기 및 여과막 등에 부착한 정량대상 성분을 사용한 용매로 깨끗이 씻어 그 세액을 합하고 먼저 사용한 같은 용매를 채워 일정용량으로 하는 것을 뜻한다.

71 원자흡수분광광도법의 분석원리로 알맞은 것은?

㉮ 시료를 해리 및 증기화시켜 생긴 기저상태의 원자가 이 원자증기층을 투과하는 특유 파장의 빛을 흡수하는 현상을 이용하여 시료 중의 원소농도를 정량한다.
㉯ 기체시료를 운반가스에 의해 관내에 전개시켜 각 성분을 분석한다.
㉰ 선택성 검출기를 이용하여 시료 중의 특정 성분에 의한 적외선 흡수량 변화를 측정하여 그 성분의 농도를 구한다.
㉱ 발광부와 수광부 사이에 형성되는 빛의 이동경로를 통과하는 가스를 실시간으로 분석한다.

풀이 ㉯ 기체크로마토그래피법
㉰ 비분산적외선분광분석법
㉱ 흡광차분광법

72 굴뚝연속자동측정기기의 설치방법으로 틀린 것은?

㉮ 응축된 수증기가 존재하지 않는 곳에 설치한다.
㉯ 먼지와 가스상 물질을 모두 측정하는 경우 측정위치는 먼지를 따른다.
㉰ 수직굴뚝에서 가스상 물질의 측정위치는 굴뚝 하부 끝에서 위를 향하여 굴뚝내경의 1/2배 이상이 되는 지점으로 한다.
㉱ 수평굴뚝에서 가스상 물질의 측정위치는 외부 공기가 새어들지 않고 요철이 없는 곳으로 굴뚝의 방향이 바뀌는 지점으로부터 굴뚝내경의 2배 이상 떨어진 곳을 선정한다.

풀이 ㉰ 수직굴뚝에서 가스상 물질의 측정위치는 굴뚝 하부 끝에서 위를 향하여 굴뚝내경의 8배 이상이 되고, 굴뚝 상부 끝에서 아래를 향하여 굴뚝내경의 2배 이상이 되는 지점으로 한다.

73 다음 중 2,4-다이나이트로페닐하이드라진(DNPH)과 반응하여 생성된 하이드라존 유도체를 액체크로마토그래피로 분석하여 정량하는 물질은 어느 것인가?

㉮ 아민류   ㉯ 알데하이드류
㉰ 벤젠   ㉱ 다이옥신류

풀이 ㉯ 알데하이드류의 고성능 액체크로마토그래피법에 대한 설명이다.

74 배출가스 중의 염소를 오르토톨리딘법으로 분석할 때 분석에 영향을 미치지 않는 물질은 어느 것인가?

㉮ 오존   ㉯ 이산화질소
㉰ 황화수소   ㉱ 암모니아

풀이 방해성분(간섭물질)으로는 산화성 가스(브로민, 아이오딘, 오존, 이산화질소, 이산화염소)와 환원성 가스(황화수소, 이산화황)이 있다.

answer 71 ㉮ 72 ㉰ 73 ㉯ 74 ㉱

75 피토관을 사용하여 굴뚝 배출가스의 평균유속을 측정하고자 한다. 측정 조건과 결과가 다음과 같을 때, 배출가스의 평균 유속(m/s)은 얼마인가?

- 동압 : 13mmH$_2$O
- 피토관계수 : 0.85
- 배출가스의 밀도 : 1.2kg/Sm^3

㉮ 10.6 ㉯ 12.4
㉰ 14.8 ㉱ 17.8

풀이

$$V = C \times \sqrt{\frac{2gh}{r}}$$

여기서 V : 유속(m/sec)
  C : 피토관계수
  g : 중력가속도(9.8m/sec^2)
  h : 동압(mmH$_2$O)
  r : 밀도(kg/m^3)

따라서

$$V = 0.85 \times \sqrt{\frac{2 \times 9.8\text{m/sec}^2 \times 13\text{mmH}_2\text{O}}{1.2\text{kg/Sm}^3}}$$

= 12.39m/sec

76 위상차현미경법으로 환경대기 중의 석면을 분석할 때 계수대상물의 식별방법에 관한 내용으로 틀린 것은? (단, 적정한 분석능력을 가진 위상차현미경을 사용하는 경우)

㉮ 구부러져 있는 단섬유는 곡선에 따라 전체 길이를 재어서 판정한다.
㉯ 섬유가 헝클어져 정확한 수를 헤아리기 힘들 때에는 0개로 판정한다.
㉰ 길이가 7μm 이하인 단섬유는 0개로 판정한다.
㉱ 섬유가 그래티큘 시야의 경계선에 물린 경우 그래티큘 시야 안으로 한쪽 끝만 들어와 있는 섬유는 1/2개로 인정한다.

풀이 ㉰ 길이가 5μm 이상인 단섬유는 1개로 판정한다.

77 직경이 0.5m, 단면이 원형인 굴뚝에서 배출되는 먼지 시료를 채취할 때, 측정점수는?

㉮ 1 ㉯ 2
㉰ 3 ㉱ 4

풀이 직경이 0.5m이므로 반경구분수 1, 측정점수 4이다.

TIP

원형단면의 측정점

굴뚝직경(m)	반경구분수	측정점수
1 이하	1	4
1 초과 2 이하	2	8
2 초과 4 이하	3	12
4 초과 4.5 이하	4	16
4.5 초과	5	20

78 굴뚝 배출가스 중의 카드뮴화합물을 원자흡수분광광도법으로 분석하고자 한다. 채취한 시료에 유기물이 함유되지 않았을 때 분석용 시료 용액의 전처리 방법은?

㉮ 질산법
㉯ 과망간산칼륨법
㉰ 질산-과산화수소수법
㉱ 저온회화법

풀이 유기물을 함유하지 않은 경우 전처리 방법에는 질산법, 마이크로파 산분해법이 있다.

answer 75 ㉯ 76 ㉰ 77 ㉱ 78 ㉮

79 자외선/가시선 분광법에 사용되는 장치에 대한 설명으로 틀린 것은?

㉮ 시료부는 시료액을 넣은 흡수셀 1개와 셀홀더, 시료실로 구성되어 있다.
㉯ 자외부의 광원으로 주로 중수소 방전관을 사용한다.
㉰ 파장 선택을 위해 단색화장치 또는 필터를 사용한다.
㉱ 가시부와 근적외부의 광원으로 주로 텅스텐램프를 사용한다.

풀이 ㉮ 시료부는 시료액을 넣은 흡수셀과 대조액을 넣는 대조셀, 셀홀더, 시료실로 구성되어 있다.

80 환경대기 중의 벤조(a)피렌을 분석하기 위한 시험방법은?

㉮ 이온크로마토그래피법
㉯ 비분산적외선분광분석법
㉰ 흡광차분광법
㉱ 형광분광광도법

풀이 환경대기 중의 벤조(a)피렌을 분석하기 위한 시험방법은 기체크로마토그래피법(주시험방법)과 형광분광광도법이 있다.

| 제5과목 | 대기환경관계법규

81 실내공기질 관리법령상 건축자재의 오염물질 방출 기준 중 ( )안에 알맞은 것은? (단, 단위는 mg/m² · h)

오염물질	접착제	페인트
톨루엔	0.08 이하	(㉠)
총휘발성유기화합물	(㉡)	(㉢)

㉮ ㉠ 0.02 이하, ㉡ 0.05 이하, ㉢ 1.5 이하
㉯ ㉠ 0.05 이하, ㉡ 0.1 이하, ㉢ 2.0 이하
㉰ ㉠ 0.08 이하, ㉡ 2.0 이하, ㉢ 2.5 이하
㉱ ㉠ 0.10 이하, ㉡ 2.5 이하, ㉢ 4.0 이하

82 대기환경보전법령상 경유를 사용하는 자동차에 대해 대통령령으로 정하는 오염물질에 해당하지 않는 것은?

㉮ 탄화수소   ㉯ 알데하이드
㉰ 질소산화물 ㉱ 일산화탄소

풀이 ① 휘발유 자동차 : 일산화탄소, 탄화수소, 질소산화물, 알데하이드, 입자상물질, 암모니아
② 경유 자동차 : 일산화탄소, 탄화수소, 질소산화물, 매연, 입자상물질, 암모니아

83 대기환경보전법령상의 운행차 배출허용기준으로 틀린 것은?

㉮ 휘발유와 가스를 같이 사용하는 자동차의 배출가스 측정 및 배출허용기준은 가스의 기준을 적용한다.
㉯ 건설기계 중 덤프트럭, 콘크리트믹서트럭, 콘크리트펌프트럭의 배출허용기준은 화물자동차기준을 적용한다.
㉰ 희박연소 방식을 적용하는 자동차는 공기과잉률 기준을 적용하지 않는다.
㉱ 알코올만 사용하는 자동차는 탄화수소기준을 적용한다.

풀이 ㉱ 알코올만 사용하는 자동차는 탄화수소기준을 적용하지 아니한다.

answer 79 ㉮ 80 ㉱ 81 ㉰ 82 ㉯ 83 ㉱

84 악취방지법령상 악취배출시설의 변경 신고를 해야 하는 경우에 해당하지 않는 것은?

㉮ 악취배출시설을 폐쇄하는 경우
㉯ 사업장의 명칭을 변경하는 경우
㉰ 환경담당자의 교육사항을 변경하는 경우
㉱ 악취배출시설 또는 악취방지시설을 임대하는 경우

85 대기환경보전법령상 사업장별 환경기술인의 자격기준에 관한 설명으로 틀린 것은?

㉮ 대기오염물질 배출시설 중 일반보일러만 설치한 사업장은 5종사업장에 해당하는 기술인을 둘 수 있다.
㉯ 2종사업장의 환경기술인 자격기준은 대기환경산업기사 이상의 기술자격 소지자 1명 이상이다.
㉰ 대기환경기술인이 「물환경보전법」에 따른 수질환경기술인의 자격을 갖춘 경우에는 수질환경기술인을 겸임할 수 있다.
㉱ 1종사업장과 2종사업장 중 1개월 동안 실제 작업한 날만을 계산하여 1일 평균 12시간 이상 작업하는 경우에는 해당 사업장의 기술인을 각각 2명 이상 두어야 한다.

풀이 ㉱ 1종사업장과 2종사업장 중 1개월 동안 실제 작업한 날만을 계산하여 1일 평균 17시간 이상 작업하는 경우에는 해당 사업장의 기술인을 각각 2명 이상 두어야 한다.

86 대기환경보전법령상 오존의 대기오염 중대경보 해제기준에 관한 내용 중 ( )안에 알맞은 것은?

중대경보가 발령된 지역의 기상조건 등을 고려하여 대기자동측정소의 오존농도가 (㉠)ppm 이상 (㉡)ppm 미만일 때는 경보로 전환한다.

㉮ ㉠ 0.3, ㉡ 0.5   ㉯ ㉠ 0.5, ㉡ 1.0
㉰ ㉠ 1.0, ㉡ 1.2   ㉱ ㉠ 1.2, ㉡ 1.5

풀이 (1) 주의보단계
　① 발령기준 : 0.12ppm 이상
　② 해제기준 : 0.12ppm 미만
(2) 경보단계
　① 발령기준 : 0.3ppm 이상
　② 해제기준 : 0.12ppm이상~0.3ppm 미만
(3) 중대경보
　① 발령기준 : 0.5ppm 이상
　② 해제기준 : 0.3ppm이상~0.5pm 미만

87 대기환경보전법령상 배출시설로부터 나오는 특정대기유해물질로 인해 환경기준의 유지가 곤란하다고 인정되어 시·도지사가 특정대기유해물질을 배출하는 배출시설의 설치를 제한할 수 있는 경우에 관한 내용 중( ) 안에 알맞은 것은?

배출시설 설치지점으로부터 반경 1킬로미터안의 상주인구가 2만명 이상인 지역으로서 특정대기유해물질 중 한가지 종류의 물질을 연간 (㉠) 이상 배출하거나 두가지 이상의 물질을 연간 (㉡) 이상 배출하는 시설을 설치하는 경우

answer 84 ㉰ 85 ㉱ 86 ㉮ 87 ㉱

㉮ ㉠ 5톤, ㉡ 10톤
㉯ ㉠ 5톤, ㉡ 20톤
㉰ ㉠ 10톤, ㉡ 20톤
㉱ ㉠ 10톤, ㉡ 25톤

풀이 배출시설의 설치를 제한할 수 있는 경우
① 특정대기유해물질 중 한가지 종류의 물질을 연간 10톤 이상 배출
② 특정대기유해물질 중 두가지 이상의 물질을 연간 25톤 이상 배출

88 대기환경보전법령상 자동차 결함확인 검사에 관한 내용 중 환경부장관이 관계 중앙행정기관의 장과 협의하여 정하는 사항에 해당하지 않는 것은?

㉮ 대상 자동차의 선정기준
㉯ 자동차의 검사방법
㉰ 자동차의 검사수수료
㉱ 자동차의 배출가스 성분

풀이 환경부장관이 관계 중앙행정기관의 장과 협의하여 정하는 사항으로는 대상 자동차의 선정기준, 자동차의 검사방법, 자동차의 검사수수료이다.

89 악취방지법령상 지정악취물질과 배출허용기준(ppm)의 연결이 틀린 것은? (단, 공업지역 기준, 기타 사항은 고려하지 않음)

㉮ n-발레르알데하이드 : 0.02 이하
㉯ 톨루엔 : 30 이하
㉰ 프로피온산 : 0.1 이하
㉱ i-발레르산 : 0.004 이하

풀이 ㉰ 프로피온산 : 0.07 이하

90 환경정책기본법령에서 환경기준을 확인할 수 있는 항목에 해당하지 않는 것은?

㉮ 납
㉯ 일산화탄소
㉰ 오존
㉱ 탄화수소

풀이 환경정책기본법령에서 환경기준 항목으로는 아황산가스(SO_2), 일산화탄소(CO), 이산화질소(NO_2), 미세먼지(PM-10), 초미세먼지(PM-2.5), 오존(O_3), 납(Pb), 벤젠이다.

91 대기환경보전법령상 과징금 처분에 관한 내용이다. ( )안에 알맞은 것은?

> 환경부장관은 자동차제작자가 거짓으로 자동차의 배출가스가 배출가스보증기간에 제작차배출허용기준에 맞게 유지될 수 있다는 인증을 받은 경우 그 자동차제작자에 대하여 매출액에 (㉠)(을)를 곱한 금액을 초과하지 않는 범위에서 과징금을 부과할 수 있다. 이때 과징금의 금액은 (㉡)을 초과할 수 없다.

㉮ ㉠ 100분의 3, ㉡ 100억원
㉯ ㉠ 100분의 3, ㉡ 500억원
㉰ ㉠ 100분의 5, ㉡ 100억원
㉱ ㉠ 100분의 5, ㉡ 500억원

92 대기환경보전법령상 공급지역 또는 사용시설에 황함유기준을 초과하는 연료를 공급·판매한자에 대한 벌칙기준은 어느 것인가?

㉮ 7년 이하의 징역 또는 1억원 이하의 벌금에 처한다.
㉯ 5년 이하의 징역 또는 3천만원 이하의

answer 88 ㉱ 89 ㉰ 90 ㉱ 91 ㉱ 92 ㉰

벌금에 처한다.
㉰ 3년 이하의 징역 또는 3천만원 이하의 벌금에 처한다.
㉱ 500만원 이하의 벌금에 처한다.

[풀이] ㉰ 3년 이하의 징역 또는 3천만원 이하의 벌금에 해당한다.

93 대기환경보전법령상 자동차의 운행정지에 관한 내용 중 ( ) 안에 알맞은 것은?

> 환경부장관, 특별시장·광역시장·특별자치시장·특별자치도지사·시장·군수·구청장은 운행차의 배출가스가 운행차배출허용기준을 초과하여 개선명령을 받은 자동차 소유자가 이에 따른 확인검사를 환경부령으로 정하는 기간 이내에 받지 않는 경우 ( )의 기간을 정하여 해당 자동차의 운행정지를 명할 수 있다.

㉮ 5일 이내
㉯ 7일 이내
㉰ 10일 이내
㉱ 15일 이내

94 대기환경보전법령상 환경기술인의 교육에 관한 내용으로 틀린 것은? (단, 정보통신매체를 이용하여 원격교육을 하는 경우를 제외함.)

㉮ 환경기술인으로 임명된 날부터 1년 이내에 1회 신규교육을 받아야 한다.
㉯ 환경기술인은 한국환경보전원, 환경부장관, 시·도지사가 교육을 실시할 능력이 있다고 인정하여 위탁하는 기관에서 실시하는 교육을 받아야 한다.
㉰ 교육과정의 교육기간은 7일 정도로 한다.

㉱ 교육대상이 된 사람이 그 교육을 받아야 하는 기한의 마지막 날 이전 3년 이내에 동일한 교육을 받았을 경우에는 해당 교육을 받은 것으로 본다.

[풀이] ㉰ 교육과정의 교육기간은 4일 이내로 한다.

95 대기환경보전법령상 배출시설 설치신고를 하려는 자가 배출시설 설치신고서에 첨부하여 환경부장관 또는 시·도지사에게 제출해야하는 서류에 해당하지 않는 것은?

㉮ 질소산화물 배출농도 및 배출량을 예측한 명세서
㉯ 방지시설의 연간 유지관리 계획서
㉰ 방지시설의 일반도
㉱ 배출시설 및 대기오염방지시설의 설치명세서

[풀이] ㉮ 황산화물 배출농도 및 배출량을 예측한 명세서

96 대기환경보전법령상 "3종사업장"에 해당하는 경우는 어느 것인가?

㉮ 대기오염물질 발생량의 합계가 연간 9톤인 사업장
㉯ 대기오염 물질 발생량의 합계가 연간 11톤인 사업장
㉰ 대기오염물질 발생량의 합계가 연간 22톤인 사업장
㉱ 대기오염물질 발생량의 합계가 연간 52톤인 사업장

[풀이] 사업장 분류
① 1종 사업장 : 연간 80톤 이상
② 2종 사업장 : 연간 20톤 이상 80톤 미만

answer 93 ㉰ 94 ㉰ 95 ㉮ 96 ㉯

③ 3종 사업장 : 연간 10톤 이상 20톤 미만
④ 4종 사업장 : 연간 2톤 이상 10톤 미만
⑤ 5종 사업장 : 연간 2톤 미만

97 대기환경보전법령상 특정 대기오염 물질의 배출허용기준이 300(12)ppm일 때, (12)의 의미는 어느 것인가?

㉮ 해당 배출허용농도(백분율)
㉯ 해당 배출허용농도(ppm)
㉰ 표준산소농도(O_2의 백분율)
㉱ 표준산소농도(O_2의 ppm)

98 대기환경보전법령상 대기오염경보 단계 중 '경보 발령' 단계의 조치사항으로 틀린 것은?

㉮ 주민의 실외활동 제한 요청
㉯ 자동차 사용의 제한
㉰ 사업장의 연료사용량 감축 권고
㉱ 사업장의 조업시간 단축명령

풀이 ㉱번은 중대경보 발령단계에 해당한다.

TIP
경보 단계별 조치사항
1. 주의보 발령
   ① 주민의 실외활동 자제 요청
   ② 자동차 사용의 자제 요청
2. 경보 발령
   ① 주민의 실외활동 제한 요청
   ② 자동차 사용의 제한
   ③ 사업장의 연료사용량 감축 권고
3. 중대경보 발령
   ① 주민의 실외활동 금지 요청
   ② 자동차의 통행금지
   ③ 사업장의 조업시간 단축 명령

99 대기환경보전법령상 대기오염방지시설에 해당하지 않는 것은?

㉮ 흡착에 의한 시설
㉯ 응축에 의한 시설
㉰ 응집에 의한 시설
㉱ 촉매반응을 이용하는 시설

풀이 대기오염방지시설로는 중력집진시설, 관성력집진시설, 원심력집진시설, 세정집진시설, 여과집진시설, 전기집진시설, 음파집진시설, 흡수에 의한 시설, 흡착에 의한 시설, 직접연소에 의한 시설, 촉매반응을 이용한 시설, 응축에 의한 시설, 산화환원에 의한 시설, 미생물을 이용한 처리시설, 연소조절에 의한 시설이 있다.

100 실내공기질 관리법령상 실내공기질의 측정에 관한 내용 중 ( )안에 알맞은 것은?

> 다중이용시설의 소유자 등은 실내공기질측정대상 오염물질이 실내공기질 권고기준의 오염물질 항목에 해당하는 경우 실내공기질을 (㉠) 측정해야 한다. 또한 실내공기질 측정결과를(㉡) 보존해야 한다.

㉮ ㉠ 연 1회, ㉡ 10년간
㉯ ㉠ 연 2회, ㉡ 5년간
㉰ ㉠ 2년에 1회, ㉡ 10년간
㉱ ㉠ 2년에 1회, ㉡ 5년간

풀이 ① 실내공기질은 2년에 1회 측정
② 실내공기질 측정결과는 10년간 보존

answer 97 ㉰ 98 ㉱ 99 ㉰ 100 ㉰

2022년 2회 대기환경기사

2022년 4월 24일 시행

| 제1과목 | 대기오염개론

01 가우시안 확산모델에 관한 내용으로 틀린 것은?

㉮ 확산계수(σ_y, σ_z)를 구하기 위한 시료 채취시간을 10분 정도로 한다.
㉯ 고도에 따른 풍속 변화가 power law를 따른다고 가정한다.
㉰ 오염물질이 배출원에서 연속적으로 배출된다고 가정한다.
㉱ 경계조건을 달리 설정함으로써 오염원의 위치와 형태에 따른 오염물질의 농도를 예측할 수 있다.

풀이 ㉯ 고도에 따른 풍속변화가 sutton식을 따른다고 가정한다.

02 PAN에 관한 내용으로 틀린 것은?

㉮ 대기중의 광화학반응으로 생성된다.
㉯ PAN의 지표식물에는 강낭콩, 상추, 시금치 등이 있다.
㉰ 황산화물의 일종으로 가시광선을 흡수해 가시거리를 단축시킨다.
㉱ 사람의 눈에 통증을 일으키며 식물의 잎에 흑반병을 발생시킨다.

풀이 ㉰ 질소산화물의 일종으로 빛을 분산시켜 가시거리를 단축시킨다.

03 오존의 반응을 나타낸 다음 도식 중 ( )안에 알맞은 것은?

㉠ $CClF_3 \xrightarrow{h\nu} CFCl_2 + ( )$
　( ) + $O_3 \rightarrow ClO + O_2$
　$ClO + O \cdot \rightarrow ( ) + O_2$

㉡ $CF_3Br \xrightarrow{h\nu} CF_3 + ( )$
　( ) + $O_3 \rightarrow BrO + O_2$
　$BrO + O \cdot \rightarrow ( ) + O_2$

㉮ ㉠ : F·, ㉡ : C·
㉯ ㉠ : C·, ㉡ : F·
㉰ ㉠ : Cl·, ㉡ : Br·
㉱ ㉠ : F·, ㉡ : Br·

04 Stokes 직경의 정의로 옳은 것은?

㉮ 구형이 아닌 입자와 침강속도가 같고 밀도가 1g/cm³인 구형입자의 직경
㉯ 구형이 아닌 입자와 침강속도가 같고 밀도가 10g/cm³인 구형입자의 직경
㉰ 침강속도가 1cm/s이고 구형이 아닌 입자와 밀도가 같은 구형입자의 직경
㉱ 구형이 아닌 입자와 침강속도가 같고 밀도가 같은 구형입자의 직경

풀이 스토크스(Stokes) 직경은 구형이 아닌 입자와 침강속도가 같고 밀도가 같은 구형입자의 직경이다.

answer 01 ㉯　02 ㉰　03 ㉰　04 ㉱

> **TIP**
> 공기역학적 직경이란 본래의 먼지와 침강속도가 동일하며, 밀도가 $1g/cm^3$인 구형입자의 직경이다.

05 다음에서 설명하는 굴뚝에서 배출되는 연기의 모양은?

> - 대기가 중립조건일 때 나타난다.
> - 오염물질이 멀리 퍼져 나가고 지면 가까이에는 오염의 영향이 거의 없다.
> - 오염의 단면분포가 전형적인 가우시안 분포를 이룬다.

㉮ 환상형 ㉯ 원추형
㉰ 지붕형 ㉱ 부채형

▶ **풀이** ㉯ 원추형(Coning)형에 대한 설명이다.

06 공장에서 대량의 H_2S 가스가 누출되어 발생한 대기오염사건은?

㉮ 도노라사건 ㉯ 포자리카사건
㉰ 요코하마사건 ㉱ 보팔시사건

▶ **풀이** 누설사건
① 멕시코 포자리카사건 : 황화수소(H_2S)
② 인도 보팔시사건 : 메틸이소시아네이트(CH_3CNO)

07 20℃, 750mmHg에서 이산화황의 농도를 측정한 결과 0.02ppm이었다. 이를 mg/m^3로 환산한 값은 얼마인가?

㉮ 0.008   ㉯ 0.013
㉰ 0.053   ㉱ 0.157

▶ **풀이**
$$mg/m^3 = \frac{0.02mL}{Sm^3} \times \frac{273}{273+20℃} \times \frac{750mmHg}{760mmHg} \times \frac{64mg}{22.4mL}$$
$$= 0.053 mg/m^3$$

> **TIP**
> ① $ppm = mL/Sm^3$
> ② SO_2 1mol $\begin{cases} 64mg \\ 22.4mL \end{cases}$
> ③ 표준상태의 체적 : $Sm^3 = Nm^3$

08 자동차 배출가스 저감기술에 관한 내용으로 틀린 것은?

㉮ 입자상물질 여과장치는 세라믹 필터나 금속필터를 사용하여 입자상 물질을 포집하는 장치이다.
㉯ 후처리 버너는 엔진의 배기계통에 장착하여 배출가스 중의 가연성분을 제거하는 장치이다.
㉰ 디젤 산화촉매는 자동차 배출가스 중의 HC, CO를 탄산가스와 물로 산화시켜 정화한다.
㉱ EBD는 촉매의 존재 하에 NOx와 선택적으로 반응할 수 있는 환원제를 주입하여 NOx를 N_2로 환원하는 장치이다.

▶ **풀이** ㉱번의 설명은 SCR(Selective Catalytic Reactor)에 대한 설명이다.

> **TIP**
> EBD(Electronic Brake force Distribution)는 자동차가 급정차시 전방으로 급격하게 쏠림현상을 방지해주는 장치이다.

answer 05 ㉯ 06 ㉯ 07 ㉰ 08 ㉱

09 다음 NOx의 광분해 사이클 중 ( )안에 알맞은 빛의 종류는?

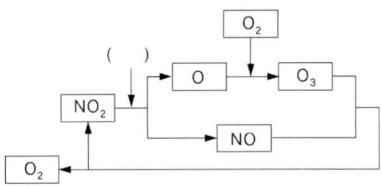

㉮ 가시광선 ㉯ 자외선
㉰ 적외선 ㉱ β선

10 먼지 농도가 40μg/m³, 상대습도가 70%일 때, 가시거리(km)는 얼마인가? (단, 계수 A는 1.2이다.)

㉮ 19 ㉯ 23
㉰ 30 ㉱ 67

풀이
$V = \dfrac{10^3 \times A}{G}$

여기서 V : 가시거리(km)
　　　A : 상수
　　　G : 농도($\mu g/m^3$)

따라서 $V = \dfrac{10^3 \times 1.2}{40\,\mu g/m^3} = 30km$

11 다이옥신에 관한 내용으로 틀린 것은?

㉮ 250 ~ 340nm의 자외선 영역에서 광분해 될 수 있다.
㉯ 2개의 벤젠고리와 산소, 2개 이상의 염소가 결합된 화합물이다.
㉰ 완전 분해되더라도 연소가스 배출 시 저온에서 재생될 수 있다.
㉱ 증기압이 높고 물에 잘 녹는다.

풀이 ㉱ 증기압이 낮고 물에 잘 녹지 않는다.

12 하루 동안 시간에 따른 대기오염물질의 농도변화를 나타낸 그래프이다. A, B, C에 해당하는 물질은?

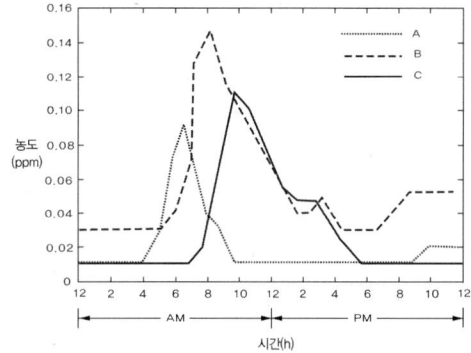

㉮ A = NO_2, B = O_3, C = NO
㉯ A = NO, B = NO_2, C = O_3
㉰ A = NO_2, B = NO, C = O_3
㉱ A = O_3, B = NO, C = NO_2

풀이 출근시간부터 자외선이 강한 한 낮까지의 오염물질은 NO → NO_2 → O_3 순으로 생성된다.

13 지상 100m에서의 기온이 20℃일 때, 지상 300m에서의 기온(℃)은 얼마인가?
(단, 지상에서부터 600m까지의 평균기온감율은 0.88℃/100m이다.)

㉮ 15.5 ㉯ 16.2
㉰ 17.5 ㉱ 18.2

풀이
기온(℃) = $20℃ - \left\{\dfrac{0.88℃}{100m} \times (300m - 100m)\right\}$
　　　　= 18.24℃

answer　09 ㉯　10 ㉰　11 ㉱　12 ㉯　13 ㉱

14 다음 중 불화수소의 가장 주된 배출원은?

㉮ 알루미늄공업 ㉯ 코크스연소로
㉰ 농약 ㉱ 석유정제업

[풀이] 불화수소의 가장 주된 배출원은 알루미늄공업, 요업공업, 유리공업, 화학비료공업이다.

15 직경이 1~2μm 이하인 미세입자의 경우 세정(rain out) 효과가 작은 편이다. 그 이유로 가장 적합한 것은?

㉮ 응축효과가 크기 때문
㉯ 휘산효과가 작기 때문
㉰ 부정형의 입자가 많기 때문
㉱ 브라운 운동을 하기 때문

[풀이] 미세입자의 경우 세정효과가 작은 이유는 브라운 운동을 하기 때문이다.

16 파스킬(Pasquill)의 대기안정도에 관한 내용으로 틀린 것은?

㉮ 낮에는 풍속이 약할수록(2m/s 이하), 일사량이 강할수록 대기가 안정하다.
㉯ 낮에는 일사량과 풍속으로, 야간에는 운량, 운고, 풍속으로부터 안정도를 구분한다.
㉰ 안정도는 A~F까지 6단계로 구분하며 A는 매우 불안정한 상태, F는 가장 안정한 상태를 뜻한다.
㉱ 지표가 거칠고 열섬효과가 있는 도시나 지면의 성질이 균일하지 않은 곳에서는 오차가 크게 나타날 수 있다.

[풀이] ㉮ 낮에는 풍속이 약할수록(2m/s 이하), 일사량이 강할수록 대기가 불안정하다.

17 오존과 오존층에 관한 내용으로 틀린 것은?

㉮ 1 돕슨단위는 지구 대기 중의 오존총량을 0℃, 1atm에서 두께로 환산했을 때 0.01mm에 상당하는 양이다.
㉯ 대기 중의 오존 배경농도는 0.01~0.04ppm 정도이다.
㉰ 오존의 생성과 소멸이 계속적으로 일어나면서 오존층의 오존 농도가 유지된다.
㉱ 오존층은 성층권에서 오존의 농도가 가장 높은 지상 50~60km 구간을 말한다.

[풀이] ㉱ 오존층은 성층권에서 오존의 농도가 가장 높은 지상 20~30km 구간을 말한다.

18 부피가 100m³인 복사실에서 분당 0.2mg의 오존을 배출하는 복사기를 연속적으로 사용하고 있다. 복사기를 사용하기 전 복사실의 오존 농도가 0.1ppm일 때, 복사기를 5시간 사용한 후 복사실의 오존 농도(ppb)는 얼마인가? (단, 0℃, 1기압 기준, 환기를 고려하지 않음)

㉮ 260 ㉯ 380
㉰ 420 ㉱ 520

[풀이] ① 복사기 사용 후 오존농도
$$ppm(mL/Sm^3) = \frac{0.2mg}{min} \times \frac{60min}{1hr} \times \frac{1}{100m^3}$$
$$\times \frac{22.4mL}{48mg} \times 5hr$$
$$= 0.28ppm$$
② 복사기 사용 전 오존농도 = 0.1ppm
③ 총 오존농도 = 0.28ppm + 0.1ppm = 0.38ppm
④ $0.38ppm \times 10^3 = 380ppb$

answer 14 ㉮ 15 ㉱ 16 ㉮ 17 ㉱ 18 ㉯

TIP

① ppm = mL/Sm³
② ppb = μL/Sm³
③ ppm $\xrightarrow{\times 10^3}$ ppb
④ 오존(O_3)의 분자량 = 3 × 16 = 48
⑤ O_3 1mol $\begin{cases} 48mg \\ 22.4mL \end{cases}$

19 인체에 다음과 같은 피해를 유발하는 오염물질은?

> 헤모글로빈의 기본요소인 포르피린 고리의 형성을 방해함으로써 인체 내 헤모글로빈의 형성을 억제하여 빈혈이 발생할 수 있다.

㉮ 다이옥신 ㉯ 납
㉰ 망간   ㉱ 바나듐

풀이 조혈기능 장해는 납(Pb)에 대한 피해이다.

20 다음 중 복사역전이 가장 발생하기 쉬운 조건은?

㉮ 하늘이 흐리고, 바람이 강하며, 습도가 낮을 때
㉯ 하늘이 흐리고, 바람이 약하며, 습도가 높을 때
㉰ 하늘이 맑고, 바람이 강하며, 습도가 높을 때
㉱ 하늘이 맑고, 바람이 약하며, 습도가 낮을 때

풀이 복사역전은 하늘이 맑고, 바람이 약하며, 습도가 낮을 때 잘 발생한다.

| 제2과목 | 연소공학

21 다음 내용과 관련있는 무차원 수는? (단, μ : 점성계수, ρ : 밀도, D : 확산계수)

> • 정의 : $\dfrac{\mu}{\rho \times D}$
> • 의미 : $\dfrac{운동량의\ 확산속도}{물질의\ 확산속도}$

㉮ Schmidt number
㉯ Nusselt number
㉰ Grashof number
㉱ Karlovitz number

풀이 ㉮ Schmidt number에 대한 설명이다.

22 어떤 연료의 배출가스가 CO_2 : 13%, O_2 : 6.5%, N_2 : 80.5%로 이루어졌을 때, 과잉공기계수는 얼마인가? (단, 연료는 완전 연소됨)

㉮ 1.54   ㉯ 1.44
㉰ 1.34   ㉱ 1.24

풀이 배출가스 분석치 : $CO_2\%$, $O_2\%$, $N_2\%$ 일 때

공기비(m) $= \dfrac{N_2\%}{N_2\% - 3.76 \times O_2\%}$

$= \dfrac{80.5\%}{80.5\% - 3.76 \times 6.5\%} = 1.44$

---

answer 19 ㉯ 20 ㉱ 21 ㉮ 22 ㉯

23 연료의 연소과정에서 공기비가 너무 낮은 경우 발생하는 현상은?

㉮ CO, 매연의 발생량이 증가한다.
㉯ 연소실 내의 온도가 감소한다.
㉰ SOx, NOx 발생량이 증가한다.
㉱ 배출가스에 의한 열손실이 증가한다.

풀이 공기비가 낮은 경우는 불완전연소이므로 ㉮번이 해당한다.

24 연료의 일반적인 특징으로 옳은 것은?

㉮ 석탄의 휘발분이 많을수록 매연 발생량이 적다.
㉯ 공기의 산소농도가 높을수록 석탄의 착화온도가 낮다.
㉰ C/H비가 클수록 이론공연비가 증가한다.
㉱ 중유는 점도를 기준으로 A, B, C 중유로 구분할 수 있으며 이 중 A중유의 점도가 가장 높다.

풀이 ㉮ 석탄의 휘발분이 많을수록 매연 발생량이 많다.
㉰ C/H비가 클수록 이론공연비가 감소한다.
㉱ 중유는 점도를 기준으로 A, B, C 중유로 구분할 수 있으며 이 중 C중유의 점도가 가장 높다.

25 다음 중 착화온도가 가장 높은 연료는?

㉮ 수소   ㉯ 휘발유
㉰ 무연탄   ㉱ 목재

풀이 연료의 착화온도
㉮ 수소 : 580 ~ 600℃
㉯ 휘발유 : 380 ~ 460℃
㉰ 무연탄 : 440 ~ 500℃
㉱ 목재 : 250 ~ 300℃

26 굴뚝 배출가스 중의 HCl 농도가 200ppm 이다. 세정기를 사용하여 배출가스 중의 HCl농도를 32mg/m³으로 저감했을 때, 세정기의 HCl 제거효율(%)은 얼마인가? (단, 0℃, 1atm 기준)

㉮ 75   ㉯ 80
㉰ 85   ㉱ 90

풀이 HCl 제거효율(%)
$$= \left(1 - \frac{32\,\text{mg/m}^3}{200\,\text{mL/Sm}^3 \times \frac{36.5\,\text{mg}}{22.4\,\text{mL}}}\right) \times 100$$
$= 90.18\%$

27 석탄의 유동층 연소방식에 관한 설명으로 틀린 것은?

㉮ 부하변동에 적응력이 낮다.
㉯ 유동매체의 손실로 인한 보충이 필요하다.
㉰ 유동매체를 석회석으로 할 경우 로 내에서 탈황이 가능하다.
㉱ 공기 소비량이 많아 화격자 연소장치에 비해 배출가스량이 많은 편이다.

풀이 ㉱ 공기 소비량이 적어 화격자 연소장치에 비해 배출가스량이 적은 편이다.

28 디젤기관의 노킹현상을 방지하기 위한 방법으로 옳은 것은?

㉮ 착화지연기간을 증가시킨다.
㉯ 세탄가가 낮은 연료를 사용한다.
㉰ 압축비와 압축압력을 높게 한다.
㉱ 연료 분사개시 때 분사량을 증가시킨다.

풀이 ㉮ 착화지연기간을 감소시킨다.

answer 23 ㉮ 24 ㉯ 25 ㉮ 26 ㉱ 27 ㉱ 28 ㉰

㉯ 세탄가가 높은 연료를 사용한다.
㉰ 연료 분사개시 때 분사량을 감소시킨다.

29 기체연료의 특징으로 틀린 것은?

㉮ 적은 과잉공기로 완전 연소가 가능하다.
㉯ 연료의 예열이 쉽고 연소 조절이 비교적 용이하다.
㉰ 공기와 혼합하여 점화할 때 누설에 의한 역화·폭발 등의 위험이 크다.
㉱ 운송이나 저장이 편리하고 수송을 위한 부대설비 비용이 액체연료에 비해 적게 소요된다.

풀이 ㉱ 운송이나 저장이 불편하고 수송을 위한 부대설비 비용이 액체연료에 비해 많이 소요된다.

30 수소 8%, 수분 2%로 구성된 고체연료의 고발열량이 8,000kcal/kg일 때, 이 연료의 저발열량(kcal/kg)은 얼마인가?

㉮ 7,984   ㉯ 7,779
㉰ 7,556   ㉱ 6,835

풀이 $Hl = Hh - 600(9H + W)(kcal/kg)$
여기서 Hl : 저위발열량(kcal/kg)
　　　 Hh : 고위발열량(kcal/kg)
　　　 H : 수소의 함량
　　　 W : 수분의 함량
따라서
$Hl = 8,000\,kcal/kg - 600 \times (9 \times 0.08 + 0.02)$
　　$= 7,556\,kcal/kg$

31 반응물의 농도가 절반으로 감소하는 데 1,000s가 걸렸을 때, 반응물의 농도가 초기의 1/250으로 감소할 때까지 걸리는 시간(s)은 얼마인가? (단, 1차 반응 기준)

㉮ 6,650   ㉯ 6,966
㉰ 7,470   ㉱ 7,966

풀이
1차반응식 : $\ln\dfrac{C_t}{C_o} = -k \times t$
여기서 C_o : 초기농도
　　　 C_t : t시간 후 농도
　　　 k : 상수
　　　 t : 시간

① $\ln\dfrac{1}{2} = -k \times 1,000\,sec$

∴ $k = \dfrac{\ln\dfrac{1}{2}}{-1,000\,sec} = 6.93 \times 10^{-4}/sec$

② $\ln\dfrac{1}{250} = -6.93 \times 10^{-4}/sec \times t$

∴ $t = \dfrac{\ln\dfrac{1}{250}}{-6.93 \times 10^{-4}/sec} = 7,967.48\,sec$

32 일반적인 디젤기관의 특징으로 틀린 것은?

㉮ 가솔린기관에 비해 납 발생량이 적은 편이다.
㉯ 압축비가 높아 가솔린기관에 비해 소음과 진동이 큰 편이다.
㉰ NOx는 가속 시 특히 많이 배출되며 HC는 감속 시 특히 많이 배출된다.
㉱ 연료를 공기와 혼합하여 실린더에 흡입, 압축시킨 후 점화플러그에 의해 강제로 연소폭발시키는 방식이다.

풀이 ㉱ 공기를 실린더에 흡입, 압축시킨 후 연료를 분사시켜 자연발화로 점화하고 폭발시키는 방식이다.

answer 29 ㉱   30 ㉰   31 ㉱   32 ㉱

33 C : 85%, H : 10%, O : 3%, S : 2%의 무게비로 구성된 액체연료를 1.3의 공기비로 완전연소할 때 발생하는 실제 습연소가스량(Sm^3/kg)은 얼마인가?

㉮ 8.6 ㉯ 9.8
㉰ 10.4 ㉱ 13.8

풀이 ① 이론공기량 (A_o)
$= 8.89C + 26.67\left(H - \dfrac{O}{8}\right) + 3.33S (Sm^3/kg)$
$= 8.89 \times 0.85 + 26.67 \times \left(0.1 - \dfrac{0.03}{8}\right) + 3.33 \times 0.02$
$= 10.1901 Sm^3/kg$
② 실제 습연소가스량(Gw)
$= mA_o + 5.6H + 0.7O + 0.8N + 1.244W (Sm^3/kg)$
$= 1.3 \times 10.1901 Sm^3/kg + 5.6 \times 0.1 + 0.7 \times 0.03$
$= 13.83 Sm^3/kg$

34 C : 85%, H : 7%, O : 5%, S : 3%의 무게비로 구성된 중유의 이론적인 $(CO_2)max(\%)$는 얼마인가?

㉮ 9.6 ㉯ 12.6
㉰ 17.6 ㉱ 20.6

풀이 ① 이론공기량(A_o)
$= 8.89C + 26.67\left(H - \dfrac{O}{8}\right) + 3.33S (Sm^3/kg)$
$= 8.89 \times 0.85 + 26.67 \times \left(0.07 - \dfrac{0.05}{8}\right) + 3.33 \times 0.03$
$= 9.3566 Sm^3/kg$
② 이론건연소가스량(God)
$= A_o - 5.6H + 0.7O + 0.8N (Sm^3/kg)$
$= 9.3566 Sm^3/kg - 5.6 \times 0.07 + 0.7 \times 0.05$
$= 8.9996 Sm^3/kg$
③ $CO_2 max(\%) = \dfrac{1.867C}{God} \times 100$
$= \dfrac{1.867 \times 0.85 Sm^3/kg}{8.9996 Sm^3/kg} \times 100$
$= 17.63\%$

35 확산형 가스버너 중 포트형에 관한 내용으로 틀린 것은?

㉮ 포트 입구의 크기가 작으면 슬래그가 부착하여 막힐 우려가 있다.
㉯ 기체연료와 연소용 공기를 버너 내에서 혼합시킨 뒤 로 내에 주입시킨다.
㉰ 밀도가 큰 공기 출구는 상부에, 밀도가 작은 가스 출구는 하부에 배치되도록 한다.
㉱ 버너 자체가 로 벽과 함께 내화벽돌로 조립되어 로 내부에 개구된 것으로 가스와 공기를 함께 가열할 수 있는 장점이 있다.

풀이 확산형연소는 기체연료와 연소용 공기를 연소실로 보내 연소하는 방식이며, ㉯번의 설명은 예혼합연소에 대한 설명이다.

36 기체연료의 연소형태로 옳은 것은?

㉮ 증발연소 ㉯ 표면연소
㉰ 분해연소 ㉱ 예혼합연소

풀이 기체연료의 연소형태에는 확산연소, 예혼합연소, 부분예혼합연소가 있다.

37 부탄가스를 완전 연소시킬 때, 부피기준 공기 연료비(AFR)는 얼마인가?

㉮ 15.23 ㉯ 20.15
㉰ 30.95 ㉱ 60.46

풀이 $C_4H_{10} + 6.5O_2 \rightarrow 4CO_2 + 5H_2O$
공연비(AFR ; Sm^3/Sm^3)
$= \dfrac{\text{산소갯수} \times 22.4 Sm^3 \times \dfrac{1}{0.21}}{\text{연료갯수} \times 22.4 Sm^3}$

answer 33 ㉱ 34 ㉰ 35 ㉯ 36 ㉱ 37 ㉰

$$= \frac{6.5 \times 22.4 Sm^3 \times \frac{1}{0.21}}{1 \times 22.4 Sm^3} = 30.95$$

38 COM(coal oil mixture) 연료의 연소에 관한 내용으로 틀린 것은?

㉮ 재와 매연 발생 등의 문제점을 갖는다.
㉯ 중유만을 사용할 때보다 미립화 특성이 양호하다.
㉰ 중유전용 보일러를 사용하는 곳에 별도의 개조없이 사용할 수 있다.
㉱ 화염길이는 미분탄연소에 가깝고 화염안정성은 중유연소에 가깝다.

풀이 ㉰ 중유전용 보일러를 사용하는 곳에는 별도의 개조가 필요하다.

39 가동(이동식)화격자의 일반적인 특징으로 틀린 것은?

㉮ 역동식 화격자는 폐기물의 교반 및 연소조건이 불량하여 소각효율이 낮다.
㉯ 회전로울러식화격자는 여러 개의 드럼을 횡축으로 배열하고 폐기물을 드럼의 회전에 따라 순차적으로 이송한다.
㉰ 병렬요동식화격자는 고정화격자와 가동화격자를 횡방향으로 나란히 배치하고 가동화격자를 전·후로 왕복 운동시킨다.
㉱ 계단식화격자는 고정화격자와 가동화격자를 교대로 배치하고 가동화격자를 왕복운동시켜 폐기물을 이송한다.

풀이 ㉮ 역동식 화격자는 폐기물의 교반 및 연소조건이 양호하여 소각효율이 높다.

40 황의 농도가 3wt%인 중유를 매일 100KL 씩 사용하는 보일러에 황의 농도가 1.5wt%인 중유를 30% 섞어 사용할 때, SO_2 배출량(kL)은 몇 % 감소하는가? (단, 중유의 황 성분은 모두 SO_2로 전환, 중유의 비중은 1.0)

㉮ 30%   ㉯ 25%
㉰ 15%   ㉱ 10%

풀이 감소율(%)
$$= \left(1 - \frac{(3\% \times 70\% + 1.5\% \times 30\%) \times 100\,kL}{(3\% \times 100\%) \times 100\,kL}\right) \times 100$$
$= 15\%$

| 제3과목 | 대기오염방지기술

41 유체의 흐름에서 레이놀즈(Reynolds) 수와 관련이 가장 적은 것은?

㉮ 관의 직경   ㉯ 유체의 속도
㉰ 관의 길이   ㉱ 유체의 밀도

풀이 레이놀즈 수(Re) $= \dfrac{관성력}{점성력}$
$= \dfrac{직경 \times 속도 \times 밀도}{점성계수}$

42 분무탑에 관한 설명으로 틀린 것은?

㉮ 구조가 간단하고 압력손실이 작은 편이다.
㉯ 침전물이 생기는 경우에 적합하고 충전탑에 비해 설비비, 유지비가 적게 든다.
㉰ 분무에 상당한 동력이 필요하고 가스

---

answer 38 ㉰ 39 ㉮ 40 ㉰ 41 ㉰ 42 ㉱

유출시 비말동반의 위험이 있다.
㉣ 기체분산형 흡수장치로 CO, NO, N_2 등의 용해도가 낮은 가스에 적용된다.

풀이 ㉣ 액분산형 흡수장치로 CO, NO, N_2 등의 용해도가 낮은 가스에는 적용되지 않는다.

43 자동차 배출가스 중의 질소산화물을 선택적 촉매 환원법으로 처리할 때 사용되는 환원제로 적합하지 않은 것은?

㉮ CO_2 ㉯ NH_3
㉰ H_2 ㉱ H_2S

풀이 질소산화물(NO_X)을 선택적 촉매 환원법으로 처리할 때 사용되는 환원제로는 암모니아(NH_3), 수소(H_2), 황화수소(H_2S)이다.

44 다음 먼지의 입경 측정방법 중 직접측정법은 어느 것인가?

㉮ 현미경측정법 ㉯ 관성충돌법
㉰ 액상침강법 ㉱ 광산란법

풀이 먼지의 입경 측정방법
① 직접측정법 : 표준체측정법, 현미경측정법
② 간접측정법 : 관성충돌법, 액상침강법, 공기투과법, 광산란법

45 여과집진장치를 사용하여 배출가스의 먼지 농도를 $10g/m^3$에서 $0.5g/m^3$으로 감소시키고자 한다. 여과집진장치의 먼지 부하가 $300g/m^2$이 되었을 때 탈진할 경우, 탈진주기(min)는 얼마인가? (단, 겉보기 여과속도는 2cm/s이다.)

㉮ 26 ㉯ 34
㉰ 43 ㉱ 46

풀이 $Ld = (C_i - C_o) \times Vf \times t$
여기서, Ld : 먼지부하(g/m^2)
C_i : 먼지의 유입농도(g/m^3)
C_o : 먼지의 유출농도(g/m^3)
Vf : 여과속도(m/sec)
t : 탈락시간(sec)

① $300 g/m^2 = (10 - 0.5) g/m^3 \times 0.02 m/sec \times t$
∴ $t = \dfrac{300 \, g/m^2}{(10-0.5) g/m^3 \times 0.02 m/sec}$
$= 1,578.947 \, sec$

② $t(min) = 1,578.947 \, sec \times \dfrac{1 \, min}{60 \, sec} = 26.32 \, min$

46 집진 효율이 90%인 전기집진장치의 집진면적을 2배로 증가시켰을 때, 집진효율(%)은 얼마인가? (단, Deutsch-Anderson식 적용, 기타 조건은 동일)

㉮ 93 ㉯ 95
㉰ 97 ㉱ 99

풀이 $\eta = 1 - \exp\dfrac{-A \times We}{Q}$

여기서 A : 단면적(m^2)
We : 여과속도(m/sec)
Q : 배출가스량(m^3/sec)

따라서 $A = LN(1-\eta) \times \left(-\dfrac{Q}{We}\right)$이므로

$\dfrac{A_2}{A_1} = \dfrac{LN(1-\eta_2) \times \left(-\dfrac{Q}{we}\right)}{LN(1-\eta_1) \times \left(-\dfrac{Q}{we}\right)}$

$2배 = \dfrac{LN(1-\eta_2) \times \left(-\dfrac{Q}{we}\right)}{LN(1-0.90) \times \left(-\dfrac{Q}{we}\right)}$

따라서 $\eta_2 = 0.99$이므로 99%이다.

answer 43 ㉮ 44 ㉮ 45 ㉮ 46 ㉱

47 먼지의 입경 분포(누적분포)를 나타내는 식은 어느 것인가?

㉮ Rayleigh 분포식
㉯ Freundlich 분포식
㉰ Rosin-Rammler 분포식
㉱ Cunningham 분포식

풀이 먼지의 입경 분포(누적분포)를 나타내는 식은 정규분포식, 대수정규분포식, Rosin-Rammler 분포식이 있다.

48 먼지의 폭발에 관한 설명으로 틀린 것은?

㉮ 비표면적이 큰 먼지일수록 폭발하기 쉽다.
㉯ 산화속도가 빠르고 연소열이 큰 먼지일수록 폭발하기 쉽다.
㉰ 가스 중에 분산·부유하는 성질이 큰 먼지일수록 폭발하기 쉽다.
㉱ 대전성이 작은 먼지일수록 폭발하기 쉽다.

풀이 ㉱ 대전성(전기를 띠는 성질)이 작은 먼지일수록 폭발하기 어렵다.

TIP
비표면적이 큰 먼지 = 입자가 작은 먼지

49 여과집진장치의 탈진방식 중 간헐식에 관한 설명으로 틀린 것은?

㉮ 간헐식 중 진동형은 여포의 음파진동, 횡진동, 상하진동에 의해 포집된 먼지를 털어내는 방식으로 점성 먼지에는 사용할 수 없다.
㉯ 집진실을 여러 개의 방으로 구분하고 방 하나씩 처리가스의 흐름을 차단하여 순차적으로 탈진하는 방식이다.
㉰ 간헐식 중 역기류형은 여포의 먼지를 0.03 ~ 0.10초 정도의 짧은 시간 내에 높은 충격 분출압을 주어 제거하는 방식이다.
㉱ 연속식에 비해 먼지의 재비산이 적고 높은 집진효율을 얻을 수 있다.

풀이 ㉰번의 설명은 연속식 중 충격분출형에 대한 설명이다.

50 다음은 어떤 법칙에 관한 내용인가?

> 휘발성인 에탄올을 물에 녹인 용액의 증기압은 물의 증기압보다 높다. 그러나 비휘발성인 설탕을 물에 녹인 용액인 설탕물의 증기압은 물보다 낮다.

㉮ 헨리의 법칙 ㉯ 렌츠의 법칙
㉰ 샤를의 법칙 ㉱ 라울의 법칙

풀이 ㉱ 라울(라울트)의 법칙에 대한 설명이다.

51 회전식 세정집진장치에서 직경이 10cm인 회전판이 9,620rpm으로 회전할 때 형성되는 물방울의 직경(μm)은 얼마인가?

㉮ 93   ㉯ 104
㉰ 208 ㉱ 316

풀이 $dw = \dfrac{200}{N \times \sqrt{R}} \times 10^4$

여기서 dw : 물방울 직경(μm)
　　　N : 회전수(rpm = 회/min)
　　　R : 반경(cm)

answer 47 ㉰ 48 ㉱ 49 ㉰ 50 ㉱ 51 ㉮

따라서 $dw = \dfrac{200}{9,620\text{rpm} \times \sqrt{5\text{cm}}} \times 10^4$
$= 92.98\mu m$

52 유해가스 처리에 사용되는 흡수액의 조건으로 틀린 것은?

㉮ 용해도가 커야 한다.
㉯ 휘발성이 작아야 한다.
㉰ 점성이 커야 한다.
㉱ 용매와 화학적 성질이 비슷해야 한다.

풀이 ㉰ 점성이 작아야 한다.

53 지름이 20cm, 유효높이가 3m인 원통형 백필터를 사용하여 배출가스 4m³/sec를 처리하고자 한다. 여과속도를 0.04m/s로 할 때, 필요한 백필터의 갯수는 얼마인가?

㉮ 53   ㉯ 54
㉰ 70   ㉱ 71

풀이 $n = \dfrac{Q}{\pi \times D \times L \times Vf}$

$= \dfrac{4\text{m}^3/\text{sec}}{\pi \times 0.20\text{m} \times 3\text{m} \times 0.04\text{m/sec}}$

$= 53.05 = 54$개

54 처리 가스량이 $10^6 \text{m}^3/\text{h}$, 입구 먼지농도가 2g/m^3, 출구 먼지농도가 0.4g/m^3, 총 압력손실이 $72\text{mmH}_2\text{O}$일 때, blower의 소요동력(kW)은 얼마인가?

㉮ 425   ㉯ 375
㉰ 245   ㉱ 187

풀이

소요동력 $(\text{kW}) = \dfrac{\text{PS} \times Q}{102 \times \eta}$

여기서 PS : 총압력손실(mmH_2O)
Q : 배출가스량(Sm^3/sec)
η : 효율

효율$(\eta) = \left(1 - \dfrac{0.4\text{g/m}^3}{2\text{g/m}^3}\right) \times 100 = 80\%$

소요동력(kW)

$= \dfrac{72\text{mmH}_2\text{O} \times 10^6\text{m}^3/\text{hr} \times 1\text{hr}/3,600\text{sec}}{102 \times 0.80}$

$= 245.1\text{kW}$

TIP
배출가스량(Q)의 시간 단위는 반드시 "sec"임에 주의해서 문제풀이를 해야 합니다.

55 탈취방법 중 수세법에 관한 설명으로 틀린 것은?

㉮ 용해도가 높고 친수성 극성기를 가진 냄새성분의 제거에 사용할 수 있다.
㉯ 주로 분뇨처리장, 계란 건조장, 주물공장 등의 악취제거에 적용된다.
㉰ 수온변화에 따라 탈취효과가 크게 달라지는 것이 단점이다.
㉱ 조작이 간단하며 처리효율이 우수하여 주로 단독으로 사용된다.

풀이 ㉱ 조작이 간단하며 처리효율이 낮아 주로 다른 방법과 병용하여 사용된다.

answer 52 ㉰   53 ㉯   54 ㉰   55 ㉱

56 다이옥신 제어방법에 관한 설명으로 틀린 것은?

㉮ 250 ~ 340nm의 자외선을 조사하여 다이옥신을 분해할 수 있다.
㉯ 다이옥신의 발생을 억제하기 위해 PVC, PCB가 포함된 제품을 소각하지 않는다.
㉰ 소각로에서 접촉촉매산화를 유도하기 위해 철, 니켈 성분을 함유한 쓰레기를 투입한다.
㉱ 다이옥신은 저온에서 재생될 수 있으므로 소각로를 고온으로 유지해야 한다.

풀이 ㉰ 촉매분해법은 금속산화물(V_2O_5, TiO_2 등), 귀금속(Pt, Pd)이 사용된다.

57 다음 중 알칼리 용액을 사용한 처리가 가장 적합하지 않은 오염물질은?

㉮ HCl   ㉯ Cl_2
㉰ HF   ㉱ CO

풀이 알칼리용액은 산이온 및 산성물질을 중화처리 한다.

58 원심력 집진장치에 블로우 다운(blow down)을 적용하여 얻을 수 있는 효과에 해당하지 않는 것은?

㉮ 유효 원심력 감소를 통한 운영비 절감
㉯ 원심력 집진장치 내의 난류억제
㉰ 포집된 먼지의 재비산 방지
㉱ 원심력 집진장치 내의 먼지 부착에 의한 장치폐쇄 방지

풀이 ㉮ 유효 원심력 증가로 효율증가

59 복합 국소배기장치에 사용되는 댐퍼조절평형법(또는 저항조절평형법)의 특징으로 틀린 것은?

㉮ 오염물질 배출원이 많아 여러 개의 가지덕트를 주 덕트에 연결할 필요가 있을 때 주로 사용한다.
㉯ 덕트의 압력손실이 클 때 주로 사용한다.
㉰ 공정 내에 방해물이 생겼을 때 설계변경이 용이하다.
㉱ 설치 후 송풍량 조절이 불가능하다.

풀이 ㉱ 설치 후 송풍량 조절이 가능하다.

60 후드의 설치 및 흡인에 관한 내용으로 틀린 것은?

㉮ 발생원에 최대한 접근시켜 흡인한다.
㉯ 주 발생원을 대상으로 국부적인 흡인 방식을 취한다.
㉰ 후드의 개구면적을 넓게 한다.
㉱ 충분한 포착속도(capture velocity)를 유지한다.

풀이 ㉰ 후드의 개구면적을 좁게 한다.

| 제4과목 | 대기오염공정시험기준

61 자외선/가시선 분광법에 따라 10mm 셀을 사용하여 측정한 시료의 흡광도가 0.1이었다. 동일한 시료에 대해 동일한 조건에서 20mm셀을 사용하여 측정한 흡광도는 얼마인가?

㉮ 0.05   ㉯ 0.10

answer 56 ㉰   57 ㉱   58 ㉮   59 ㉱   60 ㉰   61 ㉱

㉰ 0.12   ㉱ 0.20

풀이 흡광도(A) = $\epsilon \times C \times L$에서 A ∝ L이므로
0.1 : 10mm = A : 20mm
따라서 ∴ A = 0.20

62 대기오염공정시험기준 총칙 상의 시험기재 및 용어에 관한 내용으로 틀린 것은?

㉮ 시험조작 중 "즉시"란 30초 이내에 표시된 조작을 하는 것을 뜻한다.
㉯ "정확히 단다"라 함은 규정한 양의 검체를 취하여 분석용 저울로 0.1mg까지 다는 것을 뜻한다.
㉰ 액체성분의 양을 "정확히 취한다" 함은 메스피펫, 메스실린더 또는 이와 동등 이상의 정도를 갖는 용량계를 사용하여 조작하는 것을 뜻한다.
㉱ "항량이 될 때까지 건조한다"라 함은 따로 규정이 없는 한 보통의 건조방법으로 1시간 더 건조 또는 강열할 때 전후 무게의 차가 매 g당 0.3mg 이하일 때를 뜻한다.

풀이 ㉰ 액체성분의 양을 "정확히 취한다" 함은 홀피펫, 부피플라스크 또는 이와 동등 이상의 정도를 갖는 용량계를 사용하여 조작하는 것을 뜻한다.

63 다음 중 여과재로 "카아보란덤"을 사용하는 분석대상물질은?

㉮ 비소   ㉯ 브로민
㉰ 벤젠   ㉱ 이황화탄소

풀이 여과재로 카아보란덤을 사용하는 분석대상물질은 암모니아, 일산화탄소, 염화수소, 염소, 황산화물, 질소산화물, 황화수소, 플루오린화합물, 사이안화수소, 비소이다.

64 기체 중의 오염물질 농도를 mg/m³로 표시했을 때 m³이 의미하는 것은?

㉮ 100℃, 1atm에서의 기체용적
㉯ 표준상태에서의 기체용적
㉰ 상온에서의 기체용적
㉱ 절대온도, 절대압력 하에서의 기체용적

풀이 기체 중의 오염물질 농도를 mg/m³로 표시했을 때 m³은 표준상태에서의 기체용적을 의미한다.

65 환경대기 중의 아황산가스 측정방법에 해당하지 않는 것은?

㉮ 적외선형광법   ㉯ 용액전도율법
㉰ 불꽃광도법   ㉱ 흡광차분광법

풀이 환경대기 중의 아황산가스 측정방법에는 용액전도율법, 불꽃광도법, 자외선형광법(주시험방법), 흡광차분광법, 파라로자닐린법이 있다.

66 이온크로마토그래프의 일반적인 장치 구성을 순서대로 나열한 것은?

㉮ 펌프 - 시료주입장치 - 용리액조 - 분리관 - 검출기 - 써프렛서
㉯ 용리액조 - 펌프 - 시료주입장치 - 분리관 - 써프렛서 - 검출기
㉰ 시료주입장치 - 펌프 - 용리액조 - 써프렛서 - 분리관 - 검출기
㉱ 분리관 - 시료주입장치 - 펌프 - 용리액조 - 검출기 - 써프렛서

answer   62 ㉰   63 ㉮   64 ㉯   65 ㉮   66 ㉯

67 배출가스 중의 휘발성유기화합물(VOCs) 시료채취방법에 관한 내용으로 틀린 것은?

㉮ 흡착관법의 시료채취량은 1L ~ 5L 정도로, 시료흡입속도는 100mL/min ~ 250mL/min 정도로 한다.
㉯ 흡착관법에서 누출시험을 실시한 후 시료를 도입하기 전에 가열한 시료채취관 및 연결관을 시료로 충분히 치환해야 한다.
㉰ 시료채취주머니 방법에 사용되는 시료채취주머니는 빛이 들어가지 않도록 차단해야 하며 시료채취 이후 24시간 이내에 분석이 이루어지도록 해야 한다.
㉱ 시료채취주머니 방법에 사용되는 시료채취주머니는 새 것을 사용하는 것을 원칙으로 하되 재사용하는 경우 수소나 아르곤가스를 채운 후 6시간 동안 놓아둔 후 퍼지(purge)시키는 조작을 반복해야 한다.

풀이 ㉱ 시료채취주머니 방법에 사용되는 시료채취주머니는 새 것을 사용하는 것을 원칙으로 하되 재사용하는 경우 질소나 헬륨가스를 채운 후 24시간 동안 놓아둔 후 퍼지(purge)시키는 조작을 반복해야 한다.

68 환경대기 중의 유해 휘발성유기화합물을 고체흡착 용매추출법으로 분석할 때 사용하는 추출용매는?

㉮ CS_2 ㉯ PCB
㉰ C_2H_5OH ㉱ C_6H_{14}

풀이 환경대기 중의 유해 휘발성유기화합물을 고체흡착 용매추출법으로 분석할 때 사용하는 추출용매는 이황화탄소(CS_2)이다.

69 대기오염공정시험기준 총칙 상의 온도에 관한 내용으로 틀린 것은?

㉮ 상온은 (15 ~ 25)℃, 실온은 (1 ~ 35)℃로 한다.
㉯ 온수는 (60 ~ 70)℃, 열수는 약 100℃를 말한다.
㉰ 찬 곳은 따로 규정이 없는 한 (0 ~ 30)℃의 곳을 뜻한다.
㉱ 냉후(식힌 후)라 표시되어 있을 때는 보온 또는 가열 후 실온까지 냉각된 상태를 뜻한다.

풀이 ㉰ 찬 곳은 따로 규정이 없는 한 (0 ~ 15)℃의 곳을 뜻한다.

70 환경대기 중의 다환방향족탄화수소류를 기체크로마토그래피/질량분석법으로 분석할 때 사용되는 용어에 관한 설명 중 (   )안에 알맞은 것은?

> (   )은 추출과 분석 전에 각 시료, 바탕시료, 매체시료(matrix-spiked)에 더해지는 화학적으로 반응성이 없는 환경시료 중에 없는 물질을 말한다.

㉮ 절대표준물질   ㉯ 외부표준물질
㉰ 매체표준물질   ㉱ 대체표준물질

풀이 ㉱ 대체표준물질에 대한 설명이다.

answer 67 ㉱ 68 ㉮ 69 ㉰ 70 ㉱

71 4-아미노안티피린 용액과 헥사사이아노철(Ⅲ)산포타슘 용액을 순서대로 가해 얻어진 적색액의 흡광도를 측정하여 농도를 계산하는 오염물질은?

㉮ 배출가스 중 페놀화합물
㉯ 배출가스 중 브로민화합물
㉰ 배출가스 중 에틸렌옥사이드
㉱ 배출가스 중 다이옥신 및 퓨란류

풀이 ㉮ 배출가스 중 페놀화합물의 자외선/가시선분광법에 대한 설명이다.

72 굴뚝 내부 단면의 가로길이가 2m, 세로길이가 1.5m일 때, 굴뚝의 환산직경(m)은 얼마인가? (단, 굴뚝 단면은 사각형이며, 상·하 면적이 동일함)

㉮ 1.5 ㉯ 1.7
㉰ 1.9 ㉱ 2.0

풀이 굴뚝의 환산직경(m) = $\dfrac{2 \times 가로 \times 세로}{가로 + 세로}$
= $\dfrac{2 \times 2m \times 1.5m}{2m + 1.5m}$
= $1.71m$

73 원자흡수분광광도법에서 사용하는 용어 정의로 틀린 것은?

㉮ 충전 가스 : 중공음극램프에 채우는 가스
㉯ 선프로파일 : 파장에 대한 스펙트럼선의 폭을 나타내는 곡선
㉰ 공명선 : 원자가 외부로부터 빛을 흡수했다가 다시 먼저 상태로 돌아갈 때 방사하는 스펙트럼선
㉱ 역화 : 불꽃의 연소속도가 크고 혼합기체의 분출속도가 작을 때 연소현상이 내부로 옮겨지는 것

풀이 ㉯ 선프로파일 : 파장에 대한 스펙트럼선의 강도를 나타내는 곡선

74 유류 중의 황함유량 분석방법 중 방사선여기법에 관한 내용으로 틀린 것은?

㉮ 여기법 분석계의 전원 스위치를 넣고 1시간 이상 안정화시킨다.
㉯ 석유 제품의 시료채취 시 증기의 흡입은 될 수 있는 한 피해야 한다.
㉰ 시료에 방사선을 조사하고 여기된 황 원자에서 발생하는 γ선의 강도를 측정한다.
㉱ 시료를 충분히 교반한 후 준비된 시료 셀에 기포가 들어가지 않도록 주의하여 액 층의 두께가 5mm ~ 20mm가 되도록 시료를 넣는다.

풀이 ㉰ 시료에 방사선을 조사하고 여기된 황 원자에서 발생하는 형광X선의 강도를 측정한다.

75 환경대기 중의 금속화합물 분석을 위한 주시험방법은?

㉮ 원자흡수분광광도법
㉯ 자외선/가시선분광법
㉰ 이온크로마토그래피법
㉱ 비분산적외선분광분석법

풀이 환경대기 중의 금속화합물 분석을 위한 주시험방법은 원자흡수분광광도법이다.

answer 71 ㉮ 72 ㉯ 73 ㉯ 74 ㉰ 75 ㉮

76 굴뚝 배출가스 중의 질소산화물을 연속적으로 자동측정하는데 사용되는 자외선흡수분석계의 구성에 관한 내용으로 틀린 것은?

㉮ 광원 : 중수소방전관 또는 중압수은 등을 사용한다.
㉯ 시료 : 시료가스가 연속적으로 흘러갈 수 있는 구조로 되어 있으며 그 길이는 200mm ~ 500mm이고 셀의 창은 자외선 및 가시광선이 투과할 수 있는 재질이어야 한다.
㉰ 광학필터 : 프리즘과 회절격자 분광기 등을 이용하여 자외선 또는 적외선 영역의 단색광을 얻는 데 사용된다.
㉱ 합산증폭기 : 신호를 증폭하는 기능과 일산화질소 측정 파장에서 아황산가스의 간섭을 보정하는 기능을 가지고 있다.

풀이 ㉰ 광학필터 : 특수파장 영역의 흡수나 다층박막의 광학적 간섭을 이용하여 자외선 영역 또는 가시광선 영역의 일정한 폭을 갖는 빛을 얻는 데 사용한다.

77 굴뚝에서 배출되는 건조배출가스의 유량을 연속적으로 자동 측정하는 방법에 관한 내용으로 틀린 것은?

㉮ 유량 측정방법에는 피토관, 열선유속계, 와류유속계를 사용하는 방법이 있다.
㉯ 와류유속계를 사용할 때에는 압력계와 온도계를 유량계 상류 측에 설치해야 한다.
㉰ 건조배출가스 유량은 배출되는 표준상태의 건조배출가스량 [Sm^3(5분 적산치)]으로 나타낸다.
㉱ 열선유속계를 사용하는 방법에서 시료채취부는 열선과 지주 등으로 구성되어 있으며 열선으로 텅스텐이나 백금선 등이 사용된다.

풀이 ㉯ 와류유속계를 사용할 때에는 압력계와 온도계를 유량계 하류 측에 설치해야 한다.

78 굴뚝 단면이 상·하 동일 단면적의 원형인 경우 굴뚝 배출시료 측정점에 관한 설명으로 틀린 것은?

㉮ 굴뚝 직경이 1.5m인 경우 측정 점수는 8점이다.
㉯ 굴뚝 직경이 3m인 경우 반경 구분수는 3이다.
㉰ 굴뚝 직경이 4.5m를 초과할 경우 측정 점수는 20점이다.
㉱ 굴뚝 단면적이 $1m^2$ 이하로 소규모일 경우 굴뚝 단면의 중심을 대표점으로 하여 1점만 측정한다.

풀이 ㉱ 굴뚝 단면적이 $0.25m^2$ 이하로 소규모일 경우 굴뚝 단면의 중심을 대표점으로 하여 1점만 측정한다.

79 비분산적외선분광분석법에서 사용하는 용어정의로 틀린 것은?

㉮ 정필터형 : 측정성분이 흡수되는 적외선을 그 흡수파장에서 측정하는 방식
㉯ 비분산 : 빛을 프리즘이나 회절격자와 같은 분산소자에 의해 분산하지 않는 것
㉰ 비교가스 : 시료셀에서 적외선 흡수를 측정하는 경우 대조가스로 사용하는 것으로 적외선을 흡수하지 않는 가스

answer 76 ㉰ 77 ㉯ 78 ㉱ 79 ㉱

㉣ 반복성 : 동일한 방법과 조건에서 동일한 분석계를 사용하여 여러 측정대상을 장시간에 걸쳐 반복적으로 측정하는 경우 각각의 측정치가 일치하는 정도

풀이 ㉣ 반복성 : 동일한 방법과 조건에서 동일한 분석계를 사용하여 동일한 측정대상을 단시간에 걸쳐 반복적으로 측정하는 경우 각각의 측정치가 일치하는 정도

80 기체크로마토그래피의 고정상 액체가 만족시켜야 할 조건에 해당하지 않는 것은?

㉮ 화학적 성분이 일정해야 한다.
㉯ 사용온도에서 점성이 작아야 한다.
㉰ 사용온도에서 증기압이 높아야 한다.
㉱ 분석대상 성분을 완전히 분리할 수 있어야 한다.

풀이 ㉰ 사용온도에서 증기압이 낮아야 한다.

| 제5과목 | 대기오염관계법규

81 대기환경보전법령상 사업장별 환경기술인의 자격기준에 관한 내용으로 틀린 것은?

㉮ 4종사업장과 5종사업장 중 기준 이상의 특정대기유해물질이 포함된 오염물질을 배출하는 경우 3종사업장에 해당하는 기술인을 두어야 한다.
㉯ 1종사업장과 2종사업장 중 1개월 동안 실제 작업한 날만을 계산하여 1일 평균 17시간 이상 작업하는 경우 해당 사업장의 기술인을 각각 2명 이상 두어야 한다.

㉰ 대기환경기술인이 소음·진동관리법에 따른 소음·진동환경기술인 자격을 갖춘 경우에는 소음·진동환경기술인을 겸임할 수 있다.
㉱ 전체 배출시설에 대해 방지시설 설치 면제를 받은 사업장과 배출시설에서 배출되는 오염물질 등을 공동방지시설에서 처리하는 사업장은 5종사업장에 해당하는 기술인을 둘 수 없다.

풀이 ㉱ 전체 배출시설에 대해 방지시설 설치 면제를 받은 사업장과 배출시설에서 배출되는 오염물질 등을 공동방지시설에서 처리하는 사업장은 5종사업장에 해당하는 기술인을 둘 수 있다.

82 대기환경보전법령상 대기오염물질 발생량 산정에 필요한 항목에 해당하지 않는 것은?

㉮ 배출시설의 시간당 대기오염물질 발생량
㉯ 일일조업시간
㉰ 배출허용기준 초과 횟수
㉱ 연간가동일수

풀이 대기오염물질 발생량 = 배출시설의 시간당 대기오염물질 발생량 × 일일조업시간 × 연간가동일수

answer 80 ㉰ 81 ㉱ 82 ㉰

83 대기환경보전법령상 배출부과금 납부의무자가 납부기한 전에 배출부과금을 납부할 수 없다고 인정되어 징수를 유예하거나 그 금액을 분할 납부하게 할 수 있는 경우에 해당하지 않는 것은?

㉮ 천재지변으로 사업자의 재산에 중대한 손실이 발생한 경우
㉯ 사업에 손실을 입어 경영상으로 심각한 위기에 처하게 된 경우
㉰ 배출부과금이 납부의무자의 자본금을 1.5배 이상 초과하는 경우
㉱ 징수유예나 분할납부가 불가피하다고 인정되는 경우

풀이 징수를 유예 및 분할납부 조건은 ㉮, ㉯, ㉱에 해당하는 경우이다.

84 환경정책기본법령상 일산화탄소(CO)의 대기환경기준(ppm)은? (단, 1시간 평균치 기준)

㉮ 0.25 이하   ㉯ 0.5 이하
㉰ 25 이하   ㉱ 50 이하

풀이 일산화탄소(CO)의 대기환경기준치
① 8시간 평균치 : 9ppm 이하
② 1시간 평균치 : 25ppm 이하

85 실내공기질 관리법령상 공항시설 중 여객터미널에 대한 라돈의 실내공기질 권고기준은? (단, 단위는 Bq/m^3)

㉮ 100 이하   ㉯ 148 이하
㉰ 200 이하   ㉱ 248 이하

풀이 여객터미널에 대한 라돈의 실내공기질 권고기준은 148 Bq/m^3 이하이다.

86 대기환경보전법령상 사업자가 스스로 방지시설을 설계·시공하려는 경우 시·도지사에게 제출해야 하는 서류에 해당하지 않는 것은?

㉮ 기술능력 현황을 적은 서류
㉯ 공정도
㉰ 배출시설의 위치 및 운영에 관한 규약
㉱ 원료(연료를 포함) 사용량, 제품생산량 및 대기오염물질 등의 배출량을 예측한 명세서

풀이 스스로 방지시설을 설계·시공하려는 경우 제출해야 하는 서류
① 배출시설의 설치명세서
② 기술능력 현황을 적은 서류
③ 공정도
④ 방지시설의 설치명세서와 그 도면
⑤ 원료(연료를 포함) 사용량, 제품생산량 및 대기오염물질 등의 배출량을 예측한 명세서

87 대기환경보전법령상 위임업무의 보고 횟수기준이 '수시'인 업무내용은?

㉮ 환경오염사고 발생 및 조치사항
㉯ 자동차 연료 및 첨가제의 제조·판매 또는 사용에 대한 규제현황
㉰ 자동차 첨가제의 제조기준 적합여부 검사현황
㉱ 수입자동차의 배출가스 인증 및 검사현황

풀이 위임업무의 보고 횟수기준
㉮ 수시, ㉯ 연 2회, ㉰ 연 2회, ㉱ 연 4회

answer 83 ㉰ 84 ㉰ 85 ㉯ 86 ㉰ 87 ㉮

88 대기환경보전법령상 1년 이하의 징역이나 1천만원 이하의 벌금에 처하는 경우에 해당하지 않는 것은?

㉮ 배출시설의 설치를 완료한 후 가동개시 신고를 하지 않고 조업한 자
㉯ 환경상의 위해가 발생하여 제조·판매 또는 사용을 규제당한 자동차 연료·첨가제 또는 촉매제를 제조하거나 판매한 자
㉰ 측정기기 관리대행업의 등록 또는 변경등록을 하지 않고 측정기기 관리업무를 대행한 자
㉱ 환경부장관에게 받은 이륜자동차정기검사명령을 이행하지 않은 자

[풀이] ㉱번은 300만원 이하의 벌금에 해당한다.

89 대기환경보전법령상 석탄사용시설의 설치기준에 관한 내용으로 틀린 것은? (단, 유효굴뚝높이가 440 m 미만인 경우)

㉮ 배출시설의 굴뚝높이는 100 m 이상으로 한다.
㉯ 석탄저장은 옥내저장시설(밀폐형 저장시설포함) 또는 지하저장시설에 해야 한다.
㉰ 굴뚝에서 배출되는 아황산가스, 질소산화물, 먼지 등의 농도를 확인할 수 있는 기기를 설치해야 한다.
㉱ 석탄연소재는 덮개가 있는 차량을 이용하여 운반해야 한다.

[풀이] ㉱ 석탄연소재는 밀폐통을 이용하여 운반하여야 한다.

90 실내공기질 관리법령의 적용대상에 해당하지 않는 것은?

㉮ 지하역사
㉯ 병상 수가 100개인 의료기관
㉰ 철도역사의 연면적 1천5백제곱미터인 대합실
㉱ 공항시설 중 연면적 1천5백제곱미터인 여객터미널

[풀이] ㉰ 철도역사의 연면적 2천제곱미터 이상인 대합실

91 대기 환경보전법령상 자가측정의 대상 항목방법에 관한 내용으로 틀린 것은?

㉮ 굴뚝 자동측정기기 설치하여 먼지항목에 대한 자동측정자료를 전송하는 배출구의 경우 매연항목에 대해서도 자가측정을 한 것으로 본다.
㉯ 안전상의 이유로 자가측정이 곤란하다고 인정받은 방지시설설치면제사업장의 경우 대행기관을 통해 연 1회 이상 자가측정을 해야 한다.
㉰ 굴뚝 자동측정기기를 설치한 배출구의 경우 자동측정자료를 전송하는 항목에 한정하여 자동측정자료를 자가측정 자료에 우선하여 활용해야 한다.
㉱ 측정대상시설이 중유 등 연료유만을 사용하는 시설인 경우 황산화물에 대한 자가측정은 연료의 황함유분석표로 갈음할 수 있다.

[풀이] ㉯ 방지시설설치면제사업장은 해당시설에 대하여 연 1회 이상 자가측정을 해야한다. 다만, 물리적 또는 안전상의 이유로 자가측정이 곤란하거나 대기오염물질 발생을 저감하는 장치를 상시 가동하는 등의 사유로 자가측정이 필요하지 않다고 인정하는 경우에는 그렇지 않다.

answer 88 ㉱ 89 ㉱ 90 ㉰ 91 ㉯

92 대기환경보전법령상 "온실가스"에 해당하지 않는 것은?

㉮ 수소불화탄소　㉯ 과염소산
㉰ 육불화황　　　㉱ 메탄

[풀이] 온실가스에는 이산화탄소, 메탄, 아산화질소, 수소불화탄소, 과불화탄소, 육불화황이 있다.

93 대기환경보전법령상 인증을 면제할 수 있는 자동차에 해당하는 것은?

㉮ 항공기 지상 조업용 자동차
㉯ 국가대표 선수용 자동차로서 문화체육관광부 장관의 확인을 받은 자동차
㉰ 여행자 등이 다시 반출할 것을 조건으로 일시 반입하는 자동차
㉱ 주한 외국군인의 가족이 사용하기 위해 반입하는 자동차

[풀이] ㉮번과 ㉯번은 인증의 생략 자동차에 해당한다.
㉱ 주한 외국군대의 구성원이 공용 목적으로 사용하기 위한 자동차

94 대기환경보전법령상 자동차 운행정지 표지의 바탕색은?

㉮ 회색　　㉯ 녹색
㉰ 노란색　㉱ 흰색

[풀이] 자동차 운행정지 표지의 바탕색은 노란색이다.

95 대기환경보전법령상 자동차연료형 첨가제의 종류에 해당하지 않는 것은? (단, 기타 사항은 고려하지 않음)

㉮ 세탄가첨가제　㉯ 다목적첨가제
㉰ 청정분산제　　㉱ 유동성향상제

[풀이] 자동차연료형 첨가제의 종류에는 세척제, 청정분산제, 매연억제제, 다목적첨가제, 옥탄가 향상제, 세탄가 향상제, 유동성 향상제, 윤활유 향상제가 있다.

96 대기환경보전법령상의 용어 정의로 틀린 것은?

㉮ 가스 : 물질이 연소·합성·분해될 때 발생하거나 물리적 성질로 인해 발생하는 기체상물질
㉯ 기후 생태계 변화 유발물질 : 지구온난화 등으로 생태계의 변화를 가져올 수 있는 기체상 물질로서 온실가스와 환경부령으로 정하는 것
㉰ 휘발성유기화합물 : 석유화학제품, 유기용제, 그 밖의 물질로서 관계 중앙행정기관의 장이 고시하는 것
㉱ 매연 : 연소할 때 생기는 유리탄소가 주가 되는 미세한 입자상물질

[풀이] 휘발성유기화합물 : 탄화수소류 중 석유화학제품, 유기용제, 그 밖의 물질로서 환경부장관이 관계 중앙행정기관의 장과 협의하여 고시하는 것

answer 92 ㉯　93 ㉰　94 ㉰　95 ㉮　96 ㉰

97 대기환경보전법령상 초과부과금의 산정에 필요한 오염물질 1kg당 부과금액이 가장 높은것은?

㉮ 시안화수소 ㉯ 암모니아
㉰ 먼지 ㉱ 이황화탄소

풀이 1kg당 부과금액
㉮ 시안화수소 : 7,300원
㉯ 암모니아 : 1,400원
㉰ 먼지 : 770원
㉱ 이황화탄소 : 1,600원

98 악취방지법령상의 용어 정의로 틀린 것은?

㉮ "통합악취"란 두가지 이상의 악취물질이 함께 작용하여 사람의 후각을 자극하여 불쾌감과 혐오감을 주는 냄새를 말한다.
㉯ "악취배출시설"이란 악취를 유발하는 시설, 기계, 기구, 그 밖의 것으로서 환경부장관이 관계 중앙행정기관의 장과 협의하여 환경부령으로 정하는 것을 말한다.
㉰ "악취"란 황화수소, 메르캅탄류, 아민류, 그밖에 자극성이 있는 물질이 사람의 후각을 자극하여 불쾌감과 혐오감을 주는 냄새를 말한다.
㉱ "지정악취물질"이란 악취의 원인이 되는 물질로서 환경부령으로 정하는 것을 말한다.

풀이 ㉮번은 복합악취의 정의에 해당한다.

99 대기환경보전법령상 특정대기유해물질에 해당하지 않는 것은?

㉮ 프로필렌 옥사이드
㉯ 니켈 및 그 화합물
㉰ 아크롤레인
㉱ 1,3-부타디엔

풀이 ㉰ 아크롤레인은 특정대기유해물질이 아니다.

100 악취방지법령상 지정악취물질과 배출허용기준, 엄격한 배출허용기준 범위의 연결이 틀린 것은? (단, 공업지역 기준)

항목	지정 악취물질	배출허용 기준 (ppm)	엄격한 배출허용 기준 범위 (ppm)
㉠	톨루엔	30 이하	10 ~ 30
㉡	프로피온산	0.07 이하	0.03 ~ 0.07
㉢	스타이렌	0.8 이하	0.4 ~ 0.8
㉣	뷰틸 아세테이트	5 이하	1 ~ 5

㉮ ㉠ ㉯ ㉡
㉰ ㉢ ㉱ ㉣

풀이 뷰틸 아세테이트
① 공업지역 기준 배출허용기준 4ppm 이하
② 공업지역 기준 엄격한 배출허용 기준 범위는 1 ~ 4ppm

answer 97 ㉮ 98 ㉮ 99 ㉰ 100 ㉱

대기환경기사 과년도

초 판 인쇄 | 2012년 1월 5일
초 판 발행 | 2012년 1월 10일
개정 9판 발행 | 2023년 1월 10일
개정 10판 발행 | 2024년 1월 10일
개정 11판 발행 | 2025년 1월 10일

지 은 이 | 전화택
발 행 인 | 조규백
발 행 처 | 도서출판 구민사
(07293) 서울특별시 영등포구 문래북로 116, 604호(문래동3가 46, 트리플렉스)
전화 (02) 701-7421
팩스 (02) 3273-9642
홈페이지 www.kuhminsa.co.kr

신고번호 | 제2012-000055호(1980년 2월 4일)
ISBN | 979-11-6875-411-9   13500

값 37,000원

※ 낙장 및 파본은 구입하신 서점에서 바꿔드립니다.
※ 본서를 허락없이 부분 또는 전부를 무단복제, 게재행위는 저작권법에 저촉됩니다.